2ND EDITION

분자바이러스학

FUNDAMENTALS OF MOLECULAR VIROLOGY

장경립 역

NICHOLAS H. ACHESON

월드사이언스
worldscience.co.kr

분자바이러스학 2판

인 쇄 | 2014년 8월 11일
발 행 | 2014년 8월 20일

저 자 | NICHOLAS H. ACHESON
역 자 | 장경립
발 행 인 | 박선진
발 행 처 | (주)도서출판 월드사이언스

주 소 | 서울특별시 서초구 방배4동 864-31 월드빌딩 1층
등록일자 | 1988년 2월 12일
등록번호 | 제 16-1601호

대표전화 | (02) 581-5811~3
팩 스 | (02) 521-6418
E-mail | worldscience@hanmail.net
U R L | http://www.worldscience.co.kr

정 가 | **32,000원**
I S B N | 978-89-5881-232-6

이 도서의 국립중앙도서관 출판시도서목록(CIP)은 서지정보유통지원시스템 홈페이지(http://seoji.nl.go.kr)와 국가자료공동목록시스템(http://www.nl.go.kr/kolisnet)에서 이용하실 수 있습니다. (CIP제어번호 : CIP2014023082)

I dedicate this book to four mentors whose enthusiasm for virology stimulated my interest when I was a student, and who encouraged me to follow my own path.

Johns Hopkins III
James D. Watson
Igor Tamm
Purnell Choppin

요약목차

목차

SECTION III: 진핵생물의 양성-가닥 RNA 바이러스

SECTION IV: 진핵생물의 음성-가닥 및 이중-가닥 RNA 바이러스

15. Paramyxoviruses와 Rhabdoviruses 177

16. Filoviruses 190

17. Bunyaviruses 202

21. Polyomaviruses 249

22. Papillomaviruses 265

SECTION VI: 진핵생물의 큰 DNA 바이러스

23. Adenoviruses 276

SECTION VII: 역전사효소를 이용하는 바이러스

28. Retroviruses 346

29. Human Immunodeficiency Virus 358

30. Hepadnaviruses 370

SECTION VIII: 바이로이드와 프리온

31. 바이로이드와 Hepatitis Delta Virus 384

서문

이 책은 학부 혹은 대학원 과정에서 바이러스에 대하여 처음으로 배우는 학생들을 위한 것이다. 책의 제목에서 알 수 있듯이 바이러스 복제의 분자 메커니즘과 바이러스와 숙주세포 사이의 상호작용에 대하여 집중적으로 다루었다. 각 장마다 특정 바이러스과를 다루고 연구가 잘 이루어진 하나 혹은 두 가지 바이러스를 예로 들어 바이러스학을 자세히 기술하였다. 각 장에서는 해당 바이러스에 대한 내용과 이들의 독특한 특징들을 자세히 기술하여 이 책에서 언급되지 않은 다른 바이러스들의 이해에도 도움을 주고자 하였다.

이러한 조직적인 구성은 1953년에 발간된 Salvador Luria의 *General Virology*를 비롯하여 수많은 성공적인 바이러스학 교재에서 이미 이용된 바 있다. Luria는 1940년대에 활동하기 시작한 "파지 그룹"의 창립 멤버들 가운데 한 명이다. 파지 그룹은 생명의 분자적 기초를 이해할 목적으로 박테리오파지를 선택하여 분자생물학 분야를 개척한 물리학자, 생물학자 및 화학자들의 연합체이었다. 이 단체는 바이러스의 단백질들과 핵산이 어떻게 세포 분자들 및 소기관들과 상호작용하여 세포를 새로운 자손 바이러스 입자들의 생산 공장으로 전환시키는 지를 알아내고자 하였다. 이들은 세포가 어떻게 작용하는지를 이해하기 위한 도구로 바이러스를 이용하려 하였으며 이들의 목표는 대부분 달성되었다.

최근 몇 년 동안 많은 다른 의생명과학 분야들처럼 바이러스에 대한 방대한 양의 정보들이 쏟아져 나왔다. 지난 25년 동안 *Fields Virology*가 인간 및 동물 바이러스들에 대한 대표적인 참고 도서로 이용되었다; 이 책에서도 각 장들에서 특정 바이러스과를 다루고 있다. 나 자신의 강의 경험과 수많은 동료들과의 대화를 통하여 바이러스과들을 개념 중심으로 조직하고 간략하지만 최신 정보에 근거하여 집필된 대학생들을 위한 바이러스학 교재가 절실히 필요하다는 것을 느꼈다.

문제는 처음 시작하는 학생들도 쉽게 접근할 수 있으면서도 재료를 너무 단순화시키지 않은 책을 만드는 것이었다. 내가 선택한 접근법은 수많은 저명한 바이러스 학자들과 교수들에게 내가 제공한 어떤 기준에 근거하여 그들이 잘 아는 바이러스에 대하여 각 장을 집필하도록 부탁하는 것이었다. 그 다음에 나는 이러한 장들을 모아서 편집하였고, 때로는 공통적인 형식으로 재집필하기도 하였으며, 다시 쓰기도 하고, 대부분의 장들에서 그림들을 새로 만들거나 수정하였다.

어느 누구라도 바이러스학 강좌에서 다루는 수많은 종류의 바이러스들에 대해 모두 잘 알 수는 없으므로 여러 전문가들의 공동 작업이 필요하였다. 그러나 이 책이 효과적인 학습도구로 이용되려면 책의 전반에 걸쳐 일관된 조직과 분명하고 일치된 작문 및 삽화 형식이 필요하였다. 따라서 나의 업무는 수집된 원고들을 내가 희망한 대로 쉽게 읽고 이해할 수 있도록 다듬는 것이었다.

이 책은 미생물학, 세포분자생물학 그리고 의생명과학을 배우는 대학생들을 주요 대상으로 바이러스의 복제 전략에 중점을 두고 기술하였다. 반면에 바이러스의 병원성, 역학 혹은 질병 증상에 대해서는 그리 깊게 언급하지는 않았다. 하지만 바이러스학의 의학적 및 역사적 측면에 대한 정보와 이야기들을 각 장의 도입부에서 상당 부분 다루었다. 왜냐하면 특정 바이러스에 의하여 유발되는 질병과 이러한 질병이 인간의 역사에 미친 영향과 그 중요성을 이해한다면 학생들은 바이러스에 대하여 더 많은 흥미를 가질 수 있기 때문이다.

두 번째 판의 새로운 내용

이 책의 초판은 비교적 호평을 받았으며 북미와 해외에서 100개 이상의 대학 바이러스학 강좌의 주교재로 채택되었다. 두 번째 판을 만들 것을 고려하면서 편집자와 나는 수많은 대학 강사들에게 이 책의 개선을 위한 검토와 제안을 요청하였다. 또한 완전한 컬러 그림을 채택하고 Philippe Lemercier(Swiss Institute of Bioinformatics, Swiss-Prot Group, University of Genova)가 제작한 인상적인 컴퓨터-생성 바이러스 그림들을 포함시켜 그림들의 질을 향상시키고자 하였다. 이러한 비리온 그림들은 Viralzone 웹사이트인 http://ca.expasy.org/viralzone/에서 원본을 찾아볼 수 있다.

두 번째 판에는 다섯 가지 장들, 즉 최근에 알려지기 시작한 바이러스들을 다룬 "고세균 바이러스"와 "조류 바이러스와 Mimivirus", 이미 잘 알려진 식물 바이러스에 대한 "Cucumber Mosaic Virus", 그리고 숙주 반응에 대한 "바이러스 감염에 대한 내재적 세포성 반응"과 "바이러스 감염에 대한 선천성 및 적응성 면역반응"이 새로 추가 되었다. 이러한 장들을 추가하기 위하여 human T-cell leukemia virus에 대한 장을 삭제하였지만, 이에 대한 내용은 출판사의 웹사이트(www.wiley.com/college/acheson)에서 찾을 수 있다. 또한 인터페론에 대한 장의 일부는 세포 방어에 대한 새로운 장과 통합되었다. 또한 초판의 대부분 장들을 집필한 원저자 혹은 일부 경우에는 새로운 저자에 의하여 책의 내용이 상당 부분 교정되고 최신의 정보로 수정되었다. 예를 들면 herpes simplex virus에 대한 원래의 장은 "Herpesviruses"로 바뀌어 Epstein-Barr virus에 대한 내용도 첨가하였다.

이 책의 이용법

이 교재는 모듈 방식으로 이용하면 편리하도록 고안되었다. 어떠한 강좌에서도 이 책의 모든 장들을 다룰 수는 없을 것이라고 생각되며 실제로 이 책에서 정해진 순서대로 강의를 진행할 필요도 없다. 이 책은 강사들이 강의에서 다룰 바이러스 그룹들을 자유롭게 선택할 수 있도록 조직되어 있다. 각 장은 50분 강의에 적합하도록 고안되어 있으며 일부는 두 세 강의도 가능한 분량을 담고 있다. 아마도 대부분의 장들은 그림과 표를 포함하여 30-60분 이내에 읽을 수 있을 것이다. 강사는 이 책에서 다루지 못한 실험 방법과 결과에 대해 교재에 제시된 보충자료들이 필요할 것이다.

이 책은 10부와 37장으로 구성된다. I부에서 제시한 4개의 도입 장들에서는 바이러스학의 역사와 바이러스 생활주기, 바이러스 구조, 바이러스 분류 및 바이러스의 동물세포 진입에 대하여 다룬다. II부의 4개의 장들은 잘 연구된 박테리오파지들에 대하여 다룬다. 이들 박테리오파지들은 가장 잘 알려진 바이러스들이며, 분자생물학 및 바이러스학에 대한 많은 지식들이 이들의 연구로부터 확보되었기 때문에 포함되었다. 더구나 현재 분자세포생물학 실험실에서 박테리오파지들은 흔히 이용되는 실험도구이기도 하다. II부의 마지막 장에서는 박테리아 및 진핵생물과 함께 생명의 세 도메인들 가운데 하나인 고세균에 감염하는 바이러스들에 대해 다소 생소하지만 흥미로운 최신의 내용들을 다루었다.

III부에서 VII부까지는 식물, 곤충 및 조류에 감염하는 바이러스들에 대한 장들도 포함하지만 주로 인간에 감염하는 바이러스들을 대상으로 진핵세포 바이러스들을 다루었다. 각 부들은 바이러스 게놈의 성질과 바이러스 복제 전략에 따라 구분되었다: 양성-가닥 RNA 바이러스들(III부), 음성-가닥 및 이중-가닥 RNA 바이러스들(IV부), DNA 바이러스들(V부와 VI부), 그리고 역전사효소를 이용하는 바이러스들(VII부). 각 부에서는 작고 단순한 바이러스를 먼저 언급하고 나서 크고 복잡한 바이러스들을 다루었다. 이는 더 단순한 바이러스들에 대하여 배운 개념들이 더 복잡한 바이러스를 다룰 때 적용될 수 있기 때문이다.

VIII부는 바이러스가 아닌 작은 감염성 병원체들에 대한 내용을 포함한다. 이들에는 복제는 하지만 단백질을 암호화하지 않는 바이러스-유사 핵산인 바이로이드와 핵산은 포함하지 않지만 감염성을 나타내는 단백질인 프리온이 있다. IX부에서는 바이러스 감염에 대한 숙주의 반응을 다룬 2개의 장들이 추가되었으며, 바이러스 감염의 탐지, 바이러스 감염에 대한 내재적 세포성 반응, 그리고 선천성 및 적응성 면역반응에 대한 최신의 중요한 정보들을 다루었다. 마지막으로 X부에서는 중요한 바이러스학 응용분야들인 항바이러스성 백신, 항바이러스성 화학요법 및 바이러스 벡터들을 소개하고 이 책을 마무리 짓는다.

각 장들은 내용을 요약한 개요로 시작한다. 특정 바이러스과들을 다루는 장들에서 이러한 개요를 통하여 비리온 구조, 게놈 조직, 복제 전략, 관련 질병 및 이 바이러스과에 속하는 바이러스들이 공유하는 독특한 특징들에 대한 기본 정보들을 간략히 소개하였다. 이러한 개요는 학생들이 바이러스들의 공통적인 특징들을 이해하고 기억하는 데 도움을 줄 것이다.

각 장의 부제들은 어떠한 내용들이 언급될 것인가를 알려주는 함축된 설명 구들이다. 이러한 부제들을 목차로 만들어 이 장에서 제시된 내용들과 바이러스 복제주기의 단계들을 대략적으로 파악할 수 있도록 하였다. 바이러스 복제에서 잘 알려진 개별적인 단계들은 그림으로 나타내었다. 대부분의 그림들은 전체 복제주기의 상세하고 복잡한 기술을 피하고 본문을 읽는 동안 간단하고 쉽게 이해할 수 있도록 고안하였다. 그림 설명은 최소한으로 하고 본문을 통하여 그림을 이해하도록 하였다.

학생들에게 익숙하지 않는 특수한 용어들은 각 장에서 처음으로 기술될 때 굵은 글씨로 나타내었다. 주요 용어들은 각 장의 끝에 제시하였으며 이들의 정의는 책의 마지막 부위에 용어풀이로 모아서 정리하였다. 많은 장들은 특이한 적용이나 최근 연구발전을 다루는 본문 상자들을 포함한다. 각 장의 끝 부분에 반드시 익혀야 할 중요한 사실이나 결론들을 기본 개념으로 요약하였다. 마지막으로 학생들이 배운 내용들을 점검하고 복습할 수 있도록 복습 문제들을 만들었다.

복습 문제들에 대한 해답은 Wiley Higher Education의 Instructor Companion Site(www.wiley.com/college/acheson)의 강좌 지침서에서 얻을 수 있다. 초판에서는 포함되었지만 이 판에서는 삭제된 Human T-cell Leukemia Virus Type I의 장에 대한 완전한 본문과 그림들도 이 사이트에서 이용이 가능하다.

이 책의 주요 특징들

- 의생명과학 및 미생물학 전공의 학생들을 위한 대학 수준의 바이러스학 강좌를 위해 최신의 내용을 간략하게 다룬 교재이다.
- 세포 및 분자생물학의 기초를 지닌 학생들을 위해 단순 명료한 문장으로 설명한다.
- 주요 바이러스과들을 대표하는 바이러스들의 복제 메커니즘을 설명한다.
- 컬러 그림들은 본문을 보완하고 바이러스 구조, 게놈 조직 및 바이러스 복제의 개별 단계들을 설명한다.
- 각 장은 특정 바이러스과에 대한 내용을 설명하고 다른 바이러스의 특징을 나타내도록 고안되었다.
- 각 장의 도입부에서 바이러스성 질병에 대한 역사적 배경과 정보를 소개한다.
- 학습을 돕기 위하여 각 바이러스 그룹의 대략적인 개요, 유익한 정보를 주는 부제목, 최근의 연구와 응용을 소개한 본문 상자, 각 장의 말미에 기본 개념, 복습 문제 그리고 책의 마지막에 용어들을 상세히 정의한 용어풀이를 포함한다.
- 첫 번째 부에서는 바이러스학의 역사, 바이러스 복제, 바이러스 구조, 바이러스 분류 및 바이러스 세포 진입에 대한 기본적인 정보를 제공한다.
- 박테리아와 고세균 바이러스들에 대한 부에서 가장 잘 알려진 네 가지 박테리오파지들, 즉 단일-가닥 RNA 파지, φX174, T7 및 lambda와 최근에 알려진 고세균 바이러스들에 대하여 소개한다.
- 21개의 장들을 포함한 5개의 부들에서는 인간 질병을 유발하는 바이러스들에 중점을 두고 동물, 식물, 조류 및 곤충에 감염하는 다양한 바이러스들을 다룬다.
- Ebola virus, hepatitis B 및 C virus, herpes virus, human immunodeficiency virus, poliovirus, SARS coronavirus, samllpox virus, West Nile virus 등의 중요한 인간 병원체들을 다룬 장들을 포함한다.
- 단백질을 암호화하지는 않지만 중요한 식물 질병들을 유발하는 작은 감염성 핵산인 바이로이드에 대한 장을 포함한다.
- 광우병과 인간의 Creutzfeld-Jacob 질병을 유발하는 감염성 단백질인 프리온에 대한 장을 포함한다.
- 숙주 방어를 다룬 부에서는 바이러스 감염에 대한 내재적 세포성 반응, 선천성 및 적응성 면역반응을 다룬다.
- 마지막 부에서 항바이러스성 백신, 항바이러스성 화학요법 및 바이러스 벡터에 대한 장들을 다룬다.

감사의 말

이 교재는 나와 동료들이 지난 25년 동안 McGill 대학교의 미생물학 및 면역학과에서 강의한 바이러스학 학부 강좌의 산물이다. Dal Briedis 교수, Mike DuBow 교수 및 John Hassell 교수에게 감사하며 이들과 함께 이 강좌를 고안하고 강의를 진행하였다. 이들의 높은 학문 수준과 끊임없는 노력이 이러한 성공을 이끌었다. 최근 몇 년간 이 강좌에 중요한 기여를 한 동료들 가운데에는 Alan Cochrane, Mathias Gotte, John Hiscott, Arnim Pause 및 Mark Wainburg가 있다.

John Wiley and Sons사의 편집자인 David Harris는 내가 처음 이 책을 집필하고자 제안하였을 때 열성적으로 지지하고 도움을 주었다. 준비 작업과정에서 나는 Wiley사의 편집자들인 Joe Hefta, Keri Witman, Patric Fitzgerald 및 마지막으로 Kevin Witt의 도움을 받았으며 이들의 도움으로 이 책이 출간될 수 있었다. Kevin은 현재의 두 번째 판에서도 관여하였으며 부편집자인 Michael Palumbo와 상임 제작 편집자인 Joyce Poh가 이 과정에서 끊임없는 도움을 주었다.

수많은 대학 강사들이 다양한 단계에서 이 책의 원고들을 검토하여 유용한 제안과 조언을 해 주었다. 이 책의 장들에 기여한 나의 동료들을 대신하여 다음의 검토위원들에게 감사를 표한다.

Lawrence Aaronson, *Utica College*
John R. Battista, *Louisiana State University*
Karen Beemon, *John Hopkins University*
Martha Brown, *University of Toronto*
Craig E. Cameron, *Pennsylvania State University*
Howard Ceri, *University of Calgary*
Jeffrey DeStefano, *University of Maryland, College Park*
Rebecca Ferrell, *Metropolitan State College of Denver*
Lori Frappier, *University of Toronto*
Eric Gillock, *Fort Hays State University*
Michael Graves, *University of Massachusetts, Lowell*
Sidney Grossberg, *Medical College of Wisconsin*
Tar다 Hamouda, *University of Michigan Medical Center*
Richard W. Hardy, *Indiana University*
Has Heider, *University of Texas at San Antonio*
Richard Kuhn, *Purdue University*
Alexander C. K. Lai, *Oklahoma University*
Lorie LaPierre, *Ohio University*
Maria MacWilliams, *University of Wisconsin, Parkside*
Phillip Marcus, *University of Connecticut*
Nancy McQeen, *California State University, Los Angeles*
Joseph Mester, *Northern Kentucky University*
Thomas Jack Morris, *University of Nebraska*
Brian Olson, *Saint Cloud State University*
Arnim Pause, *McGill University*
Marie Pizzorno, *Bucknell University*
Sharon Roberts, *Auburn University*
Michael Roner, *University of Texas at Arlington*
Miroslav Sarac, *Our Lady of the Lake College*
David A. Sanders, *Purdue University*
Robert Sample, *Mississippi State University*
Jeff Sands, *Lehigh University*
Ann M. Sheehy, *College of the Holy Gross*
Kenneth Stedman, *Portland State University*
Carol St. Angelo, *Hofstra University*
Suresh Subramani, *University of California, San Diego*
William Tapprich, *University of Nebraska, Omaha*
Milton Taylor, *Indiana University*
Michael N. Teng, *Pennsylvania State University*
Loy Volkman, *University of California, Berkeley*
Darlene Walro, *Walsh University*
Jeannine Williams, *College of Marin*

이 책의 초판을 준비하는 동안 수많은 장들의 예비 판을 McGill 대학교의 바이러스 강좌를 수강한 학생들에게 나누어 주었으며 이들 학생들의 상당수가 귀중한 의견을 주어 책을 개선시킬 수 있었다. 또한 McGill 대학교 학부생들인 Jonathan Bertran, Yasmin D'Souza, Eric Fox, Caroline Lambert, Kathryn Leccese, Edward Lee, Alex Singer, Brian Smilovici 및 Claire Trottier가 여러 장들을 매일 읽고 검토하여 중요한 조언과 제안을 해주었다. Claire Trottier는 이러한 학생 검토를 조직하는 데 도움을 주었다.

책의 마지막 출판단계에서 장 요약, 허가와 교정을 위하여 나와 함께 일해 준 McGill 대학교 학생들인 Meoin Hagege, Jenifer LeHuquet, Melany Piette, Pooja Raut 및 Emilie Mony에게 감사한다. 또한 학과 사무실의 Joan Longo와 Mei Lee의 도움에 감사한다.

Michael Roner는 각 장의 끝에 있는 복습 문제들을 만들어 주었다.

이 책의 작업은 내가 Harvard 대학교의 Steve Harrison 실험실에서 안식년을 보내는 동안에 시작되었다. 내게 안식년을 허용해 준 McGill 대학교와 격려와 지원을 해준 Steve와 그의 실험실원들에게 감사한다.

이 책은 나와 각 장들의 원고를 쓰고 교정을 해준 전세계 49명의 바이러스학자들의 즐겁고도 유익한 공동작업의 결실이다. 이들의 전문성, 에너지 그리고 열정이 있었기에 가능하였다. 모두에게 감사한다.

마지막으로 나는 두 번의 판들에 걸쳐 이 책의 본문과 그림들을 쓰고 교정하고 수정하는 동안 끝이 없을 것 같았던 작업을 인내해 준 나의 아내인 Francoise에게 감사한다.

Nicholas H. Acheson
몬트리올, 2010년 9월

역자 서문

지난 20년간 학부생들을 대상으로 한 바이러스학 과목에서 10가지 이상의 원서, 국문 번역서 또는 국문 저서를 교재로 채택하여 강의를 진행하였다. 바이러스학은 다른 과목에서 접해보지 못했던 바이러스만의 독특한 특징들과 생소한 용어들 그리고 무엇보다 바이러스의 다양성 때문에 대다수의 학생들이 무척 어려워하는 과목이다. 강의를 진행하는 교수의 입장에서도 방대한 바이러스학 교재의 내용들을 한 학기에 다루어야 하므로 그리 쉬운 과목은 아닌 것 같다. 따라서 적절한 바이러스학 교재는 교수와 학생 모두에게 절실하게 필요한 것 같다.

모든 바이러스학 교재들은 바이러스의 특성과 복제 메커니즘을 크게 두 가지 방식으로 기술한다. 대다수의 교재에서는 바이러스의 게놈 구조, 캡시드 대칭성, 외막 유무 등에 따라 분류된 바이러스과들을 개별적인 장으로 나누어 Baltimore 분류법에 따라 단순한 바이러스 게놈을 가지는 것들부터 대표적인 바이러스를 중심으로 복제과정을 설명한다. 이러한 방식은 각 바이러스과의 복제과정에서 나타나는 독특한 특징들을 이해하는 데 유리하다. 반면에 일부 교재에서는 바이러스의 공통적인 복제과정을 단계별로 구분하고, 비교적 연구가 많이 이루어진 대표적인 바이러스들을 중심으로 각 복제 단계를 설명한다. 이러한 방식은 바이러스들의 복제과정의 공통적인 특징들을 총체적으로 이해하는 데 도움을 주지만 매우 이질적인 바이러스 집단의 개별적인 특성을 이해하는 데에는 한계가 있다.

분자바이러스학은 2011년에 개정된 Nicholas H. Acheson의 Fundamentals of Molecular Virology 2판을 번역한 것이다. 이 책은 도입부에서 바이러스의 구조, 조립, 분류 및 세포내 진입과 관련된 공통적인 내용들을 4개의 장들에 걸쳐 비교적 상세하게 기술하고 있다. 그 다음에 지구상의 모든 바이러스들을 28개의 장으로 나누어 각 장에서 대표적인 바이러스들의 복제 메커니즘을 설명하고 있다. 마지막으로 바이러스 감염에 대한 숙주 방어와 항바이러스제 및 바이러스 벡터에 대한 내용을 5개의 장들에서 체계적으로 다루고 있다. 각 장들은 해당 분야의 전문가들에 의해 저술되어 비교적 최신의 연구 내용들을 포함하고 있다. 또한 다른 바이러스학 교재들에서는 잘 다루지 않는 박테리아, 고세균, 식물, 곤충, 조류 등에 감염하는 바이러스들을 포함하여 바이러스의 세계를 보다 폭 넓게 이해하는데 도움을 준다.

학부생들은 최소한 분자생물학과 세포생물학에 대한 전공 지식을 갖춘 뒤에 본 교재를 통하여 바이러스학을 배우면 제대로 이해할 수 있을 것 같다. 또한 본 교재는 주로 순수 과학적 측면에서 바이러스학에 접근하므로 자연과학으로서 바이러스학을 배우려는 학생들에게 더 적합한 것 같다. 이 책은 37개의 장들로 구성되어 한 학기에 모두 다루려면 다소 무리가 있어 보이지만 각 장들이 모듈 형식으로 구성되어 있어 비교적 관심도가 낮은 일부 장들을 제외하더라도 책의 내용을 강의하거나 이해하는데 어려움이 없을 것 같다.

평소에 적절한 바이러스학 교재의 집필이나 번역에 관심을 두고 있던 역자가 원서 번역을 의뢰받고 흔쾌히 수락하였지만 막상 37개의 장들로 이루어진 원서를 혼자서 번역하고 교정을 본다는 것이 그리 녹록치만은 않은 일이었다. 그동안 번역 때문에 시간을 낼 수 없어 연구와 학생 지도에 소홀할 수밖에 없었던 것에 대해 실험실원들에게 미안하게 생각하며 세심하게 교정을 해 주신 월드사이언스 편집부 정창기 실장님과 편집부원들께 감사를 표한다.

역자 장경립

역자 약력

장경립

부산대학교 이학사(1986)

University College London 이학박사(1991)

포항공과대학교 연구원(1991-1994)

부산대학교 자연과학대학 미생물학과 교수(1994-현재)

UNC-Chapel Hill 방문 교수(2003-2004)

이 책에서 다룬 바이러스들의 모식도

이 페이지 다음의 두 페이지에 제시된 모식도들은 이 책에서 자세히 언급될 대부분의 바이러스들을 보여 준다. 횡단면으로 제시한 비리온들은 캡시드와 그 속의 핵산 게놈을 보여 준다. 캡시드 소단위체들은 녹색으로 나타내었다; 정20면체형 대칭을 가지는 캡시드는 원형 또는 다각형으로 나타내었고, 나선형 대칭을 가지는 캡시드는 사슬 혹은 코일로 나타내었다. 외막은 옅은 청색 막 이중층으로 나타내었으며, 외막 단백질들은 막에 삽입된 노란색 돌기들로 나타내었다. DNA 혹은 RNA 게놈들은 코일 혹은 이중나선으로 나타내었다.

첫 페이지의 모식도들은 인치 당 **50 nm**의 규격으로 비리온들을 나타내었다. 이들 가운데 가장 작은 비리온인 단일-가닥 RNA 박테리오파지는 지름이 26 nm이다; 반면에 가장 큰 비리온들인 retrovirus와 influenza virus는 100 nm의 지름을 가진다.

두 번째 페이지의 모식도에서는 더 큰 비리온들을 한 면에 모두 나타내기 위하여 인치 당 **200 nm**의 규격으로 비리온들을 나타내었다. 따라서 이 비리온들을 첫 페이지와 동일한 규격으로 본다면 4배 더 크게 보일 것이다. 규격 차이를 나타내기 위하여 두 번째 페이지의 왼쪽 맨위에 있는 레트로바이러스의 동일한 모식도를 4배 확대하여 첫 페이지의 왼쪽 맨 아래에 나타내었다. 가장 큰 비리온인 mimivirus는 횡단면과 온전한 비리온을 함께 나타내었다. Mimivirus의 캡시드는 지름이 450 nm나 되며 섬모를 포함한 전체 지름은 700 nm에 달한다. 일부 섬유상 비리온들은 여기에서 그림으로 나타내지 않았지만 길이가 1000 nm 혹은 그 이상인 것들도 있다.

이러한 모식도들과 각 장들의 첫 페이지에 나타낸 그림들은 Philippe Lemercier(Swiss Institute of Bioinformatics, Swiss-Prot Group, University of Genova)에 의하여 제작되었다. 이러한 비리온 그림들은 Viralzone 웹사이트(http://www.expasy.org/viralzone/all_by_protein/230.html)에서 찾아볼 수 있다. 이러한 자원들은 많은 바이러스들에 대한 기본적인 정보를 제공하며 각 바이러스 과 혹은 종과 관련된 단백질과 핵산 데이터베이스를 이용하는 데 도움을 준다.

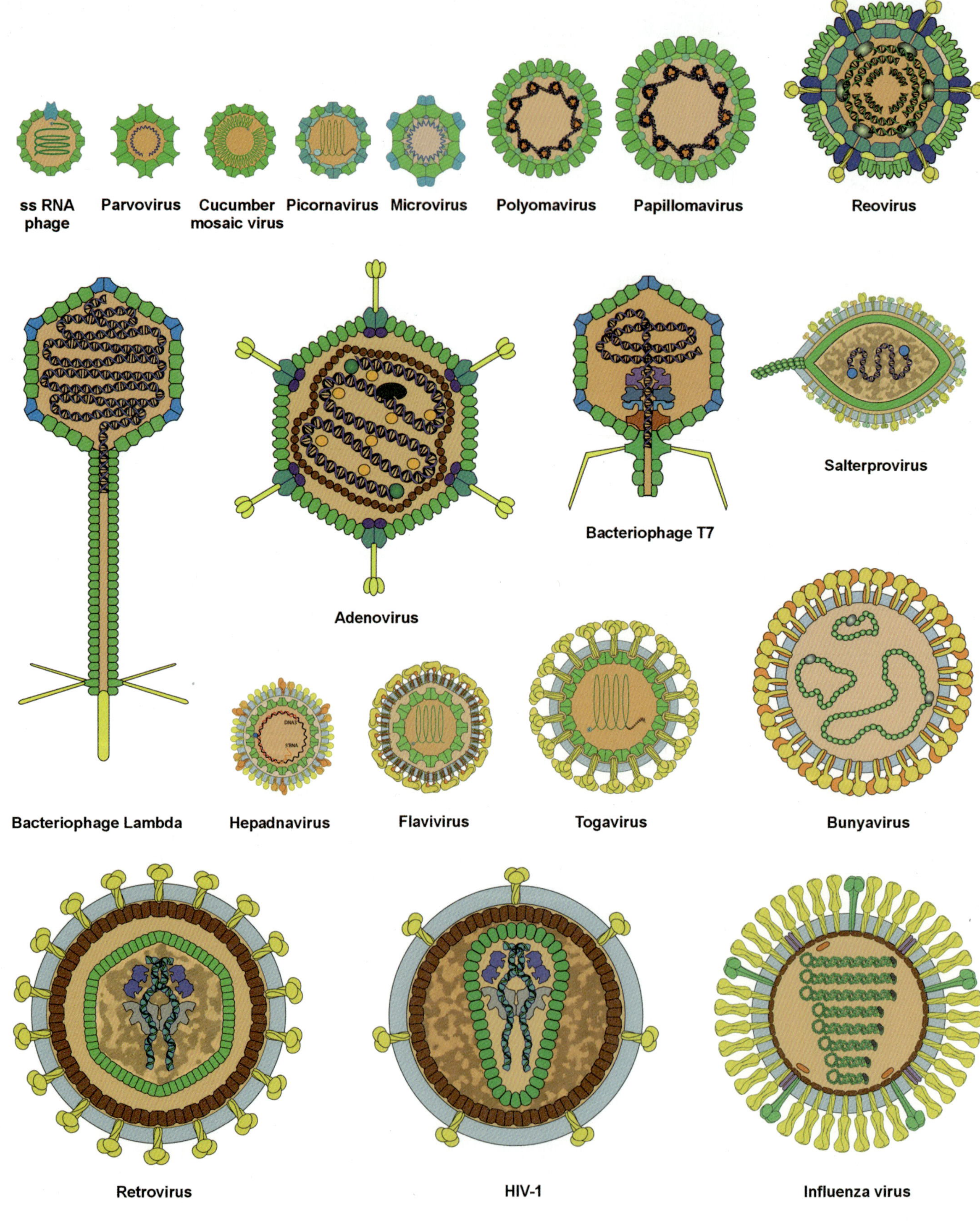
ss RNA phage
Parvovirus
Cucumber mosaic virus
Picornavirus
Microvirus
Polyomavirus
Papillomavirus
Reovirus
Adenovirus
Bacteriophage T7
Salterprovirus
Bacteriophage Lambda
Hepadnavirus
Flavivirus
Togavirus
Bunyavirus
Retrovirus
HIV-1
Influenza virus

(50 nm = 1 inch)

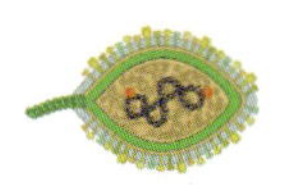
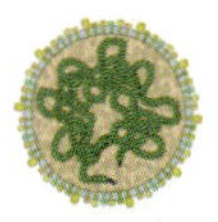
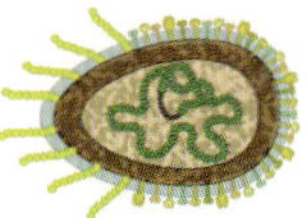

Retrovirus Fusellovirus Globulovirus Guttavirus Rhabdovirus

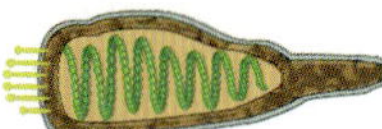
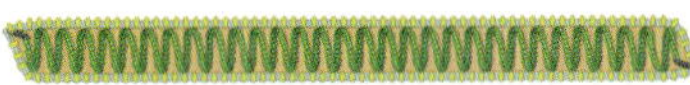

Ampullavirus Alphalipothrixvirus Rudivirus

Bicaudavirus Betalipothrixvirus

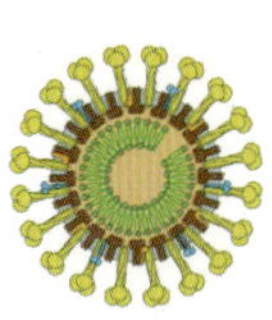

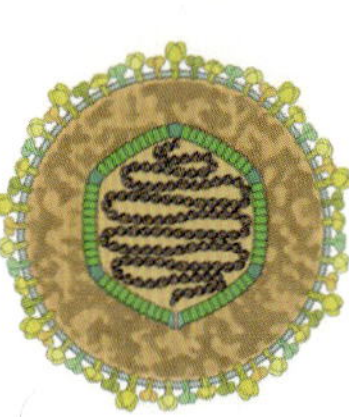

Coronavirus Paramyxovirus Herpesvirus Phycodnavirus

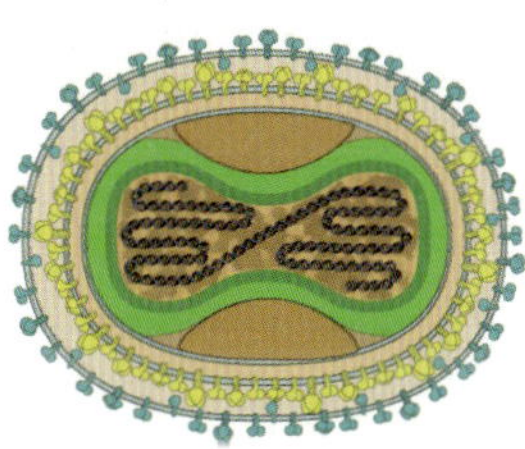
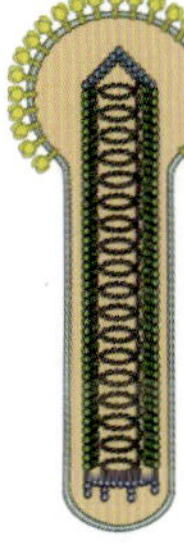

Poxvirus Baculovirus Filovirus

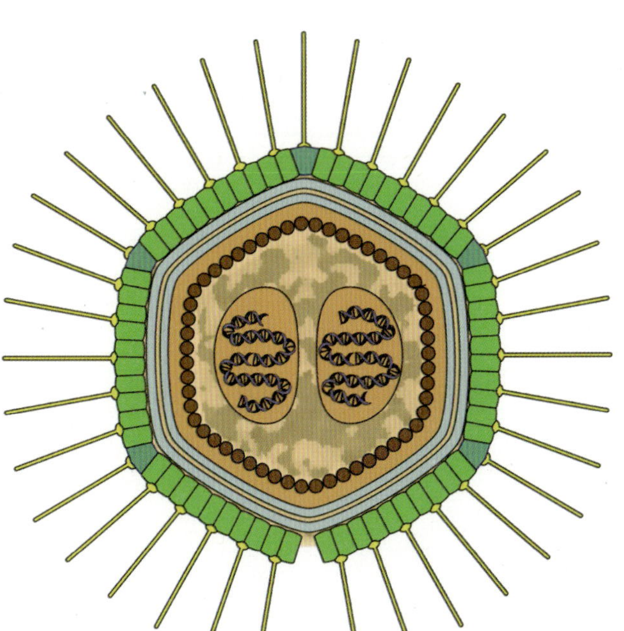
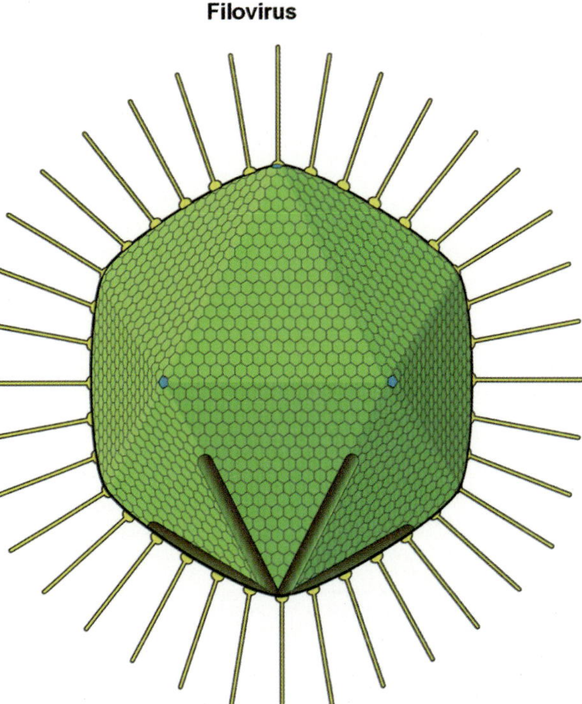

Mimivirus

(200 nm = 1 inch)

SECTION I

바이러스학의 소개

바이러스 입자 또는 **비리온(virion)**은 단백질 코트 속에 포장된 RNA 혹은 DNA 게놈으로 구성되며 어떤 경우에는 지질 외막을 포함한다. 바이러스는 살아 있는 세포에 감염하여 자신을 증식시킬 수 있다. 세포는 뉴클레오티드나 아미노산과 같은 분자적 구성 단위체, 화학적 에너지원, 단백질 합성기구, 그리고 생명 현상을 수행하는 데 필요한 잘 제어된 세포내 환경을 바이러스에게 제공한다. 이들이 없으면 바이러스는 유전자 포장물에 불과하다; 세포 내에서만 바이러스는 "공장"을 만들어 자손 바이러스 입자들을 생성하고 다른 세포에 감염하도록 이들을 방출한다.

이 부에서는 바이러스 연구법, 바이러스 구조와 분류, 그리고 바이러스가 세포에 어떻게 들어가서 복제주기를 시작하는지를 소개한다. 1장에서는 바이러스의 특성과 이들이 어떻게 복제하는 지를 간략히 소개한다. 2장에서는 대부분의 바이러스들이 게놈을 포장하는 데 이용하는 정교하게 만들어진 대칭적 캡시드의 독특한 특징들과 지질 외막이 어떻게 형성되는 지를 알아본다. 3장에서는 지구 상에 존재하는 다양한 바이러스의 종류에 대하여 살펴본다; 아마도 모든 살아 있는 생물들은 적어도 한 종 이상의 바이러스에 감염되는 것 같다.

바이러스들은 진화과정에서 언제 그리고, 어떻게 처음으로 생겨났을까? 3장에서는 이들이 아마도 수십억 년 전에 생겨났을 것으로 추정하고 있다. 4장에서는 진핵생물에 감염하는 바이러스들이 어떻게 숙주세포에 결합하고 진입하는 지를 알아 본다. 외막성 바이러스들은 일반적으로 세포막과의 융합을 통하여 게놈이나 캡시드를 세포 내에 방출한다. 비외막성 바이러스들은 세포막과 상호작용하여 캡시드나 게놈을 세포 내로 진입시켜 복제주기를 시작한다.

CHAPTER 1

바이러스학의 개요

Nicholas H. Acheson

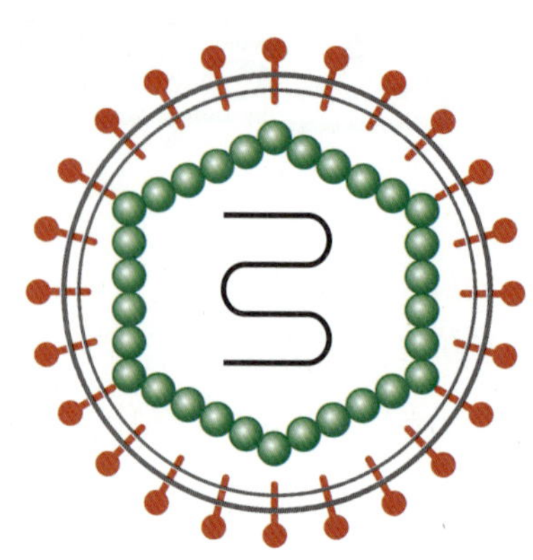

바이러스의 특성

바이러스의 구성 성분들:

- *핵산 게놈(DNA 또는 RNA)*
- *핵산을 둘러싸는 단백질 코트(**캡시드**)*
- *일부 바이러스의 지질막(**외막**)*

감염성 바이러스 입자를 **비리온**이라 함

바이러스 입자는 매우 작음: 지름 20~500 nm.

바이러스는 **세포내 절대기생체**임

바이러스는 세포 내에서 자신의 게놈을 발현하고 복제하여 증식함

바이러스가 필요로 하는 세포 기구들:

- *아미노산, 뉴클레오티드, 탄수화물 및 지질을 합성하는 효소계*
- *ATP 형태로 이용 가능한 화학에너지를 생성하는 효소계*
- *단백질 합성에 이용되는 리보좀, tRNA 및 효소들*
- *세포 거대분자들, 작은 분자들 및 이온들을 농축시키는 막*

바이러스 연구의 목적

바이러스는 중요한 질병 유발체들임

아마도 모든 형태의 생명체들이 바이러스에 감염될 수 있음

바이러스는 생명체들 사이에 유전자를 전달할 수 있음

바이러스는 지구 생태계의 조절에 중요한 역할을 함

바이러스를 조작하여 질병을 예방하고 치료할 수 있음

바이러스 연구를 통하여 유전자 발현, 세포 생리 및 세포내 신호전달경로들의 기본적인 메커니즘들을 규명할 수 있음

바이러스학의 역사

바이러스는 처음에는 작은 크기로 인하여 박테리아를 거르는 미세한 필터를 통과하는 능력으로 다른 미생물들과 구분되었음

바이러스는 결정화될 수 있음: 이들은 화합물과 생명체의 경계에 위치함

파지 그룹에 의한 박테리아 바이러스(박테리오파지)의 연구로 유전자의 성질이 밝혀졌으며 분자생물학의 기초가 마련되었음

진핵세포의 *in vitro* 배양은 바이러스 연구와 백신 생산에 급격한 진전을 이끌었음

종양바이러스들의 연구로 바이러스 및 세포 **암유전자**들이 발견되었음

바이러스 검출법과 정량법

용균반 분석법은 바이러스의 감염성을 측정하는 데 널리 이용됨

혈구응집법은 저렴하고 신속한 바이러스 입자 검출법임

바이러스 입자들은 전자현미경으로 관찰하고 셀 수 있음

대부분의 바이러스들에 있어서 감염성 입자에 대한 물리적 입자의 비는 1 이상임

바이러스의 복제주기

1. 비리온이 세포 표면 수용체에 결합함

2. 비리온 혹은 바이러스 게놈이 세포에 진입함; 바이러스 게놈이 코트를 탈피함
3. 초기 바이러스 유전자들이 발현됨(Baltimore 분류체계).
4. 초기 바이러스 단백질들이 바이러스 게놈의 복제를 지시함
5. 후기 바이러스 단백질들이 새로 복제된 바이러스 게놈으로부터 발현됨
6. 후기 바이러스 단백질들이 게놈을 포장하고 자손 바이러스 입자들을 조립함
7. 비리온들이 숙주세포에서 방출됨

바이러스의 특성

바이러스는 핵산 게놈과 이를 둘러싸는 단백질 코트로 구성된다

바이러스는 지구 상에서 가장 작고 단순한 생명체이다. 이들은 핵산 유전자와 이를 둘러싸는 단백질 코트인 **캡시드(capsid)**로 이루어져 있다. 이들 가운데 일부는 캡시드를 둘러싸는 지질막인 **외막(envelope)**을 추가로 가진다(그림 1.1). 바이러스의 게놈은 게놈의 복제에 관여하거나 게놈이 다른 세포 혹은 개체로 이동하는 데 필요한 단백질들에 대한 정보를 가진다. **비리온(virion)**이란 완전한 감염성 바이러스 입자를 의미한다.

바이러스의 복제는 살아 있는 세포에 의존한다

바이러스는 살아 있는 세포에서만 복제할 수 있으므로 **세포내 절대기생체(obligatory intracellular parasite)**이다. 바이러스는 성장과 복제에 필요한 다음과 같은 기본적 요소들이 없으므로 세포에 의존하여 복제한다.

- 생명의 기본적인 화학적 구성단위들(뉴클레오티드, 아미노산, 탄수화물, 지질)을 생성하는 효소계
- 광합성 또는 당이나 다른 작은 분자의 물질대사를 통하여 ATP와 같은 이용 가능한 에너지를 생성하는 효소계
- 단백질 합성에 관여하는 리보좀, tRNA 및 관련 효소기구
- 성장과 물질대사에 관여하는 거대분자나 작은 유기분자 또는 특정 무기이온들을 제한된 장소에 높은 농도로 유지시키는 막계

바이러스 입자는 해체되고 게놈이 세포 속으로 들어간다

바이러스만이 세포내 절대기생체인 것은 아니다. 클라미디아와 리켓챠를 비롯한 박테리아와 일부 원생생물들을 포함하는 수많은 작은 단세포 생물들도 숙주세포 속에서만 증식할 수 있다. 그러나 바이러스는 이들 세포내 기생체들과는 전혀 다른 방식으로 복제한다.

바이러스의 복제는 바이러스 입자가 해체되고 자신의 게놈이 세포에 방출(**탈피**)되면서 시작한다. 세포 내에서 바이러스 게놈이 주형으로 이용되어 mRNA가 합성되고

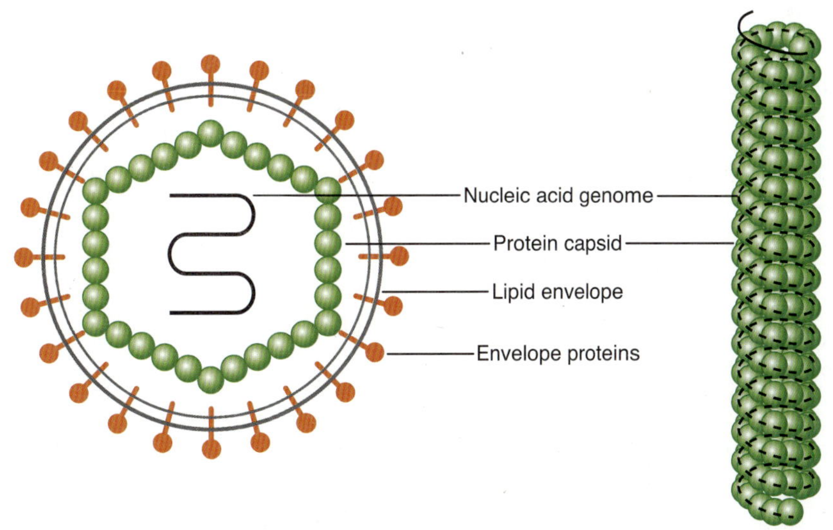

그림 1.1 바이러스 입자의 모식도. 가장 흔한 두 가지 형태의 캡시드를 나타내었다: 구형에 가까운 껍질(왼쪽)과 관상의 막대(오른쪽). 외막을 가지는 바이러스 입자(왼쪽)와 외막을 가지지 않는 바이러스 입자(오른쪽)가 있다.

이는 세포에 존재하는 효소계, 에너지, 리보솜 및 아미노산들을 이용하여 바이러스 단백질을 합성한다. 이들 바이러스 단백질들은 바이러스의 게놈 복제에 관여한다. 바이러스 구조 단백질들은 새로 복제된 게놈을 둘러싸서 자손 바이러스 입자들을 형성한다.

반면에 세포 내에서 복제하는 다른 단세포 생물들은 항상 온전한 상태를 유지하고 이들의 게놈은 자신의 세포막 속에 존재한다. 이들은 해체되어 재조립되는 것이 아니라 성장하여 딸세포로 분열한다. 이러한 세포내 기생체들은 모두 자신의 리보솜과 단백질 합성계, 그리고 대부분의 기초 대사경로에 관여하는 효소들을 생성한다.

요약하면 바이러스는 핵산 게놈과 이를 둘러싸는 단백질 코트로 구성된다. 바이러스의 복제를 위해서는 우선 자신의 게놈이 세포 내로 진입하여 바이러스의 단백질 합성을 지시한 뒤, 게놈을 복제하고 마지막으로 바이러스 입자를 조립한다. 숙주세포는 바이러스 증식에 필요한 모든 생체분자들을 바이러스에 제공한다.

바이러스 게놈은 RNA 또는 DNA이다

세상에는 매우 다양한 바이러스들이 있으며 아마도 지구상의 모든 생물들은 적어도 한 종류의 바이러스에 감염되는 것 같다. 바이러스들은 자신만의 독특한 형태, 게놈 및 입자 크기 그리고 복제 메커니즘을 가진다. 지금까지 알려진 가장 작은 바이러스는 지름이 20 nm[1]에 불과하고 게놈 크기는 2,000 뉴클레오티드 이하로 2가지 단백질만을 암호화한다. 반면에 가장 큰 바이러스는 지름이 약 500 nm이며, 게놈 크기가 1.2 백만 뉴클레오티드나 되며 이는 1,200가지 이상의 단백질들을 암호화한다.

모든 바이러스들은 한 가지 유형의 핵산으로만 이루어진 게놈을 가진다. 바이러스에 따라서 게놈이 RNA 혹은 DNA일 수 있으며, 이들은 단일-가닥 혹은 이중-가닥을 이룬다. 일부 바이러스들은 환형 게놈을, 다른 바이러스들은 선형 게놈을 가진다.

바이러스만이 RNA로 이루어진 게놈을 가진다. 모든 생물들은 생명을 유지하고 성장하고 증식하는 데 필요한 정보를 모두 DNA 분자에 저장하고 이들의 RNA 분자들은 모두 DNA 서열의 전사로 만들어진다. 따라서 RNA를 가지는 바이러스들은 매우 독특하다고 볼 수 있다. 이 바이러스들은 RNA 게놈으로 인한 2가지 어려움에 직면한다: (1) 이들은 RNA 주형으로부터 mRNA를 합성해야 한다. (2) 이들은 자신의 게놈 RNA를 복제해야 한다. 이러한 두 가지 기능들을 수행하기 위하여 대부분의 RNA 바이러스들은 자신의 RNA-의존적 RNA 중합효소를 만든다.

[1] 1 나노미터(nm) = 10^{-9} 미터(m) 혹은 10^{-6} 밀리미터(mm)

바이러스 연구의 목적

바이러스는 질병을 유발하는 중요한 병원체이다

지난 40억 년에 걸쳐 지구 상에 생명체가 생겨나고 진화하는 과정에서 생물들은 아마도 세포 속에서 복제하고 세포에서 세포로 이동하는 바이러스들과 함께 살아 왔을 것이다. 바이러스들 가운데 일부는 정상적인 세포 활동을 저해하고 질병을 유발한다. 하지만 많은 바이러스들은 뚜렷한 질병을 유발하지 않고 숙주세포에 감염할 수 있다. 역사상 인간에게 막대한 피해를 주었던 질병들은 대부분 바이러스에 의하여 유발되었다(표 1.1). 이에는 천연두, 독감, **회백수염(poliomyelitis)**, 황열병, 홍역, 그리고 AIDS 등이 있다. 바이러스는 사마귀나 감기와 같은 비교적 가벼운 질병에서부터 **뇌염**, 뇌수막염, 폐렴, **간염(hepatitis)** 그리고 자궁경부암 등과 같은 심각한 질병에 이르기까지 다양한 질병들을 유발한다. 바이러스는 또한 호흡기 감염, **위장염(gastroenteritis)**과 설사 등을 유발하여 미개발국가에서 매년 수백만 명의 어린이들을 사망하게 하는 원인이기도 한다.

수많은 새로운 인간 질병들도 바이러스에 의하여 유발된다. 1980년대 초에 시작하여 전 세계적으로 유행하고 있는 AIDS를 비롯하여 매우 높은 치사율을 나타내는 Marburg와 Ebola **출혈열(hemorrhagic fever)**이 지난 30년 동안 아프리카의 일부 지역에서 발병하였으며, 2003년에는 남아시아와 캐나다에서 SARS가 단기간 유행하였고, B형과 C형 간염바이러스에 의한 급성 및 만성 간염은 지속적으로 확산되고 있다. 1999년에는 모기에 의해 전염되는 West Nile virus가 북아메리카에 침투하였으나 다행히도 극소수의 사람들만이 질병으로 인하여 사망하였다. 만약 최근에 생겨난 고병원성 조류 influenza virus 변종이 인간들 사이에 쉽게 전염하는 형으로 돌연변이를 일으킨다면 매우 위험한 인간 독감이 전 세계적으로 대유행할 가능성도 있다.

바이러스는 모든 생명체에 감염할 수 있다

바이러스는 또한 인간에게 중요한 동물, 식물, 그리고 곤충 등에 감염한다. 바이러스성 질병이 가축에 발생하면 질병 확산을 방지하기 위하여 수천에서 수백만 마리의 동물들을 미리 죽여야 하는 경우도 생긴다. 이러한 질병에는 조류 독감, 소의 구제역, 돼지, 소와 닭의 감염성 위장염과 기관지염, 레트로바이러스에 의하여 유발되는 양의 폐

표 1.1 바이러스에 의하여 유발되는 일부 인간 질병들

Disease	Virus	Family
Acquired immunodeficiency syndrome (AIDS)	HIV-1	Retrovirus
Cervical carcinoma	Human papillomavirus types 16, 18, 31	Papillomavirus
Chickenpox	Varicella virus	Herpesvirus
"Cold sores"	Herpes simplex virus type 1	Herpesvirus
Common cold	Adenoviruses	Adenovirus
	Coronaviruses	Coronavirus
	Rhinoviruses	Picornavirus
Diarrhea	Norwalk virus	Calicivirus
	Rotaviruses	Reovirus
Genital herpes	Herpes simplex virus type 2	Herpesvirus
Hemorrhagic fevers	Dengue virus	Flavivirus
	Ebola and Marburg viruses	Filovirus
	Lassa fever virus	Arenavirus
Hepatitis	Hepatitis A virus	Picornavirus
	Hepatitis B virus	Hepadnavirus
	Hepatitis C virus	Flavivirus
Influenza	Influenza A and B virus	Othomyxovirus
Measles	Measles virus	Paramyxovirus
Mononucleosis	Epstein–Barr virus	Herpesvirus
	Cytomegalovirus	Herpesvirus
Mumps	Mumps virus	Paramyxovirus
Poliomyelitis	Poliovirus types 1, 2, and 3	Picornavirus
Rabies encephalitis	Rabies virus	Rhabdovirus
Severe acute respiratory syndrome (SARS)	SARS coronavirus	Coronavirus
Smallpox	Variola virus	Poxvirus
Warts	Human papillomavirus types 1, 2, 4	Papillomavirus
Yellow fever	Yellow fever virus	Flavivirus

암, 개의 홍역, 고양이 면역결핍증 등이 있다. 감자, 토마토, 담배, 코코넛, 감귤류 등의 식물에 피해를 주는 바이러스성 질병들도 만연하고 있다. 수세기 동안 아시아와 유럽에서 실크 생산에 이용되었던 누에를 죽이는 곤충 바이러스가 관련 산업을 붕괴시키고 있다. 바이러스는 또한 박테리아, 고세균, 조류, 균류 그리고 원생생물을 감염하여 이들을 죽일 수 있다.

바이러스는 지구 상에서 가장 많은 생명체이다

최근의 토양과 해수에 대한 연구에 의하면 박테리아 바이러스, 즉 박테리오파지가 생각보다 훨씬 더 많은 것 같다. 해수 1 ml에는 평균 1천만에서 5천만 개의 박테리오파지가 있으며 일부 토양에는 이보다 더 많이 존재한다. 과학자들은 바다의 크기를 고려하여 전 세계에 10^{31}개의 박테리오파지가 존재할 것으로 추정하였다. 이는 박테리아의 추정치보다 10배 이상 더 많은 것이다. 무게로 환산하면, 전체 파지는 약 1억 톤 정도로 지구 상에서 가장 큰 동물인 흰긴수염고래 100만 마리에 해당한다. 더 놀라운 것은 10^{31}개의 박테리오파지를 일렬로 나열한다면 약 2억 광년 정도의 길이에 해당하며 이를 우주에 펼친다면 우리가 알고 있는 대다수의 인접 은하계 너머까지 도달할 것이다.

더욱 중요한 것은 조류와 남조류 등의 단세포 진핵생물에 감염하는 박테리오파지와 바이러스들이 수행하는 경제적인 역할이다. 미생물은 해양 생체량의 95~98%를 차지하고(나머지 2~5%는 어류, 해양 무척추동물, 해양 포유류, 조류, 그리고 식물 등의 다른 생물들이 차지함), 지구 대기권에 있는 산소의 약 절반이 해양 미생물들의 광합성 작용에 의하여 만들어진다. 대략 해양 미생물의 약 20% 정도가 매일 바이러스 감염으로 인하여 파괴되는 것으로 추정된다. 따라서 바이러스는 우리의 대기를 조절하고 모든 생명체의 생존과 관련되는 탄소와 산소 순환에 있어서 매우 중요한 역할을 담당한다.

바이러스 연구를 통하여 분자세포생물학의 수많은 발견들이 이루어졌다

바이러스는 세포 내에서 복제하지만 제한된 수의 바이러

지구 상의 모든 파지들이 한 줄로 선다면 얼마나 길까?

과학자들은 꼬리를 가지는 박테리오파지가 지구 상에 약 10^{31}개 정도 존재하는 것으로 추정하고 있다. 각 파지의 머리에서 꼬리까지의 길이는 약 200 nm(0.2 μm)이다. 이들 파지들을 모두 머리에서 꼬리로 이어 나열한다면 다음의 길이가 될 것이다:

$$10^{31} \times 0.2\ \mu m = 0.2 \times 10^{25}\ m = 2 \times 10^{24}\ m$$
$$= \mathbf{2 \times 10^{21}\ km}$$

1광년(빛이 1년간 이동하는 거리)이 10^{13} km이므로

$$2 \times 10^{21}\ km = 2 \times 10^{21}/10^{13}\text{광년}$$
$$= \mathbf{2 \times 10^{8}}\textbf{광년 (2억 광년)}$$

우리 은하계가 끝에서 끝까지 약 10만 광년이고 우리가 볼 수 있는 가장 먼 은하계가 약 100억 광년(2×10^9)의 거리에 있다.

스 유전자들을 발현하므로 세포 현상을 이해하는 데 이상적인 도구를 제공한다. 박테리오파지의 연구를 통하여 다수의 분자생물학과 유전학의 기본적인 원리들이 밝혀졌다. 또한 동물, 곤충 및 식물 바이러스에 대한 연구를 통하여 이 생물들의 생명 현상과 질병, 복제, 세포분열 및 신호전달경로의 분자기전에 대한 다음과 같은 실마리들을 얻을 수 있었다.

- 작은 DNA 바이러스의 유전자 발현연구로 진핵세포 RNA 중합효소의 프로모터가 밝혀졌다.
- 박테리오파지와 동물 바이러스들의 DNA 복제에 대한 연구로 세포 DNA 복제에 관여하는 효소들을 이해하는 기초가 마련되었다.
- 진핵세포의 RNA 스플라이싱은 DNA 바이러스의 mRNA 연구에서 발견되었다.
- 암을 유발하는 바이러스들의 연구로 수많은 세포 **암유전자(oncogene)**들이 분리되었으며 암은 이들의 돌연변이나 부적절한 발현으로 유발된다는 것이 알려졌다.

이러한 선행 기록으로 볼 때 바이러스의 연구는 앞으로도 많은 분자세포생물학의 중요한 발견들을 선도할 것으로 여겨진다.

바이러스학의 역사

바이러스에 대한 과학적 연구는 매우 최근에 시작되었다

바이러스는 아마도 최초의 생명체에서도 존재하였고 수십억 년에 걸쳐 진화해 왔을 것으로 여겨지지만 인간은 19세기 말경에 들어서야 비로소 바이러스의 존재와 특성에 대하여 이해하기 시작하였다(표 1.2). 오랫동안 사람들은 감염성 질병이 공기, 물, 음식 혹은 아픈 사람들과의 접촉을 통하여 전염된다는 것을 알고 있었다. 사람들은 한동안 많은 질병들이 액체 속의 불가사의한 요소들에 의하여 유발된다고 여겼으며 이를 바이러스(라틴어로 "독소")라고 불렀다. 하지만 이들은 현재 우리가 알고 있는 바이러스와 세포성 미생물을 명확하게 구분하지는 못하였다. 과학자들은 19세기 전반부에 광학현미경을 이용하여 균류와 박테리아를 발견하였고 이들을 기술하기 시작하였다. Louis Pasteur와 Robert Koch는 19세기 후반부에 세균학을 과학적으로 확립하였다. 이들은 다양한 박테리아들을 분리하여 배양하였으며 이들 가운데 일부는 질병(예, 결핵)을 유발한다는 것을 보여 주었다. 비록 이 시기에 천연두(Edward Jenner, 1885)와 광견병(Louis Pasteur)에 대한 효과적인 백신들이 개발되기도 하였지만 이러한 질병들을 유발하는 바이러스의 정체에 대해서는 전혀 알지 못하였다.

바이러스는 여과성 때문에 다른 미생물들과 처음으로 구분되었다

19세기말 러시아 과학자인 Dimitrii Ivanovski와 네덜란드 과학자인 Martinus Beijerinck은 독자적으로 담배 모자이크 질병을 유발하는 원인체가 박테리아를 거르는 흙 혹은 자기로 만든 미세한 필터를 통과한다는 것을 발견하였다. 곧 이어 소의 구제역과 인간의 황열병을 유발하는 병원체들에 대해서도 유사한 실험들이 이루어졌다. 이러한 기념비적인 실험들을 통하여 일부 감염성 병원체들은 박테리아보다 훨씬 더 작다는 것을 알게 되었으며 이들을 **여과성 바이러스(filterable viruses)**라고 부르게 되었다. 하지만 오랫동안 바이러스가 작은 용해성 분자("살아 있는 감염성 액체")인지 아니면 박테리아와 같은 입자이지만 너무 작아 필터를 통과하는 지는 분명하지 않았다.

여과법이 다양한 질병들의 진단용 도구로 이용되면서 인간과 다른 척추동물, 식물, 곤충, 그리고 박테리아에 감염하는 수많은 바이러스들이 20세기 전반부에 발견되었다. 1991년에 종양 바이러스인 Rous sarcoma virus가 닭의 육종에서 처음으로 분리되었으며 이는 수년 후에 HIV가 속한 레트로바이러스과의 대표 종이 되었다. 1915~1917년에 영국과 프랑스의 과학자들은 박테리아 배양액이 여과성 박테리아 바이러스에 의하여 용균된다는 것을 발견하였다. 또한 독감과 황열병을 유발하는 중요한 인간 병원체들에 대한 백신들이 1930년대에 개발되었다.

표 1.2 바이러스학 연구의 주요 업적들

Discovery	Date	Scientists	Nobel prize awarded
Smallpox vaccine	1798	Edward Jenner	
Rabies vaccine	1885	Louis Pasteur	
Filterable viruses:			
Tobacco mosaic virus	1892	Dimitrii Ivanovski	
	1898	Martinus Beijerinck	
Foot-and-mouth disease (cattle)	1898	Friedrich Loeffler and Paul Frosch	
Yellow fever (humans: transmitted by mosquitoes)	1900	Carlos Finlay and Walter Reed	
Discovery of Rous Sarcoma virus	1911	Peyton Rous	1966
Discovery of bacteriophages and the plaque assay	1915	Frederick Twort	
	1917	Felix d'Herelle	
Vaccine against yellow fever	1930s	Max Theiler	1951
Crystallization of tobacco mosaic virus	1935	Wendell Stanley and John Northrup	1946
Studies with bacteriophages	1940s	Max Delbruck and Salvador Luria	1969
Growth of poliovirus in cultured cells	1949	John Enders, Frederick Robbins, and Thomas Weller	1954
Bacteriophage lambda and lysogeny	1950s	Andre Lwoff	1965
Bacteriophage genes are DNA	1952	Alfred Hershey and Martha Chase	1969
Discovery of interferon	1957	Alick Isaacs and Jean Lindenmann	
Poliovirus vaccines:			
killed	1955	Jonas Salk	
live	1960	Albert Sabin	
Studies on polyomavirus: a tumor virus	1960s	Renato Dulbecco	1975
Kuru is caused by an infectious agent	1965	D. Carleton Gajdusek	1976
Discovery of hepatitis B virus	1968	Baruch Blumberg	1976
Reverse transcriptase in retroviruses	1971	Howard Temin and David Baltimore	1975
Virus vectors and genetic engineering	1970s	Paul Berg	1980
Cellular oncogene is part of a retrovirus genome	1976	Michael Bishop and Harold Varmus	1989
RNA splicing in adenovirus	1977	Phillip Sharp and Richard Roberts	1993
Prions: infectious proteins	1975–1990	Stanley Prusiner	1997
Human papillomaviruses cause cervical cancer	1972–1984	Harald zur Hausen	2008
Discovery of AIDS virus (HIV-1)	1983	Luc Montagnier and Françoise Barré-Sinoussi	2008

Tobacco mosaic virus의 결정화로 유전자와 생물의 특성에 대한 고정관념이 도전을 받았다

1930년대 중반에 Wendell Stanley는 고도로 정제된 tobacco mosaic virus가 결정을 형성한다는 것을 발견하였다. 이는 바이러스가 소금과 같은 단순한 화합물과 생물 간의 경계에 있다는 것을 의미하므로 과학계를 발칵 뒤흔들었다. 따라서 바이러스가 생물 혹은 무생물인지에 대한 의문에 직면하게 되었다. 현재 우리는 바이러스 게놈이 비리온 속에 들어 있는 상태에서는 바이러스가 무생물이지만, 바이러스 게놈이 바이러스 복제를 지지할 수 있는 세포 속에 들어가면 돌연변이, 진화 및 증식 능력을 비롯한 생명의 여러 가지 특성들을 나타낸다는 것을 알고 있다.

Stanley 등의 연구를 통하여 바이러스는 단백질과 핵산을 포함한다는 것을 알 수 있었다. 그 당시의 많은 과학자들은 단백질만이 유전정보를 저장할 정도로 충분히 복잡하다고 생각하여 유전물질이 핵산이 아닌 단백질인 것으로 생각하였다. 1930년대 후반에 전자현미경이 개발되면서 긴 막대형 바이러스인 tobacco mosaic virus, 다각형 머리와 관상의 꼬리를 가지는 박테리오파지, 그리고 가장 큰 동물 바이러스인 vaccinia virus 등의 바이러스를 처음으로 관찰할 수 있었다(그림 1.2).

파지 그룹에 의한 박테리오파지의 연구를 통하여 분자생물학 분야의 기초가 확립되었다

1930년대 후반과 1940년대 초반에 독일의 물리학자인

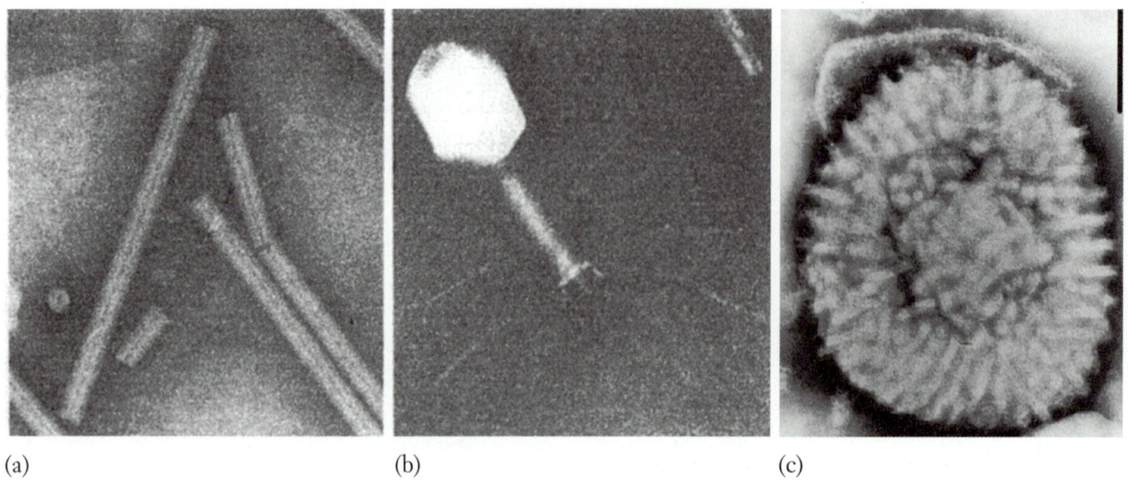

(a) (b) (c)

그림 1.2 일부 대표적인 바이러스 입자들의 전자현미경 사진. (a) Tobacco mosaic virus, (b) 박테리오파지 T4, (c) Vaccinia virus.

Max Delbruck, 미국의 생물학자인 Emory Ellis, 그리고 이탈리아의 생물학자인 Salvador Luria에 의해 주도된 과학자 집단은 박테리아 바이러스(박테리오파지)의 연구를 통하여 분자 수준에서 생명의 기본적인 과정들을 이해할 수 있다고 주장하였다. 그 근거로 박테리오파지도 유전형질을 나타내므로 다른 생물들처럼 유전자를 가지고 이를 발현할 것이라고 제안하였다. 실제로 박테리오파지는 작고 단순할 뿐 아니라 박테리아 배양액에서 쉽게 증식할 수 있으므로 과학적 발견을 위한 이상적 모델을 제공하였다.

이들 과학자들은 파지 그룹(phage group)이라는 비공식적 네트워크를 형성하여 수많은 물리학자, 화학자 및 생물학자들의 박테리오파지와 박테리아에 대한 연구를 지원하였다. 이러한 연구를 통하여 파지 게놈이 분리되고 유전적 교배에 의한 파지와 박테리아의 유전자 지도가 작성되었으며 파지의 복제주기가 알려졌다. 파지 그룹은 1950년대와 1960년대에 급속히 발달하게 된 분자생물학 분야의 기초를 확립하는 데 큰 도움을 주었다.

파지 그룹의 대표적 성과로 1952년에 Alfred Hershey와 Martha Chase가 박테리오파지의 DNA가 숙주세포 내로 주입되고 단백질 껍질은 세포 밖에 남는다는 것을 발견하였다. 이는 이보다 8년 전에 Oswald Avery, Maclyn McCarty 그리고 Colin MacLeod가 발견한 박테리아 유전자가 DNA로 이루어져 있다는 화학적 및 효소적 연구 결과를 강하게 지지하였다. 따라서 박테리오파지의 연구를 통하여 유전자의 화학적 성질을 증명할 수 있게 되었다. Hershey와 Chase의 논문이 발표되고 1년 후에 James Watson(Luria의 학생)과 Francis Crick이 DNA의 이중나선 모델을 제안하였으며 이는 생물학의 전 분야, 특히 바이러스학과 분자생물학의 연구에 커다란 영향을 미쳤다.

박테리오파지를 세균성 질병의 치료를 위한 항생제로 이용할 수 있다

박테리오파지는 특정 세균을 공격하여 죽이므로 사람과 동물의 세균성 질병을 치료하는 데 박테리오파지를 이용할 수 있을 것이다. 실제로 오랫동안 박테리오파지의 항생제 대체 가능성에 대한 연구가 이루어졌다. 다양한 병원성 세균들에 특이적으로 감염하는 박테리오파지들이 분리되었다. 이들을 의학적으로 활용하고자 하는 시도는 오랜 역사를 가지는데 특히 박테리오파지의 발견자들 가운데 한 사람인 Felix d'Herelle가 설립한 조지아 공화국의 한 연구소에서 많은 연구가 이루어졌다. 그러나 항세균제로 박테리오파지를 인간에게 이용하는 것은 많은 나라들에서 아직 허용되지 않고 있다. 중요한 문제들이 아직 해결되지 않았으며 특히 박테리오파지에 대한 면역반응의 유도는 문제가 된다. 앞으로의 연구개발로 박테리오파지를 이용하여 기존의 항생제에 저항성을 획득한 세균들의 감염을 제어할 수 있기를 기대한다.

종양바이러스 연구는 분자생물학의 중요한 발견들을 선도하고 암의 특성을 이해하는 데 기여하였다

바이러스 연구는 20세기 후반부에 폭발적인 발전을 이루었으며 새로운 바이러스들이 많이 발견되어 세포분자바이러스학의 기본 개념들이 확립되었다. 특히 DNA 종양 바이러스들(polyomaviruses, papillomaviruses, 그리고 adenoviruses)와 RNA 종양 바이러스(retroviruses)가 발견되고 이들에 대한 활발한 연구가 이루어졌다. DNA 종양 바이러스들의 연구를 통하여 바이러스 암유전자들이 발견되었고, 이 유전자 산물들(종양 항원)이 세포의 성장과 분열을 촉진하기 위하여 여러 신호전달경로들과 상호작용한다는 것이 밝혀졌다.

바이러스 벡터는 결함 유전자의 교체, 백신 개발 및 암의 치료에 이용될 수 있다

분자 클로닝 기술의 발달로 수많은 바이러스 벡터들을 제조할 수 있게 되었다. 유전자 조작을 통하여 바이러스 유전자의 일부 혹은 전부를 제거하고 외래 유전자로 교체한 바이러스를 만들 수 있다. 바이러스는 특정 유형의 세포에 효과적으로 감염하고 높은 수준으로 유전자를 발현하므로 다양한 유전자들의 발현을 위한 벡터로 이용될 수 있다. 바이러스를 숙주세포 혹은 개체에 도입하여 특정 유전자의 결실이나 결함으로 인하여 발생하는 유전 질병을 치료할 수 있다. 또한 바이러스 벡터는 다양한 병원체에 대한 면역반응을 유도하는 백신으로 이용될 수 있다. 최근에는 암세포를 특이적으로 죽이는 단백질을 발현하는 바이러스 벡터를 이용하여 암이 치료될 수 있음이 보고되었다.

RNA 종양 바이러스에 대한 연구로 RNA에서 DNA를 만드는 **역전사효소(reverse transcriptase)**가 발견되었으며 이는 "DNA → RNA → 단백질"의 일방적인 중심원리를 재조정하는 계기가 되었다. 수많은 세포성 암유전자들이 레트로바이러스의 게놈에 삽입되어 있음이 알려졌다. 이러한 암유전자들은 정상적인 세포 조절 유전자들로서 다양한 신호전달경로에 관여하며 이들의 돌연변이나 과발현이 암의 발생을 유도할 수 있다. 바이러스와 세포의 암유전자에 대한 연구를 통하여 암의 검출과 치료 기술이 획기적으로 발전하였다.

바이러스 검출법과 정량법

초창기에는 바이러스를 온전한 생물체에 감염시켜 검출하고 연구하였다

많은 바이러스들은 숙주 생물에 질병을 유발하기 때문에 과학자와 의사들이 이들의 존재를 처음으로 인식할 수 있었다. 처음에는 이러한 바이러스들의 연구를 위하여 감염 개체의 여과 추출물을 동물이나 식물에 접종하고 바이러스의 감염효과를 관찰하였다. 그러나 이러한 방법은 비용과 시간이 많이 소모될 뿐만 아니라 윤리적 관점에서 인간에게는 더 이상 적용할 수 없게 되었다. 따라서 현재는 많은 동물 바이러스들이 복제할 수 있을 뿐 아니라 비교적 쉽게 구할 수 있고 가격이 저렴한 어린 생쥐와 같은 실험동물들이 많이 이용된다. 또한 수많은 동물 바이러스들은 농장에서 쉽게 구할 수 있는 계배에서도 잘 증식한다. 이로 인하여 바이러스의 분석에 걸리는 비용과 시간이 많이 줄어들었다.

용균반 분석법은 박테리오파지의 연구로 개발되었다

박테리아 바이러스들은 시험관이나 페트리디쉬에서 키운 박테리아에 접종하여 쉽게 연구할 수 있다. 온전한 박테리아는 가시광선을 회절시키기 때문에 진한 액체 배양액은 혼탁하게 보인다. 많은 박테리오파지들은 숙주세포를 용해시키므로 빛의 회절이 감소하여 박테리아 배양액이 맑아진다. 이러한 현상은 파지의 복제 여부를 판단하는 데 이용된다.

파지 정량에 세포 용해현상을 적용하기 위하여 페트리디쉬의 한천배지 표면에 박테리아를 먼저 도말하고 파지 용액을 희석하여 접종할 수 있다. 파지가 박테리아 세포에 결합하고 복제하면 세포는 자손 파지 입자들을 방출하고 이들은 다시 인접한 세포에 감염하여 복제한다. 이러한 주기를 여러 번 거치면 원래 감염되었던 세포의 주위에 있던 세포들이 모두 용해된다. 이러한 용해 영역은 페트리디쉬의 한천배지 표면에 비감염 세포들이 여러 층으로 자라 형성된 혼탁한 배경과 대비되어 투명한 "용균반(plaque)"으로 나타난다(그림 1.3). 이러한 **용균반 분석법(plaque assay)**을 이용하여 용액 속에 있는 감염성 바이러스 입자들의 수를 매우 정확하게 측정할 수 있다. 또한 이러한 용균반 형성은 박테리오파지의 발견에도 매우 유용하게 이용된다.

배양한 진핵세포들도 용균반 분석법에 적용할 수 있다

20세기 중엽에 인간, 동물, 곤충 및 식물세포의 배양법이 개발되면서 보다 편리하고 값싼 방법으로 여러 바이러스들을 배양하고 이들의 역가를 측정할 수 있게 되었다. 동물 바이러스들의 경우에는 여러 가지 조직들(특히, 배아 혹은 어린 동물의 조직)의 세포들을 유리나 플라스틱의 표면에서 단층으로 키울 수 있다. 배양세포는 또한 1950년대에 개발된 poliovirus 백신을 시작으로 많은 항바이러스성 백신들의 제조(35장)에도 이용되었다.

배양세포를 이용하여 동물, 식물, 그리고 곤충 바이러스에 대한 용균반 분석법이 개발되었다. 단층으로 자라는 세포들이 바이러스에 감염되면 자손 바이러스들이 배지로 방출되고 다른 부위로 이동하여 세포들에 감염한다. 자손 바이러스들의 확산을 제한하기 위하여 감염 세포들을 영양배지가 포함된 한천으로 덮어 둔다. 젤 상태의 한천에서는 방출된 바이러스들이 인접한 세포들에만 감염할 수 있으므로 죽은 세포들의 영역, 즉 용균반이 형성된다.

세포 단층은 너무 얇아 빛을 잘 회절시키지 못하므로 용균반이 쉽게 관찰될 수 있도록 세포들을 염색한다. 죽거나 용해된 세포들은 염색이 잘되지 않으므로 염색된 세포

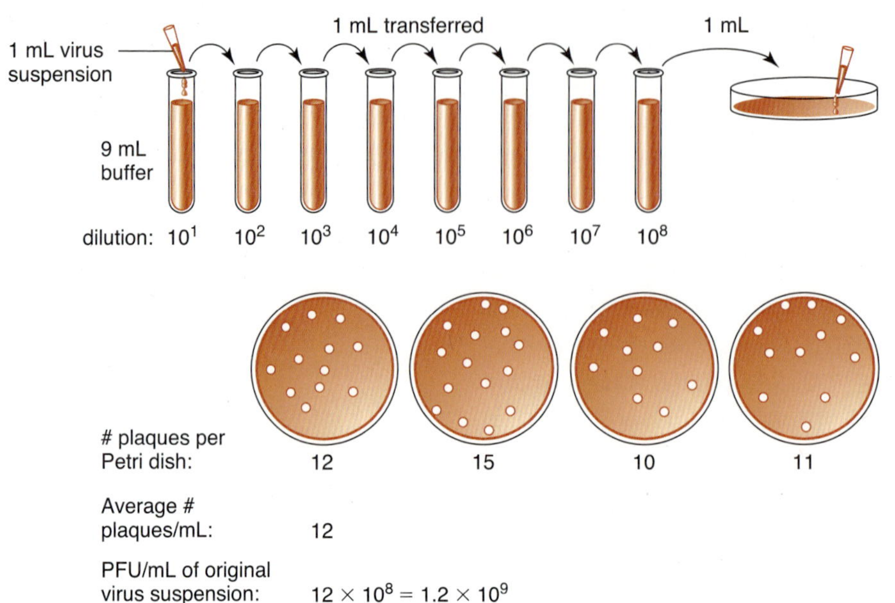

그림 1.3 용균반 분석법. 10배 연속 희석법으로 바이러스 시료를 희석하기 위하여 9 mL의 희석 완충액에 1 mL의 시료를 첨가한다. 잘 섞은 후에 이 희석액 1 mL를 새 희석 완충액 9 mL에 넣어 섞는다; 이러한 단계들을 전체 8회 반복한다. 따라서 각 시험관은 바로 앞 시험관보다 10배 희석된 바이러스를 포함한다. 따라서 여덟 번째 시험관은 원래 바이러스 시료에서 10^8배 희석된다. 이 10^8배 희석액을 1 mL씩을 취하여 4개의 페트리 접시에서 감수성 세포에 감염시키고 용균반이 형성될 때까지 배양한다. 형성된 용균반의 수를 세어 mL 당 용균반-형성 단위(plaque-forming unit, PFU)를 계산할 수 있다.

층을 배경으로 염색되지 않은 투명한 용균반을 관찰할 수 있다. 개개의 용균반에 존재하는 바이러스들을 주사기나 파스퇴르 피펫을 이용하여 분리하면 처음에 용균반을 만들기 시작한 하나의 비리온에서 유래한 자손 바이러스들을 분리할 수 있다.

용균반 분석법으로 바이러스 용액의 감염성 역가를 측정할 때 보통 용액 mL당 **용균반-형성 단위(plaque-forming unit, PFU)**로 표시한다. 바이러스의 역가는 관찰된 용균반의 수에 희석배수를 곱하여 결정한다(그림 1.3).

많은 바이러스들을 혈구응집법으로 간편하고 빠르게 분석할 수 있다

수많은 동물 바이러스들은 세포 표면의 단백질과 지질에 있는 시알산 잔기나 다른 탄수화물들과 결합할 수 있다. 적혈구는 표면에 탄수화물을 포함하는 수용체를 가지고 있을 뿐만 아니라 붉은 색깔을 띠므로 쉽게 관찰할 수 있는 장점을 지닌다. 더구나 이들은 다양한 동물의 혈액에서 쉽게 분리할 수 있고, 안정하여 조작과정에서 잘 파괴되지도 않기 때문에, 수일 혹은 수 주일 동안 저장할 수 있다. 따라서 적혈구는 바이러스 분석에 이상적인 재료를 제공한다.

바이러스 입자의 표면에는 다수의 수용체-결합 단백질들이 있고 적혈구 세포의 표면에도 많은 수용체들이 있다. 과다한 바이러스 입자들과 일정량의 적혈구들을 섞어 두면 인접한 세포들 사이에 바이러스 입자들이 다리를 만들고 이로 인하여 세포들이 서로 얽히어 네트워크가 형성된다. 이와 같이 응집된 적혈구들이 가라앉도록 방치하면 시험관 바닥에 옅은 핑크색의 반구형 껍질이 형성된다. 반면에 바이러스가 결합하지 않은 개개의 적혈구들은 시험관 바닥으로 미끄러져 조밀하고 짙은 적색의 침전물을 형성한다(그림 1.4). 이것이 바이러스의 정량에 이용되는 **혈구응집법(hemagglutination assay)**의 원리이다.

바이러스 용액을 2배씩 희석하여 일정량의 적혈구 세포들과 섞은 뒤 세포들이 가라앉으면 관찰한다. 일정량의 세포들을 응집시키는 바이러스의 최고 희석배수를 1 혈구응집단위(hemagglutinating unit, HAU)라고 한다. 이러한 분석법은 pH, 온도, 완충액 조성에 민감하며 일부 바이러스들은 특정 포유동물 혹은 조류의 세포들만 응집시킨다.

많은 수(약 10^5)의 적혈구 세포들이 각 시험관에 이용되므로 1 HAU는 보통 10^5 혹은 그 이상의 바이러스 입자들을 나타낸다. 따라서 혈구응집법은 용균반 분석법보다 민감도가 낮지만 신속하고 저렴한 장점이 있다. 또한 항체가 첨가되면 혈구응집을 저해하기 때문에 이 방법은 바이러스 표면 항원에 결합하는 항체를 검출하는 데에도 이용될 수 있다.

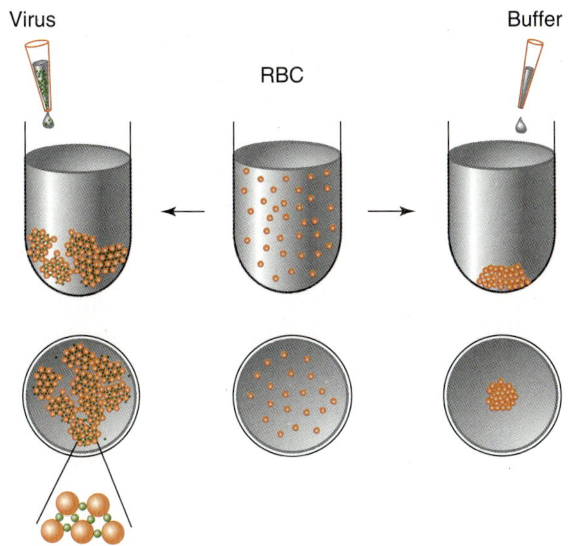

그림 1.4 **혈구응집법.** 적혈구(RBC; 중앙의 관에 있는 작은 오렌지색 원)를 바이러스(작은 녹색 구체) 혹은 완충액과 혼합하고 가라앉도록 둔다. 개개의 적혈구들은 관의 바닥에 가라앉아 조밀한 덩어리를 형성하지만(오른쪽), 응집이 일어나면 관의 측면과 바닥에 얇은 껍질을 형성한다(왼쪽). 아래쪽에 제시된 그림은 관을 밑에서 관찰한 것이다. 왼쪽의 확대된 그림에서 바이러스 입자들이 결합한 적혈구들을 나타내었다.

전자현미경으로 바이러스 입자를 관찰하거나 정량할 수 있다

다양한 염색법 혹은 투영법을 이용하여 전자현미경으로 바이러스 입자를 관찰할 수 있다. 가장 단순한 방법은 바이러스 용액을 phosphotungstate 혹은 uranyl acetate와 같은 전자밀도가 높은 염색물질과 섞어 격자에 편 후에 전자현미경으로 관찰하는 것이다. 염색물질이 바이러스 입자 주위에 결합하여 전자밀도가 높은 바탕을 이루지만 바이러스 입자는 염색물질과 결합하지 않는다. 따라서 어두운 배경에 밝은 상이 나타나므로 바이러스의 표면 구조를 자세히 관찰할 수 있다(그림 1.2). 이러한 기술을 음성 염색(negative staining)이라고 한다. 바이러스 용액을 희석하고 격자에 적용하면 주어진 면적에서 바이러스 입자의 수를 셀 수 있다. 작은 구형의 라텍스나 다른 균일한 물질을 표준용액으로 바이러스 용액에 첨가하면 단위 부피당 바이러스 입자의 수를 계산할 수도 있다.

감염성 바이러스 입자에 대한 물리적 바이러스 입자의 비는 1보다 훨씬 클 수 있다

동일한 바이러스 용액을 용균반 분석법으로 감염성 바이러스 입자의 수를 측정하고 전자현미경으로 물리적 바이러스 입자의 수를 측정하여 감염성 입자에 대한 물리적 입자의 비를 산정할 수 있다. 단순히 생각하면 대부분의 온전한 바이러스 입자들이 모두 감염성을 지닐 것으로 생각할 수 있다. 하지만 이는 박테리오파지와 일부 동물 바이러스들에게만 적용된다. 대부분의 바이러스에서는 물리적 입자와 감염성 입자의 비는 10, 100, 혹은 심지어 1,000으로 매우 높다. 여러 가지 이유들로 인하여 바이러스는 낮은 감염성을 나타낸다:

- *바이러스 입자들이 모두 온전하지는 않다.* 예를 들면, 바이러스 외막은 매우 약하여 쉽게 파괴되어 바이러스 입자가 감염성을 상실할 수 있다. 일부 바이러스 표면 단백질 분자들이 변성되어 세포 수용체에 결합할 수 없을 수도 있다. 그러나 비리온의 표면에는 수많은 수용체-결합 단백질들이 있으므로 일부 단백질 분자들의 소실이나 변성만으로는 감염성을 상실하지는 않는다.
- *일부 바이러스 입자들은 결함성 게놈을 가진다.* 바이러스의 게놈 복제과정에서 바이러스 유전자의 결실과 같은 돌연변이가 흔히 생겨나며 이러한 결함을 지니는 게놈도 바이러스 입자를 형성할 수 있다. 극단적인 경우에는 바이러스 시료의 90% 혹은 그 이상이 결함성 게놈을 가지는 입자일 수도 있다.
- *바이러스 게놈을 포함하지 않는 빈 캡시드가 다량으로 만들어질 수 있다.* 일부 바이러스들은 바이러스 게놈을 포함하지 않은 캡시드를 형성할 수 있다. 일부는 바이러스 게놈 대신에 세포의 DNA나 RNA가 캡시드에 들어갈 수도 있다. 그러나 대부분의 바이러스들은 특정 포장 신호를 가지는 바이러스 게놈만을 둘러싸서 비리온을 형성한다.
- *세포는 항바이러스성 방어기전을 가진다.* 많은 바이러스 시료들은 감염성 게놈을 포함하는 온전한 비리온들로 이루어져 있다. 그러나 세포는 바이러스 감염의 여러 단계들을 저해하는 다양한 방어기전들을 가진다. 따라서 비록 감염성을 지니는 온전한 비리온이 세포 속으로 들어가더라도 자손 바이러스가 생성되지 않을 수 있다. 이것이 물리적 입자와 감염성 입자의 비를 높이는 가장 중요한 요인이다.

바이러스의 복제주기

단일-주기 바이러스 복제 실험

용균반 분석법을 이용하면 바이러스 복제의 동역학에 대

한 정량적 연구가 가능하다. 바이러스 복제주기에서 일어나는 현상들의 순서와 시간을 결정하기 위하여 과학자들은 보통 수천에서 수백만 개의 감염 세포들에서 충분한 양의 바이러스 핵산과 단백질들을 분리하여 분석한다. 모든 세포들이 동시에 감염되면 바이러스 복제주기가 동기화되어 모든 세포들에서 동일한 시간에 동일한 복제단계가 진행될 수 있다. 이러한 동시감염을 이루기 위해서는 배양세포에 충분한 수의 바이러스 입자들을 감염시켜 각 세포가 적어도 하나 이상의 감염성 입자를 수용하도록 한다.

이러한 이유로 **감염 다중도(multiplicity of infection, m.o.i.)**라는 개념이 생겨났다. 이는 세포 하나 당 첨가되는 감염성 바이러스 입자의 수를 의미한다. 박테리아 혹은 동물 바이러스의 연구에서는 세포 당 10에서 100 pfu가 흔히 이용된다. 배양 중인 거의 모든 세포들이 동시에 감염되고 극소수의 세포들만이 비감염 상태로 남게 된다.

실제로는 이러한 방법으로 바이러스 증식주기에서 일어나는 여러 단계들을 진행순서 대로 구분하는 데에는 한계가 있다; 주기의 서로 다른 단계들이 어느 정도 중첩되어 일어나기 때문이다. 하지만 단일-주기 접근법은 바이러스의 복제 연구를 단순화시키므로 보편적으로 많이 이용된다. 일부 박테리오파지들은 20분에 복제주기를 완성하고 일부 동물 바이러스들은 한 복제주기를 완성하는 데 수일이 소요되기도 한다. 어떤 바이러스들은 항상 생산적인 성장주기를 수행하지 않고 용균성 주기에 적합한 조건이 형성될 때까지 하나 혹은 그 이상의 게놈이 잠복성 상태로 숙주세포에 숨어 있을 수 있다. 이를 용원성 혹은 **잠복감염(latent infection)**이라고 한다(8, 9, 24 및 28장 참조).

바이러스 복제주기의 예: mouse polyomavirus

어린 생쥐 신장세포에서 복제하는 작은 DNA 바이러스인 mouse polyomavirus의 단일주기 성장곡선을 살펴 보자(그림 1.5). 지름 6 cm의 페트리디쉬에 키운 약 500만 개의 세포들에 1억(10^8) PFU/mL의 바이러스 용액을 0.5 mL 첨가하여 감염시켰다(m.o.i. = 10 PFU/세포).

1시간 이후에 세포에 새로운 배지를 첨가하고 37℃의 CO_2 배양기에서 세포를 배양하였다. 일정한 시간 간격으로 감염 세포 혹은 배지를 수거하여 감염성 바이러스, 바이러스 mRNA, 바이러스 단백질 그리고 바이러스 DNA를 분석하였다. 그 결과를 바이러스에 대해서는 PFU/세포(왼쪽의 대수 눈금)로, 바이러스 거대분자들에 대해서는 최대량의 백분율(오른쪽의 직선 눈금)로 나타내었다.

바이러스를 첨가하고 첫 1~2시간 동안에 대부분의 감염성 비리온들이 세포 내로 들어가고 나머지는 배지를 교체하는 과정에서 제거되었다. 이로 인하여 초기에는 배지에서 검출되는 바이러스의 수가 오히려 줄어들었다. 세포 내로 들어간 대부분의 바이러스 입자들이 탈피하여 감염성을 상실하기 때문에 세포내 감염성 바이러스의 수도 감소하였다. 이 단계에서는 감염성 바이러스가 사라지고 새

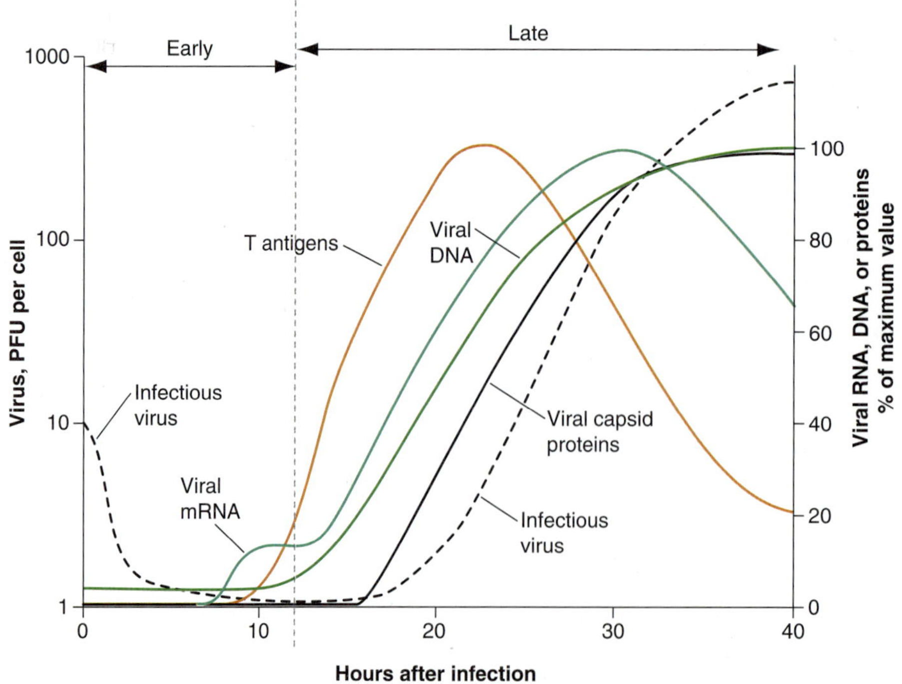

그림 1.5 Mouse polyomavirus의 복제주기. Mouse polyomavirus를 어린 생쥐의 신장 상피세포에 감염시켜 얻은 전형적인 복제주기에서 감염성 바이러스 입자, 바이러스 mRNA, DNA 및 단백질들이 출현하는 시간경로를 나타내었다.

로운 자손 바이러스가 아직 생성되지 않기 때문에 잠복단계(latent phase)라고 한다.

일정한 시간이 지나면(이 경우에서는 감염 후 18~20시간 정도) 새로운 자손 바이러스들이 나타나기 시작한다. Polyomavirus 입자는 세포의 핵에서 조립되어 세포가 죽기 전에는 세포 밖으로 효과적으로 빠져나오지 못한다. 따라서 세포를 수거하여 파쇄시켜야만 대부분의 자손 바이러스들을 검출할 수 있다. 배지에서는 훨씬 낮은 수의 바이러스가 검출되었다(미제시). 이는 진핵세포의 핵이나 세포질에서 복제하는 대부분의 비외막성 바이러스들과 대부분의 박테리오파지들의 경우에도 해당된다. 반면에 많은 외막성 바이러스들은 세포 표면에서 지질 외막을 획득하여 비리온을 형성하므로 새로 조립된 바이러스 입자들이 즉시 배지로 방출된다.

자손 바이러스들은 오랫동안 생성될 수도 있지만 어느 시점에서 숙주세포가 죽으면 바이러스 복제가 중단된다. 이 시점 이후로는 더 이상 바이러스들이 생성되지 않지만 죽은 세포들이 서서히 해체되므로 바이러스 방출은 일정 기간 지속될 수 있다.

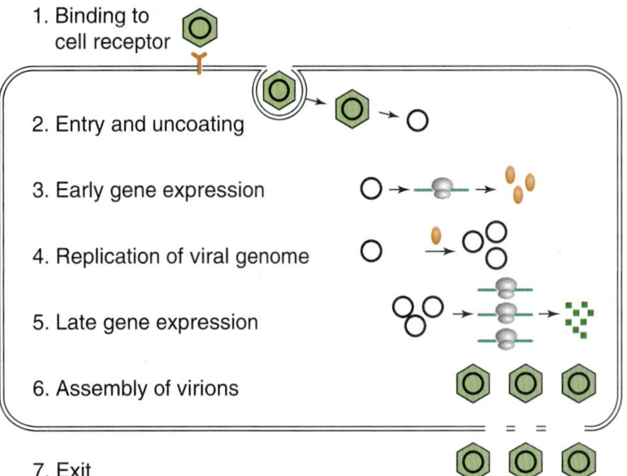

그림 1.6 바이러스 복제주기의 단계. 7단계로 가장 단순화한 바이러스 복제주기를 나타낸 모식도. 숙주세포를 상자로 나타내었다. 캡시드는 녹색 정20면체, 게놈은 검은색 원, mRNA는 번역 중인 리보좀과 함께 청색 선, 바이러스 복제 단백질들은 오렌지색 타원, 그리고 바이러스 구조 단백질들은 녹색의 정사각형으로 나타내었다.

바이러스 거대분자의 분석으로 상세한 바이러스 복제 경로가 밝혀졌다

바이러스 증식곡선의 분석만으로는 바이러스 복제의 시작과 끝 단계의 대략적인 윤곽만을 파악할 수 있다. 실제로 바이러스 복제주기의 많은 중요한 현상들이 잠복기 동안에 일어난다. 이 단계는 감염 세포로부터 바이러스 게놈, mRNA, 그리고 단백질 등의 거대분자들을 추출하여 연구할 수 있다. 이들과 세포 거대분자 및 소기관들과의 상호작용을 분석할 수 있으며 이들의 크기와 세포 당 개수, 그리고 합성 및 분해 속도를 연구할 수 있다.

이러한 연구는 흔히 바이러스 혹은 세포의 DNA, RNA, 단백질, 지질, 혹은 탄수화물을 이들의 합성에 이용되는 방사능 화합물로 표지시켜 진행된다. 바이러스 혹은 세포 단백질에 대한 항체를 이용하면 형광염색이나 다른 분석법으로 특정 분자를 검출할 수 있다. 올리고뉴클레오티드 탐침자를 이용한 분자 혼성화법이나 중합효소 연쇄반응법(PCR)을 이용하면 특정 바이러스의 DNA 혹은 RNA 분자를 검출할 수 있다. 거대분자들은 보통 폴리아크릴아마이드 혹은 아가로스 겔에서 전기영동으로 분리할 수 있다.

살아 있거나 고정된 세포의 거대분자를 염색하면 현미경으로 관찰할 수 있다. 특히, **동초점 현미경(confocal microscope)**을 이용하면 한 세포를 1 μm 혹은 그 이하의 두께로 횡단면을 관찰할 수 있다. 이는 레이저 광원의 초점을 이용하여 세포 핵 속이나 소포체, 리소좀, 혹은 원형질막에 존재하는 바이러스 거대분자의 위치를 알아낼 수 있다. 또한 항체에 연결한 콜로이드성 금입자를 이용한 특수 염색법과 이와 연계된 고성능 전자현미경을 이용하면 세포 내의 바이러스 분자들의 위치를 알 수 있다.

바이러스 주기를 연구하여 바이러스 복제의 여러 단계들을 이해할 수 있게 되었다. 그림 1.5에 제시된 polyomavirus의 경우에는, 초기 바이러스 mRNA가 감염 8~10시간 후에 소량 만들어지기 시작하고, T항원으로 알려진 초기 바이러스 단백질이 뒤이어 생성된다. 감염 12~15시간 후에 바이러스의 DNA 복제가 시작된다. 일단 바이러스 DNA 복제가 시작되면 훨씬 더 많은 바이러스 mRNA들이 검출되는데 이 후기 mRNA들은 여러 가지 바이러스 유전자들로부터 만들어진다. 성숙한 자손 비리온들은 감염 18~20시간 후에 나타나기 시작하여 바이러스 수가 서서히 증가하다가 대부분의 감염 세포들이 죽게 되는 24시간이 지나면 멈춘다.

바이러스 복제주기는 숙주세포, 게놈형, 바이러스의 복잡성 등에 따라서 매우 다양하게 나타난다. 그러나 바이러스 복제단계는 어떤 원칙에 따라서 진행한다. 다음 섹션에서는 바이러스의 감염 개시에서 자손 비리온의 방출에 이르는 복제 경로를 간단히 살펴보고자 한다(그림 1.6). 이러한 단계들을 지정하고 명명하는 것은 다소 임의적일 수도 있지만 모든 바이러스들의 복제주기에서 일어나는 중요한 단계들을 이해하는 데 도움을 준다.

바이러스 복제주기의 단계

1. 비리온과 세포 표면 수용체의 결합

바이러스는 먼저 이들이 감염하는 세포를 인식하고 결합해야 한다. 비리온의 표면에 있는 바이러스 단백질들이 세포 표면의 특정 단백질, 탄수화물 혹은 지질에 결합한다. 많은 바이러스들의 표면 구조 단백질들은 다양한 유형의 세포들에 널리 분포하는 표면 **당단백질**과 **당지질**에 존재하는 탄수화물 잔기에 결합한다. 일부 바이러스들은 특정 유형의 세포들에서만 존재하는 세포 표면 단백질에 결합하여 숙주-특이성을 나타내며, 이는 특정 조직이나 개체로 바이러스의 **극성(tropism)**을 제한한다. 많은 바이러스들은 비교적 비특이적으로 탄수화물과 같은 1차 수용체에 먼저 결합한 뒤 2차 수용체인 특정 세포 표면 단백질과 결합한다.

2. 비리온(혹은 바이러스 게놈)의 세포내 진입

박테리오파지와 식물 바이러스들의 경우, 일단 바이러스가 적절한 세포에 결합하면 외부 세포막 이외에 단단한 세포벽을 통과하는 문제에 직면하게 된다. 많은 박테리오파지들은 DNA 게놈이 통과할 수 있도록 세포벽과 세포막에 구멍을 뚫어 주는 특수한 꼬리를 가진다. 식물 바이러스들은 흔히 마찰이나 곤충에 의한 상처로 세포벽이 손상되면 세포 안으로 들어간다.

일부 외막성 동물 바이러스들은 지질 외막과 세포의 원형질막이 직접 융합하여 바이러스 캡시드와 게놈이 세포 내로 들어간다. 많은 다른 동물 바이러스들은 수용체-매개 내포작용을 통하여 원형질막에서 소낭을 형성하여 세포질로 들어간다. 이러한 소낭은 비리온 혹은 게놈을 세포질에 방출하고, 일부 경우에는 게놈이 핵 속으로 수송되기도 한다. 방출은 소낭 막이 해체되거나 바이러스 외막과 소낭 막의 융합을 통하여 일어날 수 있다. 캡시드가 세포 내에 방출되는 경우에는 다양한 탈피(uncoating) 경로를 통하여 캡시드가 해체되고 게놈이 방출된다.

3. 초기 바이러스 유전자의 발현: Baltimore 바이러스 분류체계

바이러스 게놈이 적절한 세포영역에 도달하면 게놈 복제에 관여하는 초기 단백질(early protein)의 발현을 지시한다. 바이러스 mRNA에서 초기 바이러스 단백질의 합성에 이르는 분자 경로는 게놈의 화학적 특성과 가닥의 종류에 따라서 다르다. David Baltimore는 게놈으로부터 mRNA와 단백질을 합성하는 방식에 따라서 모든 바이러스들을 여섯(지금은 일곱) 가지 그룹으로 구분하였다; 이를 Batimore 분류체계(*Baltimore classification system*)라고 한다(그림 1.7). 이 분류법은 각 그룹의 바이러스들이 필요로 하는 RNA 중합효소가 세포의 것인지, 아니면 바이러스가 제공하는지를 알 수 있는 장점을 지닌다.

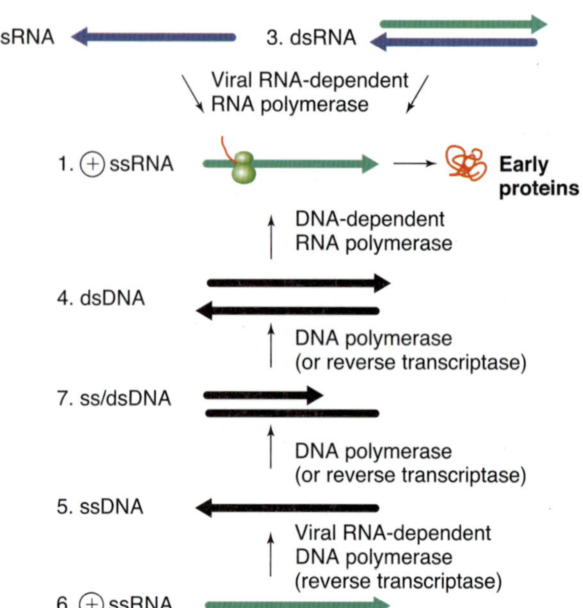

그림 1.7 Baltimore 바이러스 분류법. 모든 바이러스들을 바이러스 게놈의 특성과 초기 mRNA의 합성을 유도하는 경로에 따라서 일곱 가지 그룹으로 구분하였다. 숫자는 임의로 부여하였다. 서로 다른 단계들을 수행하는 RNA 및 DNA 중합효소들을 나타내었다. DNA는 검은색 선으로, RNA는 옅은 청색 선(양성-가닥)과 진한 청색 선(음성-가닥)으로 표시하였다. ss = single-stranded; ds = double-stranded; + = positive-strand RNA; − = negative-strand RNA. 리보좀에 의하여 번역되고 있는 mRNA를 나타내었다.

단일-가닥 RNA 게놈을 가지는 바이러스들은 두 가지 종류로 나뉜다. 일부 바이러스들은 바이러스 단백질로 바로 해독될 수 있는 암호화 영역을 가지는 **양성**(혹은 **플러스**)가닥의 RNA를 가진다. 다른 바이러스들은 **음성**(혹은 **마이너스**)가닥의 RNA 게놈을 가지며 이들의 게놈은 바로 해독될 수 없고 이에 상보적인 가닥만이 바이러스 단백질을 암호화한다. 이들 두 그룹에 속하는 바이러스들은 복제주기를 시작하는 방식에 있어서 근본적인 차이를 나타낸다.

Baltimore 분류체계의 일곱 가지 바이러스 그룹

1. ***양성-가닥 RNA 게놈을 가지는 바이러스***는 mRNA를 게놈의 형태로 세포 내로 운반한다. 바이러스 복제의 첫 단계에서 이 RNA는 리보좀과 결합하여 바이러스 단백질로 번역된다. 이 단백질은 바이러스 게놈의 복제를 지시한다.

2. ***음성-가닥 RNA 게놈을 가지는 바이러스***는 먼저 게놈으로부터 양성-가닥 복사본을 합성하여 바이러스 mRNA를 만든다. 세포가 이 단계를 수행하는 효소를 생성하지 않기 때문에 바이러스 자신이 이 효소를 제공하여야 한다. 음성-가닥 RNA 바이러스들은 비리온에 바이러스의 **RNA-의존적 RNA 중합효소(RNA-dependent RNA polymerase)**를 지니고 있으며 음성-가닥 RNA 게놈과 함께 세포 내로 들어간다. 따라서 이들의 복제주기에서 첫 단계는 바이러스 RNA-의존적 RNA 중합효소가 음성-가닥 게놈을 주형으로 이용하여 양성-가닥 바이러스 mRNA를 합성하는 것이다.

3. ***이중-가닥 RNA 게놈을 가지는 바이러스***는 음성-가닥 RNA 게놈을 가지는 바이러스들과 똑같은 문제에 직면한다: 세포는 이중-가닥 RNA 게놈의 한 가닥을 전사하여 mRNA를 생성할 수 있는 효소를 생성하지 않는다. 이론적으로는 이중-가닥 RNA가 세포 내에서 단일-가닥으로 변성되어 양성-가닥 RNA가 번역되는 것을 생각해 볼 수도 있지만, 이는 에너지학적으로 불가능하며 실제로도 일어나지 않는다. 따라서 이 바이러스들에서도 바이러스의 RNA-의존적 RNA 중합효소가 비리온에 포함되어 있고 게놈과 함께 숙주세포 내로 들어가야 한다. 이 RNA 중합효소는 이중-가닥 RNA 게놈을 특이적으로 인식하여 음성-가닥에서 양성-가닥 mRNA를 전사한다.

4. ***이중-가닥 DNA 게놈을 가지는 바이러스***는 먼저 **DNA-의존적 RNA 중합효소(DNA-dependent RNA polymerase)**를 이용하여 게놈에서 mRNA를 전사한다. 세포의 mRNA도 이와 동일한 방식으로 합성되므로 모든 세포들은 이러한 효소를 가지고 있다. 따라서 대부분의 DNA 바이러스들은 숙주세포의 RNA 중합효소를 이용할 수 있지만 일부 큰 DNA 바이러스들은 게놈과 함께 세포 속으로 운반한 자신의 RNA polymerase를 이용하거나 복제 후기에 유전자의 일부를 전사하기 위하여 바이러스 RNA 중합효소를 추가로 만들기도 한다.

5. ***단일-가닥 DNA 게놈을 가지는 바이러스***의 경우, 단일-가닥 DNA로부터 mRNA를 전사하는 효소가 존재하지 않기 때문에 먼저 게놈 DNA를 이중-가닥 형으로 전환시켜야 한다. 이러한 전환은 세포의 DNA 중합효소에 의하여 수행된다. 그 결과 생겨난 이중-가닥 DNA는 세포의 RNA 중합효소에 의하여 전사되어 바이러스 mRNA가 생성된다. 흥미롭게도 상보적인 DNA 이중-가닥에서 어느 가닥이라도 비리온을 형성할 수 있다. 대부분의 바이러스들은 두 DNA 가닥들 가운데 하나를 우선적으로 포장하지만 일부 바이러스들은 두 가닥 모두를 포장한다. 이러한 경우에는 단일-가닥 DNA의 극성에서만 차이가 나고 나머지는 모두 동일한 두 종류의 비리온이 만들어진다. 어떤 경우이라도 단일-가닥 DNA는 전사되기 전에 반드시 이중-가닥 형으로 전환되므로 비리온에 포장되는 가닥의 극성은 그리 중요하지 않다.

6. ***레트로바이러스는 단일 양성-가닥 RNA 게놈***을 가지지만, 다른 양성-가닥 RNA 바이러스들과는 전혀 다른 경로를 거친다. 레트로바이러스는 **RNA-의존적 DNA 중합효소(RNA-dependent DNA polymerase)**인 역전사효소(reverse transcriptase)를 비리온 내에 포장하여 세포 내로 들어간 뒤에 이 효소를 이용하여 RNA 게놈에서 이중-가닥의 DNA 복사본을 만든다. 일단 이중-가닥 DNA가 만들어지면 이는 세포의 게놈에 삽입되고, 다른 대부분의 DNA 바이러스들처럼 숙주세포의 RNA 중합효소에 의하여 바이러스 mRNA가 전사된다.

7. Baltimore 분류체계에 포함되지 못하고 남은 독특한 부류의 바이러스들이 있으며 이들 중 가장 대표적인 것이 hepadnavirus이다. 이 바이러스는 한 가닥의 길이가 다양한 부분적으로 이중-가닥인 환형의 DNA 게놈을 가진다. Hepadnavirus는 단일-가닥 DNA 게놈을 가지는 바이러스 그룹(위의 5번)의 특수한 경우로 취급할 수 있다. 실제로 이들 바이러스들처럼 바이러스 게놈이 세포 내로 들어간 뒤에 세포의 DNA 중합효소에 의하여 완전한 이중-가닥 DNA로 전환된다. 이 이중-가닥 DNA는 다른 DNA 바이러스들처럼 세포의 RNA 중합효소에 의하여 mRNA로 전사된다.

   그러나 hepadnavirus는 다른 DNA 바이러스들과는 달리 레트로바이러스처럼 역전사효소를 가진다. Hepadnavirus의 역전사효소는 바이러스 DNA의 전사물들 가운데 하나인 게놈 길이의 RNA 분자를 비리온 속에서 역전사하여 부분적으로 단일-가닥인 DNA 게놈을 합성한다.

4. 초기 바이러스 단백질들에 의한 바이러스 게놈의 복제

일단 초기 바이러스 단백질들이 만들어지면 이들은 바이러스 게놈의 복제를 촉진한다. 레트로바이러스를 제외한 모든 RNA 바이러스들은 게놈 복제를 위하여 숙주세포가 제공하지 못하는 RNA-의존적 RNA 중합효소를 합성한다. 그 밖에 수많은 바이러스 초기 단백질들이 다양한 세포 단백질들과 함께 RNA 복제 복합체를 형성한다. 이러한 복제 복합체들은 흔히 세포막에 결합되어 있다.

많은 DNA 바이러스들의 초기 단백질들은 DNA와 그 단위체인 dNTP 합성에 관여하는 수많은 세포 효소들의 합성을 유도한다. 이는 흔히 바이러스 초기 단백질들과 세포주기를 조절하여 DNA 합성기(S기) 진입을 유도하는 세포 신호전달경로와의 상호작용을 통하여 일어난다. 작은 DNA 바이러스들은 숙주세포의 DNA 중합효소를 이용하여 게놈을 복제하지만 큰 DNA 바이러스들은 흔히 자신의 DNA 중합효소 뿐만 아니라 DNA 복제에 관여하는 다른 효소들도 만든다.

각 세포에서 수백에서 수만의 바이러스 게놈의 복사본들이 만들어질 수 있다. 이러한 자손 게놈들은 더 많은 바이러스 mRNA 합성이나 추가적인 게놈 복제를 위한 주형으로 이용된다. 이 단계에서 세포는 바이러스 게놈의 발현과 복제를 위한 하나의 공장이 된다.

5. 새로 복제된 게놈으로부터 후기 mRNA의 합성

많은 바이러스들은 게놈 복제를 시작한 후에 독특한 세트의 후기 mRNA를 합성한다. 게놈이 복제되면 후기 mRNA의 합성을 위한 주형이 많아지므로 이들 mRNA들은 대량으로 만들어질 수 있다. 숙주세포에서 바이러스의 유전자가 어떻게 조절되는지를 이해하려는 목적으로 초기 mRNA 합성에서 후기 mRNA 합성으로의 전환을 조절하는 메커니즘에 대한 연구가 많이 이루어졌다.

6. 후기 바이러스 단백질들에 의한 바이러스 게놈 포장과 비리온 조립

구조 단백질들은 바이러스의 게놈을 포장하고 캡시드를 조립하는 데 이용되며 보통 감염 세포에서 가장 많이 만들어진다. 가장 단순한 바이러스에서는 한 종류의 바이러스 단백질이 바이러스 게놈을 포장하여 정20면체형 혹은 나선형 캡시드를 형성한다. 더 크고 복잡한 바이러스들의 경우에는, 수많은 캡시드 단백질들이 이용되며 일부 바이러스들은 비리온 조립에는 관여하지만 나중에 제거되어 성숙한 비리온에는 포함되지 않는 **발판 단백질(scaffolding protein)**을 만들기도 한다. 많은 박테리오파지들은 게놈을 포함하는 다각형 머리와 세포에의 부착과 게놈의 운반에 관여하는 관상의 꼬리를 가진다. 외막성 바이러스들은 지질막에 삽입되어 **출아(budding)** 과정에서 바이러스의 외막 형성을 지시하는 당단백질을 만든다.

7. 숙주세포로부터 자손 비리온의 방출

일단 비리온이 형성되면 세포에서 방출되어 새로운 숙주세포에 감염하여 복제주기를 재개한다. 단세포 생물에 감염하는 대부분의 바이러스들은 세포를 죽이고 용해시키기 위하여 특수한 후기 단백질을 만든다. 그러나 일부 박테리아와 고세균의 바이러스들은 세포막을 통하여 밖으로 밀려나올 수 있으므로 숙주세포를 죽이지 않는다.

다세포 생물에 감염하는 바이러스에서는 이러한 과정이 더 복잡하게 일어난다. 바이러스가 한 개체 내에서 다른 세포에 감염하거나 다른 개체로 이동할 수도 있다. 이러한 두 가지 경로로 이동하는 비리온들이 반드시 동일하지는 않다. 예를 들면, 고등식물에 감염하는 많은 바이러스들은 포장되지 않은 바이러스 게놈의 이동을 촉진하는 특수한 바이러스 단백질을 이용하여 세포내 통로인 **원형질연락사(plasmodesmata)**를 통하여 세포에서 세포로 식물체 전체에 퍼져나간다. 그러나 식물에서 식물로 전파될 때에는 보통 식물즙을 먹는 곤충들에 의해 운반되어 다른 식물에 다시 주입된다.

일부 곤충 바이러스들의 경우에는 숙주 개체에서 개개의 비리온들이 세포에서 세포로 전파되지만 곤충이 죽으면 하나 혹은 그 이상의 비리온들이 특수한 단백질 껍질로 둘러싸여 방출된다. 이 단백질 껍질은 환경에서 비리온을 보호하고 다른 곤충이 이를 먹으면 녹아서 감염성 비리온을 방출하고 새로운 주기를 시작한다.

수많은 경로를 통하여 동물 바이러스의 방출이 일어날 수 있다. 일부 바이러스들은 숙주세포에 축적되어 있다가 세포가 죽으면 방출된다. 어떤 바이러스 단백질은 세포사멸을 막아 바이러스의 복제기간을 연장시키며 다른 바이러스 단백질은 이와는 반대로 숙주세포의 사멸을 유도하여 바이러스를 방출시킨다. 많은 외막성 바이러스들은 원형질막에서의 출아과정을 통하여 조립되며 이 경우에는 숙주세포에 거의 영향을 미치지 않고 방출될 수 있다. 다른 바이러스들은 내부 세포막에서 출아하여 외막을 만든다; 이러한 바이러스들은 세포의 수송소낭을 이용하여 세포막에 도달하고 세포에서 빠져나간다.

핵심 용어

DNA-의존적 RNA 중합효소 (DNA-dependent RNA polymerase)
RNA-의존적 DNA 중합효소 (RNA-dependent DNA polymerase)
RNA-의존적 RNA 중합효소 (RNA-dependent RNA polymerase)
간염(Hepatitis)
감염 다중도(Multiplicity of infection, m.o.i)
극성(Tropism)
뇌염(Encephalitis)
당지질(Glycolipid)
동초점현미경(confocal microscope)
발판 단백질(Scaffolding protein)
비리온(Virion)
세포내 절대기생체(Obligate intracellular parasite)
시알산(Sialic acid)
암유전자(Oncogenes)
양성 혹은 플러스 가닥 (Positive or plus strand)
여과성 바이러스(Filterable virus)
역전사효소(Reverse transcriptase)
외막(Envelope)
용균반 분석법(Plaque assay)
용균반-형성 단위(Plaque-forming units, PFU)
용해(Lysis)
원형질연락사(Plasmodesmata)
위장염(Gastroenteritis)
음성 혹은 마이너스 가닥 (negative or minus strand)
잠복감염(Latent infection)
출아(Budding)
출혈열(Hemorrhagic fever)
캡시드(capsid)
탈피(Uncoating)
혈구응집법(Hemagglutination)
회백수염(Poliomyelitis)

기본 개념

- 바이러스 입자, 즉 비리온은 단백질 코트로 둘러싸인 핵산 게놈으로 구성되며 어떤 경우에는 지질을 포함하는 외막을 가진다.
- 바이러스는 분자 단위체, 에너지, 그리고 단백질 합성기구를 세포에 의존한다.
- 바이러스는 RNA 혹은 DNA로 이루어진 게놈을 가진다.
- 바이러스는 탈피하고, 바이러스 게놈을 발현하여 단백질을 합성하고, 게놈을 복제하고, 이를 포장하여 새로운 자손 바이러스 입자를 형성한다.
- 바이러스는 용균반 분석법, 혈구응집법 및 전자현미경법으로 검출하고 정량할 수 있다.
- 바이러스 복제 단계는 배양 중인 모든 세포들을 높은 감염 배수로 감염시켜 연구할 수 있다.
- 초기 mRNA의 합성경로에 따라서 일곱 가지 종류의 바이러스 그룹들로 분류할 수 있다; 이를 Baltimore 분류 체계라고 한다.

복습 문제

1. RNA 게놈을 가지는 바이러스들이 직면하는 두 가지 문제점들은 무엇이며 바이러스는 이들을 어떻게 해결하는가?

2. 바이러스들이 처음에는 다른 미생물들과 어떻게 구분되었으며, 이들 사이의 궁극적인 차이는 무엇인가?

3. 바이러스는 살아 있는 세포에서만 복제할 수 있다. 숙주세포가 제공하는 바이러스 복제에 필요한 네 가지 요소들은 무엇인가?

4. 바이러스는 생물인가 아니면 무생물인가?

CHAPTER 2

바이러스의 구조와 조립

Stephen C. Harrison

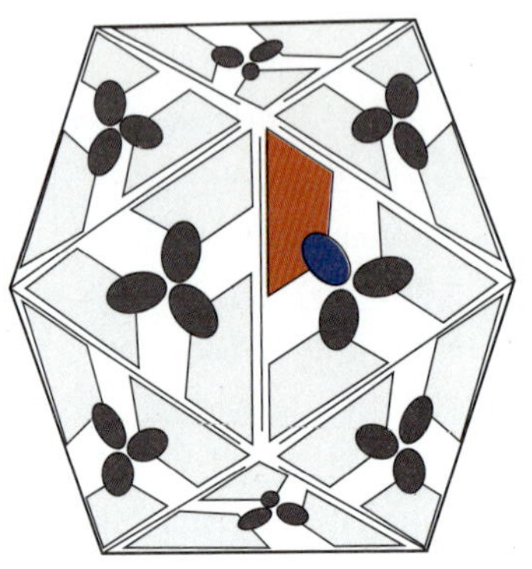

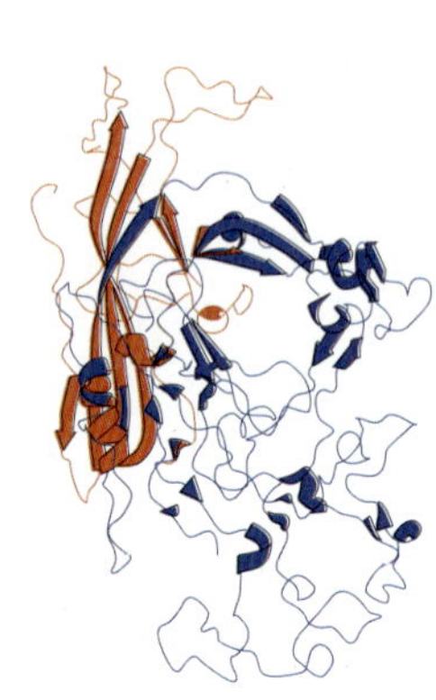

캡시드의 특성

바이러스는 적은 종류의 바이러스 단백질들을 많이 이용하여 캡시드를 조립함: **유전적 경제성(genetic economy)**의 원리

다수의 동일한 소단위체들로 만들어진 캡시드는 규칙적이고 대칭적인 구조를 취함

대칭적인 캡시드는 강하고 안정하며 **자가-조립(self-assembly)**이 가능함

대부분의 캡시드들은 두 가지 구조들 가운데 하나를 선택함

- **정20면체형 대칭(icosahedral symmetry)***의 닫힌 구형 껍질*
- **나선형 대칭(helical symmetry)***의 긴 관*

가장 단순한 정20면체형 캡시드는 60×T 단백질 소단위체들로 구성됨

- *삼각형 분할수인* $T = h^2 + hk + k^2$*(h와 k는 정수)*

많은 캡시드 단백질들의 폴리펩티드 사슬은 **젤리-롤 β-배럴(jelly-roll β-barrel)**로 접힘

일부 바이러스들은 핵산에 결합한 내부 **코어 단백질(core protein)**을 가짐

바이러스 외막

일부 바이러스들에서는 **외막(envelope)**이라고 하는 지질막이 뉴클레오캡시드 주위를 둘러쌈

바이러스 외막은 횡단막 영역이 지질막에 삽입된 바이러스 **당단백질(glycoprotein)**을 가짐

대부분의 외막들은 기존의 세포막을 통한 **출아(budding)**를 통하여 형성됨

일부 비리온들은 뉴클레오캡시드와 외막 사이에 한 층의 간질 단백질(matrix protein)을 가짐

일부 바이러스들은 외부 캡시드 안쪽에 위치한 내부 지질막을 가짐

비리온 조립

많은 캡시드들은 자가-조립됨

- *일부는 비리온을 조립하고 게놈을 포장하기 위하여 바이러스* **발판 단백질(scaffolding protein)***을 이용함*
- *다른 바이러스들은 조립이나 출아를 돕는 세포기구를 이용함*

바이러스 단백질은 바이러스 게놈의 특정 포장 신호를 인식하여 결합함. 비리온 단백질들은 흔히 조립과정이나 그 후에 절단되어 비리온이 성숙함

바이러스 구조의 기본 개념

바이러스 입자는 감염세포에서 바이러스 게놈을 포장하여 새로운 숙주세포에 전달하는 분자 구조물이다. **비리온(virion)**이라는 용어는 *완전한 감염성 바이러스 입자*를 의미한다. 비리온의 구조는 바이러스의 RNA 혹은 DNA 게놈을 한 세포에서 다른 세포로 혹은 한 숙주 개체에서 다른 개체로 효과적으로 전달하도록 진화해 왔다. 비리온이 조립되면 세포에서 빠져나와서 세포 밖의 환경에서 견딜 수 있어야 하며, 다른 세포에 부착하여 침투한 후에는 바이러스 게놈을 방출할 수 있어야 한다. 비리온의 구조적 특징들은 이러한 여러 가지 기능들에 의하여 결정된다.

구조(*structure*)란 무엇인가? 일상 생활에서 우리는 다양한 구조적 특징들을 가지는 여러 가지 포장물들과 접하고 있다. 종이상자는 단단하고 대칭적이며 부피와 모양이 고정되어 있다. 이와는 달리 비닐 주머니는 유연하고 부피와 모양이 다양하고 가득차면 대체로 둥근 모양이 된다. 분자 수준에서 비리온의 바깥 코트는 단단하고 대칭적인 용기로 **캡시드(capsid**, 라틴어로 *capsa* = box)라고 부른다. 바이러스의 핵산 게놈은 캡시드 내에 포장되어 있으며, 이 구조물을 **뉴클레오캡시드(nucleocapsid)**라고 한다.

많은 바이러스들에 있어서 **외막(envelope)**이라고 하는 지질 이중층 막이 뉴클레오캡시드 주위를 둘러싸고 있다. 이러한 방식으로 둘러싸인 뉴클레오캡시드들은 유연한 나선형 막대형이거나 이보다 더 단단하고 거의 구형인 폐쇄형 코트를 이룬다. 일반적으로 외막성 비리온들이 비외막성 비리온들보다 더 유연하고 다양한 형태를 취한다. 박테리아, 고세균, 그리고 조류의 일부 외막성 바이러스들은 게놈 DNA 혹은 RNA로 채워진 내부 지질 이중층 주위를 둘러싸는 단단한 캡시드를 가진다.

전자현미경과 X-선 회절법으로 바이러스 구조를 연구한다

대부분의 바이러스들은 너무 작아서 광학현미경으로 관찰할 수 없다. 이보다 더 높은 해상력을 가지는 전자현미경을 이용하면 바이러스 입자의 일반적인 윤곽 뿐만 아니라 바이러스 구조 단백질들의 올리고머가 비리온 표면에 형성하는 돌출 구조물들을 관찰할 수 있다(그림 2.1). 비리온은 초산 우라늄(uranyl acetate)과 같은 전자를 흡수하는 분자를 배제하기 때문에 비리온의 구조를 관찰할 수 있는데 이를 **음성 염색(negative staining)**이라고 한다(그림 2.1a~g).

이와는 반대로 감염세포의 얇은 절편을 **양성 염색(positive staining)**하여 단백질, 핵산 그리고 지질을 관찰할 수 있다(예, HIV; 그림 2.1j). 그러나 이러한 방법들은 염색으로 인한 인위적인 산물의 생성과 전자빔에 의한 시료 손상으로 인하여 비리온의 구조가 비틀어지거나 흐릿해지는 문제를 지닌다.

동결전자현미경법(cryoelectron microscopy)에서는 시료를 액체 질소에서 급속 냉동하고 현미경에서 그 온도를 유지한다. 이 방법은 구조를 잘 보존하는 장점을 지니지만 상의 대비가 낮은 편이다. 개별적인 입자에서 얻은 직접적인 상보다 여러 비리온들의 상을 얻어 컴퓨터 프로그램으로 조합하면 더 높은 해상도의 구조를 얻을 수 있다(예, Semliki Forest virus; 그림 2.1i).

많은 비외막성 비리온의 입자들은 결정화가 가능하므로 **X-선 회절법(X-ray diffraction)**으로 매우 자세한 모델을 얻을 수 있다(예, simian virus 40; 그림 2.1i). X-선 회절법으로 얻은 구조 해상도는 전자현미경으로 얻은 것보다 훨씬 더 높아서 비리온을 구성하는 모든 원자들의 위치까지 정확하게 결정할 수 있다. 그러나 X-선은 초점을 맞출 수가 없으므로 비리온의 직접적인 X-선 상을 얻을 수는 없다; 그 대신에 회절 패턴을 수집하여 분석한다. 거대한 **싱크로트론(synchrotron)**에서 생성되는 고강도의 X-선을 이용하여 얻은 회절자료를 복잡한 컴퓨터 프로그램으로 분석하면 비리온의 3차원적인 구조를 얻을 수 있다.

매우 대칭적인 비외막성 비리온들과는 달리 influenza virus(그림 2.1g)와 같은 외막성 바이러스들은 다양한 모양과 크기의 비리온을 만든다. 외막의 지질 이중층은 안쪽의 바이러스 게놈을 손상시킬 수 있는 이온이나 뉴클레아제를 통과시키지 않는다. 외막에 삽입된 바이러스 단백질들은 캡시드에서처럼 완벽한 장벽을 이룰 필요가 없으므로 보통 대칭적인 방식으로 배열하지 않는다. 이들의 구조적 다양성 때문에 대부분의 외막성 바이러스들의 비리온들은 결정을 형성하지 않아 X-선 회절법으로 고해상도의 비리온 구조를 얻을 수 없다. 그 대신 개개의 바이러스 막 단백질들을 정제하고 결정화하여 이들의 분자구조를 분석할 수 있다.

대부분의 바이러스들은 단순하고 대칭적인 구조를 가진다

가장 단순한 바이러스 입자는 단백질 소단위체들과 핵산 게놈에서 자발적으로 조립된다. 이러한 과정을 **자가-조립(self-assembly)**이라고 한다. 이들의 3차원적 구조는 단백질들이 서로 결합하고 단백질이 RNA 혹은 DNA와 결합하는 방식에 의하여 결정된다.

유전적 경제성(genetic economy)의 원리는 바이러스 입자의 진화에 영향을 주는 중요한 요인이다. 전체 길이가 약 1,500 아미노산잔기들로 이루어진 단백질을 암호화할 수 있는 5,000 뉴클레오티드 길이의 단일-가닥 RNA 혹은 DNA 게놈을 가정해 보자. 이 게놈은 지름이 약 18 nm인 실에 꿴 구슬모양의 조밀한 구형으로 응축될 수 있다. 이러한 구형을 3 nm의 두께로 둘러싸는 단백질 코트를 만들려면 약 30,000 아미노산 잔기들이 필요할 것이다. 이 크기의 단일 구조 단백질을 바이러스 게놈이 암호화한다는 것은 불가능하다. 따라서 단백질 코트는 많은 수의 동일한 단백질 소단위체들로 만들어진다.

유전적 경제성으로 인하여 캡시드 구조는 대칭을 이룬

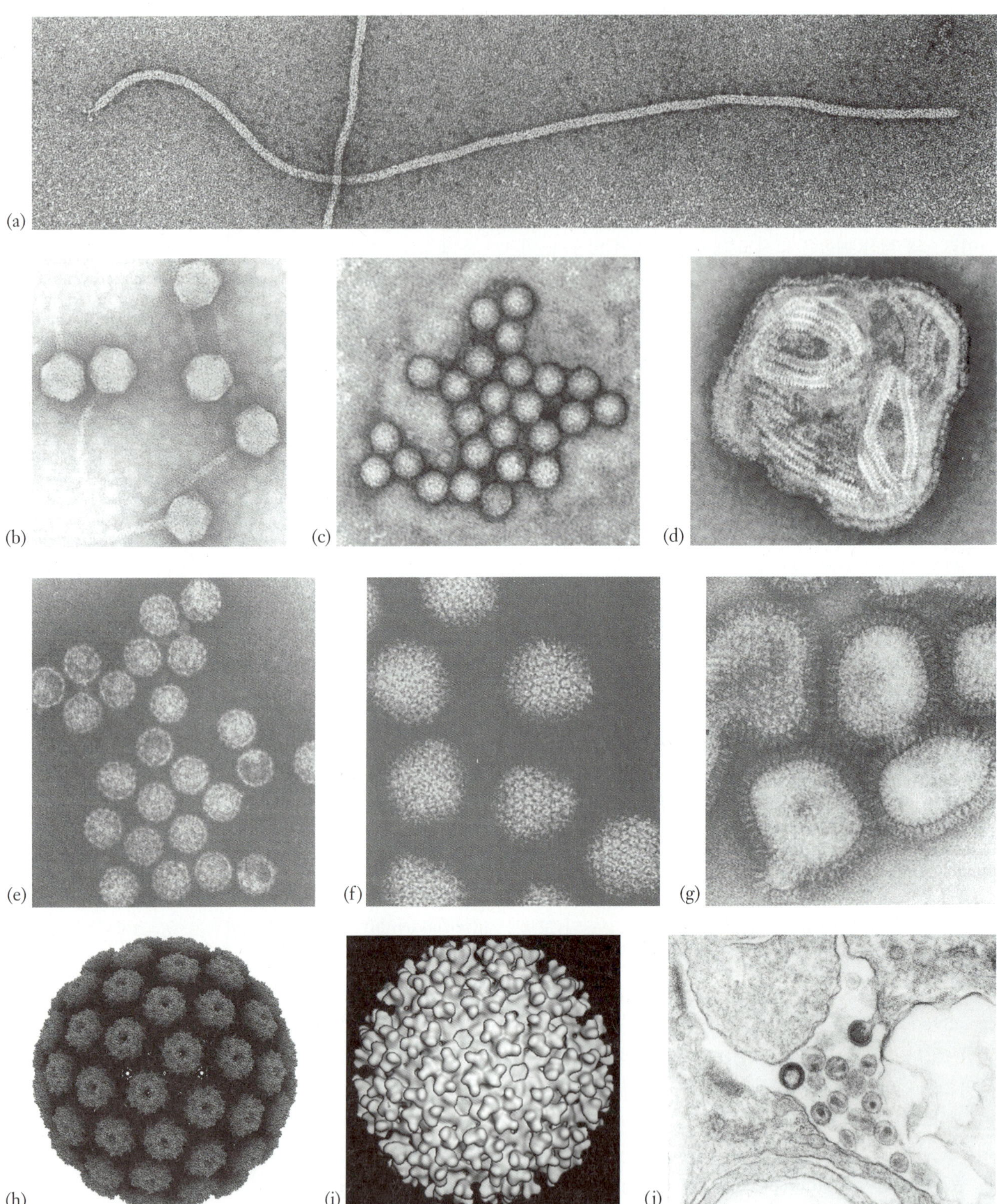

그림 2.1 일부 전형적인 바이러스 입자들의 구조. (a) 박테리오파지 fd. (b) 박테리오파지 lambda. (c) Hepatitis A virus(picornavirus). (d) Human parainfluenza virus(paramyxovirus; 이 상에서 입자 내로 염색액이 투과하여 나선형 뉴클레오캡시드가 보임. (e) Human papillomavirus. (f) Adenovirus. (g) Influenza virus(orthomyxovirus). (h) Simian virus 40(polyomavirus). (i) Semliki Forest virus(togavirus). (j) Human immunodeficiency virus(retrovirus). (a~g)는 음성 염색된 비리온들의 전자현미경 사진들이며, (h)는 x-선 회절에서 유래한 컴퓨터-생성 상이며, (i)는 동결전자현미경법에서 유래한 컴퓨터-생성 상이고, (j)는 감염세포의 얇은 절편을 전자현미경으로 관찰한 것이다. 각 상에 대하여 서로 다른 축척으로 나타내었다.

다. 만약 다수의 동일한 단백질 소단위체들이 서로 무작위적인 접촉을 통하여 결합한다면 게놈을 둘러싸는 단단한 구조가 만들어 질 수 없을 것이다. 따라서 인접한 단백질 소단위체들은 서로 특이적인 상호작용을 한다. 만약 캡시드 표면의 단백질 소단위체들이 모두 동일하다면 단백질들 간의 접촉은 동일해야 되기 때문에 대칭적인 구조를 이룬다.

대칭이란 어떤 한 물체를 회전과 같은 공간적인 변환을 주더라도 원래 물체와 동일한 *모양*을 나타내는 것을 의미한다. 180° 회전으로 인한 대칭축을 **2배축(twofold axis)**이라고 하는데, 이는 두 번의 회전으로 물체를 원래 구조로 되돌릴 수 있기 때문이다. 마찬가지로 120° 회전으로 인한 *대칭*축을 3배축이라고 한다(그림 2.2a). 또한 5배축 및 6배축 등이 대칭적인 비리온에서 나타난다.

정20면체형 대칭을 가지는 캡시드

고대 그리스의 수학자들이 처음으로 밝혀낸 기하학적 원리에 의하면 동일한 소단위체로 이루어진 폐쇄형 구조물들은 오직 3가지 유형의 대칭으로만 만들어질 수 있다; 정사면체(4개의 동일한 3각형 면들을 가짐), 정육면체(6개의 동일한 4각형 면들을 가짐), 그리고 **정20면체(icosahedral**; 20개의 3각형 면들을 가짐). 정20면체 대칭을 가지는 구조물의 표면은 정확히 60개의 구조적 소단위체들을 수용할 수 있다(그림 2.2b, c). 많은 바이러스들은 가장 많은 소단위체들을 수용할 수 있는 정20면체형 대칭을 가지는 캡시드를 가지며 정사면체나 정육면체는 관찰되지 않았다.

정20면체 대칭을 가지는 물체는 5배, 3배 및 2배 회전축을 가진다. 그림 2.2b와 c에 60개의 쉼표가 대칭으로 배열된 정20면체와 구체의 모식도를 나타내었다. 5배 회전축(정20면체의 꼭지점에 위치한 오각형)은 쉼표 꼬리가 5개 모이는 지점에 위치한다. 정20면체는 꼭지점의 수에 해당하는 12개의 5배 회전축을 가진다. 3배 축(정20면체 각 면의 중심에 있는 삼각형)은 그림 2.2c에서 점선으로 표시한 삼각형의 중심을 통과한다. 정20면체에는 삼각형 면의 수에 해당하는 20개의 3배 회전축이 있다. 2배 대칭축(정20면체의 각 변의 중심에 위치한 타원형)은 삼각형 변의 중간지점에 위치하며 2개의 쉼표 머리가 서로 반대 방향으로 배열되어 있는 지점이다. 정20면체 대칭을 가지는 물체는 30개의 2배 회전축을 가진다.

그림 2.2c의 구체는 정20면체형 *대칭*을 나타내지만 정20면체의 *모양*(그림 2.2b)은 아니다. 정20면체 대칭을 가지는 대부분의 작은 바이러스들은 거의 구형에 가깝지만 이보다 큰 바이러스들(adenoviruses, phycodnaviruses, 꼬리를 가지는 다수의 박테리오파지들)은 규칙적인 정20면체형의 캡시드를 가진다.

정20면체형 대칭을 가지는 비리온의 예들

Parvovirus는 5 kb의 단일-가닥 DNA 게놈을 가지는 가장 작은 바이러스들 가운데 하나이다. 이 바이러스의 캡시드는 약 520 아미노산 잔기들로 이루어진 60개의 단백질을 포함한다. 따라서 parvovirus의 캡시드 단백질은 바이러스 게놈의 암호화 용량의 약 3분의 1을 이용한다. Parvovirus의 캡시드 단백질 소단위체들은 캡시드의 표면에 정20면체형 대칭으로 배열한다(그림 2.3a). 이는 정20면체형 대칭으로 만들어질 수 있는 가장 단순한 형태의 캡시드이다.

이 캡시드 단백질의 접혀진 구조는 **젤리-롤 β-배럴(jelly-roll β-barrel)**이라는 영역을 가진다(그림 2.3b). 폴리펩티드 사슬이 일련의 β 가닥들을 형성하여 이들이 서로 상호작용하여 단단한 벽돌모양의 구조를 만든다. 각 소단위체의 β 가닥에서 뻗어 나온 루프들이 서로 결합하여 인접 소단위체들을 단단히 묶는다. 많은 다른 바이러스들의 정20면체형 캡시드에서도 이와 유사한 단백질 접힘이 나타난다.

Poliovirus(그림 2.4)는 바이러스가 더 큰 게놈을 수용하기 위하여 더 큰 정20면체형 캡시드를 생성하는 한 가지 방식을 보여 준다. Poliovirus의 캡시드는 약 8 kb의 단일-가닥 RNA 게놈을 수용할 수 있도록 지름이 약 19 nm 정도인 내부 공간을 가진다. 바이러스 게놈은 3가지 구조 단백질 소단위체들(VP1, VP2 및 VP3)을 암호화하며 이들은 하나의 다단백질 전구체로부터 절단되어 생성된다. 게놈의 약 3분의 1이 비리온 구조 단백질들을 암호화하는 데 이용된다. 세 가지 poliovirus 캡시드 단백질들은 parvovirus에서처럼 모두 젤리-롤 β-배럴로 접혀 있다. 따라서 poliovirus를 비롯한 picornavirus과에 속하는 바이러스들의 캡시드는 모두 유사하게 접혀진 세 가지 단백질 소단위체들이 60개씩 모여 전체 180개의 소단위체들로 이루어져 있다.

준동등성의 개념

세 가지 다른 단백질들을 60개씩 이용하는 것보다 180개의 동일한 단백질 소단위체들을 이용한다면 180개의 소단위체들로 이루어진 캡시드를 보다 경제적으로 만들 수 있을 것이다. 이 경우에 모든 소단위체들이 캡시드 표면의 동등한 위치에 있을 수 없으므로 이들은 각자의 환경에 적합하도록 인접한 소단위체들과 서로 다른 방식으로 결합할 것이다. 이와 같이 캡시드가 60 소단위체의 배수를 포함한다면 모든 소단위체들은 이웃 단백질과 *거의* 동등한

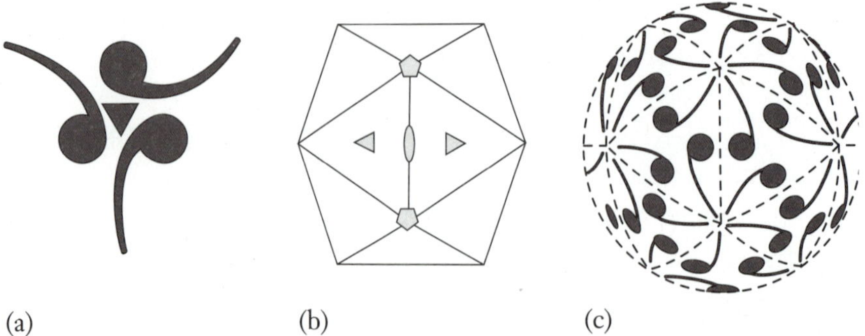

그림 2.2 정20면체형 대칭의 요소들. (a) 3배축으로 배열된 3개의(비대칭적인) 쉼표. 3배축은 물체에 수직으로 삼각형의 중심을 통과한다. (b) 5배 대칭축(오각형), 3배 대칭축(삼각형) 및 2배 대칭축(타원)을 나타낸 정20면체. (c) 구체의 표면에 정20면체형 대칭으로 배열된 60개의 쉼표들. 다섯 개의 꼬리들이 모여 12개의 그룹을 이루고 3개의 머리가 모여 20개의 그룹을 이룬다.

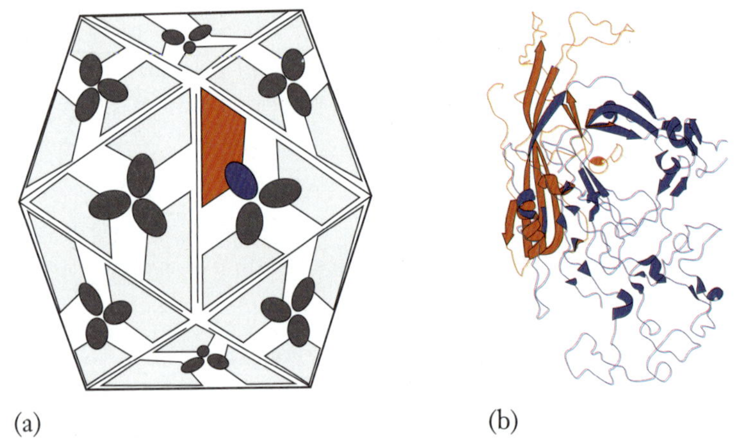

그림 2.3 정20면체형 대칭의 단순한 캡시드. (a) Parvovirus 캡시드에서 60개 단백질 소단위체들의 배치. 부등변 사각형은 젤리-롤 β-배럴 영역을 나타내고 타원은 3배 대칭축에서 접촉하는 각 소단위체의 루프를 나타낸다. 이 그림을 동일한 방식으로 배열된 그림 2.2c의 구체와 비교해 보자. (b) (a)의 붉은색 부등변 사각형과 동일한 방향으로 붉은색의 젤리-롤 β-배럴(왼쪽 위)과 청색의 루프 구조(오른쪽 아래)를 나타낸 canine parvovirus 캡시드 단백질의 폴리펩티드 사슬.

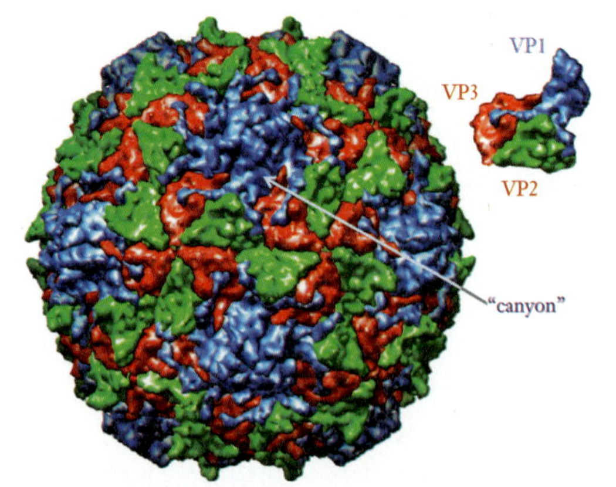

그림 2.4 Picornavirus 캡시드. X-선 결정분석법에 기초한 poliovirus I형의 모델. 캡시드는 60개의 VP1(청색), VP2(녹색) 및 VP3(적색) 3량체로 형성된다. 이들은 청색 영역의 중심에서 5배 대칭축을 나타내는 12개의 5량체를 이룬다. VP4는 비리온의 내부에 위치하므로 보이지 않는다.

방식으로 상호작용할 수 있다.

이러한 개념을 그림 2.5a에 나타내었다. 이 구조물의 표면에 있는 180개의 쉼표들은 모두 이웃과 머리-머리, 목-목, 그리고 꼬리-꼬리의 상호작용을 하고 있다. 이들 가운데 60개는 5개씩 모여 꼬리-꼬리의 상호작용을 한다; 예를 들어 "A"라고 표시된 쉼표의 꼬리 근처에서 꼬리끼리 만나는 5개의 쉼표들. 나머지 120개의 쉼표들은 6개씩 모여 꼬리-꼬리의 상호작용을 한다; 예를 들어 적도면에서 "B"와 "C"로 표시된 쉼표들을 포함하는 집합체.

바이러스 단백질들이 이처럼 약간 다른 접촉으로 인한 뒤틀림을 충분히 극복할 수 있도록 진화해 왔다면 이들은 동일한 영역을 이용하여 캡시드 표면의 180군데에서 안정적으로 접촉할 것이다. 따라서 캡시드가 이와 같은 **준동등성(quasi-equivalent)** 구조를 이룬다면, poliovirus에서처럼 단백질 소단위체들 사이의 상호작용을 위하여 3가지 서로 다른 결합부위를 가지지 않아도 된다. 그 대신 이들은 어

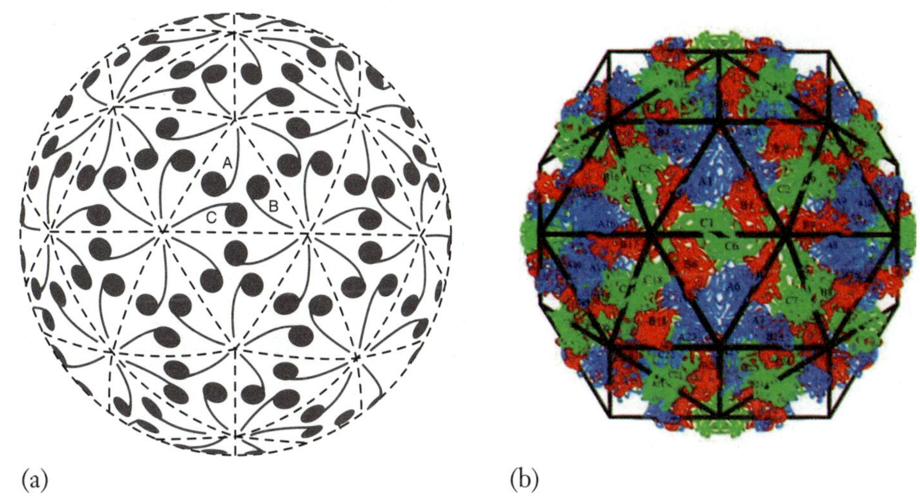

그림 2.5 더 복잡한 캡시드의 단백질 배열. (a) 구체의 T = 3인 정20면체 표면 격자에서 180개 쉼표들의 준동등성 배열. 그림 2.2c의 T = 1 배열과 비교해 보자. (b) (a)의 삼각형에 해당하는 검은색의 표면 격자와 겹쳐 놓은 T = 3 구조를 가지는 인간 병원체인 Norwalk virus의 캡시드. 캡시드는 A, B 및 C로 표시된 세 소단위체들이 60개의 집단을 이루는 180개의 동일한 소단위체들로 형성된다.

캡시드의 표면은 몇 개의 소단위체들을 수용할 수 있는가?

Donald Casper와 Aaron Klug는 정20면체형 대칭을 가지는 다양한 바이러스들의 표면에 위치한 소단위체들의 분포를 설명하기 위하여 준동등성의 원리를 처음으로 제안하였다. 이들은 준동등성 구조를 만들 수 있는 60의 배수가 일련의 **삼각형 분할수(triangulation number)**에 의하여 부여된다고 하였다; $T = h^2 + hk + k^2$, 여기에서 h와 k는 0을 포함하는 성수. 캡시드에서 단백질 소단위체들의 전체 수는 $60 \times T$와 같다. 정수 h와 k는 캡시드 표면의 두 축을 따라서 한 5소단위체 집합체에서 중간에 6소단위체 집합체를 거쳐서 다른 5소단위체 집합체에 도달하는 데 필요한 "점프"의 수를 나타낸다. 가장 단순한 캡시드(T = 1)인 경우에 5소단위체 집합체만이 존재하므로 두 집합체 사이에는 단 한 번의 점프만이 필요하다: h = 1, k = 0. 그림 2.5a와 b에 제시된 예에서는, 적도면 위의 5배축에서 적도면 아래의 5배축에 도달하기 위해서는 두 번의 단일 점프로 도달할 수 있다. 따라서 h=1이고 k = 1이므로, $T = 1^2 + 1^2 + 1^2 = 3$이 된다. T의 예는 1, 3, 4, 7, 13, 16, 25 등이 있다. 큰 T 값을 가지는 캡시드들은 소단위체들 사이의 상호작용을 안정화시키는 "접착제" 단백질을 추가로 필요로 한다.

느 정도의 *유연성*을 지녀야 한다. 그림 2.5b의 예와 같이 많은 단순한 바이러스들의 캡시드를 형성하는 단백질 소단위체들은 이러한 특성을 나타낸다.

더 큰 바이러스들은 더 복잡한 캡시드를 가진다

준동등성 정20면체 구조는 깔끔하고 경제적인 것 같지만 이러한 원리로 더 큰 입자를 정확하게 조립하기는 쉽지 않다. 정20면체 캡시드가 조립되는 과정에서 각 단백질 소단위체들이 적절한 위치에 배열되어야 하는데 이들의 선택 기회가 많아질수록 그만큼 실수할 확률도 높아져 결국 입자에 치명적인 결함이 생겨날 수 있다. 따라서 더 크고 복잡한 비리온들의 구조는 앞서 언급한 단순한 디자인과는 달리 다양한 방식으로 나타난다.

Polyomavirus(그림 2.6a)와 papillomavirus는 주요 캡시드 단백질인 VP1의 5량체가 72개 모여 조립된다. 이들 5량체들은 T = 7인 정20면체형 캡시드를 형성하지만 준동등성 원리에서 예측되는 420개가 아닌 $5 \times 72 = 360$개의 단백질 소단위체만을 포함한다. 72개의 5량체들 가운데 60개는 5개가 아닌 6개의 인접한 이웃 단백질들과 접촉한다. 따라서 이 5량체들은 5배 대칭임에도 불구하고 이들 위치에서는 6배 대칭으로 배열한다. 이렇게 배열하는 것이 5배 대칭 위치에서 5량체를 형성하고 6배 대칭 위치에서 6량체를 형성하는 것보다 더 쉽다. 캡시드 소단위체의 C-말단부에서 나온 팔이 서로를 감아 구조를 지지한다(그림 2.6b).

Adenovirus는 두 종류의 구조적 소단위체로 캡시드를 구성한다. T = 25의 정20면체형 캡시드에서 **헥손(hexon)**이 240개의 6배 대칭 위치에 있으며, **펜톤(penton)**이 12개의 5배 대칭 위치에 있다(그림 2.7). 헥손은 실제로는 adenovirus 헥손 단백질의 3량체이지만 각 단백질 소단위체들이 두 개의 매우 유사한 영역을 가지므로 조립된 헥손은 유사-6배 대칭(pseudo-sixfold symmetry)을 나타낸다.

이러한 예들에서 단백질 소단위체들이 *소조립체(subassemblies)*를 미리 형성하면 전체 캡시드의 조립에 매우 유리하다는 것을 알 수 있다. Polyomavirus의 주요 캡

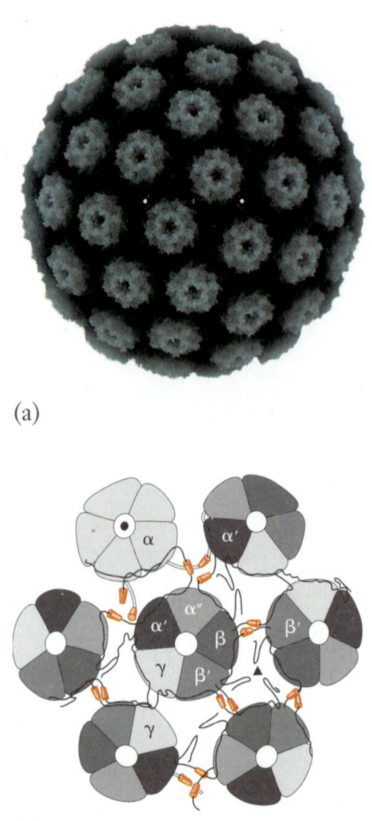

그림 2.6 SV40 캡시드 구조. (a) 72개의 VP1 5량체들이 T = 7의 정20면체형 표면 격자의 격자점에 위치한다. 이들 5량체들 가운데 12개만이 5배축의 중심에 위치하고 나머지 60개의 5량체들은 6개의 이웃 5량체들에 의하여 둘러싸여 있다. (b) 6배축에서 VP1 5량체들의 배열. VP1의 C-말단 팔이 인접한 5량체들을 서로 연결한다.

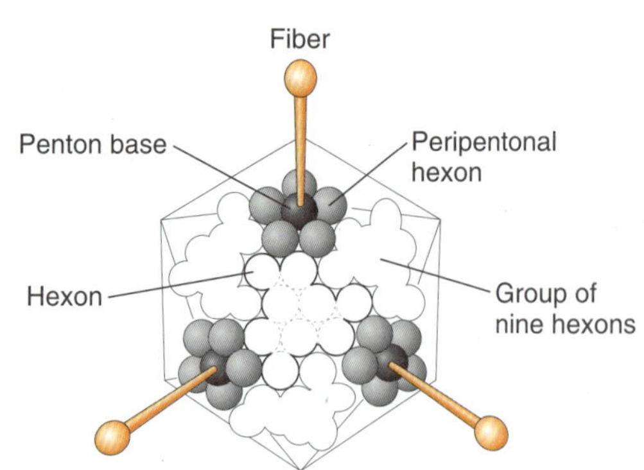

그림 2.7 Adenovirus 캡시드의 구조. 한 종류 이상의 단백질 소단위체들을 이용하여 더 크고 복잡한 캡시드가 만들어진다. Adenovirus의 경우에 펜톤 기저부는 5개의 펜톤 단백질들로 형성되고 헥손은 헥손 단백질의 3량체로 형성된다. 5개의 헥손들이 12개의 펜톤 기저부를 각각 둘러싸고 9개가 모여 캡시드의 20면을 형성하므로 비리온 당 전체 240개의 헥손이 필요하다. 그림에 나타내지 않은 다른 단백질들은 헥손과 펜톤을 연결한다.

시드 단백질들은 안정한 5량체를 형성하여 5개 혹은 6개의 인접 5량체와 상호작용하도록 진화하였다. 마찬가지로 adenovirus의 헥손은 3량체로 이루어진 소조립체이다. Polyomavirus의 캡시드 단백질과 adenovirus의 헥손 단백질에 대한 고해상력 결정구조에 의하면 이들 단백질들은 parvovirus와 picornavirus의 캡시드 단백질들처럼 젤리-롤 β-배럴구조를 포함한다.

정20면체형 대칭을 가지는 크고 작은 구조물들

동일한 소단위체들을 이용하여 폐쇄형 구조물을 만든다면 그 원리는 같다. 건축가인 Buckminster Fuller는 이 원리를 적용하여 표면에 철강 봉을 5 혹은 6개의 그룹으로 배열하여 다양한 크기의 측지선 돔을 제작하였다; 한 가지 좋은 예가 몬트리올의 엑스포 67을 위하여 세워진 돔 구조물이다(그림 2.8a). 많은 축구공들이 12개의 오각형과 20개의 6각형 소단위체들로 이루어진 정20면체형 대칭을 나타낸다(그림 2.8b). 60개의 탄소원자들로 이루어진 안정하고 닫힌 껍질의 형태를 지니는 분자가 1985년에 발견되어 **buckminsterfullerene**이라고 명명되었다. 이 분자는 정20면체형 대칭을 가진다; 60개의 탄소 원자들은 12개의 5량체와 20개의 6량체의 교차점에 위치한다(그림 2.8c). 이러한 물체들은 수십미터 크기(측지선 돔)에서 지름 0.7nm(C_{60})에 이르기까지 다양하지만 동일한 소단위체들이 대칭적으로 연결되어 매우 강하고 안정적인 구조를 형성하는 공통점을 지닌다.

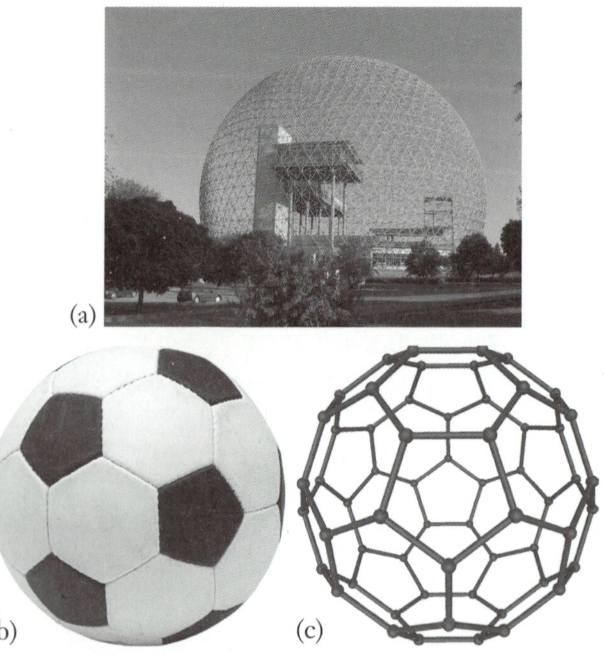

그림 2.8 정20면체형 바이러스와 대칭적 요소들을 공유하는 구조물들. (a) 몬트리올에 엑스포 '67을 위하여 건립된 Buckminster Fuller가 설계한 측지선 돔. (b) 축구공. (c) Buckminsterfullerene으로 알려진 C_{60}.

나선형 대칭을 가지는 캡시드

일부 바이러스들은 바이러스 게놈을 포장하기 위하여 폐쇄형 코트를 형성하지 않고 긴 관으로 이루어진 캡시드를 만든다. 이러한 구조에도 유전적 경제성, 단순성 그리고 안정성의 원리가 적용된다: 이들도 동일한 소단위체들로 만들어지므로 대칭적이다. 이러한 대칭을 **나선형(helical)**이라고 한다.

나선형 구조는 하나의 나선 축을 따라 연장된다. 나선형으로 조립된 소단위체의 대칭은 1바퀴 당 소단위체의 수인 u와 나선축을 따라 한 소단위체와 다음 소단위 사이의 변위인 p에 의하여 정의된다. 나선의 피치인 P는 1바퀴의 나선에 해당하는 나선 축의 길이로 $P = u \times p$이다. Tobacco mosaic virus 입자는 한 종류의 단백질 소단위체가 바이러스 RNA에 결합하여 나선형 대칭을 이루는 관을 형성한다(그림 2.9). 여기에서 u는 16.33이고(따라서 나선 세 바퀴에는 $3 \times 16.33 = 49$개의 소단위체들이 있다), p는 0.14이고 P는 2.3 nm이다.

Measles virus나 influenza virus를 비롯한 음성-가닥 RNA 바이러스들과 tobacco mosaic virus의 경우에는 RNA가 단백질 소단위체들이 형성하는 나선 경로의 홈을 따라 감겨 있다. 각 단백질 소단위체는 일정한 수의 RNA 뉴클레오티드들(tobacco mosaic virus의 경우에는 3개, paramyxovirus의 경우에는 6개)과 결합한다. 반면에 섬유상 박테리오파지 fd의 단백질 코트에서는 각 소단위체가 일정 수의 DNA 뉴클레오티드들과 특이적으로 상호작용을 하지는 않고 원형의 단일-가닥 DNA 주위를 둘러싼다.

나선형 뉴클레오캡시드가 지니는 한 가지 이점은 다양한 길이의 게놈을 수용할 수 있다는 것이다. 따라서 게놈의 길이가 길어질수록 이를 둘러싸는 나선형 뉴클레오캡시드의 길이도 길어진다. 이는 bunyavirus와 influenza virus처럼 다양한 길이를 가지는 여러 개의 분절 게놈을 가지는 바이러스들에게 특히 유리하다(17장, 18장).

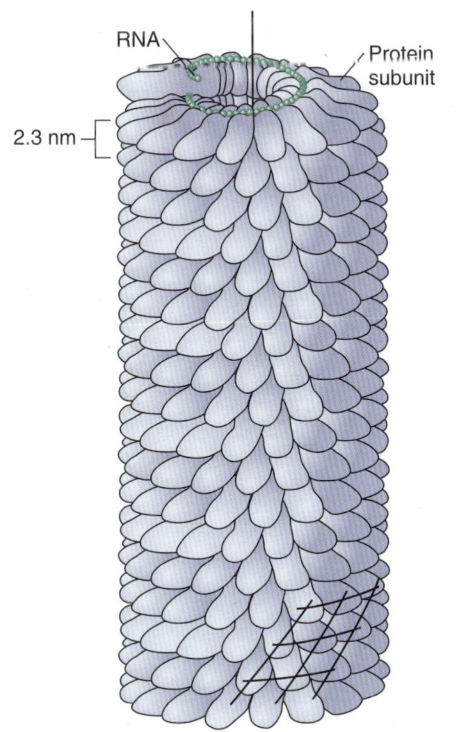

그림 2.9 Tobacco mosaic virus의 나선형 뉴클레오캡시드. 캡시드 내부의 홈에서 보호되는 RNA를 보여 주기 위하여 상부에서 바깥쪽의 일부를 잘라내었다. 각 단백질 소단위체들은 단일-가닥 바이러스 RNA의 세 뉴클레오티드와 결합한다. 나선의 각 회전은 2.3 nm 정도 떨어져 있다.

그림 2.10 박테리오파지 φKZ 비리온. 많은 박테리오파지들은 정20면체형 대칭을 가지는 머리와 나선형 대칭을 가지는 꼬리로 이루어져 있다. 박테리오파지 φKZ의 주요 캡시드 단백질들은 청색으로, 꼭지점들은 회색으로, 꼬리 나선은 다양한 색들로, 그리고 기저판은 회색으로 나타내었다. 기저판 아래에 위치한 세포에 구멍을 내는 장치는 적색으로 나타내었다. (축적 자: 30 nm).

많은 박테리오파지들의 비리온은 정20면체 대칭을 나타내는 부위(캡시드)와 나선형 대칭을 나타내는 부위(꼬리)를 모두 가진다(그림 2.10). 파지의 꼬리는 세포 수용체에 결합하고 세포벽과 세포막에 구멍을 뚫어 바이러스의 게놈을 박테리아 세포 내로 주입시키는 특수한 구조물이다. 이러한 입자들의 경우에도 제한된 종류의 단백질로 분자 구조물을 제조하는 원리는 그대로 적용된다.

바이러스 외막

바이러스 외막은 지질 이중층 막으로 구성된다

대부분의 바이러스 막은 출아과정을 통하여 세포막에서 획득된다(그림 2.11). 출아과정에서 바이러스 뉴클레오캡시드는 바이러스 당단백질들이 삽입된 막에 둘러싸인다. 바이러스 외막의 지질 함량은 외막이 유래한 세포막의 조성에 따라서 다르다. 세포 표면에서 바깥으로 출아하는 influenza virus의 경우에는 원형질막에 특징적인 인지질과 콜레스테롤 비율을 나타낸다. 반면에 소포체에서 출아하는 flavivirus의 외막은 이보다 훨씬 낮은 콜레스테롤 비율을 나타낸다.

지질 이중층은 환경으로부터 바이러스 게놈을 보호하는 투과성 장벽을 제공한다. 따라서 외막성 바이러스들은 외막이 없는 바이러스들처럼 단백질들로 캡시드를 완벽하게 조립할 필요가 없다. 그럼에도 불구하고 flavivirus(그림 12.2)와 togavirus(그림 13.1) 등의 일부 작은 외막성 바이러스들은 거의 완벽한 정20면체형 대칭구조를 가지는 비리온을 만든다. Togavirus에서는 외막의 각 바이러스 당단백질 분자들이 막 아래에 위치한 캡시드 단백질 분자들과 접촉하여 바이러스 당단백질들이 캡시드 단백질들과 동일

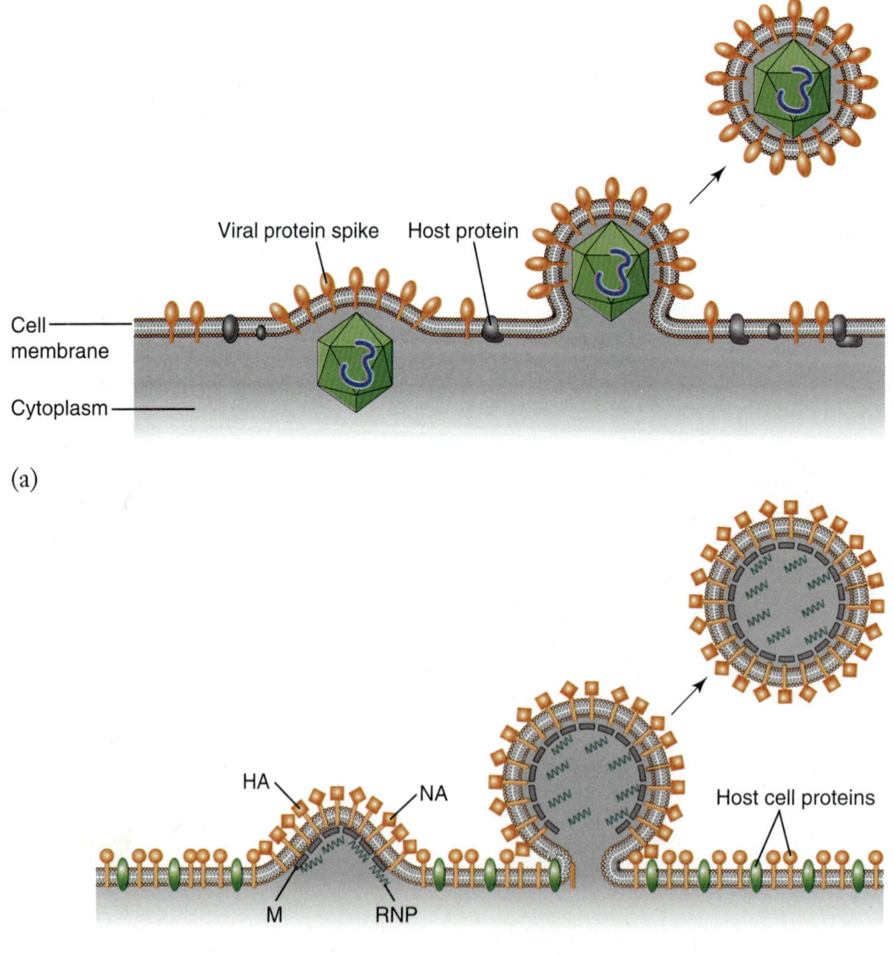

그림 2.11 세포 표면에서 출아를 통한 외막성 비리온의 방출. (a) 출아과정에서 Semliki Forest virus의 정20면체형 뉴클레오캡시드가 바이러스 외막 당단백질의 세포질 쪽 꼬리와 직접 상호작용한다. (b) 출아과정에서 influenza virus의 간질 단백질(M)이 표면 당단백질들(HA 및 NA)의 세포질 쪽 꼬리 및 나선형 뉴클레오캡시드(RNP)와 상호작용한다.

한 대칭으로 외막에 배열한다. 반면에 더 큰 외막성 바이러스들의 비리온들은 모양이 다소 불규칙적이고 이들의 외막은 뚜렷한 대칭을 나타내지 않는다. 나선형 캡시드를 가지는 influenza virus(그림 2.1a)는 거의 구형에서 긴 섬유형에 이르기까지 다양한 모양과 크기를 가진다.

바이러스 당단백질은 외막 형성을 위하여 지질막에 삽입된다

바이러스 외막에서 발견되는 대부분의 단백질들은 비교적 큰 당화된 **외부 영역(ectodomain)**, 약 20개의 아미노산 잔기들로 이루어진 **소수성 횡단막 영역(transmembrane domain)**, 그리고 짧은 내부 꼬리로 이루어져 있다. 대표적인 예가 influenza의 헤마글루티닌(hemagglutinin; 그림 2.12)이다. 바이러스가 출아하기 전에는 꼬리 부위가 세포질 쪽에 있으므로 흔히 세포질 영역(cytoplasmic domain)이라고 한다. 횡단막 영역을 이루는 20여 개의 소수성 아미노산들은 지질 이중층 막에서 3 nm 두께의 소수성 부위를 가로지르는 알파 나선을 형성한다. 외부 영역의 당화는 바이러스 입자의 외부 표면을 수화시켜 비리온들을 응집시킬 수 있는 단백질-단백질 상호작용을 감소시킨다.

소포체에 부착된 리보솜에서 합성된 외막 단백질들은 세포 표면에 위치하는 내재성 막 단백질 합성경로를 따라 세포막에 삽입된다. 외부 영역의 당화와 시스테인이 **팔미토일화(palmitoylation)** 등의 단백질 변형은 소포체와 골지체에서 일어난다.

대부분의 바이러스 당단백질들은 N-말단부가 외부로 향하고 횡단막 영역이 폴리펩티드의 C-말단부 근처에 위치하는 **I형 내재성 막 단백질(type I integral membrane protein)**이다. 그러나 일부 단백질들은 반대로 C-말단부가 외부로 향하고 N-말단부가 내부로 향하며, 횡단막 영역이 N-말단부 근처에 위치하는 **II형 내재성 막 단백질(type II integral membrane protein)**이다. I형 막 단백질들은 합성과정에서 소포체 내로 삽입되어 펩티다아제에 의하여 N-말단부에서 잘려나가는 **신호 서열(signal sequence)**을 가진다. II형 단백질에서는 횡단막 영역 자체가 막 삽입을 위한 신호로 작용한다.

일부 바이러스들은 정20면체형 대칭을 나타내는 외부 캡시드 안쪽에 내부 지질막을 가진다. 이들은 대부분 박테리아와 고세균의 바이러스들이다. 이들이 감염하는 숙주세포에는 단단한 세포벽이 존재하므로 이들 내부 외막이 세포막에서의 출아를 통하여 형성될 것 같지는 않다. 이들이 어떻게 형성되는지는 알려지지 않았다. 이 바이러스들의 일부 캡시드 단백질들은 캡시드를 아래쪽의 지질막에 고정시키는 내재성 막 단백질들이다. 이러한 측면에서 보면 외부 캡시드는 여러 외막 바이러스들에 존재하는 당단백질들이 보다 정교하고 조직화된 구조를 형성한 것에 불과하다고 할 수 있다. Flavivirus와 alphavirus의 외막 단백질이 정20면체형 대칭으로 배열되어 있듯이 이들 바이러스들도 내부 지질막에 박혀 있는 외부 "캡시드"를 가지는 것 같다.

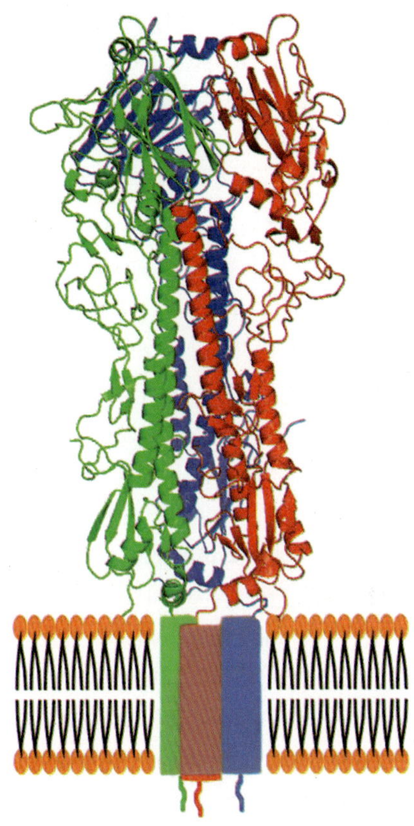

그림 2.12 전형적인 바이러스 외막 단백질인 influenza virus의 헤마글루티닌. 각 단량체들을 서로 다른 색으로 하여 헤마글루티닌 3량체의 아미노산 서열을 나타낸 리본 그림. 알파 나선과 베타 판 구조의 위치를 표시하였다. 외부 영역(위쪽)은 세포 수용체와의 결합과 바이러스 및 세포막의 융합에 관여한다. 횡단막 나선(원주형)이 막을 가로지르고 짧은 내부 영역이 외막 아래에 위치한 간질 단백질과 상호작용한다.

게놈 포장과 비리온 조립

다양한 방식의 캡시드 조립

캡시드의 조립 메커니즘은 바이러스의 최종 구조와 게놈의 성질에 따라 달라진다. 작은 정20면체형의 양성-가닥 RNA 바이러스들에서는 단백질들이 바이러스 RNA 주위에 결합하여 캡시드 조립이 진행됨에 따라서 실에 꿴 공과 같이 단단하게 응축된다. 바이러스에 따라서 캡시드 소단위체들의 조립에 게놈 RNA를 요구하기도 하고 RNA가 없어도 빈 껍질의 캡시드를 형성할 수도 있다.

이중-가닥 DNA 혹은 RNA 게놈을 가지는 바이러스들의 경우에는 다소 딱딱한 핵산이 규칙적인 코일형으로 감겨 있다. Polyomavirus와 papillomavirus의 캡시드는 세포 히스톤에 의하여 미리 뉴클레오좀 상태로 감겨진 이중-가닥 DNA 게놈 주위에 조립된다. Herpesvirus와 대부분의 이중-가닥 DNA 박테리오파지들에서는 미리 형성된 껍질에 DNA 게놈이 삽입된다. 이 과정은 에너지를 요구하며 특수한 바이러스 단백질("포장 모터")에 의하여 수행되거나 때로는 특수한 RNA의 도움을 받기도 한다. DNA가 캡시드 내로 들어감에 따라서 단단한 코일 형태로 감겨지며 내부의 **발판 단백질(scaffolding protein)**들은 분해되거나 방출된다. 발판 단백질은 캡시드 단백질과 함께 조립되어 캡시드 전구체(procapsid)의 형성을 도와주지만 최종 완성된 비리온에는 남지 않는다. 일반적으로 발판 단백질이 제거되면 캡시드 소단위체들이 재배열하여 성숙한 형태의 캡시드가 완성된다. 발판 단백질을 이용한 비리온 조립의 예는 6장(박테리오파지 φX174)과 8장(박테리오파지 lambda)에서 다룰 것이다.

바이러스 게놈은 특수한 포장 신호에 의해 비리온 내부로 들어간다

바이러스 게놈만을 특이적으로 포장하는 다양한 메커니즘들이 존재한다. 일부 식물 바이러스들과 togavirus 등의 작은 정20면체형 양성-가닥 RNA 바이러스들은 캡시드 단백질에 양전하를 띠는 N-말단부 팔을 가진다. 이 팔은 게놈 RNA의 **포장 서열(packaging sequence)**과 특이적으로 상호작용할 수 있고 RNA의 다른 부위들과도 비특이적으로 결합할 수 있다. 이러한 특이적인 상호작용에는 흔히 줄기-고리 구조(stem-loop structure)를 포함하는 RNA 서열이 관여한다. 캡시드 조립과정에서 하나 혹은 소수의 캡시드 단백질 소단위체들이 이 포장 서열과 결합하면 게놈 포장과 캡시드 조립이 시작된다. 대부분의 캡시드 소단위체들은 아마도 인산기의 음전하를 중화시키면서 RNA에 비특이적으로 결합하는 것 같다. 포장된 RNA는 고도로 응축되지만 조립과정에서 줄기-고리 이차구조는 대부분 유지된다.

Tobacco mosaic virus(그림 2.9)의 나선형 캡시드와 여러 음성-가닥 RNA 바이러스들의 뉴클레오캡시드에서는 나선상으로 배열된 단백질 소단위체들의 홈을 따라 RNA가 뻗어 있다. RNA 포장 서열은 이러한 홈에 잘 맞아 포장과정에서 세포 RNA를 배제하고 RNA 게놈만이 조립된다. 일단 포장 서열이 캡시드 단백질과 결합하면 나머지 RNA 분자 주위로 나선형 구조가 지퍼처럼 형성된다. 일부 음성-가닥 RNA 바이러스들에서는 RNA 사슬이 합성되는 동안에 포장된다.

Herpesvirus와 대부분의 이중-가닥 DNA 박테리오파지들은 DNA를 프로캡시드 내로 끌어들이는 기구를 가진다. 이 기구는 바이러스 DNA의 특이적인 포장 서열을 인식하고 흔히 더 큰 복제 중간체 DNA를 게놈 크기의 DNA로 절단한다. 이러한 경우에 DNA의 삽입을 위하여 포장 모터(packaging motor)가 ATP를 가수분해하여 방출하는 에너지가 필요하다.

코어 단백질은 바이러스 게놈과 함께 캡시드 내로 들어갈 수 있다

일부 DNA 바이러스들은 핵단백질 복합체(nucleoprotein complex) 상태로 바이러스 게놈을 포장한다. **코어 단백질(core protein)**은 DNA 인산기의 음전하를 중화시켜 바이러스 DNA를 응축시킨다. Polyomavirus와 papillomavirus는 세포의 히스톤을 이용하여 DNA 게놈을 응축시킨다. 그 결과 생겨난 DNA-단백질 복합체는 세포의 염색질과 유사하므로 미니 염색체(minichromosome)라고 부른다. 만약 바이러스 게놈이 없다면 이 바이러스들은 히스톤과 결합한 비바이러스성 DNA를 포장하여 **가짜 비리온(pseudovirion)**을 형성할 수 있다. Adenovirus와 herpesvirus를 비롯한 다른 DNA 바이러스들은 자신의 히스톤 유사 코어 단백질들을 만든다. 일부 바이러스들은 spermidine과 같은 세포의 폴리아민을 캡시드 내에 끌어들여 인산기의 전하를 중화시키고 핵산 게놈을 응축시킨다.

바이러스 단백질들 간의 상호작용으로 출아를 통한 바이러스 외막 형성이 유도된다

세포막에 삽입된 바이러스 외막 단백질들은 대부분의 세포성 막 단백질들을 밀어내고 국소적인 응집체를 형성한다. 이러한 측면 결합은 유동성 막에서 막 단백질들이 움직일 수 있으므로 가능하다. 바이러스의 외막 단백질들은 규칙적인 측면 상호작용이나 이들의 세포질 꼬리와 안쪽의 바이러스 단백질과의 상호작용을 통하여 모일 수 있다. 외막 단백질 집합체를 포함하는 막 영역은 결국 출아과정을 통하여 바이러스 외막을 형성한다(그림 2.11).

출아과정에서 막이 바이러스 뉴클레오캡시드를 점차 둘러싸면 막이 굽어진다. Togavirus의 정20면체형 뉴클레오캡시드는 세포질에서 조립되어 원형질막으로 이동하여 바이러스 외막 단백질의 세포질 꼬리에 결합한다(그림 2.11a). 캡시드의 표면과 바이러스 당단백질의 세포질 꼬리가 점차 접촉함에 따라서 캡시드가 막으로 둘러싸이고 결국에는 막 융합에 의하여 지질 이중층이 세포막에서 떨어진다.

나선형 뉴클레오캡시드를 가지는 외막성 바이러스들은 원형질막에 삽입된 바이러스 당단백질과 세포질의 뉴클레오캡시드 사이의 상호작용을 매개하는 **간질 단백질(matrix protein)**을 가진다. 막의 세포질 쪽에 위치한 간질 단백질은 뉴클레오캡시드와 결합하고 막의 당단백질 층과 협조적으로 출아과정을 추진한다. 이러한 예로 influenza virus를 들 수 있다(그림 2.11b).

세 번째 유형의 출아는 HIV-1과 같은 일부 레트로바이러스에서 일어난다. 이 경우에는 뉴클레오캡시드가 세포질에서 미리 조립되어 막으로 이동하지 않고 출아과정에서 Gag 전구체로부터 막에서 직접 조립된다(그림 2.1j, 28장). 간질 단백질과 뉴클레오캡시드 단백질은 비리온이 형성되는 과정 혹은 그 이후에 Gag 전구체로부터 절단되어 만들어진다.

출아는 기본적으로 외막 당단백질과 간질 단백질 혹은 뉴클레오캡시드 단백질 간의 상호작용으로 유도된다. 그러나 일부 바이러스들의 경우에서는 뉴클레오캡시드가 없이도 출아하여 빈 외막을 만들 수 있다. 이 경우에는 외막 당단백질 자체가 출아를 추진할 수 있다. 반면에 외막 당단백질 유전자를 상실한 일부 레트로바이러스들은 뉴클레오캡시드가 외막 단백질이 없는 막으로 둘러싸여 "매끈한" 입자를 형성할 수도 있다. 이 경우에는 원형질막의 내부 표면에서 뉴클레오캡시드를 조립한 Gag 단백질의 층이 출아를 추진할 수 있을 정도로 충분히 강하게 지질 이중층과 상호작용할 수 있다. 대부분의 경우에서 이는 N-말단부에 공유결합된 지방산인 myristate를 통하여 이루어진다. 많은 바이러스들은 완성된 입자를 방출하는 마지막 단계에서 지질 이중층을 분리하기 위하여 세포 단백질들을 요구한다.

비리온의 해체: 숙주세포 내로 바이러스 게놈의 운반

비리온은 세포 진입과 게놈 방출을 준비하고 있다

바이러스 입자는 단순히 바이러스 게놈을 둘러싸고 포장하기 위한 구조물이 아니다. 이들은 바이러스 게놈을 한 숙주세포에서 다른 세포로 운반하도록 진화한 일종의 수송수단으로 작용한다. 따라서 비리온의 해체는 단순히 조립과 역순으로 진행되지 않는다. 대부분의 비리온들은 숙주세포에 결합하거나 들어가면 해체되어 게놈을 방출할 준비가 되어 있는 준안정성 상태(metastable state)에 있다. 이러한 준비 상태는 간단한 조작만 가해져도 열리도록 장치된 깜짝 장남감 상자(Jack-in-the-box)와 같다고 할 수 있다. 이 단계에서 보통 세포 표면이나 세포질에 있는 특정 세포 수용체와 비리온의 상호작용이 관여한다.

조립된 비리온이 운송 프로그램을 준비하는 가장 흔한 방법으로 단백질의 절단을 들 수 있다. 예를 들면, picornavirus에서 바이러스 입자가 수용체 결합으로 확장되어 해체될 때 캡시드 단백질인 VP0의 자가-절단으로 VP4라고 하는 작은 내부 펩티드가 생성되면 게놈이 방출될 수 있다.

Reovirus에서는 보호 단백질인 σ3이 장 속이나 리소좀 내부의 산성에 의해 활성화되는 프로테아제에 의하여 절단되면 바이러스 코어를 세포 내로 통과시키는 단백질인 σ1이 노출된다(그림 19.4와 19.5). 이와 유사하게 flavivirus의 PrM 단백질은 감염과정에서 절단 후 해체되어 아래에 숨겨진 E 단백질을 노출시킨다. E 단백질은 바이러스 외막과 표적 세포의 원형질막을 융합시켜 바이러스의 진입이 가능하도록 한다. Influenza virus의 헤마글루티닌과 HIV의 gp160과 같은 융합 단백질들은 미리 절단되어 낮은 pH(influenza 헤마글루티닌, 그림 4.4) 혹은 수용체/보조수용체와의 결합(HIV-1 gp160; 29장)으로 촉발되는 극적인 융합-유도성 구조적 재배열을 준비한다.

"깜짝 장남감 상자"의 비유는 herpesvirus와 일부 박테리오파지 경우에 더 적합하다고 볼 수 있다. 이들 바이러스에서는 비리온 조립과정에서 에너지를 요구하는 단백질 실패감기 기구(protein spooling machine)의 작용으로 DNA가 비리온 내에 용수철 모양으로 꼬여 있다. 따라서 입자를 밀봉하는 자물쇠가 열리면 게놈 방출이 바로 유도된다. 이 단계는 박테리오파지의 경우에는 세포 표면에서 일어나고 herpesvirus의 경우에는 핵공에서 일어난다. 일부 박테리오파지들(예, 박테리오파지 T7)의 DNA는 세포에 완전히 들어갈 수 있을 정도의 힘을 지니는 용수철 상태로 배열되어 있지 않다; 대신 게놈의 일부가 주입되면 나머지 부위는 전사기구에 의해 능동적으로 세포 내로 끌려 들어간다(그림 7.2).

식물 바이러스들은 보통 곤충 벡터에 의하여 숙주세포 내로 주입되므로 용수철-장착 메커니즘이 필요하지 않다. 바이러스가 세포질에 노출되면 가역적인 구조적 변환을 수행하여 리보좀이나 개시인자들이 RNA에 접근하는 것 같다. 게놈의 완전한 탈피는 리보좀이 결합한 이후에 일어난다. 이와 유사한 과정을 통하여 일부 양성-가닥 RNA 동물 바이러스들의 탈피가 이루어진다.

핵심 용어

2배축(Twofold axis)
I형 내재성 막 단백질(Type I integral membrane protein)
II형 내재성 막 단백질(Type II integral membrane protein)
X-선 회절(X-ray difraction)
간질 단백질(Matrix protein)
가짜 비리온(Pseudovirion)
나선형 대칭(Helical symmetry)
뉴클레오캡시드(Nucleocapsid)
당단백질(Glycoprotein)
동결전자현미경(Cryoelectron microscopy)
미리스테이트(Myristate)
발판 단백질(Scaffolding protein)
벅민스터풀러린(Buckminsterfullerene)
비리온(Virion)
삼각형 분할수(Triangulation number)
신호 서열(Signal sequence)
싱크로트론(Synchrotron)
양성 염색(Positive staining)
외막(Envelope)
외부 영역(Ectodomain)
유전적 경제성(Genetic economy)
음성 염색(Negative staining)
자가-조립(Self assembly)
정20면체형 대칭(Icosahedral symmetry)
젤리-롤 β-배럴(Jelly-roll β-barrel)
준동등(Quasi-equivalent)
출아(Budding)
캡시드(Capsid)
코어 단백질(Core protein)
팔미토일화(Palmitoylation)
펜톤(Penton)
포장 신호(Packaging signal)
헥손(Hexon)
횡단막 닻(Transmembrane anchor)

기본 개념

- 바이러스는 단백질 캡시드로 핵산 게놈을 둘러싸고 있다; 일부 바이러스들은 캡시드 내부 혹은 외부에 지질을 함유하는 외막도 가진다.
- 작은 바이러스들의 캡시드는 하나 혹은 적은 종류의 동일한 소단위체들로 만들어진다; 따라서 이들은 매우 대칭적이다.
- 폐쇄형 구형의 캡시드는 5배, 3배, 그리고 2배 대칭축을 가지는 정20면체형 대칭구조이다.
- 정20면체형 대칭을 나타내는 가장 작은 캡시드는 60개의 동일한 소단위체들로 만들어진다.
- 정20면체형 대칭을 나타내는 대형 캡시드들은 보통 $60 \times T$(T는 삼각형 분할수)의 소단위체들로 만들어진다; 대형 캡시드들은 또한 구조를 강화시키는 단백질들을 추가로 가지기도 한다.
- 많은 캡시드 단백질들은 공통적으로 단단한 벽돌 모양의 구조를 제공하는 젤리-롤 β-배럴이라고 하는 3차원적 구조적 접힘을 가진다.
- 관상의 캡시드는 나선상 대칭을 나타내며 이들의 길이는 핵산의 길이에 의해 결정된다.
- 대부분의 바이러스 외막은 기존의 세포막으로부터 출아를 통하여 형성된다.
- 바이러스 외막은 보통 횡단막 영역을 가지는 바이러스 당단백질들을 포함한다.
- 일부 캡시드는 조립과정에서 단백질이 핵산 게놈 주위를 둘러싸지만 다른 경우에는 미리 조립된 캡시드에 게놈이 채워진다.
- 발판 단백질은 캡시드의 조립을 돕지만 나중에 방출되므로 성숙한 캡시드의 일부가 되지 않는다.
- 많은 바이러스들의 게놈은 캡시드 단백질에 의하여 인식되어 온전한 게놈만이 캡시드 내로 들어가도록 하는 특이한 포장 서열을 가진다.

복습 문제

1. 비리온이 어떻게 바이러스의 게놈을 한 세포에서 다른 세포로 전달하는지를 간단히 설명하시오.
2. X-선 회절법이 외막성 바이러스의 구조 연구에 적합하지 않는 이유는 무엇인가?
3. I형과 II형 내재성 막 단백질들의 차이는 무엇인가?
4. 가장 단순한 바이러스의 비리온은 어떻게 조립되는가?
5. 일부 DNA 바이러스들이 게놈과 함께 포장하는 코어 단백질의 역할은 무엇인가?

CHAPTER 3

바이러스 분류: 바이러스의 세계

Nicholas H. Acheson

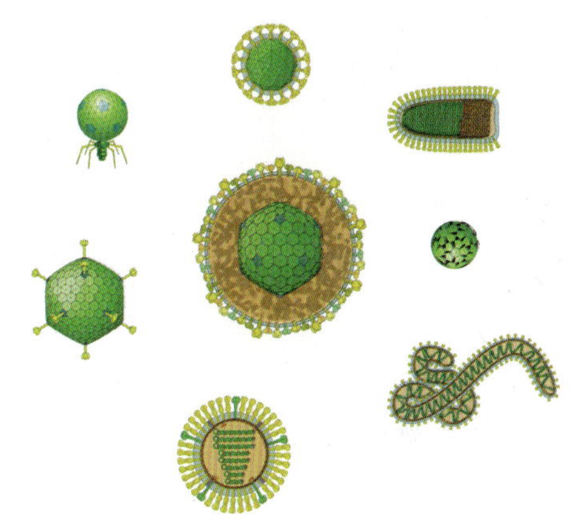

바이러스 분류

바이러스의 분류 기준:

- *게놈 조성(DNA 혹은 RNA, 단일- 혹은 이중-가닥)*
- *게놈 구조(선형 혹은 환형; 단일 혹은 다수 분절들)*
- *캡시드 대칭*
- *외막의 존재 유무*
- *유전적 관련성(뉴클레오티드 및 아미노산 서열 유사성)*
- *mRNA 생성 및 게놈 복제 메커니즘*
- *숙주생물*

주요 바이러스 그룹들

바이러스들은 다음의 범주 내에서 종, 속, 과 그리고 (일부 경우에) 목으로 분류됨:

- *단일-가닥 DNA 게놈을 가지는 바이러스*
- *이중-가닥 DNA 게놈을 가지는 바이러스*
- *양성-가닥 RNA 게놈을 가지는 바이러스*
- *음성-가닥 RNA 게놈을 가지는 바이러스*
- *이중-가닥 RNA 게놈을 가지는 바이러스*
- *역전사효소를 이용하는 바이러스*
- *위성 바이러스, 위성 핵산 및 바이로이드*

바이러스의 진화적 기원

RNA 바이러스들은 생물발생 이전의 RNA 세계의 잔존물일 것임

작은 DNA 바이러스들은 자가-복제성 세포 게놈 DNA 단편에서 진화하였을 것임

일부 큰 DNA 바이러스들은 퇴화한 세포내 기생체에서 생겨났을 것임

바이러스 분류

다양한 생물에 감염하는 많은 바이러스들이 발견되었다

바이러스학이 하나의 과학으로 확립된 이후, 약 100년 동안 수천 종류의 바이러스들이 분리되어 이들의 특성이 규명되었다. 이러한 바이러스들은 박테리아, 고세균, 곰팡이, 조류, 고등식물, 무척추동물 및 척추동물을 포함하는 수많은 종류의 생물들에 감염한다. 이들 가운데 수백 가지의 바이러스들이 비교적 자세히 연구되었다. 이러한 커다란 바이러스 집단을 효과적으로 연구하기 위하여 과학자들은 바이러스들을 유사 집단으로 분류하고 있다.

유전적 및 진화적으로 서로 관련된 생물의 분류는 한 개체에서 얻은 자세한 지식을 일반화하여 다른 관련된 생물들에 적용할 수 있으므로 매우 유용하다. 바이러스들은 먼저 **종(species)**으로 분류하고, 관련된 종들을 더 높은 계층인 **속(genera)**, **과(families)** 그리고 **목(orders)**의 단계로 분류한다. 이는 바이러스학자들이 바이러스들을 비교하고 바이러스 구조, 복제 경로, 숙주세포와의 상호작용, 그리고 질병 전파 등의 여러 측면들을 분석하고 이해하는 데 도움을 준다. 이러한 분류의 과학을 **분류학(taxonomy)**이라고 한다. 이 장에서는 현재까지 발견되어 명명된 바이러스 집단들에 대하여 간략히 다루고자 한다.

바이러스는 분자구조, 유전적 관련성 그리고 숙주생물에 따라서 분류된다

바이러스들을 합리적으로 분류하려면 바이러스의 가장 기본적인 유전성 특징들인 바이러스 게놈의 성질과 바이러스 입자의 구조를 먼저 고려하여야 한다. 다음의 분자적 기준들이 바이러스의 분류에 이용된다:

- 핵산 게놈의 유형(DNA 혹은 RNA)
- 핵산 가닥의 종류(단일- 혹은 이중-가닥)
- 핵산의 구조(선형 혹은 환형)
- 캡시드의 대칭성(정20면체형, 나선형 혹은 비대칭형)
- 외막의 존재 유무

바이러스들 사이의 유전적 관련성은 바이러스 게놈 서열과 바이러스 단백질의 아미노산 서열을 비교 분석하여 결정할 수 있다. 바이러스 게놈 상의 유전자 배열 순서, 바이러스 mRNA 합성 메커니즘, DNA 혹은 RNA 중합효소를 암호화하는 바이러스 유전자의 존재, 그리고 복제과정에서 역전사효소의 이용 등과 같은 다른 특징들도 바이러스 분류에 중요한 기준으로 이용된다.

많은 바이러스들은 수십억 년의 진화과정에서 숙주세포와 밀접한 관계를 유지하여 왔다. 바이러스는 자신의 숙주생물에 들어가서 복제할 수 있어야 하고 이로부터 방출되어 다른 개체로 이동할 수도 있어야 한다. 따라서 바이러스는 자신이 복제하는 숙주생물에 적응하고 생물이 진화하면 따라서 진화하여 왔다. 이러한 적응의 예들은 다음과 같다:

- 세포 혹은 생물들 간의 독특한 전염 메커니즘(직접적인 접촉, 액체 매체를 통한 확산, 순환계, 호흡기 비말을 통한 전파, 음식물이나 물의 분변 오염, 곤충 벡터 등)
- 세포 내로의 진입 경로(특정 세포 수용체 결합, 세포벽 통과, 막 융합, 소낭을 통한 진입 등)
- 세포의 RNA 혹은 DNA 중합효소, RNA 가공효소, 단백질 합성계, 막계, 세포 신호전달 단백질, 그리고 바이러스 유전자의 복제와 발현에 이용되는 다른 세포 단백질들과의 상호작용

이러한 적응의 결과로 유전적 및 진화적으로 관련된 바이러스들은 유사한 개체에 감염하는 경향을 나타낸다. 바이러스 분류학은 특정 범주의 생물들에 감염할 수 있는 바이러스의 능력을 고려한다. 이러한 목적에서 모든 생물계를 다음의 6가지 범주들로 나누면 편리하다:

1. 박테리아
2. 고세균
3. 하등 진핵생물(균류, 원생생물, 조류)
4. 식물
5. 무척추동물
6. 척추동물(인간 포함)

이러한 범주들은 현재 널리 이용되고 있는 생물의 6-계(kingdom) 분류법과는 일치하지 않지만 바이러스 분류에는 유용하고 실용적인 생물 분류법이다.

진화적 및 유전적으로 관련된 바이러스들은 위의 여섯 범주들 가운데 하나에 속하는 생물에 감염하는 경향이 있다. 하지만 이에는 예외가 있다. 예를 들면, 수많은 척추동물 바이러스들은 흡혈 무척추 절지동물(모기, 진드기, 모래파리)에 의하여 한 동물에서 다른 동물로 전파된다. 많은 식물 바이러스들도 곤충에 의하여 전파된다. 따라서 이러한 바이러스들은 척추동물(혹은 식물)과 무척추동물에 감염할 수 있도록 진화하였을 것이다. 실제로 수많은 바이러스과들이 두 개 혹은 그 이상의 범주에 속하는 생물들에 감염할 수 있는 바이러스들을 포함하고 있다.

바이러스는 종, 속 그리고 과로 분류된다

국제바이러스분류위원회(International Committee on Virus Taxonomy, ICTV)에서는 바이러스 분류에 대한 정기적인 보고서를 발표한다. 이 장에서는 ICTV의 8차 보고서(2005)와 최근의 업데이트 자료(http://www.ictvonline.org/index.asp)에 근거하여 주로 박테리아와 척추동물에 감염하는 바이러스들의 분류를 소개한다. ICTV의 규정에 따르면 바이러스과의 이름은 이탤릭체로 표시하고 라틴어 접미사 *-viridae*로 끝나고, 속의 이름은 접미사 *-virus*로 끝난다. 그러나 이 책에서는 바이러스과의 이름을 간단하게 영어 표기법으로 나타내었다(예를 들면, "*Picornaviridae*" 대신 "picornaviruses"로).

일반적으로 서로 다른 바이러스 분리주들이 높은 뉴클레오티드 상동성을 나타내고, 대부분의 단백질들이 매우 유사한 아미노산 서열을 가지고 공통적인 항원성을 나타낸다면 이들을 한 바이러스종의 구성원으로 간주한다. 한 종의 구성원들은 보통 제한된 종류의 생물들이나 특정 표적 세포와 조직에 감염한다. 이는 이들이 서로 유전적

으로 관련성이 있고 따라서 하나의 공통적인 유전적 **계통(lineage)**의 구성원이라는 것을 의미한다.

만약 여러 바이러스종들이 게놈 조직과 크기, 비리온 구조, 그리고 복제 전략과 같은 특징들을 공유한다면 이들을 속(*genera*)으로 묶을 수 있다. 이들은 진화적으로 관련성이 있지만 한 속에 속하는 종들은 뉴클레오티드와 아미노산 서열에 있어 상당한 차이를 나타낸다. 한 속에 속하더라도 종이 다르면 서로 다른 생물에 감염하거나 한 개체의 다른 조직에 감염하므로 보통 서로 접촉하지 않는다.

바이러스속들은 다시 *과(families)*로 묶을 수 있다. 한 바이러스과의 구성원들은 전체 게놈 조직, 비리온 구조, 그리고 복제 메커니즘을 공유한다. 따라서 이들도 진화적으로 관련성이 있는 것으로 여겨진다. 그러나 한 바이러스과에 속하더라도 비리온 크기와 게놈 길이에 상당한 차이가 있을 수 있고 다른 바이러스에는 없는 여러 가지 독특한 유전자들을 가질 수 있다. 한 바이러스과에 속하는 바이러스들은 서로 다른 숙주생물에서 상당히 오랜 기간 독자적으로 진화해 왔기 때문에 이들은 소수의 유전자들에서 매우 제한적인 뉴클레오티드 혹은 아미노산 상동성을 나타낸다. 현재까지 ICTV는 87개의 바이러스과를 정하였으며 13개의 속들은 아직 특정 과에 배정되지 못하였다.

바이러스학의 분야에 따라서 독특한 명명법과 분류법이 개발되었다

역사적으로 한 바이러스학자는 단 한 가지 범주의 생물들(예를 들면, 박테리아, 균류, 조류, 식물, 곤충, 어류, 가축 혹은 인간)에 감염하는 바이러스들만을 다루고 연구하여 왔다. 따라서 박테리아 바이러스학, 식물 바이러스학, 수의학 바이러스학, 그리고 의학 바이러스학 등이 생겨났다.

이러한 학문 영역들 사이에 약간의 수렴은 있었지만 서로 다른 역사로 인하여 각각 독특한 방식으로 바이러스들을 명명하고 분류하였다. 예를 들면, 박테리오파지에게는 숙주 박테리아의 속명과 임의적인 숫자나 그리스 문자를 포함하는 이름이 주어졌다(예, Enterobacteria phage T4, Bacillus phage SP01, Enterobacteria phage Mu). 실제로는 이러한 공식적인 이름들 대신에 흔히 "bacteriophage" 혹은 "phage" 뒤에 숫자를 붙여 약칭으로 부른다.

식물 바이러스들은 보통 바이러스가 처음 분리된 식물 종과 바이러스에 의하여 유발되는 질병 증상에 따라서 명명되었다(예, tobacco mosaic virus, tomato bushy stunt virus, maize streak virus). 많은 곤충 바이러스들은 바이러스가 분리된 곤충 종의 라틴어 학명을 이용하고 그 뒤에 바이러스 속명을 붙여 명명하였다(예, *Aedes aegypti* densovirus, *Autographa californica* multiple nucleopolyhedronvirus, *Chironomus luridus* entomopoxvirus).

척추동물의 바이러스들에 대해서는 다양한 명명 방식들이 이용되었다. 이들은 기원 숙주 종(예, bovine papillomavirus, simian virus 40, porcine parvovirus), 바이러스가 처음으로 분리된 지명(예, Semliki Forest virus, Ebola virus, Norwalk virus) 혹은 바이러스에 의하여 유발되는 질병(예, measles virus, influenza A virus, hepatitis B virus)에 따라서 명명되었다.

대부분의 바이러스학 연구가 박테리아, 식물 그리고 척추동물 바이러스들을 대상으로 이루어졌으므로 지금까지 발견된 대부분의 바이러스들은 이들 그룹에 속하는 생물들에 감염한다. 따라서 고세균, 원생생물, 작은 무척추동물, 그리고 해양생물 등의 아직 연구가 덜 이루어진 생물들에는 아직 발견되지 않은 바이러스들이 많이 남아 있을 것이다.

바이러스가 감염하는 생물군에 따라서 바이러스의 분류에 서로 다른 기준들을 적용하는 경향이 있다. 예를 들면, 현재 박테리오파지는 게놈의 특성과 캡시드 및 꼬리의 모양에 따라서 과를 분류한다. 박테리오파지는 빠른 성장 주기로 인하여 돌연변이를 빠르게 일으킬 수 있고 재조합이나 숙주세포 게놈에의 통합으로 인하여 유전자를 쉽게 교체할 수도 있다. 이는 박테리오파지들이 유전적 모자이크로 존재한다는 것을 의미한다. 이러한 경우에 서로 다른 파지들의 진화적 혹은 유전적 관계를 결정하는 것은 매우 어려울 것이다.

식물 바이러스들은 현재 24가지 과들로 구분되지만 다수의 속들(이들의 대부분은 양성-가닥 RNA 게놈을 가짐)은 아직 특정한 과에 지정되지 못하고 있다. 척추동물과 무척추동물의 바이러스들은 모든 범주의 게놈을 골고루 가진다; 이들은 현재 28가지 과들로 분류되고 있으며 3개의 속들이 아직 특정 과에 지정되지 못하였다.

주요 바이러스 그룹들

주요 바이러스 그룹들의 연구를 통하여 공통적인 특징들과 복제 경로를 이해할 수 있었다

이 장에서는 게놈의 성질과 이들의 복제 전략에 따라서 지금까지 알려진 주요 바이러스 그룹들을 7개의 표로 나누어 기술하고 있다. 각 표에는 숙주생물에 따라 칸으로 구분하였으며 가장 단순한 원핵생물로부터 가장 복잡한 척추동물에 이르기까지 나타내었다. 각 칸에서는 게놈 길이가 증가하는 순으로 바이러스 그룹을 기술하였다. 이 책에서 자세하게 다루어지는 바이러스 그룹들은 녹색으로 나타내었다.

이들 표에서 다음과 같은 흥미로운 사실들을 발견할 수 있다:

- 단일-가닥 DNA 게놈을 가지는 바이러스들은 크기가 매우 작은 경향이 있다.
- 대부분의 식물 바이러스들은 양성-가닥 RNA 게놈을 가진다.
- 많은 균류 바이러스들은 이중-가닥 RNA 게놈을 가진다.
- 대부분의 박테리오파지들은 꼬리를 가지며 이중-가닥 DNA 게놈을 가진다.
- 매우 큰 이중-가닥 DNA 게놈(400~1,200 kb)을 가지는 바이러스들은 자유생활을 하는 단세포 조류와 원생생물에만 있다.

바이러스 분류를 통하여 얻을 수 있었던 이러한 결론들은 바이러스학자들에게 매우 흥미로운 연구 주제를 제공한다.

단일-가닥 DNA 게놈을 가지는 바이러스들은 작고 소수의 유전자들을 가진다

일반적으로 바이러스의 크기와 모양이 매우 다양하지만(그림 3.1), 단일-가닥 DNA 게놈을 가지는 바이러스들

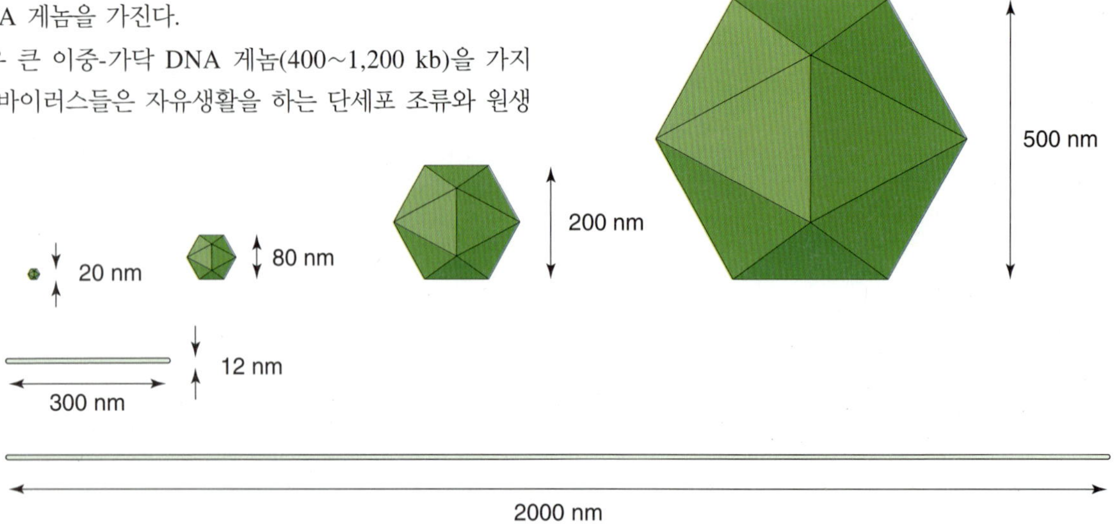

그림 3.1 바이러스 캡시드의 크기 차이. 정20면체형 대칭을 가지는 가장 작은 캡시드와 가장 큰 캡시드 그리고 이들의 중간 크기 캡시드를 비교하였다. 왼쪽에서 오른쪽 순으로 지름 20 nm인 beak and feather disease virus(parvovirus), 지름 80 nm인 adenovirus, 지름 200 nm인 Paramecium bursaria Chlorella virus 1(phycodnavirus), 지름 500 nm인 mimivirus. 이들 캡시드의 부피 비는 1:64:1,000:15,000이다. 아래쪽에 나선형 캡시드인 12 × 300 nm 크기의 tobacco mosaic virus와 7 × 2,000 nm 크기의 pseudomonas phage Pf1을 나타내었다.

표 3.1 단일-가닥 DNA 게놈을 가지는 바이러스들

Virus group	Hosts	Example	Genome segments	Genome size (kb) and topology		Capsid symmetry	Envelope
Microviridae	Bacteria	Bacteriophage φX174	1	4–6	Circular	Icosahedral	No
Inoviridae	Bacteria	Bacteriophage M13	1	5–9	Circular	Helical	No
Geminiviridae	Plants	Maize streak virus	1–2	3–6	Circular	Icosahedral	No
Nanoviridae	Plants	Banana bunchy top virus	6–8	6–9	Circular	Icosahedral	No
Circoviridae	Vertebrates	Beak and feather disease virus	1	2–4	Circular	Icosahedral	No
Parvoviridae	Vertebrates & invertebrates	Adeno-associated virus	1	4–6	Linear	Icosahedral	No
Anelloviridae	Vertebrates	Torque teno virus 1	1	4	Circular	Icosahedral	No

바이러스는 얼마나 작을까?

대부분의 바이러스들은 너무 작아 광학현미경으로 관찰할 수 없지만 전자현미경으로는 가능하다. 가장 작은 구형의 비리온은 지름이 약 20 nm 정도이다(그림 3.1); 이러한 비리온 50,000개를 일렬로 줄을 세워야 1 mm의 길이가 된다. 현재까지 알려진 가장 큰 비리온(mimivirus)는 지름이 약 500 nm이고 이들은 광학현미경으로 가까스로 관찰할 수 있다. 이러한 비리온은 2,000개만 줄을 세워도 길이가 1 mm가 된다. 이 거대한 바이러스는 마이코플라즈마와 일부 고세균을 비롯한 작은 세포성 생물들과 크기가 유사하므로 작은 구멍을 가지는 필터에 걸러진다. 섬유형 혹은 막대형 캡시드를 가지는 바이러스들은 지름이 7에서 30 nm에 불과하지만 길이는 수천 nm에 이르러 포유동물 세포의 지름과 비슷하다.

은 매우 좁은 범위의 크기로 제한되어 있다(표 3.1). 이들의 게놈은 모든 바이러스 게놈들 가운데 가장 작은 편이며 2 kb에서 9 kb에 이른다. 7개 과들 가운데 6개 과들이 환형 게놈을 가지며 7번째 과인 *Parvoviridae*만이 머리핀 말단을 가진다. 이러한 특징들은 이중-가닥 DNA와 비교하여 분해되기 쉬운 단일-가닥 DNA의 성질을 반영한다고 볼 수 있다; 작은 크기와 환형 혹은 머리핀 말단을 가지기 때문에 인하여 게놈 DNA가 뉴클레아제에 의하여 쉽게 공격받지 않는다.

이들은 모두 외막을 가지지 않고 7개 과들 가운데 6개 과들의 바이러스들이 정20면체형 캡시드를 가진다. 아마도 대부분의 단일-가닥 DNA 게놈을 가지는 바이러스들은 공통조상에서 진화하여 왔을 것이다.

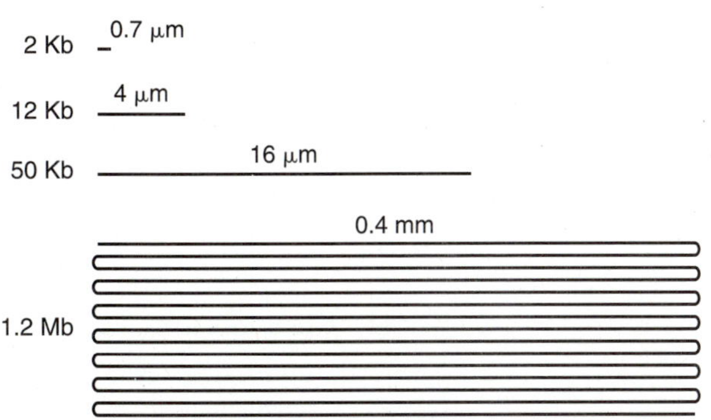

그림 3.2 바이러스 게놈의 크기 차이. 게놈 길이에 비례하여 선으로 표시하였다. 왼쪽에 kb(1000 뉴클레오티드)로 표시한 게놈 크기를 나타내었으며 각 선의 위에 마이크로미터(μm) 혹은 mm로 표시한 게놈 길이를 나타내었다. 위에서 아래쪽으로 2 kb 이하의 게놈을 가지는 circovirus, 약 12 kb의 게놈을 가지는 많은 양성-가닥 RNA 바이러스들, 50 kb의 게놈을 가지는 람다와 같은 중간-크기의 박테리오파지들, 1.2 Mb의 가장 큰 바이러스 게놈을 가지는 mimivirus 순으로 나타내었다.

현재까지 알려진 가장 큰 바이러스는 이중-가닥 DNA 게놈을 가진다

이중-가닥 DNA 게놈을 가지는 바이러스들(표 3.2)은 다양한 크기의 게놈을 가진다(5-1,180 kb; 그림 3.2). 이 바이러스들은 모두 비분절성 게놈을 가진다; 즉, 모든 바이러스 유전자들이 하나의 DNA 분자에 포함되어 있다. 이들 DNA 게놈의 일부는 환형이고 일부는 선형이다. 이 바이러스들 가운데 일부가 커다란 크기의 게놈을 가지게 된 것은 아마도 이중-가닥 DNA가 분해에 대한 높은 저항성, DNA 복제과정에서의 낮은 실수율, 그리고 돌연변이를 인식하고 회복할 수 있는 능력 등의 측면에서 다른 유형의 핵산들 보다 유전자 저장에 더 유리하기 때문일 것이다. 척추동물에 감염하는 과들 가운데 작은 게놈을 가지는 과들(*Polyomaviridae*, *Papillomaviridae*, 그리고 *Adenoviridae*)은 비외막성 비리온을 만들고 큰 게놈을 가지는 과들은 모두 외막성 비리온을 만든다.

이중-가닥 DNA 바이러스들의 다양성과 종류를 감안한다면 이들 가운데 고등식물에 감염하는 바이러스가 없다는 것은 놀라운 점이다. 반면에 조류에 감염하는 바이러스들은 모두 이중-가닥 DNA 바이러스(*Phycodnaviridae*)이며 이들은 가장 큰 바이러스들이다(대부분의 게놈 크기가 300 kb 이상). 아메바에 감염하는 minivirus라는 바이러스는 현재까지 알려진 가장 큰 바이러스 게놈을 가지고 있다; 최근에 서열이 밝혀진 이 바이러스의 게놈은 거의 1.2×10^6 bp나 되며 많은 박테리아와 고세균의 게놈보다 더 크다.

현재까지 알려진 박테리오파지의 약 95%는 이중-가닥 DNA 게놈과 꼬리를 가진다. 이들은 꼬리의 구조에 따라서 3개의 과로 나뉜다: *Myoviridae*는 긴 수축성 꼬리를 가지고, *Siphoviridae*는 긴 비수축성 꼬리를 가지고, *Podoviridae*는 짧은 비수축성 꼬리를 가진다. 이 과들은 다양한 게놈 크기, 게놈 조직, 그리고 복제 메커니즘을 가지는 바이러스들을 포함한다. 이들은 주로 비리온의 형태에 따라 분류되어 다소 임의적이라고 할 수 있다. 그러나 각 과에 속하는 각 속의 구성원들은 중요한 생물학적인 특징들을 공유하고 있다.

나머지 3가지 과들에 속하는 이중-가닥 DNA 파지들은 단백질 캡시드의 내부 혹은 외부에 지질막을 가진다. 이 과들은 하나 혹은 소수의 파지 분리주들을 포함한다. 고세균에 감염하는 수많은 바이러스들이 최근에 기술되었다; 하나를 제외하고는 모두 이중-가닥 DNA 게놈을 가지며, 대부분의 비리온들이 독특한 형태를 지닌다.

표 3.2 이중-가닥 DNA 게놈을 가지는 바이러스들

Virus group	Hosts	Example	Genome segments	Genome size (kb) and topology		Capsid symmetry	Envelope
Corticoviridae	Bacteria	Bacteriophage PM2	1	10	Circular	Icosahedral	Internal
Plasmaviridae	Mycoplasma	Bacteriophage L2	1	12	Circular	Asymmetric	External
Tectiviridae	Bacteria	Bacteriophage PRD1	1	15	Linear	Icosahedral	Internal
Podoviridae	Bacteria	Bacteriophage T7	1	16–70	Linear	Icosahedral, tailed	No
Siphoviridae	Bacteria & archaea	Bacteriophage lambda	1	22–121	Linear	Icosahedral, tailed	No
Myoviridae	Bacteria & archaea	Bacteriophage T4	1	34–497	Linear	Icosahedral, tailed	No
Fuselloviridae	Archaea	*Sulfolobus* spindle-shaped virus 1	1	15–24	Circular	Asymmetric	External
Lipothrixviridae	Archaea	*Sulfolobus islandicus* filamentous virus	1	16–56	Linear	Asymmetric	External
Guttaviridae	Archaea	*Sulfolobus neozealandicus* droplet-shaped virus	1	20	Circular	Asymmetric	External
Ampullaviridae	Archaea	*Acidianus* bottle-shaped virus	1	24	Linear	Asymmetric	External
Globulaviridae	Archaea	*Pyrobaculum* spherical virus	1	28	Linear	Asymmetric	External
Rudiviridae	Archaea	*Sulfolobus islandicus* rod-shaped virus 2	1	32–35	Linear	Asymmetric	No
Bicaudaviridae	Archaea	*Acidianus* two-tailed virus	1	63	Circular	Asymmetric	External
Phycodnaviridae	Algae	*Paramecium bursaria* chlorella virus 1	1	100–560	Linear or circular	Icosahedral	Internal &/or external
Mimiviridae	Protozoa (amoeba)	*Acanthamoeba polyphaga* mimivirus	1	1180	Linear	Icosahedral	Internal
Baculoviridae	Invertebrates	*A. californica* multiple nucleopolyhedrovirus	1	80–180	Circular	Helical	External
Polyomaviridae	Vertebrates	Mouse polyomavirus	1	5	Circular	Icosahedral	No
Papillomaviridae	Vertebrates	Human papillomavirus 16	1	8	Circular	Icosahedral	No
Adenoviridae	Vertebrates	Human adenovirus 5	1	25–45	Linear	Icosahedral	No
Asfarviridae	Vertebrates	African swine fever virus	1	170–190	Linear	Icosahedral	Internal & external
Herpesviridae	Vertebrates	Herpes simplex virus 1	1	125–240	Linear	Icosahedral	External
Iridoviridae	Vertebrates & invertebrates	Frog virus 3	1	135–303	Linear	Icosahedral	Internal & external
Poxviridae	Vertebrates & invertebrates	Variola virus (smallpox)	1	130–375	Linear	Complex	External

대부분의 식물 바이러스들과 많은 척추동물 바이러스들은 양성-가닥 RNA 게놈을 가진다

양성-가닥 RNA 게놈을 가지는 9개 과의 바이러스들이 척추동물에 감염하고, 12개 과와 아직 특정 과에 지정되지 않은 7개 속의 양성-가닥 RNA 바이러스들이 식물에 감염한다. 하지만 RNA 게놈을 가지는 고세균 바이러스는 아

바이러스 게놈의 크기와 복잡성의 차이

바이러스 게놈의 크기는(그림 3.2)은 2,000 뉴클레오티드 내외부터(2~3개의 단백질들을 암호화) 거의 1.2백만 뉴클레오티드(1,200개 이상의 단백질들을 암호화)에 이르기까지 다양하다. 가장 작은 세포의 게놈은 약 40만 뉴클레오티드 정도이며 포유동물의 게놈은 약 30억 뉴클레오티드이다. 바이러스 게놈은 매우 조밀하고 경제적으로 이용된다; 대부분의 뉴클레오티드 서열들이 단백질의 암호화에 이용되어 1,000 뉴클레오티드 당 하나의 단백질이 암호화된다. 반면에 복잡한 식물과 동물의 게놈은 대부분 비암호화 서열들로 이루어져 있다; 예를 들면, 인간의 게놈은 약 3만개의 단백질을 암호화하므로 100,000 뉴클레오티드 당 하나의 단백질을 암호화하는 셈이다.

직 발견되지 않았다. 모든 RNA 바이러스들은 선형의 게놈을 가진다. 그러나 매우 작은 일부 위성 바이러스들과 바이로이드는 환형의 RNA를 가진다.

대부분의 이들 바이러스들은 5~19 kb 크기의 게놈을 가진다. 예외로 *Coronaviridae*는 31 kb로 가장 큰 RNA 게놈을 가진다. 단일-가닥 DNA 게놈과 마찬가지로 단일-가닥 RNA 게놈은 아마도 뉴클레아제나 2가 양이온의 공격으로 분해되기 쉽기 때문에 이들의 크기가 제한되는 것 같다. 수많은 식물 바이러스들은 개별적인 입자에 따로 포장되는 분절된 양성-가닥 RNA 게놈을 가진다. 이는 각 게놈 분절들의 크기를 감소시켜 게놈 분해로 인한 불활성화 가능성을 줄이기 위한 또 다른 전략으로 여겨진다; 그러나 이들 바이러스는 각 게놈 분절을 가지는 바이러스 입자가 적어도 하나씩은 같은 세포에 들어가야만 숙주세포에서

표 3.3 양성-가닥 RNA 게놈을 가지는 바이러스들

Virus group	Hosts	Example	Genome segments	Genome size (kb) and topology		Capsid symmetry	Envelope
Leviviridae	Bacteria	Bacteriophage Qβ	1	3–4	Linear	Icosahedral	No
Marnaviridae	Algae	Heterosigma akawisho RNA virus	1	9	Linear	Icosahedral	No
Barnaviridae	Fungi	Mushroom bacilliform virus	1	4	Linear	Icosahedral	No
Bromoviridae	Plants	Cucumber mosaic virus	3	8	Linear	Icosahedral	No
2 other families and 8 genera	Plants	Tomato bushy stunt virus	1–3	4–15	Linear	Icosahedral	No
Closteroviridae	Plants	Beet yellows virus	1-2	15–19	Linear	Helical	No
5 other families and 5 genera	Plants	Tobacco mosaic virus	1–5	6–19	Linear	Helical	No
2 families and 1 genus	Invertebrates	Cricket paralysis virus	1–2	6–10	Linear	Icosahedral	No
Roniviridae	Invertebrates	Gill-associated virus	1	26	Linear	Helical	Yes
Nodaviridae	Vertebrates & invertebrates	Flock house virus	2	4–5	Linear	Icosahedral	No
Astroviridae	Vertebrates	Human astrovirus	1	6–7	Linear	Icosahedral	No
Picornaviridae	Vertebrates	Poliovirus	1	7–9	Linear	Icosahedral	No
Caliciviridae	Vertebrates	Norwalk virus	1	7–8	Linear	Icosahedral	No
Flaviviridae	Vertebrates & invertebrates	Yellow fever virus	1	10–12	Linear	Icosahedral	Yes
Togaviridae	Vertebrates & invertebrates	Semliki Forest virus	1	10–12	Linear	Icosahedral	Yes
Arteriviridae	Vertebrates	Equine arteritis virus	1	13–16	Linear	Icosahedral	Yes
Coronaviridae	Vertebrates	SARS coronavirus	1	28–31	Linear	Helical	Yes

복제할 수 있다.

10 kb보다 작은 RNA 게놈을 가지는 바이러스들은 대부분 비외막성 캡시드를 가지는 데 반하여 더 큰 게놈을 가지는 바이러스들(*Flaviviridae*, *Togaviridae*, *Arteriviridae*, *Coronaviridae*, 그리고 *Roniviridae*)은 대부분 외막으로 둘러싸인 캡시드를 가진다. 이는 외막이 바이러스 게놈을 추가로 보호하기 때문인 것 같다. 많은 식물 바이러스들과 가장 큰 RNA 게놈을 가지는 바이러스들(*Coronaviridae*, *Roniviridae*)은 나선형 뉴클레오캡시드를 가진다. 이들 나선형 뉴클레오캡시드에서 캡시드 단백질과 단일-가닥 RNA의 밀접한 결합이 RNA 게놈의 세포내 분해를 방지하는 것 같다.

음성-가닥 RNA 게놈을 가지는 바이러스들은 나선형 뉴클레오캡시드를 가지며 일부는 분절 게놈을 가진다

음성-가닥 RNA 게놈을 가지는 바이러스들은 가장 널리 퍼져 있거나 가장 치명적인 인간 질병들 가운데 일부(홍역, 독감, 에볼라, 출혈열, 라사열)를 유발한다(표 3.4). 이 그룹에 속하는 바이러스들은 모두 나선형 뉴클레오캡시드를 가진다. 나선형 뉴클레오캡시드는 이 바이러스들의 복제 메커니즘과 관련이 있다. 게놈 RNA가 양성-가닥 mRNA를 생성하기 위해서는 세포에서 먼저 전사되어야 하는데 이 과정에서 나선형 뉴클레오캡시드는 게놈을 안정화시키고 전사에 필요한 구조를 제공한다. 척추동물에 감염하는 모든 음성-가닥 RNA 바이러스들은 외막을 가진다. 원핵세포(박테리아와 고세균)의 음성-가닥 RNA 바이러스는 아직 발견되지 않았다.

이 그룹의 바이러스들은 9~19 kb로 제한된 크기의 게놈을 가진다. 4개 과들(*Bornaviridae*, *Paramyxoviridae*, *Rhabdoviridae*, 그리고 *Filoviridae*)에 속하는 바이러스들은 동일한 순서로 배열된 유전자들을 가지는 단일 게놈, 게놈의 3′ 말단에 위치한 하나의 프로모터에서 시작되는 유전자들의 연속적인 전사 등과 같은 여러 가지 독특한 특징들을 공유한다. 따라서 이 4가지 과들은 *Mononegavirales*목(“single segment, negative-stranded RNA viruses”)로 묶을 수 있다.

이 그룹에 속하는 다른 과들은 모두 분절성 게놈을 가진다. 대부분의 경우에 각 음성-가닥 게놈 분절로부터 하나의 mRNA가 전사되며 이는 하나 혹은 두 가지 바이러스 단백질들을 암호화한다. 모든 분절성 게놈을 가지는 바이러스들은 적어도 게놈 하나씩을 비리온에 포장해야 하는 부담을 안고 있다. 일부 식물 바이러스들의 경우에는 각 게놈 분절을 개개의 비리온에 따로 포장하기도 한다.

이중-가닥 RNA 게놈을 가지는 바이러스들은 분절성 게놈을 가지며 정20면체형의 캡시드를 가진다

대부분의 이중-가닥 RNA 게놈을 가지는 바이러스들(표 3.5)은 하나의 mRNA와 보통 하나의 바이러스 단백질을 암호화하는 다수의 게놈 분절들을 가진다. 음성-가닥 RNA

표 3.4 음성-가닥 RNA 게놈을 가지는 바이러스들

Virus group	Hosts	Example	Genome segments	Genome size (kb) and topology		Capsid symmetry	Envelope
Ophiovirus	Plants	Citrus psorosis virus	3–4	11–12	Linear	Helical	No
Tenuivirus	Plants & invertebrates	Rice stripe virus	4–6	17–18	Linear	Helical	No
Bornaviridae	Vertebrates	Borna disease virus	1	9	Linear	Helical	Yes
Arenaviridae	Vertebrates	Lassa fever virus	2	11	Linear	Helical	Yes
Orthomyxoviridae	Vertebrates & invertebrates	Influenza A virus	6–8	10–15	Linear	Helical	Yes
Rhabdoviridae	Vertebrates, invertebrates, & plants	Rabies virus	1	11–15	Linear	Helical	Yes
Paramyxoviridae	Vertebrates	Measles virus	1	13–18	Linear	Helical	Yes
Filoviridae	Vertebrates	Ebola virus	1	19	Linear	Helical	Yes
Bunyaviridae	Vertebrates, invertebrates, & plants	California encephalitis virus	3	11–19	Linear	Helical	Yes

표 3.5 이중-가닥 RNA 게놈을 가지는 바이러스들

Virus group	Hosts	Example	Genome segments	Genome size (kb)	and topology	Capsid symmetry	Envelope
Cystoviridae	Bacteria	Bacteriophage phi6	3	13	Linear	Icosahedral	Yes
Totiviridae	Fungi & protozoa	Saccharomyces cerevisiae virus L-A	1	5–7	Linear	Icosahedral	No
Chrysoviridae	Fungi	Penicillium chrysogenum virus	4	13	Linear	Icosahedral	No
Partitiviridae	Fungi & plants	Penicillium stoloniferum virus S	2	3–4	Linear	Icosahedral	No
Birnaviridae	Invertebrates & vertebrates	Infectious bursal disease virus	2	5–6	Linear	Icosahedral	No
Reoviridae	Fungi, plants, invertebrates, & vertebrates	Rotavirus A	10–12	19–31	Linear	Icosahedral	No

게놈을 가지는 바이러스들이 나선형 뉴클레오캡시드를 가지는 것과는 대조적으로 이 바이러스들은 모두 정20면체형 캡시드를 가진다. 이는 이들의 전사 메커니즘과 관련이 있는 것 같다. 세포 내에서 게놈 RNA와 함께 포장된 바이러스 RNA 중합효소가 각 게놈 분절들로부터 mRNA를 합성하는 동안에도 캡시드 혹은 소바이러스입자(subviral particle)는 온전한 상태를 유지한다; 합성된 mRNA는 캡시드에서 세포질로 빠져나온다. 따라서 캡시드는 RNA 중합효소와 여러 게놈 분절들의 위치를 지정하는 구조물로 작용하며, 이로 인하여 각 게놈 분절들이 반복적으로 전사되고 mRNA가 즉시 세포질로 이동할 수 있다.

*Reoviridae*과에 속하는 바이러스들은 척추동물, 무척추동물, 식물 혹은 균류에 감염할 수 있다. 이는 넓은 범위의 숙주생물들에서 복제할 수 있는 바이러스들을 포함하는 극소수(음성-가닥 RNA 바이러스들인 *Rhabdoviridae*와 *Bunyaviridae*와 더불어) 바이러스과들 가운데 하나이다. 음성-가닥 혹은 이중-가닥 RNA 게놈을 가지는 바이러스들은 자신의 RNA 중합효소를 가지고 숙주세포 내로 들어가며 캡시드가 세포내 바이러스 mRNA 합성기구로 작용한다. 자신들의 RNA 복제 기구를 가지고 바이러스의 복제가 세포 환경에 덜 의존적이므로 이들은 자유롭게 다양한 종류의 생물들에 적응할 수 있었던 것 같다.

복제주기에서 역전사 단계를 거치는 바이러스들은 RNA 혹은 DNA 게놈을 가질 수 있다

3개의 바이러스과들이 복제주기에서 RNA에서 DNA를 만드는 역전사효소를 가지므로 이들은 다른 바이러스들과 구분되어 하나의 그룹을 형성한다(표 3.6). 이들은 다른 바이러스들과는 달리 복제 단계에 따라서 게놈이 DNA 혹은 RNA로 존재한다. *Retroviridae*는 게놈의 RNA 복사본을 포장하고 *Hepadnaviridae*와 *Caulimoviridae*는 게놈의 DNA 복사본을 포장한다. 음성-가닥 혹은 이중-가닥 RNA 게놈을 가지는 바이러스들이 자신의 RNA 중합효소를 비리온에 포장하는 것처럼 역전사효소를 이용하는 바이러스들도 비리온에 이 효소를 가진다.

모든 레트로바이러스들은 두 벌의 동일한 바이러스 게놈을 포장한다. 이는 레트로바이러스의 독특한 특징이며 캡시드 내에서 완전한 길이의 DNA 복사본을 만드는 역전사과정에서 중요하게 작용하는 것으로 여겨진다. 역전사과정에서 합성 중인 DNA 사슬이 RNA 주형의 한쪽 끝에서 다른 쪽 끝으로 위치를 이동("점프")한다. 이러한 사슬 이동은 다른 RNA 게놈 분자로도 가능하다. 또한 여벌의 게

바이러스와 세포의 길이

DNA 이중나선 한 바퀴에는 10 bp가 포함되고 길이가 3.4 nm이다. 따라서 2,000 뉴클레오티드의 이중-가닥 DNA 바이러스 게놈의 길이는 약 700 nm 정도이다(그림 3.2). 1.2백만 bp를 포함하는 바이러스 게놈의 길이는 이보다 600배 더 긴 420 μm이다. 따라서 지금까지 알려진 가장 큰 바이러스인 mimivirus의 DNA 게놈 3분자를 완전히 펼쳐 연결하면 1 mm 이상의 길이가 된다. 이와 비교하여 하나의 인간세포에 들어 있는 23쌍의 염색체에 있는 게놈의 선제 길이는 30억 bp로 이를 모두 연결하면 약 1 m 정도가 된다. 사람 한 명에는 대략 10^{13}개의 세포들이 있으므로 한 개체에 있는 모든 DNA의 길이를 연결하면 10^{13} m(10^{10} km)이며, 이는 지구에서 태양까지 거리의 50배에 해당한다.

표 3.6 역전사효소를 가지는 바이러스들

Virus group	Hosts	Example	Genome segments	Genome size (kb) and topology		Capsid symmetry	Envelope
Caulimoviridae	Plants	Cauliflower mosaic virus	1	7–8	Circular ds DNA	Icosahedral	No
Hepadnaviridae	Vertebrates	Hepatitis B virus	1	3–4	Circular ss/ds DNA	Icosahedral	Yes
Retroviridae	Vertebrates	Human immunodeficiency virus type 1	1 (dimer)	7–13	Linear + RNA	Icosahedral	Yes

놈 분자를 가지는 것이 한 RNA 분자가 손상되었을 경우를 대비한 백업 메커니즘일 수도 있다. 레트로바이러스는 척추동물에서만 발견되지만 다양한 레트로바이러스-유사 인자들이 식물, 무척추동물 및 균류에서도 발견되며 이들 가운데 일부는 바이러스-유사 입자를 만든다.

Hepadnavirus는 독특한 DNA 게놈을 가진다. 환형의 DNA에서 대부분은 이중-가닥이지만 다양한 길이의 단일-가닥 부위를 가진다. 이는 비리온 성숙과정에서 바이러스 역전사효소(DNA 중합효소)에 의한 두 번째 DNA 가닥의 합성이 중단되어 생겨난다. Caulimovirus는 여러 부위에서 가닥이 절단된 환형의 이중-가닥 DNA 게놈을 가진다. 레트로바이러스가 복제주기의 시작 단계에서 역전사를 수행하는 반면에 *hepadnavirus*와 *caulimovirus*는 복제주기의 끝 단계에서 역전사를 수행한다.

위성 바이러스와 위성 핵산의 복제를 위해서는 헬퍼 바이러스가 필요하다

수많은 매우 작은 바이러스-유사 게놈들은 다른 바이러스들의 도움으로 복제한다. 따라서, 이들의 게놈은 **헬퍼 바이러스(helper virus)**가 동시에 감염된 세포에서만 복제할 수 있다. 이들에는 **위성 바이러스(satellite virus)**와 **위성 핵산(satellite nucleic acid)**이 있다(표 3.7). 위성 바이러스들의 게놈은 자신의 캡시드를 암호화하는 반면에 위성 핵산의 게놈들은 암호화 영역을 전혀 가지지 않거나 비캡시드 단백질만을 암호화한다. 따라서 위성 핵산의 게놈은 헬퍼 바이러스의 구조 단백질에 의하여 포장된다. 위성 핵산은 게놈의 성질, 길이 그리고 구조에 따라 분류된다.

대부분의 알려진 위성 바이러스들과 위성 핵산들은 식물에서 복제하지만, 곤충 위성 바이러스(chronic bee paralysis virus), 균류와 원생생물의 여러 이중-가닥 RNA 위성 핵산, 그리고 인간의 위성 바이러스(hepatitis delta virus)가 알려져 있다. 모든 위성 바이러스들의 게놈은 길이가 2 kb 이하이며, 단백질-암호화 영역을 가지지 않는 것들은 길이가 700 뉴클레오티드 이하인 경우도 있다. 사실 단일-가닥 DNA 바이러스인 adeno-associated virus도 복제를 adenovirus 혹은 herpesvirus의 동시 감염에 의존하므로 이 범주에 포함되어야 하지만 이 바이러스는 헬퍼 바이러스와는 무관하게 복제하는 다른 수많은 parvovirus들과 밀접한 관련성을 지니므로 따로 분류된다.

바이로이드는 단백질을 암호화하지 않지만 다른 바이러스에 의존하지 않고 독립적으로 복제한다

바이로이드(표 3.7)는 작은 바이러스-유사 RNA이며 위성 핵산과 유사하지만 헬퍼 바이러스가 없어도 다양한 식물에 감염하여 질병을 유발할 수 있다. 바이로이드의 게놈은 길이가 250~400 뉴클레오티드 정도인 환형의 단일-가닥 RNA로 어떤 단백질도 암호화하지 않고 게놈이 포장되지도 않는다. 바이로이드는 RNA 게놈 복제를 위하여 세포의 DNA-의존적 RNA 중합효소를 이용한다. 이들 게놈은 높은 수준의 내부 염기쌍 형성으로 인하여 대부분이 이중-가닥 RNA와 유사한 구조를 나타낸다.

Hepatitis delta virus의 RNA, 작은 환형의 단일-가닥 위성 RNA, 그리고 일부 바이로이드들은 자가-절단 및 자가-봉합 능력을 지닌다. 이러한 효소 활성은 RNA 올리고머가 합성되는 바이로이드의 복제에서 특히 중요한 역할을 수행한다. 이들 올리고머는 특정 부위에서 자신을 절단하여, 선형의 단량체를 생성하고, 이들이 자가-봉합되어 환형의 단량체가 형성된다. 따라서 바이로이드와 환형의 위성 RNA는 RNA가 효소(리보자임)를 제공하여 단백질이 없어도 자신을 복제하였을 것이라고 여겨지는 RNA 세계와 관련이 있는 것 같다.

바이러스의 진화적 기원

바이러스들은 자신의 복제를 위하여 살아 있는 세포가 필요하므로 숙주세포가 진화함에 따라서 함께 진화하여 왔을 것이다. 바이러스들은 언제 그리고, 어떻게 처음 생겨났을까? 바이러스는 화석기록을 남기지 않으므로 현재 우

표 3.7 위성 바이러스, 위성 핵산 및 바이로이드

Virus group	Hosts	Example	Genome	Genome segments	Genome size (kb)	and topology	Function of encoded protein
Satellite viruses	Plants & invertebrates	Tobacco necrosis satellite virus	ss RNA	1–3	1–3	Linear	Capsid protein
Single-stranded DNA satellites	Plants	Tomato leaf curl virus satellite DNA	ss DNA	1	0.7–1.3	Circular	Unknown function
Double-stranded RNA satellites	Fungi & protozoa	M Satellites of saccharomyces cerevisiae L-A virus	ds RNA	1	0.5–1.8	Linear	Toxin
Circular single-stranded RNA satellites	Plants	Tobacco ringspot virus satellite RNA	ss RNA	1	0.35	Circular	No encoded proteins
Small linear single-stranded RNA satellites	Plants	Cucumber mosaic virus satellite RNA	ss RNA	1	0.7	Linear	No encoded proteins
Large single-stranded RNA satellites	Plants	Bamboo mosaic virus satellite RNA	ss RNA	1	0.8–1.5	Linear	Replication
Deltavirus	Humans	Hepatitis delta virus	ss RNA	1	1.7	Circular	Replication and packaging
Viroids	Plants	Avocado sunblotch viroid	ss RNA	1	0.25–0.4	Circular	No encoded proteins

리가 알고 있는 바이러스들의 게놈, 단백질 그리고 복제 전략을 근거로 이들이 어떻게 처음 출현하였는지를 추정할 수 있을 뿐이다.

지구에서 생명 발생의 첫 번째 단계: RNA 세계

아마도 지구가 형성되고 30억 년 이내에 바다가 냉각됨에 따라서 리보뉴클레오티드와 아미노산 같은 작은 유기분자들이 생성되고 이들의 자발적인 중합반응을 통하여 거대분자들이 생겨났을 것이다. 일부 원시적인 RNA들이 다른 리보뉴클레오티드와 결합하여 공유결합을 형성할 수 있는 뉴클레오티드 서열을 우연히 가지게 되었을 것이다. 이들은 자신의 RNA를 연장시킬 수 있고 아마도 염기-짝짓기를 통하여 단백질 효소가 없어도 자신을 복제할 수 있었을 것이다. 이러한 RNA들이 **RNA 세계(RNA world)**를 대표하는 최초의 자가-복제성 거대분자들일 것이다(그림 3.3).

이러한 RNA들이 발달하고 진화함에 따라서 일부는 아미노산들과 공유결합을 형성할 수 있는 능력을 획득하였을 것이며, 이는 현재의 tRNA와 아미노산-활성화 효소의 기능을 수행하였을 것이다. 이러한 어댑터 RNA들이 자가-복제형 RNA를 주형으로 단순한 폴리펩티드를 조립하였다면 이는 RNA를 보호하고 복제 속도를 증가시킬 수 있으므로 주형 RNA의 복제가 더 용이하게 되었을 것이다. 따라서 원시 단백질 합성계와 언세된 사가-복제싱 RNA가 만들어졌을 것이다. 이는 결국 RNA 중합효소 활성을 지니는 폴리펩티드를 암호화하는 RNA의 선택을 유도하여 RNA의 복제 속도와 효율이 크게 증가하였을 것이다.

어떤 한 시점에서 RNA와 이에 결합한 폴리펩티드들이 지질 방울 속에 모여 농축되었을 것이다. 이러한 RNA 게놈에 의하여 암호화되는 폴리펩티드들은 지질막에 삽입되어 작은 분자나 이온의 통과를 제어하여 최초의 원시 세포가 형성되었을 것이다. 이러한 원시 세포들은 게놈 RNA의 복제와 뉴클레오티드 및 아미노산 기질들의 도입에 관여하는 극소수의 폴리펩티드들을 암호화하는 작은 RNA 게놈을 가졌을 것이다.

바이로이드와 RNA 바이러스는 RNA 세계에서 유래하였을 것이다

바이로이드와 작은 단일-가닥 위성 RNA들이 현존하는 RNA 세계의 잔존물임을 나타내는 독특한 특징들을 공유한다. 작은 환형의 RNA들은 자신의 복제과정에서 단백질이 없어도 일부 단계들(절단과 봉합)을 촉매할 수 있다. 하

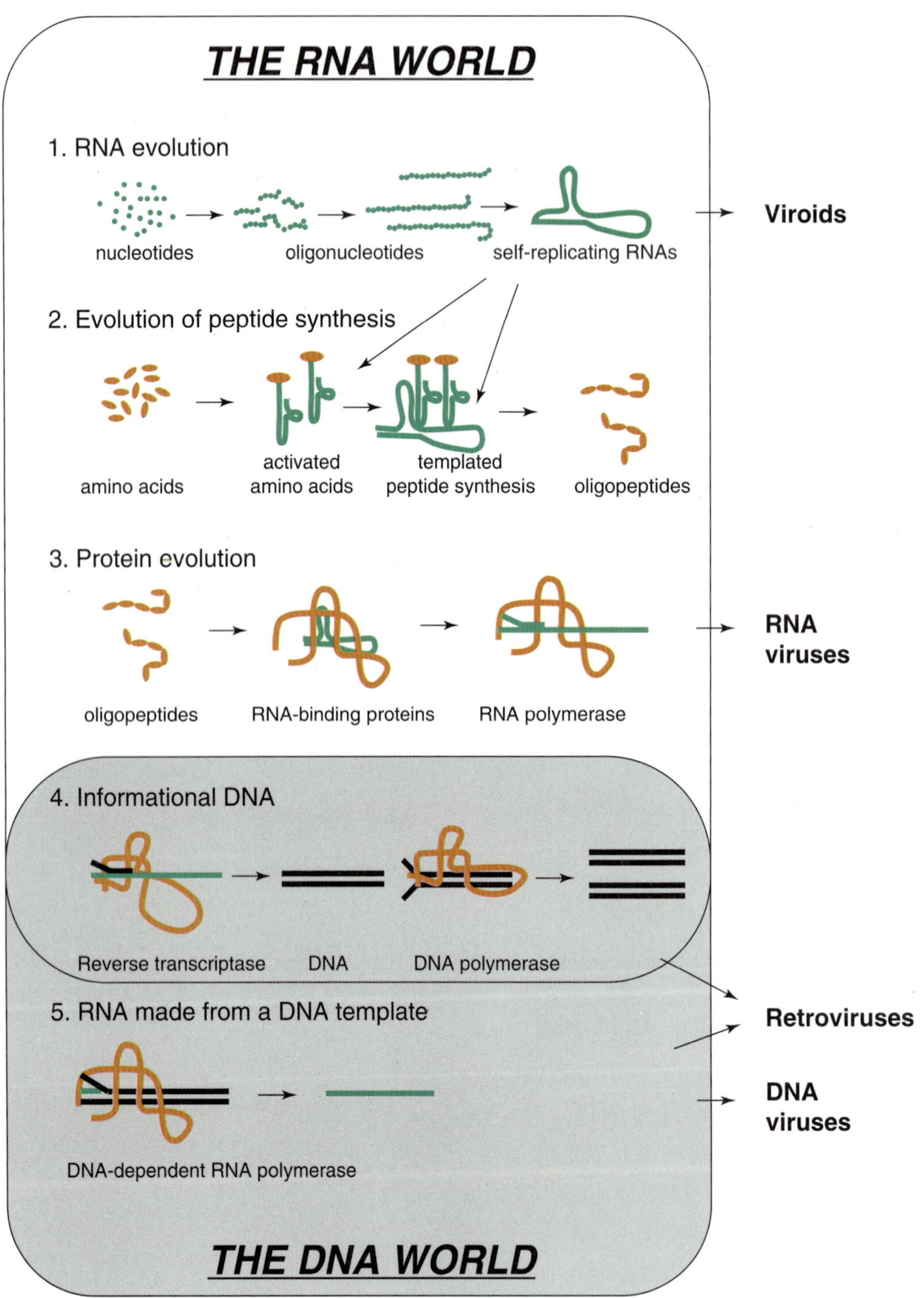

그림 3.3 생명의 진화와 바이러스의 출현 단계. 이 그림은 뉴클레오티드와 아미노산과 같은 복잡한 유기분자들에서 자가-복제성 RNA들이 생성되고, 이들이 단백질 합성을 위한 주형으로 진화하고, 마지막으로 스스로 증식하는 생명형으로 진화한다는 가설에 대한 일련의 단계들을 보여 준다. 어느 시점에서 거대분자들이 지질막으로 둘러싸여 세포를 형성하였을 것이다. RNA 세계와 DNA 세계에 중첩되어 존재하였을 것으로 여겨지는 분자들을 안쪽 상자에 나타내었다. 오른쪽에 서로 다른 종류의 바이러스들에 대한 가능한 기원을 표시하였다.

지만 이들은 세포 혹은 헬퍼 바이러스의 RNA 중합효소에 의존한다. 이들은 아마도 RNA 세계에서 생겨난 자가-복제성 RNA 분자들의 후손들일 가능성이 높다.

RNA 게놈을 가지는 바이러스들도 RNA를 가지는 원시 생명체로부터 생겨났을 것이다. 이들은 RNA 게놈을 가지는 현존하는 유일한 생물학적 실체이다. 이들의 복제에 필요한 RNA-의존적 RNA 중합효소를 숙주세포가 공급할 수 없으므로 자신들이 직접 만들어야 한다. 이러한 효소들은 RNA 세계로부터 잘 보전되어 온 것 같다.

DNA 세계로의 전환

RNA 세계의 진화과정에서 자가-복제형 RNA가 생성한 폴리펩티드가 (1) 리보뉴클레오티드로부터 데옥시리보뉴클레오티드의 생성을 촉매하고 (2) 이들 데옥시리보뉴클레오티드를 이용하여 RNA 게놈에서 DNA를 만드는 능력(즉, 최초의 역전사효소)을 획득하였을 것이다. 이러한 방식으로 현재의 DNA 세계가 출현하였을 것으로 여겨진다. DNA 분자는 비록 처음에는 복제할 수 없었겠지만 RNA 분자보다 더 안정하므로 원시 RNA-기반의 세포에 축적될 수 있었을 것이다.

자가-복제성 RNA에 의해 만들어진 폴리펩티드들 가운데 하나가 원시적인 DNA-의존적 RNA 중합효소의 능력을 획득하였을 것이다. 이는 아마도 RNA-의존적 RNA 중합효소 혹은 역전사효소의 돌연변이체로 여겨진다. 따라서 DNA가 단백질 합성을 위한 정보 저장기능을 넘겨 받고 RNA는 단백질 합성을 위한 메신저와 아미노산-결합 어댑터로서의 역할을 계속 수행하게 되었을 것이다.

마지막으로 DNA 게놈을 복제하는 DNA 중합효소 활성을 가지는 폴리펩티드가 생겨났을 것이다. 이로써 우리가 현재 알고 있는 세포성 생명의 기본적인 특성들이 확립되었다. 이러한 원시 세포에서 자가-복제성 RNA는 DNA 게놈과 함께 한동안 공존하였다.

단순한 자가-복제성 RNA로부터 DNA-기반의 세포성 생명체가 진화하는 동안 4가지 유형의 핵산중합효소들이 존재하였을 것이다:

1. RNA-의존적 RNA 중합효소-RNA 세계에서 RNA의 복제
2. RNA-의존적 DNA 중합효소(역전사효소)-RNA에서 DNA로의 정보 전달과 DNA 세계의 시작
3. DNA-의존적 RNA 중합효소-mRNA를 통한 DNA 정보의 발현
4. DNA-의존적 DNA 중합효소-DNA 게놈의 복제

레트로바이러스는 DNA-기반의 세계로 전환하는 과정에서 생겨난 것 같다

이 진화 단계에서 레트로바이러스와 역전사효소를 이용하는 다른 바이러스들이 생겨났을 것이다. 역전사효소를 위한 RNA 주형 하나가 역전사효소와 함께 포장되면 세포에서 세포로 유전자를 전달할 수 있다. 이는 또한 세포가 RNA-기반의 유전자에서 DNA-기반의 유전자로 빠르게 전환하는 계기를 제공하였다. DNA-기반의 세포가 진화함에 따라서 이들은 역전사효소 활성을 위한 유전자를 더 이상 유지할 필요가 없게 되어 이 효소를 암호화하는 유전자를 상실하였다. 그러나 역전사효소를 이용하는 바이러스들은 세포의 DNA-의존적 RNA 중합효소를 이용하여 레트로바이러스 게놈의 DNA형을 전사할 수 있으므로 이들 DNA-기반의 세포에서 계속적으로 존재하면서 복제하여 왔을 것이다.

작거나 중간 크기의 DNA 바이러스들은 세포에서 독립적으로 복제하는 유전 요소들로부터 생겨났을 것이다

수많은 작은 DNA 바이러스들은 숙주세포의 DNA 및 RNA 중합효소들을 이용하여 게놈을 복제하고 mRNA를 만든다. 이들은 (1) 비리온 구조 단백질, (2) DNA 복제에 관련된 세포 효소들의 생성을 촉진하는 단백질, (3) 바이러스 DNA를 인식하여 결합하고 세포성 DNA 복제기구의 조립에 관여하는 단백질 등을 위한 한정된 수의 바이러스 유전자들을 가진다(예를 들면, 6, 20-22장에 제시된 박테리오파지 φX174, parvoviruses, polyomaviruses 및 papillomaviruses).

이 작은 바이러스들은 세포 게놈에서 떨어져 나와 플라스미드처럼 세포에서 독자적으로 복제할 수 있는 능력을 획득한 DNA 단편들로부터 생겨났을 것이다. 이러한 DNA 단편들의 복제원은 세포 DNA 복제기구가 인식할 수 있는 뉴클레오티드 서열을 가진다.

이들이 진화함에 따라서 독립적으로 복제하는 DNA는 DNA에 결합하는 단백질을 암호화하는 유전자들을 획득하여 세포 밖에서 DNA를 보호하고 운반하는 구조물을 구성할 수 있게 되었다. 따라서 이러한 DNA는 원시형의 바이러스가 되었으며 한 세포에서 다른 세포로 이동할 수 있었다. 이들이 진화함에 따라서 게놈 DNA를 더 잘 포장하고 보호할 수 있도록 더 강한 캡시드 생성을 위한 선택 과정이 진행되었을 것이다.

감수성 세포의 표면에 존재하는 수용체를 인식하고 결합하는 캡시드 단백질도 선택되었을 것이다. 바이러스가 진화함에 따라서 생겨난 바이러스 단백질이 바이러스 복제원에 세포의 복제기구를 끌어들여 바이러스 DNA가 우선적으로 복제될 수 있도록 하였을 것이다. 더 큰 DNA 바이러스들의 일부는 이러한 작은 DNA 바이러스의 재조합이나 유전자 중복과정을 통하여 진화하였을 것이다.

큰 DNA 바이러스들은 세포내 절대기생체가 된 세포들에서 진화하였을 것이다

일부 큰 DNA 바이러스들을 위하여 다른 바이러스 기원

이 제안되었다. 이 바이러스들은 보통 세포 게놈이 제공하는 많은 기능들을 수행하는 수백 개의 유전자들을 가진다. 이들은 아마도 독립적으로 복제하던 세포에서 유래하였을 것이며 어떤 시점에서 다른 세포에 기생하여 세포내 절대 기생체가 되었을 것이다. 시간이 흐름에 따라서 이들 세포내 기생체들의 자손들은 더 이상 필요가 없게 된 유전자들을 상실하였으며 그 대신 바이러스 게놈을 포장하고 감수성 세포에 전달할 수 있는 다른 유전자들을 획득하였을 것이다.

이러한 주장은 거대한 mimivirus(27장)와 poxvirus(26장)에 대하여 적합한 것 같다. 이들의 비리온 코어 안에는 바이러스의 초기 mRNA의 발현과 가공에 필요한 수많은 효소들이 들어 있다. 이들의 mRNA는 숙주세포 내로 들어간 코어에서 합성되며 적어도 poxvirus의 경우에는 mRNA가 코어 막을 가로질러 세포질로 수송된다. 이는 세포의 RNA가 합성되어 변형되고 핵에서 세포질로 수송되는 메커니즘과 매우 유사하다.

Poxvirus의 초기 mRNA가 생성된 이후에 코어의 막은 해체되어 초기 바이러스 단백질에 의한 바이러스 DNA의 복제가 시작된다. 이는 유사분열과정에서 일어나는 핵막의 분해와 유사하다. 바이러스 생활주기의 마지막 단계에서 지질막이 자손 DNA 주위에 재형성되고 관련 단백질들이 바이러스 코어를 만든다. 이는 유사분열 이후에 지질막이 염색질을 둘러싸고 핵이 재형성되는 것과 유사하다.

일부 학자들은 큰 DNA 바이러스들이 세포내 기생체의 퇴화로 생겨난 것이 아니라 최초의 진핵세포 진화과정에서 핵의 전구체를 제공하였을 것이라고 제안하였다. 이들은 바이러스의 복제에 필요한 대부분의 기능들을 가진 큰 외막성 DNA 바이러스들이 영구적으로 원핵세포에 머무르면서 진핵세포의 핵이 생겨났을 것이라고 주장한다. 원핵세포 게놈의 기능은 세포 내막계에 위치하던 바이러스 유전자들에게 넘겨주고 점차 사라졌을 것이다. 이러한 방식으로 핵막이 형성되고 최초의 진핵세포가 생겨났을 수도 있다.

바이러스의 기원에 대한 주장들은 추정에 불과하다

바이러스의 기원설을 지지하는 증거들이 거의 없으므로(생명의 기원에 대해서도 마찬가지) 앞서 설명한 내용들은 모두 추정에 불과하다. 하지만 이로부터 다음과 같은 놀라운 사실들을 알 수 있다.

- 많은 바이러스들이 어떤 다른 생명체에서도 발견되지 않는 게놈(단일-가닥 DNA, 양성- 및 음성-가닥 RNA, 이중-가닥 RNA)을 가진다.
- 일부 바이러스들은 다른 생물에서는 볼 수 없는 복제 효소들(RNA-의존적 RNA 중합효소, 역전사효소)을 가진다.
- 가장 작은 바이러스들은 게놈의 발현과 복제을 위한 효소계를 숙주에 전적으로 의존하지만 가장 큰 바이러스들은 기질, 에너지, 그리고 단백질 합성기구만을 숙주에 의존한다.

바이러스의 게놈과 복제 전략이 매우 다양한 것으로 보아 생명의 진화과정에서 여러 가지 기원들을 통하여 바이러스들이 진화해 왔음을 알 수 있다. 이러한 메커니즘으로 새로운 바이러스들이 지금도 생겨날 수 있을까?

핵심 용어

RNA 세계(RNA world)
계통(Lineage)
과(Family)
리보자임(Ribozyme)
목(Order)
바이로이드(Viroid)
분류(Taxonomy)
속(Genus, 복수: genera)
위성 바이러스(Satellite virus)
위성 핵산(Satellite nucleic acid)
종(Species)
헬퍼 바이러스(Helper virus)

기본 개념

- 바이러스는 게놈의 특성, 캡시드, 그리고 복제 전략에 따라서 과, 속, 종으로 분류된다.
- 대부분 바이러스과들에 속하는 바이러스들은 생명의 여섯 가지 범주들 가운데 하나에 속하는 생물에 감염한다.
- 단일-가닥 DNA 게놈을 가지는 바이러스들은 모두 작으며 지질 외막을 가지지 않는다.
- 이중-가닥 DNA 게놈을 가지는 바이러스들은 식물을 제외한 모든 생물에 널리 퍼져 있으며 5,000에서 1백만 bp 이상의 게놈을 가진다.
- 양성-가닥 RNA 게놈을 가지는 바이러스들은 식물계에서 가장 우세하고 척추동물에도 흔하다.
- 음성-가닥 RNA 게놈을 가지는 바이러스들은 인간의 주요 감염성 병원체들이지만 원핵세포에서는 발견되지 않았다.

- 이중-가닥 RNA 게놈을 가지는 바이러스들은 12개에 이르는 게놈 분절들을 가질 수 있으며 포장된 RNA 중합효소를 이용하여 RNA를 합성한다.
- 역전사효소를 가지는 바이러스들은 척추동물과 식물에서만 알려져 있다.
- 위성 바이러스와 바이로이드는 250에서 1,800 뉴클레오티드에 이르는 매우 작은 게놈을 가지며, 복제와 포장을 숙주세포나 다른 바이러스에 전적으로 의존한다.
- 서로 다른 유형의 게놈과 복제 전략을 가지는 바이러스들은 생명의 진화과정에서 서로 다른 시기에 독자적인 기원으로부터 진화해 왔을 것이다.

복습 문제

1. 바이러스의 분류에 이용되는 분자적 기준은 무엇인가?

2. 유전적 관계가 바이러스의 분류에 이용된다. 바이러스 분류에 이용되는 다른 특징들은?

3. 바이러스가 복제를 위하여 숙주세포에 적응하는 3가지 경로는 무엇인가?

CHAPTER 4

바이러스 진입

Ari Helenius

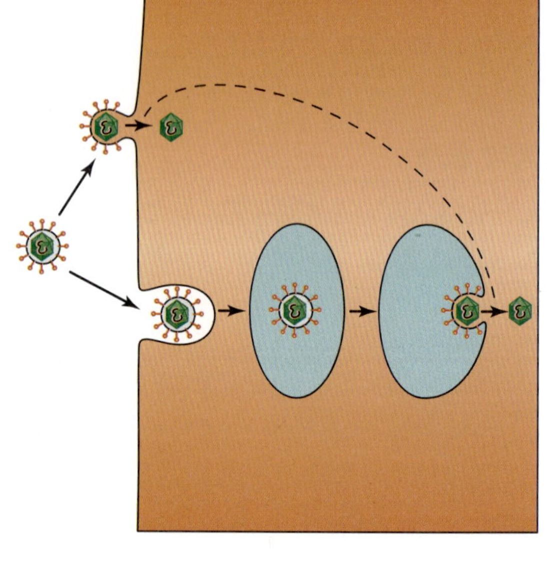

바이러스 진입단계

비리온은 세포 표면의 특정 수용체에 결합함

비리온은 특수한 소낭을 통하거나 원형질막을 직접 침투함으로써 세포에 들어감

비리온 혹은 뉴클레오캡시드는 세포 내에서 전사와 복제 부위(핵 혹은 세포질)로 수송됨

바이러스 게놈은 소낭 막을 통과할 때 또는 세포 내에서 캡시드가 해체(탈피)될 때 세포에 방출됨

세포막을 통한 침투

막 투과는 비리온 단백질들의 구조적 변화에 의해 일어남

이러한 변화를 유도하는 요인들:

- *바이러스 표면 단백질과 세포 수용체의 상호작용*
- *엔도좀 내부의 낮은 pH에 노출*

외막성 바이러스들의 세포내 침투 방법:

- *바이러스 외막과 원형질막의 융합*
- *바이러스 외막과 세포내 소낭 막의 융합*

비외막성 바이러스들의 세포내 진입 방법

- *바이러스 뉴클레오캡시드 혹은 게놈이 통과할 수 있는 횡단막 통로의 형성*
- *내포 소낭의 용해 유도*

세포내 수송

비리온과 바이러스 뉴클레오캡시드는 세포 내에서 세포 수송모터 단백질인 디네인을 이용하여 미세소관을 따라 수송됨

핵에서 복제하는 바이러스들은 자신의 게놈을 핵공복합체를 통하여 핵 내로 수송함

비리온은 어떻게 세포에 들어가는가?

바이러스 입자는 단 하나의 임무만을 가진다. 이는 한 세포에서 다른 세포로 혹은 한 개체에서 다른 개체로 바이러스 감염이 확산되도록 감염 세포에서 비감염 세포로 바이러스 게놈을 운반하는 것이다. 이러한 전달과정은 감염 세포에서 비리온의 조립으로 시작하여 바이러스가 세포에서 방출되고 한 개체 내에서 혹은 환경에서 비감염 세포에 감염하여 새로운 숙주세포로 들어가면서 마무리된다.

이 장에서는 척추동물 바이러스들의 여정에서 최종 단계에 해당하는 비리온의 숙주세포 진입, 적절한 세포내 장소로의 수송, 그리고 바이러스 게놈의 방출을 위한 비리온의 해체에 대하여 알아본다. 이러한 복잡한 과정은 여러 단계들로 구분되며 내포작용에서 핵 진입에 이르기까지 다양한 세포 활동들이 이용된다. 바이러스는 진입과정에서 상당한 도움을 주는 세포에만 감염할 수 있으므로 마치 트로이 목마처럼 작용한다. 바이러스는 세포 내의 현상들을 지배하는 분자적 규칙과 규정을 준수하지만 이러한 경로들을 자신의 목적에 부합하도록 조작하기도 한다. 이러한 방식으로 바이러스는 개체의 항바이러스성 방어에 노출되지 않고 세포를 이용할 수 있다.

박테리아, 고세균, 조류, 그리고 고등식물에 감염하는 바이러스들은 세포벽의 존재로 인하여 세포에 대한 접근이 제한되므로 동물 바이러스들과는 다른 진입 메커니즘을 이용한다. 박테리오파지는 이 장벽에 구멍을 뚫어 막을 통과하는 복잡한 메커니즘을 개발하였다. 식물 바이러스들은 식물 조직에 진입하여 세포에 접근하기 위하여 곤충, 접목 혹은 다른 형태의 기계적 손상에 의존한다. 일단 한 부위에서 바이러스가 세포에 감염하면 보통 세포들 사이의 교류와 대사산물 이동에 이용되는 **원형질연락사(plasmodesmata)**라고 하는 세포 간 통로를 통하여 세포에서 세포로 바이러스가 퍼져나갈 수 있다.

외막성 바이러스와 비외막성 바이러스는 독특한 침투 전략을 가진다

한 세포에서 다른 세포로 이동하기 위해 바이러스 게놈은 두 개 혹은 그 이상의 세포막을 가로질러야 한다. 생체막은 단백질과 핵산의 이동을 제한하는 효과적인 장벽으로 작용하므로 바이러스 입자와 같은 거대분자 복합체가 이를 통과하기란 쉽지 않다. 외막성 바이러스들은 **소낭수송(vesicle transport)**과 막 **융합(fusion)** 및 **분열(fission)**과 연계하여 이 문제를 해결한다. 바이러스 외막은 한 세포에서 다른 세포로 뉴클레오캡시드라는 화물을 이동시키기는 수송도구이다(그림 4.1). 바이러스 외막은 세포막에서의 **출아(budding)** 과정에서 뉴클레오캡시드와 간질 단백질 등의 다른 내부 성분들 주위에 형성된다. 출아는 흔히 원형질막에서 일어나지만 일부 바이러스들은 핵, 소포체, 중간 영역, 엔도좀(endosome), 혹은 골지체 막을 이용한다. 외막성 비리온들은 직접 혹은 분비 경로를 통하여 수송된 후에 세포 밖으로 방출된다.

바이러스 외막이 세포막과 융합하면 뉴클레오캡시드가 표적 세포의 **세포기질(cytosol)**로 들어간다(그림 4.1, 오른쪽). 융합은 원형질막에서 일어나거나 초기 혹은 후기 엔도좀의 막에서 일어난다. 엔도좀은 **수용체-매개성 내포작용(receptor-mediated endocytosis)**을 거쳐 비리온을 둘러싸는 막성 소기관이다. 막 융합 경로를 이용하면 바이러스의 거대분자들이 세포막의 소수성 내부를 직접 가로지를 필요가 없다. 사실 위상학적 관점에서 보면 캡시드는 세포질 영역을 결코 떠나지 않는다고 할 수 있다. 이와 같이 단순하지만 정교한 전략을 이용하는 parainfluenzavirus와 togavirus 등의 외막성 바이러스들은 매우 효과적으로 세포에 진입한다.

비외막성 바이러스들은 지질막을 가지지 않기 때문에 막 장벽을 침투하기 위하여 다른 전략을 이용한다. 일반적으로 비외막성 바이러스들은 감염 세포에서 빠져 나오기 위하여 세포막을 터뜨린다. 따라서 핵이나 세포질에 갇혀 있는 바이러스 입자들을 방출하는 과정에서 보통 세포사멸이 일어난다. 이러한 바이러스들은 다양한 방식으로 숙주세포에 진입한다. 예를 들면, adenovirus는 엔도좀에 들어가서 엔도좀 막을 터뜨리고 비리온과 다른 엔도좀 내용물들을 세포기질에 방출한다. 반면에 picornavirus는 표면 수용체에 결합하는 동안 혹은 엔도좀에 들어간 뒤에 바이러스 단백질들이 구소적 변화를 일으켜 막에 통로를 만들고 이를 통하여 게놈이 세포기질에 접근한다.

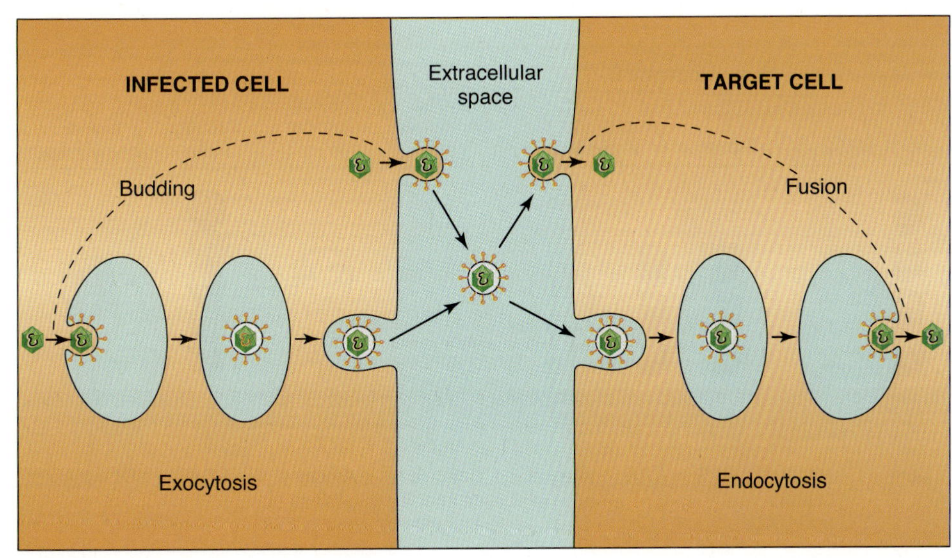

그림 4.1 소낭수송을 통한 외막성 바이러스의 방출과 진입. 왼쪽: 원형질막(위쪽) 혹은 내부 세포막(아래쪽)에서 출아에 의한 단순 외막성 바이러스 입자의 형성과 외포작용을 통한 방출. 중앙: 세포외 공간에 있는 비리온들. 오른쪽: 원형질막에서 혹은 내포작용 이후에 소낭 내에서 융합에 의하여 바이러스 뉴클레오캡시드가 세포기질에 방출된다.

일부 바이러스들은 세포에서 세포로 직접 이동한다

바이러스가 인접 세포로 전염하기 위하여 비리온이 감염 세포에서 반드시 방출되어야 하는 것은 아니다. 바이러스 입자가 감염 세포의 표면에 붙어있는 상태에서 **사상위족(filopodia)**이나 다른 액틴-함유 돌기들로 형성된 접촉을 통하여 인접 세포에 도달할 수 있다. 이러한 경우에 감염 숙주세포는 바이러스의 외부 노출을 최소화키고 감염의 전파에 능동적인 역할을 수행한다. 이러한 방식으로 바이러스는 숙주의 면역계 인식을 피할 수 있다. 일부 레트로바이러스들은 바이러스-생성 세포와 인접 세포의 접촉 지점에 바이러스의 조립과 전파를 위한 특수한 영역 — **바이러스 시냅스(virological synapse)** — 을 만든다.

어떤 경우에는 완전한 바이러스 입자가 형성되지 않고서도 한 세포에서 다른 세포로 바이러스가 전파될 수 있다. Measles virus와 일부 다른 외막성 바이러스들은 감염 세포와 인접 미감염 세포 사이의 융합을 유도할 수 있다. 이로 인하여 **융합 세포(syncytia)**라고 하는 다핵 세포가 형성된다. 바이러스 외막에서 융합을 담당하는 바이러스 단백질이 감염 세포의 원형질막에 삽입되면 세포-세포 융합이 유도될 수 있다. 이러한 방식으로는 개체 간의 전파는 일어날 수 없고 감염의 전파가 바로 인접한 세포에 제한되어 일어난다.

식물에서는 세포벽이 바이러스 입자의 세포 간 확산을 방지한다. 대신 바이러스는 원형질연락사라고 하는 특수한 통로를 통하여 직접 다른 세포로 전파된다. 세포벽을 가로 지르는 이 구조물은 바이러스 게놈과 다른 거대분자들의 수송을 위한 통로로 작용한다. 어떤 경우에는 원형질연락사를 통하여 바이러스의 게놈만이 수송되고 다른 경우에는 조립된 비리온이나 뉴클레오캡시드가 수송된다. 일부 바이러스들은 자신들이 통과하기에 원형질연락사가 너무 좁다면 바이러스의 이동 단백질(movement protein)을 이용하여 원형질연락사를 확장하여 더 넓은 통로를 만든다.

다양한 세포 표면 단백질들이 특정 바이러스 수용체를 제공할 수 있다

바이러스 감염의 첫 단계에서 비리온이 세포 표면에 결합한다. 원형질막에 위치한 많은 분자들이 바이러스의 **부착인자(attachment factor)**와 **수용체(receptor)**로 제공될 수 있다(그림 4.2). 이들은 세포에서 자신의 기능을 가지며 우연히 바이러스가 활용하게 된 단백질, 지질 혹은 탄수화물이다. 따라서 이들은 매우 보존적이며 바이러스의 진입을 저지하기 위하여 돌연변이를 일으킬 것 같지는 않다. 바이러스의 세포 결합은 감염의 전제조건이므로 적절한 수용체의 존재 유무는 바이러스가 감염할 수 있는 생물 종과 세포 유형을 결정하는 가장 중요한 요인이다.

세포 표면 성분이 비리온의 세포 결합에만 관여한다면 이를 부착인자라고 한다. 이들은 대개 **프로테오글리칸(proteoglycan)** 혹은 **당단백질(glycoprotein)**의 탄수화물 부위이다. 수용체도 비리온에 결합하지만 바이러스 입자에 구조적 변화를 유도하여 세포 신호전달경로를 촉발하거나 내포작용을 매개하는 등의 세포 진입에 보다 능동적인 역할을 수행한다.

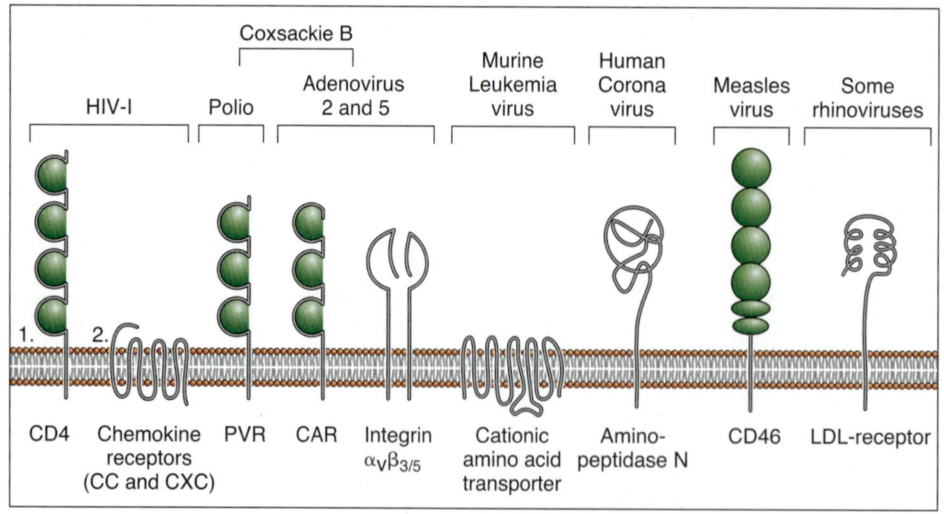

그림 4.2 바이러스 수용체로 이용되는 세포 표면 당단백질들. 세포 표면의 원형질막에 돌출된 7가지 바이러스 수용체들의 모식도. 면역글로불린 패밀리의 구성원들은 녹색 구체들로 나타낸 전형적인 영역들을 가진다. PVR = poliovirus receptor; CAR = Coxsackie virus and adenovirus receptor; LDL = low density lipoprotein.

바이러스가 수용체로 이용하는 세포 표면 단백질들로는 **면역글로불린 가계(immunoglobulin family**; CD4, PVR, CD46)의 구성원들, 저밀도지단백질(LDL) 수용체 가계, 다양한 다횡단 막수송 단백질(multimembrane-spanning transport protein), **인테그린(integrin)** 등이 있다. 일부 바이러스들은 당단백질, 프로테오글리칸, 그리고 **당지질(glycolipid)**의 특정 탄수화물 잔기에 결합한다. 예를 들면, influenza virus와 paramyxovirus는 당단백질과 당지질에 존재하는 **시알산(sialic acid)** 잔기에 결합한다. 이러한 수용체를 이용하는 바이러스들은 거의 모든 세포에 결합할 수 있으며 감염을 지지할 수 없는 세포나 막 조각에도 결합할 수 있다. 이러한 비생산적인 결합을 피하기 위하여 이 바이러스들은 외막에 뉴라미니다아제(neuraminidase)를 가진다. 만약 부적절한 결합이 이루어지면 이 수용체-파괴 효소가 시알산을 절단하여 비리온을 방출시킨다.

많은 바이러스들(예, HIV-1, adenovirus)은 한 가지 이상의 수용체를 요구한다(그림 4.2). 보통 1차 수용체만 있어도 부착과 구조적 변화의 유도에 충분하지만 2차 수용체 혹은 보조수용체(coreceptor)가 내포작용이나 세포내 침투에 필요한 경우도 있다. 일반적으로 보조수용체의 결합부위는 비리온과 1차 수용체가 상호작용한 뒤에 노출되므로 수용체들의 결합은 순서적으로 일어난다. 예를 들면, HIV-1의 외막 당단백질은 면역글로불린 가계의 당단백질인 CD4에 먼저 결합하고 그 뒤에 막 융합을 통한 침투를 유도하는 CCR4 혹은 CXCR5와 결합할 수 있다(그림 4.2, 29장).

수용체는 비리온 표면의 바이러스 당단백질, 표면 돌출물 혹은 함몰 부위와 상호작용을 한다

바이러스는 비리온의 표면에 노출된 특수한 결합부위를 통하여 수용체에 결합한다. 바이러스 입자에는 이러한 부위가 많기 때문에 보통 다수의 수용체-바이러스 접촉이 일어난다. 따라서 개개의 상호작용은 비록 약할지라도 바이러스는 세포에 매우 단단하게 부착할 수 있다. 외막성 바이러스들은 수용체와 결합하는 돌출된 표면 당단백질을 가진다. 일부 바이러스들은 당단백질을 전적으로 부착에만 이용하지만 동일한 당단백질을 부착과 막 융합에 함께 이용하는 바이러스들이 더 흔하다. 예를 들면, influenza virus의 3량체 헤마글루티닌(HA) 단백질의 HA_1 영역은 이 바이러스의 수용체인 시알산 결합부위를 가진다. 이 단백질의 HA_2 영역은 독자적으로 산-촉매성 막 융합인자로 작용한다.

비외막성 바이러스들의 경우, 수용체 결합부위가 캡시드의 표면에 돌출되어 있거나 함몰되어 있다. Adenovirus는 각 펜톤 기저부에 부착된 3량체 섬유를 가지며 수용체 결합부위는 이 섬유 말단부의 혹에 위치한다(23장). 반면에 picornavirus의 경우에서는 펜톤 주위에 존재하는 깊은 협곡(canyon)이 수용체 결합부위로 작용한다(11장).

수용체와 바이러스의 상호작용은 흔히 바이러스 입자와 세포 모두에 변화를 초래한다. 앞서 언급한 바와 같이 HIV-1이 CD4 단백질에 결합하면 HIV-1 당단백질 3량체의 구조적 변화가 일어나 세포막의 보조수용체에 결합할 수 있게 된다. 이는 다시 단백질을 융합-활성형으로 변화시켜 막 융합이 유도된다. Adenovirus의 섬유가 1차 수용체 단백질인 CAR에 부착하면 섬유의 해체가 촉발된다. 이로 인하여 펜톤 기저부 단백질의 특수한 아미노산 서열이 노출되어 인테그린의 결합부위를 인식한다. 인테그린과의 상호작용은 내포작용에 의한 adenovirus의 세포 진입과 그 뒤의 세포기질 침투에 필요하다.

Adenovirus가 $\alpha_v\beta_3$ 인테그린에 결합하면 일시적으로 내포작용이 촉진되고 들어올 바이러스에 대해 세포를 준비시키는 세포내 신호전달경로가 활성화된다. 이러한 세포 신호전달경로의 활성화는 많은 바이러스들의 진입과 복제를 위하여 필수적인 과정이다. 신호전달경로는 세포 구조의 변화를 촉진하고 거대 음세포작용 및 카베올라/지질 뗏목-의존적 내포작용을 유도하며 이는 일부 바이러스들의 진입에 필수적이다.

많은 바이러스들은 수용체-매개성 내포작용으로 세포에 진입한다

일부 바이러스들은 세포 수용체에 결합하면 막 융합이나 다른 메커니즘을 통하여 세포질에 직접 침투할 수 있다. 그러나 대부분의 바이러스들은 내포작용을 통하여 먼저 세포질의 액포 속으로 들어가고 뒤이어 세포기질로 진입한다. 내포작용은 흔히 **클라트린-피복 소공(clathrin-coated pit)**과 소낭을 거쳐 일어난다(그림 4.3). 이 소낭은 큰 장애물로 작용할 수도 있는 세포 표면의 세포 골격 네트워크를 통과하여 바이러스 입자를 핵 쪽으로 수송한다. 세포 표면을 떠난 지 수분 이내에 비리온은 다른 물질들과 마찬가지로 **초기 엔도좀(early endosome)**으로 운반된다. 이 단계에서는 바이러스 입자가 여전히 내포막의 장벽에 의해 세포기질과 분리되어 있다. 이러한 장벽은 다른 바이러스들이 원형질막에서 이용하는 것과 동일한 전략으로 극복할 수 있다.

초기 엔도좀은 관상 혹은 구형의 막으로 이루어진 복잡한 소기관으로 세포질의 가장자리에 위치한다. 이는 세

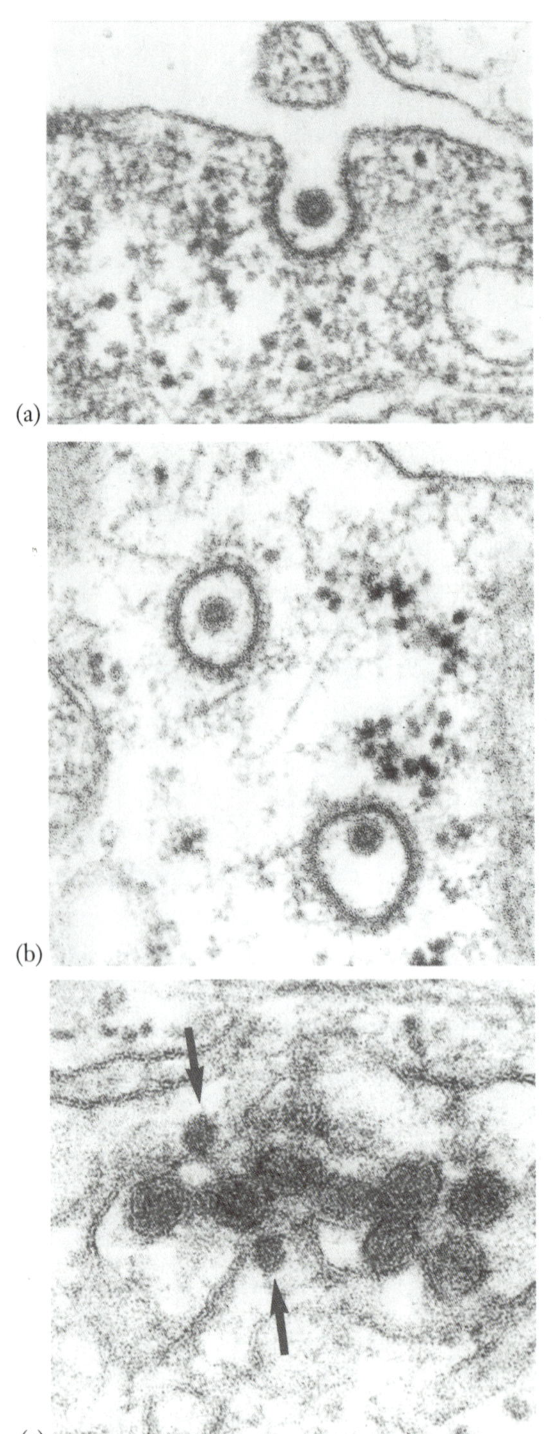

그림 4.3 Semliki Forest virus의 수용체-매개성 내포작용과 산성-활성화 침투. (a) 뾰족한 당단백질을 통하여 세포 표면에 결합한 바이러스 입자가 클라트린-피복 소공에 둘러싸인다. 이 박편 전자현미경 사진에서 클라트린 코트는 원형질막의 세포질 쪽에 진하게 염색된 층으로 나타난다. (b) 피복 소낭이 원형질막에서 떨어지고 클라트린 코트는 해체된다. (c) 소낭은 초기 엔도좀과 융합하고 pH 6.2 이하에서 바이러스 외막과 엔도좀 막의 융합이 일어나 뉴클레오캡시드가 세포기질로 방출된다(화살표).

포 내로 들어온 액체, **리간드(ligands)**, 수용체, 그리고 막단백질들을 분류하여 재순환시키는 장소이다. 초기 엔도좀에서 수용체-리간드가 분리되어 수용체는 세포 표면으로 재순환되고 다른 물질들은 후기 엔도좀과 **리소좀(lysosomes)**으로 보내어져 분해된다. 초기 엔도좀은 세포기질에서 **내강(lumen**; 소낭의 내부)으로 양성자를 능동수송하는 막-결합 액포형 ATPase의 작용으로 약산성 pH(6.3~5.5)를 유지한다.

세포 내로 들어온 물질들 가운데 분해물질로 분류된 분자들은 초기 엔도좀에서 후기 엔도좀, 그리고 최종적으로 리소좀으로 이동하면서 점차 낮은 pH에 노출된다. 이 과정에서 다소낭성 구조의 후기 엔도좀이 형성되고 이는 미세소관-매개성 수송으로 핵 주위로 이동하여 리소좀과 융합한다. Influenza virus와 일부 rhinovirus의 세포내 침투 과정에서 이러한 엔도좀의 적절한 성숙은 필수적이다.

모든 바이러스들이 클라트린-피복 소낭을 통하여 세포 내부의 소낭에 들어가는 것은 아니다. 예를 들면, 비외막성 polyomavirus인 SV40는 **카베올라(caveolae)**와 **지질 뗏목(lipid rafts)**을 이용하여 세포 내에 들어간다. 원형질막에 위치한 작은 플라스크 모양의 함몰 부위에는 콜레스테롤과 스핑고지질이 풍부하다. 이러한 함몰 부위에 **카베올린(caveolin)**과 **카빈(cavin)** 단백질을 포함하는 구조물이 카베올라(caveolae)이다. 이와는 달리 여러 부위에 걸친 캡시드 단백질과 세포 표면의 갱글리오사이드 수용체 간의 상호작용으로 막이 굽어져 함몰 부위가 만들어질 수도 있다. 카베올라는 신호전달과 콜레스테롤 및 특정 리간드의 도입에 중요한 역할을 수행한다. SV40과 다른 polyomavirus들은 초기 및 후기 엔도좀으로 수송된 이후에 소포체로 옮겨지고 이곳에서 세포기질로 침투한다.

바이러스가 이용하는 또 다른 내포작용으로 **거대 음세포작용(macropinocytosis)**이 있다. Poxvirus과에 속하는 커다란 외막성 바이러스인 vaccinia virus는 복잡한 신호전달경로를 촉발시켜 일시적인 원형질막의 파동운동을 유도하고 매크로피노좀(macropinosome)이라고 하는 커다란 액포 내부로 바이러스 입자가 액체와 더불어 들어간다. 이 액포에서 세포기질로의 침투가 일어난다.

엔도좀에서 세포기질로의 이동은 흔히 낮은 pH에 의하여 유발된다

바이러스의 세포기질 침투는 주로 엔도좀에서 일어난다. 침투는 보통 엔도좀의 낮은 pH가 외막성 바이러스의 돌출된 당단백질이나 비외막성 바이러스의 캡시드에 구조적

표 4.1 산성-활성화 및 pH-비의존적 바이러스들

Acid-activated penetration	pH-independent penetration
Orthomyxoviruses (influenza A and B viruses)	Most retroviruses (HIV-1)
Togaviruses (Semliki Forest and Sindbis viruses)	Herpesviruses (HSV-1)
Flaviruses (tick-borne encephalitis virus)	Paramyxoviruses (Sendai, measles)
Rhabdoviruses (rabies, vesicular stomatitis virus)	Some coronaviruses
Filoviruses (Ebola virus)	Some picornaviruses (poliovirus)
Bunyaviruses (Uukuniemi virus)	Reoviruses
Adenoviruses (types 2 and 5)	
Some picornaviruses (rhinovirus)	
Some retroviruses	

변화를 유도함으로써 일어난다. 즉, 낮은 pH가 세포 내부에 도달하여 침투 반응을 시작해야 하는 바이러스에게 신호를 준다. 단순히 세포 배지의 pH만 낮추어도 원형질막에 부착한 바이러스 입자들의 침투를 활성화시킬 수 있으므로 낮은 pH 자체가 침투를 위한 유일한 조건임을 알 수 있다. 대부분의 바이러스들은 활성화 역치(activation threshold)를 pH 6.5~5.3 범위로 설정하여 침투시기를 조정한다. 바이러스는 역치 pH에 따라서 초기 또는 후기 엔도좀에 들어간 뒤 5~30분 후에 리소좀으로 운반되기 전에 빠져 나온다.

표 4.1에 엔도좀에서 산성-활성화 경로로 진입하는 바이러스들과 pH-비의존적인 경로로 진입하는 바이러스들을 나타내었다. pH-비의존적인 침투는 바이러스와 특정 수용체 사이의 상호작용에 의하여 촉발된다. 이러한 바이러스들은 수용체와 처음 마주치는 원형질막에서 직접 침투할 수 있다. 일부 바이러스들(예, adenovirus)은 성공적인 침투를 위하여 수용체-유도성 변화와 낮은 pH-유도성 구조적 변화를 모두 요구한다.

막 융합은 바이러스 "융합 단백질"에 의하여 유도된다

외막성 바이러스의 침투과정에서 바이러스 당단백질에 의한 막 융합이 일어난다. 일반적으로 바이러스 융합 단백질은 막의 외부에 단백질의 대부분이 위치하는 **I형 횡단막 단백질(type I transmembrane protein)**이며 보통 올리고머를 형성한다. 이들의 독특한 기능과 감염과정에서의 핵심적인 역할 때문에 여러 융합 단백질들에 대한 매우 상세한 연구가 이루어졌나.

융합 단백질은 감염 세포의 소포체에서 합성되고, 접혀지고, 올리고머를 형성한다. 이들은 여러 성숙단계들을 거쳐 융합 활성을 가진다. 융합 단백질은 소포체에서 골지체를 거쳐 원형질막으로 이동하는 과정에서 세포 프로테아제에 의하여 절단된다. 예를 들면, influenza virus의 HA는 N-말단부 외부 HA_1과 C-말단부의 횡단막 영역을 포함하는 HA_2로 절단된다(그림 18.4). 이러한 절단으로 HA는 눌러진 스프링처럼 구조적으로 준안정 상태가 된다; 이는 낮은 pH에 노출되면 커다란 구조적 변화를 일으킬 수 있다.

HA와 일부 다른 바이러스 당단백질들의 활성화 절단은 보통 약 10~12 아미노산 잔기들로 이루어진 소수성 서열의 N-말단에서 일어난다. 이러한 서열을 **융합 펩티드(fusion peptide)**라고 하며 절단된 단백질에서 횡단막 소단위체의 N-밀단부를 이루어 융합 반응에서 핵심적인 역할을 한다. 융합 유도에 필요한 에너지는 융합 단백질의 구조적 변화에서 유래한다. 따라서 바이러스 단백질에 의한 융합은 ATP 형태의 대사에너지와는 무관하게 일어난다.

융합 단백질은 막 융합을 유도하는 커다란 구조적 변화를 일으킨다

낮은 pH나 수용체 결합에 의해 융합 단백질이 활성화되면 일련의 변화를 거쳐 단백질의 구조, 특성 그리고 막과의 결합에 뚜렷한 변화가 초래된다. 이러한 변화는 influenza virus의 HA 3량체에서 가장 자세하게 연구되었다(그림 4.4). 후기 엔도좀의 낮은 pH에 노출되면(1단계), HA_2 소단위체의 융합 펩티드(늘어진 폴리펩티드 사슬의 꼭대기에 표시한 붉은 색 필라멘트)가 노출되어 표적 지질 이중층 막의 외층에 삽입된다(2단계). HA_1 소단위체(그림 4.4에서는 생략)는 여전히 수용체에 부착되어 있지만 올리고머의 상부에서는 더 이상 3량체를 형성하지 않는다. 따라서 이 단계에서는 HA_2 단백질이 바이러스 막(횡단막 영역을 통하여)과 표적 막(융합 펩티드를 통하여)을 연결한다. HA_2 단

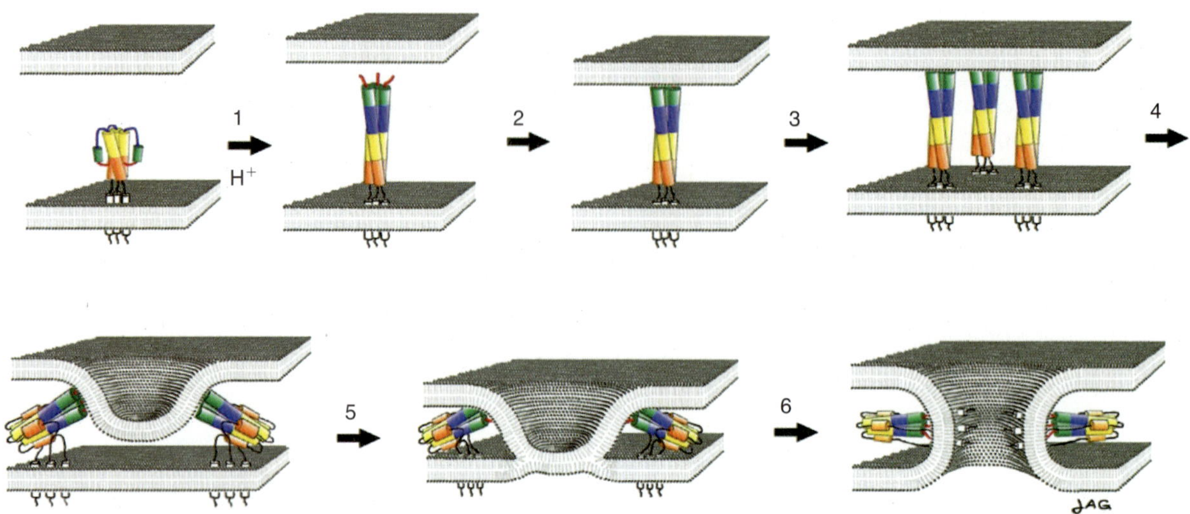

그림 4.4 **Influenza virus의 헤마글루티닌-매개성 막 융합.** HA_1 소단위체(이 그림에는 미제시)를 통하여 세포막에 결합하여 엔도좀으로 이동하고 낮은 pH에 노출되면 3량체의 HA 분자가 재배열하고(1단계), 끝 부위에 융합 펩티드(적색 필라멘트)를 노출시킨다. 이 융합 펩티드가 세포막에 삽입되고(2단계) 3량체들 집단이 형성된다(3단계). 잭나이프처럼 3량체들이 접히면 두 막이 서로 가까워져 융합이 일어난다(4단계에서 6단계).

백질이 양 쪽을 붙잡고 있지만 두 막들이 여전히 너무 떨어져 있으므로 이 상태에서는 융합이 일어날 수 없다.

바이러스와 세포 막 사이의 간격을 메우기 위해서는 또 다른 구조적 변화가 필요하다. 우선 여러 HA 분자들이 모여 집합체를 이룬다(3단계). 그 다음에 각 HA 3량체들은 잭나이프처럼 접혀지고 집합체들의 중간에서 두 개의 막이 근접하게 된다(4단계). HA 집합체의 중간에 위치한 작은 부위에서 지금까지 막의 융합을 저해하던 물 분자층이 제거되면서 두 이중층의 융합이 시작된다(5단계). 이중층의 바깥층들이 먼저 융합하는 **반융합(hemifusion)**이 먼저 일어나고 뒤이어 내층들이 융합한다. 그 결과 바이러스의 내강과 세포기질 간에 작은 수용성 통로가 형성된다(6단계). 몇 번의 여닫음을 반복한 뒤에 융합 통로가 영구적으로 열리고 확장하기 시작한다. 이제는 뉴클레오캡시드(그림에서는 생략)가 비리온에서 세포질로 이동할 수 있다. 이러한 융합과정은 빠르고 효과적으로 진행된다.

이러한 단계적 융합과정은 influenza virus의 HA 단백질과 HIV-1의 gp41 당단백질에 대하여 많은 연구가 이루어졌지만 아직 일부만이 알려져 있을 뿐이다. 이와 유사한 메커니즘이 retrovirus, paramyxovirus, 그리고 filovirus를 비롯한 **I형 융합 단백질(class I fusion proteins)**을 가지는 다른 외막성 바이러스들에서도 적용되는 것 같다. 이러한 바이러스들의 당단백질을 분리하여 3차원적 구조분석을 한 결과, 3량체의 돌기(spike)는 바이러스 외막에 직각으로 서 있고 중앙에 긴 알파-나선형의 **감긴 코일(coiled-coil)** 구조가 우세하였다. 이러한 감겨진 코일은 두 가지 독특한 형태, 즉 비리온에 존재하는 형과 융합 후의 잭나이프형을 취할 수 있다.

Togavirus, flavivirus, rhabdovirus 그리고 hepadnavirus 등의 바이러스들은 **II형 융합 단백질(class II fusion proteins)**을 가진다. 이들 가운데 일부 융합 단백질들의 구조와 이들이 수행하는 구조적 변화가 잘 알려져 있다. 이들이 융합 활성을 가지기 위해서는 접힌 영역들 사이와 올리고머를 이루는 단백질 소단위들 사이에 큰 변화가 요구된다. 그러나 이들 단백질은 2차 구조 수준에서 I형 융합 단백질과는 달리 아주 미세한 구조적 변화만을 일으킨다. Dengue virus의 경우를 예로 들면, 중성 pH에서는 융합 단백질이 바이러스 외막의 표면에 평행으로 누워있는 동형 2량체(homodimer)를 형성한다(그림 12.3). 이 경우에 융합 펩티드는 2량체의 접촉면에 숨어 있다. 이들이 낮은 pH에 노출되면 2량체가 해체되고 동형 3량체가 형성된다. 이 동형 3량체는 막에 직각으로 위치하고 융합 펩티드를 노출하여 표적 막에 삽입한다. 두 막들 사이에 다리가 형성되고 구조적 변화가 더 일어나면 이중막의 접촉과 융합이 유도된다.

비외막성 바이러스들은 막 용해나 구멍 형성을 통하여 침투한다

비외막성 바이러스들의 단백질들도 수용체 결합이나 엔도좀의 낮은 pH에 반응하여 구조적 변화를 일으킬 수 있다.

그 결과 이 단백질들은 세포 표적 막에 바이러스 게놈이 탈출할 수 있는 구멍을 내거나 막 장벽을 터뜨릴 수 있다.

Adenovirus는 산에 의하여 활성화되는 바이러스-의존적 엔도좀 용해를 통하여 침투하는 대표적인 바이러스이다(그림 4.5c 참조). 이 비리온은 엔도좀에서 활성화되기 전에 일련의 변화를 겪는다. 섬유가 떨어지고, 펜톤 기저부 단백질이 인테그린(보조수용체)에 결합하고, 마지막으로 비리온이 낮은 pH에 노출되면 용해형으로 바뀐다. 그 결과 엔도좀 막이 파열되고 비리온이 다른 엔도좀 함유물들과 함께 세포기질에 방출된다.

다른 비외막성 바이러스들은 세포막 장벽의 용해나 큰 변화를 초래하지 않고 막을 통과할 수 있다. Poliovirus를 비롯한 여러 picornavirus들은 pH-비의존적으로 진입하지만 여전히 내포작용에 의존한다. 수용체에 결합하면 구조적 변화가 일어나 캡시드 벽이 느슨하게 되고 입자가 소수성으로 바뀐다. 이를 "A-입자(A-particle)"라고 부르며 엔도좀 막과의 소수성 상호작용을 통하여 막 통로를 형성한다. 이 통로를 통하여 바이러스 RNA가 세포기질로 빠져나오고 빈 캡시드는 엔도좀 내강에 남는다(그림 11.3). RNA가 없는 입자를 "B-입자(B-particle)"라고 한다. Rhinovirus도 이와 유사한 메커니즘으로 RNA를 방출하지만 이 경우에는 엔도좀 내의 낮은 pH에 의하여 바이러스의 구조적 변화가 유도된다.

비리온과 캡시드는 소낭 속이나 미세소관 위에서 수송된다

대부분의 바이러스들에게는 세포기질이 최종 종착지가 아니다. 이들은 핵이나 세포질의 특정 영역에 위치한 적절한 복제 장소로 이동한다. 극단적인 경우에는 바이러스 입자나 캡시드가 세포 내에서 매우 먼 거리를 이동하는 경우도 있다. 예를 들면, 말초신경에 들어 간 HSV-1이나 rabies virus는 핵이 위치한 세포체에 도달하기 위하여 신경 액손을 따라 수 센티미터 혹은 수 미터를 이동한다. 이들이 여행하는 거리는 캡시드 지름의 수백만 배에 해당한다.

세포기질에서 캡시드와 같은 거대분자 조립체의 확산은 소기관들, 세포 골격, 그리고 거대분자들에 의한 분자적 혼잡성 때문에 심한 제한을 받는다. 특히 원형질막 바로 아래에 위치한 액틴 영역은 고도로 조직화되어 있어 이러한 입자들의 이동을 방해하는 장애물로 작용한다. 세포질에서 herpesvirus 캡시드 크기의 입자가 자유로운 확산을 통하여 10 μm의 거리를 이동하는 데에는 2시간 정도가 소요된다. 그러나 herpesvirus 캡시드가 신경에서 실제로 이동하는 속도는 이보다 400배나 더 빠르다. 이는 바이러스가 세포 내에서 소낭과 다른 큰 물체들을 이동시키는 세포 수송체계를 이용하기 때문에 가능하다.

비리온이 세포기질로 진입하기 전에는 엔도좀 소낭 속에서 수송되고 진입 이후에는 자유로운 뉴클레오캡시드 상태로 수송된다(그림 4.5). 특히 소낭내 수송전략은 세포 내로 들어온 소낭을 핵 방향으로 이동시키는데 필요한 모든 체계와 신호들을 세포가 제공한다는 이점을 지닌다. 따라서 세포는 바이러스처럼 자신에게 위험한 화물일지라도 세포질 속의 미로를 자유롭게 통과하도록 해 준다. 이 과정에는 미세소관-의존적인 모터인 **디네인(dynein)**과 어댑

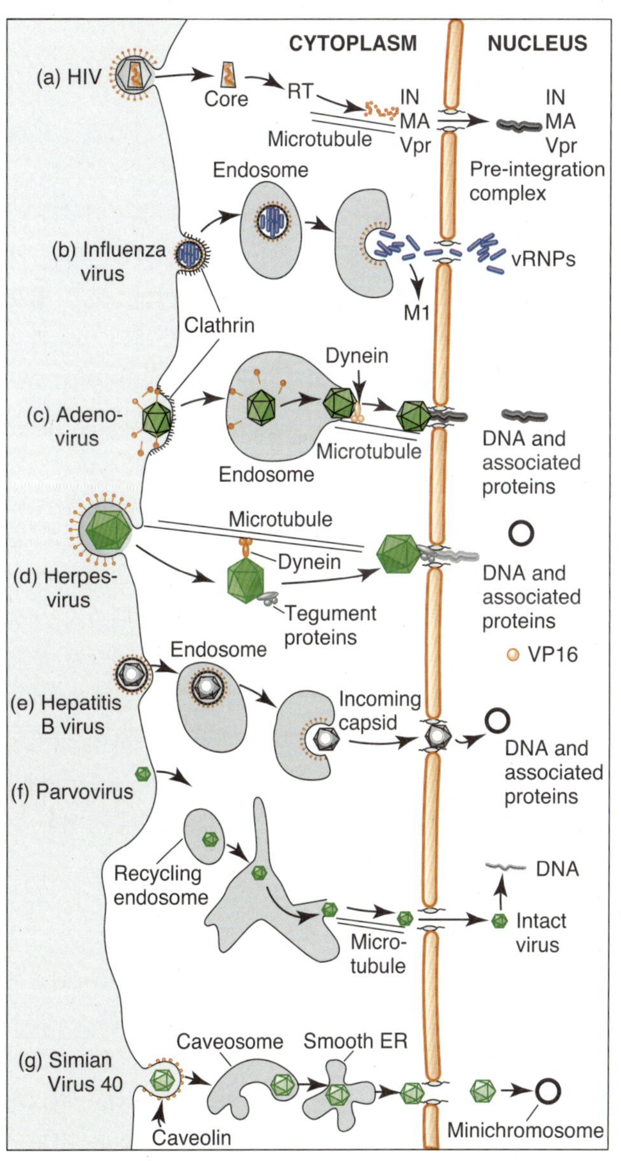

그림 4.5 핵에서 복제하는 바이러스들의 진입과 세포내 수송. 7가지 바이러스들의 독특한 진입 및 수송 경로들을 모식도로 나타내었다. 세포외 공간은 왼쪽에, 세포질은 중앙에, 핵은 오른쪽에 위치한다. 핵막을 가로지르는 핵공을 나타내었다.

터 복합체인 **디낵틴(dynactin)** 등의 분자 모터들이 이용된다. 디네인은 미세소관을 따라 화물을 세포 주변에서 핵 근처에 위치한 미세소관-형성 센터(microtubule-organizing center)로 이동시킨다. Herpesvirus와 adenovirus의 캡시드는 세포질에서 디네인을 이용하여 수송된다. 이들 캡시드는 모터에 결합하는 단백질을 가지고 있다.

바이러스 게놈의 핵내 수송

많은 동물 및 식물 DNA 바이러스들은 핵을 복제 장소로 이용한다. 핵에는 바이러스가 이용할 수 있는 전사, RNA 가공, RNA 수송 및 DNA 복제를 위한 세포 기구들이 있다. 바이러스는 또한 핵에서 잠복상태를 확립하거나 자신의 게놈을 숙주 염색체에 삽입하기도 한다.

바이러스는 숙주세포의 핵에 의존함으로써 많은 이점들을 취할 수 있지만 자신의 게놈과 필요한 단백질들을 핵 속으로 운반해야 한다는 부담도 가진다. 많은 바이러스들은 세포가 단백질과 핵산을 핵 내부로 수송하는 기구를 이용한다. 바이러스가 핵에 들어가는 메커니즘과 전략은 바이러스과에 따라서 차이가 있다. 많은 바이러스들은 **임포틴(importin)** α와 β 등의 핵 표적 수용체들과의 상호작용을 통하여 핵공복합체를 통과하고 핵 속에 들어간다.

유사분열과정에서의 핵막 해체

대부분의 retrovirus(lentivirus는 제외)들은 분열 간기에 있는 세포의 핵 속으로 들어갈 수 없다. 따라서 역전사로 만들어진 프로바이러스와 여러 바이러스 단백질들로 이루어진 캡시드("삽입전복합체")는 세포가 분열할 때까지 세포질에서 기다려야만 한다. 세포분열과정에서 핵막이 해체되고 재형성될 때 삽입전복합체가 핵 속으로 들어간다. 프로바이러스 DNA는 재형성된 핵에서 세포 게놈에 삽입된다. 이러한 retrovirus는 유사분열을 수행하는 세포에만 감염할 수 있고 완전히 분화된 비분열 세포들에는 감염할 수 없다.

세포질에서 부분적인 해체 후 수송

다른 retrovirus들과는 달리 HIV-1을 비롯한 lentivirus들은 핵공을 통하여 삽입전복합체가 핵 속으로 들어갈 수 있다. 이 복합체의 간질 단백질(matrix)과 Vpr 단백질이 임포틴 단백질과 상호작용한다(그림 4.5a). Influenza virus의 8개 게놈 RNA는 개별적으로 핵공을 통과할 수 있을 정도로 작은 리보핵단백질(ribonucleoprotein, RNP) 복합체를 형성한다. 엔도좀 막과의 융합을 통하여 이들 복합체들이 세포질에 방출되면 이들은 임포틴과 상호작용하여 핵공복합체를 통하여 핵 속으로 재빨리 수송된다(그림 4.5d).

핵공에서 해체 후 수송

Adenovirus와 herpesvirus의 캡시드는 너무 커서 핵공을 통과할 수 없다. 이들의 캡시드는 핵공의 세포질 쪽 섬유에 결합한 뒤 캡시드가 점차 해체되면서 바이러스 DNA와 단백질들이 핵공을 통하여 들어간다(그림 4.5c, d). 이 과정에서 adenovirus의 캡시드는 해체되지만 herpesvirus의

바이러스의 진입을 차단하는 방법

바이러스는 인간과 동물에 심각한 질병을 유발하는 병원체이므로 복제주기의 모든 단계들이 항바이러스제 개발을 위한 표적으로 고려될 수 있다. 바이러스의 진입을 막기 위한 가장 직접적인 방법은 바이러스가 세포에 도달하기 전에 중화항체로 차단하는 것이다. 이것이 백신의 작용 원리이며(35장) 지금까지 가장 성공적인 항바이러스성 전략으로 여겨지고 있다.

또한 특정 바이러스에 대한 세포 수용체 단백질의 일부를 만들어 세포외 공간에 다량으로 투입할 수 있다. 이들은 바이러스에 결합할 수 있으므로 바이러스와 세포 표면의 자연수용체 간의 상호작용을 막을 수 있다. 반대로 세포 표면의 수용체와 결합하는 단백질이나 항체를 이용할 수도 있다. 이들은 수용체 부위를 차지하거나 수용체의 내부화와 양적 감소를 유도할 수 있다.

바이러스의 내부화 혹은 침투에 필요한 세포과정들을 방해함으로써 바이러스의 진입을 막을 수도 있다. 이를 위하여 클라트린-피복 소낭의 형성을 저해하거나 핵공복합체를 통한 수송을 막는 약제를 처리할 수 있다. 엔도좀의 산성화를 막는 화합물들은 산-활성화 바이러스의 진입을 차단하는 데 흔히 이용된다. 이에는 양성자가 산성 영역에서 빠져 나오도록 하는 염화암모늄, 클로로퀴닌 및 다른 유기성 약염기 등의 **리소좀 자극제(lysosomotrophic agent)**들이 포함된다. 모넨신(monensin)과 니제리신(nigericin) 등과 같은 **카르복실 이온투과담체(carboxylic ionophore)**들은 **바피로마이신 A1**과 같은 양성자 ATPase 저해제들처럼 양성자 구배를 깨뜨리는 데 효과적이다.

막 융합을 더 직접적으로 막기 위하여 바이러스 융합 단백질의 구조적 중간체에 결합하여 이들의 기능을 저해하는 펩티드들이 고안되었다. Influenza virus의 뉴라미니다아제 저해제는 독감에 대한 약제로 이용되고 있다. 마지막으로 탈피를 저해하는 약제들도 있다. **아만타딘(amatadine)**은 작은 분자량의 분자로 influenza A virus의 M2 양성자 채널을 특이적으로 막아 바이러스 내부의 산성화를 방지한다. "Win 화합물"(이 약제를 최초로 합성한 회사의 이름을 따서)의 경우에는 수용체 결합부위인 협곡 하부의 포켓에 결합하여 human rhinovirus의 감염을 저해한다. 이들은 모두 바이러스 캡시드를 안정화시켜 탈피를 막는다.

빈 캡시드는 바이러스 DNA가 핵에 들어간 이후에도 핵공 섬유에 부착된 채로 남아 있다.

핵공복합체를 통한 온전한 비리온의 수송

극소수의 바이러스들은 해체되거나 형태가 전혀 변형되지 않아도 핵공복합체를 통과할 수 있을 정도로 작은 캡시드를 가진다. 전자현미경 사진에 의하면 HBV(지름이 34 nm)와 SV40(지름이 48 nm)은 그대로 핵공을 통과할 수 있다. Parvovirus(지름이 20 nm)도 이러한 방식으로 핵 속에 들어가는 것 같다(그림 4.5e~g).

바이러스 게놈의 탈피와 방출

바이러스 진입의 최종 목적은 바이러스의 게놈을 해독, 전사 혹은 복제될 수 있는 형태로 숙주세포 내에 방출하는 것이다. 바이러스에 따라서 이러한 "탈피(uncoating)" 단계는 진입 첫 단계에서 동시에 일어날 수도 있고 복잡한 일련의 막 융합과 수송단계들을 거친 뒤에 일어날 수도 있다. 극소수 바이러스들에 대해서만 이러한 탈피 메커니즘이 자세하게 밝혀졌다.

비외막성 picornavirus는 게놈 RNA를 세포기질에 직접 방출하고 바이러스 캡시드를 엔도좀 소낭에 남긴다. 따라서 이 바이러스과에서는 바이러스 진입과 탈피가 동시에 일어난다.

이와는 달리 HBV, parvovirus, 그리고 polyomavirus의 DNA 게놈 탈피는 캡시드가 핵공을 통하여 핵 속으로 수송된 이후에 일어난다. Herpesvirus와 adenovirus의 탈피는 핵공에서 캡시드가 해체되면서 일어난다. Adenovirus의 경우에는 환원성 세포질 환경에 노출되면서 바이러스의 시스테인 프로테아제가 활성화된다. 이 프로테아제는 일부 캡시드 단백질들을 절단하여 캡시드의 내부 표면에 부착된 DNA를 방출시킨다. 이 바이러스의 게놈은 DNA를 응축시키고 DNA의 전하를 중화시키는 세포 혹은 바이러스 단백질들과 복합체를 이룬 상태로 방출된다. 예를 들면, polyomavirus는 환형의 DNA를 세포 히스톤 단백질들과 뉴클레오좀을 형성한 미니 염색체 상태로 방출한다.

Togavirus의 경우에는 바이러스 외막과 엔도좀 막 사이에 낮은 pH-유도성 융합이 일어난 뒤 수분 이내에 바이러스 RNA의 탈피가 일어난다. 리보좀 60S 소단위체가 세포성 탈피인자로 작용한다. 이들은 바이러스 캡시드 단백질에 결합하여 바이러스 RNA의 방출을 돕고 RNA를 해독될 수 있는 상태로 만든다.

Influenza A virus는 낮은 pH에서 H^+ 이온이 자유롭게 통과할 수 있는 막 채널을 형성하는 M2 단백질을 외막에 가진다(그림 36.3). 이 단백질은 산성 엔도좀에 존재하는 비리온 입자 내부의 pH를 낮추어 개개의 RNP들이 간질 단백질(M1)로부터 떨어지도록 한다. 따라서 바이러스 외막이 엔도좀 막과 융합하면 개개의 분절 게놈들이 자유롭게 세포질로 방출될 수 있다. 다른 음성-가닥 RNA 바이러스들처럼 influenza virus의 게놈은 항상 뉴클레오캡시드 단백질들과 결합한 상태로 존재한다.

Reovirus는 비외막성 이중-가닥 RNA 바이러스이다. 이들은 캡시드 단백질들의 외층이 제거되고 내층이 유지된 상태로 pH-비의존적으로 엔도좀 막을 통과하여 세포기질에 진입한다. 따라서 탈피는 불완전하게 일어나며 바이러스 이중-가닥 RNA는 세포기질에 방출되지 않는다. 바이러스 mRNA의 합성과 캡핑은 캡시드 내에서 일어나며 mRNA는 5배 대칭축에 위치한 통로를 통하여 캡시드에서 빠져나온다.

핵심 용어

- I형 융합 단백질 (Class I fusion proteins)
- I형 횡단막 단백질(Type I transmembrane protein)
- II형 융합 단백질(Class II fusion proteins)
- 감긴 코일(Coiled-coil)
- 거대음세포작용 (Macropinocytosis)
- 내강(Lumen)
- 뉴라미니다아제(Neuraminidase)
- 당단백질(Glycoprotein)
- 당지질(Glycolipid)
- 디낵틴(Dynactin)
- 디네인(Dynein)
- 리간드(Ligand)
- 리소좀 자극제 (Lysosomotropic agent)
- 리소좀(Lysosome)
- 막 분열(Membrane fission)
- 막 융합(Membrane fusion)
- 면역글로불린 패밀리 (Immunoglobulin family)
- 바이러스 시냅스(Virological synapse)
- 반융합(Hemifusion)
- 바피로마이신 A1 (Bafilomycin A1)
- 부착인자(Attachment factor)
- 사상위족(Filopodia)
- 세포기질(Cytosol)
- 소낭수송(Vesicle transport)
- 수용체(Receptor)
- 수용체-매개성 내포작용 (Receptor-mediated endocytosis)
- 시알산(Sialic acid)
- 신시티움(Syncytium, 복수: syncytia)
- 아만타딘(Amantadine)
- 엔도좀(Endosome)
- 원형질연락사 (Plasmodesmata)
- 융합 펩티드(fusion peptide)
- 인테그린(Integrins)
- 임포틴(Importin)
- 지질 뗏목(Lipid raft)
- 초기 엔도좀(early endosome)
- 출아(Budding)
- 카르복실 이온투과담채 (Carboxylic ionophore)

카리오페린(Karyopherin)
카베올라(Caveolae)
카빈(Cavin)
클라트린-피복 소공(Clathrin-coated pits)
프로테오글리칸(Proteoglycan)

기본 개념

- 바이러스 캡시드 혹은 외막 단백질은 세포 표면의 특수한 수용체에 결합한다. 당지질이나 당단백질의 당 잔기들 혹은 다양한 세포막 단백질들이 수용체로 이용된다.
- 어떤 경우에는 비리온이 세포내 진입을 매개하는 두 번째 수용체와 연이어 결합한다.
- 외막성 바이러스의 경우에는 바이러스 외막과 세포막의 융합으로 뉴클레오캡시드가 세포 내로 운반된다.
- 어떤 경우에는 세포 표면에서 원형질막과의 융합이 일어난다.
- 다른 경우에는 외막성 비리온들이 엔도좀, 카베오좀 혹은 음세포성 소낭에 먼저 들어간 뒤에 융합이 일어난다.
- 대부분 바이러스들에서 융합은 엔도좀의 낮은 pH에 의하여 매개된다. 잘 알려진 예는 influenza virus의 HA 단백질에 의한 융합이다.
- 외막을 갖지 않는 바이러스들은 엔도좀 막의 용해나 바이러스 단백질의 막 삽입을 통하여 바이러스 게놈이 세포 기질로 운반된다.
- 많은 DNA 바이러스들의 뉴클레오캡시드들은 디네인에 의하여 미세소관을 따라 핵 근처로 수송되고 핵공을 그대로 통과하거나 핵공에서 해체된다.

복습 문제

1. 바이러스의 숙주세포 진입과정에서 일어나는 4가지 기본 단계들은 무엇인가?
2. 바이러스가 감염할 수 있는 생물종과 세포 유형을 결정하는 가장 중요한 인자는 무엇인가?
3. 외막성 바이러스들은 세포막을 어떻게 통과하는가?
4. 비외막성 바이러스들은 세포막을 어떻게 통과하는가?
5. 엔도좀에서 무엇이 바이러스의 침투를 유도하는가? 이 과정에 영향을 미치는 요인은 무엇인가?

SECTION II

박테리아와 고세균의 바이러스

박테리아에 감염하는 바이러스를 "박테리오파지" 혹은 간단히 "파지"라고 부른다. 1940년대에 비공식적인 과학자 모임인 "파지 그룹(Phage Group)"에 의하여 시작된 연구는 분자생물학의 많은 기본 원리들을 확립하였다. 이들은 파지가 단백질 코트로 둘러싸인 유전자 세트이며 유전자(RNA 혹은 DNA)가 어떻게 복제되고 발현되는 지를 연구하는 데 이상적인 모델임을 인식하고 있었다.

5장에서 8장까지는 세포 현상과 다른 바이러스들의 복제주기를 이해하는 데 모델을 제공하였던 잘 연구된 박테리오파지들에 대하여 알아볼 것이다. 단일-가닥 RNA 파지(5장)로부터 최초로 mRNA가 정제되어 연구가 이루어졌다. 이들은 가장 단순한 바이러스 부류에 속하며 RNA의 2차 구조를 조정하여 게놈 RNA의 번역을 조절한다. 박테리오파지 φX174로 대표되는 microvirus(6장)의 연구를 통하여 처음으로 바이러스 게놈의 유전자들이 중첩될 수 있다는 것을 알게 되었다. 이 파지는 DNA 복제와 발판 단백질을 이용하는 비리온의 조립 연구에 모델계를 제공하였다.

박테리오파지 T7(7장)은 짧은 꼬리를 가지는 이중-가닥 DNA 바이러스이다. 이는 자신의 DNA 일부를 숙주세포에 주입하면 세포 RNA 중합효소에 의해 전사가 일어난 뒤 나머지 부위의 DNA가 진입한다. 이들은 또한 자신의 RNA 중합효소를 만들어 후기 유전자를 전사하며 이 효소는 분자생물학과 유전자 조작에 많이 이용되고 있다.

박테리오파지 lambda(8장)는 DNA를 숙주세포의 게놈에 삽입하고 새로운 바이러스 입자의 생성에 적합한 조건이 될 때까지 잠복 상태를 유지할 수 있는 바이러스이다. 이는 바이러스 DNA에 결합하는 다양한 억제인자들을 만들고 바이러스 DNA의 특정 부위에서 RNA 중합효소의 종료를 제어함으로써 유전자의 발현을 조절한다. 이는 또한 발판 단백질을 이용하여 비리온을 조립하고, DNA 복제 동안에 만들어진 올리고머로부터 게놈-길이의 단편을 절단하고, 이들을 프로캡시드에 채운 뒤 나선형 꼬리구조를 연결한다.

고세균은 최근에 들어서 박테리아로부터 분리되었다; 이들은 작고, 환형의 DNA 게놈을 가지고 핵이 없는 단세포 생물이지만, 진핵생물에서 유래하였으므로 여러 면에서 박테리아와 차이를 나타낸다. 고세균 바이러스의 발견과 기술(9장)은 아직 초기 단계에 있다. 이들은 대부분 지질막을 가지며 독특한 모양을 한다. 한 가지를 제외하곤 모두 이중-가닥 DNA 게놈을 가지며, 이들이 가지는 대부분의 유전자들은 다른 세 가지 도메인들에 속하는 생명체들에 대하여 구축된 DNA 데이터베이스에 유사 서열이 없을 정도로 특이한 것들이다. 이들이 어떻게 숙주세포에 들어가고 나오는지는 거의 알려지지 않았다.

CHAPTER 5

단일-가닥 RNA 박테리오파지

Jan van Duin

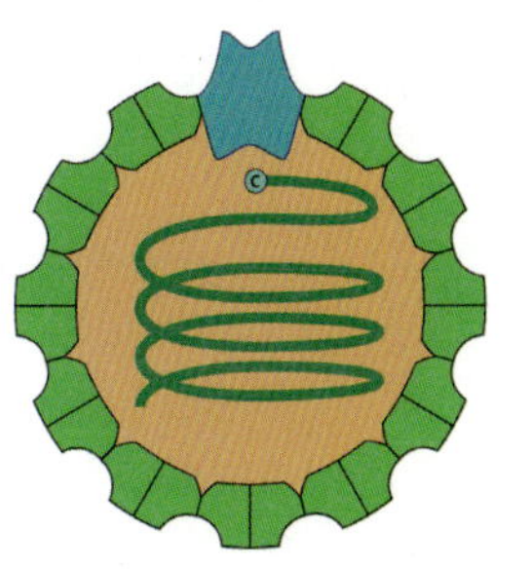

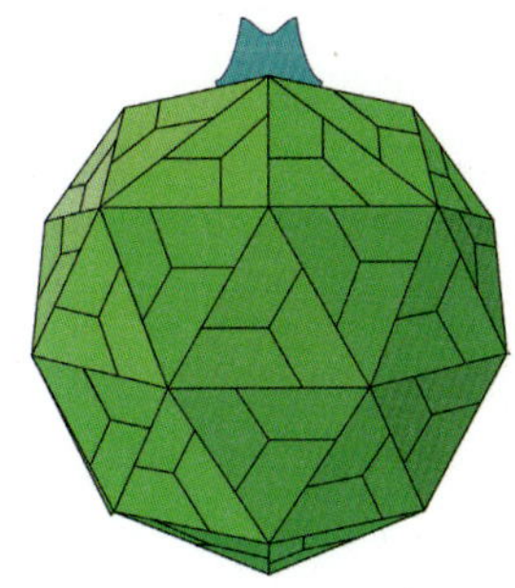

Leviviridae

파지의 작은 크기를 나타내는 라틴어 *levis*(*가벼운*)에서 유래

비리온

180개의 코트 단백질로 구성된 나출성 정20면체형 캡시드 (T = 3)

지름 26 nm

RNA 게놈에 결합한 1개의 성숙 단백질

게놈

선형의 단일-가닥 RNA, 양성-가닥, 4 kb

높은 수준의 내부 염기쌍 형성

유전자와 단백질

4가지 비이러스 단백질:

- *코트 단백질(Coat protein)*
- *성숙 단백질(Maturation protein)*
- *용해 단백질(Lysis protein)*
- *RNA 헬리카제(RNA replicase)*

바이러스와 숙주

2가지 속이 다양한 그램-음성 박테리아에서 발견됨:

- *Levivirus(예: f2, MS2, R17)*
- *Allolevivirus(예: Qβ)*

독특한 특징

가장 작고 단순한 바이러스들 가운데 하나임

F1 *E. coli*의 표면에 돌출된 F-섬모에 결합함

유전자 번역이 리보좀 결합부위의 RNA 2차 구조에 의하여 조절됨

RNA 중합효소가 바이러스 RNA 헬리카제와 3가지 세포 단백질들로 구성됨

RNA 파지의 발견은 mRNA 기능과 RNA 복제 연구를 촉진하였다

1961년에 Tim Loeb와 Norton Zinder는 박테리아 접합에 이용되는 *E. coli* F-섬모에 의존하여 복제하는 RNA coliphage들을 발견하였다. 이들은 뉴욕시의 하수 여과액을 *E. coli* 균주에 감염시켜 수컷 박테리아(F+)에서는 용균반을 생성하지만 암컷 박테리아(F–)에서는 자라지 못하는 파지들을 선별하였다. 처음 분리된 f1은 탁한 용균반을 만들었지만 두 번째 분리주인 f2는 투명한 용균반을 생성하였다; 이들은 f2 파지의 연구에 집중하였다. 나중에 f1은 단일-가닥 DNA를 가지는 섬유형 파지이며, f2는 최초로 발견된 RNA 파지임이 알려졌다.

그 이후 20여 년에 걸쳐 RNA 파지에 대한 많은 연구가 진행되었다. 이 파지들은 mRNA의 존재에 대한 최초의 증거가 제시되고 유전 암호가 해독되면서 중요성이 부각되었다. 이들은 순수한 mRNA를 대량으로 제공하는 이점을 지닌다: 박테리아 배양액에 감염하면 수 시간 이내에 mL당 10^{13} 파지 입자들을 확보할 수 있고 이들을 쉽게 정제할 수도 있다. 세포는 DNA 주형으로부터만 RNA를 만들 수 있다. 따라서 과학자들은 RNA 파지의 RNA 게놈이 어떻게 RNA를 복제할 수 있는지에 대하여 많은 관심을 나타내었다. 실제로 20세기 후반에 분자생물학의 대가로 성장하였던 많은 과학자들이 처음에는 RNA 파지를 연구하였다.

RNA 파지는 가장 단순한 바이러스에 속한다

RNA 파지는 인간이나 다른 동물들의 장관과 같이 *E. coli*가 사는 곳이면 어디에나 존재한다. 전 세계의 하수에는

mL당 10^2에서 10^7개의 RNA 파지가 존재한다. RNA 파지는 인간에 무해하다. 하수처리과정에서 RNA 파지는 poliovirus와 hepatitis A virus 등의 병원성 장바이러스들(enteroviruses)과 동일한 제거 및 불활성화 특성을 나타낸다. 또한 RNA 파지는 숫컷 *E. coli* 숙주를 이용하여 용균반 분석법으로 쉽게 검출할 수 있다. 이러한 이유로 RNA 파지는 식수에서 병원성 장바이러스의 존재 가능성을 나타내는 지표로 이용되고 있다.

RNA 파지는 현재까지 알려진 가장 작은 자율성 바이러스이다. 이들의 캡시드는 한 가지 코트 단백질로 만들어지며 3가지 단백질들을 추가로 만든다. 세포에 감염한 이후에 이들의 임무는 매우 단순하다: 단백질을 만들고, RNA를 복제하고, 자손 파지 입자를 조립하고, 마지막으로 세포를 떠난다. 그러나 RNA의 2차 구조와 RNA의 특정 부위에 결합하는 코트 단백질과 복제효소가 조절하는 단백질 합성과 RNA 복제과정은 매우 정교하게 진행된다.

RNA 파지의 두 가지 속들은 미세한 차이를 나타낸다

RNA 파지는 유전자 지도, 혈청학적 교차반응, 그리고 RNA 크기에 따라서 2개의 속으로 구분된다. *Levivirus*속(또는 supergroup A라고도 함)의 구성원들은 길이가 약 3500 nt 정도의 RNA를 가지고 4가지 단백질들을 암호화한다: 게놈의 5′ 말단부터 성숙(혹은 A) 단백질, 코트 단백질, 용해 단백질, 그리고 RNA 복제효소 순서로 암호화되어 있다(그림 5.1). 용해 단백질의 해독틀은 코트 및 복제 단백질과 중첩되어 있다. MS2 파지는 이 장의 번역조절에서 자세히 설명될 것이다. 반면에 *Allolevivirus*속(supergroup B)의 구성원들은 약 4,200 뉴클레오티드로 더 큰 게놈을 가진다. 이러한 차이는 대부분 번역초과 단백질(readthrough protein)인 A1 단백질을 암호화하는 게놈부위 때문에 생겨난다.

Qβ 파지의 번역초과는 코트 단백질 유전자가 정상적으로 끝나는 nt 1742 위치의 UGA 종료코돈이 가끔 트립토판 코돈(UGG)으로 잘못 번역되면서 일어난다. 이는 약 6%의 확률로 일어난다. 소수의 번역초과 단백질들이 캡시드에 들어가지만 이들의 기능은 아직 알려지지 않았다. 이 파지는 별개의 용해 단백질을 가지지 않는다; 용해는 성숙(A2) 단백질에 의하여 수행된다. Qβ 파지는 가장 많이 연구된 allolevivirus이다. Levivirus의 복제효소는 연구하기가 힘들지만 Qβ 파지의 RNA 복제효소는 쉽게 정제되므로 RNA 복제에 대한 대부분의 연구는 Qβ를 대상으로 수행되었다.

RNA 파지는 F-섬모에 결합하여 RNA를 세포에 주입한다

RNA 파지의 캡시드는 T = 3인 정20면체형으로 배열된 180개의 코트 단백질을 가진다(그림 5.2). 한 분자의 성숙 단백질이 포장된 RNA의 5′과 3′ 말단 근처에 결합되어 있다. 캡시드 속의 RNA는 RNAse 처리에 저항성을 나타낸다. 만약 결함성 성숙 단백질을 가지거나 이 단백질이 없으면 비리온의 RNA는 RNAse에 의해 분해될 수 있다.

RNA 파지는 DNA 파지가 게놈을 주입하는 데 이용하는 특수한 꼬리 조립체를 가지지 않는다. 그 대신 RNA 파지는 박테리아의 **F-섬모(F-pili)**를 이용하여 단일-가닥

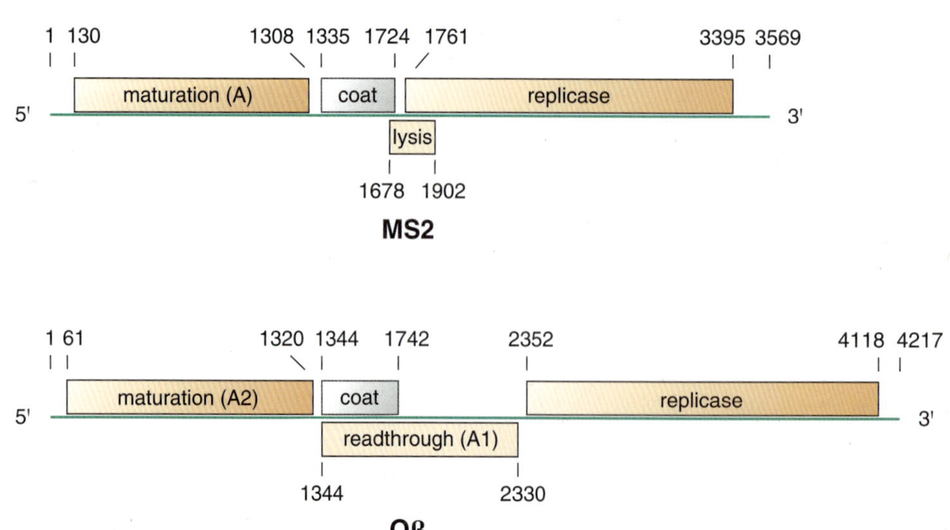

그림 5.1 박테리오파지 MS2와 Qβ RNA의 유전자 지도. 모든 열린 해독틀들에 대하여 첫 번째와 마지막 뉴클레오티드를 표시하였다.

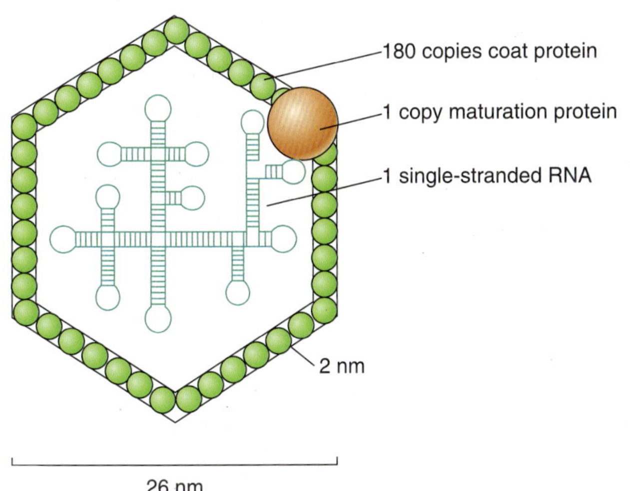

그림 5.2 MS2 비리온의 모식도. RNA는 고도로 조직화되어 있다. Allolevivirus는 캡시드에 12개의 번역초과 단백질을 추가로 가진다.

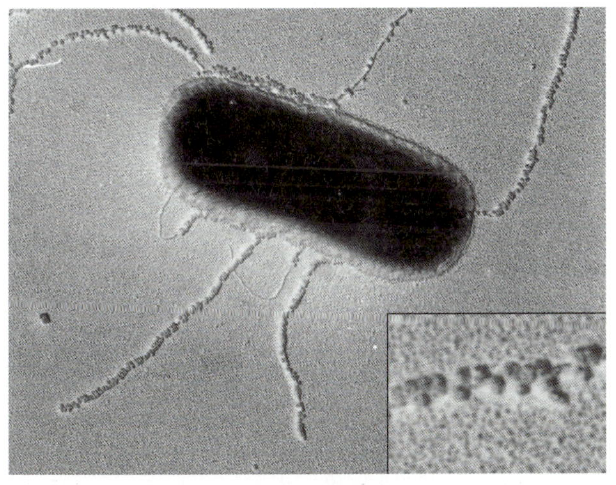

그림 5.3 RNA 파지의 F-섬모 결합. F-섬모(확대 부위)에 부착된 수많은 MS2 파지를 보여 주는 *E. coli* 세포의 전자현미경 사진.

RNA 게놈을 세포 내로 주입한다. F-섬모는 *E. coli*와 다른 박테리아들의 섬유상 구조물로서 F+ 박테리아가 게놈의 일부(단일-가닥)를 섬모를 가지지 않는 F– 세포에 전달하기 위하여 이용한다.

F-섬모는 한 종류의 단백질이 길게(1~2 μm) 중합되어 세포에서 돌출된 리본 모양의 구조물이다. 비리온은 성숙 단백질을 통하여 섬모의 측면에 부착한다(그림 5.3). 섬모와 접촉하면 성숙 단백질은 두 조각으로 잘려진다. 이로 인하여 비리온에서 RNA가 방출되며 방출된 RNA는 RNAse에 의해 분해될 수 있다. 그 다음에 RNA가 세포 내로 어떻게 들어가는지는 아직 알려지지 않았다. 한 가지 가능성은 RNA가 부착된 섬모가 세포 내로 회수될 때 RNA와 절단된 성숙 단백질이 함께 들어 간다는 설이 있다.

RNA 파지의 번역과 게놈 복제는 엄격하게 조절된다

세포 내에서 파지 RNA는 mRNA로 작용하여 파지의 단백질 합성을 시작한다. 이는 다음의 두 가지 이유 때문에 매우 조절적인 과정임이 밝혀졌다. 첫째, 각 단백질은 서로 다른 양으로 필요하다. 하나의 비리온을 만드는데 코트 단백질은 180개가 필요하지만 성숙 단백질은 단 한 개만 필요하고 세포를 빠져 나가기 위해서는 몇 개의 용해 단백질들만이 필요하다. 또한 복제효소는 하나만으로도 RNA를 여러 벌 만들 수 있으므로 코트 단백질보다 더 적은 양이 필요하다.

둘째, 동일한 RNA 분자에서 복제와 번역이 동시에 일어나면 문제가 발생할 수 있다. 복제는 RNA의 3′ 말단에서 시작하여 5′ 말단 쪽으로 진행되는 반면에 번역은 그 반대 방향으로 진행된다. 만약 파지가 적절하게 조정하지 않으면 복제효소와 번역 중인 리보좀이 RNA의 어떤 지점에서 만나 충돌할 수 있을 것이다(그림 5.4). 따라서 번역을 시작한 파지 RNA에는 복제가 허용되지 않아야 하며 반대의 경우도 마찬가지이다.

번역 조절을 위하여 파지 유전자의 AUG 개시코돈에 대한 리보좀의 접근이 엄격하게 제한된다. 사실 코트 유전자의 번역개시부위(MS2 RNA의 nt 1335)만이 리보좀과 직접 결합할 수 있다. 만약 코트 유전자의 개시코돈을 제거하면 용해 단백질이나 복제효소는 합성되지 않는다.

RNA의 2차 구조가 용해 단백질과 복제효소 유전자의 번역을 조절한다

용해 단백질과 복제효소 유전자의 개시부위에 대한 리보

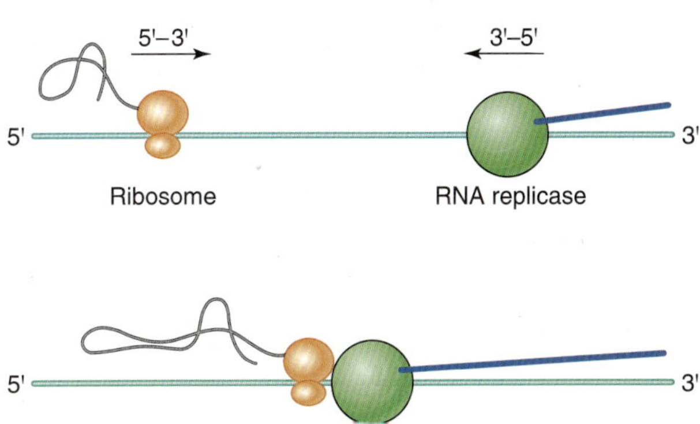

그림 5.4 리보좀과 RNA 중합효소의 충돌. 5′에서 3′ 방향으로 RNA를 번역 중인 리보좀과 3′에서 5′ 방향으로 RNA의 복사본을 만들고 있는 RNA 중합효소가 충돌할 수 있음을 보여 준다.

좀의 접근이 코트 유전자의 번역에 어떻게 의존할 수 있는가? 이 과정에 RNA의 2차 구조의 변화가 관여한다. 원핵세포 mRNA의 번역개시부위에 리보좀이 결합하는 과정에 적어도 3가지 요인들이 관여한다: (1) 16S rRNA와 mRNA의 개시코돈 바로 앞의 **Shine-Dalgarno 서열** 간의 염기 상보성, (2) 개시자 fmet-tRNA의 안티코돈과 mRNA의 AUG 개시코돈의 상호작용, (3) Shine-Dalgarno 서열 앞에 흔히 나타나는 피리미딘-풍부 서열과 리보좀 단백질 S1의 결합.

만약 mRNA의 강한 2차 구조가 위의 요인들 가운데 하나의 상호작용을 막는다면 리보좀이 효과적으로 결합할 수 없어 이 부위에서 단백질 합성이 시작될 수 없다. RNA의 2차 구조는 줄기-고리(stem-loop) 구조를 형성하는 자가-상보적 염기 서열에서 형성된다. RNA 파지의 게놈은 광범위한 2차 구조 영역들을 포함하고 있다. 사실 용해 유전자와 복제효소 유전자의 개시코돈은 리보좀이 결합하기에는 너무 안정한 RNA 2차 구조 내부에 위치하므로 이들 유전자들 자체만으로는 번역될 수 없다(그림 5.5).

코트 유전자를 번역하는 리보좀이 2차 구조를 파괴하면 복제효소의 번역이 가능해진다

리보좀은 개시코돈인 AUG 앞의 약 20 nt와 AUG 뒤의 15 nt에 걸쳐 mRNA와 결합한다. 그림 5.5에 의하면 복제효소 개시부위 근처에 위치한 3개의 2차 구조, 즉 줄기 MJ, AUG 자체를 포함하는 "작동자 머리핀(operator hairpin)" 그리고 줄기 R32가 리보좀의 결합을 방해할 수 있다. 만약 1427-1434 서열을 결실시키거나 염기치환을 통해 미스매치를 도입하여 줄기 MJ에서 염기쌍 형성이 일어나지 않도록 한다면 코트 유전자의 번역과는 무관하게 복제효소의 합성이 크게 증가한다. 아마도 작동자 머리핀과 R32 머리핀 구조는 리보좀의 진입을 막을 정도로 강하지 못한 것 같다.

이와 같은 방식으로 코트와 복제효소 유전자의 번역이 연계되어 있다. 리보좀이 코트유전자를 번역할 때마다 줄기 MJ에 형성된 염기쌍의 결합이 파괴된다(그림 5.6). 이러한 조건에서 다른 리보좀이 코트 단백질 유전자의 번역 위치에서 약 340 nt 아래쪽에 위치한 복제효소의 개시부

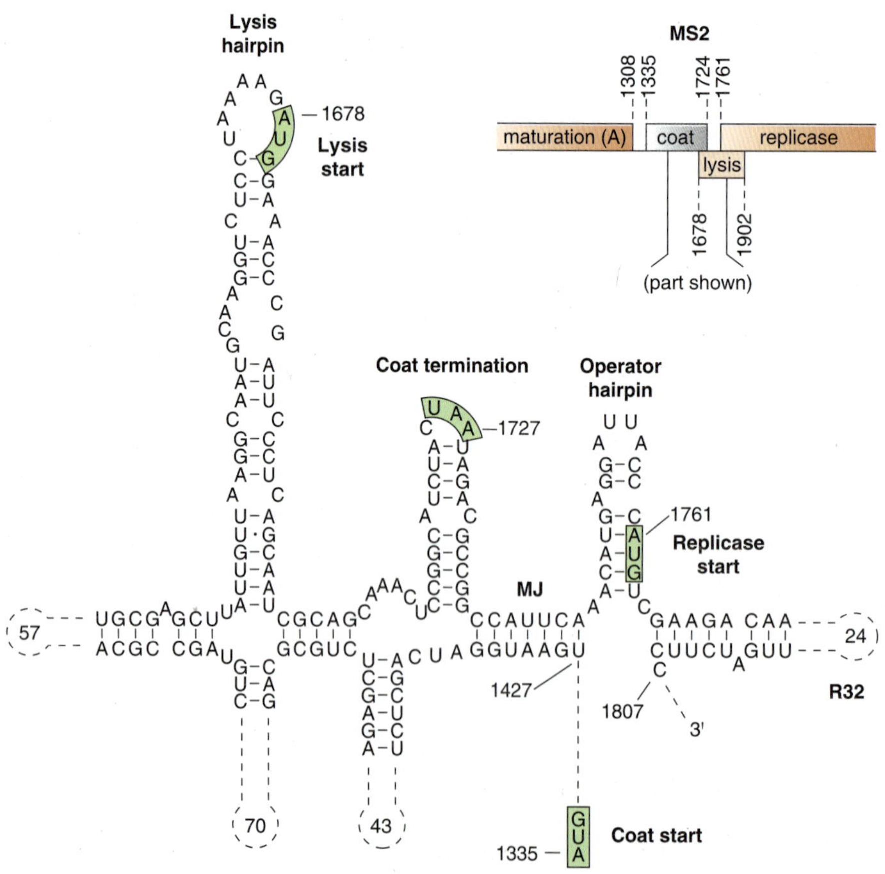

그림 5.5 2차 구조에 의한 번역조절. MS2 RNA의 1427과 1807 nt 사이의 2차 구조. 개시 및 종료코돈을 녹색으로 표시하였다. 번역조절과 무관한 영역은 파선으로 나타내었으며 파선 머리핀 속의 숫자는 생략된 뉴클레오티드의 수를 나타낸다.

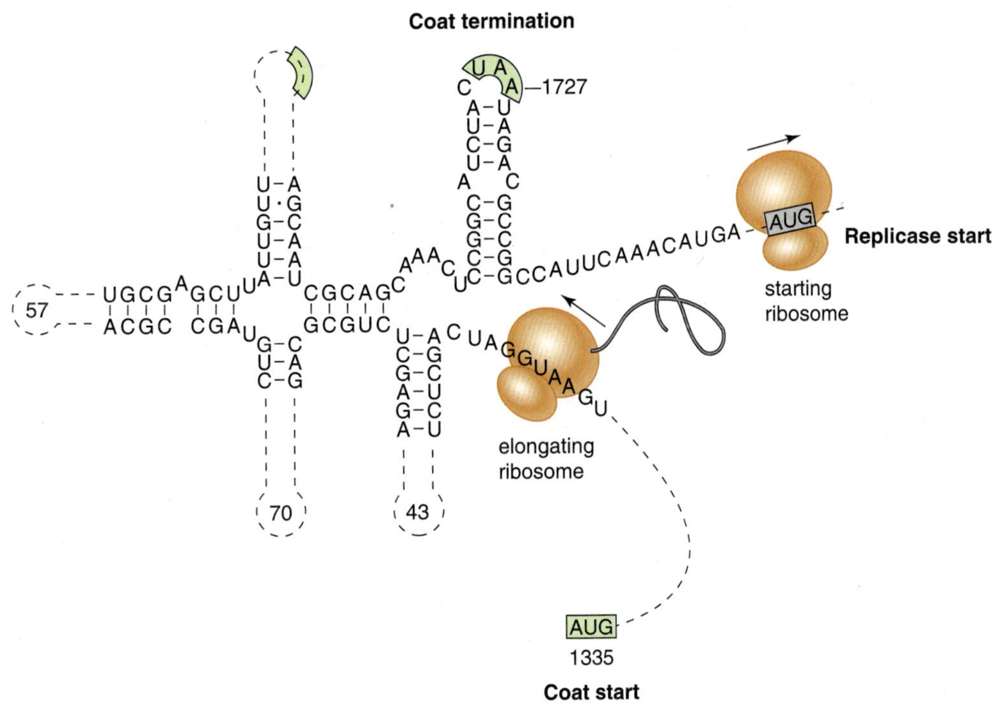

그림 5.6 복제효소 번역의 활성화. 코트 유전자를 번역 중인 리보좀은 MJ 상호작용을 막아 리보좀이 결합할 수 있도록 복제효소의 개시부위를 열어 준다.

위에 결합하여 번역을 시작할 수 있다. 만약 nt 1427 앞쪽에 코트 단백질 유전자의 번역 종료코돈을 도입하면 리보좀이 줄기 MJ 서열에 접근할 수 없기 때문에 복제효소 유전자의 번역이 이루어지지 않는다. 그러나 nt 1434 뒤에 종료코돈을 두면 복제효소의 합성이 정상적인 수준으로 일어난다.

복제효소의 번역은 또 다른 메커니즘에 의하여 조절된다. 코트 단백질의 농도가 세포에 충분히 높아지면 이들은 2량체를 형성한다. 이 2량체가 작동자 머리핀에 결합하면 리보좀의 결합을 막아 복제효소의 번역이 더 이상 일어나지 않도록 한다. 이러한 단백질-RNA 상호작용은 더 많은 코트 2량체의 첨가를 유도하여 캡시드가 형성되는 것 같다.

코트 번역을 마친 리보좀은 용해 유전자 개시부위에서 번역을 재개할 수 있다

리보좀은 "용해 머리핀(lysis hairpin)" 때문에 용해 유전자의 개시부위(nt 1678)에 독자적으로 접근할 수 없다(그림 5.5). 따라서 코트 유전자가 번역되지 않으면 용해 유전자는 발현되지 않는다. 돌연변이 유도에 의한 염기 미스매치의 도입으로 용해 머리핀이 불안정해지면 코트 유전자와는 무관하게 용해 유전자의 번역이 일어난다. 그러나 용해 유전자의 활성화는 복제효소의 경우처럼 코트 유전자의 번역에 의한 용해 머리핀의 개방으로 일어나지 않는다. 그 대신에 용해 유전자의 번역개시는 50 nt 아래에서 일어나는 코트 유전자의 번역 종료에 의존한다(그림 5.5). 이 UAA 종료코돈과 뒤이은 UAG 종료코돈에 돌연변이를 유도하여 25 nt 아래에 위치한 다음 UGA 코돈에 도달할 때까지 코트 유전자의 번역이 종료되지 않도록 만들면 용해 유전자의 발현은 일어나지 않는다. 반면에 코트 유전자의 종료코돈을 nt 1678-1725 사이 혹은 용해 유전자 개시코돈 앞에 도입하면 용해 단백질이 만들어진다. 사실 코트 유전자의 종료코돈이 용해 유전자의 개시코돈에 가까울수록 용해 단백질은 더 잘 만들어진다.

이러한 결과는 코트 유전자의 종료코돈에 도달하여 코트 단백질을 방출한 리보좀이 바로 mRNA를 떠나지 않고 양 방향으로 RNA를 따라 무작위적으로 짧은 거리를 이동한다는 것을 의미한다. 만약 리보좀이 개시코돈과 마주치면 번역을 재개할 것이고 그렇지 않으면 mRNA에서 떨어질 것이다(그림 5.7). MS2 파지에서 합성되는 용해 단백질과 코트 단백질의 비를 감안하면 이러한 재개시 성공률은 5%에 불과하다.

이러한 "탐색" 모델을 더 검증하기 위하여 용해 유전자의 원래 개시점 약간 아래에 개시코돈을 추가로 도입하

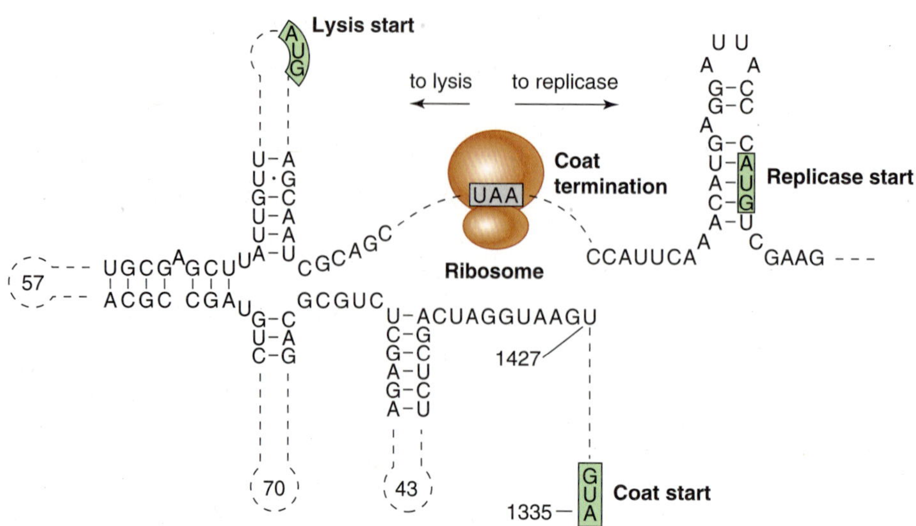

그림 5.7 **번역 종료 이후의 재개시.** 코트 유전자를 번역하는 리보좀이 종료코돈에 도달하면 코트 단백질을 방출하고 짧은 거리를 무작위적으로 이동하다 용해 개시부위나 복제효소 개시부위를 만날 수 있다.

여 보았다. 종료코돈에 더 가까운 위치에 도입된 개시코돈일수록 리보좀이 원래의 개시부위에 도달하는 것을 더 효과적으로 막고 원래 개시코돈 대신에 이용된다. 이는 리보좀이 3′ 방향에서 용해 개시코돈을 탐색한다는 것을 의미한다.

만약 코트 유전자의 번역 종료코돈을 용해 유전자의 개시코돈 바로 앞에 도입하면 용해 유전자의 개시부위가 새로운 종료부위에 더 가까우므로 이를 이용할 수 있다. 이는 방금 종료한 리보좀이 5′과 3′ 방향으로 근처의 개시코돈을 찾는다는 것을 의미한다.

5개의 코돈만을 포함하는 짧은 mRNA를 이용한 *in vitro* 실험에 의하면, 리보좀은 주형을 떠나지 않고 개시코돈과 종료코돈을 오가며 5개의 아미노산들로 이루어진 펩티드를 많이 만들 수 있다. 이는 드물게 이용되는 단백질 합성개시 메커니즘이다. 대개는 리보좀이 암호화 영역의 끝에 도달하면 재개시부위가 근처에 없으면 mRNA에서 방출된다.

복제와 번역: 동일 RNA 주형에 대한 경쟁

일단 복제효소가 만들어지면 새로운 파지 RNA의 합성을 시작할 수 있다. 양성-가닥 게놈은 먼저 상보적인 음성-가닥 RNA로 복사된다. 이 RNA는 다시 양성-가닥 RNA의 생성을 위한 주형으로 이용된다. 비록 양성-가닥과 음성-가닥은 완전히 상보적이지만 이중-가닥 RNA를 형성하지 않는다. 이는 각 단일-가닥 RNA에서 나타나는 고도의 2차 구조가 두 가닥의 결합을 막기 때문이다.

리보좀이 게놈 RNA를 3′ 방향으로 번역하는 동안 복제효소는 어떻게 동일 RNA의 3′ 말단에서 복제를 시작할 수 있을까(그림 5.4)? 번역에서 복제로의 전환은 다음과 같이 일어난다. 복제효소는 두 개의 내부 위치에서 RNA에 결합하는데 이들 가운데 하나가 코트 유전자의 개시부위이다. 따라서 복제효소와 리보좀는 이 부위와 결합하기 위하여 경쟁한다. 만약 복제효소가 먼저 도달하면 번역이 시작될 수 없으므로 중간에 충돌하지 않고 RNA를 복사할 수 있다. 반면에 리보좀이 코트 유전자에 먼저 결합하면 복제효소는 주형에 결합할 수 없고 리보좀은 방해를 받지 않고 자유롭게 번역을 끝까지 진행한다.

게놈 복제는 복제효소 이외에 4가지 숙주세포 단백질들을 요구한다

복제효소가 코트 개시부위에 결합하는 방식은 매우 흥미롭다. 감염 세포에서 RNA 중합효소 활성은 4가지 단백질들로 이루어진 복합체가 나타내며, 놀랍게도 이들 가운데 하나만이 파지 게놈에서 암호화되는 복제효소 단백질이다. 복합체의 나머지 단백질들은 리보좀 소단위체의 S1 단백질과 번역 연장인자들인 EF-Tu와 EF-Ts이다(표 5.1). 활성을 나타내는 중합효소 복합체는 4가지 단백질들을 하나씩 포함한다; 지금부터 활성형 효소를 파지에 의해 암호화되는 *복제효소*(*replicase*)대신에 *중합효소*(*polymerase*)로 부르기로 한다.

3가지 숙주세포 단백질들은 세포 번역기구에서 중요한 역할을 하는 인자들이다. S1 단백질은 박테리아의 번역 개시과정에서 mRNA 서열과 리보좀의 결합에 중요하다. EF-Tu는 펩티드 사슬의 연장과정에서 아미노산을 운반하

표 5.1 Qβ RNA 복제효소 활성에 필요한 단백질들

Protein	Coded by genome of	Required for synthesis of: Minus-strand	Plus-strand	Function
Replicase	Qβ	Yes	Yes	RNA-dependent RNA polymerase
EF-Tu	*E. coli*	Yes	Yes	Initiation of RNA synthesis by bound GTP
EF-Ts	*E. coli*	Yes	Yes	Unknown
S1	*E. coli*	Yes	No	Binding to plus-strand RNA; inhibition of ribosome binding to coat start site
Host Factor	*E. coli*	Yes	No	Unwinding of 3'-terminal hairpin on plus-strand RNA

는 tRNA가 리보좀에 위치하도록 한다. 이러한 활성에는 GTP의 결합과 GDP로의 가수분해가 필요하다. EF-Ts는 EF-Tu/GDP를 EF-Tu/GTP로 재순환시킨다; 이 과정의 중간체가 EF-Tu와 EF-Ts의 복합체이다.

숙주의 리보좀 단백질이 중합효소를 코트 개시부위에 결합시킨다

S1 단백질은 리보좀 뿐만 아니라 중합효소의 코트 개시부위 결합을 용이하게 한다. 따라서 사실상 코트 개시부위에 대한 리보좀과 복제효소의 경쟁은 동일한 세포 단백질에 의하여 매개된다.

일단 중합효소 복합체가 결합하면 복제될 RNA에 리보좀이 결합하지 못하도록 막고 RNA의 3′ 말단을 찾는다. 이에는 숙주인자(Host Factor)라고 하는 4번째 숙주세포 단백질이 필요하다. 숙주인자는 poly(A) 결합 단백질로서 비감염 세포에서는 전사인자인 시그마 인자(sigma factor)의 mRNA 번역을 촉진한다. 이 단백질은 6량체로서 활성을 띠며 복제효소와 결합하지 않고 파지 RNA에 직접 작용하여 근처의 G 잔기들과 염기쌍을 형성하는 3′-말단의 CCA_{OH}를 노출시킨다. 만약 두 개 이상의 C가 파지 RNA의 3′ 말단에 첨가되면($CCCCA_{OH}$), CCA_{OH} 서열이 더 잘 노출될 것이다. 이러한 돌연변이체의 복제는 더 이상 숙주인자에 의존하지 않고 일어날 수 있다.

중합효소는 최초의 A 잔기는 뛰어 넘고 음성-가닥 복사본에 말단 A를 첨가한다

놀랍게도 중합효소는 3′ 말단의 A가 아닌 두 번째 뉴클레오티드인 C에서 RNA 합성을 시작한다. 따라서 새로운 음성-가닥의 5′ 말단은 G 잔기로 시작한다. 여기에서 EF-Tu가 작용한다. EF-Tu는 GTP 결합부위를 가지므로 복제효소에 의한 RNA 합성개시에 필요한 GTP를 제공할 수 있다. 따라서 EF-Tu는 음성-가닥 RNA 합성을 위한 일종의 프라이머로 작용한다. EF-Ts의 기능은 불확실하다.

일단 합성이 시작되면 복제효소 자체가 RNA 중합효소 활성을 가지므로 S1, EF-Tu 그리고 EF-Ts가 없어도 RNA 합성을 계속 진행할 수 있다(하지만 복합체는 항상 온전한 상태를 유지한다). 중합효소가 양성-가닥 주형의 끝에 도달하면 양성-가닥의 5′ 말단에 있는 G들을 C들로 복사하여 음성-가닥을 완성한다. 마지막으로 복제효소는 주형과는 무관하게 하나의 A를 첨가하여 음성-가닥의 3′ 말단이 양성-가닥의 3′ 말단처럼 C들과 말단 A를 가진다.

양성 가닥 합성은 덜 복잡하고 음성-가닥 합성보다 더 효과적으로 일어난다

다음 단계로 음성-가닥 RNA를 주형으로 양성-가닥을 복사한다. 이 과정은 S1이나 숙주인자를 요구하지 않는다. 중합효소가 음성-가닥 RNA에 결합하기 위하여 리보좀과 경쟁하지 않아도 되기 때문에 S1이 필요하지 않다. 또한 음성-가닥의 3′ 말단은 줄기 구조에 숨겨져 있지 않고 주형으로 바로 이용될 수 있으므로 숙주인자가 필요하지 않다. 따라서 양성-가닥 합성은 음성-가닥 합성보다 더 효과적으로 일어나서 더 많은 양성-가닥들이 만들어진다. 이는 파지가 양성-가닥 RNA만을 포장하고 이 RNA만을 번역하여 단백질을 만들기 때문에 중요하다.

복제를 시작하기 위해서는 짝을 이루지 않는 뉴클레오티드가 필요한데 Qβ 양성-가닥은 왜 3′ 말단을 숨기는 것일까? 아마도 노출된 뉴클레오티드는 숙주의 엑소뉴클레아제(exonuclease)의 표적이 될 수 있기 때문일 것이다(3′ 말단에 튀어나온 CCA_{OH}를 가지는 tRNA는 tRNA nucleotidyl transferase에 의하여 계속적으로 회복된다). 더구나 양성-가닥은 자체가 감염체이므로 더 보호되어야 한다. 즉, 이 RNA는 감염과정에서 번역되고 적어도 한번 복제될 때

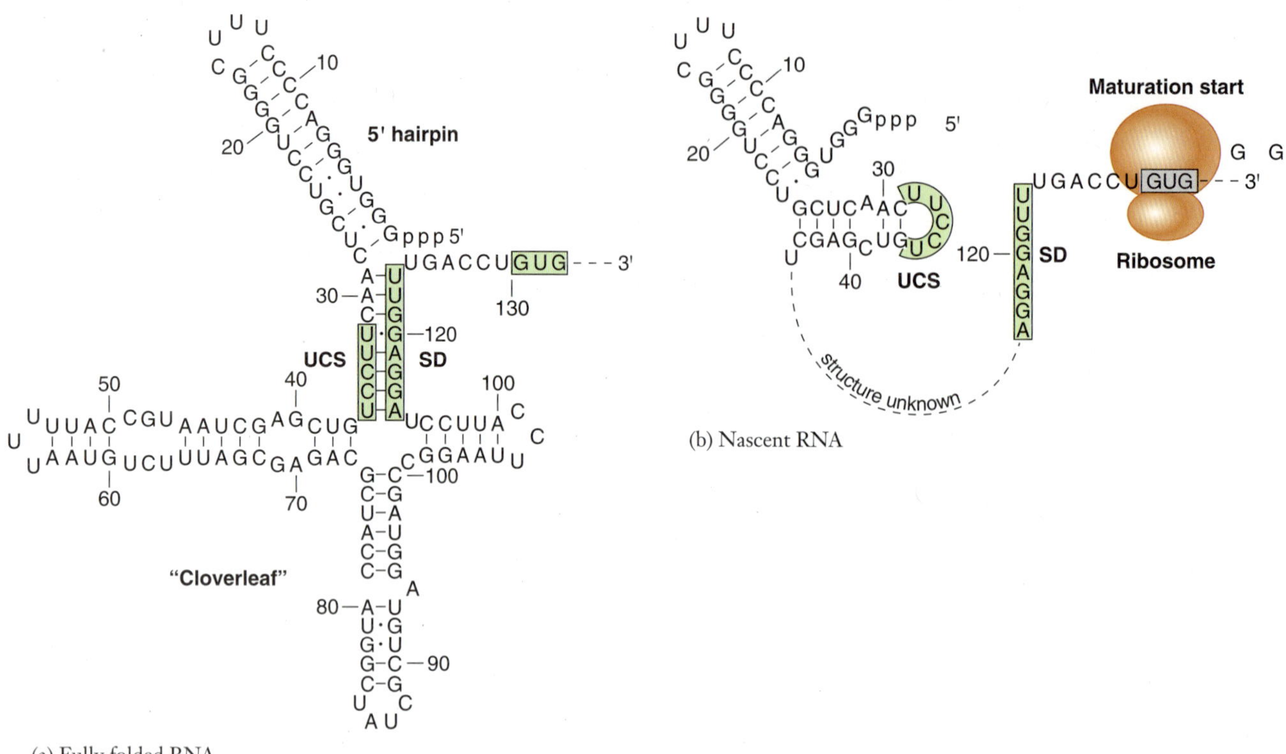

그림 5.8 합성 중인 RNA에서 성숙 유전자의 번역. (a) MS2 RNA의 5′ 비번역 영역의 접힘. 상부 상보적 서열(UCS)과 샤인-달가노 서열 간에 형성된 2차 구조는 리보좀의 결합을 막는다. (b) 합성 중인 RNA의 접힘 중간체에서 성숙 유전자의 번역이 가능하다.

까지 분해되지 않고 원래의 구조를 유지하여야 한다. 노출된 C를 가지는 음성-가닥도 분해될 수 있지만 이는 새로운 전사물로 쉽게 대체될 수 있다.

리보좀은 정상적으로는 성숙 단백질의 개시부위에 접근할 수 없다

성숙 단백질(maturation protein)의 암호화 영역은 파지 RNA의 5′ 말단 근처에 위치한다. 그림 5.8a에 MS2 RNA에서 성숙 유전자의 개시코돈 바로 앞에 위치한 5′ 비번역 영역의 2차 구조를 나타내었다. 5′ 말단의 머리핀 구조 뒤에 "클로버 잎(cloverleaf)" 구조가 있으며 이는 상부 상보적 서열(upstream complementary sequence, UCS)과 염기쌍을 형성하는 성숙 단백질 유전자의 샤인-달가노(Shine-Dalgarno, SD) 서열을 포함한다. 이와 같은 장거리에 걸친 상호작용은 리보좀의 결합을 효과적으로 막는다. 그러면 성숙 단백질은 어떻게 만들어지는가? 리보좀이 미처 적절한 2차 구조를 형성하지 못한 합성 중인 RNA 사슬의 성숙 유전자 개시부위에 결합하는 것을 생각해 볼 수 있다.

중합효소가 음성-가닥 RNA 주형에서 양성-가닥 RNA를 만드는 과정을 생각해 보자. nt 123이 첨가될 시점에는 그림 5.8a의 클로버 잎 구조를 만드는 데 필요한 모든 뉴클레오티드들이 이미 합성된 상태이다. 그러나 리보좀이 결합하기 위해서는 개시코돈과 이보다 아래에 위치한 nt 140–145의 서열이 필요하므로 이 상태에서 번역이 시작될 수 없다. tRNA(~75 nt)와 같은 작은 RNA들은 변성되더라도 수 밀리세컨드 이내에 정확하게 다시 접힌다. 하지만 파지의 RNA 복제효소는 초당 약 35 nt를 합성한다. 따라서 nt 123 이후에 20 뉴클레오티드가 추가로 첨가되려면 적어도 반초 정도 소요되므로 리보좀 결합부위가 만들어지기 훨씬 전에 클로버 잎 구조가 먼저 형성될 것으로 예측할 수 있다.

성숙 단백질의 합성은 RNA 접힘의 지연으로 조절된다

실제로는 MS2 RNA의 5′ 비암호화 영역은 특이하게도 매우 느린 속도로 최종 구조로 접힌다; *in vitro* 실험에 의하면 열로 변성된 클로버 잎 구조가 다시 접히는 데 수분이 소요된다. 이와 같이 지연되는 이유는 동역학적 덫(kinetic trap) 때문이다. 이는 RNA가 일시적으로 다른 구조로 안정하게 접혀 최종 평형구조에 도달하는 것이 저해되기 때문에 생겨나는 현상이다.

돌연변이 실험에 의하면 nt 25–43 사이의 작은 머리핀이 동역학적 덫과 관련이 있는 것 같다(그림 5.8b). 이 머리핀이 형성되면 UCS와 샤인-달가노 서열 사이의 긴 염기쌍 형성이 불가능하므로 리보좀이 결합할 수 있다. 그러나 이 머리핀 구조는 그리 안정하지 못하므로 결국에는 그림 8.5a에서와 같이 RNA가 접히고 번역이 중단된다.

이러한 조절방식에 생물학적인 목적을 부여하는 것은 어렵지 않다. 이는 새로 합성된 양성-가닥 파지 RNA에서 한 번 혹은 몇 차례만 성숙 단백질이 번역되도록 한다. 양성-가닥 RNA 분자 하나에 한 분자의 성숙 단백질이 포장되므로 이 메커니즘은 성숙 단백질의 합성을 적절한 수준으로 제한하는 것 같다. 더구나 성숙 단백질은 완전한 길이의 게놈에서는 번역될 수 없으므로, 복제효소는 음성-가닥 RNA의 합성에 필요한 주형을 확보하기 위하여 코트 개시부위에 결합하는 리보좀하고만 경쟁하면 된다.

비리온의 조립과 방출

비리온의 조립에 대해서는 아직 많은 연구가 이루어지지 않았다. 이 과정의 첫 번째 단계에서 성숙 단백질이 RNA에 결합하는 것으로 알려졌다. 이 복합체는 *in vitro*에서도 만들어질 수 있으며 F+ 세포에 감염성을 나타낸다. 따라서 이 복합체는 캡시드가 없어도 섬모에 결합할 수 있고 파지 RNA를 세포질에 진입시킨다.

비리온 제조에 있어서 두 번째 단계는 코트 단백질이 RNA 주위에 조립되어 정20면체형 캡시드를 형성하는 것이다. 이러한 조립반응의 시작점은 복제효소 유전자의 작동자 머리핀이다(그림 5.5). 코트 단백질은 파지 RNA가 없어도 캡시드를 형성할 수 있다. 그러나 파지 RNA가 존재하면 매우 낮은 코트 단백질 농도에서도 캡시드 형성이 일어나며 빈 캡시드가 형성되지 않고 모든 파지 RNA가 포장된다.

감염주기는 용해 단백질이 세포막에 축적되어 세포벽을 붕괴시키면 끝난다. 용해 단백질은 75개의 아미노산들

Qβ 복제효소를 이용한 소량의 RNA 검출

모든 단일-가닥 RNA 파지들 가운데 Qβ는 복제효소로 유명하다. 이는 가장 잘 알려진 RNA-의존적 RNA 중합효소로 쉽게 정제될 수 있다. 이 RNA 중합효소를 이용하여 in vitro에서 Qβ RNA 뿐만 아니라 수많은 작은(100~200 nt) RNA들을 복제할 수 있다. 이들의 대부분은 파지에 감염된 세포에서 자연적으로 생겨나지만 일부는 in vitro에서의 증폭반응으로 만들어졌다.

이러한 주형들 가운데 하나가 midi variant-1(MDV-1)이다. 이 RNA는 *in vitro*에서 Qβ 복제효소에 의하여 약 30분만에 10^{11}배로 증폭될 수 있다. 여러 연구자들이 효소의 이러한 증폭능력을 활용하여 임상시료에서 HIV RNA와 같은 소량의 RNA 혹은 DNA 분자들의 검출을 시도하였다. 일반적으로 이들 분자들의 농도는 기존의 기술로 검출하기에는 너무 낮다. 그 원리를 아래에 요약하였다(그림 5.9).

MDV-1 RNA를 먼저 표적 RNA에 상보적인 짧은 서열을 포함하도록 변형시킨다; 이 서열은 Qβ 복제효소가 RNA를 복제하는데 영향을 미치지 않는다. RNA는 변형된 MDV-1 RNA가 클로닝된 플라스미드를 박테리오파지 T7 RNA 중합효소를 이용하여 *in vitro* 전사시켜 만들 수 있다. 먼저 임상시료의 표적 RNA를 자성입자(magnetic bead)가 한쪽 끝에 부착된 상보적 DNA 올리고뉴클레오티드와 혼성화시킨 뒤 자석으로 지지대에 결합시킨다. 이러한 방식으로 시료의 표적 RNA를 다른 RNA들로부터 분리할 수 있다.

다음 단계에서 고정된 RNA와 변형된 MDV-1 RNA를 혼성화시킨다(그림 5.9a). 결합되지 않은 모든 RNA를 씻어 제거한 후에 혼성화된 MDV-1 RNA를 변성시켜 분리한 뒤 Qβ 중합효소로 증폭시킨다. 증폭된 RNA는 전기영동과 EtBr 염색으로 검출할 수 있다. 이때 시료에 표적 RNA가 존재하면 젤에 MDV-1 RNA 밴드가 나타난다.

MDV-1 RNA와 시료 속의 일부 다른 세포 혹은 바이러스 RNA 간의 부분적인 상동성 때문에 위양성 반응이 일어날 수 있다. 이러한 반응을 감소시키기 위하여 MDV-1 RNA를 둘로 나누어 첨가할 수 있다(그림 5.9b). 이들이 표적 RNA에 적절히 배열하면 RNA 이음효소를 첨가하여 연결할 수 있다. Qβ RNA 복제효소는 RNA를 복제하기 위하여 RNA의 양 말단에 있는 특정 서열들을 인식하므로 반쪽 분자만으로는 복제될 수가 없다. 만약 표적이 아닌 RNA 분자에 부분적으로 혼성화되더라도 둘로 나누어진 MDV-1 RNA의 끝이 연결될 수 있도록 배열될 가능성은 매우 낮다. 이렇게 이어진 MDV-1 RNA를 수거하여 Qβ 중합효소로 증폭할 수 있다.

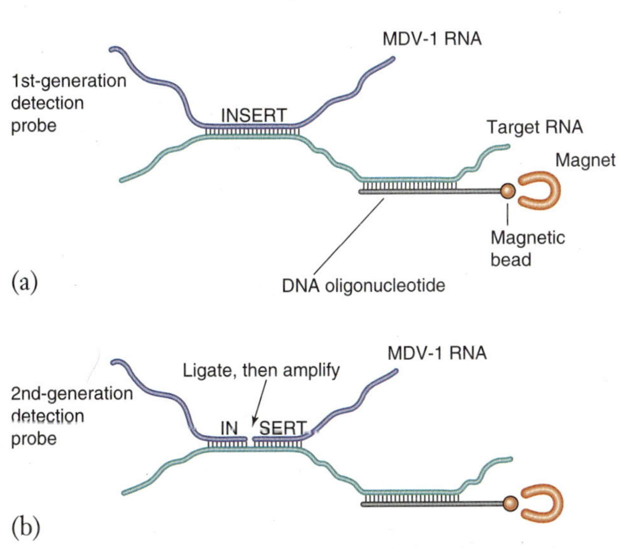

그림 5.9 Qβ 복제효소를 이용한 극소량의 표적 RNA 검출.

로 이루어진 소수성 단백질로 막전위에 과부하를 유발하여 펩티도글리칸의 분해를 초래한다. 전자현미경 관찰에 의하면 보통 적도 성장영역에서 세포벽의 매우 작은 부위가 용해된다.

핵심 용어

F-섬모(F-pili)

샤인-달가노 서열(Shine-Dalgarno sequence)

기본 개념

- 단일-가닥 RNA 박테리오파지는 발견 초기에 분자생물학 연구를 위한 정제된 mRNA의 이상적인 공급원이었다.
- 단일-가닥 RNA 박테리오파지는 3,500-4,200 뉴클레오티드의 선형 RNA에 4가지 유전자들을 가진다.
- RNA 파지는 F-섬모에 결합하고 아마도 바이러스 RNA가 부착된 F-섬모를 세포 내로 끌어 들이는 과정에서 비리온에서 방출된 RNA가 세포 내로 들어가는 것 같다.
- 코트 단백질 유전자만이 세포 내에서 리보좀과 직접 결합한다.
- 파지 RNA의 2차 구조 변화가 4가지 파지 유전자들의 번역을 조절한다.
- 코트 단백질 유전자를 번역하는 리보좀이 복제효소 유전자의 개시부위 근처의 2차 구조를 파괴하면 이 유전자에 리보좀이 결합하여 번역할 수 있다.
- 코트 단백질 유전자의 번역을 마친 리보좀은 바이러스 RNA의 앞뒤를 이동하면서 탐색할 수 있고 근처의 용해 유전자 개시부위에서 번역을 재개한다.
- 성숙 단백질의 번역은 새로 합성되어 아직 안정한 2차 구조로 접히지 않은 바이러스 RNA에서 단기간에 걸쳐 일어난다.
- 파지 RNA 중합효소는 1개의 바이러스 단백질 소단위체와 3개 혹은 4개의 세포 단백질 소단위체들로 구성된다.
- 파지 RNA 중합효소는 리보좀이 결합하는 부위와 동일한 코트유전자의 개시부위에 결합한다; 따라서 RNA의 복제 혹은 번역이 일어나며 이 두 과정은 동시에 일어날 수 없다

복습 문제

1. RNA 파지에 대한 연구는 현재 활동하는 수많은 분자생물학자들의 경력에 대한 기초가 되었다. RNA 파지가 1960년대에서 1980년대에 걸쳐 연구자들의 관심을 끈 이유는 무엇인가?

2. RNA 바이러스는 가장 단순한 바이러스로 여겨지고 있다. 그 이유는?

3. 대부분의 단일-가닥 RNA 동물 바이러스들은 게놈 복제과정에서 이중-가닥 RNA 복제 중간체를 형성한다. 반면에 RNA 파지들은 대체로 이중-가닥 RNA를 형성하지 않는다. RNA 파지는 이중-가닥 RNA 중간체를 형성하지 않고서도 단일-가닥 RNA를 번역을 위한 주형과 게놈 복제를 위한 주형으로 어떻게 이용할 수 있는가?

4. MS2 파지는 어떻게 성숙 단백질을 소량만 만들 수 있는가?

5. MS2 파지의 RNA 중합효소는 3′-말단의 두 번째 뉴클레오티드에서 RNA 합성을 시작한다. 말단 뉴클레오티드는 어떻게 회복되는가?

6. MS2 용해 단백질의 합성개시는 "탐색" 모델로 설명된다. 탐색 모델이란 무엇인가?

CHAPTER 6

Microviruses

Bentley Fane

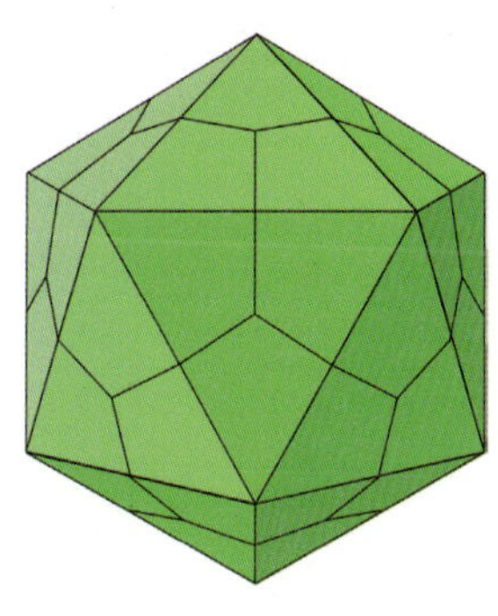

Microviridae

파지의 크기를 반영한 그리스어 *micro*(작은)에서 유래

비리온

나출성 정20면체형 캡시드(T = 1)
지름 33 nm
표면에 돌출된 12개의 돌기들

게놈

환형의 단일-가닥 DNA, 4.4-6.1 kb

유전자와 단백질

φX174: 3개의 프로모터와 4개의 종결자로 유전자 발현을 조절함
게놈은 11가지 단백질들을 암호화함:

- *2 DNA 복제/포장 단백질들*
- *2 발판 단백질들*
- *4 비리온 구조 단백질들*
- *1 용해 단백질*

바이러스와 숙주

2가지 Microviridae 아과:

- *Microvirus는 자유 생활 박테리아에 감염함*
- *Gokushovirus는 일본어 gokusho(아주 작은)에서 유래하고, 세포 내 절대기생체 박테리아에 감염함*

독특한 특징

게놈이 광범위하게 중첩된 해독틀을 가짐
DNA가 비리온 표면의 돌기를 통하여 세포에 운반됨
DNA가 선사되기 진에 이중-기닥으로 전환된
DNA는 회전환 메커니즘으로 복제됨
발판 단백질이 비리온 조립에 이용됨
DNA 복제과정에 DNA가 프로캡시드에 주입됨

φX174: 작지만 대단한 바이러스

1890년대에 Martinus Beijerinck과 Dimitrii Ivanowski가 바이러스(tobacco mosaic virus)를 처음 발견하여 다른 미생물들과 구분하였지만 박테리오파지는 1917년에 Felix d'Herelle에 의하여 처음으로 확인되었다. 1920년대와 1930년대에 걸쳐 *Microviridae*(표 6.1)를 포함한 많은 박테리아 바이러스들이 발견되어 분류되었다. *Microviridae* 과에 속하며 가장 잘 알려진 φX174는 그 발견 과정을 반영하여 명명되었다. Sertic과 Bulgakov는 전자현미경의 도움 없이 용균반의 형태와 초여과법으로 여러 가지 박테리오파지 그룹(종)들을 구분할 수 있었다. φX174에서 φ(그리서 문자 *phi*)는 phage를 의미하고 X는 로마 숫자 10을 의미한다. 초여과법에 의하면 "X종" 박테리오파지는 특이하게 작았으며 174로 표지된 시험관에서 처음 분리되었다.

이 작은 바이러스는 분자생물학에 커다란 영향을 미쳤다. Robert Sinsheimer는 이 바이러스의 독특한 특징들을 인식하고 1950년대 후반에 자세한 연구를 시작하였다. 최초의 놀라운 발견은 이 바이러스의 게놈이 단일-가닥 DNA로 이루어져 있다는 것이었다; 다른 알려진 파지의 게놈은 모든 생물들의 게놈과 같이 이중-가닥 DNA로 이루어져 있었다. Masaki Hayashi 등은 φX174의 조립경로를 규명하였으며 바이러스 DNA가 *in vitro*에서도 포장될 수 있음을 증명하였다. φX174를 이용하여 Arthur Kornberg 등은 DNA 복제의 여러 기본적인 메커니즘들을 밝혀내었다.

1978년에 Fred Sanger 등은 한 생명체의 전체 게놈 뉴클레오티드 서열을 최초로 결정하였는데 그 생명체는 바로 φX174이었다. 그 결과는 대단히 놀라왔다: 많은 유전자들이 중첩되어 있었다! DNA 한 부위가 심지어는 4가

표 6.1 *Microviridae*과의 파지들

Genus	Hosts	Examples
Microvirus	*E. coli*, Shigella, Salmonella	φX174, G4, α3
Bdellomicrovirus[a]	Bdellovibrio (obligate intracellular bacteria)	φMH2K
Chlamydiamicrovirus[a]	Chlamydia (obligate intracellular bacteria)	CHP1 and CHP2
Spiromicrovirus[a]	The Mollicute bacteria, Spiroplasma	SpV4

[a]*These genera have been grouped into a distinct subfamily, called the Gokushoviruses.*

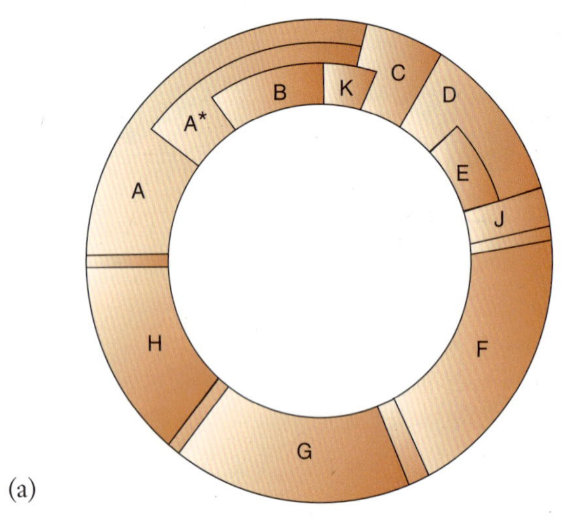

(a)

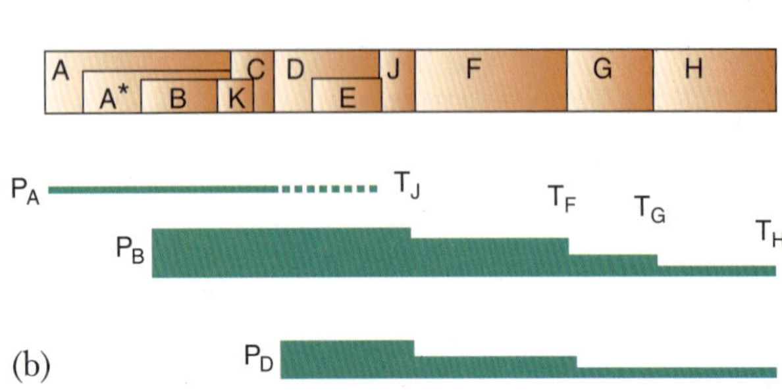

(b)

그림 6.1 φX174 게놈. (a) 환형 DNA 게놈의 유전자 지도(유전자 산물들의 기능에 대해서는 표 6.2 참조). (b) 전사 지도. 선형의 φX174 DNA 지도에 프로모터(P)와 전사 종결자(T)를 나타내었다. 주요 전사물들은 아래에 표시하였다. 선의 굵기는 전사물의 상대적인 양을 나타낸다.

지 다른 유전자들의 일부를 암호화한다(그림 6.1). 이러한 발견은 유전자의 개념에 도전할 만한 것으로 일부 과학자들은 φX174가 유전적으로 조작된 외계 생물체로 여기고 DNA 서열에 숨어있는 메시지를 찾기도 하였다. 더 최근에는 Michael Rossmann, Bentley Fann 그리고 Nino Incardona 실험실의 공동연구로 **발판 단백질(scaffolding proteins)**을 모두 포함하는 조립중간체인 φX174 **프로캡시드(procapsid)**의 원자 구조가 밝혀졌다.

중첩 해독틀로 작은 게놈을 효율적으로 이용할 수 있다

11개의 φX174 유전자들 가운데 7개(유전자 A에서 E까지와 유전자 K)는 게놈의 거의 절반에 걸쳐 있는 중첩 해독틀에 위치한다(그림 6.1). 이들 7개의 유전자들은 비구조 단백질들을 암호화한다(표 6.2). 나머지 4개의 유전자들(F, G, H와 J)은 φX174의 구조 단백질들을 암호화하며 이들은 중첩되어 있지 않다. 이와 같은 중첩 해독틀의 이용은 작은 바이러스 게놈에 많은 유전정보를 저장하기 위한 수단으로 여겨진다. 게놈의 DNA 서열을 늘리지 않고서도 기존의 유전자 서열에 새로운 정보를 저장함으로써 새로운 유전자를 획득한 것이다.

A 유전자는 A*, B 그리고 K 유전자와 중첩되어 있다. A 단백질은 게놈 복제에 결정적인 역할을 수행하고 많은 숙주세포 단백질들과 상호작용을 한다. 따라서 이는 숙주세포와 함께 진화하여 왔을 것이다. 만약 이 유전자에 적응성 돌연변이가 일어나면 중첩유전자들에도 동시에 돌연변이가 생성되므로 이들의 기능도 바뀔 것이다. 다행히도 A*와 K 단백질은 바이러스 복제에 필수적이지 않고 B 단백질은 아미노산 치환을 잘 극복할 수 있는 유연한 구조를 가진다(기능에 최소한의 영향을 주고 서열의 70%까지 바뀔 수 있다). 마찬가지로 필수적인 D 유전자 내부에 위치한 E 유전자는 숙주세포의 용해를 유도한다; 이 유전자의 단백질 산물은 복제에 필수적이지 않고 새로 복제된 파지의 방출 효율만을 증가시키므로 "사치 유전자(luxury gene)"로 여겨진다.

φX174는 세포 표면에 있는 지질다당류의 포도당 잔기에 결합한다

정20면체형 캡시드(그림 6.2)는 60개의 바이러스 캡시드 단백질 F를 포함한다. 12개의 정20면체 꼭지점에 위치한 커다란 돌출물은 각각 5개의 주요 돌기 단백질(spike protein) G(전체 60개)와 1개의 DNA 안내 단백질(pilot

표 6.2 φX174의 유전자 산물들

Protein	Function
A	DNA replication. Cleaves plus-strand viral DNA at a specific site, initiating rolling circle replication. Ligates linear plus-strand DNA to form full-length, single-stranded circles.
A*	Not essential for virus growth. May play a role in the inhibition of host cell DNA replication and in exclusion of superinfecting phage.
B	Internal scaffolding protein, required for procapsid morphogenesis; 60 copies in procapsid.
C	DNA packaging. Binds to Stage II DNA replication complex, directing concomitant Stage III replication and entry of plus-strand viral DNA into the procapsid.
D	External scaffolding protein, required for procapsid morphogenesis; 240 copies in procapsid.
E	Host cell lysis.
F	Major capsid protein; 60 copies in virion.
G	Major spike protein; 60 copies in virion.
H	DNA pilot protein, required for DNA delivery; also called the minor spike protein; 12 copies in virion.
J	Small DNA-binding protein, needed for DNA packaging; 60 copies in virion.
K	Not essential for virus growth. May play a role in the optimization of burst size in various hosts.

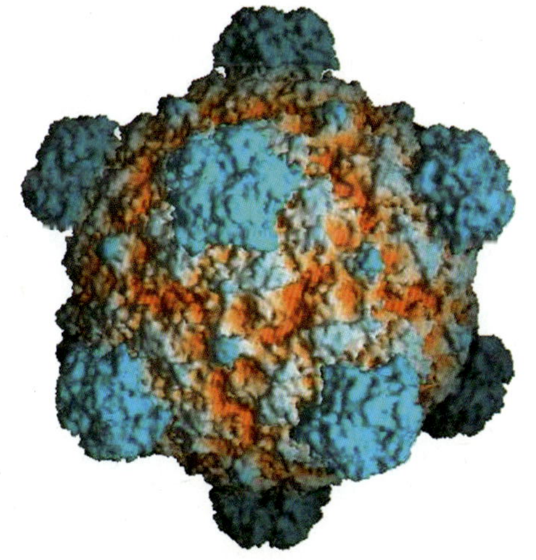

그림 6.2 φX174의 원자적 구조. 5배 대칭축에 위치한 돌기들을 청색으로 나타내었다.

protein) H로 이루어져 있다. 또한 비리온 내부에는 60개의 DNA 결합 단백질 J가 있다.

φX174는 그람-음성 박테리아의 외막을 이루는 **지질다당류(lipopolysaccharide)**의 당잔기(대부분 포도당)를 통하여 숙주세포에 결합한다. 캡시드 표면의 3배 대칭축 근처의 한 부위가 가역적으로 포도당과 결합한다. 이러한 포도당-결합부위는 우연히 발견되었다. 비리온의 결정화와 X-선 구조 결정을 위하여 다량의 비리온을 자당 구배 침강법(sucrose gradient sedimentation)으로 정제하였다. 이렇게 정제된 비리온의 구조를 결정한 결과, 자당 분자(포도당과 과당의 2량체)의 포도당 부위에 주요 캡시드 단백질 F의 특정 부위가 결합한다는 것을 알게 되었다. 반면에 Gokushovirus의 구성원들은 당보다는 숙주세포 표면의 단백질을 인식하는 것 같다.

φX174는 캡시드 표면의 돌기를 통하여 게놈을 세포 내로 운반한다

φX174 비리온을 이온강도가 높은 용액에 두면 캡시드의 5배 대칭축에 위치한 돌기를 통하여 DNA 게놈이 빠져 나온다. 이는 *E. coli*에 감염하는 동안에도 게놈 DNA가 돌기를 통하여 숙주세포로 운반된다는 것을 암시한다. 숙주범위 돌연변이는 주로 돌기 단백질 G와 H의 아미노산들에서 일어난다. 이는 돌기가 비리온의 숙주세포 부착에 관여하고 DNA 침투를 위해서는 두 번째 숙주세포 수용체가 필요하다는 것을 의미한다. 이 두 번째 인자는 아직 알려지지 않았다. 그러나 이 바이러스는 꼬리를 가지는 큰 박테리오파지인 T4와 유사한 방식으로 세포에 침투하는 것 같다.

박테리오파지 T4는 긴 꼬리 섬유들을 이용하여 지질다당류와 가역적으로 상호작용한다. 이 파지는 지질다당류 잔기들과 하나씩 결합한 뒤 바이러스 DNA의 수송을 유도할 수 있는 두 번째 수용체를 찾을 때까지 세포 표면 위를 걷는다. 꼬리가 없는 구형의 φX174는 걷는 대신에 세포 표면에서 이와 유사한 방식으로 구를 가능성이 높다. 전자현미경 관찰에 의하면 흡착된 대부분의 φX174 입자들은 세포벽과 내부막의 접착 지점에 끼워져 있다. 이는 두 번째 수용체의 위치를 암시하며 게놈이 원형질 주변 공간이 아닌 세포질로 직접 운반된다는 것을 나타낸다.

침투를 위해서는 DNA 안내 단백질(DNA pilot protein)로 작용하는 H 단백질이 필요하다. 이 단백질은 침투를 매개하는 것으로 여겨지는 N-말단부의 횡단막 나선을 포함한다. 먼저 단백질 H와 DNA가 세포벽 접착 지점에서 외부 세포막과 결합한다. 이곳에서 단일-가닥 DNA가 DNA 합성장소인 (내부)원형질막으로 운반된다. 나출성 단일-가닥 DNA를 세포에 트랜스펙션시켜도 감염이 가능하지만 H 단백질을 DNA에 첨가하면 트랜스펙션 효율이 향상된다. 이는 H 단백질이 침투하는 DNA를 적절한 복제 장소로 안내하여 1단계 DNA 합성을 촉진한다는 것을 의미한다.

I단계 DNA 복제로 이중-가닥 복제형 DNA가 생성된다

Microvirus는 숙주세포의 RNA 중합효소에 의존하여 그들의 mRNA를 합성한다. 세포의 RNA 중합효소는 이중-가닥 DNA 주형을 요구하므로 microvirus는 바이러스 유전자의 전사를 위하여 단일-가닥 DNA 게놈을 이중-가닥 DNA로 전환한다. 복제형(replicative form, RF) DNA인 이중-가닥 DNA는 숙주세포 단백질들만을 이용하여 1단계 DNA 복제과정을 거쳐 합성된다(그림 6.3)

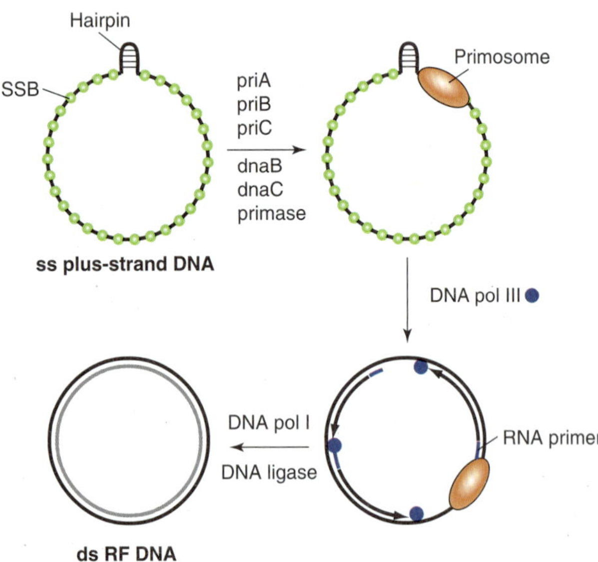

그림 6.3 I 단계 DNA 복제. 단일-가닥 게놈 DNA에서 이중-가닥 복제형 DNA로의 전환은 전적으로 숙주세포 단백질들에 의하여 진행된다. SSB: 단일-가닥 DNA 결합 단백질; priA–C 및 dnaB–C: 프리모좀 단백질들. RNA 프라이머를 청색 선으로 나타내었다.

단일-가닥 DNA 결합 단백질(single-stranded DNA binding protein, SSB)이 고도의 염기쌍 형성으로 머리핀 구조를 형성하는 짧은 부위를 제외한 나머지 파지 DNA 부위에 결합한다. 머리핀 구조는 7가지 숙주세포 단백질들로 구성되는 **프리모좀(primosome)**의 조립을 위한 신호를 제공한다. 프리모좀의 성분인 프리마아제(primase)는 단일-가닥 DNA의 여러 부위에서 짧고 상보적인 RNA 프라이머들을 생성한다. 세포의 DNA 중합효소 III는 이들을 연장하여 파지 DNA에 완전히 상보적인 DNA를 만든다. 그 뒤에 DNA 중합효소 I이 RNA 프라이머를 제거하고 틈을 채우면 DNA 이음효소(DNA ligase)가 DNA 사슬들을 연결하여 환형의 이중-가닥 RF DNA가 완성된다. 따라서 다음 단계의 DNA 복제와 캡시드 생성에 필요한 파지 유전자의 발현이 일어날 수 있다.

유전자 발현은 프로모터와 전사 종결자의 세기에 의하여 조절된다

대부분의 DNA 바이러스들과는 달리 microvirus는 유전자 발현의 일시적인 조절을 위하여 조절 단백질들을 생성하지 않는다. 바이러스 단백질의 생성량은 전사 프로모터, 전사 종결자, 그리고 mRNA의 리보좀 결합부위에 따라서 결정된다(그림 6.1b). 3가지 프로모터(P_A, P_B, P_D)와 4가지 종결자(T_J, T_F, T_G, T_H)가 알려져 있다. 모든 종결자들이 효과적이지 못하므로 동일한 5′ 말단을 가지고 서로 다른 길이로 연장된 다양한 전사체들이 생성된다.

일반적으로 단백질이 많이 필요하면 이에 대한 mRNA가 많이 만들어진다. P_A에서 시작된 전사체는 불안정하므로 A와 A^* 단백질들은 낮은 수준으로 합성된다; P_A 전사물의 종결자는 아직 알려지지 않았다. 유전자 D의 mRNA는 다른 전사물들보다 더 많이 만들어지고 단백질도 다른 것들보다 더 많이 필요하다: 하나의 비리온을 만드는 데 240개의 D 발판 단백질이 필요하다. 또한 J, F 그리고 G 단백질들을 암호화하는 mRNA는 H 단백질을 암호화하는 mRNA보다 더 많이 만들어진다. 이는 이들 4가지 유전자들의 말단에 위치한 일련의 종결자들에 의하여 전사가 단계적으로 감소하기 때문이다. 비리온 당 필요한 이들 단백질의 수는 각각 60:60:60:12이다.

조절은 번역 수준에서도 일어난다. 만약 감염 초기에 E 단백질이 많이 합성되면 충분한 감염성 비리온이 만들어지기도 전에 세포 용해가 일어날 수 있다. 유전자 E는 유전자 D 내부에 있으므로 많은 E 전사물이 만들어질 수 있다. 하지만 E 유전자는 매우 약한 리보좀 결합부위를 가

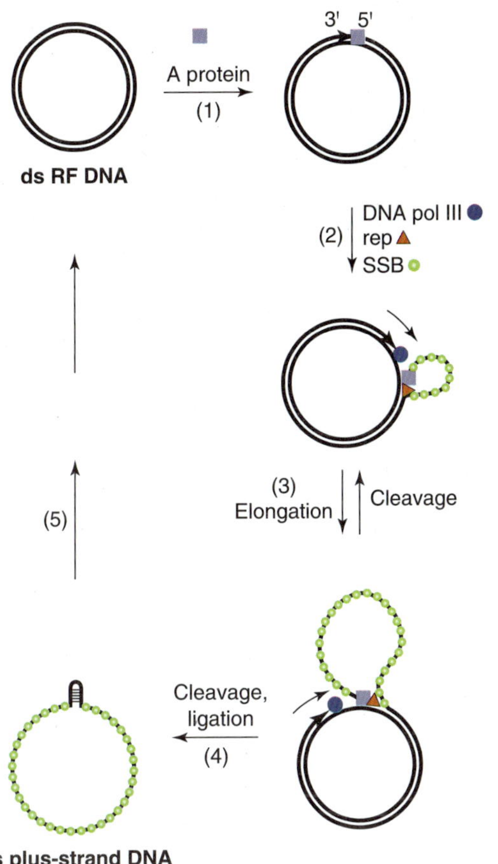

그림 6.4 **II 단계 DNA 복제.** 회전환 복제는 바이러스 단백질 A와 3가지 숙주세포 단백질들을 이용하여 이중-가닥 복제형 DNA로부터 단일-가닥 DNA를 형성한다.

진다. 따라서 이 부위에서 단백질의 합성 개시가 효과적으로 일어나지 않아 소량의 E 단백질만이 만들어진다. 더구나 E와 H 유전자는 여러 개의 비최적화 코돈들을 가지므로 이 단백질들은 낮은 수준으로 합성된다.

복제형 DNA는 회전환 메커니즘으로 증폭된다

한 분자의 복제형 DNA만으로는 증식성 감염과정에서 100개의 파지 입자를 제조하기 위해 필요한 mRNA와 단일-가닥 DNA를 충분히 만들 수 없다. 따라서 II 단계 DNA 복제(그림 6.4)를 통하여 복제형 DNA 분자를 세포 당 약 10개로 증폭시킨다. 이는 여러 단계들을 걸쳐 일어난다.

먼저, 복제형 DNA를 주형으로 이용하여 **회전환 메커니즘(rolling circle mechanism)**으로 자손 단일-가닥 DNA가 만들어진다. 바이러스 A 단백질이 복제형 DNA에서 양성-가닥의 특정 부위를 절단한다(1단계). 그 결과 생겨난 DNA의 5′ 말단에 A 단백질의 티로신 잔기가 공유적으로 연결된다. 숙주세포의 rep 단백질이 바이러스 A 단백질과 함께 헬리카아제(helicase)로 작용하여 음성-가닥과 결합하고 있는 양성-가닥을 풀어 준다(2단계). 양성-가닥이 자유로워짐에 따라서 단일-가닥 DNA 결합 단백질이 결합한다. 이와 동시에 숙주세포의 DNA 중합효소 III이 양성-가닥의 절단으로 생겨난 3′ 말단을 연장하여 양성-가닥 DNA를 합성한다. DNA 중합효소와 헬리카아제가 환형의 이중-가닥 DNA를 따라 한 바퀴 돌면 A 단백질이 처음 양성-가닥을 절단하였던 부위에 도달한다(3단계).

이 시점에서 A 단백질은 완전한 길이의 양성-가닥을 절단하고 이를 이어서 단일-가닥의 환형 DNA를 형성한다(4단계). 이와 동시에 A 단백질이 절단으로 새로 형성된 5′ 말단으로 이동하여 원래의 복제 복합체를 다시 만든다. 복제기구가 주형 DNA를 한 바퀴 돌 때 마다 환형의 자손 양성-가닥 DNA가 만들어지고 이로부터 이중-가닥 복제형 DNA가 생겨난다. 따라서 II 단계 DNA 복제의 후반부에 자손 양성-가닥 바이러스 DNA로부터 더 많은 복제형 DNA가 만들어진다(5단계). 이 과정은 I 단계 DNA 복제(그림 6.3)에 이용되는 숙주세포 단백질들에 의하여 매개된다.

바이러스 DNA 복제 메커니즘의 요약

그림 6.3과 6.4는 양성-가닥 및 음성-가닥의 DNA 합성에 이용되는 상반된 메커니즘들을 보여 준다. 이를 요약하면, 양성-가닥을 주형으로 하여 숙주세포 프리모좀, DNA 중합효소 III, DNA 중합효소 I, 그리고 DNA 이음효소를 이용하여 먼저 RNA 프라이머를 만들고 음성-가닥 DNA가 복제된다(그림 6.3): RNA-프라이머 메커니즘.

반면에 양성-가닥 DNA는 바이러스 A 단백질, DNA 중합효소 III, 단일-가닥 DNA 결합 단백질(SSB), 그리고 rep 헬리카아제를 이용하여 이중-가닥 복제형 주형을 회전하면서 연속적으로 만들어진다(그림 6.4): 회전환 메커니즘. DNA 중합효소는 바이러스 A 단백질에 의하여 절단된 양성-가닥 DNA의 3′ 말단을 프라이머로 이용한다. A 단백질이 회전환에서 자라나는 가닥을 절단하고 단일-가닥 환으로 연결하면 자손 양성-가닥 DNA 분자가 생성된다. A 단백질은 복제형 DNA에 남아 더 많은 자손 양성-가닥 DNA를 합성한다.

프로캡시드는 발판 단백질의 도움으로 조립된다

φX174의 조립경로(그림 6.5)는 바이러스 돌연변이체들의 감염으로 세포에 축적되는 중간 캡시드 구조물들을 분석함으로써 밝혀졌다. 내부의 발판 단백질(scaffolding protein) B에 돌연변이를 가지는 파지가 감염된 세포에서는

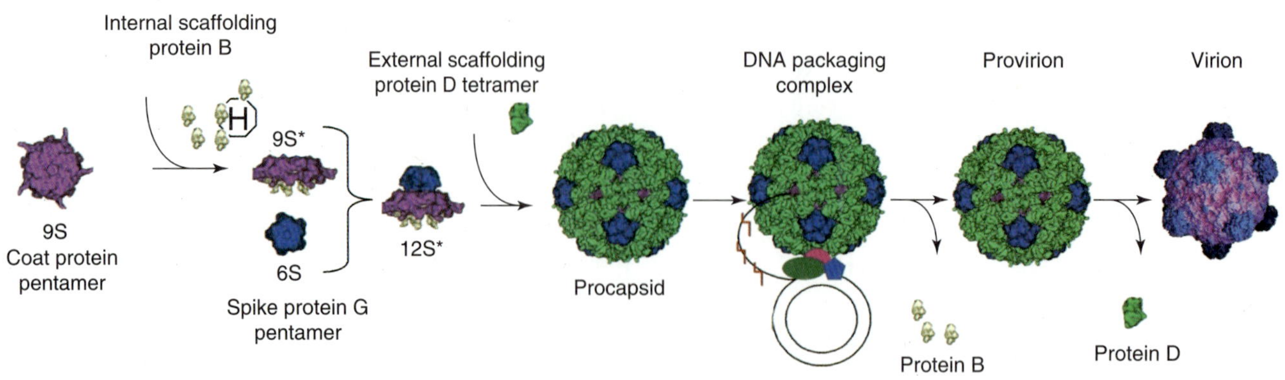

그림 6.5 φX174의 조립경로. 프로캡시드는 발판 단백질들의 도움으로 조립되고 III 단계 DNA 복제과정에서 만들어진 단일-가닥 게놈 DNA가 프로캡시드에 삽입된다.

"9S"와 "6S"로 표시된 작은 입자들이 축적된다. 9S 입자는 주요 캡시드 단백질 F의 5량체이고 6S 입자는 주요 돌기 단백질 G의 5량체이다. 이는 9S와 6S 입자들이 조립경로의 첫 번째 중간체들이고 캡시드 조립이 계속 일어나려면 내부 발판 단백질 B가 필요하다는 것을 의미한다. 발판 단백질은 캡시드 조립을 용이하게 하고 캡시드가 완성되면 제거된다.

5개의 B 단백질이 9S 입자의 아래쪽에 결합하여 9S* 입자를 만든다. 이러한 결합은 입자의 위쪽 표면에 구조적 변화를 유도한다. 이러한 구조적 변화는 $9S^*$ 입자가 6S 돌기 입자 및 외부 발판 단백질들과 상호작용할 수 있도록 한다. 또한 이러한 변화를 요구함으로써 9S 코트 단백질 5량체들 끼리 미리 결합하여 응집되는 것을 방지한다.

B 단백질은 $9S^*$–6S 상호작용을 촉진할 뿐만 아니라 DNA 안내 단백질 H의 결합을 촉진한다. 그 결과 생겨난 $12S^*$ 입자는 1분자의 H 단백질과 5분자씩의 F, G 및 B 단백질을 포함한다. 그 다음에 60개의 외부 발판 단백질 D 4량체가 12개의 $12S^*$ 입자들을 프로캡시드(procapsid)로 조직한다. 프로캡시드 내부에서 B 단백질들은 2배 대칭축을 가로질러 서로 상호작용을 한다. 프로캡시드의 외부 표면에는 D 단백질들이 2배 및 3배 대칭축을 가로질러 서로 결합하고 있다.

발판 단백질들은 유연한 구조를 가진다

발판 단백질들은 고도의 적응성을 나타내는 구조를 가진다. 예를 들면, 관련된 파지들인 φX174와 α3의 내부 발판 단백질들은 아미노산 서열이 70%나 다르지만 이들을 서로 바꾸어도 제기능을 나타낸다. 즉, φX174의 내부 발판

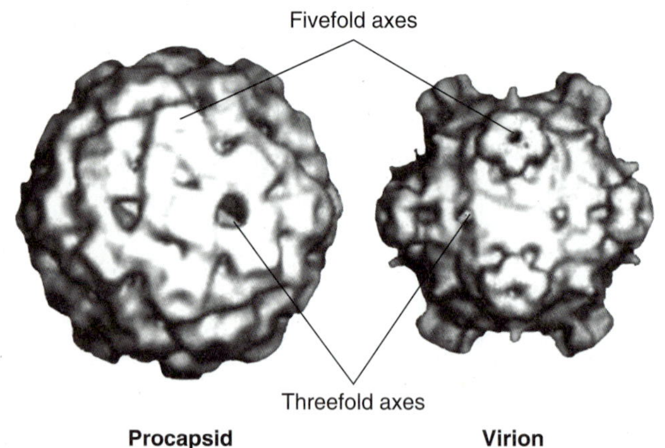

그림 6.6 φX174 프로캡시드와 비리온. 동결전자현미경법으로 얻은 상의 재구성. 비리온에는 없는 3배축의 구멍이 프로캡시드에는 존재한다.

단백질은 파지 α3의 코트, 돌기 및 외부 발판 단백질들과 효과적으로 상호작용하여 프로캡시드를 만들 수 있다. 이와 유사한 현상은 다양한 herpesvirus들의 발판 단백질들에서도 관찰되었다.

내부 발판 단백질들은 근본적으로 유연하므로 구조 단백질과 접촉하면 이에 적합한 구조로 접힐 수 있다. 바이러스 조립의 동역학을 고려하면 아마도 이러한 유연성이 필수적인 것 같다. 내부 발판 단백질은 먼저 5량체 중간체가 딱딱한 캡시드로 조립되도록 돕는 구조를 취한다. 그 이후에 이 단백질들은 캡시드의 구멍을 통하여 빠져나올 수 있도록 유연한 구조를 취한다.

φX174 프로캡시드의 원자 구조(그림 6.6)에 의하면 외부 발판 단백질들은 적어도 4가지 구조를 취할 수 있다.

2가지 발판 단백질들을 이용한 캡시드 조립계의 진화

Microvirus는 현재까지 알려진 2가지 발판 단백질들을 요구하는 유일한 비위성 바이러스(non-satellite virus)이다. 그러나 이와 유사한 gokushovirus는 하나의 내부 발판 단백질만을 암호화한다. Microvirus는 gokushovirus에서 진화된 것으로 여겨진다. Microvirus가 더 중요한 역할을 수행하는 외부 발판 단백질을 획득하면서 내부 발판 단백질은 캡시드의 조립을 어느 정도 돕기는 하지만 필수적이지는 않은 "효율 단백질(efficiency protein)"로 진화하였을 것이다.

만약 이러한 가설이 사실이라면, B 단백질의 기능이 감소하거나 소실되면 다른 단백질이 이를 대체하려는 유연성이 나타날 것이다. 이러한 가설을 검증하기 위하여 B 단백질이 없어도 캡시드의 조립이 가능한 바이러스 돌연변이체들을 분리하였다. 이 돌연변이체들은 6가지 종류의 돌연변이를 나타내었다. 이들 가운데 일부는 외부 발판 단백질과 코트 단백질에 돌연변이가 일어나 이들은 B 단백질이 없어도 상호작용할 수 있었다. 다른 돌연변이는 조절부위에 일어나 외부 발판 단백질의 과발현을 유도하였다. B 단백질이 없어도 캡시드의 조립을 추진하기 위해서는 높은 농도의 외부 발판 단백질이 필요하다는 것을 알 수 있다.

모든 바이러스 캡시드 단백질들에 대해서 4개의 D 단백질들이 작용한다. 각 D 단백질은 아래쪽의 캡시드, 인접 D 단백질 그리고 돌기 단백질과 서로 다른 방식으로 접촉한다. 한 단백질이 이와 같이 다양하게 상호작용하려면 여러 가지 다른 구조를 취할 수 있어야 한다. 이러한 발판 단백질의 특성은 접혀진 단백질이 하나의 단단한 구조만을 취한다는 기존의 고정관념에도 어긋난다.

단일-가닥 게놈은 합성되는 즉시 프로캡시드에 포장된다

게놈의 합성과 포장은 동시에 일어난다. III 단계 DNA 복제과정에서 바이러스 C 단백질은 이중-가닥 DNA, A 단백질, rep 단백질 그리고 DNA 중합효소 III으로 구성된 복제 복합체(그림 6.4)에 결합하여 양성-가닥 합성을 지시한다. 이 과정에서 합성되는 자손 양성-가닥은 자유롭게 방출되지 않는다. 이 복합체는 미리 형성된 프로캡시드에 결합하여 이중-가닥 주형에서 양성-가닥 DNA가 만들어지면 이를 즉시 프로캡시드에 주입한다(그림 6.5). 바이러스 J 단백질(정상 복제에서와 같이 SSB가 아닌)이 포장되는 파지 DNA에 결합하여 프로캡시드 내로 함께 들어간다. 이와 같은 포장은 비리온에는 없지만 프로캡시드의 3배 대칭축에 존재하는 구멍을 통하여 일어난다(그림 6.6). 포장이 진행되는 동안 아마도 동일한 구멍을 통하여 B 단백질이 프로캡시드에서 빠져나오는 것 같다.

복제가 한 바퀴 일어나면 II 단계 복제에서와 같이 바이러스 A 단백질이 양성-가닥 DNA를 절단하고 양 말단을 이어 단일-가닥 환형 분자를 만든다. A 단백질, C 단백질, rep 단백질 그리고 DNA 중합효소 III을 포함하는 복제 복합체는 해체되지 않고 다른 프로캡시드에 결합하여 또 다른 파지 게놈의 합성과 포장에 관여한다. 게놈이 포장된 입자는 여전히 외부 발판 단백질 D를 포함하고 있으므로 이를 프로비리온(provirion)이라고 부른다. 프로비리온은 세포내 조립경로의 최종 산물이다. 세포 용해가 일어나서 2가 양이온이 유입되면 D 단백질이 떨어지고 비리온이 완성된다.

DNA 포장과정에서 J 단백질의 역할

J 단백질은 DNA 포장에 관여할 뿐만 아니라 대칭적 캡시드 내에서 DNA를 조직화하는 역할도 한다. Microvirus의 J 단백질은 20~40개의 아미노산들로 이루어진 작은 염기성 폴리펩티드이다. 이들의 아미노 말단에는 양전하를 띤 라이신과 아르기닌 잔기들이 풍부하지만 카르복시 말단은 방향족 및 소수성 아미노산들을 포함한다. 양전하를 띠는 아미노 말단의 아미노산들은 음전하를 띠는 바이러스 DNA의 인산기 골격을 중화시키고 소수성 카르복시 말단은 캡시드 단백질들의 틈에 박혀 게놈을 캡시드의 내부 표면에 고정한다. 이렇게 고정함으로써 단일-가닥 게놈의 자체 염기쌍 형성으로 인한 2차 구조의 형성을 방지한다. 돌연변이 J 단백질을 포장한 비리온은 크기가 다르고 낮은 감염성을 나타내므로 J 단백질에 의한 게놈 고정이 비리온의 구조에 중요함을 알 수 있다.

E 단백질에 의한 세포 용해로 파지가 방출된다

E 단백질은 세포 용해(cell lysis)에 관여한다. E 단백질에 의한 용해 메커니즘은 세포벽 생합성을 저해하는 페니실린과 같은 항생제들의 작용 메커니즘과 유사하다. 최근 연구에 의하면 E 단백질은 숙주세포의 Mra Y 단백질을 저해하는 것 같다. 이 단백질은 세포벽 합성과정에서 최초의 지질-연결 중간체의 형성을 촉매하는 전좌효소(translocase)이다. 페니실린은 박테리아 세포벽의 주요 성분인 펩티도글리칸의 교차-연결의 형성을 저해한다. 이로 인하여 세포벽이 약화되면 삼투압에 대한 감수성이 증가하여 세포 용해가 일어난다.

모든 정20면체형 ssDNA 바이러스과들은 하나의 공통조상에서 진화하였는가?

정20면체형 단일-가닥 DNA 바이러스들은 모두 4개의 과로 분류된다: *Microviridae*(박테리오파지), *Geminiviridae*(식물 바이러스), *Circoviridae*(동물 바이러스) 그리고 *Parvoviridae*(동물 바이러스). 이 과들은 매우 유사한 특징들을 나타낸다. 이들은 모두 매우 작은 T = 1의 캡시드를 가진다. Parvovirus와 microvirus의 캡시드 단백질들은 놀라울만큼 유사한 원자구조를 가진다. 또한 이 바이러스들의 DNA 포장 메커니즘도 매우 유사하다(그러나 parvovirus는 환형이 아닌 선형의 게놈을 가진다). 동물 세포에서 복제하는 parvovirus와 박테리아에서 복제하는 microvirus가 서로 어떤 진화적 관련성이 있는가?

최근에 발견되어 상대적으로 덜 알려진 gokushovirus(표 6.1)의 연구를 통하여 이러한 질문에 대한 해답을 얻을 수 있었다. 이 바이러스의 게놈은 microvirus의 것보다 더 작고 다른 유전자들도 가지지만 주로 DNA 복제에 필요한 A 단백질 상동체와 캡시드 단백질을 암호화한다. 이와 유사하게 parvovirus(20장)도 하나의 DNA 복제 유전자와 하나의 캡시드 단백질 유전자를 가진다(실제로는 서로 다른 개시부위 이용과 스플라이싱을 통하여 여러 가지 단백질들이 만들어진다). Microvirus에서 나타나는 G 단백질 돌기와 외부 발판 단백질이 gokushovirus에는 없다. Gokushovirus 캡시드 단백질에 추가된 영역이 외부 발판 단백질의 기능 일부를 수행한다. 3배 대칭축에 위치한 이 영역은 일부 parvovirus처럼 비리온의 표면에 "버섯(mushroom)"이라 부르는 돌출물을 형성한다.

Gokushovirus의 숙주는 세포내 절대기생체 박테리아로 이들 가운데 일부(chlamydia)는 진핵세포 내에서 증식한다. 따라서 이 숙주는 박테리오파지 게놈이 진핵세포의 환경에 접근할 수 있도록 운송수단을 제공하였을 것이다. 이 바이러스의 게놈 복제에 이용되는 단백질 기구의 대부분이 숙주세포에서 유래하므로 박테리아 단백질이 복제를 지시하는 바이러스 DNA의 극히 일부(복제원)를 진핵세포의 것으로 교체한다면 진핵세포에서도 원핵세포 바이러스의 복제가 일어날 수도 있을 것이다. 이러한 숙주 교체가 아마도 진화과정에서 일어났을 것이다.

발판 단백질은 조립속도를 증가시켜 큰 파지에 대한 작은 파지의 경쟁력을 높인다

모든 바이러스들의 조립경로는 속도-제한 단계를 포함한다. 이 단계를 진행하려면 캡시드 단백질들이 조립에 필요한 임계농도에 도달하여야 한다. 일단 임계농도에 도달하면 다음 단계들은 빠르게 진행되어 캡시드의 조립이 완성된다.

야생형 φX174의 경우에는 이러한 임계농도에 도달하는 데 걸리는 시간이 매우 짧다. 따라서 자손 비리온이 감염 후 5분 이내에 검출된다. 반면에 B 단백질이 결핍된 변이체의 경우에는 20분이 소요되고 훨씬 더 높은 임계농도의 외부 발판 단백질 D를 요구한다. 따라서 이중-발판 단백질계가 부여하는 장점들 가운데 하나는 속도이다.

Microvirus가 경쟁해야 하는 환경에서 생존을 위한 가장 중요한 요건은 빠른 성장 속도이다. 자유생활을 하는 박테리아에 감염하는 파지의 약 97%가 큰 이중-가닥 DNA 바이러스들이다. 이 파지들의 대다수는 숙주세포를 장악하고 다른 파지의 복제를 저해하는 단백질들을 암호화한다. 이로 인하여 이중-가닥 DNA 파지들은 많은 수의 자손 입자들을 생성할 수 있지만 이들의 생성 속도는 느려진다.

Microvirus의 작은 암호화 능력으로는 이러한 정교한 메커니즘을 구축하지 못한다. 이들의 생존전략은 속도이므로, 대부분의 이중-가닥 DNA 파지들이 중기 혹은 후기 유전자 발현을 시작할 즈음에 microvirus는 자손을 생성할 수 있다. 반면에 gokushovirus는 극소수의 이중-가닥 DNA 파지들만이 존재하는 환경인 세포내 절대기생체인 박테리아에 감염한다. 사실 진핵세포에서만 자라는 chlamydia에 감염하는 6가지 파지들 모두가 gokushovirus이다. 원시 어류인 실러캔스처럼 gokushovirus는 큰 파지와 경쟁할 필요가 없는 환경에서 별 어려움 없이 지금까지 살아 온 것 같다.

핵심 용어

발판 단백질(Scaffolding proteins)
지질다당류(Lipopolysaccharide)
프로캡시드(Procapsid)
프리모좀(Primosome)
헬리카아제(Helicase)
회전환(Rolling circle)

기본 개념

- Microvirus의 중첩 해독틀은 유전적 암호화 능력을 극대화시킨다.
- 단일-가닥 DNA 바이러스는 먼저 이중-가닥 DNA를 생성한 뒤 숙주세포 RNA 중합효소를 이용하여 바이러스 유전자들을 전사한다.
- Microvirus의 DNA 복제는 회전환 메커니즘을 통하여 이중-가닥 DNA 중간체에서 일어난다.

- Microvirus의 단일-가닥 게놈 DNA 합성과 DNA 포장은 동시에 일어난다.
- 발판 단백질들은 열역학적인 장벽을 낮추고 조립경로가 순서적으로 정확하게 일어나도록 함으로써 캡시드의 조립을 돕는다.
- 작은 정20면체형 단일-가닥 환형 DNA 바이러스들은 진화적으로 서로 관련되어 있는 것 같다.

복습 문제

1. 박테리오파지 φX174의 어떠한 특성이 처음 발견되었을 때 유전자의 개념에 도전하였는가?
2. 중첩 해독틀의 가장 중요한 이점은?
3. 음성-가닥 DNA 합성은 어떻게 일어나는가?
4. 양성-가닥 DNA 합성은 어떻게 일어나는가?
5. φX174에서 J 단백질의 역할은?

CHAPTER 7

박테리오파지 T7

William C. Summers

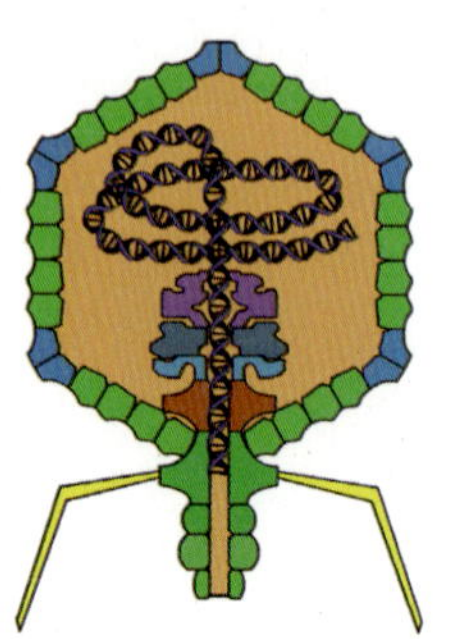

T7-유사 박테리오파지

파지 그룹의 연구에 선택된 T7("type 7") 파지 집합체

비리온

나출성 정20면체형 캡시드(T = 7)
지름 60 nm.
짧은 꼬리 섬유들을 가지는 짧은 꼬리

게놈

선형의 이중-가닥 DNA, 40 kbp
150 bp의 말단 직반복서열

유전자와 단백질

56개의 유전자들이 59가지 단백질들을 암호화
게놈의 왼쪽에서 오른쪽으로 조직된 3가지 클래스의 유전자들이 순서적으로 발현:

- *초기 유전자: 파지와 숙주 유전자들의 발현 조절*
- *중기 유전자: 파지 DNA 복제*
- *후기 유전자: 구조 단백질과 조립 단백질, DNA 포장, 세포 용해*

바이러스와 숙주

*Podoviridae*과의 한 속. 짧은 꼬리를 의미하는 그리스어 *podos* (발)에서 유래
유사한 파지들이 해양 박테리아를 포함한 다양한 박테리아 숙주에 감염
예: 박테리오파지 T3, φII, H, SP6 및 gh-1

독특한 특징

세포 내로의 DNA 진입이 전사에 의하여 추진됨
독특한 100 kDa의 파지 RNA 중합효소가 중기 및 후기 유전자들을 전사함
파지 전사체들이 숙주 RNAse III에 의하여 작고 안정한 mRNA로 절단됨
DNA 합성이 파지 RNA 중합효소에 의하여 시작됨
파지가 DNA 중합효소를 가짐

T7: DNA 복제, 전사 및 RNA 가공 연구의 모델

1940년대 초반에 Max Delbrück에 의해 주도된 분자생물학 선구자 집단은 파지 연구에 집중하기 위하여 7가지 파지들을 선별하였는데, 그 가운데 하나가 박테리오파지 T7이다. T7을 포함한 일부 파지들은 장내 감염의 치료를 위하여 판매되었던 파지 혼합물에서 분리되었다. 이 파지들은 T("type")로 표시되어 임의의 숫자가 부여되었다. T7과 T3은 T 파지들 가운데 가장 작다. 이들은 60-nm의 정20면체형 캡시드를 가지며, 정20면체 꼭지점 하나에 부착된 한 개의 짧은 꼬리를 가진다. T7은 숙주세포에 커다란 용균반을 형성하며 선형의 이중-가닥 DNA 게놈을 가진다.

T-짝수 파지들(T2, T4, T6)과는 달리 T7은 초창기에 연구자들의 관심을 끌지 못하였다. 1960년대 중반에 들면서 물리화학자들과 분자유전학자들이 이 바이러스의 작은 크기와 DNA의 분리가 용이하다는 점에 주목하기 시작하였다. 이 시기에 파지 유전학은 조건적-치사성 난센스 돌연변이체와 온도-민감성 돌연변이체의 발견으로 전성기를 맞이하였다. 이러한 도구들이 개발되기 전에는 파지 유전학 연구가 용균반의 형태와 숙주-범위 돌연변이체에 제한되어 이루어졌다. 또한 1960년대에 물리화학적 기술의 발달로 파지의 게놈 연구가 가능하였다.

T7 DNA는 φX174와 함께 게놈 수준에서 최초로 잘 연구된 파지들 가운데 하나이다. 고전적인 물리학적 방법과 전자현미경 상의 길이 측정(12 μm)을 통하여 이 바이러스의 DNA는 분자량이 25×10^6 달톤이며 40,000 bp임이 알려졌다.

화학적 분석으로 T7의 양 말단이 독특한 서열을 가진다는 것이 밝혀졌다; 이는 DNA 서열결정법이 개발되기 전에 얻은 주요 성과이다. 따라서 T4 DNA와는 달리 T7 DNA는 원순열식 서열을 가지지 않는다. 과다한 폴리 리보G(poly riboG)의 존재 하에서 CsCl 평형침강법으로 T7 DNA의 상보적 가닥들을 쉽게 분리할 수 있었다. 이 기술로 분리된 T7 DNA는 온전한 상보적 DNA 가닥들을 요구하는 실험에 많이 이용되었다.

F. William Stuier와 Rudolf Hausmann은 독자적으로 여러 가지 T7 조건적-치사 돌연변이체들을 확보하여 이들의 유전자 지도를 작성하고 표현형에 따라 분류하였다. 이 유전자들은 순서에 따라 1에서 19까지 번호가 주어졌다; 나중에 추가로 발견된 유전자들은 유전자 지도상에 이들의 위치를 반영하여 0.3 혹은 1.2와 같이 소수점 숫자로 표시되었다. 1983년에 T7의 완전한 서열(39,937 bp)이 발표되었고 게놈 상의 중요한 부위들도 확인되었다.

T7과 유사한 특징을 가지는 파지를 분리하려는 연구를 통하여 많은 파지들이 분리되었으며 이들 가운데 일부는 T7과 거의 동일하였고 일부는 차이를 나타내었다. 이와 같은 T7-유사 파지들은 해양생물, 흑사병 바실러스(*Yesina pestis*), *Serratia*, *Klebsiella* 및 *Pseudomonas*를 비롯한 많은 종류의 숙주 박테리아들에 감염한다.

T7의 유전자들은 전사 시기와 유전자 기능에 따라서 세 가지 클래스로 구분된다

리보좀 결합부위와 단백질 합성 개시 서열을 가지는 해독틀을 분석한 결과, T7의 DNA 서열은 56개의 단백질들을 암호화하는 것으로 예측되었다. 하지만 유전적 혹은 생화학적 분석을 통하여 59가지 단백질들이 확인되었다; 일부 유전자들은 내부 AUG 코돈에서의 번역 개시로 하나 이상의 단백질들을 생성한다.

T7은 마치 기술자가 고안한 것 처럼 논리적인 유전자 배열을 가진다; 3가지 유전자 그룹들이 게놈의 왼쪽에서 오른쪽으로 연속적인 구획을 이루면서 배열되어 있다(그림 7.1). 이 유전자들은 기능과 파지 생활주기에서의 발현 시기에 따라서 집단을 이룬다. 클래스 I("초기") 유전자들은 게놈의 왼쪽 5분의 1 위치에 있으며 감염 후 첫 6~8분 동안에 발현된다. 클래스 I 유전자 산물들은 나머지 파지

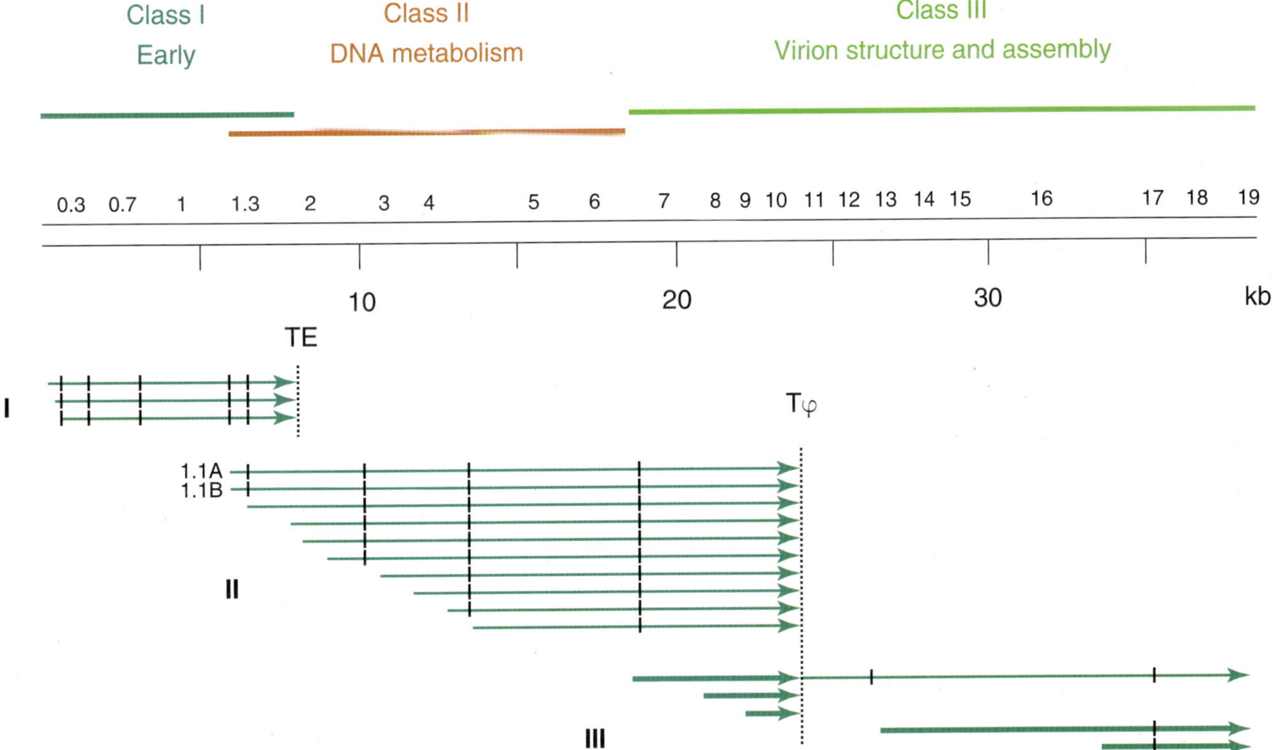

그림 7.1 T7 게놈의 유전자 및 전사 지도. 40 kb의 T7 게놈 지도 바로 위에 선별된 유전자들의 위치를 나타내었다. 주요 유전자 클래스 I, II 및 III의 위치를 두꺼운 선들로 표시하였나. 3개의 클레스 I 프로모터들, 10개의 클래스 II 프로모터들 그리고 5개의 클래스 III 프로모터들에서 만들어지는 주요 전사물들을 옅은 청색으로 아래에 표시하였으며 수직선들은 리보핵산분해효소 III의 절단부위를 나타낸다. TE와 Tφ는 전사종결자의 위치를 나타낸다. 선의 두께는 대략적인 전사물의 양을 나타낸다. 화살촉은 RNA의 3′ 끝을 나타낸다. 낮은 수준의 Tφ 초과번역을 클래스 III 전사물 하나에만 표시하였지만 모든 전사물들에서 일어날 수 있다.

유전자들의 발현과 숙주세포의 기능 억제에 필요하다. 클래스 II ("중기") 유전자들은 그 다음 게놈의 3분의 1을 차지한다. 대부분의 클래스 II 유전자 산물들은 파지의 DNA 복제에 관여한다. 클래스 III("후기") 유전자들은 게놈의 오른쪽 절반을 차지하며 파지의 구조 단백질과 DNA 성숙 및 포장에 관여하는 단백질들을 암호화한다. 모든 T7 유전자들은 지도에 나타난 바와 같이 왼쪽에서 오른쪽으로 전사된다.

T7 DNA의 세포내 진입은 전사에 의하여 추진된다

정20면체형의 T7 캡시드는 단일 캡시드 단백질인 gp10으로부터 만들어진다. 한 꼭지점에 위치한 12분자의 gp8로 이루어진 문에 꼬리가 부착되어 있다. 이 꼬리는 gp17의 3량체로 이루어진 6개의 섬유와 2가지 파지 단백질들인 gp11과 gp12로 구성된다. 3가지 다른 단백질들(gp14, gp15 및 gp16)이 DNA를 둘러싸는 내부 코어를 형성한다. 이와 같이 복잡한 꼬리와 내부 코어의 구조는 바이러스 게놈의 포장과 감염과정에서 세포 내로의 게놈 삽입을 위한 기구로 작용한다.

T7 파지는 꼬리 섬유를 통하여 외부 세포막에 있는 **지질다당류**에 결합한다(그림 7.2). 3가지 내부 코어 단백질들이 꼬리를 통해 세포에 주입되어 외부 막, 펩티도글리칸 세포벽 그리고 원형질막을 관통하는 통로를 형성한다. 이 단백질들 가운데 하나인 gp16은 펩티도글리칸 층을 효소적으로 분해하여 DNA가 통과할 수 있는 구멍을 만든다.

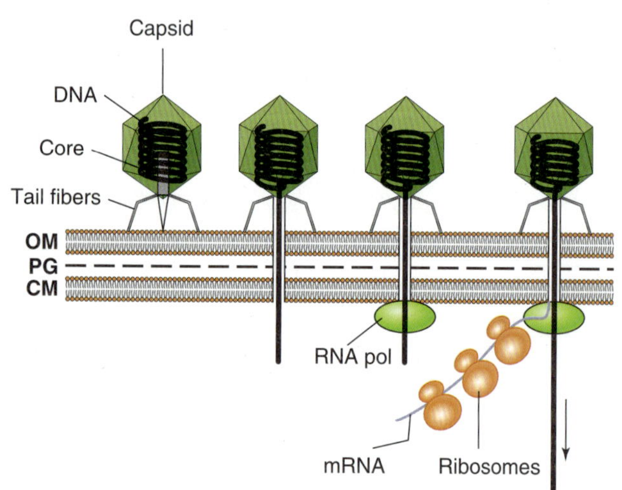

그림 7.2 전사 추진력을 이용한 T7 게놈의 진입. 꼬리 섬유들을 통하여 외부 세포막에 부착된 T7 비리온을 나타내었다(왼쪽). 뒤이어 통로가 형성되면 DNA(검정색)의 한 끝이 진입하고 이에 RNA 중합효소가 결합하여 전사를 시작하면 DNA의 나머지 부분이 전사-매개성으로 진입한다. OM: outer membrane; PG; peptidoglycan layer; CM: cytoplasmic membrane.

Gp16은 또한 T7 DNA의 왼쪽 끝에 위치한 850 bp를 자신이 만든 구멍을 통하여 세포질로 인도하여 숙주세포의 RNA 중합효소가 인식할 수 있도록 3개의 밀집한 프로모터들을 노출시킨다. 이 시점에서 전사가 일어나지 않는다면 DNA는 더 이상 세포에 들어가지 않는다. 숙주세포의 RNA 중합효소가 클래스 I 유전자들을 전사하면 이와 동시에 DNA가 초당 40 bp의 속도로 캡시드에서 끌려나와 세포질에 들어간다. 따라서 RNA 중합효소는 mRNA를 만드는 동안에 DNA를 캡시드에서 세포로 이동시키는 윈치(winch)로 작용한다(그림 7.2). *E. coli* RNA 중합효소는 왼쪽 끝에서 약 8 kb지점에 위치한 강력한 종료 신호(그림 7.1)와 마주치면 mRNA를 방출하고 DNA에서 떨어진다.

클래스 II와 III 유전자들의 전사를 위해서는 T7 RNA 중합효소가 필요하다

앞서 설명한 감염 초기단계는 단백질의 합성이 저해되더라도 일어날 수 있지만 더 이상의 전사나 나머지 게놈의 진입을 위해서는 클래스 I 단백질들의 합성이 필요하다. 클래스 I 유전자에 돌연변이를 가지는 파지들의 감염을 체계적으로 조사한 결과, 유전자 1.0의 단백질 산물이 클래스 II와 클래스 III 유전자의 전사에 필수적임이 밝혀졌다. 100 kDa 크기의 이 단백질은 단량체로 T7 파지의 클래스 II와 클래스 III 프로모터에 높은 특이성을 나타내는 RNA 중합효소이다. 이 효소가 발견된 당시에는 모든 RNA 중합효소들이 여러 개의 소단위체들로 구성된다고 믿었다. 따라서 T7 RNA 중합효소가 다른 어떤 숙주 단백질도 요구하지 않고 단일 소단위체로서 작용할 수 있다는 발견은 매우 충격적이었다. 그 이후로 이 단백질은 분자생물학자들의 중요한 도구로 지금까지 이용되고 있다.

T7 RNA 중합효소는 파지 게놈의 전사를 담당할 뿐만 아니라 숙주 RNA 중합효소 대신에 파지 DNA를 세포 내로 끌어들이는 역할도 한다. 이 단계에서 DNA는 약 250 bp/초로 진입하므로 파지 중합효소가 DNA를 매우 빠른 속도로 전사한다는 것을 알 수 있다.

2가지 다른 클래스 I 유전자 산물들이 감염에 중요한 역할을 한다(표 7.1). 유전자 0.3 산물은 숙주의 I형 제한효소인 EcoB와 EcoK를 불활성화시켜 파지 DNA가 절단되지 않도록 보호한다. 이는 DNA가 세포 내로 들어와서 최초로 전사되는 T7 유전자이므로 매우 빠르게 생성된다. Gp0.7은 숙주세포 RNA 중합효소의 특정 티로신 잔기에 인산화를 유도하여 이를 불활성화시킴으로써 클래스 I 유전자의 발현이 더 이상 일어나지 않도록 한다. 이는 또한

표 7.1 대표적인 클래스 I 유전자 산물들

Gene	Function
0.3	Inhibits host type I restriction endonucleases
0.7	Inhibits *E. coli* RNA polymerase
1.0	T7-specific RNA polymerase

세포의 mRNA 합성을 중단시켜 모든 에너지와 뉴클레오티드가 파지의 전사에 이용될 수 있도록 한다.

클래스 II 유전자들은 T7 DNA 복제에 관여하는 효소들을 암호화한다

파지 RNA 중합효소에 의하여 인식되는 프로모터들은 매우 보존적인 서열(특히, 전사개시 부위의 앞 17 nt부터 뒤 6 nt까지)을 가진다. 10개의 클래스 II 프로모터들이 10-kb 영역에 걸쳐 전사개시에 이용된다(그림 7.1). 이 프로모터들에서 시작되는 RNA의 대부분은 게놈의 왼쪽에서 24 kb에 위치한 하나의 강한 종결자(Tφ)에서 끝난다. 극히 일부의 중합효소들이 이 종결자를 지나 더 긴 RNA를 만든다.

여러 개의 프로모터들이 이용되므로 클래스 II 영역에서 하나의 공통적인 3′ 말단을 가지는 다양한 길이의 중첩된 1차 전사물들이 생성된다. 따라서 파지는 이 게놈 부위의 왼쪽 끝에 위치한 유전자 산물은 적게 만들고 오른 쪽 끝의 유전자 산물은 더 많이 만들 수 있다. 이렇게 생성된 mRNA에서 29가지의 클래스 II 유전자 산물들이 만들어진다.

대부분의 클래스 II 단백질들은 T7 DNA 복제와 재조합에 관여한다(표 7.2). 유전자 3과 6의 산물들은 T7 DNA 합성을 위한 뉴클레오티드 전구체들을 제공하기 위하여 숙주 DNA를 분해한다. 유전자 1.3, 2.5, 4와 5의 산물들은

표 7.2 대표적인 클래스 II 유전자 산물들

Gene	Function
1.3	DNA ligase, joins lagging-strand DNAs
2	Inhibits *E. coli* RNA polymerase
2.5	Single-stranded DNA binding protein
3	Endonuclease, degrades host cell DNA and cleaves T7 DNA concatemers
3.5	Lysozyme, inhibits T7 RNA polymerase
4	RNA primase/helicase, initiates lagging-strand DNA synthesis
5	DNA polymerase
6	Exonuclease, degrades host cell DNA

복제 분기점에서 자손 DNA 분자를 합성한다. 유전자 2는 유전자 0.7처럼 숙주 RNA 중합효소를 저해하여 클래스 I과 숙주의 전사가 일어나지 않도록 한다. 유전자 1.2와 1.7의 산물들도 뉴클레오티드에 복잡한 영향을 주어 숙주의 전사가 일어나지 않도록 한다.

T7 RNA는 숙주세포의 RNAse III에 의하여 더 작고 안정한 mRNA로 절단된다

T7 파지의 1차 RNA 전사물들은 숙주세포의 효소인 RNase III에 의한 전사 후 가공과정을 거친다. 이 RNAse는 이중-가닥 RNA 부위를 인식하여 특정 부위를 절단한다. 숙주 RNA 중합효소에 의하여 합성된 긴 클래스 I 전사물들은 2개의 모노시스트론 mRNA(monocistronic mRNA)와 3개의 폴리시스트론 mRNA(polycistronic mRNA)로 절단된다(그림 7.1). 클래스 II와 클래스 III의 일차 전사물들도 더 작은 기능성 mRNA를 형성하기 위하여 RNAse III에 의해 특정 부위가 잘려진다. 절단 이후에 성숙한 T7 mRNA의 3′ 말단에 위치한 줄기 구조가 다른 숙주 뉴클레아제에 의한 분해에 비교적 저항성을 나타내므로 파지 mRNA는 숙주세포 mRNA보다 더 안정하여 오래 작용한다.

클래스 III 유전자 발현은 진입 지연과 프로모터 세기에 의하여 조절된다

파지 DNA가 세포에 들어가면 5개의 클래스 III 프로모터들이 T7 RNA 중합효소에 의해 전사될 수 있다. 250 bp/초의 진입 속도로 첫 번째 클래스 II 프로모터(왼쪽 끝에서 5.9 kb)부터 첫 번째 클래스 III 프로모터(왼쪽 끝에서 19 kb)까지 세포에 들어가는 데 약 1분이 소요되고 마지막 클래스 III 프로모터(왼쪽 끝에서 34 kb)까지는 약 2분이 걸린다. 따라서 전사-의존적 DNA 진입은 클래스 II 유전자와 비교하여 클래스 III 유전자의 전사를 지연시키는 한 요인이다.

클래스 III 프로모터는 약간의 서열 차이로 인하여 클래스 II 프로모터보다 RNA 중합효소에 대한 친화력이 더 높다. 따라서 클래스 II보다 클래스 III 전사물이 더 많이 만들어진다. 더구나 리소자임(lysozyme) 활성을 가지는 클래스 II gp3.5는 T7 RNA 중합효소에 결합하여 그 활성을 저해한다. 활성을 나타내는 T7 RNA 중합효소가 적은 조건에서 약한 클래스 II 프로모터보다는 더 강한 클래스 III 프로모터가 우선적으로 이용되면서 상대적으로 클래스 II 프로모터의 이용도가 감소한다. 따라서 파지는 감염의 최종단계에서 다량의 비리온 구조 및 성숙 단백질의 생성에

표 7.3 대표적인 클래스 III 유전자 산물들

Gene	Function
8	Portal protein, connector for tail
9	Scaffolding protein for formation of capsids
10	Capsid protein
11	Tail protein
12	Tail protein
14, 15, 16	Core proteins, form channel for DNA entry
17	Tail fiber, attachment to cell
17.5	Holin, access of lysozyme to cell wall for lysis
18, 19	Maturation proteins, DNA packaging

집중할 수 있다.

DNA 복제는 독특한 한 내부 복제원에서 RNA 중합효소에 의하여 시작된다

T7 DNA의 복제는 DNA의 왼쪽 끝에서 약 5.9 kb 지점에 위치한 복제원에서 시작하여 양 방향으로 진행된다. 하지만 이 복제원을 상실한 T7 돌연변이체도 잘 복제되므로 또 다른 복제원이 존재한다는 것을 알 수 있다. 복제 중인 DNA에서 RNA 프라이머에 연결된 짧은 DNA 단편이 발견된다. 따라서 T7의 DNA 복제는 선도-가닥이 연속적으로 합성되고 지연-가닥이 Okazaki 단편으로 불연속적으로 합성되는 *E. coli* 숙주세포의 경우와 유사한 방식으로 진행되는 것 같다(그림 7.3). 하지만 T7은 자기 자신의 복제 단백질들을 이용한다.

놀랍게도 T7 RNA 중합효소에 의한 전사가 T7 DNA 복제 개시에 필수적이다. RNA 중합효소는 선도-가닥 합성을 위한 첫 번째 프라이머를 제공한다. DNA의 왼쪽 끝에서 가장 가까운 2개의 클래스 II 프로모터인 1.1A와 1.1B가 AT-풍부 DNA 서열 앞에 위치한다. 충분한 양의 클래스 II 단백질들이 만들어지면 DNA 중합효소가 이들 프로모터들 가운데 하나에서 전사를 막 시작한 RNA 중합효소를 AT-풍부 서열에서 교체할 수 있다. DNA 중합효소는 이 RNA 사슬을 프라이머로 이용하여 오른쪽 방향으로 DNA 합성을 시작할 수 있다. 뒤 이어 유전자 4 산물인 프리마아제/헬리카아제 단백질이 복제 분기점에 결합하여 반대(지연) DNA가닥에 짧은 RNA 프라이머를 만들고 이와 동시에 DNA를 풀어 T7 DNA 중합효소가 선도-가닥을 계속 합성할 수 있도록 한다. 이와 같이 복제 분기점이 생겨난다.

T7 DNA 중합효소는 왼쪽 방향으로 새로운 프라이머를 연장하여 두 번째 복제 분기점을 만들고 양방향 복제를 확립할 수 있다. 게놈의 왼쪽에 위치한 T7 RNA 종합효소 프로모터에서 DNA 복제가 시작되어 DNA 중합효소와 RNA 중합효소가 같은 방향으로 이동하므로 이들 간의 충돌을 피할 수 있다; 왼쪽으로 이동하는 복제에 영향을 미칠 수 있는 클래스 I 유전자들의 전사는 이 시기에 더 이상 일어나지 않는다.

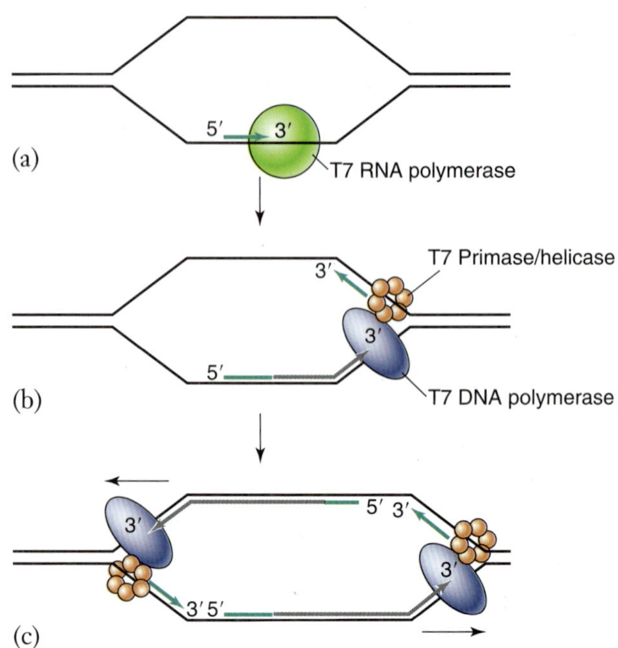

그림 7.3 T7 프로모터에서 DNA 복제의 개시. (a) T7 RNA 중합효소(녹색 구체)가 프로모터 1.1에서 RNA 사슬(옅은 청색 화살표)의 합성을 시작한다. (b) 프로모터 바로 아래의 AT-풍부 영역에서 T7 RNA 중합효소가 T7 DNA 중합효소로 교체된다. T7 DNA 중합효소는 DNA(회색 화살표)의 합성을 위한 프라이머로 RNA를 이용한다. T7 프리마아제/헬리카아제(주황색 6량체)가 복제 분기점에 결합하여 반대 가닥의 DNA 합성을 위한 짧은 RNA 프라이머(옅은 청색 화살표)를 만든다. (c) T7 DNA 중합효소에 의하여 프라이머가 연장되고 복제 분지점들은 DNA의 반대쪽으로 이동한다.

T7 DNA 중합효소(gp5)는 포유동물의 DNA 중합효소 β 및 HIV의 역전사효소와 구조적으로 유사하다. 이는 숙주세포 *E. coli* 단백질인 티오레독신(thioredoxin)과 1:1로 안정한 복합체를 형성한다. 이 세포 단백질은 T7 DNA 복제에 필요한 단 하나의 숙주인자이다. T7 DNA 중합효소만으로도 자라는 DNA 사슬에 dNTP를 첨가할 수 있지만 티오레독신과 결합하면 합성 속도와 **진행성(processivity)**이 매우 증가한다. 티오레독신은 정전기적으로 DNA 중합효소에 결합하여 중합효소를 주형 DNA 가닥에 안정적으로 묶어준다. 이는 또한 유전자 4 헬리카아제와도 상호작

용하여 복제복합체를 안정화시킨다. T7 DNA 중합효소는 또한 잘못 삽입된 뉴클레오티드를 3′에서 5′ 방향으로 제거하는 "교정" 능력을 가진다.

세포 내로 들어간 T7 게놈과 자손 게놈 사이에 재조합이 일어나므로 재조합 빈도 측정을 통한 유전자 지도 작성이 가능하다. 이와 같은 재조합은 유전자 3, 4, 5 및 6의 산물에 의하여 *in vivo* 및 *in vitro*에서 일어날 수 있다.

복제과정에서 커다란 DNA 연쇄체가 형성된다

선형 DNA가 RNA 프라이머를 이용하여 복제되면 각 DNA 가닥의 3′ 말단을 주형으로 만들어진 마지막 프라이머가 DNA로 교체될 수 없다는 문제점이 있다. 이는 3′ 말단 이후에는 다음 프라이머가 결합할 수 있는 서열이 없기 때문이다. 따라서 각 복제주기마다 DNA의 5′ 말단부에서 짧은 서열이 소실된다. 일부 바이러스들은 이러한 문제점을 극복하기 위하여 환형의 중간체를 형성하지만 T7의 경우에는 환형의 DNA가 발견되지 않았다.

T7은 이러한 문제를 해결하기 위하여 DNA의 양 말단에 위치한 약 150 bp의 말단 반복서열을 이용하여 커다란 선형의 DNA 올리고머인 **연쇄체(concatemer)**를 만든다. 반복서열은 DNA 연쇄체 생성을 위한 게놈 간의 재조합 부위로 여겨지며 연쇄체의 각 게놈-길이 DNA 사이에 한 번씩 존재한다. 연쇄체 DNA는 유전자 3(엔도뉴클레아제), 유전자 18 혹은 19(DNA 성숙)에 돌연변이가 일어난 T7 파지에 감염된 세포에서 축적된다. 이 유전자들은 DNA 연쇄체를 파지의 머리에 포장하기 위하여 단위-길이 분자로 가공하는 데 관여한다.

연쇄체의 가공은 T7 RNA 중합효소에 의한 전사에 의존하며 DNA를 미리 형성된 프로헤드에 주입하는 동안에 일어난다

놀랍게도 T7 RNA 중합효소는 DNA 연쇄체의 절단에도 필요하다. 클래스 III 프로모터에서 전사를 시작한 RNA 중합효소는 바이러스 DNA의 오른쪽 끝에 도달할 때까지 강력한 종료 신호와 마주치지 않는다. 따라서 DNA 연쇄체를 전사할 때 RNA 중합효소는 연쇄체의 연접부위까지 진행한다. 연쇄체 연접부위에 위치한 8-nt 길이의 특정 서열에서 RNA 중합효소는 멈추고 독특한 DNA 구조를 형성하여 이 곳에서 DNA를 절단하는 DNA 가공기구를 끌어들인다. 반복서열의 나머지 부분을 복사하여 두 번째 반복서열을 형성하면 양 말단에 반복서열을 가지는 전체 길이의 DNA 분자가 방출된다(그림 20.4 참조).

자손 비리온의 조립은 성숙한 캡시드 단백질들과 유전자 9 산물을 포함하는 빈 **프로헤드(prohead)** 구조가 형성되면서 시작된다. 유전자 9 단백질은 프로헤드의 조립을 위한 **발판 단백질**로 작용한다. DNA 연쇄체의 절단과 말단 반복서열의 복사는 유전자 18과 19 산물들의 도움으로 DNA가 프로캡시드에 포장되는 동안에 일어난다. 머리가 성숙된 이후에 발판 단백질은 해체되어 T7 비리온에서 방출된다.

감염 세포가 용해되면 약 100개의 자손 파지 입자들이 방출되는데 이 과정에 두 가지 T7 단백질들이 관여한다. 유전자 17.5 산물은 **홀린(holin)**이라고 하는 작은 막-특이적 단백질이다. 적절한 조건 하에서 이 단백질은 감염 세포의 원형질막에서 조립되어 유전자 3.5의 산물(T7 라이소자임)인 파지 내용해소(endolysin)가 박테리아 세포벽에 접근할 수 있도록 구멍을 만든다. 내용해소가 박테리아의 주변 세포질 공간에 들어가면 세포벽을 분해하여 세포를 용해시킨다.

T7 가계 파지들의 독특한 특징들

T7 및 이와 관련된 파지들은 생물학자와 생명공학자의 관심을 끄는 여러 가지 특징들을 가진다: (1) 이 파지들은 전형적인 숙주 제한-변형계를 조정하고 극복하는 메커니즘을 가진다; (2) 많은 T7 관련 파지들은 F 플라스미드가 없는 *E. coli*에서만 효과적으로 자랄 수 있다. 즉, 이들은 암컷-특이적 혹은 F-제한적 파지들이다; (3) 마지막으로 T7은 잘 연구되어 있고 빠르게 복제하므로 미생물의 진화 연구에도 이용될 수 있다.

숙주 제한/변형의 극복. 박테리아 사이에는 DNA 교환을 통하여 수평적으로 유전자가 전달될 가능성이 높다. 따라서 많은 박테리아들은 외래 DNA를 인식하고 분해하는 메커니즘을 개발하여 다른 생물로부터 덜 적합한 유전자의 유입을 차단한다. 이러한 메커니즘들 가운데 하나가 특정한 DNA 서열을 인식하여 절단하는 제한효소를 생성하는 것이다. 박테리아는 흔히 자신의 DNA에 있는 제한효소 인식 서열의 뉴클레오티드 하나를 메틸화하여 변형시키므로 이 효소들은 자신의 DNA를 절단하지 못한다.

파지의 감염은 외래 DNA의 숙주세포 내 도입을 의미하므로 파지는 이러한 제한의 표적이 될 수 있다. 만약 바로 직전의 숙주세포에서 파지 DNA가 숙주-특이적으로 변형된다면 제한효소의 공격으로부터 피할 수 있을 것이다. 그렇지 못한다면 파지 DNA는 제한효소에 의하여 절단되어 감염이 일어날 수 없을 것이다. 이와 같은 숙주-조절적 변형은 1950년대 초반에 Salvador Luria, Mary Hu-

T7을 이용한 유전공학

독특한 특징들을 나타내는 T7의 RNA 중합효소는 생명공학 및 유전공학적 적용에 매우 유용한 도구로 이용되고 있다. T7 RNA 중합효소는 쉽게 정제될 수 있으며 매우 효과적이고 빠른 효소이며 자신의 후기 프로모터 서열에 대해 매우 특이적이다. 따라서 T7의 후기 프로모터 서열을 어떤 DNA 서열의 앞에 삽입하면 원하는 DNA로부터 다량의 RNA를 *in vitro*에서 합성할 수 있다. 이러한 전략은 RNA 구조, 리보자임 및 RNA 가공 연구를 위한 RNA 기질의 생성에 이용되고 있다.

T7 그룹(T7, T3 및 SP6)의 RNA 중합효소들은 서로 다른 프로모터를 인식하므로 여러 프로모터들을 가지는 플라스미드를 만들어, 전사 패턴이 특정 RNA 중합효소에 의하여 제어되도록 만들 수 있다. 예를 들면 DNA의 양 가닥이 전사되도록 T7과 T3 프로모터를 양 쪽에 배열한 클로닝 벡터는 DNA 양 가닥의 서열 분석과 안티센스 RNA의 제조에 유용하다.

T7 RNA 중합효소/파지 후기 유전자 프로모터 시스템은 pET 벡터(plasmid, expression, T7; 그림 7.4)라고 하는 매우 효과적인 유전자 발현 벡터의 제조에 활용되었다. 이 발현시스템은 발현이 엄격하게 조절될 수 있고 높은 수준의 발현 유도가 가능하다는 두 가지 장점들을 지닌다. 관심 유전자(유전자 X)는 전사가 전혀 일어나지 않다가 T7 RNA 중합효소에 의하여 발현이 유도되면 세포의 전사 및 번역 능력을 대부분 넘겨 받는다. 유전자 X를 T7 파지의 후기 프로모터 조절 하에 두면 이는 정상적인 박테리아 세포에서는 발현되지 않는다. 따라서 만약 유전자 X의 산물이 독성을 지니거나 숙주 박테리아의 성장에 해를 끼친다면(이러한 경우에는 플라스미드 보유나 유전자 X의 기능에 대한 선택이 일어남) 중요한 장점으로 작용한다.

T7 RNA 중합효소가 유도성 lac 오페론 프로모터로부터 만들어질 수 있는 박테리아에 T7 프로모터의 제어를 받는 유전자 X 서열을 가지는 플라스미드를 도입시킨다. lac 프로모터의 유도자를 첨가하면 T7 RNA 중합효소가 만들어지고 유전자 X가 전사된다. 보통 매우 효과적인 클래스 III 리보좀 결합부위가 플라스미드에 포함된다. 이러한 조건에서는 상당량의 유전자 X mRNA가 세포에서 만들어질 뿐만 아니라 단백질 합성기구에 대해서도 효과적으로 경쟁할 수 있으므로 많은 양의 유전자 X 산물이 만들어진다. 이와 같은 방식으로 원하는 단백질 산물을 전체 세포 단백질의 25%에서 50%까지 얻을 수 있다. 따라서 간단한 정제과정만 거치더라도 균질한 단백질 X를 얻어 추가 연구에 활용할 수 있다.

man, Giuseppe Bertani 및 Jean Weigle에 의하여 발견되었으며 이는 부위-특이적인 제한효소들을 동정하고 이들의 특성을 규명하는 연구를 선도하였다.

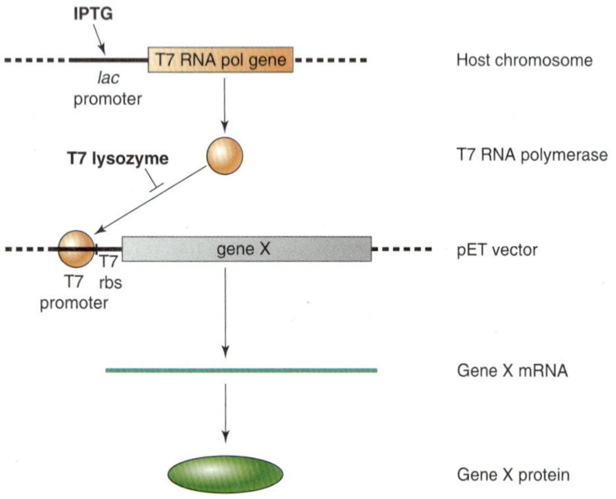

그림 7.4 T7-유래 발현 벡터에서 외래 유전자의 발현. 발현될 유전자(X)를 pET 벡터의 T7 후기 프로모터와 T7 유전자 10 리보좀-결합부위(rbs) 아래에 삽입한다. 이 벡터를 *lac* 오페론 조절 영역(*lac* 프로모터)의 조절을 받는 T7 RNA 중합효소를 포함하는 숙주세포에 도입시킨다. *lac* 오페론의 유도자(IPTG)가 T7 RNA 중합효소 발현을 유도하면 pET 벡터에 있는 유전자 X의 발현이 일어난다. 두 번째 플라스미드(나타내지 않았음)가 T7 리이소자임을 낮은 수준으로 발현하여 유도자가 없는 상황에서 만들어지는 낮은 수준의 T7 RNA 중합효소의 활성을 저해하므로 독성 단백질을 암호화하는 유전자들의 클로닝이 가능하다.

박테리오파지 T7 및 관련 파지들은 제한효소를 불활성화시킴으로써 이러한 메틸화-의존적인 제한 시스템을 극복하는 전략을 개발하였다. 이러한 전략 이외에 T7 가계의 일부 파지들은 숙주세포에 존재하는 메틸기 공여자 기질(S-adenosyl methionine)을 파괴하기도 한다. 또한 파지의 클래스 I 유전자 0.3(OCR, overcoming classical restriction)의 산물은 독특한 형태의 분자의태(molecular mimicry)를 나타낸다. 이 단백질의 표면에는 DNA의 인산 골격을 모방하는 일련의 산성 잔기들이 배열되어 있다. 이 단백질은 DNA 기질을 모방하여 박테리아의 I형 제한효소의 경쟁적 저해자로 작용한다. 어떤 경우에는 (T7의 경우에는 아니지만) 이 유전자 산물이 S-아데노실메티오닌(S-adenosylmethionine) 가수분해효소(SAM-ase) 활성도 나타내어 DNA 변형에 이용되는 메틸기를 원천적으로 제거하기도 한다.

***F*-제한.** T7은 F-인자를 포함하는 세포에서는 복제할 수 없다. 감염의 초기 단계는 거의 정상적으로 진행되지만 클래스 II와 클래스 III의 mRNA들이 단백질을 발현할 수 없다. 이러한 제한은 F-인자가 지니는 여러 유전자들의 작용으로 일어나는 것 같다. 이러한 유전자들은 *pif*A와 *pif*B(*p*hage *i*nhibition by *F*)로 표시한다. 이들에 의해 번역이 저해되는 분자기전은 아직 분명하지 않다.

실험적 진화 연구. 최근에 T7 파지가 빠른 증식, 비교적 간단한 구조, 잘 알려진 생물학, 그리고 단순한 조절 전략으로 인하여 미생물의 진화연구에 대한 유용한 모델계로 부각되고 있다. 다양한 선택조건 하에서의 성장, 임의로 제조된 조상으로부터의 선택, 그리고 숙주/파지 진화의 검증 등이 예측 모델, 최적화 개념, 그리고 전통적인 진화 논쟁의 연구에 이용되고 있다. T7을 이용하면 적절한 시간 범위에서 *in vitro* 진화의 연구가 가능하고 그 결과는 분자 및 생물학적 수준에서 분석될 수 있다. 이러한 연구들을 통하여 야생형 T7이 매우 강하고 최적화된 박테리오파지라는 결론에 도달할 수 있었다.

핵심 용어

발판 단백질(Scaffolding protein)
연쇄체(Concatemer)
지질다당류(Lipopolysaccharide)
진행성(Processivity)
프로헤드(Prohead)
홀린(Holin)

기본 개념

- 선형이며 이중-가닥인 박테리오파지 T7의 게놈은 3단계로 세포에 들어간다.

1. 먼저 850 bp는 파지가 세포에 부착함에 따라서 파지 꼬리를 통하여 세포 속으로 밀려 들어간다.

2. 그 뒤 7 kb의 DNA가 세포 RNA 중합효소에 의한 전사과정에서 세포에 끌려 들어간다.

3. 나머지 32 kb는 파지 T7 RNA 중합효소에 의한 전사과정에서 세포에 끌려 들어간다.

- 클래스 I(“초기”) 유전자들은 세포의 RNA 중합효소에 의하여 전사되며 파지 T7 RNA 중합효소를 암호화하는 유전자를 포함한다.
- 전사종결자인 TE는 클래스 I 영역의 끝에서 숙주세포 중합효소를 방출한다.
- 클래스 II(“중기”) 유전자들은 파지 RNA 중합효소에 의하여 전사되며 DNA 복제 단백질들을 암호화하는 유전자들을 포함한다.
- 전사종결자인 Tφ는 클래스 II 영역의 끝에서 T7 RNA 중합효소를 방출한다.
- 클래스 III(“후기”) 유전자들도 T7 RNA 중합효소에 의하여 전사되며 구조 단백질들과 자손 파지의 방출에 관여하는 단백질들을 만든다.
- T7 DNA 복제는 T7 RNA 중합효소의 첫 번째 전사개시부위에서 시작되고 T7 RNA 중합효소에 의하여 만들어진 RNA 프라이머를 이용하여 시작된다.
- DNA 복제과정에서 아마도 말단 반복서열의 재조합에 의한 선형의 T7 DNA 연쇄체가 형성되는 것 같다.
- T7 RNA 중합효소에 의한 전사-의존적인 반응으로 DNA 연쇄체의 말단 반복서열이 절단되고 이와 동시에 파지의 프로헤드에 포장되어 발판 단백질에 의하여 성숙된다.

복습 문제

1. 1960년대의 과학자들이 T7 파지를 연구 모델로 선정한 이유는 무엇인가?

2. 박테리오파지 T7의 클래스 I-III 유전자들이 수행하는 주요 기능은 무엇인가?

3. T7 RNA 파지의 어떠한 특징이 전사 분야의 연구에 큰 충격을 주었는가?

4. 생물학자들이 T7과 관련 파지에 관심을 가지게 된 세 가지 특징은 무엇인가?

CHAPTER 8

박테리오파지 Lambda

Michael Feiss

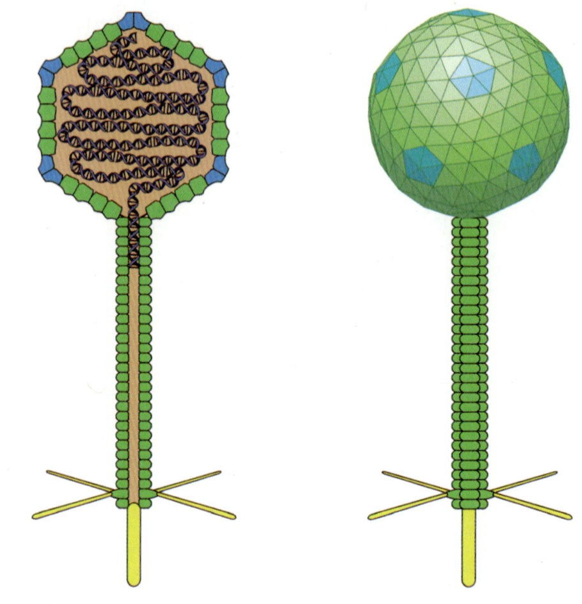

λ-유사 박테리오파지

λ는 그리스어 "lambda"

비리온

머리는 나출성 정20면체형 캡시드(T = 7), 지름 63 nm
말단 섬유들을 가지는 유연한 관상 꼬리, 길이 135 nm

게놈

선형의 이중-가닥 DNA, 40 – 60 kbp
말단에 상보적인 단일-가닥 연장부위(접착성 말단)를 가짐

유전자와 단백질

약 60가지 단백질들을 암호화
세포 RNA 중합효소에 의하여 전사
기능에 따라 유전자 그룹화
"전초기", "초기" 및 "후기" 유전자의 순서적 발현
DNA의 전사를 조절하는 인자:

- *CI, cro: 전사 억제인자*
- *N, Q: 전사 항종결자*
- *CII: 전사 활성인자*

바이러스와 숙주

*Siphoviridae*과의 한 속. 긴 비수축성 꼬리를 의미하는 그리스어 ***siphon***(관)에서 유래
관련 파지: 434, φ80, 21, HK022, N15
*Myoviridae*와 *Podoviridae*과의 일부 파지들은 λ 파지와 일부 게놈 상동성을 나타냄. 예: P22, L, LP-7

독특한 특징

세포내 진입 후 바이러스 DNA는 접착성 말단을 통해 환형화
용원성 파지: DNA가 숙주세포 염색체에 삽입되어 용원을 생성
복잡한 용원성 및 용균성 조절 회로
선형의 DNA 연쇄체에서 DNA가 절단되어 포장됨
λ DNA를 조작하여 유전 및 게놈 연구에 유용한 클로닝 벡터 제공
많은 용원성 파지들은 독소와 숙주 표현형을 변형시키는 단백질들을 만듬

λ의 용원성 및 용균성 감염

*E. coli*에 λ가 감염하면 2가지 유형의 감염이 일어날 수 있다. 용균성 성장주기(lytic growth cycle)는 감염 세포당 200개의 자손 바이러스를 생성하고 세포 용균(용해)을 일으킨다. 반면에 감염한 λ가 **프로파지(prophage)** 상태에 들어가면 용균성 유전자들의 발현이 억제되고 바이러스 DNA는 숙주 염색체에 삽입되어 수동적으로 복제된다(그림 8.1). 파지가 용균성 감염도 가능하고 억제된 프로파지 상태로도 존재할 수 있다면 **용원성 파지(temperate phage)**라고 부른다. 프로파지는 λ의 용균성 유전자들의 발현을 저해하는 억제자(repressor)를 만든다. 억제자는 프로파지의 발현을 저해할 뿐만 아니라 새로 들어오는 λ 게놈의 용균성 유전자 발현도 저해한다. 따라서 λ 프로파지를 가지는 *E. coli* 세포는 λ의 감염에 대해 면역을 나타낸다. 이러한 *E. coli* 세포를 **용원(lysogen)**이라고 한다. 이는 프로파지의 발현이 유도되면 프로파지의 절단, 게놈 복제 및 세포 용균을 일으킬 수 있기 때문이다(용원은 "용균을 일으킬 수 있는"을 의미함).

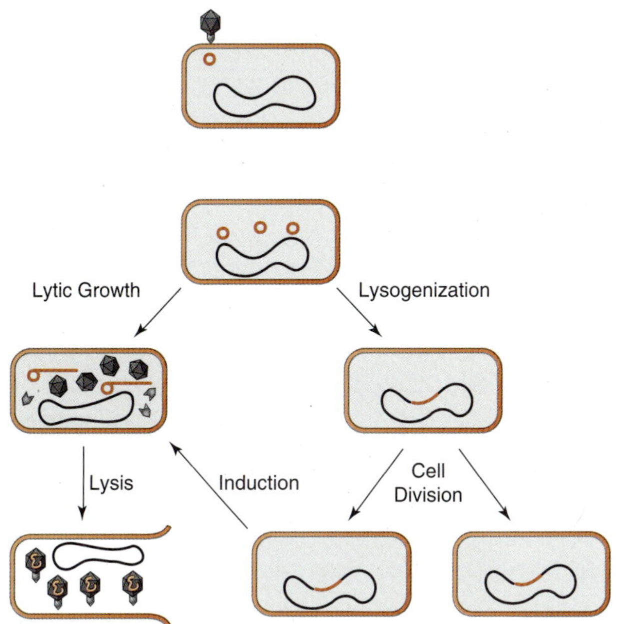

그림 8.1 λ의 생활주기. λ 파지 입자가 박테리아 세포에 감염한다. 파지 DNA는 주황색, 파지의 머리는 6각형, 꼬리는 총알 모양 그리고 박테리아 염색체는 검은색의 환형 물결선으로 나타내었다. 감염은 용균성 감염(바이러스 생성과 세포 용균) 혹은 용원성 감염(바이러스 DNA의 삽입과 세포의 계속적인 성장)으로 진행된다. 유도는 용원성에서 용균성 감염으로의 전환을 의미한다.

1922년에 한 대장질환 환자에서 *E. coli*의 표준 K-12 실험실 균주가 분리되었다. 그 뒤 1951년에 우연히 K-12가 λ 프로파지를 가진다는 것이 밝혀졌다. Esther Lederberg는 K-12 (λ^+) 배양액 상등액과 λ 프로파지를 상실한 K-12에서 유래한 균주(λ^-)를 한천 배지에 도말하였다. 그 결과 K-12 (λ^-) 박테리아 론(bacterial lawn)에서 K-12 (λ^+) 배양 상등액에서 유래한 λ가 형성한 용균반이 관찰되었다.

1950년대 후반에 Dale Kaiser는 용원화(lysogeny) 확립에 관여하는 유전자들을 연구하기 시작하였다. 한편 Allan Campbell은 조건적 치사 돌연변이를 가지는 여러 돌연변이체들을 분리하였다. 1961년에 Campbell은 원형의 λ 게놈과 박테리아 염색체 사이에 부위-특이적인 재조합이 일어나 프로파지가 박테리아 염색체에 삽입된다고 제안하였다.

1963년에 Alfred Hershey와 Hans Ris는 λ 게놈의 말단부가 서로 결합하여 환형 분자를 만든다는 것을 밝혀내었다. 1971년에 Wu와 Kaiser는 접착성 양 말단은 서로 상보적인 단일-가닥이며 각 λ DNA 가닥의 5′ 말단에서 12 bp 돌출되어 있다고 주장하였다. 1982년 Fred Sanger는 48,502 bp에 해당하는 λ DNA 분자의 서열을 발표하였다. 유전자 지도(그림 8.2)는 λ 유전자들이 기능성 구획으로 배열되어 있음을 보여 준다. 예를 들면, 10개의 머리 조립 유전자들의 뒤에 11개의 꼬리 조립 유전자들이 위치한다.

파지의 흡착과 DNA 진입은 당 수송에 관여하는 세포 단백질들에 의존한다

감염은 파지가 세포 표면에 결합하여 DNA를 세포 내로 주입함으로써 시작된다. λ 꼬리의 말단부(그림 8.3)에는 J 단백질로 구성된 하나의 섬유가 있다. J는 λ 감염에 대해 감수성을 부여하기 때문에 LamB라고 명명된 *E. coli*의 외막 단백질에 결합한다. LamB는 맥아당과 맥아당 올리고당의 수송에 관여하는 맥아당(maltose)-유도성 포린(porin) 단백질이다. 꼬리를 통하여 λ DNA를 주입하기 위해서는 또 다른 당 수송체계의 원형질막 성분인 만노스 투과효소(mannose permease)가 필요하다. λ DNA가 어떻게 그람-음성 세균인 *E. coli*의 외부 및 내부 지질막 그리고 주변 세포질(periplasm)을 통과하는지는 분명하지 않다.

세포 내로 주입된 λ DNA는 말단의 *cos*("cohesive") 서열을 통하여 환형으로 전환되고 숙주의 DNA 이음효소에 의하여 밀봉된다. 그 다음에 숙주의 RNA 중합효소에 의해서 억제자 유전자 *cI*의 양쪽에 위치한 두 개의 프로모터들, 즉 P_L과 P_R로부터 전사가 왼쪽과 오른쪽으로 시작

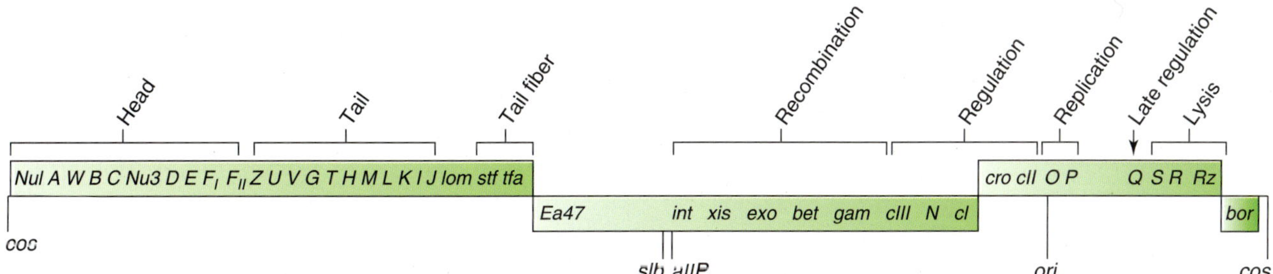

그림 8.2 λ DNA의 유전자 지도. 유전자들이 기능적인 집단을 이루고 있다. 중앙 선 위의 상자 속 유전자들은 왼쪽에서 오른쪽으로 전사되고 아래쪽의 유전자들은 오른쪽에서 왼쪽으로 전사된다. *cos*: 접착성 말단 부위; *sib*: 전사 종결 서열을 암호화하는 부위이며 만약 항종결이 이루어지면 RNAse III의 공격 부위로 작용함; *attP*: 삽입을 위한 파지 부착부위; *ori*: DNA 복제원.

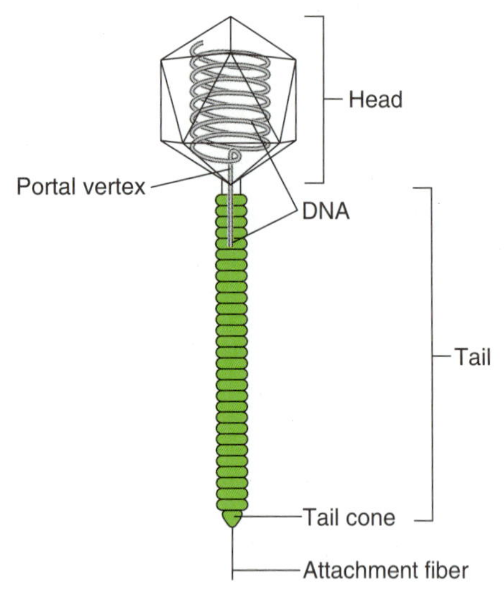

그림 8.3 λ 비리온의 모식도. DNA는 캡시드 내에 회색의 코일로 나타내었다.

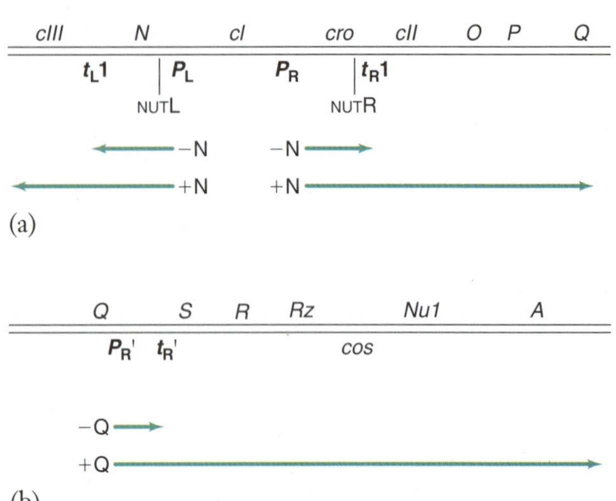

그림 8.4 용균성 전사 프로그램. 이중선 위에 단백질들을 암호화하는 유전자들을 나타내었고 이중선 아래에는 프로모터와 종결자들을 나타내었다. (a) P_L과 P_R에서 시작된 전초기 전사(−N)와 N-항종결 초기 전사(+N). (b) P_R' 전사물의 Q-의존적 항종결에 의한 후기 전사(유전자 A를 지나 모든 후기 유전자들에 이르도록 계속됨).

된다(그림 8.4).

λ의 용균성 전사 프로그램은 게놈의 특정 부위에서 일어나는 RNA 합성의 종결과 항종결에 의하여 조절된다

P_L과 P_R로부터 만들어진 전사물들은 *N*과 *cro* 유전자를 발현한다. 이들은 "전초기(immediate-early)" 전사물들로서 전사종결자인 t_L1과 t_R1(그림 8.4a)에서 끝난다. N 단백질은 전사 항종결인자(antiterminator)로서 4가지 숙주 단백질들과 함께 RNA 중합효소를 변형시켜 P_L과 P_R에서 시작된 전사가 더 이상 종결되지 않도록 한다. N은 NUT(*N-utilization*)라고 부르는 특정 mRNA 서열에 결합한다(그림 8.4a). NUT 서열은 P_L과 P_R로부터 만들어진 전사물들에만 존재하므로 이들의 종결만이 N에 의해 억제된다. N은 HIV의 Tat 단백질과 유사한 메커니즘으로 작용한다.

일단 N이 충분한 양으로 만들어지면 "초기(early)" 전사가 일어날 수 있다. N에 의하여 변형된 RNA 중합효소는 종결자 t_L1과 t_R1을 무시하고 전사를 계속한다. P_L에서 시작된 전사가 N에 의하여 종결이 억제되면 왼쪽으로 일반적인 재조합 유전자들인 *xis, bet*와 *exo*를 거쳐 부위-특이적인 재조합 부위인 *attP*를 지나 *Ea47*까지 연장된다(그림 8.2와 8.4a). 또한 P_R에서 시작된 전사가 N에 의하여 종결이 억제되면 *CII*와 복제 유전자인 *O*와 *P*를 거쳐 후기 유전자 촉진인자를 암호화하는 유전자 *Q*까지 연장된다.

Q는 또 다른 전사 항종결인자이다. P_R' 프로모터는 항상 t_R'에서 끝나는 짧은 전사물을 발현한다. Q가 이 짧은 P_R' 전사물의 종결을 억제하면 세포 용균, 머리, 꼬리 및 꼬리섬유 조립 유전자들을 위한 매우 긴(~25 kb) 후기 유전자 전사물이 만들어진다. 원래는 게놈의 왼쪽에 위치하던(그림 8.2) 후기 구조 유전자들은 λ DNA의 환형화로 DNA의 오른쪽 끝에 연결되어 이와 같은 긴 후기 전사물

CRISPR 요소

최근 약 절반 정도의 염기 서열이 결정된 박테리아 게놈에서 파지 감염에 저항성을 부여하는 일종의 유전 요소들이 발견되었다. 이러한 저항 요소들을 clustered, regularly interspersed short palindromic sequences 혹은 간략히 CRISPR이라고 한다. 하나의 CRISPR 요소는 여러 개의 단백질 암호화 유전자들과 25–75 bp 길이의 직반복서열 그리고 어떤 경우에는 짧은 회문서열을 포함한다. 직반복서열은 25–50 bp 길이의 비반복 간격 서열과 교대로 나타난다. 흥미롭게도 비반복 간격 부분에서 박테리오파지 게놈 서열과 일치하는 서열들이 발견되었다.

실험결과에 의하면 CRISPR을 포함하는 세포가 박테리오파지에 감염되면 파지 염색체에서 유래하는 짧은 DNA 서열이 가공되어 CRISPR 요소의 간격 서열에 삽입된다. 이러한 파지 서열을 획득한 숙주세포는 파지 감염에 저항성을 획득한다. CRISPR 요소는 파지 서열을 포함하는 RNA를 발현하고 이는 안티센스 RNA로 작용하여 파지 mRNA의 번역을 저지하는 것으로 여겨진다. 이와 같이 독특한 파지 저항 메커니즘을 자세히 이해하려면 더 많은 연구가 필요하다.

이 만들어질 수 있다. P_R에서 시작된 전사가 N에 의하여 종결이 억제되어도 *Q* 유전자를 지나 후기 유전자들에 도달할 수 있다. 이러한 전사는 P_R'에서 Q의 도움으로 이루어지는 전사의 약 20%에 해당한다.

CI 억제자는 3개의 인접한 프로모터들 (P_L, P_R, P_{RM})을 조절하여 용균성 프로그램의 발현을 억제한다

λ가 대수증식기의 활발한 세포에 감염하면 파지는 대부분의 세포들에서 용균성으로 복제한다. 그러나 대사활동이 부진한 정지기의 세포에 감염하면 λ는 대부분의 감염 세포들에서 용원화된다. 용균성 혹은 용원성 감염의 결정은 용균성 유전자들의 전사를 중단시키는 억제자의 양에 좌우된다. 이 억제자가 유전자 *cI*의 산물인 CI 단백질이다.

먼저 프로파지에서의 억제자 합성에 대하여 살펴보자. **작동자(operator)**라고 하는 3개의 억제자-결합부위들은 P_L과 P_R 프로모터와 중첩되어 있다. P_R에서의 작동자 배열은 그림 8.5a와 b에 제시되어 있다. P_L도 이와 비슷하게 배열된 3개의 작동자를 가진다(그림 8.5c). CI은 2량체로 다음과 같은 친화력으로 작동자에 결합한다: $O_R1 > O_R2 = O_R3$. CI 2량체의 결합은 쌍으로 협동성을 나타낸다. 즉, 한 CI 2량체가 O_R1에 결합하면 두 번째 CI 2량체가 O_R2에 쉽게 결합할 수 있다. 이는 두 억제자 2량체들 사이의 단백질-단백질 상호작용을 통하여 가능하다(그림 8.5b).

O_R1과 O_R2는 P_R의 –10과 –35 서열과 중첩되어 있으므로 이들 작동자에 결합한 CI은 P_R로부터의 전사를 저지한다. CI 2량체는 쌍으로만 협동성을 나타내기 때문에 O_R1과 O_R2에 협조적으로 결합한 억제자들은 O_R3에의 억

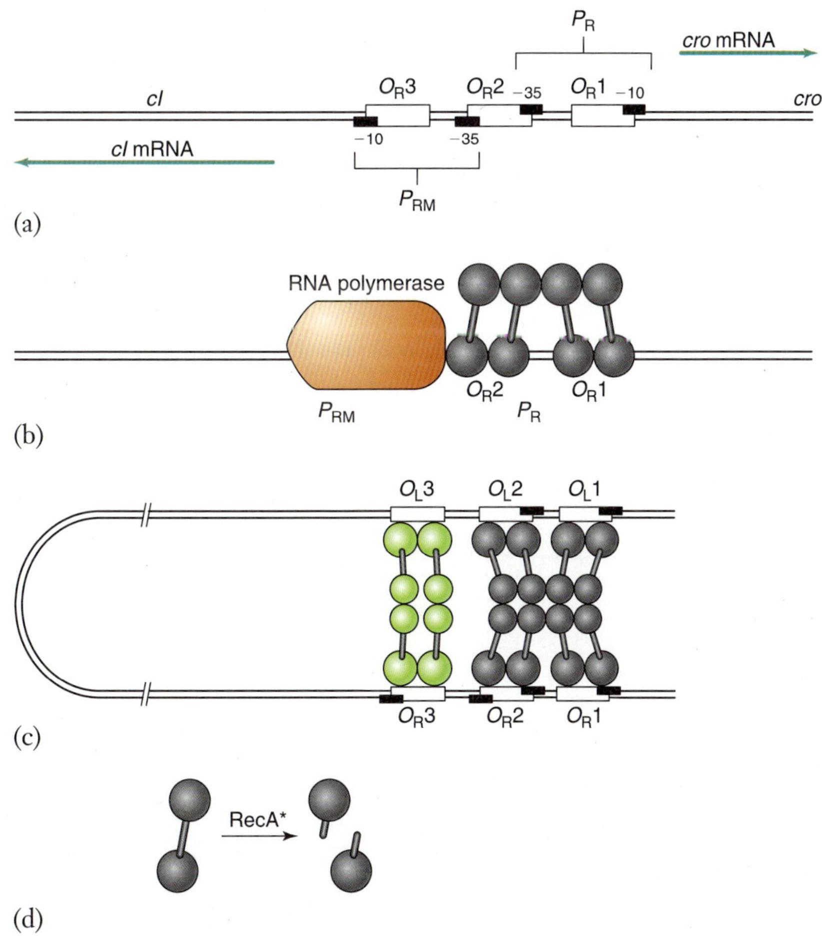

그림 8.5 P_{RM}**과** P_R**에서의 전사와 전사 억제.** (a) CI과 Cro의 암호화 영역. 상자들은 CI 억제자의 결합을 위한 작동자 부위들을 나타낸다. 프로모터 P_{RM}과 P_R이 위치와 이들의 –10 및 –35 상자들을 괄호로 나타내었다. 청색 화살표는 P_{RM}(CI) 및 P_R(Cro) 전사물들을 나타낸다. (b) CI 프로파지 억제자에 의한 P_{RM}의 활성화. CI 단량체들을 아령으로 나타내었으며 RNA 중합효소는 기다란 주황색 화살표로 나타내었다. (c) CI 억제 고리. 위쪽 팔은 P_L이고 아래쪽 팔은 P_{RM}–P_R 영역이다. 긴 협동적인 상호작용으로 형성된 CI 8량체를 회색으로 나타내었다. O_L3과 O_R3에서 CI 2량체의 협동적인 상호작용은 P_{RM}의 억제에 필요하다; 이 2량체들을 옅은 녹색으로 나타내었다. (d) CI의 절단은 활성화된 RecA 단백질에 의하여 촉진된다.

제자 결합을 돕지 못한다. CI이 협동성을 발휘하기 위해서는 억제자들이 서로를 향하여 기울어져 있어야 되는 것 같다. O_R2의 CI은 O_R1의 CI 쪽으로 기울어져 있으므로(그림 8.5b) O_R3의 세 번째 억제자와 상호작용할 수 없다.

억제자 유지를 위한 프로모터인 P_{RM}은 P_R 근처에 위치하지만 이와 반대 방향으로 전사를 시작한다(그림 8.5a); 이 프로모터는 *cI* mRNA의 전사를 지시한다. P_{RM}은 약한 프로모터이지만 프로파지에서 활성화되어 P_L과 P_R을 억제하기에 충분한 CI 억제자를 생성한다. O_R2에 결합한 CI은 P_{RM} 근처에 위치하므로 RNA 중합효소와 쉽게 접촉할 수 있다(그림 8.5b); 이러한 접촉은 P_{RM}을 훨씬 더 좋은 프로모터로 만든다. 즉, CI이 자신의 유전자를 활성화시키므로 프로파지 상태의 유지에 필요한 충분한 양의 억제자가 만들어진다. 그러나 CI의 농도가 매우 높아지면 O_R3에도 결합하기 때문에 CI 농도가 다시 정상수준으로 회복될 때까지 P_{RM}으로부터의 전사는 중단된다.

P_{RM}을 효과적으로 억제하기 위해서는 O_R1과 O_R2에 결합한 CI 4량체와 O_L1과 O_L2에 결합한 CI 4량체 사이의 장거리에 걸친 상호작용이 필요하다. 이러한 상호작용으로 CI 8량체가 형성된다. 8량체의 형성으로 커다란 (2.4 kb) DNA 고리가 만들어진다. 이러한 고리화로 O_R3과 O_L3이 서로 가까워져 CI 2량체의 협동적인 상호작용이 가능해진다(그림 8.5c). 이로 인하여 P_{RM}이 억제된다. 따라서 P_{RM}이 효과적으로 억제되려면 CI 8량체의 형성을 위한 O_R1, O_R2, O_L1 및 O_L2에서의 CI 8량체 형성과 O_R3 및 O_L3에서의 CI 4량체 형성이 필요하다. CI의 O_R 작동자 결합은 표 8.1에 요약되어 있다.

손상된 DNA를 가지는 세포에서 CI 억제자의 절단은 프로파지 유도를 초래한다

용원 내의 프로파지 λ는 유도되어 용균성 성장을 시작할 수 있다. 유도(induction)는 λ가 손상된 세포에서 탈출하여 보다 나은 세포로 이동하기 위한 수단이다. 유도는 자외선이나 다른 요인에 의하여 DNA가 손상된 세포에서 일어날 수 있다. 피리미딘 2량체와 같은 손상된 뉴클레오티드들은 세포의 절단 회복계(excision repair system)에 의하여 제거된다. 이 과정에서 세포의 생존을 돕기 위하여 발현이 유도되는 유전자들은 **SOS 유전자**라고 한다. 손상되지 않은 세포에서는 SOS 유전자의 발현이 세포의 LexA 억제자에 의하여 저해된다.

SOS 유전자들의 발현은 다음과 같이 유도된다. 절단회복효소가 단일-가닥 DNA 올리고뉴클레오티드를 자르면 이에 세포의 RecA 재조합 단백질이 결합하고 활성화되어 "보조프로테아제(coprotease)" 활성을 획득한다. 약한 자가 프로테아제(autoprotease) 활성을 가지는 LexA 억제자가 활성화된 RecA 단백질과 결합하면 그 활성이 향상된다. 이와 같이 활성화된 LexA 억제자는 자신을 두 영역으로 절단하여 억제자 활성을 상실하므로 SOS 유전자들의 전사가 유도될 수 있다.

λ CI 억제자는 LexA와 매우 유사하다; 둘 다 2개의 구형 영역들과 이들의 연결부위로 이루어져 있다. CI의 약한 자가 프로테아제 활성이 활성화된 RecA에 의하여 촉진되면 CI의 연결부위가 절단되어 불활성화된다(그림 8.5d). CI이 불활성화되면 P_R과 P_L로부터의 전사가 가능해지고 초기 유전자들인 *cro*와 *N*의 전사가 일어난다. P_L로부터의 전사 종결이 N에 의하여 억제되면 Xis("excision")과 Int("integration")가 발현되어 박테리아 게놈에서 프로파지 DNA가 절단되고 용균성 전사 패턴이 확립된다.

Cro 억제자는 CI 합성을 억제하고 초기 유전자 전사를 조절한다

CI이 용원성 상태의 확립과 유지에 이용되는 억제자인 것처럼 2량체인 Cro도 CI의 합성을 막아 용균성 감염을 확립하고 조절하는 억제자이다. Cro는 CI 억제자와 동일

표 8.1 CI과 Cro 억제자에 의한 P_{RM}과 P_R의 조절

		Occupancy at operator			*Activity of promoter*	
Protein	Concentration	O_R3	O_R2	O_R1	P_{RM}	P_R
CI	None	–	–	–	Weak	On
	Low	–	+	+	Activated	Off
	High	+	+	+	Off	Off
Cro	None	–	–	–	Weak	On
	Low	+	–	–	Off	On
	High	+	+	+	Off	Partially off

한 작동자에 결합하지만 친화력에서 차이를 나타내며 협동성도 나타내지 않는다. Cro의 작동자 친화력은 $O_R3 > O_R2 = O_R1$ 순이다. 감염 초기나 용원 유도에 의한 용균성 성장의 초기에는 Cro가 O_R3에 결합하여 P_{RM}을 억제한다. 이는 CI의 발현을 저지하고 감염 세포를 용균성 성장으로 이끈다. 용균성 성장의 후기에 충분한 Cro가 축적되면 O_L1과 O_L2와 더불어 O_R1과 O_R2에 부분적으로 결합한다. Cro에 의한 P_L과 P_R의 부분적인 저해는 이미 용균성 감염의 진행을 위해 충분히 축적된 초기 단백질의 합성을 줄인다. Cro의 O_R 작동자 결합은 표 8.1에 요약되어 있다.

용균성 혹은 용원성 감염의 선택

λ 게놈이 처음 세포에 주입될 때는 어떠한 억제자도 세포에 존재하지 않는다. 만약 CI이 자신의 유전자를 활성화시킨다면 P_{RM}을 처음 활성화시키는 억제자는 어떻게 만들어지는가? λ는 두 번째 *cI* 프로모터를 포함하는 체계를 가지고 있어 P_{RM}의 활성화에 필요한 CI 억제자를 제공한다.

억제확립(repression establishment)을 위한 프로모터인 P_{RE}는 P_{RM}의 활성화에 필요한 소량의 CI 억제자를 만드는 데 이용된다. P_{RE}는 *cro* 유전자의 아래쪽에 위치하며 P_{RE}에서 시작한 RNA 중합효소는 *cI*를 전사하기에 앞서 *cro*를 거꾸로 전사한다(그림 8.6). 안티센스 *cro* 전사물은 센스 *cro* 전사물과 짝을 이루어 Cro의 발현을 억제한다. P_{RE} 전사물에서 만들어지는 CI의 양이 용균성 혹은 용원성의 선택에 결정적인 인자로 작용한다. 충분한 CI이 만들어지면 P_R과 P_L이 불활성화되고 P_{RM}이 활성화되어 더 많은 CI이 생성되므로 용균성 주기가 안정하게 억제된다. 반면에 CI의 양이 충분하지 못하면 용균성 프로그램이 시작된다.

P_{RE}로부터 생성되는 CI의 양은 P_{RE}의 활성인자인 CII에 의하여 결정된다. *Cro*의 바로 아래쪽에 위치한 *cII* 유전자(그림 8.6)는 P_R 프로모터에서 전사되며 N 항종결자의 도움을 받는다. 낮은 수준의 CI에 의하여 활성화되는 P_{RM}처럼(표 8.1), P_{RE}도 CII에 의하여 활성화되는 약한 프로모터이다. 결론적으로 P_{RE}로부터 생성되는 CI의 양이 CII의 양에 의존하므로 세포내 CII 단백질의 양이 용균성 혹은 용원성 감염을 최종적으로 결정하는 인자이다.

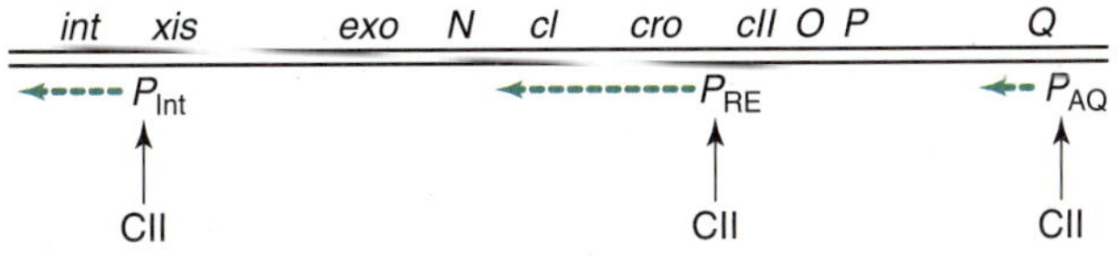

그림 8.6 용원화 상태에서 CII에 의하여 활성화되는 프로모터들.

P_{RE}의 활성화 이외에도 CII는 두 가지 프로모터들을 추가로 활성화시킨다(그림 8.6). P_{Int}는 λ 프로파지를 박테리아 염색체에 삽입시키는 부위-특이적 재조합효소(recombinase)인 Int를 암호화하는 유전자의 프로모터로서 CII-의존적이다. P_{Int}는 세포 염색체에서 λ 프로파지의 절제에 관여하고 용원화과정에는 발현되지 않는 *xis* 유전자의 암호화 영역에 위치한다. 세 번째 CII-활성화 프로모터인 P_{AQ}는 유전자 Q에 위치한다. P_{AQ}에서 시작된 전사는 Q의 안티센스 전사물을 생성하므로 Q의 발현을 낮추어 후기 유전자의 발현을 억제한다.

CII의 양이 용균성 혹은 용원성 감염을 결정한다면 CII는 무엇에 의하여 조절되는가? CII는 숙주세포의 프로테아제에 의하여 불활성화되며 반감기가 수분에 지나지 않는다. 이는 물질대사가 불활성화된 세포보다 활성화된 세포에서 더 불안정하다. CII의 안정성은 숙주의 프로테아제를 저해하는 CIII에 의하여 향상된다. 이와 같은 CII, CIII 그리고 프로테아제의 상호작용은 아직 완전히 규명되지 않았다. 하지만 CII의 양, 즉 용원화로의 결정은 세포의 대사 상태와 분명히 관련되어 있다. 세포 수준에서 보면, 용원화를 위해서는 세포가 하나 이상의 파지에 감염되어야 하며 세포의 크기가 클수록 용원화 경향은 낮아진다.

요약

다음과 같이 용균/용원의 결정을 요약할 수 있다. 감염과정에서 P_L과 P_R로부터 전초기 유전자들의 전사로 N과 Q가 생성된다. N에 의한 전사 종결의 억제로 CII와 CIII 그리고 재조합 및 복제 단백질 등을 포함하는 초기 유전자들의 발현이 일어난다. 이 시점에서 CII의 양에 따라서 두 가지 경로로 갈라진다.

만약 숙주세포의 물질대사가 활성화되어 있으면 불안정한 CII의 농도가 낮아져서 P_L과 P_R을 억제하기에는 불충분한 CI이 생성된다. P_L과 P_R로부터 전사가 계속되면 후기 유전자 활성인자인 Q를 포함한 초기 단백질들이 높은 수준으로 발현되어 감염 세포의 90% 이상에서 용균성 감염주기가 일어난다.

반면에 만약 숙주세포의 물질대사가 불활성화 상태에 있으면 CII가 안정화되어 P_L과 P_R을 충분히 억제할 수 있는 양의 CI이 생성된다. 따라서 초기 단백질들(Cro와 CII를 포함하여)의 생성이 중단되고 CI의 프로파지 발현을 위하여 P_{RM}이 활성화된다. CII에 의하여 활성화된 P_{Int}로부터 생성된 Int가 λ 염색체를 박테리아 염색체에 삽입시킨다. CII가 분해됨에 따라서 P_{RE}, P_{Int}, 그리고 P_{AQ}는 불활성 상태로 되돌아간다. P_{RM}으로부터 생성된 CI이 프로파지의

표 8.2 λ 프로모터들의 활성

Promoter	Phase of growth cycle	Genes transcribed	Control mechanism
P_R	Prophage	None	Repressed by CI
	Immediate early	*cro*	Terminated at t_R1
	Early	*cro*, *cII*, *O*, *P*, *Q*	Antiterminated by N
	Late	*cro*, *cII*, *O*, *P*, *Q* (reduced levels)	Repressed by Cro
P_L	Prophage	None	Repressed by CI
	Immediate early	*N*	Terminated at t_L1
	Early	*N*, *cIII*, recombination genes	Antiterminated by N
	Late	*N*, *cIII*, recombination genes (reduced levels)	Repressed by Cro
P_R'	Prophage	None	Terminated at t_R'
	Immediate early	None	Terminated at t_R'
	Early	Lysis and structural protein genes (low)	Antiterminated by N
	Late	Lysis and structural protein genes (high)	Antiterminated by Q
P_{RE}	Prophage	*cI*, anti-*cro* (very low)	Weak constitutive activity
	Immediate early	*cI*, anti-*cro* (very low)	Weak constitutive activity
	Early	*cI*, anti-*cro* (high)	Activated by CII
	Late	*cI*, anti-*cro* (very low)	Weak constitutive activity
P_{RM}	Prophage	*cI* (moderate)	Activated by CI
	Immediate early	*cI* (very low)	Weak constitutive activity
	Early	None	Repressed by Cro
	Late	None	Repressed by Cro
P_{int}	Prophage	*int* (low)	Weak constitutive activity
	Immediate early	*int* (low)	Weak constitutive activity
	Early	*int* (high)	Activated by CII
	Late	*int* (low)	Weak constitutive activity
P_{AQ}	Prophage	Antisense *Q* (low)	Weak constitutive activity
	Immediate early	Antisense *Q* (low)	Weak constitutive activity
	Early	Antisense *Q* (high)	Activated by CII
	Late	Antisense *Q* (low)	Weak constitutive activity

억제 상태를 유지한다. 정지기 상태의 세포들이 감염되면 90% 이상이 용원화된다.

박테리아 염색체 내로의 프로파지 DNA의 삽입

프로파지 상태로 안정하게 유전되기 위해서는 원형화된 λ 게놈이 박테리아 염색체 내로 삽입되어야 한다; 삽입되지 않은 비복제성 분자는 세포가 분열함에 따라서 희석되어 사라질 것이다. 따라서 λ는 자신의 게놈을 박테리아 게놈에 삽입시키고 적절한 시기에 이를 다시 잘라내기 위한 부위-특이적 재조합계를 가진다(그림 8.7). Int는 파지의 *int* 유전자 근처에 위치한 *attP* 부위와 박테리아의 galactose(*gal*)와 biotin(*bio*) 오페론 사이에 위치한 *attB* 부위 간의 교차를 촉매하는 파지 단백질이다. *attP*는 약 250 bp의 길이로 다수의 Int 결합부위를 가지는 반면에 *attB*는 길이가 약 25 bp에 불과하다. *attP*는 세 부위를 나타내기 위하여 POP′으로 표시하기도 한다. O는 *attP*와 *attB* 모두에서 발견되는 15 bp 길이의 “코어” 서열로서 DNA 교차

표 8.3 λ 조절 유전자 산물들의 역할

Gene product	Action	Result
CI	Represses P_R and P_L	Shuts off early transcription, excludes exogenous λ phages ("immunity")
	Activates P_{RM}	Maintains CI expression during lysogeny
	At high concentration, represses P_{RM}	Controls CI levels during lysogeny
Cro	Represses P_{RM}	Shuts off CI expression during lytic growth
	Turns down P_R and P_L	Reduces early transcription during late phase
CII	Activates P_{RE}	Turns on CI expression, directs cell to lysogeny
	Activates P_{int}	Makes Int protein, leads to prophage integration
	Activates P_{AQ}	Reduces Q expression, lowers late transcription
CIII	Blocks proteolysis of CII	Directs cell to lysogeny
N	Antiterminates at t_R1, t_L1, and downstream terminators	Activates early transcription from P_R and P_L
Q	Antiterminates at t_R'	Activates late transcription from P_R'

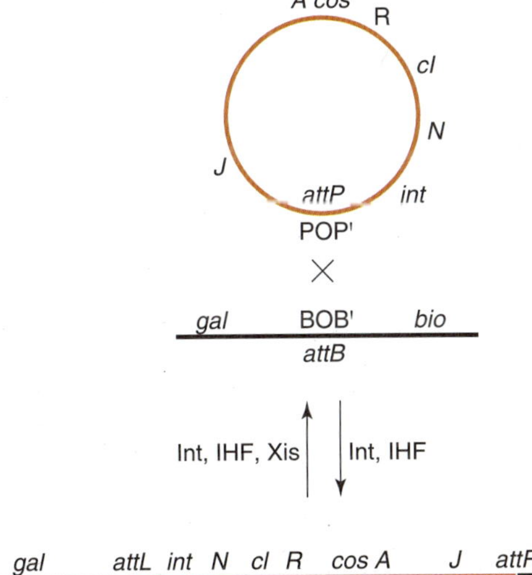

그림 8.7 **λ DNA의 삽입과 절제.** 환형의 λ DNA와 *E. coli* 염색체의 *attP*와 *attB*를 나란히 배열하였다. 삽입(아래쪽 화살표)과 절제(위쪽 화살표)는 화살표 옆에 나타낸 단백질들에 의하여 촉매된다. *attL*과 *attR*의 사이에 삽입된 λ DNA를 주황색으로 맨 아래에 나타내었다.

반응이 일어나는 부위이다. *attP* 코어의 양 옆에는 P와 P′ 팔들이 있다.

Int는 *attP*의 팔과 코어에 있는 두 개의 서로 다른 DNA 서열 모티프에 결합한다. Int는 팔 서열에 더 강하게 결합한다; 팔에는 *E. coli* DNA 굽힘 단백질인 IHF의 결합부위도 있다. 이 단백질이 팔을 굽히면 Int가 코어 서열과 접촉할 수 있다. 이렇게 형성된 복합체를 **인타솜(intasome)**이라고 한다. 인타솜에서 일부 Int 단백질들은 자유로운 결합영역을 가진다; 이러한 자유로운 모티프들이 박테리아 염색체의 *attB* 부위에 위치한 코어 서열과 결합하여 인타솜이 *attB* 부위를 붙잡을 수 있게 된다. 그 다음, 교차가 일어나고 λ 게놈이 박테리아 염색체 내로 삽입된다.

프로파지/숙주세포 상호작용

"용원성 전환"은 통합된 프로파지가 억제자 이외에 숙주세포의 표현형에 영향을 미치는 하나 혹은 그 이상의 유전자를 발현하는 현상이다. 이 유전자 산물들은 제한계, 항생제 저항성 혹은 독소 등으로 작용한다. 예를 들면, 많은 장관 출혈성 대장균(enterohemorrhagic *E. coli*, EHEC) 균주들은 숙주의 병원성을 상당히 향상시키는 쉬가(shiga)-유사 독소를 발현하는 λ-유사 프로파지를 가진다.

이러한 전환 유전자들의 대부분은 프로파지의 통합/절제 과정에서 프로모터, 열린 해독틀 그리고 전사종결자로 이루어진 유전자 카세트가 파지 게놈에 추가된 것으로 여겨진다. λ의 경우에는 lom과 bor 유전자가 외부 막 단백질들을 암호화한다. 머리 껍질 안정화 단백질을 암호화하는 D 유전자도 λ의 조상 파지가 이러한 방식으로 유전자를 획득한 것 같다. 유전자 D는 프로모터를 상실하였지만 전사종결자는 유지하고 있다.

박테리아 염색체로부터 λ DNA의 절제

λ 프로바이러스의 삽입에 관여하는 Int와 IHF 단백질 이

외에 절제 단백질(excision protein)인 Xis가 역반응 즉, 통합된 λ 프로파지에서 환형의 DNA를 생성하는 과정에 관여한다. 통합과정에서 일어난 *attP-attB* 교환으로 *att* 서열들이 섞여서 프로파지 DNA와 박테리아 염색체의 왼쪽과 오른쪽 연접부위에 각각 *attL*(BOP′)과 *attR*(POB′)이 생성된다(그림 8.7). 프로파지가 유도되면, P_L로부터 시작된 mRNA의 종결이 N에 의하여 억제되어 Int와 Xis가 만들어지고, Xis는 *attR*의 P 팔에만 있는 부위에 결합한다. *attL*(IHF, Int)과 *attR*(Int, IHF, Xis)에 조립된 핵단백질(nucleoprotein) 구조물들이 합쳐지면서 바이러스 DNA가 잘려나간다.

λ-유사 파지인 N15의 프로파지 DNA는 선형이고 숙주 염색체에 삽입되지 않는다; 이러한 선형의 플라스미드는 *E. coli*에서 흔하지 않다. λ와 같이 N15 비리온 DNA도 접착성 말단을 가지고 세포 내로 주입되면 환형으로 전환된다. 그러나 N15는 *attP*와 Int 단백질 대신에 *telRL* 부위와 **텔로머라제(telomerase)** 효소를 가진다. 이 효소는 *telRL*에서 dsDNA를 자르고 그 결과로 생겨난 말단부를 밀봉하여 이중-가닥의 양 끝이 공유결합으로 닫힌 머리핀을 생성한다. 프로파지의 유도가 일어나면 이 말단들은 열려서 연결되어 *telRL* 부위를 다시 만드는 것 같다.

Int 합성은 역조절에 의하여 제어된다

용균성 성장의 유도로 프로파지의 절제가 일어나고 나면 높은 수준의 Int는 더 이상 필요하지 않다. 또한 용균성 감염과정에서도 Int는 필요하지 않다. 용균성 성장과정에서 Int의 발현은 역조절(retroregulation) 메커니즘에 의하여 제한된다. *int* 유전자 아래쪽에 있는 *attP* 부위 바로 뒤에 *sib*으로 명명된 부위(그림 8.2)가 전사 종결 서열을 포함한다. P_L에서 시작된 전사가 N에 의하여 종결이 억제되어 RNA 중합효소가 *sib* 서열을 통과하면, mRNA는 이중-가닥 RNA-특이적 RNAse III의 작용 부위인 SIB이라는 머리핀 구조를 형성한다(그림 8.8; 단편 1과 2는 단편 3과 4와 짝을 이룬다).

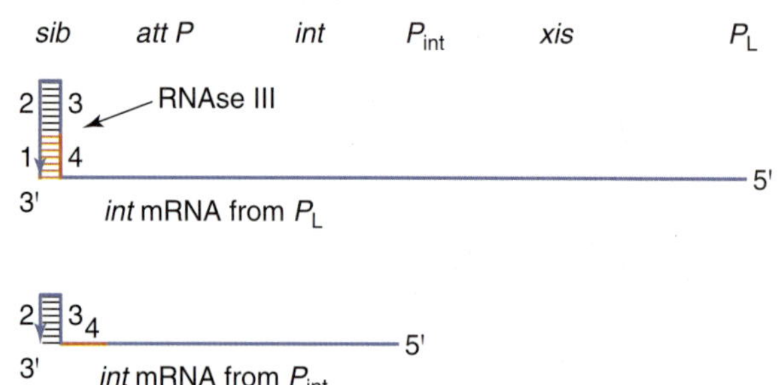

그림 8.8 int 합성의 역조절. P_L로부터 만들어지는 int mRNA의 3′ 끝에 있는 머리핀 1, 2/3, 4는 RNAse III에 의하여 절단될 정도로 충분히 길어 불안정하지만 P_{int}로부터 만들어지는 int mRNA의 3′ 끝에 있는 머리핀 2/3은 RNAse III에 의하여 절단되지 않아 더 안정하다.

RNAse III가 SIB 머리핀을 절단하면 인접한 *int* 암호화 서열까지 mRNA가 분해되어 Int 단백질의 발현이 제한된다. 반면에 N에 의하여 종결이 억제되지 않는 P_{Int}에서 시작된 전사는 *sib*의 단편 1 앞에서 끝난다. 이 RNA는 완전한 SIB 머리핀을 형성할 수 없으므로 RNAse III에 의하여 절단되지 않아 더 안정하다. 따라서 용원화과정에서 CII에 의하여 활성화된 P_{Int}로부터의 Int 발현은 역조절에 의하여 제한되지 않는다. 또한 프로파지 상태에서는 *sib*이 *attP*에서의 부위-특이적 재조합으로 *int*로부터 분리되어 있다. 즉, *sib*은 프로파지가 절제된 이후에만 *int*의 아래에 위치한다. 따라서 프로파지 DNA에서는 P_L로부터의 전사가 N에 의해 항종결되더라도 역조절의 대상이 아니기 때문에 프로파지의 절제를 위한 충분한 양의 Int와 Xis가 생성될 수 있다.

λ DNA 복제는 O와 P에 의해 지시되지만 숙주세포 단백질들에 의해 진행된다

초기 유전자 *O*와 *P*의 발현은 λ DNA의 복제를 유도한다. O 단백질은 복제원 *ori*λ(실제로는 *O* 유전자 내에 위치함)의 여러 부위에 결합하여 핵단백질 구조인 "O-some"을 형성한다. 그 결과로 인접한 AT-풍부 단편의 두 가닥이 풀어진다. P 단백질은 *E. coli*의 복제 헬리카아제인 DnaB를 O-some으로 끌어온다. DnaB를 끌어오는 과정에서 P는 DnaB와 매우 강하게 결합하기 때문에 P를 O-some에서 떼어내기 위해서는 *E. coli* 샤페론 단백질인 DnaJ와 DnaK가 필요하다.

그 다음에 DNA 복제를 위한 성장점이 *E. coli* 복제 단백질들에 의하여 만들어진다. 분리된 DNA 가닥에 RNA 프라이머가 만들어지고 DNA 중합효소가 이 프라이머를 연장하여 DNA 복제를 시작한다. 용균/용원 결정이 이루어지기 전인 감염 초기에는 양방향 복제에 의하여 환형의 자손 DNA가 생성된다. 이는 용균 성장과정에서 회전환 복제(rolling circle replication)로 전환된다. 이러한 방식으로 연쇄체(concatemer)인 긴 이중-가닥 DNA가 만들어진다.

λ 머리의 조립에 샤페론과 발판 단백질이 관여한다

비리온의 제조에는 수많은 λ 단백질들이 관여한다. 일부는 머리와 꼬리 형성에 바로 이용되지만 일부는 중간에 절단되고 일부는 성숙한 비리온에는 포함되지 않는 **발판 단백질(scaffolding protein)**로 이용된다. 정20면체형 캡시드의 조립은 "문 단백질(portal protein)"인 B의 도넛-모양 12량체에서 시작된다. C와 E의 단백질 융합반응으로 형성되는 X_1과 X_2 단백질이 B에 소량 첨가되어 B가 변형된다. X_1과 X_2 단백질은 B 도넛에 "부싱(bushing)"을 형성하고 이에 E가 결합하여 머리껍질이 형성되는 것 같다.

숙주의 GroES와 GroEL 샤페론 복합체는 꼭지점 문(portal vertex)의 형성을 돕는다. 이 숙주 샤페론들은 λ 파지의 성장을 지지하지 못하는 *E. coli* 돌연변이체들의 분석으로 처음 발견되었다. GroE 유전자는 λ E 유전자에 어떤 돌연변이가 일어나면 *E. coli* 돌연변이체에서 성장할 수 있기 때문에 명명되었다. 그 이후로 이 샤페론은 여러 단백질들의 적절한 접힘과 여러 소단위체들로 이루어진 단백질 복합체들의 조립에 중요한 역할을 수행한다는 것이 알려졌다.

λ 발판 단백질인 Nu3은 주요 머리 단백질인 E를 도와 약 405개의 E 소단위체들로 구성된 닫힌 정20면체형 껍질을 형성한다. 꼭지점 문에 있는 B 분자는 자발적으로 절단되어 아미노 말단의 20개 아미노산들이 제거된다. 하나의 B 단백질을 포함하는 문은 프로헤드(prohead)라고 하는 정20면체형의 12개 꼭지점들 가운데 하나에 위치한다.

최근에 꼬리를 가지는 dsDNA 박테리오파지의 머리껍질에 대한 최초의 결정 구조가 λ-유사 파지인 HK97에 대해서 밝혀졌다. HK97의 껍질을 이루는 주요 머리 단백질인 gp5는 놀랍게도 서로 공유결합으로 연결되어 5량체와 6량체의 링을 형성한다. 또한 이 링은 인접한 5량체 및 6량체와 고리로 연결되어 단백질 체인 메일(chain mail)을 형성한다.

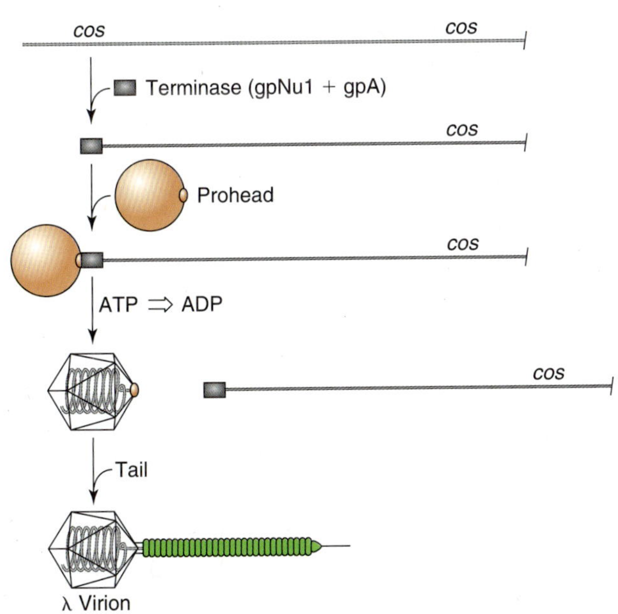

그림 8.9 **DNA 포장과 비리온 조립.** λ DNA 연쇄체의 한 단편이 λ 터미나아제에 의하여 cos 부위에서 절단되면 프로헤드에 결합한다. ATP는 DNA가 프로헤드에 들어가도록 에너지를 공급하고 프로헤드의 모양을 바꾼다. DNA가 채워짐에 따라서 아래쪽의 cos 부위가 터미나아제에 가까워져서 잘린다. 채워진 머리는 꼬리와 결합하여 감염성 λ 비리온이 생성된다.

DNA는 미리 형성된 프로헤드에 ATP-의존적 메커니즘으로 삽입된다

회전환 복제에 의하여 생성된 λ DNA 연쇄체는 프로헤드에 DNA가 포장되는 과정에서 단위-길이의 비리온 DNA 분자로 절단된다(그림 8.9). DNA의 절단과정에서 먼저 12 bp 엇갈린 지점에서 흠집(nick)이 생성되어 단일-가닥 접착성 말단이 만들어진다. 바이러스 절단효소인 터미나아제(terminase)는 다수의 Nu1과 A 소단위체들로 구성된다. Nu1이 정착부위인 *cosB*에 결합하고 단백질 A가 인접한 흠집 부위(nicking site)인 *cosN*에서 DNA를 자른다. DNA 연쇄체의 엇갈린 위치에서 단일-가닥이 절단되면 터미나아제가 접착성 말단을 분리시키고 *cosB*에서 DNA에 결합된 채로 남는다.

이러한 DNA-단백질 복합체는 프로헤드의 꼭지점에 위치한 문에 정착하고 DNA 포장을 진행한다. DNA 포장을 추진하는 모터의 작용기전은 아직 명확하지 않다. 터미나아제 소단위체가 미오신처럼 수축하거나 문 단백질이 회전하여 DNA가 머리 속으로 감겨 들어간다는 모델 등이 제시되었다.

DNA가 프로헤드로 이동하는 동안 E 소단위체들은 재배열되어 껍질이 확장되고 더 규칙적인 구조로 변한다. 이러한 재배열로 껍질에 D 3량체를 위한 구멍이 만들어지고 D 3량체가 이를 채우면 껍질은 상당히 안정화된다. 껍질이 채워짐에 따라서 연쇄체의 다음 *cos* 부위가 문에 위치한 터미나아제에 접근한다. 두 번째 *cos* 부위를 절단하기 위해서는 흠집 부위인 *cosN*의 바로 앞에 위치한 *cosQ*의 인식이 필요하고 이로 인하여 염색체의 포장이 완료된다. 터미나아제는 연쇄체의 말단에 부착된 채로 채워진 머리에서 떨어지고 또 다른 프로헤드에 결합할 준비를 한다. 단백질 W와 FII가 문에 결합하여 채워진 머리를 안정화시키고 꼬리의 부착을 위한 결합부위를 만든다.

꼬리의 형성은 부착 섬유인 J로 시작된다. J, K, I, H, M 및 L 단백질이 원주 모양의 구조로 먼저 조립되고 주요 꼬리 소단위체인 V의 6량체 디스크가 그 위에 쌓인다.

바이러스 역사: 모자이크성 염색체와 원시 계통

박테리오파지의 모자이크성 염색체. 박테리오파지의 염색체는 다른 박테리오파지 게놈들과의 무분별한 교환으로 인하여 모자이크성 DNA 단편들로 이루어져 있다. 박테리오파지의 게놈 서열들을 비교하면 유전자 재조합을 통하여 파지들 사이에 유사한 기능을 가지는 유전자 블록들을 교환하였음을 알 수 있다. 이러한 서열들은 동일한 숙주에 감염하는 파지들 뿐만 아니라 그람-음성, 그람-양성 및 마이코박테리아를 비롯하여 유연관계가 먼 박테리아에 감염하는 파지들에서도 발견된다. 이러한 서열들이 광범위한 분포를 나타내게 된 것은 공통 숙주 종에 감염하는 파지들 사이에 연속적인 유전적 교환이 일어났기 때문인 것 같다. 즉, 정상 숙주가 박테리아 A종인 어떤 파지가 정상 숙주가 C종인 한 파지와 중간 종인 B에서 재조합을 일으켜 두 파지들 사이에 유전자 블록의 교환이 일어날 수 있다.

파지 염색체의 모자이크성 구조 때문에 꼬리 구조에 기초한 파지 분류법의 문제점이 제기되었다. 이는 유사한 꼬리 구조를 가지는 파지들도 염색체의 상당 부분이 다를 수 있기 때문이다. 반대로 유전적으로 밀접하게 관련된 파지들도 꼬리 구조가 다를 수 있다. 전자의 예로 T4와 λ는 전혀 다른 파지들이지만 이들의 측면 꼬리 섬유는 서열 유사성을 나타낸다. 후자의 예로 *E. coli*에서 자라는 λ(*Siphoviridae*)와 *Salmonella*에서 자라는 P22(*Podoviridae*)는 유전적으로 밀접하게 관련되어 있다.

원시 조상. 일부 진핵세포 바이러스들이 박테리오파지들과 공통조상을 가진다는 증거들이 많이 확보되었다. 예를 들면, 박테리오파지 HK97, P22 및 T4와 HSV-1의 주요 캡시드 단백질들 사이에는 아미노산 서열이 전혀 유사하지 않지만 이들은 모두 매우 유사한 3차원적 구조를 가진다. 또한 꼬리를 가지는 dsDNA 바이러스들과 HSV의 캡시드는 12개의 소단위체들이 방사상으로 배열된 문 단백질(portal protein)로 이루어진 특수한 문 꼭지점을 가진다. 더구나 꼬리를 가지는 dsDNA 파지와 herpesvirus의 전좌 ATPase의 아미노산 서열이 매우 유사하다. 마지막으로 박테리아, 진핵생물 및 고세균에 속하는 숙주에 감염하는 바이러스들인 파지 PRD1, adenovirus, *Sulfolobus* 파지 STIV의 주요 캡시드 단백질에서 모두 "이중 배럴 3량체" 구조가 발견되었다.

이때 쌓이는 6량체 V 디스크의 수는 32로 H의 길이에 의하여 결정된다. V 디스크가 H의 끝에 도달하면 U가 결합하여 꼬리의 연장을 끝낸다. *cosQ*를 포함하는 약 200 bp 길이의 λ DNA의 말단부가 머리 내에서 꼬리 쪽으로 내려와 있다(그림 8.3과 8.9). Z 단백질이 없는 비리온에서는 이러한 DNA 부위가 나타나지 않기 때문에 DNA는 꼬리의 Z 단백질과 상호작용하는 것 같다.

숙주세포의 용균

용균성 성장의 마지막 단계에서 숙주세포는 용균되어 자손 파지들을 방출한다. 두 가지 λ 유전자 산물들이 펩티도글리칸의 가수분해에 관여한다. 글리코시드전달효소(transglycosidase)인 R 단백질은 세포의 펩티도글리칸 층을 공격한다. S 단백질은 원형질막에 R을 위한 통로를 만든다. S는 막에서 다량체를 형성하여 구멍을 만들기 때문에 홀린(*holin*)이라고도 불린다. S의 조립은 조절되므로 적절한 시기에 구멍이 형성된다.

Rz와 Rz1 단백질은 고농도의 2가 양이온이 존재하는 조건에서 일어나는 세포 용균에 필요하다. 스패닌(*spanin*)이라고 불리는 Rz와 Rz1 단백질 쌍은 세포 외막과 내막을 연결하여 이들을 융합시킨다; Rz는 내재성 원형질막 단백질이고 Rz1은 외막 지질단백질이다. 막의 융합으로 세포막에 커다란 틈이 생겨나고 세포 용균이 완성된다.

핵심 용어

SOS 유전자(SOS genes)
발판 단백질(Scaffolding proteins)
연쇄체(Concatemer)
용원(Lysogen)
용원성 파지(Temperate phage)
인타솜(Intasome)
작동자(Operator)
회전환(Rolling circle)
텔로머라제(Telomerase)
프로파지(Prophage)

기본 개념

- 박테리오파지 λ는 용원성 파지로 자신의 DNA를 숙주세포의 염색체에 통합시키고 모든 파지 유전자 발현을 억제하여 λ 용원을 만든다.
- 용원상태에서 세포의 RecA 단백질에 의하여 촉진되는 λ CI 억제자의 자가-절단으로 CI이 불활성화되면 용균성 유전

자의 발현이 유도된다.

- 충분한 양의 CI 억제자가 없는 조건에서 λ 염색체의 P_L과 P_R 프로모터에서 전사가 시작될 수 있지만 바로 아래에 위치한 t_L1과 t_R1 종결자에서 끝난다.
- 초기 전사의 한 산물인 λ N-항종결자 단백질에 의해 전사가 t_L1과 t_R1를 지나 계속 일어나면 "초기" mRNA가 만들어진다.
- 초기 유전자 산물에는 λ DNA를 잘라서 환형화시키는 단백질, DNA 복제 단백질, 그리고 또 다른 항종결자 단백질 Q가 포함된다.
- Q 단백질이 환형의 λ DNA에서 오른쪽으로 전사를 계속 진행시켜 모든 후기 유전자들이 전사되면 하나의 긴 전사물이 만들어진다.
- CI 억제자의 수준은 부분적으로 CI의 농도에 의하여 결정되는데 낮은 농도에서는 자신의 전사물 합성을 활성화시키고 높은 농도에서는 자신의 합성을 억제한다.
- 반면에 P_R에서 시작하는 초기 전사물에서 만들어지는 Cro 억제자는 높은 농도일 때 CI 전사물의 합성을 억제하여 용균성 성장이 일어나도록 한다.
- 파지 CII와 CIII 단백질 뿐만 아니라 억제자와 작동자 간의 상호작용이 감염 세포의 용원성 또는 용균성 주기를 결정한다.
- 회전환 복제에 의하여 긴 DNA 연쇄체가 만들어지며 이를 절단하여 프로헤드에 포장한다; 발판 단백질은 포장과정에서 빠져나온다.

복습 문제

1. λ 파지가 *E. coli*에 감염하면 어떠한 결과가 초래될 수 있는가?

2. 유도(induction)란 무엇인가?

3. 파지의 용균성 혹은 용원성을 결정하는 요인은?

4. λ DNA의 복제는 초기 유전자인 O와 P에 의하여 지시된다. DNA 복제과정에서 숙주세포 단백질들은 어떠한 역할을 하는가?

CHAPTER 9

고세균 바이러스

David Prangishvili

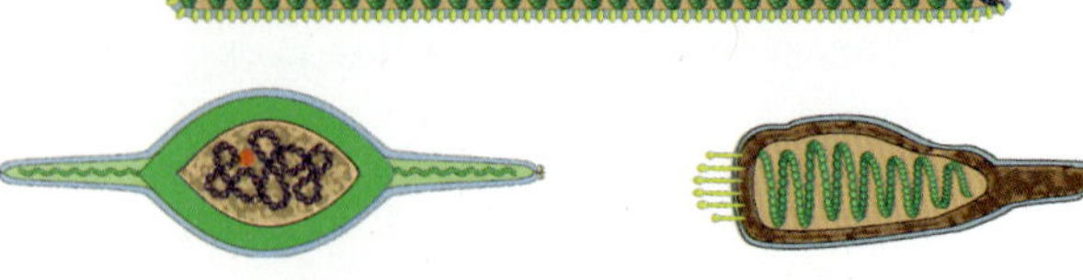

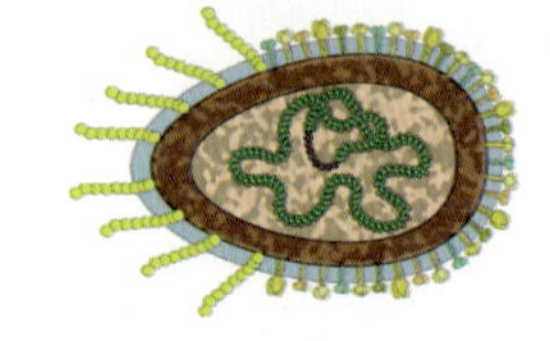

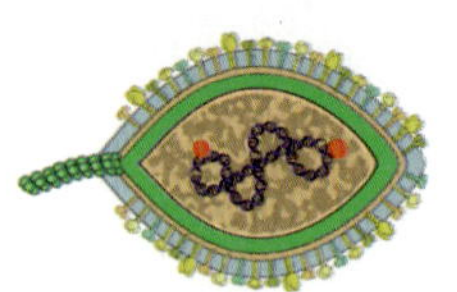

고세균(Archaea, 단수: archaeon)

"원시"를 의미하는 그리스어 archaios에서 유래

생명의 3도메인(domains): 고세균(Archaea), 박테리아(Bacteria), 진핵생물(Eukarya)

고세균은 계통진화적으로 박테리아 및 진핵생물과 구분되고 핵을 가지지 않는 단세포 생물

- *단백질 S층으로 이루어진 세포벽*
- *인지질의 에테르 결합*
- *N-포밀 메티오닌이 아닌 메티오닌으로 시작하는 단백질*
- *RNA 중합효소와 프로모터가 진핵세포 전사기구와 유사*

많은 고세균들은 극한 환경에서 잘 자람

- *호열성균(>45℃)과 초고온균(>80℃): 화산 온천수*
- *호산성균(pH 0–3): 화산 온천수*
- *호염균(고염 농도): 소금 호수*
- *혐기성 환경(메탄생성균)*

두 가지 주요 고세균 문: Crenarchaeota와 Euryarchaeota

고세균 바이러스들의 독특한 형태

표면 섬유들을 가지는 레몬, 물방울, 막대기 혹은 병 모양

하나의 단일-가닥 DNA 바이러스를 제외하곤 모두 이중-가닥 DNA 게놈을 가짐

대부분은 내부 혹은 외부 지질 외막을 가짐

Crenarchaeota는 비리온 형태와 게놈 서열이 다른 7개 바이러스과들의 숙주임

Euryarchaeota는 형태가 비교적 유사하며 일부는 머리-꼬리 박테리오파지와 유사한 바이러스들의 숙주임

고세균 바이러스들의 생활주기

다수가 자신의 게놈을 숙주세포 게놈에 삽입하여 숙주세포를 죽이지 않고 복제하는 용원성 바이러스들임

일부는 비리온의 방출과 세포사멸을 초래하는 독특한 피라미드 구조를 생성함

한 바이러스는 세포에서 방출된 후에 비리온의 양 끝에 긴 꼬리를 생성함

대부분의 바이러스들이 기능이 알려져 있지 않고 데이터베이스의 유전자들과 상동성을 나타내지 않는 다수의 유전자들을 가짐

다수의 바이러스들에서 DNA 중합효소 유전자가 확인되지 않음

고세균, 생명의 세 번째 도메인

20세기 중반까지만 하여도 원핵생물에서 단세포 진핵생물로 진화하고, 이는 다시 고등 다세포 진핵생물로 진화하는 단일 진화경로가 널리 인정되었다. rRNA 서열의 비교에 따른 계통유전학적 연구 — 1970년대에 Carl Woese에 의하여 선도된 분자계통분류학 — 는 이러한 관점에 커다란 변화를 주었다. Woese는 독특한 rRNA와 리보좀을 가지는 3가지 종류의 생물들이 존재한다고 주장하였다. 이러한 발견으로 원핵생물/진핵생물로 양분되던 생물은 세 개의 **도메인(domain)**, 즉 **고세균(Archaea)**, **박테리아(Bacteria)** 그리고 **진핵세포(Eukarya, eukaryotes)**로 세분되었다(그림 9.1). 이들 세 도메인은 공통조상을 가지며 서로 뚜렷이 구분된다.

고세균들은 환형의 염색체를 가지고 핵을 가지지 않는 단세포 미생물이므로 이전에는 박테리아로 취급되었다. 그러나 생화학 및 세포생물학적 연구를 통하여 고세균과 박테리아 사이에 수많은 차이점들이 밝혀졌다:

- 고세균의 세포벽은 대부분의 박테리아 세포벽과는 달리 무람산(muramic acid)과 D-아미노산 펩티드를 가지지 않는다; 대신에 이들은 보통 원형질막과 직접 결합하는 불투과성인 "S층"의 단백질들을 가진다.

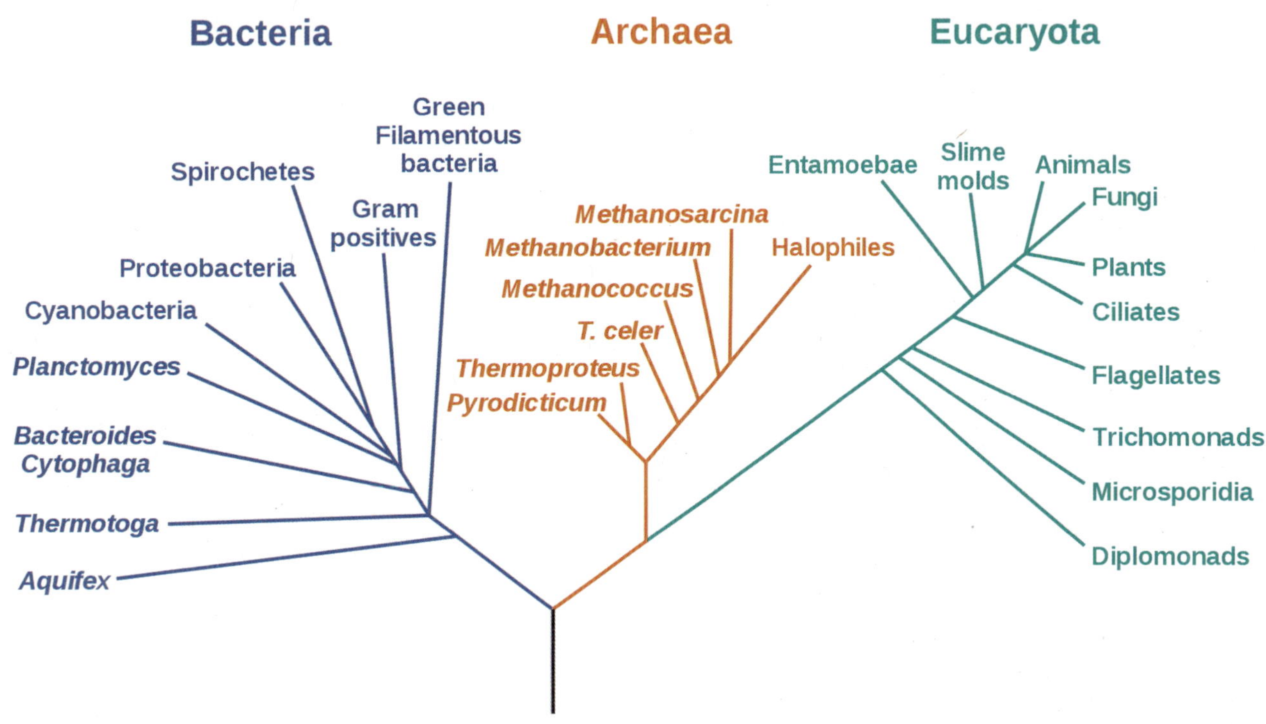

그림 9.1 **생명의 계통수.** rRNA의 서열 분석에 기초하여 Carl Woese가 제안한 3 도메인 시스템.

- 고세균 막의 인지질은 글리세롤 인산의 극성 말단부와 고리형 구조 및 분지성 탄화수소 사슬을 포함하는 비극성 지질이 말단부를 연결하기 위하여 에테르 결합을 이용한다. 반면에 박테리아와 진핵세포의 막에 있는 인지질들은 에스테르 결합을 이용하며 이들의 비극성 부위는 보통 비분지성 지방산으로 이루어져 있다.
- 고세균의 번역 개시인자들은 박테리아보다 더 복잡하고 N-포밀 메티오닌을 이용하는 박테리아와는 달리 진핵세포처럼 메티오닌으로 단백질 합성을 시작한다.
- 일부 고세균은 박테리아와는 달리 진핵세포처럼 게놈 DNA와 결합하여 이를 응축시키는 히스톤-유사 단백질들을 가진다.
- 고세균의 유전자들을 전사하는 RNA 중합효소는 TATA-결합 단백질인 TBP를 비롯하여 진핵세포 RNA 중합효소 II를 구성하는 것들과 유사한 소단위체들을 가진다.
- 고세균의 DNA복제에 관여하는 효소들은 박테리아보다 진핵세포의 것과 더 유사하다.

rRNA 서열 비교를 통하여 고세균은 여러 가지 **문(phyla)**으로 분류되었으며 이들 가운데 **Crenarchaeota**(그리스어 crenos는 "기원"을 의미)과 **Euryarchaeota**(그리스어 euryos는 "다양성"을 의미)에 대하여 가장 많은 연구가 이루어졌다. 현재까지 배양된 Crenarchaeota 문에 속하는 고세균들은 모두 **초고온균(hyperthermophile)**이며 80℃ 이상에서 최적으로 성장한다. 반면에 Euryarchaeota 문은 초고온균, **호열성균(thermophiles**; 45℃ 이상에서 성장), **초호염균(hyperhalophiles**; 염화나트륨 농도가 1.5몰 이상인 고염수에서 성장), 그리고 **혐기성 메탄생성균(anaerobic methanogens**; CO_2의 환원으로 메탄을 생성하는 생물) 등의 다양한 생물들을 포함한다.

거의 모든 고세균 종들은 화산의 뜨거운 산성 샘이나 압력이 높고 온도가 100℃ 이상인 심해 열수 분출공과 같은 극한 환경에서 분리되었다. 이러한 생물들 가운데 하나인 *Methanopyrus kandleri*는 122℃의 높은 온도에서도 자랄 수 있다. 또한 *Picrophilus torridus*는 1.2몰의 황산에 해당하는 pH 0에서 자란다. 그러나 환경 시료의 16S rRNA 서열 다양성 비교에 의하면 고세균들은 바다와 같이 온화한 환경이나 극해 및 빙산과 같이 추운 환경에서도 많이 존재한다. 현재 고세균은 탄소와 질소 순환에 중요한 역할을 수행하는 지구 생물권의 주요 구성원으로 여겨지고 있다.

고세균 바이러스들은 다양하고 독특한 형태를 나타낸다

1970년대와 1980년대 초반에 분리된 최초의 고세균 바이러스들은 정20면체형 머리와 수축성 나선형 꼬리를 가지는 *Myoviridae*과와 *Siphoviridae*과의 박테리오파지들과 형태가 유사하다. 또한 이들의 선형 이중-가닥 DNA 게놈은 myovirus 및 siphovirus의 게놈과 매우 유사하다. 따라서 처음에는 고세균 바이러스들이 흔한 머리-꼬리 박테리오파지의 한 부류인 것으로 잘못 인식되었다.

그러나 연구가 더 진행되면서 이러한 관점은 완전히 바뀌었다. 고세균이 풍부한 극한 지열 및 고염 환경에서 수집된 시료들을 전자현미경으로 관찰한 결과, 고세균 바이러스들 가운데 머리-꼬리 파지는 극히 드물다는 것이 밝혀졌다. 현재까지 Crenarchaeota문과 Euryarchaeota문에 속하는 고세균들에 감염하는 30가지 이상의 바이러스들이 알려졌다(표 9.1과 9.2). 이들 가운데 하나만이 환형의 단일-가닥 DNA 게놈을 가지며 나머지 바이러스들은 선형이나 환형의 이중-가닥 DNA 게놈을 가진다.

아직 분리된 바이러스의 종류가 많지 않지만 지금까지 알려진 고세균 바이러스 종들은 형태와 게놈에서 다양한 특징들을 나타낸다. 특히 극한 지열 환경에서 초고온성 crenarchaeota에 감염하는 이중-가닥 DNA 바이러스들에서 이러한 다양성이 뚜렷하게 관찰된다. 이들은 최근에 7개의 바이러스과들로 분류되었다: 방추형 *Fuselloviridae*, 섬유형 *Lipothrixviridae*, 방울형 *Guttaviridae*, 병형 *Ampullaviridae*, 구형 *Globuloviridae*, 막대기형 *Rudiviridae* 그리고 두 개의 꼬리를 가지는 *Bicaudaviridae*. Crenarchaeota에서 분리된 일부 바이러스들은 아직 특정 과로 지정되지 못하였다.

Euryarchaeota에 감염하는 바이러스들 가운데 일부는 전형적인 머리-꼬리형 박테리오파지의 형태와 게놈 특징들을 나타낸다. 그러나 수많은 다른 euryarchaeota 바이러스들은 형태적으로 crenarchaeota 바이러스들과 유사하다. 이들의 분류학적 구분은 아직 이루어지지 않았다.

이 장에서 우리는 독특한 7개의 고세균 바이러스과들에 대하여 더 상세히 살펴 볼 것이다. 이들 과에 속하는 바이러스들은 모두 이중-가닥 DNA 게놈을 가지며 최적 성장온도가 80℃ 이상인 초고온성 crenarchaeota에 감염한다. 이 바이러스들은 유럽, 북미 그리고 아시아의 활성 화산과 판이동 지역의 극한 지열 환경에서 분리되었다. 우리는 주로 박테리아와 진핵생물의 이중-가닥 DNA 바이러스들과는 전혀 다른 독특한 형태를 나타내는 바이러스들에 대하여 살펴 볼 것이다. 이들은 또한 독특한 게놈을 가지고 있어 이들의 유전자들은 대부분 다른 생명형의 바이러스들과 뚜렷한 상동성을 나타내지 않는다.

*Fuselloviridae*는 숙주세포를 죽이지 않고 비리온을 생성하는 용원성 바이러스이다

Crenarchaeota에 감염하는 수많은 바이러스들처럼 *Fuselloviridae*(라틴어 fusello는 작은 방추를 의미)에 속하는 바이러스들은 게놈을 숙주세포에 통합시키며 자외선이나 다른 스트레스 요인들에 의하여 바이러스 입자의 생성이 유도될 수 있다. 따라서 이들 바이러스는 λ와 같은 용원성 박테리오파지와 유사한 생활주기를 가진다. 하지만 이들은 유도되더라도 숙주를 죽이지 않고 비리온을 생성한 뒤 다시 비생산성 상태로 되돌아간다.

이 과의 비리온들은 외막을 가지며 모양이 대개 레몬

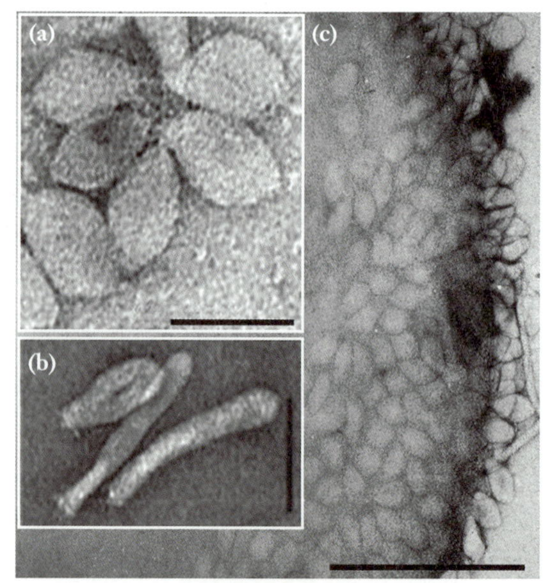

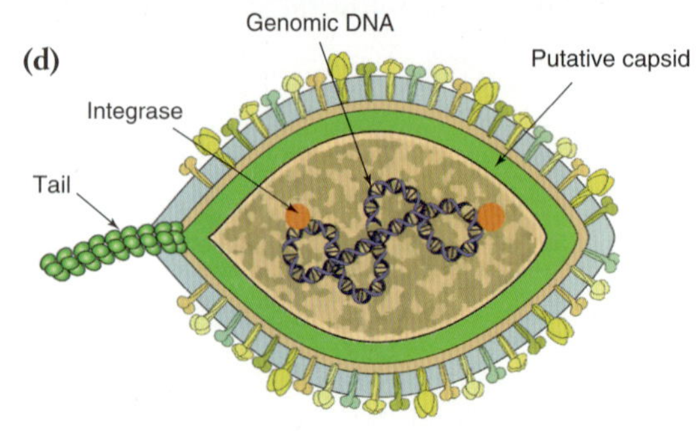

그림 9.2 ***Fuselloviridae*과에 속하는 Sulfolobus spindle-shaped virus 1(SSV-1)과 6(SSV-6).** (a) SSV-1의 비리온, (b) SSV-6의 비리온, (c) Sulfolobus shibatae에서 방출되는 SSV-1의 전자현미경 사진. (축적 자: a와 b, 200 nm; c, 500 nm), (d) 전형적인 fusellovirus의 모식도.

표 9.1 Crenarchaeota의 바이러스들

Family or genus name (No. of species)	Genome, size	Example of virus species, abbreviation	Genes	Envelope	Life cycle	Virion shape	Virion image
***Fuselloviridae* (9)**	Circular ds DNA 15–24 kb	*Sulfolobus* spindle-shaped virus 1 (SSV-1)	34	External	Temperate, integrates genome; Productive infection does not kill cells	Lemon or elongated shape	
***Lipothrixviridae* (11)**	Linear ds DNA 16–56 kb	*Sulfolobus islandicus* filamentous virus (SIFV)	74	External	Productive infection does not kill cells	Filament 24–40 × 400–2200 nm; terminal fibers or claws	
Unassigned (2)	Circular ds DNA 16–18 kb	*Sulfolobus* turreted icosahedral virus (STIV)	37	Internal	Lytic	Icosahedral capsid with 12 turrets	
***Guttaviridae* (1)**	Circular ds DNA 20 kb	*Sulfolobus neozealandicus* droplet-shaped virus (SNDV)	?	External	Productive infection does not kill cells	Droplet shape, pointed end with fibers	
***Ampullaviridae* (1)**	Linear ds DNA 24 kb	*Acidianus* bottle-shaped virus (ABV)	57	External	Productive infection does not kill cells	Bottle with fibers at blunt end	
***Globuloviridae* (2)**	Linear ds DNA 28 kb	*Pyrobaculum* spherical virus (PSV)	48	External	Productive infection does not kill cells	Spherical	
***Rudiviridae* (5)**	Linear ds DNA 24–35 kb	*Sulfolobus islandicus* rod-shaped virus 2 (SIRV-2)	54	None	Lytic	Rod, 23 × 600–900 nm, terminal tail fibers	
***Bicaudaviridae* (1)**	Circular ds DNA 63 kb	*Acidianus* two-tailed virus (ATV)	72	External	Temperate, integrates genome; productive infection kills cells	Lemon shape with two tailed ends	

표 9.2 Euryarchaeota의 바이러스들

Family or genus name	Genome, size	Example of virus species, abbreviation	Genes (ORFs)	Envelope	Life cycle	Virion shape	Virion image
unassigned	Circular ss DNA 7 kb	*Halorubrum* pleomorphic virus1 (HRPV-1)	9	External	Productive infection does not kill cells	Roughly spherical	
unassigned	Circular ds DNA 8 kb	*Haloarcula hispanica* pleomorphic virus 1 (HHPV-1)	8	External	Productive infection does not kill cells	Roughly spherical	
Salterprovirus	Linear ds DNA 14–16 kb	*Haloarcula hispanica* virus 1 (His-1)	35	External	Lytic	Lemon shape	
unassigned	Linear ds DNA 31 kb	SH-1	56	Internal	Lytic	Icosahedral capsid with 12 spikes	
Myoviridae	Linear ds DNA 76 kb	Halovirus HF-1	117	None	Some are temperate, some lytic	Icosahedral head, contractile tail	
Siphoviridae	Linear ds DNA 30.4 kb	Halovirus psiM-1	37	None	Lytic	Icosahedral head, flexible tail	

형 혹은 방추형이며 수많은 가는 섬유들이 한 쪽 끝에 부착되어 있다(그림 9.2a, d). 일부 바이러스들에서는 이보다 더 길고 비교적 두꺼운 3개의 섬유들이 비리온의 한 쪽 끝에 부착되어 있다(그림 9.2b). 말단 섬유들은 숙주세포의 표면 흡착에 관여한다. 비리온의 지름은 대략 60 × 100 nm이다.

*Sulfolobus*의 spindle-shaped virus 1(SSV-1)의 외막은 숙주세포의 막과 유사한 지질 성분을 포함한다. 주요 캡시드 단백질인 VP1은 비리온의 외부를 장식하며 작은 염기성 단백질인 VP3이 입자 내에서 DNA 게놈과 결합한다. 비리온은 숙주세포 내에서 조립되고 세포막이나 S층에 구멍을 만들지 않고 세포에서 미끄러져 나온다(그림 9.2c). 이러한 일이 어떻게 가능한지는 알려져 있지 않다.

Fusellovirus는 양성 초나선 게놈을 가진다

SSV-1은 1980년대 중반에 Wolfram Zillig 실험실에서 분리되었으며, 현재까지 가장 연구가 많이 진행된 고세균 바이러스이다. SSV-1의 게놈은 15.5 kb의 환형 이중-가닥 DNA 분자이며, 대부분이 기능이 알려지지 않은 34개의 열린 해독틀을 가진다(그림 9.3). 다른 fusellovirus들도 최대 24 kb에 이르는 유사한 게놈을 가진다. 비리온에서 분리된 이들의 게놈은 독특하게도 양성 초나선(supercoil)을 이룬다. 이는 이러한 구조의 DNA가 자연계에서 발견된 최초의 사례이다. 나중에 모든 초고온성 미생물들(고세균과 박테리아)이 DNA에 양성 초나선을 유도하는 "역자이레이스(reverse gyrase)"를 암호화한다는 것이 밝혀졌다. 이 효소는 고온에서 DNA의 국소적인 풀림을 감소시키는 중요한 역할을 수행하는 것으로 알려졌다.

이 바이러스들의 숙주들은 *Sulfolobus*속과 *Acidianus*속에 속하며 보통 약 80℃, pH 3의 배지에서 자란다. 이 바이러스의 생산적인 감염이 세포를 용해시키지는 않지만 세포 성장을 지연시킨다. 따라서 바이러스-감염 세포의 느린 성장으로 인한 낮은 밀도 영역을 관찰함으로써 용균반 분석법을 수행할 수 있다. 세포에 감염하면 바이러스 게놈은 세포의 tRNA를 암호화하는 유전자 내에 삽입된다. 이때 tRNA의 종류는 바이러스와 숙주의 조합에 따라서 결정된다. 이러한 반응은 바이러스 단백질인 인테그라제(integrase)에 의하여 수행된다.

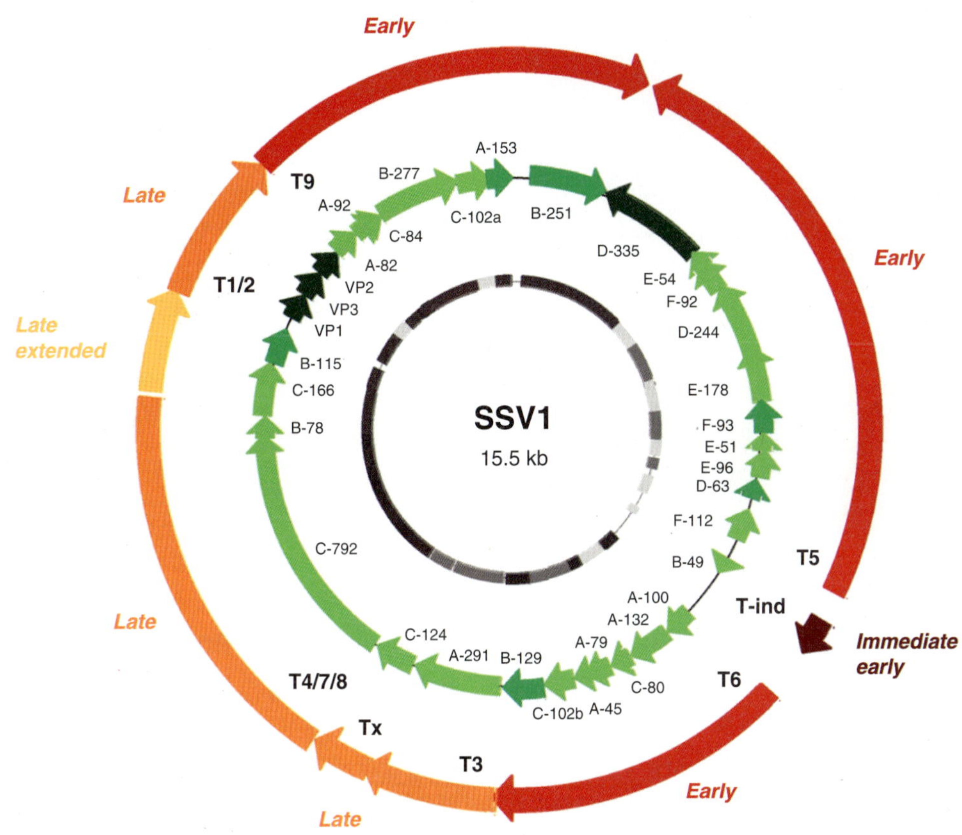

그림 9.3 ***Sulfolobus*** **spindle-shaped virus 1(SSV-1)의 게놈.** 맨 바깥 원은 서로 다른 시기에 발현되는 유전자 그룹과 이들의 전사 방향을 나타낸다. 중간 원(녹색)은 각 유전자들의 위치를 나타낸다. 짙은 녹색: 기능이 알려진 유전자; 녹색: 기능이 예측될 수 있는 유전자; 옅은 녹색: 기능이 알려지지 않은 유전자. 안쪽 원은 서열이 결정된 네 가지 SSV 게놈들의 유전자 보존성을 나타낸다; 짙은 회색, 보존된 유전자들; 흰색, 네 가지 가운데 세 개에서 보존된 유전자들; 옅은 회색, 보존되지 않거나 두 가지에만 보존된 유전자들.

SSV-1의 전사는 단계적으로 조절된다

통합된 SSV-1 게놈을 가지는 세포에 자외선을 조사하면 1시간 이내에 T-ind라고 부르는 짧은(200–300 nt) "전초기" 바이러스 RNA가 만들어진다(그림 9.3). 이 ind 유전자 산물은 바이러스의 생산적인 생활주기를 조절한다; 약 1시간 이후부터 "초기" 유전자들인 T5와 T6의 전사가 일어난다. 이 유전자들은 ind 유전자 양쪽에 위치하며 이로부터 방사상으로 전사가 일어난다. 이들의 프로모터에는 독특한 역반복서열들이 있다. 이 유전자들로부터 완전한 길이의 전사물은 유도 이후 5~6시간이 지나야 검출된다. 초기 전사물들이 유도 후 2~5시간 사이에는 초기 전사가 조기에 종료되는지 또는 초기 전사물이 분해되는지는 아직 알려지지 않았다. T5 전사물의 끝 부분은 ORF D-335라고 하는 인테그라제 단백질을 암호화한다.

T9 유전자로부터의 "지연 초기(delayed early)" 전사물은 바이러스 DNA 복제가 시작되는 시점인 유도 5시간 이후에 검출되기 시작한다. 마지막으로 "후기" 유전자들(T1, 2, 3, 4, 7과 8, 그리고 Tx)의 전사가 약 6시간 이후에 유도되어 시작된다. 주요 후기 전사물들 가운데 하나인 T2는 주요 캡시드 단백질인 VP1을 암호화한다. 비리온들이 조립되어 세포에서 방출되면 대부분의 바이러스 전사가 중단된다. 곧 이어 바이러스는 원래의 용원화 상태로 되돌아가고 세포는 정상적인 성장 속도로 자란다.

*Lipothrixviridae*에 속하는 섬유상 외막성 바이러스들의 길이는 매우 다양하다

Lipothrixviridae(그리스어 *lipos*는 "지방"을, *thrix*는 "털"을 의미)는 게놈의 길이에 따라서 다양한 유연성과 길이를 나타내는 막대기형 혹은 섬유형 바이러스들로 현재까지 9가지 종들이 알려져 있다. 비리온은 바이러스 단백질들과 숙주 유래의 지질을 포함하는 외막을 가진다. 비리온 말단부의 구조는 다양하다. *Thermoproteus tenax* virus 1(TTV-1)(그림 9.4)의 말단부는 뭉툭한 꼬리 모양이다. *Sulfolobus islandicus* filamentous virus(SIFV)와 *Acidianus* filamen-

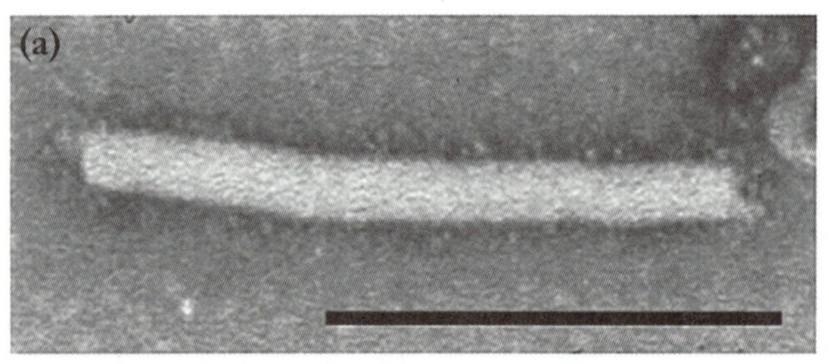

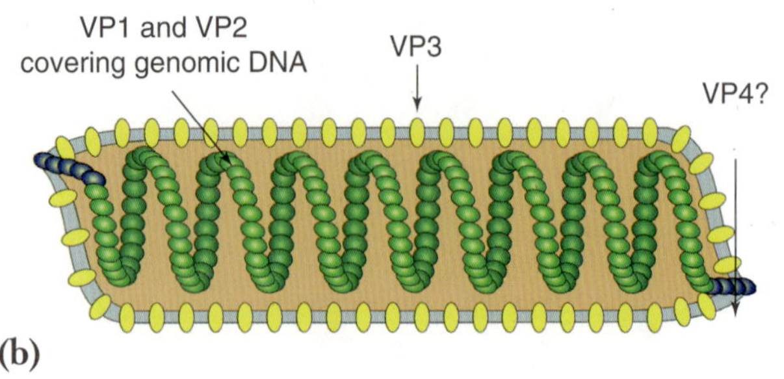

그림 9.4 ***Alphalipothrixvirus*속의 *Thermoproteus tenax* virus 1 (TTV-1).** (a) 비리온의 전자현미경 사진. (축척 자: 250 nm). (b) TTV-1의 모식도.

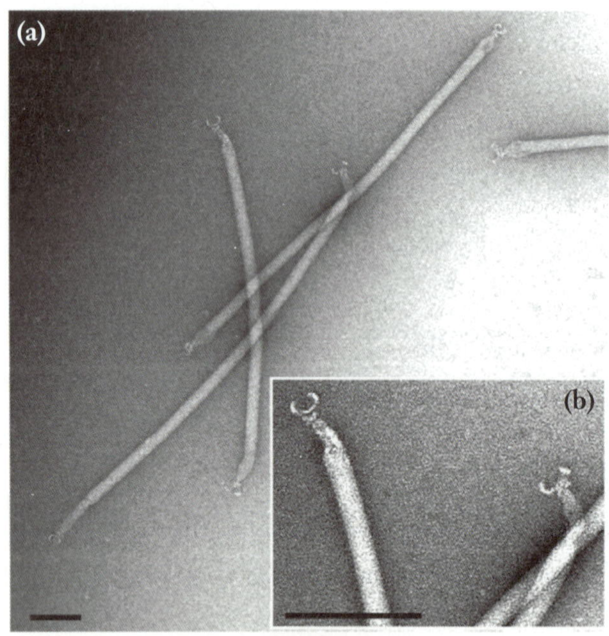

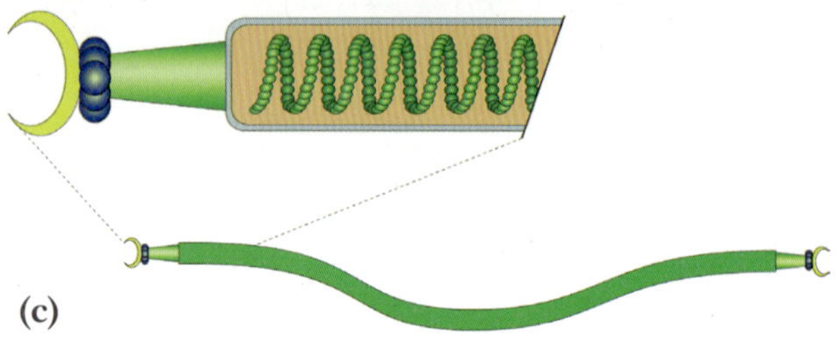

그림 9.5 ***Gammalipothrixvirus*속의 *Acidianus* filamentous virus 1(AFV-1).** (a) 비리온의 전자현미경 사진. (축척 자: 50 nm). (b) 고배율로 나타낸 말단 구조물. (c) 전형적인 gammalipothrixvirus의 모식도.

tous virus 3(AFV-3)에서는 말단부가 점점 가늘어지고 6개 혹은 3개의 꼬리섬유들을 가지는 대걸레 모양의 구조를 가진다. *Acidianus* filamentous virus 1(AFV-1)(그림 9.5)의 말단부는 집게발 모양의 구조를 가진다.

비리온은 2가지 주요 구조 단백질들을 거의 동량으로 가진다. AFV-1에서 이 단백질들의 결정 구조가 밝혀졌다. 이 구조 단백질들이 가지는 네 개의 나선 다발 구조는 매우 유사하며 *Rudiviridae*의 주요 캡시드 단백질의 구조와도 닮았다.

바이러스 게놈은 선형의 이중-가닥 DNA로 길이가 16~56 kb로 다양하다. 이들은 긴 역말단 반복서열을 가진다. 선형 게놈 말단의 성질은 현재로서는 불확실하다. 일부 경우에는 외부핵산분해효소(exonuclease)의 공격을 받지 않도록 말단부가 소수성 리간드로 가려져 있다. AFV-1 게놈의 말단부 서열은 특이하다; 양 끝의 짧은 역말단 반복서열(CGGGGGGGGG) 뒤에 TTGTT 혹은 이와 유사한 5개의 뉴클레오티드가 여러 번 반복되어 있는 350 bp의 영역이 존재한다. 이러한 구조는 선형의 진핵세포 염색체의 말단에서 나타나는 말단소립(telomere)과 유사한 것 같다.

숙주는 아이슬란드, 미국, 러시아 및 이탈리아의 온천에서 분리된 *Thermoproteus*, *Sulfolobus* 그리고 *Acidianus* 속의 고세균들이다. AFV-1의 경우, 비리온의 말단부 집게발이 숙주세포의 섬모와 상호작용하면 집게가 접혀져서 흡착이 일어난다. 비리온이 어떻게 방출되는지는 아직 알려지지 않았다. 생산적 감염주기에서 세포 찌꺼기가 형성되지 않고 세포 밀도도 감소하지 않는다. 숙주 염색체에 바이러스 DNA의 통합도 검출되지 않았다.

방울형 바이러스는 *Guttaviridae*에 속하는 유일한 바이러스이다

*Guttaviridae*과(라틴어 gutta는 "물방울"을 의미)에는 단 한 종의 바이러스만이 알려져 있다. *Sulfolobus neozealandicus* droplet-shaped virus(SNDV)의 비리온은 길이 110-185 nm, 너비 70-95 nm의 다양한 크기를 가지며 늘어난 물방울 모양을 취한다(그림 9.6). 비리온의 뾰족한 끝은 수염 모양의 짙은 섬유들로 덮여있다. 외막성 비리온은 세 가지의 작은 구조 단백질들을 포함한다. 코어는 벌집 모양의 구조물로 덮여있고 그 표면은 나선형이거나 층층이 쌓여 있는 것처럼 보인다. 비리온은 섬유들을 통하여 숙주세포의 수용체에 흡착한다. 바이러스는 20 kb의 환형, 이중-가닥 DNA를 가지며 대부분의 다른 고세균 바이러스들과는 달리 DNA에 메틸화가 많이 되어 있다.

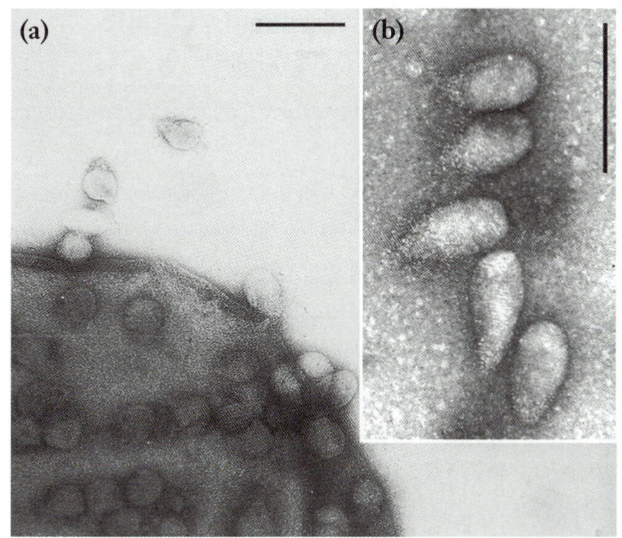

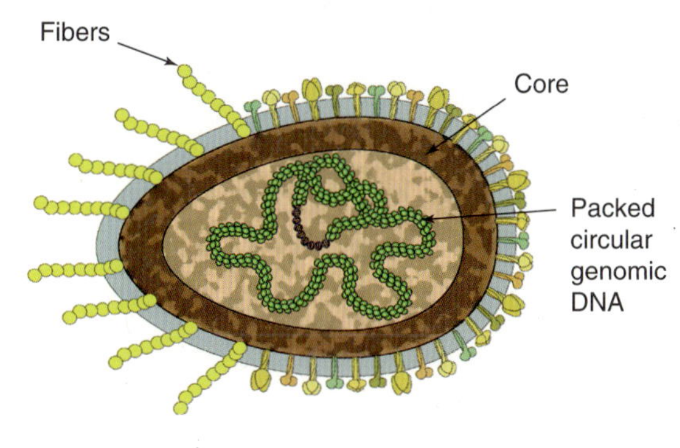

그림 9.6 ***Guttaviridae*과의 *Sulfolobus neozealandicus* droplet-shaped virus(SNDV).** (a) *S. neozealandicus*에서 방출되는 비리온의 전자현미경 사진; (b) 고배율로 나타낸 비리온(축척 자: 200 nm). (c) SNDV의 모식도.

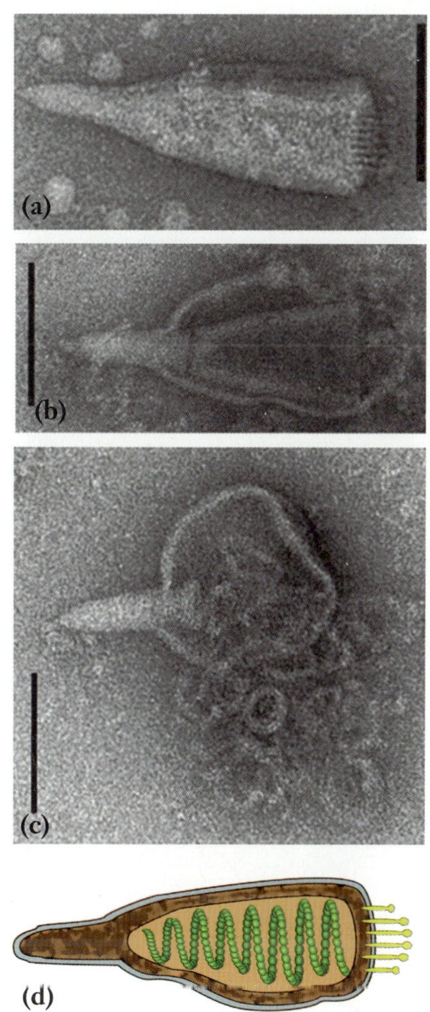

그림 9.7 ***Ampullaviridae*과의 *Acidianus* bottle-shaped virus(ABV).** 비리온의 전자현미경 사진. (a) 온전한 비리온; (b, c) 내부에 옥수수 모양의 코어를 보여 주는 부분적으로 파괴된 비리온. (축척 자: 100 nm); (d) ABV의 모식도.

성숙한 비리온은 방출 직전의 숙주세포에서 관찰될 수 있다. 바이러스의 방출은 정지 성장기의 초기에 있는 숙주세포에서만 가능하고 세포 용해는 일어나지 않는다.

Acidianus bottle-shaped virus (ABV)

Ampullaviridae(라틴어 *ampulla*는 "병"을 의미)과에 속하는 유일한 바이러스인 *Acidianus* bottle-shaped virus (ABV)는 작은 병처럼 생겼다. 전체 길이는 230 nm이고 너비는 넓은 끝이 75 nm이고 뾰족한 끝이 4 nm이다(그림 9.7). 비리온의 넓은 끝은 약 20개의 얇고 딱딱한 섬유들로 장식되어 있다. 각 섬유들은 길이 20 nm, 두께 3nm로 하나의 디스크에 삽입되어 있으며 기저부에서 서로 연결되어 있다. 9 nm 두께의 외막이 초나선을 이루는 원주형의 핵단백질 코어를 덮고 있다(그림 9.7b, c, d). 뾰족한 끝과 넓은 끝의 섬유들 가운데 어느 것이 세포 표면에 결합하여 바이러스 DNA를 세포 내로 주입하는 통로를 만드는지는 현재로서는 불확실하다.

비리온은 15–80 kDa 크기의 6가지 주요 단백질들을 포함한다. 24 kb의 이중-가닥 선형 DNA 게놈은 DNA 중합효소를 포함하여 57가지의 단백질들을 암호화한다. 이들 가운데 glycosyl transferase와 thymidine kinase 유전자만이 데이터베이스에서 상동성을 찾을 수 있다. 게놈은 580 bp의 역말단 반복서열을 가진다.

숙주세포는 바이러스 감염에서 생존하고 용균은 관찰되지 않는다. 그러나 바이러스 감염은 숙주세포의 분열을 지연시킨다. 즉, 숙주세포의 세내 주기가 약 24시간에서 약 48시간으로 늘어난다. 입자의 방출은 정지 성장기에서만 관찰된다.

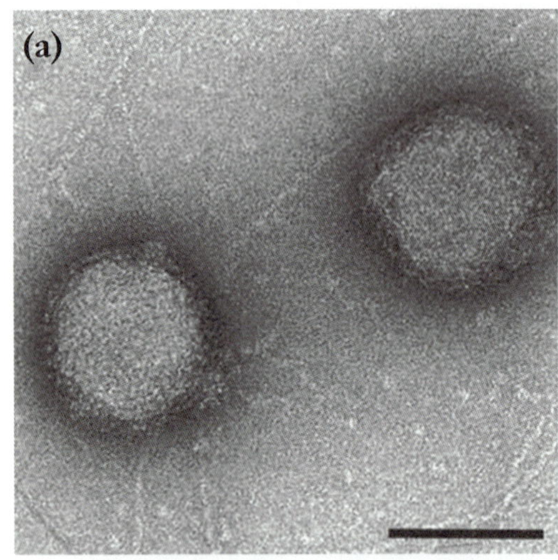

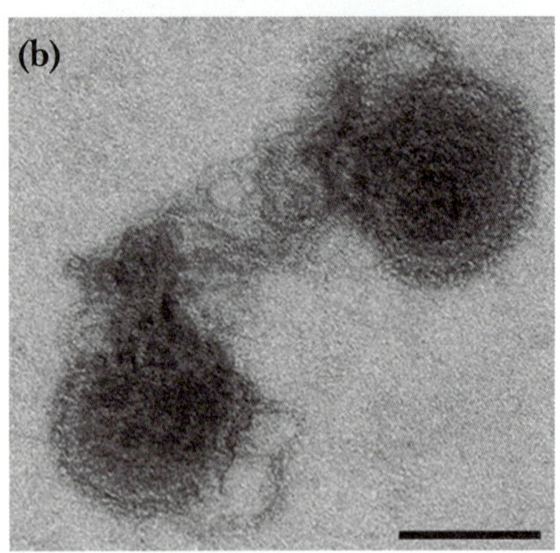

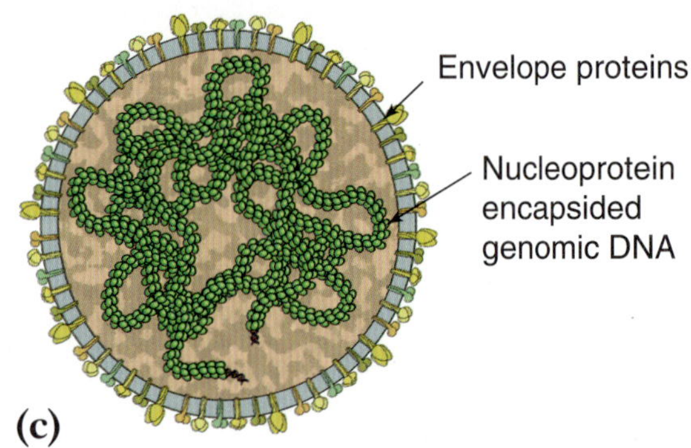

그림 9.8 ***Globuloviridae*과의 *Pyrobaculum* spherical virus (PSV).** 비리온의 전자현미경 사진. (a) 두 개의 온전한 비리온을 보여 주는 전자현미경 사진, (b) 나선형 핵단백질 코어를 방출하는 파괴된 두 개의 비리온(축적 자: 100 nm), (c) globulovirus의 모식도.

Pyrobaculum spherical virus의 거의 모든 해독틀들은 DNA 한 가닥에 암호화되어 있다

Pyrobaculum spherical virus(PSV)와 *Thermoproteus tenax* spherical virus 1(TTSV-1)은 외막성이며 지름이 약 100 nm인 구형입자이다(그림 9.8a, c). *Globuloviridae*과(라틴어 *globulus*는 "작은 공"을 의미)에는 이 두 바이러스들만이 알려져 있다. 비리온의 표면에는 지름 15 nm의 구형 돌기들이 존재하며 이들은 숙주세포와의 결합에 관여하는 것 같다. 바이러스의 외막은 숙주 유래의 지질을 포함하며 초나선 구조의 핵단백질을 둘러싼다(그림 9.8b). PSV는 33 kDa의 주요 비리온 구조 단백질과 두 가지의 작은 구조 단백질들을 가진다.

PSV의 게놈은 28 kb의 선형, 이중-가닥 DNA 분자이다. 놀랍게도 48개의 해독틀 가운데 4개를 제외하고 나머지는 모두 동일한 DNA 가닥에 위치한다. 게놈은 여러 개의 5 bp 직반복과 한 개의 16 bp 직반복을 포함하는 190 bp의 역말단 반복서열을 가진다. DNA 가닥의 양말단은 공유결합으로 연결되어 있는 것 같다. Poxvirus를 비롯한 다른 선형의 이중-가닥 DNA 바이러스들과 마찬가지로 한 가닥의 말단부에서 5 nt 떨어진 지점이 절단되어 DNA 복제를 위한 프라이머로 이용되는 것 같다.

감수성 숙주세포들은 미국, 아이슬란드, 인도네시아의 온천수에서 분리된 *Pyrobaculum* 및 *Thermoproteus* 균주들이다. 바이러스 생성으로 세포 용해가 일어나지 않으며 매 24시간마다 분열하는 세포 분열도 지연되지 않는다. 게다가 감염 세포의 막도 온전하게 유지된다. 감염 세포를 수개월 동안 계속 키워도 바이러스 입자들이 계속 방출되므로 바이러스는 이들 세포에 "보균자 상태(carrier state)"로 존재하는 것 같다.

*Rudiviridae*과의 바이러스는 비외막성이며 나선형 막대기 모양이다

*Rudiviridae*과(라틴어 rudis는 "작은 막대기"를 의미)의 바이러스들은 아이슬란드, 이탈리아 및 포르투갈에 있는 수증기와 황을 분출하는 화산지역의 뜨거운 산성 샘에서 분리된 *Sulfolobus*속과 *Acidianus*속의 다양한 균주들에서 복제한다. 비리온은 비외막성 막대기 모양의 입자이며(그림 9.9), 너비가 23 nm이고 길이는 선형의 이중-가닥 DNA 게놈의 길이에 따라 610 nm에서 900 nm로 다양하다. 비리온은 DNA와 이를 둘러싸는 염기성 DNA-결합 단백질로 구성되며 관상의 초나선 구조를 이룬다. *Sulfolobus islandicus* rod-shaped virus 1(SIRV-1)의 경우에 이 단백질의 크기는 14.4 kDa이다. 비리온의 양 말단에는 3개의

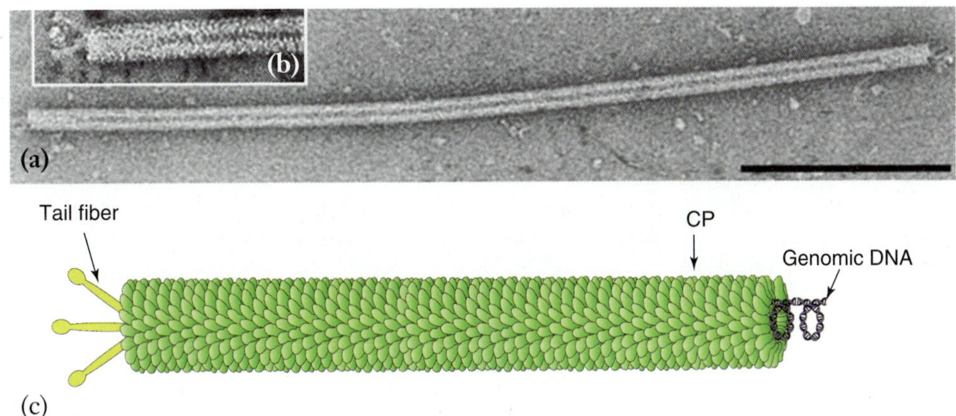

그림 9.9 ***Rudiviridae*****과의 *Sulfolobus islandicus* rod-shaped virus 1(SIRV-1).** 비리온의 전자현미경 사진. (a) 전체 길이의 비리온 전자현미경 사진(축적 자: 200 nm), (b) 고배율의 말단 구조물, (c) rudivirus의 모식도.

꼬리섬유가 부착된 약 50 nm 길이의 마개가 있다. 이들은 숙주세포에의 흡착에 관여한다. 약 124 kDa의 두 번째 비리온 단백질이 꼬리 섬유에 결합되어 있다.

Rudivirus의 선형 DNA 게놈은 24-35 kb이며 전체 게놈의 약 7%에 해당하는 긴 역말단 반복서열을 가진다. DNA 가닥의 양 끝은 공유결합으로 연결되어 있다. 머리에서 머리 혹은 꼬리에서 꼬리로 연결된 복제 중간체를 만드는 것으로 보아 poxvirus를 비롯한 커다란 진핵 DNA 바이러스들처럼 자가-프라이밍으로 복제하는 것 같다. *In vitro* 연구에 의하면 SIRV-1과 SIRV-2는 모두 비교적 단순한 전사패턴을 보이며 극소수의 유선사들만이 난세석 조절을 받는 것 같다.

Rudivirus는 독특한 피라미드 구조물을 통하여 세포에서 탈출한다

많은 다른 crenarchaeota 바이러스들과는 달리 rudivirus는 감염한 숙주세포를 죽인다. 예를 들면 *Sulfolobus islandicus* rod-shaped virus 2(SIRV-2)는 숙주세포의 염색체 분해를 유발하고 세포를 용해시킨다. 비리온은 세포질에서 조립하고 세포 내에서 응집된다. 이들은 독특한 메커니즘으로 숙주세포에서 빠져나간다. 세포막을 가로지르고 S-층을 파괴하는 커다란 피라미드형의 돌출물을 형성한다. 결국 이 돌출물이 막을 터뜨리고 커다란 구멍을 만들면 이를 통하여 비리온들이 세포에서 탈출한다(그림 9.10).

Acidianus two-tailed virus(ATV)의 비리온은 스스로 늘어나는 꼬리를 가진다

*Bicaudaviridae*과(라틴어 *bi*는 "둘"을, *cauda*는 "꼬리"를 의미)에 속하는 유일한 바이러스인 *Acidianus* two-tailed virus(ATV)는 두 가지 형태의 비리온으로 존재할 수 있다. 그 중 하나는 숙주세포에서 방출되면 전체 크기가 약 120×300 nm인 레몬형이다(그림 9.11b, c). 75°C 이상에서 이를 계속 배양하면 비리온의 양 뾰족한 끝에서 부속지들이 돌출되고 레몬형 비리온은 약 85 × 150 nm로 수축된다(그림 9.11a, d–h). 두 개의 부속지(꼬리)는 길이가 다양하고 꼬리를 포함한 비리온의 최대 길이는 약 1,000 nm에 달한다.

꼬리의 돌출과정은 숙주세포, 외부 에너지원 혹은 그 어떤 보조인자도 요구하지 않는다. 유일한 요구사항은 숙주세포의 성장범위인 75°C 이상의 온도이다. 이들의 돌출은 아마도 비리온 구조 단백질의 구조적 변화로 초래되는 것 같다. 꼬리는 벽의 두께가 약 6 nm인 관상의 구조이다. 꼬리의 끝에는 지름이 2 nm인 좁은 통로가 있으며 두 개의 섬유가 접혀 형성된 닻 모양의 구조를 가진다. 관의 내부에는 너비가 2 nm인 섬유가 있다. 비리온은 분자량이 12–90 kDa 정도인 적어도 11가지 단백질들과 숙주의 변형된 지질을 포함한다.

고온에서의 ATV 감염은 용원화를 유도한다

ATV의 환형, 이중-가닥 DNA 게놈은 62.8 kb로 crenarchaeota의 바이러스들 가운데서 가장 크다(그림 9.12). 이는 72개의 단백질들을 암호화하며 대부분은 데이터베이스에 일치하는 것들이 없다. 11가지 단백질들이 바이러스 구조 단백질로 여겨진다. 바이러스 DNA에는 4개의 **IS 요소(IS element)**들이 존재한다. 이들은 전위인자들로서 DNA 전좌를 촉매하는 전위효소(trasposase)를 암호화한다. 바이러스 게놈에서 이들의 역할은 알려지지 않았다.

ATV의 숙주는 이탈리아의 나폴리 근처의 화산지역에

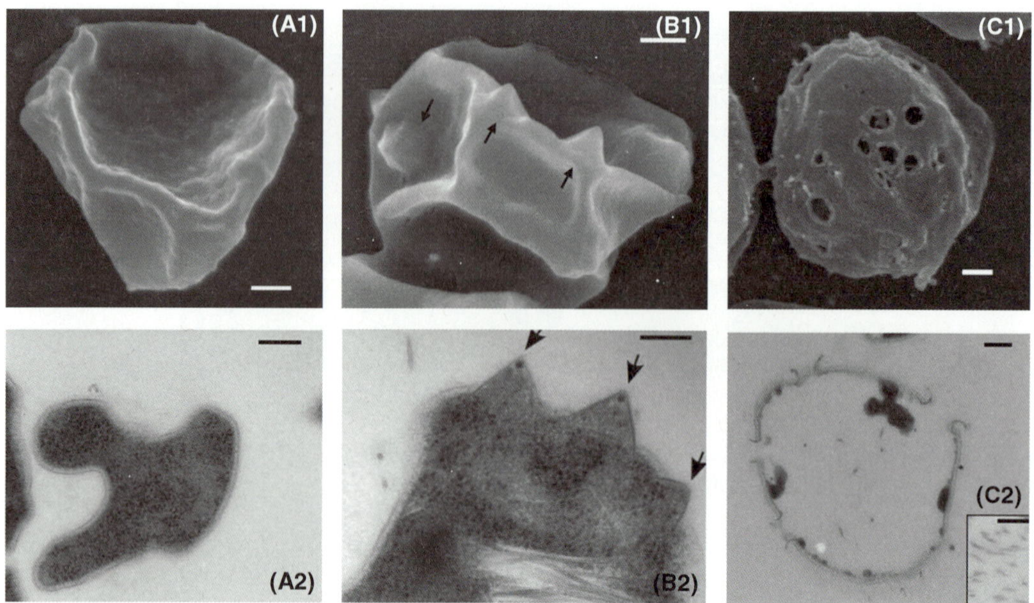

그림 9.10 SIRV-2의 감염 이후에 나타나는 *Sulfolobus* 숙주세포의 변화. (A1–C1) 주사현미경 사진; (A2–C2) 투과전자현미경 사진(축적 자: 200 nm). (A1, A2) 비감염 세포; (B1, B2) 감염 후 10 h; (C1, C2) 감염 후 26 h. B1과 B2에서 피라미드 구조가 보인다; C1과 C2는 세포벽에 구멍이 난 용해된 세포를 나타낸다.

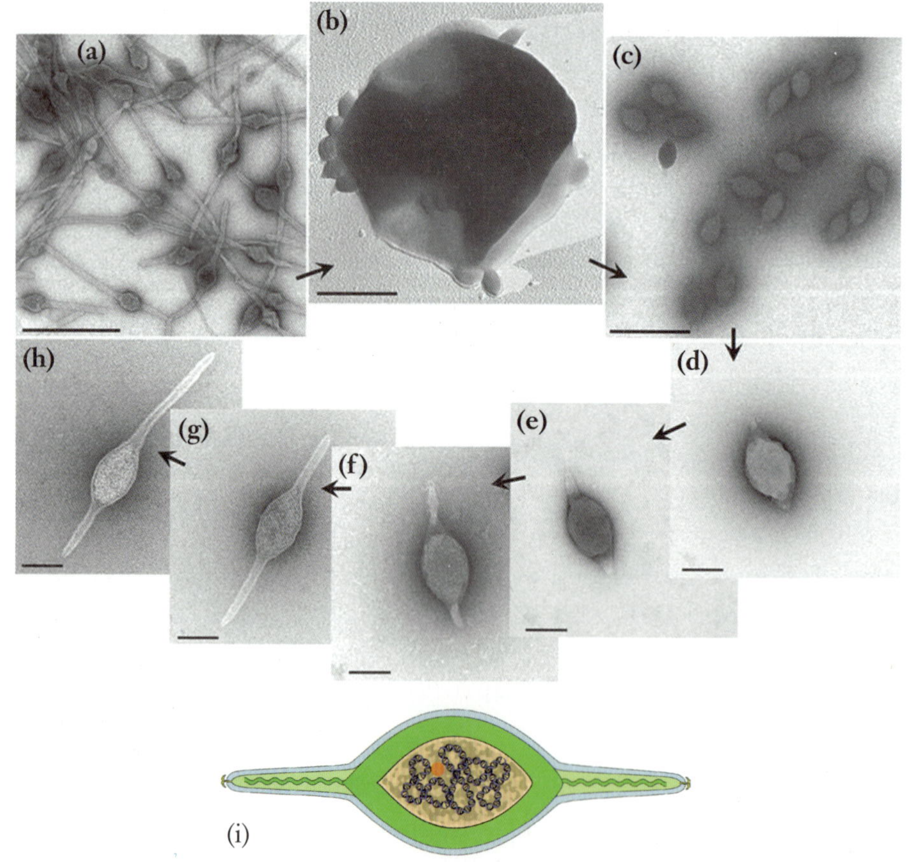

그림 9.11 *Bicaudaviridae*과의 *Acidianus* two-tailed virus(ATV). (a) 두 개의 꼬리를 가지는 비리온; (b) *Acidianus convivator* 세포로부터 방출되는 비리온; (c) 감염 2일 후 감염된 세포에서 방출된 배지 속의 비리온; (d) (c)의 비리온을 CsCl 밀도구배로 정제한 비리온; (e–h) (d)의 비리온을 75°C에서 2, 5, 6 및 7일간 배양한 비리온. (축척 자: (a–c), 500 nm; (d-h), 100 nm). (i) ATV의 모식도.

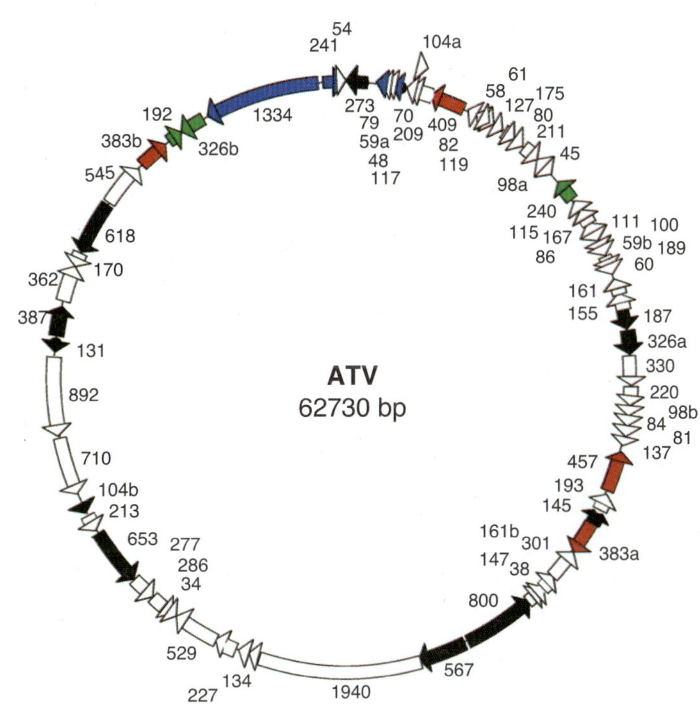

그림 9.12 ***Acidianus* two-tailed virus(ATV)의 게놈.** 화살표는 전사 방향을 나타낸다. 흰색: 기능이 알려지지 않은 유전자들; 청색: 고세균 바이러스들과 상동성을 나타내는 유전자들; 녹색: 고세균 플라스미드들과 상동성을 나타내는 유전자들; 빨간색: 전이효소들; 검은색: 비리온 단백질들.

있는 뜨거운 샘에서 분리된 *Acidianus* 종이다. 숙주세포의 최적 성장온도인 85°C에서 감염시키면 바이러스 게놈이 숙주세포 염색체에 통합되어 용원화가 일어나고 바이러스의 용균 기능이 억제된다. 바이러스는 인테그라제 단백질을 암호화한다.

숙주세포를 자외선 조사, mytomycin C 처리 혹은 동결-해동과 같은 스트레스 조건에 노출시키면 바이러스의 생성이 유도될 수 있다. 바이러스의 복제는 세포 용해를 유발한다. 준최적 온도(75°C)에서 키운 세포에 바이러스를 감염시키면 용원화가 일어나지 않고 생산적인 감염으로 세포가 용해된다.

초호염균 바이러스들은 fusellovirus와 형태는 유사하지만 유전적인 차이를 나타낸다

초호염균(hyperhalophile)에 감염하는 두 가지 방추형 이중-가닥 DNA 바이러스들인 *Haloarcula hispanica* virus 1과 2(His-1과 His-2)(표 9.2)의 분류를 위하여 *Salterprovirus*속이 새로 도입되었다. 이들의 형태는 *Fuselloviridae*과의 바이러스들과 매우 유사하지만 게놈 서열상으로는 전혀 관련성이 없다.

*Fuselloviridae*와는 달리 His-1과 His-2는 자신의 DNA를 숙주세포에 통합시키지 않고 감염으로 세포 용해가 일어난다. 선형의 15 kb 이중-가닥 DNA 게놈(그림 9.13)은 DNA 중합효소를 암호화한다. 이 효소는 adenovirus처럼 단백질 프라이머를 이용하여 DNA를 복제한다. 따라서 DNA의 양 말단에 단백질이 공유결합으로 연결되어 있다. 흥미롭게도 His-2 게놈의 오른쪽 절반에 위치한 모든 유전자들은 왼쪽에서 오른쪽으로 읽혀지고 왼쪽 절반에 위치한 유전자들은 오른쪽에서 왼쪽으로 읽혀진다. 따라서 전사는 게놈의 중앙에서 양 끝으로 진행된다.

정20면체형 캡시드와 뚜렷한 돌기를 가지는 두 가지 독특한 바이러스들

수많은 고세균 바이러스들이 아직 분류되지 않은 채로 남아있다. 이들 가운데에는 정20면체형 대칭과 내부막을 가지고 초고열성 및 초호염성 숙주에 감염하는 이중-가닥 DNA 바이러스들이 있다: *Sulfolobus* turreted icosahedral virus 1(STIV-1)(그림 9.14a)과 *Haloarcula hispanica* virus SH-1(그림 9.14b).

STIV는 꼭지점에 정교한 작은 탑 모양의 구조를 가진다(그림 9.14a). 이는 rudivirus인 SIRV-2(그림 9.10)처럼 바이러스에 의하여 유도된 피라미드형 구조물의 도움으로 *Sulfolobus* 숙주세포에서 방출된다. 대칭구조와는 일치하지 않는 SH-1의 돌기들은 숙주세포에의 흡착에 중요한

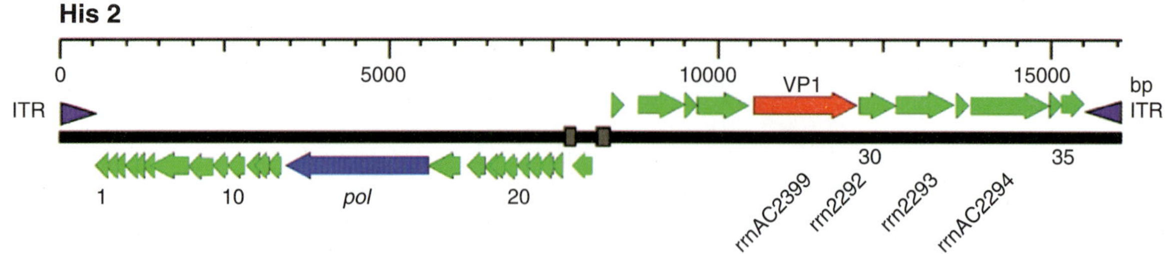

그림 9.13 ***Haloarcula hispanica* virus 2(His-2)의 게놈.** 맨 위의 선: 왼쪽 끝에서의 뉴클레오티드 거리. 보라색 화살촉: 역말단 반복서열. 검은 선 위와 아래의 화살표는 왼쪽에서 오른쪽으로 혹은 오른쪽에서 왼쪽으로 전사되는 유전자들을 나타낸다. 녹색: 기능 미확인 유전자들; 청색: DNA 중합효소; 적색: 바이러스 캡시드 단백질 VP1.

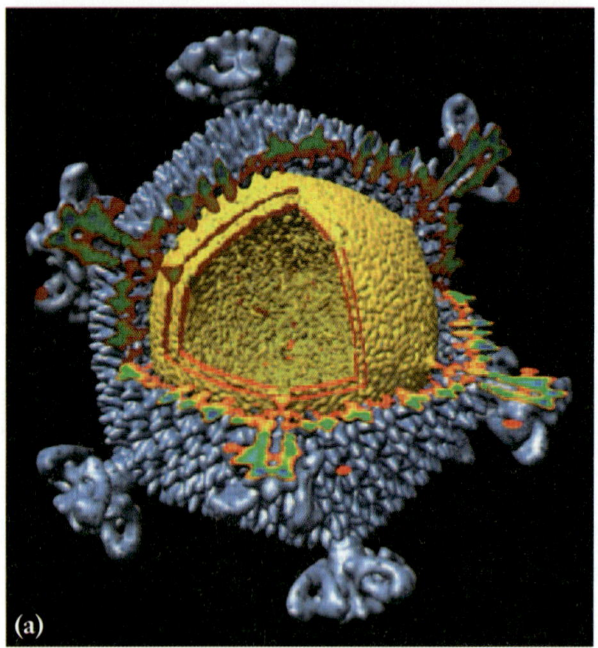

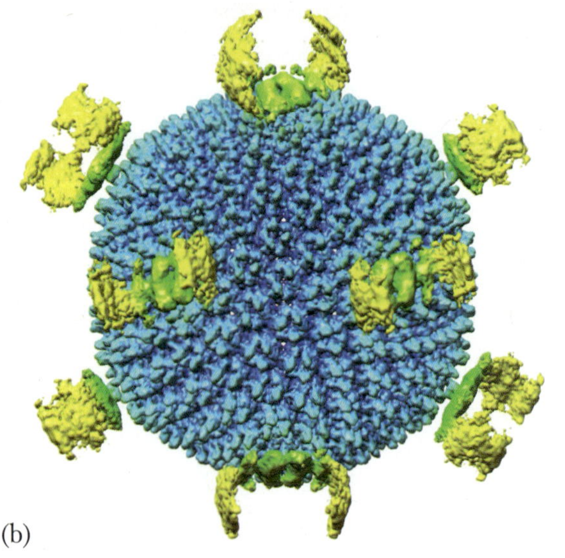

그림 9.14 정20면체 대칭을 가지는 고세균 바이러스. (a) *Sulfolobus* turreted icosahedral virus(STIV) 비리온의 3D 재구성. (b) *Haloarcula hispanica* virus SH-1 비리온의 3D 재구성.

역할을 수행하는 것 같다. 이들 돌기들은 아래쪽 막에 박혀있는 단백질에 연결되어 있으며 감염과정에서 캡시드의 조립과 게놈의 운반에 관여하는 것 같다.

단일-가닥 DNA 게놈을 가지는 바이러스는 이중-가닥 DNA 게놈을 가지는 바이러스들과 밀접하게 관련되어 있다

단일-가닥 DNA 게놈을 가지는 유일한 고세균 바이러스인 *Halorubrum* pleomorphic virus 1(HRPV-1)은 초호염성균에 감염하고 표면 돌기를 가지는 둥근 비리온을 만든다. 7 kb의 게놈은 9가지 단백질들을 암호화한다. 비리온은 지질을 함유하는 외막과 두 가지 주요 구조 단백질들을 포함한다. 비리온의 구조로 보아 이들은 막 융합으로 세포에 진입하고 출아를 통하여 세포를 탈출하는 것으로 여겨지지만 아직 확인되지는 않았다.

흥미롭게도 최근에 8 kb의 이중-가닥 DNA 게놈을 가지는 바이러스인 *Haloarcula hispanica* pleomorphic virus 1(HHPV-1)가 HRPV-1와 높은 수준의 서열 및 유전자 조직 상동성을 나타낸다는 것이 밝혀졌다. 이들의 비리온도 서로 닮았으므로 분명히 서로 관련이 있는 것 같다. 아마도 HHPV-1은 DNA 게놈의 이중-가닥 복제 중간형을 포장하고 HRPV-1은 회전환 복제에 의하여 생성되는 단일-가닥 DNA를 포장하는 것 같다.

고세균 바이러스들의 비교 유전체학

현재까지 알려진 고세균 바이러스들의 게놈에서 극소수의 유전자들에서만 기능이 알려졌다. 염기 서열이 결정된 고세균 바이러스들의 게놈에 존재하는 바이러스 유전자들의 대부분은 밀접하게 관련된 바이러스 종들을 제외하곤 상동성을 전혀 나타내지 않는다. 한 가지 예외로 고세균 머리-꼬리 바이러스들은 *Myoviridae*와 *Siphoviridae*과에 속하는 머리-꼬리 파지들의 게놈과 상동성을 나타내는 유전자들을 가진다. 상동성 유전자들은 대부분 비리온 조립, 캡시드 및 꼬리 형성 그리고 DNA 변형에 관여하는 단백질들을 암호화한다. 이러한 상동성은 이들 박테리아 바이러스들과 고세균 바이러스들이 공통 조상을 가지거나 진화의 어느 시기에서 바이러스들 사이에 유전적 교환이 있었음을 의미한다.

고세균 바이러스들의 독특한 유전적 특징을 보여 주는 극단적인 예로서 globulovirus인 PSV와 TTSV-1의 게놈은 현재 구축된 유전자 데이터베이스와 상동성을 나타내는 유전자를 전혀 가지지 않는다. 이들과 상동성을 나타내는 것들은 거의 전적으로 bicaudavirus인 ATV(그림 9.12)와 같은 다른 고세균 바이러스 또는 플라스미드에서 유래하는 유전자들이다.

Ampullavirus ABV의 게놈은 예측 가능한 기능을 가지는 유전자들을 가장 많이 가진다. ABV는 salterprovirus인 His-1과 His-2를 제외하곤 게놈에 DNA 중합효소 유전자를 암호화하는 유일한 고세균 바이러스이다. 이 DNA 중합효소는 일부 박테리아 바이러스(tectivirus) 혹은 진핵생물 바이러스(adenovirus)에서 발견되는 B형 DNA 중합효소와 매우 유사한 서열을 가진다. 이들은 특이하게도 선형의 dsDNA 게놈의 5′ 말단에 부착된 단백질을 프라이머로 이용하여 DNA 복제를 시작한다.

많은 고세균 바이러스들의 게놈이 공유결합으로 닫힌 말단부와 텔로미어-유사 구조 등의 독특한 특징들을 가지며 이들은 DNA 복제에 관여하는 것 같다. 이를 감안하면 대부분의 고세균 바이러스 게놈에서 DNA 합성에 관여하는 유전자들을 찾을 수 없다는 점은 이해하기 어렵다. 아마도 고세균 바이러스들은 작은 DNA 동물바이러스들(parvovirus, polyomavirus, papillomavirus)처럼 숙주세포의 복제기구에 의존하고 이를 변형시켜 바이러스 DNA의 선택적인 복제가 일어나도록 하는 것 같다. 또한 고세균 바이러스들이 서열 비교분석으로는 확인할 수 없는 독특한 DNA 중합효소를 암호화할 가능성도 배제할 수 없다.

대부분의 고세균 바이러스들이 가지는 독특한 유전자 조직은 아마도 바이러스-숙주 관계를 반영하는 것 같다. 한 예로 적어도 두 가지 과에 속하는 바이러스들이 피라미드형 구조를 이용하여 숙주세포를 용해시키고 비리온을 방출하는 독특한 메커니즘을 가진다. 그러나 고세균 바이러스들이 이러한 방출 메커니즘을 보편적으로 이용하지는 않는다; 대부분의 경우에서 생산적 감염은 세포 용해나 사멸을 초래하지 않는다. 숙주에 대한 이러한 관대함은 열악한 자연 환경조건(80℃ 이상의 온도와 3 이하의 pH)에서 바이러스 집단에게 지속적으로 세포내 피난처를 제공하기 위한 것으로 여겨진다.

비리온들이 고세균 세포를 죽이지 않고서도 어떻게 세포에서 방출되는지는 불확실하다. 또한 숙주 게놈에 통합되지 않는 선형의 DNA 게놈을 가지는 바이러스들의 경우에 숙주세포의 분열과정에서 바이러스 게놈이 자손 세포들에게 안정적으로 전달되는 메커니즘도 불확실하다. 고세균 바이러스들의 복제주기와 숙주세포와의 상호작용에 대한 추가적인 연구를 통하여 흥미로운 사실들이 발견될 수 있을 것이다.

결론

독특하고 다양한 고세균 바이러스들의 발견은 원핵세포 바이러스학 분야에 상당한 영향을 주었다. 향후의 연구는 주로 두 방향으로 진행될 것이다: (1) 다른 환경에서 고세균 바이러스들의 다양성 탐사와 새로운 바이러스-숙주계의 규명; (2) 선별된 고세균 바이러스 생물학의 심층 분석. 이러한 연구들은 비리온의 구조와 조립, 숙주세포에의 부착과 S층을 통한 침투, 세포를 죽이지 않고 탈출하는 방법, 그리고 바이러스 게놈의 복제와 전사 조절 등과 같은 바이러스 생물학의 근본적인 측면에 초점을 맞추어 진행될 것이다. 고세균, 박테리아 및 진핵생물 바이러스들의 특징 비교를 통하여 바이러스 진화에 대한 시나리오를 재구축할 수 있을 뿐만 아니라 나아가 바이러스-숙주 상호작용 메커니즘을 더 깊이 이해할 수 있을 것이다.

핵심 용어

고세균(Archea)
문(Phyla)
박테리아(Bacteria)
생명의 도메인(Domains of life)
유리아케오타(Euryarchaeota)
진핵생물(Eukarya, eukaryotes)
초고온균(Hyperthermophile)
초호염균(Hyperhalophile)
크렌아케오타(Crenarcheota)
혐기성 메탄생성균(Anaerobic methanogen)
호열성균(Thermophile)

기본 개념

- 고세균은 생명의 세 번째 도메인으로서 박테리아 및 진핵생물과는 구분된다.
- 많은 고세균들은 극단적인 온도, 산성 혹은 염도를 나타내는 극한 환경에서 자라고 생존한다.

- 고세균에 감염하는 대부분의 바이러스들은 이중-가닥 DNA 게놈을 가지고 일부는 양성 초나선 구조를 가진다.
- 대부분 고세균 바이러스들은 외막을 가지고 뚜렷한 대칭성이 없는 독특한 형태를 나타낸다.
- 대부분 고세균 바이러스들은 생산적 감염 동안에 숙주세포를 죽이지 않는다; 세포에서 어떻게 방출되는지는 알려지지 않았다.
- 그러나 일부는 세포벽을 뚫는 피라미드형 구조물을 만들어 비리온을 방출하고 숙주세포를 죽인다.
- 고세균 바이러스 유전자들의 대부분은 지금까지 알려진 유전자들과 상동성을 나타내지 않는다.
- 많은 고세균 바이러스들은 확실한 DNA 중합효소 유전자를 가지지 않는다.
- 한 작은 이중-가닥 DNA 바이러스가 한 단일-가닥 DNA 바이러스와 밀접하게 관련되어 있으며 둘 다 초호염균에 감염한다.

복습 문제

1. *Fuselloviridae*의 생활주기는 λ와 같은 용원성 박테리오파지와 어떤 점에서 다른가?

2. *Sulfolobus* spindle-shaped virus 1(SSV-1)의 게놈을 비리온에서 분리하면 양성 초나선 구조를 취하는 특성을 나타낸다. 이 바이러스는 이러한 DNA 구조를 취하는 예로 자연계에서 최초로 발견되었다. 이 미생물에서 “역자이레이스(reverse gyrase)”의 역할은 무엇인가?

3. Rudivirus는 세포에서 어떻게 탈출하는가?

4. IS 요소란 무엇인가?

SECTION III

진핵생물의 양성-가닥 RNA 바이러스

바이러스는 지구 상에서 RNA 분자에 유전정보를 저장할 수 있는 유일한 생명체이다; 이들은 아마도 고대 RNA 세계의 잔존물들일 것이다. 직접 바이러스 단백질을 암호화할 수 있는 단일-가닥 RNA 게놈을 가지는 바이러스들을 "양성-가닥 RNA 바이러스"라고 한다. 이러한 바이러스들은 단백질 코트에 포장된 순수한 mRNA 분자로 간주될 수 있다.

세포에 일단 들어가면 양성-가닥 RNA 바이러스의 게놈은 세포 리보좀과 결합하여 번역되어 바이러스 단백질들을 생성한다. 이 단백질들 가운데에는 게놈과 상보적인(음성-가닥) 복사본을 먼저 만들고 이로부터 새로운 양성-가닥 복사본을 많이 만들어 게놈을 복제하는 RNA-의존적 RNA 중합효소가 있다. 새로 만들어진 게놈 RNA들은 번역되거나, 복제되거나 혹은 새로운 구조 단백질들에 의해 포장된다.

많은 식물 바이러스들은 양성-가닥 RNA 게놈을 가진다. 가장 잘 알려진 식물 바이러스인 cucumber mosaic virus는 10장에 기술되어 있다. 식물 바이러스들은 식물의 세포벽을 통과해야 하므로 보통 곤충이나 물리적인 손상을 통하여 전염된다. 한 식물체 내에서의 전파를 위하여 바이러스는 인접 세포들 간의 원형질을 연결하는 통로인 원형질연락사를 변형시키는 "이동 단백질"을 생성한다. 이러한 이동 단백질이 세포에서 세포로 이동할 때 바이러스 게놈을 동반한다.

3부의 나머지에서는 인간과 동물에 다양한 질병을 유발하는 4가지 과에 속하는 동물 바이러스들에 대하여 기술할 것이다. Picornavirus는 비외막성 비리온을 만들며 poliovirus에 의하여 유발되는 마비성 질병과 rhinovirus에 의하여 유발되는 감기 때문에 잘 알려져 있다. Flavivirus와 togavirus는 지질 외막을 가지며 대부분은 모기나 진드기 등의 곤충에 의하여 숙주 동물들 간에 전염된다. 이들은 황열이나 치명적인 뇌염을 비롯하여 가볍거나 심각한 질병을 유발할 수 있다. Coronavirus는 가장 큰 바이러스 RNA 게놈을 가진다; 이들은 중요한 수의학적 질병들을 유발할 뿐만 아니라 인간에게는 상부 호흡기 감염을 일으킨다. 최근에 출현한 coronavirus는 20세기 초반에 아무도 예측하지 못하였던 유행성 SARS를 유발하였다.

CHAPTER 10

Cucumber Mosaic Virus

Ping Xu
Marilyn Roossinck

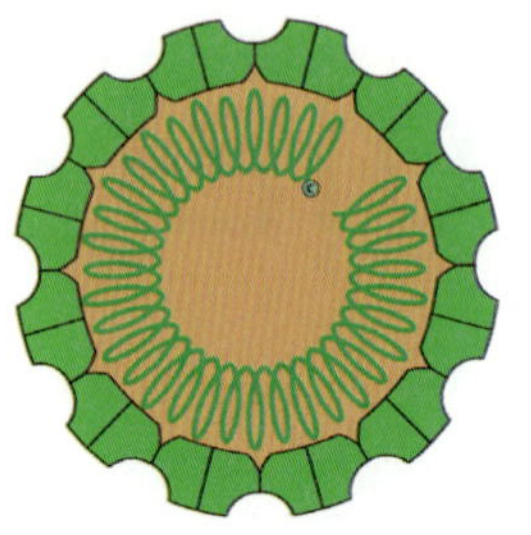
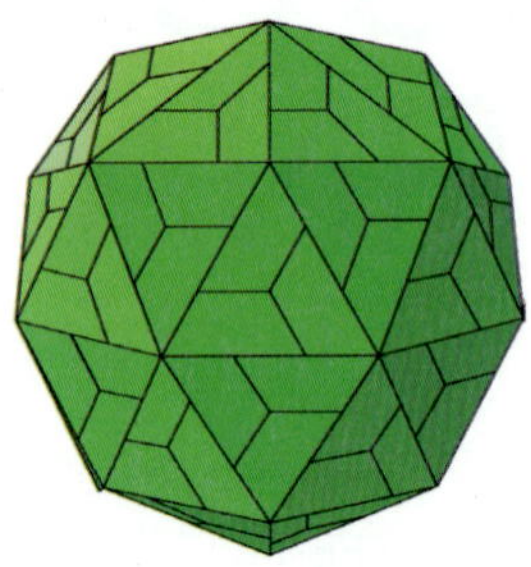

Bromoviridae

라틴어 *Bromus*는 *Gramineae*과에 속하는 풀의 한 속
대표 속인 Bromovirus의 숙주를 의미

비리온

비외막성 정20면체형 캡시드(T = 3)
지름 29 nm
180개의 캡시드 단백질 소단위체(12개의 5량체와 20개의 6량체)

게놈

선형의 단일-가닥 RNA, 양성-가닥.
분절 게놈은 RNA 1(~3.4kb), RNA 2(~3.1kb) 그리고 RNA 3(~2.2kb)으로 구성
모든 분절은 5′ 캡 구조와 3′ tRNA-유사 구조를 가짐
두개의 서브게놈 RNA: RNA 4와 RNA 4A

유전자와 단백질

RNA 1은 1a 단백질(캡핑 효소와 헬리카아제 그리고 복제효소의 성분)을 암호화
RNA 2는 2a 단백질(복제효소의 RNA 중합효소 성분)과 2b 단백질(서브게놈 RNA 4A에서 번역되는 억제자)을 암호화
RNA 3은 3a 단백질(이동 단백질)과 코트 단백질(서브게놈 RNA 4에서 번역)을 암호화

관련된 바이러스와 숙주

*Bromoviridae*과는 5개의 속으로 구성: *Alfamovirus, Bromovirus, Cucumovirus, Ilarvirus* 그리고 *Oleaevirus*
이 과에서 가장 잘 알려진 바이러스는 brome mosaic virus와 cucumber mosaic virus
*Cucumovirus*속의 다른 구성원들은 peanut stunt virus와 tomato aspermy virus
이 과의 바이러스들은 모두 식물에 감염하지만 숙주의 범위는 매우 넓음
Cucumber mosaic virus는 85개의 식물과들에 속하는 1,200종 이상의 외떡잎 및 쌍떡잎 식물, 초본류, 관목류 그리고 목본류에 감염함

질병

Cucumber mosaic virus 감염은 숙주에 따라서 증상이 있거나 없을 수도 있음
대부분의 현대 오이 품종들은 무증상적으로 감염되어 있음
Cucumber mosaic virus는 여러 차례에 걸쳐 전 세계적인 유행성 작물 질병들을 유발하였으며, 특히 토마토에 대규모 피해를 입힌 적이 있음
바이러스는 주로 진딧물에 의하여 전염되지만 기생식물, 씨앗, 그리고 기계적으로도 전염될 수 있음

독특한 특징들

Cucumber mosaic virus는 모든 바이러스들 가운데 가장 넓은 숙주 범위를 가지며 전 세계적으로 분포함
Cucumber mosaic virus는 바이러스 증상을 극적으로 바꾸는 기생성 위성 RNA의 복제를 도움
Cucumber mosaic virus의 2b 단백질은 전사 후에 유전자의 발현을 억제하는 RNA 간섭(RNAi)을 저해하는 능력으로 잘 알려진 다기능성 단백질임
분절성 게놈을 가지는 많은 다른 식물 바이러스들처럼 cucumber mosaic virus의 각 게놈 RNA들은 별개의 비리온에 포장됨

오이의 모자이크성 질병에서 cucumber mosaic virus(CMV)가 발견되었다

1916년에 Sears Doolittle과 Ivan Jagger는 독자적으로 cucumber mosaic virus의 감염으로 유발된 증상과 식물들 간의 전염에 대하여 최초로 기술하였다. 이들은 미국의 밭과 온실에서 오이와 다른 **박과(cucurbit)** 채소(박, 호박, 메론)에서 나타나는 **모자이크성 질병(mosaic disease**; 잎과 과일에 나타나는 탈색과 반점)을 연구하였다(그림 10.1). 이 질병은 일부 지역에서 박과 작물의 전멸을 초래하였다. 이들은 감염체가 Berkefeld 필터를 통과할 수 있는 여과성 바이러스임을 발견하였다. 건강한 식물들은 기계적인 접종을 통하거나 접목이나 곤충을 통하여 박과 식물들 사이에 전파될 수 있었다.

10년이 경과한 이후에 James Johnson은 이 바이러스가 담배식물에도 감염하여 모자이크성 질병을 일으킨다는 것을 보고하였다. 이 병원체는 1940년에 Conway Price에 의하여 처음으로 cucumber mosaic virus(CMV)로 명명되었다. 식물 바이러스들은 이처럼 처음 발견된 숙주와 숙주에 유발하는 질병 증상에 따라서 명명된다. 다른 작물들에 감염하는 많은 바이러스 분리주들에게 다른 이름들이 부여되었지만 이들은 나중에 cucumber mosaic virus와 동일하다는 것이 밝혀졌다. Cucumber mosaic virus는 모든 바이러스들 가운데 숙주 범위가 가장 넓으며 **외떡잎** 및 **쌍떡잎** 식물, 초본류, 관목류, 목본류를 포함하는 1,200종 이상의 식물에 감염한다. 서로 다른 cucumber mosaic virus 분리주들이 전 세계적으로 발견되었으며 세계의 많은 지역에서 여러 차례에 걸친 심각한 유행성 작물 질병을 유발하였다.

이와 관련된 brome mosaic virus(BMV)는 훨씬 더 좁은 숙주 범위를 가지며 주로 **Gramineae**(풀류)에 감염한다. 이 바이러스는 1941년에 처음 기술되었으며 클로닝된 게놈에서 감염성 RNA 전사물의 생성에 최초로 이용된 식물 바이러스이다. Brome mosaic virus는 딱정벌레를 통하거나 기계적으로 전염된다.

Cucumber mosaic virus는 정20면체형 대칭을 가지는 치밀한 캡시드로 둘러싸인 양성-가닥 RNA 게놈을 가진다

1959년에 John Tomlinson은 cucumber mosaic virus가 RNA 게놈을 가진다고 보고하였으며 전자현미경으로 바이러스 입자를 관찰하였다. Hervé Lot 등과 Howard Scott 등은 독자적으로 cucumber mosaic virus 입자들을 대량으로 생성하는 프로토콜을 개발하였다. 이 방법은 바이러스의 분자생물학 연구에 매우 유용하게 이용되었다. 정제된 비리온에서 분리된 바이러스 RNA를 식물에 기계적으로 주입하면 감염성을 나타내었다. 이는 cucumber mosaic virus의 게놈 RNA가 세포에 도입되면 직접 mRNA로 작용할 수 있는 양성-가닥 RNA임을 나타낸다.

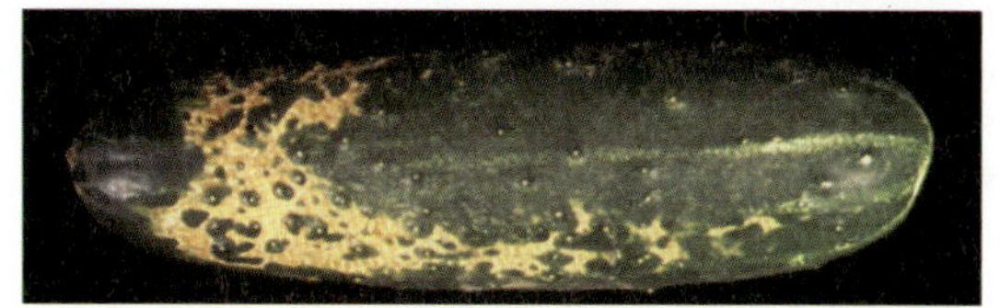

그림 10.1 오이의 cucumber mosaic virus 감염 증상.

Cucumber mosaic virus의 비리온은 정20면체형의 치밀한 구형 입자이다(그림 10.2). X-선 회절법으로 바이러스 결정 구조를 분석한 결과에 의하면, 캡시드는 180개의 동일한 소단위체들이 12개의 5량체와 20개의 6량체를 형성하는 T = 3의 구조이다. 5량체와 6량체들은 모두 중앙에 구멍을 가진다. 정제된 비리온을 RNase와 배양하면 게놈 RNA가 분해되므로 5량체 구멍으로 RNase가 진입할 수 있는 것 같다.

코트 단백질의 N-말단부에 있는 양전하를 띠는 아르기닌-풍부 영역은 비리온의 내부 표면에 위치하며 RNA와 상호작용한다(그림 10.3). 반면에 Cucumovirus들 사이에 잘 보존되어 있고 항원성이 높은 9개의 아미노산들로 이루어진 고리는 비리온의 외부에 위치한다. 이 영역에 생겨난 돌연변이는 진딧물에 의한 전염 효율에 영향을 미친다. Cucumber mosaic virus의 변종들은 코트 단백질의 아미노

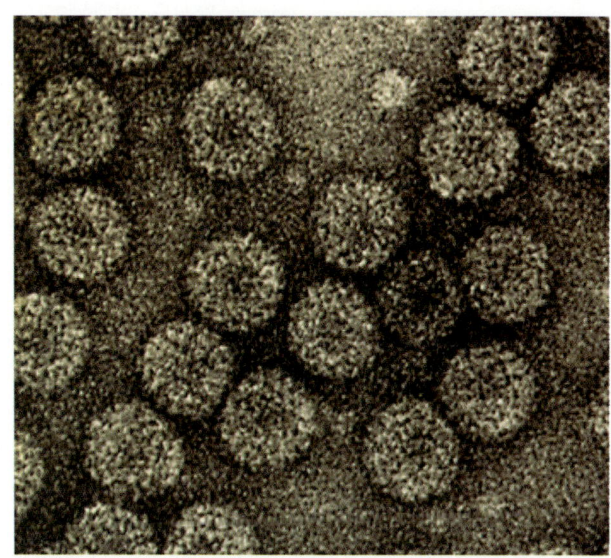

그림 10.2 Cucumber mosaic virus의 전자현미경 사진.

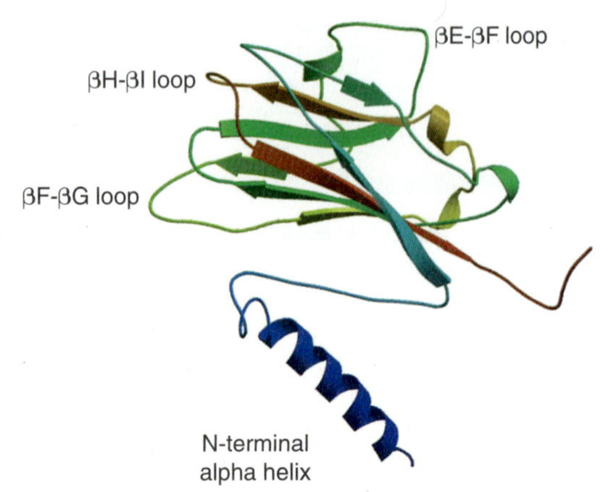

그림 10.3 Cucumber mosaic virus 코트 단백질의 리본 모식도. N-말단 α 나선은 캡시드에 포장된 게놈 및 서브게놈 RNA와 상호작용한다. 고도로 보존적인 9-아미노산 영역은 캡시드의 외부에 노출된 βH-βI 루프에 위치한다. 진디물 전염에 관여하는 아미노산들은 βE-βF, βF-βG 및 βH-βI 루프에 있다.

산 서열과 RNA 3의 5′ 비암호화 영역의 서열에 따라서 3개의 소그룹(IA, IB 그리고 II)으로 나뉜다.

Cucumber mosaic virus의 게놈은 3개의 독특한 RNA 분자들로 이루어져 있다

Cucumber mosaic virus의 비리온은 보통 크기가 약 3,360, 3,050, 2,215, 1,030 nt인 4가지 종류의 RNA(RNA 1, 2, 3, 그리고 4)를 포함한다(그림 10.4). RNA 1, 2와 3은 게놈 RNA이고 이들 세 RNA의 동시 감염이 생산적 감염의 확립에 필요하다. RNA 1은 단일 해독틀(단백질 1a)을 가지고, RNA 2는 2개의 중첩된 해독틀(단백질 2a와 2b)을 가지며 RNA 3은 2개의 비중첩 해독틀(단백질 3a와 코트 단백질[CP])을 가진다. 게놈과 서브게놈의 5′ 말단부는 세포 mRNA처럼 7-메틸 구아노신 캡을 가진다. 모든 바이러스 게놈 RNA 단편들의 3′ 말단부는 tRNA-유사 구조로 접힌다.

RNA 4는 RNA 3의 3′ 쪽 절반에 해당하는 서브게놈 RNA이며 코트 단백질을 암호화한다. RNA 4A도 RNA 2의 3′ 쪽 4분의 1에 해당하는 서브게놈 RNA로 2b 단백질을 암호화하며 일부 변종에서만 비리온에 포장된다. 어떤 cucumber mosaic virus 변종에서는 추가로 RNA 5가 검출된다. RNA 5는 RNA 2와 3의 3′ 비암호화 영역에서 유래하는 서열들의 혼합체로 비리온에 포장될 수 있지만 기능은 알려지지 않았다.

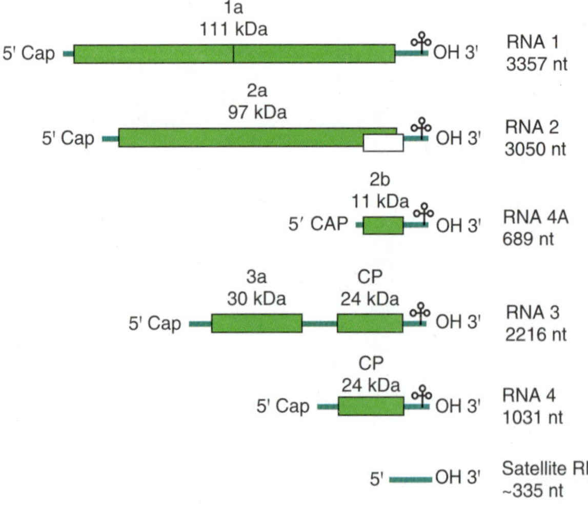

그림 10.4 Cucumber mosaic virus의 게놈 구조. 열린 해독틀을 녹색 사각형으로 나타내었으며 단백질의 이름과 분자량을 그 위에 표시하였다. 게놈 RNA의 크기는 Fny 변종에 대해 나타내었다.

세 게놈 RNA와 한 서브게놈 RNA가 개별적인 입자에 포장된다

RNA 1과 2는 서로 다른 입자에 포장되고 RNA 3과 4는 동일한 입자에 함께 포장된다. RNA5를 가진다면 세 RNA 게놈들 가운데 하나와 함께 포장된다. 때로는 RNA 3이 없어도 세 개의 RNA 4 분자들이 한 입자에 포장될 수 있다.

서로 다른 게놈 RNA를 포함하는 입자들은 물리적으로나 형태적으로 구분되지 않는다. 각 입자들은 3,000에서 3,360 nt의 범위에서 동일한 양의 RNA를 포함한다. *Bromovirus*속과 *Cucumovirus*속의 바이러스들은 동일한 포장 전략을 가진다. 그러나 *Alfamovirus*속의 게놈 및 서브게놈 RNA들은 서로 다른 크기의 네 가지 비리온에 개별적으로 포장된다.

바이러스의 각 게놈 분절들을 개별적인 입자에 포장하는 것은 식물 바이러스에서는 흔하지만 다른 생물들에서는 매우 드물게 일어난다. 이러한 전략은 비교적 큰 게놈을 분절로 나누어 작고 단순한 비리온에 포장될 수 있도록 한다. 그러나 바이러스의 생산적 감염을 위해서 서로 다른 게놈 분절을 가지는 입자들이 최소한 하나씩은 동일한 세포에 들어가야 한다는 부담이 있다. 많은 식물 바이러스들은 감염된 식물을 섭취한 곤충의 입을 통하여 다른 식물에 전염된다. 이러한 전염 메커니즘으로 많은 바이러스 입자들이 동시에 하나의 세포로 운반될 수 있다.

Cucumber mosaic virus 게놈의 3′ 말단 영역은 tRNA-유사 구조를 형성할 수 있다

Cucumber mosaic virus의 모든 게놈 및 서브게놈 RNA는 3′ 말단에 길이가 약 300 nt이며 tRNA와 유사한 클로버 잎 혹은 유사매듭 구조(pseudoknot structure)를 형성

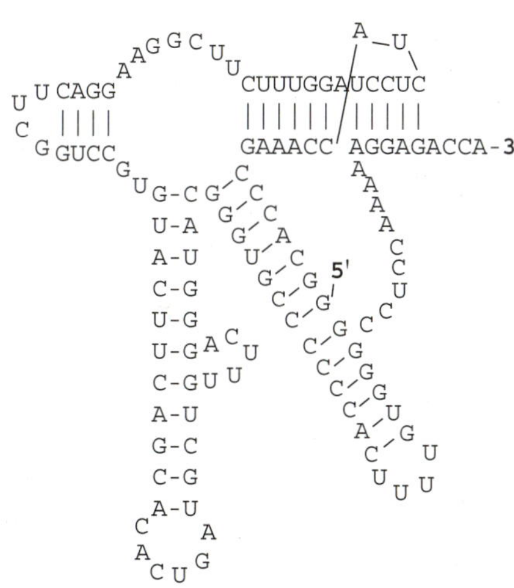

그림 10.5 Cucumber mosaic virus 게놈 RNA의 tRNA-유사 구조에서 나타나는 유사매듭 구조. Fny 변종의 RNA 2를 나타내었다.

할 수 있는 보존적인 비암호화 영역을 가진다(그림 10.5). 이와 같은 tRNA-유사 구조는 turnip yellow mosaic virus, tobacco mosaic virus 그리고 *Bromoviridae*과의 다른 바이러스들을 비롯하여 수많은 양성-가닥 RNA 게놈을 가지는 식물 바이러스들의 3′ 말단에서도 발견된다. 그러나 일부 양성-가닥 RNA 식물 바이러스들은 3′ 말단에 poly A 꼬리 또는 tRNA와 닮지 않은 복잡한 3′ 말단 구조를 가진다.

놀랍게도 대다수의 이러한 tRNA-유사 구조들은 tRNA를 인식하는 두 가지 세포 효소들, 즉 모든 tRNA의 3′ 말단 CCA 서열을 형성하거나 재생하는 CCA-nucleotidyl-transferase와 단백질 합성에 이용될 수 있도록 tRNA에 특정 아미노산을 연결하는 aminoacy-tRNA synthetase의 기질로 작용할 수 있다.

Cucumber mosaic virus와 brome mosaic virus의 경우, 포장된 대부분의 게놈 분자들이 3′ 말단 A 잔기를 가지지 않고 이는 세포의 CCA-nucleotidyltransferase에 의하여 첨가될 수 있다. CCA 3′ 말단을 가지는 게놈 RNA들은 3′ 말단의 A 잔기에 티로신 잔기를 공유결합으로 연결하는 tyrosine-tRNA synthetase의 기질이 된다. 일부 다른 식물 바이러스들의 3′ 말단에 tRNA-유사 서열을 가지는 RNA는 히스티딘이나 발린을 공유결합으로 연결시키는 tRNA synthetase에 의하여 인식되기도 한다.

이러한 구조는 바이러스 복제과정에서 여러 가지 중요한 기능들을 수행한다. 첫째, 아미노산이 공유결합으로 연결된 RNA는 RNA의 3′을 인식하는 RNase에 대해 저항성을 나타낸다. 따라서 tRNA-유사 구조는 세포의 핵산 분해효소로부터 바이러스 RNA를 보호할 수 있다. 둘째, tRNA-유사 서열은 번역연장에 관여하는 세포 단백질들과의 상호작용하여 번역을 향상시키는 것 같다. 식물 바이러스 RNA를 이용한 실험에 의하면 진핵세포 연장인자인 eEF1A는 3′ 말단에 아미노산 잔기를 가지지 않는 tRNA 보다 이를 가지는 tRNA에 더 효과적으로 결합하고 이로 인하여 RNA의 번역 효율이 증가한다.

셋째, tRNA-유사 구조는 감염 초기에 게놈 RNA의 말단 앞 C 잔기에서 시작하는 음성-가닥 RNA 합성을 억제하는 것 같다. 리보좀은 양성-가닥인 게놈 RNA를 5′ → 3′ 방향으로 번역하고 RNA 중합효소는 음성-가닥 합성을 위하여 반대 방향으로 진행한다. 만약 하나의 RNA 분자를 번역하는 동안에 RNA의 합성이 시작되면 번역 중인 리보좀과 전사 중인 RNA 중합효소가 충돌할 것이다(그림 5.4). 세포내 진입 직후 RNA 합성개시가 억제되면 RNA 1과 2는 주로 번역에 이용되므로 나중에 바이러스 RNA 복제에 필요한 충분한 양의 바이러스 RNA 중합효소를 확보할 수 있다. 3′ tRNA-유사 구조를 가지는 일부 바이러스들에서는 eEF1A의 결합이 바이러스의 RNA가 번역되는 동안에 RNA 합성을 위한 주형으로 이용되지 못하도록 하는 것 같다.

Cucumber mosaic virus는 자연계에서 진딧물에 의하여 전파된다

Cucumber mosaic virus는 80종 이상의 **진딧물(aphids)**에 의하여 식물들 사이에 전파된다. 진딧물은 자신들이 먹는 식물이 정해져 있지만 어떤 식물이 적절한지를 결정하기 위하여 여러 식물들을 테스트하므로 이러한 맛보기를 통하여 다양한 식물들에 바이러스가 전염될 수 있다. 진딧물이 감염된 식물의 맛을 보면 바이러스는 소화관의 앞부분에 있다가 나중에 비감염 식물에 접종되어 감염이 일어난다. 실제로 진딧물의 몸 속에 들어간 바이러스는 수초에서 수분 이내에 식물에 전염된다.

전염 효율은 숙주, 진딧물, 그리고 바이러스 변종에 따라서 다양하다. 전염성과 벡터 특이성은 주로 코트 단백질에 의하여 결정된다. 진딧물에 의한 효과적인 전염과 관련된 바이러스 코트 단백질의 아미노산들이 알려져 있다. 이러한 아미노산들은 비리온의 외부 혹은 내부 표면에 분포되어 있다. 전염에 영향을 미치는 내부 아미노산들은 비리온의 안정성과 관련이 있는 것 같다. 외부 아미노산들은 진딧물과 상호작용을 하는 인식 부위로서 맛보기 동안에 비리온의 흡입 또는 방출에 영향을 주는 것 같다(그림 10.3).

Cucumber mosaic virus는 종자를 통하여 자손 식물에게 전파될 수도 있다. 종자 전파는 바이러스가 수정 후 종자 조직에 감염하거나 배발생과정에서 새로 발생 중인 식물에 감염하는 경우에 일어난다.

Cucumber mosaic virus의 게놈은 5가지 다기능성 단백질들을 암호화한다

Cucumber mosaic virus의 세 게놈 분절들은 1a, 2a, 2b, 3a, 그리고 CP라고 하는 5가지 단백질들을 암호화한다(그림 10.4와 표 10.1). 가장 큰 1a와 2a 단백질은 숙주 인자들과 함께 RNA 중합효소, 캡핑효소 그리고 헬리카아제 역할을 하는 바이러스 RNA 복제효소를 구성한다. 1a와 2a 단백질은 보통 감염 세포에 매우 낮은 수준으로 존재한다.

1a 단백질(110 kDa)은 두 개의 영역 즉, 바이러스 RNA의 5′ 말단 캡핑에 관여하는 N-말단부의 메틸기전달효소(methyltransferase) 영역과 C-말단부의 RNA 헬리카아제 영역을 가진다. RNA 헬리카아제 영역은 두 개의 보존적인 모티프들을 가진다. 하나는 rNTP와 결합하고 다른 하나는 RNA에 결합하며 둘 다 바이러스 복제에 필수적이다. 일부 숙주에서는 1a 단백질이 바이러스의 세포 간 이동에도 관여한다. 이는 특정 관다발계 세포에서 바이러스 이동에 복제가 필요하거나 1a 단백질이 바이러스 이동에 보다 직접적인 역할을 수행하기 때문인 것 같다. 1a 단백질은 종자 전파, 숙주 저항성 그리고 증상 정도에도 영향을 미친다.

2a 단백질(97 kDa)은 많은 바이러스 RNA-의존적 RNA 중합효소들과 서열이 유사한 중앙 영역과 네 개의 보존적인 모티프들을 가진다. 2a 단백질의 N 말단부는 1a 단백질과 상호작용하며, 이 영역에 인산화가 일어나면 이들 사이의 상호작용이 불가능하게 되어 바이러스 복제가 일어나지 않는다. 단백질 2a는 바이러스의 이동이나 특정 숙주 반응의 유도에도 관여하는 것 같다. 예를 들면, RNA 중합효소의 촉매중심 내부 혹은 근처에 두 개의 아미노산들을 치환하면 숙주 반응이 국소적인 **과민성 괴사(hypersensitive necrosis)**에서 **전신 모자이크성** 증상(**systemic mosaic** symptoms)으로 바뀐다.

2b 단백질(15 kDa)은 모든 cucumovirus에서 발현되지만 *Bromoviridae*의 다른 네 속의 바이러스들에서는 발현되지 않으며 cucmovirus 종들 사이에 가장 보존성이 낮은 단백질이다. 2b 단백질은 N 말단부에 핵 위치화 서열을 포함하여 N과 C 말단부에 두 개의 보존적인 염기성 영역들을 가진다. 이는 감염된 식물에서 cucumber mosaic virus의 장거리 이용에 관여하며 RNA 간섭(RNA interference)과 같은 숙주 방어계를 무력화시키기도 한다.

3a 단백질(30 kDa)은 이동 단백질(movement protein, MP)로도 알려진 비구조 단백질로서 숙주 식물에서 바이러스의 이동에 필수적이다. 3a 단백질은 식물 세포들을 연결하는 원형질 통로인 **원형질연락사(plasmodesmata)**에

표 10.1 Cucumber mosaic virus의 단백질들

Viral protein	Translated from	M. Wt. (kDa)	Sequence features	Functions
1a	RNA 1	110	Methyltransferase domain; RNA helicase domain containing NTP-binding and RNA-binding motifs	5' capping of viral RNAs; RNA synthesis; support of satellite RNAs; virus movement and seed transmission in specific hosts
2a	RNA 2	97	RNA-dependent RNA polymerase	RNA synthesis; virus movement
2b	RNA 4A	15	Basic domains in C- and N-terminal regions; nuclear localization signal; binding of single-stranded RNA and siRNA	Long-distance movement; suppression of RNA silencing; virus accumulation
3a	RNA 3	30	Binding of single-stranded RNA	Cell-to-cell and long-distance movement; virus accumulation
Coat protein	RNA 4	24	Arginine-rich domain at N-terminal region; RNA binding	Encapsidation; aphid transmission; cell-to-cell and long-distance movement

결합하여 이를 확장하여 바이러스 RNA를 한 세포에서 다른 세포로 이동시킨다.

코트 단백질(coat protein, CP; 24 kDa)은 바이러스 캡시드를 형성하는 유일한 단백질이다. 이는 또한 식물체에서 바이러스의 세포 간 이동과 진딧물에 의한 식물 간 전파에도 관여한다. 코트 단백질은 아마도 바이러스 RNA를 캡시드에 포장하여 안정화시킴으로써 감염 세포에서 양성-가닥 바이러스 RNA를 축적하는 역할도 하는 것 같다.

바이러스 RNA의 복제는 세포 내막에서 일어나며 바이러스 RNA, 바이러스 단백질 그리고 숙주 단백질들 간의 조직적인 상호작용을 요구한다

식물세포 속에서 바이러스 게놈 RNA가 캡시드로부터 방출되면 이는 mRNA로 작용하여 1a, 2a 및 3a 단백질의 합성을 지시한다. 바이러스 단백질의 초기 번역이 일어나면 번역에서 음성-가닥 RNA 합성으로 전환되고 그 다음에 양성-가닥 RNA가 합성된다. 바이러스의 RNA 합성을 위하여 바이러스 RNA와 단백질, 숙주 단백질 그리고 세포막을 포함하는 복제효소 복합체(replicase complex)가 조립된다. 감염된 오이와 토마토에서 cucumber mosaic virus의 복제효소 복합체는 커다란 중앙 액포를 둘러싸는 **액포막(tonoplast)**에 존재한다.

음성-가닥 RNA 합성을 위한 코어 프로모터 서열은 3 바이러스 게놈 RNA들이 가지는 3′ 말단 tRNA-유사 구조 내의 줄기-고리에 위치한다. RNA 3의 5′ 비암호화 영역과 두 해독틀 사이의 비암호화 서열은 게놈과 서브게놈 RNA의 수준을 조절하는 중요한 서열을 포함한다. 서브게놈 RNA 4의 합성을 위한 최소 프로모터 서열은 줄기-고리 구조를 포함하며 RNA 3의 코트 해독틀 앞의 비암호화 영역에 위치한다.

Brome mosaic virus의 RNA 복제는 효모세포에서 분석되었다

Brome mosaic virus는 양성-가닥 RNA 바이러스의 번역과 RNA 합성에 대한 모델계로서 많은 연구가 이루어졌다. Paul Ahlquist 실험실은 brome mosaic virus의 게놈 RNA를 효모에 도입시키면 바이러스의 번역, 복제 및 포장이 일어날 수 있다는 것을 발견하였다. 이러한 시스템은 바이러스의 RNA 복제기전에 대한 유전학적 및 분자생물학적 연구를 용이하게 만들었다.

효모에서 brome mosaic virus의 2a 단백질이 합성되려면 RNA 헬리카아제인 숙주 단백질 DED1이 필요하다. DED1은 효모에서 효모 mRNA의 번역을 위한 필수 단백질이다. DED1은 바이러스 RNA 1의 5′ 말단 근처 서열과 상호작용하여 1a의 합성을 조절한다. 번역 수준을 조정하고 번역에서 복제로 전환시키는 게놈 및 서브게놈의 조절 서열들이 확인되었다. 예를 들면, RNA 2의 5′ 비암호화 영역은 복제 복합체의 조립에 중요한 2a 단백질의 합성을 억제한다.

Brome mosaic virus의 RNA 합성은 세포질 막에서 일어난다

효모에서 brome mosaic virus의 RNA 합성 복합체는 소포체 막에서 조립된다. 1a 단백질은 소포체 막에 구형의 함입 부위를 만들어 바이러스 RNA와 2a 단백질을 이 함입 부위로 끌어들인다(그림 10.6). 바이러스 RNA들은 *cis*-작용 인식요소들(*cis*-acting recognition elements)을 통하여 RNA 합성 복합체에 모인다. 이 인식요소들은 RNA 1, 2, 3의 5′ 말단과 RNA 3의 유전자간 영역에 위치한다.

RNA가 복제 복합체에 효과적으로 합류하기 위해서는 숙주 mRNA 회전율에 관여하는 숙주 단백질인 LSM1이 필요하다. 바이러스 초기 단백질 합성이 복제 복합체가 형성되기 전에도 일어나지만 바이러스 단백질 합성은 주로 복제 복합체에서 일어난다. 바이러스 RNA와 단백질 이외에 효모의 샤페론 단백질인 YDJ1(Yeast DnaJ homolog)과 감염 세포의 불포화 지방산 수준도 음성-가닥 RNA 합성개시에 중요하다. 샤페론 단백질은 복제 복합체의 조립에 필요하고 지방산 수준은 이 복합체 내의 막 조립에 영향을 미친다.

복제 복합체는 바이러스 1a 및 2a 단백질을 포함한다. 감염 세포에서 정제된 복제효소 복합체에는 숙주 번역개시인자 eIF3의 소단위체들이 포함되어 있다. 효모에서 분리된 복제효소 복합체에 eIF3을 첨가하면 *in vitro*에서의 RNA 합성이 촉진된다.

바이러스 게놈 RNA의 3′ 말단에 위치한 135–200 nt는 음성-가닥 RNA 합성을 위한 프로모터로 작용하고, 음성-가닥 RNA의 3′ 말단 영역은 양성-가닥 RNA 합성을 위한 프로모터로 작용한다. 음성-가닥 RNA 3의 유전자간 영역은 서브게놈 RNA 4의 합성을 위한 프로모터를 제공한다.

바이러스 게놈의 포장

Brome mosaic virus는 분절 바이러스 게놈의 포장 연구를 위한 모델을 제공하였다. Brome mosaic virus RNA의 포장에는 특이적인 서열 — 혹은 구조 — 의존적인 RNA-RNA 상호작용과 코트 단백질-RNA 상호작용이 관여한다. 게놈과 서브게놈의 3′ 말단에 보존적인 tRNA-유사 구조가

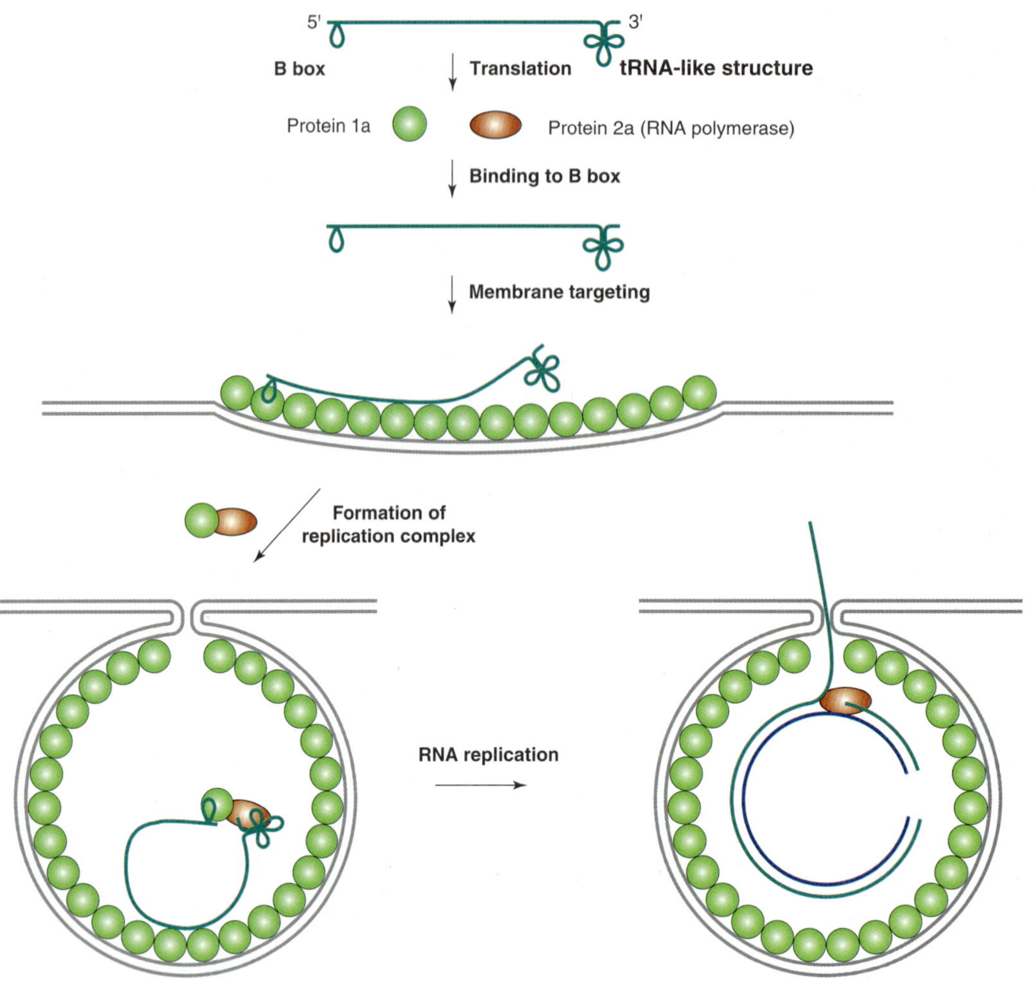

그림 10.6 Brome mosaic virus 복제 복합체의 형성. RNA 1과 2가 번역되면 1a 단백질이 바이러스 RNA의 5′ 말단 근처에 위치한 B 박스에 결합하여 이를 세포질 막으로 이동시킨다. 또한 1a 단백질은 RNA 중합효소인 2a 단백질을 막으로 옮기는 샤페론으로 작용한다. 막에서 양성-가닥 RNA(옅은 청색)가 상보적인 음성-가닥 RNA(짙은 청색)로 먼저 복사되고 그 다음에 양성-가닥 자손 RNA들이 합성된다. 음성-가닥 RNA는 막 복합체 내에 남는다.

brome mosaic virus 입자의 *in vitro* 조립에 필요하지만 이 구조는 다른 bromovirus인 cowpea chlorotic mottle virus의 포장에는 관여하지 않는다. Brome mosaic virus 게놈의 포장은 복제와 연계되어 있으며 이는 양성-가닥 RNA 바이러스들의 공통적인 특징이다. 바이러스 복제효소 복합체는 바이러스 RNA의 선택적인 포장과 균일한 크기의 바이러스 입자 유지에 관여한다.

RNA 3과 RNA 4가 어떻게 하나의 비리온에 함께 포장되는 지는 아직 불확실하다. *In vitro*에서는 RNA 4만을 포함하는 비리온이 효과적으로 조립될 수 있지만 *in vivo*에서 조립된 RNA 4를 포함하는 비리온들의 94%는 RNA 3도 포함한다. RNA 3과 RNA 4의 공동 포장에 대한 두 가지 모델이 제안되었다. 한 모델에 의하면 RNA 3이 코트 단백질의 구조를 변형시켜 RNA 4와의 상호작용을 촉진함으로써 두 RNA가 동일한 캡시드에 포장될 수 있다고 한다. 두 번째 모델은 RNA 3의 포장 서열이 먼저 RNA 4와 상호작용을 하여 공동 포장을 위한 개시 복합체를 형성할 것이라고 제안한다. RNA 4A와 5 그리고 위성 RNA들이 어떻게 포장되는 지는 전혀 알려지지 않았다. RNA 4A는 많은 cucumber mosaic virus의 변종들에서 포장되지 않고 RNA 5는 일부 변종들에서만 합성된다.

Cucumber mosaic virus의 3a 단백질(이동 단백질)과 코트 단백질은 감염 식물에서 세포 간 이동과 관다발계를 통한 장거리 전파에 관여하다

Cucumber mosaic virus가 식물체에 전신 감염을 일으키기 위해서는 초기 감염 세포에서 인접 세포, 관다발계 세포 그리고 다른 먼 조직으로 바이러스 게놈이 이동하여야 한다. 식물 세포들은 세포벽이라는 단단한 물리적 장벽으로 둘러싸여 있으므로 거대분자들이 식물 세포들 사이에 자

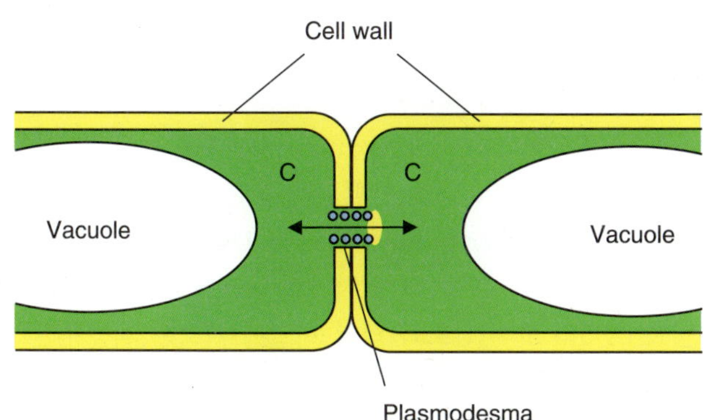

그림 10.7 원형질연락사의 모식도. 분자들이 연결된 세포들 사이를 이동할 수 있지만 분자의 크기가 제한된다. 작은 구체로 나타낸 바이러스 이동 단백질들이 원형질연락사의 지름을 확대할 수 있다.

유롭게 이동할 수 없다. 하지만 인접한 식물 세포들의 원형질은 원형질연락사에 의하여 연결되어 있다. 원형질연락사는 인접 세포로 이동하는 물질의 크기를 제한한다(그림 10. 7). 상피세포와 엽육세포의 원형질연락사가 제한하는 물질의 크기는 비슷하다. 하지만 엽육세포와 관다발계 세포(유관속초 세포, 체관부 유조직 세포, 체요소 및 반세포; 그림 10.8)의 원형질연락사는 모양과 수송체계에서 차이를 나타낸다.

다른 식물 바이러스들처럼 cucumber mosaic virus는 원형질연락사를 통하여 상피(epidermis)에서 엽육조직(mesophyll tissues)으로 이동하고 이곳에서 대부분의 복제가 일어난다. 그 다음에 바이러스는 광합성 산물의 이동경로를 따라 감염된 잎의 소맥에 들어가서 체관부(phloem)를 따라 이동하고 결국 어린 식물조직에 들어간다(그림 10.8).

Cucumber mosaic virus의 모든 단백질들이 숙주-특이적인 방식으로 바이러스 이동에 어느 정도 관여하지만 3a 단백질과 코트 단백질이 보편적으로 필요하다. 3a 단백질은 다양한 세포 유형들 사이의 원형질연락사에 결합하여 크기 제한 한도를 늘린다. 원형질연락사는 발생 단계에 따라서 두 가지 유형(1차와 2차)으로 존재한다. 바이러스 이동 단백질은 흔히 2차 원형질연락사와 결합한다.

3a 단백질은 바이러스 RNA와 결합하여 RNP 복합체를 형성하고 미확인 숙주 단백질과의 상호작용을 통하여 바이러스 RNA를 원형질연락사를 통하여 이동시킨다. 코트 단백질은 **세포 간 이동(cell-to-cell movement)**과 **장거리 이동(long-distance movement)**에서 다른 역할을 수행한다. 세포 간 이동에서 코트 단백질은 3a 단백질-바이러스 RNA 복합체를 보호하고 안정화시키거나 바이러스 RNA가 잘 이동할 수 있도록 3a 단백질의 구조를 변형시키는 것으로 여겨지지만 코트 단백질과 3a 단백질 간의 직접적인 상호작용은 아직 관찰되지 않았다. 어떤 실험조건에서는 코트 단백질이 cucumber mosaic virus의 세포 간 이동에 필요하지 않다. 3a 단백질이 2a 단백질과 결합한다는 보고도 있지만 3a 단백질-바이러스 RNA 복합체가 복제효소 성분이나 다른 숙주인자를 포함하는 지는 분명하지 않다.

3a 단백질-바이러스 RNA 복합체가 바이러스 RNA와 단백질이 합성되는 곳에서 원형질연락사로 어떻게 이동하는 지는 거의 알려지지 않았다. 이에는 아마도 숙주의 세포골격 성분이 관여하는 것 같다. 비리온이 원형질연락사를 통하여 수송되지는 않지만 이들은 **체요소(sieve element)**에서도 발견된다. 아마도 비리온이 체요소에서 재조

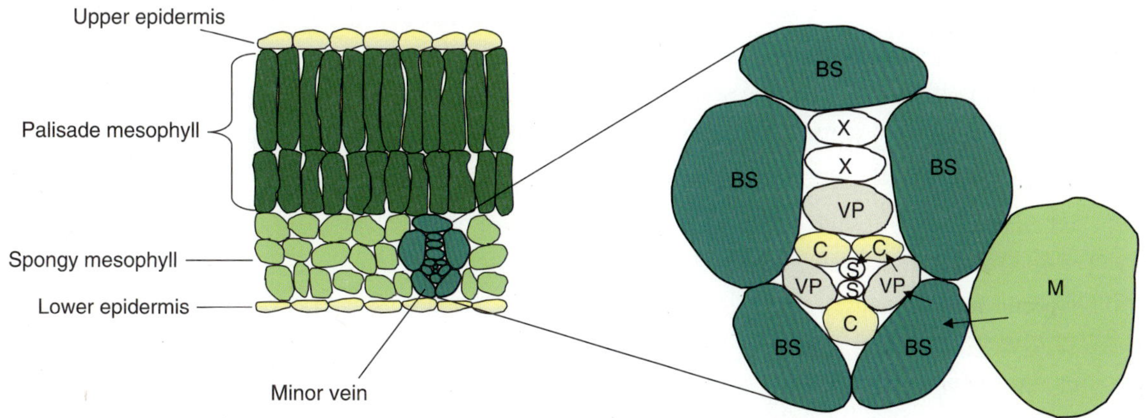

그림 10.8 관다발계를 나타내는 잎의 횡단면. BS, 유관속초 세포; C, 반세포; M, 엽육세포(이들은 관다발을 둘러싸지만 관다발의 일부는 아님); S, 체요소; VP, 관다발 유세포; X, 목부세포. 바이러스는 주로 엽육세포에서 복제하고 광합성 산물들과 함께 화살표 방향 즉, 엽육세포 → 유관속초 → 체요소로 이동한다. 관다발 유세포, 반세포 및 체요소들은 체관부를 구성한다. 체관부에서 빠져나온 바이러스는 이와 역순으로 새로운 조직에 침투한다.

립되어 관다발계를 따라 이동하는 것 같다. 이러한 방식으로 바이러스는 초기 감염 조직에서 식물의 다른 부위로 장거리를 이동할 수 있다. 일단 관다발계에 들어서면 바이러스는 광합성 산물과 함께 수동적인 방식으로 이동한다. 어떤 경우에는 cucumber mosaic virus의 코트 단백질이 숙주-특이적인 방식으로 장거리 이동에 관여하므로 숙주 인자가 관여함을 알 수 있다. 이러한 숙주 인자들은 아직 확인되지 않았다.

Tobacco mosaic virus의 이동 단백질은 감염 식물에서 cucumber mosaic virus의 이동을 지시할 수 있다

Cucumber mosaic virus의 3a 단백질과 tobacco mosaic virus(TMV)의 이동 단백질은 서열이 유사하지 않지만 기능적 유사성을 나타낸다. TMV의 이동 단백질은 cucumber mosaic virus에서 3a 단백질의 결실 혹은 돌연변이를 기능적으로 보완할 수 있다. 감염 식물체 내에서 TMV의 이동에 관한 세포생물학적 및 분자생물학적 메커니즘에 대한 연구가 훨씬 더 많이 진행되었다.

TMV의 이동 단백질은 단일-가닥 RNA에 결합하고, 숙주의 세포골격 요소들과 상호작용하고, 원형질연락사에 결합하여 이를 확장한다. 이 단백질은 횡단막 영역을 포함하므로 처음에는 감염 세포의 소포체에서 만들어진 이후에 막성 바이러스 복제 복합체(virus replication complex, VRC)에 축적된다. 이동 단백질을 포함하는 바이러스 복제 복합체는 세포 내에서 빠르게 수송되고 원형질연락사에서 잠시 멈춘다. 그 다음에 이동 단백질과 바이러스 RNA를 포함하는 바이러스 이동 복합체가 원형질연락사를 통과하여 인접 세포에 들어간다. 일부 이동 단백질들은 원형질연락사에 남는다.

액틴과 미오신 섬유가 TMV RNA의 세포내 및 세포간 이동에 관여한다. TMV의 이동 단백질이 감염 후기에 미세소관-관련 단백질들과 결합하지만 미세소관은 TMV RNA의 이동에 관여하지 않는다. 이러한 결합은 프로테아좀 경로를 통한 이동 단백질의 분해와 관련이 있다.

TMV의 이동 단백질은 또한 세포벽 단백질인 펙틴 메틸에스테라제(pectin methylesterase), 여러 전사인자들 그리고 세포골격 단백질들을 포함한 많은 숙주 인자들과 상호작용을 한다. 펙틴 메틸에스테라제와의 상호작용에 관여하는 이동 단백질 영역을 결실시키면 세포 간 이동이 일어나지 않는다. 이 단백질은 RNA와도 결합할 수 있으며 이동 단백질이 원형질연락사에 접근하는 데 중요한 역할을 수행하는 것 같다.

돌연변이, 재조합, 재분배 및 유전적 병목현상이 cucumber mosaic virus의 진화와 관련이 있다

Cucumber mosaic virus는 새로운 숙주와 새로운 환경에 매우 잘 적응한다. 이 바이러스의 여러 변종들이 전 세계적으로 발견되었다. 코트 단백질의 항원성과 RNA 서열에 기초하여 cucumber mosaic virus를 1A, IB 그리고 II 세 가지 소그룹으로 나눌 수 있다. 코트 단백질 유전자와 게놈 RNA 3의 5′ 비암호화 영역 서열에 기초한 계통유전학적 분석에 의하면 각 소그룹에 대한 공통조상이 존재하는 것 같다. 다른 바이러스 유전자들과 비암호화 영역의 서열 차이를 이용한 계통유전학적 분석에서도 소그룹 지정이 여전히 유효하지만 각 게놈 RNA와 각 유전자들은 서로 다른 진화적 역사를 거쳐 온 것 같다. 따라서 재조합과 **재편성(reassortment)**이 cucumber mosaic virus의 진화에 중요한 역할을 한 것 같다.

실험 진화학 연구를 통하여 cucumber mosaic virus의 유전적 다양성과 적응에 관한 메커니즘이 밝혀지고 있다. Cucumber mosaic virus는 다른 RNA 바이러스들처럼 복제과정에서 실수를 잘하는 RNA 중합효소를 가지므로 돌연변이가 빠르게 생성되어 유전적 다양성이 나타날 수 있다. 실험계에서 cucumber mosaic virus의 변이정도는 바이러스-숙주 조합에 따라서 차이를 보이지만 대체적으로 TMV나 cowpea chlorotic mottle virus보다는 더 높다. 또한 식물 감염 동안에 바이러스 RNA에서 일어나는 삽입과 결실은 바이러스 RNA 구조와 식물 숙주에 의존하여 일어난다.

Cucumber mosaic virus의 복제효소는 *in vitro*에서 염기쌍-비의존적인 복사-선택 재조합(copy-choice recombination)을 통하여 재조합 RNA를 생성할 수 있다. 즉, 하나의 주형 RNA의 일부를 복사한 뒤 떨어져서 두 번째 주형 RNA로 옮겨 RNA 합성을 계속하여 두 RNA 분자들로부터 유래한 서열을 모두 포함하는 자손 RNA를 생성할 수 있다. 분자 간 또는 분자 내 재조합도 실험 식물과 자연 집단에서 일어난다. 이러한 재조합은 특히 3′ 비암호화 영역에서 빈번하게 일어난다. 이는 아마도 이 영역이 상당한 2차 구조를 형성하고 공통 서열을 가지기 때문인 것 같다. 종간 재조합도 혼합 감염 동안에 일어난다.

분절 게놈을 가지는 바이러스들에게는 다른 변종 또는 다른 종과 이루어지는 게놈 분절의 재편성이 성적 재조합에 해당한다. Cucumber mosaic virus의 소그룹들 사이와 다른 *Cucumovirus* 종들 사이에 안정하게 재편성된 바이러스를 실험적으로 쉽게 만들 수 있다. 또한 게놈 재편성에 의하여 생성된 *Cucumovirus* 자연 분리주들이 존재한다.

유전적 변이는 선택이나 **유전적 병목(genetic bottleneck)** 현상에 의하여 감소할 수 있다. 바이러스는 식물체에서의 전신 전파와 진딧물에 의한 전파과정에서 유전적 병목에 직면하게 된다. 돌연변이, 재조합, 재분배, 선택, 그리고 유전적 병목을 포함한 모든 요인들이 조합으로 자연계에서 일어나는 cucumber mosaic virus의 진화에 기여할 것이다.

Cucumovirus 감염에 대한 숙주 반응은 바이러스와 숙주 간의 전쟁과 적응을 반영한다

식물에 따라서 cucumber mosaic virus의 감염에 대해 서로 다른 반응을 나타낸다. 이에는 저항성과 감수성 반응, 증상 및 무증상 감염, 질병과 내성 반응 등이 있다. 대부분의 현대 오이 품종들은 cucumber mosaic virus에 저항성을 나타내어 전혀 감염되지 않거나 감염은 되더라도 어떤 증상도 나타나지 않는 내성을 보인다. 일부 스트레스 조건 하에서는 바이러스 감염이 오히려 식물에 이로울 수도 있다. 예를 들면, cucumber mosaic virus에 감염된 식물은 감염되지 않은 식물보다 가뭄과 낮은 온도에 더 높은 내성을 나타낸다. 이러한 반응은 바이러스 변종과 식물 품종의 조합 그리고 환경에 따라서 다양하며 바이러스와 숙주 간의 끊임없이 진화하는 공생 관계를 보여 준다.

일부 식물들은 cucumber mosaic virus의 감염에 자연적인 저항성을 나타낸다. 흔히 다수의 유전적 좌위들이 cucumber mosaic virus에 대한 숙주 저항성에 관여한다. 하지만 어떤 경우에는 하나의 유전자에 의하여 저항성이 부여되기도 한다. 이러한 한 예가 숙주 저항성(resistance, R) 유전자이며 그 표현형은 감염에 대한 과민성 반응(hypersensitive response, HR)으로 나타난다. 과민성 반응은 엄격하게 조절된 세포사멸과 인접 세포의 저항성 유도로 나타난다. 이러한 두 가지 현상은 감염 식물에서 바이러스 감염을 작은 국소적 부위로 제한한다(그림 10.9). 과민성 반응은 보통 특정 바이러스 변종의 한 단백질에 의하여 유도된다. 예를 들면, 동부콩(cowpea)에서는 바이러스 중합효소 유전자에 의하여 유도된다.

그림 10.9 동부콩의 잎에 형성된 cucumber mosaic virus에 대한 과민성 반응. 병소는 괴사되고 바이러스는 병소 바깥으로 전파되지 않는다.

바이러스의 단백질 번역에 영향을 주는 숙주세포의 연장인자들도 간접적으로 저항성에 관여할 수 있다. Arabidopsis(애기장대)에서는 이동 단백질의 합성을 특이적으로 저해하는 연장인자가 저항성을 부여한다. 이러한 연장인자가 어떻게 이동 단백질의 합성을 저해하는 지는 알려지지 않았다.

감수성 숙주에서 cucumber mosaic virus 감염은 무증상이거나 성장 저해, 모자이크성 병변, 백화현상, 괴사, 다양한 조직의 기형, 성장 중단 등과 같은 다양한 증상을 유발할 수 있다. 대부분의 경우에 바이러스의 RNA 혹은 단백질 서열이 특정 숙주의 특정 표현형적 변화와 관련이 있다. 지금까지 감염 식물체에서 바이러스 단백질, RNA 혹은 비리온이 세포 활성을 어떻게 바꾸는 지는 2b 단백질을 제외하곤 거의 알려지지 않았다. 2b 단백질은 식물 발생을 직접적으로 조절하는 유전자-침묵(gene-silencing) 경로를 방해한다.

Cucumber mosaic virus의 감염은 수많은 숙주 유전자들의 발현에 상당한 변화를 유도하고 세포 생리와 구조를 변화시킨다. 감염 숙주에서 두 가지 일반적인 방어 반응들이 유도된다. 한 가지는 미생물 감염에 대한 일반적인 방어 및 스트레스 반응으로 살리실산(salicylic acid), 자스몬산(jasmonic acid) 및 에틸렌-반응성 경로의 활성화가 관여한다. 식물 전사체 분석을 통하여 이러한 방어 반응들이 활성화된다는 것이 알려졌지만 이들이 cucumber mosaic virus에 대한 저항성을 부여하는 지는 분명하지 않다. 두 번째 방어 반응은 식물의 흔한 항바이러스성 방어 반응인 RNA 침묵이다.

식물은 바이러스 감염에 대해 RNA 침묵으로 반응하고 cucumber mosaic virus 2b 단백질은 침묵을 억제한다

RNA 침묵(RNA silencing; 33장 참조)은 작은 간섭 RNA(**small interfering RNA**, siRNA)에 의하여 매개되는 유전자 불활성화 메커니즘이다. SiRNA는 RNase III 효소인 Dicer 혹은 Dicer-유사 뉴클레아제에 의한 이중-가닥 RNA 혹은 불완전한 머리핀 RNA의 절단으로 생성된다. 그 다음에 si*R*NA-*i*nduced *s*ilencing *c*omplex(RISC)와 복합체를 형성한 siRNA는 RISC를 상보적인 단일-가닥 RNA에게 안내하여 표적 RNA를 절단하거나 번역을 억제하도록 한다(그림 33.11).

RNA 바이러스에 감염된 식물에서는 바이러스 RNA의 이중-가닥 복제 중간체가 생성될 수 있다. 바이러스 RNA의 역반복서열의 존재로 인하여 머리핀 구조도 생겨날 수 있다. 이러한 이중-가닥 RNA는 Dicer 뉴클레아제의 표적이 되고 그 분해산물이 siRNA가 되어 바이러스 RNA를 분해하거나 번역을 억제할 수 있다. 바이러스 siRNA는 숙주의 RNA-의존적 RNA 중합효소(RDRP)에 의하여 복제될 수 있으므로 증폭되어 추가적으로 바이러스 RNA를 분해하거나 번역을 억제할 수 있다.

Cucumber mosaic virus에 감염된 식물에서 일어나는 바이러스-유도성 방어 반응과 바이러스 이중-가닥 RNA-촉발성 RNA 침묵은 바이러스 감염에 대한 숙주 면역반응의 일부이다. 이러한 두 가지 방어 반응들은 서로 연결되어 일어나기도 한다. 예를 들면, 살리실산은 RNA 침묵과 과민성 반응 둘 다에 관여한다. 2b 단백질은 살리실산-매개성 바이러스 저항성을 억제하고 숙주세포의 RNA-의존적 RNA 중합효소-1의 합성은 살리실산에 의하여 유도된다.

또한 cucumber mosaic virus의 2b 단백질은 RNA 침묵 억제자이다. 이 단백질은 RNA 침묵의 전신 신호를 막아 숙주의 항바이러스성 반응에 대항하고 바이러스의 국소적 및 전신 감염을 용이하게 한다. 전신 신호의 정확한 성질은 아직 알려지지 않았다. 그러나 때로는 이 바이러스 침묵 억제자가 특정 숙주에서 과민성 반응-관련 저항성을 유발하기도 한다. 따라서 바이러스와 숙주는 방어, 방어 대항, 그리고 궁극적으로는 아마도 적응을 위하여 복잡한 분자 전략들을 이용하는 것 같다.

Cucumber mosaic virus는 결합성 RNA와 위성 RNA의 복제를 지지한다

위성 RNA는 복제, 캡시드 형성 및 전염을 위하여 헬퍼 바이러스에 완전히 의존적인 작은 기생성 RNA이다(31장 참조). Cucumber mosaic virus는 위성 RNA와 RNA 3에서 유래한 결합성 RNA의 복제를 지지한다. 이러한 RNA들은 특정 바이러스 변종에 감염된 식물에서 게놈 및 서브게놈 RNA와 함께 복제하고 캡시드를 형성한다.

Cucumber mosaic virus의 위성 RNA는 작은 선형의 RNA 분자이다. 이는 cucumber mosaic virus에 감염된 토마토에서 치명적인 유행성 질병을 유발하는 병원체로서 처음 발견되었다(그림 10.10). 그 이후 전 세계적으로 cucumber mosaic virus와 관련된 100가지 이상의 **괴사성 (necrogenic)** 혹은 비괴사성 위성 RNA 변이체들이 발견되었다. 다른 cucumovirus 종인 peanut stunt virus도 위성 RNA를 가진다. Peanut stunt virus의 위성 RNA는 cucumber mosaic virus에 의하여 복제될 수 없고 반대의 경우도 마찬가지이다. 자연계에서 tomato aspermy virus와 관련된 위성 RNA는 아직 발견되지 않았지만 이 cucumovirus는 cucumber mosaic virus의 위성 RNA 복제를 지지한다.

Cucumber mosaic virus의 위성 RNA는 길이가 332-405 nt 정도이다. 이들은 5′ 말단의 캡과 3′ 말단의 CCC 서열을 가진다. 이들의 헬퍼 바이러스와는 달리 위성 RNA의 3′ 말단은 tRNA-유사 서열로 접히지 않고 아미노산과도 결합하지도 않는다. 이들은 cucumber mosaic virus와 서열 유사성을 나타내지 않는다. 감염 식물에서 위성 RNA의 번역 산물은 전혀 검출되지 않았으며 짧은 해독틀을 가지지만 보존적이지 않아 기능성이 아닌 것 같다. 따

그림 10.10 토마토 식물에서 위성 RNA에 의하여 유도되는 증상. 대부분의 위성 RNA들은 토마토의 cucumber mosaic virus 감염 증상을 완화시키지만 (a) WL2 위성 RNA는 백화현상을 유도하고 (b) D 위성 RNA는 전신 괴사를 유도한다.

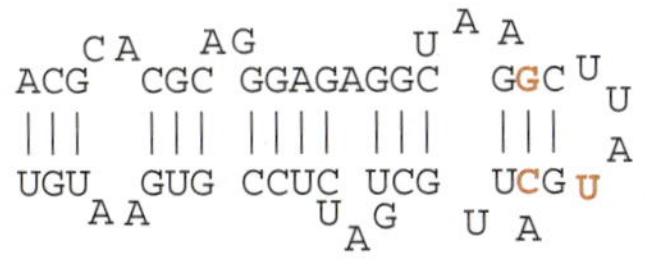

```
     CA   AG          U A A
ACG   CGC GGAGAGGC  GGC  U
|||   ||| |||| |||  |||   U
                           A
UGU   GUG CCUC UCG  UCG U
   A A        U G    U A
               A
```

그림 10.11 **D 위성 RNA의 줄기-고리 구조.** 괴사에 관여하는 3 뉴클레오티드를 주황색으로 나타내었다.

라서 이들 위성 RNA들의 생물학적인 기능은 바이러스 혹은 숙주의 단백질, 핵산 혹은 다른 세포 성분들과의 직접적인 상호작용에 의존하는 것 같다.

위성 RNA는 감염 식물의 증상을 완화 혹은 악화시킬 수 있다

Cucumber mosaic virus의 위성 RNA는 50% 이상이 내부 염기쌍을 형성하는 고도로 조직화된 구조를 가진다. 이들은 안정하여 RNase에 비교적 높은 저항성을 나타낸다. 위성 RNA 변이체들은 73% 이상의 서열 상동성을 나타내지만 cucmber mosaic virus의 증상에 미치는 영향은 차이를 나타낸다. 많은 위성 RNA들은 바이러스 감염 증상을 완화시킨다. 그러나 위성 RNA의 일부 변종들은 감염 식물체의 증상을 더 악화시켜 전신 괴사와 심한 **백화현상(chlorosis)**을 유발하거나 잎을 희게 만들기도 한다(그림 10.10).

위성 RNA에서 표현형에 영향을 미치는 뉴클레오티드 서열이 결정되었다. 예를 들면, 괴사성 위성 RNA의 줄기-고리 구조에서 세 개의 뉴클레오티드들만 치환되면 동일한 식물에서 약독화된 위성 RNA로 전환된다(그림 10.11). 위성 RNA가 증상 변형을 일으키는 분자 메커니즘은 아직 알려지지 않았다(31장 참조). 위성 RNA는 주로 RNA 1에 의하여 유지되는 것으로 보아 바이러스 복제효소 성분이 위성 RNA와 상호작용하는 것 같다.

위성 RNA의 복제 중간체로 여겨지는 양성 및 음성-가닥의 다량체가 감염 식물의 추출물에서 검출되었다. 음성-가닥은 3′ 말단에 구아노신을 추가로 가진다. 이는 복제형 이중-가닥 RNA에서 돌출되어 양성-가닥 위성 RNA의 효과적인 합성과 다량체의 형성에 관여하는 것 같다. 양성 및 음성-가닥 위성 RNA의 복제를 위한 프로모터는 확인되지 않았으며 위성 RNA의 복제 메커니즘도 불확실하다.

위성 RNA의 존재는 일반적으로 감염 식물체에서 cucumber mosaic virus의 수준을 낮추지만 놀랍게도 동일한 위성 RNA가 tomato aspermy virus의 축적에는 영향을 미치지 않는다. 위성 RNA는 cucmber mosaic virus의 게놈 RNA와 함께 캡시드에 포장되며 진딧물에 의하여 바이러스와 함께 전염된다. 즉, 위성 RNA는 cucumber mosaic virus의 자연집단에서 기생체로서 전파된다.

핵심 용어

박류(Cucurbit)
쌍자엽 식물(Dicots)
과민성 괴사(Hypersensitive necrosis)
괴사성(Necrogenic)
단자엽 식물(Monocots)
모자이크성 질병(Mosaic disease)
백화현상(Chlorosis)
세포 간 이동(Cell-to-cell movement)
액포막(Tonoplast)
원형질연락사(Plasmadesmata)
유전적 병목현상(Genetic bottleneck)
작은 간섭 RNA(Small interfering RNAs)
장거리 이동(Long-distance movement)
재편성(Reassortment)
전신 모자이크(Systemic mosaic)
진딧물(Aphids)
체요소(Sieve elements)
화본과(Gramineae)

기본 개념

- Cucumber mosaic virus는 매우 넓은 숙주 범위를 가지며 많은 종의 식물들에 감염한다. 이는 농작물에 질병을 유발하는 이유로 발견되었지만 증상을 전혀 유발하지 않을 수도 있다.
- Cucumber mosaic virus는 흔히 진딧물에 의해 전파되지만 기계적 전파와 기생식물 및 종자에 의한 전파도 가능하다.
- Cucumber mosaic virus는 3개의 분절로 나누어진 양성-가닥 RNA 게놈을 가진다. 게놈이 나누어진 많은 식물 바이러스들처럼 게놈 RNA가 세 개의 개별적인 캡시드에 포장되지만 동일한 캡시드를 형성한다.
- Cucumber mosaic virus는 두 개의 서브게놈 RNA를 생성하며 이 중 하나인 RNA 4는 코트 단백질을 암호화한다. 이 RNA는 자신이 유래한 게놈 RNA(RNA 3)와 함께 포장된다.
- Bromc mosaic virus의 경우에는, 1a 단백질(캡핑 효소)과 2a 단백질(RNA 중합효소)이 함께 복제 복합체를 조립하여 세포질 막에 결합한다.

- 서브게놈 RNA 4A로부터 만들어지는 2b 단백질은 살리실산-매개성 바이러스 저항성을 억제하고 숙주 RNA 침묵의 전신 신호를 저지함으로써 숙주의 항바이러스성 반응에 대항한다.
- 3a 단백질은 바이러스 RNA와 결합하여 RNP 복합체를 형성하고 원형질연락사를 통한 바이러스 RNA의 수송을 돕고 식물체 전체로 바이러스 게놈의 이동과 감염 전파를 용이하게 한다.
- 작은 선형의 위성 RNA는 cucumber mosaic virus RNA와 함께 복제하고 포장되며 바이러스의 감염 증상을 악화시키거나 완화시킬 수 있다.

복습 문제

1. *Bromovirus*와 *Cucumovirus*속의 바이러스들은 유사한 포장 전략을 가지고 한 개 혹은 두 개의 게놈 분절을 포함하는 세 가지 비리온들을 생성한다. 그러나 *Alfamovirus*속의 바이러스들은 게놈 및 서브게놈 RNA들을 네 개의 독특한 크기를 가지는 비리온에 개별적으로 포장한다. 이 바이러스들이 이용하는 포장 전략의 장점과 단점은 무엇인가?

2. Cucumber mosaic virus의 게놈에서 발견되는 tRNA-유사 구조는 바이러스의 복제에 어떠한 역할을 하는가?

3. Brome mosaic virus에서 바이러스 RNA와 단백질 이외에 효모의 샤페론 단백질 YDJ1(yeast DnaJ homolog)과 불포화 지방산의 양이 음성-가닥 RNA의 합성개시에 중요하다. 샤페론 단백질과 지방산은 어떤 기능을 수행하는가?

4. Brome mosaic virus가 분절된 바이러스 게놈의 포장 연구를 위한 모델로 이용된 이유는?

5. Brome mosaic virus의 RNA 3과 RNA 4가 어떻게 단일 비리온에 함께 포장되는지 알려지지 않았다. 현재까지 제안된 두 가지 공동 포장 모델은 무엇인가?

6. Cucumber mosaic virus 감염은 수많은 숙주 유전자들의 발현에 상당한 영향을 미치고 세포 생리와 구조를 변형시킨다. 감염된 숙주에서 유도되는 두 가지 흔한 방어 반응은 무엇인가?

CHAPTER 11

Picornaviruses

Bert L. Semler

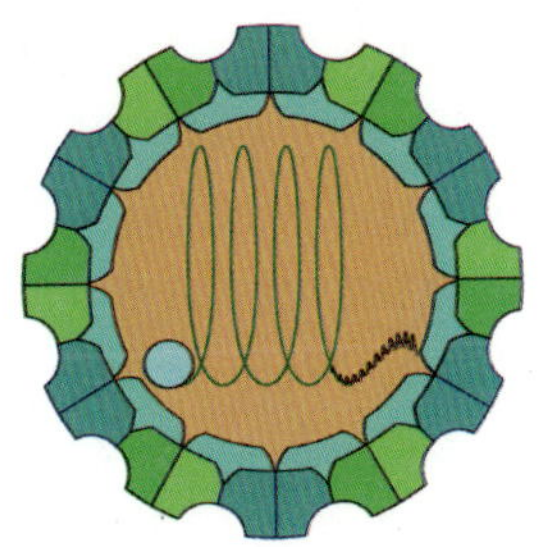

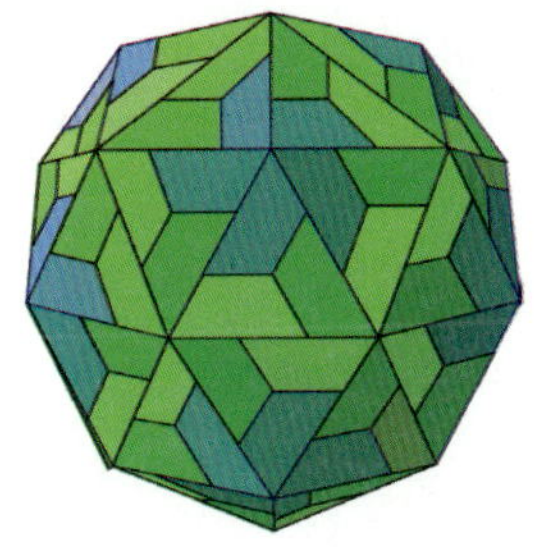

Picornaviridae

비리온의 작은 크기를 의미하는 스페인어 *pico*(10^{-12})와 *RNA*에서 유래

비리온

나출성 정20면체형 캡시드(T = 1)

지름 30 nm

게놈

선형의 단일 양성-가닥 RNA

7-8.5 kb

5′ 말단에 바이러스 단백질 VPg가 공유결합되어 있음

3′ 말단에 짧은 게놈-암호화 poly(A) 꼬리를 가짐

유전자와 단백질

모든 유전자들이 하나의 다단백질로 번역되어 프로테아제에 의해 절단됨

3~4개의 캡시드 단백질(VP1-4)

1~3개의 프로테아제

6~8개의 복제 단백질

바이러스와 숙주

Enterovirus(poliovirus, Coxachieviruses), *Rhinovirus*(일반 감기 바이러스), *Cardiovirus*, *Hepatovirus*(hepatitis A virus)를 비롯한 9가지 속

수백 가지 바이러스 종들이 알려짐

인간, 포유류, 조류, 어류 등에 감염

질병

인간: 회백수염(마비), 심근염, 간염, 뇌수막염, 일반 감기

소: 구제역

독특한 특징

번역이 내부리보좀진입부위(internal ribosome entry site, IRES)에서 시작됨

바이러스 프로테아제에 의한 다단백질의 자가-절단

RNA 복제는 세포질의 소낭에 부착되어 일어남

Picornavirus는 인간과 동물에 회백수염과 일반 감기를 비롯한 다양한 질병들을 유발한다

Picornavirus("pic-or-na-virus"로 발음)는 작은(*pico*, "작은") RNA를 가지는 바이러스이다. 이는 **간염**(**hepatitis**; hepatitis A virus), **심근염**(**myocarditis**; Coxackievirus), 일반 감기(rhinovirus) 그리고 마비성 **회백수염**(paralytic **poliomyelitis**; poliovirus)을 비롯하여 다양한 질병들을 유발한다. Picornavirus의 일종으로 구제역을 유발하는 foot-and-mouth disease virus는 1898년에 최초로 발견된 동물 바이러스이다. 이 바이러스는 소와 양에 경제적으로 심각한 피해를 주는 질병을 유발한다; 2001년과 2007년에 영국에 발생하여 대규모의 감염 동물 격리와 메몰이 이루어졌다.

Hepatitis A virus는 급성 간질환을 유발하는 picornavirus이다. 보통 스스로 회복되지만 때로는 치명적일 수도 있다. 이는 개인 간의 직접적인 접촉과 음식이나 물의 오염으로 전파된다. 레스토랑의 음식이 오염되면 단기간에 집단 감염을 초래할 수 있다. 이 바이러스는 하수처리시설이 열악하고 위생 상태가 좋지 않은 국가에서 더 흔하게 나타난다. B형 및 C형 간염 바이러스에 의한 질병과는 달리 (12장과 30장 참조) hepatitis A virus 감염은 만성 질병이나 간암을 유발하지는 않는다. Hepatitis A virus 감염은 불활화 백신으로 예방이 가능하다.

Rhinovirus는 코의 온도인 34℃에서 잘 복제한다. 이는 일반 감기의 약 50%를 유발한다. 100가지 이상의 인간 rhinovirus형들이 알려져 있으므로 이 감기 바이러스에 대한 효과적인 백신을 개발하는 것은 현실적으로 불가능한 것 같다. 최근 rhinovirus에 대한 항바이러스제가 개발되었으며(36장 참조), 일반 감기에 대해 효과적이고 저렴한 약물은 커다란 시장을 형성할 잠재력을 지닌다.

회백수염은 특히 어린이와 청년기에 마비성 장애를 유발하는 매우 두려운 질병이다. 그림 11.1은 고대 이집트 비석에 기록된 회백수염의 사례를 보여 준다. 1933년에서 1945년까지 미국의 대통령을 지낸 Franklin D. Rooseveldt는 많은 사람들이 그의 장애정도를 인식하지는 못하였지만 회백수염으로 유발된 마비 때문에 휠체어를 이용하였다. 그의 행정부는 회백수염과 다른 아동 질병들에 대한 백신 개발을 지원하는 단체인 "March of Dimes"를 지원하였다. 표 11.1에 최신 *Picornaviridae*과의 속들과 각 속의 대표 바이러스들을 나타내었다.

Poliovirus: 백신 개발과 복제 연구를 위한 picornavirus의 모델

1940년대 후반 John Enders와 공동 연구자들은 *in vitro*에서 배양한 세포에서 poliovirus와 다른 인간 바이러스들을 증식할 수 방법을 개발하였다. 이로 인하여 생화학적 및 유전학적 분석이 가능해져서 picornavirus의 유전자 발현을 자세하게 이해할 수 있었다. 이는 또한 1950년대에 poliovirus 백신 개발을 위한 기반을 제공하였다.

Jonas Salk가 개발한 포르말린-불활화 백신과 Albert Sabin이 개발한 생약독화 백신은 지금까지 개발된 백신들 가운데 가장 성공적인 백신들이다. Salk와 Sabin 백신으로 인하여 회백수염은 선진국에서 완전히 사라졌으며 세계보건기구(WHO)는 이 백신들을 이용하여 전 세계적인 poliovirus 퇴치 프로그램을 진행하고 있다. 효과적인 백신 개발을 위해 poliovirus를 활발하게 연구함에 따라서

그림 11.1 이집트 비석(Astarte 사원, Memphis, 1580–1350 B.C.). 가운데 남자의 오른쪽 발이 회백수염으로 인하여 마비되었을 것으로 추정된다.

표 11.1 Picornavirus과의 대표적인 바이러스들

Genus	Members	Characteristics
Enterovirus	Poliovirus Coxsackie virus (A, B)	Replicate in gastroenteric tract; can cause meningitis, encephalitis, rashes, cardiac and muscular disease
Rhinovirus	Human rhinovirus	Over 100 serotypes; cause common cold; sensitive to low pH
Cardiovirus	Encephalomyocarditis virus Theiler's murine encephalomyelitis virus	Infect mice and other mammals; cause cardiac or neurologic disease
Aphthovirus	Foot-and-mouth disease virus	Epidemics in domestic ruminants; sensitive to low pH
Hepatovirus	Hepatitis A virus	Causes acute hepatitis in humans
Parechovirus	Human parechovirus Ljungan virus	Cause gastroenteritis and respiratory diseases

Note: There are presently three additional picornavirus genera that are not listed here.

poliovirus와 이와 관련된 picornavirus들은 1960년대에 진핵세포의 RNA 바이러스 복제 연구를 위한 모델계를 제공하였다. David Baltimore와 Richard Franklin은 1960년대 초반에 바이러스 감염 세포에서 처음으로 RNA-의존적 RNA 중합효소의 존재를 알아내었다. 이들은 바이러스의 RNA가 DNA 주형으로부터 전사되지 않고 직접 복제될 수 있다는 것을 처음으로 증명하였다.

Donald Summers와 Jacob Maizel은 poliovirus 단백질들이 커다란 다단백질(polyprotein)로 합성된 이후에 다양한 바이러스 구조 단백질들과 효소 단백질들로 절단된다는 것을 발견하였다. 그 뒤에 수많은 다른 동물 바이러스들도 바이러스 프로테아제에 의해 절단되는 다단백질을 만든다는 것이 알려졌다. 현재는 항바이러스성 약제 개발을 위한 주요 표적으로 바이러스 프로테아제가 이용되고 있다.

1980년대 후반에 Nahum Sorenberg와 Eckard Wimmer는 picornavirus RNA의 단백질 합성개시가 캡-비의존적으로 **내부리보좀진입부위(internal ribosome entry site, IRES)**에서 일어난다는 것을 발견하였다. 이는 대부분의 세포 mRNA에서 리보좀이 mRNA의 5′ 말단 캡을 인식하여 결합한 이후에 3'쪽으로 이동하다가 최초의 AUG 코돈이 마주치면 단백질 합성을 시작하는 것과는 대조적이다.

Picornavirus 비리온은 표면의 함몰 부위나 루프 영역을 통하여 세포 수용체와 결합한다

Picornavirus는 하나의 양성-가닥 RNA를 둘러싸는 비외막성 정20면체형 캡시드를 가진다. 여러 picornavirus 비리온들의 3차원적 구조가 x-선 결정분석법으로 결정되었다(그림 11.2). 성숙한 비리온은 4가지 단백질들(VP1, VP2, VP3 및 VP4)을 60개씩 포함한다. VP1, VP2 그리고 VP3은 1차 아미노산 서열이 전혀 다르지만 모두 8-가닥의 **β-배럴 구조**(그림 2.3b와 2.4 참조)로 이루어진 쐐기형 혹은 **젤리-롤(jelly-roll)**을 닮은 공통 구조로 접힌다. 이 3가지 단백질들이 함께 picornavirus의 캡시드 껍질을 형성하고 VP4는 껍질 아래에 묻혀있다. 다른 동물 및 식물 바이러스들의 캡시드 단백질들도 이와 유사한 구조를 가지므로 정20면체형 바이러스 입자의 소단위체 조립에는 공통적인 기능성 모티프가 필요함을 알 수 있다.

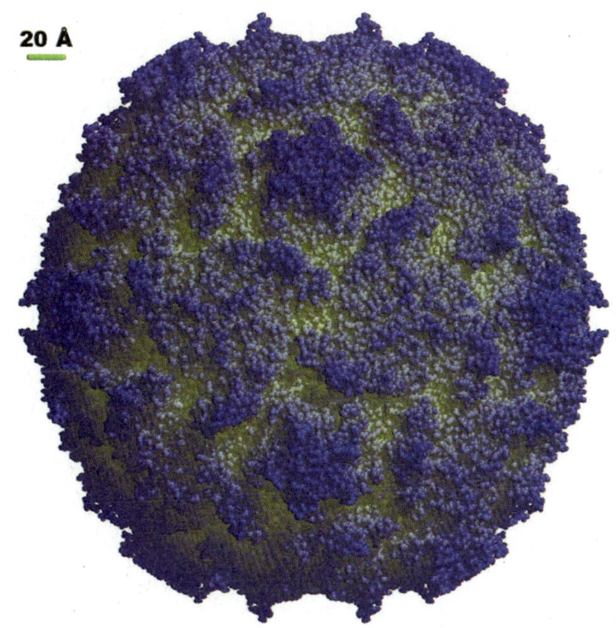

그림 11.2 Picornavirus의 비리온 구조. X-선 결정분석법으로 결정된 poliovirus 비리온의 모델.

표 11.2에 다양한 picornavirus들이 표적 세포 결합에 이용하는 세포 표면 수용체들을 제시하였다. 일부 picor-

표 11.2 일부 picornavirus들이 이용하는 세포 수용체들과 보조 수용체들

Virus	Receptor or coreceptor	Characteristics
Poliovirus	Poliovirus receptor (Pvr or CD155)	Immunoglobulin superfamily
Coxsackievirus	Decay accelerating factor (CD55) Vitronectin receptor ($\alpha_v \beta_3$) Coxsackievirus–adenovirus receptor (CAR) Intercellular adhesion molecule-1 (ICAM-1) Integrin $\alpha_v \beta_6$	Complement cascade Integrin Immunoglobulin superfamily Immunoglobulin superfamily Integrin
Human rhinoviruses	ICAM-1 Low-density lipoprotein receptor	Immunoglobulin superfamily
Foot-and-mouth disease virus	Heparan sulfate Vitronectin receptor ($\alpha_v \beta_3$)	Glycosaminoglycan Integrin
Encephalomyocarditis virus	Vascular cell adhesion molecule-1 (VCAM-1) Sialylated glycophorin A	Immunoglobulin superfamily Carbohydrate

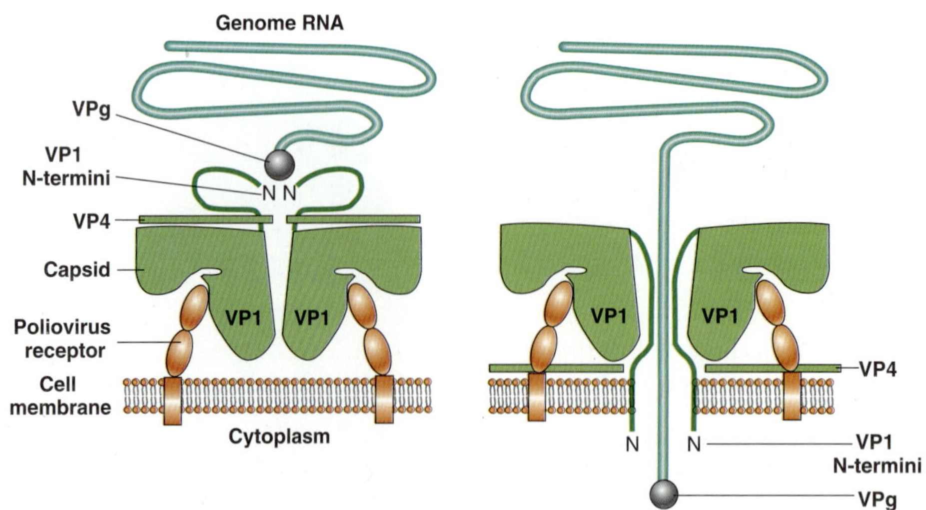

그림 11.3 **Poliovirus RNA의 세포질 진입 모델.** 세포 표면의 poliovirus 수용체에 결합한 비리온의 5배 대칭 중심의 횡단면을 나타낸 것이다. 왼쪽에서는 VP4, VP1의 N 말단부 및 5′ 말단에 VPg가 결합한 게놈 RNA가 모두 캡시드의 내부(위)에 위치한다. 바이러스의 수용체 결합으로 오른쪽과 같이 재배열되면 VP4가 바깥으로 빠져나오고, 다섯 VP1 분자들의 소수성 N-말단부가(여기에서는 두 개만 나타냄) 막에 삽입되어 통로를 형성하고 이를 통하여 바이러스 RNA가 세포질로 들어간다.

navirus들은 캡시드 표면에 수용체 결합에 관여하는 함몰 부위("캐년" 혹은 "구덩이"라고 부름)를 가진다. 대부분의 바이러스들이 비리온의 표면에 돌출된 단백질을 통하여 세포 수용체에 결합한다는 점을 감안하면 이는 매우 독특하다고 할 수 있다. 다른 picornavirus들은 이러한 함몰된 표면을 가지지 않고 표면에 노출된 캡시드 단백질의 루프 영역을 통하여 세포 수용체를 인식한다.

게놈 RNA는 캡시드 단백질이 세포막에 형성한 구멍을 통하여 이동한다

Rhinovirus와 foot-and-mouth disease virus는 **수용체-매개성 내포작용(receptor-mediated endocytosis)**을 통하여 세포에 진입한다. 엔도좀 소낭의 산성화로 캡시드에 구조적 변화가 일어나면 캡시드 소단위체들이 해체되고 바이러스 RNA가 방출된다. 그 다음에 RNA가 정확히 어떻게 소낭에서 세포질로 이동하는지는 알려지지 않았다.

Poliovirus를 포함한 다른 picornavirus들은 세포 표면에서 수용체와 결합하면 커다란 구조적 변화가 일어난다. 비리온은 작은 내부 단백질인 VP4를 상실하고 VP1의 소수성 N-말단부가 입자의 표면으로 밀려 나온다. 이는 influenza와 HIV-1 등의 외막성 바이러스들의 융합 단백질들이 수용체 결합 이후에 일으키는 구조적 변화와 유사하다. Picornavirus 비리온의 구조적 변화로 원형질막에 구멍이 형성되면 게놈 RNA가 이를 통하여 비리온에서 직접 세포질로 이동하는 것 같다(그림 11.3). 이러한 구멍 형성은 직접 증명되지는 않았지만 세포 표면에서 변형된 비리온으로부터 바이러스 RNA가 세포에 진입하는 과정을 설명하는 유력한 가설로 인정받고 있다.

Picornavirus의 RNA 번역은 독특한 내부리보좀진입 메커니즘으로 시작된다

일단 세포질에 들어서면 게놈 RNA는 세포 리보좀에 의하여 번역되어 바이러스 단백질들을 생성한다. 정제된 게놈 RNA를 세포에 도입시켜도 바이러스 감염이 일어날 수 있다. 따라서 일단 RNA가 세포에 들어가면 비리온에 존재하는 구조 단백질들은 복제주기를 시작하는 데 필요하지 않다. Picornavirus 게놈 RNA의 번역 메커니즘과 바이러스가 세포의 번역 기구를 독차지하는 전략은 매우 흥미롭다.

Picornavirus의 양성-가닥 게놈 RNA는 길이가 7–8.5 kb 정도이다(그림 11.4). VPg라고 하는 작은(22–30개 아미노산) 바이러스 단백질이 게놈 RNA의 5′ 말단에 공유결합으로 부착되어 있고 3′ 말단에는 30–100개의 뉴클레오티드들로 이루어진 poly(A) 꼬리가 존재한다. 대부분의 세포 mRNA와는 달리 picornavirus의 poly(A) 꼬리는 poly(A) polymerase에 의하여 첨가되지 않고 게놈 서열의 일부로 존재한다.

Picornavirus는 단백질 합성이 시작되는 AUG 코돈 앞에 특이하게 긴(600–1,200 nt) 5′ 비암호화 서열을 가진다. 이 비암호화 서열은 광범위한 2차 및 3차 구조를 형성한다(132페이지 참조). 5′ 말단과 실제 개시자 AUG 사이

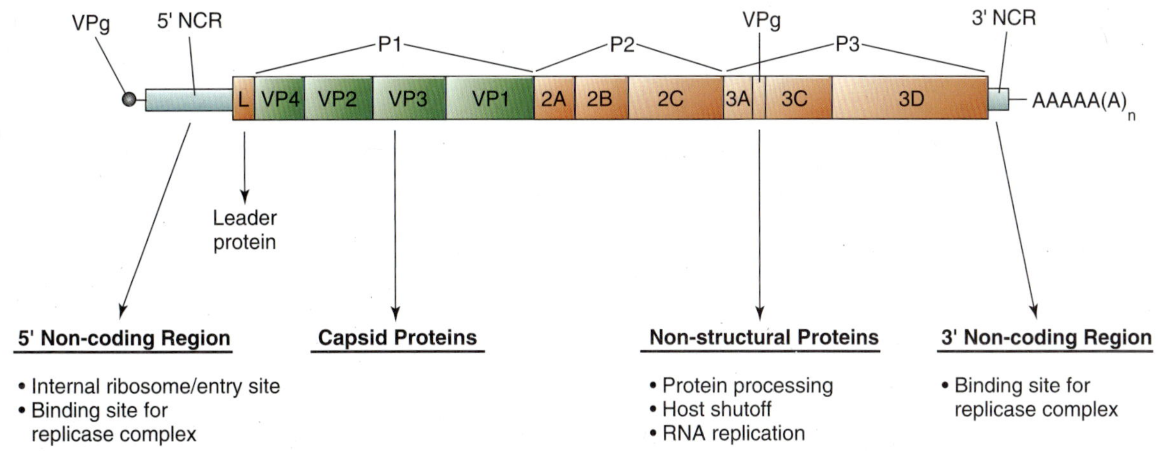

그림 11.4 Picornavirus의 게놈 구조. Picornavirus의 양성-가닥 RNA 게놈의 주요 특징들을 나타내었다. 하나의 열린 해독틀이 커다란 다단백질로 번역되고 이는 바이러스 프로테아제에 의하여 먼저 중간체 P1–P3으로 잘려지고 마지막으로 캡시드와 복제 단백질들로 잘려진다. VPg: RNA의 5′ 끝에 결합하는 바이러스 단백질.

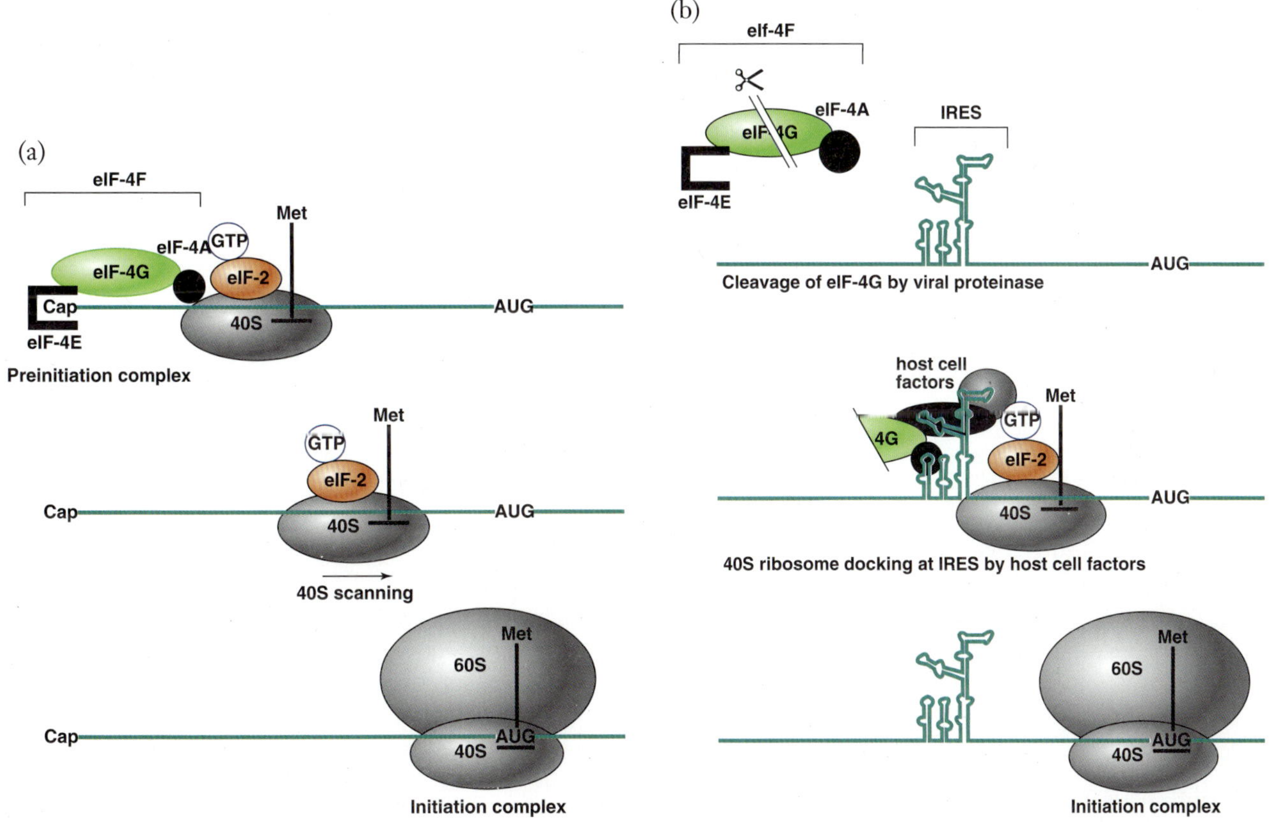

그림 11.5 단백질 합성의 개시. (a) eIF-4F 및 다른 개시인자들(일부만 나타냄)에 의한 캡-의존적 개시. (b) Picornavirus RNA의 내부리보좀진입부위(internal ribosomal entry site, IRES)에서 일어나는 캡-비의존적 개시. 40S와 60S는 작은 리보좀 소단위체와 큰 리보좀 소단위체를 나타낸다. Met는 대부분 단백질들의 개시에 이용되는 메티오닌을 나타내며 40S 소단위체에 결합한 메티오닌 tRNA에 결합한다. GTP는 구아노신 삼인산을 나타내며 60S 소단위체가 40S 소단위체에 결합하고 단백질 합성을 개시하는데 필요한 보조인자이다.

에 다수의 AUG 코돈들이 존재하므로 리보좀이 이 영역에서 개시코돈을 탐색한다면 이들 가운데 하나가 개시부위로 이용될 수 있을 것이다. 하지만 리보좀은 단백질 합성의 개시에 이들을 전혀 이용하지 않는다.

대부분의 세포 mRNA들은 5′ 말단 근처에서 번역을 개시하기 위하여 캡-의존적 메커니즘을 이용한다. 이 방식에서는 진핵세포 개시인자들인 eIF-4A, eIF-4E 그리고 eIF-4G로 이루어진 eIF-4F 복합체가 40S 리보좀 소단위체를 캡이 있는 mRNA의 5′ 말단으로 끌어온다(그림 11.5a). 40S 소단위체는 mRNA를 탐색하여 적절한 주변 서열을 가지는 AUG 코돈을 찾는다. 그 다음에 60S 리보좀 소단위체가 합류하여 80S 복합체를 형성하고 단백질 합성을 시작한다.

거의 모든 picornavirus들의 감염 이후에는 프로테아제에 의한 eIF4G의 절단이나 캡-결합 단백질 eIF-4E의 격리로 인하여 숙주세포의 캡-의존적 번역은 일어나지 않는다. Picornavirus의 RNA는 캡을 가지지 않으므로 독특한 메커니즘을 이용하여 리보좀을 개시자 AUG 코돈으로 인도한다. 모든 picornavirus들은 5′ 비암호화 서열에 위치하는 고도의 구조를 가지는 내부리보좀진입부위를 통하여 단백질 합성을 시작한다.

숙주세포 단백질들이 IRES에 결합하여 40S 리보좀 소단위체를 RNA에 끌어들인다. 이 방식에서는 40S 소단위체가 전방의 다수 AUG 서열들을 무시하고 IRES와 접촉한 부위에서 위치 이동이나 탐색을 통하여 개시자 AUG에 도달한다. 마지막으로 개시자 AUG에서 80S 리보좀이 조립되어 단백질 합성이 시작된다. IRES 서열은 다른 바이러스 mRNA들 뿐만 아니라 수많은 세포 mRNA들에서도 발견되었다.

Picornavirus IRES 요소들의 필수적인 특징

RNA의 2차 구조 요소들(줄기-고리)은 1차 구조를 컴퓨터로 분석하거나 *in vitro*에서 RNA를 구조-특이적인 화합물과 효소 탐침자로 처리하여 알아낼 수 있다. Enterovirus와 rhinovirus의 5′ 비암호화 영역에서 6개의 줄기-고리 구조들(I–VI)이 발견되었으며, cardiovirus와 aphthovirus의 5′ 비암호화 영역에서도 12개의 이러한 구조들(A–L)이 발견되었다(그림 11.6). 이들 두 가지 유형의 구조는 각각 I형과 II형 IRES로 명명되었다. Hepatitis A virus의 5′ 비암호화 영역은 다른 picornavirus의 것들과 1차 서열 및 구조에서 상동성을 거의 나타내지 않는 III형 IRES 요소를 가진다. 마찬가지로 porcine teschovirus의 게놈 RNA에 대하여 IV형 IRES 구조가 제안되었다. 이 IRES는 hepatitis C virus의 것과 구조적 유사성을 나타낸다.

모든 picornavirus의 IRES 요소들은 보존적인 AUG 코돈에서 20–25 nt 떨어진 위치에 피리미딘-풍부 서열을 가진다. 피리미딘-풍부 서열과 보존적인 AUG 사이의 거리가 20–25 nt보다 길거나 짧으면 번역개시 효율이 감소하므로 이들 사이의 거리가 중요한 것 같다. II형 IRES 요소를 가지는 바이러스들에서는 보존적인 AUG가 번역개시에 이용된다. I형 요소를 가지는 바이러스에서는 보존적인

(a)

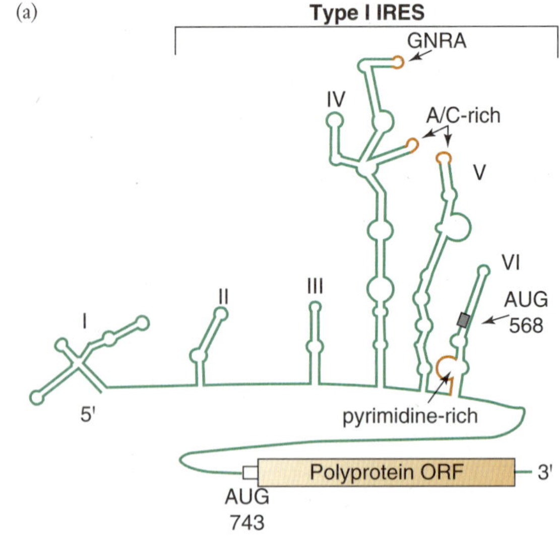

(b)

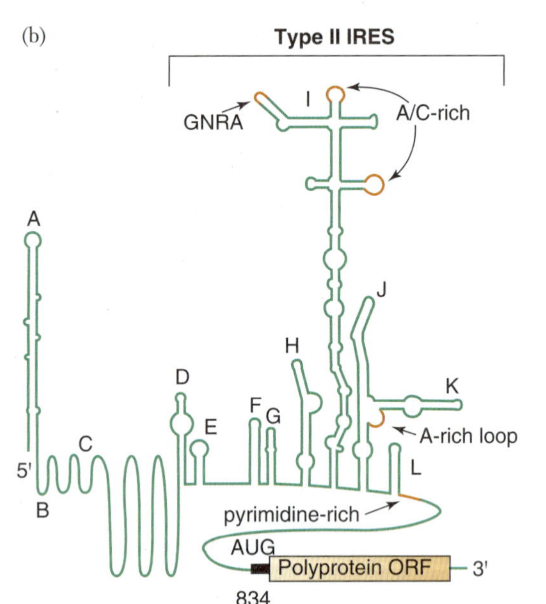

그림 11.6 내부리보좀진입부위의 2차 구조. (a) Enterovirus와 rhinovirus의 게놈 RNA에서 발견되는 I형 IRES. (b) Cardiovirus, aphthovirus 및 hepatovirus의 게놈 RNA에서 발견되는 II형 IRES. 보존적인 서열 요소들의 위치를 주황색으로 나타내었다. 다단백질의 열린 해독틀은 실제보다 작은 크기로 나타내었다.

AUG에서 30–150 nt 아래에 위치한 AUG에서 번역이 시작된다.

Picornavirus의 IRES 요소가 나타내는 다른 보존적인 특징들로 줄기-고리 구조의 특정 고리에서 나타나는 4-nt GNRA 서열(N = 모든 뉴클레오티드, R = A 혹은 G)과 (A + C)-풍부 서열을 들 수 있다. 이와 같은 보존적인 요소들의 역할은 정확히 규명되지 않았지만 세포 단백질과 40S 리보좀의 결합에 중요한 RNA 구조 및 서열 정보를 제공하는 것 같다.

Picornavirus IRES 요소와 숙주세포 단백질의 상호작용

Picornavirus RNA가 세포에 들어갈 때 VPg 이외의 다른 바이러스 단백질들을 동반하지 않으므로 IRES에서 시작되는 번역은 전적으로 숙주 단백질들에 의하여 지시된다. Picornavirus IRES와 상호작용하는 것으로 알려진 세포 단백질들로는 La 자가 항원, 폴리피리미딘 서열-결합 단백질, poly(rC) 결합 단백질 2 그리고 unr 유전자 산물이 있다. IRES의 기능을 위한 이 단백질들의 정확한 역할은 아직 알려지지 않았다.

캡-의존적 번역에 관여하는 진핵세포 개시인자들의 일부는 캡-비의존적 번역에도 필요하다. 진핵세포 개시인자들인 eIF-2α와 eIF-4B는 picornavirus의 IRES와 상호작용하는 것으로 알려져 있고 eIF-2, eIF-4E 그리고 eIF-4F는 모두 캡-비의존적 번역을 촉진한다. 캡을 인식하여 eIF-4F 복합체를 mRNA에 결합시키는 eIF-4E의 기능을 대신하여 eIF-4G 소단위체의 중앙 부위가 eIF-4F를 IRES에 결합시킨다.

Picornavirus는 바이러스 프로테아제들에 의하여 자가 촉매적으로 절단되는 하나의 전구체 다단백질을 만든다

박테리아 mRNA들은 여러 단백질 암호화 영역들을 가지고 여러 부위에서 단백질 합성을 시작할 수 있다. 예를 들면, Qβ와 MS2를 비롯한 박테리오파지의 게놈 RNA는 3개 혹은 4개의 서로 다른 개시부위들에서 바이러스 단백질들을 발현한다. 이러한 RNA 파지들의 유전자 발현 조절은 주로 단백질 합성의 개시단계에서 이루어진다. 반면에 대부분의 진핵세포 mRNA들은 하나의 단백질을 암호화한다. 따라서 picornavirus와 같은 단일-가닥 RNA 바이러스들은 중요한 문제에 직면한다: 이들은 단 하나의 단백질을 암호화하는 mRNA를 선호하는 세포 환경에서 한 분자의 RNA로부터 어떻게 여러 유전자들을 발현할 수 있을까?

이러한 문제를 해결하기 위하여 picornavirus는 모든 단백질-암호화 영역들을 하나의 단위로 연결하여 하나의 커다란 다단백질(polyprotein)을 합성한다(그림 11.4). 이 다단백질은 그 자신이 다단백질의 일부이기도 한 단백질 분해효소들에 의해 개별적인 기능성 바이러스 단백질들로 절단된다. 아마도 이 프로테아제들은 다단백질의 일부로 존재할 때에도 효소 활성을 지니는 구조로 존재하는 것 같다. 초기 절단이 매우 빠르게 진행되므로 적절한 단백질 접힘을 저해하는 아미노산 유사체들을 이용하지 않으면 전체 길이의 다단백질은 감염 세포에서 거의 검출되지 않는다. 다단백질은 먼저 P1, P2, P3의 세 조각으로 잘려진다(그림 11.4). P1은 다시 캡시드 단백질들인 VP0, VP1과 VP3로 잘려진다; VP0는 비리온 성숙과정에서 VP2와 VP4로 잘려진다. P2와 P3도 여러 가지 작은 단백질들로 잘려진다.

Picornavirus는 다단백질과 일부 세포 단백질들을 자르는 다양한 프로테아제들을 만든다

Picornavirus는 3가지 독특한 프로테아제들인 L, 2A 그리고 3C를 암호화한다. 절단경로는 picornavirus 속에 따라서 차이가 난다. Foot-and-mouth disease virus는 다단백질의 N-말단에 위치한 L 프로테아제를 가진다(그림 11.4). L 프로테아제는 VP4 단백질로부터 자신을 자르고 세포 개시인자인 eIF-4G도 자른다. 그러나 다른 picornavirus들은 L 프로테아제를 가지지 않는다. Enterovirus와 rhinovirus의 2A 프로테아제는 P1/P2 연결지점을 자르고 eIF-4G의 절단에도 관여한다. 그러나 다른 picornavirus의 2A 단백질은 프로테아제 활성을 가지지 않는다.

모든 picornavirus들은 3C 프로테아제를 만든다. 이 효소는 글루타민-X(X는 글리신, 세린, 혹은 소수성 곁사슬을 가지는 아미노산) 형태의 특정 디펩티드를 절단한다. 실제로는 3C 프로테아제가 3가지 형으로 존재하며, 이들은 다단백질 절단에 있어서 서로 다른 기능을 가진다. 다단백질의 초기 절단은 온전한 다단백질 분자에서 아직 잘려지지 않은 3C 폴리펩티드에 의하여 수행된다; 즉, 3C는 다단백질의 일부로 존재할 때에도 적절하게 접혀져서 프로테아제로 작용할 수 있다. 이러한 3C는 이와 연결된 동일한 다단백질 분자나 다른 다단백질 분자를 자를 수 있다. 그 다음에 3C는 P3에서 자신의 N-말단부를 잘라 3AB와 3CD를 생성한다.

Rhinovirus와 enterovirus에서 P1 영역의 추가 절단은 주로 3CD에 의하여 수행된다. 세포 단백질인 분자샤페론 Hsp70이 P1의 가공에 관여한다: Hsp70은 3CD와 P1간의 상호작용에 도움을 주거나 P1의 접힘을 도와 절단부위를 3CD가 인식할 수 있도록 노출시키는 것 같다. 마지막으로 3CD의 일부가 잘려나가면 3C가 형성되고 이는 3CD와 함께 P2와 P3의 나머지 절단을 수행하여 개개의 성숙한 단백질들을 만든다. 3CD는 또한 RNA 복제과정에도 관여한다.

Picornavirus의 RNA 복제는 세포 소낭에 결합한 다중단백질 복합체에서 시작된다

일단 바이러스 단백질들이 만들어지면 이들은 바이러스 RNA 복제를 시작한다(그림 11.7). 유전학적 및 생화학적 연구에 의하면 P2와 P3 영역에서 만들어진 단백질들의 대부분이 RNA 복제에 관여한다. 처음에는 양성-가닥 RNA를 주형으로 이용하여 전체 길이의 음성-가닥 RNA가 합성된다. 이 음성-가닥 RNA는 양성-가닥 RNA 합성을 위한 주형으로 이용되어 다중-가닥 복제 중간체 구조를 형성한다(그림 11.7). 이러한 다중-가닥 구조는 먼저 시작한 양성-가닥 합성이 완료되기 전에 양성-가닥 합성이 다시 시작하기 때문에 생겨난다. 감염 세포에서 합성되는 양성-가닥의 수는 음성-가닥의 수보다 40배나 더 많다.

바이러스 RNA는 바이러스 감염에 의하여 유도된 막성 소낭에 결합된 채로 합성된다. 이러한 소낭은 picornavirus의 RNA 합성을 위한 복제 복합체의 형성에 필요하다. 세포질의 막성 소낭에서 바이러스의 RNA가 합성되는 현상은 다양한 양성-가닥 RNA 바이러스들의 공통적인 특징이다; 이러한 소낭들은 효과적인 바이러스 RNA 복제에 필요한 모든 요소들을 한 곳에 모으는 역할을 한다.

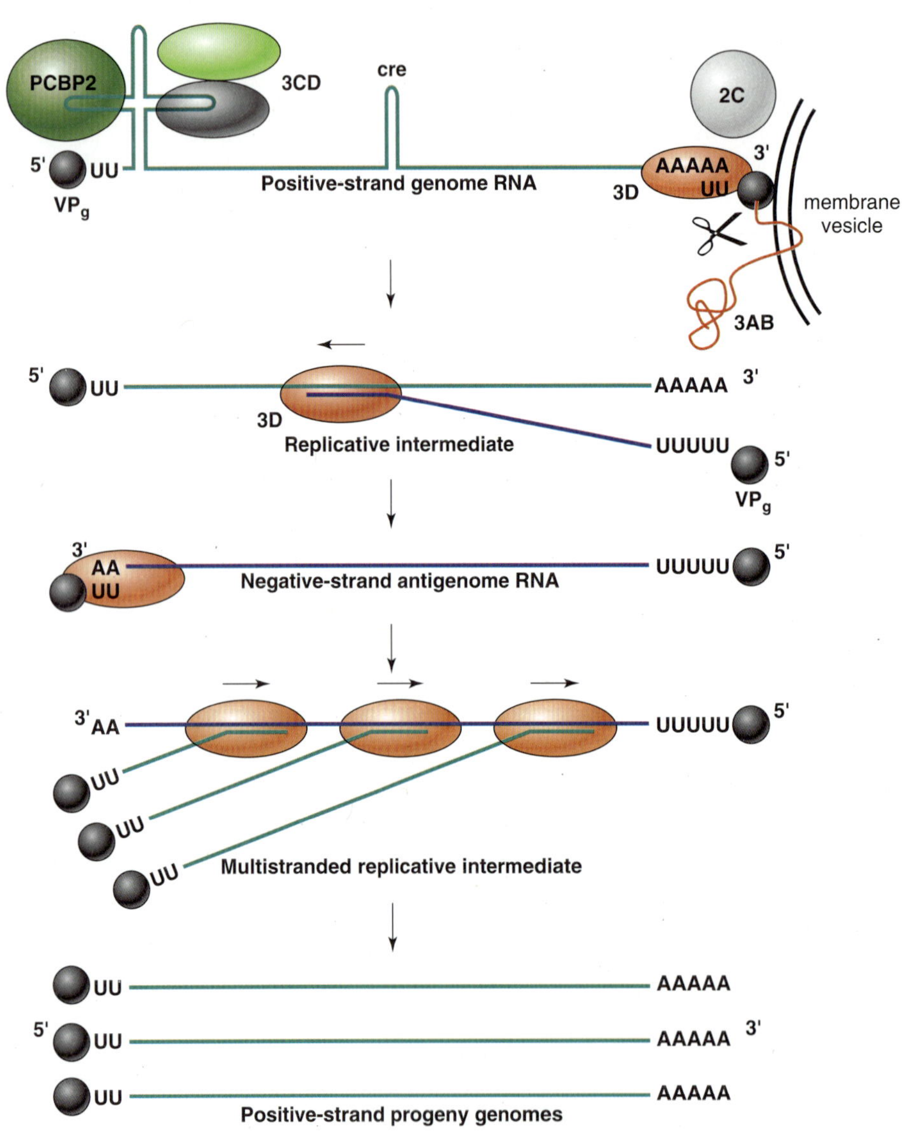

그림 11.7 **Picornavirus RNA의 복제 메커니즘.** 맨 위: 게놈 RNA에 복제 복합체의 형성에 관여하는 서열 요소들을 나타내었다(실제 크기가 아님). Cre = *cis*-acting replication element. 바이러스 단백질 VPg(검은색 원), 3AB(주황색 선과 검은색 원), 3CD, 3D 및 2C가 RNA 혹은 세포질 소낭에 결합한다. Poly C binding protein 2(PCBP2)는 바이러스 RNA 복제에 관여하는 것으로 여겨지는 여러 세포 단백질들 가운데 하나이다. U 잔기들에 연결된 VPg(단백질 2B)는 3D RNA 중합효소의 프라이머로 작용하고 단백질 3A(가위) 혹은 3B를 포함하는 일부 다른 전구체 폴리펩티드에서 신속하게 잘려진다. 3D RNA 중합효소에 의한 전사 방향은 화살표로 나타내었다. 양성-가닥 RNA는 옅은 청색, 음성-가닥 RNA는 짙은 청색으로 나타내었다. 이 그림에서는 자유로운 단일-가닥 RNA로 나타내었지만 음성-가닥 안티게놈 RNA는 양성-가닥 바이러스 RNA와 혼성화된 이중-가닥 상태로 존재하는 것 같다.

Picornavirus 단백질 2B, 2C 그리고 3A는 이러한 소낭의 유도에 관여한다. 2B와 3A는 아마도 소포체에서 골지체를 거쳐 원형질막에 이르는 막 수송을 막아 세포 단백질의 분비를 저해하는 것 같다. 이로 인하여 감염 세포에 소낭이 축적될 수 있다. 2C는 소낭 형성을 유도하는 것 이외에 RNA-결합 단백질로서 음성-가닥 RNA 합성의 개시에도 관여한다. 이는 아마도 게놈 RNA를 이끌어 소낭과 접촉하도록 하는 것 같다.

RNA 합성은 우리딘 잔기에 공유결합된 VPg에서 시작한다

바이러스 RNA 합성을 실제로 지시하는 단백질은 P3에서 유래한다. 3AB 단백질은 3A 부위의 소수성 영역을 통하여 세포질 소낭에 매달려 있다(그림 11.7, 오른쪽 맨 위). 3AB의 C-말단부인 3B 단백질은 게놈과 안티게놈 바이러스 RNA의 5′ 끝에 공유결합으로 부착되어 있는 VPg와 동일하다. VPg는 우리딜화과정(uridylation)을 통하여 N-말단 근처의 티로신 곁사슬에 우리딘 잔기가 공유결합으로 첨가된다. 이와 같이 단백질에 결합된 우리딘 잔기는 바이러스 RNA의 3′ 끝에 있는 poly(A) 꼬리와 혼성화하여 음성-가닥 RNA 합성을 위한 프라이머를 제공한다.

3D 단백질은 RNA-의존적 RNA 중합효소로 프라이머에 뉴클레오티드를 첨가하여 주형 RNA 가닥을 복사한다. 많은 다른 RNA 중합효소와는 달리 3D RNA 중합효소는 DNA 중합효소처럼 RNA 분자를 복사하기 위하여 프라이머를 절대적으로 요구한다. 3D 중합효소가 결정화되어 3차원적 구조가 결정되었다. 이는 RNA 및 DNA 중합효소들에서 나타나는 전형적인 "손" 구조를 가진다. 즉, 손가락 영역, 손바닥 영역 그리고 엄지 손가락 영역을 가지며 손바닥 영역에 효소의 활성부위가 존재한다.

그림 11.7에 제시된 모델은 바이러스 RNA의 합성 단계들을 나타낸다. 3CD 단백질은 양성-가닥 RNA의 5′ 끝에 위치한 줄기-고리 I에 결합하여 RNA를 복제 복합체로 이끈다. 세포 단백질인 poly r(C) binding protein 2(PCBP2)가 반대 쪽에 결합하면 3CD가 클로버 잎의 줄기-고리 구조에 쉽게 결합할 수 있다. 앞서 언급한 바와 같이 PCBP2는 40S 리보좀의 IRES 인식에도 관여하므로 바이러스 RNA의 번역과 복제에 모두 작용한다. 3D 중합효소는 3′ 끝에서 양성-가닥 RNA를 복사하기 시작하므로 이 시점에서 게놈 RNA의 5′ 끝과 3′ 끝이 모이는 것 같다. 2C 단백질도 RNA에 결합하여 이를 RNA 합성이 일어나는 소낭으로 이끈다.

다른 세포 단백질들도 복제 복합체에서 작용한다. 바이러스에 따라서 게놈 RNA의 다양한 영역에 위치하는 ***cis*-작용 복제요소(*cis*-acting replication element, cre)**는 VPg 프라이머의 우리딜화를 위한 주형을 제공하므로 picornavirus의 RNA 합성개시에 필요하다(그림 11.7). 우리딜화된 VPg 프라이머는 양성-가닥 RNA의 합성을 시작하기 위하여 음성-가닥 주형의 3′ 끝으로 이동한다. Cre 요소는 줄기-고리 I과 함께 세포질에 많이 존재하는 세포 mRNA들로부터 바이러스 RNA를 구분하여 바이러스 RNA 중합효소가 바이러스 RNA만을 복제할 수 있도록 한다.

비리온의 조립으로 VP0이 VP2와 VP4로 절단된다

충분한 양의 게놈 RNA가 만들어지면 비리온이 조립될 수 있다. P1이 절단되면 한 분자씩의 VP0, VP1 및 VP3을 포함하는 프로토머(protomer)가 만들어진다. 다섯 개의 프로토머가 자가-조립하여 14S의 펜타머 구조를 형성한다(그림 11.8). 이로부터 감염성 picornavirus 입자가 생성되는 경로로 두 가지가 제안되었다.

첫 번째 경로에서는 펜타머 12개가 모여 80S의 빈 "프로캡시드"가 형성된다(그림 11.8). 그 다음에 새로 합성된 RNA 한 분자가 빈 프로캡시드에 끌려 들어가 "프로비리온"을 형성한다. 이 일시적인 중간체에서 VP0 전구체로부터 VP4와 VP2를 생성하는 마지막 절단이 일어나면 감염성 비리온이 완성된다. 이 경로에서 게놈 RNA가 빈 캡시드에 주입되기 위해서는 다른 RNA 바이러스들에서는 아직 알려지지 않은 복잡한 메커니즘을 설명해야 하는 문제점이 남아 있다.

두 번째 조립경로에 의하면 하나의 14S 펜타머가 먼저 바이러스 게놈 RNA와 결합하고 다른 14S 펜타머들과 조립하여 프로비리온을 직접 형성한다. 바이러스 RNA가 빈 캡시드에 주입되거나 입자가 조립되기 전에 14S 펜타머와 먼저 결합하든지 상관 없이 5′ 끝에 VPg 단백질이 연결된 양성-가닥 바이러스 RNA만이 항상 포장된다.

VP0의 최종(성숙) 절단을 수행하는 프로테아제는 아직 알려지지 않았다. 이 절단은 기존의 바이러스 프로테아제들(L, 2A, 3C 혹은 3CD)에 의하여 일어날 수 없다. 그 이유는 절단부위가 프로캡시드와 프로비리온의 내부에 있어 프로테아제가 접근할 수 없기 때문이다. 바이러스 RNA 혹은 캡시드 단백질 자체가 절단반응에 참여하는 것으로 추측된다.

숙주세포 거대분자 기능의 저해

Picornavirus의 감염은 대부분 숙주세포 거대분자들의 기능에 많은 영향을 미친다. 예를 들면, 캡-의존적 번역의 중단, 숙주세포 RNA 합성의 중단, 세포질 소낭의 유도, 그리고 소포체에서 골지체로의 세포내 수송경로의 변화가 초래된다.

일부 picornavirus들의 프로테아제들(enterovirus와 rhinovirus의 2A단백질과 aphthovirus의 L단백질)은 세포 mRNA의 5′ 끝을 인식하는 데 필수적인 단백질 성분들 가운데 하나인 eIF-4G를 절단한다. 따라서 감염 세포는 대부분의 세포 mRNA를 번역할 수 없어 바이러스 RNA의 캡-비의존적 번역이 세포 단백질 합성기구를 모두 차지할 수 있다. 다른 picornavirus들은 진핵세포 mRNA의 5′ 캡 구조에 직접 결합하는 eIF-4F 복합체의 단백질 소단위체인 eIF-4E와 결합하여 이를 격리시킴으로써 캡-의존적 번역을 저해한다.

포유동물 배양세포에 picornavirus를 감염시키면 숙주세포의 RNA 합성이 중단된다. HeLa 세포에 poliovirus를 감염시키면 포유동물의 세 RNA 중합효소들(pol I, II, III)에 의한 RNA 합성이 모두 저해된다. 이러한 결함은 RNA 중합효소의 특정 소단위체를 바이러스 3C 프로테아제가 절단하기 때문인 것으로 여겨진다. 또한 Foot-and-mouth disease virus의 3C 단백질은 핵에서 전사활성을 띠는 염색질과 결합하는 세포 단백질인 히스톤 H3을 절단한다.

숙주세포 기능에 미치는 이러한 영향들은 결국 감염 세포의 물질대사 활동을 picornavirus RNA의 발현과 복제에 주로 이용되도록 한다. 매우 느린 복제주기를 가지는 picornavirus인 hepatitis A virus는 특이하게도 숙주세포의 단백질 혹은 RNA 합성을 저해하지 못한다. 아마도 이로 인하여 배양세포에 뚜렷한 세포 병변현상을 유도하지 못하는 것 같다.

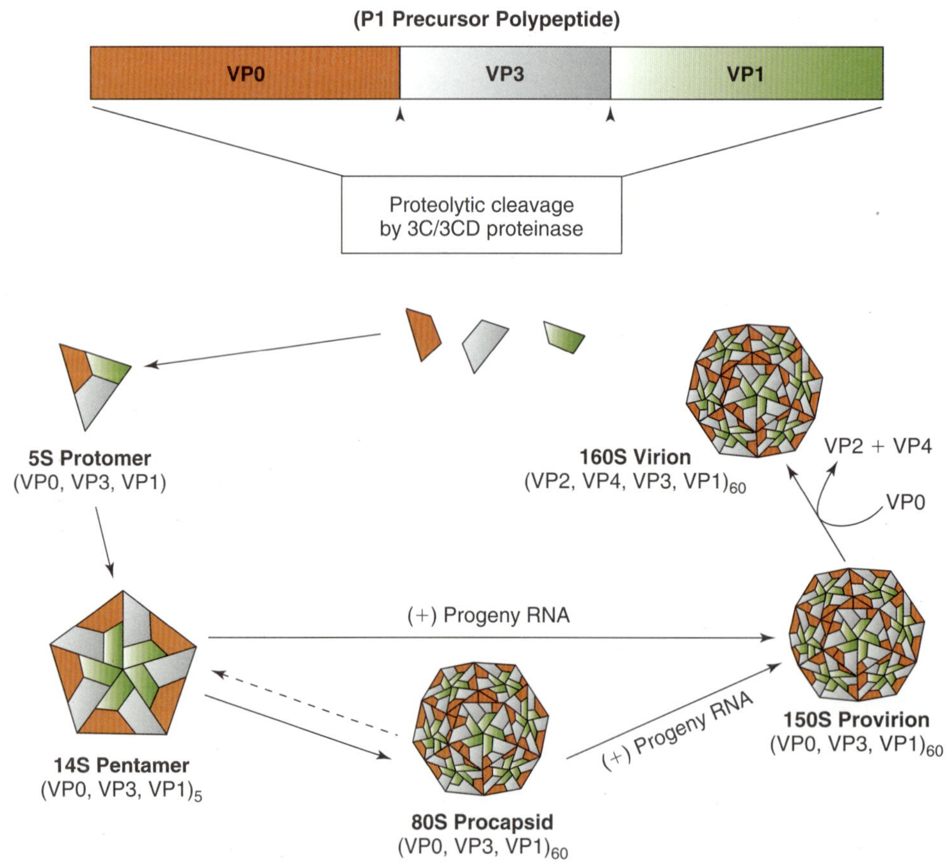

그림 11.8 Picornavirus 비리온의 조립. P1 폴리펩티드는 3C/3CD 프로테아제에 의하여 절단되어 VP0, VP3 및 VP1을 생성하고 이들은 5S 프로토머로 조립된다. 5개의 프로토머가 14S의 5량체로 조립된다. 12개의 5량체가 두 경로들 가운데 하나를 통하여 폐쇄형 껍질로 조립되면 캡시드가 형성된다; 이들은 바이러스 RNA 주위에 조립되거나 먼저 빈 프로캡시드를 형성하고 바이러스 RNA로 채워질 수 있다. 마지막으로 VP0이 VP2와 VP4로 절단되면 성숙한 비리온이 만들어진다.

Picornavirus 병원성과 질병

Picornavirus는 인간과 동물에 중요하고 잘 알려진 수많은 질병들을 유발한다. Poliovirus는 대부분의 사람들에게서 증상이 없거나 미약한 증상을 유발하며 감염은 장관에 국한된다. 하지만 일부 사람들에게는 근육 마비와 뇌척수가 관련된 질병을 유발한다. 3가지 poliovirus 혈청형들의 신경독성을 결정하는 주요 인자가 IRES의 줄기-고리 V 영역에서 발견되었다(그림 11.6). 약독화된 Sabin 백신 변종에도 존재하는 줄기-고리 V 영역의 단일 점 돌연변이를 가지는 poliovirus는 야생형 바이러스와 비교하여 신경아세포종 세포에서 뚜렷한 성장 결함을 나타낸다. 비신경세포에서는 이러한 성장 차이가 나타나지 않으므로 뉴런에 존재하는 숙주세포 인자가 돌연변이 RNA와 제대로 상호작용하지 못한다는 것을 알 수 있다. 따라서 신경세포에서의 번역이나 복제 결함으로 Sabin 백신주는 장 세포에서 문제없이 복제하여 면역반응을 유도하지만 마비성 질병을 일으키지 못하는 것 같다.

생쥐의 간 추출물을 첨가하면 hepatitis A virus RNA의 *in vitro* 번역이 촉진되지만 다른 추출물들은 영향을 주지 못한다. 따라서 특정 간세포 번역인자가 이 바이러스의 간세포 선호도에 기여하는 것 같다. Coxackie B virus는 심장 근육세포에 감염하여 인간에 심각하고 때로는 치명적인 질병을 유발할 수 있다. 심근염 동물모델에서 Coxackie B virus 게놈의 5′ 비암호화 영역이 독성과 관련성을 보여 특정 세포인자가 바이러스 RNA의 번역이나 복제에 관여함을 알 수 있다. Theiler's murine encephalomyelitis virus는 바이러스 변종에 따라 생쥐에서 마비성 폴리오-유사 증상부터 만성 탈수초화를 동반하는 만성 감염에 이르는 다양한 신경성 질병들을 유발한다. 다른 picornavirus들과는 달리 이 바이러스의 주요 질병 결정인자는 바이러스 캡시드 단백질에 존재하는 것 같다.

바이러스 RNA의 번역과 RNA 합성의 개시에 관여하는 세포인자들, RNA-의존적 RNA 중합효소 그리고 3C 및 2A 단백질 분해효소에 대한 많은 연구가 이루어졌다. 따라서 바이러스 복제에 결정적인 이 단계들을 표적으로 하여 대부분의 심각한 질병 증상을 완화 혹은 완치할 수 있는 항바이러스제의 개발이 가능해졌다.

핵심 용어

cis-작용 복제요소(*cis*-acting replication elements, cre)
간염(Hepatitis)
내부리보좀진입부위(Internal ribosome entry site)
수용체-매개성 내포작용(Receptor-mediated endocytosis)
심근염(Myocarditis)
젤리-롤 β-배럴(Jelly-roll β-barrel)
프로토머(Protomers)
회백수염(Poliomyelitis)

기본 개념

- Picornavirus는 바이러스 감염에 대한 넓은 숙주 범위와 세포 감수성을 나타낸다.
- Picornavirus는 바이러스-특이적 프로테아제들에 의하여 절단되는 하나의 커다란 전구체 다단백질로 바이러스 단백질들을 암호화한다.
- Picornavirus 단백질 합성은 바이러스 게놈 RNA의 5′ 비암호화 영역에서 발견되는 내부리보좀진입부위를 통하여 일어난다.
- Picornavirus는 감염 세포의 세포질에서 막-결합성 RNA 복제를 수행하여 단백질이 결합된 자손 RNA를 생성한다.
- 많은 picornavirus들은 감염 동안에 숙주의 단백질 합성, RNA 합성, DNA 합성, 소낭수송을 비롯한 세포의 거대분자 기능들을 저해한다.

복습 문제

1. 1980년대 후반에 Nahum Sorenburg 연구실과 Eckard Wimmer 연구실에서 독자적으로 수행된 연구에 의하면 picornavirus RNA의 단백질 합성개시는 캡-비의존적이고 IRES에서 일어난다. 이는 대부분의 세포 mRNA와 어떤 차이가 있는가?

2. 일부 picornavirus들은 캡시드의 표면에 수용체 결합에 관여하는 함몰 부위("캐년" 혹은 "구덩이"라고 부름)를 가진다. 이는 대부분의 다른 바이러스들과 어떻게 다른가?

3. 모든 picornavirus의 IRES 요소는 보존적인 AUG 코돈에서 20-25 nt 떨어진 위치에 피리미딘-풍부 서열을 포함한다. 유형 I 및 유형 II IRES 요소에서 이 보존적인 AUG는 어떤 역할을 하는가?

4. 대부분의 진핵세포 mRNA는 하나의 단백질을 암호화한다. 이는 picornavirus와 같은 양성-가닥 RNA 바이러스에서는 문제가 된다. 이들은 하나의 단백질을 암호화하는 mRNA를 선호하는 세포 환경에서 하나의 RNA 분자로부터 여러 유전자들을 어떻게 발현할 수 있는가?

5. 일단 충분한 게놈 RNA가 만들어지면 picornavirus 비리온이 조립될 수 있다. P1의 절단 이후에 VP0, VP1 그리고 VP3을 한 분자씩 포함하는 프로토머 다섯 개가 자가-조립하여 14S 펜타머 구조를 형성한다. 감염성 picornavirus 입자의 조립과정을 설명하기 위하여 제안된 두 가지 경로들에 대하여 설명하시오.

6. Picornavirus 감염은 숙주세포에 어떠한 영향을 미치는가?

CHAPTER 12

Flaviviruses

Richard Kuhn

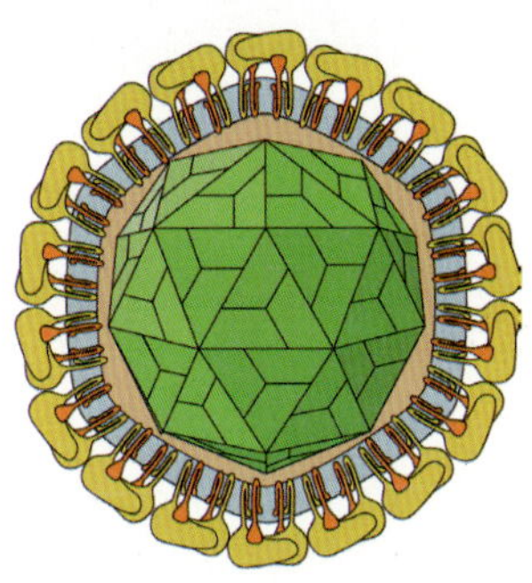

Flaviviridae

Yellow fever virus에 의해 유발되는 황달을 의미하는 라틴어 *flavus*(황색)에서 유래

비리온

구형의 외막성 입자
돌기가 없는 "골프공" 모양
지름 50 nm
정20면체형 대칭(T = 3)을 가지는 구형 뉴클레오캡시드 (지름 25–30 nm)
외막 당단백질도 정20면체형 대칭으로 배열

게놈

선형의 단일-가닥 RNA, 양성-가닥
10–12.3 kb.
5′ 끝에는 캡 구조가 있지만 3′ 끝에는 poly(A) 꼬리가 없음

유전자와 단백질

모든 유전자들이 하나의 다단백질로 번역되고 프로테아제에 의해 절단됨
단일 캡시드 단백질(C)
2개의 외막 단백질들(M과 E)
7개의 비구조 단백질들

바이러스와 숙주

세 가지 속:

- *Flavivirus: 인간, 원숭이, 박쥐, 새 등에 감염*
- *Pestivirus, 라틴어 pestis(전염병)에서 유래: 돼지, 소, 다른 반추 동물들에 감염*
- *Hepacivirus, 그리스어 hepatos(간)에서 유래: 인간에 감염하는 hepatitis C virus*

질병

많은 바이러스들이 인간에 질병을 유발: 황열병, 뎅기 출혈열, 진드기-매개성 뇌염, West Nile virus, hepatitis C virus
가축과 야생동물에 감염, 경제적으로 중요한 질병들을 유발: 돼지 열병, 소의 바이러스성 설사

독특한 특징들

많은 flavivirus들(hepatitis C virus 제외)이 모기나 진드기에 의해 숙주 간 전염
Flavivirus의 주요 외막 단백질들은 지질막에 평형하게 배열함.
바이러스 단백질은 단일 다단백질로 합성되어 바이러스 및 세포 프로테아제들에 의해 절단됨
Pestivirus와 hapacivirus는 단백질 합성의 개시를 위한 내부리보좀진입부위를 가짐
비리온은 소포체에서 출아에 의해 조립되어 외포작용으로 방출됨

Flavivirus는 여러 가지 중요한 인간 질병들을 유발한다

Flavivirus는 지난 수백 년에 걸쳐 인간에게 중요한 영향을 주었다. 특히 1700년대와 1800년대에 아메리카에서 모기에 의해 전염되는 황열병(yellow fever)이 유행하여 많은 사람들이 고통을 겪었다. Dengue virus와 Japanese encephalitis virus도 모기에 의하여 전염되며 열대지방에서 심각한 인간 질병들을 유발한다. 1989년에 새로 알려진 hepatitis C virus는 미국에서만 400만 명이 감염되었으며 급성 및 만성 **간염(hepatitis)** 뿐만 아니라 **간암(hepatocellular carcinoma)**도 유발한다.

West Nile virus는 우간다에서 처음 발견된 뒤로 아프리카, 남유럽 그리고 중동에서 유행하다가 1999년에 갑자기 북미에 출현하였다. 모기에 의하여 전염되는 이 바이러스는 아직 공중보건상의 주요 위험요인으로 여겨지지는 않지만 인간에 감염하면 신경계에 영향을 주어 때로는 치명적인 질병을 유빌할 수도 있나. West Nile virus는 지난 5년 동안 감염된 새를 통하여 북미의 동해안에서 서해안

으로 전파되어 **준유행성(mini-epidemic)** 질병을 유발하였다. 일부 flavivirus들은 백신 접종과 벡터 관리를 통하여 이미 제어되었지만 수많은 바이러스들은 여전히 인간에 심각한 위협을 주고 있다.

현재 *Flaviviridae*과는 세 개의 속들로 나뉜다. *Flavivirus*속은 흡혈 절지동물에 의하여 전염되는 여러 인간 병원체들을 비롯하여 적어도 73가지 바이러스들을 포함한다(표 12.1). Flavivirus는 이전에는 togavirus(13장)와 한 그룹을 이루었는데 그 이유는 이들 모두가 작고 외막성 바이러스인데다 다수가 절지동물에 의하여 전염되고 이들에서도 복제하기 때문이었다. 그러나 flavivirus와 togavirus는 유전자 조직과 복제 전략에 있어서 상당한 차이를 나타내므로 분리되었다.

*Pestivirus*속의 바이러스들은 소, 돼지 그리고 양에 경제적 피해를 입히는 중요한 질병들을 유발한다. *Hepacivirus*속은 hepatitis C virus(HCV) 한 종만을 포함한다. Pestivirus와 HCV는 절지동물 벡터에 의하여 전염되지 않는다. HCV의 주요 전염경로는 오염된 혈액의 수혈이었지만 혈액 공급원의 검사로 수혈과 관련된 C형 간염의 전파는 그 동안 급격히 감소하였다. Flavivirus속의 대표 종인 yellow fever virus는 역사적 중요성을 지니고 많은 연구가 이루어졌으므로 이 장의 전반에 걸쳐 언급될 것이다.

황열병은 모기에 의하여 전염되는 무서운 인간 질병이다

황열병은 1648년에 Yucatan에서 처음으로 알려졌다. 이 질병은 3단계로 진행한다: (1) 고열이 발생하고 근육통, 두통 및 심한 구토가 동반하는 초기 단계; (2) 열이 사라지고 환자가 회복된 것처럼 보이는 휴지기 단계; (3) 원래의 증상이 더 심한 형태로 재발하여 여러 기관들이 손상되고 사망률이 20–50%에 이르는 최종 단계. 많은 희생자들이 급성 간염을 앓아 피부가 노랗게 변하므로 황열병이라는 이름을 얻게 되었다.

바이러스의 기원은 서아프리카로 여겨지며 활발한 노예무역으로 인하여 여러 번에 걸쳐 신세계에 유입되었다. 아프리카와 카리브 선박들이 북미 항구에 입항하기 전에 수주간 정박시켜 바이러스의 전파를 차단하려던 노력에도 불구하고 황열병은 항구 뿐만 아니라 멀리 북쪽으로 보스톤까지 빈번하게 발생하였다.

1793년에 필라델피아를 강타한 유행병이 이 도시에 있었던 미국 초기 정부에 미친 영향은 특히 주목할 만하다. 그해 7월에 카리브해에서 유입된 질병은 유난히 많았던 모기들로 인해 이 도시에 빠르게 정착하였다. 4만 명의 시민들 가운데 10% 이상이 여름 유행병으로 죽었고 대규모의 탈출로 이어져 필라델피아 인구는 더 감소하였다. 워싱턴 대통령과 많은 다른 유명한 지도자들도 감염의 공포 때문에 이 도시를 떠났다.

미국의 황열병 재앙은 19세기까지 계속되었으며 Walter Reed가 이끈 Yellow Fever Commission이 두 가지 중요한 성과들을 거두고서야 통제의 기미가 보이기 시작하였다. 첫째, 감염자의 혈청을 이용하여 황열병을 유발하는 병원체를 비감염자에게 전염시킬 수 있었고 여과법으로 이 병원체가 바이러스임을 밝혀내었다. 둘째, 모기가 감염자의 혈액을 취하여 바이러스를 전파시킨다는 것을 알아내었다. 감염체의 성질과 전파경로가 파악되면서 바이러스의 전파를 차단하기 위한 여러 가지 조치들이 취해졌다. 특히 파나마에서의 모기 제어로 파나마 운하 건립의 가장 중요한 걸림돌이 해결되었다.

생약독화 yellow fever virus 백신이 널리 이용되고 있다

1930년대 Max Theiler에 의하여 yellow fever virus에 대하여 안전하고 효과적인 백신(변종 17D)이 개발되었다. 이것은 지금까지 개발된 최고의 백신들 가운데 하나로 여

표 12.1 *Flaviviridae*과의 바이러스들

Genus	Virus name	Hosts	Diseases
Flavivirus	Yellow fever	Monkeys, humans	Hemorrhagic fever
	Dengue (types 1–4)	Monkeys, humans	Fever, arthralgia, rash, hemorrhagic fever
	Japanese encephalitis	Birds, pigs, humans	Encephalitis
	West Nile	Birds, humans	Fever, arthralgia, rash
	Tick-borne encephalitis	Rodents, birds, humans	Encephalitis
Pestivirus	Bovine viral diarrhea	Ruminants	Persistent infection, mucosal disease
	Border disease	Sheep, goats	Acute and chronic hemorrhagic symptoms
	Classical swine fever	Pigs	
Hepacivirus	Hepatitis C	Humans	Acute and chronic hepatitis

겨지고 있지만 황열병은 여전히 남미와 아프리카에서 백신을 접종받지 않은 사람들에게 고통과 죽음을 안겨주고 있다.

독성을 나타내는 Asibi 변종과 이로부터 유래한 17D 백신 변종의 뉴클레오티드 서열을 비교하여 약독화 결정 인자를 지정할 수 있었다. 이 두 가지 변종들 사이에는 yellow fever virus 게놈의 총 10,862 nt에서 68개의 뉴클레오티드들이 차이가 나고 이로 인하여 32개의 아미노산들이 치환되었음이 밝혀졌다. 이러한 돌연변이들은 전 게놈에 걸쳐 분산되어 있지만 외막 단백질에 상대적으로 많은 12개의 아미노산들이 치환되어 있다.

1989년에 *in vitro*에서 감염성 바이러스 RNA를 생성할 수 있는 완전한 길이의 yellow fever virus cDNA 클론이 제조되었다. 따라서 과학자들은 바이러스 게놈에 돌연변이를 도입하여 각 유전자들의 기능을 연구할 수 있게 되었다. 그 이후에 감염성 비리온을 생성할 수 있는 다른 flavivirus들의 cDNA 클론들도 제조되었다.

Hepatitis C virus: 최근에 발견된 *Flaviviridae*의 구성원

Hepatitis C virus는 고전적인 바이러스 분리 및 배양법이 아닌 바이러스 게놈의 직접적인 cDNA 클로닝으로 처음 확인되었다. 한동안 *in vitro*에서 배양된 세포나 비영장류 동물에서 바이러스의 복제가 불가능하여 연구에 어려움이 있었지만 2005년에 복제가 가능한 바이러스 게놈의 분자 클론이 개발되어 hepatitis C virus의 연구에 많은 도움을 주고 있다.

이 장에서는 hepatitis C virus에 대하여 자세히 다루지는 않겠지만 임상적인 측면에서 보면 가장 중요한 flavivirus로 볼 수 있다. 전 세계적으로 1억 7천만 명 이상의 HCV 양성 환자들이 있을 것으로 추정된다. HCV의 감염으로 인한 급성 간염은 다른 바이러스성 급성 간염과 유사하다. 그러나 감염자의 85%에 이르는 높은 만성 감염 진행률은 간경화와 간암의 발생 위험을 증가시킨다. 따라서 HCV 감염은 간 이식의 주요 지표가 된다. HCV는 혈액 수혈, 정맥 약물 중독자들의 오염된 주사바늘, 그리고 성적 접촉에 의하여 전염된다. 하지만 대부분의 flavivirus들과는 달리 절지동물 숙주에 의하여 전염되지는 않는 것으로 알려졌다.

Flavivirus 비리온은 지질 이중층과 정20면체형 대칭으로 배열된 외막 단백질들을 가진다

Flavivirus는 지질을 함유하는 외막으로 둘러싸인 작은 (25–30 nm) 뉴클레오캡시드를 가진다. 뉴클레오캡시드를 둘러싸는 지질 외막에 박혀 있는 180개의 당단백질들은 T = 3의 정20면체형 대칭으로 조직되어 있다. 이러한 면에서 togavirus와 유사하지만 flavivirus 입자의 지름이 50 nm로 togavirus의 70 nm와 구분되며 togavirus는 240개의 소단위체로 이루어진 T = 4인 정20면체형 대칭구조를 가진다.

뉴클레오캡시드는 다수의 캡시드(C) 단백질들로 이루어지며 각 비리온은 180개 씩의 두 가지 외막 당단백질들인 M과 E를 포함한다. 동결전자현미경 관찰에 의하면 부드러운 골프공 모양의 구형 입자(그림 12.1, 12.2c)를 형성하므로 togavirus 및 다른 외막성 바이러스들과는 구분된다. 중성 pH에서 미성숙 flavivirus들은 표면에 독특한 돌기들을 가지고 있어(그림 12.2a) 성숙한 바이러스와 큰 차이를 나타낸다. 뉴클레오캡시드의 자세한 구조는 알려지지 않았다.

101개의 아미노산들로 이루어진 캡시드 단백질들이 게놈 RNA와 결합하여 발판으로 작용하고 이 주위에 외막 단백질들과 지질 이중층이 둘러싼다. 캡시드 단백질은 flavivirus에서 가장 덜 보존적인 단백질이지만 다수의 염기성 아미노산 잔기들과 중앙의 소수성 영역을 가진다. 염기성 아미노산들은 아마도 게놈 RNA의 음전하를 띤 인산기와 상호작용하여 포장을 위해 RNA 농축을 돕는 것 같다. 소수성 영역은 캡시드가 바이러스 외막과 결합하는 데 관여하는 것 같다.

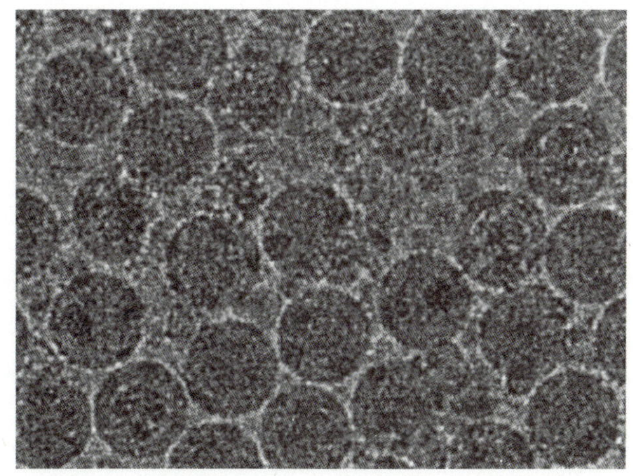

그림 12.1 동결전자현미경으로 관찰한 dengue virus 2형 입자들. 입자의 이미지 재구성을 위한 유용한 데이터를 얻기 위하여 초점을 약간 흐리게 맞추었다.

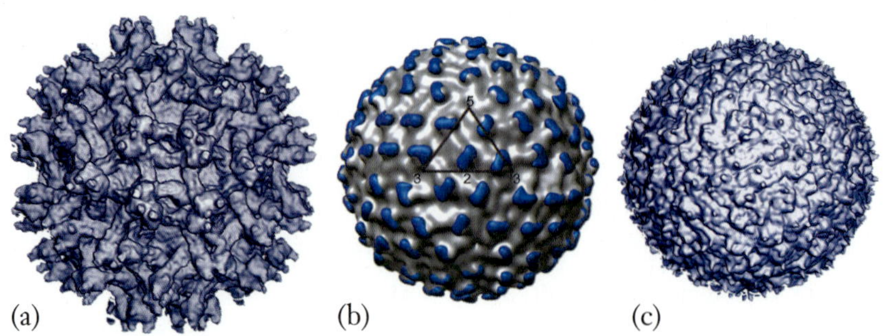

그림 12.2 **Dengue virus 2형 비리온의 형태.** 동결전자현미경법과 이미지 재구성에 의해 결정된 dengue virus 2형의 표면 구조. (a) 중성 pH에서 미성숙 비리온의 표면. prM-E 헤테로 2량체가 지질 이중층 표면에 직각으로 배열되어 있다. 세 개의 헤테로 2량체가 모여 스파이크 모양의 돌기를 형성하고 pr 펩티드가 스파이크의 끝에 작은 혹을 형성한다. (b) *trans*-골지 네트워크의 낮은 pH에서 발견되는 미성숙 바이러스의 표면. 성숙한 비리온처럼 prM-E 헤테로 2량체가 지질 이중층에 평행하게 배열되어 있다. 입자의 표면이 완전히 단백질로 덮여 그 아래의 지질 이중층이 거의 보이지 않는다. pr 펩티드는 회색의 E 단백질 표면에서 늘어진 타원(청색)으로 관찰된다. (c) pr 펩티드의 방출 이후에 성숙한 감염성 비리온. 비리온의 지름이 50 nm이고 골프공을 닮았다.

Flavivirus E 단백질은 수용체 결합과 막 융합에 관여한다

E 단백질은 약 500개의 아미노산들로 이루어진 **I형 횡단막 단백질**로서 두 개의 C-말단 소수성 영역들을 통하여 막에 삽입되어 있다. 아미노 말단과 단백질의 대부분은 외막의 바깥에 위치한다. 이 단백질은 바이러스 진입과정에서 세포 표면 수용체와 결합하고 바이러스 외막과 숙주세포 막의 융합을 지시한다. M 단백질은 약 80개의 아미노산들로 이루어진 더 작은 I형 횡단막 단백질이다. M 단백질의 전구체는 비리온 조립과정에서 E 단백질과 상호작용한다.

Tick-borne encephalitis virus(yellow fever virus의 가까운 친척)의 E 단백질 단편이 결정화되어 X-선 회절법에 의하여 구조가 결정되었다. 이 단편에는 C-말단부의 막 결합영역과 50개의 아미노산들로 이루어진 줄기영역이 빠져 있다. 나머지 400개의 아미노산들은 늘어진 세 영역 구조로 배열되어 있다(그림 12.3)

이 구조를 조사하여 바이러스 외막 단백질의 여러 가지 독특한 특징들을 밝혀내었다. 막에서 바깥쪽으로 돌출된 다른 바이러스 당단백질들과 많은 세포막 단백질들과는 달리 E 분자는 길다란 축이 지질 이중층과 평행하게 누워 있으며 바이러스 외막의 굽어진 표면을 따라 볼록한 모양을 하고 있다. 따라서 매끈한 골프공 모양의 비리온 표면이 가능하다. 여러 가지 flavivirus들의 E 단백질 구조들도 밝혀졌다. 이들도 tick-borne encephalitis virus의 E-단백질과 매우 유사한 구조를 가진다.

E 단백질은 2량체를 형성하며 II영역이 2량체 접촉면으로 작용한다. 2량체의 바깥 끝에 면역글로불린처럼 접힌

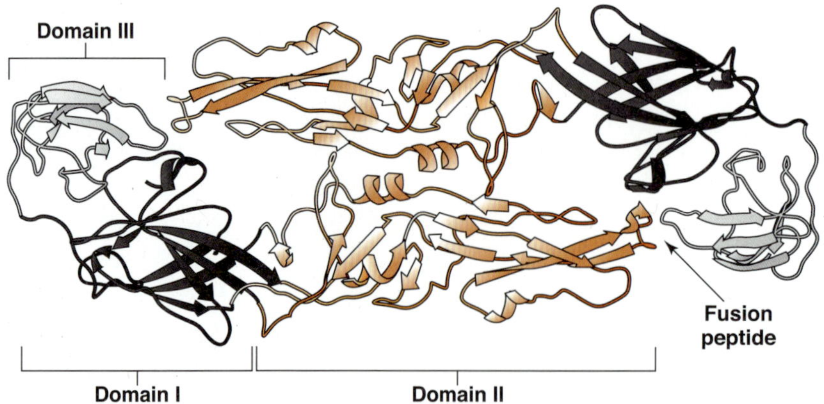

그림 12.3 **Tick-borne encephalitis virus E 단백질 2량체의 원자 구조.** X-선 결정 분석으로 결정되었다. 각 단량체는 세 개의 영역으로 이루어져 있다. 융합 펩티드는 인접한 E 단량체들로 덮인 보호된 공간에 위치한다.

III 영역이 있으며 이는 수용체 결합에 관여한다. 바이러스 수용체로 이용되는 많은 세포 표면 단백질들도 면역글로불린-유사 구조를 가지고 여러 바이러스 구조 단백질들도 이러한 구조를 가지는 것으로 알려져 있다. 이 두 영역들은 단백질의 아미노 말단을 포함하는 중앙의 I 영역으로 연결되어 있다.

융합 펩티드로 알려진 짧은 소수성 서열이 II 영역의 한 쪽 끝에 위치하며 이는 2량체 내의 인접한 E 분자에 의해 수용성 환경으로부터 보호된다. 융합 펩티드는 바이러스와 세포막의 융합에 중요한 기능을 수행하여 게놈 RNA를 세포 내로 방출시킨다. 이는 2량체 접촉면에 위치하지만 낮은 pH에서 2량체가 재배열되면 노출되어 세포막과 상호작용할 수 있다.

Flavivirus는 pH-의존적 융합으로 세포에 진입한다

여러 flavivirus들에 대하여 세포 수용체 분자들이 제안되었지만 아직 어느 하나도 분명하게 확인되지는 못하였다. 일부 flavivirus들의 경우에는 항체가 바이러스 입자에 결합하면 면역글로불린 Fc 수용체를 발현하는 세포에 더 잘 진입할 수 있다. 이러한 현상은 *in vitro*에서 관찰되었으며 **항체-의존적 향상(antibody-dependent enhancement)**이라고 한다. 이 메커니즘은 dengue virus에 의한 뎅기 **출혈열(hemorrhagic fever)** 혹은 뎅기 쇼크 증후군의 발병과 관련이 있는 것 같다. 이 질병은 이전에 한 dengue virus 혈청형에 감염되었던 환자가 1–2년 이내에 두 번째 혈청형에 감염되면 발병할 수 있다. 첫 번째 감염이 항체-의존적 향상을 통하여 두 번째 혈청형의 감염을 돕기 때문이다.

비리온은 세포 표면 수용체에 부착한 이후에 클라트린-피복 소낭을 통한 내포작용으로 세포에 진입한다. 이 소낭은 엔도좀과 융합하고 점차 산성화된다. pH의 감소는 E 2량체를 융합 활성형인 3량체로 재배열시킨다. 최근의 연구에 의하면 flavivirus의 E 단백질과 togavirus의 E1 당단백질이 유사한 구조를 가지며 융합과 정20면체형 입자 형성에 있어서 유사한 기능을 나타낸다. 이러한 단백질들은 influenza virus의 HA 단백질로 대표되는 **I형 융합 단백질(class I fusion protein)**과 구조적 및 기능적 측면에서 차이를 나타내므로 **II형 융합 단백질(class II fusion protein)**이라고 한다.

Dengue virus와 tick-borne encephalitis virus에 대하여 낮은 pH에 의해 유도되는 E 단백질의 융합형 구조가 X-선 결정분석법으로 결정되었다. 이 단백질들이 3량체로 배열되면 융합 펩티드를 포함하는 II 영역의 말단부가 노출되어 표적 막으로 향한다. III 영역은 I 영역 쪽으로 밀착함에 따라서 줄기 영역이 II 영역 쪽으로 밀착할 수 있어 바이러스와 엔도좀 막이 근접하고 융합이 일어나는 것 같다.

Flavivirus의 게놈 조직은 picornavirus의 것과 유사하다

1985년에 yellow fever virus 17D 변종의 RNA 게놈 서열이 결정되면서 flavivirus에 대한 현대적 연구가 시작되었다. 게놈의 조직이 비리온 형태, 게놈 크기 및 절지동물 벡터에 의한 전염 등의 유사성 때문에 이전에 같은 그룹에 속하였던 togavirus와는 분명한 차이를 나타내었다.

구조 단백질을 서브게놈 RNA에 암호화하는 togavirus와는 달리 flavivirus는 게놈 RNA와 동일한 단 하나의 mRNA를 가진다. 이는 하나의 긴 **다단백질(polyprotein)**로 번역되고 프로테아제에 의해 가공되어 개개의 단백질들이 생성된다. 비리온 구조 단백질의 암호화 영역이 바이러스 RNA의 5′ 쪽에 있으므로 구조 단백질들은 다단백질의 N-말단부에 위치한다. 반면에 바이러스 RNA 중합효소는 바이러스 RNA의 3′ 영역에서 암호화된다(그림 12.4). 이러한 유전자 배열은 비외막성 양성-가닥 RNA 바이러스인 picornavirus의 것과 유사하다(11장).

Yellow fever virus의 게놈은 길이가 10,862 nt인 단일 RNA 분자이다. 바이러스 RNA는 세포 mRNA들처럼 5′ 끝에 메틸화된 캡을 가지지만 3′ 끝에는 poly(A) 꼬리를 가지지 않는다. 118-nt의 5′ 비암호화 영역 뒤에 3,411개의 코돈들로 이루어진 하나의 긴 해독틀이 있다. 확실한 번역 종료를 위하여 연속적으로 배열된 3개의 종료코돈들이 이용된다. 511-nt의 3′ 비암호화 영역은 줄기-고리 구조를 형성하는 것으로 여겨지는 87-nt 서열을 포함한다. 이와 유사한 줄기-고리 구조가 다른 flavivirus에도 존재하며 생화학적 및 유전학적 실험에 의하면 바이러스 RNA의 복제에 관여하는 것 같다. 게놈의 5′ 끝에 있는 상보적인 서열은 RNA의 고리화와 RNA 복제에 관여한다.

Pestivirus와 HCV를 비롯한 다른 flavivirus들은 picornavirus처럼 바이러스 단백질 합성에 내부리보좀진입부위(IRES)를 이용한다. 이러한 유사성으로 보아 이들 두 과는 공통적인 진화 기원을 가지는 것 같다: 즉, flavivirus는 외막을 획득한 picornavirus로 볼 수 있다.

다단백질은 바이러스와 세포의 프로테아제들에 의하여 가공된다

바이러스가 세포 내에서 게놈 RNA를 세포질에 방출하면 리보좀이 RNA에 결합하고 번역하여 다단백질을 생성한

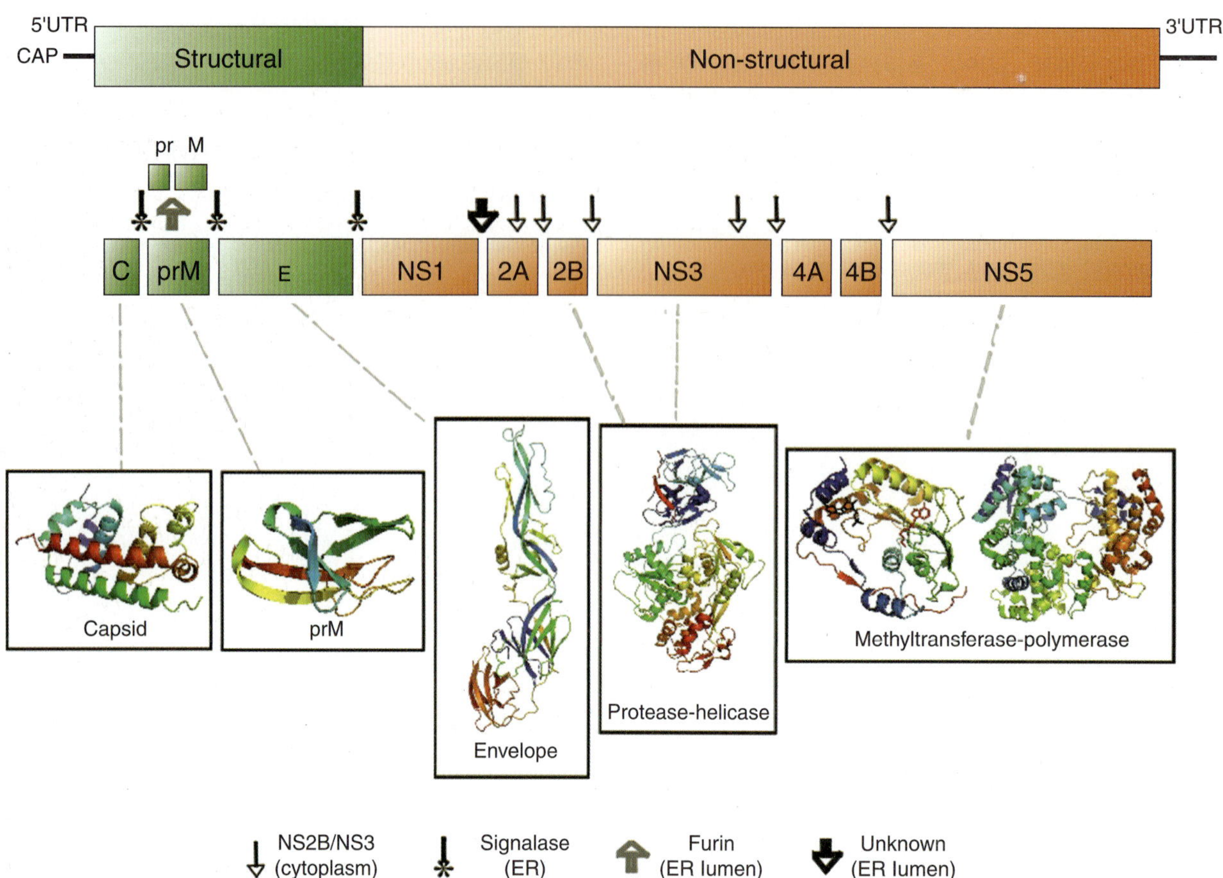

그림 12.4 Flavivirus 게놈의 구조. 게놈의 양쪽 끝에 있는 비암호화 영역들을 굵은 선으로 표시하였다. 구조 단백질들은 녹색 상자로, 비구조 단백질들은 주황색 상자로 나타내었다. Yellow fever virus에서 각 단백질들의 크기는 표 12.2에 제시하였다. 프로테아제에 의한 절단 위치도 표시하였다. Pestivirus와 hepatitis C virus의 게놈은 유사하지만 단백질의 수와 종류에서 차이를 나타낸다. 또한 이들은 번역 개시를 지시하는 IRES 요소를 5′ 비암호화 영역에 가진다. 게놈 지도 아래에 원자 구조가 결정된 flavivirus 단백질들의 리본 모형들을 나타내었다. NS3과 NS5의 경우에는 도메인 구조가 결정되었다. 다단백질의 특정 부위들을 절단하는 프로테아제들을 화살표와 부호로 나타내었다.

다. 프로테아제들에 의한 가공으로 10가지 성숙한 바이러스 단백질들이 생겨난다(그림 12.4와 표 12.2). 세 가지 구조 단백질들인 C, prM 그리고 E는 다단백질의 N 말단 4분의 1을 차지하고 그 뒤에 일곱 가지 비구조 단백질들(NS1-5)이 이어진다. 바이러스와 세포의 프로테아제들은 소포체 막에 삽입된 바이러스 다단백질을 절단한다. 바이러스 효소인 NS3 단백질은 효과적으로 단백질을 분해 가공하기 위하여 보조 단백질인 NS2B를 요구한다. 가공에 관여하는 세포 프로테아제들로는 **신호 펩티다아제(signal peptidase)**와 **퓨린(furin)**이 있다.

캡시드 단백질은 카르복시 말단에 있는 20개의 아미노산들로 이루어진 신호 서열을 통하여 소포체에 삽입된다(그림 12.5). 신호 서열이 소포체의 내강에서 세포의 신호 펩티다아제에 의하여 절단되면 다단백질의 나머지 부위가 캡시드 단백질 전구체(anchC 혹은 “anchored C protein”)에서 분리된다. 소포체 막의 세포질 쪽에 있는 신호 서열의 아미노 말단이 바이러스 프로테아제인 NS2B/NS3A에 의하여 절단되면 성숙한 캡시드 단백질이 방출된다.

캡시드 단백질을 이어 막 단백질 전구체인 prM이 합성된다(그림 12.5). 이 작은 단백질은 C-말단에 횡단막 영역을 포함하고 그 뒤에 E 단백질을 정확한 방향으로 막에 삽입시키는 신호 서열을 가진다. prM 단백질은 소포체에서 E 단백질과 결합하여 헤테로 2량체를 형성한다. 이러한 결합은 E 단백질이 골지체의 낮은 pH 환경에서 구조적 변화를 일으켜 융합 펩티드를 조기에 노출하지 않도록 보호하는 것 같다. 비리온 성숙과정의 후기 단계에서 세포

표 12.2 Yellow fever virus의 단백질들

Protein	Size (aa)	Function
anchC	121	"Anchored" capsid protein. Precursor to capsid protein; signal sequence inserted in membrane is cleaved by viral proteinase.
C	101	Encapsidation of genome RNA.
prM	164	Binds to E glycoprotein, inhibits membrane fusion during transit through Golgi. Cleaved to produce mature M protein, releasing pr.
M	75	Small envelope glycoprotein. Function in the mature virion is unknown.
E	493	Major envelope glycoprotein. Receptor binding, fusion of virus envelope with cell membrane.
NS1	352	RNA replicase component, possibly involved in replication complex formation.
NS2A	224	RNA replicase component, either direct role in replication or targeting replicase complex to membranes.
NS2B	130	Part of viral proteinase that cleaves viral polyprotein.
NS3	623	Viral serine proteinase involved in polyprotein cleavage; RNA replicase component; nucleoside triphosphatase and helicase activities.
NS4A	149	RNA replicase component, may recruit NS1 and other proteins into replicase complex.
NS4B	250	Unknown role. Associated with membranes in cytoplasm; may translocate to nucleus.
NS5	905	RNA-dependent RNA polymerase; methyltransferase (methylates cap structure).

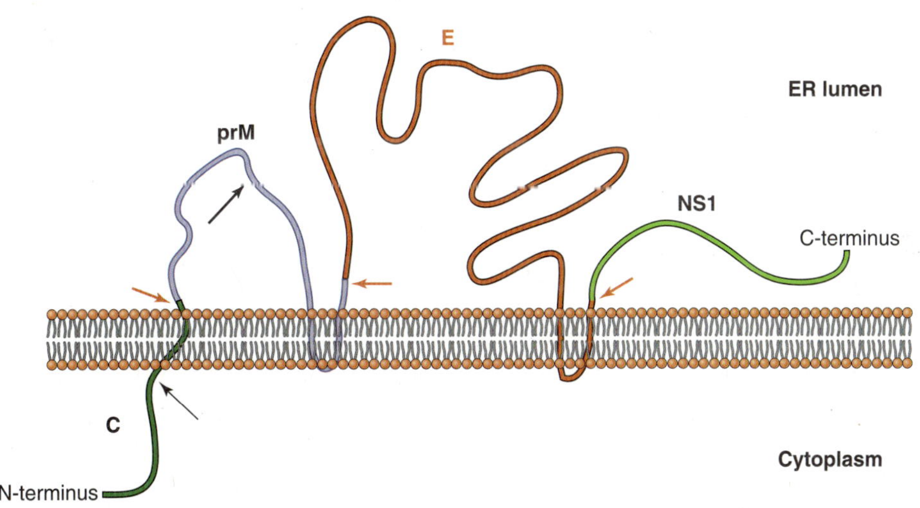

그림 12.5 Flavivirus 구조 단백질들의 막 위상학. 세포 신호 펩티다아제에 의하여 절단되는 부위를 주황색 화살표로 나타내었다. 바이러스 프로테아제인 NS2B-NS3에 의한 캡시드 단백질의 C-말단 신호 서열 절단은 가는 검은색 화살표로 나타내었다. prM과 E는 지질막을 가로지르는 두 개의 C-말단 영역을 가진다. 퓨린(두꺼운 검은색 화살표)에 의한 prM의 성숙 절단으로 PrM의 C-말단 단편이 성숙한 M 단백질로 방출된다. E 뒤에 있는 NS1 단백질과 다른 비구조 단백질들은 완전히 나타내지 않았다.

성 퓨린 프로테아제가 prM을 절단하므로 비리온이 세포에서 방출될 때 "pr" 펩티드는 세포 밖으로 방출되고 작은 M 단백질이 바이러스 입자에 남게 된다. 이러한 절단으로 prM/E 헤테로 2량체가 E 호모 2량체로 전환된다(그림 12.3).

prM처럼 E 단백질도 C-말단부에 횡단막 영역과 신호 서열을 가진다. 이 신호 서열은 RNA 합성 초기 단계에서 작용하는 NS1 단백질이 소포체 내로 들어갈 수 있도록 한다. NS1 단백질을 제외하곤 다른 비구조 단백질들은 모두 막 내부 혹은 막의 세포질 쪽에 위치한다.

비구조 단백질들은 단백질 가공, 바이러스 RNA 복제 및 캡핑에 관여한다

비구조 단백질들(NS1에서 NS5까지)은 게놈 RNA의 복제에 관여한다. 이 영역에서 7가지 폴리펩티드들이 만들어진다. 이들 가운데 3가지는 특수한 효소 활성을 나타낸다. NS5는 RNA-의존적 RNA 중합효소이고, NS3는 프로테아제 활성과 RNA 헬리카아제 활성을 가지는 다기능성, 다영역 단백질이며, NS2B는 NS3과 복합체를 형성하여 프로테아제 활성을 돕는 보조 인자로 작용한다. 이들 세 가지 폴리펩티드의 X-선 구조가 결정되었으며 그림 12.4에 나타내었다.

NS1. NS1은 소포체 내강으로 이동하며 이곳에서 신호 펩티다아제에 의하여 N-말단부가 다단백질로부터 절단되고 C-말단부는 아직 알려지지 않은 프로테아제에 의하여 절단된다. 이 단백질은 당화되어 2량체를 형성한 뒤, 감염세포에서 분비되거나 막에 결합한 상태로 발견된다. 세포 밖으로 분비된 NS1은 체액성 면역을 유도할 수 있다. 이는 주로 바이러스가 숙주 보체계의 면역감시를 피하는 데 도움을 주는 것 같다(34장 참조). 복제과정에서 NS1 단백질의 기능은 불확실하지만 RNA 합성의 초기 단계에 관여하는 것 같다.

NS2A. NS2A 단백질은 RNA 복제 복합체에 위치하는 것으로 보아 RNA 합성에 관여하는 것 같다. NS2A는 게놈 RNA의 3′ 비암호화 영역에 결합할 뿐만 아니라 NS3과 NS5A 단백질과도 결합한다. 이 단백질의 N 말단 절단은 소포체의 내강에서 일어나지만 C 말단 절단은 세포질에서 NS2B/NS3 프로테아제에 의하여 일어난다. 따라서 이 단백질은 소포체 막을 적어도 한 번 가로지르며 아마도 여러 개의 횡단막 영역들을 가질 수도 있다.

NS2B. 짧은 NS2B 단백질은 여러 개의 횡단막 영역들과 약 40개의 아미노산들로 이루어진 보존적인 친수성 영역을 가진다. NS2B는 NS3의 프로테아제 활성을 위한 보조 인자이다. NS2B와 NS3의 결합으로 프로테아제의 절단부위 특이성이 향상된다.

NS3. NS3의 프로테아제 영역은 이 단백질의 N-말단 3분의 1에 위치한다. Dengue virus의 NS3A 프로테아제 영역에 대한 X-선 구조 분석에 의하면 NS3은 촉매부위에 His, Asp 및 Ser 잔기들을 가지는 세린 프로테아제이다. NS3의 C-말단 영역에는 RNA 헬리카아제와 뉴클레오시드 트리포스파타제(nucleoside triphosphatase)에서 발견되는 아미노산 서열 모티프들이 있다. X-선 구조 분석에 의하면 여러 flavivirus들의 C-말단 영역과 알려진 헬리카아제들의 구조가 동일하였으며 정제된 단백질을 이용하여 이들의 효소 활성도 증명되었다.

NS4A와 NS4B. 작은 소수성 단백질들인 NS4A와 NS4B의 기능은 알려지지 않았다. NS4A의 경우에는 RNA 합성을 지지하는 바이러스-유도성 막 구조의 형성에 관여하는 것으로 제안된 바 있다. NS2A와 NS2B처럼 이들도 여러 개의 횡단막 영역들을 가지며 NS4A는 신호 서열도 가진다. 따라서 이 단백질들은 소포체 막에 결합한 상태로 RNA 복제에 관여하는 것 같다.

NS5. NS5는 flavivirus의 비구조 단백질들 가운데 가장 큰 RNA-의존적 RNA 중합효소이다. 이는 다른 RNA 바이러스들의 RNA 중합효소에서 발견되는 전형적인 Gly-Arg-Arg 모티프를 가지고 **메틸전달효소(methyltransferase)**와 상동성을 나타내는 서열도 포함한다. 이 활성은 NS3의 C-말단에 있는 **뉴클레오시드 트리포스파타제**와 함께 flavivirus 게놈의 5′ 끝에서 메틸화된 캡 형성에 관여한다. 세포의 mRNA는 핵에서 캡핑되므로 세포질의 RNA 바이러스들은 자신들의 캡핑 효소를 생성해야 한다.

Flavivirus의 RNA 합성은 세포질 막에서 일어난다

비구조 단백질들이 합성되면 RNA 복제효소 복합체가 구축된다. 이 복합체는 RNA-의존적인 RNA 중합효소 NS5와 다른 바이러스 단백질들 그리고 게놈 복제를 위해 동원된 숙주 단백질들을 포함한다. RNA 복제를 위하여 양성-가닥 RNA에 상보적인(음성-가닥) 복사본이 먼저 합성된다. 그 뒤에 양성-가닥 RNA가 합성되며 이들은 번역되어 더 많은 바이러스 단백질들을 만들 수도 있고, 복제되어 더 많은 RNA를 만들거나 혹은 포장되어 비리온을 생성할 수도 있다. RNA 합성은 비대칭적으로 일어나므로 음성-가닥보다 양성-가닥이 10배 더 많이 만들어진다.

Flavivirus에 감염된 세포의 내부 구조에서 중요한 변화가 관찰되었다. 감염 초기에는 소포체 막이 축적되고 감염 후기에는 수많은 활면 소낭들이 발견된다. RNA 합성은 이러한 구조물들에서 일어나고(그림 12.6), 대부분의 비구조 단백질들도 이곳에 위치한다. 이 단백질들은 대부분 막-횡단 서열들을 가진다. Bromovirus, picornavirus, togavirus 및 coronavirus를 비롯한 대부분의 양성-가닥 RNA 바이러스들에서도 RNA 합성이 감염 세포의 세포질에서 막과 관련되어 일어난다.

바이러스 조립도 세포 내막에서 일어난다

외막을 원형질막에서 획득하는 많은 다른 외막성 바이러스들과는 달리 flavivirus는 세포 내막을 외막 형성에 이용하여 세포 내에서 비리온이 조립된다(그림 12.6). 전자현미경으로 관찰하면 미성숙 비리온들이 소포체 내강에서 발견된다.

뉴클레오캡시드의 조립은 횡단막 단백질들인 prM과 E가 부착된 막의 세포질 쪽에서 일어난다. C 단백질 전구체의 C-말단 신호 서열이 이 단백질들을 막에 고정시킨다(그림 12.5); 이 서열은 소포체 혹은 활면 소낭의 내강까지 관통한다. 따라서 막에 고정되어 있지만 내강에 위치한 외막 단백질들이 C 단백질과 상호작용을 할 수 있다. 여러 개의 C 단백질들이 게놈 RNA를 응축시켜 뉴클레오캡시드를 형성한다. 그 이후에 C 단백질을 막에 고정시키는 부위가 바이러스 프로테아제에 의하여 절단되면 캡시드가 막에서 떨어진다.

막성 구조에서 단백질 합성, RNA 합성 및 비리온 조립이 연계되어 일어나면 새로 합성된 게놈 RNA가 C 단백질과 결합하여 조립과정이 효과적으로 진행될 수 있다. RNA 주위로 캡시드가 형성되면서 소포체 내로 입자의 출아가 시작된다. 소포체 내부로 출아된 입자는 골지막계를 지나면서 탄수화물의 첨가와 변형에 의하여 가공된다. 골지와 *trans*-골지 네트워크로 수송되려면 당화된 prM 단백질이 필요한 것 같다.

비리온은 외포작용(exocytosis) 경로를 따라 이동하여 바이러스를 포함하는 소낭이 원형질막과 융합하면 세포외 공간으로 방출된다(그림 12.6). 숙주의 퓨린에 의한 prM 단백질의 절단은 비리온이 방출되기 직전에 일어나며 이로 인하여 미성숙 입자(그림 12.2a)가 성숙형(그림 12.2c)으로 전환된다. 미성숙 바이러스가 *trans*-골지 네크워크의 낮은 pH를 통과하는 과정에서 표면 당단백질들이 재배열된다(그림 12.2b와 그림 12.6). 이러한 재배열로 단백질들이 비리온 표면에 눕게 되고 퓨린 절단부위가 노출된다. 퓨린에 의해 절단된 이후에도 pr 펩티드는 비리온이 숙주세포에서 분비되어 중성 pH에 노출될 때까지 비리온에서 방출되지 않는다.

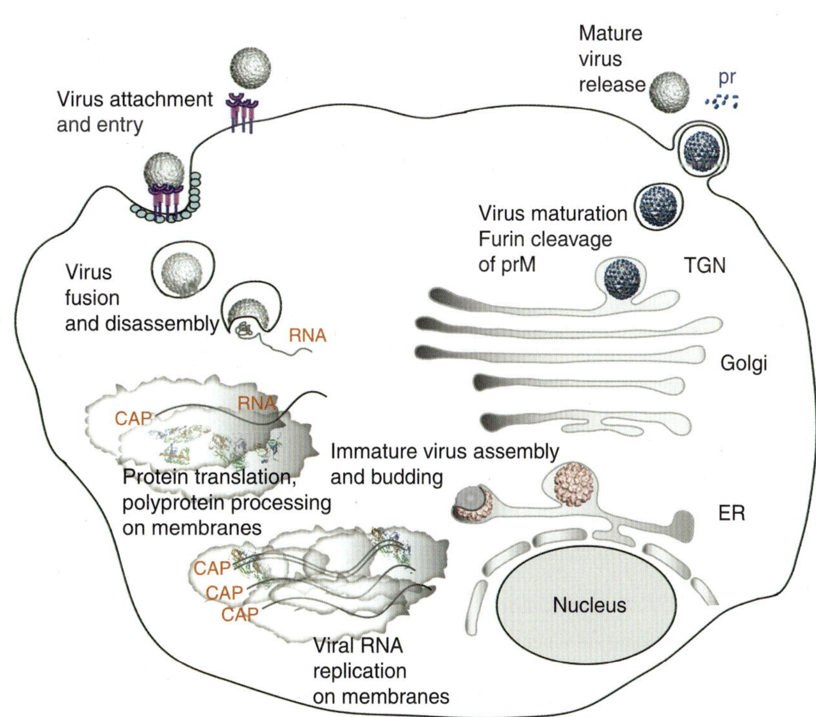

그림 12.6 Flavivirus의 복제 경로. 바이러스의 복제주기는 비리온이 세포 수용체에 결합하고 엔도좀 소낭에 들어가면서 시작된다(왼쪽 위). 후기 엔도좀 내의 낮은 pH는 E 단백질에 의한 바이러스 막과 세포막의 융합을 촉진하고 이로 인하여 게놈 RNA가 세포질에 방출된다. RNA의 번역으로 막에 결합된 RNA 복제공장이 확립된다(왼쪽 아래). 이들은 미성숙 비리온의 조립과 출아가 일어나는 소포체(ER) 막과 공간적으로 연결되어 있다(오른쪽 아래). 미성숙 바이러스는 당화되고 분비경로를 따라 이동한다. *trans*-골지 네트워크(TGN)의 낮은 pH는 스파이크를 가지는 미성숙 입자가 준성숙 상태로 접히도록 촉진하고 숙주의 퓨린 프로테아제가 prM을 절단한다. 마지막으로 세포외 공간으로 pr 펩티드와 완전한 감염성 성숙 비리온이 방출된다.

West Nile virus의 북미 침입

1999년 여름에 뉴욕의 퀸즈에서 flavivirus 감염으로 추정되는 뇌염이 사람들에게서 발생하였다. 동시에 뉴욕시에서 다수의 까마귀들이 질병에 걸려 죽은 채로 발견되었다. 감염체에 대한 초기 분석 결과는 이 질병이 St. Louis encephalitis virus로 알려진 flavivirus에 의하여 유발된 것으로 발표되었다. 이 바이러스는 미국의 남동부에서 간헐적으로 나타나며 특히 플로리다의 올란도 근처에서 흔하게 질병을 유발한다.

그러나 곧 인간과 까마귀 집단에 질병을 유발한 병원체가 이전에는 북미에 없었던 West Nile virus임이 밝혀졌다. 따라서 이 바이러스가 어떻게 유입되었으며 앞으로 미국에 정착하여 **풍토병**을 유발할 것인지에 대한 많은 논란이 있었다. West Nile virus는 1937년에 우간다에서 처음으로 분리되었으며 이스라엘과 중동 전체 그리고 유럽과 아시아 일부에서도 발견되었다. 이 바이러스는 아마도 바이러스에 감염된 새나 모기가 뉴욕 공항에 착륙한 비행기를 통하여 미국에 유입된 것으로 추측된다.

그 다음 해(2000)에도 북미에 West Nile virus가 존재한다는 것이 증명되었다. 이 바이러스는 모기철이 도래하면서 다시 출현하였으며 뉴욕시 밖으로 이동하기 시작하였고 대부분은 조류에 의하여 운반되었다. 그 이후 몇 년에 걸쳐 이 바이러스는 미국 본토 48개 주와 인접 캐나다까지 영역을 확장하였다.

초기의 인간 감염 사례들이 언론에 널리 보도되면서 일반인들은 이 질병이 널리 유행할 것에 대한 두려움을 가졌다. 그러나 바이러스가 이들 지역에 정착한지 1-2년이 지나자 인간 뇌염환자의 수가 감소하였다. 2002년에 West Nile virus는 혈액 수혈과 조직 이식을 통해서도 전염될 수 있다는 것이 밝혀졌다. 따라서 혈액 공급에 대한 검사법이 곧바로 확립되어 수혈-관련 West Nile virus 질병이 급격히 감소하였다. 그러나 야생 모기 및 조류 집단에서 바이러스가 여전히 존재하는 상황에서는 인간에의 전염 위험성은 아직 남아 있다.

이 바이러스에 대한 생태학적 및 역학 연구가 충분히 이루어지지 못하였기 때문에 앞으로 West Nile virus가 북미의 조류와 인간에게 미칠 영향을 예측하기는 쉽지 않다. 인간집단에서 혈청 전환(바이러스에 접촉한 표시)의 수준이 비교적 일정하고 낮게(~3%) 유지되고 있다. 하지만 숙주(조류) 혹은 벡터(모기) 집단의 감염이 증가하면 인간 감염자의 수와 아마도 감염 증상에 상당한 영향을 미칠 수도 있다. West Nile virus는 이제 미국 48개 주와 캐나다의 일부 지역에 풍토병으로 자리 잡았으며 가끔 심각한 인간 질병과 사망을 초래하고 있다.

핵심 용어

I형 융합 단백질(Class I fusion protein)
I형 횡단막 단백질(Type I transmembrane protein)
II형 융합 단백질(Class II fusion protein)
간암(Hepatocellular carcinoma)
간염(Hepatitis)
내강(Lumen)
뉴클레오시드 트리포스파타아제(Nucleoside triphosphatase)
다단백질(Polyprotein)
메틸전달효소(Methyltransferase)
신호 펩티다아제(Signal peptidase)
외포작용(Exocytosis)
유행병(Epidemic)
출혈열(Hemorrhagic fever)
풍토성(Endemic)
퓨린(Furin)
항체-의존적 향상(Antibody-dependent enhancement)
혈청 전환(Seroconversion)

기본 개념

- Flavivirus는 황열, 일본 뇌염, 뎅기열 그리고 간염과 같은 심각한 인간 질병들을 유발한다.
- 대부분의 flavivirus들(HCV는 제외)은 모기나 진드기에 의하여 전염된다.
- West Nile virus는 1999년에 미국에 유입된 이후에 모기-조류 전염주기를 통하여 미국 전역과 캐나다 일부로까지 점차적으로 영역을 확대하였다.
- Flavivirus 입자는 정20면체형 대칭으로 배열된 납작한 외막 단백질 층으로 덮여 있으며 골프공 모양을 하고 있다.
- Flavivirus는 엔도좀 소낭을 형성하여 세포에 진입한다; 외막 단백질들은 낮은 pH에서 2량체에서 융합 활성을 나타내는 3량체로 재배열한다.
- 모든 flavivirus 단백질들은 하나의 다단백질로 합성되어 바이러스 및 세포 프로테아제들에 의하여 10개의 기능성 바이러스 단백질들로 절단된다.
- 다른 양성-가닥 바이러스들처럼 flavivirus의 RNA 합성은 세포질 막과 연관되어 일어난다.
- Flavivirus 비리온의 조립은 소포체 막에서 일어나며 비리온은 *trans*-골지 네트워크를 지나는 동안 PrM 단백질의 절단으로 성숙한다.

복습 문제

1. 어떤 형의 간염 바이러스가 *Flaviviridae*에 속하는가? 이는 어떤 유형의 게놈을 가지는가?
2. 미국에서 황열병의 제어가 가능하도록 한 Yellow Fever Commission의 두 가지 성과는 무엇인가?
3. Tick-borne encephalitis virus가 매끈한 표면을 가지는 것은 E 단백질의 어떠한 구조적 특성 때문인가?
4. NS5는 어떤 유형의 RNA 중합효소이며 이는 왜 메틸전달효소 활성을 가지는가?
5. Flavivirus는 어디에서 외막을 획득하는가?

CHAPTER 13

Togaviruses

Milton Schlesinger
Sondra Schlesinger
Revised by: Richard Kuhn

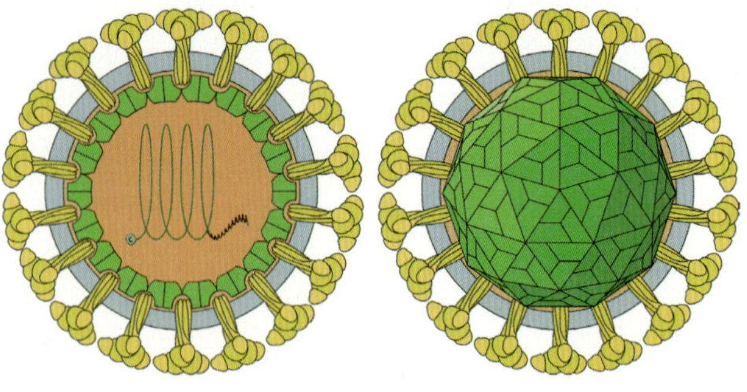

Togaviridae

바이러스 외막의 모양을 닮은 라틴어 toga(가운 혹은 망토) 에서 유래

비리온

돌기들로 덮힌 구형의 외막성 입자

지름 70 nm

정20면체형 대칭을 가지는 뉴클레오캡시드(T = 4)

외막 당단백질도 정20면체형 대칭으로 배열, T = 4

게놈

선형의 단일-가닥 RNA, 양성-가닥

Alphavirus: 11 kb; rubella virus: 9 kb

5′ 말단에 메틸화된 캡을 가짐

3′ 말단에 70-nt의 poly(A) 꼬리를 가짐

유전자와 단백질

바이러스 RNA 합성을 위한 4가지 비구조 단백질들은 게놈 RNA에서 직접 번역됨

5가지 구조 단백질들은 서브게놈 mRNA에서 번역됨

- *1 캡시드 단백질*
- *3 외막 단백질들*
- *1 작은 소수성 단백질*

바이러스와 숙주

두 가지 속:

- *Alphavirus*(27종)
- *Rubivirus*(rubella virus)

Alphavirus(Sindbis, Semliki Forest, Ross River)는 조류와 포유류에 감염

대부분의 alphavirus들은 모기에 의해 전염

질병

증상은 발열, 발진, 관절염 및 뇌염; 치명적일 수 있음

Rubella 감염(독일 홍역)은 태아 이상을 초래할 수 있음

독특한 특징들

서브게놈 mRNA가 비리온 구조 단백질들을 암호화

구조 단백질들은 다단백질로 생성된 후 절단되어 막에 결합

RNA 복제는 세포질 막에서 일어남

Alphavirus는 독특하게도 무척추동물과 척추동물 숙주 양쪽에서 복제 가능

지질 외막은 원형질막(척추동물 세포) 혹은 내부막(곤충 세포) 에서 유래

대부분의 togavirus들은 절지동물을 벡터로 이용하며 척추동물들 사이에는 주로 모기에 의하여 전파된다

1900년에 Walter Reed는 쿠바에서 yellow fever virus가 모기에 의하여 인간에게 전염된다는 것을 증명하였다. 이를 시작으로 약 50년에 걸쳐 포유류와 조류에 감염하고 모기, 진드기 그리고 모래파리 등의 다양한 절지동물 벡터들에 의하여 전염되는 수많은 바이러스들이 분리되었다. 이러한 바이러스들은 원래 **절지동물-매개성** 바이러스(**arthropod-borne** viruses, arboviruses)로 분류되었다. 이러한 바이러스들의 대부분은 냉혈 절지동물과 온혈 척추동물 숙주에서 모두 복제할 수 있어 서로 다른 성장조건에 적응할 수 있는 독특한 능력을 지니고 있다.

절지동물-매개성 바이러스들에 대한 분자생물학적 연구가 수행되면서 이 바이러스들이 서로 밀접한 관련성이 없다는 것이 밝혀졌다. A그룹에 속하던 *arbovirus*들은 외막의 모양에 따라서 *Togaviridae*과("toga"는 라틴어로 "망토"를 의미)의 *Alphavirus*속으로 재분류되었다(표 13.1). 대부분의 다른 절지동물-매개성 바이러스들은 *Flaviviridae*과(12장) 혹은 *Bunyaviridae*과(17장)로 분류되었다. *Bunyaviridae*과의 바이러스들은 독특한 게놈 조직과 복제 전략을 가진다. *Reoviridae*와 *Rhabdoviridae*도 절지동물-매개성 바이러스들을 포함한다.

Eastern 및 western equine encephalitis virus, Venezuelan equine encephalitis virus 및 Ross River virus를 비롯한 여러 alphavirus들은 동물과 인간에 질병을 유발한다. 증상은 발진과 고열로부터 관절통과 뇌염에 이르기까지 다양하며 때로는 인간과 가축(말)에 치명적일 수 있다. 북미에서의 인간 질병 발생빈도는 간헐적인 국소적 집단발생을 제외하면 낮은 편이다. 이 바이러스들의 자연 척추동물 숙주는 대부분 야생 포유류와 조류이다; 인간과 말은 보통 다른 개체에게 질병을 전염시키지 못하는 최종 숙주(dead-end host)이다.

2005년에 인도양 지역에서 alphavirus의 일종인 Chikungunya virus가 폭발적으로 유행하여 많은 사람들이 질병에 걸려 사망하였다. 하지만 선진국에서는 2007년 여름에 이탈리아에서 잠시 발병한 사례가 있을 뿐이다. Chikungunya virus의 모기 벡터들 가운데 하나인 *Aedes albopictus*는 전세계적으로 널리 분포한다. 따라서 유럽과 다른 지역으로 이 바이러스가 확산될 가능성은 많은 공중보건학적 관심을 끌고 있다.

독일 홍역을 유발하는 Rubella virus는 togavirus과에 속하는 바이러스들 가운데 절지동물 벡터로 전염되지 않는 유일한 바이러스이다. 임신 첫 3개월 동안 여성이 이 바이러스에 감염되면 태아에 치명적인 장애나 유산을 초래할 수 있다.

많은 togavirus들이 열대지방의 모기나 감염 동물에서 분리되었으며 이들의 이름은 흔히 처음 발견된 지명에 따라 명명되었다. 이집트 부락에서 분리된 Sindbis virus와 동부 우간다에서 분리된 Semliki Forest virus는 실험실에서 가장 많이 연구가 이루어진 togavirus들이다. 이들은 togavirus의 진입, 구조 및 복제 연구를 위한 유용한 모델이 되었으며 당단백질의 절단과 변형 그리고 세포막으로의 수송과 같은 세포 경로의 연구에도 좋은 도구를 제공하였다.

이 바이러스들은 다양한 동물 종들의 배양 세포에 감염할 수 있으며 빠르게 복제하고 많은 자손들을 생성한다(12-16시간에 감염 세포 당 약 10,000개의 비리온을 생성). 척추동물 세포에 감염하면 빠르게 숙주세포의 단백질 합성을 저해하고 세포사멸을 초래한다. 하지만 모기 세포에 감염하면 흔히 **세포병변(cytopathic)**을 유발하지 않고 **지속적 감염(persistent infection)**을 확립한다. 이와 같이 동일한 바이러스의 감염으로 완전히 다른 결과가 초래되는 이유는 알려지지 않았다. Sindbis virus와 Semliki Forest virus는 인간 병원성이 그리 높지 않아 실험실에서 비교적 안전하게 연구할 수 있다.

Togavirus 비리온은 정20면체형 뉴클레오캡시드와 이를 둘러싸는 동일한 대칭형의 외막을 가진다

Togavirus의 비리온은 지름이 70–80 nm 정도인 외막성 구형 입자이다. 비리온의 외부 표면은 80개의 꽃-모양 구조물들로 덮혀 있으며, 각 구조물은 꽃잎 형으로 외부로 돌출된 세 개의 소단위체들로 이루어져 있다(그림 13.1a). 240개의 꽃잎들은 한 분자씩의 E1과 E2 당단백질로 이루어진 헤테로 2량체이다. 이들은 T = 4인 정20면체형 대

표 13.1 대표적인 togavirus들

Genus and virus name	Vertebrate host	Arthropod host
Alphavirus		
Sindbis virus	Birds	Mosquitoes
Semliki Forest virus	Birds, rodents, primates	Mosquitoes
Ross River virus	Marsupials, rodents	Mosquitoes
Chikungunya virus	Primates	Mosquitoes
Venezuelan equine encephalitis virus	Rodents, horses, birds	Mosquitoes
Western and Eastern equine encephalitis viruses	Birds	Mosquitoes
Rubivirus		
Rubella virus	Humans	None

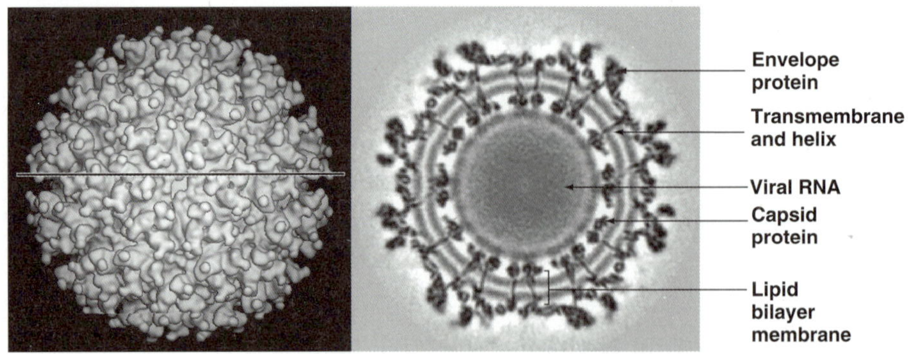

그림 13.1 **Togavirus 비리온의 동결전자현미경 이미지 재구성.** 왼쪽: 2.0 nm 해상도의 Sindbis 비리온. E1/E2 헤테로 2량체의 3량체가 꽃 모양의 돌기들을 이루어 외부 표면을 덮고 있다. 이들의 상호 연결로 작은 구멍들을 제외하고 대부분의 지질 이중층을 덮는 단백질 껍질을 형성한다. 오른쪽: 왼쪽 그림의 검은 선에 따른 횡단면. 지질 이중층과 이 막을 가로지르는 횡단막 알파나선을 분명하게 보여준다. 이중층 아래와 위의 검은 구조물들은 외막 단백질과 캡시드 단백질 분자들이다.

칭으로 배열되어 있다. E1 폴리펩티드가 아래쪽의 지질막을 대부분 덮는 단백질 껍질을 이룬다(그림 13.1b); 이는 flavivirus의 외막 단백질 구조와 유사하다(그림 12.3).

동결전자현미경법(Cryoelectron microscopy)에 의하면 E2와 E1의 모양이 비슷하지만 E2가 돌출된 꽃잎의 바깥 부위를 형성한다. X-선 결정분석에 의하면 E2는 E1의 세 영역들과 맞는 3개의 면역글로불린-유사 영역들을 가진다. E1과 E2의 C-말단부가 입자의 내부에서 캡시드 단백질들과 접촉하므로 이들은 지질막에 고정되어 있다(그림 13.1b).

외막은 한 분자의 바이러스 게놈 RNA를 포함하는 뉴클레오캡시드를 둘러싼다. 뉴클레오캡시드는 지름이 40 nm이고 정20면체형으로 배열된 240개의 캡시드 단백질들(T = 4)로 이루어져 있다. 240개의 캡시드 단백질 분자들은 위쪽의 240개의 외막 단백질 헤테로 2량체와 1:1로 직접 접촉하기 때문에 뉴클레오캡시드와 외막이 동일한 대칭구조를 나타낸다. 다양한 크기와 모양의 외막을 가지는 다른 RNA 바이러스들과는 달리 이들의 외막은 뉴클레오캡시드의 표면에 나란히 밀착하여 매우 균일한 지름을 가지는 비리온을 형성한다. Rubella virus에 대해서는 많은 연구가 이루어지지 않았지만 이와 비슷한 형태와 대칭성을 가지는 것 같다. 하지만 이 바이러스의 입자들은 alphavirus보다는 더 큰 이질성을 나타낸다.

Togavirus는 엔도좀 소낭에서 낮은 pH에 의하여 유도되는 융합으로 세포에 진입한다

E2 당단백질이 세포 수용체에 결합한다. Alphavirus에 대한 세포 수용체는 아직 하나도 확실하게 밝혀지지 않았다. Sindbis virus는 숙주세포에 따라서 서로 다른 단백질을 수용체로 이용한다. 설치류와 영장류 세포에서 이 바이러스에 대한 고친화성 **라미닌 수용체(laminin receptor)**가 발견되었으며, Venezuelan equine encephalitis virus도 모기 세포의 laminin-유사 수용체를 이용하는 것 같다. 배양 세포에서의 계대과정에서 바이러스의 E2 당단백질에 아미노산 변화를 초래하는 돌연변이가 빠르게 축적된다. 이러한 돌연변이를 가지는 바이러스들은 세포 표면 단백질들에서 흔히 발견되는 **헤파란 황산(heparan sulfate)**에 결합할 수 있다. 이와 같이 E2의 돌연변이로 수용체 결합이 교체될 수 있기 때문에 세포 수용체의 확인에 어려움이 있다.

척추동물 세포에서 비리온은 **수용체-매개성 내포작용(receptor-mediated endocytosis)**을 통하여 진입한다. Togavirus, 특히 Semliki Forest virus는 이러한 진입 메커니즘의 규명을 위한 모델로 이용되었다. 바이러스가 들어간 엔도좀 소낭 막의 양성자 펌프가 소낭 내 pH를 낮추면 바이러스 외막 단백질의 구조적 변화가 유도된다. E1-E2 헤테로 2량체로 이루어진 꽃 모양의 돌기들이 재조직되어 E1 삼량체로 전환되고 이 단백질의 소수성 융합영역이 노출된다. 엔도좀 막과 바이러스 외막의 융합으로 뉴클레오캡시드가 세포질에 방출된다. 이러한 막 융합의 pH-의존성은 배지의 pH를 낮추면 세포 표면에 결합된 비리온들도 세포의 원형질막과 직접 융합할 수 있다는 실험 결과로 증명되었다.

비리온에서 E1, E2 그리고 캡시드와 비교하여 낮은 수준으로 검출되는 6K 단백질의 역할은 불분명하다. 아마도 이는 influenza virus의 M2 단백질처럼 수소 이온을 입자 내로 진입시켜 비리온의 해체를 촉진하는 이온 채널로 작용하는 것으로 추정된다. 따라서 이는 alphavirus에 대한 항바이러스제 개발을 위한 표적이 될 수 있다.

비구조 단백질들은 바이러스 프로테아제에 의하여 절단되는 다단백질로 만들어진다

일단 세포질에 들어서면 뉴클레오캡시드에서 바이러스 게놈 RNA가 방출되어 세포 리보좀에 의해 번역된다. Togavirus의 뉴클레오캡시드는 *in vitro*에서 RNase에 투과성을 나타내므로 세포질에서도 뉴클레오캡시드의 RNA에 다른 단백질들이 접근할 수 있을 것으로 여겨진다. 또한 리보좀 큰 소단위체가 캡시드 단백질에 결합하여 뉴클레오캡시드를 해체하고 게놈 RNA를 방출할 수 있음이 알려졌다. 따라서 세포질에서도 리보좀과의 상호작용으로 뉴클레오캡시드의 해체가 시작되고 게놈이 방출되면 번역이 가능해지는 것 같다.

11-kb의 단일-가닥 alphavirus RNA 게놈(그림 13.2)은 두 개의 번역 모듈을 포함한다. 5′쪽 3분의 2는 RNA의 복제와 전사에 필요한 비구조 단백질들을 암호화한다(표 13.2). 반면에 3′쪽 3분의 1은 캡시드 단백질과 외막 단백질들을 암호화한다(표 13.3). 이러한 구조 단백질들은 게놈 RNA에서 직접 번역되지 않고 바이러스 복제과정에서 만들어지는 **서브게놈 mRNA(subgenomic mRNA)**로부터 번역된다. 게놈 RNA와 서브게놈 mRNA는 모두 세포 mRNA들처럼 5′ 끝에 메틸화된 캡을 가지고 3′ 끝에 poly(A) 꼬리를 가진다.

게놈 RNA의 번역은 5′ 끝의 개시 AUG에서 시작된다. Sindbis virus에서 번역종료는 nsP3 암호화 영역의 끝 근처에 위치한 UGA 코돈에서 거의 대부분 일어나서 P123 **다단백질**이 생성된다(그림 13.3). 완전한 P1234 다단백질은 이 코돈의 초과 번역으로 생성되며 숙주세포에 따라서 10–20% 정도로 일어난다.

P1234 다단백질은 단계적으로 절단되는데 처음에는 P123과 nsP4의 복합체가 생성되고, 그 다음에 nsP1, nsP23 및 nsP4의 복합체가 되고, 마지막으로 nsP1, nsP2, nsP3 및 nsP4로 이루어진 복합체가 만들어진다. 이러한 절단은 nsP2의 C-말단부 영역에 있는 프로테아제에 의하여 일어난다. nsP2 프로테아제의 X-선 구조 분석에 의하면, N-말단 영역은 시스테인 프로테아제와 일치하고 C-말단 영역은 **메틸전달효소(methyltransferase)**와 유사하지만 이러한 기능들은 아직 확인되지 않았다.

부분적으로 절단된 비구조 단백질들이 완전한 길이의 안티게놈 RNA 합성을 촉매한다

비구조 단백질들은 감염 세포에서 서로 다른 바이러스 RNA들을 합성한다. 감염 주기의 초기 단계에서는 P123과 nsP4로 이루어진 복제효소 복합체가 전체 길이의 음성-가닥 **안티게놈** RNA를 합성한다(그림 13.3). 게놈 RNA의 3′과 5′ 말단부에 있는 서열들이 음성-가닥 안티게놈의 합성에 필요하므로 복제 복합체가 RNA의 양 말단에 결합하는

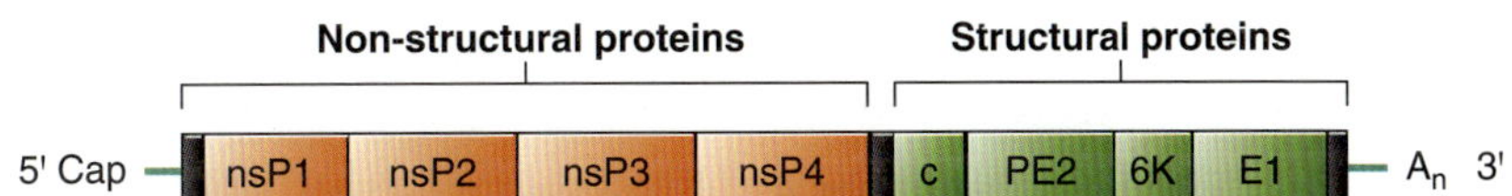

그림 13.2 Alphavirus의 게놈 RNA. 11 kb의 양성-가닥 RNA는 5′ 끝에 메틸화된 캡을 가지고 3′ 끝이 폴리아데닐화되어 있다. 비구조(ns) 단백질들과 구조 단백질들을 암호화하는 영역들을 각각 주황색과 녹색 상자로 나타내었다. 복제 프로모터와 안티게놈 RNA에서 서브게놈 RNA 합성을 위한 내부 프로모터를 포함하는 비암호화 영역을 검은색으로 나타내었다.

표 13.2 Sindbis virus의 비구조 단백질들

Protein	Length (aa)	Properties and functions
nsP1	540	RNA capping enzyme; has methyltransferase activity. Required for initiation of transcripion of minus-strand RNA and modulation of nsP2 protease activity. Palmitoylated and membrane-associated.
nsP2	807	Cysteine proteinase, RNA helicase. Required for synthesis of subgenomic RNA. Mutations in nsP2 show reduced cytopathic effects and lower shutoff of host cell protein synthesis. A fraction of nsP2 is found in the nucleus of infected cells.
nsP3	556	Unknown function. Phosphorylated at Thr and Ser residues.
nsP4	610	RNA polymerase. Unstable, degraded by the ubiquitin pathway.

표 13.3 Sindbis virus의 구조 단백질들

Protein	Length (aa)	Properties and functions
Capsid	264	Forms nucleocapsid; contains serine-like protease that autocatalytically cleaves itself from the polyprotein. Binds to genome RNA packaging signal via positively charged amino terminus.
PE2	487	Precursor to E2; palmitoylated and glycosylated. Also referred to as p63, based on its molecular weight. Cleaved in *trans*-Golgi vesicles by a furin-like cellular protease; rarely incorporated into virions.
E3	64	Amino-terminal part of PE2 containing the signal sequence. Glycosylated; retained in virions of Semliki Forest but not Sindbis virus.
E2	423	Carboxy-terminal part of PE2, a component of virus envelope projections. C-terminal cytoplasmic domain binds to capsid during assembly. Binds to cellular receptors; contains epitopes for neutralizing antibodies. Palmitoylated.
6K	55	Membrane associated; palmitoylated; C-terminus is signal sequence for E1. Small amounts in virions; enhances virus assembly and budding, possible role in hydrogen ion transport.
E1	439	Component of virion envelope projections; type 1 transmembrane glycoprotein with two positively charged C-terminal amino acids in the cytoplasm; palmitoylated and glycosylated; functions in low-pH activated membrane fusion.

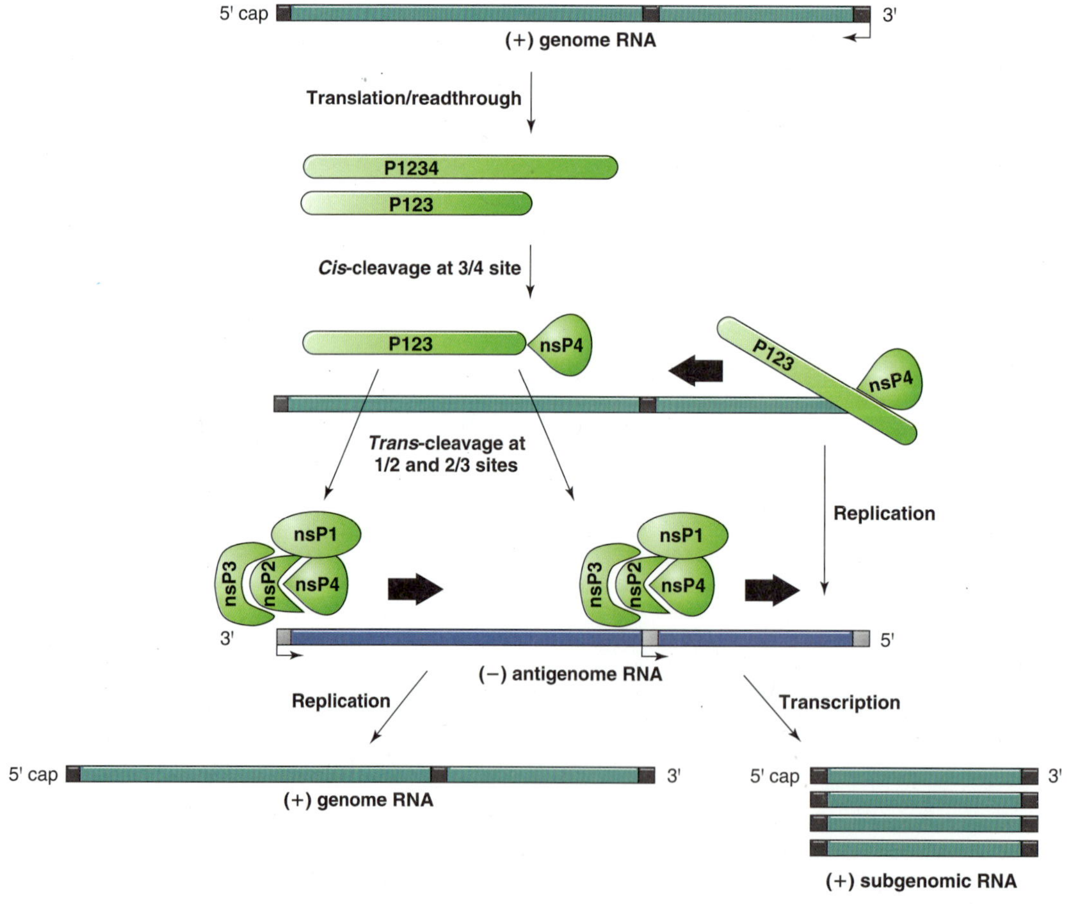

그림 13.3 음성- 및 양성-가닥 RNA 합성의 단계적 조절 모델. 비구조 단백질들이 게놈 RNA로부터 번역된다. P123과 nsP4는 게놈 RNA의 3′ 끝에 있는 프로모터(검은색 화살표)로부터 음성-가닥 RNA 합성(복제)을 시작한다. 이때 5′-말단 서열도 필요하다. 일단 충분한 P123이 만들어지면 *trans*-절단으로 nsP1, P23이 만들어지고 그리고 최종적으로 nsP2와 nsP3이 만들어진다. 이 단백질들은 nsP4와 함께 복합체를 형성하여 안티게놈 RNA 주형에 있는 프로모터(화살표를 가지는 회색 사각형)로부터 양성-가닥 게놈 RNA를 합성(복제)하고 이보다 더 많은 양의 서브게놈 mRNA를 합성(전사)한다. 이들 반응에 숙주세포 단백질들도 관여하는 것 같다.

것 같다.

이 단계에서는 양성-가닥 RNA가 거의 생성되지 않는다. 반면에 후기 단계에서는 양성-가닥 게놈과 서브게놈 RNA가 대부분 만들어진다. 음성-가닥에서 양성-가닥 합성으로의 전환은 P123의 절단 가공과 관련이 있다(그림 13.3). P123은 자가 절단되지 않으므로 초기에는 거의 절단되지 않는다. 이는 nsP2의 프로테아제 영역이 자신이 포함된 다단백질이 아닌 다른 다단백질 분자를 자를 수 있다는 것을 의미한다. 감염 후기에 P123의 농도가 충분히 높아지면 P123 분자들이 다른 분자들과 마주치게 되고 서로 상대방을 자를 수 있다.

음성-가닥 RNA의 합성에 있어서 온전한 P123의 중요성은 P123의 절단 가공이 매우 빠르게 일어나는 nsP2 프로테아제 돌연변이체를 이용한 연구를 통해서 확실해졌다. 이 돌연변이를 포함하는 RNA는 새로운 바이러스 자손들을 생성할 수 없기 때문에 온전한 P123이 음성-가닥 RNA 합성에 필수적임을 알 수 있다. 또한 nsP2 돌연변이를 가지는 복제 복합체에 각 비구조 단백질들(nsP1, nsP2 및 nsP3) 사이의 절단부위를 제거하는 돌연변이를 추가로 도입하면 음성-가닥 RNA를 합성할 수 있는 능력이 회복된다.

복제와 전사: 게놈과 서브게놈 RNA의 합성

안티게놈 RNA를 주형으로 하여 전체 길이와 서브게놈 양성-가닥 RNA가 합성된다. 게놈 RNA 합성(복제)은 안티게놈 RNA의 3′ 끝에서 시작되어 5′ 끝까지 진행하여 음성-가닥 RNA와 완전히 상보적인 복사본을 만든다(그림 13.3). 서브게놈 RNA의 합성(전사)은 비구조 단백질과 구조 단백질 유전자의 연결지점에 위치한 프로모터에서 시작한다. 전사에 필요한 최소 프로모터 서열은 서브게놈 RNA 개시부위의 -19부터 +5까지이다. 이 영역은 다양한 alphavirus들에서 고도로 보존되어 있다. 이 영역의 전후 서열도 서브게놈 RNA의 합성에 영향을 미친다.

바이러스 형성이 최고조에 이르면 서브게놈 RNA가 게놈 RNA보다 10배 더 많이 축적된다. 서브게놈 RNA가 더 많이 만들어지므로 바이러스는 비구조 단백질들보다 구조 단백질들을 더 많이 만들 수 있다. 구조 단백질들은 비리온 조립에 다량으로 필요하지만(바이러스 입자 당 각 240 분자씩), 비구조 단백질들의 촉매작용을 위해서는 극소량으로도 충분하다.

온도-민감성 돌연변이체들의 연구와 기능이 알려진 다른 단백질들과의 서열 상동성 비교 연구를 통하여 각 비구조 단백질들의 활성이 밝혀졌다(표 13.3). nsP1 단백질은 메틸전달효소 영역을 포함하고 양성-가닥 바이러스 RNA의 5′ 끝에 메틸화된 GTP 캡을 첨가하는 캡핑 효소로 작용한다(RNA 캡핑에 관여하는 효소들에 대한 자세한 내용은 19장과 26장을 참조). nsP2는 프로테아제 활성 이외에 아미노 말단에 박테리아 헬리카아제와 상동성을 보이는 영역을 포함한다. 다른 바이러스 단백질들을 제외하고 nsP2만 박테리아에서 발현시켜도 최적 RNA 복제/전사에 필요한 **RNA 헬리카아제** 활성을 나타낸다. nsP4 단백질은 대다수 바이러스 RNA 중합효소들의 활성 부위에서 공통적으로 나타나는 Gly-Asp-Asp 모티프를 가진다. 이는 게놈 복제와 서브게놈 mRNA 합성에 모두 관여하는 중합효소임이 확인되었다. nsP3의 특별한 역할은 아직 알려지지 않았다.

Rubella virus의 비구조 단백질(p200)의 절단 가공도 바이러스 RNA의 복제와 전사를 조절하는 것 같다. 온전한 다단백질은 음성-가닥 안티게놈 RNA를 합성할 수 있지만 바이러스 프로테아제에 의하여 p200이 p150과 p90으로 잘려지면 이들은 새로운 양성-가닥 rubella virus 게놈 RNA와 서브게놈 RNA를 합성한다.

구조 단백질들은 번역되는 동안에 잘려져서 세포내 다른 위치로 이동한다

바이러스 구조 단백질들을 암호화하는 서브게놈 mRNA는 많이 만들어질 뿐만 아니라 매우 효과적으로 번역된다. 번역은 5′ 끝 근처의 한 부위에서 시작되어 중단되지 않고 약 3000 nt를 진행하여 다단백질을 생성한다. 일부는 번역 도중에 절단되고 나머지는 번역 이후에 절단되어 개개의 단백질들이 만들어진다. 일부 alphavirus에서는 서브게놈 RNA의 5′ 말단 근처와 캡시드 암호화 서열 내에 위치한 머리핀 모양의 구조가 번역을 향상시킨다.

캡시드 유전자가 먼저 번역되고 이 폴리펩티드의 C-말단 반쪽이 접혀 세린 프로테아제 촉매부위를 형성하면 번역이 아래쪽으로 계속 진행되는 동안에 폴리펩티드 사슬에서 캡시드 단백질이 자가 절단된다(그림 13.4). 캡시드 단백질은 다른 캡시드 단백질 및 게놈 RNA와 상호작용하여 뉴클레오캡시드 조립을 시작한다.

캡시드 단백질의 N-말단 반쪽에 있는 한 영역이 양성-가닥 게놈 RNA의 **포장 신호(packaging signal)**에 결합한다. 포장 신호는 Sindbis virus에서는 nsP1 유전자 내에 위치하고 Semliki Forest virus와 이와 관련된 Ross River virus에서는 nsP2 유전자 내에 위치한다. 포장 신호는 게놈 RNA만이 효과적으로 포장되도록 하고 서브게놈 RNA,

안티게놈 RNA 그리고 세포 RNA들은 뉴클레오캡시드를 형성하지 못하도록 한다.

캡시드 유전자를 지나서 서브게놈 mRNA가 계속 번역되면 PE2 폴리펩티드를 조면 소포체로 이동시키는 N-말단 신호 서열이 생성된다(그림 13.4). 다단백질의 PE2, 6K 및 E1 영역에 있는 중단-이동 서열(stop-transfer sequence)과 신호 서열이 6K 단백질과 E1 단백질을 소포체 막에 삽입한다. 숙주세포의 신호 펩티다아제(signal peptidase)가 PE2와 6K의 C-말단부를 절단한다.

소포체에서 PE2는 C-말단부에서 막을 두 번 가로지른다. 6K 단백질은 N-말단부와 C-말단부 양쪽에서 막을 한 번씩 가로지른다. E1은 C-말단부에서 막을 한 번 가로지른다(그림 13.4). 이 단백질들은 골지체로 수송되어 팔미토일화(palmitoylation), 올리고당 첨가 및 가공 등으로 변형되고 막에 박혀 있던 PE2의 C-말단부가 세포질 쪽으로 방향을 바꾼다. 원형질막으로 이동하기 전에 숙주세포의 퓨린 프로테아제가 PE2를 E2와 E3로 자른다.

원형질막에서 비리온의 조립과 탈출

바이러스의 조립과 원형질막의 통과를 설명하는 두 가지 모델들이 제안되었다. 첫 번째 모델에 의하면 미리 형성된 뉴클레오캡시드가 원형질막으로 이동하여 바이러스 외막 단백질들이 모여 있는 막 부위에 결합하고 감염 세포의 표면에서 출아를 통하여 외막성 입자가 형성된다(그림 13.4; 그림 2.11a 참조). 이 모델을 지지하는 증거로 전자현미경 관찰에 의하면 완전히 형성된 뉴클레오캡시드가 이미 세포질에 존재하고 출아 중인 바이러스 입자가 이러한 뉴클레오캡시드를 포함한다.

출아는 뉴클레오캡시드가 원형질막에 위치한 E1/E2 당단백질 헤테로 2량체들의 세포질 쪽 꼬리와 결합하면서

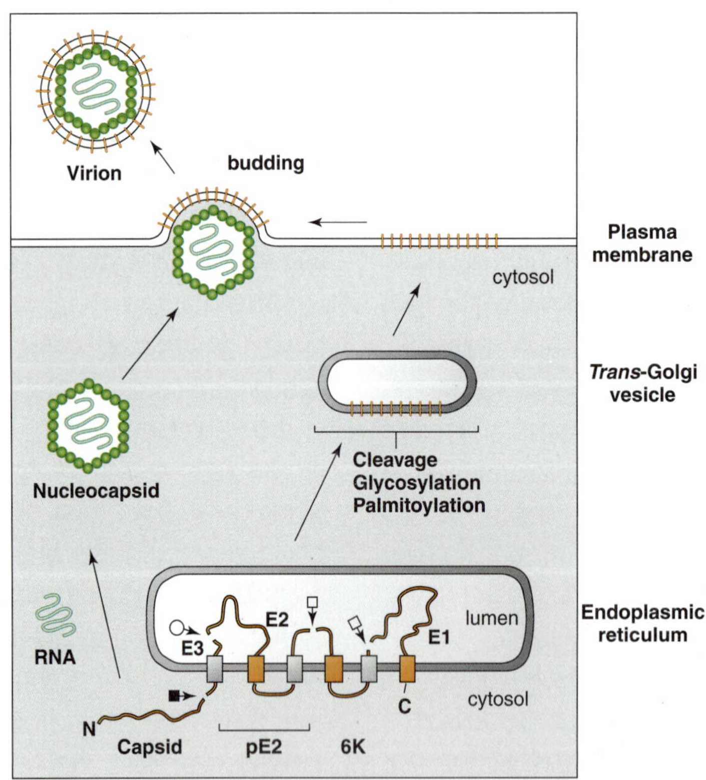

그림 13.4 Sindbis virus 구조 단백질들의 가공과 변형. 서브게놈 mRNA의 번역과정에서 캡시드 단백질이 자가-절단(검은색 사각형을 가진 화살표)에 의해 자라나는 폴리펩티드 사슬에서 방출된다. 캡시드 단백질은 세포질에서 올리고머를 형성하고 게놈 RNA와 결합하여 뉴클레오캡시드를 형성하고 원형질막으로 이동한다. 이와는 달리 뉴클레오캡시드가 원형질막에서 바이러스 당단백질과 상호작용하는 과정에서 형성된다는 모델도 있다. PE2, 6K 및 E1을 포함한 나머지 구조 다단백질들은 자신들의 N-말단부 신호 서열을 통하여 개별적으로 소포체로 이동한다. 세포 신호 펩티다아제(흰 사각형을 가진 화살표)에 의한 단백질 절단 가공으로 PE2, 6K 및 E1이 만들어진다. 세포 표면으로의 소낭수송과정에서 일어나는 추가적인 단백질 변형으로 당화가 일어나고 *trans*-Golgi 영역에서 퓨린 프로테아제(흰 원을 가지는 화살표)에 의해 PE2가 절단되어 E2와 E3이 형성된다. 신호 서열: 회색 사각형; 횡단막 영역; 주황색 사각형; 가공된 바이러스 외막 단백질; 주황색 돌기; 바이러스 RNA: 청색 곡선.

시작된다. 이때 E2 당단백질의 C-말단 꼬리에 있는 보존적 모티프(Tyr-X-Leu)가 캡시드 단백질의 표면에 있는 소수성 주머니와 상호작용한다.

출아가 진행됨에 따라서 240개의 캡시드 단백질들은 개별적으로 막에 있는 E2 단백질들과 결합한다. 이로 인하여 정20면체형 뉴클레오캡시드 주위를 막이 점차 둘러싸게 되고 결국에는 막의 융합이 일어나서 비리온이 세포에서 방출된다. 외막 당단백질과 코어의 캡시드 단백질 간의 정확한 짝짓기 때문에 숙주세포 표면 단백질들은 최종 바이러스 입자에 포함될 수 없다.

두 번째 조립모델에 의하면 출아가 당단백질들의 "껍질 상호작용(shell interaction)"을 통하여 진행된다. 이 모델에서는 캡시드 단백질이 게놈 RNA에 결합하여 정형화된 뉴클레오캡시드가 아닌 복합체를 형성한다. 이 복합체가 원형질막에 박혀 있는 바이러스 당단백질들의 세포질 쪽 꼬리와 만나면 복합체의 캡시드 단백질이 이들 꼬리와 1:1로 결합한다. 이러한 결합으로 캡시드 단백질들로 이루어진 내부껍질(inner shell)과 외막 당단백질들로 이루어진 외부껍질(outer shell)이 형성된다. 결국 막이 굽어지고 출아가 일어나면 비리온이 생성된다. 이 모델에 대한 증거로 감염 세포의 세포질에서 뉴클레오캡시드를 미리 형성할 수 없는 캡시드 단백질 돌연변이체도 원형질막에서 완전한 외막성 비리온들을 출아시킬 수 있다.

바이러스 단백질의 돌연변이가 세포병변 효과와 병원성에 미치는 영향

척추동물 세포에 alphavirus를 감염시키면 보통 세포병변이 유발된다. 숙주세포의 단백질 합성이 저해되고 많은 유형의 세포들에서 세포예정사 즉, **세포자살(apoptosis)**이 유도된다. 다음에 설명될 alphavirus 유전자 발현 벡터들도 세포병변을 일으킨다. 그러나 이 벡터들의 일부 돌연변이체들은 세포병변 현상을 유발하지 않고 포유동물 세포에 지속적으로 존재할 수 있다. 지금까지 분리된 돌연변이체들은 모두 nsP2의 C-말단 절반에 하나의 아미노산이 치환되어 있으며 낮은 수준으로 바이러스 RNA를 합성한다. 따라서 세포병변의 약화와 바이러스 RNA 합성의 감소 사이에 어떤 상관관계가 있는 것 같다. 하지만 세포병변 효과에 가장 결정적인 인자가 무엇인지는 물론 nsP2의 돌연변이로 세포가 어떻게 생존하는 지도 아직 알려지지 않았다.

척추동물 세포와는 달리 야생형 바이러스를 모기 세포에 감염시키면 보통 세포병변이 일어나지 않는다. 비리온이 원형질막에서 출아에 의하여 형성되므로 바이러스는 감염 세포를 파괴하지 않고서도 모기 세포에서 증식할 수 있다. 최근에 소위 신세계 alphavirus로 불리는 일부 바이러스들에서 세포병변을 조절하는 서열이 캡시드 단백질에 존재하고 구세계 alphavirus의 nsP2와는 다른 메커니즘으로 척추동물의 생존에 영향을 미친다는 것이 알려졌다.

대부분의 Sindbis virus와 Semliki Forest virus의 병원성에 대한 실험연구는 성체 생쥐보다 질병이 더 뚜렷하고 치사율이 높은 갓 태어난 생쥐를 이용하여 이루어졌다. 감염에 의한 질병의 유발은 바이러스와 숙주에 따라서 결정된다. 선천성 숙주방어 반응(예를 들면 **인터페론**의 유도; 33장 참조)은 적응성 면역반응만큼 중요한 역할을 한다. Sindbis virus의 E2 당단백질에서 단 하나의 아미노산만 바뀌어도 바이러스의 신경독성에 큰 영향을 미칠 수 있다. 게놈의 5′ 비해독 영역의 차이는 감염 동물의 생존율과 상관관계가 높다. 이러한 미세한 차이만으로도 그 영향이 뚜렷하게 나타나므로 바이러스학자들은 이러한 돌연변이가 감염 혹은 감염에 대한 반응의 어떤 단계에 영향을 미치는지를 이해하고자 노력하고 있다.

Alphavirus는 변형되어 다른 외래 단백질들의 발현을 위한 벡터로 이용되고 있다

바이러스를 유전자 발현 벡터로 활용하는 것은 이미 잘 확립된 기술이다(37장 참조). 양성-가닥 RNA 바이러스 벡터를 제조하기 위해서는 먼저 RNA 게놈을 DNA 복사본(cDNA)으로 전환해야 한다. cDNA를 박테리아 플라스미드에 클로닝하면 다양한 방법으로 변형되어 감염성 RNA로 다시 전사될 수 있다.

처음에는 Alphavirus cDNA를 박테리오파지 T7 혹은 SP6의 DNA-의존적 RNA 중합효소의 프로모터에 의하여 조절되도록 클로닝하였다. 이 cDNA를 *in vitro*에서 전사시킨 RNA를 배양 세포에 트랜스펙션하면 바이러스의 복제가 일어난다. 그 다음에는 바이러스 cDNA를 진핵세포의 프로모터에 의해 조절되도록 클로닝하였다. 진핵세포에 이 DNA를 트랜스펙션하면 핵에서 DNA의 전사가 일어나 바이러스 RNA가 생성된다.

현재 가장 널리 이용되고 있는 "자가-복제성(self-replicating)" alphavirus 벡터(그림 13.5a)에서는 구조 단백질 유전자들이 외래 유전자들로 대체되어 있다. 처음에는 **β-갈락토시다아제(β-galactosidase)** 혹은 **클로람페니콜 아세틸전달효소(chloramphenicol acetyltransferase)**와 같은 **리포터 유전자(reporter genes)**들로 대체되었고 그 다음에는 외래 관심유전자들로 대체되었다. 이와 같이 변형된 게놈 RNA를 **레플리콘(replicon)**이라고 한다. 이는 비구조

(a) **Self-replicating vector**

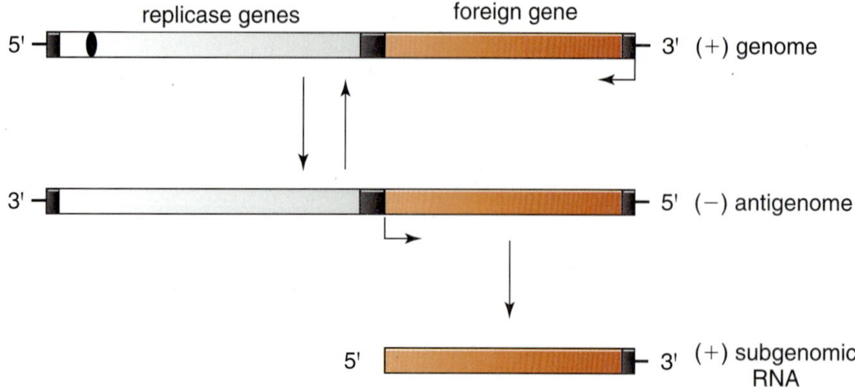

(b) **Double subgenomic RNA vector**

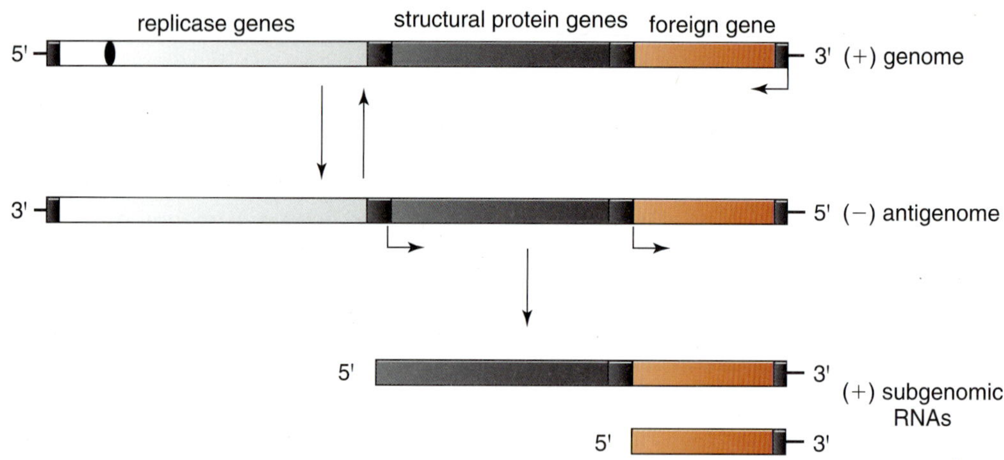

그림 13.5 Alphavirus 발현 벡터. 게놈 RNA의 왼쪽 끝 근처에 있는 검은색 타원이 포장 신호이다. 화살표를 가지는 작은 검은색 사각형은 RNA 합성을 위한 프로모터를 나타낸다.

단백질들의 번역을 위한 mRNA를 제공하고 이 단백질들에 의하여 복제가 이루어진다. 또한 레플리콘은 외래 단백질의 발현을 위한 서브게놈 RNA를 생성한다.

레플리콘은 구조 단백질 유전자들을 가지지 않기 때문에 바이러스 입자를 생성하기 위해서는 결합성 헬퍼 게놈이 필요하다. 헬퍼 게놈은 대부분의 비구조 유전자들이 제거되고 서브게놈 RNA 합성을 위한 프로모터와 구조 단백질 유전자들을 가지는 alphavirus RNA이다. 이들은 레플리콘 RNA에서 만들어지는 비구조 단백질들에 의하여 복제될 수 있다. 결합성 헬퍼 게놈은 RNA 포장 신호를 가지지 않기 때문에 레플리콘 게놈만이 비리온에 포장될 수 있다. 이러한 바이러스들은 세포에 감염할 수 있고 특정 관심 단백질을 세포에서 생성할 수 있지만 헬퍼 게놈이 없으면 새로운 입자들을 생성할 수 없으므로 인접 세포로 전파되지 않아 "자살 바이러스(suicidal virus)"라고 부른다.

"이중 서브게놈" alphavirus 유전자 발현 벡터(그림 13.5b)는 구조 단백질 암호화 영역을 그대로 두고 두 번째 서브게놈 RNA 프로모터를 게놈에 삽입하여 바이러스 구조 단백질들과 외래 단백질이 서로 다른 서브게놈 RNA에서 합성되도록 만든 것이다. 이러한 유형의 벡터는 *in vitro*나 동물 혹은 사람에서 세포 간 전파가 가능한 바이러스를 생성한다. 이러한 벡터는 레플리콘보다 덜 안정한 경향이 있다(특히, 삽입된 외래 유전자가 2 kb 이상으로 큰 경우). 이러한 크기 제한성은 alphavirus 캡시드가 게놈 크기의 RNA를 더 효과적으로 포장하기 때문에 나타나는 것 같다.

Alphavirus 벡터는 다양한 용도로 이용될 수 있다

Alphavirus 벡터는 다양한 단백질들을 여러 유형의 세포들에서 발현하는 데 이용할 수 있다. 감염 세포에서 합성되는 외래 단백질의 양이 매우 높으므로 단백질을 쉽게 정제할 수 있다. 이러한 벡터는 척추동물이나 곤충에서는 일어나지만 박테리아에서는 일어나지 않는 번역 후 변형(인산화 혹은 탄수화물의 첨가)이 필요한 단백질의 생성에 특히 유용하다.

또한 백신 개발을 목적으로 alphavirus가 다른 바이러스의 단백질을 발현하도록 제조할 수 있다. 초기 연구에서 influenza virus, herpes virus 및 HIV의 단백질들이 발현되었다. Influenza virus와 herpes virus의 경우, 이 벡터를 동물에 주사하면 바이러스 감염으로부터 동물이 보호되므로 면역반응을 효과적으로 유도한다는 것을 알 수 있었다.

Alphavirus는 곤충에도 감염하므로 곤충에서 이용할 목적으로 벡터가 개발되었다. 한 가지 접근법은 곤충에 병원성을 나타내지 않는 Sindbis virus를 벡터로 이용하여 yellow fever virus 혹은 dengue virus(둘 다 flavivirus) 등의 인간 병원체들에 대한 간섭 RNA(**RNAi**, 33장 참조)를 발현하는 것이다. 이러한 재조합 벡터를 모기에 감염시키면 모기에서 yellow fever virus나 dengue virus의 복제가 효과적으로 저해되었다. 이러한 RNAi를 암호화하는 DNA를 트랜스포존(transposon)에 도입시키면 자연 모기집단에서 전파될 수도 있을 것이다. 이러한 전략은 상당한 비율의 모기들이 안티센스 RNA를 발현하는 유전자를 획득한 경우에만 효과적일 것이다; Sindbis 벡터 감염 자체만으로는 이러한 성과를 거두기가 어려울 것이다.

또 다른 접근법은 Sindbis virus로 하여금 곤충에 독성을 나타내는 단백질을 발현하도록 하여 살충제로 이용하는 것이다. 이러한 벡터는 구조 단백질의 발현과 독성 단백질의 발현을 위한 두 개의 서브게놈 RNA 프로모터를 이용하여 감염성 바이러스를 생성한다. 그러나 이러한 바이러스를 자연계에 방출하는 것은 인간과 다른 동물에 대한 안전성이 충분히 검증된 이후에만 가능하다. 이 바이러스는 척추동물과 절지동물 간을 순환하기 때문에 모기 집단에 도입된 재조합 바이러스가 척추동물 숙주에 감염할 가능성이 매우 높기 때문이다.

Alphavirus 벡터는 신경계 질병의 치료에 유용할 것이다

Alphavirus를 연구하는 바이러스학자들은 이 바이러스가 뉴런에 감염할 수 있는 능력에 주목하고 있다. 많은 alphavirus들이 뇌염을 유발하므로 바이러스가 어떻게 뇌에 들어가고 일부 변종들만이 질병을 유발하는 이유를 설명할 수 있다면 뇌질환의 예방에 도움을 줄 것이다. 즉, alphavirus의 뉴런 감염 능력을 활용할 수 있다.

쥐의 **해마(hippocampus)** 절편 배양을 이용한 연구에서 Sindbis virus와 Semliki Forest virus 레플리콘이 뉴런에 선택적으로 감염하였다. 재조합 바이러스 레플리콘이 생성하는 **녹색형광단백질(green fluorescent protein)**을 발현하는 뉴런이 감염 후 5일까지생존하였다. 하지만 감염된 뉴런이 결국에는 죽었기 때문에 현재의 alphavirus 벡터는 인간 신경계에 대한 어떤 유형의 치료에도 적합하지 않다.

뉴런에 세포병변을 일으키지 않는 레플리콘 발현 벡터를 제조하는 것이 앞으로 가능한가? 만약 그렇다면 이러한 벡터는 신경계 질병의 유전자 치료 수단으로 고려될 수 있을 것이다. 하지만 이러한 벡터들은 이미 단백질의 발현과 뉴런의 기능 연구에 유용한 도구로 이용되고 있다.

핵심 용어

RNA 헬리카아제 (RNA helicase)
간섭 RNA(RNAi)
녹색형광단백질 (Green fluorescent protein)
뇌염(Encephalopathy)
다단백질(Polyprotein)
동결전자현미경법 (Cryoelectron microscopy)
라미닌 수용체 (Laminin receptor)
레플리콘(Replicon)
리포터 유전자 (Reporter gene)
메틸전달효소 (Methyltransferase)
서브게놈 RNA (Subgenomic RNA)
세포병변성(Cytopathic)
세포자살(Apoptosis)
수용체-매개성 내포작용 (Receptor-mediated endocytosis)
신호 펩티다아제 (Signal peptidase)
안티게놈(Antigenome)
인터페론(Interferon)
절지동물-매개성 (Arthropod-born)
클로람페니콜 아세틸전달효소 (Chloramphenicol acetyltransferase)
팔미토일화(Palmitoylation)
포장 신호(Packaging signal)
퓨린 프로테아제 (Furin protease)
해마(Hippocampus)
헤파란 황산(Heparan sulfate)
β-갈락도시디아제 (β-galactosidase)

기본 개념

- 대부분의 togavirus들은 모기에 의해 온혈 숙주들 사이에 전파된다.
- Togavirus는 인간과 말에 뇌염과 같은 심각한 질병을 유발할 수 있다.
- Togavirus의 뉴클레오캡시드와 외막의 단백질 소단위체들은 모두 정20면체형 대칭으로 배열한다.
- Togavirus는 전체-길이 게놈 RNA을 번역하여 RNA 중합효소, 캡핑 효소 및 프로테아제를 합성한다.
- 구조 단백질들(캡시드 단백질과 외막 단백질)은 다량의 서브게놈 RNA로부터 합성된다.
- 다른 양성-가닥 RNA 바이러스들처럼 togavirus RNA 합성은 세포질의 막과 관련되어 일어난다.
- 척추동물에서 비리온은 원형질막을 통한 뉴클레오캡시드 출아로 만들어진다.
- 캡시드 단백질이 게놈 RNA의 신호("포장 신호")를 인식하고 결합하므로 바이러스 게놈이 뉴클레오캡시드에 효과적으로 포장된다.
- 다른 조립모델에 의하면 게놈 RNA와 캡시드 단백질 복합체가 원형질막에서 바이러스 외막 단백질들과 상호작용을 함으로써 뉴클레오캡시드를 형성한다.
- Togavirus(alphavirus) 발현 벡터는 백신이나 유용한 단백질 혹은 독성 단백질의 발현을 위한 활용 가능성이 높다.

복습 문제

1. Togavirus과에 속하는 바이러스들 가운데 절지동물 벡터에 의하여 전염되지 않는 것은 무엇이며, 이는 인간에 어떤 질병을 유발하는가?
2. 단일-가닥의 alphavirus RNA에서 열린 해독틀은 어떻게 배열되어 있는가?
3. "포장" 신호란 무엇이며 togavirus 복제과정에서 어떻게 이용되는가?
4. 바이러스 감염 세포의 운명을 결정하는 nsP2의 역할은 무엇인가?

CHAPTER 14

Coronaviruses

Mark Denison
Michelle M. Becker

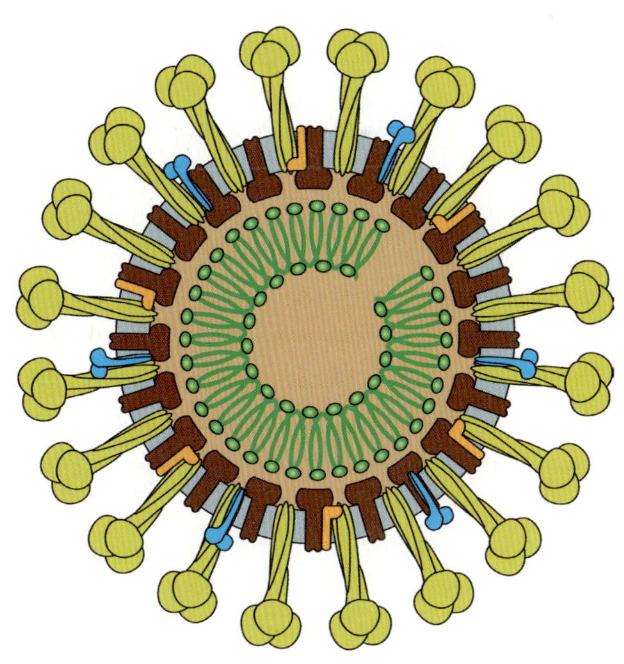

Coronaviridae

외막에 돌출된 돌기들을 의미하는 라틴어 corona(왕관)에서 유래

비리온

곤봉 모양의 돌기들로 장식된 구형의 외막성 입자

지름 120–160 nm

꼬인 나선형 뉴클레오캡시드 혹은 구형 뉴클레오캡시드 껍질

게놈

선형의 단일-가닥 RNA, 양성-가닥

27–32 kb

5′ 캡 구조와 3′ poly(A) 꼬리

유전자와 단백질

6~9개의 유전자들이 20가지 이상의 단백질들을 암호화

복제효소 유전자는 게놈 RNA로부터 직접 번역됨

- *두 개의 커다란 열린 해독틀이 틀이동으로 연결됨*
- *이 유전자들은 다단백질로 번역되어 14–16개의 개별 단백질들로 절단됨*

다른 유전자들은 3′ 말단이 동일한 서브게놈 mRNA로부터 번역됨

- *3~4가지 외막 단백질들(HE, S, E, M)*
- *1가지 nucleocapsid protein(N)*
- *4~6가지 비구조 혹은 보조 단백질들*

바이러스와 숙주

Coronavirinae아과: 게놈 상동성에 따라 3개의 속으로 구분

인간: human coronaviruses 229E, OC43, NL63, HKU-1; SARS coronavirus

생쥐, 개, 고양이, 돼지, 소, 칠면조, 박쥐를 비롯한 동물: murine hepatitis virus(MHV), transmissible gastroenteritis virus(TGEV), avian infectious bronchitis virus(IBV)

질병

Coronavirus는 인간 일반 감기의 30%까지 유발

Severe acute respiratory syndrome(SARS): 10% 치사율을 나타내는 인간의 폐렴

중요한 가축 질병: 포유동물 및 조류에 심한 풍토성 및 유행성 호흡기, 간, 위장 및 신경계 질병들을 유발

숙주 간 바이러스 전파는 직접 접촉, 에어로졸, 분변-경구 경로 및 오염된 표면과의 접촉으로 이루어짐

독특한 특징들

가장 큰 RNA 바이러스 게놈

큰 복제효소 다단백질은 바이러스 프로테아제에 의하여 절단되어 여러 가지 기능성 단백질들을 형성

교정용 엑소뉴클레아제를 비롯한 일부 독특한 RNA 바이러스 효소들

서브게놈 RNA가 독특한 불연속적 전사메커니즘으로 만들어짐

박쥐가 아마도 보유 숙주로 여겨짐

Coronavirus는 숙주 종에서 새로운 종으로 이동하는 경향이 있음

Coronavirus는 인간의 호흡기 질병과 중요한 가축 질병들을 유발한다

1960년대 중반에 인간의 상부 호흡기 질병("일반 감기")을 유발하는 바이러스들을 찾는 연구가 활발히 진행되었다. David Tyrrell, Dorothy Hamre 및 Robert Chanock의 연구실에서 기관의 조직 절편 혹은 인간 배양 세포에서 복제하는 바이러스들이 분리되었다. 전자현미경으로 관찰하면 이들은 외막성 비리온이 수많은 돌기들로 장식된 *왕관*(*corona*)으로 둘러싸인 것처럼 보여 coronavirus로 명명되었다.

229E와 OC43이라는 두 가지 독특한 인간 coronavirus들이 분리되어 연구되었다. 이 바이러스들은 건강한 사람들에게 가볍거나 중간 정도의 호흡기 질병을 유발하며 일반 감기의 30%까지 유발한다. 이들은 드물지만 더 심각한 호흡기 질병, **위장염(gastroenteritis)** 그리고 **뇌염(encephalitis)**을 유발할 수 있다. 이 인간 coronavirus들은 건강한 숙주에 2~3년마다 반복적으로 호흡기 감염을 유발할 수 있으므로 장기간 면역을 유도하지는 않는 것 같다.

또한 coronavirus는 경제적으로 중요한 수많은 가축질병들을 유발한다. 최초의 coronavirus 질병으로 1912년에 고양이 감염성 **복막염(peritonitis)**이 확인되었으며 바이러스는 이보다 훨씬 뒤에 분리되었다. Coronavirus는 소(bovine coronavirus), 돼지(transmissible gastroenteritis virus) 그리고 닭(infectious **bronchitis** virus)에 위장염과 호흡기 질환을 유발하며 갓 태어난 동물에게는 치사율이 100%에 이르는 엄청난 피해를 입힌다. 이러한 바이러스들은 백신 개발의 대상이 되었으며 coronavirus 생물학 연구의 모델을 제공하였다. Murine **hepatitis** virus(MHV)는 1960년대 초반에 실험용 생쥐에서 분리되었다. 이 바이러스는 배양세포에서 잘 자라고 분자생물학 및 병원성 연구가 용이하여 실험연구에 매우 유용하게 이용되고 있다.

새로 출현한 coronavirus가 전 세계적으로 유행한 중증 급성 호흡기 증후군(SARS)를 유발하였다

2003년 초반에 심각하고 흔히 치명적인 폐렴이 중국 동남부, 홍콩 및 베트남에서 돌발하여 캐나다 토론토까지 유행하면서 coronavirus 연구 분야는 새로운 전환기를 맞이하였다. 이 새로운 질병은 중증 급성 호흡기 증후군(severe acute respiratory syndrome, SARS)으로 명명되었으며 원인체는 이전에 알려지지 않았던 coronavirus로 확인되었다. SARS coronavirus(SARS-CoV)는 고열과 진행성 폐렴을 앓다가 **저산소혈증(hypoxemia)**과 사망에 이른 모든 연령대의 사람들에게서 분리되었다. 이 바이러스가 6개월간 유행하면서 전 세계적으로 8,000명 이상의 환자가 발생하였으며 약 800명이 사망하였다. 사망률은 65세 이상에서 가장 높은 44%를 나타내었다.

SARS coronavirus의 감염은 환자가 질병 증상을 나타내는 동안 환자의 가정이나 병원에서 주로 이루어졌다. 바이러스의 전염은 주로 환자와의 직접적인 접촉으로 일어났지만 작은 에어로졸 방울이나 오염된 분변을 통해서도 가능하였다. 감염자들의 항공 여행으로 질병이 32개국에 급속도로 퍼져나갔으며 21세기 최초의 대유행을 초래하였다. 공중보건 당국에 의한 환자 격리조치로 인간에서 인간으로의 감염 고리를 차단할 수 있었다. 하지만 동남아시아와 중국으로의 여행객이 급감하였고 희생자들을 치료하던 병원 관계자들이 많이 사망하였으며 관련된 도시들에 심각한 경제적 손실을 안겨다 주었다. 비록 인간 전염과 유행성 질병이 완전히 퇴치된 것처럼 보였지만 2003년과 2004년에 실험실에서의 감염과 동물로부터의 인간 전염으로 인한 인간 감염 사례들이 추가적으로 발생하기도 하였다.

SARS coronavirus는 이와 관련된 박쥐 coronavirus에서 유래한 것 같다

SARS는 2002–2003년의 대유행 이전에는 인간에서 나타난 적이 없었다. 따라서 이 질병을 유발한 바이러스는 비병원성 인간 바이러스가 돌연변이로 독성이 강화된 것이거나 인간 집단으로 새로 유입된 바이러스일 것이다. SARS coronavirus와 다른 인간 coronavirus의 게놈 서열을 분석한 결과, SARS coronavirus는 동물 바이러스에서 유래한 것으로 판명되었다. 이러한 가설을 기초로 동물에서 유사 바이러스를 찾는 연구가 시작되었다.

연구자들은 먼저 SARS가 처음 발병한 지역의 개방형 시장에서 보인자로 추정되는 동물을 찾고자 하였다. 중국 남부의 광동지방에서 포획되거나 사육되어 시장에서 식재료로 판매되던 사향고양이와 너구리에서 SARS coronavirus와 유사한 바이러스가 발견되었다. 그러나 시장에 나오기 전의 사육 동물에서는 이러한 바이러스가 발견되지 않았다. 따라서 과학자들은 범위를 넓혀 다른 동물들을 조사하기 시작하였다.

SARS coronavirus와 유전적으로 유사한 바이러스가 중국 말굽박쥐에서 발견되었다. 그 이후로 전 세계에 서식하는 다양한 종들의 박쥐를 조사하여, 예상보다 훨씬 더 많은 종류의 coronavirus들을 발견하였다. 지금은 인간을 포함한 모든 다른 동물들에서 분리된 coronavirus들을 모두 합친 것보다 박쥐 coronavirus들에 대한 게놈 서열 데이터베이스가 더 많이 구축되어 있다. 최근의 가설에 의하면, SARS coronavirus 뿐만 아니라 아마도 모든 인간 coronavirus들이 박쥐 coronavirus에서 유래한 것으로 생각된다. 따라서 박쥐는 Ebola, Hendra 및 Nipha virus 등과 같은 다른 신흥 바이러스들 뿐만 아니라 coronavirus의 주요 보유 숙주로 간주되고 있다.

박쥐 coronavirus가 어떠한 돌연변이를 일으켜서 인간에 들어와 SARS-CoV가 되었을까?

박쥐 바이러스가 어떤 경로를 통하여 SARS-CoV가 되었는지는 아직 불확실하지만 여러 가지 가능성들을 생각해 볼 수 있다. 아마도 박쥐에서 중간 혹은 증폭 숙주로 작용하였던 동물로 바이러스가 먼저 이동하였을 가능성이 있다. 이러한 과정에서 바이러스는 돌연변이를 일으켜 인간에 감염이 가능하고, 인간에서 인간으로 전염이 가능하고, SARS를 일으키는 형으로 전환되었을 것이다.

다른 가능성은 한 박쥐 coronavirus가 비병원성인 형으로 인간에 직접 감염하고 이는 다시 중간 숙주로 제공된 동물로 이동하였을 것이다. 마지막으로 바이러스가 독성을 획득하고 전염이 가능한 형으로 인간에 되돌아 와서 대유행을 일으켰을 것이다. 대유행의 단계 별로 동물과 인간에서 분리한 coronavirus와 박쥐에서 분리한 바이러스의 게놈 서열들을 분석한 결과, 두 번째 경로가 다소 복잡하게 보일런지 모르지만 더 적합한 것 같다. 따라서 coronavirus가 한 종에서 다른 종으로 뛰어 넘기 위한 종간 장벽이 생각보다 그리 높지 않은 것 같다.

Coronavirus는 커다란 단일 양성-가닥 RNA 게놈을 가진다

Coronavirus는 RNA 바이러스들 가운데 가장 큰 게놈(27–32 kb)을 가진다. 단일-가닥의 양성-가닥 RNA 게놈은 5′ 메틸구아노신 캡과 3′ poly(A) 꼬리를 가진다. RNA 게놈은 바이러스 변종에 따라서 6~10개의 유전자들을 가진다. 그림 14.1에 murine hepatitis virus의 게놈 지도를 나타내었다. 다른 양성-가닥 RNA 바이러스들처럼, coronavirus의 게놈은 자체만으로도 감염성을 나타낸다; 정제된 게놈 RNA를 세포에 도입시키면 감염을 시작하여 새로운 바이러스 입자가 생성된다.

모든 coronavirus들에서 유전자의 순서는 매우 잘 보존되어 있다. 놀랍게도 5′ 끝의 첫 번째 유전자가 바이러스 게놈의 3분의 2를 차지하고 이로부터 만들어진 **다단백질**은 바이러스 프로테아제에 의하여 게놈 복제와 서브게놈 mRNA 합성에 관여하는 16가지 혹은 그 이상의 단백질들로 절단된다. 게놈의 나머지 3분의 1은 비리온 구조 단백질들과 그룹-특이적 비구조 단백질들을 암호화한다. 모든 coronavirus들에서 구조 단백질들은 헤마글루티닌-에스테라제(HE), 돌기(spike, S), 작은 외막 단백질(E), 막 단백질(M) 그리고 뉴클레오캡시드 단백질(N) 순서로 나타난다. 헤마글루티닌-에스테라제가 모든 coronavirus에 존재하지는 않는다.

Coronavirus에서 관찰되는 높은 재조합 빈도와 유전자들을 인위적으로 재배열하더라도 바이러스 복제에 큰 영향을 주지 않는다는 실험 결과를 감안하면 이와 같은 유전자 순서의 보존성은 주목할 만하다. 구조 유전자들 사이에 다양한 수의 보조 혹은 그룹-특이적 유전자들이 산재되어 있다. 이 보조 유전자들의 일부는 인터페론 조절 유전자의 발현 저해와 같은 병원성에 관여한다.

Coronavirus는 게놈 서열에 따라서 세 가지 그룹으로 분류된다

처음에는 coronavirus들을 항원 관련성에 따라 분류하였다. 동일한 항혈청으로 중화될 수 있는 바이러스들을 관련

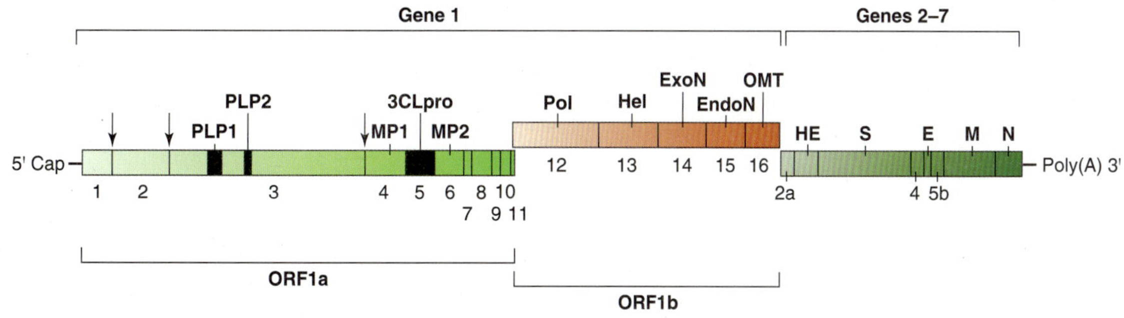

그림 14.1 Coronavirus 게놈의 구조. Murine hepatitis virus의 31.5-kb 게놈을 나타내었다. 짧은 5′ 비번역 선도 영역의 뒤에 게놈 RNA로부터 다단백질로 번역되는 두 개의 중첩 번역틀(ORF1a와 1b)로 구성된 유전자 1이 있다. 유전자 2–7은 서브게놈 mRNA로부터 발현된다. 유전자 산물의 이름 혹은 기능이 게놈 지도 위에 제시되어 있다. 비구조 단백질 nsp1–16(지도 아래에 나타냄)은 바이러스 프로테아제에 의한 1a/1b 융합 단백질의 절단으로 생성된다. 프로테아제 PLP1과 PLP2에 의한 절단(수직 화살표로 나타낸 검은 절단 부위들)으로 nsp1–3이 생성되고 3CLpro(검은색)에 의한 절단으로 nsp4–16이 생성된다.

성이 높은 것으로 간주하여 같은 그룹으로 분류하였다. 최근에는 진화적 관련성 혹은 계통을 더 잘 반영하는 바이러스 게놈 RNA의 뉴클레오티드 서열 비교가 이용되고 있다. 이는 만약 어떤 두 바이러스가 더 최근에 분리되었다면 이들의 유전정보가 더 유사할 것이라는 이론에 기반을 둔 분류법이다.

이러한 두 가지 접근법에 따라서 coronavirus들은 전통적으로 세 가지 그룹으로 분류되었다. 흥미롭게도 서열 유사성만으로는 이 바이러스들의 다른 특징들 즉, 세포 결합 수용체, 동물 숙주, 조직 친화성, 병원성, 독성 혹은 질병 유형을 결정할 수 없다.

최근에 ICTV는 coronavirus에 대한 새로운 분류체계(표 14.1)를 채택하였다. 이 제안에 따르면 *Coronaviridae*과는 두 개의 아과 즉, *Coronavirinae*와 *Torovirinae*를 포함한다. *Coronavirinae*는 세 개의 속 즉, *Alpha-*, *Beta-* 그리고 *Gammacoronavirus*로 구성된다. 이 속들은 대략 이전의 coronavirus 그룹 I(alpha), II(beta) 그리고 III(gamma)에 해당하지만 약간의 차이를 보인다.

2002–2003년의 SARS 대유행으로 coronavirus 분야의 연구가 한동안 활발히 이루어졌다. 그동안 병인이 확인되지 않았던 호흡기 증상 환자들의 병원 보존 시료들을 조사하였다. 이러한 조사를 통하여 두 가지 coronavirus들이 추가로 확인되어 분류되었다. NL53(네덜란드에서 분리)와 HKU1(홍콩에서 분리)로 명명된 이 바이러스들은 그 이후에 전 세계 인간집단에서 순환하고 있음이 확인되었다. 또한 기린, 치타 그리고 흰돌고래와 같은 많은 동물들에 감염하는 coronavirus들이 발견되었다.

그러나 데이터베이스에 모여진 대부분의 coronavirus들은 박쥐에서 유래한 것들이다; 모든 coronavirus의 대략 절반 가량이 박쥐 coronavirus이다. 지금까지 coronavirus가 분리된 박쥐들은 질병을 앓지 않았으며 이들로부터 분리된 바이러스들은 모두 실험실에서 배양이 불가능하였다. 박쥐 세포의 배양기술이 개발되고, 수용체 및 바이러스 결정인자 등이 알려지면 가까운 미래에 박쥐 coronavirus의 배양과 분석이 가능해질 것이다.

Coronavirus는 나선형 뉴클레오캡시드를 포함하는 외막성 비리온을 가진다

Coronavirus의 비리온은 크기가 75~160 nm에 이르는 구형의 외막성 입자로 바이러스과의 이름에 적합한 독특한 왕관 모양의 돌기 단백질들을 가진다(그림 14.2). 감염 세포의 얇은 절편을 전자현미경으로 관찰하면, 외막 아래에 나선형 뉴클레오캡시드가 도넛 모양의 코어 구조를 형성하고 있다; 이러한 나선형 뉴클레오캡시드는 파괴된 비리온의 음성 염색을 통해서도 관찰할 수 있다.

뉴클레오캡시드는 바이러스 RNA 게놈에 다수의 뉴클

표 14.1 대표적인 인간 및 동물 coronavirus들

[Order *Nidovirales*, Family *Coronaviridae*, Subfamily *Coronavirinae*]		
Genus	**Species**	**Disease**
Alphacoronavirus (Group I[1])	Human coronavirus 229E	Colds, pneumonia
	Human coronavirus NL63	Bronchiolitis, colds, pneumonia
	Porcine transmissible gastroenteritis virus	Pneumonia, gastroenteritis
	Canine coronavirus	Gastroenteritis
	Feline infectious peritonitis virus	Peritonitis, enteritis
	Bat coronaviruses (HKU2, HKU8, 512)	Asymptomatic (enteric shedding)
	Human coronavirus OC43E	Colds, pneumonia
Betacoronavirus (Group II[1])	Human coronavirus HKU1	Colds, Pneumonia
	Murine (mouse) hepatitis virus	Hepatitis, encephalitis
	Bovine coronavirus	Pneumonia, gastroenteritis
	SARS coronavirus	Pneumonia, gastroenteritis
	Bat coronaviruses (HKU4, 5, 9)	Asymptomatic
Gammacoronavirus (Group III[1])	Avian infectious bronchitis virus	Tracheitis, kidney infection
	Beluga whale coronavirus SW1	Hepatitis

[1] Previous taxonomy of virus groups within previous genus *Coronavirus* (Groups I, II, and III).

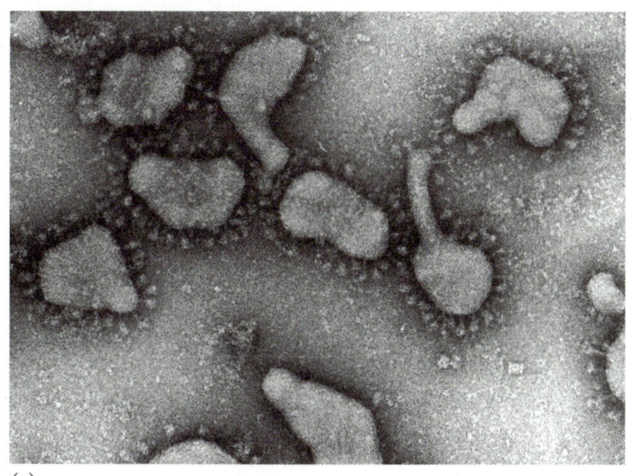

(a)

Spike protein (S)
Membrane protein (M)
Small envelope protein (E)
Nucleocapsid protein (N)

(b)

그림 14.2 Coronavirus 비리온. (a) Murine hepatitis virus 비리온의 음성 염색 전자현미경 사진으로 외막에서 돌출된 돌기들이 왕관의 모양을 하고 있다. (b) 모식도. 세가지 외막 단백질들 즉, 돌기(S), 막 단백질(M) 및 작은 외막 단백질(E)을 나타내었다. 혈구응집원-에스테라제(HE)는 일부 coronavirus에만 존재하므로 여기에는 나타내지 않았다. RNA 게놈과 N 단백질의 복합체인 나선형 뉴클레오캡시드는 외막 바로 아래에 위치한다. 일부 coronavirus는 구형의 코어를 가진다.

레오캡시드 단백질(N)들이 결합하여 형성된다. 대부분의 다른 양성-가닥 RNA 바이러스들은 정20면체형 대칭의 뉴클레오캡시드를 가진다. 따라서 coronavirus는 나선형 뉴클레오캡시드를 가진다는 점에서 음성-가닥 RNA 바이러스들과 유사하다. 하지만 porcine transmissible gastroenteritis virus를 비롯한 일부 coronavirus들의 경우에는 성숙한 비리온이 안정한 구형 코어구조를 가진다. 이 코어는 바이러스 막 단백질(M)과 연결되어 있다. 따라서 coronavirus들은 구형의 코어 껍질(아마도 정20면체형 대칭을 가지는)과 내부 나선형 뉴클레오캡시드를 모두 가진다는 점에서 독특하다고 할 수 있다.

Coronavirus 비리온은 여러 종류의 외막 단백질들을 가진다

돌기 단백질. 돌기(S) 당단백질은 바이러스 외막에서 외부로 돌출된 주요 표면 횡단막 단백질이다(그림 14.2). S는 3량체를 형성하고 자루-곤봉 모양으로 비리온의 표면을 장식하여 왕관 모양으로 보이도록 한다. S 단백질은 바이러스 진입에 관여하고 숙주 범위를 결정하는 1차 요인이다. 이는 바이러스 감염에 대한 중화항체와 세포 독성 T-림프구의 표적으로 작용한다. 이러한 이유로 S에 대한 연구가 집중적으로 이루어졌다.

S 단백질은 하나의 폴리펩티드로 합성되며 일부 coronavirus에서는 세포 프로테아제에 의하여 N-말단부의 S1 영역과 C-말단부의 S2 영역으로 절단된다. S1 소단위체는 돌기의 곤봉 부위를 형성하고 특정 세포 수용체를 인식하여 부착한다. 따라서 바이러스의 수용체 결합영역(receptor-binding domain, RBD)은 주로 S1에 위치한다. RDB는 수용체로 제공되는 세포 분자와 상호작용할 수 있는 최소한의 영역이다. 이는 murine hepatitis virus와 SARS-CoV와 같이 잘 알려진 coronavirus에서만 결정되었다.

자루를 형성하는 S2 소단위체는 짧은 C-말단부 꼬리, 소수성 횡단막 영역 그리고 두 개의 긴 알파-나선으로 이루어진 외부 영역으로 구성된다. 3량체 내의 인접한 알파 나선들이 서로 상호작용하여 다른 외막 당단백질들의 횡단막 부위와 유사한 **감긴 코일(coiled-coil)** 구조를 형성한다.

재조합 연구에 의하면, S 단백질은 서로 다른 coronavirus들이 한 세포에 감염하면 영역들이 비교적 쉽게 교체될 수 있는 모듈 구조를 취하는 것 같다. 이는 coronavirus의 종간 이동에 대한 낮은 장벽을 설명하는 한 가지 요인이다; 만약 재조합과정에서 수용체-결합 영역이 쉽게 교체될 수 있다면 재조합 바이러스는 수용체 특이성과 표적 세포 유형을 새로운 종에서 신속하게 바꿀 수 있을 것이다.

헤마글루티닌-에스테라제 단백질. 일부 coronavirus들, 특히 betacoronavirus들은 비리온의 표면에 헤마글루티닌-에스테라제(hemagglutinin-esterase, HE) 단백질을 가진다. HE는 influenza virus의 두 가지 단백질들 즉, 수용체에 결합하는 헤마글루티닌 단백질(HA)과 수용체를 파괴하는 효소인 뉴라미니다아제(NA)(18장 참조)와 기능적 유사성을 나타낸다. 모든 coronavirus들이 HE를 발현하지는 않기 때문에 HE는 필수적인 구조 단백질로 여겨지지는 않는다. 그럼에도 불구하고 HE는 표적 세포 결합과 신입에 작용하고 세포 표면으로부터 바이러스의 방출을 용이하게 한다.

막 단백질. 막(M) 당단백질은 coronavirus 비리온에서 가장 많은 구조 단백질이다. M은 매우 보존적이며, 짧은 친수성 서열들로 분리된 세 개의 소수성 영역들을 포함하며 막을 세 번 가로지르는 단백질이다. 이는 바이러스 조립에서 필수적인 역할을 수행하는 것 같다. M의 N 말단은 외막의 외부 표면에 노출되어 돌기 단백질과 접촉하는 반면에 C 말단은 외막 아래로 연장되어 바이러스 뉴클레오캡시드와 접촉한다.

작은 외막 단백질. 작은 외막(E) 단백질은 비리온에 극소수로 존재하는 9–12 kDa의 단백질이다. E와 M 단백질만 세포에 함께 발현시켜도 바이러스-유사 입자들이 형성될 수 있다. 따라서 E는 비리온 형성과 출아과정에 중요한 역할을 수행하는 것으로 여겨진다. E 단백질은 입자 형성과정에서 소포체와 골지체의 내강으로 비리온의 출아가 쉽게 일어날 수 있도록 돕는 것 같다. 하지만 E가 없는 돌연변이 coronavirus도 자손을 생성할 수 있으므로 이 단백질은 비리온 형성에 필수적이지는 않다.

Coronavirus의 돌기 단백질은 다양한 세포 수용체들과 결합한다

여러 alphacoronavirus들의 S 단백질은 세포의 원형질막에 존재하는 아연-결합 **금속단백분해효소(metalloproteinase)** 패밀리의 일종인 아미노펩티다아제-N에 결합한다. 이는 소장, 신장, 중추신경계의 상피세포와 섬유아세포 그리고 단핵구 및 과립구 계열의 세포 등에 널리 분포한다. 아미노펩티다아제-N 패밀리의 구성원들이 높은 상동성을 보임에도 불구하고 coronavirus는 이 수용체를 대부분 종-특이적으로 이용한다.

Betacoronavirus는 다양한 세포 수용체들을 이용한다. Murine hepatitis virus는 carcino-embryonic antigen-related cell adhesion molecule 1(CEACAM1 혹은 CD66a)에 결합한다. CEACAM1는 면역글로불린 패밀리에 속하고 모든 포유동물에 널리 분포한다. SARS-CoV는 또 다른 금속단백분해효소인 angiotensin-converting enzyme 2(ACE2)를 수용체로 이용한다. SARS-CoV는 ACE2가 없는 일부 세포 유형에도 감염하므로 또 다른 수용체가 존재하는 것 같다. 최근 연구에 의하면, 세포 표면 **렉틴(lectin)**의 한 종류인 L-SIGN도 SARS-CoV의 수용체로 작용할 수 있다. 최근 발견된 alphacoronavirus인 NL63도 ACE2에 결합한다.

HE를 발현하는 바이러스는 다양한 세포막 당단백질과 당지질에서 발견되는 **시알산(sialic acid)**과의 상호작용을 통하여 세포에 결합할 수 있다. 시알산은 많은 동물 바이러스들의 표면 단백질들이 결합하는 공통적인 표적이다. Coronavirus의 HE는 시알산에서 아세틸기를 절단하여 세포 표면에 결합된 바이러스를 방출시킬 수도 있다. 따라서 일부 세포 유형들로부터 비리온의 방출과 분산을 돕는다.

바이러스 외막은 원형질막 혹은 엔도좀 막과 융합한다

Coronavirus의 S 단백질이 세포의 표면 수용체 분자와 상호작용하여 비리온이 세포 표면에 부착되면 외막과 세포막의 융합이 일어난다. 외부의 S1 소단위체가 부착에 관여하는 반면 자루를 형성하는 S2 소단위체는 융합에 관여한다. 이 과정에서 S2 소단위체는 일련의 구조적 변화를 거쳐 표적 세포막에 삽입되고 세포막과 바이러스 외막의 접촉을 유도한다. 이러한 메커니즘은 더 잘 알려진 influenza virus(4장과 18장 참조)와 HIV(29장 참조)의 융합 메커니즘과 유사하다. 이러한 단백질들을 **I형 융합 단백질(class I fusion proteins)**이라고 하고, togavirus와 flavivirus의 **II형 융합 단백질(class II fusion proteins)**과는 구조적으로 구분된다.

일부 coronavirus의 S 단백질은 중성 혹은 염기성 pH에서 세포 간 융합을 유도할 수 있으므로 비리온이 원형질막과 직접 융합한다는 것을 알 수 있다. S 단백질이 감염세포의 원형질막에 존재하면 세포 융합이 유도되어 **신시티아(syncytia)**라고 하는 커다란 다핵거대세포가 형성된다. 이는 *in vitro*에서 감염된 세포들과 일부 *in vivo* 감염 세포들에서도 관찰된다. 하지만 다른 S 단백질들의 경우에는 낮은 pH가 융합 유도에 필요하므로 이러한 단백질을 가지는 비리온들은 엔도좀에 먼저 들어가서 내부 pH가 낮아지면 엔도좀 막과 융합한다는 것 같다.

복제효소 유전자는 게놈 RNA로부터 다단백질로 번역되어 바이러스 프로테아제에 의하여 가공된다

Coronavirus는 양성-가닥 RNA 게놈을 가지므로 진입 후 복제주기의 첫 단계에서 바이러스 RNA 합성을 조직하고 촉매하는 바이러스 단백질들을 합성한다. 모든 coronavirus들은 유사한 게놈 조직을 가지며, 20–22 kb 정도의 복제효소(replicase) 유전자(유전자 1)가 RNA 게놈의 5′ 쪽 3분의 2를 차지한다. 이 유전자는 부분적으로 중첩된 ORF1a와 ORF1b로 조직되어 있다(그림 14.1). 리보좀이 60–100 nt의 번역되지 않는 선도 서열을 지나 AUG 개시코돈에서 시작하여 ORF1a를 번역하면 하나의 다단백질이 생성된다. 이는 적어도 두 개의 중간 전구체들로 먼저 절단되고 그 뒤에 10~11개의 성숙 단백질들로 절단된다.

ORF1a를 번역하는 리보좀의 일부는 ORF1a의 번역종결코돈 바로 앞 즉, ORF1a와 1b의 중첩 부위에 위치한 복잡한 RNA 구조인 **유사매듭(pseudoknot)**에서 멈춘다. 이는 해독틀의 이동을 초래하여 ORF1b로 번역이 계속 일어나도록 한다. 이로 인하여 더 큰 ORF1ab 다단백질이 만들어지고 이는 나중에 16개의 성숙 단백질들로 절단된다. 10개의 리보좀들 가운데 약 4개는 유사매듭 구조를 성공적으로 처리하여 ORF1a의 끝에서 번역을 종료한다. 따라서 대부분이 바이러스 RNA 복제와 변형에 관여하는 ORF1b 영역에서는 상대적으로 적은 양의 단백질이 만들어진다. ORF1b는 coronavirus 게놈에서 가장 보존성이 높은 영역이므로 이 영역에 암호화된 단백질들이 바이러스의 복제에 중요하다는 것을 알 수 있다.

Coronavirus의 다단백질은 바이러스 프로테아제에 의하여 각 단백질 영역의 연결부위에 존재하는 절단 부위에서 잘려진다. 이 프로테아제들은 자신들도 다단백질의 일부로 만들어지므로 처음에는 자가 촉매적으로 작용한다. 따라서 이들은 자가-절단되기 전에도 효소활성을 가진다. 다단백질의 합성과 가공은 picornavirus, flavivirus 그리고 togavirus를 비롯한 다른 양성-가닥 RNA 바이러스들도 이용하는 공통적인 발현 전략이다(11장~13장).

바이러스 프로테아제들은 하나 혹은 두 가지 **파파인-유사 시스테인 프로테아제(papain-like cystein proteases**, PLP1과 PLP2)와 **picornavirus 3C 프로테아제**(nsp5, 3CLpro 혹은 Mpro로도 알려짐)와 유사한 키모트립신-유사 시스테인 프로테아제를 포함한다(그림 14.1). 복제효소 단백질들은 비록 이들이 비리온의 구조 형성에 관여할 수 있더라도 일반적으로 비구조 단백질(nonstructural protein, nsp)이라고 한다. SARS-CoV와 murine hepatitis virus는 nsp1에서 nsp16에 이르는 유사한 복제효소 단백질들을 가진다(그림 14.1과 표 14.2).

파파인-유사 프로테아제(PLP)는 195–213 kDa의 복제효소 단백질인 nsp3의 소영역이다(그림 14.1). PLP는 nsp1–nsp2, nsp2–nsp3 그리고 nsp3–nsp4 사이를 절단한다. 흥미롭게도 nsp1–nsp2와 nsp3–nsp4의 절단 부위가 제거되더라도 바이러스의 복제에는 큰 영향이 없으므로 이들의 절단은 배양 세포에서 바이러스의 복제에 필수적이지는 않다. nsp3은 프로테아제 활성 이외에도 복제 복합체의 형성, 바이러스 RNA의 합성 그리고 인터페론 활성의 억제에도 관여한다.

나난백질의 나머시 부위는 nsp5 프로테아세에 의하여 가공되어 nsp5에서 nsp16까지 생성된다. nsp5의 활성은 절단부위 특이성 뿐만 아니라 소수성 횡단막 단백질들인 것으로 여겨지는 인접한 nsp4와 nsp6 단백질에 의해서도 조절된다. 최근에 여러 coronavirus들의 nsp5 결정 구조가 밝혀졌으며 이는 SARS-CoV에 특이적인 항바이러스제 개발을 위한 표적을 제공한다.

복제효소 유전자는 RNA 중합효소, RNA 헬리카아제 및 RNA-변형 효소들을 암호화한다

Coronavirus의 복제효소 유전자는 바이러스 RNA 합성, RNA와의 상호작용 혹은 RNA 변형에 관여하는 다수의 단백질들을 암호화한다(표 14.2). 현재 추정되는 RNA 중합효소(nsp12)는 ORF1b에 암호화되어 있는 100-kDa의 단백질이며 nsp8에서도 또 다른 RNA 중합효소가 확인되었다. nsp13의 ATPase와 RNA 헬리카아제 활성은 게놈 RNA의 복제와 포장에 필수적인 것 같다.

*In vitro*에서 RNA를 변형시키는 활성이 확인된 단백질들로는 nsp14(엑소리보뉴클레아제와 cap N7 메틸전달효소), nsp15(엔도리보뉴클레아제) 그리고 nsp16(5′ 캡 구조를 메틸화시키는 메틸전달효소)가 있다. 바이러스 감염 과정에서 이들 비구조 단백질들이 RNA 합성과 변형에 함께 관여하는지는 확인되지 않았지만 돌연변이 연구에 의하면 이들이 복제에 중요한 것 같다. 최근 murine hepatitis virus의 nsp14-엑소뉴클레아제 돌연변이체에서 현저히 높은 돌연변이율이 검출되어 nsp14가 RNA 교정기능에 관여함이 밝혀졌다.

복제과정에서 다른 nsp 단백질들의 기능은 아직 덜 연구되었지만 이들은 독성(nsp1), 세포주기 조절(nsp1), 세포막 변형 및 복제 복합체 형성(nsp4, nsp6)에 관여한다고 보고되었다. Murine hepatitis virus와 SARS CoV의 다단백질에서 nsp2를 제거하여도 정상적으로 복제하므로 nsp2는 바이러스 복제에는 필수적이지 않는 것 같다. 따라서 coronavirus 게놈의 가소성과 적응성의 결과로 복제에 중요한 다양한 기능들을 수행하는 단백질들이 조립되고 통합되어 왔음을 알 수 있다.

복제 복합체는 세포질 막에 결합되어 있다

양성-가닥 RNA 바이러스들의 RNA 합성은 공통적으로 막과 관련되어 일어난다(10장~13장 참조). 모든 coronavirus의 복제효소 단백질들은 세포질의 막-관련 복합체에서 발견된다. 이러한 막들이 바이러스 RNA의 합성 장소이므로 **복제 복합체(replication complexes)**라고 한다.

세포가 coronavirus에 감염되면 세포내 구조, 특히 세포질 막의 급격한 재배열이 유도된다. 전자현미경으로 관찰하면, 복제 복합체는 흔히 이중막 소낭에서 발견된다

표 14.2 Coronavirus 단백질들의 기능

Protein	Functions
nsp1	Unknown functions in replication; may mediate cell-cycle arrest during over-expression in culture; SARS nsp1 is an interferon antagonist.
nsp2	Unknown, dispensable for replication in cultured cells of murine hepatitis virus and SARS coronavirus.
nsp2–3	Intermediate product, timing of exponential phase growth in culture.
nsp3	One or two papain-like proteinase domains (PLP1, PLP2) responsible for cleavage of nsp1, nsp2, and nsp3; zinc ribbon motifs with predicted transcription factors; transmembrane sequences with membrane integration; PLP2 and homologs with ubiquitinase activity; interferon antagonist.
nsp4–10	Intermediate product, unknown function.
nsp4, nsp6	Membrane-spanning proteins, may localize replication complexes to membranes; glycosylation of nsp4 important for replication complex formation.
nsp5	Chymotrypsin-like proteinase (3CLpro or Mpro) responsible for cleavage of nsp4 through nsp16 in all coronaviruses.
nsp7, 9, 10	Unknown function, possible hetero- and homo-oligomeric structures.
nsp8	Primase, polymerase.
nsp12	RNA-dependent RNA polymerase.
nsp13	RNA helicase, nucleoside triphosphatase activity *in vitro*. Likely involved in genome unwinding, separation, and packaging; may be virulence factor.
nsp14	3' to 5' exoribonuclease; ExoN mutants of murine hepatitis virus and SARS coronavirus with mutator phenotype; possible RNA proofreading; N7 cap methyltransferase.
nsp15	Endoribonuclease.
nsp16	O-methyl transferase.
Hemagglutinin-esterase (HE)	Envelope protein expressed by some but not all coronaviruses. Virus entry, pathogenesis, virus release.
Spike (S)	Virion structural protein; receptor binding, fusion, virus entry, host range, tropism, immune response, syncytia formation.
Envelope (E)	Virion structural protein; envelope formation and stability.
Membrane (M)	Virion structural protein that contacts both spike and nucleocapsid protein. Required for virion formation.
Nucleocapsid (N)	Structural protein, forms helical nucleocapsid with genome RNA. Interacts with M protein; may form icosahedral shell.
Accessory or group-specific proteins	Three to five proteins, dispensable for replication *in vitro*, and variable between different coronaviruses. Most functions unknown, probable functions in pathogenesis. SARS ORF6: interferon antagonism.

(그림 14.3). 이러한 구조물들의 막은 대부분 소포체에서 유래하는 것 같다. 또한 비감염 세포에서는 관찰되지 않는 나선형 막, 막 소용돌이 및 다소낭체 등의 구조물들이 coronavirus에 감염된 세포에서 발견된다.

바이러스에 의하여 유도된 막의 변화로 감염 경로에 따라 상호작용하고 진화하는 "망상 소낭성 네트워크(reticulovesicular network)"가 형성된다. 이러한 특이한 구조물들은 바이러스 복제효소 단백질들이 새로운 막의 합성을 촉진하고 기존의 막을 변형시킴으로써 형성되는 것 같다. nsp 3, 4 및 6은 내재성 막 단백질들로 복제 복합체의 형성에 핵심적인 역할을 하고 아마도 막의 변형을 유도하는 것 같다. 뉴클레오캡시드 단백질도 복제 복합체에 많이 발견되므로 새로 합성된 게놈 RNA를 포장하여 비리온을 형성하는 과정도 이 부위에서 일어나는 것 같다.

게놈 복제는 전체-길이의 음성-가닥 중간체를 거쳐 진행된다

복제 복합체의 단백질들은 게놈의 복제와 전사(바이러스

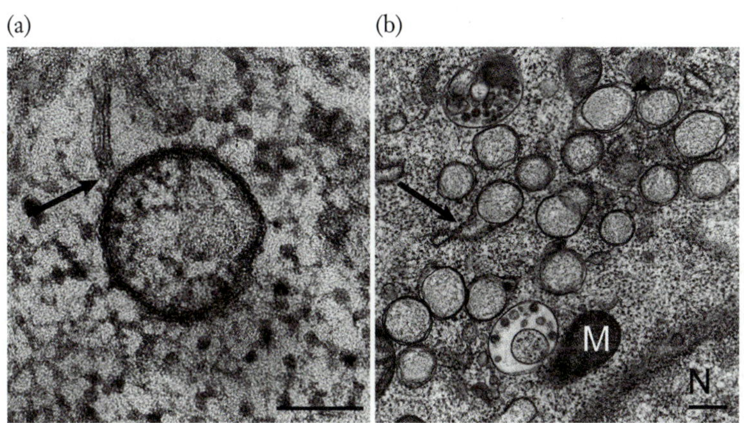

그림 14.3 SARS-coronavirus 감염에 의해 유도되는 막 구조물. SARS-coronavirus에 감염된 Vero E6 세포의 전자현미경 사진. 세포들을 감염 후 2 h(a) 혹은 8 h(b)에 냉동고정하였다. (a) 망상 막에 연결된(화살표) 초기 이중-막 소낭. (b) 외막과 망상 막 구조물(화살표) 사이의 연결을 보여 주는 이중-막 소낭의 무리. M: 미토콘드리아; N: 핵. (축적 자는 100 nm(a) 혹은 250 nm(b)를 나타냄).

mRNA의 생성)를 모두 지시한다. 게놈 복제를 위해서는 바이러스 게놈의 전체-길이에 해당하는 음성-가닥 복사본의 합성이 필요하고 이는 다시 전체-길이의 양성-가닥 게놈 RNA 합성에 이용된다. 음성-가닥 주형은 감염 세포에서 생성되는 전체 바이러스 RNA의 1~2%에 불과하다. **복제 중간체(replicative intermediate)**에서 대부분의 음성-가닥 RNA는 하나 혹은 그 이상의 자라나는 양성-가닥 분자들과 결합되어 있다.

전사는 내포 세트의 서브게놈 mRNA를 생성한다

복제효소 유전자 아래쪽의 모든 coronavirus 유전자들은 일련의 **서브게놈 mRNA(subgenomic RNA)**로부터 발현된다(그림 14.4). 이들 mRNA는 독특한 구조를 가진다. 모든 서브게놈 mRNA들의 5′ 말단 60~100 nt 서열은 게놈 RNA의 5′ 말단부 해당 서열과 동일하다. Murine hepatitis virus의 경우에 이와 같은 비해독 "선도(leader)" 서열은 유전자 2에서 7에 이르는 하나 혹은 그 이상의 ORF를 포함하는 mRNA "몸체(body)" 서열과 연결되어 있다. 모든 서브게놈 RNA들은 게놈 RNA의 3′ 끝까지 연장되어 게놈 RNA처럼 poly(A) 꼬리를 가진다. 이들은 서로 다른 길이를 가지지만 공통적인 3′ 말단을 가지므로 **내포 세트(nested set)**의 mRNA이다. 각 서브게놈 mRNA가 번역되면 5′ 말단에서 가장 가까운 ORF에 암호화된 하나 혹은 그 이상의 단백질을 생성한다. 비리온 외막 단백질들인 HE, S, E, M과 뉴클레오캡시드 단백질 N 그리고 바이러스에 따라서 독특한 비구조 혹은 보조 단백질들이 이와 같

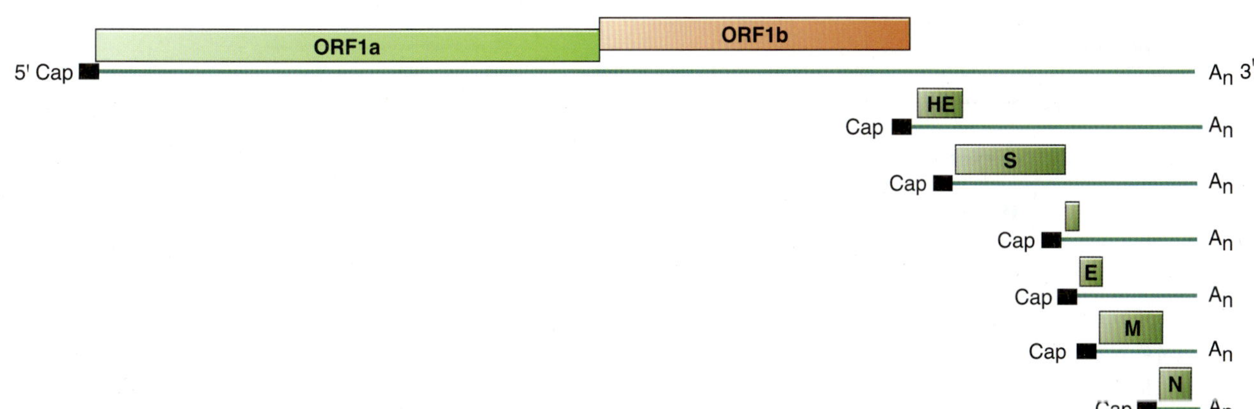

그림 14.4 Coronavirus의 mRNA: 내포 세트. Murine hepatitis virus의 7가지 mRNA들과 이들이 바이러스 단백질 합성에 이용하는 열린 해독틀들을 나타내었다. 모두 동일한 5′ 선도 서열을 공유하고 3′ 끝에 중첩된 서열을 포함한다.

은 방식으로 합성된다.

서브게놈 mRNA는 게놈 RNA의 불연속적인 전사로 만들어지는 서브게놈 음성-가닥 RNA 주형으로부터 전사된다

실험적 증거들은 각 서브게놈 mRNA들이 이와 상보적인 서브게놈 음성-가닥 RNA들로부터 전사되는 모델을 지지한다. 음성-가닥 서브게놈 RNA 주형들은 전체-길이 양성-가닥 게놈 RNA의 **불연속적인 전사(discontinuous transcription)**로 생성된다. 이 모델은 그림 14.5에 제시되어 있다. 이를 간략히 설명하면 바이러스 RNA 중합효소가 양성-가닥 게놈 RNA의 3′ 말단에서 전사를 시작하여 전사조절 서열(transcription-regulating sequence, TRS)의 끝에서 중단하는 음성-가닥 게놈 RNA를 만든다. 반복적이고 짧은 TRS(murine hepatitis virus의 경우에는 5′-UCU-AAAC-3′)는 유전자 2~7의 5′ 말단에 위치한다. 게놈 RNA의 5′ 말단부에 위치한 선도 서열의 3′ 끝에도 TRS가 존재한다.

이 지점에서 RNA 중합효소는 멈추고 TRS에서 RNA 사슬을 떼어내어 주형 RNA의 선도 서열 끝에 위치한 TRS로 가져간다. 따라서 합성 중인 RNA 사슬의 3′ 끝에 있는 TRS 복사본은 이와 상보적인 게놈 RNA의 선도 서열 끝에 있는 TRS와 RNA-RNA 혼성체를 형성한다. 그 다음에 RNA 중합효소는 합성 중인 RNA를 프라이머로 이용하여 게놈의 5′ 말단까지 음성-가닥 RNA를 연장하여 서브게놈 RNA를 완성한다.

RNA 중합효소는 오른쪽에서 왼쪽으로 게놈을 따라 이동하므로(그림 14.5), 유전자 2에서 유전자 7의 모든 시작점에 위치한 TRS들 가운데 하나에서 중단하고 떨어지거나 여섯 개 TRS 모두를 통과하고 게놈의 끝까지 전사하

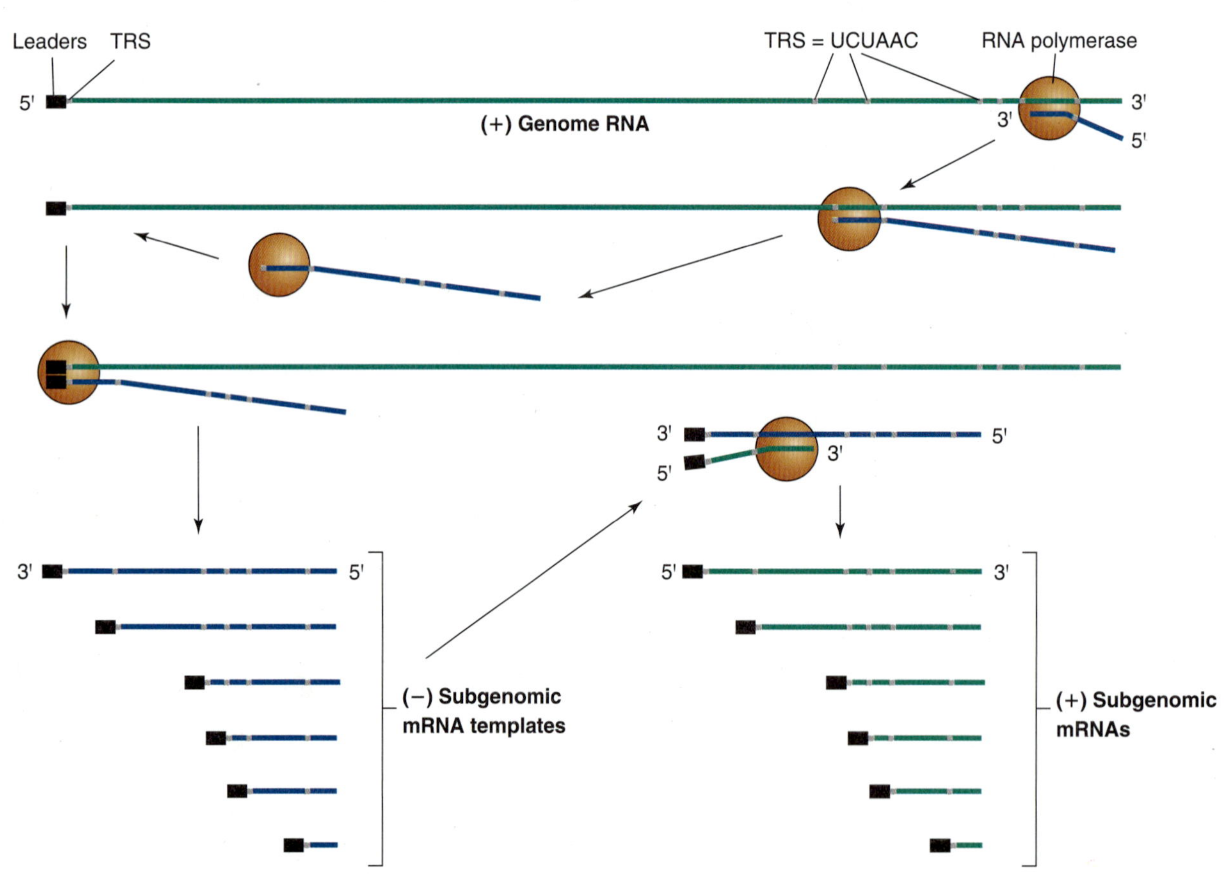

그림 14.5 게놈 RNA의 불연속적 전사: coronavirus mRNA 생성 모델. 맨 위: 바이러스 RNA 중합효소가 게놈 RNA의 3′ 끝에서 전사를 시작하여 6개의 전사조절 서열들(TRS: murine hepatitis virus의 경우 5′-UCUAAAC-3′) 가운데 하나에서 멈추었다가 선도 서열의 3′ 끝에 있는 TRS와 상호작용한다. 두 RNA가 TRS에서 염기-쌍을 형성하면 RNA 중합효소는 게놈 RNA의 5′ 끝까지 연장하여 선도 서열을 복사한다. RNA 중합효소가 멈춘 지점에 따라서 산물은 전체-길이의 안티게놈 RNA(멈추지 않음; 미제시) 혹은 왼쪽 맨 아래의 여섯 가지 서브게놈 음성-가닥 RNA들 가운데 하나가 된다. 이들은 다시 RNA 중합효소에 의하여 복사되어 전체-길이의 게놈 RNA(미제시) 혹은 여섯 가지 서브게놈 mRNA를 만든다.

여 전체-길이의 음성-가닥 안티게놈 RNA를 만들 수 있다. 그 결과 공통적인 5′ 말단을 가지지만 길이가 다른 내포 세트의 음성-가닥 RNA가 생성된다. 전체-길이의 음성-가닥 RNA(그림 14.5에는 제시되지 않음)는 게놈 RNA 생성을 위한 주형으로 제공된다. 마지막으로 각 음성-가닥 서브 게놈 mRNA들은 바이러스 RNA 중합효소에 의해 복사되어 내포 세트의 양성-가닥 서브게놈 mRNA(그림 14.5의 오른쪽 맨 아래)를 생성한다.

불연속적인 전사 모델로 바이러스 게놈들 간의 재조합을 이해할 수 있다

바이러스 RNA 중합효소가 동일한 세포에 존재하는 두 가지 서로 다른 양성-가닥 RNA 게놈들 사이에서 주형을 교체하더라도 불연속적인 RNA 합성이 일어날 수 있다. 돌연변이가 일어났거나 서로 다른 바이러스 변종들이 한 세포에 감염하여 두 개의 게놈이 동일하지 않으면 상동적 재조합이 일어날 수 있다. 이러한 주형 교체는 coronavirus에서 흔히 일어나며 게놈 복구나 새로운 변종의 생성에 중요하게 작용할 것이다. 이는 역전사과정에서 일어나는 retrovirus 게놈들의 재조합과 유사하다.

비리온의 조립은 세포내 막 구조물에서 일어난다

일단 게놈의 복제와 전사가 일어나고 나면 바이러스 복제는 세포내 다른 막계인 **소포체-골지 중간영역(endoplasmic reticulun-Golgi intermediate compartment, ERGIC)**으로 옮겨 계속 진행된다. ERGIC는 세포 단백질의 변형과 분비에 관여하는 상호 연결된 막계의 일부로 소포체와 골지체 사이에 있다.

비리온은 ERGIC에서 조립된다(그림 14.6). 게놈 RNA를 포함하는 나선형 뉴클레오캡시드는 합성 부위에서 이들 막으로 운반된다. 이러한 운반계에 어떤 바이러스 및 세포 성분들이 관여하는지는 알려지지 않았지만 murine hepatitis virus의 경우에 뉴클레오캡시드 단백질과 여러 가지 복제효소 단백질들이 ERGIC의 조립 부위에서 검출되었다. 이들이 수송과정에 필요한 별개의 구역인지 아니면 복제 부위와 조립 부위가 서로 연결된 연속적인 복제/조립 네트워크의 일부인지는 아직 불확실하다.

감염 세포를 전자현미경으로 관찰하면 아마도 나선형 뉴클레오캡시드로 여겨지는 진하게 염색되는 물질이 ERGIC 막의 세포기질 쪽에서 검출된다. 바이러스 입자는 막의 내강 쪽으로 출아하여 형성된다. 이들은 도넛 모양의 코어를 가지는 구형의 입자로 성숙한 비리온보다 더 크다(그림 14.6).

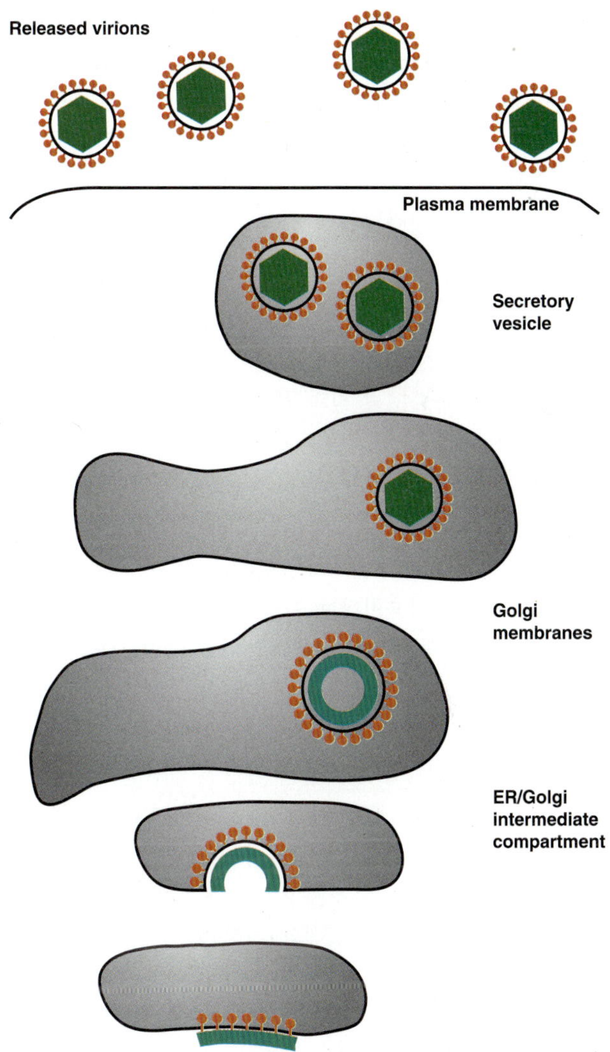

그림 14.6 Coronavirus 비리온의 조립, 성숙 및 방출. 소포체-골지 중간 영역의 막에서 비리온 조립 경로를 모식도로 나타내었다: 굵은 청색 곡선은 나선형 뉴클레오캡시드를 나타내고 주황색의 혹을 가지는 줄기는 외막 단백질을 나타낸다. 이들이 내강 속으로 출아함에 따라서 비리온은 도넛-모양의 코어를 획득한다. 비리온이 외막 단백질의 당화가 일어나는 골지막을 지남에 따라서 점차 코어의 밀도는 높아지고 크기는 작아진다. 분비소낭은 비리온을 세포 표면으로 수송하고 소낭이 원형질막과 융합하면 비리온이 방출된다.

M과 E 단백질은 출아를 통한 바이러스 외막의 형성에 중요한 역할을 한다. 세포가 M과 E 단백질만 발현하여도 외막성 바이러스와 유사한 입자들이 중간 영역에 형성되므로 이 단백질들만으로도 조립과 출아에 충분하다는 것을 알 수 있다. M의 C 말단 세포질 쪽 꼬리가 RNA 포장 신호와 상호작용함으로써 전체-길이의 바이러스 게놈 RNA만이 비리온을 형성하는 것 같다.

HE와 S는 M 단백질과의 상호작용을 통하여 막에 통

합된다. 이러한 미성숙 비리온들은 소낭수송을 통하여 외막 단백질의 당화가 일어나는 골지체로 수송된다. 비리온이 성숙함에 따라서 점점 작아지고 도넛 모양의 코어는 더 치밀하고 규칙적인 구조를 취한다. *Trans*-골지 네크워크에서 성숙한 비리온들이 소낭 내로 포장되고 분비소낭은 자손 바이러스들을 방출하기 위하여 원형질막으로 이동한다.

Coronavirus의 적응성과 진화

Coronavirus의 감염으로 유발되는 질병의 범위는 이들 바이러스들이 변화하는 환경과 새로운 숙주에 적응하는 능력을 반영한다. 최근 포유동물 coronavirus의 두 그룹(알파와 베타)에 속하는 새로운 coronavirus들이 박쥐에서 많이 발견되어 coronavirus의 스펙트럼이 재정립되었다. 따라서 박쥐가 다른 동물들의 새로운 coronavirus를 제공하는 진화적 공급원으로 작용한다는 가설이 제기되었다.

RNA-RNA 재조합을 수행하는 coronavirus의 능력은 바이러스 RNA 중합효소의 높은 이론적 실수율(10,000 nt마다 1 돌연변이)과 연계되어 새로운 환경이나 새로운 숙주에서 선택적 이점을 부여하는 다양한 게놈을 생성할 수 있다. Coronavirus가 복제 신뢰도를 조절한다는 최근의 연구 결과는 이들이 새로운 숙주에서 적응하기 위하여 독특한 메커니즘을 가진다는 것을 의미한다.

대부분의 corornavirus들은 엄격한 종, 기관 및 조직 특이성을 보이지만 미세한 유전적 변화만으로도 조직 **향성(tropism)**, 숙주 범위 및 병원성에 커다란 변화가 일어날 수 있다. 이는 murine hepatitis virus에 대해 실험적으로 이미 증명되었다. 다양한 유형의 세포들이 혼합된 배양 세포에 여러 murine hepatitis virus 변종들을 함께 감염시키면, 인간 세포주를 비롯하여 이전에는 바이러스의 복제를 허용하지 않았던 세포 유형에서도 복제가 가능한 변종 바이러스들이 생성된다. 이는 숙주 범위가 쉽게 바뀔 수 있다는 것을 의미한다.

바이러스의 유전적 변화는 조직 친화성도 변화시킬 수 있다. 보통 transmissible gastroenteritis virus는 어린 돼지에서 소화관 질병을 유발한다. 반면에 이 바이러스의 한

새로운 돌연변이 coronavirus 만들기: 역유전학과 합성생물학

바이러스의 게놈에 특정 돌연변이를 도입하면 바이러스의 복제, 병원성 및 독성에 대한 각 바이러스 단백질의 기능을 알 수 있다. 양성-가닥 RNA 바이러스에 유전자 돌연변이를 유도하기 위해서는 먼저 역유전학적 접근법을 이용하여 RNA 게놈을 cDNA로 전환하여 플라스미드에 클로닝한다. cDNA에 돌연변이를 유도하고, *in vitro*에서 돌연변이된 cDNA으로부터 RNA 게놈을 전사하여, 감염성 RNA를 세포에 도입하면 감염성 돌연변이 바이러스가 생성된다.

Coronavirus의 RNA 게놈은 매우 크고 복잡할 뿐만 아니라 독성으로 인하여 클로닝이 힘든 게놈 영역도 있어 cDNA 클로닝과 돌연변이 유도가 매우 어려웠다. 그러나 지난 10년 동안 새로운 접근법들이 개발되면서 바이러스 게놈에 돌연변이를 도입하는 것이 가능해졌다. 예를 들면, 전체-길이의 cDNA를 박테리아 인위 염색체(bacterial artificial chromosome) 혹은 재조합 vaccinia virus에 클로닝할 수 있다. 또한 "표적 재조합법(targeted recombination)"은 coronavirus의 자연적인 재조합 능력을 이용하여 선별 가능한 유전자와 함께 돌연변이를 도입하는 방법이다.

Coronavirus 게놈의 복잡성, 크기 및 독성을 극복할 수 있는 독창적인 역유전학적 접근법으로 "*in vitro* 조립"법이 널리 이용된다(그림 14.7). 먼저 게놈을 여섯 혹은 일곱 개의 cDNA 단편으로 나누어 박테리아 플라스미드에 클로닝한다. 각 단편 내의 유전자에 돌연변이를 따로 유도하여 다양한 돌연변이들이 유발된 단편들을 만들 수 있다. 각 cDNA 단편들을 제한효소를 이용하여 플라스미드에서 잘라내어 *in vitro*에서 전체-길이의 cDNA로 이어 준다. 이렇게 조립된 cDNA를 *in vitro*에서 T7 RNA 중합효소를 이용하여 전체-길이의 게놈 RNA로 전사시킨 뒤 전기천공법(electroporation)으로 세포에 도입시킨다. 감염성이 있는 게놈 RNA로부터 증식이 가능한 돌연변이 바이러스가 생성된다. 이러한 접근법을 이용하면 서로 다른 유전자에 돌연변이를 가지는 다양한 조합의 바이러스들을 만들어 표현형에 미치는 효과를 조사할 수 있다.

최근, 역유전학, 상용적인 cDNA 합성 및 합리적인 디자인을 함께 적용하여 처음으로 배양 세포에서 복제하는 박쥐 coronavirus를 복원하는 데 성공하였다. 박쥐의 SARS-유사 coronavirus 서열은 박쥐 분비물에서 분리한 바이러스 게놈의 서열 결정으로 확보할 수 있었지만 바이러스는 배양이 불가능하여 바이러스나 전체 게놈 RNA를 얻을 수가 없었다. 하지만 이 서열들을 이용하여 합성 가능한 바이러스 단편들을 고안할 수 있었다. SARS 수용체-결합 영역을 암호화하는 DNA는 박쥐 바이러스의 돌기 서열에 삽입되었다. 이 단편들을 이용하여 전체-길이의 cDNA와 게놈 RNA를 만들어 복제 가능한 박쥐/SARS 바이러스를 복원할 수 있었다.

이러한 접근법들은 함께 이용하면 coronavirus의 숙주 종간 이동과 적응 메커니즘을 연구할 수 있다. 또한 백신 개발을 위해 안정하고 약독화된 바이러스를 제조할 수도 있을 것이다.

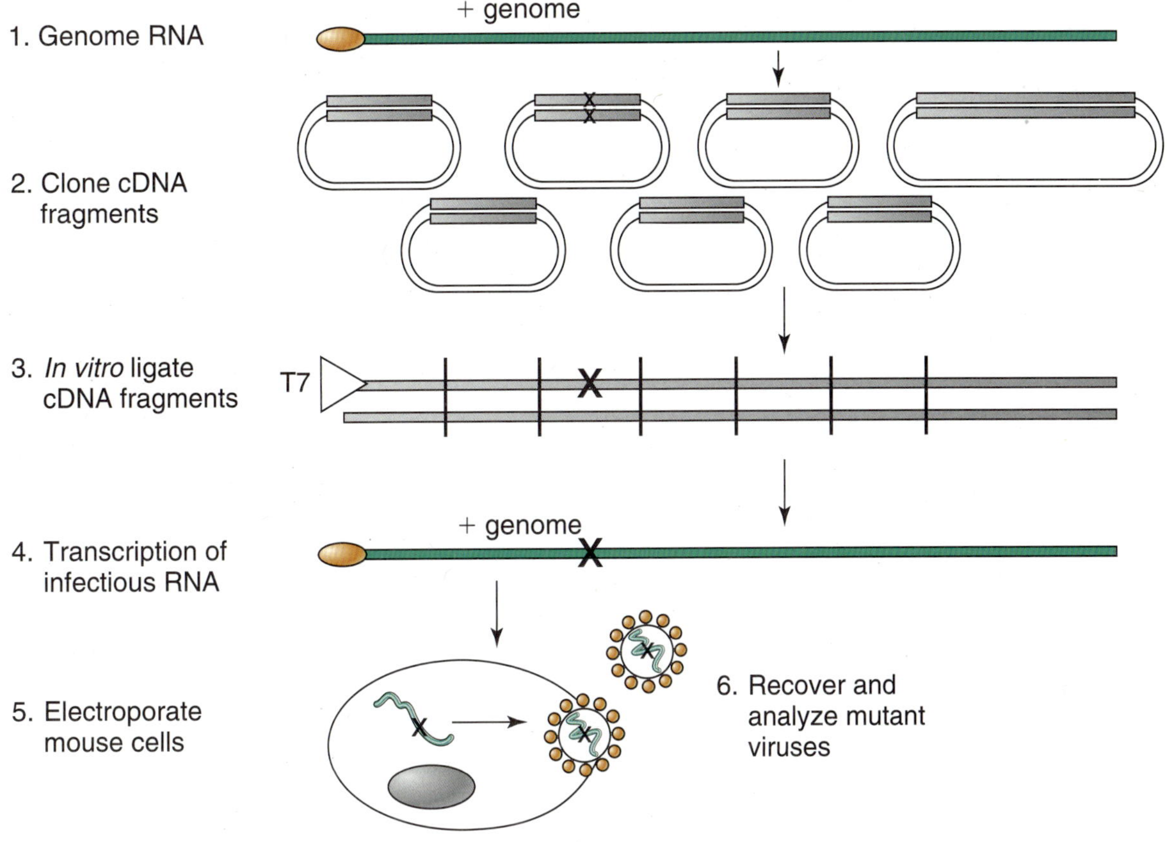

그림 14.7 **게놈 cDNA의 *in vitro* 조립과 감염성 게놈 RNA의 생성.**

변이체는 호흡기에서 주로 복제한다. 유전적 분석에 의하면 이러한 친화성 변화는 구조 유전자의 부분 결실과 보조 유전자의 돌연변이와 관련이 있다.

일부 돌연변이는 질병을 약화시키지만 일부는 독성과 질병을 더 강화시키기도 한다. 예를 들면, 양성의 feline enteric coronavirus가 치사성 feline infectious peritonitis virus로 전환될 수 있다. 이들 두 바이러스는 혈청학적 및 형태적으로 동일하다. Feline enteric coronavirus의 보조 단백질에서 일어난 자발적인 돌연변이가 독성을 변화시켜 거의 치사성인 심각한 면역 질환을 일으킨다. SARS CoV의 출현은 coronavirus의 적응성을 극적으로 보여 주고 나아가 종 장벽을 극복하고 때로는 엄청난 결과를 초래할 수 있다는 것을 보여 준 대표적인 예이다.

핵심 용어

I형 융합 단백질(Class I fusion protein)
II형 융합 단백질(Class II fusion protein)
Picornavirus 3C 프로테아제(Picornavirus 3C proteinases)
간염(Hepatitis)
감긴 코일(Coiled coil)
금속단백분해효소(Metalloproteinases)
기관지염(Bronchitis)
내포 세트(Nested set)
뇌염(Encephalitis)
다단백질(Polyprotein)
렉틴(Lectin)
병원소(Reservior)
복막염(Peritonitis)
복제 복합체(Replication complexes)
복제 중간체(Replication intermediate)
불연속적인 전사(Discontinuous transcription)
서브게놈 mRNA(Subgenomic mRNA)
소포체-골지 중간 영역(Endoplasmic reticulum-Golgi intermediate compartment, ERGIC)
시알산(Sialic acid)
신시티움(Syncytium)
역유전학(Reverse Genetics)
위장염(Gastroenteritis)
유사매듭(Pseudoknot)
저산소혈증(Hypoxemia)
파파인-유사 시스테인 프로테아제(Papain-like cystein proteinases)
향성(Tropism)

기본 개념

- Coronavirus는 일반 감기, 수많은 중요한 가축 질병들 그리고 SARS를 유발한다.
- Coronavirus는 가장 큰 RNA 게놈을 가지는 바이러스이다(~32 kb).
- Coronavirus는 양성-가닥 RNA 바이러스이지만 독특하게 나선형 뉴클레오캡시드를 가진다.
- 일부 coronavirus들은 구형 캡시드를 가지는 것 같다.
- 복제효소 유전자는 두 개의 중첩적인 다단백질들로 번역되고 이들이 절단되어 16가지의 바이러스 단백질들을 생성한다.
- 모든 구조 단백질들은 3′ 말단이 동일한 내포 세트의 서브게놈 mRNA들로부터 만들어진다.
- 다른 양성-가닥 RNA 바이러스들처럼 coronavirus는 세포내 막 증식을 유도하고 바이러스 RNA의 복제는 이들 막과 관련되어 일어난다.
- Coronavirus 비리온은 소포체/골지체 중간 구역에서 조립되고 세포막과 융합하는 소낭을 통하여 분비된다.

복습 문제

1. SARS coronavirus를 비롯한 모든 인간 coronavirus들의 기원에 대한 최근의 학설은 무엇인가?

2. Coronavirus의 어떤 단백질이 신시티아(syncytia)의 형성과 관련이 있는가?

3. Coronavirus의 전사 조절로 일련의 서브게놈 mRNA들이 생성된다. 이들은 어떻게 생성되는가?

4. Coronavirus가 심지어 *in vitro*에서도 숙주 범위를 신속하게 바꿀 수 있는 것은 바이러스 복제의 어떤 측면 때문에 가능한가?

SECTION IV

진핵생물의 음성-가닥 및 이중-가닥 RNA 바이러스

음성-가닥 RNA 바이러스의 단일-가닥 RNA 게놈은 바이러스 단백질을 암호화하는 양성-가닥 mRNA와 상보적이기 때문에 바로 번역될 수 없다. 따라서 이들 바이러스는 바이러스 게놈에서 mRNA를 생성하는 RNA-의존적 RNA 중합효소를 가지고 세포에 들어가야 한다. 이 효소는 비리온 속에 포장되어 있다.

양성-가닥 RNA 바이러스와는 달리 음성-가닥 RNA 바이러스의 게놈은 항상 리보핵단백질 복합체 상태로 존재한다. 이는 RNA와 이를 둘러싸서 나선형 뉴클레오캡시드를 형성하는 단일 주요 캡시드 단백질로 만들어진다. 이러한 디자인은 두 가지 이점들을 가진다. 첫째, 이는 다양한 길이의 RNA를 포장할 수 있다; 여러 과들이 실제로 크기가 다양한 분절 게놈을 가진다. 둘째, 이는 게놈-길이의 양성 혹은 음성-가닥 RNA와 포장되지 않는 mRNA를 구분하는 수단을 제공한다.

음성-가닥 RNA 바이러스는 박테리아, 고세균, 균류 그리고 조류에서는 발견되지 않았으며 극소수가 유관속 식물에 감염하는 것으로 알려져 있다. 가장 널리 퍼져 있고 위험한 인간 질병들 가운데 상당수가 음성-가닥 RNA 바이러스들에 의하여 유발된다; 이에는 독감, 홍역, 광견병 뇌염과 Ebolavirus 출혈열 등이 있다. 매우 성공적인 백신의 개발로 홍역, 이하선염, 광견병 및 독감 바이러스의 전파를 제어할 수 있게 되었다.

이중-가닥 RNA 게놈을 가지는 바이러스는 음성-가닥 RNA 바이러스와 두 가지 중요한 특징들을 공유한다; 이들은 RNA 중합효소를 게놈 RNA와 함께 포장하고 세포 내에서 게놈 RNA를 완전히 탈피시키지 않는다. 이 바이러스들은 정20면체형 대칭인 2~3층의 캡시드를 가진다; 세포 내로 진입하는 과정에서 외층은 제거되고 코어에서 전사가 활성화된다.

코어 내에서 합성된 mRNA는 세포질로 방출되어 번역되고 바이러스 복제를 지시한다. 이 바이러스들은 보통 다수의 게놈 분절들(최대 12개)을 가진다.

Rotavirus는 이중-가닥 RNA 바이러스로 매년 전 세계적으로 수백만 건의 어린이 위장염을 유발하며 이로 인하여 의료 시설이 낙후된 제3세계에서 매년 수십만 명이 사망한다. 최근 효과적인 rotavirus 백신이 개발되었다.

CHAPTER 15

Paramyxoviruses와 Rhabdoviruses

Nicholas H. Acheson
Daniel Kolakofsky
Christopher Richardson
Revised by: Laurent Roux

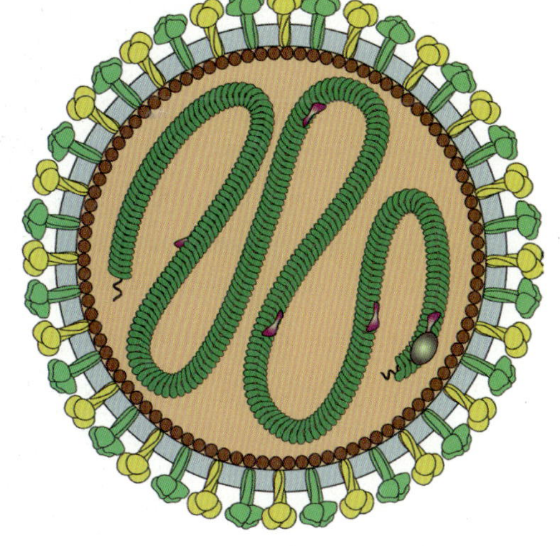

Paramyxoviridae

그리스어 *para*(또 다른)와 *myxa*(점액)에서 유래: 비리온이 점액 단백질에 결합

Rhabdoviridae

비리온의 형태를 반영하는 그리스어 *rhabdo*(막대기)에서 유래

비리온

Paramyxovirus: 구형, 지름이 150–300 nm, 섬유형도 존재
Rhabdovirus: 총알-모양의 막대형, 180 × 75 nm
외막이 원형질막에서 유래
꼬인 나선형 뉴클레오캡시드

유전자와 단백질

5~9개의 유전자들, 바이러스 RNA 중합효소에 의하여 게놈의 3′ 끝부터 연속적으로 전사
대부분의 유전자들이 단일 mRNA와 단일 단백질을 생성
대부분의 단백질들이 비리온에 포장됨:

- *뉴클레오캡시드 단백질(N)*
- *RNA 중합효소 보조인자와 부속 단백질들(P/C/V)*
- *간질 단백질(M)*
- *융합 단백질(F)*
- *헤마글루티닌/뉴라미니다아제 혹은 외막 당단백질(H, HN, 혹은 G)*
- *RNA 중합효소(L)*

게놈

선형의 단일-가닥 RNA 한 분자, 음성-가닥
Paramyxovirus: 15–18 kb
Rhabdovirus: 11–12 kb

바이러스와 숙주

Paramyxovirus:

- *인간: measles, mumps, respiratory syncytial, parainfluenza viruses*
- *동물: Newcastle disease virus(닭), canine distemper virus, rinderpest virus(소), 새, 돼지, 개, 고양이, 물개, 고래 등에 감염하는 바이러스들*

Rhabdovirus:

- *인간: rabies virus*
- *소: vesicular stomatitis virus*
- *수많은 rbabdovirus들이 박쥐, 어류, 곤충, 식물에 감염*

질병

Paramyxovirus: 인간의 홍역, 이하선염, 호흡기 질병을 비롯한 여러 가지 중요한 소아 질병들; 개 홍역, 우역
신흥 paramyxovirus인 Hendra 및 Nipah는 돼지, 인간, 말, 박쥐에 호흡기 및 신경계 질병을 유발
Rhabdovirus: 광견병(인간에 치명적인 뇌염)은 감염된 동물에 물리면 전염됨; 소의 vesicular stomatitis virus. 수많은 곤충 및 식물 질병들

독특한 특징들

비리온의 RNA-의존적 RNA 중합효소가 게놈을 mRNA로 전사.
RNA의 3′ 끝에 단일 전사 프로모터 존재; mRNA는 시작-중단 메커니즘으로 만들어짐
전체-길이의 게놈 혹은 안티게놈 RNA는 항상 뉴클레오캡시드 단백질들로 둘러싸임
일부 paramyxovirus들은 P mRNA 영역의 특정 부위를 편집하여 독특한 단백질-암호화 능력을 가지는 mRNA를 생성함
Paramyxovirus는 세포 융합을 유도하여 다핵 세포(신시티아)를 생성할 수 있음

Mononegaviruses: 음성-가닥 RNA 바이러스 그룹

음성-가닥 RNA 바이러스들 가운데 네 가지 과들(*Paramyxoviridae*, *Rhabdoviridae*, *Filoviridae* 및 *Bornaviridae*)은 여러 가지 기본적인 특징들을 공유한다:

- 이들의 게놈은 나선형 뉴클레오캡시드에 포장된 하나의 선형 RNA 분자이다.
- 뉴클레오캡시드가 세포의 원형질막에서 유래한 외막으로 둘러싸여 있다.
- 비리온에 포장된 바이러스 RNA 중합효소가 뉴클레오캡시드의 RNA를 전사하여 바이러스 mRNA를 합성한다.
- RNA 중합효소는 게놈의 3′ 말단에서 전사를 시작하여 5~10개의 유전자들을 순서대로 전사하고 종료하며 다음 전사가 시작되기 전에 각 mRNA를 방출한다.

이 바이러스들은 기본적으로 동일한 게놈 구조와 복제 메커니즘을 가지므로 *Mononegavirales*목("단일 음성-가닥 바이러스들")으로 묶을 수 있다. 이 장에서는 paramyxovirus와 rhabdovirus를 다루고 filovirus에 대해서는 16장에서 설명한다.

Rhabdovirus의 일종에 의해 유발되는 광견병은 치명적인 인간 뇌염이다

Rhabdovirus는 독특한 막대 혹은 총알 모양의 비리온 형태를 가지기 때문에 명명되었다. 수많은 종류의 rhabdovirus들이 곤충, 식물 그리고 척추동물에 감염한다. 이는 다양한 숙주들에 감염하는 극소수 바이러스과들 가운데 하나이다. 소의 중요한 질병인 수포성 구내염(vesicular stomatitis)은 곤충에 의한 rhabdovirus의 전염으로 유발된다. 인간이 이 바이러스에 감염되면 증상이 미약하거나 전혀 나타나지 않는다. Vesicular stomatitis virus는 많은 종들에서 유래한 다양한 배양 세포에서 증식할 수 있어 상세히 연구되었다.

인간에 심각한 질병을 유발하는 rhabdovirus로는 유일하게 rabies virus가 있다. 인간이 개나 박쥐 등의 감염된 동물에 물리면 침을 통하여 바이러스에 감염된다. 여우와 너구리를 포함한 수많은 야생 소동물들이 이 바이러스를 가진다. 감염된 동물은 극단적으로 온순하거나 특이하게 공격적인 행동을 유발하는 신경계 질병 증상을 나타낸다. 인간이 감염되면 **뇌염(encephalitis)**이 유발되고 일단 첫 번째 증상이 나타나면 예외 없이 치명적이다. 하지만 바이러스 감염과 발병 사이에 오랜 잠복기가 있을 수 있다. 최근 한 명이 약물치료와 유도성 혼수상태 이후에 광견병 뇌염으로부터 생존한 사례가 있다.

Louis Pasteur는 19세기 중엽에 효과적인 광견병 백신을 개발하였다(35장 참조). 지금은 이보다 더 안전한 백신을 가축과 감염 위험이 있는 사람들을 접종하는 데 이용한다. 광견병은 느리게 발병하므로 바이러스에 노출된 사람에게도 성공적으로 백신 접종을 할 수 있다. 선진국에서는 애완동물의 백신 접종과 야생동물의 감염 제어를 통하여 인간 광견병의 감염 빈도가 감소하였다; 지금은 매년 약 한 건 정도만 북미에서 발생한다. 그러나 전 세계적으로 대부분 미개발국가들에서 매년 30,000명의 사람들이 광견병으로 희생되고 있다.

홍역은 paramyxovirus의 일종에 의해 유발되는 심각한 어린이 질병이다

Measles virus는 아마도 약 6000년 전에 인간 문명의 도시화과정에서 새로 출현하였을 것으로 여겨지는 바이러스이다. 이는 소에 우역(rinderpest)을 유발하는 바이러스와 밀접한 관련이 있으며 소에서 인간으로 넘어 온 것으로 여겨진다. 홍역에 대해 현재까지 남아 있는 가장 오래된 문서는 10세기 바그다드의 아랍 외과의사인 Rhazes가 기록한 것이다. 8세기에 사라센 침공 동안에 유행하였다는 기록이 있고 이러한 유행은 중세까지 계속되었다. 이 바이러스는 유럽 탐험가와 식민지 개척자들에 의해 북미와 남미에 도입되어 원주민들을 유린하였다. 이 바이러스는 기침이나 재채기로 발생하는 에어로졸 방울로 효과적으로 전파된다.

덴마크 외과의사인 Peter Panum은 1846년에 한번 홍역에 걸리면 평생 면역을 획득한다는 것을 처음으로 인식하였다. 1911년에 Goldberg와 Anderson은 감염자의 혈액에서 준비한 여과액을 이용하여 짧은 꼬리 원숭이에 바이러스를 감염시키는 데 성공하였다.

1954년에 하버드대학교의 John Enders팀은 David Edmonston이라는 젊은 환자에서 채취한 measles virus를 인간 배아 신장세포를 이용하여 증폭하는 데 성공하여 중요한 돌파구를 마련하였다. 뒤이어 이 바이러스는 원숭이 신장세포와 닭의 배아 섬유아세포에 적응하였고 이는 1961년에 만들어진 Edmonston 생바이러스 백신의 기반을 마련하였다(35장 참조).

미국에서는 백신 접종을 통해 홍역 발생이 매년 400만 건에서 500건 이하로 감소하였다. 그러나 홍역은 아프리카와 남미의 개발도상국들에서는 아직도 큰 문제로 남아 있다. 여전히 홍역은 전 세계적으로 매년 4,000만 건이 발생하며 거의 1백만 명이 사망하는 중요한 질병이다.

아급성 경화성 범뇌염(subacute sclerosing panencephalitis, SSPE)은 measles virus 감염의 드문 합병증으로 치명적인 진행성 신경계 질병이다. SSPE는 홍역 환자 300,000명 가운데 한 명 꼴로 발생하며 바이러스의 느리고 지속적인 감염으로 인하여 급성 질환을 앓은 뒤 10여 년 이후에 생겨난다.

다른 paramyxovirus들도 여러 가지 중요한 인간 질병들을 유발한다

Mumps virus, human parainfluenza virus 그리고 respiratory syncytial virus는 주로 어린이들에게 심각한 전신 및 호흡기 감염을 일으키는 paramyxovirus들이다. 다른 paramyxovirus들은 개 홍역(우역처럼 홍역과 밀접하게 관련됨)과 생쥐, 닭, 칠면조, 물개 및 돌고래의 질병을 유발한다.

최근 새로 발견된 paramyxovirus들인 Nipah와 Hendra가 동남아시아와 호주에서 유행하여 수많은 사람들이 사망한 적이 있다. 이 바이러스들은 목재와 농업을 위해 숲을 개간하는 과정에서 출현하였다; 이들은 감염된 야생 과일박쥐에서 가축으로 그리고 그 다음에 인간으로 전파되었다. 이 새로운 병원체들의 확산에 대한 공포가 고조되고 있다.

이 장에서는 paramyxovirus과의 대표적인 예들을 주로 다룰 것이다. 가장 잘 연구된 paramyxovirus는 Sendai virus(일본 Sendai에서 분리된 바이러스), Newcastle disease virus(닭에 감염하는 바이러스), simian virus 5(실제로는 개의 parainfluenza virus) 그리고 measles virus이다. Rhabdovirus의 생활주기가 기본적으로 parainfluenza virus와 매우 유사하므로 이 장에서 함께 다루고자 한다.

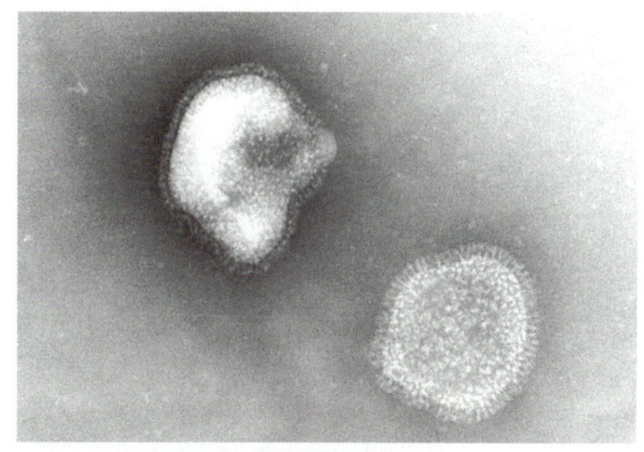

(a)

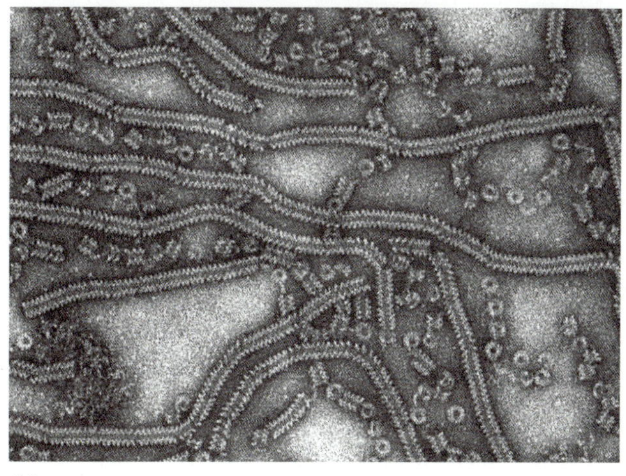

(b)

그림 15.1 Paramyxovirus의 구조. (a) Simian virus 5의 전자현미경 사진으로 표면에 돌출된 외막 단백질들의 술(fringe) 장식을 보여 준다. (b) Sendai virus에서 정제된 뉴클레오캡시드의 전자현미경 사진.

Paramyxovirus와 rhabdovirus의 비리온은 독특한 형태를 가진다

Paramyxovirus의 비리온은 나선형 뉴클레오캡시드를 둘러싸는 느슨한 외막으로 이루어져 있다. 전자현미경으로 관찰하면 비리온은 지름이 150에서 350 nm로 크기가 다양하고 거의 구형이며, 외막에는 띠 모양의 당단백질들이 돌출되어 있다(그림 15.1a). 그러나 섬유상 입자들도 만들어진다. 비리온에 세제를 처리하면 뉴클레오캡시드가 방출되므로 이를 정제하여 관찰할 수 있다(그림 15.1b).

Paramyxovirus와는 대조적으로 rhabdovirus는 독특한 총알 모양을 하고 있다(그림 15.2). 이는 나선형 뉴클레오캡시드가 자신 지름의 약 2.5배에 해당하는 지름 50 nm의 초나선 혹은 “골격(skeleton)”을 형성하기 때문이다. 이러한 꼬임은 rhabdovirus의 간질(M) 단백질에 의하여 매개된다. 외막은 원형질막에서 출아하는 과정에서 꼬인 뉴클레오캡시드 주위에 형성되어 총알 모양의 비리온이 만들어진다. 비리온의 무딘 끝은 비리온이 세포막에서 방출될 때 꼬인 뉴클레오캡시드의 뒤에서 외막이 밀봉되면서 형성된다.

바이러스 외막 단백질은 수용체 결합과 세포막과의 융합에 관여한다

그림 15.3은 단백질들의 위치를 강조한 전형적인 paramyxovirus 비리온의 모식도를 보여 준다. 바이러스 외막은 두 가지 혹은 세 가지의 당단백질들을 포함한다. Measles virus는 **헤마글루티닌(hemagglutinin**, H)와 융합(F) 단백질을 가진다. H 단백질은 세포 표면의 수용체 결합에 관여한다. 또한 적혈구 세포의 수용체에도 결합할 수

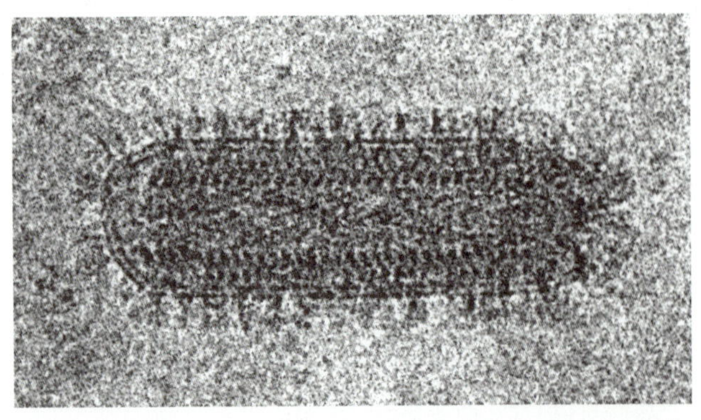

(a)

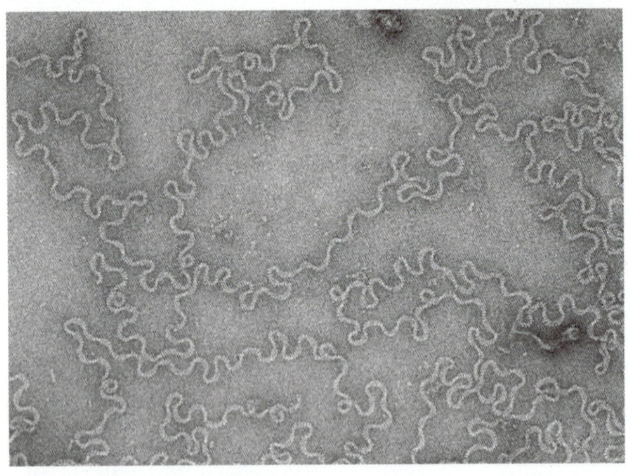

(b)

그림 15.2 Rhabdovirus의 구조. (a) Vesicular stomatitis virus의 동결전자현미경 사진. G 단백질이 외막에서 돌출되어 있고 꼬인 뉴클레오캡시드가 외막 아래에 관찰된다. (b) Vesicular stomatitis virus에서 정제한 뉴클레오캡시드의 전자현미경 사진. 이들은 꼬임이 풀린 형태로 관찰된다.

있어 혈구를 응집시킨다. 일부 다른 paramyxovirus들의 H 단백질은 **뉴라미니다아제(neuraminidase)** 활성도 가지므로 HN이라고 부른다. F 단백질은 원형질막과의 융합을 지시한다. 일부 paramyxovirus들은 기능이 알려지지 않은 작은(40–60개의 아미노산) 소수성 외막 단백질(SH)을 추가로 가진다. SH는 5량체를 형성하여 막에 이온채널을 형성하는 것 같다.

간질(matrix, M) 단백질은 외막의 안쪽 표면에 위치한다. M은 바이러스 조립에 관여하고 뉴클레오캡시드와 외막 당단백질을 연결하는 다리로 작용한다.

외막 단백질인 H 혹은 HN은 **II형 내재성 막 단백질(type II integral membrane protein)**로서 N-말단 근처에 위치한 횡단막 영역, 긴 외부 C-말단 돌출부위 그리고 비리온 내부로 향하는 짧은 N-말단 서열로 이루어져 있다. 반면에 F 단백질은 **I형 내재성 막 단백질(type I integral membrane protein)**로서 외부로 향하는 긴 N-말단 영역과 짧은 C-말단 내부 영역을 가진다(그림 15.4). F 단백질은 성숙한 비리온에서 두 개의 소단위체(F1과 F2)로 잘려져서 이황화 결합에 의하여 연결된다; 이러한 절단으로 바이러스 진입에 관여하는 소수성 **융합 펩티드(fusion peptide)**가 노출된다.

가장 잘 연구된 rhabdovirus인 vesicular stomatitis virus는 수용체 결합과 융합에 관여하는 하나의 외막 당단백질(G)을 가진다. Paramyxovirus와는 달리 rhabdovirus는 내포작용으로 세포에 들어가고 낮은 pH에서 엔도좀 막과의 융합에 의하여 뉴클레오캡시드가 세포질에 방출된다. Vesicular stomatitis virus의 G 단백질은 많은 유형의 세포에 감염할 수 있는 재조합 외막성 바이러스, 특히 retrovirus의 제조에 많이 이용된다. 이와 같이 재조합 바이러스에 새로운 수용체-결합 단백질을 발현시키는 과정을 **위형화(pseudotyping)**라고 한다.

게놈 RNA는 나선형 뉴클레오캡시드 내에 들어 있다

Paramyxovirus의 게놈은 15–18 kb의 단일-가닥, 음성-가닥 RNA이다. Rhabdovirus의 게놈은 11–12 kb로 이보다 약간 작다. 바이러스 N 단백질은 게놈 RNA와 나선형 뉴클레오캡시드를 형성한다(그림 15.1b, 15.2b, 그리고 15.5). Sendai virus와 이와 관련된 paramyxovirus들에서는 각 N 소단위체가 정확히 게놈의 여섯 뉴클레오티드와 결합한다; 따라서 15-kb의 게놈은 약 2,500개의 N 단백질들과 결합한다.

Sendai virus의 뉴클레오캡시드는 지름이 20 nm인 좌선성 나선(left-handed helix)으로 감겨 있으며, 나선 회전당 13개의 N 단백질 소단위체들이 있으며, 피치(인접 회전간의 거리)는 5.3 nm이고, 중앙 구멍의 지름은 5.5 nm이다. N 단백질 이외에 약 300개의 P 단백질과 50개의 L 단백질이 뉴클레오캡시드에 포함되어 있다; 이들은 둘 다 바이러스가 세포에 들어 간 이후에 일어나는 전사에 필요하다. 뉴클레오캡시드는 RNase에 의한 분해로부터 바이러스 RNA를 보호한다. Paramyxovirus와 rhabdovirus의 RNA 게놈은 mRNA 합성과 RNA 복제를 위한 주형으로 제공되는 동안 항상 뉴클레오캡시드 상태로 N 단백질과 결합하고 있다; 나출된 게놈-길이의 RNA는 세포 내에서 결코 발견되지 않는다.

Paramyxovirus는 중성 pH에서 원형질막과의 융합으로 세포에 진입한다

Paramyxovirus는 다양한 세포 수용체들을 인식한다. Sendai virus와 관련 바이러스들은 세포 표면의 당지질인

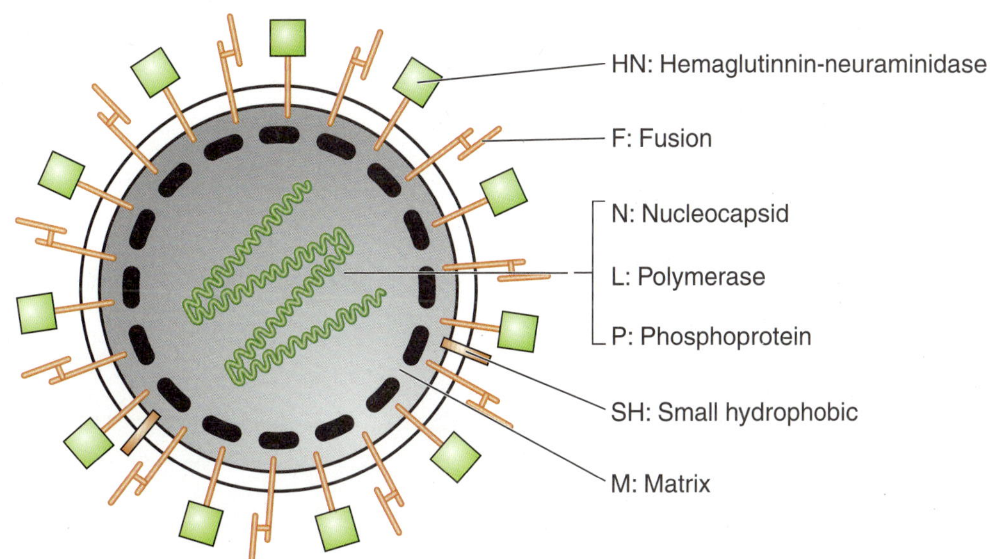

그림 15.3 **Paramyxovirus 비리온의 모식도.** 바이러스 외막에 돌출된 HN 및 E 단백질을 나타내었다. 간질 단백질은 외막 바로 아래에 검은색으로 나타내었고, 나선형 뉴클레오캡시드는 녹색으로 나타내었다.

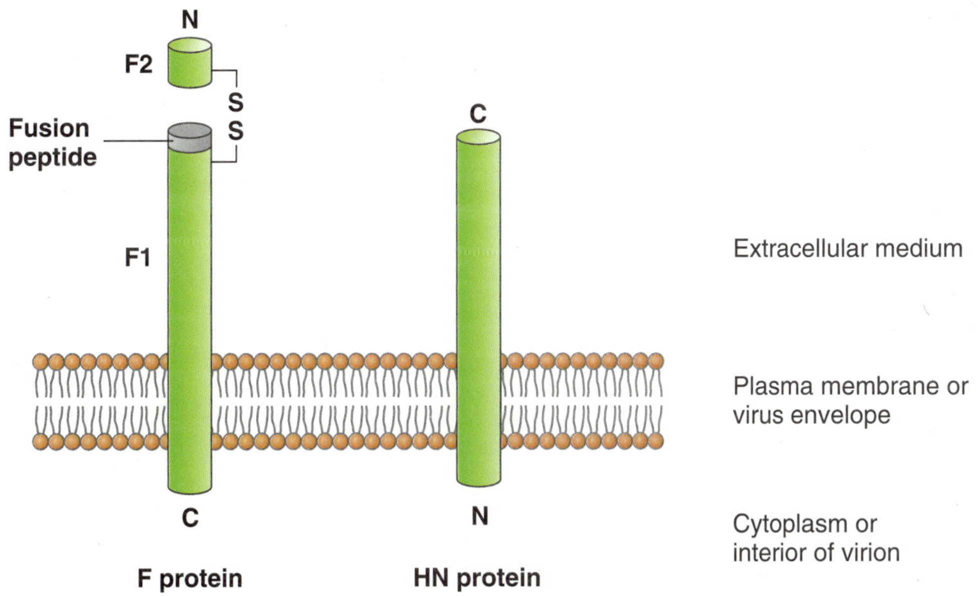

그림 15.4 **Paramyxovirus의 외막 단백질.** 세포의 원형질막 혹은 비리온 외막에 삽입된 F 및 HN 단백질을 나타내었다. C와 N: 카르복시 및 아미노 말단. S-S: 절단 이후에 F1의 N-말단 영역과 F2를 연결하는 시스테인 가교.

강글리오시드(gangliosides)의 말단 **시알산(sialic acid)**에 결합한다. Sendai virus의 부착 단백질(HN)은 influenza virus의 뉴라미니다아제(18장)와 같은 효소 활성을 가져 세포에서 탈출하는 동안에 세포 표면에 결합한 자손 비리온들을 방출시킬 수 있다. 이는 새로 만들어진 비리온들이 세포 표면을 벗어나 새로운 세포에 감염할 수 있도록 한다.

Sendai virus와는 달리 measles virus의 H 단백질은 뉴라미니다아제 활성을 가지지 않는다. Measles virus는 H 단백질을 통하여 적어도 두 가지 세포 표면 단백질들과 결합할 수 있다. 그 가운데 하나는 대부분의 인간 세포들에서 발견되는 보체-결합 단백질인 CD46이다. 두 번째는 활성화된 **B 림프구**, **T 림프구**, **수지상 세포** 그리고 일부 단핵구에서 발현되는 면역글로불린 초패밀리의 일종인 CD150/SLAM(signaling lymphocyte activation molecule)이다. CD150/SLAM은 T 세포 증식과 **인터페론-γ**의 생성을 조절한다. Measles virus 감염은 숙주의 면역반응을 강하게 억제한다; 바이러스의 면역계 세포 감염이 홍역 병원성에 중요한 역할을 하는 것 같다.

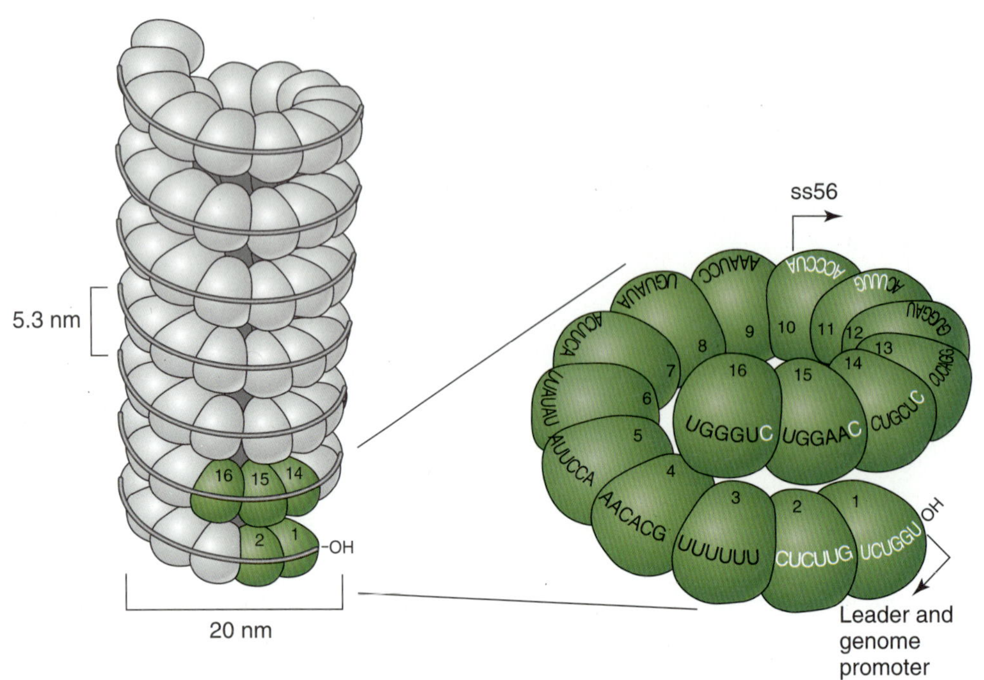

그림 15.5 **Paramyxovirus 나선형 뉴클레오캡시드의 구조.** 왼쪽: 회전 당 13개의 단백질 소단위체들과 5.3 nm의 피치를 가지는 지름 20 nm의 좌선성 나선에서 게놈 RNA에 결합한 N-단백질 소단위체들을 보여 주는 Sendai virus의 뉴클레오캡시드 모델. 오른쪽: 첫 16개 소단위체들을 확대하여 복제 및 전사의 개시에 필요한 뉴클레오티드 서열(흰색)을 나타내었다. ss56은 N mRNA의 합성 개시에 필요한 부위이다.

비리온이 세포 표면 수용체에 결합하면 F1/F2(융합) 단백질은 중성 pH에서 구조적 변화를 일으켜 융합 펩티드가 원형질막에 삽입된다. 이로 인하여 바이러스 외막이 세포막에 근접하게 되어 두 막들의 융합이 일어나고 뉴클레오캡시드가 세포질에 방출된다.

Paramyxovirus에서 융합을 초래하는 구조적 변화가 어떻게 일어나는 지는 아직 알려지지 않았다. F1 폴리펩티드 사슬의 일부가 Ebola virus, influenza virus 및 HIV의 융합 단백질들과 유사하게(16장, 18장, 그리고 29장 참조) 신장된 3중-가닥 **감긴 코일(coiled-coil)** 복합체를 형성하는 것으로 알려졌다. 이러한 감긴 코일 구조는 바이러스 외막에 고정된 횡단막 영역과 세포막에 삽입된 융합 펩티드가 근접하도록 하여 두 개의 막이 밀착된다(4장의 influenza HA 단백질에 의한 융합 참조). 그러나 대부분의 경우에 H 혹은 HN 단백질도 융합에 필요하므로 F가 H 혹은 HN과의 상호작용을 통하여 융합-활성 상태를 생성하는 것 같다.

Paramyxovirus와 rhabdovirus의 유전자 순서는 보존되어 있다

Paramyxovirus와 rhabdovirus의 게놈은 5~10개의 유전자들을 포함하며 각 유전자는 특정 mRNA를 암호화한다. Sendai virus의 게놈 지도를 그림 15.6에 제시하였다. 음성-가닥 게놈 RNA의 3′(왼쪽) 끝에 있는 첫 55 nt를 포함하는 영역이 "선도(leader)" 서열이다. 선도 영역은 바이러스 RNA 중합효소에 의한 RNA 합성 개시를 위한 신호를 포함한다. 이것의 전사물은 또한 N 단백질이 바이러스 게놈의 전체-길이 양성-가닥 복사본을 포장하여 뉴클레오캡시드를 생성하도록 하는 신호를 포함한다. 선도 서열의 전사물은 암호화 영역을 포함하지 않고 캡이나 poly(A) 꼬리를 가지지 않아 바이러스 mRNA로 작용하지 않는다.

선도 서열 바로 아래에 N 유전자가 있고 그 뒤를 P/C/V, M, F, HN 및 L 유전자가 뒤 따른다. 이러한 유전자 순서는 paramyxovirus와 rhabdovirus에서 매우 잘 보존되어 있다(rhabdovirus에서는 F와 HN 유전자를 G 유전자가 대체함). 일부 paramyxovirus들은 몇 개의 유전자들을 추가로 가진다. 각 유전자 사이의 연접부위에는 전사 종료, 폴리아데닐화 및 재개시를 조절하는 매우 보존적인 "유전자간 서열(intergenic sequence)"이 있다. L 유전자 뒤에는 50–150 nt의 짧은 비암호화 "트레일러(trailer)" 서열이 있다. 안티게놈 RNA의 3′ 끝에 위치한 트레일러 영역은 게놈 RNA의 선도 서열처럼 게놈 복제를 위한 프로모터를 포함하고 있으며 이것의 음성-가닥 전사물은 게놈 포장을 위한 신호를 포함한다.

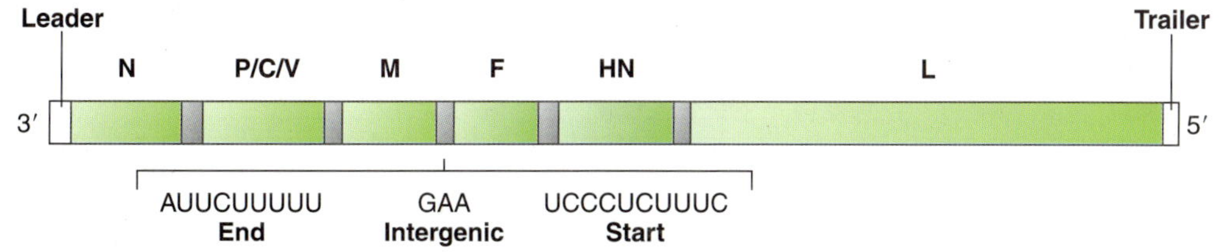

그림 15.6 **Paramyxovirus의 유전자 지도.** Sendai virus의 게놈 지도에 6개의 바이러스 유전자들을 나타내었다. 아래는 앞 유전자의 끝, 유전자간 서열, 다음 유전자의 개시 서열을 나타낸다.

바이러스 mRNA는 비리온에 포장된 RNA 중합효소에 의하여 합성된다

음성-가닥 바이러스의 RNA는 세포에 도입된 직후 바로 번역될 수 없다; 먼저 상보적인 양성-가닥 mRNA로 전사되어야 한다. 그러나 세포에는 바이러스 mRNA를 생성할 수 있는 RNA-의존적 RNA 중합효소가 없다. 따라서 음성-가닥 RNA 바이러스들은 적어도 하나의 RNA 중합효소를 뉴클레오캡시드와 함께 비리온에 포장한다.

양성-가닥 RNA 바이러스와 음성-가닥 RNA 바이러스는 복제 전략에 있어서 중요한 차이를 나타낸다. 양성-가닥 RNA 바이러스의 감염은 mRNA로 작용하여 세포 리보좀에 의하여 바로 번역될 수 있는 RNA를 세포질로 운반한다. 번역산물들 가운데 하나인 바이러스 RNA 중합효소가 바이러스 게놈을 복제하고 더 많은 mRNA를 합성할 수 있다. 따라서 다른 바이러스 단백질들이 없어도 양성-가닥 RNA만 감수성 세포에 인위적으로 도입시켜도 바이러스가 생성될 수 있다.

반면에 음성-가닥 바이러스의 게놈 RNA가 작용하기 위해서는 바이러스 RNA 중합효소를 요구하므로 게놈 자체만으로는 감염성을 나타내지 않는다. 이 RNA 중합효소는 비리온에 포장되어 게놈 RNA와 함께 세포에 들어가서 세포가 제공하는 rNTP를 이용하여 바이러스 mRNA를 합성한다. Paramyxovirus와 rhabdovirus에서 RNA 중합효소는 P와 L 단백질의 복합체이다.

바이러스 RNA 중합효소는 전적으로 바이러스 게놈의 3′ 끝에서 전사를 시작한다

바이러스 RNA 중합효소가 mononegavirus의 게놈에서 바이러스 mRNA의 합성을 시작하는 과정을 설명하기 위하여 두 가지 모델들이 제안되었다. 첫째는 각 유전자 앞에 자신의 프로모터가 있어 RNA 중합효소가 이 프로모터 영역에 독립적으로 결합하여 mRNA 합성을 시작할 수 있는 모델이다(그림 15.7a). 이 프로모터들은 서로 다른 강도를 가지므로 합성되는 mRNA의 양을 조절할 수 있다. 많은 DNA 바이러스들은 실제로 이러한 방식으로 유전자 발현을 조절한다. 둘째는 모든 RNA 중합효소들이 게놈 RNA의 3′ 끝에 있는 하나의 프로모터에서 합성을 시작하여 오른쪽으로 게놈을 따라 진행하여 서로 다른 mRNA를 만드는 모델이다(그림 15.7b).

이들 모델은 실험적 관찰로 증명할 수 있다. 바이러스 게놈 RNA에 자외선(UV)을 조사하면 주형 RNA의 인접한 우리딘 잔기들 간에 2량체가 형성되어 전사가 저해된다. 이러한 2량체는 주형을 따라 RNA 중합효소가 진행하는 것을 막기 때문에 2량체가 형성된 아래쪽의 모든 RNA 합성이 저해된다. 2량체는 다소 무작위적으로 일어나므로 게놈 RNA 분자의 여러 부위에서 형성될 수 있다.

만약 다수-프로모터 모델이 맞다면, 바이러스 게놈의 UV 조사가 mRNA 합성을 저해하는 정도는 만들어지는 mRNA의 길이에 의해서만 결정될 것이다. 이는 전사가 중단될 확률이 프로모터에서 mRNA 끝까지의 거리에 비례해서 증가할 것이기 때문이다.

반면에 게놈의 3′ 끝에 RNA 중합효소의 단일 진입 부위가 있다면 3′ 끝에 가장 가까운 mRNA(N과 P/C/V)의 합성은 UV 조사의 영향을 가장 적게 받을 것이다. 반면에 프로모터에서 게놈의 5′쪽으로 더 멀리 떨어진 유전자일수록(예를 들면 HN과 L) mRNA 합성이 더 심하게 저해될 것이다. 이는 중합효소가 이들 mRNA를 만들기 위해서는 게놈의 대부분을 이동해야 하고 따라서 장애물에 마주칠 가능성이 그 만큼 높기 때문이다.

UV 조사가 서로 다른 mRNA 합성에 미치는 영향을 측정한 결과, 단일-진입 모델이 맞다는 결론을 얻을 수 있었다. 즉, 게놈의 3′ 끝에 근접한 유전자는 5′ 끝 근처에 위치한 유전자들보다 mRNA 합성이 UV 조사에 의해 영향을 덜 받았다. 또한 비리온을 해체하여 실시한 *in vitro* 전사실험에서도 게놈의 3′ 끝에 가장 가까운 mRNA가 먼저 나타나고 5′ 끝에 가장 가까운 mRNA는 마지막으로 합성되어 단일-진입 모델을 지지하는 증거를 확보할 수 있었다.

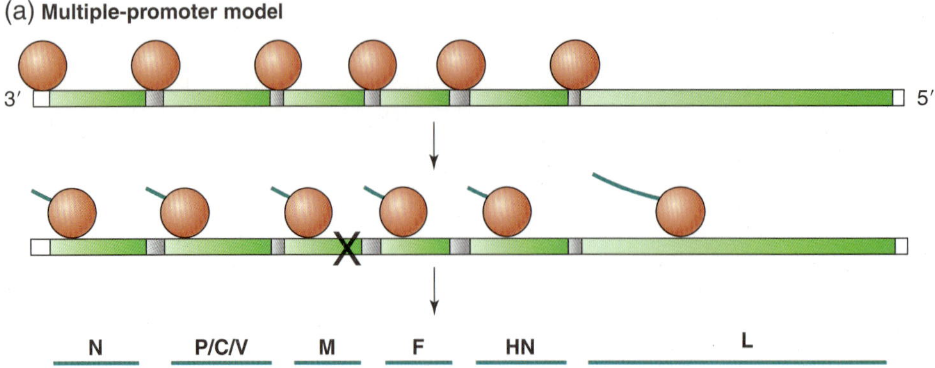

(b) Single-entry model

3′ 5′

N

N P/C/V M

N P/C/V M F HN L

그림 15.7 Mononegavirus 게놈 RNA의 전사에 대한 두 가지 모델. (a) 다수-프로모터 모델: RNA 중합효소(주황색 구체)가 각 바이러스 유전자의 바로 앞에 있는 프로모터에서 독립적으로 전사를 시작한다. 자라나는 RNA 사슬들을 RNA 중합효소에서 이어지는 청색 선으로 나타내었고 완성된 mRNA를 그 아래 표시하였다. (b) 단일-진입 모델: RNA 중합효소가 게놈의 3′ 끝에서만 전사를 시작하고 각 유전자를 순서 대로 전사한다. X는 모델 (a)에서는 M의 전사만 막지만, 모델 (b)에서는 M, F, HN 및 L의 전사를 막는 UV-유도성 2량체의 위치를 나타낸다.

양성-가닥 RNA 합성을 위한 프로모터는 리보핵단백질 나선에서 한 바퀴 떨어진 2개의 서열 요소들로 이루어져 있다

모든 paramyxovirus와 rhabdovirus는 음성-가닥 게놈 RNA와 양성-가닥 안티게놈 RNA의 3′ 끝에 보존적인 서열을 가진다. 이 보존적인 서열 요소들은 전사(mRNA 합성)와 복제(게놈 합성)의 시작에 필요하다. Sendai virus의 경우에 게놈의 3′ 끝에 있는 첫 12 nt는 안티게놈의 3′ 끝에 있는 첫 12 nt와 동일하다. 돌연변이 분석에 의하면 3′ 끝에서 30 nt까지의 서열이 전사와 복제를 위해 중요하다.

게놈의 3′ 끝에서 79 nt 떨어진 지점에서 시작하는 또 다른 서열 요소가 적절한 전사와 복제를 위하여 필요하다. Sendai virus의 경우에 보존된 뉴클레오티드는 79, 85, 그리고 91번 위치의 C 잔기들이다(그림 15.5). 이들 세 C 잔기들은 게놈의 14번째, 15번째 그리고 16번째 헥사뉴클레오티드(6 뉴클레오티드 그룹)의 첫 번째 자리에 위치한다. 이들의 정확한 위치와 간격은 최적의 전사를 위해 필수적임이 밝혀졌다.

나선형 뉴클레오캡시드 한 바퀴는 13분자의 N 단백질로 싸여진 78개의 뉴클레오티드를 포함하므로(각 N 분자는 6개의 뉴클레오티드와 결합), 이들 세 보존적인 뉴클레오티드들은 RNA의 3′ 끝에서 정확히 나선 한 바퀴가 회전한 지점에 위치한다(그림 15.5). 따라서 전사 프로모터는 나선형 뉴클레오캡시드의 구조에서 근접한 위치에 있는 두 개의 서열 요소들로 구성된다. 아마도 RNA 중합효소는 전사를 시작하기 위하여 뉴클레오캡시드의 한 면에 배열된 두 서열 요소들과 상호작용하는 것 같다.

mRNA 합성은 게놈의 3′에서 5′ 끝까지 순서적으로 진행된다

바이러스 RNA 중합효소(L 단백질)는 바이러스 게놈의 3′ 말단 뉴클레오티드에서 전사를 시작한다(그림 15.8). 감염 초기와 같이 N 단백질이 없거나 적은 조건에서는 RNA 중합효소가 짧은 거리(40-60 nt)를 전사하고 종료하여 캡이 없는 "선도" RNA를 방출한다. 그 다음 RNA 중합효소는 근처의 mRNA 개시부위를 탐색하여 mRNA 합성을 다시 시작한다. Sendai virus에서 가장 가까운 개시부위는 게놈의 3′ 끝에서 56 nt 떨어진 N mRNA의 것이다(그림 15.5). L 단백질은 자라나는 mRNA 사슬의 5′ 끝에 메틸화된 G 캡을 첨가하고 N 유전자의 끝까지 사슬을 연장한다.

각 유전자의 끝에 위치한 보존적인 조절 서열(그림 15.6)은 유전자 전사의 종료, mRNA의 폴리아데닐화 그리고 다음 유전자의 전사 개시를 지시한다. Sendai virus의 경우에는 전사 종료와 개시 신호 사이의 유전자간 서열이 항상 3 nt이지만 다른 paramyxovirus의 경우에는 1에서 60 nt까지 다양하다. 종료부위에는 주형 RNA에 4~7개의 우리딘 잔기들이 있어 mRNA에 아데닌 잔기들로 전사된다. RNA 중합효소는 이 U 잔기들을 반복적으로 전사하여 약 200 nt 길이의 poly(A) 꼬리를 만들고 mRNA를 방출한다. 따라서 바이러스 mRNA는 세포의 mRNA처럼 캡을 가지고 폴리아데닐화된다.

mRNA을 방출한 뒤 RNA 중합효소는 두 가지 선택을 할 수 있다. 즉, 게놈 RNA를 다시 탐색하여 다음 개시부위를 찾아 mRNA 합성을 시작하거나 게놈에서 떨어질 수 있다. 이 선택은 종료/시작 영역의 정확한 서열 요소

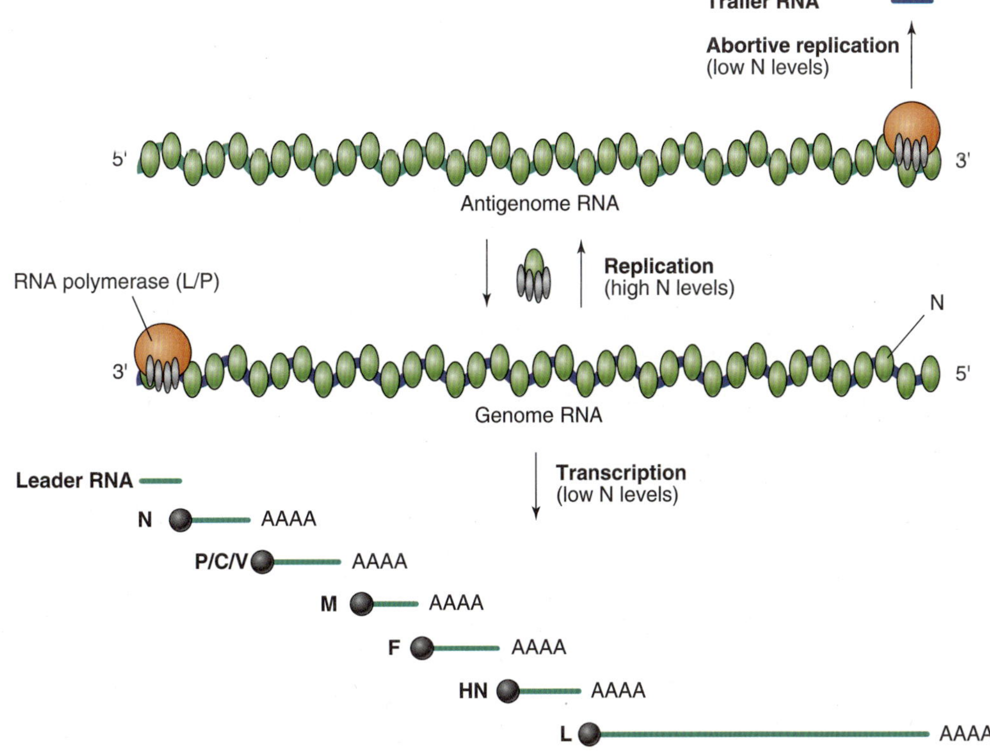

그림 15.8 Paramyxovirus의 전사와 복제. 바이러스 게놈(진한 청색)이 N 단백질들(녹색 타원)로 덮혀 있고 RNA 중합효소 성분 L(주황색 구체)과 P(작은 회색 타원)를 포함하는 나선형 뉴클레오캡시드로 나타내었다. N의 수준이 낮을 때에는(아래 그림), RNA 중합효소가 여러 부위에서 전사를 종료하고 재개시하여 mRNA들을 생성한다. 작은 회색 구체들은 5′ 캡을 나타내고 AAAA는 폴리(A) 꼬리를 의미한다. N의 수준이 높을 때에는(중앙 그림), RNA 선도 서열이 N 단백질로 덮히고 RNA 중합효소가 중간에 종료하지 않고 전체 게놈을 복사하여 전체-길이의 안티게놈 뉴클레오캡시드를 형성한다. 안티게놈 RNA는 다시 복제되어 게놈 RNA를 형성한다. N의 수준이 떨어지면(맨 위), 트레일러 RNA는 캡시드로 덮히지 않는다; RNA 중합효소는 종료하고 안티게놈의 복제가 완성되지 않는다.

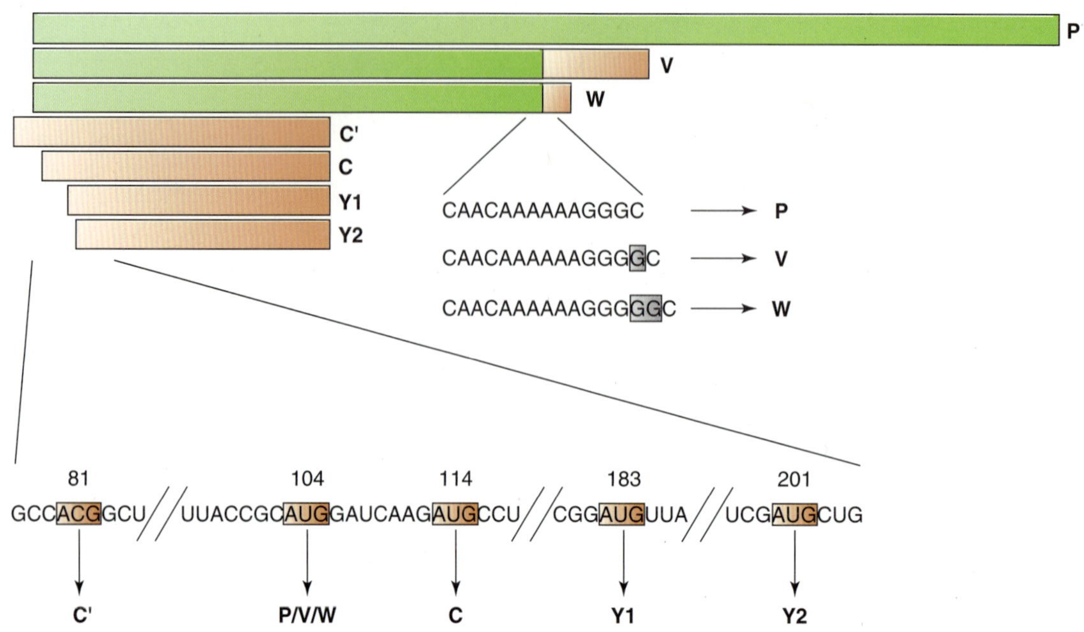

그림 15.9 Sendai virus P/C/V 유전자: 열린 해독틀, 번역 개시부위 및 "더듬이" 부위. 열린 해독틀은 맨 위에 나타내었고 생성되는 단백질의 이름은 오른쪽 끝에 표시하였다. 120-nt 영역에 위치하는 다섯 가지 선택적인 개시부위들(ACG 혹은 AUG)을 맨 아래에 나타내었다. 더듬이 메커니즘으로 중앙에 나타낸 P 해독틀의 서열에서 하나 혹은 두 개의 G 잔기가 첨가되어 해독틀이 바뀌면 V 혹은 W 단백질이 생성된다.

에 의하여 영향을 받는다. 각 유전자의 끝에서 일부 RNA 중합효소 분자들이 게놈에서 떨어지면 이들은 다음 유전자의 전사를 다시 시작할 수 없다. 따라서 게놈의 3′ 끝에서 먼 유전자일수록 mRNA의 양이 점차 감소한다. 이러한 메커니즘은 N과 M처럼 고농도로 필요한 단백질을 위한 mRNA는 다량으로 합성되고 외막 단백질과 RNA 중합효소(L)의 mRNA는 소량으로 합성되도록 한다.

P/C/V 유전자는 서로 다른 번역 개시부위의 이용과 mRNA "편집"을 통하여 여러 가지 단백질들을 암호화한다

대부분의 paramyxovirus 유전자들은 하나의 바이러스 단백질을 암호화하는 mRNA를 생성하지만 P/C/V 유전자는 더 복잡한 암호화 전략을 가진다(그림 15.9). 먼저, Sendai virus P/C/V mRNA의 nt 81에서 203 사이에는 여러 개의 번역 개시부위들이 있다. 이들 부위에서 단백질 합성을 시작한 리보좀은 N-말단부는 다르지만 C-말단부가 같은 **내포 세트(nested set)**의 단백질들인 C′, C, Y1 및 Y2를 생성한다. 또 다른 개시부위는 다른 해독틀로 mRNA의 대부분을 번역하여 긴 P 단백질(중합효소 보조인자)을 생성한다. P 단백질의 번역을 위한 개시부위는 리보좀의 인식에 유리한 배경(AUG 뒤의 4번째 위치에 G가 있음)을 가지고 있어 가장 빈번하게 이용된다.

두 번째 복잡성은 P 해독틀의 중간에 위치하는 특정 편집부위 때문에 생겨난다. 6개의 연속적인 A 뒤에 3개의 G를 포함하는 이 서열에서 RNA 중합효소는 가끔 더듬어 3개의 연속적인 G에 하나 혹은 그 이상의 G 잔기들을 추가하기도 한다(그림 15.9). 이러한 현상은 RNA 중합효소가 멈추고 RNA 사슬이 RNA 주형에서 하나 혹은 그 이상의 뉴클레오티드만큼 뒤로 미끄러질 때 잘 일어난다. 그 이후에 RNA 중합효소는 연장을 재개한다. 이와 같은 일이 3개의 연속적인 G에서 일어나면 RNA 사슬에 G가 추가로 첨가된다. 이로 인하여 해독틀이 바뀐다. Sendai virus에서 G가 하나 추가된 mRNA는 V 단백질을 생성하고 G가 두 개 추가되면 W 단백질이 생성된다. 이와 유사한 더듬이 메커니즘(stuttering mechanism)이 여러 번 반복되어 각 mRNA의 끝에 긴 poly(A) 꼬리가 생성된다.

P, C 및 V 단백질의 기능

P/C/V 유전자에서 만들어지는 여러 단백질들의 기능은 아직 연구 중에 있다. P 단백질은 L 단백질에 의해 수행되는 바이러스 RNA 합성에 필요한 보조인자이다. P는 4량체로 L에 결합하여 L 단백질이 뉴클레오캡시드 상태의 게놈 혹은 안티게놈 RNA의 3′ 끝에 있는 프로모터에 결합하는 것을 돕는다. RNA 합성과정에서 P는 L에 결합한 채로 남아 있다. P는 또한 N 단백질이 RNA 사슬에 조립하여 뉴클레

6의 법칙

Paramyxovirus 게놈의 돌연변이 분석을 통하여 게놈 복제에 길이 제한이 존재함이 밝혀졌다. 많은 paramyxovirus들의 게놈 길이는 정확히 6 뉴클레오티드의 배수이다. 이 6의 법칙(rule of six)은 게놈의 양 끝은 유지하지만 내부의 암호화 서열이 대부분 결실된 인위적인 미니 게놈을 제조하는 과정에서 발견되었다. 헬퍼 바이러스를 감염시킨 세포에서 이들 미니 게놈은 양쪽 끝에 바이러스 RNA 중합효소의 결합에 필수적인 서열들을 가지므로 복제할 수 있다. 흥미롭게도 미니 게놈의 전체 길이가 정확히 6 뉴클레오티드의 배수이면 그렇지 못한 미니 게놈보다 훨씬 더 효과적으로 복제한다는 것이 밝혀졌다. 더구나 지금까지 서열이 결정된 대부분 *Paramyxovirinae* 소그룹(measles, mumps, Sendai 등)의 게놈도 대부분 정확히 6 뉴클레오티드 배수의 길이를 가진다.

6의 법칙은 다음과 같이 설명된다. 복제 중인 게놈과 안티게놈은 RNA 사슬이 연장되는 동안 뉴클레오캡시드로 조립된다. 새로운 바이러스 RNA 사슬의 5′ 끝에 첫 6개의 뉴클레오티드가 만들어지면 즉시 한 분자의 N 단백질이 결합한다. 이러한 포장 반응은 RNA가 연장됨에 따라서 6개의 뉴클레오티드마다 연속적으로 진행된다. 따라서 길이가 정확히 6의 배수인 RNA는 3′ 끝의 여섯 뉴클레오티드가 N 단백질과 결합할 것이다. 그러나 하나에서 다섯 개의 뉴클레오티드를 추가로 가지는 RNA는 마지막 N 단백질과 적절하게 결합하지 못하고 3′ 끝의 일부 뉴클레오티드들이 포장되지 않은 채로 남게 된다. RNA 중합효소가 적절하게 포장되지 않는 3′ 끝에 결합하면 전사나 게놈 복제를 효과적으로 시작할 수 없다.

흥미롭게도 6의 법칙을 엄격하게 적용하는 paramyxovirus들은 하나 혹은 그 이상의 바이러스 단백질들을 추가로 발현하기 위하여 RNA 편집을 이용한다. 편집(editing)은 자라나는 mRNA의 내부 편집부위에 하나 혹은 그 이상의 뉴클레오티드를 첨가하는 것이다. 이러한 편집은 게놈이 복제되는 동안에도 일어날 수 있다. 이와 같이 편집된 게놈에서 전사된 mRNA는 정상 mRNA의 단백질 해독틀을 가지지 않아 리보좀에 의하여 번역될 수 없다. 따라서 편집된 게놈이 비리온에 포장된다면 독자적으로 복제가 가능한 바이러스가 생성될 수 없으므로 6의 법칙은 이러한 편집된 게놈의 복제를 방지하는 메커니즘으로 생겨났을 것이다.

오캡시드를 형성하는 것을 돕는 샤페론으로도 작용한다.

C 단백질은 감염성 paramyxovirus 비리온의 형성에 필요하다. 그러나 비리온 형성과정에서의 정확한 기능은 알려지지 않았으며 비리온에 통합되지도 않는다. C 단백질은 또한 Stat 단백질의 기능을 방해하여 인터페론의 항바이러스 효과를 저해한다(33장 참조). 따라서 C에 돌연변이가 생기면 인터페론-유도성 경로에 의하여 바이러스 복제가 제한되고 실험동물에서는 독성이 감소한다.

C는 또한 RNA 중합효소의 활성을 조정하는 것으로 알려져 있다. C가 없으면 RNA 중합효소는 RNA 서열을 잘 인식하지 못하는 것 같다. 이러한 상태에서는 6의 법칙(본문의 박스 참조)이 덜 엄격하게 적용되며 게놈과 안티게놈의 프로모터들 사이의 세기 차이가 줄어든다.

V 단백질은 배양 세포에서는 paramyxovirus의 복제에 필요하지 않다. 그러나 편집부위에 돌연변이를 유도하여 V를 제거하거나 V에 특이적인 C-말단 영역의 아미노산 서열에 돌연변이를 유도하면 생쥐에서 Sendai virus의 독성이 감소한다. 이는 V 단백질이 바이러스의 복제나 전파를 억제하는 어떤 숙주 메커니즘을 방해한다는 것을 의미한다. C처럼 V도 숙주의 인터페론 반응을 저해하고 Stat 단백질의 분해를 촉진하는 것으로 알려져 있다.

따라서 C와 V는 모두 숙주의 방어 메커니즘을 조정하는 독성인자들(virulence factors)이다. 이러한 기능들은 바이러스가 진화함에 따라서 새로운 번역 개시부위와 RNA 편집 메커니즘을 획득함으로써 기존의 P 유전자 기능에 추가된 것으로 여겨진다.

N 단백질의 수준은 전사에서 게놈 복제로의 전환을 조절한다

일단 충분한 N 단백질이 만들어지면 게놈 복제가 시작될 수 있다(그림 15.8). 게놈 복제와 전사는 두 가지 주요 차이가 있다. 첫째, 게놈 복제로 만들어지는 전체-길이의 RNA는 N 단백질 분자와 결합하여 포장되지만 mRNA는 뉴클레오캡시드를 형성하지 않는다. P 단백질이 샤페론으로 작용하여 자라나는 나선형 뉴클레오캡시드에 N 단백질의 조립을 돕는다.

둘째, 바이러스 RNA 중합효소는 합성방식을 바꾸어 유전자들 간에 존재하는 종료-폴리아데닐화-재개시 서열을 더 이상 인식하지 않는다. 이러한 변화는 자라나는 RNA 사슬에 N 분자들이 결합하여 유도되거나, 새로 합성된 P 단백질 분자와 RNA 중합효소 간의 상호작용으로 일어나는 것 같다. 그 결과 RNA 중합효소는 중단하지 않고 주형 RNA의 끝까지 사슬을 연장하여 전체 길이의 안티게놈 뉴클레오캡시드를 만든다.

이 안티게놈 뉴클레오캡시드는 다시 바이러스 RNA 중합효소에 의하여 복제되어 전체 길이의 포장된 게놈을 생성한다. 미세한 조절 메커니즘이 세포에 존재하는 N 단백질의 양을 감지하여 게놈을 포장할 만큼 충분한 N 단백질이 축적되었을 때에만 전체 길이의 게놈 RNA가 만들어진다. 이 메커니즘은 다음과 같이 작용한다(그림 15.8, 맨 위). 게놈 RNA의 3′ 끝에 위치한 선도 서열처럼 안티게놈의 3′ 끝에는 "트레일러(trailer)" 서열이 있다. 선도 서열과 트레일러 서열의 전사물은 모두 N 단백질과 특이적으로 결합하여 뉴클레오캡시드 형성을 시작하는 부위를 가진다. 일단 뉴클레오캡시드의 형성이 시작되면 RNA 상의 특정 결합부위를 더 이상 요구하지 않고 매 6 뉴클레오티드 마다 하나의 N 단백질 소단위체를 첨가하여 뉴클레오캡시드가 계속 형성된다.

새로 형성된 선도 혹은 트레일러 RNA에서 뉴클레오캡시드 형성을 시작할 만큼 충분한 N 단백질이 없으면 RNA 중합효소는 개시부위의 약 40–60 nt 아래에서 종료하고 짧은 RNA 분자를 방출한다. 주형이 게놈 RNA이면 RNA 중합효소는 위에 기술한 전사 메커니즘으로 일련의 바이러스 mRNA들을 생성할 수 있다; 이들 RNA는 N 단백질과 상호작용하지 않는다. 주형이 안티게놈 RNA이면 트레일러 서열의 프로모터 아래에는 더 이상의 전사 개시 신호가 없으므로 RNA 중합효소는 주형에서 떨어진다. 이 메커니즘은 게놈 포장에 필요한 N 단백질이 충분하지 못할 때에는 게놈이 생성되지 않도록 한다. 이러한 RNA는 바이러스 mRNA와 이중-가닥 혼성체를 형성하여 항바이러스성 단백질을 유도할 수 있기 때문이다(33장 참조).

안티게놈 RNA는 바이러스 게놈 합성을 위한 주형으로만 제공되므로 게놈보다 10배 더 적은 양으로 만들어진다. 이는 프로모터의 세기로 조절된다: 안티게놈의 3′ 끝에 있는 프로모터는 게놈의 3′ 끝에 있는 프로모터보다 세기가 10배 더 강하다.

비리온은 원형질막에서 조립된다

Paramyxovirus와 rhabdovirus는 외막을 원형질막에서 획득한다. 외막 단백질들은 합성과정에서 소포체 막에 삽입되어 골지체를 거쳐 원형질막으로 수송된다. 수송과정에서 단백질들은 당화되고 어떤 경우에는 절단된다.

외막 당단백질들은 원형질막에서 안정한 3량체 혹은 4량체를 형성한다. 간질 단백질(M)들은 아마도 바이러스 외막 당단백질들의 세포질쪽 꼬리와의 상호작용을 통하여 원형질막의 세포질 면에 결합하는 것 같다. 게놈 복제 동안 세포질에서 형성된 뉴클레오캡시드가 원형질막으로 이동하여 간질 단백질과 상호작용한다. 외막 단백질, 간질 단백질 그리고 뉴클레오캡시드 사이에 복합체가 형성되면 원형질막으로부터의 출아에 의하여 비리온이 형성된다 (그림 2.11 참조). Rhabdovirus의 경우에는 간질 단백질이 나선형 뉴클레오캡시드를 코일 모양으로 응축시켜 독특한 총알 모양의 비리온이 만들어진다.

감염된 세포의 원형질막에는 융합능력을 지니는 외막 단백질들이 존재하므로 인접 세포와의 융합이 흔히 일어난다. 여러 세포들 사이에 융합이 일어나서 신시티아(syncytia)라고 하는 다핵거대세포가 만들어지기도 한다. 이러한 신시티아는 배양 세포와 감염 동물의 조직에서 관찰된다. 이와 같은 세포융합은 조직의 파괴를 초래할 수 있으므로 일부 paramyxovirus들의 병원성 효과와 관련이 있다.

핵심 용어

B 림프구(B lymphocytes)
I형 내재성 막 단백질(Type I integral membrane protein)
II형 내재성 막 단백질(Type II integral membrane protein)
T 림프구(T lymphocytes)
감긴 코일(Coiled coil)
강글리오시드(Gangliosides)
내포 세트(Nested set)
뇌염(Encephalitis)
뉴라미니다아제 (Neuraminidase)
수지상 세포(Dendritic cells)
시알산(Sialic acid)
신시티아(Syncytia, 단수 syncytium)
아급성 경화성 범뇌염 (Subacute sclerosing panencephalitis)
위형화(Pseudotyping)
융합 펩티드(Fusion peptide)
인터페론(Interferon)
혈구응집(Hemagglutination)
헤마글루티닌(Hemagglutinin)

기본 개념

- Rhabdovirus는 음성-가닥 RNA 게놈을 가지는 총알 모양인 외막성 바이러스이다.
- Rabies virus는 박쥐, 소동물, 개 그리고 인간에 감염하는 rhabdovirus의 일종이다; 이 바이러스의 감염으로 유발되는 뇌염은 항상 치명적이다.
- Louis Pasteur는 19세기 중엽에 효과적인 광견병 백신을 개발하였다; 현대의 광견병 백신은 더 안전하고 가축 동물과 감염 위험이 있는 인간에게 널리 이용되며 질병 증상이 나타나기 전에 바이러스 감염을 차단하는 사후 예방 백신으로도 이용된다.
- Paramyxovirus인 measles virus는 개발도상국가에서 흔한 어린이에게 치명적인 매우 전염성이 강한 질병을 유발한다.

효과적인 생백신의 이용이 가능하다.

- Paramyxovirus는 음성-가닥 RNA 게놈을 가지는 구형 혹은 신장된 외막성 바이러스이며 rhabdovirus 및 filovirus와 많은 특징들을 공유한다.
- Paramyxovirus의 외막은 중성 pH에서 바이러스 융합 단백질의 구조적 재배열로 원형질막과 융합한다.
- Paramyxovirus와 rhabdovirus의 게놈은 뉴클레오캡시드 단백질에서 시작하여 바이러스 RNA 중합효소에서 끝나는 매우 보존적인 순서로 배열된 여섯에서 열 개의 유전자들을 가진다.
- 두 바이러스과에 속하는 바이러스들은 연속적인 방식으로 게놈을 전사한다; 바이러스 RNA 중합효소는 전적으로 게놈의 3′ 끝에서 전사를 시작하여 게놈을 따라 이동하며 게놈의 5′ 끝에 도달할 때까지 각 mRNA의 전사를 마치면 방출하고 다음 mRNA의 전사를 재개한다.
- 전사와는 달리 바이러스 RNA의 복제는 전사물의 포장에 충분한 양의 뉴클레오캡시드 단백질이 축적되면 시작된다; 이 경우에는 RNA 중합효소가 게놈 RNA의 5′ 끝에 도달하기 전에는 전사를 종료하지 않고 전체 길이의 게놈 RNA 복사본을 만든다.
- 일부 paramyxovirus는 중단과 "더듬이" 반응을 통하여 P/C/V 유전자의 전사물을 편집하여 하나 혹은 그 이상의 뉴클레오티드를 전사물에 첨가하여 편집부위 아래쪽의 해독틀을 바꾼다.

복습 문제

1. Measles virus는 세포 수용체의 선택에 따라 면역 억제를 초래할 수 있다. 이러한 세포 수용체는 무엇인가?

2. 바이러스 게놈의 단일진입 전사모델이란 무엇이며, 이는 개개의 바이러스 mRNA의 수준을 어떻게 조절하는가?

3. 60 뉴클레오티드 이상 분리된 두 개의 요소들이 Sendai virus의 전사 프로모터를 어떻게 구성할 수 있는지를 설명하시오.

4. Paramyxovirus와 rhabdovirus의 외막은 세포의 어디에서 조립되는가?

CHAPTER 16

Filoviruses

Heinz Feldmann
Hars-Dieter Klenk
Nicholas H. Acheson

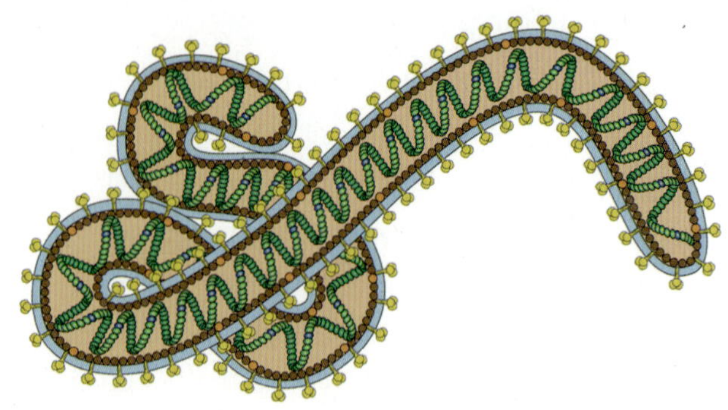

Filoviridae

비리온의 모양을 반영한 라틴어 *filum*(섬유 혹은 실)에서 유래

비리온

섬유상 외막성 입자
지름 80 nm, 길이 800 nm 혹은 그 이상
나선형 뉴클레오캡시드

게놈

선형의 단일-가닥 RNA 한 분자, 음성-가닥
단일 분절, 19 kb

유전자와 단백질

7개의 유전자들이 바이러스 RNA 중합효소에 의하여 게놈의 3′ 끝부터 연속적으로 전사
대부분의 유전자들은 하나의 mRNA와 하나의 단백질을 생성
대부분의 단백질들이 비리온에 포장됨:

- *뉴클레오캡시드 단백질(NP)*
- *RNA 중합효소 보조인자(VP35)*
- *간질 단백질(VP40)*
- *외막 당단백질(GP, GP1과 GP2로 절단)*
- *소수 뉴클레오캡시드 단백질(VP40)*
- *막 단백질(VP24)*
- *RNA 중합효소(L)*

Ebola는 분비 당단백질들(sGP, δ-펩티드)을 추가로 가짐

바이러스와 숙주

두 가지 속: *Marburgvirus*와 *Ebolavirus*
*Ebolavirus*종들은 처음 발견된 장소에 따라 명명됨; Bundibugyo (임시 명칭), Cote d'Ivoire, Reston, Sudan, Zaire
단일 *Marburgvirus*종
이들 바이러스는 아마도 과일박쥐로부터 영장류에 전염되는 것으로 여겨짐

질병

Marburg와 Ebola virus는 심각한 출혈열을 유발
주요 증상은 열, 출혈, 간 이상, 혈관 내 응고, 쇼크
치사율이 90%에 이를 정도로 높음
치료법이나 허가된 백신이 없음
흔히 국소적인 유행 이후에 질병이 장기간 사라짐

독특한 특징들

Filovirus는 주요 (재)신흥 감염체임
유전자 순서와 발현은 paramyxovirus 및 rhabdovirus와 유사함

Marburg virus와 Ebola virus: 산발적으로 출현하지만 치명적인 질병을 유발하는 바이러스

1967년 8월에 독일의 Marburg에 있는 Behringweke의 실험실에서 아프리카 녹색 원숭이(*Cercopithecus aethiops*)의 장기를 다루던 사람이 출혈성 질병을 앓게 되었다. 그 뒤에 이 작업에 참여하였던 17명이 추가로 병원에 입원하였으며 환자들을 돌보던 병원 종사자 두 명이 감염되었다. 마지막 환자는 같은 해 11월에 발생하였다. 같은 시기에 독일의 프랑크푸르트에서 2차 감염된 두 명을 포함하여 6건이 더 발생하였다. 또한 유고슬라비아의 Belgrade에서 죽은 원숭이를 해부하였던 수의사와 질병 초기에 그를 간호하였던 아내가 감염되었다. 모두 합쳐 32건의 사례들이 발생하였으며 이들 가운데 7명이 사망하였다.

Marburg대학교 내과의 Gustav-Adolf Martini는 특이한 감염성 질병에 직면하였음을 즉시 인식하였다. 그 해 10월 말에 위생연구소의 Werner Slenczka와 Rudolf Siegert는 새로운 바이러스가 이 질병의 매개체임을 확인하였으며 이는 처음 발견되었던 도시의 이름을 따서 Marburg virus(MARV)로 명명되었다. 처음 질병이 출현한 지 두 달 이내에 원인 바이러스를 규명했다는 것은 현재의 기준으로 보아도 의학 바이러스학의 놀라운 성과이었다.

1976년에 자이레(지금의 콩고민주공화국)와 수단에서 이와 유사한 유행성 질병이 동시에 발생하였다. 두 나라의 환자들로부터 병원체가 분리되었으며 자이레 북서부의 Ebola강의 이름을 따서 Ebolavirus로 명명되었다. 그 뒤에 이들은 Ebola virus(EBOV)의 두 종들인 *Sudan ebolavirus*(SEBOV)와 *Zaire ebolavirus*(ZEBOV)를 대표하는 바이러스가 되었다. 500건 이상의 사례들이 발생하였으며 치사율은 자이레에서 88%이고 수단에서 53%이었다. 그 뒤 1979년에 수단에서 더 작은 규모로 에볼라 질병이 발생하였다. 1994년에 세 번째 Ebola virus종인 *Cote d'Ivoire ebolavirus*(CIEBOV)가 죽은 침팬지를 조사하였던 생태학자에서 분리되었다.

*Zaire ebolavirus*는 콩고에서 두 번에 걸쳐 재출현하였다: 1995년에 Kikwit에서 315건이 발생하였고(81% 사망률), 2007년에 Kasai의 거주 지역에서 264건이 발생하였다(71% 사망률). 1994년부터 2005년까지 가봉과 콩고의 경계 지역에서 여러 건의 *Zaire ebolavirus* 질병이 발생하였다. *Sudan ebolavirus* 질병은 2000/2001년에 우간다 북부 Gulu에서 425건이 발생하였다(치사율 53%). 최근에 우간다에서 새로운 종인 *Bundibugyo ebolavirus*(BEBOV)가 분리되었으며 149건(치사율 25%)의 질병을 유발한 원인체로 지목되었다.

1989년부터 1999년까지 필리핀에서 게잡이원숭이(cynomolgus monkey)를 수입한 버지니아 주 Reston을 포함한 미국내 여러 시설들과 이탈리아 Siena의 한 시설에서 여러 차례의 Ebola virus 감염이 발생하였다. 이는 *Reston ebolavirus*(REBOV)로 명명되었으며 에어로졸 전파를 포함한 여러 경로를 통하여 시설에 수용된 원숭이들 사이에 전파되었다. 이 바이러스는 그 뒤 필리핀의 수출 시설에 있던 게잡이원숭이에서도 발견되었다. 최근에는 필리핀의 돼지에서도 이 바이러스가 발견되어 공중보건, 농업 및 음식물 안전성에 대한 관심이 고조된 바 있다. 다행히도 아프리카 밖에서 유래한 최초의 Ebolavirus인 *Reston ebolavirus*는 여러 명의 사람들에게 감염하여 혈청학적으로 확인되었지만 인간에서는 병원성을 나타내지 않았다.

Filovirus는 paramyxovirus 및 rhabdovirus와 관련이 있다

Marburg virus와 Ebolavirus는 지름이 80 nm이고 길이가 800에서 1200 nm까지 다양한 섬유상 입자를 형성하는 외막성 비리온을 가진다(그림 16.1과 16.2). 비리온은 나선형 뉴클레오캡시드에 싸여 있는 19 kb 길이의 음성-가닥 RNA 게놈을 가진다. 이 바이러스들은 처음에는 rhabdovirus로 분류되었지만 비리온 형태와 보존적인 단백질 서열의 차이로 새로운 과인 *Filoviridae*가 만들어졌으며 이는 비리온의 가늘고 긴 모양을 반영하여 명명되었다. Filovirus는 소위 이국적인(exotic) 바이러스 병원체에 속하며 (재)신흥 감염체의 대표적인 예이다. *Marburgvirus*와 *Ebolavirus*는 filovirus과의 두 가지 속들이다. *Ebolavirus*종은 최초로 발견된 지명에 따라 명명되었다: Cote d'Ivoire, Reston, Sudan, Zaire 및 Bundibugyo(임시 명칭). Marburg virus로는 *Lake Victoria marburgvirus*라는 단 한 종만이 알려져 있다.

Filovirus는 출혈열을 유발한다

Marburg virus와 Ebola virus에 감염되면 심각한 바이러스성 **출혈열(hemorrhagic fever)**이 유발된다. 주요 증상은 발열, 내부 출혈, 간 손상과 기능 이상, **산재성 혈관 내 응고** 및 쇼크이다. 인간 질병과 관련이 없는 *Reston ebolavirus*를 제외하곤 치사율이 20에서 90% 사이로 매우 높다.

지금까지 기록된 문헌에 의하면 Filovirus 발생은 모두 자가-제한적이었으며 전체 인간 감염자 수가 3,000명을 넘지 않는다. 그러나 극적인 감염 경로와 높은 치사율 그리고 효과적인 백신과 치료법의 부재 등으로 인하여 이 바이러스의 규칙적인 재출현은 높은 대중적 관심을 끌었다. 더구나 바이오테러의 수단으로 filovirus가 고의로 전파될 우려도 있다. 이러한 이유들로 인하여 이들의 연구는 중요하며 효과적인 백신과 화학 치료법의 개발이 시급하다.

이 장에서는 paramyxovirus 및 rhabdovirus와 구분되는 filavirus의 특징에 대하여 집중적으로 설명할 것이며, 이 그룹의 음성-가닥 RNA 바이러스의 복제주기에 대해서는 더 자세히 기술된 15장을 참조하면 된다.

Filovirus 게놈은 보존적 순서로 배열된 7개의 유전자들을 가진다

Marburg virus와 Ebola virus의 완전한 뉴클레오티드 서열이 결정되어 이들의 암호화 영역에 대한 지도가 작성되었다. 이들 바이러스는 paramyxovirus와 rhabdovirus와 비슷하게 배열된 7개의 유전자들을 가진다. *Zaire ebolavirus*의 게놈 지도가 그림 16.3에 제시되어 있다.

Paramyxovirus와 rhabdovirus처럼 뉴클레오캡시드 단백질(NP)을 암호화하는 유전자가 게놈의 3′ 끝 근처에 위치하고 RNA 중합효소(L)를 암호화하는 유전자는 5′ 끝 근처에 위치한다. 유전자들 사이에는 전사 종료, 폴리아데닐화 그리고 전사 재개시를 지시하는 매우 보존적인 서열

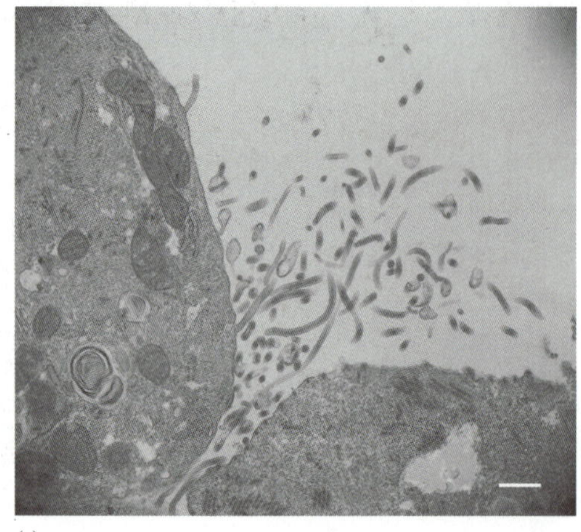
(a)

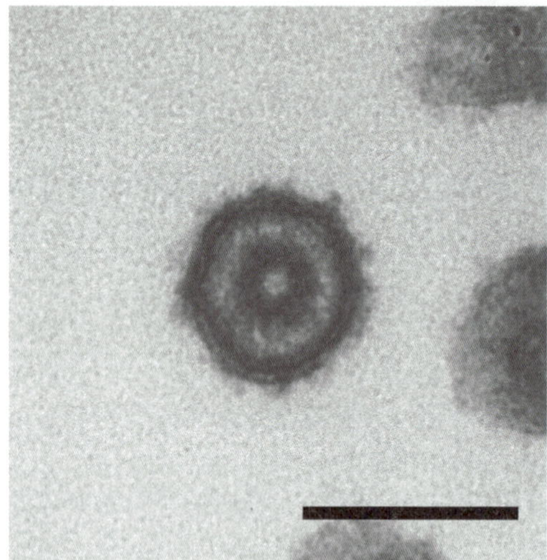
(b)

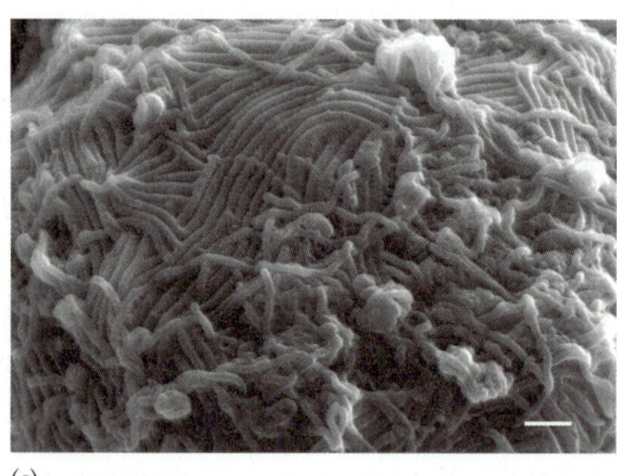
(c)

그림 16.1 **Filovirus의 구조.** (a) Ebola virus 입자가 출아 중인 Vero E6 세포의 투과전자현미경 사진. 섬유상 입자들이 종단면과 횡단면으로 관찰된다(축적 자: 500 nm). (b) 횡단면으로 단일 입자를 확대한 것. 입자는 중앙에 통로를 가지고 막으로 둘러싸인 뉴클레오캡시드로 이루어져 있다; 당단백질 돌기들이 막의 바깥에 돌출되어 있다(축적 자: 100 nm). (c) Vero E6 세포의 표면에서 출아 중인 Ebola virus 입자의 주사전자현미경 사진(축적 자: 500 nm).

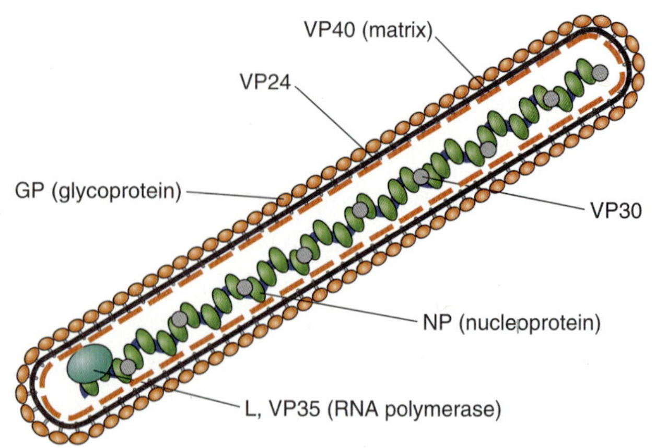

그림 16.2 **Filovirus 비리온의 모식도.** RNA 게놈은 4가지 바이러스 단백질들인 바이러스 중합효소(L), 핵단백질(NP), VP35 및 VP30과 나선형 뉴클레오캡시드를 형성한다. VP40은 간질 단백질이고, 돌기는 GP_1/GP_2 복합체의 3량체로 형성되며, VP24는 막에 결합되어 있다.

들이 존재한다. 일부 유전자들은 전사되지 않는 짧은 유전자간 서열에 의하여 분리되어 있다. 그러나 Ebola virus의 여러 유전자들과 Marburg virus 한 유전자에서는 종료부위와 개시부위가 몇 뉴클레오티드 중첩되어 있어 한 mRNA의 3′ 끝이 다음 mRNA의 5′ 끝 아래에 위치한다(그림 16.3). 이러한 중첩이 mRNA 합성에 미치는 영향은 알려져 있지 않지만 아마도 아래쪽 유전자로부터 mRNA 합성의 개시 수준을 조절하는 것 같다. Filovirus 게놈의 3′과 5′ 끝에서 paramyxovirus 및 rhabdovirus와 유사한 비암호화 선도 및 트레일러 서열들이 발견되었다.

하나를 제외하고 각 유전자는 비리온에 통합되는 단일 단백질을 암호화한다(그림 16.2). 단백질들은 그들의 기능, 당화 상태 혹은 분자량에 따라서 명명되었으며 게놈의 3′으로부터 유전자들의 순서에 따라서 표 16.1에 제시하였다. 네 가지 바이러스 단백질들이 뉴클레오캡시드의 게놈 RNA와 결합한다: NP(nucleoprotein, 핵단백질), VP35 (RNA 중합효소 보조인자), VP30(전사인자; Ebola virus에서만 존재) 그리고 L(바이러스 RNA 중합효소). 다른 세 가지 단백질들은 바이러스 외막에 결합되어 있다; GP(외막 당단백질), VP40(간질 단백질) 및 VP24(막 단백질).

Filovirus의 전사, 복제 및 조립

Paramyxovirus와 rhabdovirus처럼 filovirus의 게놈 복제는 감염 세포의 세포질에서 일어난다. mRNA 합성과 게놈 복제의 주형은 온전한 뉴클레오캡시드로 조립된 음성-가닥 게놈이다. 3′ 선도(leader)는 바이러스 RNA 중합효소의 프로모터로 작용하며 뉴클레오캡시드의 조립을 위한 포장

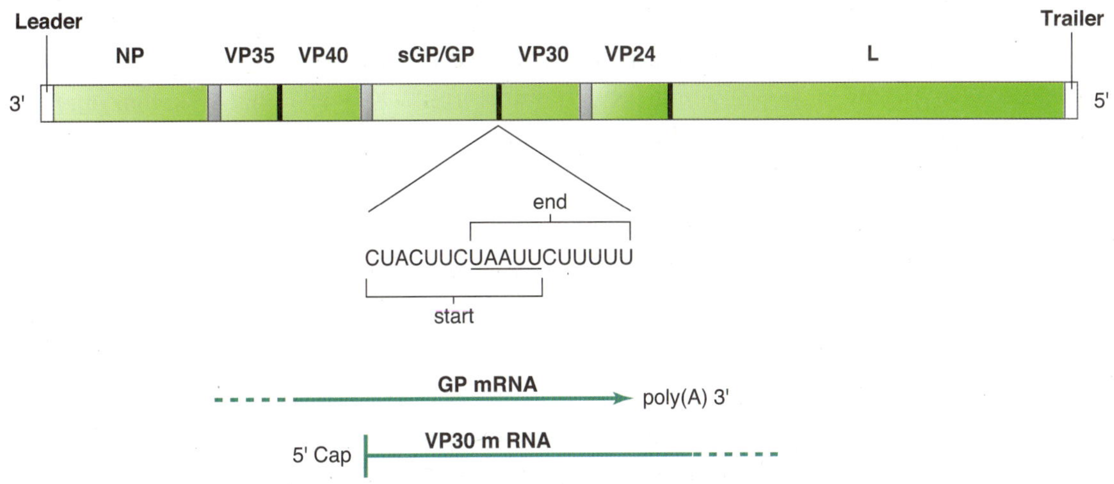

그림 16.3 Ebola virus의 게놈 지도. 일곱 가지 바이러스 유전자들을 선도 및 트레일러 서열과 함께 게놈지도의 위 표시하였다. 유전자들 사이의 비전사 서열은 회색의 수직 막대로 표시하였다; 중첩 유전자 서열들은 검은색 수직 막대로 나타내었다. GP와 VP30 유전자 사이의 유전자 중첩과 이 mRNA들의 3′ 및 5′ 끝의 위치를 아래에 나타내었다.

표 16.1 Ebola virus의 단백질들

Protein	Function
NP (nucleoprotein)	Phosphorylated protein that forms the helical nucleocapsid of the virus.
VP35 (virus protein, 35 kDa)	Phosphoprotein, associated with the nucleocapsid; required cofactor for viral RNA polymerase activity; interferon antagonist.
VP40 (virus protein, 40 kDa)	Associates with membranes and resembles matrix (M) protein; directs budding of virus envelopes at the plasma membrane to form virions.
GP (glycoprotein)	Heavily N- and O-glycosylated type I transmembrane protein; single envelope glycoprotein of filoviruses; responsible for both receptor binding and fusion with cellular membranes; is cleaved into two subunits: GP_1, N-terminal portion, and GP_2, C-terminal portion with membrane anchor and fusion peptide.
sGP (secreted glycoprotein)	Synthesized as a glycosylated precursor protein that shares N-terminal 295 amino acids with GP but has a distinct C-terminus because of RNA editing; has a different oligomeric structure; lacks a membrane anchor; is cleaved into mature sGP and delta-peptide which are both secreted; not present in virions; unknown function; not found in Marburg virus.
VP30 (virus protein, 30 kDa)	Associated with nucleocapsids; has a strong activating effect on synthesis of viral messenger RNAs for Ebola but not Marburg virus.
VP24 (virus protein, 24 kDa)	Associated with membranes; interferon signaling antagonist; involvement in host adaptation.
L (large protein)	Viral RNA-dependent RNA polymerase.

서열을 포함한다.

Filovirus의 유전자들은 15장에 기술된 개시-중단 메커니즘에 의하여(그림 15.7 참조) 게놈의 3′ 끝에서 시작하여 순서적으로 전사되어 일곱 가지의 mRNA를 생성한다. mRNA는 5′ 끝에 캡을 가지고 바이러스 RNA 중합효소가 각 전사 종료 신호 서열 근처에 위치한 연속적인 U잔기들을 반복적으로 복사하여 만든 3′-말단 poly(A) 꼬리를 가진다. 전사 효율은 유전자 순서, 유전자의 3′ 끝이나 유전자간 서열의 RNA가 형성하는 2차 구조, 유전자 간 중첩부위 그리고 중복된 종료부위의 존재 등에 의하여 영향을 받는다. 이들은 모두 RNA 중합효소가 게놈의 3′ 끝에서 5′ 끝으로 진행함에 따라서 유전자의 전사 수준을 감소시킨다. 따라서 가장 먼저 전사되는 뉴클레오캡시드 단백질의 mRNA 수준이 마지막 유전자인 L 단백질의 mRNA 수준보다 훨씬 더 높다.

게놈 복제과정에서 전체-길이의 상보적 안티게놈(양성-가닥)이 먼저 합성되고 이를 주형으로 자손 음성-가닥 RNA 분자가 합성된다. 게놈 RNA는 복제 동안에 뉴클레오캡시드로 포장된다. 감염 세포의 세포질에 바이러스 뉴클레오캡시드를 포함하는 뚜렷한 **봉입체(inclusion bodies)**가 형성된다. 감염이 진행됨에 따라서 봉입체가 자라서 규칙적인 구조를 형성한다. 완성된 바이러스 입자의 출아는 바이러스 당단백질이 미리 삽입되어 변형된 원형질막에서 바이러스 간질 단백질과 뉴클레오캡시드의 상호작용을 통하여 일어난다.

바이러스 mRNA와 게놈 RNA를 클로닝한 cDNA 복사본이 filovirus 연구에 이용된다

인간 filovirus 질병의 심각성과 백신 및 치료제의 부재로 인하여 감염성 Marburg virus와 Ebola virus의 실험 연구는 높은 수준의 생물학적인 격리가 가능한 극소수의 실험실(Biosafety Level 4[BL-4])에만 제한적으로 허용된다. 그러나 각 바이러스 단백질에 대한 mRNA의 cDNA 복사본들을 박테리아 플라스미드에 클로닝하여 박테리아나 포유동물 세포에서 단백질들을 발현시킬 수 있다. 따라서 감염성 바이러스가 없더라도 바이러스 단백질들의 구조와 활성을 연구할 수 있다. 이러한 방법으로 많은 연구들이 수행되었다.

최근 기술의 발달로 음성-가닥 바이러스 게놈을 cDNA로 클로닝한 DNA 복사본에서 완전한 감염성 바이러스를 복구하는 것이 가능해졌다. 이전에는 이러한 일을 수행하는 것이 어려웠다. 왜냐하면 양성-가닥 RNA 바이러스와는 달리 세포 내로 도입된 플라스미드에서 음성-가닥 바이러스 RNA 게놈이 만들어지더라도 비리온이 생성되지 않기 때문이다. 음성-가닥 게놈 RNA가 전사되기 위해서는 먼저 뉴클레오캡시드로 포장되어야 하고, 바이러스 RNA 중합효소가 필요하며, 어떤 경우에는 적절한 바이러스 보조인자들이 요구된다. 따라서 세포에 도입된 플라스미드로부터 바이러스를 복구하기 위해서는 게놈 RNA와는 별개로 뉴클레오캡시드, RNA 중합효소 및 보조인자 단백질들이 함께 세포에서 발현되어야 한다. 또한 원래의 5′과 3′ 끝을 가지는 바이러스 게놈이 만들어져야 하며 이러한 말단 서열들이 없으면 전사와 복제가 일어나지 않는다.

다중 플라스미드 트랜스펙션 시스템으로 감염성 filovirus를 복구할 수 있다

Filovirus 연구의 문제점들은 다수의 플라스미드를 이용하여 해결할 수 있다(그림 16.4). 바이러스 게놈의 cDNA 복사본을 T7 프로모터의 조절 하에 두면 T7 RNA 중합효소에 의한 전사(7장 참조)가 게놈의 5′ 끝의 정확한 위치에서 시작된다. 자가-절단 **리보자임(ribozyme)**을 플라스미드에 도입하여 게놈 RNA와 함께 전사되도록 하면 자신을 절단하여 게놈의 정확한 3′ 끝을 생성한다.

T7 RNA 중합효소는 플라스미드의 트랜스펙션, 재조합 바이러스 벡터의 감염 혹은 안정한 발현을 위한 세포주 구축을 통하여 포유동물 세포에서 발현될 수 있다. 게놈-발현 플라스미드를 이러한 세포에 도입하면 원래의 바이러스 게놈 RNA가 합성된다. 게놈의 포장, 전사 및 복제에 필요한 바이러스 단백질들은 게놈-발현 플라스미드와 함께 세포에 도입된 플라스미드들로부터 발현된다. 따라서 뉴클레오캡시드가 생성될 수 있으므로 이로부터 게놈을 전사하여 모든 바이러스 mRNA가 만들어진다. 새로 합성된 바이러스 단백질들은 다시 게놈을 복제하고 바이러스 외막과 간질 단백질이 뉴클레오캡시드에 통합되어 감염성 바이러스 입자들이 생성된다.

이러한 시스템을 이용하여 연구자들은 바이러스 유전자에 돌연변이를 도입하고 이들이 바이러스 생성, 감염성, 그리고 감염 동물에서의 병원성을 연구할 수 있다. 이러한 실험들의 일부 예들이 아래에 기술되어 있다. 하지만 플라스미드를 이용한 감염성 filovirus의 제조과정도 위험하므로 격리된 조건에서 실험을 진행해야 한다.

앞서 언급한 다중 플라스미드 시스템을 변형하여 감염 세포를 쉽게 검출할 수 있도록 **녹색형광단백질(green fluorescent protein)** 혹은 **클로람페니콜 아세틸전달효소(chloramphenicol acetyltransferase)**만을 발현하는 미니게놈을 포함하는 바이러스-유사 입자들도 만들 수 있다. 이러한 입자들은 filovirus 입자와 유사하여 감수성 세포에 들어 갈 수 있지만 플라스미드에 의해 뉴클레오캡시드와 외막 단백질 등이 공급되는 조건에서만 복제할 수 있다. 따라서 이들 바이러스-유사 입자들은 복제-결함성이고 병원성이 없으므로 낮은 격리 수준에서도 바이러스 복제의 여러 측면들을 배양 세포에서 연구하는 데 이용될 수 있다.

Filovirus의 당단백질은 수용체 결합과 융합을 통한 세포내 진입에 관여한다

당단백질(GP)(그림 16.5)은 소포체의 내강에 삽입되는 676개(*Zaire ebolavirus*) 혹은 681개(Marburg virus)의 아미노산들로 이루어진 전구체 단백질로 합성된다. N-말단부의 신호 서열은 막에 삽입된 이후에 전구체로부터 절단된다. C 말단 근처의 소수성 서열은 단백질을 막에 고정시킨다; 네 개에서 여덟 개의 C-말단부 아미노산들만이 세포

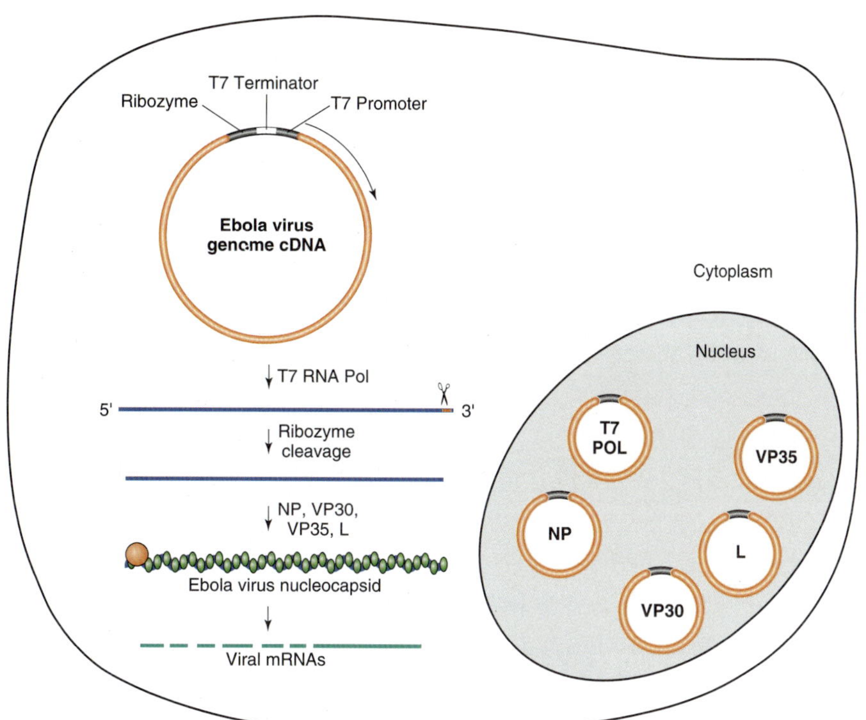

그림 16.4 다중 플라스미드 트랜스펙션 시스템을 이용한 감염성 filovirus의 생성. 핵 속에 나타낸 플라스미드들은 박테리오파지 T7 RNA 중합효소와 뉴클레오캡시드를 형성하는 네 가지 Ebola virus 단백질들을 만든다. 이들은 세포 RNA 중합효소 II에 의하여 인식되는 프로모터(회색)에 의하여 유도된다; mRNA는 세포질로 수송되어 번역된다. 전적으로 T7 RNA 중합효소에 의하여 유도되는 시스템도 가능하다; 이 경우에는 모든 플라스미드들이 세포질에서 전사된다. 세포질에 나타낸 플라스미드는 T7 프로모터로부터 전체 길이의 Ebola virus RNA 게놈을 발현한다. 새로 조립된 뉴클레오캡시드로부터 모든 바이러스 mRNA들이 만들어지면 바이러스 복제와 비리온 형성이 진행된다.

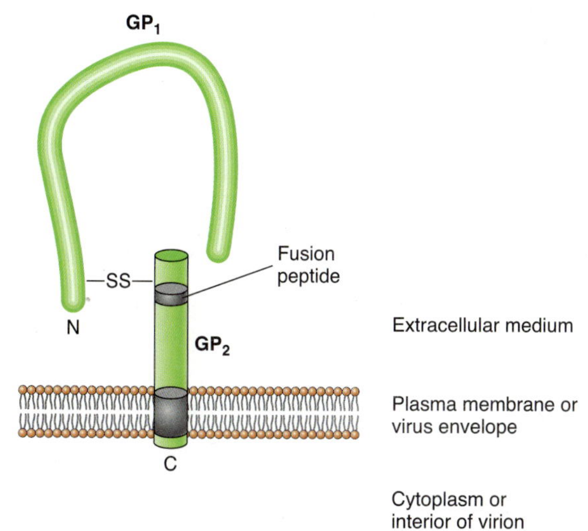

그림 16.5 Ebola virus 외막 당단백질. 절단된 당단백질 단편들인 GP_1과 GP_2는 시스테인 가교(SS)에 의하여 연결된다. GP_2는 C-말단 횡단막 영역(회색)을 통하여 지질 이중층(처음에는 소포체막에 삽입되었다가 나중에 원형질막을 거쳐 비리온 외막에 삽입됨)에 삽입된다. 막 융합에 관여하는 것으로 여겨지는 한 영역이 표시되어 있다. GP_1은 세포 수용체와 상호작용하고 세포 밖으로 노출되어 있다.

기질에 노출된다.

GP는 원형질막으로 수송되는 과정에서 소포체와 골지체에서 광범위한 N- 및 O-당화로 변형된다; 전체 질량의 50% 이상을 올리고당 잔기들이 차지한다. 이는 또한 세포의 **퓨린** 프로테아제에 의하여 두 개의 소단위체들 즉, 커다란 N-말단의 **외부 영역(ectodomain)**을 포함하는 GP_1과 짧은 C-말단의 횡단막 단백질인 GP_2로 절단된다. 두 소단위체들은 시스테인 가교에 의하여 서로 연결되어 있다. GP는 원형질막과 바이러스 외막에서 3량체를 형성한다. 이러한 면에서 GP는 paramyxovirus, rhabdovirus, 그리고 orthomyxovirus의 표면 당단백질들과 유사하다.

GP는 유일한 비리온 표면 단백질로서 GP_1의 한 부위를 통하여 세포 수용체에 결합한다. Filovirus의 진입을 매개하는 세포 단백질들로는 **아시알로 당단백질 수용체(asialoglycoprotein receptor)**, **엽산 수용체-α(folate receptor-α)**, **인테그린(integrin)** 및 **DC-SIGN**(*d*endritic *c*ell-*s*pecific *i*ntercellular adhesion molecule-*g*rabbing *n*onintegrin) 등이 있다. 바이러스의 숙주세포 결합과 진입에 대한 대부분의 실험은 다른 재조합 바이러스의 외막에

filovirus의 GP를 발현시킨 복제-결함성 **위형(pseudotype)** 바이러스를 이용하여 이루어졌다. 이러한 시스템은 원래의 filovirus 진입경로를 정확하게 반영하지 않을 수도 있다. 바이러스는 **클라트린-피복 소공(clathrin-coated pit)**을 통하여 엔도좀으로 들어가고 엔도좀 소낭 내에서 산성 pH-의존적인 융합이 일어난다. 다른 외막성 바이러스들의 **융합 펩티드(fusion peptide)**에 해당하는 부위가 GP_2의 N-말단부 근처에 위치한다. 이 부위가 세포막에 삽입되어 GP의 구조적 변화를 유도하여 바이러스 외막과 소낭 막을 근접시켜 융합이 일어나는 것으로 여겨진다(4장 참조).

놀랍게도 GP가 GP_1과 GP_2로 절단되는 과정은 감염성 비리온을 생성하고 동물에서 병원성을 유발하는 데 반드시 필요하지는 않다. GP의 퓨린 절단부위에 돌연변이를 도입하여도 원숭이 배양 세포에 감염하여 복제할 수 있고 감염성 바이러스가 만들어진다. 또한 이 돌연변이 바이러스를 원숭이에 감염시키면 야생형 Ebola virus의 감염과 구분이 불가능한 치명적인 질병이 유발된다. 이는 수많은 paramyxovirus와 orthomyxovirus들에서 바이러스의 감염성과 동물에서의 병원성이 외막 당단백질의 절단에 의존하는 것과는 대조적이다. 이 바이러스들에서는 절단에 의하여 외막 단백질의 융합 펩티드가 노출되어야 나중에 세포막에 삽입되어 융합을 매개할 수 있다. 최근에 바이러스 진입과정에서 **엔도좀(endosome)** 내의 cathepsin B와 L에 의한 GP의 절단이 filovirus의 진입에 핵심적인 역할을 한다는 것이 밝혀졌다.

Ebolavirus는 RNA 편집을 통하여 동일한 유전자로부터 두 가지 당단백질들을 만든다

모든 Ebola virus들(Marburg virus는 제외)은 GP 유전자로부터 외막 당단백질 이외에 두 번째 단백질을 생성한다. 이 단백질의 N-말단부는 신호 서열을 포함하여 295개의 아미노산들이 GP와 같지만 C-말단부에 GP의 횡단막 영역을 포함하지 않는다(그림 16.6). 그 결과 이 단백질은 막에 고정되지 않고 ER 내로 들어간다. 이는 N- 및 O-당화를 수행하고 퓨린-유사 엔도프로테아제에 의하여 절단되고 감염 세포의 배지에 두 개의 독특한 분자들 즉, sGP(N-당화)와 델타-펩티드(O-당화)로 방출된다. sGP는 감염된 환자의 혈청에서 발견된다.

GP 유전자는 유전자 내의 편집부위에 첨가된 하나의 A 잔기만 다른 두 가지 mRNA를 생성하여 GP와 sGP를 만든다(그림 16.6). 하나의 A 잔기는 paramyxovirus의 P/C/V 유전자의 RNA 편집과 유사한 방식(15장)으로 편집부위에 첨가된다. 편집부위는 양성-가닥 mRNA에 A 잔기들로 전사되는 7개의 U 잔기들을 포함한다. 편집되지 않은 mRNA는 UAA 코돈에서 종료하고 364개의 아미노산들로 이루어진 sGP 전구체를 생성하는 ORF(틀 0)를 가진다. 약 20%의 경우에 바이러스 RNA 중합효소가 멈추고 U 잔기들을 더듬다가 mRNA에 한 개의 A를 추가로 첨가한다. 이로 인하여 295번째 위치의 아미노산이 트레오닌(ACC)에서 아스파라긴(AAC)으로 바뀌고 이 부위 이후의

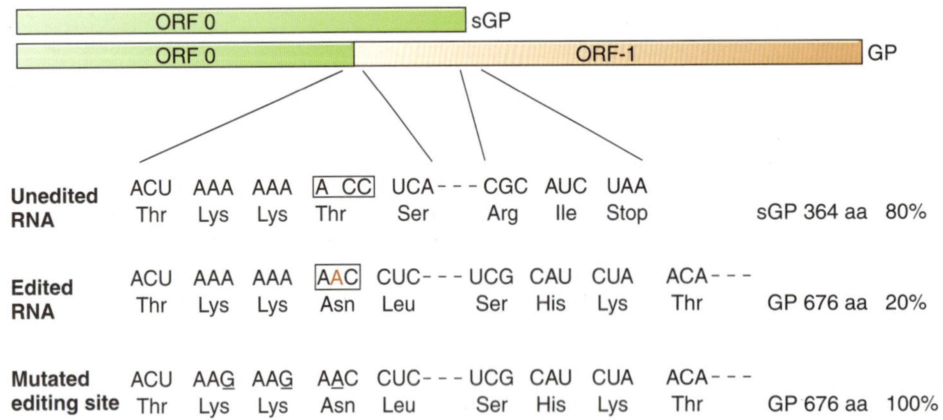

그림 16.6 Ebola virus GP mRNA의 편집. 위에 녹색으로 나타낸 것은 전구체 sGP와 GP의 N-말단 부위로 번역되는 열린 해독틀(ORF 0)이고 아래에 주황색으로 나타낸 것은 GP의 C-말단 부위를 위한 열린 해독틀(ORF –1)이다. 편집부위의 mRNA 서열과 이들의 번역 산물들을 그 아래에 나타내었다. mRNA 편집으로 A 잔기(주황색으로 표시된)가 하나 추가되면 GP의 번역틀로 전환된다. mRNA의 20%만이 편집된다. sGP의 번역 종결부위에서 중첩 해독틀의 일부를 오른쪽에 제시하였다. 아래: 편집부위에 있는 일련의 U 잔기들(상보적인 mRNA에서는 A들)이 두 개의 C 잔기들(mRNA에는 밑줄 친 G들)에 의하여 불연속적으로 되어 편집을 수행할 수 없도록 조작된 돌연변이 바이러스. 편집부위(mRNA에서 밑줄 친 A)의 끝에 추가된 U 때문에 번역틀이 –1로 전환된다. 이 돌연변이체는 GP를 과발현하고 sGP를 더 이상 만들지 않는다.

해독틀이 한 뉴클레오티드씩 뒤로 밀린다(틀 –1). 그 결과 편집된 mRNA를 번역하는 리보좀은 676개의 아미노산들로 이루어진 GP 단백질을 만든다. 전체 GP mRNA의 80%가 sGP 전구체를 암호화하므로 GP보다 sGP가 더 많이 만들어진다.

분비 당단백질은 바이러스 병원성에 어떤 역할을 수행하는가?

Ebola virus의 생활주기에서 sGP가 어떠한 역할을 수행하는지는 분명하지 않다. 지금까지 조사된 모든 Ebola virus 종들이 GP와 sGP를 만들지만 Marburg virus는 GP만을 만든다. sGP는 감염 세포의 배지에 방출되고 환자의 혈청에서 발견되므로 숙주의 방어계 성분들을 표적으로 하는 용해성 인자일 것으로 제안되었다. sGP는 **항체(antibodies)**와 결합할 수 있으므로 Ebola virus에 감염된 환자와 동물에서 나타나는 면역 억제에 기여할 수 있다. sGP가 대식세포(macrophage) 혹은 혈관 내피세포를 활성화시켜 모세혈관 누출과 응고 이상을 초래할 수도 있지만 이에 대한 증거는 아직 확보되지 않았다.

sGP의 기능을 이해하기 위하여 GP 유전자의 편집부위에 돌연변이를 가지는 감염성 바이러스가 다중 플라스미드 시스템으로 제조되었다. 이 돌연변이 게놈에서는 7개의 연속적인 U 잔기들 가운데 두 개가 C 잔기로 바뀌고 U 잔기가 하나 추가되었다(그림 16.6). 그 결과 mRNA 합성 과정에서 편집이 일어나지 않고 mRNA 전사물에 추가된 A 잔기가 해독틀을 바꾼다.

이 바이러스는 배양 세포에서 복제하여 감염성 비리온을 생성하지만, 야생형 바이러스보다 더 빨리 세포병변 효과를 유도하여 더 작은 용균반이 형성되고 감염성 바이러스의 생성 수준도 더 낮다. 돌연변이 바이러스가 더 높은 세포병변 효과를 나타내는 이유는 GP 합성률의 증가가 세포의 단백질 가공 및 수송계에 더 많은 영향을 미치기 때문인 것 같다. 따라서 Ebola virus는 RNA 편집을 통해 GP의 양을 제한함으로써 감염 세포에서 더 많은 양의 바이러스가 생성될 수 있도록 하는 것 같다. 돌연변이 바이러스가 감염 동물에서 병원성에 미치는 영향은 아직 조사되지 않았다. 아마도 이 바이러스의 자연 숙주에서는 아직 알려지지 않은 다른 역할을 수행할 수도 있다. 델타-펩티드의 역할에 대해서는 아직 알려진 정보가 전혀 없다.

소수 뉴클레오캡시드 단백질인 VP30은 Ebola virus의 mRNA 합성을 촉진한다

Filovirus의 뉴클레오캡시드는 네 가지 단백질들을 포함한다. 이들 가운데 세 가지(NP, VP35 및 L)는 paramyxovirus와 rhabdovirus의 세 단백질들(N, P 및 L)에 해당한다. 네 번째 뉴클레오캡시드 단백질인 VP30은 Ebola virus 게놈에서 최적 수준의 바이러스 mRNA 합성에 필요하다. 따라서 VP30의 한 가지 기능은 Ebola virus의 전사를 활성화시키는 것이다.

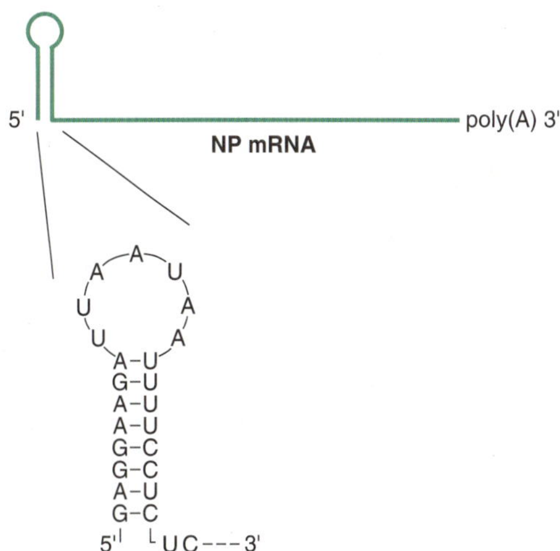

그림 16.7 Ebola virus 게놈의 전사를 조절하는 NP mRNA의 5′ 끝에 있는 줄기-고리 구조. VP30은 바이러스 RNA 중합효소에 의한 NP 유전자의 전사개시를 억제하는 이 줄기-고리 구조의 효과를 해소시켜 Ebola virus의 전사를 활성화한다.

Filovirus의 전사는 게놈의 3′ 끝에서 조금 아래에 위치한 NP 유전자의 개시부위에서 시작한다(그림 16.3). 이 개시부위의 뉴클레오티드 서열은 게놈 RNA 혹은 이와 상보적인 NP mRNA에서 줄기-고리 구조를 형성할 수 있다(그림 16.7). 이 줄기-고리 구조가 돌연변이로 파괴되면 Ebola virus의 전사는 더 이상 VP30에 의존적이지 않게 된다. 더구나 NP의 줄기-고리 구조를 다음 유전자인 VP35의 개시부위에 두면 이 유전자의 전사도 VP30에 의존적으로 일어난다. 따라서 NP 유전자의 개시부위에 있는 줄기-고리 구조는 바이러스 RNA 중합효소에 의한 mRNA 합성의 개시를 저해하고 VP30이 이러한 저해를 해소하여 전사를 활성화시키는 것 같다.

비록 VP30이 뉴클레오캡시드에 존재한다는 것이 밝혀졌지만 VP30이 직접 줄기-고리에 결합하는지는 아직 알려지지 않았다. VP30은 올리고머를 형성하는 아연-결합 단백질이며 아연-결합과 올리고머 형성 모두 VP30의 전사-촉진 활성에 필요하다.

간질 단백질 VP40은 출아와 섬유상 입자의 형성을 지시한다

Filovirus 입자에서 가장 많은 단백질인 VP40은 바이러스 외막과 결합하고 있다. VP40은 횡단막 단백질이 아니지만 원형질막의 세포질 측면이나 바이러스 외막의 내부에 위치한다. 따라서 VP40은 다른 외막성 바이러스들의 간질 단백질들과 유사하다. 간질 단백질은 흔히 외막 단백질과 뉴클레오캡시드 사이의 교량으로 작용한다.

Marburg virus와 Ebola virus의 VP40은 C-말단 영역을 통하여 막과 강하게 결합하고 이러한 상태에서 올리고머를 형성한다. 이러한 올리고머는 2량체일 수도 있고 고리 모양의 6량체 혹은 8량체일 수도 있다. 놀랍게도 VP40만을 포유동물 세포에 발현하더라도 이 단백질은 원형질막에서 출아되어 배지로 방출되는 바이러스-유사 입자를 형성할 수 있다. VP40을 GP 및 NP와 함께 발현하면 성숙한 filovirus 비리온을 닮은 이러한 입자의 생성이 증가한다. 따라서 VP40은 출아와 비리온 형성을 지시하는 중요한 바이러스 단백질인 것 같다.

대다수 외막성 바이러스들의 간질 단백질들은 바이러스-유사 입자의 생성에 필요한 짧고 보존적인 아미노산 서열을 가지며 이를 "후기 영역(late domain)"이라고 한다. Ebola virus와 Marburg virus의 VP40은 N-말단부에 후기 영역 모티프인 Pro-Pro-X-Tyr(X는 모든 아미노산을 의미)을 가진다. 이 후기 영역 모티프를 돌연변이 혹은 결실시키면 VP40에 의한 바이러스-유사 입자의 생성이 감소하거나 중단된다.

세포내 소낭의 이동과 분류에 관여하는 수많은 세포단백질들이 이러한 후기 영역을 가지는 단백질들과 결합하는 것으로 알려졌다. 이에는 **유비퀴틴 이음효소(ubiquitin ligase)**인 Nedd4와 소낭을 엔도좀으로 이동시켜 그 내강으로 출아하여 **다소낭체(multivesicular bodies)**를 형성시키는 단백질 복합체의 일부인 Tsg101이 포함된다. 이러한 세포 단백질들은 VP40과 다른 간질 단백질들이 원형질막에서 출아를 통해 비리온을 형성하는 것을 돕는다. 이러한 단백질들이 VP40과 상호작용하는 상세한 메커니즘은 알려지지 않았지만, VP40 혹은 관련 단백질들의 유비퀴틴화(ubiquitination)와 원형질막으로 수송되기 전에 엔도좀과

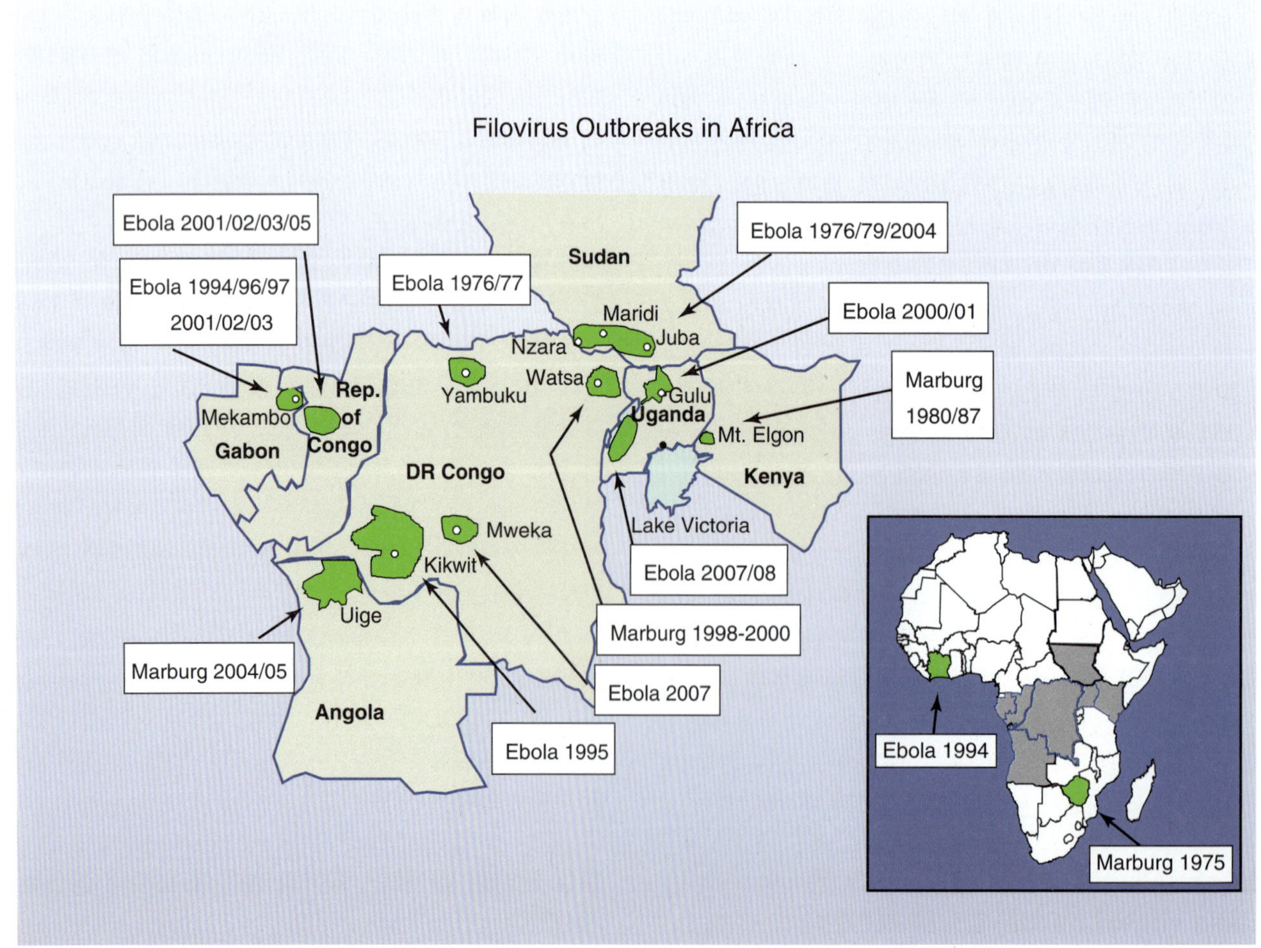

그림 16.8 아프리카에서 filovirus의 발생 지역. 아프리카 국가들에서 filovirus가 돌발한 지역과 연도를 나타내었다.

의 결합에 관여하는 것 같다.

대부분의 filovirus 유행은 적도 아프리카에서 발생하였다

Marburg virus와 Ebola virus의 종들인 *Bundibugyo, Cote d'Ivoire, Sudan* 및 *Zaire ebolavirus*는 아프리카 대륙에 토착화된 바이러스들이다(그림 16.8). Marburg virus는 비록 유럽의 환자에서 처음 분리되었지만 유럽 사례들의 기원은 긴꼬리원숭이들을 모아 독일과 유고슬라비아로 수출한 우간다의 엔테베에서 시작되었다고 볼 수 있다.

1980년과 1987년에 케냐에서 발생한 Marburg virus 출혈열 환자들은 Elgon 산악 지역을 여행한 적이 있었다. 빅토리아 호수 근처에 위치한 이 지역은 1967년에 Marburg에서 문제의 질병을 유발하였던 원숭이를 포획해 감금하였던 장소와 가까운 곳이다. 아프리카에서 Marburg virus에 의한 질병의 집단 발병은 1998–2000년에 우간다 국경에서 가까운 콩고민주공화국의 동부에서 일어났다. 또한 2004–2005년에 앙골라에서 Marburg virus 질병이 발생하였으며 이는 지금까지 최대 규모로 알려져 있다.

Bundibugyo, Sudan 및 *Zaire ebolavirus*에 의하여 유발된 에볼라 출혈열이 가봉, 콩고공화국, 콩고민주공화국, 수단 및 우간다에서 발생하였다. 1994년에는 아이보리코스트의 열대우림 지역에서 출혈열에 걸린 야생 침팬지로부터 Ebola virus의 서부 아프리카 종(*Cote d'Ivoire ebolavirus*)이 분리되었다.

이러한 자료들은 중앙 아프리카의 적도면 남북 10도 이내의 지역에 Marburg virus와 Ebolavirus의 **토착 지점(endemic foci)**이 존재함을 의미한다. 아프리카 혹은 다른 대륙에 또 다른 토착 지역들이 존재할 수도 있다. 1989년에 처음으로 아시아 filovirus인 *Reston ebolavirus*가 확인되었으며 이것도 야생 영장류와 관련이 있는 것으로 여겨진다.

Filovirus는 미확인된 동물 기원으로부터 인간에 전염된다

Filovirus는 정상적으로는 중앙 아프리카와 아마도 남부 아시아에서 하나 혹은 그 이상의 동물 종에 감염하고 순환하는 것으로 여겨진다. 이러한 종들에서는 뚜렷한 감염 증상이 나타날 수도 있고 그렇지 않을 수도 있다. 이들이 바이러스의 **병원소(reservoir)**이며 이들과의 직접적인 접촉이나 분비물/배설물과의 접촉으로 영장류가 감염될 수 있다.

가능한 자연 숙주로 많은 종들이 언급된 바 있지만 어떠한 척추동물 숙주 혹은 절지동물 벡터도 아직 확인되지 않았다. *Reston ebolavirus*가 아시아 원숭이에 감염한다는 것이 알려지면서 영장류가 병원소로 작용할 가능성이 제기되었다. 하지만 Marburg virus와 Ebola virus는 원숭이와 유인원에 질병을 유발하므로 이들이 바이러스의 병원소로 작용하는 것은 아닌 것 같다; 이들은 단지 인간처럼 이차 숙주에 불과할 것이다.

실험적으로 감염시킨 야생동물 연구에 의하면 과일과 곤충을 먹는 박쥐가 어떠한 질병도 앓지 않고서도 높은 수준의 Ebola virus 복제를 지지한다는 것이 밝혀졌다. 박쥐는 이전에도 수단과 콩고민주공화국에서의 Ebola 발생, 케냐의 Marburg virus 질병 사례들, 그리고 최근 콩고민주공화국 동부에서 발생한 Marburg virus 질병에 대해 바이러스의 잠재적인 병원소로 언급된 바 있다. 최근에는 질병 발생 지역에 서식하는 과일박쥐에서 바이러스 RNA와 항바이러스성 항체들이 검출되었으며 야생에서 포획된 *Rousettus aegypticus*(동굴에서 사는 과일박쥐 종)로부터 Marburg virus가 분리되었다. 바이러스가 지속적으로 감염할 수 있는 숙주가 **인수공통 질병(zoonotic disease)**의 병원소로 작용할 가능성이 높기 때문에 박쥐나 다른 작은 포유동물의 만성 감염이 자연계에서 filovirus의 생존을 조절하는 중요한 메커니즘으로 여겨진다.

사람들 간의 filovirus 전염은 밀접한 접촉을 통해서만 일어난다

Filovirus 출혈열은 보통 한 명의 환자에서 시작하여 다른 여러 사람들에게 퍼져 나간다. 이차와 뒤이은 감염은 가까운 가족이나 병원 종사자들 가운데서 일어난다. 전염이 일시적으로 일어나고 바이러스의 전파가 효율적이지 못하므로 전염병은 결국 소멸된다. 인간 집단에서 감염의 주요 경로는 환자나 환자의 분비물/배설물과의 직접적인 물리적 접촉이다. 환자를 간호하거나 사체를 매장하기 위한 장례 절차도 감염 위험성이 대단히 높다. 1976년과 1995년에 발생한 Ebola virus 질병은 오염된 주사기와 바늘을 통한 병원에서의 전염이 문제가 되었다.

전염이 비효율적이므로 이차 감염률이 12%를 넘는 경우가 드물다. 그럼에도 불구하고 감염 환자의 혈액, 분비물 및 배설물에 대한 최대한의 주의가 요구된다. 성적 접촉에 의한 전염 가능성도 제기되고 있으며, 1976년에 콩고민주공화국에서 신생아 감염도 보고되었다. 회복기의 일정 기간에 정액과 다른 체액에서 감염성을 지니는 바이러스가 검출된다. 격리된 수입 원숭이들 간에 비말 감염과 작은 입자의 에어로졸에 의한 감염도 관찰되었으며 이는 실험적으로도 증명되었다. 또한 자연적으로 혹은 실험적으로 감염된 원숭이와 인간 사체의 폐에서 filovirus 입자들이 검출되었다. 그러나 에어로졸 전염이 인간 질병 발생과정에서 차지하는 비중은 높지 않다.

Filovirus 감염의 병원성

Marburg virus와 Ebola virus는 인간에 비슷한 병리학적 변화를 유발한다. 가장 뚜렷한 손상은 간, 췌장, 림프절, 부신 그리고 신장에서 나타난다. 질병 후기에 위장관, 폐와 심장을 둘러싸는 공간, 복강 및 세뇨관에서 출혈이 흔하게 나타난다. 산발적인 혈관 내 응고가 마지막으로 나타나는 증상이다. 또한 백혈구 수가 현저하게 감소하고 이차 박테리아 감염이 일어날 수 있다.

Ebola virus에 감염된 동물에서 바이러스 복제는 대식세포, 단핵구, 수지상 세포 및 여러 기관들의 섬유아세포에서 많이 일어난다. 혈관 내피세포, 간세포 및 신장의 세뇨관 상피에서는 상대적으로 복제가 덜 일어난다. Filovirus는 대식세포/단핵구와 수지상 세포에서 맨 처음 복제하고 이들에서 가장 잘 복제하는 것 같다.

환자에서의 체액 분포 문제와 혈소판 이상은 모세혈관 내피세포와 혈소판의 기능 이상을 나타낸다. 바이러스에 의해 유도된 **사이토카인(cytokine)**의 방출은 내피세포 투과성을 증가시키고 이는 심각한 환자에서 규칙적으로 나타나는 **쇼크(shock)** 증후군의 주요 원인이다. 치명적인 filovirus 감염의 최종 단계에는 고농도의 바이러스가 순환계에 존재하고 효과적인 면역반응이 일어나지 않는다. 사실, filovirus는 숙주의 면역 억제를 유도하며 이는 감염을 빠르게 진행시키고 더 심각한 질병을 유발하는 주요 요인이 된다.

감염의 임상적 특징

Marburg virus와 Ebola virus의 배양기는 4~21일로 다양하다. 증상은 갑작스럽게 나타나며 발열, 오환, 두통, 근육통, 식욕 상실이 생겨난다. 그 뒤에 복부 통증, 목 따가움, 구역질, 구토, 기침, 관절통, 설사 및 발진이 뒤따른다. 탈진, 무기력, 체중 감소 및 설사는 다른 바이러스에 의한 출혈열에서보다 더 심하게 나타난다. 심한 설사는 많은 박테리아성 장 감염에 의해서도 나타나므로 흔히 잘못 진단되기도 한다.

환자들은 탈수증을 앓고 무기력해지고 방향 감각을 상실한다. 질병 5일에서 7일경 피부가 벗겨지는 특징적인 발진이 나타난다. 발진은 질병 단계의 진단에 매우 유용하다. 출혈은 질병의 정점에서 일어나고 질병의 진행 정도를 예측하는 데 이용된다. 위장관 내 출혈이 가장 뚜렷하며

Filovirus 진단, 치료 방법 및 백신 후보

Marburg virus와 Ebola virus에 대한 일반적인 진단은 두 가지 방법으로 가능하다: 숙주-특이적인 면역반응의 측정과 바이러스 입자 혹은 입자 성분들의 검출. RT-PCR과 ELISA는 실험실에서 급성 진단에 가장 흔하게 이용된다. 이러한 분석법들은 질병이 발병한 지 3일에서 16일 이내의 혈액을 진단할 수 있다. 항체 검출을 위하여 직접적인 IgG 및 IgM ELISA와 IgM-포획 ELISA가 이용된다. IgM 항체에 대한 진단은 2일 이내에 가능하며 IgG-특이적인 항체는 질병이 발병한지 6일부터 수년 간 검출될 수 있다.

아직 Marburg virus와 Ebola virus 출혈열에 대한 효과적인 치료법이 마련되어 있지 않다. 환자 격리와 접촉 추적은 공중보건을 위해 필요하다. Marburg virus 혹은 Ebola virus의 GP를 발현하는 vesicular stomatitis virus의 생약독화 재조합 바이러스를 노출 사후 백신으로 비인간 영장류에 접종하여 놀라운 성과를 거두었다(감염 초기에 주어지면 50−100% 생존). 또한 선충류 유래의 항응고 단백질인 rNAPc2를 이용한 치료로 Ebola virus에 감염된 비인간 영장류가 일부 생존하였으나(33%), Marburg virus 감염에 대해서는 성공적이지 못하였다. 설치류 모델에서 바이러스 전사와 RNA 복제를 방해하는 안티센스 올리고뉴클레오티드와 RNA 간섭(RNAi)을 이용한 전략은 희망적이었다. 마지막으로 면역 치료는 아직 성공적이지는 않지만 지금 시점에서 포기하지 말아야 할 것이다.

예방 백신의 개발도 최근 filovirus 연구 분야의 주요 주제이다. GP와 NP를 암호화하는 DNA 플라스미드를 주사하고 GP를 발현하는 adenovirus 재조합 벡터를 추가 접종하여 비인간 영장류를 보호한 최초의 Ebola virus 백신이 개발되었다. 그러나 이러한 접근법으로 면역을 부여하기 위해서는 수개월이 소요된다. 후속 연구를 통한 접종법의 변형으로 면역 보호를 다소 앞당길 수 있을 것이다. 하지만 인간 집단에 이미 널리 존재하는 adenovirus에 대한 면역이 이러한 접근법의 효능을 제한하는 요인이다.

Marburg virus 단백질을 발현하는 Togavirus 레플리콘이 긴꼬리원숭이를 바이러스 감염으로부터 보호하였다. 그러나 Ebola virus 백신을 위한 이러한 전략은 그리 성공적이지 못하였다. 최근에 Marburg virus와 Ebola virus의 GP를 발현하는 vesicular stomatitis virus와 human parainfluenza virus를 이용한 생약독화 재조합 바이러스들이 제조되었다. 이러한 벡터들을 긴꼬리원숭이에 접종하여 치사량의 바이러스 감염으로부터 동물을 완전히 보호할 수 있었다. 또한 바이러스 단백질들인 VP40, NP 및 GP의 일시적인 발현으로 생성된 바이러스-유사 입자(VLP)도 백신 후보로서의 가능성을 보여 주었다. 이러한 VLP는 안전성 측면에서 생약독화 백신보다 장점을 가지지만 치사량의 감염으로부터 비인간 영장류를 보호하기 위해서는 추가 접종이 필요하다.

국소적인 피부 출혈과 상처나 점막에서의 출혈도 흔하게 일어난다. 치명적이지 않은 경우에도 수일 간 발열이 지속된다. 치명적인 환자들은 감염 초기에 임상 증상들을 나타내며 출혈 발생과 낮은 혈압으로 인한 쇼크로 6~16일 사이에 사망한다.

Filovirus에 감염된 환자는 격리되어야 하며 의사와 간호사도 보호되어야 한다. 이는 엄격한 장벽 간호기술과 에어로졸로부터의 보호를 위한 HEPA-필터 호흡기를 이용하면 가능하다. Filovirus는 **인터페론(interferon)**의 항바이러스성 효과에 저항성을 보이는 것 같다. 바이러스성 출혈열을 유발하는 다른 병원체들에 효과적인 약제인 ribavirin은 filovirus에는 효능을 나타내지 않는다. 위험에 노출되어 있는 아프리카의 의료 종사자들과 감염성 filovirus 연구자들에게는 보호용 백신(박스 참조)이 매우 유용할 것이다.

핵심 용어

DC-SIGN
녹색형광단백질 (Green fluorescent protein)
다포성 소체 (Multivascular bodies)
대식세포(Macrophage)
리보자임(Ribozyme)
병원소(Reservoir)
봉입체(Inclusion bodies)
사이토카인(Cytokines)
쇼크(Shock)
아시알로 당단백질 (Asialoglycoprotein receptor)
엔도좀(Endosome)
엽산 수용체-α (Folate receptor-α)
외부 영역(Ectodomain)
위형(Pseudotype)
유비퀴틴 이음효소 (Ubiquitin ligase)
유비퀴틴화(Ubiquitination)
융합 펩티드(Fusion peptide)
인수공통전염병 (Zoonotic disease)
인터페론(Interferon)
인테그린(Integrins)
출혈성(Hemorrhagic)
클라트린-피복 소공 (Clathrin-coated pit)
클로람페니콜 아세틸전달효소 (Chloramphenicol acetyltransferase)
파종성 혈관 내 응고 (Disseminated intravascular coagulation)
풍토성(Endemic)
퓨린(Furin)
항체(Antibody)

기본 개념

- Marburg virus와 Ebola virus는 *Filoviridae*과에 속하며 paramyxovirus 및 rhabdovirus와 관련이 있다.
- Filovirus는 중앙 아프리카에서 높은 치사율을 나타내는 심각한 출혈열을 산발적으로 발생시킨다.
- 인간 간의 전염은 밀접한 접촉을 요구하고 비효율적이므로 질병 발생은 자가-제한적이다.
- 아직 증명되지는 않았지만 과일박쥐가 자연에서 filovirus의 병원소로 작용하는 것 같다.
- Filovirus 게놈은 7개의 유전자들을 가지며 7가지 단백질들이 비리온에 통합된다.
- Ebola virus의 한 유전자는 RNA 편집으로 2가지 단백질들을 만든다; 이들 가운데 하나인 sGP는 감염 세포에서 분비되고 비리온에는 없으며 기능이 아직 규명되지 않았다.
- 바이러스 간질 단백질인 VP40은 막에서 출아를 촉진할 수 있으며 포유동물에서 발현하면 바이러스-유사 입자들을 만들 수 있다.
- Filovirus는 위험한 병원균이기 때문에 감염성 바이러스에 대한 연구는 높은 생물학적 격리가 가능한 실험실에 국한하여 이루어진다. 그러나 대부분의 연구는 클로닝된 filovirus 유전자나 단백질로 만들어진 비병원성 바이러스-유사 입자를 이용하여 이루어진다.

복습 문제

1. Filovirus는 다량의 뉴클레오캡시드 단백질을 어떻게 생성할 수 있는가?
2. *In vitro*에서 감염성 filovirus를 생성할 수 있는 플라스미드 시스템를 구축하기 위해서는 플라스미드가 원래의 3′ 말단을 가지는 바이러스 RNA를 만들 수 있어야 한다. 이는 어떻게 할 수 있는가?
3. Filovirus GP 유전자는 동일한 유전자로부터 분비형과 막결합형 단백질을 어떻게 만드는가?
4. Marburg virus에 의한 질병은 어디에서 최초로 발생하였으며 추가로 발생한 지역들은 Ebola virus가 발생한 지역들과 어떠한 관계가 있는가?
5. 인간의 Marburg virus와 Ebola virus 감염에 대한 치료법은 있는가?

CHAPTER 17

Bunyaviruses

Richard M. Elliott

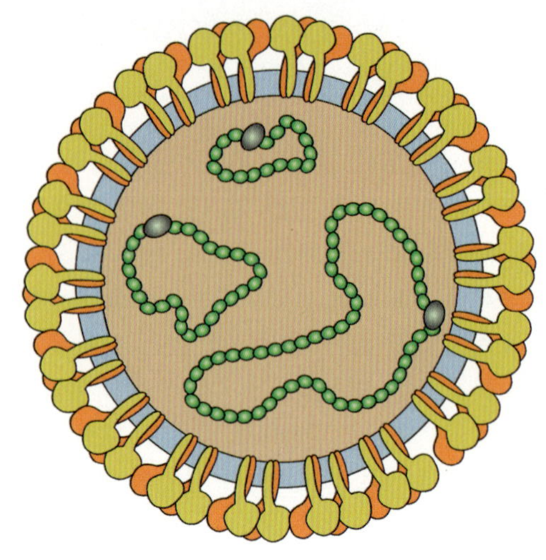

Bunyaviridae

대표 바이러스가 분리된 우간다의 지명인 *Bunyamwera*에서 유래

비리온

돌기들로 둘러싸인 구형의 외막성 입자

지름이 90–100 nm

나선형 뉴클레오캡시드

게놈

선형의 단일-가닥 RNA, 음성 혹은 양쪽 극성

세 개의 게놈 분절: S, 1–3 kb; M, 3–5 kb; L, 6–12 kb

전체 게놈 길이 11–19 kb

유전자와 단백질

각 게놈 분절은 1–3개의 단백질들을 암호화:

- *L 분절: RNA 중합효소(L)*
- *M 분절: 두 바이러스 외막 단백질들(Gn, Gc), 번역과정에서 전구체로부터 절단됨*
- *S 분절: 뉴클레오캡시드 단백질(N)*

바이러스 변종에 따라서 0–3개의 비구조 단백질이 만들어짐

바이러스와 숙주

네 가지 속(*Orthobunyavirus, Phlebovirus, Nairovirus* 및 *Hantavirus*)의 바이러스들이 척추동물에 감염

많은 바이러스들(La Crosse, Rift Valley fever, Nairobi sheep disease viruses)이 절지동물 벡터에 의해 동물 간에 전염됨

Hantavirus(Hantaan, Sin Nombre viruses)는 절지동물이 아닌 설치류에 의해 전염

식물에 감염하는 *Tospovirus*속의 바이러스들은 총채벌레에 의해 전염

질병

심각한 발열, 뇌염, 출혈열 및 치명적인 호흡기 증후군 유발

독특한 특징들

척추동물과 무척추 동물 숙주 양쪽에서 복제 가능

분절성 게놈

일부 바이러스들의 양쪽 극성 암호화 전략

바이러스 mRNA 합성이 세포 mRNA에서 5′ 캡을 강탈하여 시작됨

대부분의 bunyavirus는 모기와 진드기를 비롯한 절지동물에 의해 전염된다

*Bunyaviridae*과는 다섯 가지 속에 300종 이상의 바이러스들을 포함한다(표 17.1). 이 과의 모든 바이러스들은 다음과 같은 공통적인 특징들을 가진다: (1)나선형 뉴클레오캡시드로 개별 포장된 세 개의 분절로 이루어진 단일-가닥 RNA 게놈; (2) 세포질에서의 복제; (3) 바이러스 mRNA 합성이 숙주세포의 mRNA에서 유래하는 캡을 포함하는 올리고뉴클레오티드에서 시작; (4) 골지막에서의 비리온 조립.

1943년 우간다에서 분리된 Bunyamwera virus가 *Orthobunyavirus*속과 *Bunyaviridae*과의 대표 바이러스이다. 이는 최초로 완전한 게놈 서열이 결정된 bunyavirus이고 클로닝된 cDNA를 트랜스펙션한 세포에서 감염성 바이러스가 복구된 최초의 분절성 음성-가닥 바이러스이다. *Phlebovirus*속의 Rift Valley fever virus는 S 게놈 분절에 **양쪽 극성(ambisense)** 암호화 전략을 이용한다. 이와 같은 전략은 tospovirus의 M 및 S 분절 그리고 *Arenaviridae*과에 속하는 바이러스들의 L 및 S 분절에서도 이용된다.

대부분의 bunyavirus들은 절지동물 벡터에 의하여 동

표 17.1 *Bunyaviridae*과의 일부 병원체들

Genus/Virus	Host: disease	Vector	Distribution
Orthobunyavirus			
Oropouche virus	Human: fever	Midge	S. America
La Crosse virus	Human: encephalitis	Mosquito	N. America
Akabane virus	Cattle: abortion and congenital defects	Midge	Africa, Asia, Australia
Hantavirus			
Hantaan virus	Human: severe hemorrhagic fever with renal syndrome (HFRS); 5–15% fatality	Field mouse	Eastern Europe, Asia
Puumala virus	Human: mild HFRS, nephropathica epidemica; 0.1% fatality	Bank vole	Western Europe
Sin Nombre virus	Human: hantavirus pulmonary syndrome; 40% fatality	Deer mouse	N. and S. America
Nairovirus			
Crimean-Congo hemorrhagic fever virus	Human: hemorrhagic fever; 20–80% fatality	Tick	Eastern Europe, Africa, Asia
Nairobi sheep disease virus	Sheep, goats: fever, hemorrhagic gastroenteritis, abortion	Tick	E. Africa
Phlebovirus			
Rift Valley fever virus	Human: encephalitis, hemorrhagic fever, retinitis; 1–10% fatality	Mosquito	Africa
	Domestic ruminants: necrotic hepatitis, hemorrhage, abortion		
Sandfly fever virus	Human: fever	Sandfly	Europe, Africa, Asia
Tospovirus			
Tomato spotted wilt virus	More than 650 plant species; various symptoms	Thrips	Worldwide

물에서 동물로 전염되며 바이러스는 무척추 동물과 척추 동물 숙주 양쪽에서 복제할 수 있다. 따라서 이들의 생활 방식은 양성-가닥 RNA를 가지는 flavivirus 및 togavirus(12장과 13장)와 매우 유사하다. 바이러스가 무척추 동물 숙주에 전신 감염을 일으키지만 이들에게는 거의 영향을 미치지 않는다. 벡터가 척추동물의 피를 흡혈할 때 바이러스를 전염시킨다. 바이러스는 또한 교미를 통해 동일한 무척추 동물 종의 다른 개체에 전염이 가능하고 알을 통해 자손에게 전염되기도 한다. 바이러스는 환경이 절지동물의 부화에 적합해 질 때까지 알에서 생존할 수 있으므로 **경란 전염(transovarial transmission)**은 자연계에서 바이러스의 유지에 중요한 메커니즘이다.

어느 한 특정 속의 바이러스들은 동일한 유형의 무척추동물 벡터에 의하여 전파되는 경향이 있다. 모기와 깔따구는 orthobunyavirus를, 진드기는 nairovirus를, 그리고 모래파리나 진드기는 phlebovirus를 전파시킨다. Tospovirus는 **삽주벌레(thrips)**에 의하여 전파되는 식물 바이러스로 벡터와 식물 세포 모두에서 복제할 수 있다. Hantavirus는 예외이다; 이들은 절지동물 벡터에 의하여 전파되지 않고 자연계에서 설치류의 지속적 감염에 의하여 유지된다. 비록 hantavirus가 감염된 설치류의 폐와 신장에 다량으로 존재하지만 동물 숙주에서는 뚜렷한 질병을 유발하지 않는다. 인간은 감염된 설치류의 배설물을 에어로졸 흡입함으로써 감염된다.

일부 bunyavirus는 심각한 출혈열, 호흡기 질병 혹은 뇌염을 유발한다

비록 대부분의 bunyavirus들이 인간에 거의 영향을 주지 않지만 일부는 인간에 직접 질병을 유발하거나 가축이나 곡물에 피해를 입히는 중요한 병원체들이다(표 17.1). Bunyavirus는 바이러스학의 초창기에 발견된 동물 바이러스들에 속한다: Nairobi sheep disease virus(1910년)와 Rift

Valley fever virus(1930년).

Bunyavirus는 인간에 네 가지 유형의 질병들 즉, 열, **뇌염(encephalitis)**, **출혈열(hemorrhagic fever)** 그리고 치명적인 호흡기 증후군을 유발한다. 일부 바이러스들은 잦은 발진과 거의 치명적이지 않은 자가-제한적인 열성 질병을 유발한다. 남미에서는 Oropouche virus가 수만 혹은 수십만 명의 사람들에게 **유행성(epidemic)** 질병을 일으키기도 한다. Rift Valley fever virus는 심한 열성 질병 혹은 망막 질병에서부터 치명적인 출혈성 질병에 이르기까지 일련의 증후군을 유발한다. La Crosse virus는 미국 중서부에서 매년 100건에 이르는 어린이 뇌염을 유발하는 병원체이다. 이는 치사율이 낮지만 발작을 흔하게 동반하는 심한 급성 질병으로 만성 발작 혹은 간질과 같은 후유증을 남길 수 있다.

일부 nairobivirus와 hantanvirus는 출혈열을 유발한다. 동유럽, 아시아 및 아프리카에서 진드기에 의해 전염되는 질병인 크림-콩고 출혈열(Crimean-Congo hemorrhagic fever)은 치사율이 높다. 증상은 Lassa fever virus와 Ebola virus(16장 참조)에 의한 질병과 유사하다. Hantavirus는 **신증후성 출혈열(hemorrhagic fever with renal syndrome)**을 유발한다. 매년 유럽과 아시아 전역에 걸쳐 수십만 건의 신증후성 출혈열 사례들이 보고되고 있으며 치사율은 0.1% 이하(서부 유럽에서 Puumala-like virus의 경우)에서부터 15%(중국에서 Hantaan-like virus의 경우)에 달한다.

새로운 유형의 hantavirus 질병인 **한타바이러스 폐 증후군(hantavirus pulmonary syndrome)**이 1993년 미국 남서부에서 보고되었으며 이는 Sin Nombre("no name") virus와 관련이 있다. 그 뒤로 수백 건의 사례들이 북미와 남미에서 발생하였다. 한타바이러스 폐 증후군은 심각한 폐질환으로 신흥 바이러스성 질병의 대표적인 예로 여겨지며 전체 치사율이 40%이다.

Bunyavirus는 분절성 RNA 게놈을 단순한 외막성 입자에 포장한다

Orthomyxovirus와 reovirus(18장과 19장)들처럼 bunyavirus의 게놈은 여러 개의 RNA 분자들로 구성되어 있다. 모든 bunyavirus들은 L, M 및 S로 명명된 세 개의 게놈 분절들을 가진다. 이러한 게놈 분절들은 뉴클레오캡시드(N) 단백질에 의하여 포장되어 나선형 대칭을 가지는 RNP 복합체를 형성한다. RNA 중합효소(L) 단백질도 뉴클레오캡시드와 결합하고 있다.

비리온은 골지체 막에서 유래한 외막이 뉴클레오캡시드를 둘러싸서 형성된다. 외막은 Gn과 Gc라고 하는 두 가지 바이러스 당단백질들을 포함한다. 따라서 bunyavirus 입자는 네 가지 바이러스 단백질들 즉, N, L, Gn 및 Gc만을 포함한다. 비리온은 지름이 약 100 nm인 구형이다(그림 17.1a). 더 작은 입자들도 관찰되며 이들은 세 뉴클레오캡시드들을 모두 가지지 않아 감염성이 없다. 게놈 포장을 조절하는 메커니즘은 알려져 있지 않다. 분절성 게놈을 가지는 다른 바이러스들에서도 적어도 하나씩의 게놈 분절을 어떻게 비리온에 모두 포장하는지는 밝혀져 있지 않다.

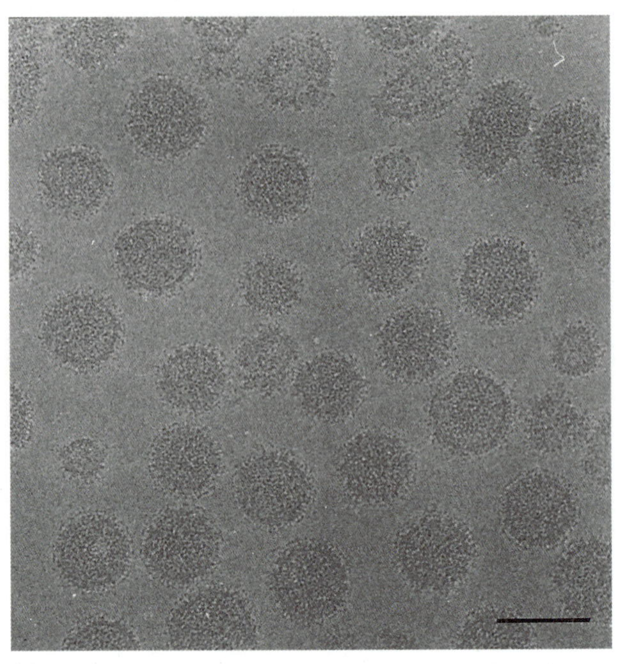

(a)

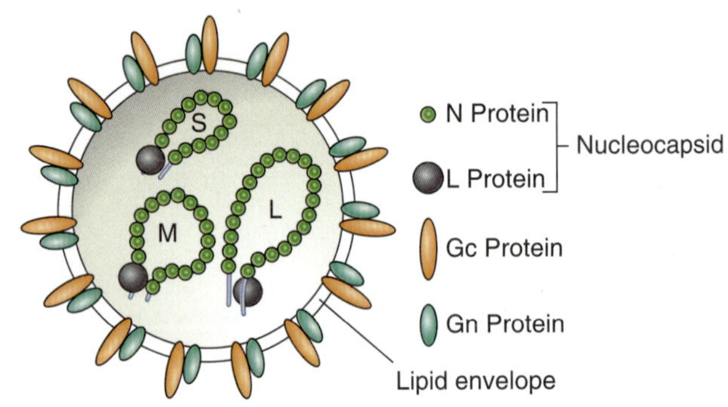

(b)

그림 17.1 Bunyavirus 비리온. 정제된 La Crosse virus 비리온의 동결전자현미경 사진(축척 자: 100 nm). (b) Bunyavirus 비리온의 외막과 세 뉴클레오캡시드(L, M 및 S)를 보여 주는 모식도로 네 가지 구조 단백질들을 표시하였다. 뉴클레오캡시드는 환형으로 나타내었다; 이들은 3′ 및 5′ 끝에 있는 상보적인 RNA 서열에 의하여 연결되어 있다.

표 17.2 Bunyaviridae 게놈 RNA의 공통적인 3′ 및 5′ 말단 뉴클레오티드 서열들

Orthobunyavirus	3' UCAUCACAUGA..................UCGUGUGAUGA 5'
Hantavirus	3' AUCAUCAUCUG..........................AUGAUGAU 5'
Nairovirus	3' AGAGUUUCU...........................AGAAACUCU 5'
Phlebovirus	3' UGUGUUUC...............................GAAACACA 5'
Tospovirus	3' UCUCGUUAG..........................CUAACGAGA 5'

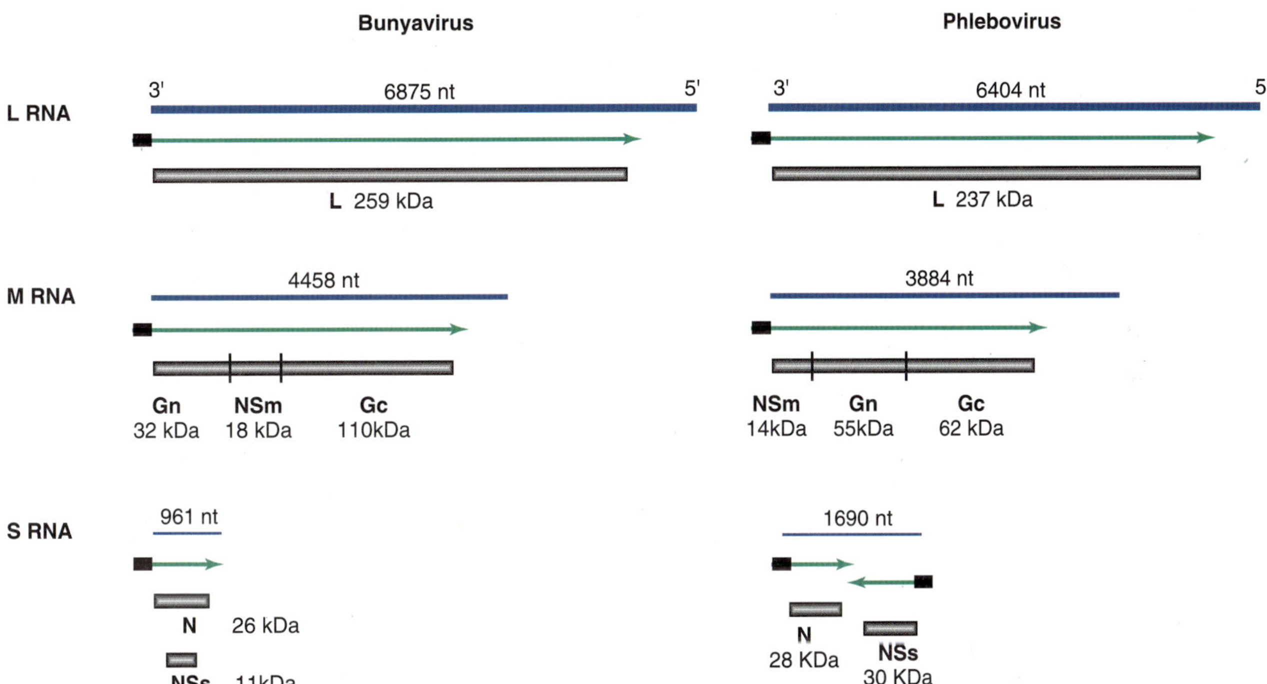

그림 17.2 **Orthobunyavirus와 phlebovirus 게놈 분절들의 암호화 전략.** 게놈 RNA와 mRNA를 짙은 청색 선(길이는 각 분절들 위의 뉴클레오티드 수)과 옅은 청색 화살표로 나타내었다; mRNA의 5′ 끝에 숙주-유래의 서열들을 검은색 사각형으로 나타내었다. 바이러스 단백질 암호화 영역을 분자량 및 절단부위와 함께 mRNA 아래에 나타내었다.

전체 게놈 크기는 orthobunyavirus의 경우에는 12 kb 정도이며, nairovirus의 경우에는 거의 19 kb이다. 이 차이는 주로 nairovirus의 매우 큰 L 분절 때문에 생겨난다. 게놈 RNA의 양 말단에 있는 8–11개의 뉴클레오티드는 한 바이러스의 세 분절들 모두에서 그리고 한 속의 모든 바이러스들 사이에 고도로 보존되어 있다(표 17.2). 5′ 말단에 보존된 서열은 3′ 말단의 서열과 상보적이어서 RNA의 양 말단이 염기쌍을 이루어 팬 핸들 구조를 형성할 수 있다. 실제로 원형의 나출성 RNA와 나선형 뉴클레오캡시드가 전자현미경으로 관찰되었다(그림 17.1b).

Bunyavirus 단백질 암호화 전략: 음성-가닥 및 양쪽 극성 RNA

Bunyavirus 게놈의 대표적인 두 가지 암호화 전략을 그림 17.2에 나타내었다. 대부분의 bunyavirus 단백질들은 게놈에서 복사된 mRNA에 의하여 암호화되므로 게놈은 음성-가닥 RNA로 간주된다. 그러나 일부 bunyavirus들은 그림 17.2에 제시된 phlebovirus의 S RNA 분절과 같이 하나의 RNA 게놈에 센스와 안티센스 단백질 암호화 영역을 모두 가진다. 이 경우에 N 단백질을 위한 mRNA는 게놈 RNA에서 복사되지만 NSs 단백질을 위한 mRNA는 반대 극성이므로 안티게놈 RNA로부터 복사된다. 이러한 양쪽 극성 게놈은 RNA 바이러스 세계에서는 비교적 드물지만 이 책에서는 다루지 않는 arenavirus도 이 전략을 이용하여 단백질을 발현한다. 반면에 이중-가닥 DNA 바이러스의 경우에는 게놈의 서로 다른 부위에서 DNA 양 가닥에 단백질 암호화 영역을 가지는 것은 일반적인 현상이다.

L RNA는 바이러스 RNA 중합효소를 암호화한다

모든 bunyavirus의 L 게놈 분절은 게놈 RNA에 상보적인 mRNA로부터 번역되는 하나의 커다란 L 단백질을 암호화한다. L 단백질은 모든 RNA 중합효소에 특징적인 모티프들을 포함하고 바이러스 게놈 RNA를 전사하여 mRNA를 만들고, 게놈 RNA를 복제하여 전체 길이의 게놈 복사본을 만든다. L 단백질의 크기는 속에 따라서 237~459 kDa으로 다양하다. 따라서 대부분의 양성- 및 음성-가닥 RNA 바이러스들의 RNA 중합효소들처럼 L 단백질도 bunyavirus가 만드는 가장 큰 바이러스 단백질이다.

M RNA는 비리온 외막 당단백질을 암호화한다

M 분절은 두 가지 비리온 당단백질들인 Gn과 Gc를 하나의 전구체 다단백질 형태로 암호화한다. 이들 당단백질들은 전구체 다단백질에서의 상대적 위치에 따라서 명명되었다. 즉, Gn은 N 말단쪽에, Gc는 C 말단쪽에 위치한다. 이는 두 단백질들의 상대적 크기에 따른 혼란스런 명명법을 대신하여 적용한 것이다.

다단백질은 소포체 **내강(lumen)**으로의 번역과 수송과정에서 절단되어 시스테인 잔기들이 특이하게 많은 두 단백질들을 생성한다. Gn과 Gc는 모두 소수성 막 고정 영역이 C 말단부에 있는 **I형 횡단막 단백질(type I transmembrane protein)**이다. 이 단백질들은 Gn에 있는 신호에 의하여 골지체 막으로 이동한다. Gn/Gc 2량체는 소포체에서 빠르게 형성되며 이러한 형태로 골지체로 수송된다. 많은 다른 바이러스 당단백질들과는 달리 Gn과 Gc는 원형질막으로 수송되지 않고 바이러스 조립이 일어나는 골지체 막에 남는다.

바이러스 당단백질들은 **혈구응집(hemagglutination)**, 독성, 조직 **친화성(tropism)**, 항체에 의한 중화 및 세포 융합과 같은 바이러스의 많은 생물학적 특성들과 관련이 있다. 독성 및 비독성 bunyavirus들로부터 **재편성 바이러스(reassortment virus)**를 만들어 분석한 결과, M 분절(즉, M에 의해 암호화되는 단백질들)이 독성을 조절한다는 것이 밝혀졌다. 또한 bunyavirus가 모기 벡터에서 다발성 감염을 유발하는 능력도 M 분절에 의존하므로 바이러스 당단백질에 의하여 조절된다고 할 수 있다. 바이러스 감염성이 orthobunyavirus Gc 단백질에 특이적인 단클론 항체에 의하여 저해될 수 있을 뿐만 아니라, orthobunyavirus Gc 돌연변이체가 융합과정에 결함을 나타내므로 Gc가 세포 내로의 진입에 관여한다는 것을 알 수 있다.

Orthobunyavirus와 일부 phebovirus의 경우, 작은 비구조 단백질(NSm)이 다단백질의 일부로 만들어져 번역과정에서 절단된다(그림 17.2). Tospovirus도 NSm 단백질을 암호화하지만 이는 양쪽 극성 전략을 이용한다. NSm 암호화 영역은 tospovirus 게놈 RNA의 5′ 말단부에 위치하며 서브게놈 mRNA로부터 번역된다. Phlebovirus의 NSm 단백질은 바이러스 증식에는 필수적이지 않고 독성에 관여하는 반면 orthobunyavirus의 NSm 단백질은 비리온 조립과 형태 형성에 관여한다.

S RNA는 뉴클레오캡시드 단백질과 비구조 단백질을 암호화한다

S RNA 분절도 다양한 암호화 전략을 가진다. 대부분 orthobunyavirus들의 S RNA는 두 가지 단백질들인 뉴클레오캡시드 단백질(N)과 비구조 단백질(NSs)을 암호화한다. 이 단백질들은 모두 게놈에 상보적인 mRNA로부터 합성되지만, 서로 다른 AUG 개시코돈에서 시작하여 서로 다른 중첩된 해독틀을 이용한다. 반면에 대부분의 hantavirus와 nairovirus의 S RNA는 뉴클레오캡시드 단백질을 암호화하는 단 하나의 열린 해독틀을 가진다.

Phlevovirus(그림 17.2)와 tospovirus의 S RNA는 양쪽 극성 암호화 전략을 이용한다. N 단백질은 S RNA의 3′ 반쪽에 해당하는 mRNA에 암호화되어 있으며 이 mRNA는 게놈 RNA로부터 복사된다. NSs 단백질은 S RNA의 5′ 반쪽에 해당하는 mRNA에 암호화되어 있고 이 mRNA는 안티게놈 RNA로부터 복사된다. N 단백질은 전체 길이의 바이러스 게놈과 안티게놈 RNA에 결합하여 바이러스 뉴클레오캡시드를 형성하고 이러한 상태로 바이러스 RNA는 전사와 복제를 위한 주형으로 제공된다. Orthobunyavirus와 phlebovirus의 NSs 단백질은 복제에는 필수적이지 않은 독성 인자로 숙주세포의 전사 저해와 숙주 인터페론 반응의 저해에 관여한다.

Bunyavirus는 당단백질을 통하여 세포에 부착하고 내포작용에 의하여 세포에 진입한다

*Bunyaviridae*과에 속하는 대부분 바이러스들에 대한 세포 수용체가 아직 알려지지 않았다. 항체중화 및 혈구응집을 저해하는 부위들이 phlebovirus의 비리온 당단백질인 Gn과 Gc에 지정되어, Gn과 Gc가 모두 세포 부착에 관여한다는 것을 알 수 있다. Orthobunyavirus의 경우에는 Gc가 척추동물 세포에 부착하는 주요 단백질이고 Gn은 무척추동물(모기) 세포와의 부착에 관여하는 주요 결정인자인 것 같다. 최근 β_3 **인테그린(integrin)**이 병원성 hantavirus의 진입을 매개한다는 것이 밝혀졌다; 세포 감염이 항-인테그린 항체 혹은 인테그린 **리간드(ligand)**인 vitronectin에 의

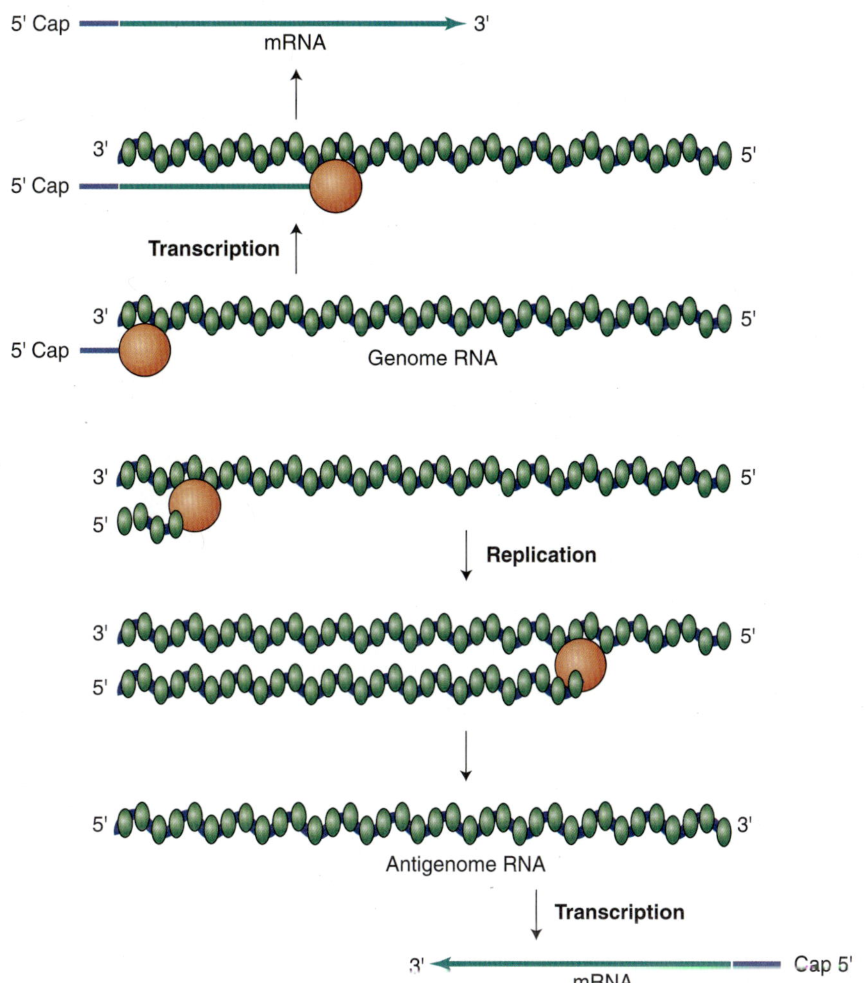

그림 17.3 게놈 분절들의 전사와 복제. 게놈 RNA는 항상 N 단백질(녹색 타원)로 둘러싸여 있다. (위) 전사: 바이러스 L 단백질(주황색 구체)이 캡을 가지는 세포 mRNA를 절단하여 5′ 끝의 단편을 게놈 RNA의 전사를 위한 프라이머로 이용한다. 종료 신호가 mRNA를 방출한다. (아래) 복제: 충분한 N 단백질이 만들어지면 L 단백질은 게놈 RNA의 3′ 끝에서 직접 RNA 합성을 시작하고, N 단백질에 둘러싸인 안티게놈 복사본을 통하여 게놈을 복제한다. 안티게놈 RNA는 자손 게놈(미제시)과 일부 경우에 양쪽 극성 mRNA 합성을 위한 주형으로 제공된다(맨 아래).

하여 저지될 수 있다. Hantavirus의 경우에는 두 당단백질들 가운데 어느 것이 세포 표면과의 상호작용에 관여하는지 알려지지 않았다.

Phlebovirus의 전자현미경적 연구에 따르면 세포 진입이 내포작용을 통하여 이루어진다. 아마도 엔도좀이 산성화되면 바이러스 막과 엔도좀 막의 융합이 시작되어 뉴클레오캡시드가 세포질에 방출되는 것 같다. 많은 다른 외막성 바이러스들처럼 bunyavirus도 산성 pH에서 세포막과 융합하고 이 과정에서 Gn의 구조적 변화가 일어난다.

Bunyavirus의 mRNA 합성은 캡을 가지는 세포 mRNA의 5′ 끝을 프라이머로 이용하여 시작된다

다른 음성-가닥 RNA 바이러스들처럼 bunyavirus도 비리온을 구성하는 RNA 중합효소인 L 단백질을 이용하여 감염한 게놈 분절들을 mRNA로 전사함으로써 복제주기를 시작한다(그림 17.3). 이러한 일차 전사는 바이러스 뉴클레오캡시드가 세포질에 방출되는 즉시 바로 시작될 수 있다. 전사효소 활성은 세제로 파괴된 바이러스 입자에서도 검출될 수 있다.

놀랍게도 mGpppAm과 같은 메틸화된 캡 유사체나 alfalfa mosaic virus 4와 같은 자연적인 캡을 가지는 mRNA를 첨가하면 mRNA의 합성이 촉진되었다. 캡 유사체와 캡을 가지는 mRNA는 모두 전사를 위한 프라이머로 작용하는 것으로 추정되었다. 이는 추가 연구를 통하여 bunyavirus mRNA의 5′ 끝의 염기 서열을 결정함으로써 증명되었다. 이들의 5′ 끝에는 바이러스 게놈 서열과는 무관한

10–18개의 뉴클레오티드를 추가로 포함하고 있었다. 캡을 가지는 mRNA를 특이적으로 절단하는 엔도뉴클레아제 활성이 *in vitro*에서 검출되었으며 이 활성은 재조합 vaccinia virus를 이용한 발현 연구를 통하여 L 단백질에서 확인되었다.

이러한 연구 결과들은 bunyavirus가 influenza virus(18장 참조)처럼 mRNA의 합성을 시작하기 위하여 "캡-강탈(cap-snatch)" 메커니즘을 이용한다는 것을 의미한다. 이 과정에서 L 단백질은 캡을 가지는 세포 mRNA의 5′ 끝에 결합하여, 5′ 끝에서 10–18 nt 떨어진 지점에서 절단하고, 절단된 RNA 단편의 3′ 끝을 게놈 RNA의 3′ 끝과 나란히 배열한다. 마지막으로 L 단백질은 게놈 RNA를 주형으로 이 프라이머 RNA에 뉴클레오티드를 첨가한다.

Influenza virus의 전사는 핵에서 일어나고 새로 합성된 세포 전사물을 프라이머의 공급원으로 이용한다. 따라서 이는 **액티노마이신 D(actinomycin D)** 혹은 **α-아마니틴(α-amanitin)**과 같은 세포 RNA polymerase II 저해제에 의하여 억제된다. 반면에 bunyavirus의 전사는 세포질에서 일어나고 미리 형성된 세포 mRNA를 프라이머로 이용한다. 따라서 세포 mRNA는 풍부하고 안정하기 때문에 이러한 약제들에 의해 영향을 받지 않는다. 캡을 가지는 세포 mRNA를 전사를 위한 프라이머로 이용함으로써 이 바이러스들은 캡핑 효소를 만들지 않고서도 캡을 가지는 바이러스 mRNA를 만들 수 있다.

번역과 전사의 연계로 mRNA의 조기 종료를 방지한다

전사가 세포질에서 일어나므로 연장 중인 전사물의 5′ 끝에 캡을 가지는 프라이머가 존재하면(그림 17.3) mRNA 합성이 끝나기 전에 리보좀이 결합하여 번역을 시작할 수 있다. 이는 진핵세포와는 달리 게놈과 단백질 합성기구가 물리적으로 분리되지 않은 박테리아에서 전사와 번역이 동시에 일어나는 현상과 유사하다.

흥미롭게도 일부 bunyavirus의 전체 길이 mRNA 합성이 단백질 합성에 의존적임이 밝혀졌다. 또한 *in vitro*에서 전체 길이 mRNA 합성이 단백질 합성 기구의 첨가에 의하여 촉진되고 단백질 합성 저해제에 의하여 억제된다. 반면에 단백질 합성이 없으면 조기 종료된 mRNA들이 많이 만들어진다. 따라서 bunyavirus의 mRNA는 합성이 완료되기 전에 번역될 수 있으며 이러한 번역은 적절한 mRNA의 연장에 필요하다는 것을 알 수 있다. 5′에서 3′ 방향으로 mRNA를 번역하거나 탐색하는 리보좀이 바이러스 RNA 중합효소에 의한 연장을 지연시키거나 막을 수 있는 합성 중인 mRNA와 주형 게놈 RNA 간의 상호작용을 저해할 수 있다.

대부분 bunyavirus의 mRNA 합성은 게놈 RNA 주형의 말단으로부터 50–60 nt 앞에서 끝난다. Bunyavirus의 전사를 위한 보편적인 종료 신호는 존재하지 않는 것 같다; 종료부위로 여겨지는 두 개의 서열은 3′-G/CUUUUU-5′과 3′-GGUGGGGGGUGGGG-5′이다.

Bunyavirus의 mRNA는 3′ 말단이 폴리아데닐화되지 않는다. 최근의 연구에 의하면 orthobunyavirus의 mRNA는 세포 mRNA와는 달리 polyA-binding protein(PABP)에 비의존적인 과정을 통하여 효과적으로 번역된다. 이는 바이러스 감염이 PABP의 기능을 손상시키므로 바이러스가 숙주 단백질의 합성을 억제하고 자신의 단백질 합성을 촉진하는 메커니즘으로 여겨진다.

게놈 복제는 충분한 N 단백질이 만들어지면 시작된다

바이러스 게놈 복제를 위해서는 안티게놈 혹은 복제 중간체 RNA인 전체 길이의 상보적인 양성-센스 RNA가 필요하다. 이 분자는 게놈에 정확히 상보적인 복사본이며 mRNA의 생성에 이용되는 5′ 프라이머 서열을 포함하지 않는다. 따라서 L 단백질은 게놈의 3′ 말단 첫 뉴클레오티드에서 게놈 복제를 시작한다.

중합효소가 어떻게 전사과정에서 복제과정으로 전환하는지는 알려지지 않았다. 다른 음성-가닥 바이러스들과의 유사성으로 볼 때 N 단백질의 수준이 작용하는 것 같다. 게놈과 안티게놈은 항상 N 단백질과 복합체를 형성하고 있다. 안티게놈이 합성되는 동안 N 단백질에 의하여 포장되면 RNA에서 2차 구조가 형성될 수 없다. 따라서 RNA 중합효소는 mRNA의 합성과정에서 인식되는 종료 신호를 극복하고 게놈 RNA의 끝까지 복사를 할 수 있다.

일단 안티게놈 뉴클레오캡시드가 형성되면 동일한 메커니즘으로 전체 길이의 게놈 합성을 시작할 수 있다. Bunyavirus의 5′-과 3′-말단부의 8–11 nt는 정확히 상보적이므로 안티게놈의 3′ 끝이 게놈의 3′ 끝과 동일하며 아마도 이것이 RNA 중합효소에 의한 게놈 복제의 개시 신호로 작용하는 것 같다.

양쪽 극성 전략을 이용하는 bunyavirus는 mRNA의 일부를 안티게놈 주형에서 전사한다(그림 17.2와 17.3). 따라서 이러한 mRNA의 합성은 게놈 복제의 개시에 필요한 충분한 N 단백질이 생성될 때까지 기다려야 한다. 현재로서는 게놈과 안티게놈 끝의 어떠한 신호가 전사를 구분하는지 알 수 없다. 또한 phebovirus의 경우에, M과 L 안티

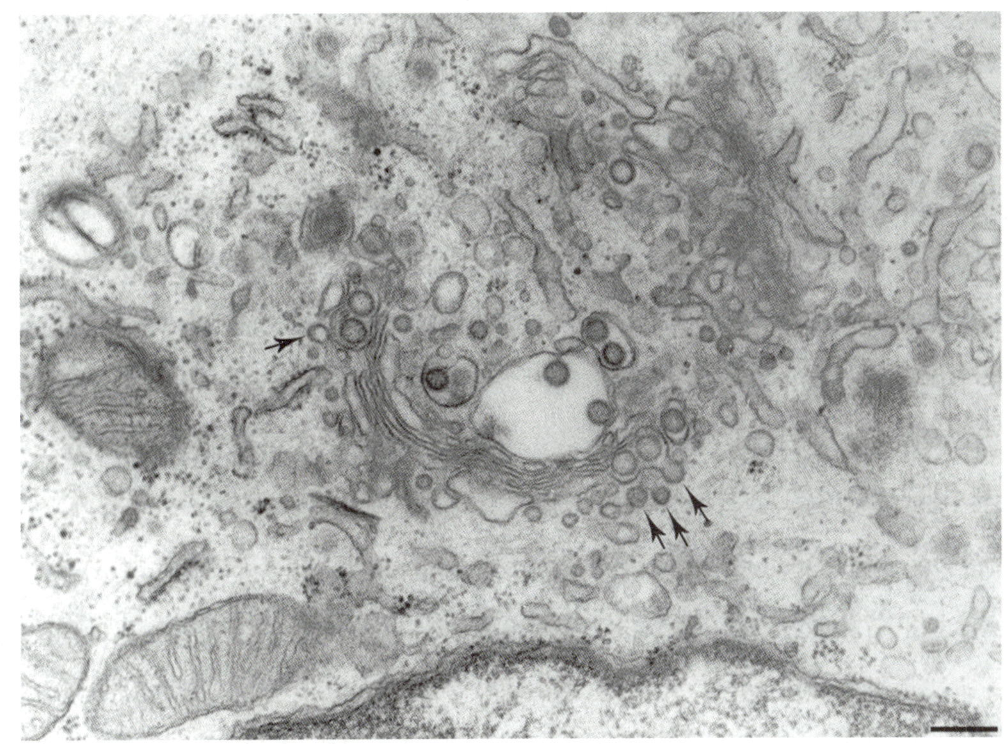

그림 17.4 **Uukuniemi virus(phlebovirus의 일종)에 감염된 세포의 전자현미경 사진.** 바이러스 입자들이 골지 액포(중앙) 내로 출아하고 작은 소낭들(화살표)이 골지 시스터네로부터 출아하는 것을 보여 준다(축척 자: 200 nm).

게놈과는 달리 S 안티게놈만이 mRNA 합성을 위한 주형으로 이용되는 이유도 분명하지 않다.

바이러스 조립은 골지막에서 일어난다

Bunyavirus의 조립은 골지체 막에서 일어난다(그림 17.4). 이는 골지체 막을 통한 단백질의 수송을 저해하는 **이온 운반체(ionophore)**인 **모넨신(monensin)** 약제에 의해 저해된다. 바이러스 당단백질들은 골지체에 축적되고 점차 액포화가 유도된다. 하지만 형태적으로 변형되더라도 골지체는 원형질막을 향한 당단백질의 당화와 수송 능력을 그대로 유지한다. Bunyavirus의 당단백질이 골지체로 이동하는 것은 당단백질 고유의 특성이고 다른 바이러스 단백질이나 바이러스 조립을 필요로 하지 않는다.

바이러스 뉴클레오캡시드는 바이러스 당단백질이 존재하는 골지 소낭의 세포질 측면에 응축된다. Bunyavirus는 많은 다른 음성-가닥 바이러스에서 뉴클레오캡시드와 외막 당단백질 사이에 다리를 제공하는 간질 단백질을 가지지 않는다. 따라서 뉴클레오캡시드와 당단백질 간의 직접적인 상호작용이 bunyavirus의 출아를 유도하는 것 같다.

비리온은 골지 시스터네 속으로의 출아에 의하여 형성된다. 그 다음 비리온을 포함하는 소낭이 **외포작용(exocytosis)**을 통하여 세포 표면으로 수송되고 결국 비리온이 세포 외부로 방출된다. 비록 대부분의 bunyavirus들이 이러한 경로로 성숙되지만 Rift Valley fever phlebovirus는 감염된 쥐의 간세포 표면에서 직접 출아한다는 것이 관찰되었다.

게놈 재편성을 통한 bunyavirus의 진화적 잠재력

분절 게놈을 가지는 다른 바이러스들처럼 bunyavirus도 두 가지 경로를 통하여 진화한다. 이는 점돌연변이, 삽입 혹은 결실의 느린 축적에 의한 **유전적 부동(genetic drift)**과 게놈 분절들의 교환을 통한 게놈 재편성에 의하여 유발되는 **유전적 전환(genetic shift)**이다. 바이러스의 RNA-의존적 RNA 중합효소는 DNA 중합효소와는 달리 교정능력이 없으므로 실수를 하기 쉽다. 이는 바이러스 RNA 집단에 유전적 이질성("부동")을 초래하는 돌연변이를 축적시키는 중요한 요인이다. La Crosse virus의 야생 분리주 연구에 의하면 어떠한 분리주들도 동일하지가 않았다. 그러나 1960년, 1978년 그리고 1993년에 La Crosse virus의 감염으로 사망한 어린이들의 뇌에서 얻은 바이러스 분리주들은 놀라운 유전적 안정성을 나타내었다. 33년에 걸친 기간에도 4,526 nt의 M 게놈 분절에 51개의 뉴클레오티드 변화만이 검출되었다. 이는 일부 유전적 변이체들만이 인간에 독성을 나타낸다는 것을 의미한다.

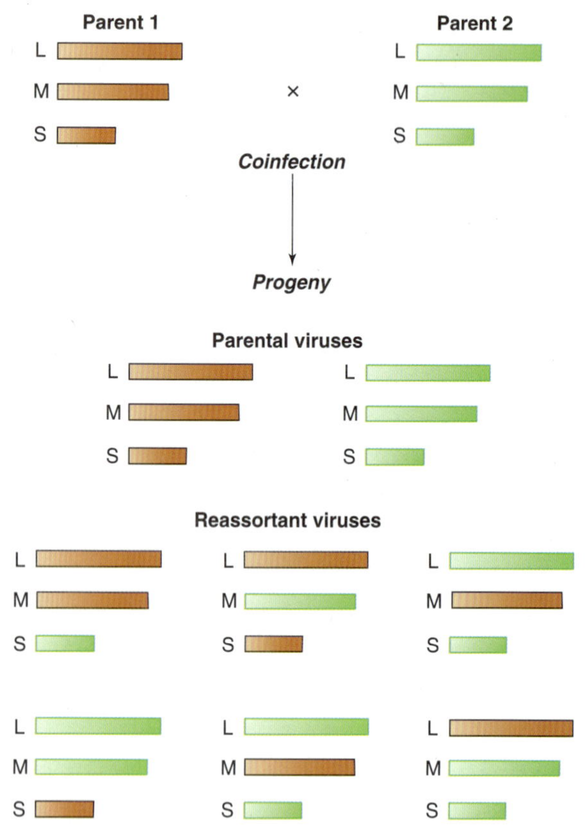

그림 17.5 Bunyavirus 게놈 분절들의 재편성. 한 세포가 밀접하게 관련된 두 가지 bunyavirus 변종들(부모 1과 부모 2)에 동시 감염되었다. 두 가지 부모 유전자형들과 두 부모의 분절들이 재편성된 여섯 가지 유전자형을 포함하여 총 여덟 가지 서로 다른 유전자형들이 자손 바이러스들에서 나타날 수 있다.

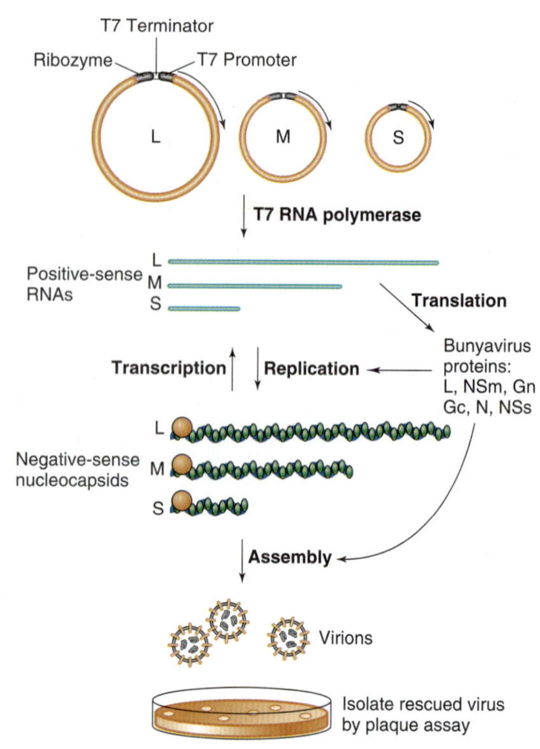

그림 17.6 클로닝된 cDNA로부터 감염성 bunyavirus의 제조. 각 게놈 분절들의 cDNA 복사본을 포함하는 세 가지 플라스미드를 박테리오파지 T7 RNA 중합효소를 발현하는 포유동물 세포에 도입한다. 전사된 안티게놈(양성-가닥) RNA가 직접 번역되어 바이러스 복제 및 구조 단백질들을 생성한다. 마지막으로 안티게놈 RNA가 복제되어 게놈이 비리온에 조립된다.

Bunyavirus의 역유전학

RNA 바이러스의 게놈 RNA는 직접 조작될 수 없으므로 오랫동안 음성-가닥 RNA 바이러스의 복제에 대한 자세한 분자적 분석이 어려웠다. 클로닝된 DNA 복사본으로부터 감염성 RNA가 만들어질 수 없으므로 부위-특이적인 돌연변이 유도에 의한 유전자 기능의 분석이 불가능하였다. 전사와 복제를 위해서는 음성-가닥 게놈 RNA가 포장되어야 하므로 게놈 RNA의 합성만으로는 바이러스가 생성되지 않는다. 그러나 최근에 음성-가닥 RNA 바이러스의 "역유전학"에 극적인 진전이 있었다.

최근 클로닝된 cDNA로부터 감염성 bunyavirus를 복구하는 단순한 시스템이 확립되었다. 그림 17.6에 제시된 이 시스템에서는 박테리오파지 T7 프로모터와 hepatitis delta virus의 리보자임 서열(31장 참조)을 가지는 L, M 그리고 S 게놈 분절을 포함하는 플라스미드 세트로 세포를 트랜스펙션한다. T7 RNA 중합효소를 발현하도록 제조된 포유동물 세포주는 이러한 cDNA들로부터 원래의 5′- 및 3′-말단 서열을 가지는 양성-가닥 안티게놈 RNA를 전사할 수 있다. 놀랍게도 이러한 안티게놈 RNA들은 캡과 poly(A) 꼬리를 가지지 않음에도 불구하고 mRNA로 작용할 수 있어 소량의 바이러스 단백질들이 세포에서 만들어진다. 추가적인 cDNA의 전사로 만들어진 RNA는 새로 합성된 N 단백질에 의하여 포장되어 안티게놈 RNA를 제공하고 이러한 RNA는 bunyavirus L 중합효소에 의하여 복제가 가능하다. 이렇게 만들어진 뉴클레오캡시드는 Gn과 Gc 외막 단백질을 포함하는 감염성 입자로 포장된다. 개개의 바이러스 클론들은 포유동물 세포에서 용균반 분석법으로 배지로부터 분리될 수 있다.

이러한 기술을 이용하여 NSs 유전자가 결손된 바이러스를 만들어 NSs 단백질이 인터페론 반응 메커니즘을 저해한다는 것을 발견하였다. 앞으로 이 시스템은 독성 유전자의 돌연변이 유도 혹은 제거 그리고 비암호화 조절 서열의 돌연변이 유도를 통하여 게놈에 약독화 돌연변이를 도입하여 백신을 개발하는 데 이용될 것이다. 백신을 접종받은 개체를 구분할 수 있도록 특정 표식 서열을 바이러스 RNA나 단백질에 도입할 수도 있다. 또한 자가-형광 단백질을 발현하는 bunyavirus를 제조하여 감염주기의 실시간 현미경적 관찰이 가능하게 되었다.

게놈 분절의 재편성은 influenza virus의 경우처럼(18장) 보다 극적인 항원성 변화("전환")를 초래한다. 한 세포에 두 가지 부모 바이러스들이 혼합 감염되면 서로 다른 부모에서 유래한 분절들이 재편성된 자손들이 생성될 수 있다(그림 17.5).

Bunyavirus의 재편성은 배양 세포와 모기에서 실험적으로 연구되었다. 재편성은 밀접하게 관련된 bunyavirus들에 국한하여 일어나며, 이 경우에도 어떤 바이러스 조합은 유전적으로 부합되지 않았다. 두 가지 바이러스 변종들로 감염시킨 모기에서 재편성 바이러스들이 타선과 난소에서 검출되었으며 이들은 알을 통하거나 흡혈을 통하여 전염될 수 있었다.

야외에서 채집한 모기에서 분리된 bunyavirus의 게놈 분석에 의하면 재편성이 자연적으로도 일어난다는 것을 알 수 있다. 새로운 병원성 바이러스의 출현 가능성을 고려할 때 수많은 bunyavirus들의 재편성에 대한 유전적 잠재력을 과소평가해서는 안 될 것이다. 예를 들면, 출혈 질병에 걸린 사람으로부터 분리된 Ngari bunyavirus는 비교적 가벼운 열성 질병을 유발하는 Bunyamwera virus와 Batai virus 간의 재편성에 의하여 생겨났다.

핵심 용어

α-아마니틴(α-amanitin)
I형 횡단막 단백질(Type I transmembrane protein)
경란 전염(Transovarial transmission)
내강(Lumen)
뇌염(Encephalitis)
리간드(Ligand)
리보자임(Ribozyme)
모넨신(Monensin)
삽주벌레(Thrips)
신증후성 출혈열(Hemorrhagic fever with renal syndrome)
액티노마이신 D (Actinomycin D)
양쪽 극성(ambisense)
외포작용(Exocytosis)
유전적 부동(Genetic drift)
유행성(Epidemic)
이온 운반체(Ionophore)
인테그린(Integrin)
재편성 바이러스(Reassortant virus)
출혈열(Hemorrhagic fever)
친화성(Tropism))
한타바이러스 폐 증후군 (hantavirus pulmonary syndrome)
혈구응집(Hemagglutination)

기본 개념

- 대부분의 bunyavirus들은 절지동물 벡터에 의하여 전염된다.
- 일부 bunyavirus들은 절지동물 숙주 내에서 경란 전염으로 자연계에서 유지될 수 있다.
- Bunyavirus는 인간에 뇌염, 출혈열 혹은 심한 호흡기 증후군을 유발할 수 있다.
- 다른 음성-가닥 RNA 바이러스들처럼 bunyavirus의 전사와 복제를 위한 주형은 나출성 RNA가 아닌 나선형의 뉴클레오캡시드이다.
- Bunyavirus 전사는 번역과 연계되어 있으며 캡-강탈과정으로 시작된다.
- Bunyavirus는 세포 내의 골지체에서 조립되고 성숙한다.
- Bunyavirus의 NSs 단백질은 복제에는 불필요하지만 숙주의 인터페론 반응을 저해하는 독성 인자이다.

복습 문제

1. 어떤 hantavirus 질병이 1993년에 미국의 Four Corners 지역에서 발생하였는가?

2. RNA 바이러스 게놈은 유전적으로 양성 혹은 음성 센스이다. 일부 bunyavirus에 존재하는 양쪽 극성(ambisense) 게놈이란 무엇인가?

3. Bunyavirus의 전사는 actinomycin D에 의해 저해되지 않지만 actinomycin D에 민감한 influenza virus와 동일한 RNA 캡핑 전략을 가진다. 이들 바이러스는 어떤 전사과정을 공유하며 그 차이는 무엇인가?

4. Bunyavirus의 조립이 monensin에 의하여 저해되는 이유는 무엇인가?

CHAPTER 18

Influenza viruses

Dalius J. Briedis

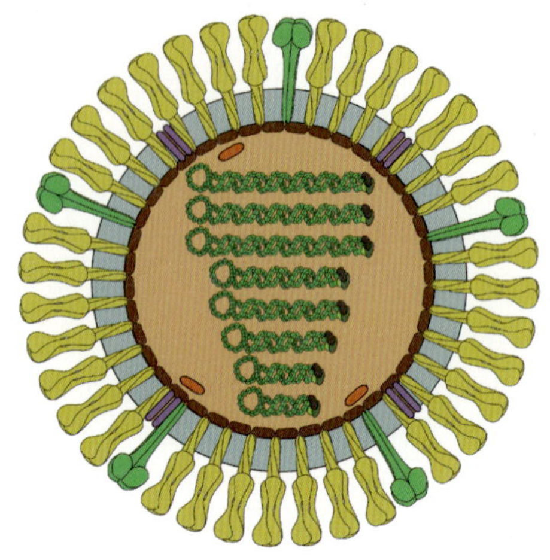

Orthomyxoviridae

그리스어 *ortho*(정통 혹은 정상)와 *myxa*(점액)에서 유래; 비리온이 점액 단백질에 결합

비리온

외막성 입자, 준구형 혹은 섬유상

지름이 80–120 nm

외막이 숙주세포 원형질막에서 출아에 의해 형성됨

조밀한 나선형 뉴클레오캡시드

게놈

선형의 단일-가닥 RNA, 음성-가닥

6~8개의 분절

전체 게놈 길이 10–15 kb

유전자와 단백질

각 게놈 분절은 하나 혹은 두 개의 단백질을 암호화:

- *외막 단백질: 헤마글루티닌(HA) 및 뉴라미니다아제(NA)*
- *이온채널 활성을 가지는 내재성 막 단백질(M2)*
- *간질 단백질(M1)*
- *뉴클레오캡시드 단백질(NP)*
- *3가지 RNA 중합효소 단백질들(PA, PB1 및 PB2)*
- *비구조 단백질(NS1)*
- *소수 구조 단백질(NS2)*
- *추가 비구조 단백질(PB1-F2)*

바이러스와 숙주

Influenza A, B, C형: 숙주는 조류, 다양한 포유류 및 인간

추가된 두 가지 속: *Thogotovirus*(진드기에 의해 전염)와 *Isavirus*(어류, 특히 연어에 감염)

질병

증상은 고열, 인후염, 기침, 두통, 근육통

노인, 신생아, 만성 질환자에게는 흔한 2차 세균 감염이 치명적일 수 있음

1918년 독감 대유행으로 전 세계적으로 2천만 명이 사망

2009년에 새로운 대유행 변종(H1N1 "돼지 독감")이 전 세계에 전파됨

조류독감 변종의 출현은 가축 가금류를 위협하고 또 다른 인간 대유행 질병을 유발할 가능성이 있음

독특한 특징들

Orthomyxovirus는 대부분의 RNA 바이러스들과는 달리 핵에서 복제함

바이러스 mRNA 합성은 핵에서 세포 pre-mRNA의 캡을 포함한 5′ 끝을 강탈하여 시작됨

바이러스는 관련된 변종들 간에 게놈 분절을 교환하여 재편성("항원 전환")이 가능

재편성은 표면 항원(HA와 NA)의 변화로 대유행을 초래할 수 있는 새로운 바이러스를 생성함

Influenza virus는 인간에게 심각한 질병을 유발하고 가끔 대유행한다

Influenza virus는 중세에 페스트 박테리아에 의해 전염병이 유발된 이래로 발생한 최악의 인간 **전염병(epidemics)**들 가운데 하나와 관련이 있다. 1918–1920년에 발생한 소위 "스페인 독감(Spanish flu)" **대유행(pandemic**; 전 세계적인 유행)으로 1차 세계대전의 모든 전투에서 전사한 사람들보다 더 많은 2천만 명이 사망하였다. Influenza라는 이름은 18세기 이탈리아에서 전염병의 원인을 별의 영향(the influence of stars)으로 추정한 데에서 유래한 것이다. 현재 백신과 항바이러스제가 개발되어 있음에도 불구하고 아직도 Influenza virus는 매년 전 세계적으로 수십만 명의 사람들을 죽이고 있다. 이는 표면 당단백질의 아미노산 서열을 바꾸어 면역 감시를 피할 수 있는 influenza virus의

능력 때문이다.

일반인들이 말하는 "독감(flu)"은 대부분 가벼운 상부 호흡기 질병, 즉 "일반 감기(common cold)"로서 influenza virus가 아닌 rhinovirus와 coronavirus를 포함하는 수많은 상부 호흡기 바이러스들에 의하여 유발된다. 진짜 influenza는 인후염, 기침, 고열, 두통 및 근육통 증상을 보이며 모든 연령대에서 발생하는 심각한 급성 호흡기 질환이다. 다른 호흡기 바이러스 감염과 독감을 쉽게 구분할 수 있는 아주 간단한 방법이 있다. 만약 당신이 침대에서 정말 일어날 수 없다면 그건 아마도 독감 때문일 것이다! 급성 단계가 약 3일간 지속되지만 기침과 다른 증상들은 이보다 더 지속될 수도 있다.

독감은 매년 겨울, 북반구에서는 보통 12월과 3월 사이에 유행한다. 북미에서는 매년 2만 명 이상이 influenza virus에 의하여 사망하며 이들의 대부분은 노인들과 심신허약자 혹은 면역저하자들이다. 1790년 5월에 심한 유행성 독감이 초창기 미국 정부의 수도이었던 필라델피아를 강타하여 1대 대통령인 George Washington은 독감으로 사경을 헤매다가 회복되었다. 이보다 심각한 독감의 대유행이 10년에서 50년 간격으로 불규칙적으로 발생하였다. 이에는 1918–1920년의 스페인 독감 대유행을 비롯하여 1950년의 아시아 독감(북미에서 6만 명 사망)과 1967년의 홍콩 독감 등이 있다. 2009–2010년에 발생한 돼지 독감의 대유행으로 전 세계적으로 16,000명이 사망하였지만, 심각한 질병이 처음 예상했던 것보다 널리 확산되지는 않았다.

Influenza virus가 호흡기관에 감염하면 2차 박테리아 감염을 초래할 수 있다

바이러스가 처음에는 상부 호흡기의 상피세포에 감염한다(그림 18.1). 바이러스 감염에 의하여 **섬모 상피조직(ciliated epithelium)**이 소실되면 호흡기관이 **점액섬모 흐름(mucociliary flow)**을 통하여 바이러스와 박테리아를 제거할 수 없게 된다. 더구나 바이러스 감염은 **인터페론(interferons)**, **사이토카인(cytokines)** 및 다른 용해성 반응인자들의 생성을 유도하여 국소적 및 전신적 염증 반응을 일으킨다. 이로 인하여 독감 증후군에 해당하는 발열, 두통, 오환, 근육통 등의 여러 증상들이 나타난다. 섬모 상피조직가 소실되면 박테리아는 하부 호흡기에 비교적 쉽게 진입할 수 있다. 그 결과로 유발되는 2차 박테리아성 폐렴은 influenza virus 감염으로 인한 대부분의 사망과 관련이 있다.

Orthomyxovirus는 분절성 게놈을 가지는 음성-가닥 RNA 바이러스이다

Myxovirus는 원래 influenza virus와 다른 여러 외막성 음성-가닥 RNA 바이러스들이 점액 단백질(*myxo* = 점액)의 **시알산(sialic acid)** 잔기에 결합하기 때문에 명명되었다. 이러한 바이러스들의 상당수가 influenza virus와는 매우 다른 생활 방식을 가진다는 것이 알려지면서 myxovirus는 두 가지 과들 즉, orthomyxovirus와 paramyxovirus로 분리되었다(*ortho* = 정통; *para* = 또 다른). Paramyxovirus에 대해서는 15장에서 이미 언급하였다.

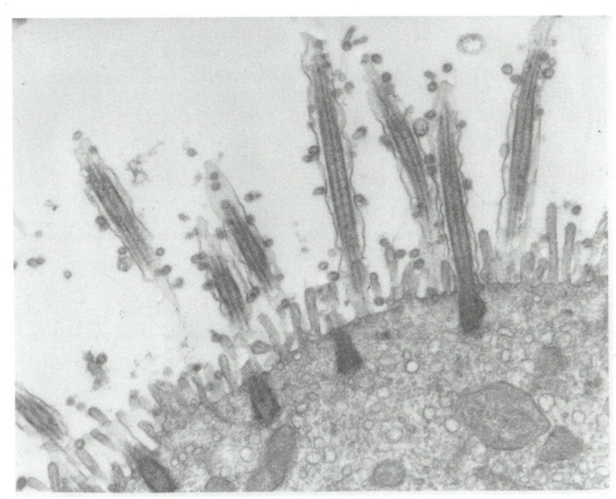

그림 18.1 Influenza virus에 감염된 상부 호흡기의 상피세포. 이 얇은 박편 전자현미경 사진은 상피세포에서 돌출된 섬모들과 이들에 부착된 수많은 influenza A형 비리온(작은 구체 입자들)을 보여 준다.

*Orthomyxoviridae*과는 A, B 및 C형의 influenza virus뿐만 아니라 진드기에 의하여 전염되는 *Thogotovirus*속의 두 포유동물 바이러스들과 대서양 연어에 감염하는 *Isarvirus*속의 한 바이러스를 포함한다. Influenza virus A형은 가장 잘 연구된 orthomyxovirus이다. 이는 대부분의 유행성 독감을 유발하며 많은 조류 및 포유류에 존재한다. Influenza virus B형은 인간에 제한되며 C형은 돼지와 인간에 감염할 수 있다. 두 가지 표면 당단백질들의 구조적 차이에 따라 각 influenza virus형은 여러 가지 아형으로 구분된다. 이 장에서는 대부분 influenza virus A형에 대하여 설명할 것이다.

Orthomyxovirus들은 구조와 복제 방식이 매우 유사하다. 음성-가닥 RNA 게놈은 여섯에서 여덟 개의 유전자 분절들로 이루어져 있다. 이들은 개별적으로 나선형 뉴클레오캡시드를 형성하며 원형질막에서 유래한 지질 외막으로 둘러싸여 비리온을 형성한다. 비리온은 거의 구형이거나 섬유상이다(그림 18.2).

환자에서 분리한 직후의 비리온은 대부분 섬유상 입자들이지만 계배나 배양 세포에서 여러 차례 복제를 거친 바이러스들은 이보다 작거나, 길거나 혹은 준구형의 입자를

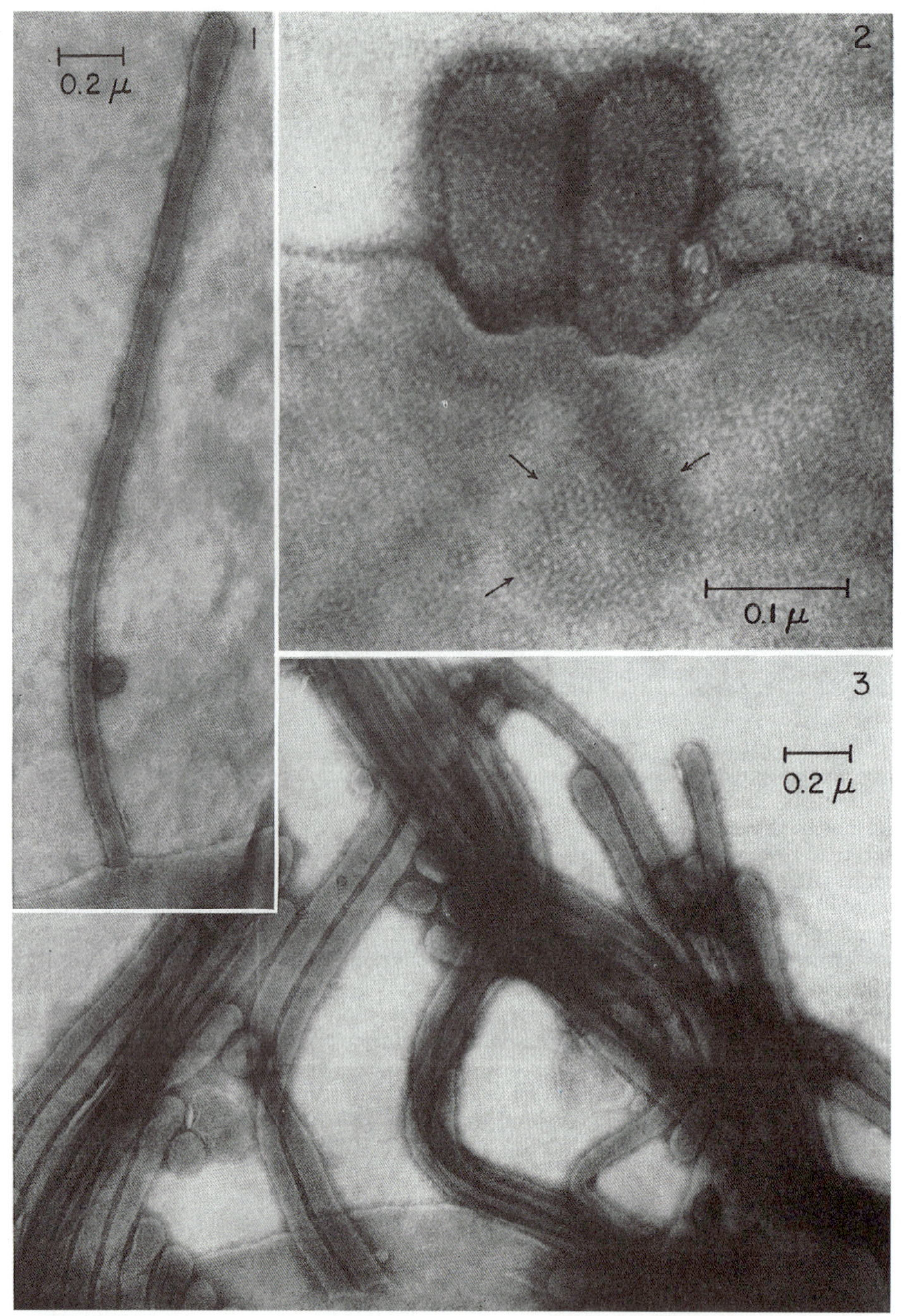

그림 18.2 구형 및 섬유상 influenza virus A 입자의 전자현미경 사진. 오른쪽 위: 세포 표면에서 출아 중인 준 구형 입자들. 당단백질 돌기들이 뚜렷하게 관찰된다. 왼쪽 위와 아래: 세포 표면에서 섬유상 입자들이 밀려나온다. 이 입자들은 수 마이크로미터로 늘어질 수 있고 세포에서 세포로 쉽게 전염될 수 있다. 감염 세포를 음성 염색한 것이다.

형성한다. 상피세포의 지름 만큼 자랄 수 있는 섬유상 비리온은 세포 간 전염에 관여하는 것 같다; 이러한 비리온들은 세포에서 다 빠져나오기도 전에 인접 세포에 감염할 수 있다. 준구형의 비리온들은 훨씬 더 작고 호흡기 에어로졸의 작은 방울에 더 쉽게 포함될 수 있다; 따라서 이들은 개체 간 전염에 관여하는 것 같다.

8개의 influenza virus 분절들은 모두 11개의 바이러스 단백질들을 암호화한다

Influenza virus A형이 생성하는 11가지 바이러스 단백질들 가운데 9개가 비리온에 포장된다(그림 18.3과 표 18.1). 1에서 6까지의 게놈 분절들은 하나씩의 단백질을 암호화한다: 세 개의 RNA 중합효소 소단위체들(PB2, PB1 및

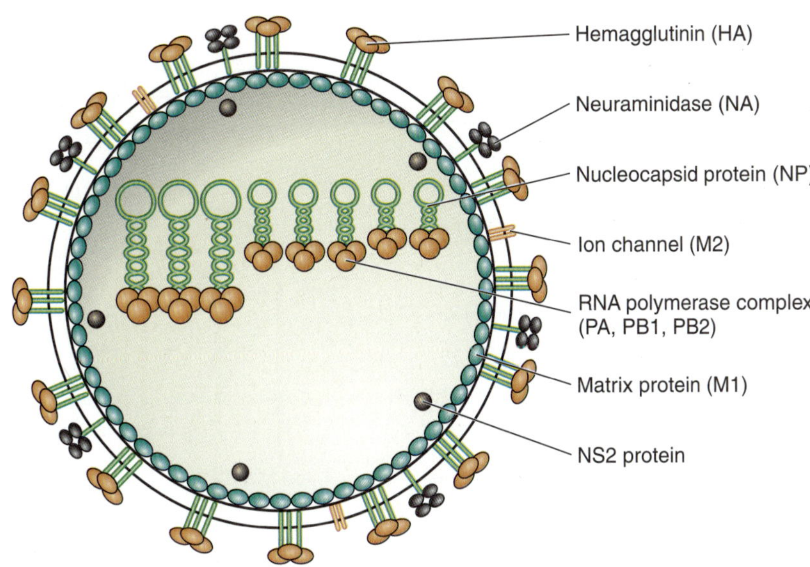

그림 18.3 Influenza virus 비리온의 모식도. 9가지 바이러스 단백질들을 나타내었다. 헤마글루티닌, 뉴라미니다아제, M2 이온채널 및 간질 단백질은 지질 이중층 막에 결합되어 있다. NP 단백질과 PA, PB1 및 PB2의 3량체인 RNA 중합효소를 포함하는 8개의 나선형 뉴클레오캡시드는 외막 안에 들어 있다. 8개의 게놈 분절들이 하나씩 모여 다발을 이루어 하나의 비리온을 형성한다는 증거가 있다. 소량의 NS2 단백질도 비리온에 존재한다.

표 18.1 Influenza A 바이러스 변종 A/PR/8/34의 게놈 RNA와 단백질

RNA segment	Length (nucleotides)	Proteins encoded	Protein size (aa)	Protein function
1	2341	PB2	759	Binds to cap structures on cellular pre-mRNAs; part of transcriptase complex
2	2341	PB1	757	Cleaves cellular pre-mRNAs to create primer; RNA polymerase activity for both transcription and replication
		PB1-F2	87-90	A protein that is localized in mitochondria and enhances apoptosis in immune cells
3	2233	PA	716	Part of transcription and replication complexes, exact role unknown
4	1778	HA	566	Hemagglutinin; major surface glycoprotein; receptor-binding; mediates membrane fusion at low pH; antigenic determinant
5	1565	NP	498	Nucleocapsid protein; binds to and encapsidates viral RNA; control functions in RNA synthesis
6	1413	NA	454	Neuraminidase; major surface glycoprotein; receptor destruction; dissociation of virus aggregates; antigenic determinant
7	1027	M1	252	Matrix protein; interacts with envelope, nucleocapsids, and NS2
		M2	97	Integral membrane protein; ion channel activity essential for virus uncoating and maturation
8	890	NS1	230	Nonstructural protein that down-regulates host cell mRNA processing; suppresses RIG-1 signaling and interferon induction; sequesters dsRNA and reduces interferon response; contains a PDZ domain for protein–protein recognition that can interact with diverse cell-signaling assemblies and reduce apoptosis of infected cells.
		NS2	121	Nonstructural protein that directs nuclear export of viral nucleocapsids; interacts with M1

PA), 외막 당단백질인 **헤마글루티닌(hemagglutinin**, HA), 뉴클레오캡시드 단백질(NP) 및 두 번째 외막 당단백질인 **뉴라미니다아제(neuraminidase**, NA). Influenza A의 일부 변종들은 RNA 2에 두 번째 해독틀인 PB1-F2라고 하는 짧은 단백질을 추가로 암호화한다.

게놈 분절 7과 8에서 전사되는 mRNA는 스플라이싱되어 각각 서로 다른 바이러스 단백질들을 암호화하는 두 가지 mRNA를 생성한다. 게놈 분절 7은 간질 단백질(M1)과 세 번째 외막 단백질(M2)을 암호화한다. 게놈 분절 8은 두 가지 비구조 단백질들(NS1과 NS2)을 암호화하며 NS2는 비리온에 소량으로 포함된다. 이들 11가지 바이러스 단백질들의 기능은 앞으로 자세히 설명될 것이다.

헤마글루티닌 단백질은 세포 수용체에 결합하고 외막과 엔도좀 막의 융합을 매개한다

Influenza virus는 적혈구를 응집시킬 수 있으며 이러한 활성은 헤마글루티닌 단백질(HA)에 의하여 나타난다. HA는 적혈구뿐만 아니라 다른 유형의 세포에서도 흔히 발견되는 시알산을 함유하는 수용체에 결합한다. 이러한 특성은 많은 바이러스들의 검출과 정량에 이용되는 신속하고 민감한 **적혈구 응집법(hemagglutination assay)**의 기초가 된다. HA는 바이러스 외막에서 3량체를 형성하여 비리온의 세포 표면 결합 뿐만 아니라 융합 경로를 통한 바이러스 게놈의 세포내 진입에 관여한다.

HA는 549개의 아미노산으로 이루어진 **I형 횡단막 단백질**로 비리온의 외부로 노출된 N-말단부, C-말단 근처에 위치한 소수성 횡단막 영역 그리고 세포 안쪽으로 돌출된 짧은 C-말단 꼬리를 가진다(그림 18.4). HA는 융합을 유도할 수 없는 단백질로 먼저 합성되어 소포체 막에 삽입되고, 골지체를 거치면서 융합 활성을 획득하고, 원형질막으로 수송되어 비리온에 들어간다.

골지체에서 세포 프로테아제에 의하여 HA가 두 개의 소단위체들 즉, HA_1과 HA_2로 절단되면 막 융합 능력이 활성화된다. 표면 소단위체인 HA_1은 시알산-결합 영역을 가진다. HA_2는 바이러스 외막에 고정되고 프로테아제 절단으로 생성된 아미노 말단 근처에 소수성 **융합 펩티드(fusion peptide)**를 가진다. 이 융합 펩티드는 바이러스 외막의 지질막 근처에서 HA의 소수성 부위 속에 숨겨져 있다.

비리온은 세포 수용체와 결합한 이후에 엔도좀 소낭을 형성하면서 세포 내로 들어간다. 엔도좀의 pH가 낮아지면서 HA는 감긴 용수철이 풀리는 것처럼 커다란 구조적 변화를 일으킨다. 이러한 구조적 변화로 HA_2의 융합 펩티드가 소수성 영역에서 빠져 나와 엔도좀 쪽으로 이동하여 막에 삽입된다(자세한 설명은 4장의 그림 4.4 참조). 따라서 HA_1의 한 끝이 엔도좀 막에 결합하고 다른 끝은 바이러스 외막과 결합한 상태가 된다. 추가적인 구조적 변화를 통하여 두 막들이 근접해지고 막 융합이 일어난다.

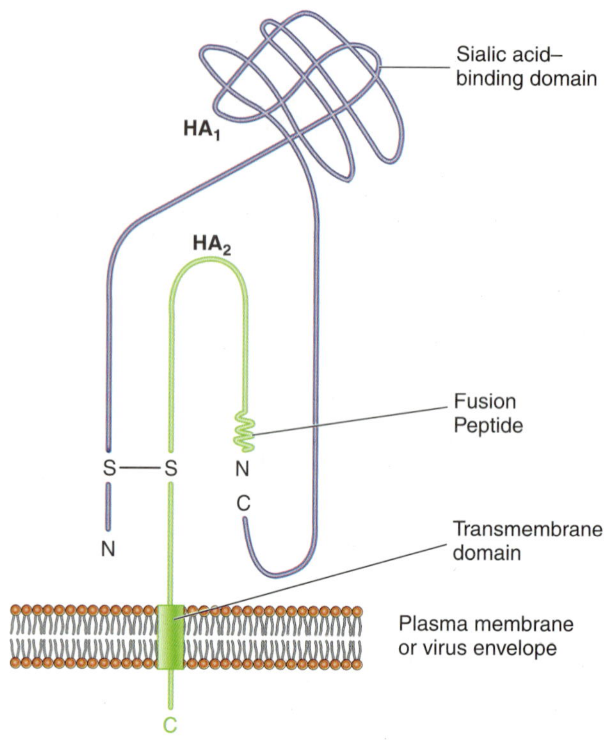

그림 18.4 Influenza A virus의 헤마글루티닌 단백질(HA). 전체 길이 폴리펩티드(HA_0)의 단백질 분해 절단으로 생성된 HA_1(청색)과 HA_2(녹색)가 중성 pH에서 원형질막 혹은 바이러스 외막에 삽입된 것을 나타낸 모식도. N- 및 C-말단부를 나타내었다. 두 개의 폴리펩티드 사슬들이 시스테인 사이의 S–S 결합에 의하여 연결되어 있다. 이 모식도는 단백질의 정확한 3차원적 구조를 나타내지 않는다(그림 2.12 참조).

M2는 비리온에서 뉴클레오캡시드의 방출을 돕는 이온채널이다

M2 단백질은 N-말단 외부 영역(잔기 1–23), 단일 횡단막 영역(잔기 45–97) 그리고 큰 내부 영역(잔기 45–97)을 가지는 97개의 아미노산들로 이루어진 작은 단백질이다. M2는 바이러스 외막의 필수 성분으로 H^+ 이온의 비리온 유입을 위한 매우 선택적인 이온채널을 형성한다. M2는 4량체를 형성하며 4개의 α-나선들이 나란히 배열되어 바이러스 외막에 작은 통로를 만든다.

M2 H^+ 이온채널은 비리온에서 뉴클레오캡시드의 방출에 관여한다. 엔도좀이 산성화되면 이 채널을 통하여 양성자가 비리온 내부로 들어간다(36장의 그림 36.3 참조).

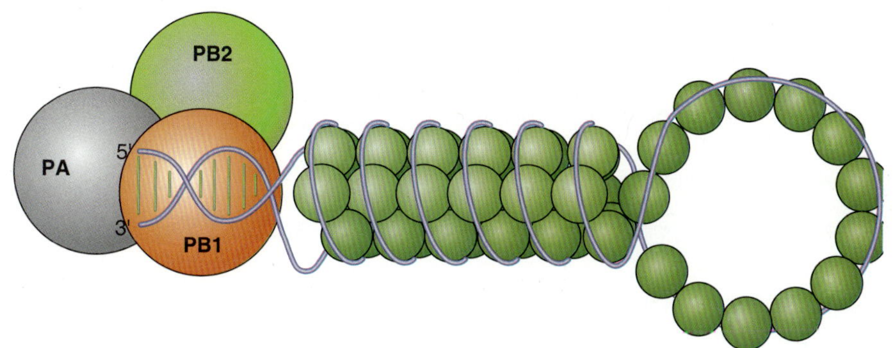

그림 18.5 Influenza virus의 나선형 뉴클레오캡시드. 뉴클레오캡시드 단백질(NP, 작은 녹색 구체)이 음성-가닥 게놈 RNA(청색 선)에 결합하여 나선형 구조의 뉴클레오캡시드를 형성한다. RNA 중합효소 단백질 PA, PB1 및 PB2로 이루어진 3량체가 PB1을 통하여 RNA의 5′ 및 3′ 끝에 결합한다. Influenza A형은 이와 같은 나선형 뉴클레오캡시드로 조립된 8개의 게놈 분절들을 가진다.

비리온 내의 pH가 낮아지면 간질 단백질 M1과 뉴클레오캡시드 간의 상호작용이 약화되어 막 융합 이후에 뉴클레오캡시드가 세포질로 방출될 수 있다.

Influenza A virus의 M2 단백질은 M2 채널의 주요 기능적 요소를 형성하는 His-XXX-Trp 모티프를 가진다. 이 서열 모티프(아미노산 17-21)는 이와 유사한 기능을 하는 influenza B virus의 M2 단백질과 유일하게 보존되어 있는 영역이다; 이는 hepatitis C virus(flavivirus)의 p7 단백질에서도 발견된다. 항바이러스제인 아만타딘(amantadine)은 M2 H^+ 채널을 특이적으로 차단하는 약제이다. 아만타딘이 존재하면 바이러스 뉴클레오캡시드가 효과적으로 방출되지 않아 감염이 차단된다(36장 참조).

뉴클레오캡시드는 mRNA 합성과 RNA 복제가 일어나는 핵으로 들어간다

Influenza virus의 뉴클레오캡시드는 중앙 고리를 가지는 특이한 이중 나선구조이며, 단일-가닥 게놈 RNA를 둘러싸는 다수의 NP 단백질들을 포함한다(그림 18.5). 각 NP 소단위체는 약 20 뉴클레오티드의 바이러스 RNA와 결합한다. 또한 뉴클레오캡시드는 RNA 중합효소 단백질들인 PA, PB1 및 PB2로 이루어진 3량체를 포함한다. 바이러스 RNA의 5′ 및 3′ 말단에 있는 12~13 뉴클레오티드 서열들은 한 바이러스형의 모든 게놈 분절들에서 보존되어 있으며 이들은 자가-상보적이다. PB1 단백질의 특정 부위가 게놈 RNA의 5′ 및 3′ 끝의 보존적인 서열에 결합한다(그림 18.5). 따라서 게놈 RNA의 양 끝은 매우 가까이 위치한다. 그러나 매우 높은 자가-상보성에도 불구하고 이들은 서로 수소결합을 형성하지는 않는 것 같다.

대부분의 다른 RNA 바이러스들과는 달리 orthomyxovirus는 핵에서 복제한다. 이로 인하여 바이러스 복제과정은 복잡하게 진행된다(그림 18.6). 게놈이 먼저 핵으로 수송되고 핵에서 전사가 일어난다; 바이러스 mRNA의 번역을 위하여 mRNA가 세포질로 이동한다; 바이러스 단백질들은 다시 핵으로 수송되어 게놈 복제를 지시하고 복제된 게놈과 뉴클레오캡시드를 형성한다; 마지막으로 뉴클레오캡시드가 세포질로 수송되어 원형질막에서 비리온이 조립된다.

뉴클레오캡시드는 핵공 복합체를 통하여 핵 속으로 들어간다(그림 18.6, 1단계). NP 단백질과 중합효소 단백질은 핵 위치화 신호를 가지므로 세포의 **임포틴(importin)**-α와 상호작용할 수 있다. 이 복합체는 핵공 복합체와 결합하고 핵 속으로 화물의 진입을 촉진하는 임포틴-β와 상호작용한다. 핵 속에서 바이러스는 음성-가닥 RNA 게놈 분절을 복사(전사)하여 mRNA를 만든다(2단계). 놀랍게도 바이러스 전사기구는 자체적으로 mRNA를 만들 수 없고 세포 RNA를 바이러스 mRNA 합성을 시작하기 위한 프라이머로 이용한다(그림 18.7).

캡을 가지는 세포 mRNA 전구체의 5′ 말단이 바이러스 mRNA 합성을 위한 프라이머로 이용된다

뉴클레오캡시드의 PB2 단백질은 모든 진핵세포 mRNA들이 가지는 5′ 캡 구조를 인식하는 영역을 가진다. 세포의 mRNA 전구체는 핵에서 세포 RNA 중합효소 II에 의하여 합성되고 폴리아데닐화와 스플라이싱을 거친 뒤 성숙한 mRNA 상태로 세포질로 수송된다. PB2는 캡을 가지는 세포 mRNA 전구체의 5′ 끝에 결합하고 PB1이 뉴클레아제로 작용하여 mRNA 전구체의 5′ 캡에서 10~13 nt 떨어진 A 혹은 G에서 절단한다(그림 18.7, 왼쪽 맨 위).

이 캡을 가지는 RNA 조각은 여전히 PB2에 결합한 채로 게놈 RNA의 복사 개시를 위한 프라이머로 작용한다.

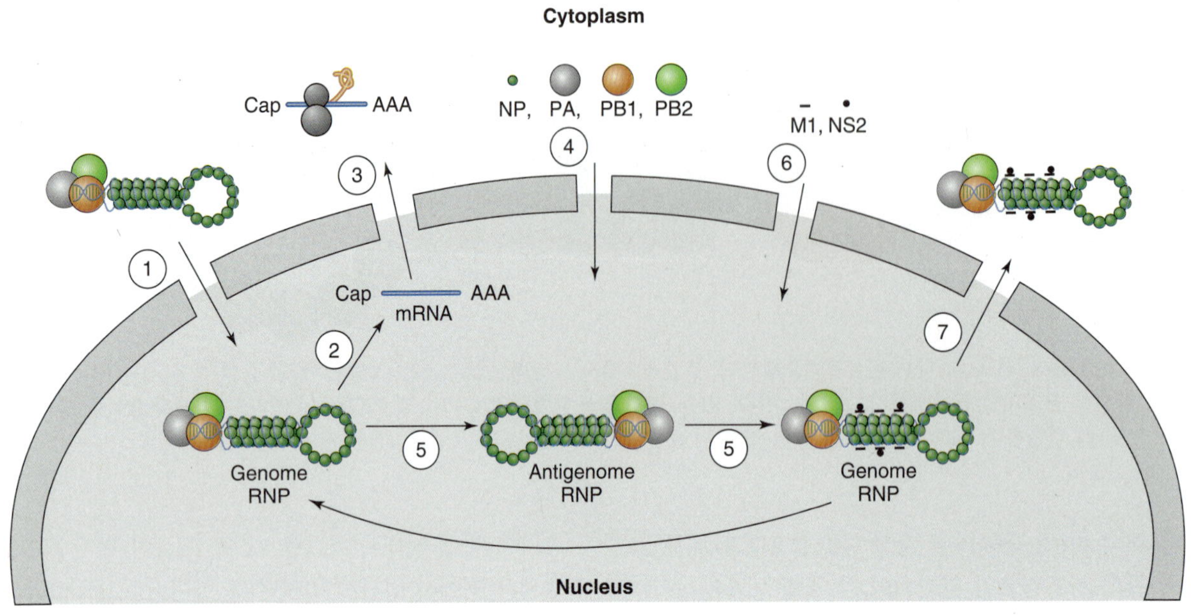

그림 18.6 Influenza virus RNA 및 단백질의 핵과 세포질 수송. 바이러스 뉴클레오캡시드는 핵공을 통하여 핵 속으로 수송되고(1), 이곳에서 바이러스 mRNA들이 합성된다(2). 이 mRNA들은 세포질로 다시 수송되어 번역된다(3). 바이러스 단백질들은 다시 핵 속으로 수송되어(4와 6), 게놈 복제에 관여하고(5), 자손 뉴클레오캡시드들이 세포질로 수송된다(7).

말단의 A 혹은 G 잔기가 게놈 RNA의 3′-말단 U 잔기와 수소결합을 형성하면 PB1이 RNA 중합효소로 작용하여 게놈 RNA 서열에 상보적인 리보뉴클레오티드를 첨가하면서 게놈의 5′ 말단 쪽으로 진행한다. 전사과정에서 PA의 역할은 잘 알려져 있지 않아 그림 18.7에는 나타내지 않았다.

바이러스 mRNA의 5′ 끝에는 전사 개시에 이용된 세포의 pre-mRNA에서 유래한 10–13 nt의 이질적인 서열을 가진다. 따라서 orthomyxovirus는 캡핑 효소를 만들지 않지만 캡을 가지는 mRNA를 만들 수 있다. Bunyavirus도 바이러스 mRNA 합성을 시작하기 위하여 이와 유사한 캡-강탈 메커니즘을 이용한다. 하지만 이들은 세포질에서 복제하고 성숙한 세포 mRNA를 캡의 공급원으로 이용한다(17장). 반면에 togavirus, paramyxovirus 및 reovirus 등의 세포질에서 복제하는 수많은 RNA 바이러스들은 바이러스 효소를 이용하여 자신들의 전사물에 캡을 만든다.

이러한 메커니즘으로 mRNA를 만들기 때문에 감염 세포에 **액티노마이신 D** 혹은 **α-아마니틴**과 같은 세포 RNA 합성 저해제를 처리하면 influenza virus의 복제가 저지된다. 세포의 mRNA 전구체는 빠르게 스플라이싱되어 세포질로 수송되므로 mRNA 전구체의 합성이 저해되면 금방 고갈될 것이다. 프라이머로 제공되는 충분한 mRNA 전구체가 없으면 influenza virus는 자신의 mRNA를 만들 수 없다. 따라서 바이러스 복제는 정상적인 세포 RNA 합성계에 간접적으로 의존한다.

바이러스 mRNA는 “더듬이” 전사에 의하여 생성된 poly(A) 꼬리를 가진다

각 게놈 RNA 분절은 RNA의 5′ 끝에서 15–22 nt 떨어진 위치에 짧은 poly(U) 서열을 가진다. 바이러스 RNA 중합효소가 이 poly(U) 서열에 도착하면 잠시 멈추었다가 poly(U) 서열을 여러 번 반복적으로 읽으면서 이와 상보적인 A 잔기를 전사물에 첨가하여 poly(A) 꼬리를 생성한다(그림 18.7). 결국에는 RNA 중합효소가 이 위치에서 전사를 마치고 떨어진다. 이와 같은 더듬이 메커니즘(stuttering mechanism)은 paramyxovirus와 rhabdovirus의 mRNA 폴리아데닐화 방법(15장)과 동일하다.

이와 같이 짧은 poly(U) 서열을 반복적으로 복사하여 poly(A) 꼬리를 만들 수 있는 것은 PB1이 게놈 RNA의 5′ 말단에 있는 12–13 nt에 계속 결합하여 RNA 중합효소가 더 이상 진행하지 못하기 때문에 가능한 것 같다. 이는 주형 RNA의 5′ 말단이 RNA 중합효소 복합체에 고정되어 있고 이 복합체를 주형 RNA가 통과하면서 RNA 합성이 진행된다는 것을 의미한다. 그림 18.7은 중합효소 복합체와 게놈 RNA의 말단부 간의 공간적인 관계를 나타내지는 않는다.

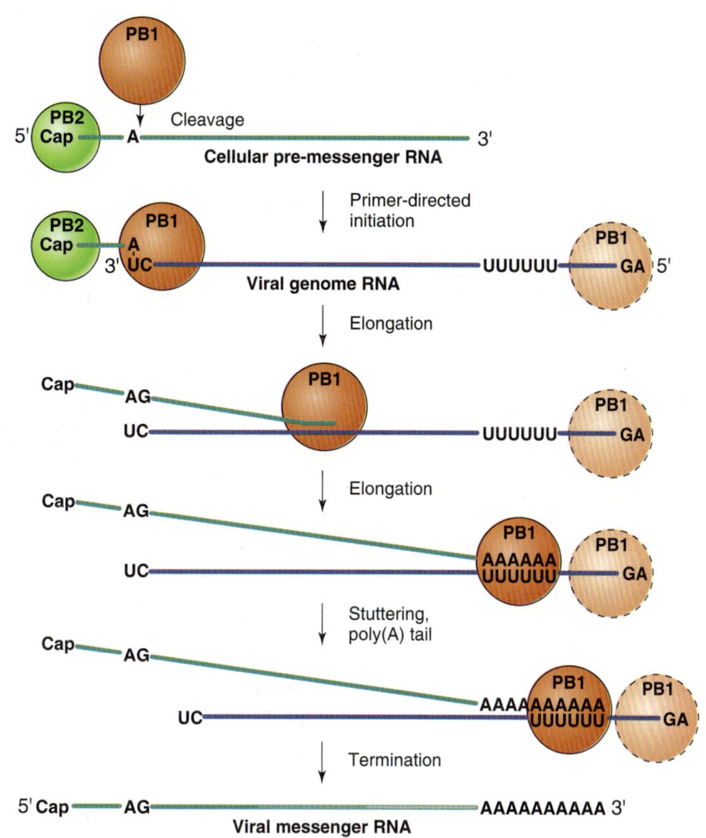

그림 18.7 캡-강탈에 의한 influenza virus mRNA의 생성. 바이러스 뉴클레오캡시드에서 PB2(작은 녹색 구체)가 세포 mRNA 전구체(주황색 선)의 캡을 가지는 5′ 말단에 결합하고 PB1(주황색 구체)이 RNA의 5′ 끝에서 10–13 nt 떨어진 A 혹은 G 잔기 뒤를 절단한다. PB1은 캡을 가지는 이 단편을 프라이머로 이용하여 게놈 RNA(짙은 청색 선)를 주형으로 하여 바이러스 mRNA(옅은 청색 선)를 복사한다. 전사는 게놈 RNA의 5′ 끝 근처의 올리고 U 영역을 반복적으로 복사하고 끝난다. PB1(점선을 가지는 옅은 주황색 구체)은 아마도 게놈 RNA의 5′ 끝에도 결합하여 올리고 U 영역에서의 반복적인 전사를 지원하는 것 같다. 자세한 설명은 본문 참조.

2개의 influenza A mRNA는 핵에서 선택적 스플라이싱을 한다

전사는 각 게놈 분절에서 mRNA를 하나씩 생성하여 총 8개의 mRNA를 만든다. 이들 가운데 여섯 개는 세포질로 바로 수송되어 리보좀에 의하여 번역된다(그림 18.6, 3단계). 그러나 M1과 NS1 단백질을 암호화하는 게놈 분절 7과 8에서 생성되는 RNA는 세포의 스플라이싱 기구에 의해 인식될 수 있는 스플라이싱 보존 서열을 포함한다. 일반적으로 숙주세포 mRNA의 경우에는 스플라이싱이 완전히 일어난다. 이와는 달리 influenza virus 분절 7과 8의 mRNA는 일부에서만 스플라이싱이 일어난다. 따라서 스플라이싱이 일어나지 않은 mRNA(M1과 NS1)와 스플라이싱이 일어난 mRNA(M2와 NS2)가 함께 세포질로 빠져나간다. 세포질에서 검출되는 분절 7과 8의 스플라이싱이 일어나지 않은 mRNA와 스플라이싱이 일어난 mRNA의 비는 약 9:1이다. 이는 M2와 NS2보다 더 많은 양이 필요한 M1과 NS1을 더 많이 합성하기 위한 전략이다.

게놈 복제는 새로 합성된 NP 단백질이 핵 속으로 수송되면 시작한다

NP와 RNA 중합효소 소단위체들을 비롯하여 핵 위치화 신호를 가지는 바이러스 단백질들은 세포질에서 합성되어 핵으로 수송된다(그림 18.6, 4단계). 이들은 복제기구를 형성하여 8개의 바이러스 게놈 분절들에 대한 전체 길이의 양성-가닥 복사본을 합성한다(그림 18.6, 5단계; 그림 18.8). 전체 길이의 전사물들은 캡을 가지는 바이러스 mRNA와는 달리 5′의 삼인산기를 가지고 프라이머도 없이 전사가 시작되어 만들어진다.

프라이머를 요구하는 RNA 합성에서 프라이머가 필요하지 않는 RNA 합성으로의 전환 메커니즘은 NP 단백질의 존재에 의존하지만 아직 완전히 밝혀지지 않았다. NP가 RNA 중합효소 복합체 혹은 게놈 RNA의 5′ 및 3′ 말

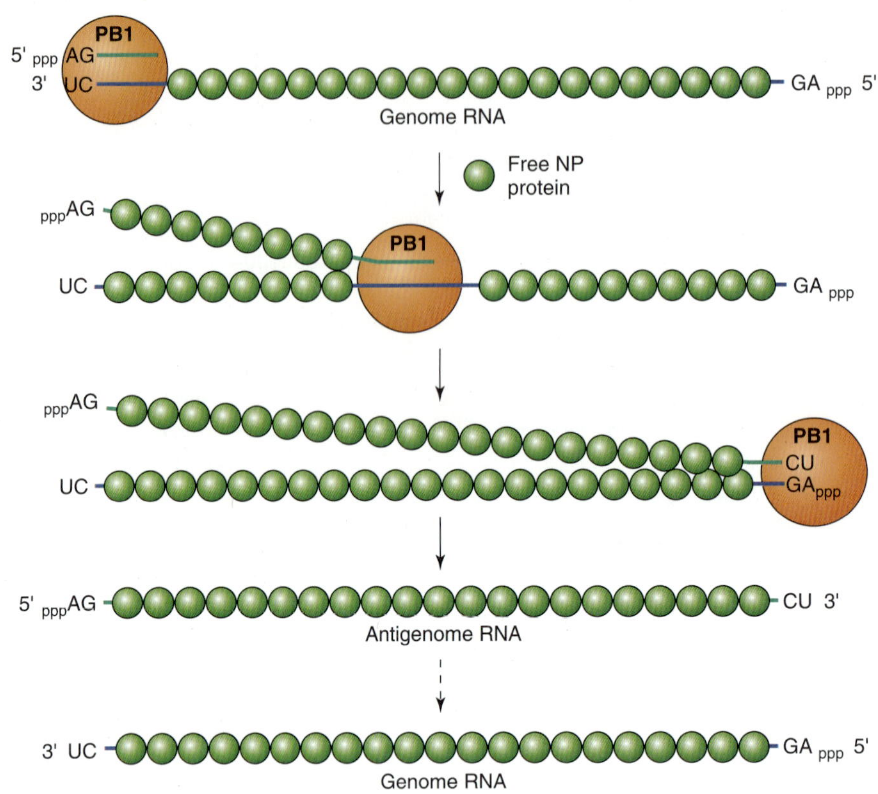

그림 18.8 Influenza virus 게놈 RNA의 복제. 게놈 복제는 NP 단백질들이 핵 속으로 들어가면서 시작된다. 전사와는 달리 게놈 복제는 프라이머를 이용하지 않고 게놈 RNA의 3′ 끝에서 시작되어 5′ 끝까지 계속 진행하여 완전한 복사본을 만든다. PB1(주황색 구체)이 게놈 RNA를 양성-가닥 상보적 RNA로 복사하고 이는 NP 단백질들로 코팅되어 바이러스 뉴클레오캡시드를 형성한다. 이 RNA는 그 뒤 동일한 메커니즘으로 복사되어 자손 게놈 RNA를 생성한다.

단부와 상호작용하면 RNA 중합효소는 프라이머가 없어도 게놈 RNA의 3′ 말단부터 직접 복사를 시작할 수 있다. 양성-가닥 복사본은 합성되는 즉시 NP 단백질과 복합체를 형성하여 결국에는 양성-가닥 안티게놈 RNA를 포함하는 뉴클레오캡시드가 형성된다. 이러한 방식으로 RNA 중합효소는 poly(U) 서열을 반복적으로 복사하지 않고 게놈 RNA의 5′ 끝까지 전사를 계속하여 전체 길이의 양성-가닥 복사본을 만든다. 이는 아마도 PB1 소단위체가 RNA 게놈의 5′ 끝에 위치한 보존적 서열에 더 이상 결합하지 않고 떨어지기 때문에 가능한 것 같다.

이러한 양성-가닥 안티게놈 RNA들은 NP의 존재 하에서 유사한 방식으로 복사되어 전체 길이의 음성-가닥 게놈을 포함하는 뉴클레오캡시드가 만들어진다(그림 18.8). 새로 합성된 음성-가닥 게놈을 포함하는 뉴클레오캡시드는 더 많은 바이러스 mRNA를 생성하기 위해 전사되거나 게놈 복제를 위해 더 많은 전체 길이의 양성-가닥 RNA를 생성할 수 있다(그림 18.6). 이러한 활성들 간의 균형은 핵에 존재하는 NP의 양에 의해 결정된다. 즉, NP는 합성 중인 RNA 사슬에 결합하여 뉴클레오캡시드를 형성하므로 게놈 복제가 진행될수록 핵 속의 NP 농도는 낮아진다. 따라서 더 많은 NP가 핵으로 수송되어 공급될 때까지 게놈 복제 대신에 mRNA 합성이 우선적으로 일어난다. NP는 influenza virus의 mRNA에는 결합하지 않는다. 이는 아마도 mRNA의 5′ 끝에는 캡이 있고 바이러스 서열이 아닌 세포의 mRNA에서 유래하는 서열이 포함되어 있기 때문일 것이다.

뉴클레오캡시드는 간질 단백질 및 NS2와 복합체를 이루어 핵에서 세포질로 수송된다

감염 초기에 뉴클레오캡시드는 M2 이온채널에 의한 비리온 내의 pH 저하로 간질 단백질에서 떨어진다. 세포질에 방출된 뉴클레오캡시드는 NP와 중합효소 단백질의 핵 위치화 신호에 의해 핵 속으로 수송된다. 핵 속에서 복제한 뉴클레오캡시드는 자손 비리온을 형성하기 위하여 세포질로 다시 수송되어야 한다. 이러한 역방향 수송은 어떻게 일어날까?

먼저 간질 단백질(M1)이 핵으로 이동하여 뉴클레오캡시드와 결합하고 복합체를 형성한다(그림 18.6, 6단계). 이 시점에서 NS2 단백질의 역할이 시작된다. NS2는 핵 방출 신호(nuclear export signal)를 가지며 간질 단백질과 결합할 수 있다. 뉴클레오캡시드/간질 단백질 복합체에 결합한 NS2는 세포 단백질 방출계를 이용하여 이 복합체를 핵공을 거쳐 세포질로 수송한다(그림 18.6, 7단계).

NS1 단백질은 세포 mRNA의 폴리아데닐화를 저해한다

NS1은 감염 세포에서 가장 많이 만들어지는 바이러스 단백질이지만 그 역할은 최근에 들어서야 알려지기 시작하였다. NS1은 단일- 및 이중-가닥 RNA와 결합할 수 있다. 이는 또한 두 가지 숙주 단백질들인 cleavage and polyadenylation specificity factor(CPSF)와 poly(A)-binding protein II(PABII)와 결합할 수 있다. 이 두 가지 단백질들은 핵 속에서 세포 mRNA의 폴리아데닐화에 중요한 역할을 수행한다.

CPSF는 그 이름이 의미하듯이 보존적인 AAUAAA 폴리아데닐화 신호 바로 아래에서 세포 pre-mRNA를 절단한다. PABII는 pre-mRNA의 절단으로 생성된 3′ 말단에서 poly(A) 사슬의 생성을 용이하게 한다. NS1이 결합하면 이들의 기능이 저해되어 세포 pre-mRNA에서 정상적인 3′ 끝의 절단과 폴리아데닐화가 일어날 수 없다. 바이러스 mRNA의 폴리아데닐화는 다른 메커니즘으로 일어나서 이들 세포 단백질들에 의존하지 않으므로 바이러스 mRNA의 합성은 NS1에 의하여 영향을 받지 않는다.

Influenza virus의 PB1과 PB2 단백질의 캡-결합 및 엔도뉴클레아제 활성은 바이러스 감염 세포에서 세포 pre-mRNA의 분해를 초래한다. 적절한 3′ 말단 가공의 저해와 5′ 캡 구조 근처의 절단이 함께 작용하여 대부분의 세포 pre-mRNA는 핵에서 분해되므로 세포 mRNA 생성이 억제된다.

NS1 단백질은 숙주세포의 다양한 항바이러스성 반응 경로들도 억제한다

아마도 바이러스에게 더 중요한 NS1의 기능은 선천성 항바이러스성 반응의 저해일 것이다(33장 참조). RIG-1은 interferon response factor-3(IRF-3)을 통하여 인터페론 합성을 유도하여 RNA 바이러스 감염에 반응하는 세포질 센서로 작용한다. NS1은 RIG-1에 결합하여 신호전달을 억제한다. NS1은 또한 phosphatidylinositol 3-kinase(PI3K)/Akt 경로를 활성화시킴으로써 caspase-9 활성을 저해하고 세포자살을 억제한다. 더구나 NS1은 이중-가닥 RNA에 결합하여 이를 격리시킴으로써 인터페론에 의하여 촉진되는 주요 항바이러스성 메커니즘들인 **double-stranded RNA-dependent protein kinase(PKR)**과 2′, 5′-oligo(A) synthetase/Ribonuclease L의 활성을 억제한다. 이 두 경로들은 모두 바이러스 감염 세포에서 이중-가닥 RNA에 의하여 활성화된다.

NS1 단백질의 C-말단에 위치한 4개의 잔기들은 보존적인 서열(X-Ser/Thr-X-Val)로서 PDZ 리간드 영역을 구성한다. 이 영역은 PDZ-결합 단백질과 상호작용하여 병원성을 조정하는 독성 결정인자이다; 이 작은 영역에 돌연변이가 일어나면 바이러스 병원성에 큰 영향을 준다. PDZ 영역은 단백질-단백질 인식 모듈로서 다양한 세포-신호전달 조립체를 조직한다. NS1은 또한 인간 1차 수지상 세포의 성숙을 막아 숙주 T-세포 활성화를 제한하기도 한다.

돌연변이 NS1을 가지는 influenza virus는 잘 복제하지 못하므로 바이러스 복제과정에서 NS1이 중요함을 알 수 있다. 하지만 이 돌연변이 바이러스도 인터페론 반응에 결함을 가지는 세포에서는 잘 복제한다. 따라서 NS1 단백질은 influenza virus의 감염을 억제하는 치료제 개발을 위한 표적으로 이용될 수 있다.

PB1-F2는 숙주 면역반응을 억제할 수 있다

최근 일부 influenza A virus 변종의 PB1 중합효소 유전자 분절에서 87–90개의 아미노산으로 이루어진 PB1-F2 단백질을 암호화하는 새로운 해독틀이 발견되었다. PB1-F2는 미토콘드리아에 위치한다. 이는 influenza virus 감염에 반응하는 숙주 면역 세포들의 세포자살을 유도하여 숙주의 방어 메커니즘을 극복하고 병원성을 향상시킨다.

바이러스 외막 단백질은 원형질막에서 조립되고 비리온의 출아를 지시한다

바이러스의 헤마글루티닌, 뉴라미니다아제 그리고 M2 이온채널 단백질은 합성되어 소포체의 막에 삽입된다. 세포의 단백질 수송기구는 이 단백질들을 골지 네트워크를 거쳐 바이러스 조립이 일어나는 세포 표면으로 이동시킨다. 이 세 가지 단백질들은 출아에 의한 비리온 형성 부위로 여겨지는 **지질 뗏목(lipid raft)**이라고 하는 콜레스테롤이 풍부한 막 영역에 축적된다.

HA(10–11개 아미노산, 그림 18.4), NA(6개 아미노산) 그리고 M2(54개 아미노산)의 세포질 꼬리들은 바이러스 뉴클레오캡시드에 결합된 간질 단백질(M1)과의 상호작용을 통하여 비리온의 형성에 중요한 역할을 수행한다. M1이 없어도 Influenza virus의 표면 단백질들을 포함하는 인위적인 바이러스-유사 입자들(VLPs)이 조립될 수 있지

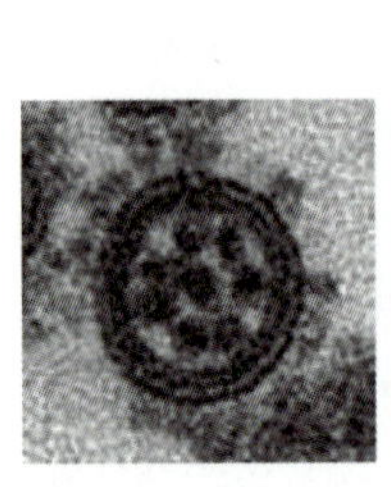
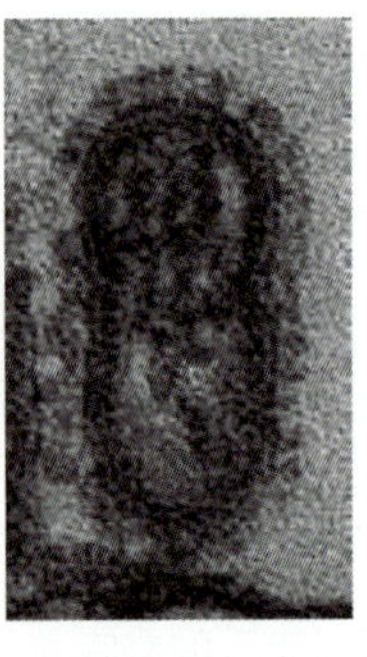

그림 18.9 **Influenza virus 뉴클레오캡시드의 선택적인 포장.** 감염된 배양 세포에서 출아하고 있는 늘어난 influenza virus의 전자현미경 사진. 횡단면(왼쪽) 혹은 종단면(오른쪽)에서 서로 다른 길이를 가지는 8개의 막대기 모양 구조물들이 특이적으로 배열되어 있음을 보여 준다. 이들은 뉴클레오캡시드로 조립된 8개의 바이러스 게놈 RNA에 해당한다.

만 감염성 비리온의 생성을 위해서는 M1이 필요하다. M1의 가장 중요한 기능은 게놈을 비리온에 포장하는 것이다. M1은 M2의 세포질 꼬리와 직접적으로 상호작용하여 내부 바이러스 단백질들과 바이러스 뉴클레오캡시드를 원형질막으로 이끌어 효과적인 조립과 감염성 비리온의 출아를 돕는다.

Orthomyxovirus의 비리온이 감염을 시작하려면 각 게놈 분절을 적어도 하나씩은 가져야만 한다. 최근의 연구에 의하면 대부분의 influenza A virus입자들이 각 게놈 분절들을 정확히 하나씩 포함하는 정돈된 다발을 가진다(그림 18.9). 일곱 개의 뉴클레오캡시드들이 원통형으로 서로 나란히 배열되어 있고 여덟 번째 뉴클레오캡시드가 다발의 중앙에 위치한다. 섬유상 입자(그림 18.2 참조)의 약간 확장된 머리 끝에는 여덟 개의 뉴클레오캡시드로 이루어진 다발이 있지만 얇은 꼬리는 빈 외막이 단순히 연장되어 있다.

이와 같은 구조적 정보에 의하면 바이러스 출아 전 혹은 출아과정에서 8개의 뉴클레오캡시드가 하나씩 모여 하나의 다발을 형성하는 것 같다. 결실 돌연변이체들을 이용한 실험에 의하면 각 게놈 분절의 5′과 3′의 암호화 및 비암호화 영역의 RNA 서열들이 각 게놈 분절의 비리온 통합에 필요하다. 이는 출아 과정에서 바이러스 단백질이 뉴클레오캡시드의 특정 RNA 서열을 인식하고 상호작용하여 이들을 하나씩 다발로 모아 비리온을 형성한다는 것을 암시한다.

뉴라미니다아제는 HA가 결합하는 세포 수용체인 시알산을 절단한다

세포내 진입과정에서 HA와 M2의 역할은 앞서 설명하였다. HA와는 달리 influenza의 뉴라미니다아제(NA)는 짧은 세포질 N-말단부, 막-관통 영역 그리고 바이러스 외막에서 바깥으로 돌출된 긴 C-말단 영역을 가지는 **II형 횡단막 단백질(type II transmembrane protein)**이다.

뉴라미니다아제는 점액 단백질, 세포-표면 당단백질 그리고 당지질의 올리고당에서 말단의 N-acetyl neuraminic acid(시알산)를 절단하는 능력 때문에 명명되었다. HA가 이들 거대분자들의 시알산 잔기에 결합하면 NA가 시알산 잔기를 올리고당의 나머지로부터 절단하여 이 결합을 끊을 수 있다. 이러한 활성은 바이러스-생성 세포의 표면이나 호흡기관에 많은 점액 단백질에 비리온이 흡착되지 않도록 하여 표적 세포에 도달하는 데 도움을 준다.

Influenza virus 변종들은 다양한 전염성과 병원성을 나타낸다

야생 혹은 가축 동물들(특히, 오리, 닭 그리고 돼지)에서 순환하는 대부분의 influenza A virus는 인간에 잘 감염하지 못한다. 이러한 숙주 특이성은 특정 종에서 최적으로 작용하도록 적응한 바이러스 단백질들 때문에 생겨난다. 이들은 HA, NA 그리고 RNA 중합효소 단백질인 PA, PB1 및 PB2를 포함한다.

예를 들면, 대부분 조류 influenza A virus의 HA 단백질은 조류 장관에서 주로 발견되는 α-2,3 시알산에 잘 결합한다. 반면에 인간 influenza A virus는 인간 호흡기에서 주로 발견되는 α-2,6 시알산에 잘 결합하는 HA 단백질을 가진다. 또한 일부 HA 단백질들은 세포내 **퓨린(furin)** 프로테아제에 의하여 쉽게 절단되어 융합 메커니즘이 활성화되므로 많은 유형의 세포에 감염할 수 있다. 하지만 다른 HA 단백질들은 바이러스 형성과정에서 세포 내에서 절단되지 않고 비리온이 방출된 이후에 트립신에 의해 절단되어 활성화된다. 트립신은 인간의 상부 호흡기에만 제한적으로 발현되므로 이러한 바이러스가 인체의 폐와 다른 조직에 감염할 가능성은 낮다. 따라서 이들은 더 약하고 자가-제한적인 질병을 유발한다.

유전적 다양성은 대유행을 초래할 수 있는 새로운 바이러스 변종을 생성한다

Influenza A virus에 감염된 이후에 생성된 보호성 면역은 평생 지속되지 않는다. 이는 바이러스의 외막 단백질들인 HA와 NA의 항원 영역이 쉽게 변할 수 있기 때문이다. 항원 변화는 두 가지 방식 즉, 항원 부동과 항원 전환으로 일어난다.

항원 부동(antigenic drift)은 항원 영역을 암호화하는 외막 당단백질 유전자에 점돌연변이가 축적되어 생겨난다. RNA 중합효소는 게놈 RNA의 복제과정에서 실수를 할 수 있고 DNA 중합효소와는 달리 교정 메커니즘을 가지지 않는다. 따라서 RNA 바이러스가 복제하고 세포에서 세포로 혹은 동물에서 동물로 전파됨에 따라서 외막 당단백질들의 항원 영역에 변이가 축적된다. 면역계는 이러한 단백질 변이체들을 잘 인식하지 못하므로 이러한 바이러스들은 선택적으로 복제하고 증식할 수 있다.

항원 부동 메커니즘은 HIV를 포함한 수많은 RNA 바이러스들에서 흔하게 나타나며 백신 개발을 어렵게 만드는 주요 요인이다. 항원 부동으로 인하여 항원성이 독특한 HA 및 NA 표면 당단백질을 가지는 수많은 influenza A 아형들이 생성되었다. 지금까지 16가지 HA 아형(H1~H16)과 9가지 NA 아형(N1~N9)들이 조류에서 자연적으로 발생한 influenza A virus들에서 확인되었다.

항원 전환(antigenic shift)은 둘 혹은 그 이상의 바이러스 아형들의 혼합 감염과정에서 influenza virus 유전자들이 **재편성(reassortment)**하면 일어난다. 두 바이러스 변종들이 동시에 감염된 세포에서 한 변종에서 유래한 일부 게놈 분절들과 다른 변종에서 유래한 일부 게놈 분절들을 포함하는 재편성 비리온이 생성될 수 있다(그림 17.5 참조). 이러한 재편성 바이러스가 동물 숙주에서 잘 복제할 수 있다면 다른 동물로 전파될 것이다. 이러한 메커니즘으로 수많은 조합의 HA 및 NA 아형 그리고 다른 바이러스 유전자들을 가지는 바이러스들이 야생에서 계속 생겨난다.

동물과 사람 변종들 간의 재편성으로 사람에서 복제할 수 있고 동물 바이러스에서 유래한 HA 혹은 NA 아형을 가지는 바이러스가 만들어질 수 있다. 사람들은 이러한 바이러스에 대한 항체를 가지지 않기 때문에 이 바이러스는 인간 집단에 쉽게 전파되어 대유행을 유발할 수 있다. 이는 지난 세기 동안 몇 차례만 일어날 정도로 드문 현상이지만 그 결과는 엄청난 재앙이 될 수 있다.

1918년에 대유행한 influenza A virus는 아마도 재편성 바이러스는 아닌 것 같다

최근 과학자들은 보존된 인간 조직으로부터 1918년에 대유행한 influenza A virus의 게놈 분절들을 복구하여 이 바이러스의 완전한 게놈 서열을 결정하였다. 이 바이러스는 H1N1 아형으로 밝혀졌다. 놀랍게도 게놈 서열의 분석 결과에 의하면 이 대유행 바이러스 변종은 재편성이 아닌 조류 바이러스의 돌연변이("부동")에 의하여 생겨난 것으로 여겨진다.

1918년에 유행한 인간 바이러스의 중합효소 단백질 PA, PB1 및 PB2는 대부분의 조류 바이러스 변종들이 만드는 해당 단백질들의 보존적인 서열들과 단 10개의 아미노산들에서만 차이를 나타내었다. 1918년 바이러스의 HA 단백질은 조류의 α-2,3 시알산에 결합하는 HA에서 단 하나의 아미노산만이 치환되어 인간 호흡기에 존재하는 α-2,6 시알산에 결합하는 능력을 획득하였다. 1918년 변종의 HA는 퓨린 절단부위를 가지지 않지만 NA 단백질이 아직 잘 알려지지 않은 트립신-비의존적인 방식으로 HA 절단을 촉진하여 감염성과 전파 능력이 향상되었다.

1918년 변종의 서열을 가지는 감염성 influenza virus를 높은 수준의 생물 안전성 실험실에서 역유전학적 조작으로 복구하여 이 바이러스의 특성들을 조사하였다. 이 바이러스는 생쥐와 계배에서 매우 높은 병원성을 나타내었으며 이러한 효과에는 1918년형의 HA, NA 및 세 가지 중합효소 단백질들이 모두 관여하였다.

일부 이전의 influenza A virus 변종들의 게놈 서열들은 항원 전환 가설을 지지한다

최초로 인간 influenza A virus가 실험실에서 분리되었던 1933년에도 1918년에 출현하였던 H1N1 아형이 존재하였으며 1950년대까지 인간 집단에 계속 순환하였다. 1957년에 새로운 influenza A virus가 중국 남동부에 갑자기 출현하였다. 이 H2N2 아형은 "아시아 독감(Asian flu)"으로 대유행하였다. 이 대유행과정에서 H1N1 변종은 인간 집단에서 완전히 사라졌다.

H2N2 변종은 또 다른 새로운 바이러스가 중국에서 갑자기 출현하였던 1968년까지 지속적으로 존재하였다. 이 새로운 바이러스는 H3N2 아형으로 새 HA 유전자를 가지고 "홍콩" 독감으로 대유행하였다. 이 기간에 H2N2 바이러스는 인간 집단에서 완전히 사라졌다. 1977년에 H1N1 바이러스가 중국에서 다시 출현하였으며 전 세계적으로 대유행하였다. 현재는 H3N2와 H1N1 바이러스가 influenza B형 변종들과 함께 인간 집단에서 계속 순환하고 있다.

아시아(H2N2) 및 홍콩(H3N2) 바이러스는 재편성 바이러스들이다. 1957년에 출현한 아시아 독감 바이러스는 조류 influenza virus로부터 HA, NA 및 PB1 유전자를 획득하였으며 다른 유전자들은 원래의 H1N1 인간 바이러스의 것들과 동일하다. 또한 1968년의 홍콩 바이러스는 조류 바이러스에서 유래한 HA와 PB1 유전자를 포함하지만 다른 유전자들은 이전에 순환하던 인간 H2N2 바이러스로부터 유래하였다. 현재까지는 HA1, 2 혹은 3형을 가지는 일부 influenza virus 변종들만 대유행성 인간 질병을 유발하였다.

양계장의 고병원성 조류 influenza A H5N1 변종은 잠재적 위협은 되지만 인간 집단에서는 잘 전염되지 않는다

고병원성 조류 influenza H5N1 변종이 1997년부터 홍콩의 양계장에 전파되기 시작하였으며 소수의 사람들이 이 바이러스에 감염되어 여섯 명이 사망하였다. 이 변종은 그 다음 해에 남동 아시아의 여러 지역에서 다시 출현하여 수백만 마리의 닭들이 매몰되었다. 또한 감염된 조류에 직접 노출된 수많은 사람들이 심각하고 치명적인 질병에 걸렸다. 이 바이러스는 감염된 철새를 통하여 전 세계로 전파되었다.

다행히도 이 변종은 인간들 사이에 효과적으로 전염되지는 않았다. 그러나 이 고병원성 변종이 인간에 적응하여 심각한 대유행을 유발할 잠재력은 여전히 남아있다. 동남 아시아에는 고밀도의 가축들이 인간과 가까이 살고 있고 바이러스들이 철새에 의하여 전 세계로 전파될 수 있으므로 인간들 사이에 전파될 수 있는 능력을 획득한 돌연변이 혹은 재편성 바이러스가 생성될 가능성이 높다. 그러나 이러한 일은 아직 일어나지 않았으며, 병원성과 전염성을 결정하는 요인들이 아직 완전히 규명되지 않은 상태에서 이러한 바이러스가 실제로 나타날 것인가를 예측하는 것은 매우 어려운 일이다.

여행 증가와 빠른 수송 때문에 앞으로 일어날 대유행을 제어하기가 무척 어려울 것이다. 양계장에서 순환하고 있는 조류 바이러스들을 항상 감시하고 H5N1 및 다른 고병원성 influenza virus 변종들에 대한 인간 백신을 개발해야 할 것이다. 국가 공중보건 관계자들은 또한 뉴라미니다아제 저해제인 **자나미빌(zanamivir)**과 **오셀타미비르(oseltamivir)**(그림 36.10a 참조)와 같은 influenza A 치료제를 비축하고 있다. 이들은 대유행이 일어나는 동안에 influenza A virus의 전파를 지연시키거나 감염된 사람들의 증상을 완화시킬 수 있을 것이다.

2009년에 새로운 influenza A virus 변종이 유전적 전환으로 생성되어 전 세계적으로 대유행하였다

2009년 4월에 새로운 인간 H1N1 influenza A virus 변종이 미국과 멕시코에서 확인되었다. 이는 처음부터 심각한 호흡기 질병을 유발하였다. 바이러스의 게놈 분석에 의하면 이 인간 바이러스는 그 당시 북미, 유럽 및 아시아에서 흔하게 분리된 재편성 돼지 influenza A virus들과 관련이 있었으며, 조류 변종에서 유래한 일부 게놈 RNA 분절들도 포함하였다(그림 18.10). 이 변종의 HA와 NA는 이전에는 인간들 사이에 순환된 적이 없어 수많은 사람들이 바이러스에 감염되었다.

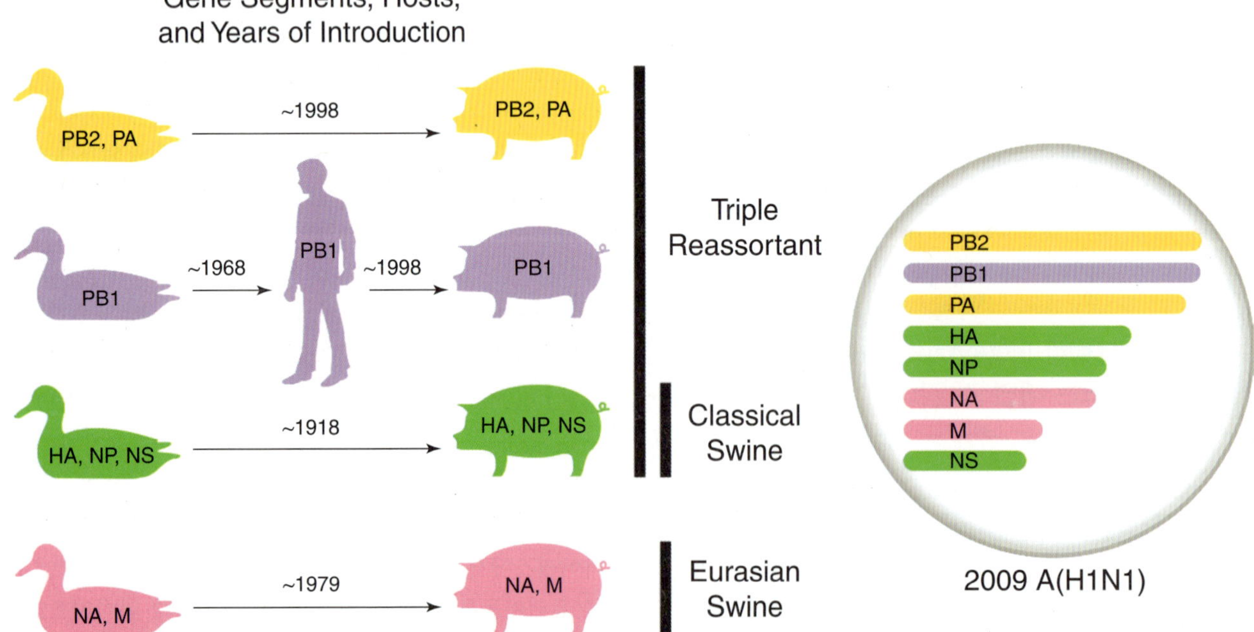

그림 18.10 **2009 H1N1 influenza A형 변종이 가지는 게놈 분절들의 기원.** 오른쪽의 원 속에 8개의 분절들이 암호화하는 주요 단백질들을 나타내었다. 왼쪽에 나타낸 기원(조류, 인간 혹은 돼지)과 한 동물 숙주에서 다른 숙주로 전파된 연도를 나타내기 위하여 각 분절을 서로 다른 색깔로 표시하였다. 2009 H1N1 바이러스는 유라시안 돼지 바이러스와 북미 돼지 바이러스의 재조합체인 것으로 추정된다.

흥미롭게도 이 바이러스의 HA 단백질은 1918년에 대유행한 바이러스의 HA 단백질과 매우 유사하였다. 이 단백질은 40년 이상 인간 인플루엔자의 우점 종으로 순환하는 동안 변이를 축적하여 현재의 계절적 H1N1 바이러스는 2009년의 H1N1 바이러스에 대하여 효과적인 면역을 부여하지 못하였다. 실제로 돼지에 순환하던 바이러스의 1918년 HA 단백질은 과거 90년 동안 거의 변하지 않았다. 이는 아마도 식용 돼지의 수명이 짧기 때문에 돼지 집단이 바이러스에 대해 거의 면역을 획득하지 못하였기 때문일 것이다.

2009년 6월 11일에 세계보건기구(WHO)는 이 바이러스에 대한 경고 수준을 최고 단계인 6 단계로 높여 독감이 전 세계적인 대유행 단계에 접어들었음을 선포하였다. 2010년 3월 7일까지 WHO는 대유행 influenza H1N1 2009의 사례가 보고된 국가가 213개국 이상이며 사망자 수가 16,713명이라고 발표하였다. 놀랍게도 대부분의 심각한 환자들과 사망자들이 젊고 건강한 사람들에서 생겨나 노인들에게 주로 영향을 주는 계절 독감과는 대조적이었다. 다행히도 대부분의 환자들에서 심각한 합병증은 없었고 가벼운 증상만 나타났으며 질병 기간도 비교적 짧았다.

처음에는 모든 바이러스 분리주들이 뉴라미니다아제 저해제인 오셀타미비르(타미플루)에 대하여 감수성을 나타내어 발열 기간의 단축과 질병 증상의 빠른 개선에 큰 도움을 주었다. 그러나 이 약제에 내성을 보이는 변종들이 수개월 이내에 보고되면서 가벼운 증상을 나타내는 환자들에게 이 약제를 처방하는 것에 대해 논란이 있었다.

대규모의 백신 개발 캠페인으로 인하여 2009년 10월에 대유행 H1N1 바이러스에 대한 최초의 인간 백신 접종이 시작되었다. 2010년 초에 influenza A H3N1과 H1N1 그리고 influenza B virus와 같은 계절적 변종들이 대유행 H1N1 바이러스와 함께 순환되기 시작하였다.

이 대유행 바이러스의 감염 증상이 예상보다 약했던 이유는 아직 분명하지가 않다. 한 가지 가능성은 많은 사람들, 특히 노인들이 지난 50여 년간 인간 집단에 순환하던 H1N1의 변종들에 이미 노출된 적이 있어 이 바이러스에 대해 부분적인 면역을 획득하였기 때문일 것이다. Influenza virus 변종들의 병원성은 아직 완전히 규명되지 않았으나 다수의 바이러스 유전자들에 따로 분리되어 있는 독성 결정인자들이 종합적으로 작용하는 것으로 여겨진다.

Influenza에 대한 백신 접종은 효과적인 예방법이다

불활화 influenza 백신들은 매년 제조되고 있다. 그 해의 백신은 바로 앞 계설의 발기에 순환하던 Influenza A 및 B 바이러스 변종들을 반영하여 제조된다. 심각한 만성 호흡기 환자나 65세 이상의 사람들에게는 매년 독감 백신의 접종을 권장한다. 건강한 성인들이 백신 접종을 맞으면 백신 제조에 이용되었던 것과 유사한 바이러스 변종에 대하여 60-90%의 효율로 질병을 예방할 수 있다. 비록 이러한 효능은 노인이나 만성 환자에서는 감소하지만 백신 접종은 이러한 집단에서도 질병 발생과 사망률을 크게 감소시킨다. 고도로 정제된 최근 백신의 유일한 부작용은 접종부위가 따끔거리는 것 뿐이다. 이러한 백신은 불활성화되어 있으므로 독감을 유발할 수 없다.

최근에 새로운 생독감 백신이 6-55세 사이의 사람들을 대상으로 승인되었다. 이 저온-민감성 변종은 30여 년에 걸친 개발과 검증과정을 거쳤다. 이는 온도가 낮은 비강 통로에서는 복제할 수 있지만 기관지나 폐에서는 복제할 수 없으므로 거의 혹은 전혀 질병을 유발하지 않는다. 이는 주사로 접종되는 불활화 백신과는 달리 스프레이로 비강에 뿌려 접종할 수 있다. 또한 동일 아형의 바이러스 감염에 대하여 접종자의 90%까지 면역을 부여할 수 있다. 이 생백신이 독감 질병에 감수성이 가장 높은 유아나 노인들에게 이용되기 위해서는 임상연구가 더 필요하다.

핵심 용어

α-아마니틴(α-amanitin)
I형 횡단막 단백질(Type I transmembrane protein)
II형 횡단막 단백질(Type II transmembrane protein)
뉴라미니다아제(Neuraminidase)
대유행(Pandemic)
사이토카인(Cytokine)
섬모 상피(Ciliated epithelium)
시알산(Sialic acid)
아만타딘(amantadine)
액티노마이신 D(Actinomycin D)
오셀타미비르(Oseltamivir)
유행성(Epidemic)
융합 펩티드(Fusion peptide)
이중-가닥 RNA-의존적 단백질 키나아제(Double-stranded RNA-dependent protein kinase, PKR)
인터페론(Interferon)
임포틴(Importin)
자나미빌(Zanamivir)
재편성(Reassortment)
점막섬모 흐름(Mucociliary flow)
지질 뗏목(Lipid rafts)
퓨린(Furin)
항원 부동(Antigenic drift)
항원 전환(Antigenic shift)
혈구응집법(Hemagglutinin assay)
헤마글루티닌(Hemagglutinin)

기본 개념

- Influenza virus는 인간에 심각한 급성 질병을 유발하며 때로는 대유행을 일으킨다.
- Influenza virus는 8개의 게놈 분절들이 총 11가지 바이러스 단백질들을 암호화하는 음성-가닥 RNA 바이러스이다.
- Influenza virus의 헤마글루티닌(HA) 단백질은 세포 수용체에 결합하여 내포작용으로 세포에 진입한 뒤에 바이러스 외막과 엔도좀 막 사이의 융합을 매개한다.
- Influenza virus의 NS1과 PB1-F2 단백질은 숙주세포의 다양한 항바이러스성 반응들을 억제한다.
- Influenza virus의 M2 단백질은 비리온에서 뉴클레오캡시드의 방출을 돕는 이온채널이다.
- Influenza virus의 뉴클레오캡시드가 핵으로 이동하면 세 가지 RNA 중합효소 단백질들(PA, PB1 및 PB2)이 세포의 캡을 가지는 RNA를 프라이머로 이용하여 mRNA를 합성하거나 프라이머-비의존적으로 RNA를 복제한다.
- Influenza virus의 뉴라미니다아제(NA) 단백질은 HA가 결합하는 세포 수용체인 시알산을 절단하여 바이러스의 효과적인 방출을 돕는다. 뉴라미니다아제는 현재 이용되는 독감 치료제에 대한 표적이다.
- Influenza virus는 빠른 점돌연변이("부동")와 게놈 재편성("전환")을 통하여 독특한 유전적 다양성을 나타낸다. 게놈 재편성은 대유행을 유발하는 새로운 바이러스 변종을 생성할 수 있다.

복습 문제

1. Influenza virus A형, B형 및 C형의 숙주 범위는?
2. Influenza의 헤마글루티닌에 의하여 일어나는 막 융합과정에 대하여 논하시오.
3. Influenza virus는 어떻게 자신의 mRNA에 캡을 만들고 이와 동시에 세포 단백질 합성을 억제하는가?
4. Influenza의 NS1 단백질은 숙주 항바이러스성 반응의 어떤 인자들을 저해하는가?
5. 독감의 대유행 변종은 항상 재편성 결과로 생겨나는가? 아니면 일부는 항원 부동에 의해서도 생겨날 수 있는가? 당신의 답을 지지하는 특정 예를 들어 설명하시오.

CHAPTER 19

Reoviruses

James D. Chappell
Terence S. Dermody

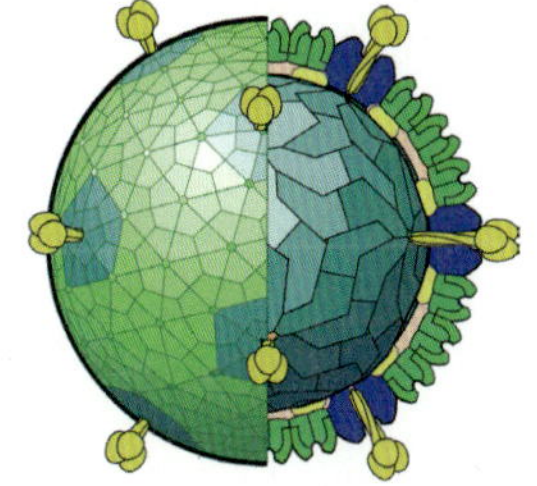

Reoviridae

*r*espiratory *e*nteric *o*rphan viruses에서 명명

비리온

나출성 정20면체형 캡시드(T = 13)

지름이 60–85 nm

캡시드가 두 개 혹은 세 개의 단백질 껍질들로 구성

내부 캡시드(T = 1)인 코어는 RNA 중합효소와 캡핑 효소를 포함

게놈

선형의 이중-가닥 RNA

10–12개의 분절

전체 게놈 길이 18–24 kb

유전자와 단백질

mRNA는 각 게놈 분절의 전체 길이 복사본

보통 각 게놈 분절은 하나의 단백질을 암호화

6–8개의 캡시드 단백질들과 3–6개의 비구조 단백질들

바이러스와 숙주

Orthoreovirus, *Rotavirus*, *Orbivirus*를 비롯하여 12개 속

인간(reovirus 1–3형, rotavirus 및 Colorado tick fever virus), 포유류, 조류, 어류, 연체동물, 식물, 곤충 및 균류에 감염

질병

*Orthoreovirus*속의 바이러스들은 인간에 거의 질병을 유발하지 않음

Rotavirus는 전 세계적으로 위장관염을 유발하고 개발도상국가에서 높은 신생아 사망률의 주요 요인

바이러스는 직접적인 전염, 오염된 음식이나 물, 혹은 절지동물 벡터에 의하여 전파됨

독특한 특징들

Reovirus과는 균류에서 인간에 이르기까지 광범위한 숙주에 감염

mRNA는 온전한 캡시드 내에서 합성되고 캡핑되어 통로를 통하여 세포질로 방출

이중-가닥 게놈 RNA의 합성은 코어-유사 서브비리온 입자 내에서 일어남

유전자 분절들이 하나씩 각 비리온에 포장되는 메커니즘은 미확인

서로 다른 변종들이 세포에 동시 감염되면 유전자 분절들이 재편성될 수 있음

Reovirus는 최초로 발견된 이중-가닥 RNA 바이러스이다

1950년대에 Albert Sabin과 Leon Rosen은 어린이의 분변시료에서 reovirus를 처음으로 분리하였다. *Reovirus*는 *r*espiratory *e*nteric *o*rphan virus의 두문자어이다. reovirus 1-3형은 보통 인간의 호흡기와 장관에 감염하지만 질병 증상이 아주 약하거나 전혀 나타나지 않는다(따라서 이 바이러스는 "고아[orphan]"이다).

1960년대 초에 Peter Gomatos와 Igor Tamin은 acridine orange로 염색하면 단일-가닥 RNA는 오렌지색 형광을 내는 반면 reovirus에 감염된 세포의 **봉입체(inclusion bodies)**는 녹황색 형광을 내는 것을 관찰하였다. 그 뒤에 이들은 화학적 및 물리적 연구를 통하여 바이러스 게놈이 이중-가닥 RNA로 이루어져 있음을 밝혀내었다. 이는 최초로 기술된 이중-가닥 RNA 바이러스이었다.

*Reoviridae*과는 현재 포유동물에서 곤충에 이르는 동물 뿐만 아니라 식물과 균류에 속하는 다양한 숙주들에 감염하는 12개 속의 이중-가닥 RNA 바이러스들을 포함한다(표 19.1). 포유동물 reovirus는 조류와 파충류에 감염하는 바이러스들도 포함하는 *Orthoreovirus*속의 대표 종이

표 19.1 *Reoviridae*의 속들

Genus	Number of gene segments	Hosts
Orthoreovirus	10	Mammals, birds, reptiles
Rotavirus	11	Mammals, birds
Orbivirus	10	Mammals, birds, arthropods
Coltivirus	12	Mammals, arthropods
Aquareovirus	11	Fish, mollusks
Cypovirus	10	Insects
Idnoreovirus	10	Insects
Fijivirus	10	Plants, insects
Oryzavirus	10	Plants, insects
Phytoreovirus	12	Plants, insects
Seadornavirus	12	Insects, humans
Mycoreovirus	11–12	Fungi

다. *Reovirus*라는 용어는 보통 포유동물 reovirus를 언급할 때 이용되며 이 장에서도 그렇게 이용될 것이다. 지금까지 포유동물 reovirus들이 다양한 숙주들로부터 분리되었지만 세 가지 혈청형들만이 확인되었다. 세 가지 바이러스 변종들 즉, 1형 Lang(T1L), 2형 Jones(T2J) 및 3형 Dearing(T3D)은 세 가지 reovirus 혈청형들의 원형 바이러스들이다. 최근 독특한 reovirus 변종이 카메룬의 생쥐에서 분리되었다. 이 바이러스가 아마도 네 번째 포유동물 reovirus 혈청형을 대표할 것 같다.

*Reoviridae*에 속하는 일부 바이러스들은 중요한 병원체들이다

동물 숙주에 감염하는 *Reoviridae*의 다른 속들로는 *Rotavirus*, *Orbivirus*, *Coltivirus* 및 *Aquareovirus*가 있다. Rotavirus는 동물과 인간의 위장관염과 관련이 있다; 이는 어린이 위장관염의 대부분을 유발하고 개발도상국가에서 신생아 질병과 사망의 주요 요인이다. 새로운 백신이 rotavirus 감염 관련 질병률과 사망률을 감소시킬 것으로 기대하고 있다.

Orbivirus는 이와는 매우 다른 bunyavirus, flavivirus 및 togavirus과에 속하는 바이러스들처럼 절지동물 벡터에 의해 전염된다. 이 바이러스 그룹은 온혈 포유동물과 냉혈 절지동물 둘 다에서 복제할 수 있다. 가장 잘 연구된 orbivirus는 bluetongue virus이다. 이는 양과 소의 병원체로서 감염된 동물에서 나타나는 증상 때문에 명명되었다. Coltivirus도 절지동물 벡터에 의하여 전염되며 원형 바이러스인 *Col*orado *ti*ck fever virus는 인간에 심각한 신경계 질병을 유발할 수 있다. Aquareovirus는 어류와 연체동물에 감염한다.

Reovirus는 바이러스 복제와 병원성 연구를 위한 훌륭한 모델을 제공한다. Bernard Field와 그의 동료들은 설치류 감염 및 질병(특히 신경계 질병) 모델에서 reovirus의 병원성을 연구하기 위하여 유전학적 접근법을 이용하였다.

Reovirus는 또한 RNA 합성 연구에도 이용되었다. Wolfgang Joklik과 Angus Graham 그룹은 바이러스 코어가 이중-가닥 게놈 주형으로부터 mRNA 분자들을 합성하는 데 필요한 모든 효소들을 포함한다는 것을 발견하였다. Aaron Shatkin 등은 대부분의 진핵세포 mRNA들이 가지는 메틸화된 캡 구조를 reovirus에서 처음으로 기술하였다; 이는 reovirus 코어를 이용하여 *in vitro*에서 합성된 RNA에서 밝혀졌다.

*Reoviridae*는 이중-가닥 RNA로 이루어진 분절 게놈을 가진다

동물에 감염하는 *Reoviridae*는 10–12개의 선형 이중-가닥 RNA 분절들로 이루어진 게놈을 가진다(그림 19.1). Reovirus 유전자 분절들은 길이가 약 1,200~3,900 bp 정도이다. 이들은 전기영동 젤에서의 상대적인 이동성에 따라서 대(L), 중(M) 혹은 소(S)로 분류된다; 세 개의 L 유전자, 세 개의 M 유전자 그리고 네 개의 S 유전자가 있다.

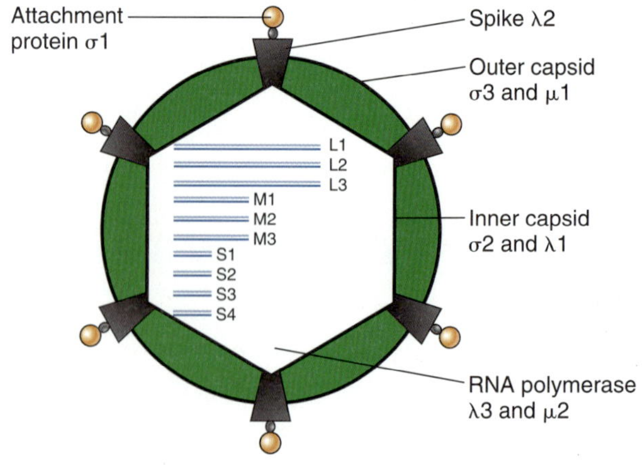

그림 19.1 **Reovirus 비리온.** 10개의 이중-가닥 RNA 분절들을 둘러싸는 T = 1의 내부 캡시드는 T = 13의 외부 캡시드로 덮여 있다. 12개의 돌기가 코어에서 외부 캡시드를 통과하여 밖으로 돌출되어 있다. 유전자 분절들은 크기에 따라서 대(L), 중(M) 혹은 소(S)로 구분된다. 바이러스 캡시드 단백질들의 위치가 표시되어 있다.

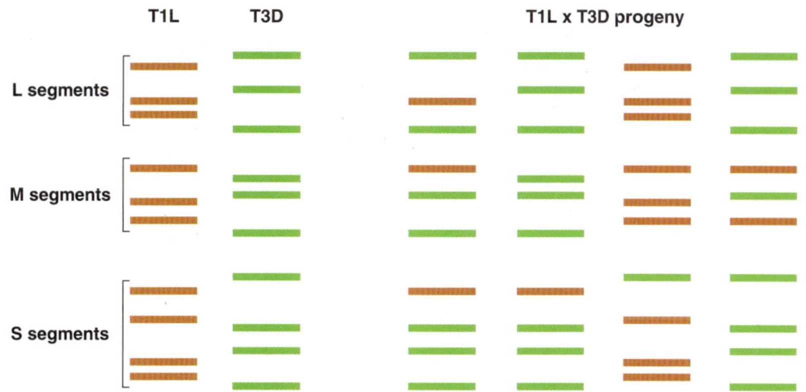

그림 19.2 재편성 바이러스의 생성. Reovirus의 이중-가닥 RNA 분절들은 독특한 전기영동 패턴에 따라 구분될 수 있다. 두 가지 바이러스 변종들의 동시 감염으로 각 부모 바이러스에서 유래하는 유전자 분절들이 다양한 조합으로 재편성된 자손 바이러스들을 생성한다. 여기에서는 원형 바이러스 1형 Lang(T1L)과 3형 Dearing(T3D) 및 이들로부터 생성된 일부 재편성 자손들의 전기영동 패턴을 모식도로 나타내었다.

서로 다른 바이러스 변종들이 혼합 감염되면 **재편성 바이러스(reassorted virus)**들이 생성되는데 이들이 어떤 부모 유전자 분절들을 물려 받았는지를 알 수 있다(그림 19.2). 따라서 바이러스의 특정 생물학적 특성에 관여하는 바이러스 단백질을 결정할 수 있다. 특정 바이러스 표현형의 유전적 기초를 알아보기 위하여 재편성 바이러스를 분석하는 것을 재편성체 유전학(*reassortant genetics*)이라고 한다.

다른 바이러스들처럼 reovirus도 대단한 유전적 경제성을 나타낸다. 비번역 영역은 유전자 분절에 따라서 12-83 nt 정도이다(그림 19.3). 5′ 말단의 네 뉴클레오티드(5′-GCUA-3′)와 3′ 말단의 다섯 뉴클레오티드(5′-UCAUC-3′)는 10개의 reovirus 유전자 분절들에서 모두 보존되어 있다. 또한 상당한 크기의 준말단 서열들도 서로 다른 변종들의 상동 유전자들 사이에 보존되어 있다. 뉴클레오티드 서열 보존성은 양 말단의 비번역 영역에서부터 안쪽의 단백질 암호화 영역까지 나타난다. 이러한 패턴은 reovirus 게놈 분절들이 단백질-암호화 기능과는 별개로 어떤 뉴클레오티드 서열을 유지하려는 선택압을 받는다는 것을 의미한다. 이러한 보존된 서열들의 가능한 기능으로는 바이러스 RNA 중합효소에 의한 인식, 캡시드 내로의 RNA 포장, 그리고 번역조절 등이 있지만 아직 정확하게 규명되지 못하였다.

10개의 reovirus 유전자 분절들 가운데 9개는 하나의 단백질을 암호화한다. 예외로 S1 유전자는 중첩 해독틀을 가지고 σ1 부착 단백질과 σ1s 비구조 단백질을 암호화한다. 바이러스 단백질들은 해당 유전자 분절의 크기(L, M, 그리고 S)에 따라서 그리스 문자 λ(lambda), μ(mu) 그리고 σ(sigma)로 명명된다. 그러나 폴리아크릴아마이드 젤에서의 상대적인 이동 속도에 따라서 부여된 유전자의 번호와 단백질의 번호가 완전히 일치하지 않는다. 8개의 구조 단백질들과 3개의 복제 단백질들의 간단한 특징들이 표 19.2에 제시되어 있다.

Reovirus 입자는 하나 이상의 캡시드 단백질 층들을 가진다

포유동물 reovirus의 비리온은 지름이 약 85 nm인 비외막성 입자이다(그림 19.1). 비리온은 특이하게도 정20면체형

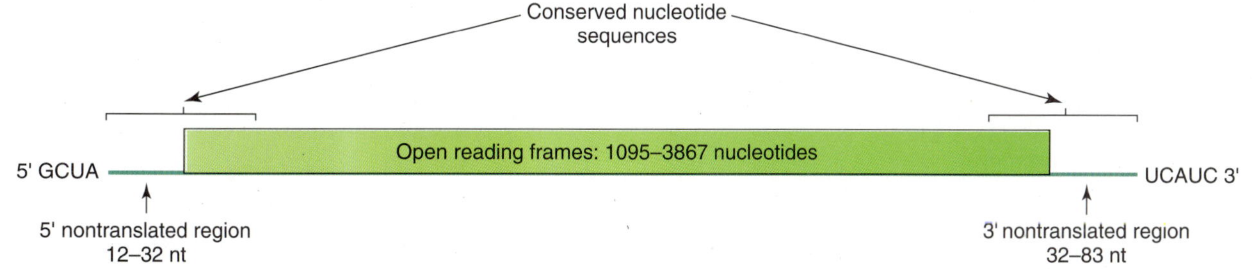

그림 19.3 포유동물 reovirus 유전자 분절들의 일반적인 특징. 양성 가닥만을 나타내었다. 10개의 모든 바이러스 유전자 분절들에서 5′ 끝의 네 뉴클레오티드와 3′ 끝의 다섯 뉴클레오티드는 동일하다. 서열의 범위는 T3D 변종에 기초하여 나타내었다.

그림 19.2 Reovirus 유전자 분절들과 단백질들의 기능

Gene segment	Protein	Functions
L1	λ3	Minor inner-capsid protein; catalytic subunit of the viral RNA-dependent RNA polymerase
L2	λ2	Core spike protein; forms pentameric turret for insertion of attachment protein σ1; adds a 5' methylated cap to mRNAs
L3	λ1	Major inner-capsid protein; possible RNA helicase; may remove terminal phosphate from newly synthesized mRNA in preparation for capping
M1	μ2	Minor inner-capsid protein; probable RNA polymerase subunit; stabilizes microtubules; nonspecific RNA-binding protein; may remove terminal phosphate from newly synthesized mRNA in preparation for capping; interferon antagonist
M2	μ1	Major outer-capsid protein; important for penetration of endosomal membrane by the viral core; probably regulates late mRNA synthesis from secondary transcriptase particles; affects efficiency of reovirus-induced apoptosis
M3	μNS	Nonstructural replication protein; forms cytoplasmic inclusion structures; associates with nonstructural protein σNS and minor core protein μ2; first viral protein found in association with viral mRNA
S1	σ1	Attachment protein that binds to carbohydrate and junctional adhesion molecule A (JAM-A); determines virus serotype; determines cell and tissue tropism and route of virus spread
	σ1s	Nonstructural replication protein; required for reovirus-induced cell-cycle arrest
S2	σ2	Major inner-capsid protein; weakly binds to dsRNA
S3	σNS	Nonstructural replication protein found early in viral inclusions; associates with nonstructural protein μNS; nonspecific RNA-binding protein with high affinity for single-stranded RNA
S4	σ3	Major outer capsid protein; forms protective cap over μ1; nonspecific dsRNA-binding protein; influences efficiency of translation; associated with viral mRNA early in replication cycle; inhibits activation of PKR

대칭을 가지는 두 층의 단백질 껍질을 이루는 8가지 단백질들을 포함한다. T = 1인 내부 캡시드는 단단하게 포장된 10개의 이중-가닥 RNA 분절들을 둘러싸는 바이러스 코어를 형성한다. 이는 두 가지 주요 단백질들인 λ1과 σ2(각각 120개와 150개) 그리고 바이러스 RNA 중합효소를 구성하는 소수 코어 단백질들인 μ2(아마도 24개)와 λ3(아마도 12개)로 구성된다.

T = 13인 외부 캡시드는 600개씩의 μ1과 σ3 단백질의 복합체로 만들어진다. λ2 단백질(60개)의 5량체로 형성되는 돌기는 5배 대칭축의 12개 꼭지점에서 내부 캡시드로부터 외부 캡시드를 통과하여 외부로 돌출되어 있다. RNA 중합효소 복합체는 코어 내의 각 돌기 기저부에 위치한다. 3량체 부착 단백질인 σ1(36개)은 포탑-모양인 돌기 5량체의 구멍을 막고 있다.

부착 단백질은 하나 혹은 두 가지 세포 수용체들에 결합한다

Reovirus의 부착 단백질인 σ1은 긴 섬유상의 머리-꼬리 형태를 가지는 분자이다. σ1 단백질은 가장 높은 서열 다양성을 나타내는 reovirus 단백질로서 혈청형-특이적 항원이다. σ1 3량체의 N-말단 꼬리는 λ2 돌기에 삽입되어 있으며 C-말단의 구형 머리는 비리온 표면에서 돌출되어 있다. 이 단백질의 구조는 동일한 3량체인 adenovirus의 섬유 단백질과 매우 유사하다.

3형 reovirus의 부착 단백질은 두 개의 수용체-결합 영역을 가진다: **시알산(sialic acid)**에 결합하는 하나는 꼬리에 있고 **연접부착분자 A(junctional adhesion molecule A, JAM-A)**에 결합하는 다른 하나는 머리에 있다(그림 19.4). JAM-A는 세포 외 부위에 두 개의 면역글로불린형 영역을 가지는 횡단막 단백질이다. 이는 상피 및 내피 세포의 **밀착연접(tight junction)** 부위에 위치하고 세포 간 상호작용을 매개한다. 두 가지 다른 reovirus 혈청형들의 부착 단백질도 JAM-A에 결합하지만 시알산에는 결합하지 않는다. Reovirus가 혈관 내피세포의 JAM-A에 결합하는 것은 순환계를 통한 바이러스의 전파에 필요하다.

Reovirus 혈청형 3의 비리온은 세포 표면의 당단백질

과 당지질의 시알산 잔기에 먼저 결합하는 것 같다. 그 뒤에 비리온은 밀착연접 내의 JAM-A를 만나 결합할 때까지 세포 표면에서 측면으로 이동한다. 이러한 두 단계 부착전략은 박테리오파지 φX174, enterovirus, adenovirus, herpesvirus 및 HIV(6장, 11장, 23장, 24장 및 29장 참조)를 비롯하여 많은 다른 바이러스들에서 제안되었던 방식과 유사하다. 시알산을 인식하지 않는 reovirus 변종들은 아마도 시알산 이외의 다른 탄수화물 수용체를 이용하거나 JAM-A와 직접 결합할 것이다.

진입과정에서 외부 캡시드는 비리온에서 탈피되고 코어가 세포질에 방출된다

세포 표면에 있는 수용체에 결합한 이후에 reovirus 비리온은 β1 인테그린에 의존적인 메커니즘을 이용하여 클라트린-매개성 내포작용으로 세포에 진입한다(그림 19.4). β1 인테그린이 내포작용을 촉진하는 메커니즘은 아직 알려지지 않았다. 아마도 JAM-A와 결합한 이후에 비리온의 표면에 노출된 λ2 단백질의 인테그린-결합 모티프인 Arg-Gly-Asp 혹은 Lys-Gly-Glu를 통하여 인테그린에 결합하면 클라트린-의존적 진입이 촉진되는 것 같다. 이는 adenovirus가 세포에 진입하는 방식과 유사하다.

엔도좀 소낭에서 비리온은 세포 프로테아제에 의하여 부분적으로 분해되어 **감염성 서브비리온 입자(infectious subvirion particle, ISVP)**가 된다. 이 과정에는 엔도좀 소낭에 존재하는 프로테아제들인 **카뎁신(cathepsin)** B, L 혹은 S가 관여하는 것 같다. 카뎁신은 Ebola virus와 SARS-coronavirus의 진입에도 관여한다. ISVP는 장 세포 밖에서도 형성되며, 실험실에서 바이러스 비리온을 프로테아제로 처리해도 만들어진다. 아마도 ISVP가 실제로 장 세포에 감염하는 바이러스 입자의 형태일지도 모른다.

비리온이 ISVP로 전환되는 동안 부착 단백질 σ1은 구조적 변화를 일으켜 길어진다. 외부 캡시드 단백질 σ3은 분해되어 비리온에서 제거되고, 노출된 μ1 단백질은 δ와 φ로 잘려져서 ISVP에 그대로 유지된다. 이러한 변화는 ISVP와 엔도좀 막의 상호작용을 유도하여 코어 입자를 세포질로 운반하고 바이러스 전사효소를 활성화한다. 비록 정확한 막 통과 메커니즘이 알려지지는 않았지만 ISVP에 의한 엔도좀 막의 붕괴과정에는 μ1에 의한 작은 구멍의 형성이 필요한 것 같다.

동결전자현미경법(cryoelectron microscopy) 데이터의 3차원적 상 재구성으로 reovirus 해체 중간체들의 구조가 밝혀졌다(그림 19.5). 비리온은 5배 축에 있는 λ2 단백질의 5량체에 해당하는 별모양의 구조물들과 나머지 표면을 덮는 σ3 단백질의 6량체에 해당하는 꽃모양의 고리들로 이루어진 구형 입자이다. ISVP로 전환되는 동안 σ3이 제거되고 부착 단백질 σ1이 비리온 외부로 신장된다. 비리온(지름 85 nm)과 ISVP(지름 80 nm)의 모양을 비교해 보면 손가락 모양으로 비리온에 존재하던 600개의 σ3 소당위체들이 ISVP에서는 제거된 것을 알 수 있다.

ISVP에서 코어(지름 70 nm)로 전환되는 과정에서 부착 단백질과 μ1 단백질 조각이 사라지고 λ2 돌기 단백질과 바이러스 코어 단백질이 남는다. 이와 동시에 코어의

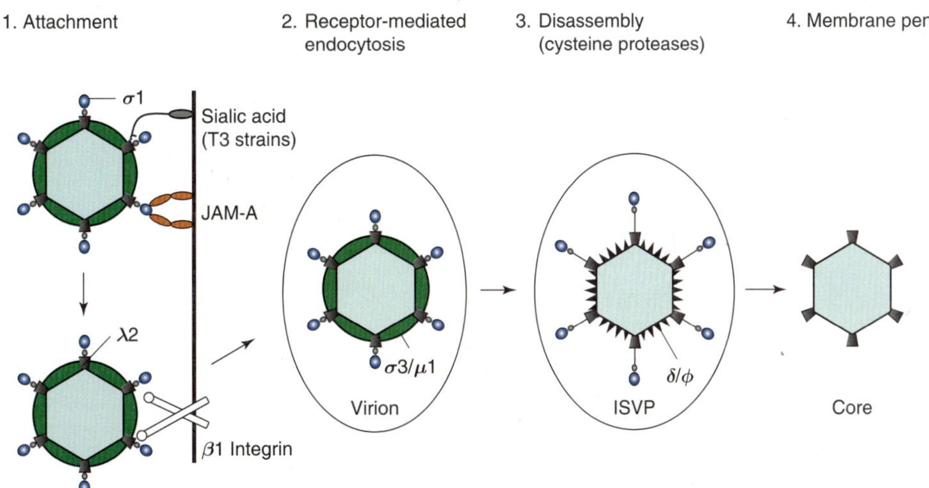

그림 19.4 **Revovirus의 단계적인 해체.** 세포 표면의 탄수화물(3형 reovirus의 경우 α-연결 시알산)과 연접부착분자 A(JAM-A)에 결합한 이후에 reovirus 비리온은 β1 인테그린이 관여하는 메커니즘을 이용하여 클라트린-매개성 내포작용을 통하여 세포 내로 들어간다. 내포 소낭 속에서 바이러스 외부 캡시드는 카텝신-매개성 단백질 분해 작용으로 감염성 서브비리온 입자(ISVP)로 전환된다. ISVP가 엔도좀 막과 상호작용하면 전사 활성을 띠는 코어 입자가 세포질로 운반된다.

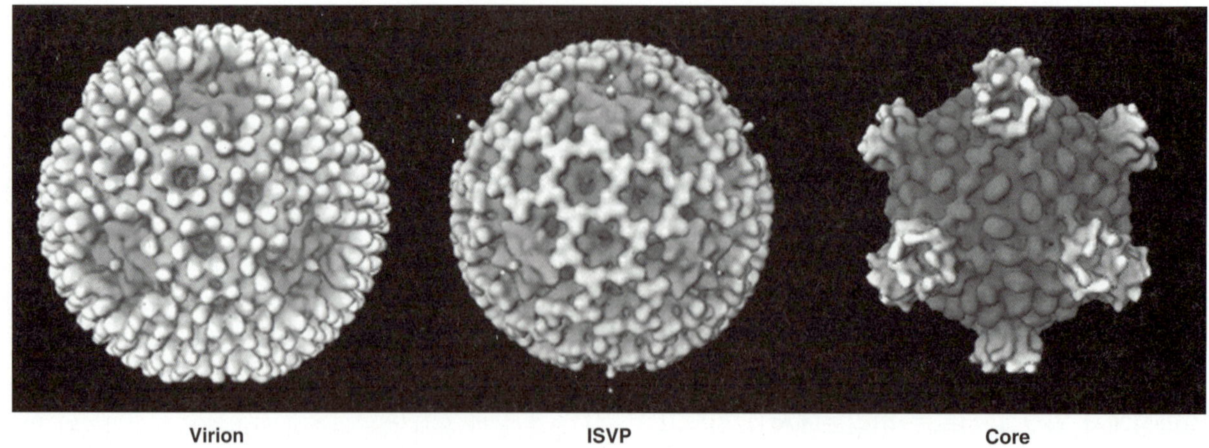

그림 19.5 Reovirus 비리온과 서브비리온 입자의 구조. Reovirus 변종 T1L의 비리온, 감염성 서브비리온 입자(ISVP) 그리고 코어의 표면 구조를 동결전자현미경법과 3차원 이미지 재구성을 통하여 결정하였다.

돌기 단백질에 주요한 구조적 변화가 일어나 λ25량체로 형성된 포탑이 열리고 이를 통하여 전사과정에서 만들어진 mRNA가 탈출한다.

바이러스 코어 내의 효소들이 mRNA를 합성하고 캡을 만든다

세포질에 방출된 코어 입자는 바이러스가 mRNA를 합성하고 캡을 만드는 데 필요한 모든 기구들을 가진다. 이 효소들은 외부 캡시드의 제거로 활성화되고 RNA 합성에 필요한 rNTP는 세포질에서 코어 내로 확산되어 들어간다.

mRNA 합성. Reovirus 코어는 고도로 조직화된 "mRNA 공장"이다(그림 19.6). 한 분자의 λ3와 하나 혹은 두 분자의 μ2로 이루어진 RNA 중합효소 복합체는 각 λ2 돌기의 기저부에 위치한다. *Reoviridae*과에 속하는 바이러스들

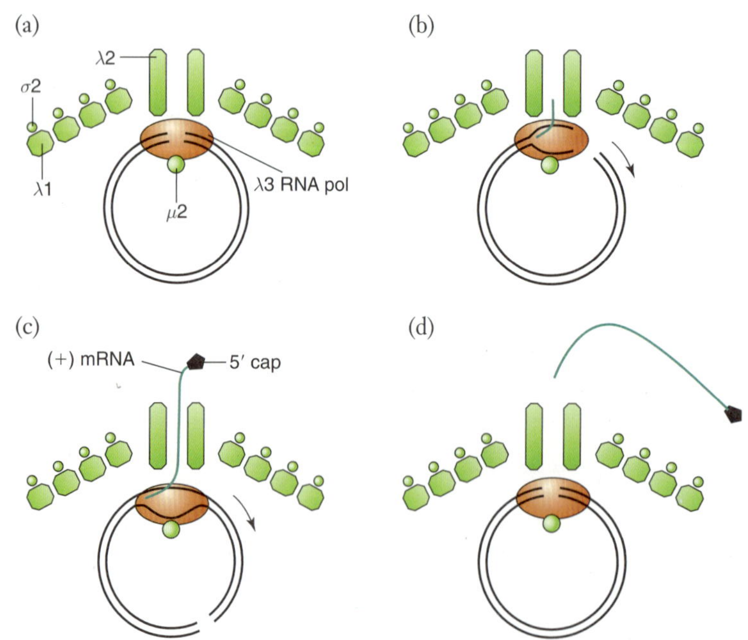

그림 19.6 Reovirus mRNA의 합성. (a) 12개의 돌기들 가운데 하나에서 바이러스 코어를 나타낸 모식도. 바이러스 RNA 중합효소 λ3와 중합효소 보조인자 단백질 μ2는 λ2 단백질의 5량체로 형성되는 포탑의 기저부에 위치한다. 바이러스 유전자 분절들은 여기에서 나타낸 바와 같이 원형을 유지하는 것 같다. (b–d) 이중-가닥 주형 RNA는 아마도 λ1 단백질의 헬리카제 기능에 의하여 국소적으로 풀려지고 완전한 길이의 양성-가닥 mRNA(옅은 청색 선) 합성을 위한 주형으로 제공된다. 이 mRNA들은 λ2로 형성된 포탑을 통하여 밀려나오고 이 과정에서 5′ 말단이 메틸화된 캡(검은색 오각형)을 획득한다. 주형 RNA는 화살표 방향으로 RNA 중합효소에 끌려 들어간다. 원형의 게놈 주형에서 여러 번에 걸쳐 전사가 일어난다.

은 10–12개의 유전자 분절들을 가지고 각 분절은 12개 돌기들 가운데 한 기저부에서 전사된다. 아마도 10개의 reovirus 이중-가닥 RNA들은 고정된 RNA 중합효소 복합체를 통과하면서 모두 동시에 전사되어 전체 길이의 양성-가닥 복사본들을 만드는 것 같다. 이와 같이 주형 RNA가 고정된 RNA 중합효소를 통과하여 이동하는 것을 전사의 이동성 주형(moving template) 모델이라고 한다. 이중-가닥 유전자 분절들은 전사과정에서 환형을 이루므로 재개시가 용이하여 여러 번에 걸쳐 전사가 일어난다.

올리고뉴클레오티드와 복합체를 형성한 λ3 단백질의 X-선 결정구조 분석에 의하면, RNA 중합효소 내의 독자적인 통로를 이용하여 자라나는 mRNA 사슬이 위쪽의 포탑 쪽으로 이동하고 게놈 RNA의 음성-가닥 주형은 아래쪽의 코어 내부로 이동한다. 코어 껍질 단백질인 λ1은 RNA 헬리카아제 활성을 가져 이중-가닥 게놈 RNA를 국소적으로 풀어 중합효소가 음성-가닥 주형에 접근할 수 있도록 한다. λ1과 μ2는 5′ 말단으로부터 γ 인산기를 제거하고 5′-이인산 말단을 생성하여 캡 첨가를 준비한다.

mRNA 캡핑. 각 mRNA 분자들의 합성 초기에 λ2 돌기 단백질이 RNA의 5′ 말단에 캡의 첨가를 촉매한다. 돌기 단백질은 캡핑에 필요한 세 가지 효소활성들을 가진다: (1) RNA의 5′-이인산 말단에 GMP 잔기의 첨가를 통한 캡의 형성; (2) 캡 구아닌의 N7 위치의 메틸화; (3) 첫 번째 G 잔기 리보오스 당의 메틸화. 이러한 반응들은 아마도 RNA가 λ2 돌기를 통과하는 동안에 연속적으로 일어나는 것 같다.

mRNA 방출. 캡을 가지는 RNA 전사물은 돌기 내의 통로를 통하여 외부로 빠져나와 세포질에 방출된다(그림 19.6). 활발히 전사하는 코어를 전자현미경으로 관찰하면 다수의 RNA 전사물들이 코어 입자에서 빠져나오는 것을 볼 수 있다. 이중-가닥 RNA 주형은 코어 내에 머무른 채 반복적으로 전사되어 많은 양의 mRNA를 만들 수 있다.

Reovirus의 mRNA 번역은 조절된다

새로 합성된 바이러스 단백질들은 감염 두 시간이 지나면 검출된 수 있으며 이들의 합성이 증가함에 따라서 세포 단백질의 합성은 감소한다. 모든 reovirus 단백질들이 동일한 양으로 만들어지는 것은 아니다. mRNA 길이가 단백질 합성 빈도에 영향을 주는 한 가지 요인이다; 전사물이 길수록 합성에 걸리는 시간이 길어지므로 긴 mRNA는 짧은 mRNA보다 단백질을 더 적게 만든다. 개시 AUG 코돈 주위의 서열와 5′ 비번역 영역의 길이와 2차 구조도 바이러스 단백질의 합성 수준에 영향을 미치는 것 같다.

대부분의 세포 mRNA들과는 달리 reovirus의 mRNA는 3′ poly(A) 꼬리를 가지지 않는다. 진핵세포에서 번역 효율은 보통 세포 단백질이 결합하여 번역 기구와 상호작용하는 3′ poly(A) 꼬리에 많이 의존한다. 번역 조절 연구를 통하여 S4 mRNA에서 세포 단백질들과 상호작용하여 번역 효율에 영향을 주는 3′ 비번역 영역이 알려졌다. 이러한 서열 요소들은 길이가 약 20 nt로 전사물의 안정성에는 영향을 주지 않는 것 같다. 아마도 reovirus의 mRNA에 내포된 신호가 3′ poly(A) 꼬리 대신에 번역 효율을 향상시키는 것 같다.

인터페론과 PKR: 바이러스와 세포 단백질 합성에 미치는 영향

Reovirus의 이중-가닥 RNA는 I형(α 및 β) **인터페론(interferon)**의 강력한 유도자이다. 바이러스 감염에 대한 이러한 세포 반응은 **이중-가닥 RNA-의존적 단백질 키나아제(double-stranded RNA-dependent protein kinase, PKR)**과 **리보뉴클레아제 L(ribonuclease L)**을 유도하여 mRNA의 번역을 저지할 수 있다(33장 참조). 이중-가닥 RNA에 의하여 활성화되는 잠복성 단백질 키나아제인 PKR은 진핵세포 개시인자 2α(eIF-2α)를 인산화하여 불활성화시킴으로써 mRNA의 번역을 저해한다. 리보뉴클레아제 L은 mRNA를 절단하고 인터페론에 의하여 유도되는 또 다른 단백질인 **2′, 5′-올리고(A) 합성효소(2′, 5′-oligo(A) synthetase)**(이 단백질도 이중-가닥 RNA에 의하여 활성화됨)에 의하여 생성되는 특이한 올리고뉴클레오티드에 의하여 활성화된다.

σ3 단백질은 PKR 활성을 조정한다. Reovirus-감염 세포에서 세포 mRNA의 번역이 강하게 저해된다; 바이러스 감염이 일어나고 약 10시간 이후에 세포에서 합성되는 단백질의 대부분은 바이러스 단백질들이다. Reovirus의 외부 캡시드 단백질인 σ3이 PKR 활성에 영향을 미쳐 세포 단백질의 합성을 선택적으로 저해하는 것 같다. σ3은 PKR과 경쟁적으로 이중-가닥 RNA에 결합한다. 바이러스 공장 근처에서는 σ3의 농도가 높으므로 거의 모든 이중-가닥 RNA들이 σ3과 결합한다. 따라서 PKR의 활성화가 거의 일어나지 않아 바이러스 단백질 합성이 계속 일어날 수 있다. 반면에 세포질의 다른 부위에서는 σ3이 낮은 농도로 존재하므로 PKR이 활성화되어 세포의 단백질 합성이 선택적으로 저해된다.

PKR 조절과 암. Reovirus는 정상 세포에서 보다 *in vitro*에서 배양된 형질전환 세포에서 더 효과적으로 복제한다. 형질전환 세포에서는 **Ras** 경로와 같은 활성화된 세포 신호전달경로들이 PKR 기능을 방해한다. 이와같이 낮은 PKR 활성 조건에서는 바이러스 단백질 합성과 복제가 더 높은 수준으로 일어난다. Reovirus가 형질전환 세포에서 더 잘 복제하는 또 다른 이유는 reovirus 비리온의 해체가 이들 세포에서 더 효과적으로 일어나기 때문이다. 이러한 근거로 reovirus를 암의 치료에 이용할 수 있다는 주장이 제기되었다. 실제로 실험적으로 유도된 종양을 가지는 생쥐에 reovirus를 감염시키면 암이 점차 사라지는 것을 관찰할 수 있다. Reovirus는 인간에서 복제하지만 거의 비병원성이므로 이 바이러스를 이용하여 다양한 인간 암을 치료하기 위한 임상시험들이 진행되고 있다.

자손 이중-가닥 게놈의 합성은 서브바이러스 입자 내에서 일어난다

Reovirus의 mRNA는 단백질 합성에 이용될 뿐만 아니라 자손 이중-가닥 게놈 RNA의 합성을 위한 주형으로 제공된다. 게놈 RNA의 생성은 두 단계 과정으로 일어난다. 첫째, 10개의 reovirus mRNA 분자들이 한 개씩 모여 서브바이러스 입자가 조립된다. 둘째, 입자 내의 각 양성-가닥 RNA가 바이러스 RNA 중합효소에 의하여 복사되어 10개의 이중-가닥 게놈 RNA를 형성한다. 이러한 메커니즘으로 모든 유전자 분절들이 한 분자씩 비리온에 통합될 수 있다. 또한 이중-가닥 RNA를 세포질에서 분리된 서브바이러스 입자 내에 항상 유지시켜 바이러스의 복제를 억제하는 세포 신호전달경로의 활성화를 막는다.

바이러스 공장. Reovirus RNA 복제와 비리온 조립은 세포질의 봉입체(inclusion bodies)에서 일어난다(그림 19.7). 이 바이러스 공장은 감염 8시간 이후에 검출이 가능하고 바이러스 복제주기가 진행됨에 따라서 점차 커지고 합쳐진다. 이들은 바이러스 단백질과 이중-가닥 RNA, 다양한 성숙단계에 있는 비리온을 포함하고, 후기에는 결정모양으로 배열된 성숙한 비리온들이 관찰된다. 바이러스 봉입체는 막을 포함하지 않지만 세포 골격과 밀접하게 연결되어 있다. 코어 단백질인 μ2가 바이러스 봉입체 내의 미세소관들을 안정화시키며 비구조 단백질인 μNS와 함께 봉입체 형성을 위한 조직 센터를 만든다.

복제효소 입자. Reovirus 조립의 첫 단계에서 비구조 단백질들인 μNS와 σNS 그리고 외부 캡시드 단백질인 σ3을

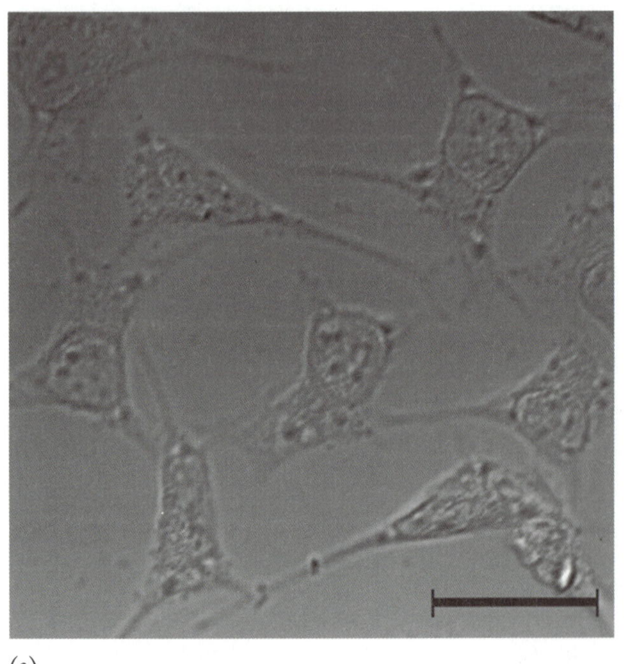
(a)

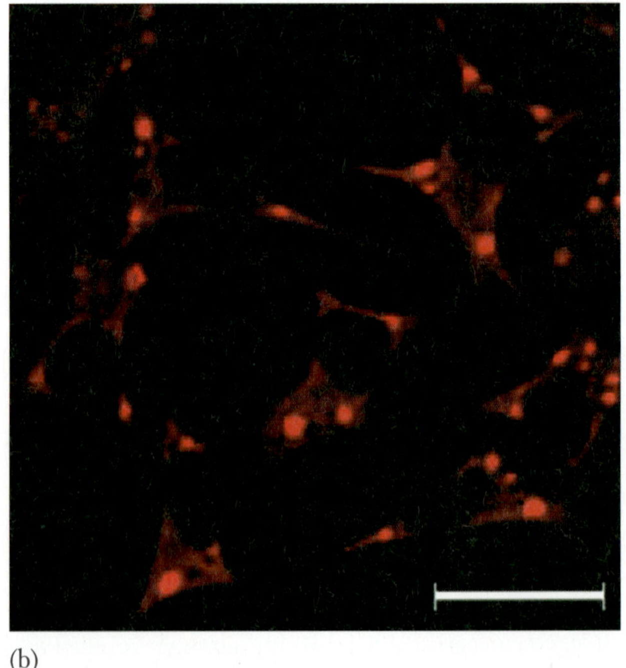
(b)

그림 19.7 Reovirus-감염 세포에서 봉입체의 형성. 마우스의 L 섬유아세포에 reovirus 변종 T3D를 감염시키고 24시간 이후에 동초점 현미경으로 관찰하였다. (a) 차등간섭위상차 이미지. (b) 세포를 reovirus 단백질을 검출하는 형광 항체로 염색하여 세포 내에 붉은 부분으로 나타내었다. 핵에는 reovirus 단백질이 없고 세포질에 reovirus 단백질들을 포함하는 커다란 봉입체 구조물들이 관찰된다(축척 자: 25 μm).

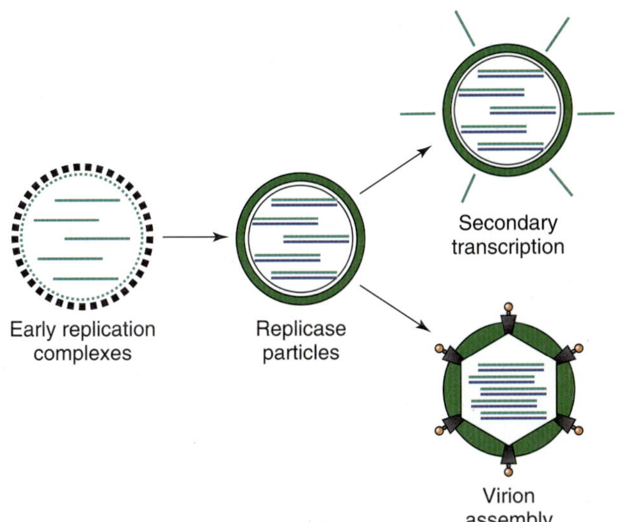

그림 19.8 유전자 분절의 편성과 비리온 조립. Reovirus의 양성-가닥 RNA들이 초기 복제 복합체라고 하는 입자 내로 조립된다. 이 입자는 10가지 전사물들을 한 개씩만 포함한다. 바이러스 RNA 중합효소가 양성-가닥 mRNA를 복사하여 이중-가닥 게놈 RNA를 합성한다. 이러한 복제효소 입자들은 새로운 mRNA를 합성하거나(위) 외부 캡시드 단백질들이 첨가되어 비리온을 형성할 수 있다(아래).

포함하는 초기 복제 복합체가 형성된다(그림 19.8). 그 다음에 음성-가닥 합성에 관여하는 "복제효소 입자(replicase particle)"가 형성되는 것 같다. 이 입자는 성숙한 비리온보다 적은 수의 코어 단백질들과 외부 캡시드 단백질들을 포함한다. 10개의 RNA 분절들이 하나씩 각 입자에 포장되는 정확한 메커니즘은 알려지지 않았다. 아마도 바이러스 단백질들이 각 mRNA의 양 말단에 존재하는 뉴클레오티드 서열과 2차 구조(그림 19.3)를 특이적으로 인식하는 것 같다.

복제효소 입자는 바이러스의 RNA-의존적 RNA 중합효소를 이용하여 포장된 양성-가닥 mRNA를 복사하여 전체 길이의 이중-가닥 RNA를 합성한다. 따라서 동일한 RNA 중합효소가 두 가지 반응에 관여한다: (1) 바이러스 코어에서 이중-가닥 RNA 주형으로부터 단일-가닥 mRNA의 합성과 (2) 복제효소 입자 내에서 단일-가닥 mRNA 주형으로부터 이중-가닥 RNA 게놈의 합성.

2차 전사와 비리온 형성. 일단 이중-가닥 RNA가 만들어지면 복제효소 입자는 더 많은 양성-가닥 mRNA를 합성할 수 있다. 이러한 "2차 전사효소 입자(secondary transcriptase particle)"에 의한 전사로 바이러스 감염 세포에서 다량의 바이러스 mRNA가 생성된다. 복제효소 입자처럼 2차 전사효소 입자는 완전한 비리온 단백질들을 포함하지 않기 때문에 형태상 비리온과 구분된다. 충분한 캡시드 단백질들이 합성되면, 외부 캡시드 단백질 층이 복제효소 입자에 첨가되어 조립되면, 감염성 이중-캡시드 껍질을 가지는 비리온이 완성된다(그림 19.8)

Reovirus는 선천성 면역반응 전사인자들인 NF-κB와 IRF-3의 활성화를 통하여 세포자살을 유도한다

Reovirus는 배양 세포와 숙주 동물에서 **세포자살(apoptosis)** 혹은 세포예정사(programmed cell death)를 유발할 수 있다. Reovirus 감염은 세포자살을 비롯한 세포 스트레스 반응들의 조절에 중요한 역할을 수행하는 전사인자인 **nuclear factor kappa B(NF-κB)**와 많은 유형의 세포들에서 I형(항바이러스성) 인터페론의 발현에 필요한 interferon regulatory factor-3(IRF-3)의 활성화를 유도한다. Reovirus에 의하여 활성화되는 NF-κB 복합체는 NF-κB 소단위체들인 p50과 p65로 구성된다.

NF-κB 저해제를 발현하는 세포에서는 reovirus에 의한 세포자살의 유도가 현저히 감소한다. 또한 NF-κB 소단위체인 p50 혹은 p65의 발현이 결핍된 세포에서는 reovirus가 세포자살을 유도할 수 없다. 이는 reovirus에 의한 세포자살의 유도에 기능성 NF-κB가 필요하다는 것을 의미한다. NF-κB는 reovirus 감염에 대한 이러한 세포 반응을 유도하는 유전자들의 발현을 촉진하는 것 같다.

인터페론-자극 유전자(interferon-stimulated gene)와 인터페론-β 유전자를 비롯한 일부 NF-κB-반응성 유전자들은 숙주의 선천성 면역반응에 관여한다(33장 참조). Reovirus가 최대 수준의 세포자살을 유도하기 위해서는 NF-κB 이외에 IRF-3도 필요하다. 따라서 NF-κB, IRF-3 그리고 reovirus-유도성 세포자살을 연결하는 세포 반응의 축이 존재함을 알 수 있다. Reovirus 감염은 또한 세포자살을 매개하는 세포 프로테아제인 **카스파아제(caspase)**를 활성화시킨다. 내인성(미토콘드리아) 및 외인성(사멸 수용체) 세포자살 유도 경로에 관련된 카스파제들이 모두 reovirus 감염에 의하여 활성화된다.

막 통과와 세포자살. 배양 세포에서 reovirus에 의한 세포자살의 유도는 새로운 바이러스 RNA 및 단백질 합성이 없어도 일어난다. 이는 세포자살의 유도자가 감염하는 비리온에 존재한다는 것을 의미한다. 세포자살을 유도하는 능력에 차이를 보이는 reovirus 변종들을 분석한 결과, 외부 캡시드 성분들을 암호화하는 S1(부착 단백질 σ1)과

M2 유전자(막-통과 단백질 μ1) 분절들이 관련됨을 알 수 있었다. 하지만 σ1이 수용체인 JAM-A와 시알산에 부착하지 않는 경로를 통하여 reovirus를 세포에 진입시켜도 세포자살이 유도되므로 σ1과 수용체 간의 상호작용으로 활성화되는 신호전달경로는 이 과정에 관여하지 않는 것 같다. 반면에 μ1이 변화된 reovirus 돌연변이체는 NF-κB의 활성화와 세포자살의 유도 능력에 결함을 나타내므로 reovirus에 의한 세포사멸 메커니즘에 μ1이 중추적인 역할을 수행한다는 것을 알 수 있다.

세포주기 정지. Reovirus는 또한 감염 세포의 세포주기도 정지시킨다. 세포주기는 G2기에서 유사분열기로의 전환기에서 정지된다. 이는 비구조 단백질인 σ1s에 의하여 매개되며 감염에 대한 세포자살 반응과는 무관하게 일어난다. 세포주기의 정지는 σ1s가 **cyclin-dependent kinase(Cdk)**인 $p34^{cdc2}$/cdk1의 과인산화를 유도하여 이를 불활성화시킴으로써 일어나는 것 같다.

생쥐에서의 reovirus 병원성 연구

중추신경계. 비록 reovirus가 인간에서 거의 병원성을 나타내지 않지만 바이러스 병원성 연구를 위한 매우 효과적인 실험 모델을 제공한다. 갓 태어난 생쥐에서 reovirus는 바이러스 혈청형에 따라서 다양한 유형의 질병들을 유발한다. 가장 잘 알려진 모델은 생쥐 중추신경계에서 나타나는 reovirus의 병원성이다. 1형 reovirus 변종은 장에서 1차 복제를 한 뒤 혈류를 통하여 뇌로 전파되어 **뇌실막 세포(ependymal cells)**에 감염하여 비치사성인 수두증(hydrocephalus)을 일으킨다. 반면에 3형 reovirus는 주로 신경 경로를 통해 중추신경계에 전파되어 뉴런에 감염하여 치명적인 **뇌염(encephalitis)**을 유발한다.

재편성 바이러스를 이용하여 이러한 독특한 중추신경계 질병 패턴이 σ1을 암호화하는 S1 유전자에 따라서 달라진다는 것이 밝혀졌다. 이와 같은 결과는 1형과 3형 reovirus들이 뇌실막 세포와 뉴런에서 발현되는 서로 다른 수용체들과 상호작용한다는 것을 의미한다. 그러나 1형과 3형 reovirus 변종 모두 JAM-A를 수용체로 이용하는 것으로 알려져 있다. 3형의 reovirus는 시알산에도 결합하므로 세포 표면의 당단백질 분포나 밀도가 reovirus 변종이 감염하는 세포 유형을 결정할 가능성도 있다. 또한 지금까지는 발견되지 않은 다른 수용체를 이용하여 reovirus가 중추신경계의 세포에 감염할 수도 있다.

간과 심장. 생쥐에 reovirus를 감염시키면 간과 담관, 심근, 폐, 췌장 및 내분비 조직 등의 다양한 기관과 조직에서 병원성이 유발된다. 특히, reovirus에 의한 간과 담관 질병 그리고 **심근염(myocarditis)**은 잘 확립된 실험 모델들이다.

일부 3형 reovirus 변종들은 간 내부의 담관 상피세포에 감염하여 담관 소실과 폐쇄성 **황달(jaundice)**를 유발한다. 부착 단백질 σ1이 담관 상피세포의 표면에 있는 시알산에 결합할 수 있으므로 이 세포에 대한 바이러스의 **친화성(tropism)**이 나타난다. 신생아에서 황달을 유발하는 담관 손상도 reovirus의 감염에 의하여 유발된다는 보고도 있다.

다른 바이러스들에 의하여 유발되는 심근염과는 달리 reovirus에 의하여 유도되는 심근염은 면역반응의 결과로 생겨나지 않는다. 그 대신 reovirus가 유도하는 병변효과가 직접 심근 세포를 손상시킨다. 심근 손상을 가장 잘 일으키는 reovirus 분리주들은 인터페론을 거의 유도하지 않고 이 항바이러스성 효과에 대해서 내성을 나타낸다.

p50 소단위체가 없어 NF-κB 활성화에 결함을 가지는 생쥐에 reovirus를 감염시키면 정상 동물과 비교하여 심근 세포의 세포자살이 증가하고 심장의 기능 이상이 더 심하게 나타난다. 이러한 세포 손상은 바이러스 감염에 대한 I형 인터페론 생성량의 감소로 생겨난다. p50-음성 생쥐에

Reovirus에 대한 플라스미드-기반의 역유전학

"역유전학(reverse genetics)"이란 바이러스 단백질의 기능성 영역에 대한 가설을 검증하기 위하여 바이러스 게놈의 플라스미드 복사본을 조작하여 특정 돌연변이를 도입하는 과정을 말한다. 역유전학이 개발되기 전에는 특정 표현형을 가지는 돌연변이를 선별하여 유전자의 기능을 연구하였으며 이를 순유전학(forward genetics)이라고 한다. 역유전학을 이용하면 바이러스 돌연변이체들을 분리하기 위한 복잡한 선별 전략을 고안할 필요가 없고 바이러스 게놈을 직접 조작할 수 있다. 또한 역유전학으로 신속한 바이러스 백신 제조가 가능하게 되었고 바이러스를 유전자 운반용 벡터로 활용할 수 있게 되었다.

*Reoviridae*과의 바이러스 연구에 있어서 오랜 숙원이 포유동물 reovirus에 대한 완전한 플라스미드-기반의 역유전학 기술의 개발로 해결되었다(그림 19.9). 이 시스템을 이용하면 10개의 바이러스 유전자 분절들을 각각 암호화하는 cDNA에 원하는 돌연변이를 선별적으로 도입시킬 수 있고 플라스미드를 트랜스펙션한 세포로부터 돌연변이 바이러스를 분리할 수 있다. 재조합 바이러스를 헬퍼바이러스나 어떠한 선별과정도 없이 생성할 수 있다. 따라서 이 새로운 기술은 바이러스 게놈을 직접 조작할 수 있는 수단을 제공한다.

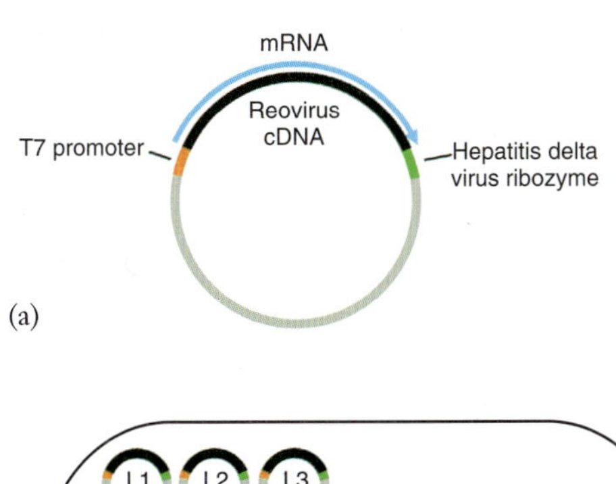

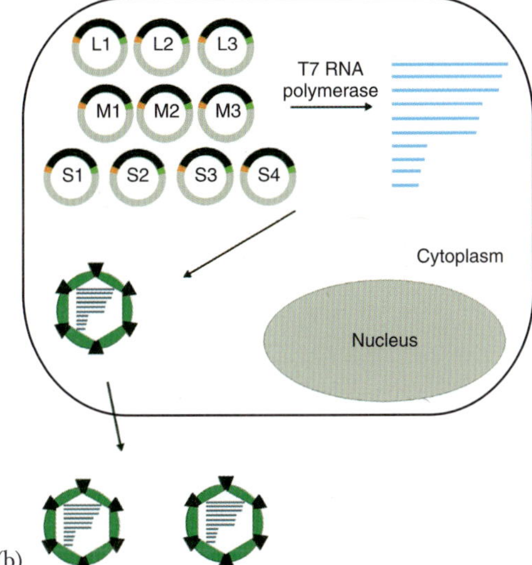

그림 19.9 클로닝된 cDNA로부터 reovirus의 생성 전략. (a) 플라스미드에 클로닝된 reovirus 유전자 분절 cDNA. 10가지 reovirus dsRNA 유전자 분절들로부터 얻은 cDNA를 박테리오파지 T7 RNA 중합효소 프로모터와 hepatitis delta virus 리보자임 서열 사이에 클로닝하였다. (b) 복제-결함성 vaccinia virus가 T7 RNA 중합효소를 발현하는 마우스 L 세포에 10가지 플라스미드를 트랜스펙션한다. 세포 내에서 전사가 일어나 원래의 바이러스 5′ 끝을 가지는 10가지 mRNA가 생성된다. 리보자임에 의한 자가 절단으로 원래의 바이러스 3′ 끝이 생성된다. 이 mRNA들이 번역되어 11가지 reovirus 단백질들이 모두 생성되면 생산적 복제주기가 일어날 수 있다. 수일간 배양한 이후에 수차례의 얼림과 녹임을 반복하여 감염 세포를 파괴하여 확보한 감염성 바이러스를 L 세포를 이용한 용균반 분석법으로 분리할 수 있다.

인터페론를 처리하면 reovirus 감염에 의한 세포자살로부터 심장세포를 보호할 수 있다. 흥미롭게도 p50-음성 생쥐는 정상 동물에 비하여 중추신경계에서 현저하게 낮은 수준의 세포자살이 일어나는데 이는 배양 세포에서 관찰된 NF-κB의 세포자살 유도 효과와 일치한다. 따라서 NFκB는 reovirus 병원성에서 기관에 따라 서로 다른 역할을 수행하는 것 같다.

핵심 용어

- 2′,5′-올리고(A) 합성효소 (2′,5′-oligo(A) synthetase)
- Nuclear factor-κB(NF-κB)
- Ras
- 감염성 서브비리온 입자 (Infectious subvirion particles, ISVPs)
- 뇌실막 세포(Ependymal cells)
- 뇌염(Encephalitis)
- 동결전자현미경법 (Cryoelectron microscopy)
- 리보뉴클레아제 L(Rinonuclease L)
- 밀착연접(Tight junction)
- 봉입체(Inclusion bodies)
- 사이클린-의존적 키나아제 (Cyclin-dependent kinase, Cdk)
- 세포자살(Apoptosis)
- 수두증(Hydrocephalus)
- 시알산(Sialic acid)
- 심근염(Myocarditis)
- 연접부착분자 A(Junctional adhesion molecule A)
- 이중-가닥 RNA-의존적 단백질 키나아제 (Double-stranded RNA-dependent protein kinase, PKR)
- 인터페론(Interferons)
- 재편성 바이러스(Reassortant viruses)
- 친화성(Tropism)
- 카뎁신(Cathepsins)
- 카스파아제(Caspase)
- 황달(Jaundice)

기본 개념

- *Reoviridae*는 정20면체형 대칭을 가지는 두 층 혹은 세 층의 캡시드와 10–12개의 이중-가닥 RNA 게놈 분절들을 가진다.
- *Reoviridae*과에 속하는 rotavirus는 심각한 위장염을 유발하며 개발도상국가에서 어린이의 주요 질병과 사망 원인이다.
- 엔도좀으로 도입되는 과정에서 reovirus는 외부 캡시드 껍질을 상실하고 코어가 엔도좀 막을 통과하여 세포질에 진입한다.
- Reovirus 코어는 10–12개의 바이러스 게놈 분절들을 전사하여 바이러스 mRNA를 만드는 바이러스 RNA 중합효소를 포함한다.
- 전사과정에서 바이러스 캡핑 효소에 의하여 캡이 첨가된 바이러스 mRNA는 코어로부터 세포질로 방출된다.
- Reovirus의 외부 캡시드 단백질인 σ3은 바이러스 단백질 합성이 계속 일어날 수 있도록 이중-가닥 RNA에 결합하여 PKR의 활성을 억제한다.
- 바이러스 공장은 바이러스 RNA 합성과 비리온 조립이 일어나는 세포질 영역에 위치한다.
- 바이러스 mRNA는 복제효소 입자에 선별적으로 통합되고 바이러스 RNA 중합효소는 이들을 복사하여 전체 길이의 이중-가닥 RNA 게놈을 만든다.

- 그 결과 생겨난 바이러스 코어는 바이러스 mRNA 합성을 계속하거나 단백질 층으로 더 둘러싸여 성숙한 reovirus 비리온이 된다.
- Reovirus는 생쥐에서 바이러스 병원성 연구에 이용된다.

복습 문제

1. Reovirus 혈청형 3 입자가 감염을 시작하기 위하여 상호작용하는 두 가지 세포 분자들은 무엇인가?

2. Reovoris 코어가 mRNA를 합성하기 위하여 이용하는 전사의 "이동성 주형" 모델이란 무엇을 의미하는가?

3. 세포 mRNA의 캡핑은 보통 핵에서 일어난다. Reovirus mRNA의 캡은 어디에서 만들어지는가?

4. Reovirus 감염은 세포의 단백질 합성을 저해한다. 이는 어떻게 일어나는가?

5. Reovirus 감염은 세포 DNA 합성을 빠르게 저해한다. dsRNA 게놈을 가지는 바이러스가 어떻게 세포 DNA 합성을 저해할 수 있는가?

SECTION V

진핵생물의 작은 DNA 바이러스

제5부에서는 10 kb 이하의 DNA 게놈을 가지고 이들이 암호화하는 바이러스 단백질의 수가 5~10개로 제한되는 진핵세포의 작은 DNA 바이러스들에 대하여 살펴 본다. 이 바이러스들은 자신의 유전자들을 전사하고 복제하기 위하여 세포 효소들에 의존한다. 따라서 이들은 자신의 DNA 게놈을 세포의 효소계들이 존재하는 핵 내로 반드시 운반하여야 한다.

Parvovirus는 단일-가닥 DNA 게놈을 가지는 극소수의 바이러스과들 가운데 하나이다. 세포의 핵으로 진입한 뒤에 parvovirus는 먼저 세포 DNA 중합효소를 이용하여 게놈을 이중-가닥 DNA로 만든다. 이는 세포 RNA 중합효소 II가 이중-가닥 DNA만을 인식하고 전사할 수 있기 때문이다. 신형의 parvovirus 게놈 복제과정에서 지기 프라이밍과 바이러스 뉴클레아제에 의한 머리핀 서열의 특이적인 절단이 일어난다; 이는 훨씬 더 큰 바이러스들의 선형 DNA 게놈에서도 적용되는 모델이다. 일부 parvovirus들은 "헬퍼(helper)" 바이러스에 감염된 세포에서만 복제할 수 있다.

Polyomavirus와 papillomavirus는 환형의 이중-가닥 DNA 게놈을 가진다. 이들의 게놈은 세포의 핵에 도착하는 즉시 세포 RNA 중합효소 II에 의하여 전사될 수 있다. 다세포 생물의 세포들은 대부분 세포주기가 휴지 상태인 G_0기에 있어 DNA 복제에 필요한 충분한 양의 효소기구들을 만들지 않는다. 작은 DNA 바이러스들은 세포 신호전달경로와 상호작용하여 세포가 S기(DNA 합성기)에 진입하도록 유도하는 단백질들을 암호화한다. 이들은 또한 세포가 예정되지 않았던 DNA 복제를 수행하면 유도되는 세포자살을 저해하는 단백질도 만든다; 이렇게 하지 않으면 감염된 세포가 자손 바이러스를 생성하기 전에 죽기 때문이다.

바이러스와 세포 단백질들의 상호작용에 대한 연구로 과학자들은 세포주기와 신호전달경로에 대해 많은 것들을 이해할 수 있었다. 이러한 상호작용의 한 예로 감염된 세포는 무한정 자라고 분열할 수 있으며 만약 세포가 바이러스에 의해 죽지 않으면 결국에는 종양세포로 발달할 수 있다. 바이러스가 정상 세포를 암 세포로 형질전환시키는 능력은 암화과정에 대한 활발한 연구를 이끌었고 이에 대한 상당한 진전이 있었다. 이 바이러스들의 일부는 인간에 악성 종양을 유발할 수 있다.

Parvoviruses

Peter Beard

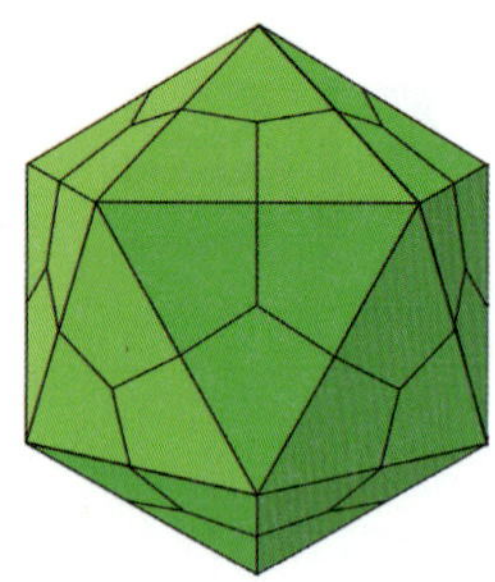

Parvoviridae

작은 비리온 크기를 의미하는 라틴어 *parvus*(작은)에서 유래

비리온

나출성 정20면체형 캡시드(T = 1)
지름 28 nm

게놈

선형의 단일-가닥 DNA, 5 kb
게놈 말단에 자가-상보적인 머리핀 구조

유전자와 단백질

1~4개의 전사 프로모터들을 가지고 세포 RNA 중합효소 II에 의하여 전사됨
스플라이싱으로 6가지 mRNA 생성
2~4개의 복제(Rep) 혹은 비구조(NS) 단백질들: DNA 복제와 조절
1~3개의 캡시드(Cap) 단백질: 비리온 형성

바이러스와 숙주

자율성 parvoviruses: minute virus of mice, canine 및 feline parvoviruses
Dependoviruses: adeno-associated viruses(인간, 소, 개)
Erythroviruses: B19(인간)
Densoviruses: 곤충 감염

질병

인간: B19가 전염성 홍반(발진/발열)과, 재생 불량성 빈혈을 유발
개, 고양이, 밍크에서 백혈구 감소와 장염
Dependovirus 감염은 질병과 무관

독특한 특징들

세포주기에 강한 의존성
자율성 parvovirus는 S기 세포에서만 복제
Dependovirus의 복제는 헬퍼 바이러스에 의존
DNA는 전사 전에 이중-가닥으로 전환됨
숙주 게놈에 부위-특이적인 삽입(adeno-associated virus)
종양세포에서 복제하고 이들을 선택적으로 죽임
인간 세포에 유전자 전달을 위한 벡터로 이용

Parvovirus는 매우 작은 비리온과 선형의 단일-가닥 DNA 게놈을 가진다

Parvovirus는 그 이름이 의미하듯이 가장 작은 바이러스에 속한다. 이들의 게놈(5 kb)은 hepatitis B virus(3 kb)보다 크고 polyomavirus의 게놈과 크기가 거의 같지만, 이들의 DNA는 단일-가닥이므로 캡시드에 매우 조밀하게 포장되어 작은 비리온을 만든다. 이들의 지름 28-nm, 비외막성 T = 1인 정20면체형 캡시드(그림 20.1)는 단일-가닥 DNA 박테리오파지 ϕX174(6장)의 캡시드와 유사하다.

Parvovirus는 작은 크기에도 불구하고 다른 바이러스들과 구분되는 여러 가지 독특한 특징들을 가진다. Parvovirus의 게놈은 단일-가닥 DNA 박테리오파지들의 게놈처럼

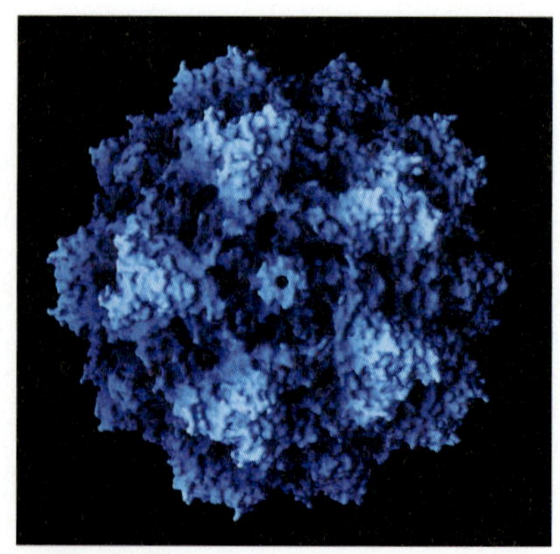

그림 20.1 Minute virus of mice의 비리온. X-선 결정분석법으로 구조가 결정되었다. 12개의 5배 대칭축들 가운데 하나가 보이도록 비리온을 배치하였다.

환형이 아닌 선형이다. 이들의 선형 DNA 분자의 양 말단은 자가-상보적인 뉴클레오티드 서열을 포함하므로 이들이 서로 결합하여 머리핀 구조를 형성할 수 있다. 이러한 독특한 구조는 DNA 복제를 위한 프라이머로 제공된다. 일부 parvovirus는 박테리오파지 람다의 부위-특이적인 삽입과 유사한 방식으로(8장) 자신의 DNA를 인간 게놈의 특정 부위에 삽입할 수 있다. Parvovirus의 이러한 게놈 삽입 능력을 활용하여 인간 세포에 유전자를 운반하는 벡터로 이용하려는 연구가 활발히 진행되고 있다.

Parvovirus는 세포주기를 진행하는 세포에서만 복제한다

Parvovirus는 작은 게놈 크기와 제한된 유전적 암호화 능력을 가지므로 숙주세포의 기능에 매우 의존적이다. Parvovirus는 polyomavirus, papillomavirus 및 adenovirus(21–23장)들과는 달리 세포주기를 DNA 합성(S)기에 진입하도록 유도할 수 없다. 그럼에도 불구하고 parvovirus는 자신의 DNA 복제를 세포의 DNA 복제기구들에 의존한다. 따라서 이들은 세포주기를 진행하는 세포에서만 생산적인 감염을 할 수 있다. 이것과 이들의 세포-유형 의존성은 parvovirus 감염의 생물학과 병리학의 대부분을 차지한다.

Parvovirus(표 20.1)는 수많은 포유류와 조류에서 분리되었으며, 독특한 아과인 densovirus의 구성원들은 다양한 곤충에 감염한다. 포유동물에 감염하는 parvovirus들은 두 개의 주요 그룹, 즉 자율성(autonomous) parvovirus와 dependovirus로 구분된다. 자율성 parvovirus는 세포주기가 S기에 진입하는 세포에서 자발적으로 복제할 수 있다. 그러나 dependovirus는 생산적인 복제를 수행하기 위해서 adenovirus나 herpesvirus의 동시 감염을 요구한다. 따라서 이 바이러스를 adeno-associated virus(AAV)라고 부른다. 여러 가지 자율성 parvovirus들이 동물에 질병을 유발할 수 있다. 잘 알려진 예들로는 canine parvovirus, feline panleukopenia virus 그리고 Aleutian mink disease virus

표 20.1 대표적인 parvovirus들

Subfamily	Example	Host
Autonomous parvoviruses	Minute virus of mice (MVM) Canine parvovirus	Mouse Dog
Dependoviruses	Adeno-associated virus (AAV)	Human
Erythroviruses	B19 virus	Human
Densoviruses	Culex pipiens densovirus	Mosquito

가 있다. Dependovirus의 감염과 관련된 질병은 아직 알려지지 않았다. 적혈구 전구체에 대한 특이성 때문에 명명된 erythrovirus B19는 인간에 병원성을 나타내는 parvovirus로 주목할 만하다.

포유동물 parvovirus의 발견

종양 바이러스들을 찾아내는 과정에서 다양한 자율성 parvovirus들이 발견되었다. 당시에는 종양 조직에서 얻은 시료를 배양 세포나 실험용 설치류에 감염시켜 분리된 바이러스들을 유력한 종양 바이러스 후보로 간주하였다. 그러나 이러한 과정을 통하여 검출된 parvovirus들이 암을 유발하지 않는다는 것이 즉시 밝혀졌다. 이들은 보통 종양세포에서 더 효과적으로 복제한다. 이와 같은 parvovirus의 **암친화성(oncotropism)**은 현재 용해성 바이러스를 이용한 암 치료법 개발에 활용되고 있다.

다른 parvovirus들은 우연히 발견되었다. 예를 들면, B19 바이러스는 전혀 관련이 없는 hepatitis B virus의 선별과정에서 발견되었으며 나중에 인간 질병을 유발한다는 것이 알려졌다. Adeno-associated virus는 원래 이 바이러스가 오염된 adenovirus 시료에서 발견되었다. 이 바이러스는 인간 집단에 널리 퍼져 있어 대부분의 사람들이 이 바이러스에 대한 항체를 가지고 있다. 자율성 parvovirus의 일종인 minute virus of mice(MVM)는 생쥐 adenovirus 시료의 오염원으로 처음 발견되었다. 이 바이러스는 독자적으로 복제할 수 있지만 가능하다면 더 큰 바이러스의 도움을 받는 것 같다. 이 장에서는 분자 수준에서 복제 기전이 잘 연구된 두 가지 parvovirus들인 minute virus of mice와 adeno-associated virus 2형(AAV2)에 대하여 주로 설명할 것이다.

Parvovirus는 가장 단순한 비리온 구조를 가진다

여러 parvovirus들의 구형 캡시드 구조가 X-선 결정분석법을 통하여 원자적 해상력으로 밝혀졌다(그림 20.1). 캡시드는 T = 1의 정20면체형 대칭으로 배열된 60개의 단백질 소단위체들로 구성된다. 각 소단위체는 대부분의 정20면체형 바이러스들(2장 참조)의 캡시드 단백질에서 나타나는 8가닥의 역평형 β-원통형 구조를 가진다. 단일-가닥 DNA 분자는 캡시드 내에 매우 조밀하게 포장되어 있다. X-선 회절 구조에 의하면 바이러스 DNA의 일부는 캡시드 단백질과 동일한 정20면체 대칭으로 배열되어 있다. 이는 parvovirus의 캡시드 내부에 DNA 인식부위들이 존재하고 이들이 아마도 바이러스 DNA의 포장에 관여한다는 것을 의미한다.

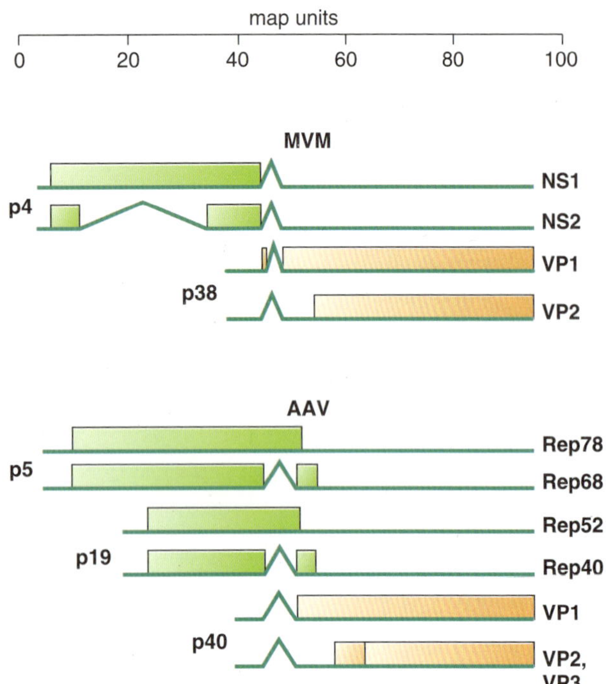

그림 20.2 Minute virus of mice와 adeno-associated virus의 유전자와 전사물. mRNA에서 열린 해독틀은 직사각형 상자(녹색은 초기 단백질, 주황색은 후기 단백질)로, 인트론은 역 V자로 나타내었다. 전사 프로모터들을 왼쪽에 표시하였다. 각 mRNA에 암호화된 단백질들은 오른쪽에 나타내었다. 지도 단위는 약 50 nt에 해당하며 바이러스 게놈을 100 등분한 것이다.

Parvovirus는 매우 적은 수의 유전자들을 가진다

Parvovirus DNA의 암호화 영역을 두 부분으로 나눌 수 있다(그림 20.2). 5에서 50 지도 단위(map unit)에 해당하는 왼쪽 절반은 비구조(NS) 혹은 복제(Rep) 단백질들을 암호화한다(1 지도 단위는 바이러스 게놈 길이의 1% 혹은 약 50 뉴클레오티드에 해당한다). 50에서 90 지도 단위에 해당하는 오른쪽 절반은 바이러스 캡시드(Cap) 단백질을 암호화한다.

여러 parvovirus들의 게놈이 전체적으로 비슷한 암호화 영역들을 가지지만 이들은 바이러스 유전자 발현의 조절에 서로 다른 전략들을 이용한다. Minute virus of mice는 첫 번째 프로모터(p4, 왼쪽 끝에서부터 4 지도 단위에 위치)를 이용하여 비구조 단백질들을 암호화하는 mRNA를 합성하고, 두 번째 프로모터(p38)를 이용하여 캡시드 단백질을 암호화하는 mRNA를 합성한다. Adeno-associated virus는 왼쪽 해독틀 내의 또 다른 프로모터(p19)를 이용하여 더 짧은 크기의 복제 단백질을 암호화하는 mRNA를 합성한다. 마지막으로 B19 바이러스는 단 하나의 프로모터를 이용하여 전체 게놈을 전사하는 것 같다. 모든 경우에서 차별적인 스플라이싱으로 바이러스가 필요로 하는 여러 mRNA들을 생성한다.

세 가지 캡시드 단백질들인 VP1, 2 및 3은 동일한 해독틀로 번역되므로 중첩된 아미노산 서열들을 가진다(그림 20.2). Minute virus of mice에서는 VP2가 주요 캡시드 단백질이며 VP1은 극소수가 캡시드에 통합된다. VP1은 여분의 N-말단 서열을 가지며 차별적으로 스플라이싱된 mRNA로부터 번역된다. VP3은 VP2가 캡시드에 통합된 이후에 약 20개의 N-말단 아미노산들이 프로테아제에 의해 절단되어 형성된다. 반면에 adeno-associated virus의 주요 캡시드 단백질은 VP3이다. 이보다 더 큰 VP2는 VP3의 AUG 개시코돈 앞에 있는 ACG 개시코돈에서 동일한 해독틀로 단백질 합성이 드물게 시작되어 만들어진다. 소수 캡시드 단백질들의 별다른 역할은 알려지지 않았지만 이들이 없으면 비리온의 감염성이 감소될 수 있다.

단일-가닥 parvovirus DNA는 특이한 말단 구조를 가진다

Parvovirus의 가장 독특한 특징은 선형의 단일-가닥 DNA의 구조이다. 대부분의 자율성 parvovirus(예, minute virus of mice)는 바이러스 mRNA에 상보적인 DNA 가닥만을 캡시드 형성에 이용한다. 반면에 dependovirus(예, adeno-associated virus)는 양 극성의 가닥들을 구분하지 않고 거의 같은 비율로 하나씩 포장한다. 그 결과 adeno-associated virus의 비리온들에서 추출한 DNA는 *in vitro*에서 서로 결합하여 완전한 이중-가닥 DNA 분자를 생성한다.

Adeno-associated virus와 minute virus of mice의 캡시드가 거의 동일한 크기와 밀도를 나타내므로, adeno-associated virus에서 처음 DNA를 추출한 연구자들은 이러한 결과를 이상하게 생각하였다. 그러나 자가-결합을 허용하지 않는 조건에서 adeno-associated virus의 비리온에서 DNA를 추출하면 단일-가닥 상태가 그대로 유지된다는 것을 관찰할 수 있어 이러한 의문점이 해소되었다.

Parvovirus의 양 말단에 있는 뉴클레오티드 서열은 자가-상보적 영역을 포함하고 있다. 따라서 말단 서열의 한 부위가 다른 부위와 염기쌍을 형성하여 머리핀 모양 혹은 T-모양의 구조를 형성할 수 있다(그림 20.3). 자가-상보적 서열 요소의 길이는 115–300 뉴클레오티드 정도이다. Minute virus of mice의 경우에는 3′ 및 5′ 말단 서열이 서로 다르다. 그러나 adeno-associated virus의 양 말단에 있는 125-nt 길이의 자가-상보적 서열은 그림 20.3에서 B와 C로 표시된 내부의 42 뉴클레오티드의 방향만 제외하면 동일하다. 아래에 언급한 바와 같이 3′-말단의 머리핀은 바

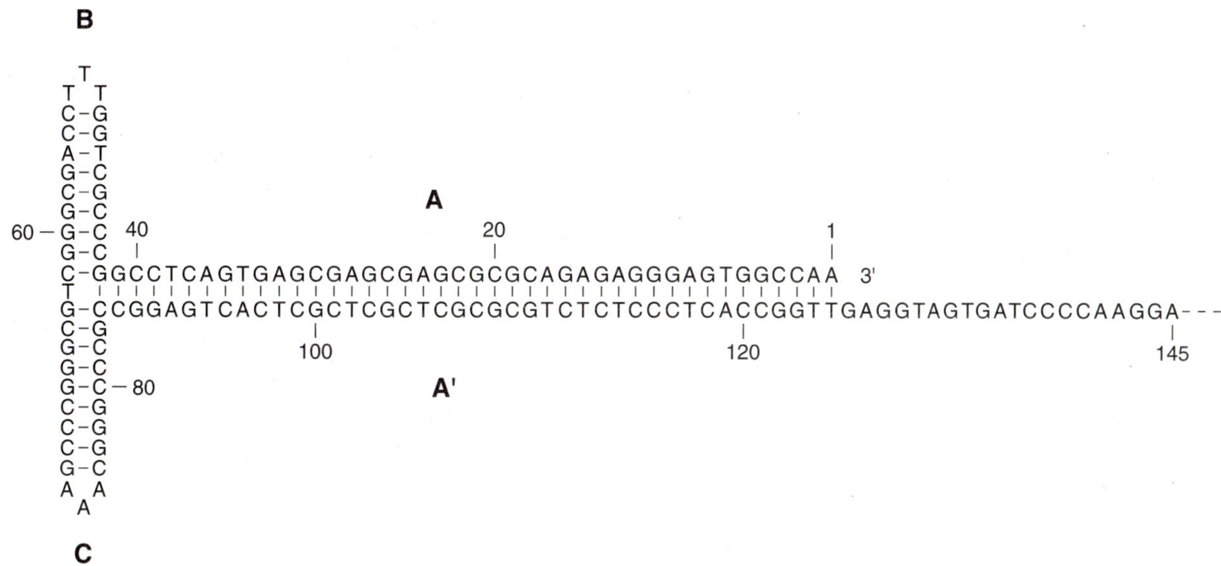

그림 20.3 Adeno-associated virus 게놈의 3′ 끝에 있는 DNA 머리핀 구조. 뉴클레오티드 1-41(A)과 85-125(A′)가 염기쌍을 이루고 뉴클레오티드 42-50/54-62(B)와 뉴클레오티드 64-72/76-84(C)가 염기쌍을 이룬다.

이러스의 DNA 복제 개시를 위한 프라이머로 이용된다.

Parvovirus의 비리온 탈피는 핵에서 세포-특이적으로 일어난다

Parvovirus는 작은 게놈과 제한된 암호화 용량으로 인하여 숙주세포에 매우 의존적이다. 또한 이 바이러스의 성공적인 감염은 숙주세포의 분화 상태에도 의존적이다. 일부 parvovirus들에 대해서만 세포 수용체가 확인되었다: B19 바이러스의 글로보시드(globoside: 혈액 그룹 P 항원); canine parvovirus의 트랜스패린 수용체(transferrin receptor); adeno-associated virus 2형의 헤파린 황산염 프로테오글리칸(heparin sulfate proteoglycan), FGF 수용체 1 및 인테그린 αVβ5.

세포 표면에 부착한 비리온은 내포작용을 통하여 세포에 들어간다. 이들은 핵으로 이동하여 핵공을 통하여 핵 속으로 들어가고 이곳에서 탈피하여 단일-가닥 바이러스 DNA를 방출한다. 이 시점에서 minute virus of mice와 같은 자율성 parvovirus들은 세포가 S기에 진입하여 복제주기를 시작할 때까지 기다린다. Adeno-associated virus와 같은 dependocirus들은 세포를 S기로 유도하고 다른 기능들을 제공하는 헬퍼 바이러스의 동시 감염에 의존한다.

놀랍게도 parvovirus가 특정 유형의 세포 혹은 종에 감염하는 능력은 바이러스의 **탈피(uncoating)** 단계에서 결정되는 것 같다. Canine parvovirus가 고양이 세포가 아닌 개 세포에 특이적으로 감염하는 것은 캡시드 단백질 유전자 때문이다. 마찬가지로 MVM의 변종에 따른 섬유아세포 혹은 림프구에 대한 **친화성(tropism)**도 캡시드 단백질에 의하여 결정된다. 두 경우에서 이러한 기능에 중요한 아미노산들은 비리온의 표면에 위치한다. 따라서 처음에는 바이러스-수용체 상호작용이 감염의 특이성을 결정하는 요인으로 생각되었다. 하지만 이 바이러스들은 **허용성 세포(permissive cell)**와 **비허용성 세포(nonpermissive cell)**를 구분하지 않고 잘 결합하여 들어간다. 또한 비리온을 감염시키는 대신에 세포에 나출성 바이러스 DNA를 트랜스펙션하면 숙주 특이성을 극복하고 비허용성 세포에서 바이러스를 생성한다. 따라서 특정 변종의 minute virus of mice 감염이 세포-특이적으로 차단되는 것은 세포 진입보다는 탈피에 기인하는 것 같다. 즉, 탈피에 관여하는 세포 내 수용체가 결정하는 것 같다.

DNA 복제는 말단 머리핀의 3′ 끝을 연장하여 시작된다

Parvovirus의 단일-가닥 DNA가 전사를 위한 주형으로 작용하려면 먼저 이중-가닥 DNA로 전환되어야 한다. 이를 위해 숙주세포의 DNA 중합효소는 3′ 머리핀의 말단 수산기를 프라이머로 이용한다. 이러한 머리핀 구조는 3′ 끝에 위치한 상보적인 서열의 수소결합으로 형성된다(그림 20.3). 따라서 한 DNA 분자가 DNA 복제를 위한 프라이머와 주형을 모두 제공한다고 볼 수 있다. 중합효소는 3′ 끝에서 시작하여 단일-가닥 게놈 DNA의 5′ 끝까지 복사하여 한 쪽 끝에 머리핀을 가지는 이중-가닥 DNA 분자를 생성한다(그림 20.4의 2단계). 이러한 반응은 세포의 이중-가닥 DNA에서 갭을 수선하는 과정과 유사하다.

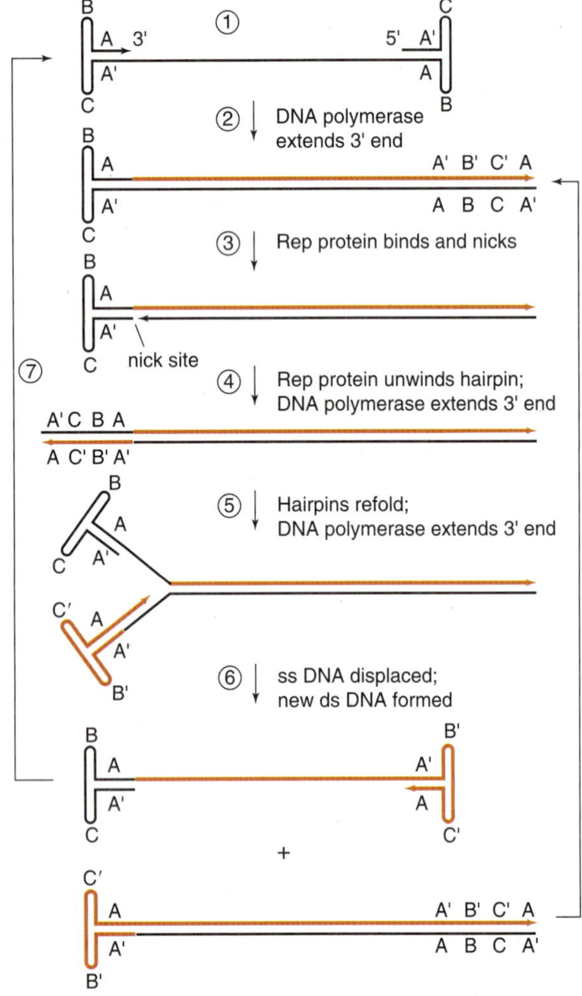

그림 20.4 Adeno-associated virus DNA의 복제 전략. 주황색선: 새로 합성된 DNA 가닥. 화살 촉은 3′ 끝을 나타낸다. 실제 규격대로 그리지 않았다: 머리핀 말단들은 125 nt이고 전체 게놈의 길이는 5 kb이다. A′과 A, B′과 B 그리고 C′과 C는 상보적인 서열을 나타낸다.

세포의 RNA 중합효소 II는 가장 왼쪽에 위치한 프로모터(minute virus of mice의 경우 p4, adeno-associated virus의 경우 p5, 그림 20.2 참조)에서 전사를 시작한다. 강한 p4 프로모터는 세포 전사인자들인 E2F, Ets, Sp1 및 TATA-결합 단백질 TBP의 결합부위들을 포함한다(그림 20.5). 이 프로모터에서의 전사로 NS1과 NS2 단백질을 암호화하는 mRNA가 생성된다. NS1은 minute virus of mice의 주요 조절 단백질이며 효과적인 바이러스 복제를 위해 여러 가지 역할을 한다. NS1은 p38 프로모터로부터의 전사를 촉진하여 코트 단백질을 위한 mRNA의 합성을 유도한다. NS1은 또한 p4 프로모터에서의 전사를 더욱 촉진하여 자신의 mRNA 생성량을 증가시킨다. 그러나 NS1이 어떻게 전사를 촉진하는지는 정확히 알려지지 않았다. p38 프로모터는 Sp1과 TATA 부위 이외에 NS1 결합부위(TTGGTTGGT)를 포함하지만 NS1에 의한 전사 활성화는 이 서열이 없어도 일어날 수 있다.

DNA “말단 복제” 문제

NS 단백질들은 전사활성인자로서 작용할 뿐만 아니라 바이러스의 DNA 복제에도 관여한다. Parvovirus는 DNA 복제에 있어서 일반적인 “말단 복제” 문제에 직면한다. 모든 DNA 중합효소들은 5′에서 3′ 방향으로 진행하는 DNA 합성의 개시를 위하여 프라이머(대부분 RNA)를 필요로 한다. RNA 프라이머는 짧은 길이의 주형 DNA 가닥을 복사하여 합성되고 DNA 중합효소는 이를 연장하여 완전히 상보적인 DNA 가닥을 만든다(그림 20.6). RNA 프라이머는 나중에 제거되고 프라이머 앞 쪽의 DNA에서 합성이 시작되어 DNA로 대체된다.

그러나 이러한 방법으로 선형 DNA 분자의 5′ 끝에 있는 RNA 프라이머를 교체할 수 없다. 이를 회복시킬 특별한 방안이 없다면 매번 DNA가 복제될 때마다 짧은 서열의 DNA가 소실될 것이다(그림 20.6의 X). 이러한 문제는 선형의 세포 염색체에도 그대로 적용된다. 반면에 *E. coli*

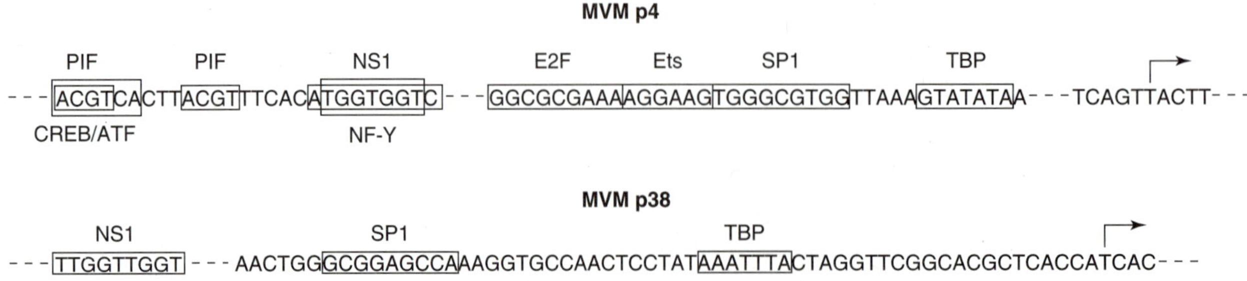

그림 20.5 Minute virus of mice의 프로모터 p4와 p38에 있는 전사인자 결합부위. 결합부위는 상자로 나타내었고 인자는 상자 위 혹은 아래에 표시하였다. 전사 개시부위는 화살표로 나타내었다.

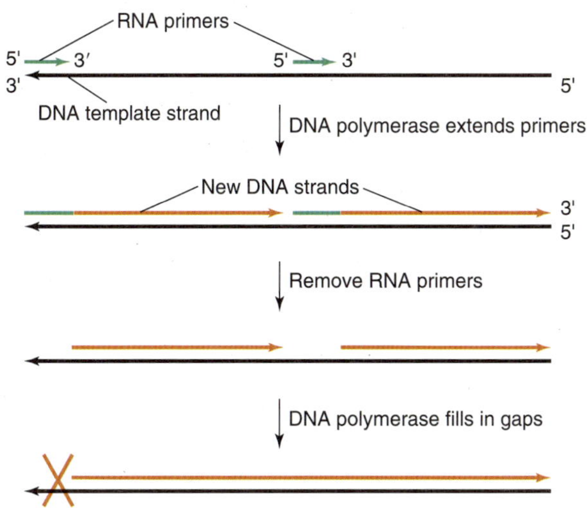

그림 20.6 **RNA 프라이머와 DNA의 말단 복제 문제점.** RNA 프라이머(청색)가 DNA 주형가닥의 짧은 서열을 복사하여 DNA 복제를 시작하고 DNA 중합효소에 의하여 연장(주황색)된다. RNA 프라이머는 그 뒤에 제거되고 DNA 중합효소가 앞쪽 DNA를 연장하여 틈을 메운다. 인접한 DNA 사슬들은 DNA 이음효소(미제시)에 의하여 밀봉된다. 그러나 선형 DNA의 5′ 끝에 있는 RNA 프라이머(주황색 X)는 그 앞에 DNA가 없으므로 대체될 수 없다.

와 같은 원핵 생물들, 미토콘드리아, 플라스미드, 그리고 수많은 DNA 바이러스들은 DNA를 환형화하여 말단 자체를 제거함으로써 이 문제를 해결한다. 선형의 DNA는 이 문제를 해결하기 위한 다른 전략이 필요하다.

영국의 세포생물학자인 Thomas Cavalier-Smith는 진핵세포가 선형 염색체의 말단 복제 문제를 해결하는 방안을 한 가지 제안하였다. 만약 선형 DNA의 말단부에 두 개의 역반복서열들이 나란히 존재한다면, 이러한 말단은 머리핀 구조를 형성하여 DNA 중합효소에 프라이머를 제공할 수 있으므로 DNA의 말단에는 RNA 프라이머가 필요하지 않을 것이다.

하지만 진핵세포는 Cavalier-Smith가 제안한 방법을 이용하지 않는다; 그 대신 세포는 **텔로머라제(telomerase)**라는 효소를 이용하여 선형 염색체의 말단부를 연장하고 유지한다. 그러나 Cavalier-Smith의 모델은 parvovirus가 선형 DNA의 말단을 복사하는 과정에 그대로 적용할 수 있다. 이 메커니즘은 DNA의 말단에 있는 머리핀 서열과 머리핀 내의 DNA를 자르는 부위-특이적인 엔도뉴클레아제(endonuclease)를 필요로 하며 parvovirus는 이 둘을 모두 가진다. 복제 단계는 adeno-associated virus를 예로 그림 20.4에 나타내었다. 모든 parvovirus들이 DNA를 복제하는 원리는 동일하지만 바이러스 DNA의 양 말단이 동일한 adeno-associated virus에서 더 간단하게 설명할 수 있다.

DNA 복제 단계

1. DNA의 말단에서 회문성 서열(palindromic sequence)이 접혀 머리핀을 형성한다.
2. 왼쪽 머리핀의 3′-수산기(화살표)가 DNA 사슬연장을 위한 프라이머로 이용되어 하나의 머리핀 말단을 가지는 완전한 이중-가닥 DNA를 생성한다. 이는 RNA 중합효소 II에 의한 전사에 이용될 수 있다.
3. Adeno-associated virus의 Rep78/68(혹은 minute virus of mice의 경우에는 NS1)이 완전한 이중-가닥 DNA에서 원래 3′ 말단의 반대쪽에 있는 특정 부위를 절단한다. 이 단백질은 자신이 자른 DNA의 5′ 말단에 공유결합으로 부착된 채로 남아 있다가 자손 DNA와 함께 새 비리온 내로 들어간다(따라서 엄밀하게 말하면 이는 비구조 단백질이 아닌 구조 단백질이다).
4. 세포 DNA 중합효소는 절단부위의 3′ 말단에서 시작하여 DNA 사슬을 반대 방향으로 연장하여 왼쪽 끝의 머리핀까지 복사한다. NS1이나 Rep78/68 단백질은 머리핀을 풀어주면서 이 과정을 돕는다.
5. 한쪽 끝에 있는 회문성 서열이 다음 DNA 합성을 시작하기 위하여 머리핀을 다시 형성한다.
6. 새루 형성된 머리핀을 이용하여 DNA 합성이 진행되어 하나의 머리핀 끝을 가지는 새로운 이중-가닥 DNA 분자가 생성되고 자손 단일-가닥 DNA가 떨어져 나간다. 따라서 DNA 복제주기가 완성된다.
7. 단일-가닥 DNA는 새로운 복제주기를 시작할 수도 있고 캡시드 단백질이 존재하면 포장될 수도 있다. 새로 합성된 이중-가닥 DNA는 더 많은 mRNA를 공급하기 위하여 전사되거나 다시 절단되고 연장되어 자손 DNA를 더 생성할 수도 있다.

그림 20.4에서 원래 adeno-associated virus의 3′(왼쪽) 끝에 있는 서열은 3′에서 5′ 방향으로 ABCA′이지만 맨 아래에 있는 자손 단일-가닥 DNA의 3′(오른쪽) 끝에 있는 서열은 AC′B′A′이므로 B와 C의 순서와 방향이 거꾸로 되어 있다. 머리핀의 절단, 풀림 및 복사로 인하여 생겨나는 이러한 서열 역위는 adeno-associated virus의 DNA에서 검출될 수 있으며 복제 모델의 유효성을 검정하는 데 이용된다.

Minute virus of mice와 같은 일부 parvovirus들은 서로 다른 서열의 3′ 및 5′ 말단부를 가지므로 복제과정이 보다 복잡하며 특히 2량체-길이의 복제 중간체가 관여한다.

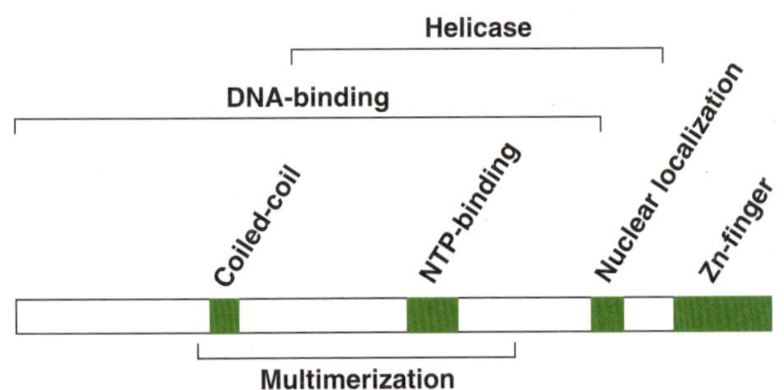

그림 20.7 Adeno-associated virus Rep78 단백질의 기능성 영역들. 단백질은 왼쪽에 N-말단, 오른쪽에 C-말단을 나타내었다. NTP = nucleoside triphosphate.

비구조 단백질들은 다기능성이다

자율성 parvovirus의 NS1과 이에 상응하는 adeno-associated virus의 Rep78/68은 주요 바이러스 조절 단백질들로서 parvovirus 복제에 여러 가지 역할들을 수행한다. 각 단백질은 수많은 기능과 생화학적 활성을 가진다(그림 20.7).

- 이들은 서열-특이적인 방식으로 바이러스 복제원과 프로모터에 결합한다.
- 이들은 ATP-결합, ATPase 및 헬리카이제 활성을 가진다.
- 이들은 서열-특이적 엔도뉴클레아제이다.
- 이들은 전사활성인자이다.
- 이들은 감염 세포의 세포주기 진행을 저지한다.

마지막 활성의 생물학적인 중요성은 바이러스 복제를 위한 시간을 연장하기 위하여 감염 세포를 S기에 유지시키는 것으로 생각할 수 있다.

소수 비구조 단백질들의 기능에 대해서는 거의 알려진 것이 없다. Minute virus of mice의 NS2 단백질은 일부 유형의 세포들에서만 효과적인 바이러스 복제에 필요하지만 그 이유와 메커니즘은 알려지지 않았다. 마찬가지로 adeno-associated virus의 Rep52는 비리온 형성과 세포 조절경로와의 상호작용에 관여하는 것으로 여겨지지만 정확한 기능은 거의 알려지지 않았다.

Adeno-associated virus의 복제를 돕는 adenovirus의 기능

Adeno-associated virus의 효과적인 복제를 위해서는 헬퍼 바이러스가 제공하는 기능들이 필요하다. 만약 헬퍼 바이러스가 adenovirus(23장 참조)라면 이에 관여하는 adenovirus의 성분은 E1A, E1B, E2, E4 및 VA RNA 유전자들이다. 이러한 유전자들의 산물들이 함께 작용하여 adeno-associated virus의 복제에 적합한 세포 내 조건을 만든다. Herpesvirus도 헬퍼 바이러스로 작용할 수 있으며 세포의 유전자 발현에 영향을 주는 어떤 물질(자외선, 화학적 발암물질 등)에 세포를 노출시키면 헬퍼 바이러스가 없어도 바이러스 복제가 진행될 수 있다. 일부 adenovirus 유전자 산물들이 adeno-associated virus의 복제를 돕는 예들은 다음과 같다.

1. Adenovirus E1A 단백질은 DNA 복제에 관여하는 adeno-associated virus의 유전자와 세포 유전자들의 전사활성인자로 작용한다. 이는 Rb 단백질에 결합하여 이로부터 세포 전사인자인 E2F(그림 23.6 참조)를 방출시킨다. E2F는 강한 p4 프로모터에 결합하여 유전자 발현을 촉진한다.
2. Adenovirus의 E1B 55K 단백질과 E4orf6 단백질은 복합체를 형성하여 adeno-associated virus의 mRNA를 합성 장소인 핵에서 세포질로 수송한다.
3. VA RNA는 짧은 이중-가닥 RNA로 RNA-dependent protein kinase(**PKR**)에 결합하여 이를 저해한다. 따라서 VA RNA는 PKR이 바이러스 이중-가닥 RNA에 의하여 활성화되어 바이러스 단백질의 합성을 저해하지 않도록 한다(33장 참조).

흥미롭게도 헬퍼-의존적 parvovirus와 자율성 parvovirus의 구분은 처음 생각하였던 것 보다 덜 엄격한 것 같다. 인간 parvovirus B19의 자율적 복제는 주로 적혈구 전구체 세포에 제한되어 일어난다. 그러나 adeno-associated virus의 복제를 돕는 adenovirus 유전자들(E1A, E1B, E2, E4 및 VA RNA)이 도와 주면 B19 바이러스는 일부 비허용성 세포에서도 복제할 수 있다.

헬퍼 바이러스가 없으면 adeno-associated virus는 DNA를 세포 게놈에 삽입할 수 있다

만약 adeno-associated virus가 헬퍼 바이러스 없이 스트레스를 받지 않은 세포에 감염하면 어떤 일이 일어나는가? Adeno-associated virus는 이러한 상황에 대응하는 전략을 개발하였다: 바이러스 DNA가 세포 DNA에 삽입되어 세포 게놈의 일부로 복제된다. 게놈은 보통 인간의 19번 염색체 19q13.3 위치의 특정 부위에 삽입된다. 정확한 삽입 메커니즘은 알려지지 않았다. 삽입부위는 Rep78이 결합하여 절단한 한 벌의 adeno-associated virus DNA 서열을 포함한다. Rep78이 삽입의 촉진에 필요하다는 것도 알려져 있다.

Parvovirus의 항암 효과

Parvovirus는 암과 오랜 관계를 맺고 있다. 비록 일부 parvovirus들이 암을 가진 동물이나 종양세포에서 처음 분리되긴 하였지만 이들은 암을 유발하지 않는다. 그 대신 이들은 종양세포에서 생산적으로 복제하고 이들을 죽인다. Parvovirus는 자발적으로 생겨나거나 화합물이나 다른 바이러스에 의하여 유발된 종양의 성장을 억제한다. 이들은 어떻게 암세포를 죽일 수 있는가?

Parvovirus의 항암 효과는 여러 가지 방식으로 발휘될 수 있다. 자율성 parvovirus는 정상 세포보다는 형질전환 세포에서 더 잘 자란다. 이는 형질전환 세포들이 계속적으로 세포주기를 진행하기 때문이다. 세포에 독성을 나타내는 NS1이 형질전환 세포에서 더 많이 생성된다. 또한 형질전환 세포들은 NS1의 독성 효과에 더 민감하다. 더구나 parvovirus 감염에 대해 정상 세포는 인터페론-유도성 선천성 항바이러스성 반응을 유도하지만 암세포는 이를 유도하지 못한다. 따라서 암세포들이 효과적인 항바이러스성 방어를 하지 못한다는 점도 parvovirus가 이들 세포에 더 잘 자라는 이유가 된다. Adeno-associated virus의 Rep78/68 단백질도 세포 증식을 억제하는 효과를 나타낸다.

최근 새로운 메커니즘이 밝혀졌다. Adeno-associated virus의 DNA는 말단 머리핀을 제외하면 단일-가닥이 대부분인 특이한 DNA 구조를 가지며 이는 감염 세포에서 손상된 DNA로 인식된다. 따라서 세포 DNA가 실제로 손상되지 않았음에도 불구하고 DNA 손상 반응이 유도된다. 정상 세포에서는 DNA가 손상되면 세포의 p53 단백질에 의존적인 메커니즘으로 세포주기가 중단되고 이로 인하여 바이러스 복제가 중단된다. 하지만 대부분의 종양세포들은 p53 단백질 혹은 이에 의하여 활성화되는 다른 단백질들을 정상적으로 만들지 않는다. 이러한 종양세포들은 adeno-associated virus의 감염으로 유발된 DNA 손상 반응에도 불구하고 세포주기를 계속 진행하여 바이러스의 증식으로 인하여 세포가 결국 죽게 된다. Parvovirus가 이용하는 이러한 메커니즘들을 미래의 암치료에 활용할 수 있다면 일부 parvovirus의 감염은 숙주에게 오히려 혜택을 줄 것이다.

먼저 단일-가닥 바이러스 DNA가 DNA 복제의 첫 번째 단계를 수행하여 전사될 수 있는 이중-가닥 분자를 형성한다. 소량의 Rep78은 헬퍼 바이러스가 없어도 만들어질 수 있다. Rep78은 DNA의 특정 부위에 결합하여 이를 절단할 수 있으므로 바이러스 게놈과 세포 DNA에 결합한 Rep78 분자들 간의 상호작용을 통하여 adeno-associated virus의 DNA가 숙주세포 염색체의 표적 서열 근처로 이동하는 것으로 추정된다. 그 뒤에 두 DNA 분자들이 절단되면 바이러스 DNA가 세포 서열에 삽입될 수 있을 것이다.

Adeno-associated virus의 DNA는 세포가 헬퍼 바이러스에 감염될 때까지 세포 게놈에 삽입된 채로 남아서 반복적인 세포 분열로 딸세포에 그 수를 늘려간다. 헬퍼 바이러스는 삽입된 adeno-associated virus 게놈의 전사를 촉진하여 다량의 Rep 단백질 합성을 유도한다. Rep78 단백질은 세포 DNA로부터 adeno-associated virus DNA를 잘라내어 자손 adeno-associated virus 입자의 복제가 일어날 수 있도록 한다. Adeno-associated virus가 이용하는 생존 전략과 인간 게놈의 특정 부위에 삽입할 수 있는 능력은 동물 바이러스들 가운데 가장 독특하며 박테리오파지 lambda가 이용하는 전략과 유사하다(8장). 현재 adeno-associated virus에 기반을 둔 벡터(37장 참조)의 부위-특이적인 삽입과정을 활용하여 유전자의 세포내 전달을 위한 연구가 활발히 진행되고 있다.

Parvovirus 병원성: B19 바이러스의 예

Parvovirus의 생물학적인 특성들은 이들이 유발하는 질병을 이해하는 데 도움을 준다. Parvovirus는 특정 분화 상태에 있는 빠르게 자라는 세포에서 복제하고 몸 조직의 대부분을 이루는 휴지기 세포에서는 복제하지 않는다. 보통 parvovirus는 장, 조혈계 및 태아의 세포에 감염한다. 여러 가지 동물 parvovirus들은 심각한 질병들을 유발한다. 개의 parvovirus는 강아지에 감염하여 치명적인 질병을 유발한다. 고양이의 **panleukopenia** virus는 그 이름이 의미하듯이 고양이의 혈액 형성에 영향을 준다. 여기에서는 언급되지 않았던 다른 parvovirus인 densovirus는 무척추동물에 감염한다. 하지만 인간에 질병을 유발하는 것으로 알려진 parvovirus는 B19 바이러스가 유일하다.

B19는 헌혈 혈액의 검사과정에서 우연히 발견되었다. 그 뒤에 이 바이러스가 빈혈 환자에서 심각한 질병인 **골수무형성발증(aplastic crisis)**과 관련이 있음이 밝혀졌다. B19는 빠르게 분열하는 **적혈구 전구체(erythroid precursors)**에 감염하여 비교적 단기간에 골수에서의 적혈구 생성을 감소시킨다. 건강한 사람에게는 이것이 큰 문제가 되지 않는다. 그러나 **겸상적혈구빈혈증(sickle cell disease)**과 같은 **용혈성 빈혈(hemolytic anemia)**을 가지는 환자에서는 혈액에서 적혈구의 수명이 훨씬 더 짧다. 이러한 환자에서 적혈구 생성이 감소하면 헤모글로빈의 농도가 감소하여 즉시 수혈을 받지 않는 경우 B19 감염이 치명적일 수 있다.

B19는 또한 흔한 어린이 질병인 **감염성 홍반(erythema infectiosum)**을 유발한다. 보통은 심각하지는 않지만 임신 중에 태아가 감염된다면 심각한 선천성 이상이 초래

될 수 있다. 따라서 B19의 질병 스펙트럼은 parvovirus 병원성이 분열 중인 세포에 감염하여 이들에 손상을 줌으로써 생겨난다는 기본 원리를 잘 반영한다.

최근 새로운 인간 parvovirus가 발견되었다. Human bovavirus(HBoV)는 *bo*vine parvovirus와 minute virus of *ca*nines와 밀접한 관련성을 나타내어 이렇게 명명되었다. Human bocavirus는 급성 호흡기 및 장 감염으로 고통을 받고 있는 어린 아이에서 흔하게 발견된다. Human bocavirus는 어린이 폐렴을 유발하는 원인으로도 여겨지고 있으나 호흡기 질병에서 이 바이러스의 역할을 규명하기 위해서는 더 많은 연구가 필요하다.

핵심 용어

PKR
감염성 홍반 (erythema infectiosum)
겸상적혈구빈혈증(Sickle cell disease)
골수무형성발증(Aplastic crisis)
범백혈구감소증 (Panleukopenia)
비허용성 세포(Nonpermissive cells)
암친화성(Oncotropism)
용혈성 빈혈(Hemolytic anemia)
적혈구 전구체(Erythroid precursors)
친화성(Tropism)
탈피(Uncoating)
텔로머라제(Telomerase)
허용성 세포(Permissive cells)

기본 개념

- Parvorirus의 5 kb DNA는 매우 조밀하게 포장될 수 있는 단일-가닥이므로 지금까지 알려진 가장 작은 바이러스 입자에 포장될 수 있다.
- Parvovirus 복제는 세포의 S기 진입에 의존한다.
- 자율성 parvovirus는 정상적으로 세포주기를 진행하여 S기에 진입하는 세포에서 복제한다.
- 의존성 parvovirus는 세포의 S기 진입을 유도하는 헬퍼 바이러스에 감염된 세포에서 복제한다.
- 선형의 parvovirus DNA는 DNA 합성을 개시할 수 있는 말단 머리핀 구조를 가짐으로써 “말단 복제 문제”를 해결한다.
- Adeno-associated virus의 부위-특이적인 숙주 게놈 삽입은 바이러스와 세포의 동일 서열을 인식하는 바이러스 Rep 단백질에 의존한다.
- 일부 parvovirus들은 S기 동안에 발현되거나 세포 형질전환으로 변화된 세포 인자들에 의존하기 때문에 종양세포에서 선택적으로 복제한다.

복습 문제

1. Parvovirus들의 공통적인 전사 조절에 대하여 설명하시오.
2. 다른 DNA 바이러스들과 구분되는 parvovirus 게놈의 두 가지 특성들을 기술하시오.
3. Parvovirus는 자신의 선형 DNA 게놈을 어떻게 복제하는가?
4. Adeno-associated virus의 게놈은 숙주세포 DNA에 어떻게 부위-특이적으로 삽입될 수 있는가?
5. Parvovirus가 세포주기를 진행하는 세포에서만 생산적인 감염을 할 수 있는 이유는?
6. AAV의 단일-가닥 DNA의 말단 머리핀 구조가 이 바이러스에 감염된 종양세포를 어떻게 죽일 수 있는가?

CHAPTER 21

Polyomaviruses

Nicholas H. Acheson

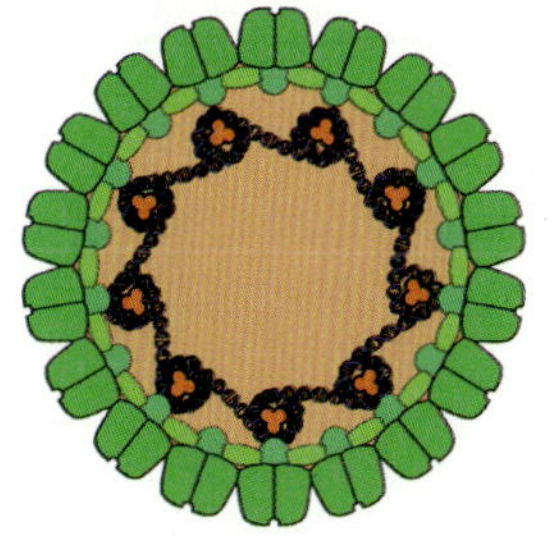

Polyomaviridae

그리스어 *poly*(많은)와 *-oma*(종양)에서 유래

비리온

나출성 정20면체형 캡시드(T = 7)

지름 45 nm

VP1의 5량체로 이루어진 캡소머 72개로 형성

게놈

환형의 이중-가닥 DNA, 5.3 kb

DNA는 세포 히스톤 단백질과 뉴클레오좀을 형성하여 "미니 염색체"로 포장

유전자와 단백질

2개의 전사 단위: 초기 및 후기

DNA 복제원을 포함하는 중앙 조절 영역에서 양 방향으로 전사

차별적인 스플라이싱으로 각 전사 단위로부터 3-4개의 mRNA 생성

초기 단백질(T 항원)이 세포주기를 조절하고 DNA 복제를 지시

후기 단백질들(VP1, 2, 3)이 바이러스 캡시드를 구성

바이러스와 숙주

Mouse polyomavirus; simian virus 40; 조류, 설치류 및 소에 감염하는 polyomavirus; 5가지 인간 바이러스: BK, JC, KU, WI 및 MC viruses

질병

보통 지속적인 무증상 감염

인간 polyomavirus인 JC는 희귀한 탈수 질환(demyelinating disease)인 진행성 다병소성 백질뇌증(progressive multifocal leukoencephalopathy)을 유발

독특한 특징들

Polyomavirus는 RNA 합성과 가공 및 DNA 복제를 위해 세포 효소들에 의존

T 항원은 다수의 신호전달경로들과 상호작용하고 바이러스 DNA 복제를 위하여 세포주기를 활성화

T 항원은 *in vitro*에서 비허용성 세포를 형질전환시킬 수 있는 암유전자

Polyomavirus를 고농도로 동물에 감염시키면 암이 유발될 수 있지만 자연계에서는 거의 암을 유발하지 않음

Mouse polyomavirus는 종양바이러스로서 처음 발견되었다

1950년대 초반에 Ludwig Gross는 생쥐에서 백혈병의 전염을 연구하는 과정에서 생쥐 조직 추출물을 갓 태어난 생쥐에 주사하면 타선 종양이 유발된다는 것을 우연히 발견하였다. 그의 그룹과 S. Stewart 및 Bernice Eddy 그룹은 곧 이 종양이 여과성 병원체에 의하여 유발된다는 것을 증명하였다. 이 바이러스는 생쥐의 백혈병을 유발하는 retrovirus들보다 크기가 작고 안정성이 높아 쉽게 구분되었다. 이는 실험 동물의 여러 부위에서 종양을 유발하여 그리스어로 "많은"을 의미하는 *poly*와 종양을 의미하는 *-oma*를 더하여 polyomavirus로 명명되었다.

Mouse polyomavirus는 야생 생쥐와 실험용 생쥐에서 흔하게 발견되지만 뚜렷한 질병을 거의 유발하지 않는다. 그러나 감수성 설치류와 다른 포유동물들에 이 바이러스를 고농도로 주사하면 이하선, 피부, 신장, 뼈, 폐, 간 및 많은 다른 조직들에 다발성 종양을 유발한다. 이들 종양은 빨리 자라므로 결국에는 숙주 동물이 죽는다.

Simian virus 40은 Salk poliovirus 백신의 오염원으로 발견되었다

1960년대 초반에 인간 poliovirus 백신 제조에 이용된 붉은털원숭이(rhesus monkey)의 신장세포 배양액에서 오염된 simian virus 40(SV40)이 발견되었다. SV40을 갓 태어난 햄스터에 주사하면 종양이 생성된다. 그 뒤에 mouse polyomavirus와 SV40이 서로 밀접하게 관련되어 있음이 밝혀졌다. 이들은 처음에는 papillomavirus(22장)와 함께 *Papovaviridae*과로 함께 분류되었다. 그러나 게놈의 크기와 조직 그리고 바이러스 복제 전략의 차이로 인하여 이들은 *Polyomaviridae*와 *Papillomaviridae*로 재분류되었다. 수많은 polyomavirus들이 설치류, 조류, 소, 원숭이 및 인간에서 발견되었다.

SV40이 확인되기 전에 이 바이러스가 오염된 Salk poliovirus 백신을 수백만 명의 사람들에게 접종하였다. 실제로 1961년까지 20세 미만의 미국인 전체가 이러한 오염된 백신을 접종받았을 것으로 추정된다. 일부 인간 종양들이 poliovirus 백신 접종으로 감염된 SV40에 의하여 유발되었을 가능성이 제기되었지만 이들의 인과관계를 증명하는 것은 쉽지 않다. 실제로 일부 인간 종양들이 SV40 DNA를 포함하고 바이러스 초기 단백질을 발현한다. 그러나 SV40은 사람에 뚜렷한 증상을 유발하지 않고 인간 집단에 순환하는 것처럼 보이므로 이러한 관계가 우연의 일치일 가능성도 있다. 무엇보다 지난 40년 동안 오염된 poliovirus 백신을 접종받았던 사람들에서 암이나 특정 종양이 높은 빈도로 발생하지 않았다.

자연계에서 mouse polyomavirus 혹은 SV40은 생쥐나 원숭이에서 종양을 유발하지 않는다. 다만 고농도의 바이러스를 출생 직후의 감수성 동물에게 주사하는 경우처럼 매우 한정된 조건에서만 종양을 유발한다. 따라서 polyomavirus는 “전문적인” 종양 바이러스는 아닌 것 같다. 그러나 이들은 높은 수준의 바이러스 DNA 복제와 자손 바이러스 생성을 위하여 세포의 신호전달경로와 복잡한 상호작용을 한다. 이러한 과정에서 가끔 정상 세포가 종양 세포로 형질전환될 수 있다.

인간 polyomavirus는 널리 분포하지만 아주 드물게 질병을 유발한다

현재 5종의 인간 polyomavirus들이 알려져 있다. 이들은 모두 인간 집단에 널리 퍼져 있고 주로 유아기에 감염이 이루어지며 보통 뚜렷한 질병을 유발하지 않는다. 1970년대 초반에 BK와 JC 바이러스가 처음 분리되었다. JC 바이러스는 희귀하지만 치명적인 탈수 질환(demyelinating disease)인 **진행성 다병소성 백질뇌증(progressive multifocal leukoencephalopathy, PML)**을 유발한다. 이는 AIDS 환자를 비롯한 면역 저하자들에서 특히 많이 발생한다. 두 가지 인간 polyomavirus들인 WI와 KU가 최근 어린이 호흡기에서 발견되었지만 인간 질병과의 연관성은 분명하지가 않다.

최근 다섯 번째 인간 polyomavirus인 MC 바이러스가 머켈 세포 암종(Merkel cell carcinoma)에서 분리되었다. 머켈 세포 암종은 희귀하지만 공격적인 인간 피부 종양인데 이들의 대부분에서 MC DNA가 발견되었다. 바이러스 DNA는 세포 게놈에 삽입되어 있으며 돌연변이로 인하여 복제 능력이 상실되어 있다. 이 종양은 면역 저하자나 65세 이상의 사람들에게서 주로 나타난다.

Polyomavirus는 DNA 바이러스의 복제와 종양 형성과정의 연구를 위한 모델을 제공한다

Mouse polyomavirus와 SV40은 *in vitro*에서 세포를 형질전환시키고 실험 동물에서 종양을 유발할 수 있으므로 종양 형성과정의 연구를 위한 모델로 많이 이용되어 왔다. 이들은 또한 적은 수의 유전자들을 가지고 세포 거대분자 합성에 전적으로 의존하므로 포유동물 RNA 합성 및 가공, DNA 복제 그리고 신호전달계의 연구를 위한 유용한 모델계를 제공하였다. 이 장에서는 내용에 따라서 mouse polyomavirus 혹은 SV40에서 발견된 결과들을 중점으로 설명하겠지만 이들은 공통적인 복제 전략을 가지고, 구조, 게놈 조직 및 유전자 기능 등의 많은 특징들을 공유한다.

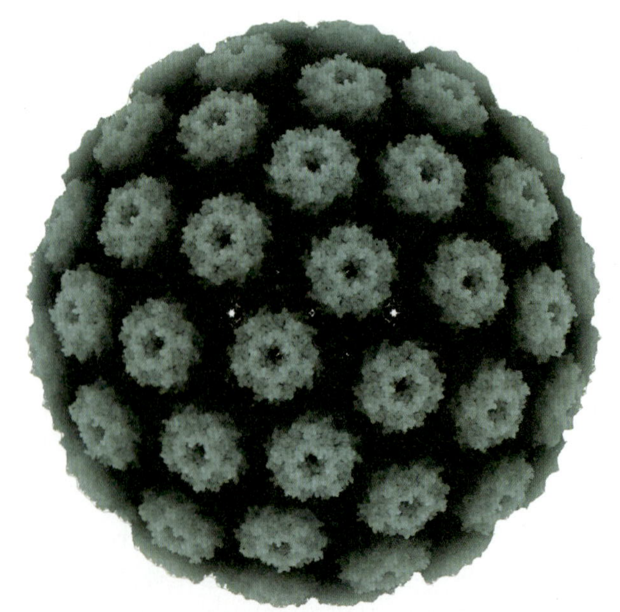

그림 21.1 컴퓨터로 생성한 mouse polyomavirus의 캡시드 이미지. VP1 5량체와 VP2 혹은 VP3 한 분자로 이루어진 캡소머가 72개 모여 T = 7의 정20면체형 대칭 구조를 형성한다.

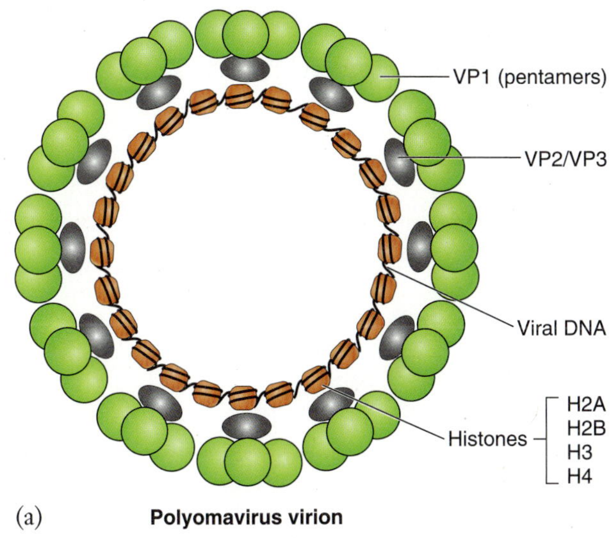

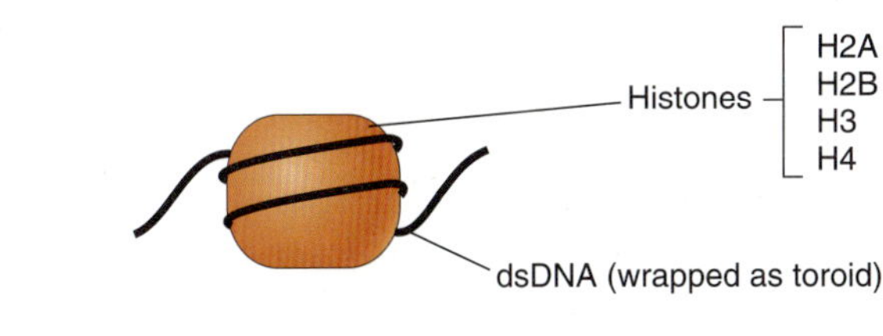

그림 21.2 Polyomavirus 비리온의 성분들. (a) 비리온의 횡단면 모식도로 VP1 5량체(녹색 구체)와 캡시드 표면 아래의 VP2 혹은 VP3(회색 타원) 한 분자를 보여 준다. 환형의 바이러스 DNA는 세포 히스톤 단백질들로 이루어진 뉴클레오좀(주황색 둥근 사각형)을 감고 있다. (b) DNA가 뉴클레오좀 주위를 환상 코일로 감는 모양을 확대한 것이다.

Polyomavirus의 캡시드는 주요 캡시드 단백질의 5량체로 만들어진다

Polyomavirus의 비리온은 지름이 약 45 nm인 나출성 캡시드이다. 이들의 표면은 전자현미경으로 뚜렷이 구분되는 72개의 캡소머(capsomer)로 이루어져 있다(그림 21.1). 각 캡소머는 5분자의 주요 캡시드 단백질 VP1로 구성된다(그림 21.2). 이들 가운데 12개의 캡소머는 5개의 인접 캡소머에 둘러싸여 정20면체형 대칭의 캡시드의 전형적인 5배 대칭축을 이룬다. 대칭 법칙에 의하면 나머지 60개의 캡소머는 6개의 이웃들과 접할 것이므로 셋 혹은 여섯 분자의 VP1로 구성되어야 할 것 같다. 그러나 VP1은 6량체가 아닌 안정한 5량체를 형성하여 캡시드 표면의 6배 축에서 적합한 구조를 취한다.

캡소머는 VP1의 유연한 카르복시 말단 팔에 의하여 서로 연결되어 있다. 이 팔은 인접 캡소머의 VP1 분자를 감싸 캡시드 구조를 안정화시킨다(그림 2.6b 참조). 모든 캡소머들은 또한 캡시드 표면 아래에 위치한 소수 캡시드 단백질(VP2 혹은 VP3)을 한 분자씩 포함한다. VP2의 N-말단 아미노산은 C_{14} 포화 지방산인 미리스테이트(myristate)에 연결되어 있다. 이러한 흔한 단백질 변형으로 단백질과 지질막의 상호작용이 가능해진다.

환형의 DNA 게놈은 세포 히스톤 단백질들로 포장된다

캡시드 내의 바이러스 게놈은 크기가 5.3 kb인 환형의 이중-가닥 DNA 분자이다(그림 21.2a). 바이러스 게놈은 두 분자씩의 4가지 세포 히스톤 단백질들(H2A, H2B, H3 및 H4)이 형성하는 **뉴클레오좀(nucleosome)**을 감고 있다. 이들은 세포 염색체 DNA를 포장하고 응축시키는 히스톤 단백질들과 동일하다. 대략 200 bp 길이의 DNA가 원주형 뉴클레오좀 주위를 **환상 코일(toroidal coil)** 모양으로 감는다(그림 21.2b). 따라서 바이러스 DNA는 약 25개의 뉴클레오좀을 포함하는 "미니 염색체(minichromosome)" 상태로 응축된다(그림 21.3).

Polyomavirus(papillomavirus와 더불어)가 DNA의 응축과 포장을 위해 세포 히스톤을 이용한다는 것은 유전적 경제성의 좋은 예이다. 이 바이러스의 작은 게놈은 제한된 암호화 능력을 가지므로 내부 구조 단백질을 암호화하는 대신에 바이러스 DNA의 복제가 일어나는 핵에 존재하는 히스톤을 그대로 이용한다.

히스톤을 제거하면 환형의 DNA는 초나선 구조로 전환된다

뉴클레오좀을 변성시키지 않고 바이러스 게놈을 조심스럽게 캡시드에서 방출시키면 환형의 분자를 전자현미경으로 관찰할 수 있다(그림 21.3). 이 미니 염색체는 "실에 꿴 구슬(beads on a string)" 목걸이와 비슷한 모양을 한다. 그러나 히스톤을 **SDS**와 같은 강한 단백질 변성제로 처리하고 유기용매인 페놀로 단백질을 추출하여 제거하면, 환형의 DNA는 꼬이고 뒤틀린다. 이와 같은 **초나선(supercoil)** 구조는 미니 염색체에서 이중-나선 DNA가 뉴클레오좀 주위를 환상 코일로 감고 있기 때문에 생겨난다. 히스톤을 제거하면 이러한 환상 코일이 DNA 분자 전체에 고루 분산되어 초나선 구조로 꼬인다(그림 21.3).

만약 DNA의 한 가닥에서 두 뉴클레오티드들 사이의 인산이에스테르 결합이 절단되면 초나선은 풀어져서 이완형 환상 DNA가 된다(그림 21.3, 맨 위 오른쪽). 이러한 이완은 DNA 한 가닥이 다른 가닥 주위를 자유로이 회전하여 DNA가 가장 낮은 에너지 위상 상태에 도달하기 때문

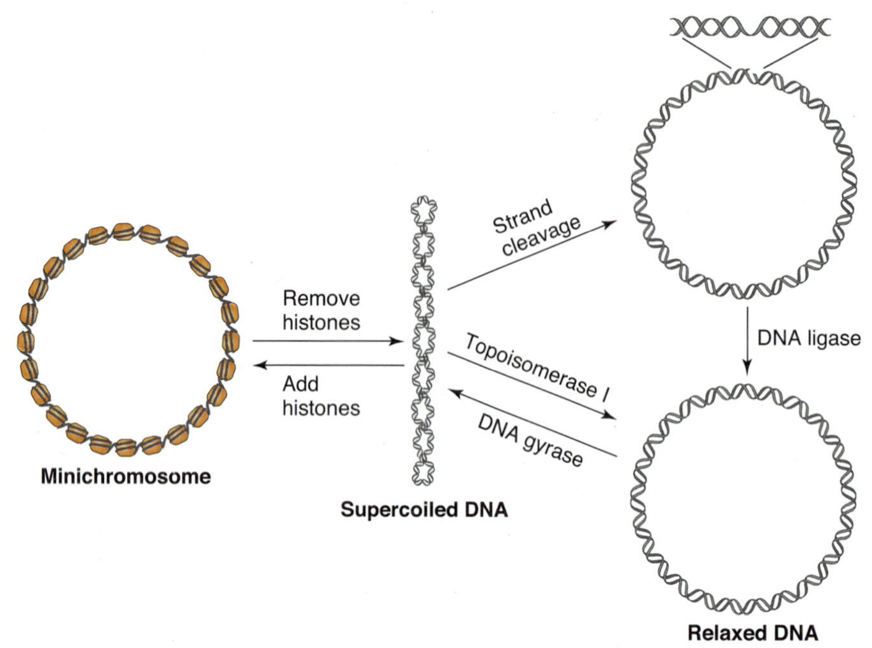

그림 21.3 **환형 DNA 분자의 구조.** 환형의 이중-가닥 DNA 분자와 뉴클레오좀이 결합한 미니 염색체를 나타내었다(왼쪽). 히스톤을 제거하면 환상 코일이 재분포되어 초나선 분자가 생성된다(중앙). 한 가닥이 절단되면(오른쪽 위) 초나선형이 풀어져서 최저 에너지 상태인 이완된 환형 상태가 된다; 절단된 이중-나선 부위를 확대하여 나타내었다. 만약 절단부위가 DNA 이음효소에 의하여 밀봉되면(오른쪽 아래) 이완된 닫힌 환형 DNA 분자가 된다. 국소이성화효소 I은 초나선 DNA 한 가닥의 인산이에스테르 결합을 절단하여 이 가닥이 다른 가닥 주위를 회전하도록 하고 절단된 결합을 다시 밀봉하여 위와 동일한 이완된 분자를 생성할 수 있다. DNA 자이라아제는 에너지를 이용하여 이와 역반응을 촉매하여 초나선 DNA 분자를 생성한다. 초나선 DNA 분자에 뉴클레오좀 히스톤을 첨가하면 환형의 미니 염색체(왼쪽)를 재생할 수 있다.

에 일어난다.

국소이성화효소 I(topoisomerase I)은 DNA에 결합하여 초나선을 풀 수 있다. 이 효소는 인산이에스테르 결합을 절단하고 잘려진 말단부가 반대쪽 DNA 가닥 주위를 한 바퀴 회전하고 나면 인산이에스테르 결합을 다시 형성시킨다. 이러한 이완형 분자는 한 가닥이 잘려진 이완형 환형 DNA와는 달리 원래의 초나선 분자처럼 두 가닥이 모두 공유결합에 의해 닫힌 환형을 이룬다. 이완형 DNA 분자는 박테리아에서 발견되는 특수한 효소인 **DNA 자이라아제(DNA gyrase)**에 의하여 초나선 구조로 다시 꼬일 수 있다. 이 효소는 에너지원으로 ATP를 이용하여 국소이성화효소 I의 역반응을 수행한다.

초나선 DNA는 이완형 혹은 선형 DNA로부터 분리될 수 있다

환형 DNA 분자의 특성은 polyomavirus의 게놈 연구를 통하여 처음으로 알려졌다. 동일한 뉴클레오티드 서열과 분자량을 가지더라도 초나선 DNA는 이완된 환형 DNA 및 선형 DNA와 물리적 특성에서 차이를 나타낸다. 예를 들면, 초나선 DNA는 더 조밀하기 때문에 동일한 DNA의 이완된 환형 혹은 선형 분자보다 아가로스 겔 전기영동에서 더 빨리 이동한다.

한 가닥이 절단된 환형 DNA 혹은 선형 DNA는 공유적으로 닫힌 환형 DNA보다 형광 염색액인 ethidium bromide와 결합을 더 잘한다. Ethidium bromide 분자는 인접한 뉴클레오티드 염기쌍 사이에 삽입되어 이중 나선을 약간 풀어준다. 한 가닥이 절단된 환형 혹은 선형 DNA는 공유적으로 닫힌 환형의 DNA보다 더 많은 **ethidium bromide**와 결합할 수 있다. 그 이유는 이들의 가닥들이 서로에 대해 자유롭게 회전할 수 있으므로 풀림으로 인한 장력을 덜 받기 때문이다. 이러한 DNA에 ethidium bromide가 첨가된 복합체는 초나선 DNA에 ethidium bromide가 결합한 복합체보다 밀도가 더 낮으므로 cesium bromide 밀도 구배를 이용한 원심분리를 통하여 분리될 수 있다. 이와 같은 두 가지 방법들은 다른 형들로부터 초나선 DNA를 분리하는 데 널리 이용되고 있다.

Polyomavirus 유전자들은 2개의 전사 단위로 조직되어 있다

대부분의 polyomavirus들은 작은 게놈 크기로 인하여

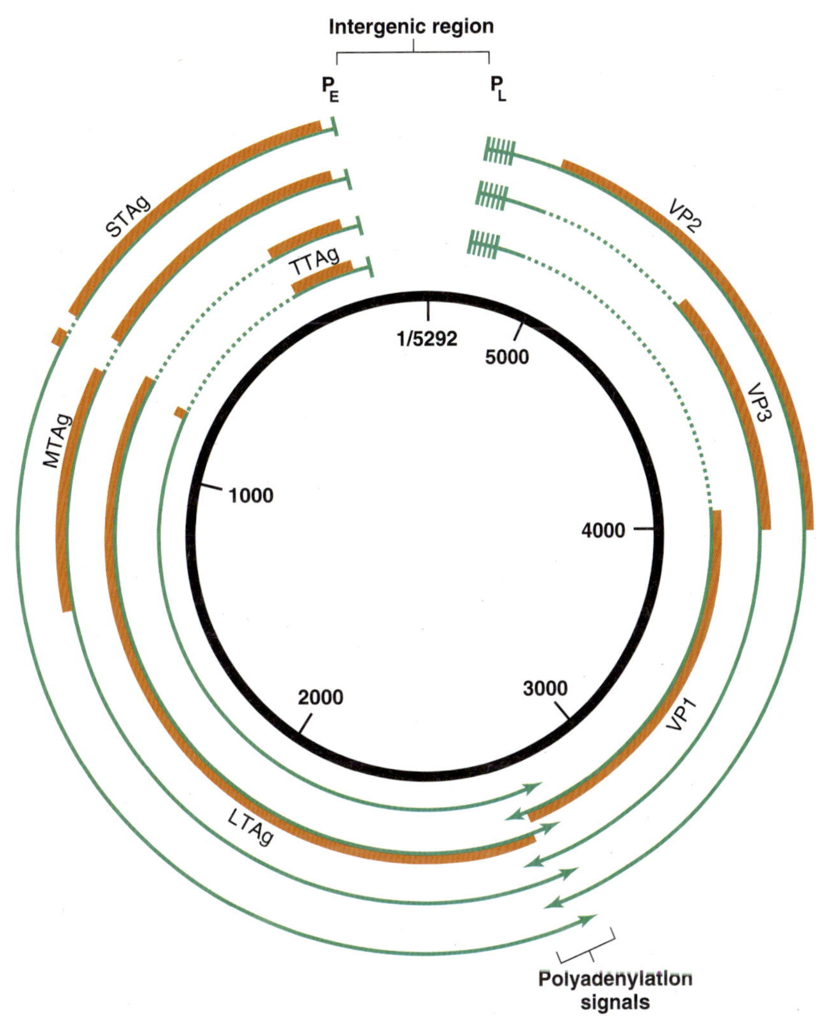

그림 21.4 Mouse polyomavirus의 게놈 지도. Mouse polyomavirus A2 변종의 뉴클레오티드 번호를 환형 지도의 내부에 나타내었다. 초기 mRNA는 왼쪽에, 후기 mRNA는 오른쪽에 나타내었다(옅은 청색 선). 5′ 말단(전사 개시부위)은 수직선으로 나타내었고 3′ 말단(폴리아데닐화 부위)은 mRNA에 화살촉으로 표시하였다. P_E와 P_L: 초기 및 후기 프로모터. 선택적 스플라이싱에 의하여 제거되는 인트론들은 점선으로 나타내었다. 암호화 영역들은 주황색으로 나타내었다. 유전자간 영역과 폴리아데닐화 영역의 서열 요소들은 그림 21.5와 21.6에 나타내었다.

6~8가지의 단백질들만 암호화한다. 바이러스 유전자들은 초기와 후기 유전자로 구분되고 이들은 각각 하나의 전사 단위로부터 발현된다. 각 유전자 전사물은 차별적인 스플라이싱을 통하여 3가지 혹은 4가지의 mRNA를 만들며 이들은 각각 하나의 바이러스 단백질을 암호화한다. Mouse polyomavirus의 게놈 지도가 그림 21.4에 제시되어 있다; SV40의 게놈도 이와 유사한 방식으로 조직되어 있다.

초기 유전자의 전사는 12시 지점 근처에서 DNA 한 가닥을 따라 시계 반대방향으로 진행되고 후기 유전자의 전사는 이와 상보적인 DNA 가닥에서 시계 방향으로 진행된다. 이러한 유형을 **분기 전사(divergent transcription)**라고 한다. 각 전사 단위는 전사가 시작되는 프로모터(P_E와 P_L)로 작용하는 부위를 가진다. 초기와 후기 프로모터 사이에는 약 400 뉴클레오티드 길이의 비암호화 영역이 있다. 이는 전사와 DNA 복제 모두에 관여하는 여러 가지 중요한 요소들을 포함한다. 이를 **유전자간 영역(intergenic region)** 혹은 조절 영역이라고 한다(그림 21.5).

폴리아데닐화 신호(polyadenylation signal)인 5′-AAUAAA-3′은 각 전사물의 3′ 말단을 지정한다(그림 21.6). Mouse polyomavirus의 경우, mRNA들의 3′ 말단이 약 40 nt 정도 중첩되어 있으며, DNA 두 가닥에 암호화되어 있는 AAUAAA 신호는 단 한 개의 뉴클레오티드로 분리되어 있다(그림 21.6에서 파선으로 표시). 또한 초기 mRNA의 LTAg에 대한 번역종료코돈(UGA)와 후기 mRNA의 VP1에 대한 종료코돈(UAA)가 8개의 뉴클레오티드만 떨어져 있다. 두 개의 작은 게놈 영역들에 전사,

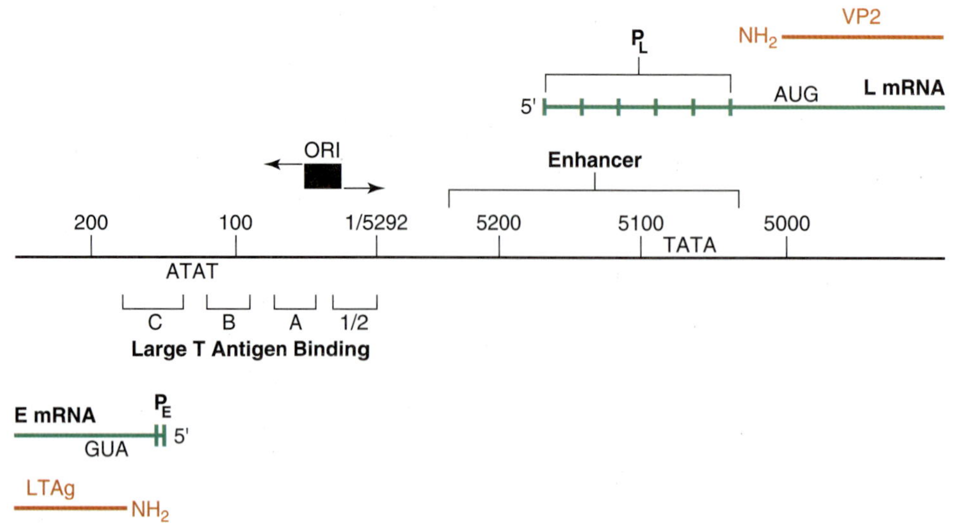

그림 21.5 Mouse polyomavirus 게놈의 유전자간 조절 영역. 초기 및 후기 전사를 위한 프로모터들(P_E와 P_L)로 둘러싸인 ~400 nt의 비암호화 영역에는 전사와 DNA 복제를 조절하는 서열들이 포함되어 있다. 전사 인헨서, DNA 복제원(ORI) 및 LTAg 결합부위들을 지도의 위와 아래에 나타내었다. 전사 개시를 지시하는 TATA 박스도 나타내었다. mRNA 상의 수직선(옅은 청색)은 전사 개시부위를 나타낸다. T 항원과 VP2를 위한 암호화 영역의 N-말단부를 주황색으로 나타내었다.

DNA 복제, RNA 가공, 그리고 번역을 위한 신호를 제공하는 중요한 서열 요소들이 밀집되어 있으므로 이 게놈은 매우 효과적으로 조직되어 있다고 할 수 있다.

비리온은 카베올라를 통하여 세포에 진입하고 핵으로 수송된다

Mouse polyomavirus와 SV40은 모두 세포 표면의 **시알산(sialic acid)**을 포함하는 당단백질과 **강글리오시드(ganglioside)**에 결합한 뒤, 원형질막에 형성된 특수한 소낭인 카베올라(caveolae) 속으로 들어간다. 이 소낭 속에서 비리온은 세포기질을 거쳐 핵막 근처의 소포체 내강으로 수송된다(그림 4.5 참조). 이곳에서 바이러스 DNA는 핵으로 수송된다.

비리온이 소포체 막을 통과하는 과정에서 각 캡소머의 표면 아래에 위치한 VP2 분자가 관여하는 것 같다. 소포체 내부의 환경이 VP2의 N-말단부를 바깥으로 밀어내어 N-말단부의 myristate가 지질막과 상호작용하고 비리온이 세포기질로 방출된다.

바이러스 DNA의 핵내 수송은 두 단계로 일어나는 것 같다. *In vitro*에서 이황화 결합을 절단하는 환원제와 캡시드 단백질에 결합된 2가 양이온을 제거하는 금속이온 봉쇄제(chelating agent)를 처리하면 캡시드가 느슨해지거나 해체된다. 아마도 이와 유사한 과정을 통하여 바이러스 게놈의 탈피와 방출이 일어나는 것 같다. 세포기질에 진입하면 캡시드가 해체되지만 VP1은 바이러스 미니 염색체와의 결합을 그대로 유지한다. VP1의 핵 위치화 신호가 이 복합

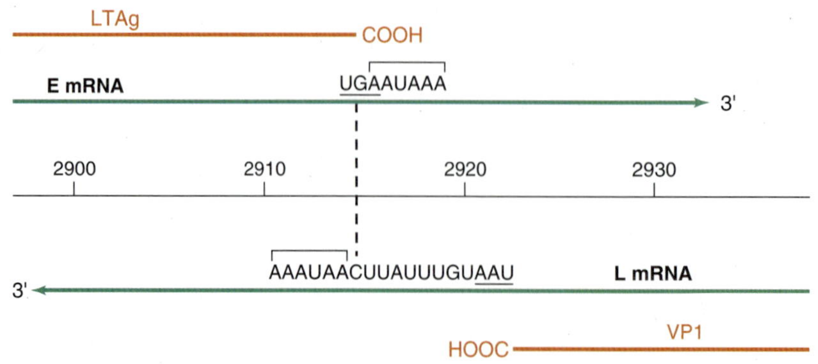

그림 21.6 바이러스 mRNA의 폴리아데닐화 신호와 중첩된 3′ 말단. mRNA를 옅은 청색으로 나타내었다; LTAg과 VP1의 C-말단부를 주황색으로 나타내었다. 폴리아데닐화 신호(AAUAAA)는 괄호로 묶여 있다; 이들은 수직 점선으로 표시한 GC에 의하여 분리되어 있다. LTAg(UGA)과 VP1(UAA)의 번역종료 신호는 밑줄로 표시하였다.

체를 핵공을 통해 핵으로 이동시킨다. 일단 핵 속에 들어가면 VP1이 바이러스 미니 염색체에서 떨어지고, 전사와 DNA 복제 과정에서 미니 염색체 상태는 그대로 유지된다.

바이러스 미니 염색체는 세포의 RNA 중합효소 II에 의해 전사된다

바이러스 미니 염색체의 전사 개시에는 수많은 세포 단백질들이 관여한다. 유전자간 영역(그림 21.5)에 존재하는 **전사 인헨서(transcriptional enhancer)**에는 다양한 세포 전사인자들이 인식하는 공통 서열들(consensus sequences)이 있다. 다세포 생물은 배발생이나 세포 분화 등과 같은 여러 상황에서 유전자 발현을 조절하는 수백 가지의 **전사인자들(transcription factors)**을 만든다. 한 생물에서 각 세포 유형은 서로 다른 조합의 전사인자들을 가진다.

이러한 전사인자들의 일부는 바이러스 인헨서 서열을 인식하고 결합하여 이 영역으로부터 소수의 뉴클레오좀들을 떼어낸다. 따라서 전사인자들은 전사에 필요한 다수의 세포 단백질들이 바이러스 DNA에 결합하는 것을 돕는다. 이러한 필수 단백질들 가운데 바이러스 DNA의 TATA box에 결합하는 TFIID 복합체를 이루는 TATA-binding protein(TBP)가 있다(그림 21.5). TFIID는 RNA 중합효소 II와 TFIIA부터 TFIIH까지 명명된 여러 일반전사인자들을 **TATA box**에서 약 30 nt 아래에 위치한 부위로 끌어들인다. TATA box를 가지지 않는 많은 바이러스 및 세포 유전자들의 개시부위에는 개시자(initiator)라고 하는 또 다른 전사 개시 서열이 존재한다. 이는 TATA box와 유사한 역할을 한다. 이 단백질들이 모두 제자리를 차지하면 초기 유전자의 전사가 시작된다.

4가지 초기 mRNA들은 한 전사물의 차별적인 스플라이싱으로 만들어진다

Mouse polyomavirus의 2.7 kb 초기 전사물은 환형의 바이러스 DNA에서 거의 절반까지 연장된다(그림 21.4). 이 RNA는 세포 기구들에 의하여 5′ 끝에는 캡이 부착되고 3′ 끝에는 poly(A) 꼬리가 만들어진다. 그 다음 초기 전사물은 핵에서 차별적인 스플라이싱을 수행하여 4가지 종류의 mRNA를 생성한다. 이 mRNA들은 바이러스에 의하여 유도된 종양에서 처음으로 검출되어 종양 항원 혹은 T 항원으로 명명된 초기 단백질들을 암호화한다. 차별적인 스플라이싱은 nt 411에서 748 사이에 위치한 두 개의 5′ 접합부위(splice site)와 nt 797과 811 사이에 위치한 두 개의 3′ 접합부위에서 일어난다(그림 21.4와 21.7). 4가지 mRNA들은 거의 같은 양으로 만들어진다.

Mouse polyomavirus의 초기 전사물 스플라이싱 과정에서 제거되는 4가지 인트론들 가운데 2가지는 특히 작다(62 nt와 48 nt). 포유동물 세포에서 70 nt 보다 작은 인트론은 거의 없다. **스플라이싱 기구(splicesome)**를 구성하는 리보핵단백질들은 인트론의 양 끝 뿐만 아니라 3′ 접

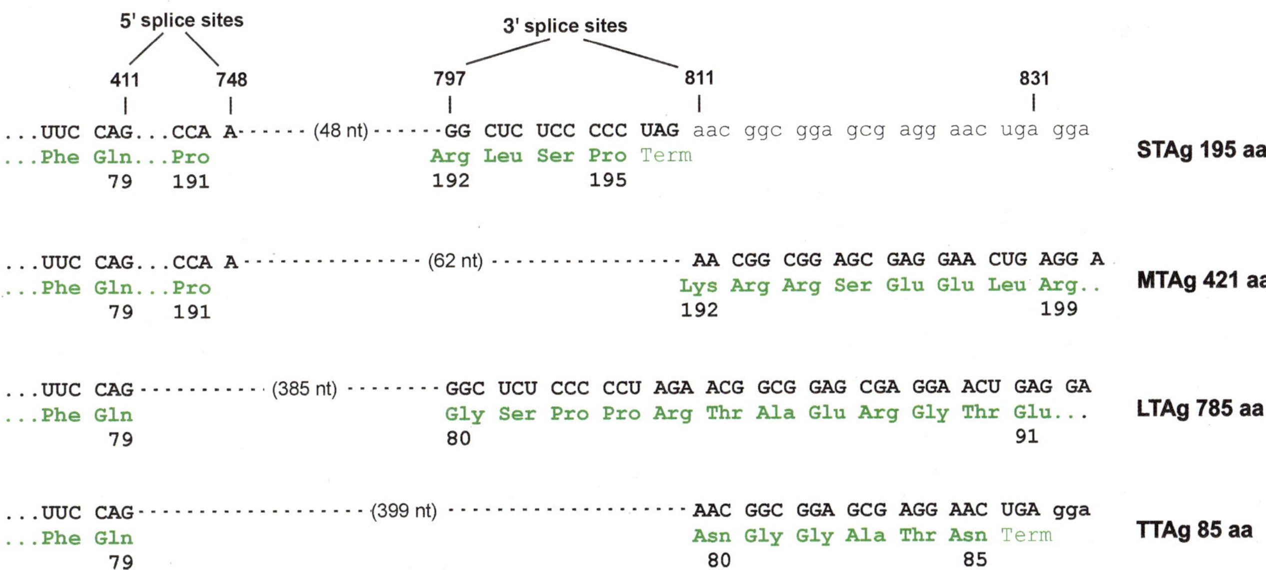

그림 21.7 **Mouse polyomavirus 초기 전사물들의 차별적인 스플라이싱에 의한 4가지 T 항원들의 생성.** Mouse polyomavirus의 4가지 초기 mRNA들(검은색)의 뉴클레오티드 서열 일부와 이들의 번역 산물들(녹색)을 나타내었다. 번역되는 삼중 암호들은 굵은 대문자로 나타내었고 번역종료 신호 이후의 뉴클레오티드는 소문자로 나타내었다. 각 삼중 암호들이 암호화하는 아미노산들은 바로 아래에 표시하였다. 인트론들은 절단되는 뉴클레오티드의 수와 함께 점선으로 나타내었다. 5′ 및 3′ 접합부위의 위치를 나타내었다. 4가지 모든 초기 mRNA의 번역은 nt 175의 AUG에서 시작한다. 3가지 번역틀 이 모두 nt 811에서 831 사이를 이용한다는 점을 주목하자.

합부위 근처에 위치한 내부 분지점(branch point)에도 결합한다. 인트론의 양 끝이 너무 가까우면 이러한 인자들이 효과적으로 결합할 수 없다. 이는 입체 장애(steric hindrance)로 인하여 상대방의 결합을 서로 방해하기 때문이다. 이와 같이 특별히 작은 polyomavirus의 인트론은 nt 748에 있는 5′ 접합부위와 두 개의 3′ 접합부위들 가운데 하나 사이에 일어나는 스플라이싱의 효율을 의도적으로 감소시키기 위하여 진화된 것 같다. 만약 이 작은 인트론을 인위적으로 40 nt만 늘리면 거의 모든 스플라이싱이 nt 748에 위치한 가장 가까운 5′ 접합부위에서만 일어나고 LTAg mRNA는 만들어지지 않는다. 따라서 이 작은 인트론은 작은 게놈에서 공간을 경제적으로 이용할 뿐만 아니라 초기 mRNA들이 균등하게 생성되도록 조절한다.

T 항원들은 동일한 N-말단 서열을 가지지만 서로 다른 C-말단 서열을 가진다

Mouse polyomavirus의 4가지 초기 mRNA들은 4가지 단백질들을 암호화한다. 리보좀은 4가지 모든 초기 mRNA에서 게놈의 nt 175에 위치한 첫 번째 AUG 코돈에서 번역을 시작한다. 이는 해독틀 0을 지정한다. 그림 21.7에 나타낸 바와 같이, 가장 작은 인트론(48 nt)이 절단되면 정확히 16개의 코돈이 제거된다. 리보좀은 앞쪽의 191개 코돈들을 번역하고 접합 연접(splice junction)의 뒤쪽을 같은 해독틀로 계속 번역한다. 리보좀이 접합 연접부에서 12 nt 지점에 위치한 UGA 종결코돈과 도달하면 195-아미노산으로 이루어진 작은 T 항원(small T antigen, STAg)을 생성하고 종료한다.

반면에 62-nt의 인트론이 제거되면 20개의 코돈 이외에 2 nt가 추가로 제거된다. 이 mRNA를 번역하는 리보좀은 첫 191개의 아미노산들은 STAg과 동일한 단백질을 만들지만 접합 연접의 뒤쪽은 다른 해독틀(–1)로 번역한다. 해독틀 -1에서는 421개의 아미노산들로 이루어진 단백질이 만들어지고 나서 합성이 종료된다. 이 단백질을 중간 T 항원(middle T antigen, MTAg)이라고 한다.

385-nt의 인트론이 절단되면 128 코돈과 1 nt가 제거된다. 5′ 접합부위가 개시자 AUG에서 정확히 79개 코돈 아래에 위치하므로 이 mRNA를 번역하는 리보좀은 STAg 및 MTAg과 첫 79개 아미노산을 공유하는 단백질을 만든다. 그러나 접합 연접 뒤쪽의 해독틀은 +1이다; 이 서열은 STAg 및 MTAg 해독틀과 일부 중첩되지만 리보좀에 의하여 인식되는 코돈들이 다르기 때문에 완전히 다른 아미노산 서열로 번역된다. 이 해독틀은 mRNA의 3′ 끝 근처까지 이어진다(그림 21.6). 그 결과 길이가 785개의 아미노산들(SV40의 경우에는 708개 아미노산)로 이루어진 큰 T 항원(large T antigen, LTAg)이 만들어진다.

Mouse polyomavirus의 네 번째 mRNA는 다른 T 항원들과 동일한 79개의 N-말단 아미노산들을 가지는 단백질을 만든다. 399-nt(133개 코돈)는 STAg mRNA처럼 해독틀을 0으로 유지한다. 그러나 nt 811에 있는 3′ 접합부위가 STAg의 번역을 종료시키는 UAG의 바로 아래에 위치한다. 다른 종료코돈인 UGA가 접합 연접에서 7개 코돈 뒤에 존재하여 85개의 아미노산으로 이루어진 아주 작은 T 항원(tiny T antigen, TTAg)이 만들어진다. 이 단백질에 대해서는 자세히 연구되지 않았다. nt 797에서 811 사이는 두 개의 다른 해독틀이 STAg과 LTAg의 일부를 만드는 데 이용되고, nt811에서 831 사이는 3가지 모든 해독틀이 MTAg, LTAg 및 TTAg의 일부를 만드는 데 이용된다.

SV40는 mouse polyomavirus처럼 2개의 5′ 접합부위를 가지지만 3′ 접합부위는 단 하나만을 가진다. 그 결과, SV40는 STAg과 LTAg을 만들지만 MTAg은 만들지 않는다. 그러나 드물게 두 번의 스플라이싱을 거친 mRNA로부터 mouse polyomavirus의 TTAg와 유사한 단백질이 만들어진다.

T 항원은 휴지기 세포의 세포주기를 합성(S)기로 유도한다

초기 단백질들의 주요 기능은 바이러스 DNA 복제를 가능하게 하는 것이다. 한 개체에서 대부분의 세포들은 분열하지 않고 분화되어 휴지기(G_0) 상태에 있다. 이러한 조건에서는 세포 혹은 바이러스 DNA 합성에 필요한 효소들과 전구체들이 세포의 핵 속에 정상적으로 존재하지 않는다. DNA 바이러스의 초기 단백질은 세포가 DNA 합성(S)기에 진입하도록 유도한다. Mouse polyomavirus와 SV40의 T 항원은 수많은 세포 신호전달경로들과 상호작용하여 세포주기의 진행을 촉진한다. 여기에서는 이러한 상호작용들 가운데 일부만을 다룰 것이다.

STAg은 단백질 탈인산화효소 2A를 저해하고 세포주기를 유도한다

STAg은 3량체인 단백질 탈인산화효소 2A(protein phosphatase 2A, PP2A)의 한 소단위체와 복합체를 형성하여 이 단백질의 탈인산화 효소 활성을 저해한다(그림 21.8). PP2A는 단백질의 활성을 촉진하는 인산기를 제거함으로써 세포내 여러 신호전달경로들에서 중요한 조절 기능을 수행한다. PP2A의 표적들 가운데 하나가 mitogen-activated protein 키나아제(MAP kinase)이다. MAP 키나아제 키나

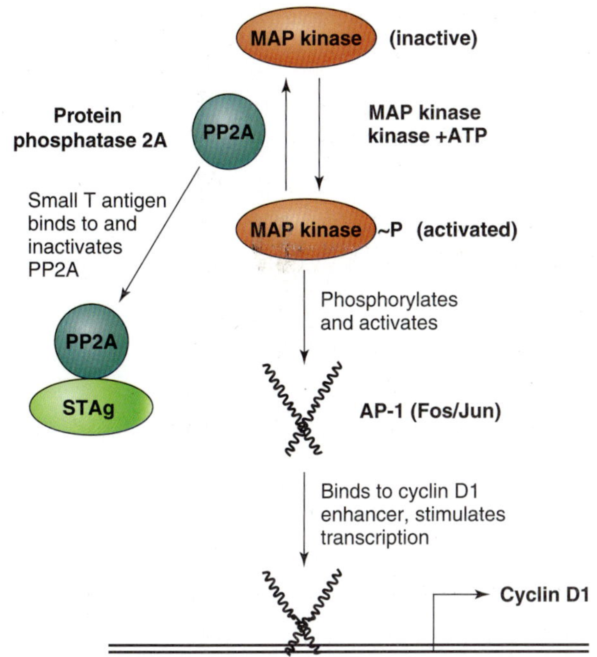

그림 21.8 **STAg은 MAP 키나아제 경로를 촉진한다.** MAP 키나아제 키나아제는 MAP 키나아제를 인산화하여 이를 활성화한다; 단백질 탈인산화효소 2A는 MAP 키나아제의 인산기를 제거하여 이를 불활성화한다. STAg이 단백질 탈인산화 효소 2A에 결합하여 이를 저해하면 인산화된 MAP 키나아제가 축적되고 이는 전사인자 AP-1을 활성화시키고 나아가 cyclin D1의 전사가 촉진된다.

아제에 의하여 MAP 키나아제의 특정 Ser 및 Thr 잔기가 인산화되면, 이는 다시 핵 속의 전사인자인 AP-1을 활성화시키고, AP-1은 cyclin D1의 전사를 촉진한다(그림 21.8). Cyclin D1은 세포주기의 중요한 활성인자이다. STAg에 의하여 PP2A의 활성이 저해되면 MAP 키나아제는 인산화된 상태를 유지하므로 효소가 계속 활성화 상태를 유지한다. 따라서 STAg은 MAP 키나아제 경로를 간접적으로 촉진하여 세포를 S기로 유도한다.

MTAg은 세포 증식과 분열을 지시하는 단백질 티로신 키나아제를 촉진한다

MTAg은 C-말단부 근처의 소수성 영역을 통하여 원형질막에 삽입되어 있다(그림 21.9). 이는 STAg의 아미노산 서열 대부분을 포함하므로 PP2A에 결합하여 이를 불활성화시킬 수 있다. 그러나 MTAg의 주요 기능은 c-Src를 비롯한 여러 가지 **단백질 티로신 키나아제(protein tyrosine kinase)**들을 활성화시키는 것이다. C-Src는 수많은 다른 세포 단백질들의 특정 티로신 잔기를 인산화시켜 이들의 기능을 변화시킨다. 돌연변이가 일어난 높은 활성형의 c-Src이 닭에서 암을 유발하는 Rous sarcoma virus에 의하여 암호화된다(28장 참조).

MTAg과 c-Src이 결합하면 c-Src의 티로신 527에서 인산기가 제거되고 티로신 416이 인산화된다(그림 21.9). 이러한 변화는 단백질 키나아제 활성을 상당히 촉진한다. 활성화된 c-Src는 다시 MTAg의 여러 티로신 잔기들을 인산화시킨다. 이러한 인산화 티로신(phosphotyrosine)은 Src-homology 2 domain protein(Shc), phosphatidylinositol 3-kinase(PI3K) 및 phospholipase C(PLC)를 포함한 여러 세포 단백질들의 결합부위로 작용한다. 활성화된 c-Src의 존재하에서 이들 단백질들이 MTAg에 결합하면 이들은 c-Src에 의하여 인산화되어 활성화된다. 이로 인하여 여러 다양한 신호전달경로들이 활성화된다. 인산화된 Shc는 Ras 단백질의 활성화를 통하여 MAP 키나아제 경로를 활성화한다. PI 3-키나아제는 증식, 소낭수송, 그리고 세포 골격의 조직화와 같은 세포 기능들을 조절하는 인지질인 phosphatidylinositol 3-phosphate를 합성한다. PLC는 phosphatidylinositol을 절단하여 소포체로부터 칼슘 이온을 방출시키는 inositol triphosphate를 생성한다. 이러한 경로들의 대부분은 세포 물질대사와 세포주기를 활성화시킨다.

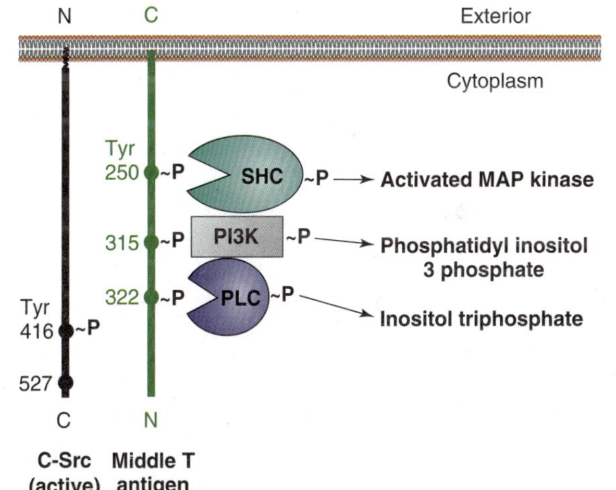

그림 21.9 **MTAg은 c-Src에 결합하여 세포 물질대사와 세포주기를 촉진하는 경로들을 활성화시킨다.** 왼쪽에 나타낸 c-Src는 N-말단 미리스테이트 잔기를 통하여 원형질막에 삽입되는 단백질 티로신 키나아제이다. 티로신 527이 인산화되면 c-Src는 불활성 상태이다(미제시). C-말단부 근처의 소수성 잔기들을 통하여 원형질막에 결합하는 MTAg은 c-Src과 결합한다. 이로 인하여 c-Src의 티로신 527에서 인산기가 제거되고 티로신 416의 자가 인산화를 통하여(~P) 단백질 티로신 키나아제가 활성화된다. C-Src는 MTAg의 티로신 250, 315 및 322를 인산화시켜 세포주기 신호전달에 관여하는 세포 단백질들(Shc, PI3K 및 PLC)의 결합부위를 제공한다. 이들이 다시 c-Src에 의하여 인산화되어 활성화되면 세포 물질대사와 세포주기 진행을 촉진한다.

LTAg은 수많은 세포 조절 단백질들과 결합하여 세포 유전자들의 전사를 활성화하거나 억제한다

LTAg은 놀랍도록 다양한 기능들을 가지는 복잡한 단백질이다. 대부분의 LTAg은 감염 세포의 핵에 존재하지만, 일부는 세포질과 원형질막에서 발견되기도 한다. SV40의 LTAg은 최초로 확인된 핵 위치화 신호를 가진다. 이 단백질의 기능적 영역들을 보여 주는 모식도를 그림 21.10에 제시하였다. STAg과 MTAg처럼 LTAg도 세포 물질대사와 세포주기를 조절하는 수많은 세포 단백질들과 상호작용을 한다.

1. ***Retinoblastoma 단백질(pRb)은 세포주기와 S-기 유전자 발현을 조절한다.*** pRb 단백질은 Rb 유전자의 돌연변이가 인간에서 망막 종양을 유발하기 때문에 명명되었다. 이는 주요 세포주기 조절 단백질들 가운데 하나이다. pRb 및 이와 관련된 단백질들인 p107과 p130은 전사활성인자 단백질인 E2F 패밀리의 구성원들과 결합하여 여러 세포 유전자들의 전사를 억제한다. pRb가 인산화되면 E2F에서 떨어지고 E2F에 의한 세포 유전자들의 전사가 일어나서 세포주기가 진행하고, 세포 및 바이러스 DNA 복제에 필요한 단백질들의 발현이 일어난다(그림 23.6 참조).

   LTAg은 Rb 단백질 결합부위를 가진다(그림 21.10). LTAg이 pRb에 결합하면 pRb의 인산화와 유사한 효과가 나타나 pRb에서 E2F가 방출되고, 이로 인하여 세포 유전자들의 전사가 일어난다. 이러한 유전자들로는 cyclin, DNA 중합효소 알파, 티미딘 키나아제, DNA 이음효소, 히스톤 등이 있다. 수많은 DNA 바이러스들의 초기 단백질들이 pRb와 상호작용함으로써 세포주기의 진행을 촉진한다. pRb 상호작용에 대한 더 자세한 내용은 papillomavirus와 adenovirus에 대한 장들을 참조하면 된다(그림 22.4, 22.5 및 23.6).

2. ***DNA J 도메인이 E2F로부터 pRb를 분리시키는 보조 샤페론으로 작용한다.*** LTAg의 N-말단에 위치한 DNA J 도메인도 Rb 경로를 통한 유전자 활성화에 필요하다. DNA J는 *E. coli*에서 박테리오파지 lambda DNA의 복제에 필요한 박테리아 단백질로 처음 알려진 보조 샤페론 단백질이다(8장). DNA J와 이의 진핵세포 상동체는 세포 샤페론 단백질인 Hsp70(*E. coli*에서는 DNA K로 알려짐)과 상호작용하여 단백질 복합체의 조립과 해체에 필수적인 ATP-의존적인 단백질 접힘과 풀림 반응에 관여한다.

   LTAg의 N-말단부는 DNA J가 결핍된 *E. coli* 돌연변이체를 보완하여 박테리오파지 lambda의 DNA 복제를 도울 수 있다. 이와 같이 유연 관계가 아주 먼 생물들의 단백질 기능이 놀랍도록 보존되어 있으며 이는 아마도 수십억 년의 진화과정을 거치고도 박테리오파지와 포유동물 DNA 종양 바이러스가 연결되어 있다는 것을 나타낸다. LTAg의 DNA J 도메인은 E2F와 다른 단백질들을 포함하는 복합체로부터 Rb 단백질의 분리를 도와 세포주기 및 S기 유전자들의 전사를 촉진하는 것 같다.

3. ***p53은 세포주기를 저지하고 바이러스 감염에 반응하여 세포자살을 유도한다.*** 세포 조절 단백질인 p53은 SV40 LTAg의 면역 침전물에 존재하는 53 kDa의 단백질로 처음 발견되었다. p53은 다양한 신호들에 반응하여 세포주기를 중지시키거나 세포자살(apoptosis) 혹은 세포 예정사(programmed cell death)를 유도하는 유전자들의 프로모터에 결합하여 이들의 전사를 활성화한다. p53

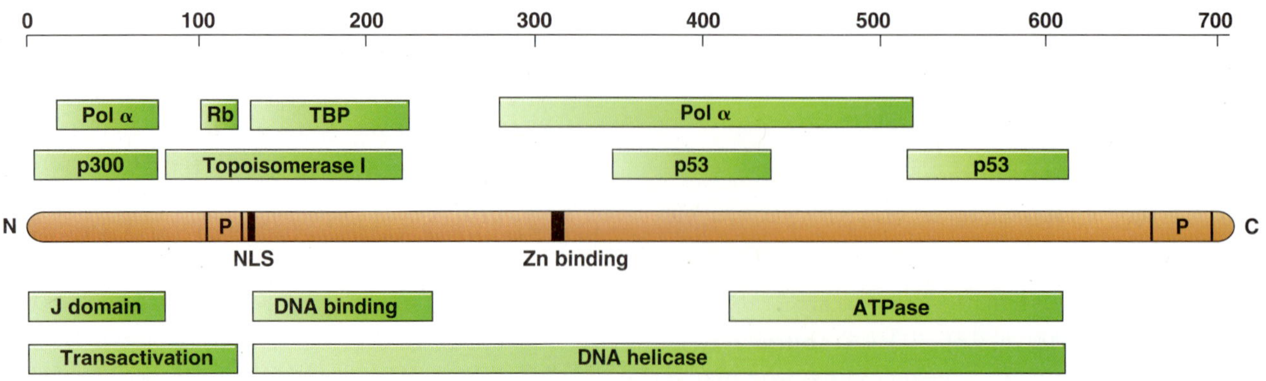

그림 21.10 SV40 LTAg의 기능성 및 단백질-결합 영역들. 708-아미노산의 LTAg 폴리펩티드를 주황색으로 나타내었다. P는 인산화 부위를 나타내고, **NLS**는 핵 위치화 신호를 의미하고, Zn은 zinc-결합부위를 나타낸다. 세포 신호전달 혹은 DNA 복제에 관여하는 세포 단백질들이 결합하는 영역들을 위에 나타내었다: **Pol α** = DNA 중합효소 α/DNA 프리마아제; **Rb** = retinoblastoma protein; **TBP** = TATA-결합 단백질. LTAg의 기능성 영역들을 아래에 나타내었다; 자세한 설명은 본문 참조.

이 세포주기의 조절에 핵심적인 역할을 수행한다는 것은 대부분의 인간 종양들에서 p53 유전자의 돌연변이가 검출된다는 사실로부터 알 수 있다. 따라서 종양 세포들이 잘 증식하려면 p53 단백질에 의한 조절로부터 벗어나야 한다.

정상 조건에서는 p53이 빨리 분해되므로 세포에 매우 낮은 농도로 존재하고 전사인자로서는 불활성 상태이다. Polyomavirus의 감염과 같은 다양한 자극들은 p53의 농도와 활성을 증가시킬 수 있다. 일부는 LTAg이 p53 유전자의 전사를 촉진함으로써 나타난다. 하지만 LTAg이 p53에 결합하면 p53의 전사 활성화 기능이 억제되어 세포는 S기에 들어가고 p53에 의한 세포자살 유도는 일어나지 않는다. 따라서 감염 세포들은 자손 바이러스 입자들을 생성할 만큼 충분히 생존할 수 있다. Papillomavirus와 adenovirus도 p53과 상호작용하는 LTAg 유사 단백질을 만든다. p53의 조절과 기능에 대한 더 자세한 내용은 papillomavirus와 adenovirus를 다룬 장들을 참조하면 된다(그림 22.6과 23.7).

4. ***p300과 일반전사인자들은 바이러스와 세포 유전자들의 전사 수준을 조절한다.*** LTAg은 전사에 관여하는 수많은 세포 단백질들과 직접 상호작용한다. 이에는 TATA-결합 단백질(TBP), 일반전사인자(general transcription factor) TFIIB, 그리고 히스톤 아세틸화(histone acetylase) 효소 활성을 가지는 전사 보조활성인자 p300이 있다(그림 21.10). 이 단백질들에 LTAg이 결합하면 유전자 발현이 촉진되거나 억제될 수 있다.

   예를 들면, p300은 p53과 AP-1를 비롯한 수많은 세포 전사인자들과 결합한다. p300은 전사를 촉진하는 이러한 인자들과 협조적으로 작용한다. 즉, p300은 뉴클레오좀을 이루는 히스톤을 아세틸화시켜 DNA에 대한 히스톤의 친화력을 감소시켜 DNA에 전사기구 성분들이 더 잘 접근할 수 있도록 한다. LTAg이 p300에 결합하면 p300의 전사 보조 활성화 기능이 저해되므로 p300 표적 유전자들의 전사가 감소된다. 그러나 LTAg은 아마도 프로모터에서 RNA 중합효소 II를 조립하는 기구들과 상호작용을 함으로써 많은 다른 유전자들의 전사를 촉진하는 것으로도 알려져 있다.

LTAg 6량체는 DNA 복제원에 결합하여 국소적으로 DNA 두 가닥을 풀어준다

일단 세포가 S기에 진입하면 바이러스는 DNA 복제를 시작할 수 있다. 이 과정에서 LTAg은 완전히 다른 기능을 수행한다: 세포 조절 단백질들과 상호작용하는 대신에 바이러스 DNA에 결합하여 DNA 복제에 관여하는 여러 세포 단백질들의 조립을 지시한다. LTAg의 DNA-결합 영역(그림 21.11)은 이중-가닥 DNA 상의 5 뉴클레오티드 서열인 G(A/G)GGC를 인식한다. SV40 DNA와 mouse polyomavirus DNA의 유전자간 영역에는 12개의 이러한 서열들이 160 nt 내에 존재한다. Mouse polyomavirus에서는 이 12개의 결합부위들이 1/2, A, B 및 C로 지정된 4부위에 모여 있다(그림 21.5). LTAg 분자들은 이 서열들에 협조적으로 결합하고 DNA 복제원(Ori)에서 조립되어 차축의 바퀴처럼 DNA를 둘러싸는 두 개의 환형 6량체를 형성한다.

전자현미경적 관찰과 x-선 결정분석법을 통하여 LTAg의 6량체형에 대한 자세한 구조가 밝혀졌다(그림 21.11). 6량체에서 각 LTAg 단량체는 한 분자의 ATP와 결합한다. 한 LTAg에서 ATP가 ADP로 가수분해되면 구조적 변화가 유도되어 인접 단백질 영역을 회전시키고, 이는 DNA와 접촉하는 6량체의 중앙 구멍 크기를 변화시킨다. 이는 수축과 이완을 통하여 직경을 변화시킬 수 있는 홍체와 비슷하게 작용한다.

이러한 변화로 인하여 DNA와 접촉하고 있는 β-머리핀이 움직이고 5~6 bp의 dsDNA가 6량체 고리 내로 끌려들어간다. 국소적으로 DNA 두 가닥이 분리되고, 분리된 가닥들은 6량체 내부 통로에서 빠져나온다. 따라서 ATP의 가수분해 에너지가 DNA 가닥들의 이동과 변성을 위한 힘을 제공한다. LTAg에서 ADP가 방출되면 다른 ATP 분자가 결합하고 주기가 반복된다. 따라서 LTAg은 DNA **헬리카아제**(DNA **helicase**)로 작용한다.

LTAg은 바이러스 DNA 복제를 시작하기 위하여 세포 DNA 합성 기구를 조립한다

먼저 DNA 복제를 위한 주형으로 제공되는 국소적인 단일-가닥 DNA 부위가 생성된다. 그 뒤에도 LTAg이 핵심적인 역할을 수행한다. DNA에 결합한 LTAg 6량체는 DNA 복제 개시에 필요한 3가지 단백질들 즉, 복제 단백질 A(replication protein A, RPA), DNA 중합효소 α/프리마아제(primase) 그리고 국소이성화효소 I(topoisomerase I)과 결합한다(그림 21.12a). RPA는 풀려진 DNA 가닥에 결합하여 이들이 다시 이중-나선 형태로 되돌아가지 않도록 한다. DNA 중합효소 α/프리마아제는 단일-가닥 DNA에 결합하여 DNA 주형과 수소결합을 이루는 짧은(6–9 nt) RNA 프라이머를 만들고, 이를 연장하여 짧은(20–30 nt) DNA 분자를 만든다. 프라이머는 DNA 양 가닥에서 형성되어 연장되므로 양 방향으로 DNA 합성이 시작된다. 국소이성화효소 I은 DNA 중합효소와 헬리카아제가 이중-

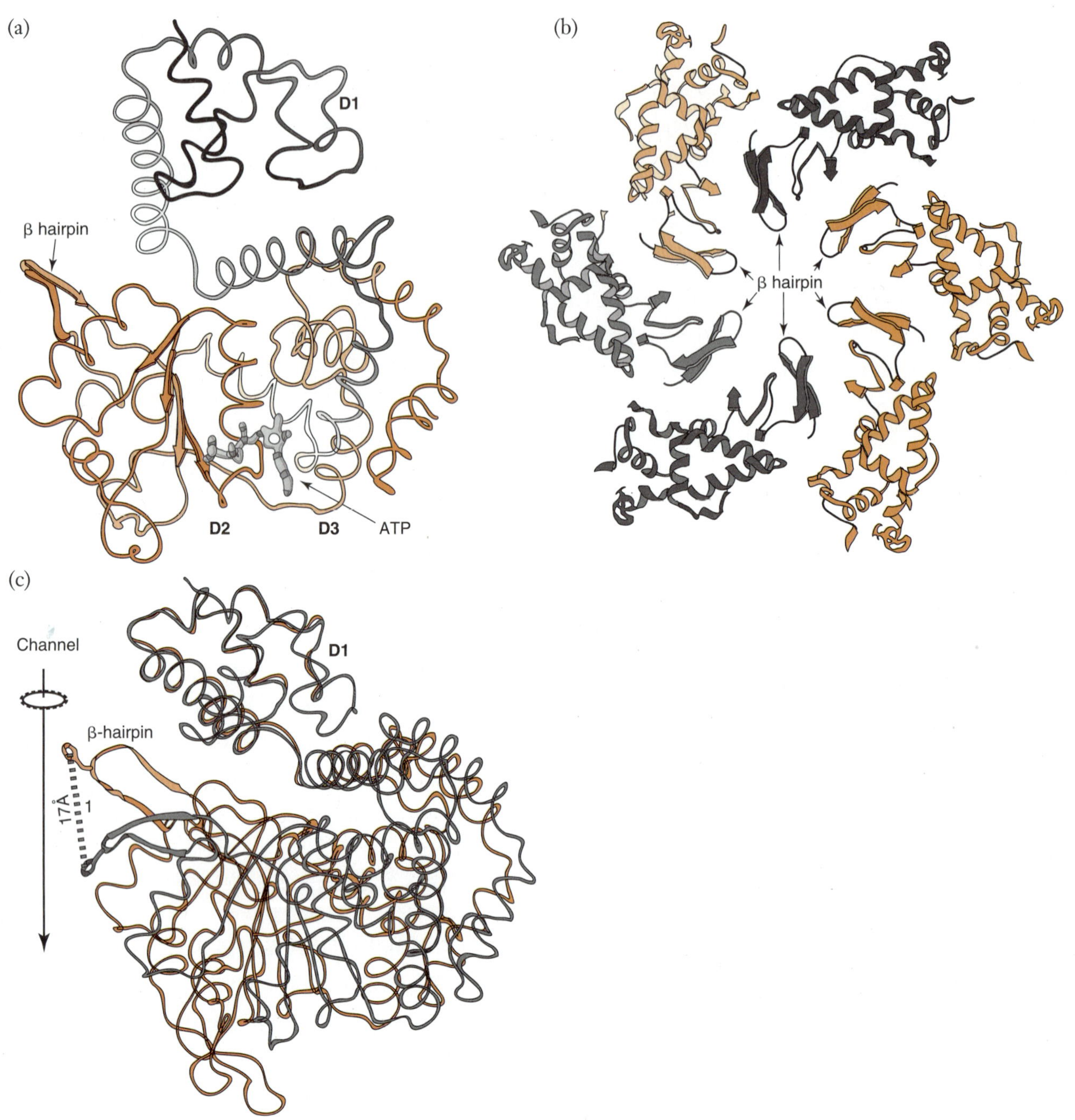

그림 21.11 SV40 LTAg의 구조. (a) X-선 결정분석법으로 결정된 SV40 LTAg의 아미노산 251-627에 해당하는 폴리펩티드의 리본 모식도. D1, D2 및 D3 영역들을 표시하였으며 D2와 D3 사이의 연접부위에 결합한 ATP를 나타내었다. (b) DNA가 지나가는 중앙 통로와 DNA와 접촉하여 DNA를 통로로 끌어 들이는 β-머리핀을 보여 주는 LTAg의 6량체 구조. (c) 6량체를 이룬 LTAg의 한 단량체 측면도: DNA가 지나가는 통로가 있고 ATP가 ADP로 가수분해되고 ADP가 방출됨에 따라서 β-머리핀(1)이 17 Å(1.7 nm) 이동한다는 것을 나타낸다.

가닥을 풀면서 DNA 분자를 따라 진행하면 환형의 이중-가닥 DNA에서 생겨나는 장력을 해소한다.

마지막으로 3가지 다른 단백질들인 복제 단백질 C (RPC), PCNA(proliferating cell nuclear antigen) 및 DNA 중합효소 δ(DNA polymerase δ)가 복합체에 모인다(그림 21.12b). RPC는 DNA 중합효소 α/프리마아제를 제거하고 그 대신 DNA 중합효소 δ를 자라나는 DNA 사슬의 3′ 끝에 장착하는 데 필요하다. PCNA는 DNA 중합효소 δ에 결합하여 이 단백질이 DNA 주형에서 떨어지지 않도록 붙잡아 준다. DNA 중합효소 δ는 DNA 사슬을 연장한다.

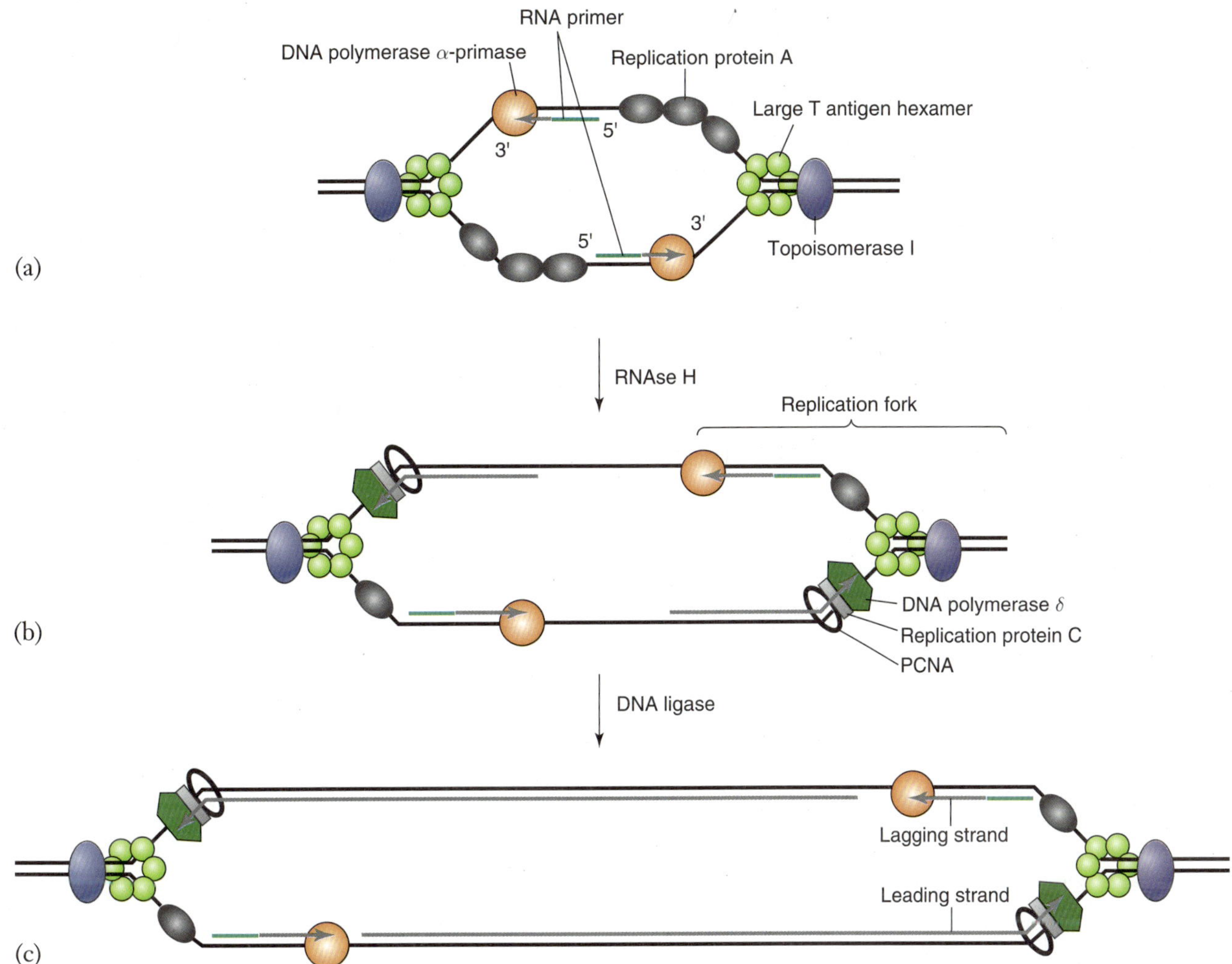

그림 21.12 Polyomavirus DNA의 양방향 복제 메커니즘. (a) 바이러스 복제원에서 DNA 합성의 개시. 6량체 LTAg의 DNA 헬리카아제 활성에 의하여 DNA가 풀어지고 RPA가 결합한 단일-가닥 DNA 영역에 DNA 중합효소 α/RNA 프리마아제가 결합한다. RNA 프라이머가 합성되고 DNA 중합효소 α가 이를 연장한다. (b) RPC 및 PCNA와 결합한 DNA 중합효소 δ에 의한 DNA 사슬의 연장. 리보뉴클레아제 H(RNAse H)가 RNA 프라이머를 제거한다. 두 개의 복제 분기점이 DNA 주형을 따라서 반대 방향으로 이동함에 따라서 LTAg의 계속된 헬리카아제 활성에 의하여 생성된 단일-가닥 DNA에서 DNA 중합효소 α/RNA 프리마아제가 합성을 재개한다. (c) 자라나는 DNA 가닥들의 연결. 지연-가닥 DNA가 선도-가닥 DNA의 5′ 끝까지 연장되면 DNA 이음효소에 의하여 연결되어 각 주형 가닥에 공유적으로 연결된 하나의 딸 가닥이 생성된다. RNA는 옅은 청색, 새로 합성된 DNA는 회색으로 나타내었다.

선도-가닥이 각 복제 분기점 쪽으로 연장됨에 따라서 LTAg은 계속해서 헬리카아제로 작용하여 주형 DNA를 풀어준다. 그 결과 각 복제 분기점에서 단일-가닥 DNA가 더 노출된다. DNA 중합효소 α/프리마아제는 이러한 단일-가닥 영역에 새로운 RNA 프라이머를 만들고 지연-가닥 DNA 합성을 시작한다. 이 짧은 DNA가 DNA 중합효소 δ에 의하여 인접 DNA 사슬의 RNA 프라이머까지 연장되면 프라이머는 RNase H에 의하여 제거된다. 이로 인하여 생겨난 틈은 DNA 중합효소 δ에 의하여 채워지고 인접한 두 DNA 분자들이 DNA 이음효소에 의하여 이어지면 연속적인 지연-가닥이 형성된다(그림 21.12c).

DNA 합성이 진행됨에 따라서 S기의 핵에 존재하는 세포 히스톤들이 자라나는 DNA 사슬에 조립하여 뉴클레오좀을 형성한다. 최종적으로 두 개의 환형, 이중-가닥 바이러스 미니 염색체가 생성된다. 자손 DNA는 더 많은 전사를 위한 주형으로 이용되거나 계속 복제될 수 있다.

DNA 복제가 시작된 이후에 높은 수준의 후기 전사물들이 만들어진다

Mouse polyomavirus와 SV40에서 후기 전사는 전사 인핸서와 중첩된 100-nt 영역 내의 여러 프로모터 부위들에서 시작된다. 이들 후기 프로모터 서열들의 대부분에는 TATA 박스가 없다. DNA 복제가 시작되기 전에도 낮지만 검출 가능한 수준으로 후기 전사물들이 만들어진다. DNA 복제가 시작되면 후기 전사물들이 훨씬 더 높은 수준으로 만들어지고 초기 전사물들의 합성은 감소한다. 초기 전사에 대한 후기 전사의 비율이 DNA 복제 이후에 증가하는 이유들로 5가지가 제안되었다.

1. ***LTAg에 의한 초기 전사의 억제.*** Mouse polyomavirus와 SV40의 초기 프로모터들은 하나 혹은 그 이상의 LTAg 결합부위 즉, G(A/G)GGC와 중첩되어 있다. 이 부위에 LTAg이 결합하면 RNA 중합효소 및 TFIID와 같은 일반전사인자들의 결합이 저해되어 초기 RNA 합성량이 감소한다. 따라서 LTAg의 농도가 증가함에 따라서 초기 전사는 점차 감소한다. 이러한 방식으로 LTAg은 자기 자신의 합성 수준을 조절한다.

2. ***새로운 전사인자의 활성화 혹은 유도.*** 3가지 T 항원들이 세포 신호전달경로에 영향을 미치고, LTAg이 다양한 전사 억제인자 및 활성인자들과 결합하여 이들의 활성을 변화시키므로 전사 인헨서에 결합할 수 있는 전사인자들의 종류가 변화한다. 이렇게 변화된 인자들이 후기 프로모터를 특이적으로 활성화시킨다. 수많은 전사인자들이 관여하고 동일한 인헨서 영역이 초기와 후기 전사를 촉진하므로 후기 전사를 특이적으로 활성화시키는 전사인자들의 정확한 조합은 아직 완전히 알려지지 않았다.

3. ***억제인자의 희석으로 인한 후기 전사의 억제 해제.*** 처음에는 세포 억제인자가 후기 프로모터 근처의 바이러스 DNA에 결합하여 SV40의 후기 전사를 억제한다. 하지만 세포에서 이러한 억제인자의 농도가 제한되어 있다. DNA 복제에 의하여 바이러스 DNA 분자의 수가 증가하면서 억제인자가 결합하지 않은 바이러스 DNA 분자의 수가 점차 증가할 것이다. 이로 인하여 후기 프로모터가 활성화되어 후기 전사 수준이 증가한다.

4. ***후기 RNA의 가공 및 수송 효율의 증가.*** DNA 복제가 시작되기 전에는 mouse polyomavirus의 후기 전사물들은 대부분 단일 프로모터 서열에서 시작한다. 이 5′ 말단을 가지는 RNA 전사물은 아마도 필수적인 RNA 수송 신호를 가지지 않아 세포질로 효과적으로 수송되지 못하는 것 같다. 후기 전사의 활성화로 이 프로모터 서열 앞의 여러 부위들에서 전사가 시작되고 이러한 5′ 말단을 가지는 RNA들은 더 효과적으로 가공되고 mRNA는 더 효율적으로 세포질로 수송된다(그림 21.5).

5. ***초과전사 RNA가 초기 전사물과 혼성화하여 이들의 분해를 유도한다.*** Mouse polyomavirus의 후기 유전자들을 전사하는 대부분의 RNA 중합효소들은 후기 폴리아데닐화 신호를 지난 후에도 전사를 종료하지 않고 DNA 주형을 따라 계속 전사를 한다. DNA가 환형이므로 회전환 DNA 복제에 의하여 긴 DNA가 생성되는 것처럼 DNA 서열을 여러 번 포함하는 매우 긴 후기 RNA가 만들어질 수 있다. 일부 RNA 중합효소는 환형의 DNA를 열 바퀴 혹은 그 이상 돌고나서 종료한다. 이러한 거대 RNA는 초기 전사물과 상보적인 서열을 포함하고 이들은 앞서 설명한 이유들로 인하여 많은 양으로 합성된다. 핵에 상보적인 초기 및 후기 RNA가 존재하면 이중-가닥 RNA가 형성되어 세포 효소에 의하여 분해된다. 후기 전사물이 훨씬 더 많이 존재하므로 초기 전사물은 대부분이 분해되는 반면 후기 전사물은 극히 일부만 분해된다.

차별적인 스플라이싱에 의하여 세 가지 후기 mRNA들이 만들어진다

Mouse polyomavirus의 후기 전사물은 차별적인 스플라이싱을 통하여 3가지 종류의 후기 mRNA를 생성한다(그림 21.4). 스플라이싱이 일어나지 않은 후기 mRNA는 바이러스 캡시드 단백질 VP2를 만든다. 스플라이싱은 하나의 5′ 접합부위와 두 개의 3′ 접합부위들 가운데 하나에서 일어나서 두 가지 크기의 인트론이 제거된다. 작은 인트론의 제거로 VP3 mRNA가 만들어진다. VP3의 번역은 VP2와 동일한 해독틀로 진행되지만 VP2의 내부 메티오닌을 암호화하는 AUG에서 시작된다; 따라서 VP3은 VP2의 C-말단 3분의 2와 동일하다. 큰 인트론의 제거로 VP1 mRNA가 생성된다. 이는 VP2/VP3의 끝 부분과 중첩되지만 다른 해독틀로 암호화된다.

초기 전사물의 차별적인 스플라이싱은 AUG 개시코돈의 아래쪽에 위치한 해독틀 내에서 인트론이 제거되어 해독틀이 바뀌거나 동일한 해독틀의 일부가 제거됨으로써 단일 전사 단위로부터 여러 단백질들이 생성된다. 반면에 후기 전사물의 차별적인 스플라이싱은 AUG 개시코돈을 제거하여 다른 개시부위에서 같거나 다른 해독틀로 번역이 시작되어 독특한 단백질들이 생성된다. 흥미롭게도 adenovirus의 초기 및 후기 전사물의 스플라이싱도 이와 동일한 방식으로 여러 단백질들을 만든다(23장 참조).

캡시드 단백질들은 핵 속으로 수송되어 바이러스 미니 염색체를 포장하는 캡시드를 형성한다. 빈 캡시드도 형성될 수 있다. 특정 조건하에서는 세포사멸과정에서 절단된 세포 DNA 절편들이 캡시드에 포장되어 "위형비리온(pseudovirion)"을 생성하기도 한다. 이러한 입자들은 다른 세포에 들어가거나 다른 동물에 감염할 수 있으므로 세포 DNA 서열을 한 숙주에서 다른 숙주로 전달할 수 있다.

Polyomavirus는 어떻게 *in vitro*에서 세포 형질전환을 유도하고 *in vivo*에서 종양을 유발하는가?

허용성 세포에서 polyomavirus의 생산적 감염이 일어나면 세포사멸이 유도되고 자손 비리온이 방출된다. 그러나 polyomavirus는 생쥐 및 다른 설치류에서 종양 형성을 유도할 수 있는 병원체로 처음 발견되었다. 이 바이러스는 *in vitro*에서 배양한 정상적인 쥐나 햄스터의 섬유아세포를 형질전환시킬 수 있다. 형질전환된 세포들은 무한정 증식하고, 밀도가 높고 빨리 자라는 콜로니를 형성하고, 성장인자에 대한 요구성이 낮고, 동물에 주사하면 대부분이 종양을 형성할 수 있다. 하지만 polyomavirus는 자연 숙주에서 종양을 거의 유발하지 않는다.

과학자들은 polyomavirus 감염에 의한 세포 형질전환 과정에서 일어나는 생화학적 및 신호전달경로의 변화에 대하여 연구를 하였다. 그 결과 polyomavirus의 초기 유전자들이 배양세포와 동물에서 **암유전자(oncogene)**로 작용한다는 것이 밝혀졌다. 초기 유전자 산물들(T 항원)의 구조와 활성 연구를 통하여 형질전환과 종양 형성과정에서 파괴되거나 변형되는 수많은 세포내 조절경로들이 발견되었다. 이러한 발견은 종양 형성과정을 이해하는 데 큰 도움을 주었다.

Polyomavirus는 비허용성 세포들만 형질전환시킨다

Polyomavirus에 의한 세포 형질전환은 세포가 바이러스 복제에 **비허용성(nonpermissive)**인 경우에만 일어난다. 바이러스는 비허용성 세포에 들어가서 초기 유전자들을 발현하지만 DNA를 복제하거나 후기 단백질들을 발현하지 못한다. 따라서 감염주기가 **불현성(abortive)**이면 자손 바이러스가 생성되지 않고 감염된 세포들도 죽지 않는다. Mouse polyomavirus와 SV40이 쥐와 햄스터 세포에서 복제할 수 없는 이유는 바이러스 LTAg이 세포 DNA 복제 기구의 일부 요소들과 제대로 상호작용하지 못하기 때문인 것 같다.

형질전환된 세포에서 바이러스 DNA는 세포 염색체에 삽입되어 있다

100,000개의 비허용 세포들이 바이러스에 감염되면 이들 가운데 1~10개의 세포만이 형질전환된다. 이들은 패트리 접시의 표면에서 단층으로 자라는 정상적인 섬유아세포들 가운데 밀도가 높고 빨리 자라는 콜로니를 형성하므로 쉽게 검출될 수 있다. 이러한 형질전환 세포들에서 바이러스 게놈의 대부분 혹은 초기 영역이 세포 게놈의 무작위적인 위치에 삽입되어 있다.

*In vitro*에서의 낮은 세포 형질전환률과 *in vivo*에서의 낮은 종양 형성 빈도는 아마도 바이러스 DNA의 초기 영역이 세포 게놈에 삽입되는 확률이 낮기 때문일 것이다. Retrovirus(28장)와는 달리 polyomavirus는 복제과정에서 정상적으로 자신의 DNA를 숙주세포 염색체에 삽입하지 않는다. 이러한 드문 현상은 바이러스 DNA 조각들을 숙주 게놈에 삽입시키는 세포 효소에 의하여 일어난다.

삽입된 기능성 초기 영역을 가지는 세포는 계속적으로 T 항원을 발현하고 모든 딸세포들이 이를 물려받는다. 따라서 세포주기를 작동시키고, 성장인자에 대한 의존성을 감소시키고, 세포 증식 속도를 증가시키는 다양한 신호전달경로들이 영구적으로 변형된다. *In vivo*에서 이러한 일이 일어난다면 이러한 세포들은 결국에는 종양을 형성할 것이다. 하나 혹은 그 이상의 polyomavirus 초기 유전자를 특정 조직에서 발현하는 형질전환 동물들이 종양 형성의 모델계로 연구되고 있다.

핵심 용어

DNA 자이라아제(DNA gyrase)
Ethidium bromide(EtBr)
Sodium dodecyl sulfate(SDS)
TATA 박스(TATA box)
강글리오시드(Gangliosides)
국소이성질화효소 I(Topoisomerase I)
뉴클레오좀(Nuclesosome)
단백질 티로신 키나아제(Protein tyrosine kinase)
미리스테이트(Myristate)
분기 전사(Divergent transcription)
보조 샤페론(Cochaperone)
불현성(Abortive)
비허용성(Nonpermissive)
사이클린(Cyclins)
세포자살(Apoptosis)
스플라이스좀(Splicesome)
시알산(Sialic acid)
암유전자(Oncogene)
유전자간 영역(Intergenic region)
전사 인헨서(Transcriptional enhancer)
전사인자(Transcription factor)
진행성 다병소성 백질뇌증(Progressive multifocal leukoencephalopathy, PML)
초나선(Supercoil)
카베올라(Caveolae)
폴리아데닐화 신호(Polyadenylation signal)
헬리카아제(Helicase)
환상 코일(Toroidal coil)

기본 개념

- Polyomavirus는 환형의 5.3 kb 게놈을 가지는 가장 작은 이중-가닥 DNA 바이러스들 가운데 하나이다.
- Polyomavirus의 게놈은 세포 히스톤으로 포장되어 "미니 염색체"를 형성한다.
- Mouse polyomavirus와 SV40은 모두 실험동물에서 종양을 형성하고 *in vitro*에서 세포 형질전환을 유도할 수 있지만 자연계에서는 거의 암을 유발하지 않는다.
- 세포 형질전환과 종양 형성은 바이러스 DNA가 비허용성 세포의 게놈에 삽입되어 바이러스 초기 유전자들을 발현하여 세포주기가 작동하고 세포 성장과 증식이 증가하기 때문에 일어난다.
- Polyomavirus의 DNA에서 히스톤을 제거하면 초나선을 형성하지만 세포 내에서는 항상 히스톤과 결합하고 있으므로 열린 환형을 유지한다.
- Polyomavirus는 DNA 복제원과 전사 인헨서 요소들을 포함하는 중앙 조절 영역의 양 쪽에 위치한 두 개의 분기 전사 단위를 가진다.
- 초기 및 후기 영역의 1차 전사물이 스플라이싱되어 2~4개의 초기 mRNA와 2~4개의 후기 mRNA가 생성된다.
- 일부 polyomavirus의 초기 RNA에서 스플라이싱으로 제거되는 인트론은 특이하게 작고 이들의 작은 크기는 스플라이싱 효율을 감소시킨다.
- T항원으로 불리는 polyomavirus의 초기 단백질들은 세포 신호전달 단백질들과 여러 가지 상호작용을 한다.
- STAg은 단백질 탈인산화효소 2A와 상호작용하여 MAP kinase 경로를 촉진하고 세포를 세포주기의 S(합성)기로 유도한다.
- MTAg은 c-Src와 같은 단백질 키나아제들과 상호작용하여 이들을 활성화시키고, 이는 다시 MTAg 자체를 인산화하여 SHC, PLC 및 PI3K와 같은 세포 신호전달 단백질들의 활성화를 유도한다.
- LTAg이 Rb 단백질에 결합하면 전사인자 E2F가 Rb 단백질에서 떨어져서 DNA 합성을 지시하고 세포를 S기로 유도하는 세포 유전자들의 전사를 촉진한다.
- LTAg은 또한 바이러스 DNA의 복제원에 결합하여 DNA 복제 단백질들을 끌어들여 바이러스 게놈의 복제가 일어나도록 한다.
- 후기 유전자들의 전사는 T 항원들의 작용으로 유도되는 수많은 전사인자들에 의하여 활성화된다.
- 바이러스 캡시드 단백질들은 핵으로 수송되어 자손 미니 염색체를 응축시키고 성숙한 비리온을 조립한다.

복습 문제

1. Polyomavirus는 자신의 게놈을 어떻게 응축시켜 비리온에 포장하는가?
2. Polyomavirus가 자신의 게놈 발현을 위하여 이용하는 전사 유형에 대하여 기술하시오. 이를 무엇이라 하는가?
3. Polyomavirus 단백질은 세포가 세포주기의 S(DNA 합성)기에 진입하도록 유도하기 위하여 Rb 단백질과 어떠한 상호작용을 하는가?
4. Polyomavirus는 세포의 어디에서 자손 비리온들을 조립하는가?
5. STAg은 휴지기 세포를 세포주기의 DNA 합성기로 유도하기 위하여 어떠한 역할을 하는가?
6. MTAg은 세포 증식과 분열을 어떻게 촉진하는가?
7. LTAg 6량체는 DNA 복제원에 결합하여 DNA 두 가닥을 국소적으로 풀어준다. 그 이후에 LTAg은 바이러스 DNA 복제의 개시를 어떻게 돕는가?

CHAPTER 22

Papillomaviruses

Greg Matlashewski
Revised by Lawrence Banks

Papillomaviridae

사마귀(papilloma)를 의미하는 라틴어 *papilla*(유두)와 그리스어 *-oma*(종양)에서 유래

비리온

나출성 정20면체형 캡시드(T = 7)
지름 55 nm
L1의 5량체로 이루어진 캡소머 72개로 형성

게놈

환형의 이중-가닥 DNA, 8 kb
DNA는 세포 히스톤 뉴클레오좀과 "미니 염색체" 형성

유전자와 단백질

동일한 DNA 가닥에 2개의 프로모터와 2개의 폴리아데닐화 신호(초기와 후기)를 가짐
스플라이싱에 의해 10가지 혹은 그 이상의 mRNA가 생성됨
초기 단백질들인 E1~E7이 세포 증식을 촉진하고 바이러스 DNA 복제에 관여함
후기 단백질들인 L1과 L2가 캡시드를 형성함

바이러스와 숙주

100가지 이상의 인간 papillomavirus들이 알려짐
다른 숙주들: 소, 개, 사슴, 토끼, 원숭이 등

질병

바이러스 변종에 따라서 특정 부위(피부, 점막, 후두)에 양성 사마귀를 유발함
직접적인 접촉에 의하여 전염됨
일부 형은 성적으로 전염되는 질병인 자궁경부암을 유발하여 여성 암의 주요 원인임
남성과 여성에서 항문-생식기 암을 비롯하여 구강, 구강인두 및 편도 암을 유발할 수 있음

독특한 특징들

일반적으로 *in vitro* 배양이 어려움: 특수한 조건에서 뗏목 배양한 상피세포가 필요함
복제 패턴은 피부 혹은 점막 상피세포의 분화에 의존
초기 단백질인 E6과 E7은 *in vitro*에서 세포의 형질전환을 유도할 수 있고 자궁경부암에서 발현됨

Papillomavirus는 사마귀와 다른 피부 및 점막 질병들을 유발한다

1933년에 Richard Shope에 의하여 최초의 papillomavirus가 발견되었다. 그는 야생 목화-꼬리 토끼(cotton-tail rabbit)의 사마귀 추출물을 집토끼에 접종하여 사마귀가 전염될 수 있음을 보여 주었다. Papillomavirus는 동물과 인간에 널리 퍼져 있다. 처음에는 소에 사마귀를 유발하는 bovine papillomavirus가 papillomavirus의 분자생물학 및 형질전환 유전자 연구에 주로 이용되었다. 그 이유는 소의 사마귀를 쉽게 확보할 수 있고 이 바이러스가 *in vitro*에서 배양된 설치류 세포를 형질전환시키기 때문이었다. 그러나 그 뒤에 bovine papillomavirus와 human papillomavirus(HPV)가 병원성에서 많은 중요한 차이를 나타낸다는 것이 알려졌다.

지금까지 100가지 이상의 human papillomavirus(HPV) 형들이 확인되었다(표 22.1). 이들은 *in vitro*에서 배양이 어려우므로 대부분 이들의 게놈을 플라스미드에 직접 클로닝하여 뉴클레오티드 서열을 분석함으로써 확인되었다. Papillomavirus의 유전형들은 바이러스 게놈의 특정 영역들(L1, E6 및 E7 유전자)에서 뉴클레오티드 서열이 10% 이상 차이가 나면 구분된다. HPV는 유전형에 따라서 인체의 서로 다른 부위에 병변을 유발하는 경향이 있다. 예를

표 22.1 대표적인 human papillomavirus의 감염부위

Virus type	Site of infection	Clinical manifestation
1	Soles of feet	Deep plantar warts
2, 4, 7	Hands	Common warts
13, 32	Oral cavity	Focal epithelial hyperplasia
3, 8, 9, 10, 12, 14, 15, 17, 19–25, 36, 38	Arms, forehead, trunk	Flat warts, skin cancer
6, 11	Genital tract, larynx, nasal cavity	Cervical warts, condyloma
16, 18, 31, 33, 35, 39, 41–45, 52, 56, 58, 59	Genital tract	Cervical cancer, atypical condyloma

들면, 발의 평면 사마귀는 HPV 1형과 관련이 있고, 흔한 손 사마귀는 HPV 2, 4 및 7형과 관련이 있다.

HPV는 점막(생식기, 구강 및 비강)이나 피부에 감염한다. 피부에 감염하는 형들은 감염자와의 피부 접촉이나 바이러스를 포함하는 물체와의 접촉을 통하여 전염된다. 생식기 점막에 감염하는 바이러스는 감염자와의 성적인 접촉을 통하여 전염된다. 남성과 여성의 생식기 상피세포는 이 바이러스의 병원소로 작용한다.

발암성 HPV는 생식기 암의 주요 유발원이다

1976년 이래로 인간 생식기의 HPV 감염은 양성 생식기 사마귀, 신생물 및 침습성 **편평 상피세포 암종(squamous cell carcinomas)**을 유발한다는 것이 알려졌다. 여성의 자궁경부암은 주로 HPV 16, 18 및 31형의 감염에 의하여 유발되지만 다른 형들도 일부 관련이 있다(표 22.1 참조). 반면에 비발암성인 HPV 6과 11형의 생식기 감염은 양성이지만 드물게 암으로 진행하는 자궁경부 사마귀 — **콘딜로마(condyloma)**로도 알려짐 — 를 유발할 수 있다. 암과의 관련성 때문에 HPV에 대한 대부분의 연구는 발암성인 HPV 16, 18 및 31형에 대해 집중적으로 이루어지고 있다.

HPV의 생식기 감염은 대부분 일시적이고 아무런 질병을 유발하지도 않는다. 이러한 인식되지 않는 감염도 비감염자에게 바이러스를 전염시킬 수 있다. 극소수 발암성 HPV의 감염만이 자궁경부암을 유발하며 대부분의 병변들은 치료하지 않아도 자발적으로 사라진다. 그럼에도 불구하고 이 바이러스의 감염은 자궁경부암 발생에 가장 중요한 위험 요인이다.

비록 이 바이러스가 남녀 모두에 감염하지만 바이러스-관련 생식기 암은 여성에서 훨씬 더 빈번하게 나타난다. 하지만 HPV에 의하여 유발되는 항문 암은 남성과 여성에서 거의 같은 확률로 발생한다. 따라서 이러한 암 발생 빈도의 차이는 바이러스 표적 세포의 차이와 관련이 있는 것 같다. 자궁경부에서 바이러스가 감염하는 세포는 "변형층(transformation zone)"이라는 영역의 분화하지 않은 상피 기저세포이다. 이 세포들이 고위험성 HPV 16 및 18형에 감염되면 발암성 형질전환이 특히 잘 일어난다.

Papillomavirus는 세포 배양으로 증폭하기가 어렵다

Papillomavirus 연구에 있어서 오랜 문제점은 *in vitro*에서 배양한 세포에서는 이들을 증식하기가 어렵다는 것이다. Papillomavirus에 대한 대부분의 정보는 사마귀 혹은 papillomavirus에 의해 형질전환된 세포들을 연구하여 확보하였다. 그러나 일반적으로 형질전환 세포들은 바이러스를 생성하지 않고 제한된 종류의 바이러스 단백질들만 발현한다. 최근 완전히 분화된 상피세포를 장기간 키울 수 있는 특수한 **뗏목 배양계(raft culture system)**가 개발되어 여러 가지 HPV의 증식에 성공하였다. 이렇게 배양된 **각질세포(keratinocyte)**에 클로닝된 바이러스 DNA를 트랜스펙션하면 감염성 바이러스 입자들을 생성할 수 있다. 이러한 시스템을 이용하여 바이러스 복제에 중요한 정보를 얻을 수 있었다. 또한 바이러스 생활주기에서 특정 바이러스 단백질의 역할을 규명하기 위한 유전적 분석도 가능해졌다.

Papillomavirus의 게놈은 환형의 이중-가닥 DNA이다

Papillomavirus의 비리온은 T = 7인 정20면체형 대칭의 작은 비외막성 입자이다(그림 22.1). 비리온은 72개의 캡소머로 구성되며 각 캡소머는 5분자의 주요 캡시드 단백질 L1과 한 분자의 소수 캡시드 단백질 L2를 포함한다. 바이러스 게놈은 8 kb의 이중-가닥 환형 DNA로서 세포 뉴클레오좀 히스톤과 결합하고 있다. Papillomavirus는 이전에 같은 과에 속하였던 polyomavirus(21장)와 이러한 특성들을 많이 공유한다. 그러나 papillomavirus가 더 큰 게놈을 가지고, 유전자 지도가 다른 방식으로 조직되어 있으며,

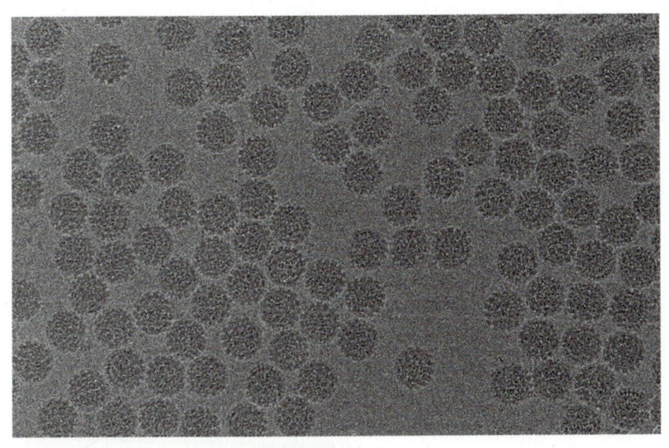

(a)

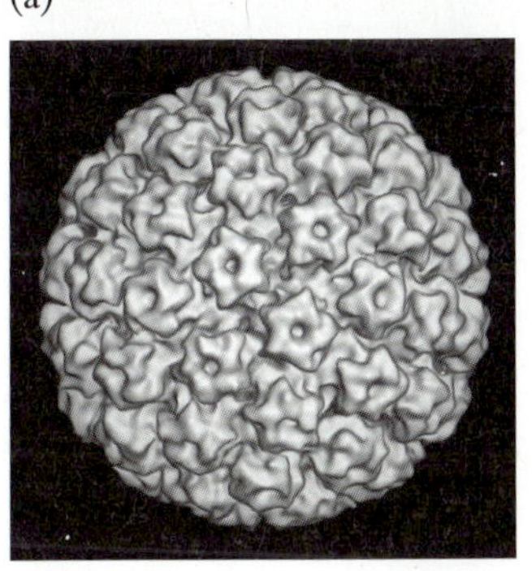

(b)

그림 22.1 Papillomavirus 비리온. (a) Bovine papillomavirus 1형의 투과전자현미경 사진. (b) 동결전자현미경법 분석으로 얻은 상을 새구성된 비리온의 3차원적 이미지.

생활 방식도 달라 이들을 서로 다른 과들로 분리하였다.

대부분 인간 및 동물 papillomavirus들의 게놈은 8~10개의 해독틀을 가진다. HPV-16의 게놈은 6가지 초기 유전자들(E1, E2, E4, E5, E6, E7)과 2개의 후기 유전자들(L1, L2)을 가진다. 이러한 해독틀들은 그림 22.2에 제시된 선형의 게놈 지도에 나타나 있다. Polyomavirus와는 달리 모든 papillomavirus의 mRNA들은 한 가닥의 DNA로부터 전사된다. 여러 단백질 암호화 영역들이 중첩되어 있으므로 작은 게놈을 효과적으로 활용한다고 볼 수 있다. 각 바이러스 유전자의 간략한 기능을 표 22.2에 제시하였다.

감염주기는 상피세포의 분화에 따라 진행된다

점액 상피조직(mucosal epithelium; 그림 22.3)이 감염되면 비리온은 먼저 상피조직의 비분화성 **기저세포(basal cell)**에 도달하여 세포외 기질 성분과 결합하고 그 다음에 주요 바이러스 수용체인 헤파린 황산염 프로테오글리칸(heparan sulfate proteoglycan)과 세포 표면 단백질인 α_6-**인테그린(α_6-integrin)**에 결합한다. 그 뒤에 비리온은 내포작용에 의하여 세포 내로 진입하고 바이러스 DNA는 핵 속으로 들어가서 자유로운 환형의 미니 염색체 상태로 유지된다. 복제 초기 단계에서 초기 유전자들이 전사되어 세포 당 50~100개의 DNA로 복제된다. 기저세포가 분열함에 따라서 게놈은 세포주기 당 평균 한 번씩 복제하여 딸세포에 똑같이 분배된다. 이러한 유형의 바이러스 DNA 복제를 "플라스미드 복제(plasmid replication)"라고 한다.

기저세포가 완전히 분화된 상피세포(각질세포)쪽으로 이동하면서 분화를 진행하면 "증식성 복제(vegetative replication)"에 의해 바이러스 DNA 합성이 폭발적으로 일어

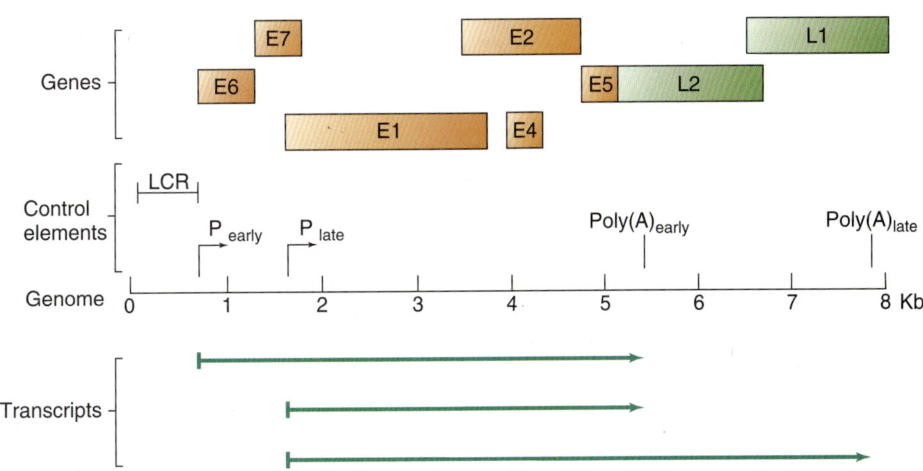

그림 22.2 Human paillomavirus의 유전자 및 전사 지도. Human papillomavirus 16형 및 31형의 정보에 기초하여 papillomavirus의 환형 게놈을 선형으로 나타내었다. 6개의 초기(E) 유전자들과 2개의 후기(L) 유전자들의 열린 해독틀들을 상자에 나타내었다. LCR: long control region. 두 개의 프로모터(P_{early} 및 P_{late})와 두 개의 폴리아데닐화 신호(Poly A_{early} 및 Poly A_{late})는 전사물의 생성을 조절한다. 이 전사물들은 여러 가지 차별적인 스플라이싱으로 여러 가지 mRNA를 생성하고(미제시), 이들 가운데 다수는 여러 개의 열린 해독틀을 가진다.

표 22.2 Human papillomavirus 유전자들의 기능

Gene	Function
E1	DNA helicase, binds to replication origin, initiates DNA replication
E2	Binds to specific sites on viral DNA, enhances binding of E1 to replication origin, activates or represses transcription of viral genes, binds to mitotic chromosomes and aids in segregation of viral genomes between two daughter cells
E4	Function largely unknown; most abundantly expressed viral protein, binds keratins and may help virus maturation and release
E5	Small, membrane-associated protein, enhances growth factor responses in infected cell, stimulates cell proliferation
E6	Directs ubiquitin-mediated degradation of cellular p53 and other target proteins, inhibits cell-cycle block and apoptosis (oncogenic papillomaviruses only)
E7	Binds to and degrades Rb protein, releases E2F, activates cell cycling and DNA replication genes, stimulates cell and viral DNA replication
L1	Major capsid protein
L2	Minor capsid protein, helps encapsidate viral DNA

Note: Other human and animal papillomaviruses have additional genes designated E3 and E8.

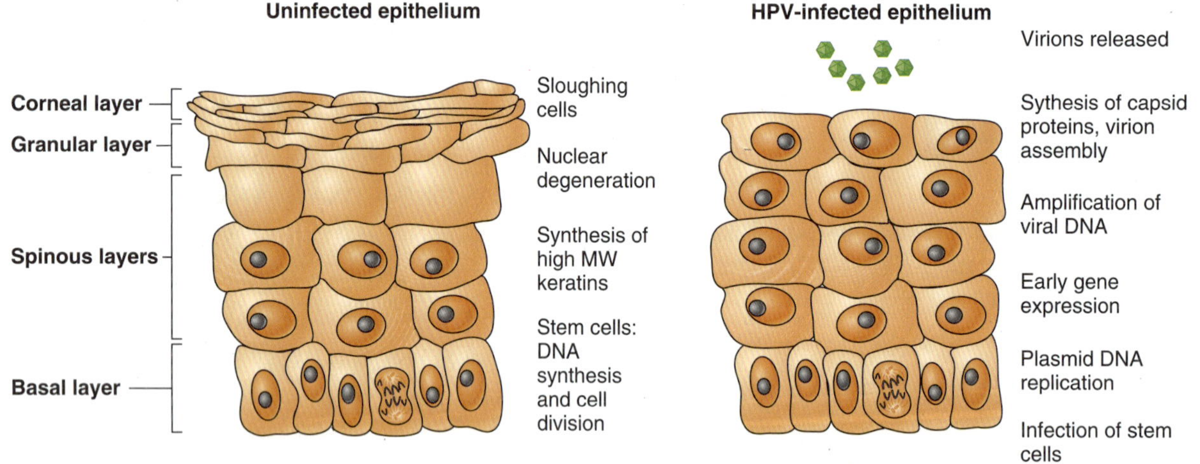

그림 22.3 **분화 중인 상피세포의 papillomavirus 감염.** 세포들은 기저층에서 표면으로 이동함에 따라서 분화한다. 서로 다른 세포층들에서 일어나는 현상들을 나타내었다. HPV 감염으로 세포 수가 증가하고 외층 세포들의 핵이 유지된다. 서로 다른 층들에서 나타나는 바이러스의 기능들을 오른쪽에 나타내었다.

난다. 이 시기에 후기 유전자인 L1과 L2가 발현되어 바이러스 캡시드 단백질들이 만들어진다. 자손 바이러스 입자들이 핵에서 조립되고 세포사멸로 세포에서 방출되어 병소의 표면에서 빠져 나간다. 각질세포의 분화과정에서 어떠한 세포내 신호가 바이러스 DNA 복제를 플라스미드형에서 증식형으로 전환하는 지는 아직 알려지지 않았다.

바이러스 mRNA는 2개의 프로모터와 2개의 폴리아데닐화 신호를 이용하여 만들어진다

여러 가지 바이러스 mRNA들이 알려져 있다. HPV-16과 HPV-31은 두 개의 주요 프로모터를 이용한다. 하나의 초기 프로모터는 E6 유전자 앞에 위치하고 하나의 후기 프로모터는 E1 유전자의 앞에 위치한다(그림 22.2). 비분화된 기저세포에서 초기 프로모터에서 시작된 전사는 6가지 초기 유전자 산물들을 암호화하는 mRNA를 만든다. 초기 일차 전사물은 E5 유전자의 아래쪽에 위치한 한 부위에서 폴리아데닐화되고, 다양한 방식으로 스플라이싱되어 여러 가지 초기 mRNA들을 생성한다. 이 RNA들의 대다수는 여러 개의 해독틀을 포함하지만 이들 암호화 영역들이 리보좀에 의하여 어떻게 번역되는 지는 알려지지 않았다.

후기 프로모터는 분화된 각질세포에서 활성을 나타낸다(그림 22.3). 이 전사물의 일부는 초기 폴리아데닐화 부

위에서 폴리아데닐화되어 E1과 E2 단백질을 발현하는 mRNA를 많이 생성한다. 이 단백질들의 수준이 높아지면 게놈 복제가 플라스미드 복제에서 증식성 DNA 복제로 전환되어 세포 당 수천 분자의 바이러스 DNA가 만들어진다. 후기 프로모터로부터의 다른 전사물들은 대부분의 바이러스 게놈을 전사하여 두 번째 주요 폴리아데닐화 부위까지 연장된다. 이 일차 전사물도 여러 개의 접합부위들을 차별적으로 이용하는 스플라이싱을 통하여 수많은 후기 mRNA들을 생성한다. 후기 프로모터에서 시작하여 후기 폴리아데닐화 부위에서 끝나는 mRNA들만 L1 및 L2 캡시드 단백질을 암호화한다. 이들 mRNA에서는 후기 프로모터와 L1 및 L2 해독틀의 개시부위 사이에 존재하는 3~5 kb 영역이 스플라이싱으로 제거된다.

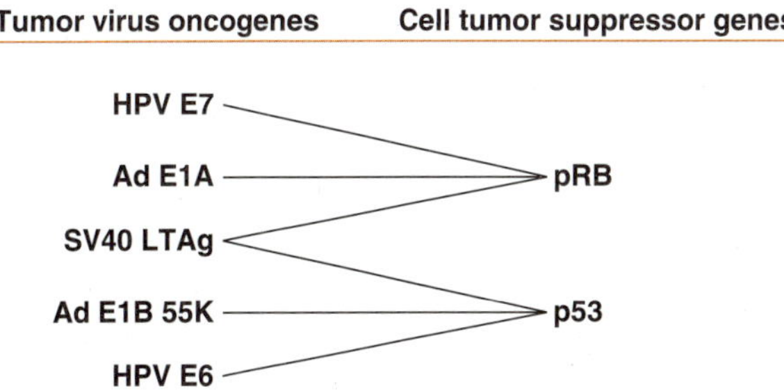

그림 22.4 바이러스 암유전자들에 의하여 공통적으로 이용되는 경로들. Human papillomavirus(HPV), adenovirus(Ad) 및 polyomavirus (SV40)는 세포주기 진행의 조절(pRb)과 세포자살(p53)에 관여하는 세포 종양억제자 단백질들에 결합하여 이들의 활성을 저해하는 단백질들을 발현한다.

바이러스 E1과 E2 단백질은 복제원에 결합하여 DNA 복제의 개시를 지시한다

HPV의 조절 DNA 서열인 LCR(long control region)은 L1 유전자의 끝과 E6 유전자의 개시부위 사이에 위치한다(그림 22.2). LCR은 바이러스 유전자의 발현을 조절하는 인헨서 서열 뿐만 아니라 바이러스 DNA 복제원을 포함한다.

바이러스 E1 단백질은 복제원에 결합하고 DNA 헬리카아제(helicase)로 작용하여 DNA 중합효소 및 다른 세포 단백질들이 바이러스 DNA를 복제할 수 있도록 바이러스 DNA를 국소적으로 풀어준다. 따라서 papillomavirus의 E1은 polyomavirus의 LTAg(21장)과 유사한 기능을 수행한다. 바이러스 E2 단백질도 DNA 복제에 관여한다. 이는 복제원 근처의 특정 부위에 결합하여 E1 단백질과 복합체를 형성한다. E2가 E1에 결합하면 E1의 복제원 결합력이 증가한다. E2는 또한 유사분열기의 염색체에 결합하여 바이러스 게놈이 두 딸세포에 정확하게 분배되도록 한다.

NF1, SP1, AP1, Oct1, YY1 및 glucocorticoid 수용체 단백질을 포함하는 수많은 세포 전사인자들이 papillomavirus의 조절영역과 상호작용하여 바이러스 전사를 활성화시킨다. 또한 바이러스 E2 단백질도 LCR 내의 여러 특정 부위에 결합하여 바이러스 프로모터의 전사 조절자로서 작용한다. E2는 발현 수준에 따라서 바이러스 유전자 발현의 전사 활성인자 혹은 억제인자로 작용할 수 있다. 차별적인 스플라이싱으로 전사 활성화 기능을 상실한 E2도 만들어질 수 있는데 이것도 바이러스 유전자 발현의 조절에 기여한다.

바이러스 E7 단백질은 Rb를 포함한 세포주기 조절 단백질들과 상호작용한다

Papillomavirus는 자신의 DNA 복제효소를 만들지 않는다. 따라서 이들은 자신의 이중-가닥 DNA 게놈 복제에 숙주세포의 기구를 이용한다. 바이러스 DNA 복제는 완전히 분화된 각질세포에서 일어난다. 하지만 분화된 각질세포는 정상적으로는 분열하지 않으므로 이 세포에서는 DNA 합성이 일어나지 않는다. 바이러스 E7 단백질의 역할은 이 세포에서 DNA 합성을 유도하는 것이다.

모든 papillomavirus의 E7 단백질은 길이가 약 100 아미노산에 불과한 작은 다기능성 단백질이다. E7 단백질은 adenovirus의 E1A 단백질과 polyomavirus의 LTAg을 비롯한 다른 바이러스들의 단백질들과 일부 구조적 상동성을 나타낸다. E7, E1A 및 LTAg은 동일한 세포 표적들과 상호작용하여 정상적인 세포주기를 교란시키고 세포의 DNA 합성을 유도한다(그림 22.4).

E7의 가장 중요한 세포 표적은 **retinoblastoma(Rb)** 단백질과 이와 기능적으로 관련이 있는 p107과 p130이다. Rb 유전자가 소실되면 여러 가지 암, 특히 어린이에서 발생하는 망막 종양인 retinoblastoma와 관련이 있으므로 Rb는 **종양억제자 단백질(tumor suppressor protein)**이다.

Rb 단백질은 세포주기의 주요 조절자이며 E2F 패밀리로 알려진 세포 전사인자들과 결합하여 이들의 활성을 저해한다(그림 22.5). E2F가 Rb로부터 떨어져 자유로워지면 세포 DNA 합성에 관여하는 단백질들을 암호화하는 수많은 유전자들의 발현을 유도할 수 있다. 따라서 E2F 전사인자가 활성화되면 세포주기가 G1기에서 DNA 합성이 일

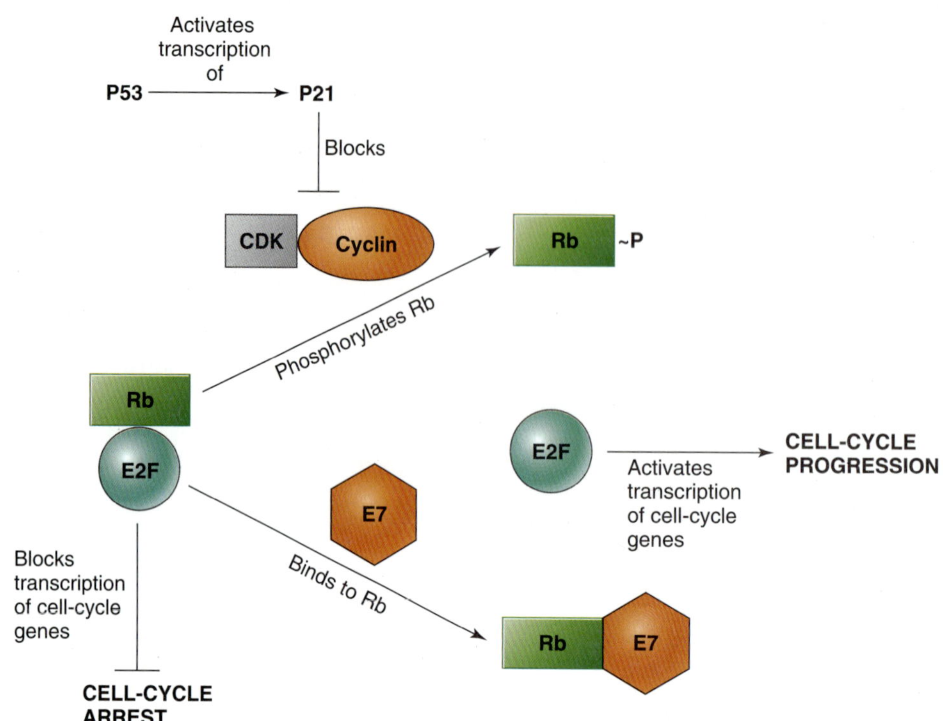

그림 22.5 **Papillomavirus E7 단백질은 세포주기 진행을 촉진한다.** Rb 단백질은 E2F에 결합하여 세포주기 유전자들의 활성화를 저지한다. 정상적인 세포주기에서는(위), Cdk/cyclin 복합체가 Rb를 인산화하면 E2F가 방출되어 세포주기 유전자들의 발현이 유도된다. 이 과정은 활성화된 p53이 p21의 발현을 촉진하면 저지될 수 있다. HPV-감염 세포에서는(아래), E7이 Rb에 결합하여 E2F를 활성화시키고 세포 DNA 복제와 세포주기 진행을 유도한다.

어나는 S기로 진행한다.

G1에서 S기로의 전환은 세포주기에서 가장 중요한 단계이다; 일단 세포가 DNA 합성을 시작하면 세포는 유사분열을 수행한다. 휴지기 세포에 E7만 발현하여도 세포의 DNA 복제를 촉진할 수 있다. 이러한 활성은 E7과 Rb의 결합으로 인한 E2F의 방출과 관련이 있다. 고발암성 HPV-16 및 18의 E7 단백질은 비발암성 HPV-6 및 11의 E7 단백질보다 Rb와 더 강하게 결합한다. 또한 발암성 E7 단백질은 Rb의 유비퀴틴-매개성 단백질 분해를 유도할 수 있다. 이러한 활성들은 일부이지만 발암성과 비발암성 papillomavirus들의 세포 형질전환 능력의 차이를 설명한다.

요약하면, E7의 발현은 완전히 분화된 각질세포에서 예정되지 않은 DNA 합성을 유도한다. 따라서 바이러스 게놈은 세포 DNA 복제기구에 의하여 높은 수준으로 복제될 수 있다. 그러나 완전히 분화된 세포에서 예정되지 않은 DNA 복제는 분명히 정상적인 세포 현상이 아니다. 이러한 비정상적인 세포들을 제거하기 위한 메커니즘이 존재한다. 즉, 예정되지 않은 DNA 합성은 세포사멸을 초래하는 **세포자살(apoptosis)**의 활성화를 유도하고 이 과정은 p53 단백질의 활성에 의존적이다. 사실상, E7은 세포주기의 진행을 유도할 뿐만 아니라 p53의 양을 증가시킨다. 바이러스는 바이러스 복제에 필요한 시간동안 세포가 죽지 않고 살아 있도록 p53-매개성 세포자살을 저지하는 수단을 개발하였다. 즉, 바이러스의 또 다른 단백질인 E6가 감염 세포에서 세포의 p53 단백질의 분해를 유도한다(그림 22.4와 22.6).

바이러스 E6 단백질은 세포의 p53 단백질 수준을 조절한다

HPV의 E6 단백질은 약 150개의 아미노산들로 이루어져 있다. 발암성 papillomavirus 16형과 18형의 E6 단백질은 유비퀴틴 단백질 분해 경로를 통하여 p53을 분해할 수 있다(그림 22.6). E6은 먼저 세포 단백질인 E6AP와 결합한다. E6-E6AP 복합체는 p53에 결합하여 p53의 **유비퀴틴화(ubiquitination)**를 촉진하고 유비퀴틴화된 p53은 **프로테아좀(proteasome)**에서 분해된다. 반면에 비발암성 HPV 6형 및 11형의 E6 단백질은 p53의 분해를 유도할 수 없다.

Rb처럼 p53도 종양억제자 단백질이다. p53 유전자를 모두 제거한 p53 녹아웃 마우스는 정상적으로 발생하지만

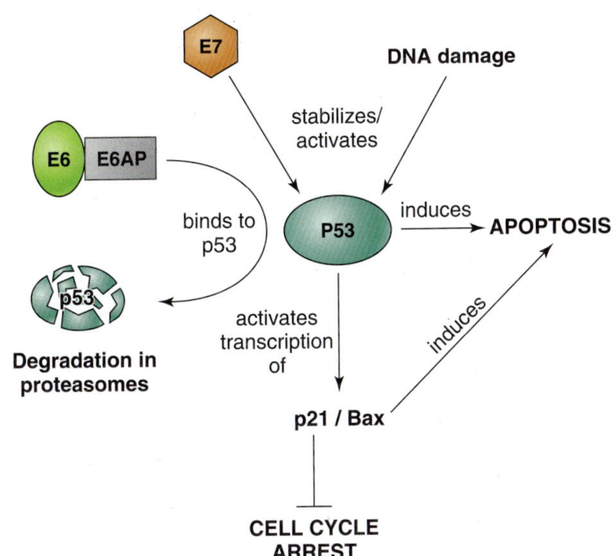

그림 22.6 **Papillomavirus의 E7 및 E6 단백질과 p53의 상호작용.** DNA 손상이나 바이러스 감염이 일어나면 p53은 안정화되어 농도가 증가한다. p53은 세포자살에 관여하는 유전자(bax)와 세포주기의 중단에 관여하는 유전자(p21)의 전사를 촉진한다. E6은 E6AP와 함께 p53에 결합하여 p53의 분해를 유도한다.

태어난 지 수개월 만에 다양한 종양들을 가지므로 p53의 종양억제 활성이 실험적으로 증명되었다.

임상연구에 의하면 인간 p53 유전자의 돌연변이는 모든 인간 종양의 50% 이상에서 나타난다. 야생형 p53 유전자를 유지하는 암들도 대부분 p53 활성화에 필요한 단백질 유전자들에 돌연변이를 가진다. 따라서 대부분의 암들에서 p53 유전자가 돌연변이가 되어 있거나 p53 조절 분자 유전자들이 변형되어 있다. 발암성 HPV, SV40 및 adenovirus는 비록 서로 다른 메커니즘으로 작용하지만 모두 p53의 활성을 저해하는 단백질들을 발현한다(그림 22.4).

정상적인 세포에서 p53 단백질은 매우 낮은 수준으로 발현된다. 세포가 바이러스 감염이나 DNA 손상과 같은 스트레스 조건에 노출되면, p53은 인산화에 의하여 안정화되고 단백질 수준이 증가한다. 이와 같이 축적된 p53은 손상된 DNA 회복에 필요한 충분한 시간을 벌기 위하여 G1에서 세포주기가 멈추도록 유도하거나 비정상적인 세포를 제거하기 위하여 세포자살을 유도한다. 다세포 생물에서는 세포자살을 통한 비정상 세포의 제거가 바이러스 감염과 암을 비롯한 질병에 대한 방어 기전으로 작용한다.

p53의 생물학적인 효과는 주로 세포주기 중단이나 세포자살을 유도하는 단백질들을 암호화하는 표적 유전자들의 전사를 서열-특이적으로 활성화시킴으로써 발휘된다(그림 22.6). Bax와 p21은 이러한 유전자들의 두 가지 예들이다. 만약 바이러스의 생활주기가 완성되기 전에 감염 세포가 p53-매개성 세포자살을 일으키면 바이러스의 증식이 차단된다. Papillomavirus의 E6 단백질의 주요 역할은 p53의 분해를 유도하여 감염 세포의 세포자살을 막음으로써 자손 바이러스가 충분히 만들어질 때까지 세포가 생존하도록 하는 것이다.

대부분의 다른 인간 암들과는 달리, HPV에 의하여 유발되는 자궁경부암에서는 p53 돌연변이가 거의 검출되지 않았다. 아마도 이 암에서는 바이러스 E6 단백질이 p53 단백질의 활성을 억제할 수 있으므로 p53의 돌연변이에 대한 선택압이 작용하지 않아도 되기 때문일 것이다.

고위험 HPV의 E6 단백질은 신호전달, 세포자살, DNA 복제 및 칼슘 대사에 관여하는 여러 다른 세포 단백질들과도 상호작용한다. 이러한 상호작용의 중요성과 이들이 바이러스 복제와 암화과정에 미치는 영향은 알려지지 않았다. E6의 표적 단백질들 가운데 일부는 PDZ 도메인(이러한 종류의 원형 단백질들인 *P*SD95, *D*lg 및 *Z*O-1에 따라 명명됨)을 가진다. PDZ 도메인과의 상호작용에 관여하는 부위는 E6 단백질의 C 말단 영역에 있는 4개의 아미노산들(X-Ser/Thr-X-Leu/Val)이며, 이는 자궁경부암 발생과 관련이 있는 E6 단백질에서만 발견된다. 따라서 이 도메인은 발암 활성의 후보 마커로 여겨진다. 이 서열을 통하여 E6는 Dlg와 Scribble을 비롯한 PDZ 도메인을 포함하는 여러 세포 표적들과 상호작용을 할 수 있다. 이들 단백질은 세포 극성과 세포 증식의 조절에 관여하므로 이러한 단백질들과의 상호작용은 악성 종양으로 진행하는 후기 단계와 관련이 있을 것으로 추정된다.

암화과정에서 E6과 E7의 상승 작용

p53과 Rb는 다기능성 종양억제자 단백질들이지만 하나의 공통적인 조절 경로에서 만난다. DNA 손상이나 E7과 같은 바이러스 암 유전자에 반응하여 p53이 안정화되면 p21의 전사적 활성화가 일어난다. p21은 Rb 인산화의 강력한 저해자로 작용하여 E2F-반응성 유전자들의 발현을 억제한다. 따라서 p53에 의해 p21의 발현이 활성화되면 G1에서 S기로의 세포주기 진행이 저지되어 세포 증식이 억제된다. 또한 손상된 DNA의 존재에 반응하여 이러한 일이 일어나면 세포는 손상된 DNA가 회복될 때까지 증식하지 못한다.

발암성 papillomavirus에 감염된 세포에서는 p53의 수준이 E6에 의하여 낮아지고 Rb 단백질은 E7에 결합되어 있으므로 이 경로가 정상적으로 작동하지 못하므로 E2F-

매개성 유전자들이 활성화된다(그림 22.5와 22.6). 따라서 papillomavirus의 발암 단백질들은 동일한 경로의 두 지점에서 작용하여 p53과 Rb의 활성을 저해한다. 이는 바이러스 감염 세포의 무절제한 증식을 효과적으로 유도하고 p53의 세포자살 유도능력을 제거함으로써 암의 발생에 기여한다. 이러한 숙주-바이러스 단백질 상호작용의 결과로 자궁경부암이 발생하며 이는 세계에서 가장 흔한 악성 종양들 가운데 하나이다.

바이러스의 최종 목적은 악성 종양을 유도하는 것이 아니라 생산적인 증식 주기를 완성하여 복제하는 것이다. 휴지기 세포에서 복제하기 위하여 바이러스는 앞서 언급한 성장조절 경로에 작용한다. Papillomavirus에 의하여 형질전환된 세포들은 새로운 바이러스 입자를 제대로 생성하지 못한다. 이는 바이러스 게놈의 일부만이 형질전환된 세포에 존재할 뿐만 아니라 이들은 대부분 세포 게놈 내에 삽입되어 더 이상 독자적으로 복제할 수 없기 때문이다. 발암성 papillomavirus에 의해 유도된 암들은 극소수의 바이러스 감염자들에서 나타난다. 하지만 이 바이러스는 널리 분포하고, 장기간 지속적인 감염이 가능하며, 면역 제거가 제대로 되지 않기 때문에 강력한 인간 발암원으로 여겨진다.

Papillomavirus에 의하여 형질전환된 세포들은 삽입된 바이러스 DNA로부터 E6과 E7 유전자 산물들을 발현한다

HPV-16 및 HPV-18은 자궁경부암과 높은 관련성을 나타내므로 임상적으로 매우 중요하다. 자궁경부 상피종에서 유래한 암세포들은 *in vitro*에서 증식이 가능하다. 또한 *in vitro*에서 배양한 일부 세포 유형들은 바이러스 DNA의 트랜스펙션에 의하여 형질전환이 유도될 수 있다. 이러한 두 종류의 형질전환 세포들을 이용하여 바이러스 유전자 산물들에 의한 세포 형질전화에 대한 분자 메커니즘을 자세히 이해할 수 있게 되었다.

자궁경부암에서 유래한 세포주들은 세포주에 따라서 HPV 게놈의 일부가 세포 게놈의 서로 다른 부위에 삽입되어 있다. 암 발생과정에서 바이러스 DNA는 세포 게놈에 삽입된다. 반면에 바이러스 복제가 일어나는 세포에서는 바이러스 DNA가 자유로운 플라스미드 상태로 존재한다. 암세포에서의 삽입과정에서 보통 E6과 E7 유전자를 제외한 대부분의 바이러스 유전자들이 소실된다. 따라서 이들 두 가지 바이러스 유전자들은 대부분의 자궁경부암에서 발현된다. 가장 널리 이용되고 있는 세포주들 가운데 하나인 HeLa는 자궁경부암에서 유래하며 papillomavirus DNA를 포함하고 E6 및 E7 단백질을 발현한다. siRNA 기술을 이용하여 이들의 발현을 저해하면 HeLa 세포의 성장이 억제되고 세포자살이 유도된다. 따라서 E6과 E7은 처음에는 세포 형질전환을 유도할 뿐만 아니라 오랫동안 세포 증식을 유지하는 데에도 관여함을 알 수 있다. 따라서 두 단백질들은 HPV에 의해 유도된 암의 치료를 위한 이상적인 표적이 될 수 있다.

형질전환된 세포에서는 바이러스 복제가 일어나지 않는다. 따라서 바이러스 DNA의 숙주세포 게놈 삽입은 바이러스에는 이롭지 않고 숙주에도 불행한 결과를 초래하므로 감염과정에서 계획되지 않았던 부산물로 여겨진다.

HPV에 의하여 유발된 암에서 E6과 E7의 상대적인 중요성을 평가하기 위하여 형질전환 마우스를 이용하여 많은 연구들이 수행되었다. 바이러스 발암 단백질들을 마우스에 발현시키면 피부암와 자궁경부암이 유도된다. 이러한 연구를 통하여 E7은 주로 세포 증식을 유도하고 종양 형성의 개시에 관여하는 반면 E6은 종양의 크기를 증가시키고 악성 종양으로의 진행을 유도하므로 이들은 협조적인 역할을 수행한다는 것이 알려졌다. pRb, p53 및 PDZ 단백질들의 역할은 모두 이러한 과정들과 관련이 있다.

Papillomavirus에 의해 유발된 질병의 진단과 치료에 대한 전망

자궁경부 도말 검사(cervical smear test) 혹은 **Pap 테스트**(개발자인 George Papanicolaou의 이름에 따라 명명됨)는 이미 선진국에서 자궁경부암에 의한 사망률을 경감시키는 매우 효과적인 수단으로 이용되고 있다. 이 검사법은 전암성 종양 혹은 악성 종양의 존재를 나타내는 형태적으로 비정상적인 자궁경부 세포들을 현미경으로 관찰하는 것이다. 자궁경부 사마귀와 전암성 종양은 외과적으로 간단히 제거하거나 액체 질소를 이용한 동결법이나 레이저로 파괴할 수 있다. 따라서 악성 자궁경부암은 적절한 검사와 효과적인 치료가 이루어지는 선진국에서는 비교적 드물게 발생한다.

그러나 개발도상국가에서는 HPV와 관련된 자궁경부암이 가장 흔한 암들 가운데 하나이다(매년 수십만 명의 새로운 환자가 발생함). 이 암의 발생 빈도는 정기적인 Pap 도말 진단과 이에 따른 적절한 치료가 이루어지면 현저히 감소시킬 수 있다. 하지만 많은 국가들에서는 적절하게 훈련된 병리학자들이 없고 문화적 거리낌으로 인하여 질병의 조기 진단에 어려움을 겪고 있다. DNA 검출에 기반을

HPV 백신

바이러스 게놈을 포함하지 않는 바이러스-유사 입자를 조립하는 바이러스 캡시드 단백질 L1을 이용하여 두 가지 종류의 HPV 백신이 개발되었다. 이 백신은 감염 위험은 없지만 바이러스에 대한 항체를 유도할 수 있다. 이 백신들은 대부분의 자궁경부암을 유발하는 HPV-16 및 -18의 L1을 포함한다; 한 가지 백신은 대부분의 생식기 사마귀와 콘딜로마를 유발하는 6형 및 11형의 L1도 포함한다.

대규모의 임상 시험을 통하여 백신을 접종받은 사람들에게서 강력한 항체가 생성되고 표적 바이러스 감염에 대해서 거의 100% 보호될 수 있음이 증명되었다. 또한 백신 접종자들은 전암 자궁경부 병변의 발생으로부터 보호되었다. 이러한 결과들을 바탕으로 두 가지 백신 모두 많은 국가들에서 일반인들을 대상으로 사용 허가를 받았다. 바이러스에 감염되기 전에 백신을 접종하는 것이 중요하므로 성적 활동을 시작하기 전인 11~12살의 소녀들이 백신 접종의 주요 대상이다.

다른 접근법은 다양한 바이러스 형들로부터 보호할 수 있는 HPV L2 단백질을 이용하는 것이다. L2 단백질에 기초한 백신에 대한 임상 시험이 곧 시작될 것이다. 그러나 바이러스-유사 입자에 기초한 백신은 제조 단가가 비싸고 여러 번에 걸친 추가 접종을 요구하므로 가난한 국가에서는 널리 보급되기가 어렵다. 따라서 한 그룹에서 papillomavirus 캡시드 단백질을 발현하고 바이러스-유사 입자들을 생성하는 무해한 박테리아를 제조하였다. 살아 있는 박테리아에 기반을 둔 백신은 제조 비용이 저렴하고 입으로도 접종될 수 있을 것이다. 만약 효과적이라면 이러한 백신은 결국 더 비싼 주사용 백신을 대체하고 전 세계적으로 자궁경부암의 예방에 기여할 것이다.

둔 자가-샘플링 검사법의 개발은 이러한 문제점들을 해결할 수 있을 것이다. 이러한 검사법들이 보편화된다면 앞으로 전 세계에서 자궁경부암의 발생 빈도를 크게 감소시킬 것이다.

Papillomavirus에 의해 유도된 전암성 병변의 치료는 감염된 부위를 제거하는 것이다. 이는 papillomavirus가 국소적인 표면 병변을 유발하지만 전신 감염을 일으키지 않기 때문에 가능하다. 여러 가지 연고들도 이용될 수 있다; 이들은 아직 잘 규명되지 않은 항바이러스성 활성을 나타내거나 바이러스에 대한 국소적인 세포 면역반응을 촉진하는 것 같다.

Pap 도말법은 자궁경부암이 나타내는 세포 변화를 검출하는 데 여전히 가장 널리 이용되는 효과적인 검사법이다. 그러나 이는 바이러스 진단법이 아니므로 감염된 바이러스의 유형을 제시하지 못한다. 현재는 바이러스 DNA의 검출에 기반을 둔 진단검사법이 개발되어 Pap 테스트와 함께 이용되기도 한다. 비정상적인 Pap 도말을 가지는 환자에서 발암성 papillomavirus의 검출은 환자의 관리적 측면에서 특히 중요하다. 이는 환자의 추가 검사 및 치료 그리고 더 엄격한 추후 모니터링에 도움을 준다.

핵심 용어

Pap 테스트(Pap test)
Retinoblastoma(Rb)
각질세포(Keratinocytes)
기저세포(Basal cells)
뗏목 배양(Raft culture)
세포자살(Apoptosis)
유비퀴틴화(Ubiquitination)
인테그린(Integrin)
점액상피(Mucosal epithelium)
종양억제자 단백질(Tumor suppressor protein)
콘딜로마(Condyloma)
편평 상피세포 암종(Squamous cell carcinoma)
프로테아좀(Proteasome)
프로테오글리칸(Proteoflycan)
헤파란 황산염(Heparan sulfate)

기본 개념

- Papillomavirus는 피부, 구강 혹은 생식기 점막에 사마귀를 유발한다.
- 1, 2, 6 및 11형과 같은 저위험성 HPV는 양성 사마귀를 유발한다.
- 16, 18 및 31형과 같은 고위험성 HPV는 자궁경부암과 다른 암들을 유발할 수 있다.
- 생산적인 papillomavirus 감염은 각질세포의 분화를 요구한다.
- 발암성 papillomavirus는 두 가지 초기 바이러스 단백질들인 E6과 E7의 협조적 작용을 통하여 암을 유발한다.
- 이들 바이러스 발암 단백질들은 p53 및 Rb 단백질들에 의하여 매개되는 주요 세포 종양억제 경로들을 불활성화시킨다.

복습 문제

1. 인간 점막 상피조직 감염과정에서 papillomavirus가 이용하는 두 가지 주요 수용체들은 무엇인가?
2. Papillomavirus의 어떤 단백질이 DNA 헬리카아제 활성을 가지는가?
3. 대부분의 인간 암들과는 달리 papillomavirus에 의하여 유발된 인간 자궁경부암은 p53 돌연변이를 가지지 않는다. Papillomavirus는 p53 문제를 어떻게 해결하는가?
4. 어떤 papillomavirus가 LeLa 세포를 영구히 자라도록 하였는가?
5. "Plasmid 복제"의 개념을 설명하시오.
6. E7 단백질은 바이러스 복제에 어떤 역할을 수행하는가?

SECTION VI

진핵생물의 큰 DNA 바이러스

제6부에서는 25 kb부터 1,000 kb 이상에 이르는 큰 게놈을 가지는 DNA 바이러스에 대하여 다루며, 이들의 일부는 세포성 생물의 게놈보다 더 큰 게놈을 가진다. 이들은 매우 다양한 바이러스 집단이며 가장 큰 바이러스에 대한 우리들의 이해는 아직 기초 수준에 머물러 있다.

이 그룹의 가장 작은 구성원은 선형 DNA 게놈으로 30~50개의 단백질들을 암호화하는 adenovirus이다. Adenovirus는 10여 가지의 단백질들을 이용하여 정20면체형 캡시드를 만든다. 게놈이 핵 속에 들어간 직후에 전사되는 초기 유전자들은 작은 DNA 바이러스들의 초기 유전자들처럼 다수의 기능들을 수행하며, DNA 복제를 위한 세포 기구의 활성화를 유도한다. 여러 가지 바이러스 유전자 산물들은 세포 전사 혹은 번역을 방해하고, 세포 방어를 불활성화시켜 자손 바이러스가 다량으로 만들어 질 수 있는 여건을 마련한다. Adenovirus 후기 유전자의 발현 연구로 RNA 스플라이싱이 발견되었다.

Herpesvirus, poxvirus 그리고 baculovirus는 수백 kb에 이르는 중간 크기의 게놈을 가지고 100가지 혹은 그 이상의 단백질들을 암호화할 수 있다. Herpesvirus는 외부 요인으로 용해성 성장이 유도될 때까지 숙주 생물에서 잠복 상태를 유지할 수 있으며, 이 바이러스의 잠복 메커니즘은 현재 활발히 연구되고 있다. Poxvirus의 일종인 vaccinia virus는 치명적인 smallpox virus에 대해 이용된 세계 최초의 항바이러스성 백신이다. 대부분의 척추동물 DNA 바이러스들과는 달리 poxvirus는 전적으로 세포질에서 복제하고, 이들이 필요로 하는 모든 전사기구는 비리온 코어 속에 있으며 세포 내로 운반된다. Baculovirus는 곤충 제어, 진핵세포 단백질 발현 및 백신 생성에 유용한 곤충 바이러스이다.

조류 바이러스는 게놈이 500 kb에 이르는 현재까지 알려진 가장 큰 바이러스에 속한다. 대부분은 내부 지질 외막과 게놈을 포함하는 코어를 가지는 매우 큰 정20면체형 캡시드를 형성한다. 대부분 최근에 발견되었으며, 조류의 대량 번식 제어와 지구의 산소와 이산화탄소 수준에 중요한 영향을 미치므로 이 바이러스들에 대한 연구가 최근 많이 이루어지고 있다.

마지막으로, mimivirus는 1.2 Mb의 게놈을 가지는 매우 거대한 바이러스이다. 이는 아메바에서 복제하며 크기가 너무 커서 처음에는 작은 박테리아로 간주되기도 하였다. 이 바이러스에 대한 의문점들이 이제 막 벗겨지고 있는 상태이다.

CHAPTER 23

Adenoviruses

Philip Branton
Richard C. Marcellus

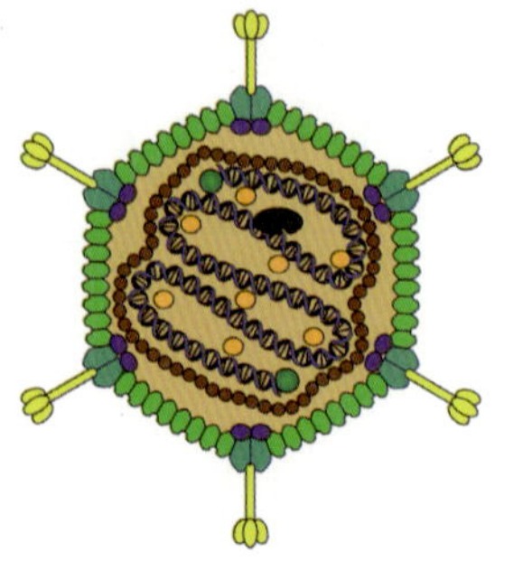
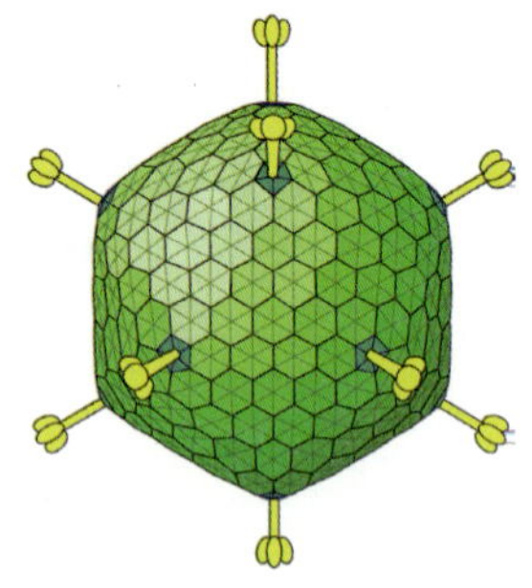

Adenoviridae

처음 분리된 부위인 아데노이드(adenoid)에 대한 그리스어 *adenos*(분비선)에서 유래

비리온

나출성 정20면체형 캡시드(T = 25)
지름 70∼90 nm
12개의 꼭지점에 혹이 달린 섬유가 돌출
11가지 비리온 단백질들

게놈

선형의 이중-가닥 DNA, 30∼36 kb
짧은 역말단 반복서열
5′ 말단에 바이러스 말단 단백질이 공유결합으로 부착

유전자와 단백질

50여 가지 단백질들을 암호화
DNA 두 가닥의 대부분이 세포 RNA 중합효소 II에 의하여 전사됨
6개의 초기 및 2개의 지연초기 전사단위: E1A, E1B, E2A, E2B, E3, E4; IVa2, IX
1개의 주요 후기 전사단위: L1∼L5의 5가지 후기 mRNA
각 전사단위는 RNA 스플라이싱에 의하여 다수의 mRNA 생성
두 개의 작은 VA RNA가 RNA 중합효소 III에 의하여 전사됨

바이러스와 숙주

50가지 인간 혈청형들이 A에서 F까지 6개의 소그룹으로 분류됨
소, 쥐, 조류 등에 감염하는 adenovirus

질병

일반 감기가 아닌 폐렴을 동반하는 호흡기 증후군 유발
눈과 위장관 감염.

독특한 특징들

광범위한 차별적 스플라이싱으로 다수의 mRNA들이 생성됨
후기 전사물은 하나의 강한 프로모터와 5개의 폴리아데닐화 신호들을 이용하여 만들어짐
DNA 합성은 말단 단백질을 프라이머로 이용하여 바이러스 DNA 중합효소에 의하여 진행됨
실험동물에서 종양을 유발하지만 인간에 종양을 유발하는 지는 알려지지 않음
Adenovirus는 유전자 치료 및 항암 바이러스 벡터로 널리 이용됨

Adenovirus는 인간의 호흡기와 장에 감염하여 질병을 유발한다

1953년에 Wallace Rowe는 어린이 환자의 편도와 **아데노이드(adenoid)** 조직에서 유래한 조직 배양 세포주에서 adenovirus를 최초로 분리하였다. 곧이어 Maurice Hilleman은 미국의 훈련병들에서 유행하던 호흡기 질환이 동일한 병원체에 의하여 유발되었음을 확인하였다. Adenovirus는 원래 일반 감기를 유발하는 것으로 잘못 알려졌으나 폐렴을 비롯한 수많은 다른 호흡기 증후군을 유발하며 눈과 위장관 감염도 일으킨다. 지금의 adenovirus라는 이름은 adenoid 조직에서 처음으로 바이러스가 분리되었다는 것을 반영하여 1956년에 명명되었다.

Adenovirus는 발암성이지만 인간에서는 암을 유발하지 않는다

인간 adenovirus 12형(Ad-12)은 햄스터에 악성 종양을 유발할 수 있다. 이는 발암성을 나타내는 최초의 인간 바이러스이었다. 비록 adenovirus가 인체 암을 유발한다는 증거를 아직 확보하지 못하였지만 이 바이러스는 암의 분자생물학을 이해하는 데 유용한 모델로 이용되고 있다. 더구나 adenovirus는 포유동물 세포의 유전자 발현 메커니즘을 규명하는 데 많은 도움을 주었다. 1977년에 Philip Sharp와 Richard Roberts는 adenovirus의 후기 mRNA 연구를 통하여 RNA 스플라이싱 현상을 발견하였으며 이들은 이 업적으로 노벨상을 공동 수상하였다. 1979년에 Robert

Roeder는 *in vitro*에서 RNA 중합효소 II에 의한 특이적인 전사개시 연구에 adenovirus의 주요 후기 프로모터를 이용하였다. 그와 다른 연구자들은 이 모델계를 이용하여 포유동물 세포에서 전사에 관여하는 많은 단백질 인자들을 발견하였다. 인간 adenovirus는 현재 유전자 발현 및 치료용 벡터로 많이 이용되고 있다. 최근 adenovirus가 암세포만 특이적으로 죽이는 암 용해성 바이러스(oncolytic virus)로 작용한다는 것이 알려지면서 바이러스 항암제로서의 이용 가능성 때문에 또 다시 주목을 받고 있다.

지금까지 알려진 100여 가지의 adenovirus들 가운데 중화항체에 대한 민감성에 따라서 구분되는 50가지의 인간 바이러스 혈청형들이 있다. 인간 바이러스들은 적혈구를 응집시키는 능력에 따라서 6가지 소그룹(A에서 F까지)으로 분류된다. 이 장에서는 잘 알려진 인간 adenovirus들 가운데 그룹 C에 속하는 비발암성 바이러스인 2형과 5형 그리고 그룹 A에 속하는 고발암성 바이러스인 12형에 대하여 주로 설명할 것이다.

비리온은 정20면체형 대칭이며 꼭지점에 혹이 달린 섬유를 가진다

Adenovirus 비리온은 20개의 정삼각형 면과 12개의 꼭지점을 가지는 정20면체를 놀라울 정도로 닮았다(그림 23.1 과 23.2). 이 캡시드는 총 11가지 단백질들을 포함하지만 2가지 기본적인 구성 요소들인 **헥손(hexon)**과 **펜톤 기저부(penton base)**로 정20면체형 캡시드가 만들어진다(그림 23.2).

헥손은 헥손 단백질(폴리펩티드 II)의 3량체로 이루어져 있다; 각 헥손은 6개의 이웃 헥손들과 접하고 있다. 전

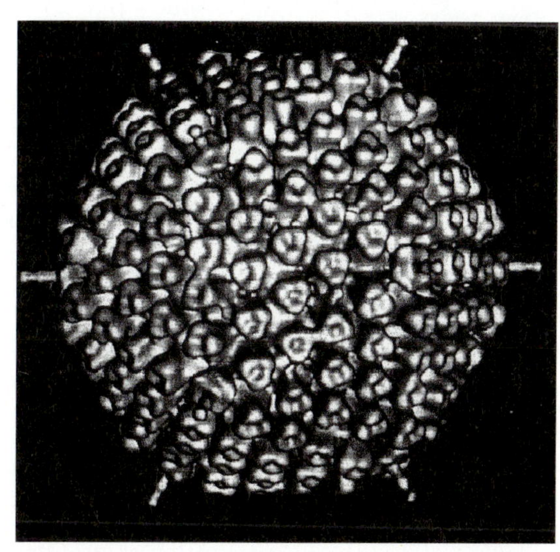

그림 23.1 Adenovirus 비리온. Adenovirus 2형 비리온의 동결 전자현미경 이미지를 컴퓨터를 이용하여 재구성한 것이다.

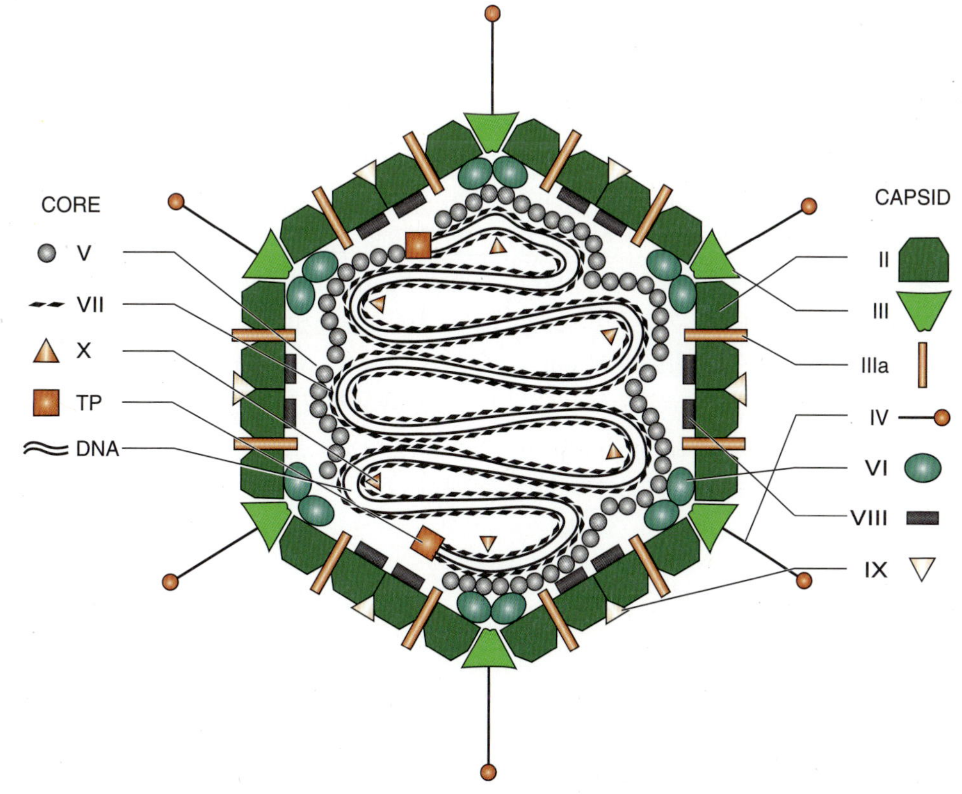

그림 23.2 Adenovirus 비리온의 구조. 인간 adenovirus 5형 비리온의 횡단면 모식도에 성분들을 표시하였다.

체 240개의 헥손이 T = 25인 정20면체형 캡시드의 20개 면을 구성한다. 펜톤 기저부 소단위체는 다섯 분자의 펜톤 단백질(폴리펩티드 III)로 이루어져 있으며 정20면체의 12개 꼭지점에 위치한다. 폴리펩티드 IV의 3량체로 이루어진 섬유가 인공위성의 안테나처럼 펜톤 기저부에서 돌출되어 있다. 이 섬유는 3중 나선 구조를 형성하며 한 쪽 끝은 펜톤 기저부에 부착하고 다른 쪽 끝에는 말단 혹이 달려 있다. 수많은 "풀(glue)" 단백질들(폴리펩티드 IIIa, VI, VIII 및 IX)이 헥손과 펜톤 그리고 바이러스 DNA를 연결한다.

Adenovirus의 게놈은 크기가 30~36 kb인 선형의 이중-가닥 DNA로서 히스톤과 유사한 폴리펩티드 VII의 주위를 감고 있다. 염기성 폴리펩티드들인 V와 X도 바이러스 DNA에 결합한다. 55 kDa의 **말단 단백질(terminal protein)**이 세린 잔기를 통하여 바이러스 DNA의 5′ 끝에 공유결합으로 연결되어 있다(그림 23.3).

바이러스 DNA는 약 100 bp의 **역말단 반복서열(inverted terminal repeat)**을 가진다(그림 23.3). DNA 가닥의 5′과 3′ 말단의 100 nt가 서로 상보적이므로 이들은 염기쌍을 형성할 수 있다. 따라서 단일 DNA 가닥은 짧은 팬 핸들을 가지는 환형의 구조를 형성한다. 말단 단백질과 역말단 반복은 모두 바이러스 DNA의 복제에 관여한다.

섬유 단백질이 세포 수용체 단백질에 부착하면 감염이 시작된다

Adenovirus는 섬유 단백질의 끝에 있는 혹을 통하여 세포 수용체에 부착한다. 대부분의 adenovirus 혈청형들과 Coxsackievirus B3(picornavirus의 일종; 11장 참조)은 인간 세포의 *Coxsackievirus and adenovirus receptor*(*CAR*)라고 하는 같은 수용체를 이용한다. CAR는 기능이 알려지지 않은 세포 표면 단백질이며, 아미노산 서열로 보아 **면역글로불린 가계(immunoglobulin family)**의 구성원이다(그림 4.2). 설치류 세포들도 인간 adenovirus의 감염을 허용하는 매우 유사한 CAR 단백질을 가진다.

Ad-2와 -5는 **2차 수용체(secondary receptor)**로서 인테그린 $\alpha V\beta 3$와 $\alpha V\beta 5$를 비롯한 일부 세포 표면 인테그린 단백질들을 이용한다. 펜톤 기저부가 이들 인테그린과 결합한다. 인테그린과 결합하면 바이러스-수용체 복합체가 클라트린-피복 소공(clathrin-coated pit)으로 이동하여 엔도좀 내부로 들어간다(4장 참조).

엔도좀 내부 진입은 10분 이내로 빠르게 일어난다. 그 뒤에 비리온은 엔도좀의 산성 pH에 의존적인 과정을 통하여 세포기질로 빠져나간다. 바이러스 입자는 헥손 단백질과 미세소관 사이의 상호작용을 통하여 핵 쪽으로 수송된다. 핵공에서 이들은 순서적인 방식으로 해체되고 DNA가 핵 속으로 주입된다. 핵 속에서 바이러스 DNA는 말단 단백질을 통하여 핵 기질에 결합하고 바이러스 유전자들의 전사를 시작한다.

Adenovirus 유전자들의 발현은 전사 수준에서 조절된다

비록 adenovirus의 유전자 지도(그림 23.4)는 매우 복잡해 보이지만 부위 별로 나누어 보면 쉽게 이해할 수 있다. 바이러스 유전자들은 잘 보존된 전사단위 세트로 배열되어 있다. 8개의 전사 프로모터들이 RNA 중합효소 II에 의한 전사 개시에 이용되며 12개의 폴리아데닐화 신호들이 mRNA의 3′ 끝을 지정한다.

모든 전사단위들은 감염주기에서 이용되는 시기에 따라서 세 가지 종류로 구분된다. 6개의 *초기* 전사단위들(early transcription units)은 E1A, E1B, E2A, E2B, E3 및 E4이다. E2A와 E2B는 공통적인 프로모터를 이용하지만 서로 다른 폴리아데닐화 부위를 이용한다. 2개의 *중기* 전사단위들(intermediate transcription units)은 IX와 IVa2이다. 이 유전자들은 서로 다른 프로모터를 이용하며 각각 E1B와 E2B의 폴리아데닐화 부위를 이용한다. *후기* 전사단위(late transcription unit)는 단 한 가지로 하나의 프로모터에서 시작되지만 5개의 폴리아데닐화 부위들을 가진다. 이로부터 L1에서 L5에 이르는 5종류의 mRNA가 생성된다.

모든 바이러스 유전자들은 다양하게 중첩된 단백질-암호화 영역들을 포함한다. 차별적인 RNA 스플라이싱을 통하여 모두 약 50개의 adenovirus 단백질들을 암호화하는

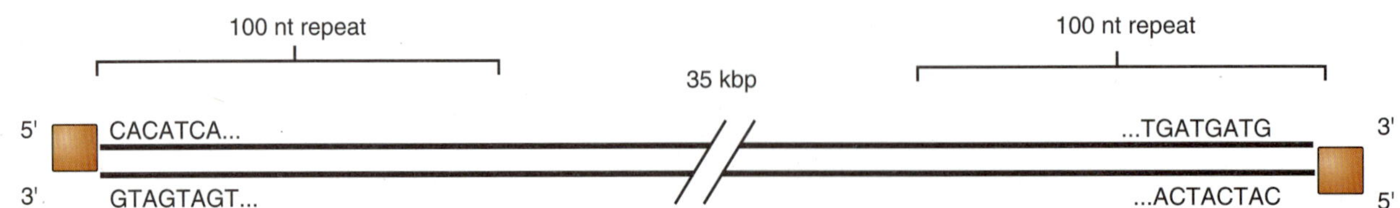

그림 23.3 Adenovirus DNA의 말단 역반복. 선형의 이중-가닥 adenovirus 5형 DNA에서 역말단 반복의 첫 8 nt를 나타내었다. 말단 단백질은 주황색 사각형으로 나타내었다.

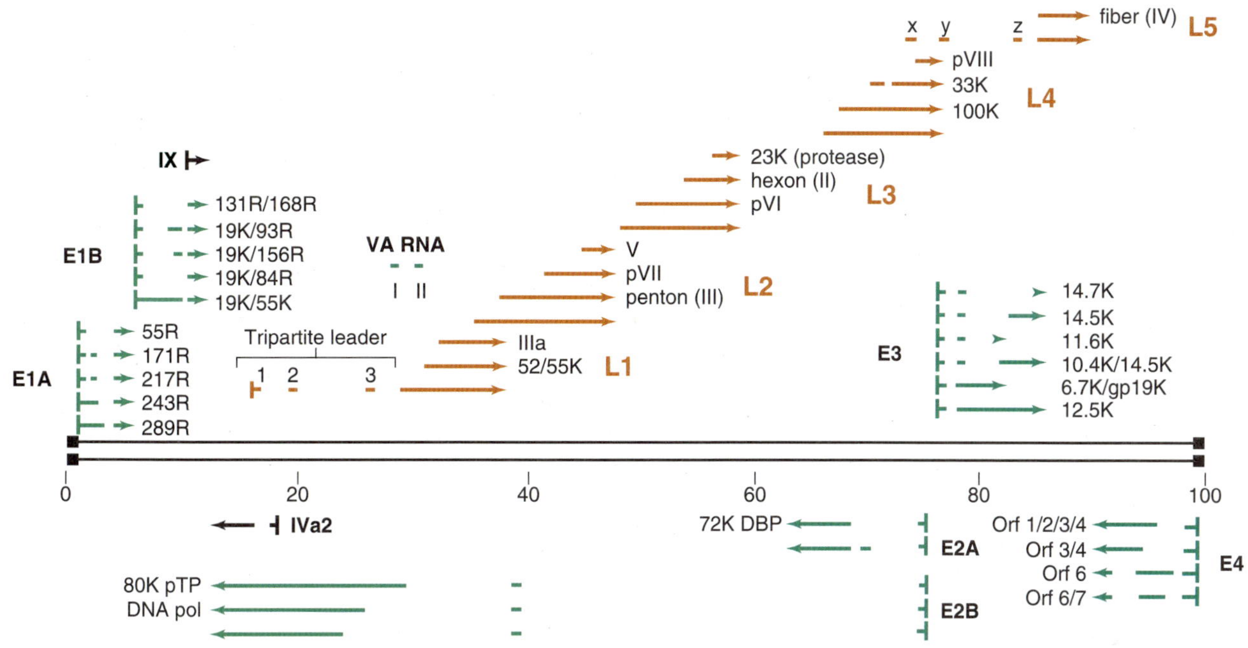

그림 23.4 **Adenovirus 5형의 전사 지도와 유전자 산물들.** 초기(E, 청색), 중기(검은색) 및 후기(L, 주황색) mRNA 패밀리들을 100 지도 단위(지도 단위 당 ~350 nt)로 나누어 바이러스 게놈에 나타내었다. 오른쪽 방향으로 합성되는 전사물들은 위에, 왼쪽 방향으로 합성되는 전사물들은 아래에 나타내었다. 수직 막대는 전사 프로모터에 해당하는 RNA의 5′ 끝을 나타내고 화살촉은 폴리아데닐화 부위에 해당하는 mRNA의 3′ 끝을 나타낸다. 인트론들은 mRNA에 절단된 상태로 표시하였다. mRNA에 의하여 암호화되는 단백질들의 이름을 해당 mRNA 옆에 나타내었다.

mRNA들이 생성된다. Adenovirus의 전사단위들은 이보다 더 작고 단순한 polyomavirus(21장)의 초기 및 후기 전사단위들처럼 모듈단위로 조직되어 있다. Adenovirus의 전사단위들은 DNA 두 가닥의 거의 모든 부위에 유전정보를 저장할 수 있도록 분산되어 있다.

Adenovirus의 게놈은 또한 하나 혹은 두 개의 VA 유전자를 가진다. 이는 tRNA 및 다른 작은 RNA 유전자들의 전사에 이용되는 세포 RNA 중합효소 III에 의하여 많은 양으로 전사된다. VA(virus-associated) RNA는 작지만 높은 수준의 자체 염기쌍을 형성하여 **인터페론(interferon)**의 작용 경로들 가운데 하나인(33장 참조) 세포의 이중-가닥 RNA-의존적 단백질 키나아제(PKR)의 활성을 저해함으로써 번역 조절에 관여한다.

E1A 단백질은 adenovirus 성장주기를 조절하는 핵심 인자이다

E1A는 맨 처음에 전사되는 바이러스 유전자이다. 게놈의 왼쪽 끝 근처에 위치한 E1A 프로모터(그림 23.4)는 오직 세포 전사인자들만 요구하는 전사 인헨서에 의하여 전사를 시작한다. E1A 유전자에 돌연변이를 가지는 바이러스는 다른 초기 유전자들을 제대로 발현할 수 없기 때문에 바이러스 DNA의 합성과 자손 비리온의 생성이 거의 이루어지지 않는다.

두 가지 주요 E1A RNA들인 13S와 12S는 각각 289와 243 아미노산 잔기들로 이루어진 단백질(289R 및 243R; 그림 23.5)을 암호화한다. 이 두 가지 단백질들은 289R 단백질에는 있지만 243R 단백질에는 없는 46-아미노산 영역을 제외하고 같다. 이는 12S RNA에서 일어난 차별적인 스플라이싱에 의해 더 긴 인트론이 제거되었기 때문이다. 서로 다른 adenovirus 혈청형들의 E1A 단백질을 비교해 보면 매우 보존적인 아미노산 서열들로 이루어진 세 개의 영역들 즉, CR1(conserved region 1), CR2 및 CR3이 존재한다; 243R 단백질에는 CR3이 없다.

두 가지 E1A 단백질들은 수많은 바이러스 및 세포 유전자들의 전사를 촉진하는 강력한 전사활성인자들이다. Adenovirus의 자연 표적 세포는 최종 분화된 비분열 상피세포들이다. Adenovirus는 최적 DNA 복제와 적절한 수준의 dNTP의 생성을 다양한 숙주 단백질들에 의존한다. E1A 단백질은 비분열 세포가 S기(DNA 합성기)에 진입하도록 유도하여 DNA 복제에 필요한 세포 단백질들을 만들도록 한다. 따라서 E1A가 비허용성 세포를 형질전환시키고 실험동물에서 종양 형성을 유도하는 암유전자(oncogene)로 작용하는 것은 바이러스가 전혀 의도하지 않은 결과이다.

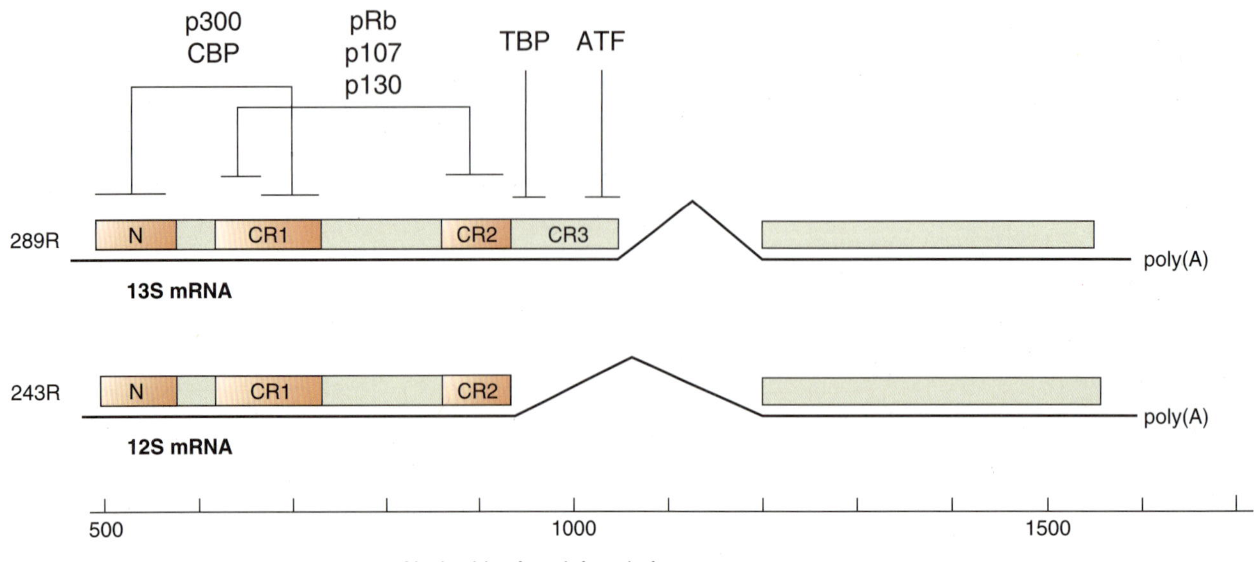

그림 23.5 주요 E1A 단백질들과 세포 단백질들의 상호작용. 두 가지 주요 E1A mRNA들을 나타내었다; 스플라이싱에 의하여 제거되는 인트론은 역V자로 나타내었다. 289-아미노산 및 243-아미노산 단백질 산물들을 위한 해독틀을 중요한 아미노 말단 영역(N) 및 보존 영역(CR1, 2 및 3)들과 함께 상자로 나타내었다. 히스톤 아세틸 전달효소(p300/CBP), Rb 패밀리 구성원, 세포 전사인자들인 TATA-결합 단백질(TBP) 및 ATF와의 결합에 관여하는 영역들을 표시하였다.

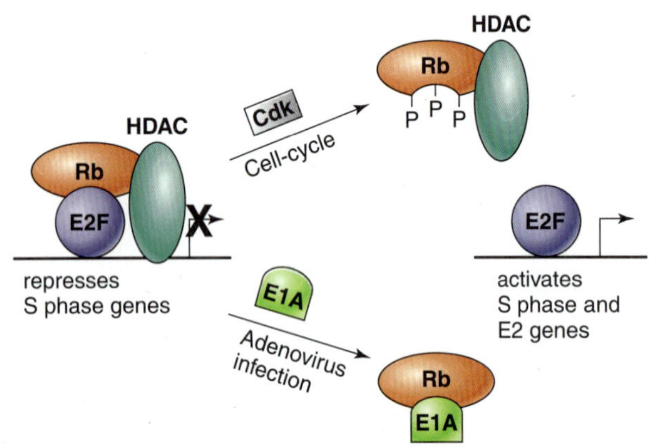

그림 23.6 E1A 단백질에 의한 S-기 유전자들의 활성화. Rb와 E2F의 복합체가 세포 및 바이러스 유전자들에 결합하면 히스톤 탈아세틸화 효소(HDAC)가 염색체 구조를 변화시켜 전사가 억제된다. 이 복합체는 세포주기 진행과정에서 Cdk에 의한 Rb의 인산화(위) 혹은 감염과정에서 E1A 단백질과의 결합으로 해체되고 E2F에 의한 세포 및 바이러스 유전자들의 전사가 활성화된다.

E1A 단백질은 Rb 단백질과 결합하여 세포 전사인자인 E2F를 활성화시킨다

E1A 단백질은 어떻게 세포를 세포주기의 S기에 진입하도록 유도하는가? 가장 잘 알려진 메커니즘은 E1A 단백질이 세포 종양억제자 단백질인 **Rb(retinoblastoma)** 패밀리와 상호작용하여 이들을 불활성화시키는 것이다(그림 23.5와 23.6). Rb는 인간 망막아종과 다른 암들에서 결실되거나 돌연변이되는 유전자로서 발견되었다. Rb 패밀리의 단백질들은 세포 전사인자인 E2F 패밀리의 단백질들과 결합하여 이들을 불활성화시킨다. E2F는 adenovirus E2 프로모터를 조절하는 전사인자로 처음 알려졌지만 DNA 합성에 관여하는 세포 단백질들과 세포주기 진행인자들을 암호화하는 많은 유전자들의 프로모터들도 조절한다.

Rb 패밀리 구성원들(Rb, p107, p130)은 E2F 및 E1A 단백질과 결합하는 주머니 도메인(pocket domain)을 가진다(그림 23.6). Rb와 결합한 **히스톤 탈아세틸화 효소(histone deacetylase, HDAC)**는 E2F-조절성 유전자들에 작용하여 염색체의 구조를 응축시키고 전사를 활성화시키는 단백질들의 접근을 차단하여 이들의 전사를 억제한다. 정상적으로 세포주기를 진행하는 세포들의 G1기에서 Rb가 **사이클린-의존적 단백질 키나아제(cyclin-dependent protein kinases, Cdks)**에 의하여 인산화되면 E2F와 결합할 수 없어 이로부터 떨어진다. 이와 같이 Rb에 의한 억제에서 자유로워진 E2F는 S기 유전자들의 발현을 촉진하고 세포주기는 S기로 진행한다.

E1A 단백질들은 이와 유사한 메커니즘으로 E2F를 활성화시킨다. 이들은 Rb 주머니에 결합하여 Rb에서 E2F를 방출시킨다. 따라서 E2F는 자유롭게 표적 유전자들의 전사를 촉진한다(그림 23.6). E2F는 바이러스 유전자 E2A와 E2B의 공동 프로모터 근처의 한 부위에 결합하여 이들의

전사를 촉진한다. 이로 인하여 adenovirus의 DNA 복제를 지시하는 3가지 초기 바이러스 단백질들이 생성된다.

E1A 단백질은 다른 세포 전사인자들의 활성화도 유도한다

E1A 289R 단백질은 자신의 독특한 CR3 도메인을 통하여 세포 전사인자들과 상호작용하여 adenovirus E3 및 E4 유전자의 전사를 촉진한다. CR3은 전사 활성화에 관여하는 두 개의 영역들, 즉 기본 전사기구를 구성하는 TATA-결합 단백질(TBP)과 상호작용하는 징크 핑거(zinc finger) 영역과 ATF와 같은 세포 전사인자들을 활성화시키는 프로모터-표적화 영역(그림 23.5)을 가진다. 이러한 상호작용으로 전사 복합체가 안정화되고 바이러스 유전자들의 발현이 촉진된다.

마지막으로, E1A의 아미노 말단과 CR1의 일부는 세포 단백질인 **히스톤 아세틸 전달효소(histone acetyl transferase)**와의 복합체 형성에 관여한다. 이와 같은 효소에는 p300과 CRE(cAMP-responsive element)-결합 단백질인 CBP가 있으며(그림 23.5), 이들은 다양한 세포 유전자들의 전사 활성화에 중요한 역할을 한다. 이들은 뉴클레오좀 히스톤과 다른 단백질들의 아세틸화를 유도하여 "**염색질 리모델링(chromatin remodeling)**"을 통하여 염색체 구조를 더 느슨하게 만든다. 이로 인하여 다른 전사인자들의 접근이 더 용이하게 되어 전사가 촉진된다. 따라서 이 단백질들은 앞서 설명한 히스톤 탈아세틸화 효소들과 반대로 작용한다. E1A 단백질이 히스톤 아세틸 전달효소에 결합하여 히스톤의 아세틸화가 증가하면 세포주기 유전자들의 발현이 증가하고 S기로의 진입이 촉진된다.

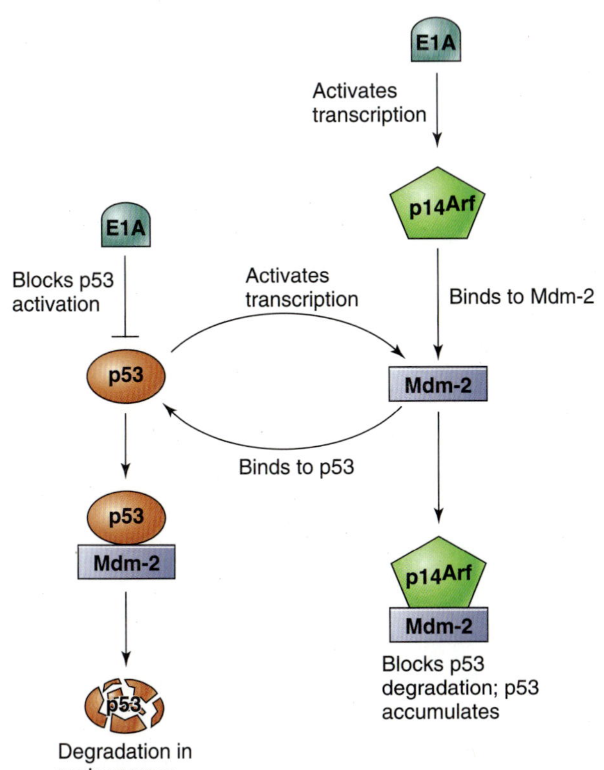

그림 23.7 p53의 분해경로는 E1A 단백질에 의하여 억제된다. 자세한 설명은 본문 참조.

E1A 단백질은 세포 p53 단백질을 활성화하여 세포자살을 유도한다

E1A 단백질은 세포 **종양억제자 단백질(tumor suppressor protein)**인 p53의 안정화와 활성화를 간접적으로 유도한다(그림 23.7; 그림 22.6 참조). p53은 유전자의 전사를 활성화 혹은 억제하는 전사인자로서 자연스러운 세포주기의 진행을 감시하는 역할을 한다. p53의 활성화는 무언가 잘못되었다는 경고 신호로 작용하여 활성화된 p53은 세포 성장을 중단시키고 **세포자살(apoptosis)**에 의한 세포사멸을 유도한다.

세포자살은 세포가 상당한 DNA 손상, 바이러스 감염 혹은 다른 충격에 노출되면 유발되는 조절적인 형태의 세포사멸이다. p53의 활성은 p53의 안정성을 서로 반대로 조절하는 두 가지 세포 단백질들에 의해 조절된다. Mdm-2는 p53에 결합하여 **유비퀴틴**-매개성 분해를 유도하는 반면 p14^{Arf}는 Mdm-2에 결합하여 Mdm-2가 p53에 결합하는 것을 막음으로써 p53을 안정화시킨다.

E1A 단백질은 두 가지 메커니즘으로 p53의 안정화와 활성화를 유도한다(그림 23.6). 먼저 E1A는 Rb에 결합하여 이를 불활성화시켜(그림 23.6), E2F에 의한 p14^{Arf}의 발현을 촉진한다. 그 결과로 양이 증가한 p14^{Arf}는 Mdm-2에 결합하여 이 단백질의 수준을 낮춘다. 둘째, E1A가 p300/CBP에 결합하면 p53에 의한 Mdm-2 유전자의 전사 활성화를 막기 때문에 Mdm-2의 수준이 더 감소한다. 이로 인하여 축적된 p53은 세포자살에 의한 감염 세포의 초기 사멸을 유도하여 바이러스의 생성을 제한할 수 있다. 하지만 이러한 문제는 다른 adenovirus 단백질들, 특히 두 가지 E1B 단백질들에 의하여 해결된다.

E1B 단백질은 E1A-유도성 세포자살을 억제하고 핵심 단백질들의 분해를 유도하여 바이러스 복제가 계속 진행될 수 있도록 한다

E1B 영역도 선별적 스플라이싱에 의하여 여러 가지 mRNA들을 생성한다. 가장 잘 알려진 E1B 단백질들인 19K와 55K는 2.2-kb mRNA에서 서로 다른 해독틀로 번

표 23.1 Adenovirus E1B 단백질의 기능

Protein	Function	Cellular proteins involved
19K	• Suppresses apoptosis	• Binds to Bax (homologue of Bcl-2)
55K	• Suppresses apoptosis	• Binds to p53 (transcriptional repression)
	• Induces p53 turnover (with E4orf6)	• Binds to p53 and E4orf6 in complex with cellular Cullin-Elongin B/C E3 ubiquitin ligase complex
	• Promotes transport, stabilization and translation of viral mRNAs (with E4orf6)	• Requires E4orf6 and E3 ubiquitin ligase complex
	• Host cell shut-off (with E4orf6 and L4-100K)	• eIF4E, eIF2α, eIF4G

역되어 만들어진다.

19K 단백질은 세포의 세포자살 억제자인 Bcl-2와 비슷한 역할을 한다. Bcl2 패밀리의 구성원인 Bax의 올리고머는 일련의 **카스파아제(caspases)**를 활성화시켜 세포자살을 유도한다(그림 33.4 참조). Bcl-2는 Bax에 결합하여 올리고머 형성을 저지함으로써 Bax의 세포자살 유도효과를 억제한다. Bcl-2와 Bax 모두 세포자살을 조절하는 복합체를 형성하며 미토콘드리아 막에 존재한다. Adenovirus의 19K 단백질은 Bcl-2를 모방하여 Bax와 결합하여 올리고머 형성을 막아 세포자살을 억제한다(표 23.1).

55K 단백질은 p53에 직접 결합하여 p53-의존적 유전자들의 전사를 저지함으로써 p53-의존적 세포자살을 억제할 수 있다. 더 중요한 것은 55K와 adenovirus E4orf6 단백질이 E3 유비퀴틴 이음효소 복합체를 형성한다는 것이다. 이 복합체는 Cullin 단백질 패밀리의 구성원들과 Elongin B 및 C를 포함하며 표적 단백질이 프로테아좀에서 분해되도록 한다. 이 복합체에 결합한 p53은 유비퀴틴화되어 프로테아좀에서 분해된다(표 23.1). 다른 많은 핵심 세포 단백질들도 이 복합체의 표적이 되어 분해된다.

따라서 두 가지 주요 E1B 단백질들은 p53-의존적 및 p53-비의존적 세포자살로부터 감염된 세포를 보호하고 E1A에 의하여 촉진된 활성들을 무력화시킨다. 따라서 세포는 adenovirus의 감염으로 미리 죽지 못하고 많은 양의 자손 비리온들을 생성하는 데 필요한 시간만큼 생존할 수 있다.

바이러스 DNA 중합효소는 전말단 단백질을 DNA 합성을 위한 프라이머로 이용한다

일단 E1A 단백질이 세포의 S기 진입을 유도하고 바이러스 초기 유전자 산물들이 축적되면 바이러스 DNA 복제가 시작된다. E2 유전자들에 의하여 만들어지는 단백질들이 바이러스 DNA의 복제에 관여한다. 단일-가닥 DNA 결합 단백질(ssDBP)은 E2A 영역에서 생성되는 반면에 바이러스 DNA 중합효소와 80 kDa 전말단 단백질(preterminal protein, pTP)은 E2B에 의하여 암호화된다(그림 23.4).

DNA 복제는 선형 DNA 분자의 양 말단 가운데 하나에서 시작될 수 있다(그림 23.8). 역말단 반복의 첫 50 nt를 포함하는 복제원은 adenovirus DNA 중합효소와 pTP 복합체의 결합부위를 가진다. 세포 전사인자들인 nuclear factor I과 nuclear factor II(Oct I이라고도 함)는 아마도 pTP/DNA 중합효소 복합체의 복제원 결합력을 향상시켜 DNA 복제의 개시 효율을 증가시키는 것 같다.

DNA 복제의 첫 번째 단계는 독특하게 시작된다. Adenovirus는 세포와 대부분의 DNA 바이러스들이 이용하는 RNA 프라이머나 parvovirus가 이용하는 DNA 프라이머 대신에 pTP를 DNA 복제를 위한 프라이머로 이용한다. 이 단백질은 dCTP가 dCMP로 절단되는 반응에서 deoxycytidine과 인산이에스테르 결합을 형성하는 세린 잔기를 포함한다. 이와 같이 공유결합으로 연결된 dC 잔기는 바이러스 DNA 중합효소가 주형 DNA 가닥에 상보적인 뉴클레오티드를 첨가하는 데 필요한 프라이머를 제공한다(그림 23.8, 2단계).

DNA 중합효소가 자라나는 DNA 사슬을 연장하면 부모 DNA의 다른 가닥은 분리되어 단일-가닥 DNA 결합 단백질들로 코팅된다. 합성은 선형 DNA의 끝까지 진행되어 부모 및 딸 가닥을 포함하는 이중-가닥 DNA와 교체된 부모 단일-가닥 DNA 분자가 생성된다(3단계).

단일-가닥 DNA는 역말단 반복서열을 통하여 환형화된다

이 시점에서 이중-가닥 자손 DNA가 다시 복제를 위한 주형으로 작용할 수 있지만 이러한 복제로는 하나의 이중-가닥 DNA 분자만 형성되므로 실질적인 바이러스 DNA의 축적은 일어나지 않는다. 이러한 문제를 해결하기 위하여 adenovirus DNA의 역말단 반복서열이 작용한다. 이 서열로 인하여 단일-가닥 DNA 분자의 양 말단에 있는 100 nt

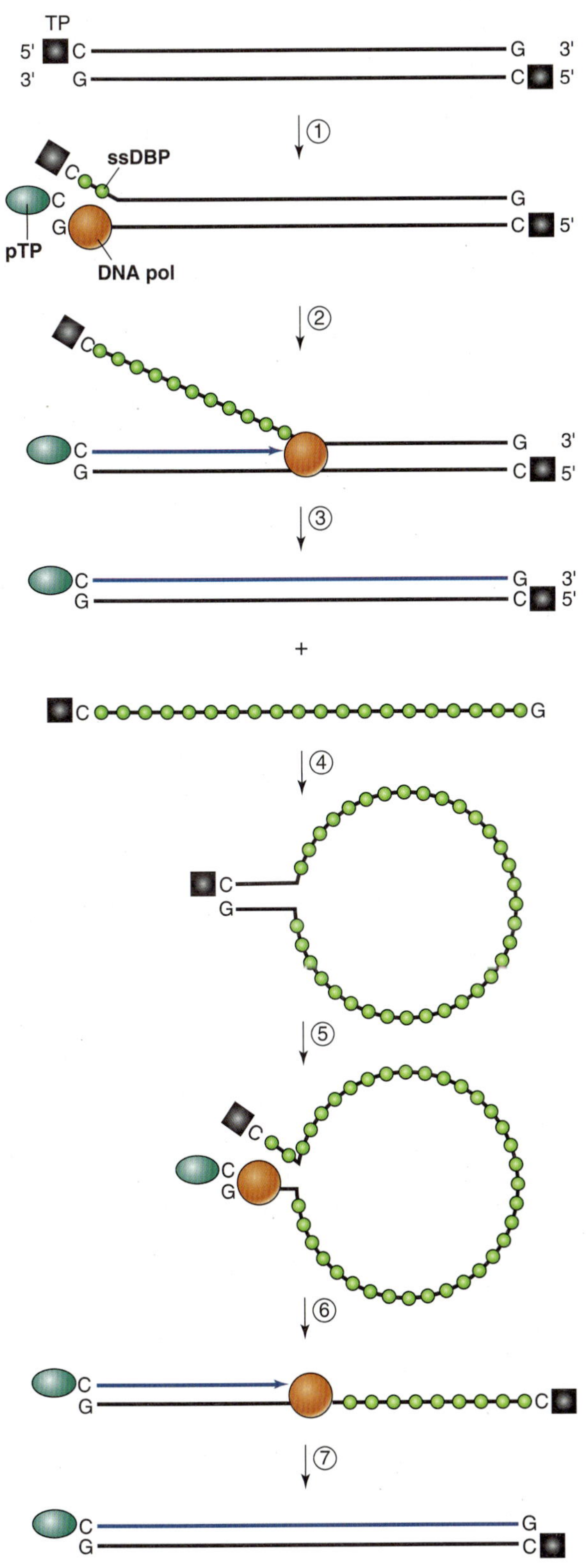

그림 23.8 **Adenovirus의 DNA 복제.** 바이러스 DNA 복제에 세 가지 바이러스 단백질들 즉, 전말단 단백질(pTP, 청색 타원), DNA 중합효소(DNA pol, 주황색 원) 및 단일-가닥 DNA 결합 단백질(ssDBP, 작은 녹색 원)이 관여한다. 절단된 55 kDa의 말단 단백질(TP)은 흑색 사각형으로 나타내었다. 새로 합성된 DNA는 청색으로 나타내었다. 자세한 내용은 본문 참조.

가 서로 결합하여 짧은 이중-가닥 줄기를 가지는 팬 핸들 구조를 형성한다(4단계). 이 줄기는 부모 이중-가닥 DNA 분자의 양 끝에 존재하는 복제원을 가진다. 이 복제원에 DNA 중합효소-pTP 복합체가 결합하여 DNA 복제를 시작할 수 있다(5단계).

일단 DNA 중합효소가 이중-가닥 DNA 줄기의 첫 100 nt를 복사하면 단일-가닥 DNA 결합 단백질들을 떼어 내면서 단일-가닥 DNA를 따라 복제를 진행한다(6단계). 최종 산물로 두 번째 이중-가닥 DNA 분자가 생겨난다(그림 23.8, 7단계). 따라서 하나의 adenovirus DNA 분자에서 시작하여 이러한 두 경로들을 거치면 두 개의 이중-가닥 자손 분자들이 생성된다.

또 다른 복제 경로에서는(미제시) adenovirus의 이중-가닥 DNA 분자는 양 끝이 동일하므로 양 끝에서 DNA 복제가 동시에 시작될 수도 있을 것이다. 만약 두 개의 DNA 중합효소들이 상보적인 DNA 가닥을 각각 복제한다면 두 개의 자손 게놈들이 동시에 생성될 수 있을 것이다. 이들 두 가지 경로가 모두 바이러스 DNA 복제에 이용된다는 증거들이 있다. 80 kDa의 pTP는 비리온의 조립 과정에서 절단되어 55 kDa의 말단 단백질(terminal protein, TP)을 생성하고 포장된 이후에도 게놈에 공유결합된 채로 남는다.

주요 후기 프로모터는 DNA 복제가 시작된 이후에 활성화된다

Adenovirus 게놈의 절반 이상이 적어도 18가지의 후기 mRNA를 암호화하는 데 이용된다. 이 mRNA들은 자손 비리온의 포장에 필요한 구조 단백질, 발판 단백질(scaffolding protein), 프로테아제 및 다른 산물들을 암호화한다. 모든 후기 mRNA들은 16.5 지도 단위에 위치한 매우 강한 "주요 후기 프로모터(major late promoter)"에서 시작하여 오른쪽 방향으로 29 kb 정도 연장된 하나의 1차 전사물로부터 생성된다(그림 23.4와 23.9). 감염 초기에는 이 프로모터가 낮은 활성을 나타내고 아주 적은 전사물들 조차도 조기에 종료되므로 L1 mRNA가 매우 낮은 수준으로 만들어진다. 바이러스 DNA 복제가 시작된 이후에는 후기 유전자들의 전사가 활성화되어 감염 세포에서 후기 전사물들이 주로 만들어진다.

적어도 두 가지 요인들이 후기 유전자의 전사를 촉진한다. 첫째, 새로 복제된 바이러스 DNA에 다른 세트의 DNA 결합 단백질들이 결합하여 세포 전사인자들이 주요 후기 프로모터에 접근하기 쉽도록 DNA 구조를 변형시킨다. 둘째, 중기 유전자에 의하여 암호화되는 폴리펩티드

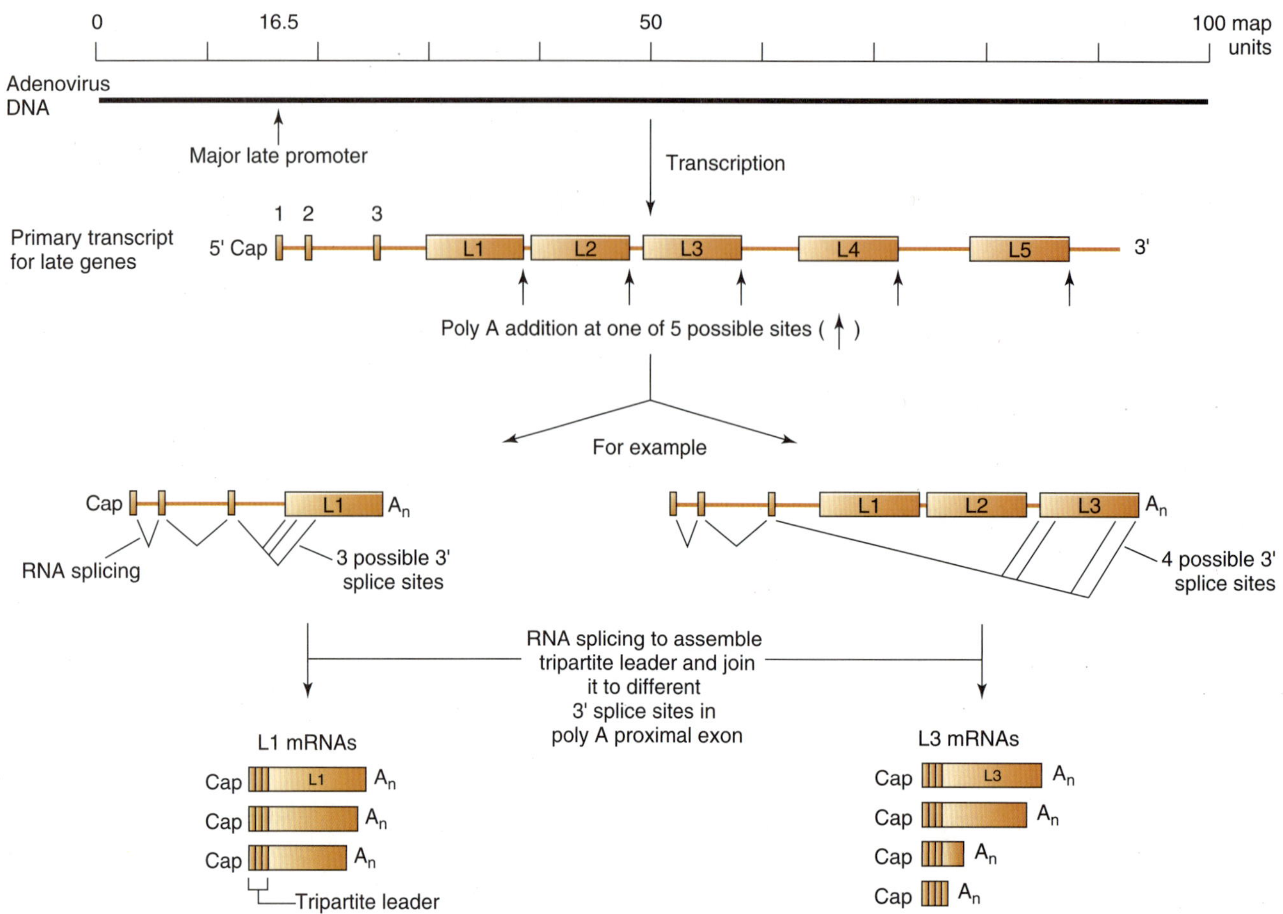

그림 23.9 후기 adenovirus mRNA의 생성. 전사는 주요 후기 프로모터에서 시작되고 RNA는 5개의 가능한 폴리아데닐화 부위들 가운데 하나에서 절단되어 폴리아데닐화된다. 삼중 선도 서열은 3개의 작은 엑손들이 스플라이싱되어 형성된다; 이는 여러 개의 3′ 접합 부위들 가운데 하나에서 mRNA 몸체와 연결된다.

IVa2가 후기 전사가 시작되는 부위 바로 아래에 결합한다. IVa2는 앞쪽의 인헨서에 결합한 인자들과 협조적으로 전사를 활성화시킨다. 이러한 두 가지 요인들이 함께 작용하여 주요 후기 프로모터를 100배 혹은 그 이상 활성화시킨다.

5개의 다른 poly(A) 부위들과의 차별적인 스플라이싱으로 다수의 후기 mRNA들이 생성된다

L1에서 L5까지 다섯 종류의 후기 mRNA가 있으며 이들은 각자의 폴리아데닐화 부위를 이용하여 만들어진다(그림 23.4와 23.9). 주요 후기 프로모터로부터 만들어진 일차 전사물은 이 부위들 가운데 하나에서 절단되고 폴리아데닐화된다. 폴리아데닐화된 RNA는 복잡한 방식으로 스플라이싱되어 18가지 후기 mRNA를 생성한다. 1차 전사물의 첫 4 kb에 있는 3개의 짧은 엑손들은 모두 스플라이싱되어 200 nt로 이루어진 비암호화 "3중 선도자(tripartite leader)"를 형성한다. 이 선도자는 mRNA 몸체(body)에 스플라이싱된다; 다섯 가지 후기 유전자들은 여러 개의 3′ 접합부위들을 선별적으로 이용하여 여러 가지 mRNA들을 생성한다. 그 결과 모든 후기 mRNA들은 5′ 끝에 동일한 3중 선도자를 가진다. 후기 mRNA들은 mRNA 몸체에 있는 서로 다른 AUG 개시코돈에서 시작하는 해독틀을 이용하여 독특한 단백질들을 생성한다.

3중 선도자는 후기 mRNA들이 효과적으로 세포질로 수송되도록 한다

Adenovirus가 후기 mRNA를 이러한 복잡한 방식으로 발현하는 이유는 무엇인가? 첫째, 모든 후기 mRNA들은 하나의 매우 강한 프로모터의 활성화로 인하여 만들어지므로 DNA 합성이 시작되고 후기 단백질들이 필요할 때 이들이 조직적으로 발현될 수 있다. 둘째, 모든 후기 mRNA들은 5′ 끝에 동일한 선도자 서열을 포함한다. 따라서 mRNA 수송 및 번역 기구들을 이들 RNA에 집중시키는 것이 가능하다.

E1B 55K 단백질과 E4orf6 단백질을 포함하는 Cullin-기반의 E3 유비퀴틴 이음효소 복합체는 후기 mRNA의 선택적인 세포질 수송에도 관여한다(표 23.1). E4orf6이 55K 단백질을 핵으로 수송하지만 55K와 E4orf6는 모두 이 복합체를 핵 밖으로 수송하는 데 관여하는 핵 방출 신호(nuclear exporting signal)를 가진다. 이 복합체가 mRNA를 직접 수송하는지 아니면 특정 표적 단백질을 분해함으로써 바이러스 mRNA의 선별적인 수송과 안정화에 기여하는지는 아직 불확실하다. 하지만 이 복합체의 작용으로 감염 후기에 adenovirus의 후기 mRNA가 세포질에서 우세하게 되는 것은 분명한 것 같다.

3중 선도자는 adenovirus 후기 mRNA의 효과적인 번역을 지시한다

세포 번역 개시인자인 eIF4F는 mRNA의 5′ 캡 구조에 결합하여 40S 리보좀 소단위체로 하여금 mRNA를 탐색하여 적절한 AUG 개시코돈을 찾도록 한다(그림 11.5a 참조). 감염 후기에 adenovirus의 숙주 차단 단백질(host shutoff protein)에 의하여 탈인산화되면 eIF4F는 더 이상 mRNA의 탐색을 지시할 수 없어 대부분 세포 mRNA들의 번역이 저해된다. 그러나 3중 선도자를 포함하는 바이러스 mRNA는 효과적으로 계속 번역될 수 있다. 이는 선도자가 탐색 메커니즘을 피하고 **리보좀 분로(ribosome shunting)**를 유도하기 때문이다. 리보좀 분로는 3중 선도자와 40S 리보좀 소단위체를 구성하는 18S RNA 사이의 상보적인 영역 때문에 일어난다. 리보좀 분로는 picornavirus와 flavivirus의 IRES에서 일어나는 단백질 합성 개시와 유사한 메커니즘이다(11장 및 12장 참조).

Adenovirus는 어느 폴리아데닐화 부위와 3′ 스플라이스 부위를 이용할 것인지를 조절함으로써 서로 다른 양의 후기 mRNA들을 생성한다. 따라서 만들어지는 후기 단백

인간 adenovirus의 임상적 활용

Adenovirus는 가까운 미래에 여러 가지 질병들의 치료에 임상적으로 다양하게 활용될 것이다. 이 바이러스는 다양한 세포들에 감염하여 높은 수준으로 유전자를 발현할 수 있으므로 인간 및 다른 포유동물들의 유전성 질병 치료에 이상적인 수단을 제공한다. 간단한 조작을 통하여 외래 유전자를 바이러스 게놈에 삽입시키면 적절한 프로모터의 조절 하에서 거의 모든 유전자들의 발현이 가능하다.

백신 및 유전자 치료. 37장에 언급된 바와 같이 인간 adenovirus는 이미 유전자 치료에 이용되고 있다. 이러한 적용에서 adenovirus는 주로 인간 질병과 관련된 유전적 결함을 치료하기 위한 유전자 운반용 벡터로 이용된다. 흔히 이용되는 대부분의 adenovirus 벡터들은 E1A 및 E1B 유전자들의 결실로 인하여 정상 세포에서 복제할 수 없다. 복제 능력을 지니는 adenovirus 벡터들도 어떤 표적에 대한 면역반응을 향상시키기 위한 백신으로 이용될 수 있다. HBV의 표면 항원 및 코어 항원, HSV의 당단백질, rabies virus의 당단백질, respiratory syncytial virus의 F 단백질 그리고 여러 HIV-1 단백질들을 암호화하는 유전자들을 비롯하여 수많은 유전자들을 adenovirus 벡터에 삽입하여 다양한 실험용 백신들이 제조되었다.

새로운 암 치료법. 현재 복제 능력을 가지는 adenovirus 돌연변이체를 인간 종양에 주사하는 새로운 암 치료법에 대한 임상시험이 진행 중에 있다. 바이러스가 종양 조직에서만 복제하고 전파하여 암 세포들만 죽인다면 이상적인 암 치료법이 될 것이다. 바이러스 변종인 ONYX-015는 p53의 불활성화와 분해에 필수적인 역할을 담당하는 E1B 55K 단백질을 발현하지 않는 돌연변이체이다. 이 바이러스에 감염된 정상 세포에서는 p53이 활성을 유지하므로 바이러스가 잘 복제되지 않아 거의 전파가 이루어지지 않고 극히 제한적인 병원성을 나타낼 것이다. 반면에 인간 종양의 50% 이상은 정상적인 p53을 가지지 않는다. 이러한 암 세포에서는 바이러스 복제를 위하여 55K 단백질에 의한 p53의 불활성화가 필요하지 않으므로 ONYX-015는 종양 세포에서 활발히 복제하여 이들을 선택적으로 죽일 것이다. 실제로 동물실험에 의하면 ONYX-015가 정상조직에는 거의 영향을 미치지 않고 암세포들을 선택적으로 죽인다. 하지만 이러한 효과에는 단순히 p53의 존재 유무 이외에 더 복잡한 원리가 관여하는 것 같다. 이 바이러스는 현재 임상시험 중에 있다.

다른 adenovirus 기능들의 임상적 활용. 바이러스 단백질들은 세포 성장, 세포자살 및 면역계의 많은 측면들을 조정하도록 진화해 왔다. 이러한 바이러스 단백질들의 장점들을 이용하면 새로운 치료법의 개발이 가능할 것이다. 이러한 단백질들을 바이러스 벡터를 이용하여 표적 세포에 발현할 수 있다. 또한 이들의 작용 메커니즘을 이해함으로써 바이러스 단백질의 작용을 모방하는 약물 개발을 위한 새로운 표적을 발굴할 수도 있다. E1B 19K 및 55K 단백질들은 세포자살의 강력한 저해자로 작용하므로 일부 신경이상(예, 알츠하이머 질병) 혹은 뇌졸중과 같이 과다하거나 원하지 않는 세포자살로 인한 질병의 치료에 이용될 수 있을 것이다. E4orf4 단백질은 암세포를 선택적으로 죽이므로 인체 암의 치료에 활용할 수 있다. 마지막으로 여러 E3 단백질들은 면역반응을 감소시키므로 면역 억제 치료에 이용될 수 있다. 인간 adenovirus처럼 질병을 유발하는 바이러스들이 오히려 새로운 치료제로 이용될 날이 곧 다가 올 것이다.

질들의 양도 다르다. 하나의 전사단위를 이용하고 여러 가지 RNA 가공 반응들을 이용하여 다수의 mRNA를 생성하는 이러한 시스템은 여러 후기 mRNA들에 대해 개별적인 전사 인헨서와 프로모터를 가지는 것 보다 더 단순하고 경제적이라고 할 수 있다.

Adenovirus-유도성 세포사멸

세포를 죽이고 바이러스를 방출시키는 과정에는 두 가지 바이러스 단백질들이 관여한다. 이 중 하나는 11.6 kDa의 E3 "사멸 단백질(death protein)"이다. 이 단백질은 명목상으로는 초기 단백질이지만 주요 후기 프로모터와 E3 폴리아데닐화 부위를 이용하여 후기에 mRNA가 만들어지며 높은 수준으로 발현된다. 사멸 단백질은 골지막, 소포체 및 핵막에서 발견되는 막 당단백질이다. 이 단백질이 세포를 어떻게 죽이는지는 알려지지 않았다.

E4orf4 단백질는 p53-비의존적인 메커니즘으로 세포사멸을 유도할 수 있다. 독자적으로 발현되더라도 E4orf4는 다양한 암세포들을 죽이지만 인간의 정상 세포에는 거의 영향을 주지 않는다. 이러한 사멸 특이성으로 인하여 E4orf4는 인간 암의 치료에 이용될 수 있을 것으로 여겨지고 있다. 비록 이 단백질이 adenovirus 감염 세포의 사멸에 관여하는지는 아직 증명되지 않았지만 아마도 중요한 역할을 수행하는 것 같다.

인간 adenovirus에 의한 세포 형질전환과 암화과정

Adenovirus는 휴지 상태에 있는 세포들의 활발한 세포주기 진행을 유도하므로 세포형질을 전환할 수 있다. 형질전환된 세포들은 정상적인 세포주기 조절을 받지 않으므로 무제한적으로 자라고 분열한다.

일반적으로 인간 세포는 adenovirus에 감염되면 죽기 때문에 형질전환 세포가 생존할 수 없다. 인간 세포주 293은 *in vitro*에서 태아의 배아 신장세포를 E1A와 E1B 유전자만 포함하는 adenovirus DNA 조각으로 트랜스펙션하여 계속 자라도록 만든 형질전환 세포이다. 설치류 세포들은 인간 adenovirus에 쉽게 감염될 수 있지만 이들은 바이러스 복제를 허용하지 않기 때문에 감염이 되더라도 생존할 수 있다. 실제로 모든 인간 adenovirus들은 설치류 배양 세포를 형질전환시킬 수 있으며 이러한 세포들을 갓 태어나거나 면역이 저하된 설치류에 주사하면 종양이 형성된다. 하지만 바이러스를 동물에 직접 주사하면 그룹 A adenovirus만이 종양을 유발한다.

인간 adenovirus에서 E1A는 무절제한 세포주기의 진행을 촉진하는 암유전자이다. 설치류 세포에 E1A만 발현하면 보통 형질전환이 유지되지 않는다. 이는 E1A에 의하여 형질전환된 세포가 증식을 시작하지만 곧 E1A-유도성 세포자살로 죽기 때문이다. 안정한 형질전환 세포를 만들기 위해서는 E1A를 E1B 19K 혹은 E1B 55K 단백질과 함께 발현시켜야 한다. E1B 단백질은 E1A의 세포자살 유도 효과를 무력화시키고 p53-유도성 성장 중단과 세포자살을 억제한다. 이러한 시스템은 Rb와 p300/CBP 단백질, 세포주기 진행 유전자들 그리고 p53의 일반적인 역할들을 이해하는 데 많은 도움을 주었다.

핵심 용어

2차 수용체 (Secondary receptor)
Rb(Retinoblastoma)
리보좀 분로 (Ribosome shunting)
말단 단백질 (Terminal protein)
면역글로불린 유전자 초패밀리(Immunoglobulin gene superfamily)
사이클린-의존적 단백질 키나아제(Cyclin-dependent protein kinase, Cdk)
세포자살(Apoptosis)
아데노이드(Adenoid)
암유전자(Oncogene)
역말단반복 (Inverted terminal repeat)
염색질 리모델링(Chromatin remodeling)
유비퀴틴(Ubiquitin)
인터페론(Interferon)
인테그린(Integrins)
종양억제자 단백질 (Tumor suppressor protein)
카스파아제(Caspase)
펜톤 기저부(Penton base)
헥손(Hexon)
히스톤 아세틸전달효소 (Histone acetyl transferase)
히스톤 탈아세틸화효소 (Histone deacetylase)

기본 개념

- Adenovirus는 1차 수용체(CAR)와 2차 수용체(인테그린)에 결합하여 엔도좀 소낭으로 들어간다.
- Adenovirus 유전자들은 6개의 초기 유전자들, 2개의 중기 유전자들, 그리고 5개의 후기 유전자들로 조직되어 있다.
- E1A 단백질은 세포 Rb 단백질과 결합하여 이로부터 세포 E2F 단백질을 분리시켜 다른 바이러스 유전자들과 비분열 세포의 세포주기를 유도하는 수많은 세포 유전자들의 전사를 촉진한다.

- E1A 단백질은 또한 세포 히스톤 아세틸전달효소에도 작용하여 염색질을 탈응축시켜 많은 세포 유전자들의 전사를 촉진한다.
- E1A 단백질은 세포 p53 단백질의 양을 증가시켜 세포자살을 간접적으로 유도한다.
- E1B 단백질은 p53 양을 감소시켜 E1A-유도성 세포자살을 억제한다.
- 바이러스 DNA 합성은 한 뉴클레오티드에 공유결합된 단백질 프라이머를 이용하여 선형 게놈의 한 끝에서 시작한다.
- 18가지 종류의 후기 바이러스 mRNA들은 하나의 전사단위로부터 5개의 폴리아데닐화 신호들과 다수의 스플라이싱 부위들을 이용하여 만들어진다.
- 일부 adenovirus들은 실험동물에서 암을 유발할 수 있지만 인간에서는 암을 유발하지 않는다.

복습 문제

1. Adenovirus가 매우 제한적인 수의 전사 프로모터들을 이용하여 약 50가지의 단백질 생성에 이용하는 주요 방법들에 대하여 설명하시오.

2. Adenovirus E1A 단백질이 p53을 통하여 세포자살을 유도하는 과정을 설명하시오.

3. 단일-가닥 DNA 주형에서 시작하는 DNA 복제는 프라이머를 요구한다. Adenovirus는 DNA 복제에 어떠한 프라이머를 이용하는가?

4. Adenovirus는 mRNA의 5′ 캡 구조에 결합하여 40S 리보좀 소단위체로 하여금 적절한 AUG 개시코돈을 탐색하도록 하는 세포 인자를 저해한다. 하지만 adenovirus의 후기 mRNA들은 효과적으로 번역될 수 있는데 그 메커니즘은 무엇인가?

CHAPTER 24

Herpesviruses

Bernard Roizman
Gabriella Camadelli-Fiume
Richard Longnecker

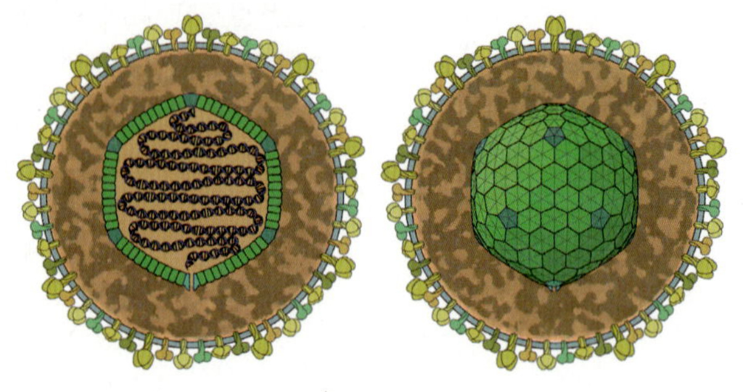

Herpesviridae

질병 전파 특성을 반영한 그리스어 *herpein*(살금살금 움직이다)에서 유래

비리온

외막성 정20면체형 캡시드(T = 16)
캡시드의 지름 125 nm
외막성 비리온의 지름 200 nm
캡시드는 6가지 단백질들을 가지고 외막은 적어도 10가지 당단백질들을 포함
캡시드와 외막 사이의 외피(tegument)는 적어도 14가지 단백질들을 포함

게놈

선형의 이중-가닥 DNA, 125–250 kb
독특한 영역들, 역반복 요소들 그리고 말단 직반복서열들을 포함

유전자와 단백질

HSV-1: 90개의 전사 단위들
세포 RNA 중합효소 II에 의하여 전사
대부분의 mRNA들은 스플라이싱을 하지 않음
대부분의 전사단위들이 단 하나의 단백질을 암호화
유전자들은 발현시기에 따라서 3가지 종류로 구분됨

- *α(극초기): 초기 유전자 활성화(6개 유전자)*
- *β(초기): DNA 복제, 후기 유전자 활성화*
- *γ(후기): 비리온 단백질들, 조절 단백질들*

바이러스와 숙주

세 가지 아과들: alpha, beta 및 gammaherpesvirus
Herpes simplex virus, varicella-zoster virus, Epstein-Barr virus, cytomegalovirus를 비롯한 9가지 인간 herpesviruses
많은 동물 종들에서 100가지 이상의 herpesvirus들이 알려짐

질병

수두, 단핵구 증가증, 폐렴, 간염, 뇌염 등
눈, 입 및 생식기에 재발성 질병 유발
Kaposi 육종, Burkitt 림프종, 비인두암
면역 억제자의 감염은 생명을 위협할 수 있음
신생아 감염, 선천성 결함

독특한 특징들

외피 단백질들이 바이러스 복제 초기에 작용: 전사 활성화 및 숙주 차단
핵 내막을 통한 뉴클레오캡시드의 출아로 비리온 형성이 시작됨
바이러스 감염에 대한 숙주 방어에 대항하는 여러 바이러스 유전자들을 발현함
대부분의 herpesvirus들은 잠복감염을 확립하여 1차 감염 수개월 혹은 수년 이후에 재활성화가 가능함

Herpesvirus는 중요한 인간 병원체이다

인간 herpesvirus는 입과 입술 점막의 병변인 "구순포진(cold sore)"을 유발하는 원인체로 널리 알려져 있다. 생식기 허피스 병변은 흔한 성병이고, 수두(chickenpox)는 어른이 되어 처음 걸리면 심각할 수도 있지만 흔한 어린이 질병이다. 이와 같이 비교적 가볍지만 흔하게 인간을 괴롭히는 세 가지 질병들은 각각 herpes simplex virus 1형(HSV-1), HSV-2 그리고 varicella-zoster virus(VZV)에 의하여 유발된다. 그러나 herpesvirus는 신생아, 이식 환자 및 AIDS 환자 등의 면역이 약화된 사람들에게 **뇌염(encephalitis)**, 폐렴 및 **간염(hepatitis)**과 같은 심각하고 때로는 치명적인 질병들을 유발할 수 있다.

이 바이러스들은 *Herpesvirales*목을 구성하는 3개의 herpesvirus과들 가운데 하나인 *Herpesviridae*과에 속한다. 이 과는 포유류, 조류 및 파충류에 감염하는 수백 가지 바이러스들을 포함한다. 현재까지 인간에 감염하는 herpesvirus는 9종류가 알려져 있다(표 24.1). *Herpesvirales* 목의 다른 두 가지 과들은 각각 어류와 쌍각류에 감염하는 *herpesvirus*들을 포함한다. *Herpesviridae*는 **세포 극성(tropism)**과 게놈 조직을 포함한 생물학적 및 물리학적 특성에 따라서 α, β 및 γ의 세 아과로 분류된다. 일부 암들은 γ-herpesvirus인 Epstein-Barr virus(EBV)와 Kaposi's sarcoma herpes virus(human herpesvirus 8; KSHV)의 감염과 관련이 있다. 이러한 암들은 희귀하고 특정 집단에서 발생하며 바이러스 감염 이외에 다른 요인들도 이들의 발생에 영향을 미치는 것 같다.

대부분의 herpesvirus들은 잠복감염을 확립할 수 있다

Herpesvirus의 가장 흥미로운 특징들 가운데 하나는 **잠복감염(latent infection)**의 확립이다. 초기 감염 이후에 바이러스 DNA는 뉴런, **B** 혹은 **T 림프구(lymphocytes)** 혹은 다른 유형의 세포들에서 아무런 활동도 하지 않고 잠복 상태로 있을 수 있다. 잠복감염된 사람은 수개월, 수년 혹은 전 생애를 거쳐 별다른 증상이 없이 살아갈 수 있다. 하지만 잠복성 바이러스의 재활성화는 재발성 질병을 유발할 수 있다. 예를 들면, 반복적으로 발생하는 입술과 생식기 허피스 그리고 처음 수두를 앓고 수년 뒤에 국소적인 발진으로 나타나는 대상포진(herpes zoster 혹은 shingles) 등이 있다. 면역계가 손상된 사람들은 cytomegalovirus(CMV)와 KSHV의 재활성화로 고통을 받을 수 있고 때로는 매우 심각한 결과가 초래되기도 한다. 현재 herpesvirus들의 잠복감염 확립과 재활성화 메커니즘에 대한 연구가 활발히 진행되고 있다.

이 장에서는 인간 herpesvirus들 가운데 현재까지 연구가 잘 이루어진 HSV-1과 EBV에 대하여 주로 설명할 것이다. 이들 두 바이러스는 모두 구강 점막을 통하여 인체에 감염하지만 매우 다른 생활사를 통하여 독특한 질병을 유발한다. 이러한 차이는 이들이 장기간의 잠복감염을 확립하는 세포 유형이 다르기 때문에 생겨난다: HSV-1과 EBV는 각각 뉴런과 B 림프구에서 잠복감염을 확립한다. 이러한 잠복감염의 특징과 질병에 대해서는 가장 잘 연구된 모델인 HSV의 용해성 감염 전략을 먼저 살펴 본 뒤에 자세히 기술할 것이다.

HERPES SIMPLEX VIRUS

Herpes simplex virus의 게놈은 독특한 서열과 반복서열 요소들을 포함한다

모든 herpesvirus들은 종에 따라서 120~230 kb 크기의 이중-가닥 선형 DNA 게놈을 가진다. 150 kb의 HSV 게놈은 특이한 구조를 가진다; 이는 2개의 성분들, 즉 긴 서열(L)과 짧은 서열(S)로 구성된다(그림 24.1과 24.2). 이 성분들은 양 쪽에 역반복서열을 가지는 독특한 서열인 U_L과 U_S로 이루어져 있다. U_L의 왼쪽 끝에 있는 반복서열을 *ab*로 표시하고 내부 역반복을 *b′a′*으로 표시한다. 또한 U_S의 양 쪽에 있는 역반복서열을 *a′c′*과 *ca*로 표시한다. 따라서 선형의 게놈 서열은 간략히 $a_nb\text{-}U_L\text{-}b'a'_nc'\text{-}U_S\text{-}ca$로 나타낼 수 있다(여기에서 아래글자 *n*은 하나 혹은 그 이상의 *a* 서열을 나타내고 프라임은 상보적인 서열을 나타낸다).

a 서열은 바이러스 분리주에 따라서 길이가 200~500 bp로 다양하며 해독틀을 포함하지 않는다. 이는 바이러스 DNA의 캡시드 포장 신호를 포함하며 게놈들 간의 재조합을 향상시킨다. *b* 서열은 4개의 해독틀을 포함한다. 두 개의 동일한 *b* 서열이 게놈에 있으므로 이들 4가지 바이러스 유전자들은 비록 역방향이지만 게놈 당 두 벌씩 존재한다. *c* 서열은 하나의 해독틀을 가지며 이 역시 게놈 당 두 벌로 존재한다. 대부분의 바이러스 유전자들은 게놈 당 하나씩만 존재한다; U_L 영역은 64개의 유전자들을 포함하고 U_S 영역은 14개의 유전자들을 포함한다. 따라서 HSV는

표 24.1 인간 herpesvirus들

Subfamily and characteristics		Members	Diseases
α	Short growth cycle, rapid spread Latent in sensory neurons.	Herpes simplex virus 1 & 2 Varicella-zoster virus	Labial and genital lesions Chickenpox, zoster (shingles)
β	Long growth cycle, slow spread, restricted host range. Latent in secretory glands and lymphoreticular cells.	Cytomegalovirus Human herpesvirus 6A, 6B Human herpesvirus 7	Mononucleosis, hepatitis, fetal abnormalities Roseola Roseola
γ	Growth primarily in epithelial cells and B or T lymphocytes. Latent in lymphocytes.	Epstein-Barr virus Human herpesvirus 8	Mononucleosis, Burkitt's lymphoma, nasopharyngeal carcinoma Kaposi's sarcoma

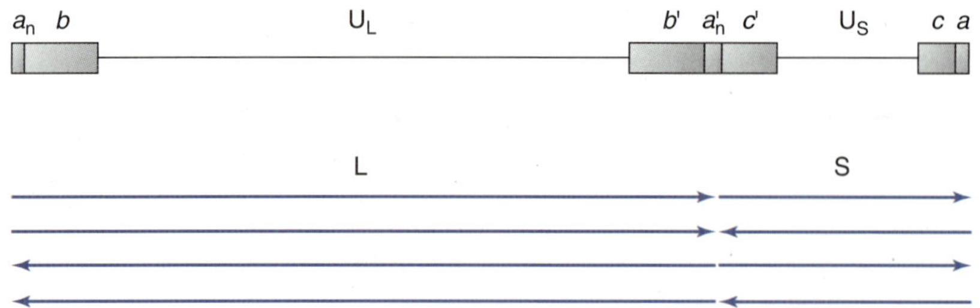

그림 24.1 Herpes simplex virus의 게놈. 위: 독특한 서열 요소와 반복서열 요소들의 조직. 반복서열 요소들은 소문자(a, b, c)로, 독특한 서열 요소들은 대문자(U_L, U_S)로 나타내었다. 프라임 부호가 붙은 요소들은 역서열들이다. 아래: 반복서열 요소들 간의 재조합으로 생성된 서로 다른 방향의 긴 성분(L)과 짧은 성분(S)을 가지는 네 가지 바이러스 DNA 이성질체들.

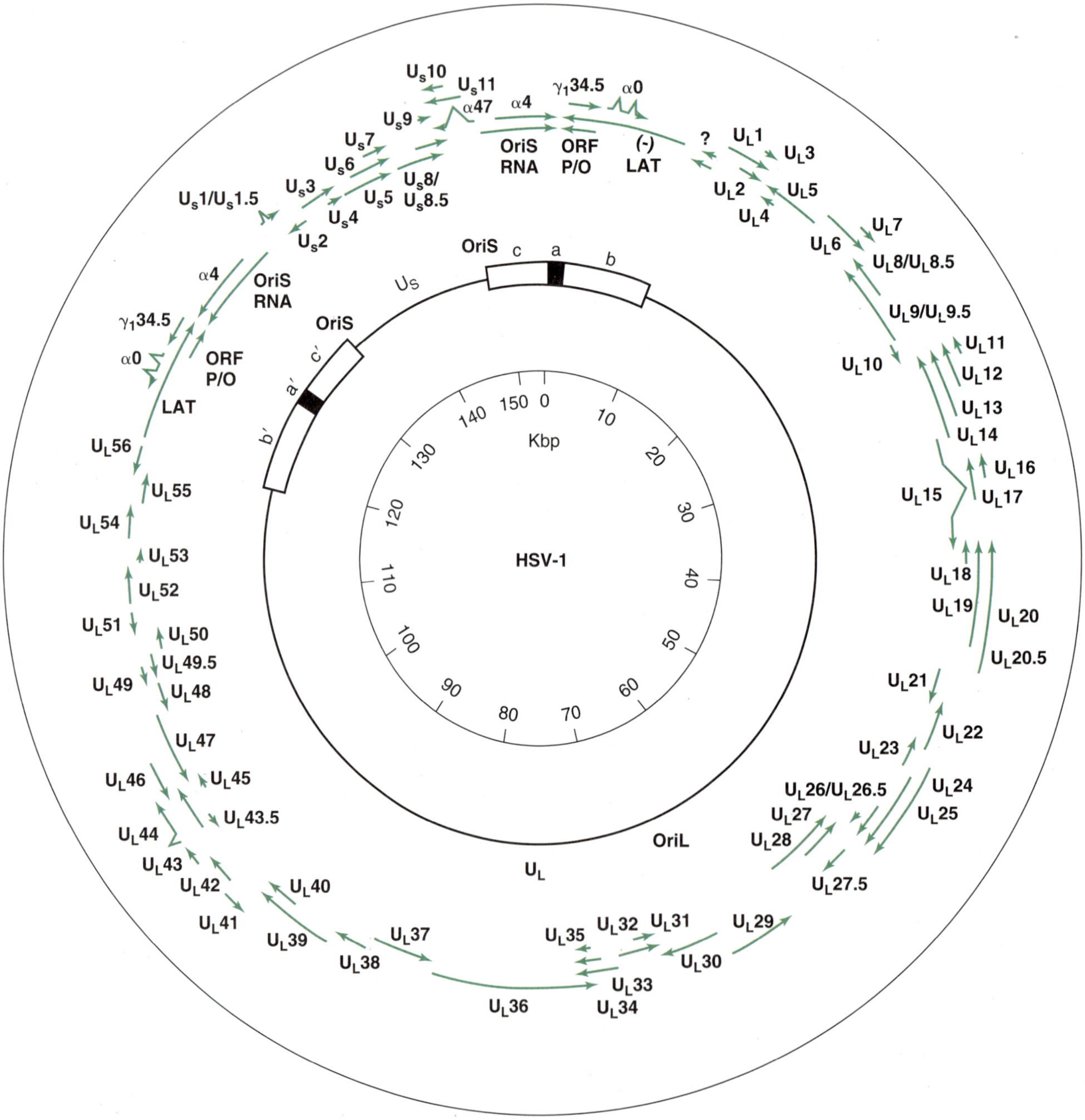

그림 24.2 Herpes simplex virus의 유전자 지도. Herpes simplex virus 1형의 DNA를 환형으로 전환한 152-kb 지도에 유전자들을 표시하였다. 화살표는 전사 방향과 폴리아데닐화 부위의 위치를 나타낸다. 인트론은 V자로 연결된 중단 서열로 나타내었다. 3개의 DNA 복제원(2개의 OriS와 1개의 OriL)의 위치를 지도에 나타내었다.

적어도 84개의 유전자들을 가진다.

바이러스 DNA의 복제 과정에서 재조합이 일어나 4가지 이성질체의 게놈 DNA가 생성된다. 이들은 상대적인 방향이 서로 다른 U_L과 U_S를 가진다(그림 24.1). 각 이성질체는 4분의 1의 비율로 비리온에 포장된다. 4가지 이성질체 DNA를 가지는 바이러스들은 모두 감염성을 나타낸다. 만약 게놈에서 역반복서열을 제거하여 한 방향으로만 고정시키더라도 감염성 바이러스가 생성되지만 실험동물계에서 바이러스의 독성이 감소한다. 다른 herpesvirus들의 게놈은 독특한 서열과 반복서열의 배치에서 차이를 나타낸다.

HSV의 유전자 및 단백질 명명법

Herpesvirus 게놈의 크기와 복잡성 때문에 여러 가지 방법들이 유전자와 단백질의 명명에 이용되었다. 현재는 독특한 서열의 한 쪽 끝에서부터 순서에 따라 HSV 유전자들에게 번호를 부여하고 있다. 따라서 유전자 U_L1에서 U_L56까지와 U_S1에서 $U_S12(\alpha47)$가 각각 L과 S 부위에 위치한다. *b*와 *c* 서열에 존재하는 일부 유전자들은 이들의 발현 시기($\alpha0$, $\alpha4$, $\gamma_1 34.5$) 혹은 다른 특성(LAT = latency-associated transcript; ORF P/O = open reading frame P와 O)에 따라서 명명되었다.

일부 단백질들은 *v*irion *p*rotein(예, VP5) 혹은 *g*ly-co*p*rotein(예, gp)으로 처음 확인되었거나, 세포 추출물에서 발견되어 *i*nfected *c*ell *p*rotein(예, ICP25)으로 명명되었다. 독특한 기능에 의해 처음 확인된 단백질들(예, Vhs = viral host shutoff protein)은 기능성 이름을 그대로 유지한다. 이러한 역사적 관례에 따라서 수많은 HSV 단백질들이 여러 가지 다른 이름들을 가지게 되었다. HSV의 환형 지도를 그림 24.2에 제시하였다.

정20면체형 캡시드는 피막 단백질들과 함께 외막으로 둘러싸여 있다

HSV 게놈은 6가지 단백질들로 이루어진 캡시드에 싸여 있다(그림 24.3). 주요 캡시드 단백질인 VP5(150 kDa)가 162개의 캡소머를 형성한다. 이들은 T = 16인 정20면체의 면에 150개의 6량체(hexamer)로 배열되고, 꼭지점에 12개의 5량체로 존재한다. 다른 캡시드 단백질인 VP26은 캡소머의 말단부에 위치한다.

적어도 10가지의 당단백질들(gB에서 gM까지)과 여러 비당화 막 단백질들을 포함하는 외막이 캡시드 주위를 둘러싼다. 대부분의 외막성 바이러스들과는 달리 캡시드와 외막 사이에 약 14가지 바이러스 단백질들을 포함하는 커다란 무정형 물질인 **피막(tegument)**이 존재한다. Herpesvirus가 세포에 감염하는 과정에서 피막 단백질들은 세포에 들어가고 이들 가운데 일부는 바이러스 성장주기에 중요한 기능을 수행한다. 심지어는 일부 바이러스 mRNA들도 피막에 포장되어 대부분의 바이러스 유전자들이 전사되기도 전에 새로 감염된 세포에서 번역될 수 있다.

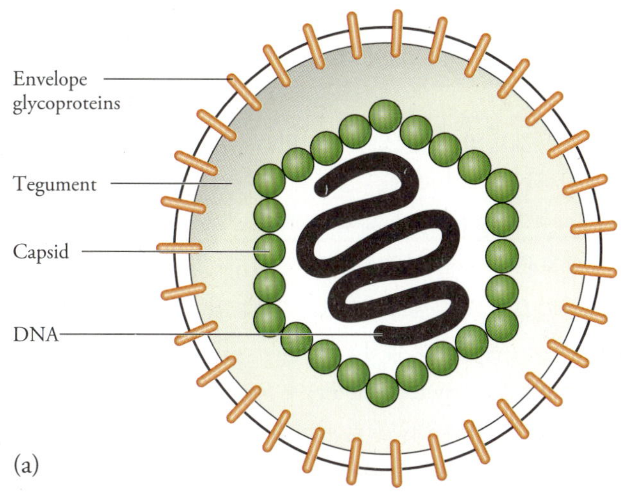

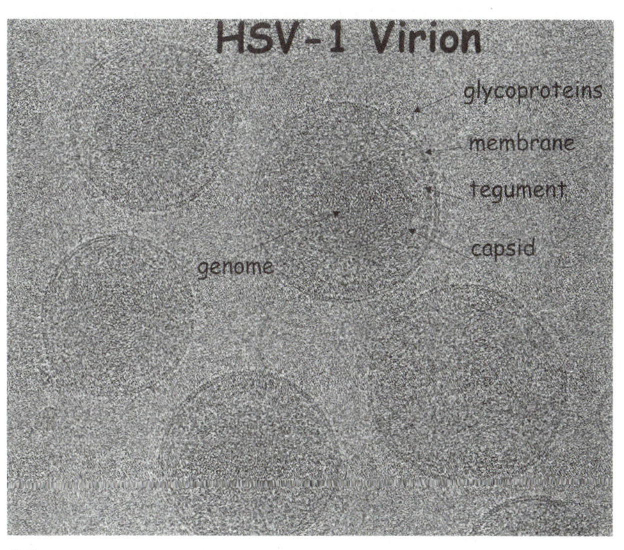

그림 24.3 Herpesvirus 비리온의 구조. (a) Herpesvirus 입자의 모식도. (b) Herpes simplex virus 1형의 동결전자현미경 사진.

융합에 의한 세포내 진입은 외막 당단백질들에 의하여 매개되고 원형질막 혹은 엔도좀에서 일어난다

처음에는 HSV가 외막 당단백질 gB와 gC를 통하여 세포 표면의 **헤파란 황산염 프로테오글리칸(heparan sulfate proteoglycan)**에 결합한다. 그 뒤에 외막 당단백질 gD가 세포 간 부착분자인 **넥틴 1(nectin 1)**이나 **종양괴사인자(tumor necrosis factor, TNF)** 수용체 패밀리에 속하는

herpesvirus entry mediator(HVEM)에 결합한다. 이들 두 가지 수용체들은 세포와 조직의 종류에 따라 서로 다르게 분포한다.

수용체와의 결합으로 바이러스 외막과 세포막의 융합이 일어난다. 이 과정은 3가지 당단백질들인 gB, gH 및 gL을 요구한다. 표적 세포에 따라서 융합은 원형질막 혹은 엔도좀에서 일어난다.

융합으로 뉴클레오캡시드와 피막 단백질들이 세포질에 방출된다. 뉴클레오캡시드는 일부 피막 단백질들과 함께 다이네인 모터(dynein motor)에 의해 세포의 미세소관 네트워크를 따라서 핵공으로 수송된다. 핵공에서 DNA는 캡시드에서 방출되어 핵 속으로 들어간다. 빈 캡시드는 핵공의 세포질 측면에 수 시간 머무르다 해체된다. 핵 속에서 DNA의 양 말단이 직접 이어지거나 말단에 있는 *a* 서열들 간의 재조합에 의하여 환형으로 전환된다. 환형의 DNA는 nuclear domain 10(ND10)으로 알려진 핵 구조물 근처에 위치하며 이곳에서 초기 전사가 일어난다. 진입 경로의 여러 단계들을 그림 24.4에 나타내었다.

바이러스 유전자들은 복제주기에 따라 순서적으로 발현된다

Herpesvirus 유전자들의 전사는 핵에서 세포 RNA 중합효소 II에 의하여 일어난다. 바이러스 유전자들은 복제주기 동안 발현되는 시기에 따라서 적어도 네 가지 그룹으로 나뉜다. *극초기(immediate early)* 혹은 α 유전자들의 전사는 감염 후 즉시 일어난다. 일부 α 유전자 산물들은 감염 후 4에서 8시간 사이에 발현되는 *초기(early)* 혹은 β 유전자들의 전사에 필요하다. β 유전자 산물들은 대부분 바이러스 DNA 복제에 관여한다.

대부분의 바이러스 유전자들은 *후기(late)* 유전자들로 γ_1과 γ_2로 구분된다. γ_1 그룹의 유전자들은 초기에 전사를 시작하지만 이들의 전사는 바이러스 DNA 복제가 시작된 이후에 여러 배 증가한다. 반면에 γ_2 유전자들의 발현은 DNA 복제가 시작된 이후에만 시작한다. β와 γ 유전자들은 HSV 게놈 전체에 흩어져 있지만 6가지 α 유전자들은 모두 역반복서열 *b*와 *c*의 내부 혹은 경계에 위치한다(그림 24.5). 또한 6가지 α 유전자들 가운데 3개가 인트론을 포함하지만 78개의 β 및 γ 유전자들 가운데에는 하나만이 인트론을 포함한다.

피막 단백질들은 바이러스 유전자 발현을 촉진하고 세포 mRNA를 분해하기 위하여 세포 기구와 상호작용한다

피막 단백질들의 일부에 대해서만 정확한 기능이 알려져 있다. 비록 세포 전사인자들만으로도 α 유전자들의 전사가 낮은 수준으로 일어날 수 있지만 이러한 발현으로는 적절한 양의 단백질들이 만들어지지 않는다. α-transinducing factor(α-TIF) 혹은 VP16으로 알려진 피막 단백질은 적어

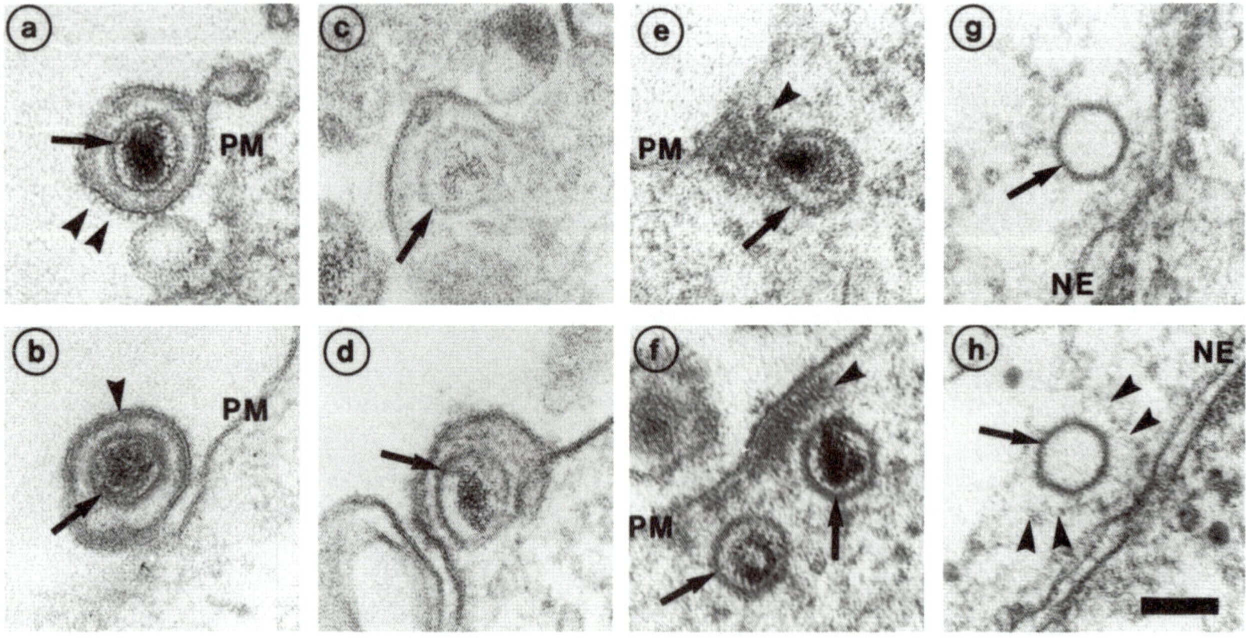

그림 24.4 Herpes simplex virus의 진입과 탈피. (a)와 (b)는 세포 표면에 결합한 바이러스를 나타낸다; (c)와 (d)는 바이러스 외막과 원형질막의 융합과정을 나타낸다; (e)와 (f)는 원형질막에서 외피(화살촉)로부터 떨어지는 뉴클레오캡시드(화살)를 나타낸다; (g)와 (h)는 DNA가 핵으로 방출된 이후에 핵공(화살촉으로 나타낸 섬유들)에 남은 빈 캡시드(화살)를 나타낸다. PM = 원형질막; NE = 핵막.

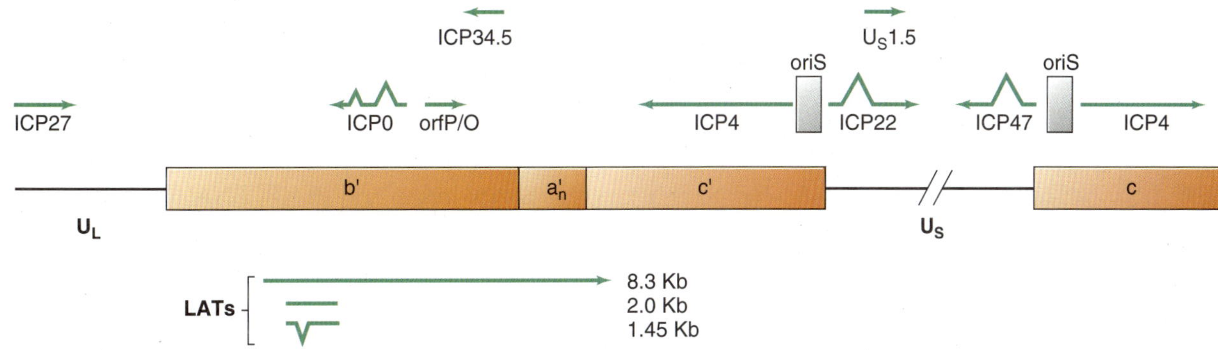

그림 24.5 Herpes simplex virus의 b와 c 영역의 전사지도. 위: 6가지 α 유전자들(ICP0, 4, 22, 27, 47 및 Us1.5)과 다른 유전자들(ICP34.5, ORF P/O)의 RNA들을 청색 화살표로 나타내었다. 인트론들은 V자로 연결된 중단 서열로 나타내었다. 두 벌의 OriS 양쪽에 α 유전자들이 위치한다. γ 유전자들을 포함하는 U_S 영역의 나머지 부위는 나타내지 않았다. 아래: latency-associated transcripts(LATs).

도 두 가지 핵심 세포 단백질들인 Oct-1 및 HCF-1과 복합체를 형성한다. 이 복합체는 공통 서열(TAATGARATT)에 결합한다. 이 서열은 다른 전사인자들의 결합 서열들과 함께 모든 α 유전자들의 프로모터 앞에 존재한다(그림 24.6). 이와 같이 결합한 단백질 복합체는 전사활성인자로 작용하여 α 유전자의 전사를 촉진한다. 따라서 α 유전자의 최적 발현은 감염과정에서 세포 내로 들어 온 피막 단백질에 의존한다.

또 다른 피막 단백질인 *v*irion *h*ost *s*hutoff(Vhs)는 U_L41 유전자 산물로서 여러 가지 세포 단백질들과 상호작용하고 감염 후 첫 수시간 동안 세포 및 바이러스 mRNA의 분해에 관여한다. 바이러스 mRNA는 분해되는 것 보다 더 빨리 합성되어 축적되지만 세포 mRNA의 합성은 다른 herpesvirus 단백질들에 의하여 저해되므로 더 빨리 감소한다. 따라서 바이러스 단백질 합성이 우세하게 일어난다. 또한 Vhs는 α 유전자 mRNA를 분해함으로써 바이러스 유전자 발현을 α에서 β와 γ 단백질 합성으로 전환시킨다. 흥미롭게도 Vhs의 RNA 분해 활성은 감염 후기에 새로 합성되는 VP16 및 VP22와의 결합으로 억제되고, 이 불활성 복합체는 자손 비리온 내로 들어간다. 따라서 감염후기에도 Vhs가 만들어지지만 많은 양의 후기 mRNA들이 분해되지 않고 번역될 수 있다.

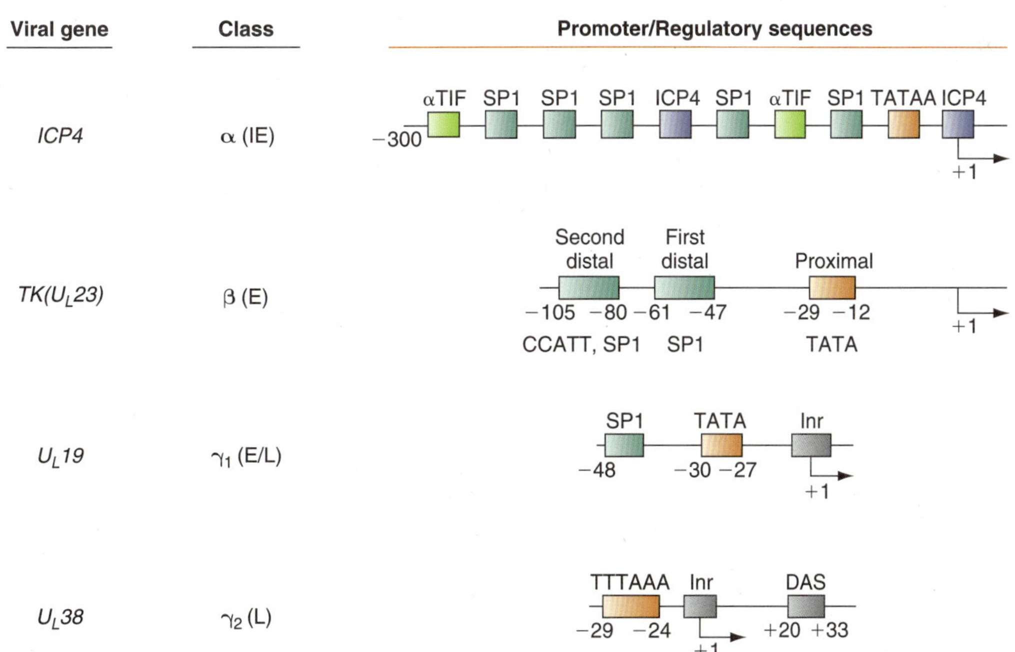

그림 24.6 Herpes simplex virus의 유전자 종류에 따른 프로모터 영역의 구조. 각 종류(α, β, γ_1 및 γ_2)에 속하는 유전자를 하나씩 나타내었다. +1 = 전사 개시부위. 상자들은 TATA box, 세포(SP1, CCAAT) 혹은 바이러스(αTIF, ICP4) 단백질들과 상호작용하는 서열 요소들을 나타낸다. Inr = initiator element; DAS = downstream sequence activator element.

극초기(α) 유전자들은 다른 herpesvirus 유전자들의 발현을 조절한다

α 유전자들의 주요 기능은 적절한 시기에 다른 유전자들의 발현을 조절하는 것이다. 6가지 α 유전자들 가운데 5가지 유전자 산물들(표 24.2)이 바이러스 및 세포 유전자들의 발현을 조절한다. ICP0과 ICP4를 암호화하는 유전자에 돌연변이가 일어나면 β와 γ 유전자들의 발현이 많이 감소된다.

ICP0은 감염이나 트랜스펙션으로 세포에 도입된 수많은 유전자들의 전사를 활성화시키는 강력한 전사활성인자이다. 또한 ICP0은 β와 γ 유전자들의 침묵을 해제하여 이들의 전사를 촉진한다. 반면에 ICP4는 이 유전자들의 프로모터에 세포 전사인자들을 끌어들인다(그림 24.6). ICP0은 또한 아직 완전히 이해되지는 않았지만 여러 가지 다른 경로들을 통하여 β 유전자들의 전사를 활성화시킨다.

감염 후 4시간이 지나면 α 유전자 산물의 합성 속도가 감소하는데 이에는 피막 단백질인 Vhs 이외에 여러 가지 다른 단백질들이 관여한다. ICP4는 자신의 프로모터 영역에 직접 결합하여 전사를 억제한다(그림 24.6). 다른 α 유전자 산물인 ICP27은 핵 속에서 스플라이스좀(splicesome)과 같은 위치에 존재하면서 RNA 스플라이싱을 저해한다. 이로 인하여 세포 유전자들의 발현 뿐만 아니라 인트론을 포함하는 세 가지 α 유전자들(ICP0, ICP22 및 ICP47)의 발현도 저해된다.

표 24.2 Herpes simplex virus α 단백질들의 기능

Protein	Activities
ICP0	Promiscuous activator of gene transcription (viral and cellular). Acts as ubiquitin ligase (E3). Localizes to nuclear domain 10 structures.
ICP4	Major regulatory protein, required for all β and γ virus gene expression. Binds to viral DNA; interacts with cellular transcription factors. Regulates transcription both positively and negatively.
ICP22 $U_S1.5$	Together with U_L13, enhance the expression of a subset of late genes through activation of cyclin-dependent cdc2.
ICP27	Early: colocalizes with spliceosomes and blocks RNA splicing. Late: shuttles between nucleus and cytoplasm to transport viral mRNAs.
ICP47	Binds to TAP1/TAP2 transporter, blocking presentation of antigenic peptides to immune system via MHC class I protein.

β 유전자 산물들은 바이러스 DNA 복제에 관여한다

대부분의 β 유전자들은 바이러스의 DNA 복제에 관여한다. 이들 가운데 7가지 단백질들은 DNA 복제의 필수적인 단계들을 수행한다(표 24.3). 다른 큰 DNA 바이러스들처럼 herpesvirus는 자기 자신의 DNA 중합효소를 만든다. 이 효소는 다른 바이러스 단백질들의 지시를 받아 HSV 게놈에 존재하는 세 개의 DNA 복제원들 가운데 하나에서 DNA 복제를 시작한다. 한 복제원(oriL)은 U_L 영역의 중간에 있고 다른 두 복제원들(oriS)은 U_S 영역 양쪽의 *c* 역반복에 있다(그림 24.2).

2개의 복제원들을 불활성화시켜도 바이러스가 배양세포에서 복제할 수 있으므로 바이러스가 세 개의 복제원들을 가지는 이유는 불확실하다. 복제원들은 서로 높은 상동성을 나타내며, 단일-가닥 DNA에서 줄기 구조를 형성할 수 있는 144 bp(oriL) 혹은 45 bp(oriS)의 중앙 회문 서열(central palindrome sequence)을 포함한다.

Polyomavirus의 복제원처럼 세 복제원들의 좌우에는 유전자들이 위치하며 이들의 프로모터는 복제원에서 방사상으로 진행하는 전사를 지시한다. 흥미롭게도 oriL의 양쪽에는 DNA 복제에 직접 관여하는 바이러스 단일-가닥 DNA 결합 단백질(U_L29)과 바이러스 DNA 중합효소(U_L30)를 암호화하는 유전자들이 위치한다. 두 벌의 oriS 좌우에는 ICP4, ICP22 및 ICP47을 암호화하는 중요한 조절성 α 유전자들이 위치한다.

처음에는 DNA 복제가 한 복제원으로부터 양방향으로 진행한다

Herpesvirus의 DNA 복제 메커니즘은 이에 관여하는 단백질에 대한 정보와 연구가 더 잘 이루어진 시스템들과의 비교를 통하여 유추될 수 있을 뿐이다. 이는 아직까지 *in vitro*에서 복제원-의존적인 herpesvirus DNA 복제를 재구성하는 것이 불가능하기 때문이다. 감염 세포에서 복제 중인 DNA는 커다란 분지성 머리-꼬리 다량체인 **연쇄체(concatemer)**로 발견된다. 이는 환형 주형으로부터 선형의

표 24.3 바이러스 DNA 복제에 관여하는 herpes simplex virus의 β 단백질들

Protein	Activity
U_L9	Binds to replication origins
U_L29 (ICP8)	Binds to single-stranded DNA
$U_L5 + U_L8 + U_L52$	Helicase-primase complex
U_L30	DNA polymerase
U_L42	Processivity factor

다량체를 만드는 **회전환 메커니즘(rolling circle mechanism)**에 의하여 DNA가 복제된다는 것을 의미한다. 분지된 구조는 연쇄체의 여러 복제원들에서 복제가 시작되거나 복제 중인 DNA 분자들 사이의 재조합으로 형성될 수 있다. 그러나 처음에는 환형의 바이러스 DNA에서 양방향으로 복제가 설정되고 나중에 회전환 복제로 전환된다.

복제원-결합 단백질(U_L9)이 먼저 oriS 혹은 oriL의 특정 10 bp 서열에 결합하여 단일-가닥 DNA 결합 단백질인 ICP8의 도움으로 DNA 두 가닥을 단일-가닥으로 풀어준다(그림 24.7). 세 가지 다른 β 단백질들(U_L5, U_L8 및 U_L52)로 구성된 DNA 헬리카아제/프리마아제 복합체가 단일-가닥 DNA에 결합하여 DNA 복제 개시의 첫 단계인 RNA 프라이머를 합성한다. 이 과정은 polyomavirus와 진핵세포의 DNA 개시 메커니즘과 비슷하지만 polyomavirus는 세포의 DNA 중합효소 α/RNA 프리마아제를 이용한다.

이 시점에서 U_L30 유전자 산물인 바이러스 DNA 복제효소가 RNA 프라이머에 결합하여 이를 DNA 사슬로 연장한다. DNA 중합효소에 결합하는 바이러스 단백질인 U_L42는 중합효소가 DNA에서 떨어지지 않고 상당한 거리에 걸쳐 DNA 사슬을 연장하도록 중합효소의 진행성을 향상시킨다. 따라서 U_L30과 U_L42 단백질은 각각 세포의 DNA 중합효소 δ와 PCNA의 기능을 한다(21장 참조). 이로 인하여 복제원에서 양방향으로 진행하는 2개의 복제 분기점들이 만들어진다(그림 24.7).

회전환 복제로 바이러스 DNA의 연쇄체가 생성된다

어느 시점에서 부모 DNA의 한 가닥이 절단되고 회전환 복제가 시작된다(그림 24.8). 이러한 복제 방식에서는 DNA 중합효소가 절단되지 않은 온전한 환형 주형가닥만을 복사하므로 하나의 선도 DNA 가닥만이 연장된다. DNA 중합효소가 환형 DNA 주위를 계속해서 돌면서 주형을 복사하면 다른 가닥이 주형에서 떨어져 나온다. DNA 헬리카아제/프리마아제 복합체가 DNA 중합효소와 함께 밀려 나오는 단일-가닥 DNA에서 상보적인 지연-가닥을 합성하여 선형의 이중-가닥 연쇄체를 생성한다.

HSV는 DNA 물질대사에 관여하는 단백질들도 만든다. Thymidine kinase(U_L23), ribonucleotide reductase (U_L39/U_L40) 및 deoxyuridine triphosphatase (U_L50)는 DNA 복제에 단위체로 이용되는 NTP의 생성에 관여하며, uracil N-glycosylase(U_L2)는 DNA 회복에 필요하다. 이 유전자들은 비분열 세포(예, 뉴런)에서 일어나는 바이러스 복제에 필수적이지만, 분열 세포에서는 이 효소들과 기능이 동일한 세포 단백질들이 존재하므로 필요하지 않다.

DNA 복제는 γ_1과 γ_2 유전자들의 활성화를 유도한다

비록 γ_1 유전자들이 바이러스 DNA가 복제되기 전에도 전사될 수 있지만 이들은 바이러스 DNA 복제 이후에 최적으로 발현된다. 이는 아마도 전사에 이용되는 주형 DNA의 수가 DNA 복제로 증가하기 때문일 것이다. 반면에 γ_2 유전자들의 전사는 전적으로 바이러스 DNA 합성에 의존한다. 이 유전자들은 바이러스 구조 단백질들, 캡시드의 조립과 바이러스 DNA의 포장에 관여하는 단백질들, 그리고 아직 기능이 알려지지 않은 많은 단백질들을 암호화한다.

대부분의 γ_2 유전자 프로모터들은 전사 개시부위 앞에 세포 전사인자들이 결합하는 서열을 극소수로 가지거나 전혀 포함하지 않는다. 그러나 많은 γ_2 유전자들은 전사 개시부위 아래쪽에 위치한 하부 활성화 서열들을 가진다(그림 24.6).

후기 유전자들의 발현은 세 가지 α 단백질들(ICP4, ICP22, ICP27)과 U_L13 단백질 키나아제에 의하여 엄격하

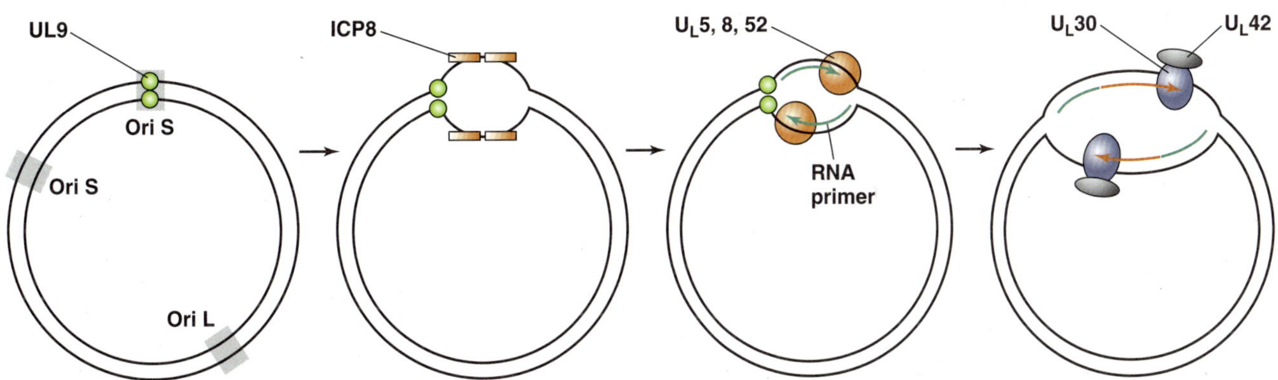

그림 24.7 양방향 DNA 복제의 확립. 복제는 세 개의 복제원들 가운데 하나에서 시작한다. RNA 프라이머는 청색, 새로 합성된 DNA는 주황색으로 표시하였다.

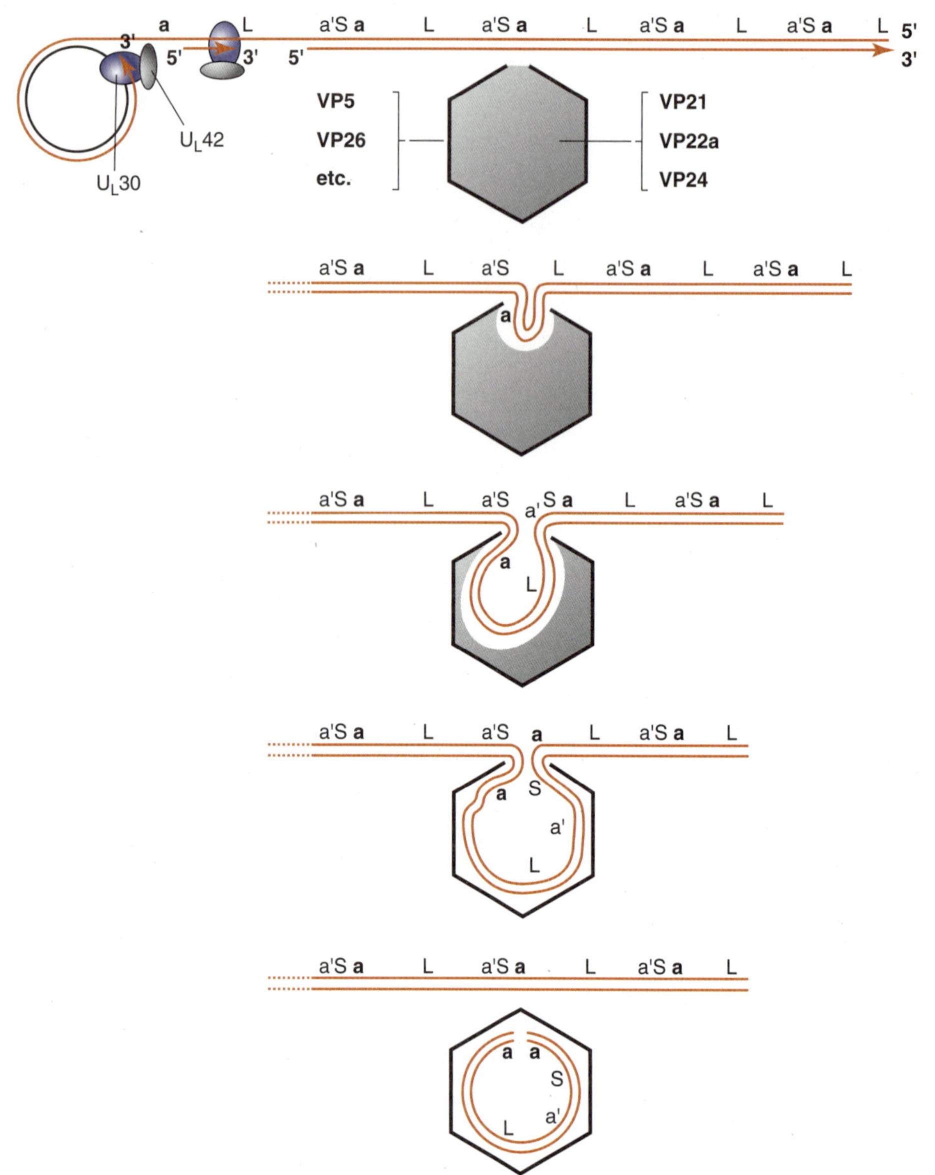

그림 24.8 Herpesvirus DNA의 포장. 맨 위: Herpesvirus DNA 중합효소(U$_L$30)와 진행성 인자(U$_L$42)에 의하여 매개되는 회전환 복제로 herpesvirus DNA의 머리-꼬리식의 연쇄체가 생성된다. **a** = 말단 *a* 반복; L 및 S = 긴 성분과 짧은 성분; *a′* = 내부 *a* 반복(*b*와 *c* 영역은 나타내지 않았음). 아래: VP5와 다른 캡시드 단백질들로 이루어진 캡시드 전구체가 발판 단백질들(회색으로 나타낸 VP21, VP22a, VP24) 주위에 형성된다. 말단 *a* 반복을 인식하고 게놈-길이의 선형 DNA 단편으로 절단하는 포장 단백질들의 지시에 따라 캡시드 전구체가 바이러스 DNA를 포장한다. 이 과정에서 발판 단백질들은 캡시드에서 빠져 나온다.

게 조절된다. ICP4, ICP22 및 ICP27은 DNA 복제가 시작된 이후에 핵에서 생겨나는 복제/전사 공장에 위치한다. ICP22와 U$_L$13은 유사분열 **사이클린-의존적 단백질 키나아제(cyclin-dependent protein kinase, Cdk)**인 cdc2를 활성화시키고, 이는 다시 바이러스 DNA 중합효소 진행성 인자(processivity factor) 및 **국소이성화효소(topoisomerase)** IIα와 복합체를 형성한다. Cdc2의 활성화로 γ_2 유전자의 발현이 증가하지만 정확한 메커니즘은 알려지지 않았다. 회전환 복제과정에서 효과적인 전사를 위해서는 풀어져야 하는 DNA 매듭이 생성된다는 설이 있다. 또한 RNA 중합효소 II의 C 말단 영역(CTD)이 cdc9, ICP22 그리고 U$_S$2 및 U$_L$13 단백질 키나아제에 의해 인산화된다. 후기 단백질들의 합성이 시작되면서 ICP27은 핵과 세포질을 왕래하면서 바이러스 mRNA를 세포질로 수송한다.

바이러스 뉴클레오캡시드는 핵 속의 발판에서 조립된다

주요 캡시드 단백질 VP5와 다른 여러 단백질들이 발판(scaffold) 주위에 축적되면서 DNA를 가지지 않는 미성숙 캡시드가 먼저 조립된다(그림 24.8). 이는 박테리오파지 λ

가 빈 캡시드를 먼저 만들고 DNA를 채우는 방식과 유사하다(8장). 세 가지 후기 단백질들인 VP21, pre-VP22a 및 VP24가 발판을 형성한다. VP24는 전구체인 자신을 절단하여 절단 산물인 VP21을 생성하는 바이러스 프로테아제이다.

여러 가지 바이러스 후기 단백질들과 DNA 말단 근처의 *a* 서열에 위치한 매우 보존적인 포장부위(pac1 및 pac2)의 상호작용으로 연쇄체 형태의 바이러스 DNA가 절단되고, 단위 길이의 바이러스 DNA가 미리 형성된 캡시드에 채워진다. 바이러스 DNA의 캡시드 진입은 캡시드의 한 꼭지점에 위치한 U_L6 단백질 다량체에 의하여 수행되고 여러 가지 다른 비구조 단백질들도 이에 관여한다.

DNA 포장은 충분한 길이의 DNA가 주입되고 포장기구가 DNA의 다음 *a* 서열과 마주치면 완성된다(그림 24.8). 포장된 DNA는 말단 *a* 서열의 좌우에 존재하는 20 nt 직반복서열 내의 특정 부위가 절단되면서 연쇄체에서 분리된다. 그 뒤에 발판이 해체되고 발판 단백질들이 캡시드에서 방출된다. DNA 포장은 캡시드의 형태 변화를 유도하여 캡시드가 밀봉된다.

외막 형성과 탈출: 세 가지 가능한 경로들

대부분의 외막성 바이러스들은 세포질막이나 원형질막에서 출아함으로써 감염성 비리온을 형성한다. Herpesvirus의 뉴클레오캡시드는 핵에서 조립되므로 핵에서 빠져 나오고 외막을 획득해야 한다. Herpesvirus는 핵에서 탈출하는 수단으로 핵막을 외막 형성에 이용하는 것 같다. 이들은 핵 내막을 통하여 핵 내막과 외막 사이의 **내강(lumen)**으로 출아하여 외막과 외피 단백질 층을 획득한다(그림 24.8). 그 다음 비리온은 내강에서 세포 밖으로 수송된다.

바이러스 입자들이 세포를 빠져 나가는 메커니즘에 대해 세 가지 설들이 제안되었다. 단일 핵 착외막설(single nuclear envelopment theory)에 의하면(그림 24.9의 모델 1), 비리온은 외막을 유지하고, 핵 외막에서 출아하는 소낭 속에서 골지막으로 수송된다. 착외막/탈외막설(envelop-

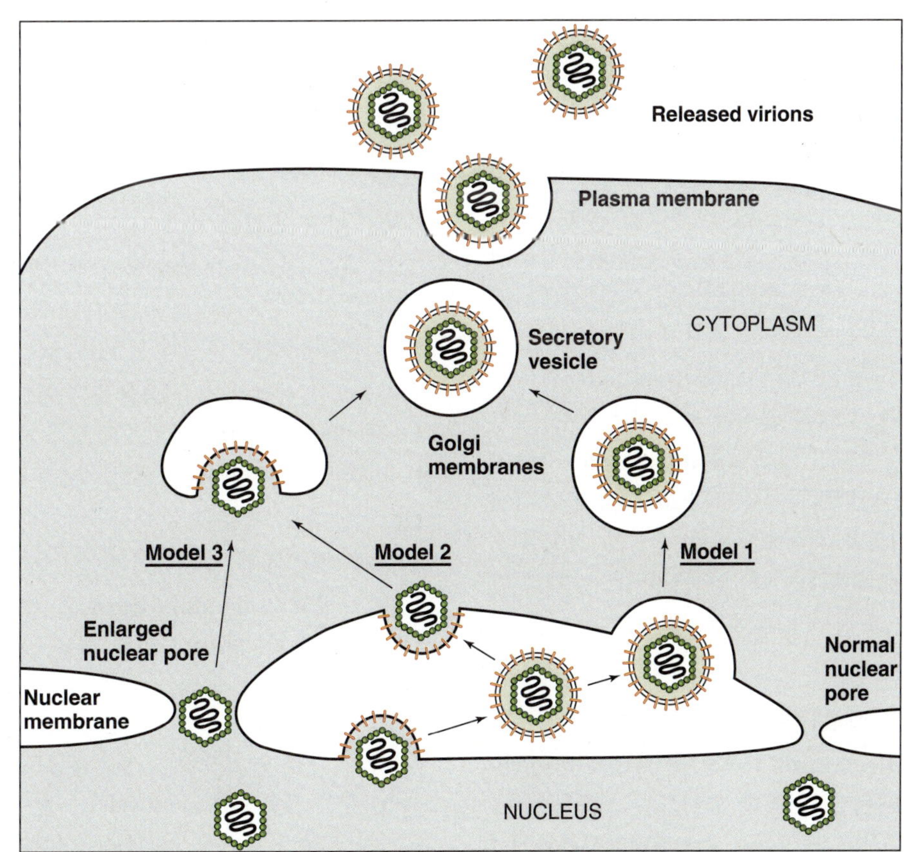

그림 24.9 **Herpesvirus의 외막 획득과 비리온 탈출.** 뉴클레오캡시드는 핵 속에서 조립된다. 바이러스가 외막을 획득하고 세포에서 탈출하는 경로에 대해 세 가지 설들이 제안되었다. "단일 핵 착외막" 모델(1)에서는 핵 내막을 통한 출아로 바이러스가 외막을 획득한 뒤 핵 외막에서 유래하는 소낭에 비리온이 둘러싸여 추가적인 외막 획득이 일어나지 않고 원형질막으로 수송된다. "착외막/탈외막" 모델(2)에서는 캡시드가 핵 내막을 통하여 출아하는 과정에서 외막을 획득한 뒤 핵 외막과의 융합으로 외막을 상실하고 골지막에서 다시 외막을 획득한다. "단일 세포질 착외막" 모델(3)에서는 확장된 핵공을 통하여 캡시드가 세포질로 이동하고 골지막에서 외막을 획득한다. 세 가지 모델 모두에서 수송소낭이 원형질막과 융합하면 비리온이 세포외 공간으로 방출된다.

ment/de-envelopement theory)에 의하면(그림 24.9의 모델 2), 비리온은 핵 외막과의 융합으로 외막을 상실하고 뉴클레오캡시드를 세포질에 방출한다. 이러한 뉴클레오캡시드는 골지막에서 출아하여 외막을 다시 획득한다. 두 가지 경로에서 모두 외막 단백질들은 골지체에서 당화되고 성숙한 비리온은 분비 소낭을 통하여 세포 밖으로 수송된다.

단일 세포질 착외막설(single cytoplasmic envelopment theory)은 바이러스 복제 동안에 핵공이 확대되고 골지막이 분절되는 현상에 기초하여 제안되었다. 이 가설에 따르면 뉴클레오캡시드가 확대된 핵공을 통하여 세포질로 빠져 나오고(그림 24.9의 모델 3), 분절된 골지막에서 유래하는 다소낭성 막 구조물에서 외막을 획득한다.

많은 바이러스 유전자들이 감염에 대한 숙주 반응의 차단에 관여한다

*In vitro*에서 배양한 세포에서 바이러스 복제를 위해서는 비교적 적은 수의 유전자들이 필요하며 현재까지 84개의 유전자들 가운데 최대 37개가 확인되었다. *In vitro*에서 바이러스 복제에 불필요한 유전자들 가운데 다수는 감염에 대한 숙주 반응을 억제한다. 이에 대한 활발한 연구가 진행되고 있으며, 이는 herpesvirus가 숙주 동물에서 어떻게 생존하고 번성하는지를 이해하는 데 도움을 준다.

Vhs와 ICP27. 감염 초기에서 활성화되는 스트레스 반응은 수백 가지 세포 유전자들의 전사를 유도한다(33장). 세포에 미리 존재하던 mRNA 뿐만 아니라 새로 합성되는 세포 mRNA들의 대부분은 RNase A와 유사한 기질 특이성을 가지는 엔도리보뉴클레아제(endoribonuclease)인 Vhs에 의하여 분해된다. Vhs의 표적들 가운데 일부는 감염에 대한 주요 숙주 반응인 **인테페론(interferon)** 경로의 활성화에 관여하는 단백질들이다. ICP27은 감염 초기에 mRNA의 스플라이싱을 저해하여 숙주 반응을 저지한다. 또한 감염 후기에는 세포 DNA의 염색질 구조 변화로 인하여 세포 유전자들의 전사가 대폭 감소한다.

ICP47. HSV는 면역계에 항원 펩티드의 제시를 저지한다(34장 참조). 새로 합성된 바이러스 단백질들의 일부는 특히 잘못 접힘의 결과로 인하여 **프로테아좀(proteasome)**에서 펩티드로 분해된다. 이러한 펩티드는 소포체로 수송되어 최종적으로 세포 표면에서 **주조직적합성복합체 I 종(major histocompatibility complex class I, MHC-1)** 단백질에 의하여 면역계에 제시된다. 바이러스 단백질인 ICP47은 항원 펩티드의 수송 단백질(TAP1/TAP2)에 결합하여 소포체 내로의 펩티드 수송을 막아 항원 제시를 저해한다.

ICP34.5. Hepesvirus의 유전자들은 조밀하게 배치되어 있으며 DNA 양 가닥에서 전사가 일어난다. 감염 후기에 폴리아데닐화 신호들이 흔히 제대로 인식되지 못하여 전사가 연장되어 서로 결합할 수 있는 상보적인 RNA들이 대량으로 축적된다. 이렇게 만들어진 이중-가닥 RNA는 세포 단백질인 이중-가닥 **RNA-의존적 단백질 키나아제(RNA-dependent protein kinase, PKR)**를 활성화시킨다. 활성화된 PKR은 진핵세포 개시인자 2의 한 소단위체(eIF-2α)를 인산화시켜 단백질 합성을 중단시킨다(33장 참조). 활성화된 PKR은 또한 중요한 세포 전사인자인 **NFκB**의 활성화를 유도한다.

ICP34.5는 단백질 탈인산화효소 1α(protein phosphatase 1α)에 결합하여 eIF-2α의 효과적인 탈인산화를 지시함으로써 PKR의 활성화 효과를 무력화시킨다. ICP34.5의 C 말단 영역은 세포 단백질인 GADD34의 한 영역과 상동성을 나타낸다. 이는 HSV가 감염 세포에서 단백질 합성을 조절하는 세포 유전자의 일부를 획득하였음을 의미한다. PKR은 감염에 대한 숙주 감수성을 결정하는 핵심 인자이다. 실제로 $\gamma_1$34.5 유전자가 제거된 herpesvirus 돌연변이체는 독성이 매우 약하다. 그러나 이 돌연변이체도 PKR을 조절하는 인터페론 경로의 성분이 결핍된 마우스에서는 완전한 독성을 나타낸다.

ICP0. 감염 동안에 세포 내로 도입된 바이러스 DNA는 ND10 혹은 전골수성 백혈병 단백질인 PML을 포함하기 때문에 PML 구조물이라고 알려진 핵체(nuclear bodies)에 축적된다. 새로 합성된 ICP0도 ND10 구조에 위치하며 이곳에서 여러 가지 기능들을 수행한다. ICP0은 ND10 구조물 내의 염색질에서 히스톤 탈아세틸화 효소(HDAC)를 제거함으로써 탈아세틸화된 히스톤의 강한 DNA 결합으로 인한 전사 침묵을 완화시킨다. ICP0은 또한 PML과 SP100을 비롯한 ND10의 여러 성분들을 분해하는 E3 **유비퀴틴 이음효소(ubiquitin ligase)**로 작용하여 ND10의 성분들을 제거한다. PML이 없는 세포들은 외래 인터페론에 반응하지 못하는 것 같다.

세포자살 억제 유전자들. 세포예정사(programmed cell death) 혹은 **세포자살(apoptosis)**은 일련의 복잡한 과정들을 거쳐 세포가 자신을 파괴하는 현상이다(그림 33.4). 바이러스 복제는 세포자살을 유도할 수 있는 자극이다. 최근 연구에 의하면, 세포자살은 감염에 대한 숙주의 1차 방어선으로 작용하며, HSV는 다른 많은 바이러스들처럼 이러한 숙주 반응을 저지하기 위하여 여러 메커니즘들을 개발하였다. 따라서 자손 바이러스들이 만들어지기 전에는 감

염 세포가 스스로 죽지 못한다.

HSV는 바이러스 유전자 발현이나 삼투 충격, 열 충격 및 Fas 리간드 상호작용과 같은 외래 요인들에 의해 유발되는 세포자살을 저지할 수 있다. 그러나 적어도 4가지 바이러스 돌연변이체들은 세포자살을 막을 수 없다. 이 돌연변이체들은 (1) 외막 단백질인 gD가 없거나; (2) 비리온을 적절하게 조립하지 못하는 온도-민감성 U_L36 피막 단백질을 가지거나; (3) 중요한 바이러스 조절 단백질인 ICP4 혹은 ICP27이 없거나; (4) U_L39에 의하여 암호화되는 ribonucleotide reductase의 주요 소단위체를 만들지 못한다. 이러한 돌연변이체들의 분석을 통하여 적어도 세 가지 바이러스 유전자들이 세포자살의 억제에 관여한다는 것이 밝혀졌다. gD 유전자가 없는 돌연변이체에 의하여 유도되는 세포자살은 감염 세포에 gD 혹은 gJ의 발현으로 저지될 수 있다. ICP4 유전자를 가지지 않는 돌연변이체에 의해 유도되는 세포자살은 U_S3 유전자에 의하여 암호화되는 단백질 키나아제에 의하여 저지된다. 이 키나아제는 미토콘드리아 단계 전후에서 세포자살을 저지하지만 그 표적은 알려지지 않았다.

HSV는 뉴런에 잠복감염을 확립한다

잠복성(latency)은 모든 herpesvirus들이 자연 숙주에서 나타내는 공통적인 특징이다. 인간과 실험동물계에서 HSV는 감염 부위의 피부 혹은 점막 세포에서 복제하여 감염성 바이러스를 생성한다. 자손 비리온들과 드물게는 처음 감염한 바이러스들이 신경 말단에 감염한다. 이들은 엑손을 따라서 **배근신경(dorsal root neuron)**의 세포체로 **역행 수송(retrograde transport)**된다. 바이러스 DNA는 뉴런의 핵 속으로 들어가서 환형으로 전환되어 휴면 상태로 남는다; 전사는 억제되고 바이러스 DNA 복제는 일어나지 않는다.

여러 가지 인자들이 뉴런에서 바이러스 유전자의 발현을 억제한다. 앞서 언급한 바와 같이 herpesvirus의 α 유전자 발현은 바이러스 피막 단백질 VP16과 두 가지 세포 전사인자들인 Oct-1과 HCF-1의 복합체에 의하여 활성화된다. 이 복합체는 α 유전자 프로모터에 결합하여 전사를 촉진한다. VP16은 바이러스 감염으로 뉴런에 들어가지만 감염 부위에서 엑손을 따라 멀리 떨어진 뉴런의 핵까지 도달하지 못한다. 더구나 뉴런에는 HCF-1과 결합하여 활성 전사인자 복합체의 형성을 저해하는 Luman과 Zhangfei라고 하는 두 가지 전사인자들이 있다. α 유전자의 전사가 일어나지 않으면 latency-associated transcripts(LATs)라고 하는 RNA를 제외하곤 나머지 유전자들은 발현되지 않는다.

LAT는 안정한 인트론을 가진다

HSV의 LAT는 *b* 반복서열에서 만들어지는 8.3, 2, 그리고 1.45 kb의 RNA이다. 이들은 ICP0 mRNA와 상보적이다(그림 24.5). 놀랍게도 2 kb와 1.45 kb의 RNA는 안정한 올가미 구조(lariat structure)로 핵에 축적된다. 이러한 올가미 구조는 RNA 스플라이싱과정에서 인트론으로부터 생겨난다; 따라서 이 두 가지 LAT는 안정한 인트론들이다. 인트론은 보통 스플라이싱이 일어난 직후에 빠르게 분해되므로 이들의 세포 내 축적은 매우 특이한 현상이다. 2 kb와 1.45 kb RNA는 아마도 8.3 kb LAT에서 스플라이싱된 것으로 여겨지지만 전체 길이의 전사물은 거의 축적되지 않는다. 이들은 해독틀을 가지고 있지만 LAT RNA가 어떤 단백질을 발현한다는 증거는 없고 핵 속에 인트론으로 축적되므로 mRNA로 작용하지는 않는 것 같다.

LAT의 역할에 대해서는 아직 논란의 여지가 많다. 일부 학자들은 이들이 microRNA로 작용하여 ICP0과 ICP34.5의 발현을 안티센스 메커니즘으로 저해함으로써 바이러스의 유전자 발현을 억제한다고 제안하였다. 전사가 폴리아데닐화 부위 너머까지 연장되면 ICP4 mRNA에 대한 안티센스 RNA도 생성된다. 비록 일부 모델계에서 LAT가 생산적 감염을 억제함으로써 잠복감염의 효율을 증가시킬 수 있었지만, LAT가 잠복성의 확립에 필수적인 것은 아니다. LAT는 또한 세포자살로부터 세포를 보호함으로써 낮은 수준의 바이러스 단백질들을 발현하는 뉴런의 생존에 기여하는 것 같다.

인간에서는 물리적 혹은 정서적인 스트레스, 고열, 자외선 노출, 월경 등의 국소적인 혹은 전신적인 자극들이 잠복성 HSV의 재활성화를 유도한다. 감각 뉴런에서 낮은 수준의 바이러스 전사물들이 만들어져 소량의 자손 비리온들이 형성된다. 바이러스는 엑손을 따라 바이러스가 복제할 수 있는 점막 부위로 수송된다. 이로 인하여 국소적인 병변이 유발되지만, 바이러스 전파는 보통 숙주의 염증 및 면역반응에 의하여 제한된다.

EPSTEIN-BARR VIRUS

Epstein-Barr virus는 아프리카 어린이의 림프종에서 발견되었다

Epstein-Barr virus(EBV)는 성인의 95% 이상에 감염되어 있는 매우 성공적인 병원체이다. 대부분의 1차 감염은 어린 시절에 일어나며 거의 무증상이거나 인식되지 않는다. 청소년기나 성인이 된 이후에 이 바이러스에 감염되면 감염성 단핵구 증가증(infectious mononucleosis)이 유발될 수 있다. 이 질병의 증상은 감염된 B 세포들이 증식하고 이들이 활성화된 T 림프구에 의해 파괴되면서 나타난다.

Denis Burkitt은 아일랜드의 외과의사로 우간다의 캄팔라에서 활동하였다. 그는 1957에 림프종으로 양 턱이 부풀어 오른 어린 소년을 진료하였다. 이 림프종은 아프리카 어린이들에게 발생하는 가장 흔한 암으로, 몸의 다른 부위로 전파되면 흔히 치명적인 질병이 된다. Burkitt은 이 종양에 관심을 가지고 사하라 이남의 림프종 빈도를 기록하기 시작하였다. Burkitt은 이 림프종을 앓는 환자들의 지리적 분포가 말라리아의 발생 지역과 밀접하게 관련되어 있음을 발견하고 전염성 감염체와의 관련성을 제안하였다.

Anthony Epstein은 1961년에 런던의 Middlesex Hospital에서 Burkitt의 강의를 들었다. Epstein과 그의 동료인 Yvonne Barr는 즉시 Burkitt과 공동연구를 시작하였으며 우간다에서 보내 온 생체 조직들을 검사하였다. 이들은 1964년에 종양 생체 조직에서 배양한 세포들이 herpesvirus-유사 입자들을 만든다는 것을 발견하였다; 이 새로운 herpesvirus는 Epstein-Barr virus로 명명되었다.

1967년에 필라델피아에서 일하던 Werner와 Gertrude Henle는 EBV가 감염성 단핵구증가증을 유발하는 병원체임을 발견하였다. 그 뒤에 비인두암과 호지킨 림프종을 포함한 여러 가지 질병들이 EBV의 감염과 관련이 있음이 밝혀졌다. Burkitt 림프종과 말라리아의 관련성에 대해서는 말라리아 감염으로 면역계가 약화된 상태에서 EBV에 감염되면 림프종이 쉽게 발생하는 것으로 설명할 수 있다.

Epstein-Barr virus는 점막 상피세포와 B-림프구에 감염한다

EBV 게놈의 크기는 약 180 kb로 HSV의 것과 비슷하다. 이는 하나의 주요 반복서열 요소(IR1)와 이보다 작은 3개의 내부 반복 요소들(IR2~IR4) 사이에 존재하는 5개의 독특한 서열 요소들(U1~U5)을 포함한다(그림 24.10). 주요 내부 반복 요소는 바이러스 변종에 따라서 6~12개의 3 kb 직렬 반복서열들(tandem repeats)을 가진다. 3개의 복제원이 있다; 이들 가운데 둘(ori-Lyt)은 생산적 감염에 이용되고, 하나(Ori-P)는 잠복감염에 이용된다. HSV처럼 EBV의 DNA도 세포에 들어가면 말단 반복서열(TR)을 통하여 환형으로 전환된다.

EBV는 구강 점막의 상피세포에서 일시적으로 복제하여 자손 바이러스를 타액에 방출한다. 이러한 생산적 주기는 타인으로의 바이러스 전파와 구강에서 휴지 상태의 B-림프구 감염에 중요하다(그림 24.11). 하지만 B 림프구가 감염되면 제한된 종류의 잠복 유전자들만이 발현되고 자손 바이러스가 더 이상 생성되지 않는 장기간의 잠복감염이 확립된다.

B 림프구에 감염하는 EBV의 능력은 B 림프구의 표면에서 발견되는 두 가지 핵심 단백질들인 CD21과 HLA class II와의 결합에 의하여 결정된다. CD21은 **보체(complement)** 수용체이고, HLA class II(MHC class II로도 알려짐)는 면역 인식에 관여한다(34장 참조). 바이러스 외막 단백질인 gp350/220이 CD21에 결합하면 엔도좀 소낭으로 바이러스의 진입이 유도된다. 바이러스 외막 단백질 gp42는 HLA class II에 결합하여 바이러스의 진입을 돕는다. gp42는 바이러스 외막 당단백질들인 gH 및 gL과 복합체를 이루고, 이 복합체는 gB와 함께 엔도좀 막과의 융합을 매개하여 뉴클레오캡시드를 세포질에 진입시킨다.

흥미롭게도 B 림프구에서 만들어지는 비리온에서는 gp42의 양이 적다. 이는 아마도 gp42가 바이러스를 생성

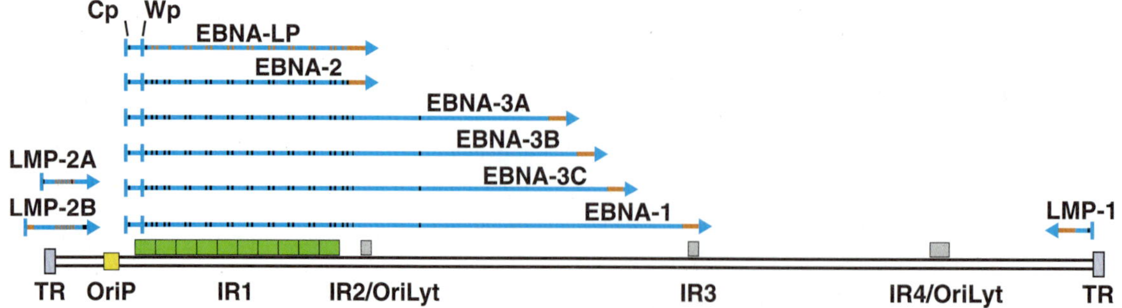

그림 24.10 Epstein-Barr virus의 선형 게놈과 잠복감염과정에서 발현되는 전사물들. 바이러스의 감염이 이루어지면 게놈이 환형으로 전환되지만 편의상 선형 게놈으로 나타내었다. EBNA mRNA들은 프로모터 Cp 혹은 Wp에서 시작한 긴 전사물의 차별적인 스플라이싱과 3′ 가공으로 생성된다. LMP-1과 LMP-2A 유전자는 양방향성 프로모터로부터 전사된다. LMP-2B는 LMP2A 개시부위 바로 앞에 위치한 프로모터에서 전사되고 5′ 끝 근처의 엑손이 하나 추가된다. TR = 말단 반복; IR = 내부 반복; OriP와 OriLyt는 각각 잠복감염과 용해성 감염에 이용되는 복제원이다. RNA 전사물은 청색으로 나타내었다; 수직선은 5′ 끝을, 화살표는 3′ 끝을 나타낸다. 선의 검은 부위들은 인트론을 나타내고 열린 해독틀은 주황색으로 나타내었다

하는 세포의 표면에서 HLA class II 단백질에 결합하여 바이러스 외막 형성에 덜 이용되기 때문인 것 같다. B 림프구에서 생성된 바이러스는 B 림프구에 대한 감염성은 낮지만 상피세포에 대한 감염성은 오히려 향상되어 생산적인 감염과 바이러스 전파가 일어날 수 있다.

EBV는 잠복감염된 B 림프구에서 제한된 종류의 단백질들을 발현한다

두 가지 종류의 바이러스 단백질들 즉, *E*pstein-*B*arr *n*uclear *a*ntigens(EBNAs)와 *l*atent *m*embrane *p*roteins (LMPs)이 잠복감염된 B 림프구에서 생산된다. 6가지 EBNA들(EBNA-1, -2, -3A, -3B, -3C 및 LP)은 Ori-P 근처에서 시작하여 EBV 게놈의 거의 절반까지 전사가 연장되어 만들어지는 180 kb의 긴 1차 전사물이 차별적으로 스플라이싱되어 만들어진다(그림 24.10). EBNA-LP는 엑손이 IR1의 반복서열 내에 존재하며 여러 번 스플라이싱된 전사물에서 만들어진다. 나머지 5개의 EBNA들은 IR1의 아래쪽에 위치한 암호화 영역들에서 만들어진다. 세 가지 LMP들(LMP-1, -2A 및 -2B)은 환형 게놈의 말단 반복요소에서 양 방향으로 배열된 암호화 영역들에서 만들어진다.

감염된 B 림프구에서 세 가지 패턴의 유전자 발현이 확인되었다. 이들을 잠복성(latency) I, II 및 III이라고 한다(그림 24.11). B 림프구의 1차 감염은 잠복성 III을 확립한다; 여섯 가지 EBNA들, 세 가지 LMP들 그리고 여러 가지 작은 RNA들이 이들 세포에서 발현된다. 이러한 조건에서 B 림프구는 빠르게 세포분열을 진행하고 B 림프구 집단이 증폭된다. *In vitro*에서의 EBV 감염으로 불멸화된 배양 인간 B 림프구도 잠복성 III 패턴의 유전자 발현을 한다.

감염된 B 림프구의 표면에 바이러스 단백질들이 발현되면 숙주는 감염된 B 림프구의 대부분을 공격하여 죽이는 세포 독성 T 림프구(cytotoxic T lymphocyte)를 생성한다(34장 참조). B 림프구 집단의 증폭과 세포 독성 T 림프구에 의한 이들의 사멸이 감염성 단핵구증가증의 질병 증상을 초래한다. 생존한 일부 B 림프구들은 잠복성 II 발현 패턴을 나타낸다. 이 세포들은 EBNA-1과 세 가지 LMP들, 그리고 작은 바이러스 RNA들만 발현한다. 비인두암(nasopharyngeal carcinoma)에서 유래한 세포들은 잠복성 II 유전자 발현 패턴을 나타낸다.

잠복감염된 B 림프구들은 결국 세포주기를 중단하고 오래 사는 기억 B 림프구(memory B lymphocytes)로 분화한다. 이 세포들은 작은 바이러스 RNA들만 발현하고 어떤 경우에는 EBNA-1도 발현한다. 이를 잠복성 I 유전자 발현 패턴이라고 한다. 높은 면역성을 지니는 바이러스 단백질들의 발현을 제한하면 바이러스가 면역 감시를 피할

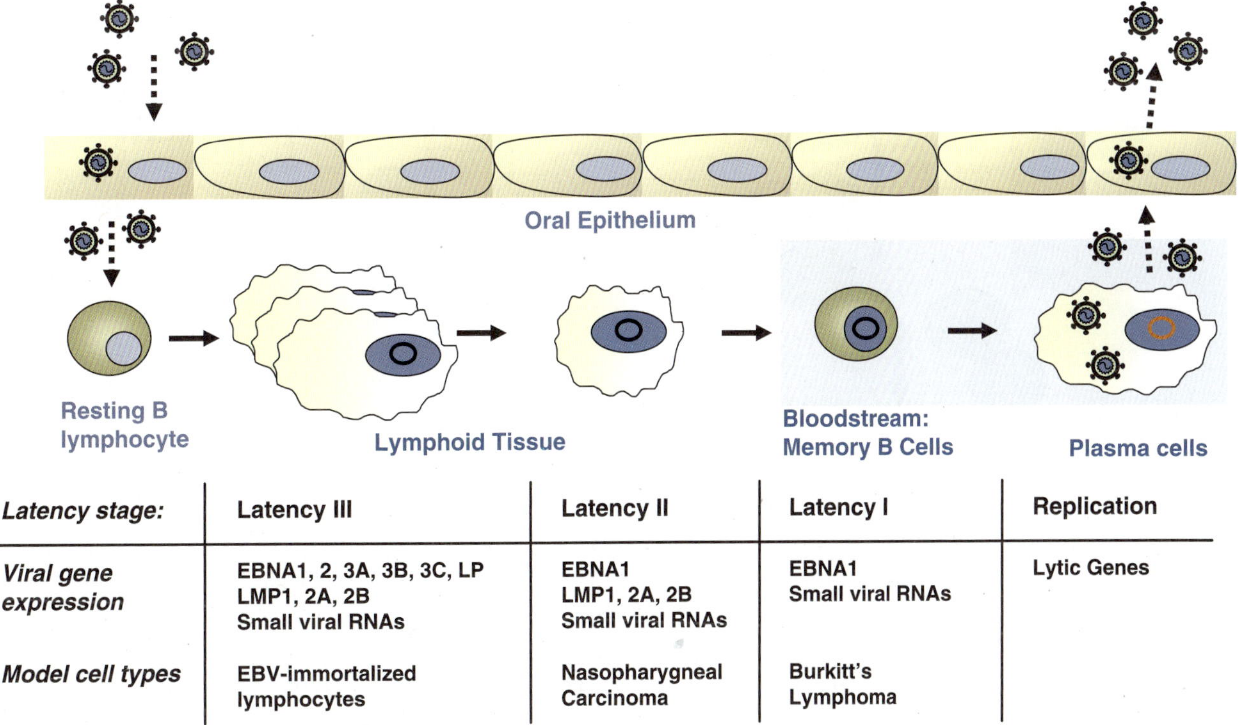

Latency stage:	Latency III	Latency II	Latency I	Replication
Viral gene expression	EBNA1, 2, 3A, 3B, 3C, LP LMP1, 2A, 2B Small viral RNAs	EBNA1 LMP1, 2A, 2B Small viral RNAs	EBNA1 Small viral RNAs	Lytic Genes
Model cell types	EBV-immortalized lymphocytes	Nasopharygneal Carcinoma	Burkitt's Lymphoma	

그림 24.11 Epstein-Barr virus의 감염과정과 잠복감염 단계.

수 있으므로 이러한 잠복감염 세포들은 생존할 수 있다. EBV에 감염된 사람은 혈액 속의 B 림프구 백만 개 당 약 1~10개의 기억 B 림프구들에서 바이러스 DNA가 검출된다. Burkitt 림프종에서 유래한 세포들도 잠복성 I 유전자 발현 패턴을 나타낸다.

때로는 잠복감염된 세포들이 구강으로 이동하고 형질 B 세포(plasma B cell)로 분화함에 따라서 생산적인 감염 주기를 수행한다. 방출된 바이러스는 구강 상피세포에 감염하여 감염성 바이러스들을 생성하여 타액을 통하여 다른 사람들에게 전파될 수 있다. 대부분의 잠복감염된 사람들은 전 생애를 거쳐 소량의 바이러스를 계속 생산한다.

EBNA들은 바이러스 게놈의 제한적인 복제를 지시하고 바이러스 및 세포 유전자들의 발현을 촉진한다

잠복감염 동안에 EBNA-1이 oriP의 여러 부위에 결합하여 바이러스 게놈의 복제를 지시하면 세포주기 당 한 번의 DNA 복제가 일어난다. 또한 EBNA-1은 세포분열과정에서 딸 게놈이 2개의 자손 세포들에 분배되도록 한다. 이를 위하여 EBNA-1은 아마도 바이러스 DNA를 세포의 염색체에 부착시키는 것 같다. EBNA-1의 OriP 결합은 또한 잠복 유전자들의 발현을 촉진한다.

EBNA-2와 EBNA-LP는 함께 바이러스 LMP 유전자들과 수많은 세포 유전자들의 전사 활성화에 관여한다. EBNA-2는 RBP-Jk라고 하는 세포 DNA-결합 단백질을 통하여 바이러스 혹은 세포 유전자들의 프로모터에 결합하고 이들의 전사를 촉진한다. EBNA-LP는 EBNA-2에 결합하여 세포의 일반전사인자들처럼 RNA 중합효소 II를 끌어들여 EBNA-2의 전사 활성화 능력을 향상시킨다. EBNA-2에 의하여 활성화되는 주요 표적 세포 유전자들 가운데 하나는 c-myc이다. c-myc의 활성화는 다시 많은 다른 세포 유전자들의 전사를 활성화하여 무절제한 세포 성장과 분열을 초래할 수 있다. 흥미롭게도 대부분의 Burkitt 림프종에서는 c-myc 유전자가 활발한 전사 영역으로 전좌되어 영구적으로 활성화된 c-myc 유전자를 가진다. 잠복성 II 동안에는 EBNA-2의 발현이 많이 감소하여 세포 성장과 분열을 촉진하는 바이러스 LMP 유전자들과 세포 유전자들의 발현이 일어나지 않는다.

LMP들은 B 림프구의 수용체들을 모방한다

LMP-1은 내재성 막 단백질로 CD40 리간드(CD40L)에 반응하는 세포 단백질인 CD40을 모방한다(그림 24.12a). 일반적으로 CD40L은 활성화된 T 림프구에서 발현되어 B-

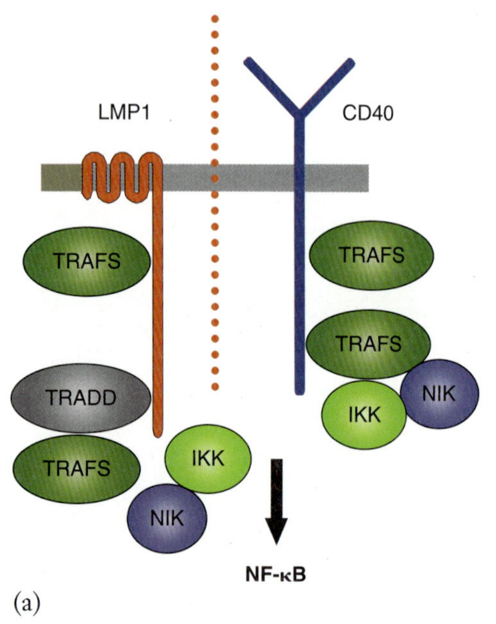

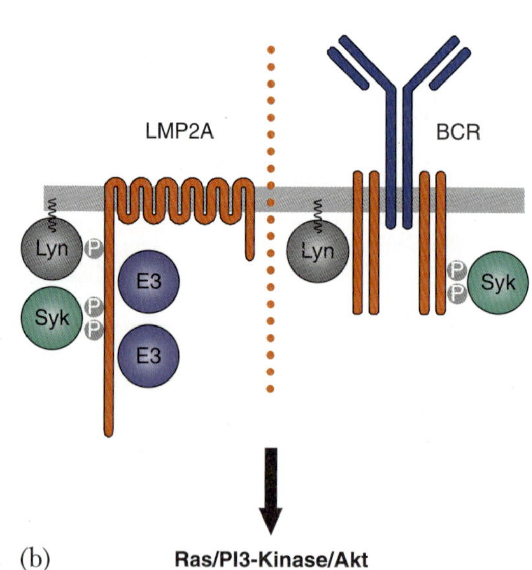

그림 24.12 LMP-1과 LMP-2A는 정상적인 B-림프구 단백질들을 모방한다. (a) LMP-1(왼쪽)은 활성화된 CD40 수용체에 결합하는 단백질들과 안정하게 상호작용하여 연속적으로 활성을 나타내는 CD40 수용체(오른쪽)와 닮았다. Tumor necrosis factor receptor-associated factors(TRAFs), tumor necrosis factor receptor-associated death domain protein(TRADD), inhibitory κB kinase(IKK) 및 NFκB inducing kinase(NIK)는 LMP1과 결합하여 NF-κB의 활성화를 유도한다. (b) LMP-2A(왼쪽)는 활성화된 B-세포 수용체(BCR; 오른쪽)의 기능을 흉내낸다. 표면 면역글로불린으로 이루어진 B-세포 수용체가 활성화되면 이와 결합한 막 단백질이 Lyn 및 Syk과 같은 티로신 키나아제들을 끌어들인다. LMP-2A는 이들 두 키나아제들 및 E3 유비퀴틴 이음효소(E3)와 결합하며 이들은 모두 LMP-2A 신호전달 경로에 중요하다. LMP-1과 LMP-2A가 함께 작용하면 B-세포 증식과 성숙이 유도되고 EBV는 기억 B 림프구에서 장기간의 잠복감염을 확립한다.

세포 수용체(BCR)를 통한 신호와 함께 B-림프구의 성숙을 위한 핵심적인 신호를 제공한다. CD40에 의한 신호전달은 일련의 과정을 거쳐 중요한 세포 전사인자인 NFκB의 활성화를 초래한다. 이는 면역반응과정에서 B-림프구의 증식을 유도하는 한 단계이다. LMP1은 TRAFs와 TRADD 등의 여러 중간 단백질들과 결합하여 NFκB를 계속 활성화시킨다. 이들은 원래 CD40L에 의하여 활성화된 CD40과 결합하여 신호를 전달하는 단백질들이다.

LMP-2A는 LMP-1과 함께 작용하면 휴지 상태의 B 림프구 증식과 기억 세포로의 분화를 유도할 수 있는 B 세포 수용체(BCR)을 모방한다. LMP-2A는 활성화된 BCR 처럼 세포의 티로신 키나아제인 Lyn과 Syk에 결합한다(그림 24.12b). 이러한 키나아제들은 항원이 BCR에 결합하면 활성화되어 일련의 과정을 거쳐 특정 항체를 만드는 형질 세포를 생성한다(34장 참조). LMP-2A는 아마도 Lyn과 Syk를 격리하여 이들의 활성화를 저지함으로써 BCR을 통한 신호전달을 차단하는 것 같다; 그 결과로 EBV의 용해성 복제가 활성화되지 않는다. LMP-2A는 또한 Ras/PI3-키나아제/Akt 경로를 촉진하여 활성화된 B 림프구들의 생존을 돕는 세포자살 억제효과를 나타낸다(그림 24.12b).

잠복감염 동안 발현되는 작은 비번역성 바이러스 RNA들이 숙주의 방어 메커니즘을 저해한다

잠복감염 동안에 단백질을 암호화하지 않는 두 가지 종류의 RNA가 만들어진다. Epstein-Barr encoded-RNA (EBER)는 RNA 중합효소 III에 의하여 전사되는 두 가지 작은 비번역성 RNA들로서 adenovirus의 VA RNA들과 유사하다(23장). VA RNA처럼 EBER는 단백질 합성을 저하는 단백질 키나아제인 PKR의 활성을 저해함으로써 세포의 인터페론 반응을 억제한다. EBER는 또한 단백질 합성에 관여하는 세포 단백질들인 L22 및 La에 작용하여 잠복감염 동안에 세포 성장과 분열을 촉진하는 것 같다. EBER는 잠복감염 세포에서 많이 발현되므로 인간 생체 시료에서 EBV-감염 세포의 확인을 위한 진단 도구로도 유용한다.

또한 EBV의 잠복감염 동안에 수많은 **마이크로 RNA (microRNA, miRNA)**들이 발현된다. 이들은 EBV 게놈의 제한효소 절편인 BamHI A와 H에 암호화되어 있으므로 BART(*B*amH1 *A* *R*ightward *T*ranscript)와 BHRF1 (*B*amH1 *H* *R*eading *F*rame 1) miRNA로 명명되었다. 흥미롭게도 BART mRNA는 비인두암에서 유래한 세포에서 가장 많이 발현되고 BHRF1은 비인두암 세포에서는 검출되지 않지만 B 림프구에서 발현된다.

miRNA의 표적은 DNA 중합효소와 LMP-1 등의 바이러스 유전자들을 포함하여 다양하다. 세포성 표적으로 숙주 면역반응과 세포 생존에 중요한 수많은 유전자들이 포함된다. 예를 들면, NK 세포에 의한 인식과 사멸에 중요한 스트레스-유도성 자연살상(NK)세포 리간드(MICB), 숙주의 인터페론 반응을 조절하는 인터페론-유도성 T-세포 유인 케모카인(CXCL-11/I-TAC), 세포자살을 유도하는 단백질인 p53-upregulated modulator of apoptosis(PUMA) 등이 있다. 이러한 바이러스 혹은 세포 단백질들의 발현을 억제함으로써 바이러스는 잠복성을 확립하고 인간에 지속적인 감염을 유지하는 것으로 여겨진다.

핵심 용어

B 림프구(B lymphocyte)
NFκB
PKR(RNA-dependent protein kinase)
T 림프구(T lymphocyte)
간염(Hepatitis)
국소이성화효소 (Topoisomerase)
내강(Lumen)
넥틴(Nectin)
뇌염(Encephalitis)
마이크로 RNA(microRNA, miRNA)
배근신경(Dorsal root neurons)
보체(Complement)
사이클린-의존적 키나아제 (Cyclin-dependent protein kinase)
세포자살(Apoptosis)
역행 수송 (Retrograde transport)
연쇄체(Concatemer)
유비퀴틴 이음효소(Ubiquitin ligase)
인터페론(Interferon)
잠복감염(latent infection)
잠복성(Latency)
종양괴사인자(Tumor necrosis factor, TNF)
주조직적합성복합체(Major histocompatibility complex, MHC)
진행성(Processivity)
친화성(Tropism)
프로테아좀(Proteasome)
프로테오글리칸 (Proteoglycans)
피막(Tegument)
헤파란 황산염 (Heparan sulfate)
회전환 메커니즘(Rolling circle mechanism)

기본 개념

- 대부분의 herpesvirus들은 1차 감염 이후에 숙주에서 잠복감염을 확립한다.
- 잠복성 herpesvirus는 구순포진처럼 규칙적으로 재활성화되거나 대상포진처럼 수십 년 이후에 활성화된다.

- HSV의 게놈은 말단 반복서열 뿐만 아니라 독특한 서열 요소들 양쪽에 역반복서열들을 가진다. 역반복서열들은 소수의 바이러스 유전자들을 가지며, 이들은 게놈 당 두벌씩 존재한다.
- Herpesvirus 캡시드는 비리온의 세포내 진입 이후에 작용하는 수많은 바이러스 단백질들을 포함하는 "피막(tegument)"이라는 무정형 영역으로 둘러싸여 있다.
- Herpesvirus는 외막과 세포막의 융합으로 세포 내로 진입한다; 부착과 융합은 여러 가지 외막 당단백질들에 의하여 매개된다.
- 융합 이후에 herpesvirus의 뉴클레오캡시드는 핵으로 수송되어 핵공을 통하여 바이러스 DNA를 핵 속으로 방출한다.
- 바이러스 DNA는 핵 속에서 환형으로 전환된다.
- 모든 herpesvirus들의 mRNA들은 세포 RNA 중합효소 II에 의하여 만들어진다; 전사인자들이 전사 프로그램을 α(극초기), β(초기) 및 γ_1와 γ_2(후기)로 구분하여 순서대로 작동시킨다.
- Vhs라고 하는 피막 단백질은 숙주세포와 바이러스의 mRNA를 분해한다.
- α 유전자 산물들은 바이러스 및 세포 유전자 발현을 조절한다.
- β 유전자 산물들은 바이러스 DNA 복제를 지시한다.
- 회전환 복제 메커니즘은 바이러스 DNA의 연쇄체를 생성하고 이는 미리 형성된 캡시드에 포장되는 과정에서 게놈 길이로 잘려진다.
- Herpesvirus의 뉴클레오캡시드는 외막을 획득하기 위하여 핵 내막으로 출아하는 것처럼 보이지만 이들이 최종적으로 외막을 획득하고 세포에서 빠져 나가는 메커니즘은 아직 불확실하다.
- 수많은 herpesvirus 유전자 산물들이 세포자살을 비롯한 숙주세포 방어를 억제한다.
- HSV는 뉴런에서 잠복감염을 확립하고 이곳에서는 특이하게 안정한 인트론처럼 보이는 일부 RNA들을 제외하곤 전사적으로 불활성 상태이다.
- EBV는 단핵구 증가증을 유발하고 아프리카의 일부 지역에서는 악성 림프종을 유발한다.
- EBV는 B 림프구에 감염하여 다양한 유형의 잠복감염을 확립한다.
- EBV는 세포 RNA 중합효소 III에 의하여 전사되어 PKR을 저해하고 세포 성장을 촉진하는 두 가지 종류의 작은 RNA들을 암호화한다.

복습 문제

1. HSV 비리온의 25%만이 동일한 게놈을 가지는 이유를 설명하시오. 이들 바이러스 게놈은 모두 감염성을 가지는가?
2. Herpesvirus 비리온은 외막과 캡시드 사이에 커다란 무정형 물질을 포함한다. 이 물질은 무엇이며 어떠한 성분들을 포함하는가?
3. 대부분의 바이러스들에서 바이러스 게놈의 포장은 엄격하게 조절된다. HSV는 어떻게 전체 길이의 게놈을 포장하는가?
4. EBV가 B 세포에 감염하기 위하여 어떠한 수용체들을 이용하는가?
5. EBV는 세포 유전자인 c-myc에 어떠한 영향을 미치는가?

CHAPTER 25

Baculoviruses

Eric B. Carstens

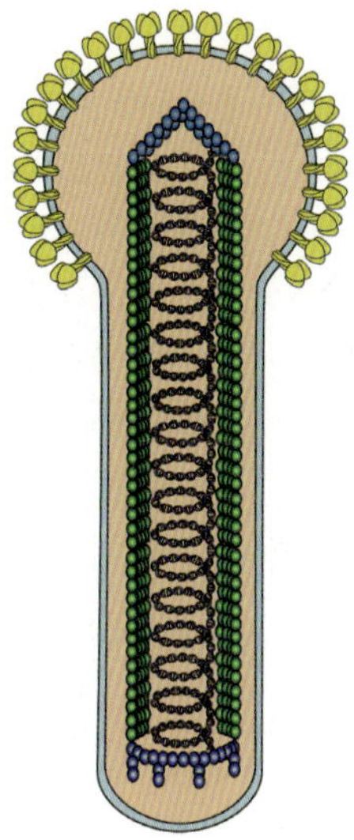

Baculoviridae

비리온의 모양을 반영한 라틴어 *baculum*(막대기)에서 유래

비리온

외막성, 막대기-모양의 뉴클레오캡시드
지름 30–60 nm, 길이 300 nm의 뉴클레오캡시드
캡시드와 외막 사이에 "피막(tegument)"이 존재
두 가지 유형의 비리온: 출아형과 폐색형 비리온

게놈

환형의 이중-가닥 DNA, 80–180 kb
원통형 코어로 비리온에 배열
작은 염기성 바이러스 단백질로 응축됨

유전자와 단백질

Autographa californica MNPV는 150가지 이상의 단백질들을 암호화
대부분의 mRNA들은 스플라이싱 되지 않음
발현 시기에 따라 4종류의 유전자로 구분:

- 극초기: *초기 유전자의 활성화*
- 초기: *DNA 복제, 후기 유전자의 활성화(바이러스 RNA 중합효소)*
- 후기: *출아형 비리온의 조립(캡시드 및 외막 단백질들)*
- 최후기: *폐색형 비리온(폴리헤드린)의 조립*

바이러스와 숙주

네 가지 속:

- Alphabaculovirus: *인시류(나방과 나비)에 감염, 비리온이 다면체에 둘러싸임*
- Betabaculovirus: *인시류에 감염, 비리온이 과립들에 둘러싸임*
- Gammabaculovirus: *벌류(잎벌, 말벌, 개미)에 감염*
- Deltabaculovirus: *쌍시류(파리, 모기)에 감염*

질병

누에와 나비, 나방 및 다른 곤충들의 유충에 질병을 유발하는 중요한 병원체

독특한 특징들

폐색체는 곤충 간 전염이 가능한 형태의 비리온 포함
생물학적인 살충제로 이용됨
백신 생산을 비롯한 높은 수준의 외래 단백질 발현에 널리 이용됨
현재는 유전자 치료용 벡터로 연구되고 있음

곤충 바이러스는 누에의 병원체로 처음 발견되었다

예로부터 경제적인 압력은 기초 연구의 방향을 정하는 데 결정적인 역할을 하였다. 바이러스가 감염체로 인식되기 훨씬 전부터 특정 질병의 원인을 밝혀내려는 과학적 노력이 이루어졌다. 13세기에 중국에서 밀수된 누에를 이용하여 유럽에서 실크 생산이 처음 시작된 이후로, 누에 사육은 특히 이탈리아에서 거대한 산업으로 자리잡았다. 하지만 누에 질병이 발생하면서 실크 산업은 엄청난 경제적 손실을 입게 되었다. 누에 질병의 피해는 고대 중국 및 서구 문헌에도 기록되어 있다. 16세기 이탈리아의 주교인 Marco Vida는 baculovirus 병원성을 연상시키는 누에 감염을 시로 남겼다. 1856년에 A. Maestra와 Emilio Cornalia는 독자적으로 누에 유충에서 다면체(polyhedral body)를 관찰하고 이러한 다면체가 누에의 질병 증상과 관련이 있다고 주장하였다.

1900년대 초반에 Stanislaus Von Prowzek는 누에의 황달이 여과성 매개체에 의하여 유발된다는 것을 증명하였다. 하지만 그는 병원체가 박테리아이며 폐색체는 질병의 부산물로 간주하였다. 곧 이어 R. Glaser와 J. W. Chapman(집시 나방에서)과 C. Acqua(누에에서)는 독자적으로 다면체병(polyhedrosis)의 바이러스 병인론을 확립하였다. 1943년, Glaser와 Wendell Stanley는 생화학적 분석에 기초하여 다면체가 핵단백질을 포함한다고 결론지었다. 1947년, Gernot von Bergold는 전자현미경으로 다면체에서 바이러스와 유사한 막대기 모양의 입자들을 확인하였으며, 나중에 이들이 핵산과 단백질을 포함한다는 것을 발견하였다. 막대기 모양(baculo는 라틴어로 막대기를 의미)의 이 바이러스는 baculovirus로 명명되었다.

Baculovirus는 해충 제어와 진핵세포 단백질의 발현에 이용된다

Baculovirus는 무척추 동물 특히 인시목(order *Lepidoptera*; 나비와 나방류)의 곤충에서 주로 복제한다. 모기(쌍시목), 잎벌(벌목) 및 날도래(날도래목)를 비롯한 다른 곤충들도 baculovirus에 감염된다(표 25.1). Baculovirus와 유사한 바이러스 입자들이 새우(십각류)에서도 발견되었지만, 척추동물, 식물, 박테리아 혹은 고세균에서는 발견되지 않았다. Baculovirus가 곤충 질병을 유발하는 중요한 병원체이므로 이들을 이용하면 해충을 제어할 수 있을 것이다. 따라서 baculovirus는 퇴치되어야 할 질병 매개체가 아니라 오히려 유익한 것으로 여겨지고 있다.

1940년대에 Edward Steinhaus는 캘리포니아에서 알팔파 나비 애벌레의 제어에 곤충 바이러스를 처음으로 적용하였다. 1950년에 온타리오의 곤충병원성연구소(Insect Pathology Research Institute)에서 baculovirus를 이용하여 잎벌의 제어에 성공하였다. 동물 실험에 의하면 마우스와 기니어 피그는 baculovirus에 감염되지 않았다. 인간도 실험적 혹은 자연적으로 baculovirus에 노출되더라도 건강에 아무런 지장을 받지 않았으며 감염 징후도 나타나지 않았다. 예를 들면, 양배추 샐러드 1인분에는 보통 1억 1천만 개 이상의 바이러스를 함유하는 다면체들이 존재하는 것으로 추정된다. 따라서 감염을 치료하거나 예방하는 목적으로 동물 바이러스들을 연구하는 것과는 달리 baculovirus의 연구는 바이러스 병원성과 독성을 향상시키려는 목적으로 주로 진행되고 있다.

Baculovirus에 대한 대부분의 초기 연구는 종-특이적인 살충제로서의 이용 가능성에 주목하였다. 각 바이러스는 라틴어 이명법을 이용하여 분리된 곤충에 따라서 명명되었다. 지금까지 수백 가지의 baculovirus들이 다양한 곤충들로부터 분리되었다(표 25.1 참조). 그러나 이들 가운데 자세히 연구된 바이러스는 거의 없다. 하지만 경제적 중요성을 지니는 곤충에 감염하거나 세포 배양에 잘 적응하는 일부 바이러스들에 대해서는 많은 연구가 이루어졌다. 쉽게 배양할 수 있는 바이러스가 alfalfa looper(*Autographa californica*)에서 처음 분리되어 *Autographa californica* multicapsid nucleopolyhedrosisvirus (AcMNPV)로 명명되었다.

AcMNPV는 양배추 자벌레(*Trichoplusia ni*)와 밤나방(*Spodoptera frugiperda*, Sf)에서 유래한 세포에서 잘 복제한다. 1970년대 후반에 개발된 AcMNPV-Sf 바이러스-세포 시스템은 baculovirus 연구를 위한 모델이 되었다. AcMNPV를 이용한 기초 연구를 통하여 유전적으로 변형된 baculovirus를 해충 방제에 이용하는 것과 baculovirus와 곤충 세포를 효과적인 진핵세포 발현계로 이용하는 것이 가능해졌다. 또한 최근 baculovirus의 유전자 구조와 기능에 대한 더 자세한 정보들이 축적되면서 baculovirus는 인간의 유전자 치료를 위한 중요한 벡터로 여겨지고 있다.

Baculovirus는 막대기 모양의 긴 뉴클레오캡시드를 가진다

Baculovirus의 비리온은 지름이 30–60 nm, 길이가 250–300 nm이고, 지질을 포함하는 외막으로 둘러싸인 막대기 모양의 뉴클레오캡시드를 가진다(그림 25.1). 외막과 뉴클레오캡시드 사이의 공간을 **피막(tegument)**이라고 한다. 뉴

표 25.1 일부 대표적인 baculovirus들

Genus	Virus	Host
Alphabaculovirus	*Autographa californica* multinucleocapsid nucleopolyhedrovirus (AcMNPV) Bombyx mori nucleopolyhedrovirus (BmNPV) Lymantria dispar multinucleocapsid nucleopolyhedrovirus (LdMNPV)	Alfalfa looper Silkworm Gypsy moth
Betabaculovirus	Cydia pomonella granulovirus (CpGV)	Codling moth
Gammabaculovirus	Neodiprion lecontei nucleopolyhedrovirus (NeleNPV)	Redheaded pine sawfly
Deltabaculovirus	Culex nigripalpus nucleopolyhedrovirus (CuniNPV)	Mosquito

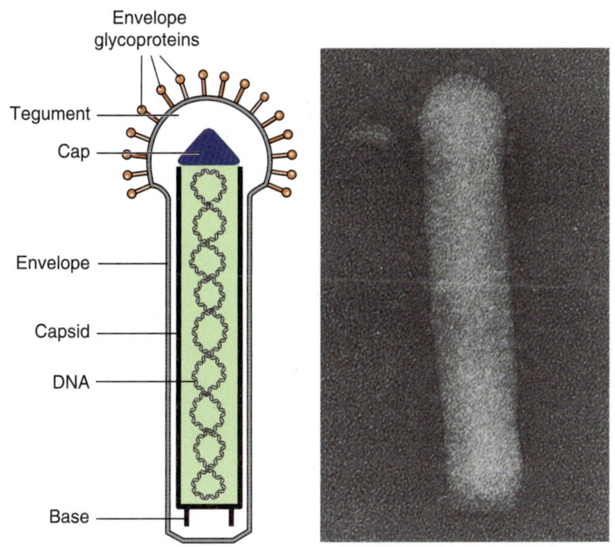

그림 25.1 출아형 baculovirus 비리온. 오른쪽: *Autographa californica* MNPV 출아형 비리온의 전자현미경 사진. 왼쪽: 구조적 요소들을 보여 주는 모식도.

클레오캡시드는 원통형 코어로 배열된 한 분자의 환형, 이중-가닥 DNA를 포함한다. 뉴클레오캡시드의 양 말단은 비대칭적으로 모자가 씌어져 있어 비리온이 극성을 나타낸다.

코어는 DNA에 결합된 작은 강염기성 단백질인 P6.9(Ac100으로도 알려짐)를 포함한다. 이 단백질은 캡시드에 포장되는 과정에서 게놈 DNA의 응축을 돕는 것 같다. 뉴클레오캡시드는 주요 캡시드 단백질인 VP39(Ac89)로 이루어져 있다. 두 가지 다른 단백질들인 PP78/83과 VLF-1은 캡시드의 말단 구조를 형성한다. 캡시드는 기능이 미확인된 적어도 8가지 다른 단백질들을 추가로 포함한다. 피막은 적어도 한 가지 확인된 단백질인 GP41(Ac80)을 포함한다.

Baculovirus는 관상의 뉴클레오캡시드를 가지므로 바이러스 게놈보다 더 긴 DNA를 수용할 수 있다. 다양한 길이의 게놈을 가지는 AcMMPV 돌연변이체들을 전자현미경으로 관찰하면 다양한 길이의 비리온들이 나타난다. 이러한 특성 때문에 여분의 DNA를 게놈에 추가하여 발현 벡터로 이용하는 것이 용이하다. 그러나 뉴클레오캡시드가 핵에서 생성되는 동안 길이가 어떻게 조절되는 지는 알려지지 않았다.

Baculovirus는 출아형과 폐색형 비리온을 생성한다

Baculovirus는 두가지 유형의 비리온 즉, **출아형 비리온(budded virion)**과 **폐색형 비리온(occlusion-derived virion)**을 생성하는 독특한 감염 주기를 가진다. 출아형 비리온(그림 25.1)은 외막으로 둘러싸인 단일 뉴클레오캡시드로 구성된다. 이들은 바이러스 융합 단백질들이 편입되어 변형된 원형질막을 통하여 뉴클레오캡시드가 출아함으로써 형성된다. 반면에 폐색형 비리온(그림 25.2)은 핵에서 외막을 획득하고 결정형 단백질 기질로 둘러싸여 폐쇄된다. 두 가지 유형의 **폐색체(occlusion bodies)**가 알려져 있다. 지름이 0.15-15 μm인 다면체(polyhedra)는 많은 비리온들을 포함할 수 있으며, nucleopolyhedrovirus에 의하여 만들어진다. 0.3 × 0.5 μm 크기의 난원통형 폐색체(ovocylindrical occlusion bodies)는 단 하나의 비리온을 포함하며, granulovirus에 의하여 만들어진다.

폐색체는 주로 **폴리헤드린(polyhedrin)** 혹은 **과립소(granulin)**라고 하는 단일 바이러스 폴리펩티드로 이루어진다. 폴리헤드린과 과립소는 여러 baculovirus들에서 매우 잘 보존된 아미노산 서열을 가진다. 폐색체는 baculovirus 감염의 주요 특징이며, 감염된 곤충 세포에서 광학현미경으로도 쉽게 관찰할 수 있는 뚜렷한 세포병변효과이다.

그림 25.2 폐색형 baculovirus. (a) Baculovirus 비리온들을 둘러싸는 폐색체의 전자현미경 사진. (b) 폐색형 비리온의 모식도. (c)와 (d) 폐색형 비리온을 가지는 다면체(nucleopolyhedrovirus)와 과립소(granulovirus)의 모식도.

폐색형과 출아형 비리온들은 서로 다른 부위에서 외막을 획득하므로 이들 비리온에 존재하는 단백질의 조성이 다르다. 예를 들면, 폐색형 비리온의 피막은 출아형 비리온에는 없는 41 kDa 당단백질인 GP41을 포함한다; 하지만 GP41은 출아형 비리온이 형성되기 전에 핵으로부터 뉴클레오캡시드의 탈출에 관여하는 것 같다. 폐색형 비리온은 곤충의 장 상피에서 감염을 시작한다.

비리온 외막은 지질단백질 단위막의 전형적인 3층 구조를 나타낸다. 출아형 AcMNPV 비리온의 외막은 단일 바이러스 당단백질 GP64로 이루어진 말단 돌기들을 포함한다. 이 단백질은 바이러스 외막과 세포막의 융합을 통한 배양 세포의 감염에 필요하다. 폐색형 비리온은 감염성이 출아형 비리온보다 배양 세포에서 수백 배 더 낮고 GP64를 포함하지 않는다. 그러나 폐색형 비리온의 외막에는 적어도 6가지 다른 바이러스 단백질들이 존재하는 것으로 알려져 있다. 이러한 외막 조성의 차이로 인하여 출아형과 폐색형 비리온이 곤충에서 감염하는 표적 세포가 다르다.

Baculovirus는 커다란 환형 DNA 게놈을 가지고 많은 단백질들을 암호화한다

Baculovirus의 게놈은 환형의 이중-가닥 DNA 분자이다. AcMNPV의 유전자 지도가 그림 25.3에 제시되어 있다. 현재 133,894 bp의 완전한 뉴클레오티드 서열이 결정되어 있다. 해독틀과 전사 프로모터의 분석에 의하면 AcMNPV

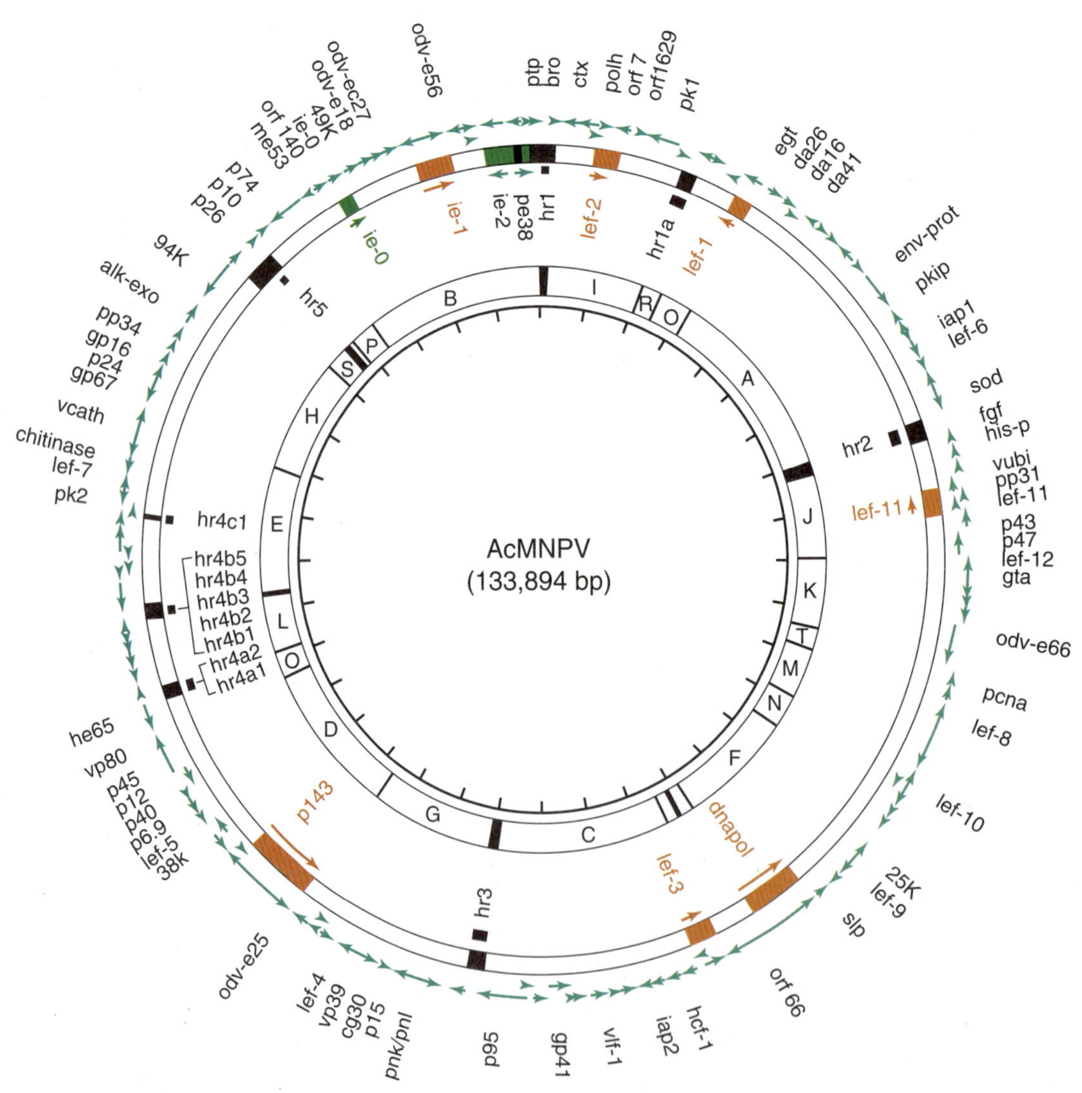

그림 25.3 ***Autographa californica* MNPV의 유전자 지도.** 내부 원은 *Eco*RI 제한효소 절단부위들의 위치를 나타낸다; 20개의 *Eco*RI 절편들을 크기에 따라서 알파벳 순으로 표시하였다. 상동적인 반복서열들(hrs)의 위치는 외부 원에 검은색으로 표시하였다. 또한 바이러스 DNA 복제에 필수적인 유전자들은 주황색으로, 극초기 유전자들은 녹색으로 외부 원에 나타내었다. 가장 바깥의 청색 화살표들은 현재까지 확인된 암호화 영역들의 위치와 방향을 나타낸다.

는 약 152개의 단백질들을 암호화하는 것으로 추정된다. *ie-0, ie-1, ie-2* 및 *pe38*을 포함하는 극초기 유전자들의 일부는 7 kb 영역에 모여 있지만, 기능이나 발현 시기에 따른 다른 중요한 유전자들의 집합은 없는 것 같다.

크기가 81-179 kbp에 이르는 51가지 다른 baculovirus들의 게놈 서열들도 알려져 있다. Baculovirus 게놈은 전사 인헨서와 DNA 복제 개시자로 작용하는 반복 뉴클레오티드 서열들(hrs)을 가진다. Baculovirus 게놈 서열들의 컴퓨터 분석을 통하여 모든 종의 바이러스들에 존재하는 약 29개의 상동적 코어 유전자들이 발견되었다. 이 유전자들은 아마도 바이러스 복제에 필요한 최소한의 유전자 세트일 뿐만 아니라 baculovirus과의 구성에 필수적인 유전자들로 여겨진다. 그러나 바이러스 종에 따라서 독특한 유전자들도 가진다; 이 유전자들은 숙주 범위, 조직 친화성, 독성 인자 및 바이러스 형태 차이를 포함한 각 종의 특성을 결정하는 것 같다.

곤충은 폐색체의 섭취로 감염되며 곤충 내에서의 감염은 출아형 비리온을 통하여 전파된다

자연 집단에서 곤충은 감염된 곤충의 사체나 폐색체가 오염된 잎을 먹고 baculovirus에 감염된다. 곤충 장의 염기성 조건에서 폐색체는 녹는다(인간 장의 산성 pH는 폐색체를 녹이지 못한다). 방출된 비리온은 **위심막(peritrophic membrane)**을 통과하고, 바이러스 외막과 세포 **미세 융모(microvilli)**의 부착과 융합을 통하여 중장(midgut)의 원주상피 및 재생성 세포에 침입한다.

일단 세포 내에 들어가면 뉴클레오캡시드는 핵공으로 수송된다. 바이러스 DNA는 핵 속으로 직접 방출되거나 뉴클레오캡시드가 핵공을 통하여 핵 속으로 들어간 뒤에 탈피가 일어난다. 복제주기의 암흑기(eclipse period)가 끝나면 핵에서 고리 모양의 **바이러스 기질(virogenic stroma)**이 생겨나고 바이러스 뉴클레오캡시드가 생성된다. 이러한 캡시드들은 핵을 빠져나와 기저세포 원형질막으로 이동하여 출아를 통하여 비리온을 형성한다. 이러한 비리온들은 그 뒤에 중장의 결합조직과 기관의 표피세포 및 기관아세포에 감염하여 2차 복제주기를 시작한다.

이러한 감염으로 생성된 출아형 비리온들은 **혈체강(hemocoel)**으로 방출되어 이를 따라 확산되어 혈구세포, 지방체 및 표피 등의 다른 조직들에 감염한다. 이러한 조직들에서 초기 감염은 출아형 바이러스를 방출하지만 아직 미확인된 메커니즘으로 바이러스 생성 방식이 점차 전환된다. 조립된 뉴클레오캡시드들이 감염 세포의 핵 속에 머무르고 이곳에서 점차 막과 결합하기 시작하여 결국에는 하나 혹은 여러 개의 뉴클레오캡시드가 외막으로 둘러싸인다. Nucleopolyhedrovirus의 경우에는 이러한 외막성 비리온들이 핵에서 결정형 폴리헤드린 단백질들과 결합하여 독특한 폐색체(occlusion bodies) 혹은 다면체(polyhedra)를 형성한다. 다면체의 성숙과정에서 폐색체의 표면 위에 외부 외막인 **캐릭스(calyx)**가 축적되며, 이 과정은 P10이라고 하는 최후기 유전자 산물로 이루어진 섬유성 구조물의 도움을 받는다.

바이러스 감염량과 곤충 숙주에 따라서 감염 후 2~8일이 지나면 곤충은 죽고 용해된다. Granulovirus 감염의 최종 단계는 이와 다르게 일어나지만, nucleopolyhedrovirus의 경우처럼 잘 알려져 있지 않다. Granulovirus 감염 과정에는 핵과 세포질이 합쳐지고 독특한 핵막 구조가 더 이상 존재하지 않는다. 보통 하나의 granulovirus가 과립소(granule)라고 하는 작은 폐색체로 둘러싸인다. 과립에 외부 외막(캐릭스)이 존재하는지는 분명하지 않다.

바이러스 단백질의 발현은 시간적 순서에 따라 전사 수준에서 조절된다

AcMNPV를 Sf21 세포에 감염시키고 3시간이 지나면 바이러스 DNA 합성이 시작되기 전에 여러 가지 바이러스 단백질들을 검출할 수 있다. 바이러스 단백질의 종류는 감염 후 6시간이 지나면 극적으로 증가하고 숙주세포 단백질들의 합성은 이때부터 점차 감소한다. 약 24시간이 지나면 바이러스 단백질들만 생성되므로 baculovirus 감염은 숙주세포의 단백질 합성을 억제한다는 것을 알 수 있다. 이러한 실험으로 바이러스 감염의 시간적 단계를 구분할 수 있다. 극초기(immediate early phase)는 0에서 3시간까지이고, 초기(early phase)는 3에서 6시간까지이며, 바이러스 DNA 합성은 6에서 8시간 사이에 일어난다. 후기(late phase)는 6에서 24시간까지이며, 최후기(very late phase)는 24시에서 세포가 죽을 때까지 계속된다. 비록 초기에 발현되는 일부 단백질들이 후기까지 계속 발현되기도 하지만 각 단계에서는 서로 다른 바이러스 단백질들이 합성된다.

Baculovirus의 유전자 발현 시기와 수준은 전사적으로 조절된다. 극초기 및 초기 유전자들은 숙주세포 RNA 중합효소 II에 의하여 전사되지만, 후기 및 최후기 유전자들은 바이러스 RNA 중합효소에 의하여 전사된다. 이러한 RNA 중합효소들은 세포 RNA 중합효소 II의 특이적인 저해제인 **α-아마니틴(α-amanitin)**에 대한 차별적인 감수성으로 구분될 수 있다; α-amanitin은 초기 전사를 저해하지만 후기 혹은 최후기 전사에는 영향을 주지 않는다.

RNA 중합효소는 바이러스 게놈의 DNA 프로모터 요

소들을 인식한다. 초기 유전자들은 정상적인 곤충 유전자들의 프로모터를 닮은 프로모터와 전사 개시부위를 가진다. 이는 TATA-박스-유사 요소들과 ATCA(G/T)T(C/T)와 관련된 개시자 모티프를 포함한다. 그러나 AcMNPV의 후기 및 최후기 유전자 프로모터들은 바이러스 RNA 중합효소를 위한 전사 개시자로 제공되는 (A/G/T)TAAG 모티프를 포함한다.

극초기 유전자 산물들은 초기 유전자들의 발현을 조절한다

특정 baculovirus 프로모터에 의하여 전사가 조절되는 리포터 유전자를 이용하여 baculovirus 유전자 발현의 단계적 조절에 관여하는 바이러스 유전자들이 발견되었다. 다양한 바이러스 DNA 절편들을 포함하는 플라스미드와 초기 프로모터를 가지는 리포터 플라스미드를 곤충 세포에 함께 트랜스펙션하였다. 리포터 플라스미드의 활성을 증가시키는 한 바이러스 DNA 절편으로부터 *ie-1*이라고 하는 극초기 바이러스 유전자가 발견되었다. IE-1 단백질은 다른 초기 유전자들의 활성화에도 관여하므로 초기 baculovirus 유전자 발현의 주요 조절자로 여겨진다. *ie-2, pe38* 및 *ie0* 등의 다른 극초기 baculovirus 유전자들도 다른 바이러스 유전자들을 활성화하는 능력이나 감염 세포에서 이들이 발현되는 시기에 따라서 확인되었다. IE-0은 RNA 스플라이싱으로 만들어지는 유일한 baculovirus 단백질이다; *ie-1* 개시코돈의 약 4 kb 앞에 위치한 작은 엑손이 *ie-1* 해독틀에 스플라이싱되어 N-말단에 54개의 아미노산이 추가된 것을 제외하곤 IE-1과 동일한 단백질을 생성한다.

초기 유전자 산물은 DNA 복제, 후기 전사 및 세포자살을 조절한다

수많은 초기 baculovirus 단백질들이 만들어진다. 이들은 바이러스 DNA의 복제, 후기 및 최후기 유전자들의 발현, 그리고 세포 신호전달경로를 통한 세포 및 숙주 생리의 변형에 관여한다. 초기 단백질들의 자세한 기능에 대해서는 아직 많이 알려지지 않았다. 표 25.2에 바이러스 DNA 복제에 관여하는 것으로 알려진 일부 초기 바이러스 단백질들을 제시하였다. Baculovirus는 비록 세포 DNA 중합효소가 위치하는 핵에서 DNA를 복제하지만 대부분의 큰 DNA 바이러스들(adenovirus, herpesvirus 및 poxvirus)처럼 자신의 DNA 중합효소를 만든다. 최근 baculovirus DNA 복제과정에서 상동적 재조합이 관여한다는 보고가 있었지만 정확한 메커니즘은 아직 알려지지 않았다.

표 25.2 ***Autographa californica*** **MNPV의 DNA 복제에 관여하는 초기 단백질들**

Protein	Mol. wt. (kDa)	Function
LEF-1	31	Primase for DNA replication
LEF-2	24	Primase accessory factor, associates with LEF-1
LEF-3	45	Single-stranded DNA binding protein/ helicase transporter
P143	143	Helicase, host range factor, transcription factor
IE-1	67	May bind to replication origins
DNAPOL	114	DNA polymerase

DNA 복제. Baculovirus는 게놈의 여러 영역에 위치하는 여러 개의 매우 상동적인 DNA 서열을 가진다. AcMNPV에서 이러한 상동적인 영역들(hrs, 그림 25.3 참조)은 중앙에 *Eco*RI 절단부위가 있는 30 bp의 불완전한 역반복서열을 가지는 여러 개의 60–70 bp 반복서열들로 이루어져 있다. Hrs는 전사 인헨서와 DNA 복제의 개시자로 작용한다.

복제 분석법은 메틸화된 DNA를 자르지만 메틸화되지 않은 DNA는 자르지 못하는 제한효소 *Dpn*I의 활성을 이용한다. 박테리아에서 만들어진 플라스미드 DNA는 메틸화되어 있지만 진핵세포 내에 도입되어 DNA가 복제되면 더 이상 메틸화되지 않는다. 따라서 *Dpn*I은 세포에 처음 넣어 준 메틸화된 플라스미드와 이로부터 생겨난 비메틸화된 DNA를 구분할 수 있다. 이러한 분석법으로 곤충 세포에서 AcMNPV의 hrs 혹은 초기 프로모터 영역을 가지는 플라스미드가 복제한다는 것을 증명할 수 있었다. 따라서 초기 바이러스 전사의 유도와 바이러스 DNA의 복제 개시가 밀접하게 연계되어 있음을 알 수 있다.

세포자살. Baculovirus는 **세포자살(apoptosis)** 혹은 세포예정사(programmed cell death)를 저해하는 단백질들을 만든다. 이러한 저해자들은 P35와 inhibitors of apoptosis (IAP)라고 하는 두 가지 종류로 나뉜다. P35는 AcMNPV와 이와 밀접하게 관련된 바이러스들에서만 발견되지만 *iap*는 대부분의 baculovirus들에 존재하고 흔히 여러 벌로 존재한다. 이러한 유전자들의 발현이 정상적인 세포자살 과정을 저해하면 출아형 바이러스들이 더 많이 생성되고 바이러스 감염은 최후기 단계까지 진행할 수 있다.

획득 세포 유전자들. 바이러스 proliferating cell nuclear antigen(PCNA), **유비퀴틴**(vUBI) 및 superoxide dismutase(SOD) 등의 많은 baculovirus 단백질들은 이와 상동적인 세포 유전자 산물들과 높은 수준의 아미노산 서열 유사성을 나타낸다. 따라서 이러한 유전자들은 바이러스의 진화과정에서 바이러스가 숙주세포 게놈에서 획득한 것으로 여겨진다. 비록 이 유전자들이 바이러스 복제에 필수적이지는 않지만 이들은 자연 숙주에서 바이러스 증식을 향상시키는 것 같다. 또한 일부 baculovirus들은 증폭된 유전자들을 가지거나 독특한 유전자들을 추가로 가지기도 한다. 이로 인하여 baculovirus의 게놈 크기는 다양하게 나타날 수 있다.

후기 유전자들은 바이러스 RNA 중합효소에 의하여 전사된다

일단 바이러스 DNA 복제가 시작되면 다른 세트의 baculovirus 유전자들이 발현된다. 후기 유전자들은 출아형 비리온의 조립에 관여하는 바이러스 단백질들을 암호화한다. 반면에 최후기 유전자들은 폐색형 비리온의 형성에 관여한다. 바이러스 RNA 중합효소가 후기 및 최후기 유전자들의 전사를 담당한다. 후기 개시자 모티프의 아래에 추가된 서열이 폴리헤드린 및 P10 등의 최후기 유전자들의 높은 전사 활성과 관련이 있는 것 같다. 최후기 인자인 *vlf-1* 유전자 산물은 최후기 유전자들의 고발현에 관여한다.

In vitro 전사 분석법의 개발로 후기 및 최후기 프로모터로부터의 전사에 필요한 바이러스 단백질들을 확인할 수 있었다(표 25.3). 바이러스 RNA 중합효소는 4가지 바이러스 단백질 소단위체들을 포함한다. 일시적인 *in vivo* 발현 분석법에 의하면 이 단백질들은 후기 및 최후기 전사의 조절에 관여한다(그림 25.4). Baculovirus 후기 프로모터의 조절을 받는 CAT 리포터 유전자가 서로 다른 플라스미드들에서 발현되는 여러 바이러스 유전자들의 조합에 의하여 활성화되었다. 이 분석법에는 전체 AcMNPV 게놈을 나타내는 중첩된 클론들(A에서 M까지)이 이용되었다. 어떤 클론들(B, C, D, E, F 및 I)은 없더라도 리포터 유전자의 활성(AC로 표시한 아세틸화된 클로람페니콜 밴드의 크기로 나타냄)에 영향을 주지 않았다. 그러나 일부 클론들(A, G, H, J-M)이 없으면 CAT 활성이 완전히 사라졌다. 따라서 이 클론들은 후기 유전자들의 전사에 필수적인 인자들을 암호화할 것이다.

개개의 클론들을 더 작은 단편들로 교체하면서 후기 발현을 촉진하지만 초기 프로모터에는 영향을 주지 않는 총 19개의 후기 발현인자들(late expression factors 혹은 lefs)이 확인되었다. 이러한 단백질들의 일부를 표 25.2와 25.3에 나타내었다. 이 유전자들을 하나씩 가지는 플라스미드 조합은 AcMNPV의 후기 혹은 최후기 프로모터를 가지는 리포트 유전자의 발현 촉진에 충분하였다. 여러 후기 발현인자들은 트랜스펙션된 리포터 플라스미드의 복제에도 필요하였다. 이는 DNA 복제가 효과적인 후기 유전자들의 발현을 위하여 필요하다는 가설을 지지한다. 바이러스 DNA 복제에 필요한 단백질들이 후기 혹은 최후기 유전자들의 전사 조절에 어떤 역할을 수행하는지는 알려지지 않았다. 일단 바이러스의 구조 단백질들이 합성되면 뉴클레오캡시드의 조립이 핵에서 일어난다.

표 25.3 ***Autographa californica*** **MNPV의 후기 전사를 조절하는 단백질들**

Protein	Mol. wt. (kDa)	Function
P47	47	Viral late RNA polymerase subunit
LEF-4	54	Viral late RNA polymerase subunit, RNA capping
LEF-8	102	Viral late RNA polymerase subunit
LEF-9	59	Viral late RNA polymerase subunit
LEF-7	27	Stimulatory for transient DNA replication
LEF-5	31	Transcription initiation factor?
LEF-6	20	mRNA transporter?
LEF-10	9	?
LEF-11	13	Essential for DNA replication *in vivo*
LEF-12	21	May not be essential when all other genes are present
39K/PP31	31	Phosphorylated DNA-binding protein?

Baculovirus는 외래 단백질들의 발현에 널리 이용된다

1980년대 초반에 최후기 유전자 산물인 폴리헤드린(polyhedrin)은 세포 배양에서 바이러스 복제에 필요하지 않다는 것이 밝혀졌다. 폴리헤드린 유전자를 상실한 바이러스와 폴리헤드린-양성 바이러스는 세포 단층에서 형성되는 용균반의 모양으로 쉽게 구분될 수 있다. G. Smith와 Max Summers는 강력한 폴리헤드린 프로모터를 이용하면 외래

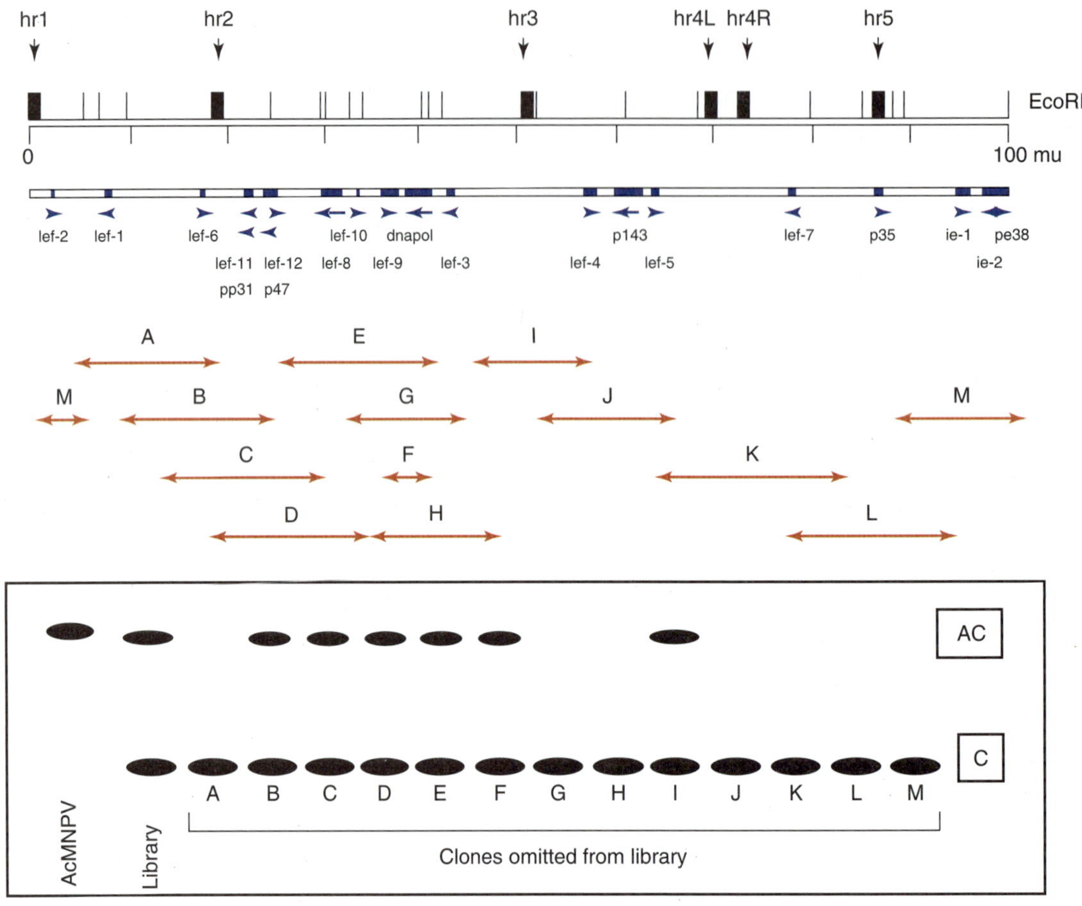

그림 25.4 일시적 발현 분석법을 이용한 baculovirus 후기 발현인자들(LEFs)의 확인. 맨 위: *Eco*RI 절편 지도에 나타낸 hrs의 위치. 중간: *Autographa californica* MNPV의 후기 발현인자들의 위치와 세포 트랜스펙션에 이용된 DNA 단편들(A-M). 아래: 방사능으로 표지된 클로람페니콜(C)과 세포 추출물을 반응시켰다; 아세틸화된 클로람페니콜(AC)은 아세틸화되지 않은 클로람페니콜(C)보다 박층 크로마토그래피(TLC)에서 더 빨리 이동하여 분리된다. Data adapted from Passarelli and Miller, *J. Virol.* 67, 3481–3488 (1993).

유전자 치료용 벡터로서의 재조합 baculovirus

1985년에 Lois Miller 등은 재조합 baculovirus의 외래 유전자 발현이 세포 유형-의존적으로 일어난다고 발표하였다. Baculovirus는 다양한 조직들과 종들에서 유래한 비허용성 세포에도 부착하고 침투하여 바이러스 게놈을 핵으로 수송하지만 이러한 비허용성 세포에서는 바이러스 프로모터가 인식되지 못하므로 바이러스 유전자의 발현이 일어나지 않는다. 그러나 baculovirus 게놈에 도입된 포유동물 프로모터에 의하여 유전자의 발현이 조절된다면 포유동물 세포에서도 유전자 발현이 일어날 수 있다.

1995년에, Michael Strauss는 *in vitro*에서 포유동물의 간세포에 유전자를 효과적으로 전달할 수 있는 baculovirus 벡터를 개발하였다. Baculovirus에 감염된 거의 100%의 인간 세포들이 원하는 유전자를 발현하였으며 포유동물 프로모터의 조절을 받아 도입된 유전자의 발현 수준이 높았다.

Baculovirus를 인간 유전자 치료에 이용함에 있어서 장점은 (1) 커다란 외래 DNA를 받아들일 수 있는 baculovirus의 수용력, (2) 척추 동물에서 baculovirus의 복제 불능, (3) 무독성이고 면역반응 부작용을 유발하지 않아 오랫동안 척추동물에서 검증된 생물안전성, (4) 곤충 배양 세포에서의 조작 용이성, (5) 고농도 바이러스의 생성 등이 있다. 현재 이 분야의 연구는 인체에서 baculovirus의 안정성을 향상시키고 비허용성 세포에서 바이러스 게놈의 수명을 연장하는 데 주력하고 있다. Baculovirus의 유전자 조절과 유전자 기능, 그리고 숙주 범위 특이성 등에 대한 기초 연구는 baculovirus의 생물공학적 적용에 중요한 정보를 제공할 것이다.

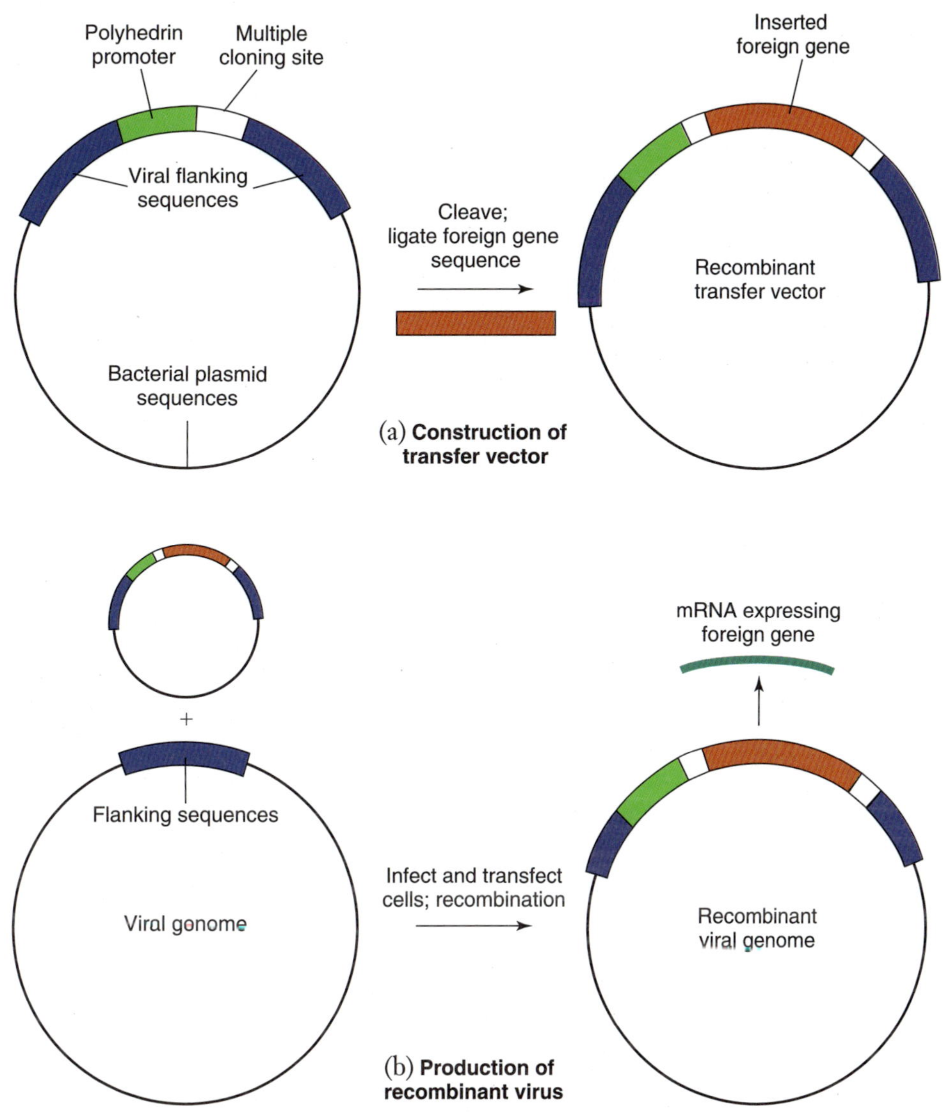

그림 25.5 외래 유전자 산물의 발현을 위한 재조합 baculovirus의 제조.

백신 생산을 위한 재조합 baculovirus와 VLP

많은 바이러스들은 단백질 소단위체들의 자발적인 자가-조립을 통하여 캡시드와 외막을 만든다. 이러한 자가-조립의 특성 때문에 바이러스 게놈 없이 구조 단백질만 발현하여도 인위적인 바이러스-유사 입자(virus-like particle, VLP)가 흔히 생성된다. 이러한 VLP은 훌륭한 항원성을 나타내므로 백신으로 이용되면 흔히 강한 보호성 면역반응을 유도한다. VLP는 불활화 혹은 약독화 바이러스 백신과는 달리 바이러스 유전 정보를 전혀 포함하지 않으므로 감염성이 없고 복제도 불가능하다.

과학자들은 다양한 인간 병원성 바이러스들에 대하여 VLP를 만들기 위하여 baculovirus/곤충 세포 발현계를 개발하였다. 최근에 발암성 HPV에 대한 허가된 두 가지 백신들 가운데 하나는 HPV L1 캡시드 단백질을 발현하는 baculovirus를 곤충 세포에 감염시켜 생산된 VLP를 포함한다. HIV와 influenza virus 등의 다양한 바이러스들에 대한 baculovirus/곤충 세포-유래의 VLP를 이용하여 수많은 임상시험들이 현재 진행 중에 있다.

단백질의 고발현을 유도할 수 있을 것으로 생각하였다.

재조합 바이러스의 제조는 두 단계로 이루어진다(그림 25.5). 먼저, 플라스미드 전달 벡터의 폴리헤드린 프로모터 근처에 폴리헤드린-암호화 영역 대신으로 외래 유전자를 클로닝한다(a 단계). 둘째, 곤충 세포에 감염성을 가지는 야생형 바이러스 DNA와 외래 유전자를 포함하는 전달 벡터를 함께 트랜스펙션한다(b 단계). 바이러스 DNA의 복제과정에서 전달 벡터에 있는 폴리헤드린 유전자의 좌우 서열과 바이러스 DNA의 동일 서열 사이에 상동적 재조합이 일어나면 폴리헤드린 유전자 자리에 외래 유전자를 가지는 재조합 게놈이 생성될 수 있다. 이러한 재조합 게놈은 자손 비리온에 들어갈 수 있다. 재조합 바이러스들은 폴리헤드린-음성 표현형으로 선별하면 쉽게 구분될 수 있다. 재조합 baculovirus는 현재 외래 단백질의 고발현에 가장 많이 이용되는 벡터들 가운데 하나이다.

핵심 용어

α-아마니틴(α-amanitin)
과립소(Granulin)
미세 융모(Microvilli)
바이러스 기질 (Virogenic stroma)
세포자살(Apoptosis)
위심막(Peritrophic membrane)
유비퀴틴(Ubiquitin)
출아형 비리온 (Budded virions)
캐릭스(Calyx)
폐색체(Occlusion body)
폐색형 비리온 (Occlusion-derived virions)
폴리헤드린(Polyhedrin)
피막(Tegument)
혈체강(Hemocoel)

기본 개념

- *Baculoviridae*과에는 수많은 종들이 알려져 있으며, 이들은 80에서 180 kbp로 크기가 다양한 이중-가닥의 환형 DNA 게놈을 가지는 막대기 모양의 외막성 바이러스이다.
- Baculovirus는 무척추 동물, 특히 곤충에 감염하며 매우 높은 숙주 종 특이성을 나타낸다.
- 두 가지 종류의 비리온이 감염된 곤충에서 생성된다.
  1. 출아형 바이러스: 한 숙주 내에서 여러 조직들의 전신 감염을 담당(수평 전염)
  2. 폐색형 바이러스: 숙주 간 바이러스 전파를 담당(수직 감염)
- Baculovirus는 곤충 배양 세포에서 단계적으로 조절되는 복제주기를 수행하여 출아형과 폐색형 비리온을 생성한다.
- 일부 baculovirus들은 농업과 임업에서 효과적인 생물학적 해충 제어제로 이용되고 있다.
- Baculovirus는 외래 유전자 발현을 유도하는 활성이 매우 높은 폴리헤드린 유전자 프로모터의 장점을 이용하여 효과적인 진핵세포 발현 벡터계로 널리 이용되고 있다.
- 다른 바이러스의 캡시드 단백질을 발현하도록 제조된 baculovirus는 곤충세포에서 많은 양의 바이러스-유사 입자(VLP)를 만들 수 있다. 이러한 VLP는 HPV, Ebola virus 및 influenza virus 등의 바이러스들에 대한 백신으로 이용되고 있다.

복습 문제

1. Baculovirus를 살충제로 처음 적용한 두 가지 사례는 무엇인가?

2. Baculovirus는 두 가지 유형의 바이러스 입자들을 생성한다; 한 입자는 결정형 모양이고 환경에서 오랜 기간 생존할 수 있다. 이 입자의 조성에 대하여 설명하시오.

3. *Autographa californica* MNPV의 초기 유전자와 후기 유전자는 서로 다른 프로모터 요소들을 인식하는 두 가지 중합효소들에 의하여 전사된다. 두 가지 중합효소는 무엇이고 이들이 인식하는 요소들의 서열은 무엇인가?

4. 바이러스-유사 입자(VLP)란 무엇이고 이것은 HPV에 대한 백신 생성에 어떻게 이용되는가?

CHAPTER 26

Poxviruses

Richard C. Condit

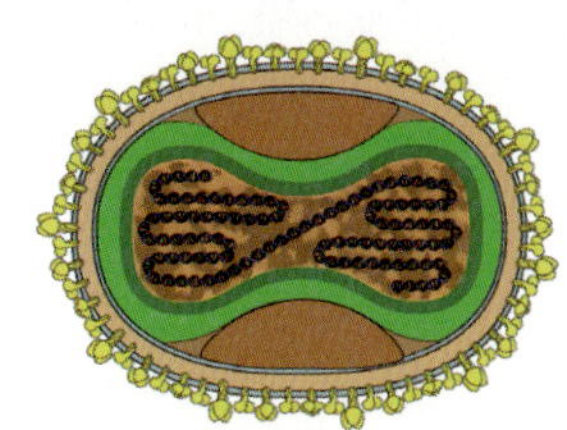
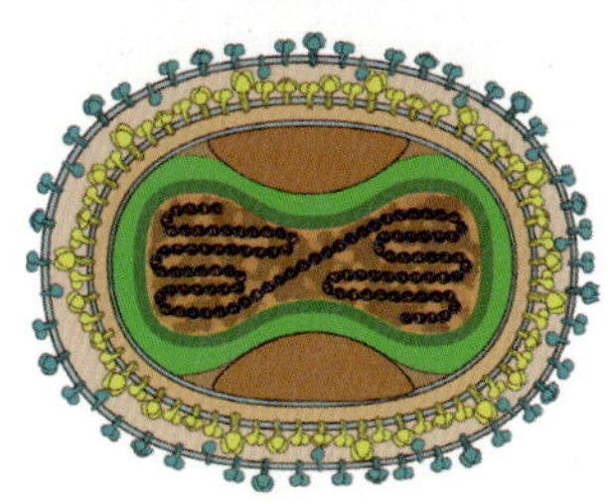

Poxviridae

수포성 피부 병변을 반영한 영어 *pocks*(농포)에서 유래

비리온

복잡한 난형- 혹은 벽돌-모양의 입자, 310 × 240 × 140 nm

표면에 돌출된 구조물들 혹은 "세관(tubules)"

전형적인 대칭 요소들이 없음

내부 코어와 측면체

비리온은 두 가지 감염형으로 존재:

- *성숙 바이러스(MV); 하나의 지질막*
- *세포외 바이러스(EV): 두 개의 지질막*

게놈

선형의 이중-가닥 DNA, 150–250 kb(vaccinia virus: 200 kb)

공유적으로 닫힌 머리핀 말단: 자유로운 3′ 및 5′ 말단이 없음

10 kb 역말단 반복

유전자와 단백질

150–250개 유전자들(vaccinia virus: 200개)

각 유전자는 자신의 전사 프로모터를 가짐

스플라이싱된 mRNA 없음(인트론 없음)

유전자는 DNA 두 가닥 모두에 분포

유전자들은 독특한 기능을 가지는 세 단계로 발현:

- 초기: *코어 해체, DNA 복제, 중기 유전자 발현 유도, 숙주 방어 저지*
- 중기: *후기 유전자 발현 유도, 숙주 방어 저지*
- 후기: *비리온 구조 단백질, 비리온 전사 효소들*

바이러스와 숙주

두 가지 아과:

Chordopoxvirinae: 척추 동물에 감염:

- 인간: *variola, vaccinia(백신 변종), molluscum contagiosum*
- *다양한 조류와 포유류에 감염하는 바이러스들; 원숭이, 소 등*

Entomopoxvirinae: 곤충(딱정벌레, 나비, 파리 등)에 감염

질병

천연두: 치사율이 높지만 완전히 퇴치됨

전염성 연속증(*molluscum contagiosum*): 현재 유일한 인간의 자연적인 poxvirus 감염체; 비교적 드물지만 면역력이 약화된 환자에서 더 흔함

Monkeypox, cowpox, tanapox는 인간에 감염하는 동물 poxvirus들

독특한 특징들

특이하게 크고 복잡한 바이러스

전사와 RNA 가공을 위한 바이러스 효소들이 비리온 코어에 포장됨

초기 RNA들이 온전한 코어에서 만들어져 세포질로 방출됨

DNA 게놈은 세포질에서 전적으로 바이러스 효소들에 의해 복제됨

내부 외막은 출아에 의해 형성되지 않고 새로 조립됨

천연두는 전 세계적으로 유행하였던 치명적인 질병이다

Poxvirus의 일종인 variolar virus에 의하여 유발되는 천연두(smallpox)는 인류가 겪었던 가장 큰 시련들 가운데 하나인 동시에 가장 위대한 업적들 가운데 하나를 상징한다. 15세기에 프랑스와 영국에서 유행한 매독(*syphilis*)은 더 큰 **농포(pocks)**를 유발하고 나이가 더 많은(더 큰) 사람들에게 감염하여 "큰 농포(large pox)"라고 불렀으며, 천연두는 이와 구분하기 위하여 "작은 농포(*small*pox)"라고 하였다. 천연두는 한때 전 세계적으로 유행하였으며 두렵고 치명적인 질병이었지만 전례가 없던 과학과 사회의 국제적인 협력 덕분에 지금은 지구 상에서 완전히 퇴치되었다.

인간은 적어도 3000년 이상을 천연두의 고통으로 시달려왔다. 마마자국을 가진 이집트 미이라가 발견되면서 적어도 BC 2000년 전에도 천연두가 존재하였다는 것을 알 수 있다. 문헌에 기록된 바에 의하면 천연두는 1세기에 이집트와 인도에서 **풍토병(endemic)**으로 자리를 잡았으며, 10세기까지 중국, 서남아시아, 유럽 및 북아프리카에 전파되었다. 16에서 18세기까지 유럽인들의 탐험과 식민지 개척으로 북미와 남미, 남아프리카, 그리고 호주까지 전파되

었다. 따라서 18세기에는 전 세계의 모든 큰 도시에서 천연두가 만연하였다. 천연두는 인류의 역사에 큰 영향을 주었다. 많은 지배자들이 천연두에 희생되었으며, 공격하는 군대를 무력화시켰으며, 정복자들에 의해 감염된 원주민들이 몰살되었다.

그동안 천연두에 희생된 사람들의 수는 오늘날 우리가 거의 상상할 수 없을 정도이다. 비록 농촌 지역에서는 천연두 발생 빈도가 비교적 낮았지만, 17세기 유럽의 대도시에서는 천연두가 전형적인 어린이 질병처럼 발생하여 거의 모든 어린이들이 이 질병에 한 번쯤은 걸리는 것으로 여겨졌다. 천연두는 변종에 따라 치사율이 1–40%로 다양하였지만 풍토성 국가들에서 평균 치사율은 약 25%이었다.

감염의 결과는 보기에도 끔찍하였다. 사람들은 바이러스에 감염된 사람의 침과 콧물, 고름, 딱지 혹은 바이러스가 오염된 침구나 의복 등과의 접촉을 통하여 전염되며, 보통 호흡기 감염으로 시작된다. 감염은 약 12일 간의 무증상기를 거쳐 고열, 두통 및 구토가 갑자기 발생하여 4일 간 지속된다. 약간 호전된 기미를 보인 후에 천연두의 전형적인 피부 발진이 생겨나고 열이 재개되어 약 12일 간 지속된다. 고름으로 채워진 수포가 온몸을 덮을 뿐 아니라 입과 기도에도 나타나 통증과 호흡곤란으로 먹고 마시는 것조차 어려워진다. 심한 경우에는 발진이 온 몸을 완전히 덮고 출혈이 일어난다.

대부분의 생존자들은 흉터를 평생 지니고 살았으며, 많은 사람들이 맹인이 되었고, 일부는 약화된 사지 기형으로 고통을 받았다. 18세기 프랑스의 수학자이자 과학자인 Comte de la Conddmine은 “어느 누구도 자신의 아이가 이 질병을 앓고 회복될 때까지는 감히 자식으로 여길 수 없다”라고 하였다.

인두법에서 우두법이 개발되어 전 세계적으로 천연두가 퇴치되었다

처음에는 천연두 예방을 위하여 **인두법(variolation)**이 시행되었다. 이는 비자연적인 경로로 variola virus에 감염되면 약한 질병을 앓게 되고 사망률도 낮아진다는 경험에 근거하여 채택되었다. 10세기의 중국에서는 약한 천연두를 앓고 있는 사람의 농포 딱지를 가루로 만들어 사람의 코 구멍으로 불어 넣어 비교적 가벼운 감염을 유도하는 의술이 시행되었다. 거의 동일한 시기에 인도에서는 활발한 천연두 환자로부터 얻은 고름을 사람의 피부에 긁어 바르는 인두법이 시행되었다. 이와 같은 피부 경로를 통한 인두법은 접종부위와 인접 부위에 병변을 초래하지만 훨씬 가벼운 질병이 유발되고 전체 사망률도 자연 감염보다 훨씬 더 낮은 약 1%에 불과하였다.

피부 인두법은 서남아시아와 북아프리카까지 전파되었다. 18세기 후반에는 인두법이 유럽과 북아메리카에도 잘 확립되어 천연두의 확산을 대폭 저지하였으며 19세기로의 전환기에 종두법의 개발을 위한 토대를 마련하였다.

1798년, 영국의 내과의사인 Edward Jenner는 cowpox의 접종으로 천연두에 대한 면역법을 도입하였다. Jenner의 대담한 실험은 그 당시에 잘 알려져 있던 세 가지 개념을 바탕으로 이루어졌다: (1) 피부 인두법은 천연두에 대한 저항성을 부여한다, (2) 우유 짜는 여자들은 곰보 자국을 거의 가지지 않았으며 천연두에 보통 저항성을 나타낸다, (3) 우유 짜는 여자들은 우두(cowpox) 질병이라는 곰보-유사 병변을 손에 가지며, 이는 젖꼭지에 이와 유사한 병변을 가지는 젖소에서 전염되는 것 같다.

우두의 분명한 보호 효과를 인위적으로 유도할 수 있을 것이라고 확신한 Jenner는 1796년 5월 14일에 8살 소년 James Phipps에게 Sarah Nelmes라고 하는 우유를 짜는 여자의 손에서 취한 cowpox를 접종하였다. 이 시술로 Phipps의 팔에 제한적인 우두 질병이 생겨났지만 그 이외의 질병은 거의 나타나지 않았다. 6주 이후에 Jenner는 Phipps에게 인두법으로 천연두를 감염시켜 실제로 천연두에 대한 저항성을 획득하였음을 증명하였다. 인두법과 구분하기 위하여 Jenner는 그의 시술법을 **종두법(vaccination**; *vacca*는 라틴어로 소를 의미)이라 명명하였으며, 이로부터 10년 이내에 우두법은 천연두에 대한 예방법으로 전 세계적으로 채택되었다.

Jenner의 우두법이 개발된 뒤 150년에 걸쳐 천연두를 제어하려는 개별적인 노력이 전 세계적으로 이루어졌지만, 1958년에 이 질병은 남아메리카, 서남아시아, 인도 등의 여러 국가들과 중국에서 여전히 풍토병으로 남아 유행하였다. 이 해에 WHO는 글로벌 천연두 퇴치 프로그램을 시작하여 대규모의 국제적인 천연두 감시 및 백신 접종 프로그램을 진행하였다. 마침내 1979년에 전 세계적으로 천연두가 완전히 퇴치되었다. 지금은 비록 백신 접종으로 인하여 심각한 부작용이 생길 위험성은 매우 낮지만, 이는 자연적으로 천연두에 걸릴 위험성을 훨씬 초과하므로 천연두에 대한 백신 접종이 중단된 상태이다.

Poxvirus는 활발한 연구 대상으로 남아 있다

비록 천연두는 퇴치되었지만 poxvirus에 대한 관심은 아직 남아 있다. Poxvirus는 바이러스 mRNA 합성과 변형에 필요한 효소들을 모두 만들어 비리온에 포장하므로 mRNA 물질대사의 기초 연구를 위한 이상적인 모델계를 제공한다. Poxvirus는 또한 숙주의 염증 반응과 면역반응을 교란시키는 수십 가지의 단백질들을 암호화한다. 이를 이용하여 바이러스 감염에 대한 숙주 반응을 연구하면 유용한 면역 치료제와 항염증제를 개발할 수 있을 것이다. 외래 유전자를 poxvirus에 도입하면 감염과정에서 유전자 발현이 가능하므로 진핵세포 유전자 발현 벡터와 재조합 백신을 제조할 수도 있다. 마지막으로 천연두가 생물학적인 무기로 이용될 수 있다는 최근의 우려로 개량 백신과 항바이러스제 개발에 대한 새로운 관심이 고조되고 있다.

Poxvirus는 숙주 범위에 따라 두 개의 아과로 분류된다: *Chordopoxvirinae*는 척추 동물에 감염하고 *Entomopoxvirinae*는 곤충에 감염한다. 대부분의 척추 동물 poxvirus들이 수포성 피부 질병을 유발하는 데 반하여 곤충 poxvirus들은 일반적으로 감염된 유충의 괴사를 유발한다. 일부 poxvirus들은 서로 다른 동물 종들 간에 전염이 가능하여 때로는 명명법에 오해를 불러일으키기도 한다. 예를 들면, cowpox virus가 항상 감염하는 병원소 숙주는 설치류이며, 소는 이 바이러스가 우연히 일시적으로 감염하는 숙주에 불과하다. 일부 poxvirus들의 종류가 표 26.1에 제시되어 있다.

천연두에 대한 백신으로 이용되었던 vaccinia virus는 현재 실험실에서 널리 이용되고 있다. Vaccinia virus는 백신 변종이므로 비교적 다루기에 안전하고 200년도 넘게 임상 및 실험에 이용되었다. Vaccinia virus는 원래 소와 낙농업자들에게 감염하던 poxvirus로서 분리되었지만, 현재의 vaccinia virus는 실제 cowpox virus와는 다르며 야생에서는 실험실에서 탈출한 백신 바이러스만이 발견된다. 최근 인도의 물소와 브라질의 소에서 vaccinia virus가 검출되었으며, 이들은 모두 인간에게 전염되었다. Vaccinia virus는 2세기 동안의 인위적인 증식과정에서 심하게 돌연변이가 진행된 cowpox virus의 변이체이거나 초기에 분리된 이래로 멸종한 poxvirus의 일종일 가능성이 있다. 또한 초기의 백신 제조와 계대에 소를 이용하였으므로 원래의 cowpox virus가 다른 바이러스로 교체되었을 가능성도 있다.

선형의 vaccinia virus 게놈은 공유결합으로 밀봉된 머리핀 말단을 가지고 인트론을 가지지 않는다

Vaccinia virus의 게놈은 양 말단에 10 kb의 역반복 서열을 포함하는 200 kb의 이중-가닥 DNA 분자이다(그림 26.1a). 여러 유전자들이 이 반복서열에 있으므로 이들은 게놈 당 두벌씩 존재한다. 각 말단에 있는 반복서열의 마지막 4 kb에는 암호화 서열이 없으며 기능이 알려지지 않은 약 200개의 짧은 직렬 반복서열들로 이루어져 있다(그림 26.1b). 비록 게놈은 선형이지만 자유로운 5′ 및 3′ 말단은 없다; 각 말단은 머리핀 구조로 밀봉되어 있다. 최말단 100 bp에는 2개의 관련된 서열들이 존재한다(그림 26.1c). 이 영역들은 불완전한 염기쌍을 이루며, 단일-가닥으로 펼쳐지면 이들은 역상보성을 나타낸다(그림 26.1d). 머리핀과 이와 바로 인접한 주변 서열들은 DNA 복제에 중요한 기능을 한다.

Poxvirus 유전자들은 인트론을 가지지 않기 때문에 바이러스 mRNA는 스플라이싱을 하지 않는다. 각 유전자는 자신의 전사 프로모터를 가지고 유전자들은 근접한 위치에 배열되어 있다; 100 bp 이상의 유전자간 영역은 드물고 암호화 서열들이 때로는 중첩되어 있다. 관례에 따라 유전자들은 Hind III 제한효소 절편 내의 순서에 따라 번호가 부여되고, 오른쪽 혹은 왼쪽으로 전사되는지 표시된다(그림 26.2). 따라서 유전자 D8L은 Hind III로 절단된 D DNA 단편의 왼쪽 끝에서 여덟 번째 유전자이고 왼쪽 방향으로

표 26.1 일부 poxvirus들과 숙주들

Virus	Reservoir host	Other hosts
Variola (smallpox)	Humans	None
Molluscum contagiosum	Humans	None
Vaccinia	Unknown	Humans, cows, buffaloes
Monkeypox	Squirrels, rodents	Humans, monkeys
Cowpox	Rodents	Humans, cows, cats, zoo animals
Orf	Sheep	Humans, various ruminants
Fowlpox	Birds	Humans (as vaccine vector)
Myxoma	Rabbits	None
Entomopox	Insects	None

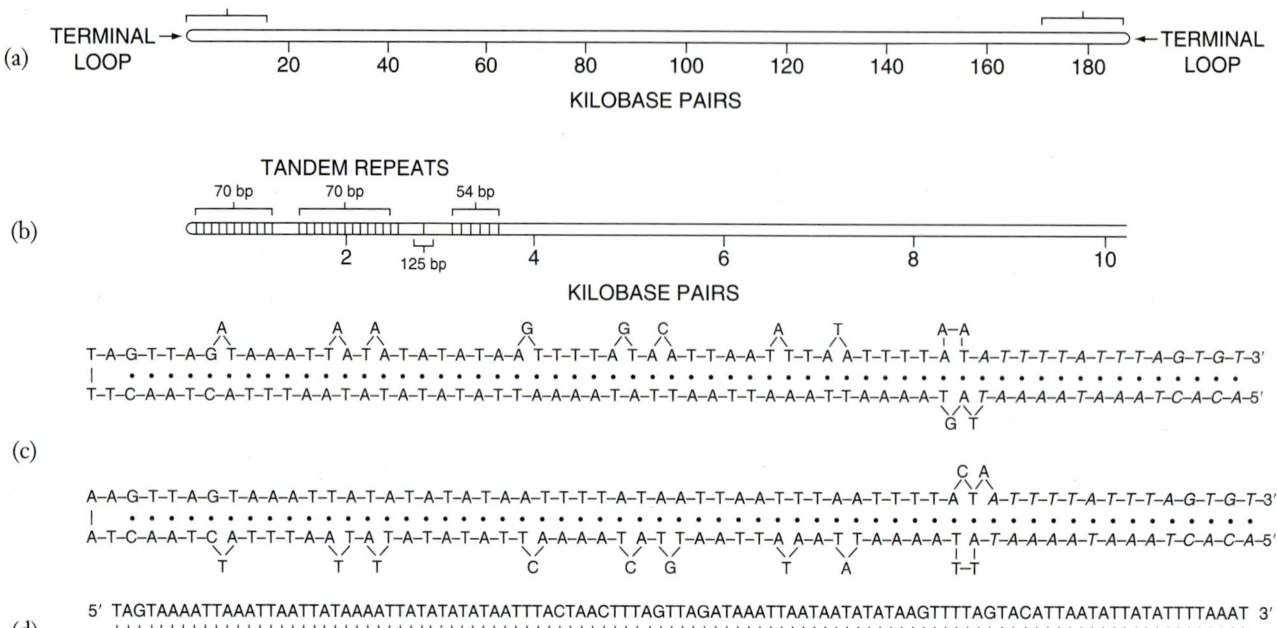

그림 26.1 Vaccinia virus의 게놈 구조. (a) 말단 고리를 나타낸 이중-가닥 DNA 게놈; (b) 역말단 반복을 확대하여 말단 반복 내의 직렬 반복을 강조하였다; (c) 말단 반복(이탤릭체)에 연결된 2개의 머리핀 고리들(비이탤릭체); (d) 연쇄체 연접부위에서 펼쳐진 머리핀들끼리 염기쌍을 형성한 이중-가닥 구조.

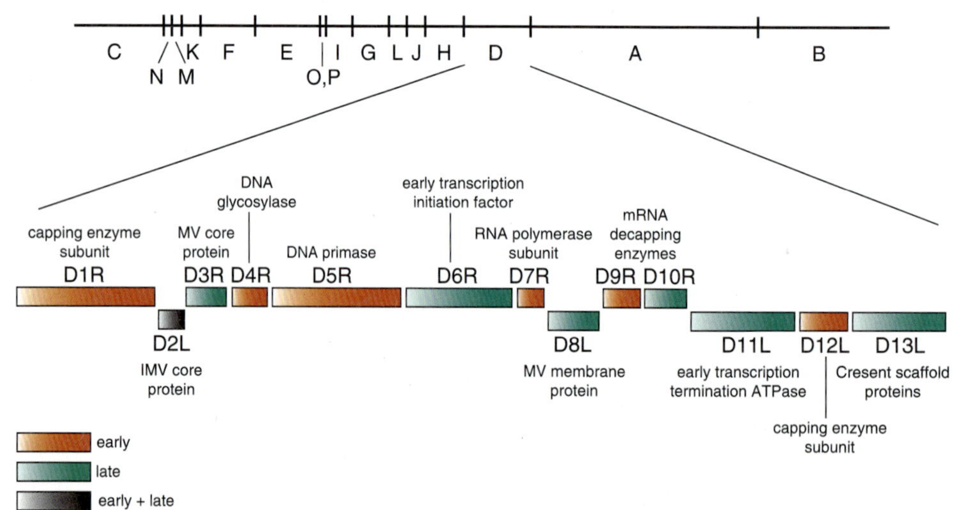

그림 26.2 Vaccinia virus 게놈의 기능성 조직. 맨 위: 전체 게놈의 Hind III 지도. 아래: 16-kb Hind III D 단편의 지도. 각 유전자를 직사각형으로 표시하였다(전사 방향: R: 오른쪽, L: 왼쪽). 초기 및 후기 유전자들을 색깔로 구분하였으며, 기능이 알려진 경우에는 이를 나타내었다.

전사된다.

게놈의 말단 근처에 있는 유전자들은 보통 가까운 끝쪽으로 전사되지만 게놈의 중앙에 있는 유전자들은 어떤 방향으로도 전사될 수 있다. 전사, DNA 복제 및 형태 형성과 같이 poxvirus의 공통적인 과정들에 관여하는 대략 50개의 "필수 유전자(housekeeping gene)"들은 poxvirus들 사이에 보존되어 있으며 일반적으로 게놈의 중앙에 모여 있다(그림 26.2). 반면에 말단 근처에 위치한 유전자들은 poxvirus에 따라서 다양하며, 숙주 범위와 병원성 등과 같은 각 바이러스에 독특한 기능들을 담당한다.

두 가지 형태의 vaccinia virus는 감염 전파에 서로 다른 역할을 한다

Vaccinia 비리온은 커다란(310 × 240 × 140 nm) 외막성

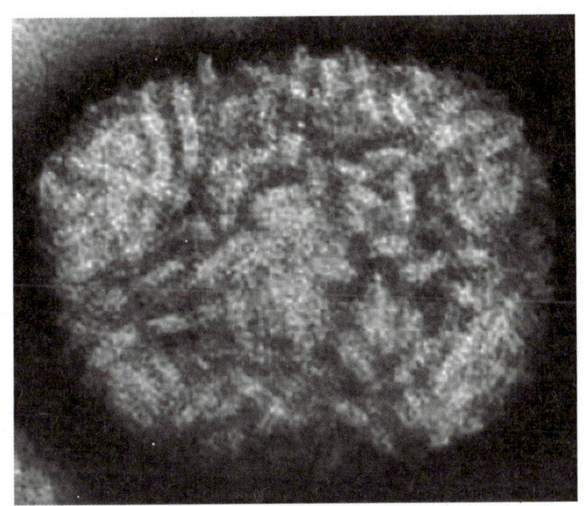

그림 26.3 **Vaccinia virus 비리온.** 표면 돌출물들을 보여 주는 vaccinia 성숙 바이러스의 전자현미경 사진.

난형 혹은 벽돌-모양의 입자이며 100여 가지의 단백질들을 포함한다(그림 26.3). 비리온 내에는 양면이 오목한 코어와 그 양 쪽에 위치한 측면체들(lateral bodies)이 있다(그림 26.4b). 측면체는 트립신에 민감하므로 단백질을 포함하는 것으로 여겨지지만 그 조성과 기능은 알려져 있지 않다. 코어는 조성이 알려지지 않은 이중층의 "코어 벽(core wall)" 구조로 둘러싸여 있다. 코어 내부에는 3개의 관상 구조물들이 있다. 바이러스 DNA는 아마도 관상 구조물 내에 존재하는 것으로 여겨진다. 비리온의 코어는 또한 초기 mRNA 합성과 변형에 필요한 다양한 바이러스 효소들도 포함한다.

비리온은 두 가지 형태 즉, 성숙 바이러스(mature virus, MV)와 세포외 바이러스(extracellular virus, EV)로 존재한다. 이들은 형태형성과정의 차이로 인하여 막 조성에 차이를 나타낸다. 성숙 바이러스 입자는 지질과 바이러스 단백질로 이루어진 외부 외막을 가진다. 세포외 바이러스는 독특한 바이러스 단백질들을 포함하는 지질막으로 성숙 바이러스가 한번 더 둘러싸인 바이러스 입자이다. 두 가지 형태의 vaccinia 비리온은 모두 감염성을 나타낸다.

성숙 바이러스와 세포외 바이러스는 세포 수용체와의 결합에 서로 다른 바이러스 구조 단백질들을 이용한다. 적어도 세 가지 종류의 성숙 바이러스 막 단백질들이 부착에 관여한다. 이들은 세포 표면에 흔한 **글리코사미노글리칸(glycosaminoglycan)**에 결합하므로 넓은 숙주 범위를 나타낸다. 성숙 바이러스의 세포 감염은 바이러스 막과 원형질막의 직접적인 융합을 통하거나 소낭으로 진입하고 나서 엔도좀 막과의 융합을 통하여 일어나는 것 같다.

세포외 바이러스 입자의 진입에 대해서는 두 가지 메커니즘이 제안되었다. 세포외 바이러스가 식세포 작용에 의하여 세포에 들어가고 엔도좀의 pH가 감소하면 세포외 바이러스의 외막이 파괴되고 성숙한 바이러스 입자가 소낭 내로 방출된다. 그 다음 성숙 바이러스의 외막이 소낭막과 융합하여 비리온의 코어가 세포질에 방출된다. 두 번째 방법으로는 바이러스 입자와 세포 표면의 초기 접촉으로 세포외 바이러스의 외막이 터지고 방출된 성숙 바이러스는 앞서 설명한 바와 같이 세포 내로 진입할 수 있다.

두 가지 형태의 Poxvirus 비리온들은 아마도 자연계에서 서로 다른 역할을 하는 것 같다. 세포외 바이러스 입자는 감염된 동물에서 세포 간 혹은 조직 간 바이러스의 전파에 필요하다. 그러나 세포외 바이러스의 막은 약하기 때문에 아마도 환경에서 잘 견디지 못할 것이다. 반면에 성숙 바이러스 입자는 안정하므로 개체 간의 감염 전파에 관여하는 것 같다. Poxvirus는 환경에서 안정성이 매우 높은 것으로 유명하다; smallpox 백신은 동결건조가 가능하고

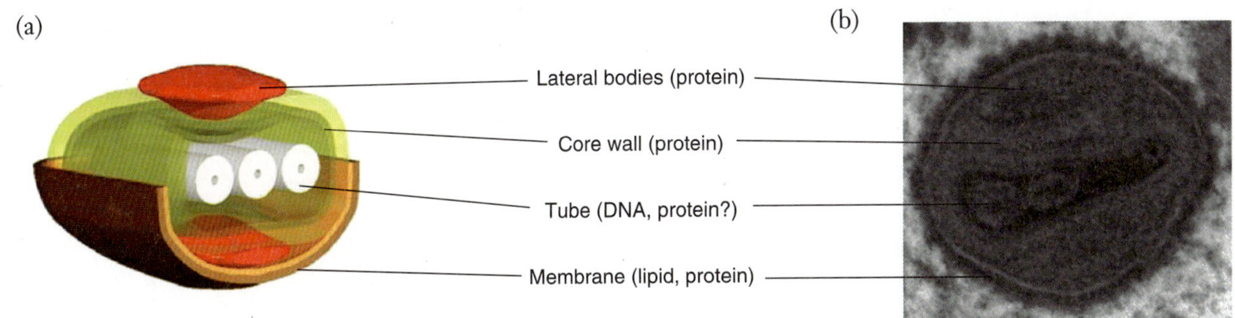

그림 26.4 **Vaccinia virus 비리온의 구조 모델.** (a) 성숙 바이러스(MV)의 바깥쪽 일부를 잘라서 내부 구조가 보이도록 한 모델. 비리온의 위쪽 반에서 막을 제거하고 코어 벽을 투명하게 하여 여러 내부 구조들, 즉 오목한 코어 벽, 측면체 및 관상 구조물들이 보이도록 하였다. (b) Vaccinia 성숙 바이러스의 전자현미경 사진으로 외막, 측면체, 코어 벽 및 내부 관들을 보여 준다. www.vacciniamodel.com 참조.

마른 딱지 혹은 바이러스에 오염된 표면에서 장기간 감염성을 유지할 수 있다. 따라서 성숙 바이러스 입자는 환경에서 안정한 반면에 세포외 입자는 체내에서의 전파에 적합하다.

Poxvirus는 세포질에서 복제한다

다른 진핵세포 DNA 바이러스들과는 달리 poxvirus는 전적으로 감염 세포의 세포질에서 복제한다. DNA 복제와 RNA 합성 및 가공에 필요한 대부분의 세포 효소들이 핵속에 위치하므로 poxvirus는 이러한 과정들을 수행하기 위하여 바이러스 효소들을 만들어야 한다. Poxvirus는 커다란 게놈을 가지기 때문에 RNA 및 DNA 물질대사에 관여하는 다양한 효소들을 암호화할 수 있다.

DNA 복제에 필요한 vaccinia virus의 유전자들은 감염 직후에 발현되므로 초기 유전사라고 한다. 초기 유전자들은 비리온 외막이 세포막과 융합한 이후에 세포질에 방출된 바이러스 코어 내에서 발현된다(그림 26.5). 초기 mRNA들은 코어에서 세포질로 밀려 나와 초기 바이러스 단백질로 번역된다. 일부 초기 단백질들이 코어를 해체시켜 바이러스 DNA를 세포질에 방출시키면 전사가 더 일어나고 DNA가 복제된다. 비리온 형성에 필요한 유전자들은 DNA 복제가 시작된 이후에 발현되며 중기와 후기로 구분된다. 유전자 발현의 조절은 주로 전사 수준에서 일어난다.

Poxvirus 유전자들은 바이러스 전사인자들에 의한 단계적 전사조절로 발현된다

Poxvirus의 유전자 발현 시기는 바이러스 DNA의 특정 프로모터 요소들에 결합하는 바이러스 전사개시인자들의 순차적인 합성에 의하여 결정된다(그림 26.5). 초기 유전자의 전사에 필요한 개시인자들(virus early transcription factor, VETF)은 감염하는 비리온에 포장되어 있으며 세포질로 방출된 코어 내에서 작용한다. 일부 초기 유전자들은 중기 유전자 발현을 촉진하는 바이러스 중기 전사인자들(virus intermediate transcription factors, VITFs)을 암호화한다. 일부 중기 유전자들은 후기 전사인자들(virus late transcription factors, VLTF)을 암호화한다. 마지막으로 일부 후기 유전자들은 다음 감염을 위하여 비리온에 포장되는 초기 전사인자들을 암호화한다. 이러한 유전자 발현의 조직화로 새로 복제된 바이러스 게놈은 구조 단백질의 합성이 시작되기 전에 충분히 축적된다. 만약 DNA 복제가

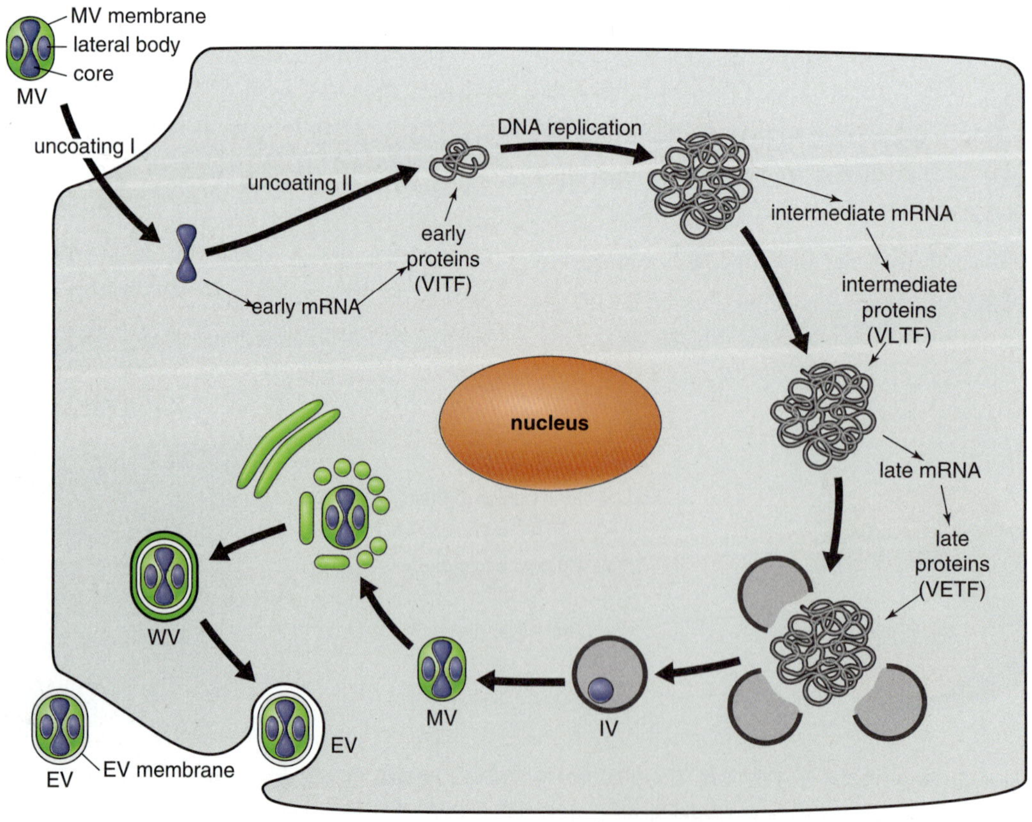

그림 26.5 **Vaccinia virus 생활주기.** 자세한 내용은 본문을 참조 바람. IV: 미성숙 바이러스; MV: 성숙 바이러스; WV: 싸인 바이러스; EV: 외막성 바이러스; VETF: 바이러스 초기 전사인자; VITF: 바이러스 중기 전사인자; VLTF: 바이러스 후기 전사인자.

표 26.2 Vaccinia 비리온에 포장되는 효소들

Function	Protein	No. of subunits	Mol. wt. (kD)
RNA synthesis	RNA polymerase	8	410
Transcription initiation	Early gene specificity factor	1	94
	Early gene initiation factor	2	166
mRNA 5' end capping	Cap guanylyltransferase	2	130
	Ribose-methyltransferase	1	39
Transcription termination	Cap guanylyltransferase	2	130
	DNA-dependent ATPase	1	72
mRNA 3' end polyadenylation	Poly(A) polymerase	2	94
Nucleic acid topology	RNA helicase	1	77
	DNA helicase	1	56
	DNA topoisomerase I	1	37
Protein modification	Protein kinase I	1	34
	Protein kinase II	1	52
	Protein phosphatase	1	20

저해되면 중기와 후기 유전자들의 발현이 저지된다.

Vaccinia virus 유전자들의 약 절반은 초기 프로모터들에 의하여 조절되고 나머지 절반은 중기 혹은 후기 프로모터들에 의하여 조절된다. 일부 유전자들은 복합 프로모터를 가지고 있어 감염 전반에 걸쳐 발현된다. Vaccinia virus의 프로모터는 유전자의 종류와 상관없이 길이가 약 35 뉴클레오티드이다. 돌연변이 분석에 의하여 초기, 중기 및 후기 프로모터를 구분하는 최적 공통 DNA 서열들이 결정되었다.

코어에 포장된 바이러스 효소들은 초기 RNA 합성과 가공에 관여한다

정제된 vaccinia 비리온에 세제를 처리하여 투과성을 부여한 뒤, rNTP와 S-adenosylmethionine을 첨가하면 코어 내에서 초기 유전자들이 전사된다. 이렇게 만들어진 mRNA는 캡을 획득하고, 메틸화되고, 폴리아데닐화된 뒤에 비리온 코어에서 밀려 나온다. 따라서 vaccina 비리온은 단순하고 정제하기 쉬운 mRNA 합성기구로서 "미니 핵(mini-nucleus)"으로 간주할 수 있다. 이는 전사, mRNA의 5′ 말단 캡핑 및 3′ 말단 폴리아데닐화 등의 생화학적 분석에 매우 유용하다.

비리온에서 RNA 합성의 각 단계에 관여하는 효소들을 정제할 수 있다(표 26.2). Vaccinia virus의 RNA 중합효소는 8개의 소단위체들로 이루어진 복잡한 효소로서 다른 진핵세포 RNA 중합효소들과 일부 유사성을 지닌다. 초기 전사의 개시는 RNA 중합효소에 결합하는 특이성 인자(specificity factor)와 프로모터에 결합하는 개시인자(VETF)를 추가로 요구한다. 이들은 RNA 중합효소를 전사개시부위에 장착시킨다.

mRNA의 캡핑에는 두 가지 효소들이 필요하다. 두 개의 소단위체들로 이루어진 **캡 구아닌 전달효소(cap guanylyltransferase)**가 7-메틸 구아노신(7-methylguanosine)을 새로 생성된 RNA의 5′ 삼인산 말단에 5′-5′ 삼인산 연결로 첨가하고 **캡 리보오스-메틸 전달효소(cap ribose-methyltransferase)**가 RNA에 있는 첫 번째 염기의 리보오스를 메틸화시킨다.

전사 종료는 합성 중인 RNA 사슬의 U_5NU 서열 요소에 반응하여 일어나며 두 가지 단백질 인자들, 즉 DNA-의존적 ATPase와 캡핑효소인 캡 구아닌 전달효소가 필요하다. mRNA 3′ 말단의 폴리아데닐화는 poly(A) 중합효소에 의하여 촉매된다. 이 효소는 두 개의 소단위체들로 구성되며 이 중 하나는 mRNA의 5′ 캡 형성에 관여하는 캡 리보오스-메틸 전달효소이다. 따라서 캡 구아닌 전달효소와 캡 리보오스-메틸 전달효소는 초기 mRNA의 5′ 말단과 3′ 말단의 성숙에 필수적인 두 가지 기능들을 모두 수행하므로 경제적으로 이용된다고 볼 수 있다.

DNA 복제 효소들은 초기 mRNA에 의해 암호화된다

표 26.3은 DNA 물질대사에 관여하는 바이러스 유전자 산

표 26.3 Vaccinia virus의 DNA 물질대사 효소들

Function	Protein	No. of subunits	Mol. wt. (kD)
DNA replication, repair, recombination	DNA polymerase*	1	116
	DNA pol. processivity factor	1	49
	DNA primase*	1	90
	Topoisomerase I	1	36
	ssDNA binding protein	1	34
	DNA ligase*	1	63
	Holliday junction resolvase	2	42
	Protein kinase (BAF antagonist)*	1	34
	Multifunctional "scaffold" protein*	?	22
	Uracil DNA glycosylase*	1	25
	dUTPase	1	16
	dsDNA break repair	1	50
Nucleotide metabolism	Thymidine kinase	1	19
	Thymidylate kinase	1	23
	Ribonucleotide reductase	2	121

** Genes coding for these proteins have been shown to be required for carrying out viral DNA replication.*

물들을 나타낸다. 이 효소들의 대부분은 초기 유전자들에 의하여 암호화되고, 이들의 다수는 DNA 복제, 재조합 및 회복에 모두 관여한다. 이 유전자들 가운데 6개에서 DNA 복제에 결함을 나타내는 온도-민감성 돌연변이체들이 분리되어(표 26.3에 표시됨), 이 효소들이 바이러스 DNA 복제에 필수적임이 증명되었다. Vaccinia virus의 DNA 복제를 효과적으로 재구성하는 *in vitro* 시스템은 아직 구축되지 않았다.

Poxvirus는 단량체로 잘려지는 커다란 연쇄체 DNA를 생성한다

현재 인정되고 있는 poxvirus DNA 복제 모델(그림 26.6)은 parvovirus의 "회전 머리핀(rolling hairpin)" DNA 복제 모델(20장 참조)과 유사하다. 이 모델은 바이러스 게놈의 구조적 특징과 두 가지 현상들을 바탕으로 만들어졌다: (1) 복제가 머리핀 말단 내 혹은 근처에서 시작한다; (2) 감염과정에서 머리-머리 및 꼬리-꼬리식의 **연쇄체(concatemer)**가 축적된다.

먼저 한 말단 머리핀에서 부위-특이적인 단일-가닥 절단이 일어나서 DNA 합성이 시작될 수 있는 3′ 말단이 만들어진다(1단계). 이 3′ 말단을 연장하여 풀려진 머리핀 서열을 따라 5′ 끝까지 약 100 nt를 복사한다(2단계). 합성된 DNA 사슬이 다시 새로운 머리핀을 형성하면(3단계), DNA 합성을 재개할 수 있다(4단계). 한 DNA 가닥을 주형으로 이용하여 전체 게놈 길이(200,000 nt)가 합성되고 반대편 머리핀을 통과하여 상보적인 가닥을 주형으로 전체 게놈 길이를 다시 합성하면(5단계), 머리-머리 2량체가 만들어진다. 이러한 과정을 통하여 완벽하게 염기쌍을 형성한 두 개의 상보적인 머리핀 말단들을 포함하는 연쇄체 연접(concatemer junction)이 형성된다(그림 26.1d 참조).

이와 동일한 과정을 통하여 복제가 한 번 더 일어나면 더 큰 연쇄체가 생성된다. 바이러스 **레솔바아제(resolvase)**는 2량체 혹은 연쇄체를 단위-길이 분자로 절단한다(6 단계). 이 효소가 연쇄체 연접의 양 끝에서 상보적인 가닥을 하나씩 절단하면 이중-가닥이 계단식으로 잘려진다. 연접의 각 가닥이 다시 머리핀을 형성하고 DNA 이음효소에 의하여 5′ 말단과 3′ 말단이 연결되면 성숙한 poxvirus DNA 분자가 만들어진다.

이러한 vaccinia virus의 DNA 복제를 위한 회전 머리핀 모델은 DNA 합성이 RNA 프라이머에 의하여 개시되지 않고 절단된 부모 DNA 가닥을 연장하여 일어나기 때문에 DNA 프리마아제를 요구하지 않는다. 따라서 최근에 이 바이러스의 DNA 복제에 필요한 바이러스 DNA 프리마아제가 발견되었다는 것은 vaccinia virus의 DNA 복제 메커니즘이 실제로는 이 모델과 상당히 다르다는 것을 의미한다.

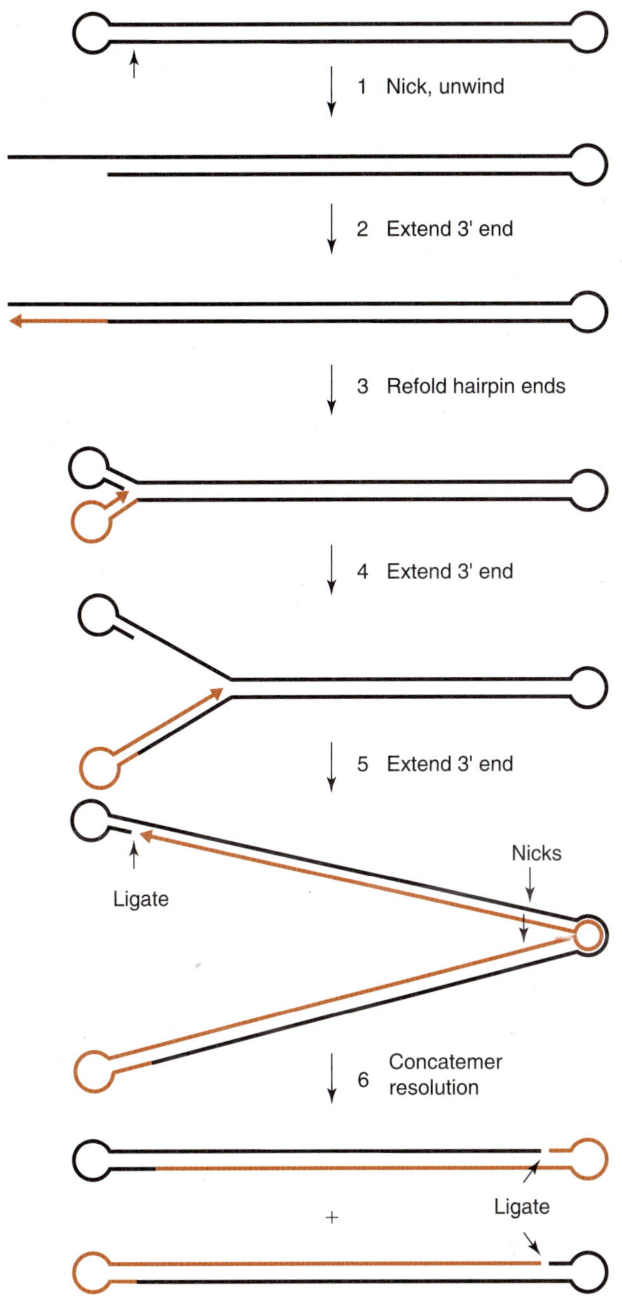

그림 26.6 Vaccinia virus DNA 복제 모델. 자세한 내용은 본문 참조. 새로 합성된 DNA를 주황색으로 나타내었다.

복제 후 mRNA들은 5′ 말단 poly(A) 머리와 이질적인 3′ 말단 서열을 가진다

중기 및 후기 유전자들은 DNA 복제가 시작된 이후에 전사가 시작되므로 이들을 복제 후 유전자(postreplicative gene)라고 한다. 이들은 독특한 전사 프로모터와 개시인자들을 이용하는 것만 제외하면 유사하므로 함께 고려될 수 있다. 복제 후 RNA의 합성, 캡핑 그리고 폴리아데닐화는 초기 mRNA 합성에 이용되는 것들과 동일한 효소들에 의하여 수행되지만 초기 mRNA들로부터 새로 합성된 효소들이 이용된다.

중기 유전자의 전사개시는 초기 바이러스 mRNA로부터 합성된 두 가지 바이러스 인자들(VITF)과 하나의 세포 인자를 요구한다. 바이러스 인자는 앞서 언급한 캡 구아닌 전달효소와 하나의 작은 RNA 중합효소 소단위체이다. 세포 인자는 세포 mRNA 물질대사에 관여하는 스트레스 과립 단백질(stress granule protein)이다. 후기 유전자들의 전사개시에는 중기 mRNA에서 만들어지는 적어도 세 가지 바이러스 단백질 인자들(VLTF)이 필요하고 한 가지 초기 유전자 산물과 하나의 세포 인자가 추가로 필요하다.

중기 및 후기 mRNA들은 초기 mRNA들과 구분되는 두 가지 독특한 구조적 특징들을 공유한다. 첫째, 5′-말단에 “poly(A) 머리”가 전사개시과정에서 미끄러짐 메커니즘(slippage mechanism)을 통하여 mRNA에 첨가된다. 중기와 후기 프로모터들은 보통 번역 개시 ATG의 바로 앞에 위치한 RNA 개시부위에 TAAA 서열을 포함한다. 바이러스 RNA 중합효소는 AAA 서열을 처음 합성하고 나서 RNA를 붙잡은 상태에서 뒤로 되돌아가서 AAA 서열을 다시 첨가한다. 이러한 과정을 여러 번 반복한 뒤에 RNA 중합효소는 프로모터에서 떨어져 아래로 진행한다. 그 결과 RNA의 5′ 말단에는 첫 AUG 코돈 앞에 30~50개의 A 잔기들을 포함한다. 이러한 여분의 5′ 비암호화 영역은 리보좀이 AUG를 인식하는 것을 도와주는 것 같다.

둘째, 이들 mRNA는 초기 전사에서 이용되는 과정과는 근본적으로 다른 전사 종료 메커니즘을 통하여 이질적인 3′ 말단을 가진다. RNA 중합효소는 초기 종료 서열 U_5NU를 무시하고 훨씬 아래쪽에 위치한 여러 부위에서 비효율적으로 종료한다. 따라서 2~4 kb의 이질적인 3′ 말단을 가지는 전사물 패밀리가 생성된다. 복제 후 mRNA(postreplicative mRNA)들의 3′ 말단 길이에 영향을 주는 바이러스 유전자들로서 적어도 3가지가 확인되었다. 이 유전자들 가운데 하나는 mRNA 5′ 캡 형성과 3′ 말단 폴리아데닐화에 모두 관여하는 리보오스-메틸 전달효소를 암호화한다.

요약하면, 캡 구아닌 전달효소는 mRNA 캡핑, 초기 mRNA 초기 종료 및 중기 유전자 전사개시에 관여하고 캡 리보오스-메틸 전달효소는 mRNA 캡핑과 폴리아데닐화 그리고 복제 후 유전자의 전사 연장 혹은 종료에 관여한다. 이러한 단백질의 다기능성이 어떻게 발휘되는 지는 불확실하지만 각 단백질이 하나의 효소 활성 부위를 다용도로 이용하기 보다는 다수의 독립적인 활성 부위들을 가

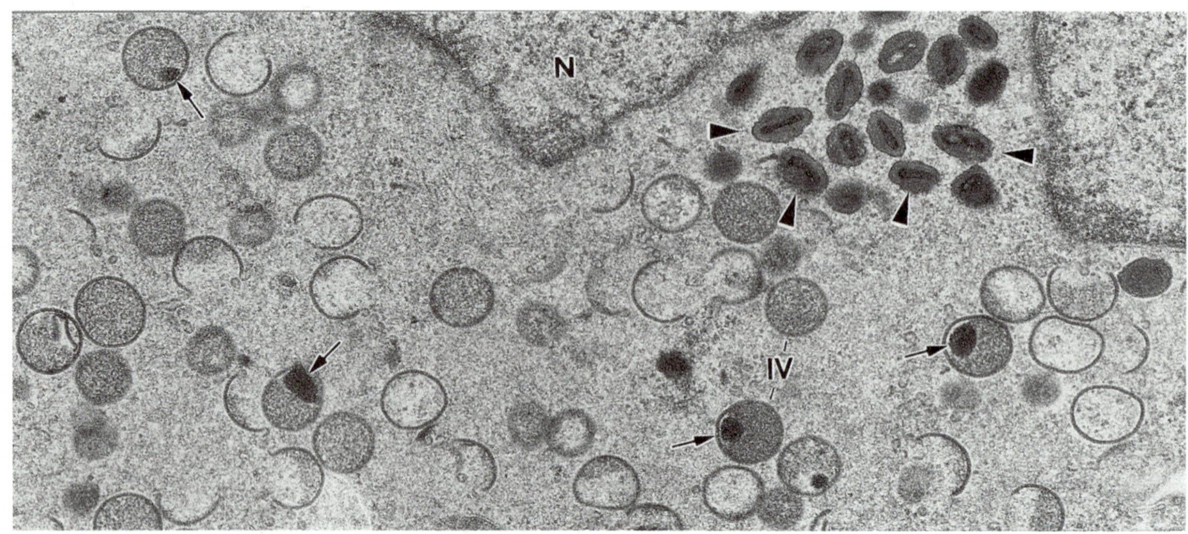

그림 26.7 **Vaccinia virus-감염 세포의 전자현미경 사진.** N: 핵; IV: 미성숙 비리온; 화살표: 미성숙 비리온 내에 농축된 핵양체; 화살촉: 성숙 비리온.

지는 것 같다.

성숙한 비리온들은 바이러스 "공장"에서 형성된다

Vaccinia 비리온의 조립은 독특하고 복잡한 과정으로 일어나며, 세포내 단백질 수송과 소기관 생성과정의 이해에 큰 도움을 주었다. 비리온 조립과정은 야생형 및 돌연변이 바이러스에 감염된 세포들을 전자현미경으로 관찰하여 연구하였다(그림 26.7); 바이러스의 구조 및 조립 단백질들의 위치는 표지된 항체를 이용하여 알려졌다.

바이러스 DNA의 복제로 인하여 "DNA 공장(DNA factories)"이라고 하는 세포질 구조물이 형성된다. 이는 정상적인 세포 소기관들이 없고 일정한 전자 밀도를 나타내는 커다란 영역이다. 바이러스 입자의 조립에 대한 첫 번째 증거로 공장 내에 초승달 모양의 단단한 막 구조물이 출현한다(그림 26.7; 그림 26.5의 오른쪽 아래 참조). 이들은 지질과 바이러스 단백질들을 포함하고 있으며 나중에 성숙한 바이러스의 외막이 된다. 이 구조물은 놀랍게도 기존의 세포막들과 직접적으로 연결된 적이 없는 단일 지질 이중층으로 이루어진다.

초승달 구조는 소포체에서 합성되어 공장 내에 존재하는 바이러스 단백질들에 의하여 형성이 유도된다. 지질은 바이러스 외막 단백질들을 포함하는 작은 소낭 혹은 **교질 입자(micelles)**의 형태로 소포체로부터 초승달 구조물에 운반된다. 초승달 구조물은 결국 "미성숙 비리온(immature virions)"이라고 하는 구체로 발달하고, 여러 가지 바이러스 코어 단백질들을 포함하는 **바이로플라즘(viroplasm)**을 둘러싼다.

후기 단계에서 바이러스 DNA가 구체 내로 들어가 아마도 성숙한 비리온의 코어 내부에 있는 관상 구조물의 전구체로 여겨지는 핵양체(nucleoid)가 형성된다. 미성숙 비리온은 구체 내부로 들어온 물질들을 재배열하고 조립하여 내부 코어와 측면체 구조를 형성하고, 마지막으로 벽돌 모양을 취하면 성숙 바이러스(MV)가 된다. 정상적인 감염에서는 자손 비리온들의 대부분이 세포내 성숙 바이러스로 남는다.

세포외 비리온은 액틴 꼬리에 의하여 원형질막을 통하여 밀려나간다

소량의 성숙 바이러스들은 추가적인 성숙과정을 거쳐 세포외 바이러스(extracellular virus, EV)가 된다. 이들은 방출되어 인접 세포들을 감염하기 위하여 특별히 고안된 것들이다. 성숙 바이러스 입자들이 특수한 세포외 바이러스 단백질들을 포함하는 골지-유래의 긴 시스터네(cisternae)로 둘러싸인다(그림 26.5의 왼쪽 중앙). 그 결과 성숙 바이러스 입자가 두 겹의 이중막으로 더 둘러싸인 바이러스(wrapped virus, WV)가 생성된다.

WV는 원형질막의 세포질 측면으로 수송되어 WV의 가장 바깥 막이 원형질막과 융합한다. 그 결과 세포 막에 부착된 세포외 바이러스(EV) 입자가 생겨난다. 세포외 바이러스 입자가 위치한 세포막의 내부에서 액틴 꼬리가 조립되고 세포 밖 공간으로 연장되어 **미세 융모(microvilli)**가 형성되고 그 끝에 세포외 바이러스 입자가 메달린다. 이러한 미세 융모는 인접 세포들과 접촉하여 이들을 세포외 바이러스에 감염시킬 수 있다. 또한 세포외 바이러스

표 26.4 숙주 면역계를 저해하는 poxvirus 유전자들

System	Virus gene	Activity	Protection against host defense
Interferon	K3L	Homologue of eukaryotic initiation factor 2α (eIF-2α)	Pseudosubstrate for interferon-induced protein kinase (PKR)
	E3L	Double-stranded RNA binding protein	Sequesters dsRNA, an activator of interferon-induced PKR and 2',5'-oligo A synthetase
	B8R	Secreted, soluble interferon-γ receptor	Binds to and inhibits interferon-γ
Interleukin-1	B14R	Serine protease inhibitor (serpin)	Inhibits proteolytic activation of interleukin-1, decreasing inflammatory response
	B16R	Soluble interleukin-1 receptor	Binds to and inhibits interleukin-1β
Tumor necrosis factor (TNF)	B28R, A53R	Soluble TNF receptor	Binds to and inhibits TNF-α and β
Complement	C3L	C4B and C3B binding protein	Inhibits classical and alternative complement pathways
Chemokines	B29R/C23L	Chemokine binding protein	Interferes with leukocyte migration

Poxvirus의 의학적 이용

Poxvirus는 두 가지 분야 즉, 재조합 백신과 암 치료에 의학적으로 이용할 수 있다. 백신으로 이용하기 위하여 외래 단백질이 바이러스 전사 프로모터의 조절 하에서 발현되도록 poxvirus를 조작할 수 있다. 재조합 poxvirus가 다른 병원체의 항원, 예를 들면 rabies virus의 표면 당단백질을 발현하도록 제조할 수 있다. 이러한 재조합 바이러스를 동물의 백신 접종에 이용할 수 있으며 이로 인하여 poxvirus와 rabies virus에 대한 면역을 모두 부여할 수 있다. 지금은 재조합 poxvirus 백신을 가축에 널리 이용하고 있다. 아직까지 인간에 이용이 허가된 재조합 poxvirus 백신은 없지만 일부는(특히 HIV에 대한 면역을 위한) 임상시험이 진행 중이다.

일부 조작된 vaccinia virus와 myxoma virus(토끼 poxvirus)가 인간 종양 세포에 더 잘 복제하고 동물 모델에서 종양을 특이적으로 감소시킨다는 것이 밝혀졌다. 추가적인 연구가 이루어진다면 이러한 바이러스들을 인간에서 항암세포 이용할 수 있을 것이다.

입자들이 세포 표면에서 떨어져서 멀리 떨어진 세포들에 감염할 수도 있다.

Poxvirus는 침입한 병원체에 대한 숙주 방어를 저해하는 여러 가지 단백질들을 만든다

세포내 절대기생체로서 바이러스는 선택의 여지가 없지만 숙주 방어에 직면하면 이에 정면으로 맞선다(33장과 34장 참조). 세포는 감염에 반응하여 **인터페론(interferon)**과 다른 **사이토카인(cytokine)**들을 합성하여 분비한다. 이들은 다른 세포들과 의사소통을 하는 폴리펩티드 호르몬들로서 항바이러스성 상태를 유도하거나 감염에 대한 선천성 및 후천성 면역반응을 유도하여 항바이러스성 상태를 확립한다. Poxvirus는 감염에 대한 숙주 방어를 교묘하게 무력화시키는 많은 유전자들을 진화과정에서 획득하였다(표 26.4).

인터페론 반응. 바이러스 감염에 대한 최전선은 감염된 세포에서 만들어지는 이중-가닥 RNA(dsRNA)에 의해 유도되는 인터페론 반응(33장)이다. Poxvirus의 감염 후기에 DNA의 양 가닥에 존재하는 프로모터로부터 이질성 3′ 말단을 가지는 전사물들이 합성되므로 상당한 양의 dsRNA가 생성된다.

Poxvirus는 인터페론-유도성 항바이러스성 상태를 저해하는 두 가지 단백질들을 합성한다. K3L 유전자 산물은 진핵세포 단백질 합성 개시인자 eIF-2α의 상동체로서 dsRNA에 의하여 활성화된 **PKR**을 경쟁적으로 저해하여 인터페론의 단백질 합성 저해 효과를 무력화시킨다. E3L 유전자 산물은 dsRNA에 결합하여 이를 격리시킴으로써 PKR과 **2′, 5′-올리고(A) 합성효소(2′, 5′-oligo(A) synthetase)**에 의한 항바이러스성 경로를 차단한다.

사이토카인 신호전달. 바이러스 감염은 수많은 사이토카인들의 합성을 유도하며 이들 가운데 **인터루이킨-1(interleukin-1, IL-1)**, **종양괴사인자(tumor necrosis**

Vaccinia-T7 시스템

Vaccinia 바이러스는 진핵세포에서 외래 단백질의 발현을 위한 효과적인 도구로 채택되어 이용되고 있다. 이 시스템은 두 가지 재조합 vaccinia virus로 구성되어 있다. 첫 번째는 vaccinia virus의 프로모터 조절을 받는 박테리오파지 T7 RNA 중합효소 유전자를 포함하고 두 번째는 T7 RNA 중합효소 프로모터의 조절을 받는 외래 유전자를 포함한다.

두 가지 바이러스를 함께 세포에 감염시키면 첫 번째 바이러스로부터 T7 RNA 중합효소가 만들어지고 이는 두 번째 바이러스에 있는 T7 프로모터로부터 원하는 유전자를 전사하여 많은 양의 단백질을 만든다. 더 단순한 방법으로 T7 RNA 중합효소를 발현하는 바이러스를 세포에 감염시키고 이 세포에 T7 프로모터의 조절을 받는 암호화 서열을 포함하는 DNA 분자를 트랜스펙션하여도 동일한 결과를 얻을 수 있다.

이 방법은 유전자 발현 시스템으로서 여러 가지 장점들을 가진다: (1) 재조합 vaccinia virus는 감염된 vaccinia virus 게놈과 외래 유전자를 비필수 바이러스 유전자 내에 클로닝하여 트랜스펙션된 DNA 사이에 일어나는 상동적 재조합을 통하여 비교적 쉽게 만들 수 있다; (2) 전체 과정이 세포질에서 일어나므로 RNA 스플라이싱이 필요하지 않고 RNA 혹은 단백질 성분이 핵-세포질로 수송될 필요가 없다; (3) 이 시스템은 T7 RNA 중합효소의 높은 활성과 프로모터 특이성을 이용하고 많은 양의 T7 RNA 중합효소가 원하는 유전자를 효과적이고 반복적으로 전사하여 발현이 증폭되므로 매우 특이적이고 효과적인 유전자 발현이 일어난다.

이 시스템은 두 가지 분야에 적용할 수 있다: 정제와 생화학적인 분석을 위한 외래 단백질의 과발현과 세포내 기능 분석을 위한 외래 단백질의 발현. 한 가지 흥미로운 예로서 재조합 vesicular stomatitis virus의 제조를 들 수 있다(15장 참조). T7 RNA 중합효소를 발현하는 vaccinia virus를 세포에 감염시키고 이와 동시에 네 가지 플라스미드 DNA를 트랜스펙션한다. 한 DNA는 T7 프로모터 아래에 위치한 vesicular stomatitis virus의 게놈 서열을 포함한다. 다른 세 가지 DNA들은 T7 RNA 중합효소 프로모터 아래에 바이러스 게놈 증폭에 필요한 3가지 vesicular stomatitis virus 단백질들(P, L 및 N)의 암호화 서열을 각각 가진다. Vaccinia virus에 의하여 공급되는 T7 RNA 중합효소는 모든 네 가지 유전자들을 동시에 전사하여 vesicular stomatitis virus의 RNA 게놈과 세 가지 복제 단백질들에 대한 mRNA를 합성한다. 이로 인하여 vesicular stomatitis virus의 게놈 복제, 발현 및 포장이 일어나 바이러스 입자가 생성된다.

factor, TNF), 케모카인 및 인터페론은 선천성 면역반응을 조율하는 데 중요하다. Poxvirus는 사이토카인들의 기능을 방해하기 위하여 적어도 두 가지 전략들을 마련하였다. 첫 번째 전략으로 바이러스는 IL-1β의 활성화에 필요한 단백질 절단을 특이적으로 저해하는 세르핀(*ser*ine *p*rotease *in*hibitor, serpin)을 생성한다. 또 다른 전략으로 바이러스는 TNF, IL-1, 케모카인 및 인터페론에 대한 용해성 수용체들을 생성하여 이 사이토카인들이 정상적인 수용체들과 결합하는 것을 차단한다.

보체. **보체(complement)**는 선천성 및 후천성 면역반응 모두에 작용한다(34장). 바이러스 표면 성분들과 보체계 성분들의 상호작용으로 일련의 보체 반응들이 유도되고 결국에는 바이러스 입자의 **식세포 작용(phagocytosis)**이 일어난다. 선천성 경로에서는 보체계와 비리온 표면이 비특이적으로 상호작용하고 후천성 경로에서는 보체계가 항체로 코팅된 바이러스 입자와 특이적으로 상호작용한다. 감염과정에서 합성되어 분비되는 vaccinia virus의 C3L 유전자 산물은 선천성 및 후천성 보체 경로에서 중요한 보체계 성분들인 C3B와 C4B에 결합하여 이들을 불활성화한다.

요약하면, poxvirus의 여러 면역 저해 기능들 가운데 일부만으로도 교묘하게 숙주 방어계를 다각적으로 공격할 수 있다. 어떤 사람들은 poxvirus에 의한 면역 억제를 "별들의 전쟁"에 비유하기도 한다. 바이러스는 MIRV(multiple independently-targeted reentry vehicle) 탄두를 가지고 이 미사일로 숙주의 일차 방어선을 공격한다. 바이러스는 아마도 숙주의 선천성 및 면역 방어계에서 가장 중요한 지점들을 표적으로 선정하였을 것이므로 이는 방어계를 구성하는 여러 성분들의 상대적인 중요성을 파악하는 데에도 도움을 준다.

핵심 용어

2′5′-올리고(A) 합성효소 (2′5′-oligoadenylate synthetase)
PKR
교질 입자(Micelle)
구아닌 전달효소 (Guanylyltransferase)
글리코사미노글리칸 (Glycosaminoglycan)
농포(Pock)
레솔바아제(Resolvase)
리보오스-메틸 전달효소 (Ribose methyltransferase)
미세 융모(Microvilli)
바이러스 기질(Virogenic stroma)
바이로플라즘(Viroplasm)
보체(Complement)
사이토카인(Cytokine)
세르핀(Serpin)

세르핀(Serpin)
식세포 작용(Phagocytosis)
연쇄체(Concatemer)
인두법(Variolation)
인터루이킨-1(Interleukin-1)
인터페론(Interferon)
종두법(Vaccination)
종양괴사인자(Tumor necrosis factor, TNF)
풍토성(Endemic)

기본 개념

- 천연두에 대한 우두법(1796)은 최초의 성공적인 백신 접종법이다.
- 천연두는 지금은 완전히 퇴치되었지만 인간에만 나타나는 감염성 질병이다.
- Poxvirus는 DNA 게놈을 가지고 있음에도 불구하고 전적으로 세포질에서 복제한다.
- Poxvirus의 코어는 바이러스 초기 유전자들의 전사와 바이러스 전사물의 가공에 관여하는 바이러스 효소들을 모두 포함하며 바이러스 전사물은 세포질로 밀려나온다.
- Poxvirus DNA는 코어가 해체되어 DNA 게놈이 세포질에 방출된 뒤에 복제될 수 있다.
- Poxvirus의 외막은 세포질의 바이러스 공장에서 새로 조립된다; 대부분의 동물 바이러스들의 외막처럼 기존의 세포막에서 출아에 의하여 외막이 형성되지 않는다.
- 제한된 게놈 크기를 경제적으로 이용하기 위하여 바이러스는 여러 가지 다기능성 단백질들을 만든다.
- Poxvirus는 숙주 면역계를 회피하기 위하여 정교한 메커니즘들을 마련하였다.
- 재조합 poxvirus들은 많은 질병들에 대한 백신 접종에 이용될 수 있다.

복습 문제

1. 천연두 백신주인 vaccinia virus의 기원에 대한 가설들을 설명하시오.

2. Poxvirus는 세포질에서 복제하지만 세포 RNA의 스플라이싱은 핵 속에서 일어난다. Poxvirus의 RNA는 스플라이싱을 하는가? 만약 한다면 어디에서 하는가?

3. 두 가지 형태의 poxvirus 비리온들은 어떻게 다르며 이들은 모두 감염성을 가지는가?

4. Poxvirus의 중기 및 후기 mRNA들이 초기 mRNA들과 구분되는 두 가지 구조적 특징들에 대하여 논하시오.

5. “DNA 공장”에 대하여 기술하시오.

6. 일부 poxvirus들이 숙주의 두 가지 주요 항바이러스성 방어 성분들을 어떻게 억제하는가?

CHAPTER 27

조류 바이러스와 Mimivirus

Michael J. Allen
William H. Wilson

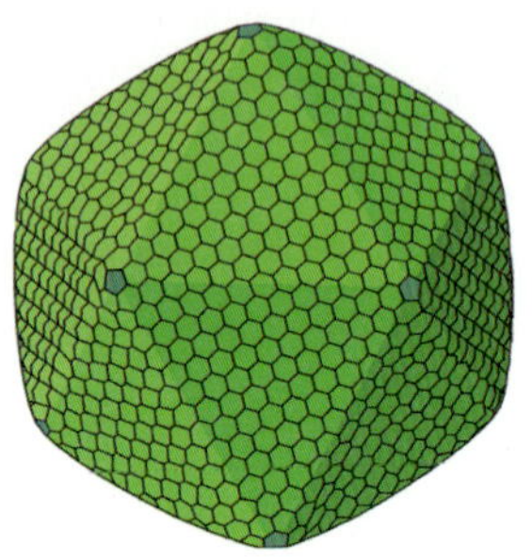

Phycodnaviridae

그리스어 *phykos*는 해조류를 의미하고 *DNA*는 게놈의 특성을 반영

Mimiviridae

일부 박테리아처럼 그람-양성으로 염색되기 때문에 "***mi***crobe ***mi***micking"에서 유래

비리온

규칙적인 정20면체형 캡시드, 지름이 100–500 nm
DNA가 내부 지질막 속에 들어 있음
일부 phycodnavirus들은 추가로 외부 외막을 가짐
복잡한 비리온은 100가지 이상의 단백질들을 포함

게놈

선형 혹은 환형의 이중-가닥 DNA, 160–1200 kb
흔히 독특한 반복 영역, 역반복 및 말단 반복서열들을 포함

유전자와 단백질

Paramecium bursaria chlorella virus-1(PBCV-1): 366개 유전자
Emiliania huxleyi virus-86(EhV-86): 472개 유전자
Acanthamoeba polyhaga mimivirus: 911개 유전자
대부분 유전자들(~80%)의 기능이 알려지지 않음

바이러스와 숙주

*Phycodnaviridae*의 6가지 속들: *Chlorovirus, Coccolithovirus, Phaeovirus, Prasinovirus, Prymnesiovirus* 및 *Raphidovirus*
각 속은 바이러스의 숙주 범위에 의하여 결정됨

질병

일부 phycodnavirus들은 조류 대증식의 종식에 결정적인 역할을 함

독특한 특징들

수생 환경과 관련이 있음
지금까지 알려진 가장 큰 바이러스들
유전적으로 매우 다양한 바이러스들의 과

물 환경에는 커다란 바이러스들이 있다

Phycodnaviridae("조류에 감염하는 DNA 바이러스들")는 해수나 담수의 진핵 조류에 감염하며, 유전적으로 다양하지만 형태가 유사한 정20면체형 바이러스들을 포함한다. Phycodnavirus의 비리온은 지름이 100–220 nm이며 160–560 kb에 이르는 이중-가닥 DNA 게놈을 가진다.

조류는 해수, 담수 및 육지에 사는 다양한 광합성 진핵세포 생물집단이다. 조류는 보통 **내부 공생(endosymbiotic)** 산물로 여겨지는 광합성 기구의 특성에 따라 구분되며 하나의 진화 그룹을 나타내는 것은 아니다. 조류 종의 수(대부분은 단세포성 미세조류)는 수백만에 이를 것으로 추정된다. 아마도 이들 모든 조류에 감염하는 바이러스들이 존재하는 것으로 여겨지지만, 이들이 모두 *Phycodnaviridae*에 속하지는 않을 것이다. 남조류("blue-green algae")는 원핵세포인 시아노박테리아(조류 엽록체의 진화적 근원)이며 이들의 바이러스는 여기에서 다루지 않을 것이다.

잠재적인 숙주의 수를 고려하면 지금까지 매우 적은 수의 phycodnavirus들이 분리되었다(일부 예들은 표 27.1 참조). 이는 아마도 이들의 중요성을 과거에는 과소평가하였기 때문일 것이다. 그러나 해양 미세조류는 지구 산소의 50%를 생성하고 대기 중 이산화탄소로부터 지구 탄소고정에 중추적인 역할을 수행한다. 최근 지구 기후변화에 대한 관심이 증가함에 따라서 조류와 이들의 바이러스에 대한 연구는 앞으로 크게 주목을 받을 것이다.

바이러스는 매일 지구 바다의 미생물 생물량(biomass)의 20%정도를 죽이면서 지구 생태계에서 영양분의 순환에 중추적인 역할을 수행한다. 만약 잘 알려진 인간 바이러스들이 세상에 없다면 우리는 더 오래 살 수 있을 것이다; 하지만 아직 잘 연구되지 않은 조류 바이러스들이 세상에서 사라진다면 우리는 아마도 바로 죽게 될 것이다. 현재까지 약 150여 종류의 조류 바이러스들이 공식적으로 확인되었고 이들 가운에 100여 종만이 문헌으로 발표되었다. 따라서 대부분의 바이러스들은 아직 발견되지 않은 채로 남아 있다.

Phycodnavirus는 다양하고 아마도 아주 오래 전에 생겨났을 것이다

*Phycodnaviridae*에 속하는 바이러스들은 이들이 감염하는 숙주에 따라서 6가지 속으로 구분된다: *Chlorovirus, Coccolithovirus, Phaeovirus, Prasinovirus, Prymnesiovirus* 및 *Raphidovirus*(표 27.1). 대표 바이러스들의 게놈 서열에 대한 계통분류학적 분석에 의하면 *Phycodnaviridae*는 *Poxviridae*, *Iridoviridae*, *Asfarviridae* 및 *Mimiviridae*를 포함한 다양한 바이러스들의 "슈퍼패밀리(superfamily)"인 Nucleo-Cytoplasmic Large DNA viruses(NCLDVs)에 속한다. Herpesvirus도 이 그룹의 먼 사촌이다.

그러나 조류 바이러스들에 대한 더 많은 게놈정보가 알려지면서 phycodnavirus 자체가 매우 이질적인 그룹임이 밝혀졌다. 새로 분리된 일부 조류 바이러스들은 커다란 이중-가닥 DNA를 가지고 *Phycodnaviridae*의 구성원들과 너무 달라 공식적으로 이 과에 지정되지 못하였다. 이러한 차이는 아마도 phycodnavirus들의 오랜 기원과 숙주들의 높은 다양성을 반영하는 것 같다. 육지 식물들은 약 4억 7천만 년 전에 출현하였지만 조류(그리고 아마도 이들의 바이러스들도)는 이미 이 시기에 잘 확립되어 번성하고 있었다. 사실 phycodnavirus의 조상들은 20억에서 27억 년 전에도 존재하였을 것으로 추정되며, 이들은 아마도 원핵생물과 진핵생물이 갈라진 시기에도 존재하였을 것이다.

NCLDV 계통수에서 자신만으로 하나의 가지를 차지하는 phycodnavirus들이 알려지기 시작하였다. 두 가지 조류 바이러스 종들인 *P. orientalis*에 감염하는 *Pyramimonas orientalis* V01과 *C. ericina*에 감염하는 *Chrysochromulina ericina* V01은 실제로는 가장 큰 바이러스인 *Acanthamoeba polyphaga* mimivirus와 계통분류학적으로 더 가깝다. 이 거대 바이러스는 아메바에서 복제하므로 실제로는 조류 바이러스가 아니다. 그러나 mimivirus는 유난히 크기가 크고, 구조 및 게놈이 phycodnavirus와 유사하므로 이 장에서 함께 다룰 것이다.

Phycodnavirology: 태동기의 연구 분야

1970년 초반 이후 적어도 44종의 진핵 조류에 감염하는 바이러스들이 보고되었다. 초기에는 전자현미경으로 우연이 바이러스-유사 입자들이 관찰되었다. 1979년에 최초의 phycodnavirus가 분리되었다; 이 바이러스는 해양 단세포 조류인 *Micromonas pusilla*에 감염한다. 그러나 이 발견은 1990년대 초반에 물 환경에서 고농도의 바이러스가 존재한다는 사실이 밝혀질 때까지 주목을 받지 못하였다.

1980년대 초반에 담수의 단세포성 클로렐라와 유사

표 27.1 Phycodnavirus와 숙주

Virus genus,	Type species	Algal host	Description
Chlorovirus	PBCV-1	*Paramecium bursaria* associated *Chlorella*	Freshwater single-celled green algae, symbiotically associated with the protozoan *Paramecium bursaria*.
Coccolithovirus	EhV-86	*Emiliania huxleyi*	Single-celled red algae with global abundance in the marine environment, known for their calcified shells and bloom formation.
Phaeovirus	EsV-1	*Ectocarpus siliculousus*	Multicellular filamentous brown algae (seaweed).
Prasinovirus	MpV-SP1	*Micromonas pusilla*	Dominant single-celled green algae found in both warm and cold marine waters.
	OtV-1	*Ostreococcus tauri*	Single-celled green algae famous for being the smallest free-living eukaryote. Ubiquitous in the marine environment.
Prymnesiovirus	CbV-PW1	*Chrysochromulina brevifilum*	Single-celled marine algae.
Raphidovirus	HaV01	*Heterosigma akashiwo*	Single-celled, free-swimming marine algae that tend to produce toxic surface aggregations known as harmful algal blooms.

한 녹조류에 감염하는 바이러스 그룹이 발견되어 "chlorovirus"로 명명되었다. 1990년대 초반에는 해양 섬유상 갈조류의 바이러스에 대한 연구가 진행되었다. 그 뒤로 NCLDV가 가지는 핵심 유전자인 바이러스 DNA 중합효소와 같은 유전자 마커들을 이용하여 phycodnavirus가 다양하고 흔한 물 환경의 한 성분이라는 것이 밝혀졌다. 지금은 조류 DNA 바이러스학(phycodnavirology) 분야가 학문의 한 분야로 확립되었으며 빠르게 확장하고 있다.

보존된 구조와 다양한 조성

*Phycodnaviridae*가 넓은 범위의 숙주에 감염하지만 이 과에 속하는 모든 바이러스들과 mimivirus는 매우 유사한 구조와 형태를 가진다. 비리온의 지름이 100에서 500 nm 사이로 크고, 이중-가닥 DNA-단백질 코어가 지질 이중층에 둘러싸여 있고, 이는 다시 정20면체형의 캡시드로 둘러싸여 있다. 하지만 바이러스에 따라서 코어 주위의 구조에 차이를 보인다. Coccolithovirus는 세포막을 통한 출아 탈출 메커니즘의 결과로 외부 지질층(outer lipid layer)을 가지고 mimivirus는 바이러스 게놈의 세포내 진입과 관련된 별-모양의 표면 구조를 가진다. 일부 phycodnavirus들은 캡시드에 짧은 섬유들을 가지고, mimivirus는 긴 털과 같은 부속지들을 가진다.

phycodnavirus는 보존적인 구조를 가짐에도 불구하고 아마도 유전적으로 가장 다양한 바이러스 집단일 것이다. 완전히 서열이 결정된 세 가지 phycodnavirus들(PBCV-1, EhV-86 및 EsV-1)의 게놈을 비교해 보면, 전체 1,000개 이상의 유전자들 가운데 14개만이 세 바이러스 모두에서 발견되었다. 이와 같은 엄청난 생물 다양성은 게놈 구조, 크기 그리고 무엇보다 생활 습관에 그대로 반영되어 나타난다. 따라서 이러한 다양한 바이러스들을 포함하는 바이러스과의 일반적인 특성들을 요약하는 것 자체가 어려울 수도 있다. 또한 흥미롭지만 이해하기 힘든 이들의 기본적인 활동에 대한 정보가 너무 부족하다. 따라서 일반적인 법칙들도 만약 가능하다면 *Phycodnaviridae*에서는 다양하게 나타난다.

CHLOROVIRUSES

알려진 chlorovirus들은 공생 숙주에서 분리된 *Chlorella*에서 복제한다

Chlorovirus는 모든 phycodnavirus들 가운데에서 가장 많이 연구된 바이러스이다. 숙주인 *Chlorella*는 작은 단세포 비운동성 무성생식 녹조이다. 대부분의 클로렐라 종들이 자유생활을 하지만, 일부 종들은 *Rhizopoda, Ciliata, Hydrozoa* 및 *Turbellaria*를 비롯한 동물계의 여러 강들에 속하는 수생 생물들과 공생생활을 한다.

지금까지 기술된 모든 chlorovirus들은 원생동물인 *Paramecium bursaria*(그림 27.1), 담수 강장동물인 *Hydra viridis* 그리고 태양충류인 *Acanthocystis turfacea*와 공생생활을 하여 동물공생조류(zoochlorellae)라고 부르는 공생성 클로렐라에 감염한다. 이 생물들은 클로렐라의 광합성 능력에서 이득을 보며 클로렐라처럼 녹색을 띤다. 놀랍게도 공생 숙주 내에 살고 있는 클로렐라에서는 바이러스의 복제가 관찰되지 않았으나 *in vitro*에서 배양한 조류에서는 잘 복제하여 용균반을 형성할 수 있다.

가장 잘 연구된 chlorovirus는 *P. bursaria*로부터 분리된 *Chlorella* NC64A에 감염하는 *Paramecium bursaria* chlorella virus-1(PBCV-1)이다. 이 이외에도 5가지 chlorovirus들의 완전한 게놈 서열들이 알려져 있다.

Chlorovirus의 선형 게놈은 수백 개의 유전자들을 포함하고 각 바이러스 종은 일부 독특한 단백질들을 암호화한다

PBCV-1의 게놈(그림 27.2)은 크기가 330 kb인 선형의 이중-가닥 DNA 분자이다. 게놈의 말단은 35 nt 길이의 공유적으로 닫힌 머리핀 고리로 이루어져 있으며 이것의 양쪽

그림 27.1 공생조류 Chlorella NC64A로 채워진 *Paramecium bursaria*. *Chlorella* NC64A는 chlorovirus의 숙주이다.

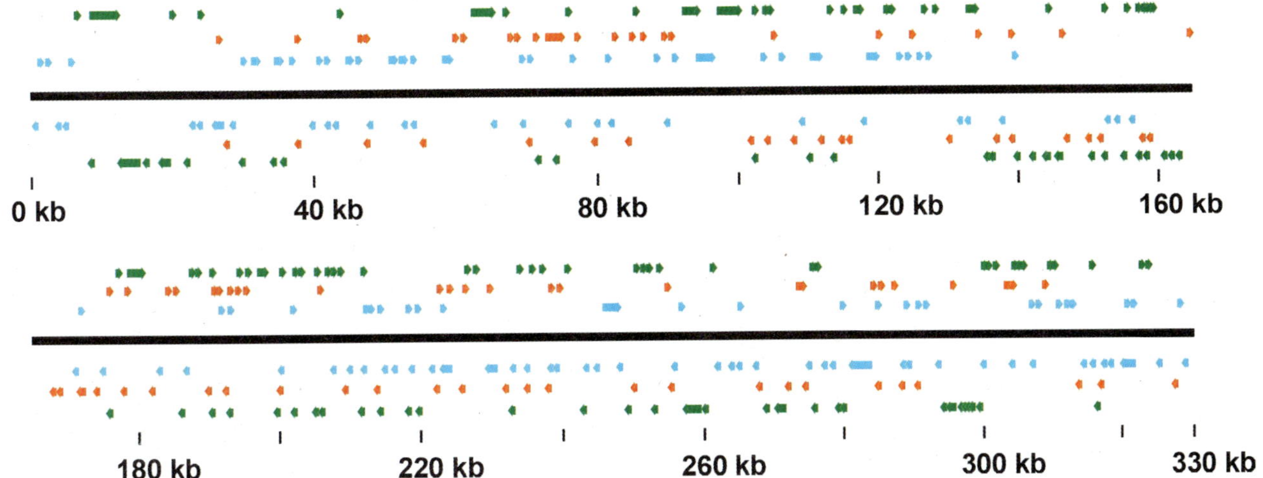

그림 27.2 *Paramecium bursaria* **chlorella virus-1(PBCV-1)의 게놈 지도.** 선형의 dsDNA 게놈을 편의상 두 개의 분절로 나타내었다. 청색 화살표: 초기 유전자; 주황색 화살표: 초기/후기 유전자; 녹색 화살표: 후기 유전자. 화살표는 유전자의 전사 방향을 나타낸다. 오른쪽 방향의 해독틀을 가지는 유전자들은 DNA의 위에 나타내었고 왼쪽 방향의 해독틀을 가지는 유전자들은 DNA의 아래에 나타내었다.

에는 동일한 2221 bp의 **역반복(inverted repeat)** 서열들이 연결되어 있다. 말단 고리는 poxvirus의 게놈에 있는 말단 고리와 유사하며(그림 26.1 참조) 불완전한 염기쌍을 이룬다. PBCV-1의 게놈에서 추정된 366개의 단백질들을 암호화하는 유전자들은 양 가닥에 골고루 분포되어 있다. 한 가지 예외로 11개의 tRNA를 암호화하는 1788 뉴클레오티드가 이 게놈의 가운데에 집중되어 있다. 동일한 숙주에 감염하는 바이러스들이 당연히 가장 유사하며, 전체적으로 약 80%의 유전자들이 서열이 결정된 6가지 게놈에 모두 존재한다. 하지만 서열이 결정된 6가지 chlorovirus들은 독특한 단백질들을 암호화하는 유전자들도 가진다. 이에는 dTDP-D-글루코오스 4,6 탈수효소, 리보뉴클레오티드-삼인산 환원효소, 뮤신-탈황산염 설퍼타아제, 아쿠아글리세로포린(aquaglyceroporin), 알킬 설퍼타아제(alkyl sulfatase), 칼륨 이온운반체(potassium ion transporter), **유비퀴틴(ubiquitin)**, 칼슘 운반 ATPase(calcium-transporting ATPase) 및 Cu/Zn 과산화물제거효소(superoxide dismutase) 등이 있다.

Chlorovirus의 캡시드는 많은 캡소머들로 구성되며 하나의 독특한 돌기를 가진다

PBCV-1의 비리온(그림 27.3)은 지름이 190 nm이고, 바이러스 DNA와 많은 바이러스 단백질들을 둘러싸는 내부 지질 이중층과 이를 다시 둘러싸는 정20면체형의 외부 캡시드(T =169)로 이루어져 있다. 54 kDa의 주요 캡시드 단백질(Vp54)은 비리온 전체 단백질의 약 40%를 차지하고 나머지는 적어도 110가지의 바이러스 단백질들로 구성된다. Vp54는 박테리아 및 동물 바이러스들(예, adenovirus)의 캡시드 단백질에서 흔하게 나타나는 구조인 두 개의 **젤리-롤 β-배럴(jelly-roll β-barrel**; 그림 27.4a)로 접혀진다.

바이러스 캡시드는 1,680개의 Vp54 3량체 캡소머로 형성된다(그림 27.4b, c). 이들은 비리온의 표면에서 20개의 약간 굽은 삼각형 면(각 66개의 캡소머로 구성)과 12개의 약간 굽은 오각형 면(각 30 캡소머로 구성)으로 집단을 이루어 배열되어 있다(그림 27.3). 삼각형 면과 오각형 면을 각각 **삼대칭체(trisymmetron)**와 **오대칭체(pentasymmetron)**라고 한다. 각 오대칭체의 중심에는 독특한 캡시드 단백질로 형성된 5량체 캡소머가 존재한다. 이는 많은

그림 27.3 **PBCV-1 비리온의 구조.** 준-2배 축에서 본 PBCV-1의 동결전자현미경 구조. 주요 캡소머들이 삼대칭체(녹색, 자주색 및 청색)와 오대칭체(노란색)를 형성한다. 돌기 구조를 가지는 독특한 꼭지점을 맨 위에 나타내었다.

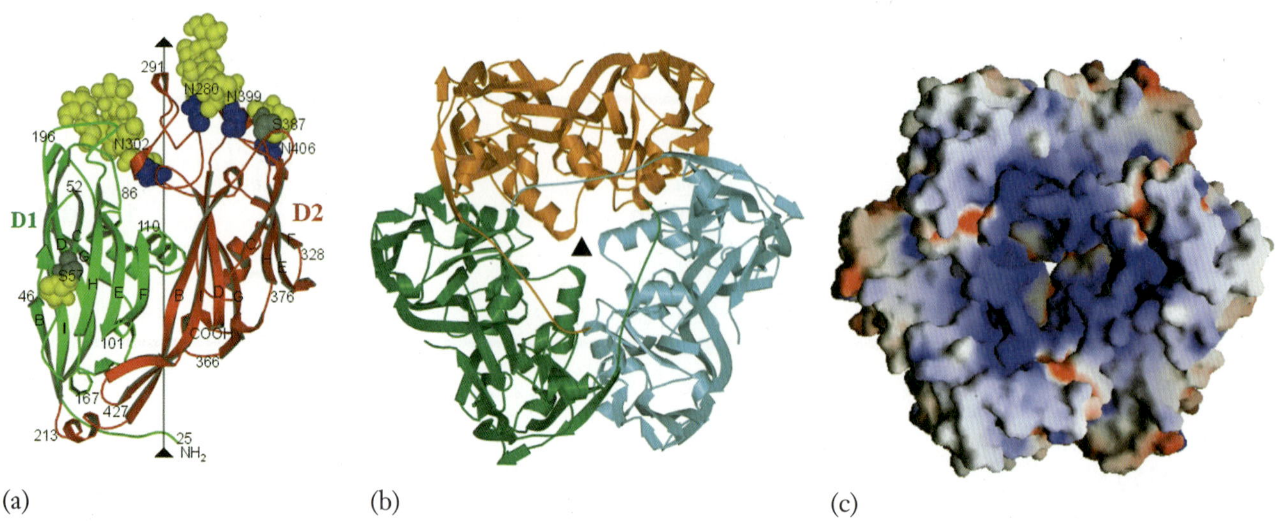

그림 27.4 PBCV-1 캡시드 단백질 Vp54의 구조. (a) 중요한 아미노산들을 표시한 Vp54 단량체의 구조. 탄수화물 부분(황록색)과 당화된 Asn 및 Ser 잔기들(각각 청색과 회색)을 공간-채움 원자들로 나타내었다. (b) 바이러스 내부에서 본 Vp54 3량체이며 각 단량체를 서로 다른 색깔로 구분하였다. (c) 바이러스 내부에서 본 Vp54 3량체의 표면이며 전하 분포에 따라 양전하는 청색, 음전하는 적색으로 나타내었다.

phycodnavirus들의 캡시드에서 나타나는 공통적인 패턴이며, 삼대칭체와 오대칭체는 완전한 캡시드의 형성과정에서 이용되는 조립 중간체로 여겨진다. 오대칭체들 가운데 하나는 중심에 비리온 밖으로 25 nm 돌출된 하나의 독특한 돌기(spike)를 가진다. 이 구조물은 비리온이 숙주세포의 세포벽과 접촉하여 세포벽의 분해에 관여한다.

입자의 바깥으로 향하는 Vp54의 탄수화물 부위(그림 27.4a)는 일곱 가지 당들 즉, 포도당, 푸코오스, 람노오스, 갈락토오스, 만노오스, 자일로오스 및 아라비노오스를 포함한다. 여섯 개의 올리고당 사슬들이 단백질에 부착되어 있다. 그러나 네 개의 당화된 아스파라긴 잔기들은 전형적인 진핵세포 공통 서열에 위치하지 않는다. 이는 PBCV-1이 주요 캡시드 단백질의 당화에 필요한 기구의 대부분을 암호화한다는 것을 의미한다. 실제로 Vp54의 당화는 숙주의 소포체-골지체와는 무관하게 일어난다.

바이러스는 숙주 세포벽에 결합한 뒤 이를 분해하면서 진입한다

PBCV-1의 돌기가 클로렐라의 세포벽에 부착하면 감염이 시작된다. 부착 이후에 바이러스에 포장된 효소들이 접촉지점에서 숙주 세포벽을 분해시킨다(그림 27.5). 이 효소들은 돌기와 내부 막 사이의 작은 주머니에 들어 있는 것 같다. Chlorovirus는 이 과정에 관여하는 여러 가지 다당류 분해 단백질들을 암호화한다. 숙주 세포벽이 분해되면 비리온의 내부 막이 세포막과 융합하여 바이러스 DNA와 비리온-관련 단백질들이 세포질에 들어간다. 텅 빈 바이러스 캡시드는 세포벽에 부착된 채로 남게 된다(그림 27.5b).

이 과정은 숙주 세포막의 빠른 탈분극과 세포 밖으로의 빠른 K^+ 방출을 유도한다. 이는 아마도 바이러스 내부 막에 존재하는 바이러스 K^+ 채널에 의하여 매개되는 것 같다. 이러한 탈분극은 두 가지 역할을 한다: 이는 두 번째 바이러스의 감염을 막고 세포 내의 팽압을 낮추어 바이러스 DNA의 진입을 돕는다.

바이러스 유전자들의 전사는 세포 핵에서 단계적으로 조절된다

바이러스 DNA와 DNA-결합 단백질들은 빠르게 핵으로 이동하여 감염 5~10분 이내에 초기 전사가 일어난다. 알려진 바이러스 단백질 서열들과 효소 활성의 분석에 의하면 바이러스 RNA 중합효소는 존재하지 않는다. 따라서 숙주의 RNA 중합효소가 바이러스 게놈의 전사에 관여하는 것 같다. 아직 거대한 바이러스 게놈이 어떻게 세포질에서 수송되고 핵으로 들어가는지 알려지지 않았다.

감염 직후에 바이러스는 숙주의 염색체 DNA를 분해하여 숙주의 전사를 저해하고 바이러스 DNA 복제를 위한 뉴클레오티드를 확보한다. 바이러스의 DNA 복제는 감염 후 60~90분 경에 시작된다. PBCV-1의 365개 유전자들 가운데 227개가 바이러스의 DNA 합성이 시작되기 전에 발현된다. 이들 가운데 127개가 초기 유전자들이며(그림 27.2의 청색), 이들의 전사물은 바이러스 DNA 합성이 시작되면 사라진다. 반면에 100개는 초기/후기 유전자들로서(주황색) 이들의 RNA는 후기에도 검출된다. 대부분의

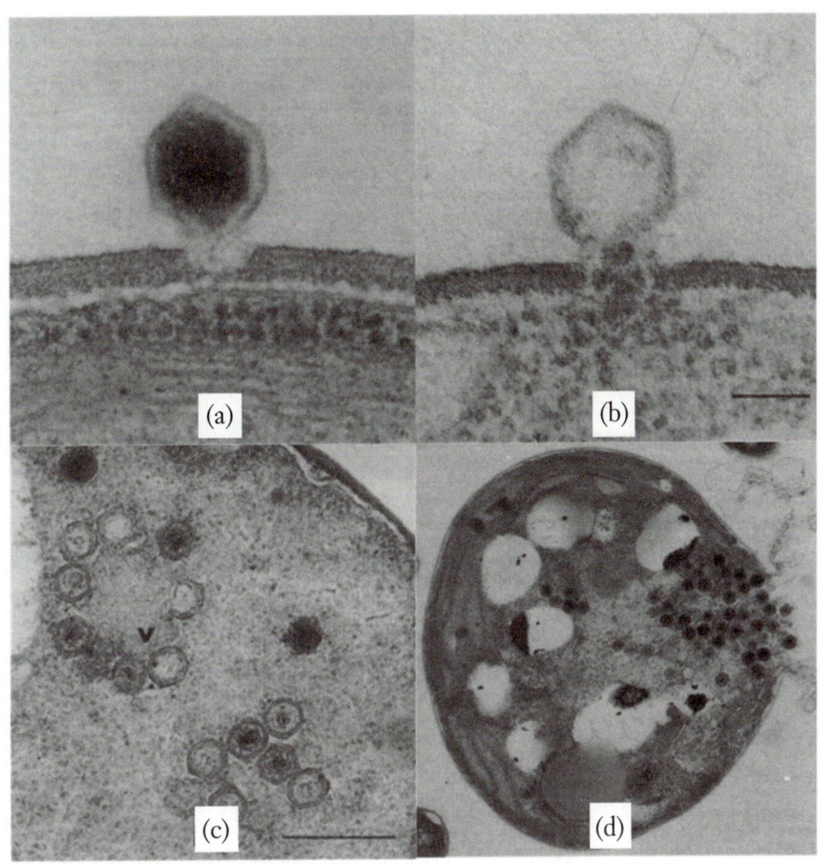

그림 27.5 Chlorella 균주 NC64A의 PBCV-1 감염. (a) PBCV-1이 조류 세포벽에 부착하여 부착부위에서 세포벽을 분해한다. (b) 숙주세포에 들어가는 바이러스 DNA. (c) 세포질에서 바이러스 캡시드의 조립. (d) 세포 용해에 따른 비리온의 방출.

나머지 유전자들은 DNA 합성이 시작된 이후에 전사되므로 후기 유전자(녹색)로 지정되었다. 이러한 데이터는 365개의 바이러스 유전자들에 해당하는 탐침자들과 바이러스 감염 세포에서 분리된 mRNA 사이의 혼성화 실험을 통하여 결정되었다.

자손 비리온은 세포질에서 조립된다

바이러스 입자의 조립은 감염 2~3 시간 후에 시작하며 바이러스 조립 센터(그림 27.5c)라고 하는 세포질의 특정 부위에서 일어난다. 만약 감염한 바이러스 DNA가 바이러스 mRNA의 생성을 위하여 핵으로 수송된다면, 이는 바이러스 입자의 조립이 일어나는 세포질로 어떻게 빠져 나오는가? 그리고 바이러스 DNA 복제는 어디에서 일어나는가? 이러한 질문들에 대한 답은 아직 명확하지 않다. 그러나 NCLDV에 속하는 다른 바이러스인 African swine fever virus의 경우에는 바이러스 DNA 복제가 핵에서 시작되고 복제된 DNA는 세포질로 수송되고 추가로 복제된 뒤에 포장된다. Chlorovirus도 이러한 경로를 따를 것으로 여겨진다. 감염 후 5~6시간이 되면 세포질은 감염성 바이러스 입자들로 채워지고 숙주세포의 국소적인 용해로 자손 비리온들이 방출된다(그림 27.5d).

작지만 효과적인 단백질들

PBCV-1이 암호화하는 많은 효소들은 현재까지 알려진 효소들 가운데서 가장 작고 phycodnavirus의 단백질들 가운데서도 가장 작은 단백질들이다. 이들의 작은 크기와 많은 바이러스 단백질들이 "이용자-편리"에 따라 만들어진다는 개념에 따라 PBCV-1의 여러 효소들에 대한 생화학적 및 구조적 특성 규명이 이루어졌다.

예를 들면, 가장 작은 진핵세포 ATP-의존적 DNA 이음효소, 가장 작은 II형 DNA 국소이성화효소(인간 단백질보다 3~50배나 빠르게 이중-가닥 절단 가능), 원자 구조가 최초로 밝혀진 **RNA 구아닌 전달효소**(RNA 캡핑 효소), 폴리펩티드 사슬에 삽입된 프롤린을 서열-특이적인 방식으로 하이드록시 프롤린으로 전환시키는 작은 프롤린-4-하이드록시라제, dCTP도 탈아미노화시킬 수 있는 dCMP 탈아미노효소(보통 이들 반응에는 두 가지 효소들이 이용됨), 그리고 작은(94개 아미노산) K^+ 이온채널 단백질이 있다. ATCV-1은 83개의 아미노산으로만 이루어진 더 작은 이온채널을 가진다.

당 물질대사를 좋아하는 바이러스 과: 히알루로난과 키틴

Chlorovirus들은 특이하게 당 물질대사에 관여하는 많은 효소들을 암호화한다. 예를 들면, PBCV-1은 **히알루로난(hyaluronan)**의 생합성에 관여하는 글루타민:과당-6-인산 아미노전달효소, UDP-글루코오스 탈수소효소 및 히알루로난 합성효소를 암호화한다. 히알루로난은 D-글루쿠론산과 D-N-아세틸글루코사민으로 이루어진 이당류가 β-1,4 및 β-1,3 배당 결합으로 연결된 중합체이다. 세 가지 유전자들은 모두 PBCV-1의 감염 초기에 전사된다. 그러나 일부 chlorovirus들은 히알루로난 합성효소 대신에 키틴 합성효소(chitin synthase)를 가지며 둘 다 가지는 경우도 있다. **키틴(chitin)**은 β-1,4 배당 결합에 의하여 연결된 D-N-아세틸글루코사민의 불용성 중합체이다. 바이러스에 감염된 클로렐라는 표면에 키틴 혹은 키틴/히알루로난을 축적한다. 하지만 일부 chlorovirus들은 이 두 가지 유전자들을 가지지 않아 감염과정에서 세포외 다당류를 생성하지 않는다.

바이러스가 이와 같이 에너지 소모가 많은 생합성 경로들을 가지는 이유는 밝혀지지 않았다. 모든 chlorovirus들은 바이러스 감염에 필수적인 당 분해 관련 효소들을 만든다. PBCV-1은 키틴 분해효소, 키토산 분해효소, 글리카나아제(glycanase), 글루코나아제(gluconase) 및 글루쿠론산 분해효소(glucouronic lyase)를 암호화한다. 키틴 분해효소와 키토산 분해효소는 비리온에 포장되며 캡시드의 부착 직후에 바이러스 DNA가 진입할 수 있도록 숙주 세포벽을 분해한다; 이 효소들은 아마도 자손 바이러스의 방출에도 관여하는 것 같다.

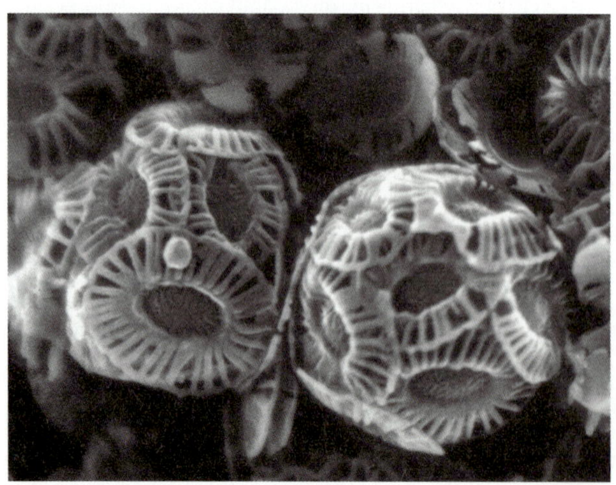

그림 27.6 인편모조류인 *Emiliania huxleyi* 세포에 결합한 EhV-86 비리온의 전자현미경 사진.

COCCOLITHOVIRUSES

기후를 조절하는 바이러스

기후 조절에 확실하게 관여하는 바이러스는 그리 많지 않지만 coccolithovirus("cocco"는 바이러스의 모양을 반영하여 베리 혹은 낟알을 의미하는 그리스어 *kokkis*에서 유래; "lith"는 돌을 의미하는 그리스어 *lithos*에서 유래)는 대표적인 한 예이다. Coccolithovirus는 전 세계적으로 분포하고 생태학적으로 중요한 **인편모조류(coccolithophore)**인 *Emiliania huxleyi*에 감염한다. 이는 바다에 자유로이 떠다니는 작은(지름 5 μm) 해양 조류(그림 27.6)로서 **코콜리드(coccolith)**라고 하는 정교한 석회질 판으로 이루어진 갑옷을 가지는 진핵세포이다.

조건이 좋으면 *E. huxleyi*는 엄청난 수로 번식하여 "대증식(bloom)"을 이룬다. 대증식이 일어나면 100,000 km^2에 이르는 지역에 바닷물 ml 당 10,000~100,000개의 조류가 검출되며 이는 바닷물 표면 1 cm에 10^{20}~10^{21}개의 조류가 존재함을 의미한다. 이 거대하고 인상적인 대증식이 일어나면 코콜리드에 의하여 반사되는 빛을 우주에서도 관찰할 수 있다(그림 27.7); 대증식은 작은 나라의 크기

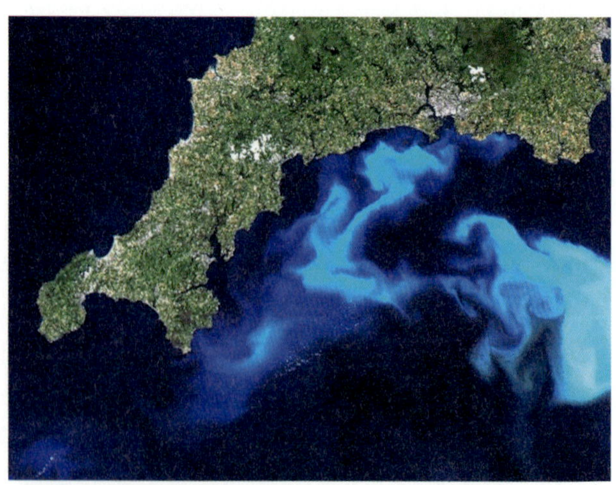

그림 27.7 우유 빛으로 대증식한 *E. huxleyi*의 위성 사진. 1999년 7월 30일 영국 Plymouth 남부의 영국 해협에서 *E. huxleyi*의 대증식이 일어났다. 이 시점에서 대유행은 효과적으로 소멸되었으며 높은 반사율을 나타내는 영역의 중앙에서 물 1 mL 당 1백만 개에에 이르는 *E. huxleyi*-특이적 coccolithovirus들이 검출되었다.

에서 전체 대륙의 크기에 이르기까지 다양하게 나타난다. 대증식 이후 세포들이 죽어가고 석회질 껍질이 주변 바다로 방출되는 시기에는 우주에서도 관찰이 가능하다. 이러한 현상이 일어나면 바다는 우유처럼 흰색을 띤다. 영국 도버의 흰 절벽을 이루는 석회석은 지질학적인 시간에 걸쳐 바이러스에 의해 죽은 *E. buxleyi*와 같은 조류의 코콜리드가 축적된 것이다.

보통 이러한 대증식은 2~3일이 지나면 쇠퇴기로 접어들고 바다는 마치 재채기를 하는 것처럼 디메틸 설파이드(dimethyl sulfide, DMS)라고 하는 황 가스를 대기 중에 방출한다. DMS는 보통 바다의 냄새와 관련이 있지만, 조류에서는 여러 가지 기능을 한다. 이의 전구체인 dimethyl sulfoniopropionate (DMSP)는 **삼투질(osmolyte)**로서 조류의 삼투압을 조절한다. 바이러스 감염 동안에 막 결합 효소인 DMSP 분해효소가 DMSP를 절단하면 DMS가 생성되고, 이는 조류를 잡아먹는 원생동물들을 끌어들인다. 따라서 조류 포식자들은 바이러스 감염 세포들을 더 맛있는 먹이로 착각하게 된다. 비록 그 작용 메커니즘이 아직 밝혀지진 않았지만, 고농도의 DMS는 coccolithovirus의 *E. buxleyi* 감염을 막는 항바이러스성 활성도 나타낸다.

바다에서 방출된 DMS는 상부 대기에서 산성 입자들(methansulfonate, 이산화황, 황산)로 산화되어 결국에는 구름의 응축 핵을 형성한다(그림 27.8). 구름이 증가하면 열과 햇빛을 반사하여 우주로 되돌려 보낸다. 이와 같이 바이러스처럼 작은 것들도 기후를 조절할 수 있다. 이는 지구가 자가-조절적인 생명체라는 "Gaia 가설"을 지지한다.

많은 유전자들의 기능은 아직 알려지지 않았다

Coccolithovirus의 일종인 *E. buxleyi* V-86(EhV-86)은 약 500개의 유전자들과 408 kb의 이중-가닥 DNA 게놈을 가진다. 이는 현재까지 게놈 서열이 완전히 분석된 조류 바이러스들 가운데 가장 큰 게놈을 가진다. 하지만 해양 미세조류인 *Pyramimonas orientalis*에 감염하는 바이러스는 560 kb로 추정되는 더 큰 게놈을 가진다. Coccolithovirus의 게놈이 암호화하는 단백질들은 다른 바이러스들의 것들과 현저히 다르다. 실제로 이들의 단백질-암호화 서열들 가운데 80% 정도는 현재의 단백질 데이터베이스에서 일치하는 것들을 찾을 수가 없다.

데이터베이스와 일치하는 유전자들의 대부분은 NCDLV 그룹의 바이러스들이 가지는 핵심 유전자들이다. 예를 들면, EhV-86은 NCLDV에서 발견되는 40~50개의 공통 바이러스 유전자들 가운데 21개를 가진다; 이 유전자들은 주로 비리온 구조, 게놈 복제 및 발현에 관여한다. Coccolithovirus는 RNA 중합효소 모두(RNA 중합효소의 6개 소단위체들)와 독특한 프로모터 서열들을 가지므로 독자적인 전사기구를 구축하는 것 같다. 따라서 coccolitho-

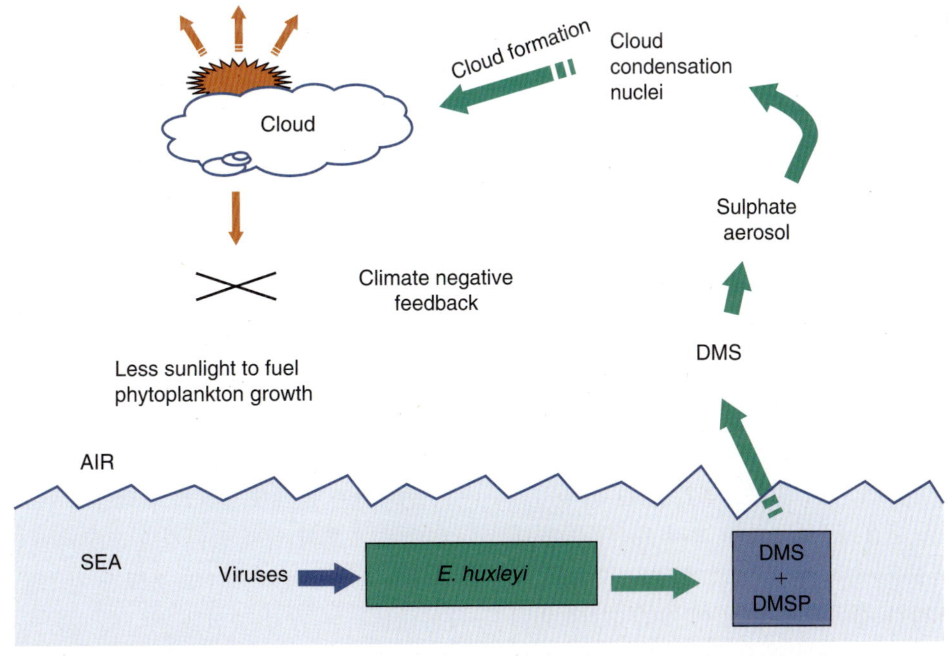

그림 27.8 기후에 따른 조류와 바이러스의 상호작용. Gaia 가설에 의하면 지구는 자가-조절적인 생명체이다. Coccolithovirus의 작용을 고려하면 이 가설이 맞는 것 같다. 이 바이러스에 의하여 대륙-크기로 대증식한 숙주 생물 *E. huxleyi*가 소멸되고, 이로 인하여 엄청난 양의 DMS가 대기로 방출된다. DMS 산화물은 구름 형성의 핵으로 작용하여 플랑크톤 성장의 필수 연료인 햇빛을 차단한다.

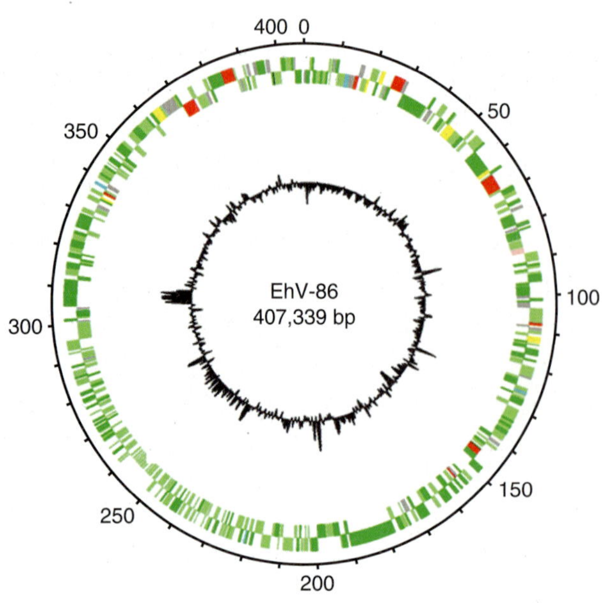

그림 27.9 Emiliania huxleyi virus-86(EhV-86)의 게놈 지도. 눈금은 kbp로 시계 방향으로 숫자를 부여하였다. 색칠된 2개의 원들은 두 DNA 가닥들이 가지는 단백질-암호화 영역들을 나타낸다. 유전자들은 추정되는 기능에 따라 색깔로 나타내었다: 적색, 정보 전달; 하늘색, 분자 분해; 황색, 중앙 혹은 중간 물질대사; 옅은 청색, 키나아제; 분홍색, 바이러스-특이적; 옅은 녹색, 기능 미확인; 짙은 녹색, 기능은 미확인이지만 횡단막 나선을 포함; 회색, 기타. 내부 원: G+C 함량.

virus의 유전자 전사는 숙주의 핵이 아닌 세포질에서 일어난다. 이는 자신의 RNA 중합효소를 가지지 않아 핵에서 세포의 전사기구에 의존하는 chlorovirus들과 구분된다. 이 바이러스들이 chlorovirus 및 다른 NCLDV 바이러스들처럼 생활주기에서 핵에서 일어나는 단계를 거치는지는 불확실하다.

Coccolithovirus의 유전자 발현은 단계적으로 조절된다

감염 세포에서 전사된 유전자들의 마이크로어레이(microarray) 분석에 의하면 게놈 상의 200~300 kb 사이에 위치한 유전자들은 감염 후 매우 이른 시기(1 시간 이내)에 전사된다. 대부분의 이들 "초기" 유전자들의 앞에는 RNA 중합효소를 위한 프로모터의 일부로 여겨지는 반복적인 GTTCCC(T/C)AA 서열이 있다. 모든 초기 유전자들에 대한 상동체가 단백질 서열 데이터베이스에 없고, 이들의 해독틀은 대부분 적당한 길이를 가진다. 이 유전자들이 비리온 내에 포장된 바이러스 RNA 중합효소에 의해 전사되는지 아니면 핵에 존재하는 세포 RNA 중합효소에 의하여 전사되는 지는 아직 알려지지 않았다.

체셔 고양이 역동학: 바이러스 감염을 피하기 위한 교접

Lewis Carroll의 소설인 "이상한 나라의 앨리스"에서 붉은 여왕의 경주라는 장면이 있는데 이는 생물의 진화적 경쟁을 은유적으로 잘 표현하고 있다. 포식자-먹이 동역학, 특히 바이러스-숙주 상호작용에서 좋은 예를 찾아 볼 수 있다. 숙주가 종의 생존을 보장하기 위해서는 면역 메커니즘을 가급적 빨리 개발해야 한다: "같은 지위를 유지하려면 당신은 최대한으로 달려야 한다". "붉은 여왕 역동학(Red Queen Dynamics)"은 또한 coccolithovirus에 의하여 조절되는 것으로 생각되는 *E. huxleyi*의 대증식-쇠퇴(bloom-burst) 주기를 설명하는 데 도움을 준다. 그러나 *E. huxleyi*는 coccolithovirus의 감염을 피하기 위하여 독특한 생식 전략을 채택하였다. 이는 Lewis Carrol의 소설에 등장하는 또 다른 유명한 인물의 숨는 행동을 따서 "**체셔 고양이(Cheshire Cat)**"의 회피 전략으로 불린다.

미세조류는 coccolithovirus의 공격에 반응하여 감수성을 지니는 보통의 이배체 생활단계에서 바이러스에 감염되지 않는 반수체 세포로 전환한다. 이는 바이러스 게놈이 복제할 기회를 갖기 전인 감염 직후(즉, 바이러스 게놈이 한 벌만 존재하여 하나의 반수체 자손 세포에는 바이러스 게놈이 없어 생존할 수 있는 시기)에 일어난다. *E. huxleyi*의 이배체 세포는 비운동성이고 코콜리드를 함유한다. 반면에 반수체 세포는 편모를 가지고 운동성이며 석회질 갑옷이 없는 대신에 감염에 물리적 장벽으로 작용하는 유기성 비늘을 가진다. 바이러스에 대해 저항성을 나타내는 반수체 세포들의 생성은 현명한 항바이러스성 전략인 동시에 교접을 통하여 새로운 *E. huxleyi* 게놈을 만들 수 있는 기회를 부여한다. 따라서 환경이 다시 좋아지면 이에 더 잘 적응할 수 있는 유전자형이 새로운 대증식을 일으킨다. 또한 자연계에서 반수체 세포들은 항상 매우 낮은 수준으로 존재하므로 바이러스 공격으로 이배체 세포들이 감소하면 이들은 오히려 번성할 기회를 가질 수 있다.

Coccolthovirus 감염에 반응하여 일정하게 일어나는 *E. huxleyi*의 유전적 변화는 급격한 기후 변화의 효과를 완충시키는 중요한 역할을 한다. 조류와 같은 미생물들은 아마도 변화하는 바다에 반응하고 적응해 온 최초의 생물로 여겨진다. 조류의 양이 많아지면 고정되는 CO_2의 양도 증가하므로 이 "온실 가스"의 농도가 감소될 것이다. 따라서 *E. huxleyi*는 교접 증식을 하나의 항바이러스성 메커니즘으로 선택하였지만 이는 생물 다양성을 증가시켜 특정 환경 조건에서 적응할 수 있는 유전적 변이체를 생성하는 효과도 나타낸다.

가장 비대한 자의 생존: 거대한 coccolithovirus의 게놈은 스핑고지질 생합성을 암호화한다

Coccolithovirus의 게놈은 **세라마이드(ceramide)**의 생성에 필요한 스핑고지질(sphingolipid)의 생합성에 관여하는 유전자들을 가진다. 이 유전자들은 동물과 식물에서 흔하게 나타나지만 바이러스에서는 처음으로 발견되었다. 스핑고지질은 출아에 의해 바이러스 방출이 일어나는 지질 뗏목형 막 구조의 생성에 중요하다. 또한 세레마이드는 세포자살(apoptosis)에 의한 세포사멸 메커니즘도 조절할 수 있다. 보통 세포자살은 바이러스 감염에 대한 방어로 이용되며 숙주 내에서의 신호전달에 의하여 조절된다. 감염세포의 조기 사멸은 바이러스의 복제를 저지하므로 자손 비리온의 전파를 막는 항바이러스성 메커니즘으로 작용한다(33장 참조).

Coccolithovirus는 감염과정에서 세포자살이 일어나는 시기를 조절할 수 있으므로 이러한 방어를 피할 수 있다. 감염 중에 바이러스-유도성 **카스파아제(caspase)**가 활성화(카스파아제는 세포자살에 필수적인 프로테아제임)되고 흥미롭게도 많은 EhV 단백질들에서 카스파아제 절단 부위들이 발견되었다. 이는 바이러스가 세포자살 경로를 조작할 수 있다는 것을 의미한다. 바이러스가 숙주의 죽을 시기를 조절하고 자신의 생존을 보장하는 능력을 지닌다면 이는 바이러스의 효과적인 증식 전략이 될 수 있다. 이러한 세포사멸의 지연 효과로 coccolithovirus는 조류세포당 1,000개의 자손 비리온를 생성할 정도로 높은 방출수(burst size)를 나타낸다.

PRASINOVIRUSES

작은 숙주와 큰 바이러스

자유생활을 하는 세상에서 가장 작은 진핵생물인 녹조류인 *Ostreococcus*(그림 27.10)에 감염하는 바이러스도 발견되었다. 해양 담녹조강에 속하는 *Ostreococcus tauri*는 지름이 1 마이크론 이하이고 세포벽 대신에 나출성 원형질막을 가지며 비늘과 편모가 없다. 이 작은 조류는 보통 하나의 미코콘드리아, 엽록체 및 골지체를 가지며 전 세계적으로 분포하고 깊은 바다에서도 발견된다. *Ostreococcus* 속의 조류들은 독특한 유전자형으로 구분된다; 이러한 유전자형은 지리적 위치가 아닌 빛의 세기에 따른 성장 능력과 상관관계가 있다. 즉, 이 조류의 변이는 수평적인 지리적 위치와는 관계가 없고 바다의 깊이와 관계가 있다.

게놈 서열이 결정된 *Ostreococcus* 종들인 *O. tauri*와 *O. lucimarinus*는 12.6과 1.2 Mb의 게놈을 가지며 지금까지 이들로부터 20가지의 바이러스들이 분리되었다. 이들은 모두 phycodnavirus이며 *Prasinoviridae*과로 분류되었다.

Prasinovirus는 지름이 약 120 nm인 정20면체형 캡시드를 가지며 형태적으로 다른 phycodnavirus들과 유사하다. 지금까지 *O. tauri*에 감염하는 세 가지 바이러스들의 완전한 게놈 서열이 결정되었다: OtV-1과 OtV-5는 강한 빛 조건에서 조류에 감염하고, OtV-2는 약한 빛 조건에서 조류에 감염한다. 이들의 게놈은 크기가 180-190 kb인 선형의 이중-가닥 DNA로 232~268개의 단백질들과 4-5개의 tRNA를 암호화한다. OtV-2는 OtV-1과 OtV-5가 가지지 않는 42개의 독특한 단백질들을 가진다.

바이러스 게놈은 다수의 캡시드 단백질들을 암호화한다

Prasinovirus는 N-myristoyl-transferase, 3-dehydroquinate synthease, 다수의 glycosyl- 및 methyl-transferase, prolyl 4-hydroxylase 그리고 6-phoshofructokinase 등과 같은 기능이 독특한 유전자들을 가진다. 또한 DNA 복제, 재조합 및 회복을 위한 효소들, 뉴클레오티드 물질대사 및 수송, 전사, 단백질 및 지질 합성, 변형 및 분해, 신호전달, 당 물질대사, 그리고 8가지 주요 캡시드 단백질들을 만든다.

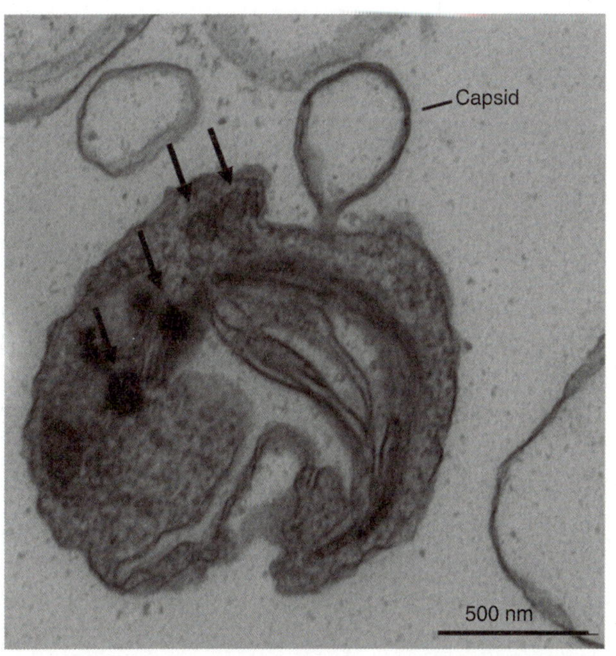

그림 27.10 ***Ostreococcus tauri*** **(균주 OTH 95) 박편의 투과전자현미경 사진.** OtV-1의 감염 8시간 이후에 찍은 사진이다. 감염한 OtV-1 비리온의 빈 캡시드가 여전히 숙주세포 막에 부착되어 있다. 서로 다른 조립 단계에 있는 비리온들(화살표)을 관찰할 수 있다.

이와 같이 많은 캡시드 단백질들을 가지는 것은 phycodavirus들 가운데에서 독특한 특징이다. 캡시드 단백질들 가운데 5가지는 *Pyramimonas orientalis* virus-1(PoV-1)의 것과 가장 유사하고, 2가지는 *Heterosigma akashiwo* virus-1(HaV-1)의 캡시드와 유사성이 가장 높고, 하나는 *Paramecium bursaria* chlorella virus NY-2A의 캡시드 단백질과 유사성이 가장 높다. 이들은 모두 phycodnavirus과의 서로 다른 속에 속하는 바이러스들이다. 주요 캡시드 단백질들을 암호화하는 상동 유전자들이 이렇게 많고 다양하다는 것은 이 바이러스가 넓은 숙주 범위를 가진다는 것을 암시한다. 하지만 현재까지 알려진 숙주 범위는 *Ostreococcus*종들에 한정되어 있다. 바이러스 캡시드의 주요 구조적 성분을 교체할 수 있는 능력을 지닌다면 앞으로 숙주 상호작용을 변화시킬 가능성이 높다.

숙주와 바이러스 간에 양 방향으로 유전자가 전달될 수 있다

서열이 결정된 세 가지 OtV 게놈에서 숙주와 바이러스 간에 수평적인 유전자 전달이 일어난다는 증거들이 발견되었다. OtV-1, OtV-2 및 OtV-5는 숙주인 *O. tauri*의 유전자들과 밀접한 상동성을 나타내는 11, 14 및 6개의 유전자들을 각각 가진다. 이 유전자들의 기능은 대부분 아직 알려지지 않았고 유전자의 전달 방향도 아직 결정되지 않았다. 일반적으로 phycodnavirus와 숙주 간의 수평적 유전자 전달은 대부분 숙주에서 바이러스에게로 일어나는 것 같다. 하지만 DNA topoisomerase II와 ribonucleotide reductase를 암호화하는 유전자는 NCLDV과에 속하는 바이러스들 사이에 잘 보존되어 있으므로 모든 바이러스들이 가진다. 따라서 적어도 이 두 가지 유전자들은 바이러스에서 숙주에게로 전달된 것 같다.

바이러스를 위한 공간은 그리 많지 않다

자유 생활을 하는 가장 작은 진핵세포인 *Ostreococcus*는 커다란 바이러스의 복제에 어려움이 있다. 지름이 1,000 nm 이하의 세포에서 지름이 120 nm인 바이러스의 복제가 일어나면 세포 당 100개 이상의 비리온을 만드는 것은 불가능할 것이다. 핵, 엽록체, 리보좀 및 다른 필수적인 세포내 구조물들을 위한 공간을 고려한다면 바이러스 감염은 매우 혼잡한 과정이 될 것이다. 실험 결과에 의하면 세포 당 6~15개의 바이러스 입자들이 방출되는 것 같다. 바이러스가 세포에 진입하면 게놈 복제는 2시간 뒤에 시작되고 감염 후 6시간에서 20시간까지 세포질에서 비리온이 조립되고 그 뒤에 세포 용해가 일어난다. 숙주세포의 핵과 이 속에 들어 있는 염색체, 미토콘드리아 및 엽록체는 이 과정에서 온전하게 유지된다.

PHAEOVIRUSES

해조류 바이러스

Phaeovirus는 해조류(seaweed)로 더 많이 알려진 갈조류에 감염하는 잠복성 바이러스이다. 다세포 생물이며 섬유상의 거대 조류인 갈조류는 단세포인 미세조류와는 다르다. Phaeovirus는 감염 동안에 바이러스 게놈을 숙주세포의 게놈에 삽입한다; 삽입 상태에서 바이러스 게놈은 멘델식으로 유전되며 바이러스 입자는 감염된 조류의 생식기관에서만 나타난다. 이러한 생활 습관은 자신의 DNA를 숙주세포의 게놈에 삽입하고 특정 조건에서만 복제하는 박테리오파지 람다와 유사하다고 볼 수 있다.

해조류는 전 세계의 온대 지방에 있는 연안의 해양 환경에서 잘 서식한다. 이들은 부두, 부표 및 배의 외부 표면과 같은 해양 구조물들의 주요 부착물이다. 바이러스들은 *Ectocarpus, Feldmannia, Hincksia, Myriotrichia* 및 *Pilayella*속의 조류에 감염하는 것으로 알려져 있다.

Phaeovirus는 용원성 생활주기를 가지고 자신의 게놈을 숙주 게놈 내에 삽입한다

섬유상 갈조류인 *Ectocarpus*의 생활주기는 가장 잘 연구되어 있으며 갈조류의 분자 유전학 연구를 위한 모델 생물이다. *Ectocarpus*는 세대 교번을 하는 복잡한 유성 생활주기를 가진다. 남성 및 여성 배우체(반수체)는 유영하는 배우자(gamete)를 만든다. Phaeovirus는 자유롭게 유영하는 배우자에게만 감염한다.

비리온 부착 이후에 바이러스 게놈 및 이와 관련된 단백질들이 세포질에 방출되고 5분 이내에 핵으로 이동한다. 그 다음 바이러스 게놈은 숙주세포의 게놈 내로 삽입되고 세포 분열 동안에 숙주 엽상체의 모든 세포들에게 전달된다. 바이러스 게놈은 성숙한 숙주에서 조류 생식기관이 형성될 때까지 섬유상 영양세포에서 잠복 상태를 유지한다. 생식세포의 분화가 생식기관에서 바이러스 DNA의 복제를 유도하면, 핵막이 파괴되고, 바이러스 조립과 비리온의 방출이 일어난다. 바이러스가 정상적인 생식기관을 파괴하므로 조류는 불임성이 되지만 조류의 영양 성장에는 영향을 주지 않는다.

PRYMNESIOVIRUSES와 RAPHIDOVIRUSES

아직 덜 알려진 *Phycodnaviridae* 바이러스들

이 phycodnavirus속들은 대증식(bloom)을 유발하는 식물성 플랑크톤(phytoplankton)에 감염하기 때문에 바다에 널리 분포하는 것으로 여겨진다. 그러나 이들에 대한 연구는 거의 이루어지지 않았다. 조류 바이러스의 중요성이 미처 인식되기 전인 1974년에 최초로 발견된 phycodnavirus로서 역사적인 중요성을 지니는 prymnesiovirus가 *Chysochromulina* 종에서 발견되었다.

Prymnesiovirus는 *Haptophyta*문(착편모조류), *Prymnesiophyceae*강에 속하는 식물성 플랑크톤에 감염한다. 이 조류는 전 세계적으로 널리 분포하며 대규모로 흔히 발생하는 조류의 대증식과 관련이 있다. 지금까지 prymnesiovirus는 *Chrysochromulina*속과 *Phaeocystis*속에서 분리되었다. *Chrysochromulina*는 보통 낮은 농도로 존재하므로 이 종만으로는 대증식이 거의 일어나지 않는다. 따라서 *Chrysochromulina*에 감염하는 바이러스는 낮은 숙주 밀도에서도 증식할 수 있으며 바이러스가 조류의 대증식을 막는다고도 볼 수 있다.

반면에 *Phaeocystis*속의 구성원들이 해양 생태계에 미치는 생물지구화학적 영향에 대해서는 많은 연구가 이루어졌다. 이들은 단일 종으로도 넓은 범위에 걸쳐 대증식을 유발할 수 있으며 군집체 혹은 단세포성 세포들의 혼합체로 존재한다. 대증식 상태의 조류는 바이러스 감염으로 인하여 갑자기 소멸되기도 한다. 이 과정에서 유기 영양분이 대규모로 방출되어 박테리아 군집의 조성이 빠르게 변화한다. *Phaeocystis*의 대증식은 해양의 무산소 상태를 초래하고 이들이 쇠퇴하는 과정에서 해안에 거품을 발생시키므로 해로운 조류 대증식으로 취급된다. *E. buxleyi*처럼 *Phaeocystis*종들도 CO_2 및 황 순환에 중요한 역할을 하며 궁극적으로 지구 기후에 큰 영향을 미친다; 바이러스 감염은 이러한 과정에 영향을 주는 것으로 알려져 있다.

Raphidovirus는 독성을 나타내는 적조와 관련이 있고 양식장의 물고기를 죽이는 *Raphidophyceae*강의 조류에 감염한다. 이 강의 조류에는 담수 종들도 있지만 주로 전 세계의 바다 연안과 북극 근처의 지역에서 발견되는 중요한 대증식-형성 종들이 포함된다. 이 속에서 지금까지 발견된 바이러스들은 적조-형성 종인 *Heterosigma akashiwo*에 감염한다; 이 바이러스들을 *Heterosigma akashiwo* virus (HaV)라고 한다.

비록 인간 질병과는 밀접한 관련성이 없지만 *H. aksahiwo*의 대증식은 대규모의 어류 폐사를 초래한다. 특히 일본과 페루 등에서 가두리 양식을 하는 연어와 방어 등의 어류에 큰 피해를 준다. HaV에 대한 *H. akashiwo*의 감수성은 균주에 따라서 차이를 나타낸다. *H. akashiwo* 숙주 균주와 HaV 클론에 대한 해양 야외 조사와 교차-반응 테스트에 의하면, 이 바이러스의 균주-의존적 감염은 자연 *H. akashiwo* 집단에서 우점 클론의 결정과 종내 다양성 유지에 중요한 역할을 하는 것 같다. 아마도 이러한 다양성은 *H. akashiwo*가 해안 지역에서 문제의 대증식을 성공적으로 유발하는 데 기여하는 것 같다.

MIMIVIRUS

세상에서 가장 큰 바이러스

Mimivirus는 아마도 지금까지 알려진 바이러스들 가운데 가장 독특한 바이러스일 것이다. 이 바이러스는 영국 Bradford의 한 냉각탑에서 처음으로 분리되었다. Mimivirus는 다른 바이러스들과 비교가 되지 않을 정도로 가장 큰 바이러스이다. 하지만 이 바이러스에 대하여 아직 알려진 내용이 거의 없어 이 책에서 독자적인 장으로 다루지 못하였다.

바이러스 학자의 관점에서 mimivirus에 대한 연구는 이미 시작되어 서서히 진행되고 있는 상태이다. 처음에는 작은 *Legionella*-유사 박테리아로 간주되었으며 그람-양성 박테리아처럼 보여 *Bradfordcoccus*로 잘못 명명되었다. 그러나 여러 번에 걸친 rRNA 서열의 증폭에 실패하면서 연구 진행에 어려움을 겪었다. 결국 전자현미경으로 크기는 무척 크지만 NCLDV에 속하는 다른 비리온들과 같이 다각형의 구조를 가진다는 것이 밝혀졌다.

그 뒤에 아메바에서 복제하는 바이러스로 밝혀져 숙주의 이름을 따서 *Acanthamoeba polyphaga* mimivirus로 명명되었다. “Mimivirus”는 *mi*crobe *mi*micking virus의 약어이다. 고전적인 정의에 의하면 바이러스는 핵심적인 단백질 합성기구(리보좀 및 관련 인자들)를 가지지 않고 화학에너지를 공급하거나 물질대사 요구를 충족시키는 시스템을 가지지 않는 세포내 절대기생체이다. Mimivirus는 바이러스와 생물의 경계를 모호하게 만든 최초의 바이러스이다.

Mimivirus는 분명히 바이러스이다

처음에는 이 750 nm의 털복숭이 괴물(그림 27.11)을 광

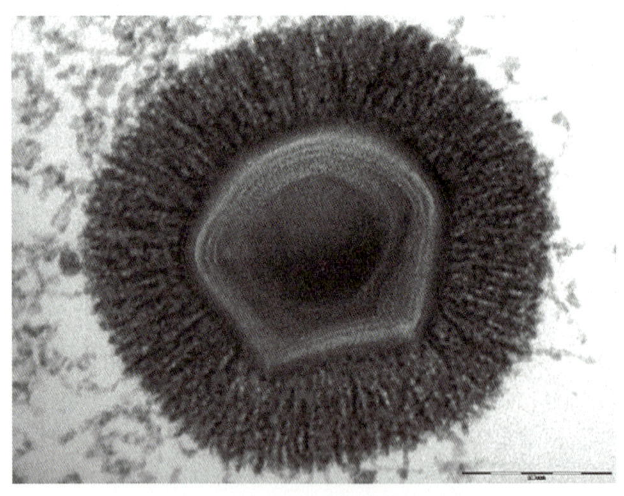

그림 27.11 **Mimivirus 입자의 투과전자현미경 사진.** 많은 섬유들이 캡시드를 둘러싸고 있으며 캡시드 내에서 여러 내부 층들과 코어가 관찰된다.

학현미경으로 쉽게 관찰할 수 있어 박테리아로 오인하였다. 지금은 Mimivirus는 서열이 완전히 결정된 가장 큰 게놈을 가지는 바이러스로 인식되고 있다. 이 바이러스의 게놈은 크기가 1,181,404 bp이며 선형의 이중-가닥 DNA로 911개의 유전자와 6개의 tRNA를 암호화하는 것으로 추정된다. 이 바이러스는 암호화 능력에서 *Chlamydia, Rickettia, Mycoplasma* 및 *Nanoarchaeum* 등의 수많은 박테리아와 고세균을 능가한다.

이러한 거대한 게놈을 가지는 mimivirus가 발견되면서 바이러스와 생명의 기원 및 정의에 대한 논란이 제기되었다. 그럼에도 불구하고 mimivirus가 바이러스임에는 틀림이 없다. 비록 여러 개의 tRNA와 단백질 합성에 관여하는 단백질들을 암호화하지만 자신의 리보좀을 가지지 않는다. 더구나 다른 바이러스들처럼 숙주세포 내에서 탈피하고 게놈을 복제하여 비리온 내에 포장한다. NCLDV에 속하는 바이러스들에서 보존적인 유전자들의 계통분류학적 분석에 의하면 mimivirus는 *Phycodnaviridae*와 밀접한 관계가 있다. 최근에 분리된 일부 phycodnavirus들은 mimivirus와 더 밀접한 계통분류학적 관계를 나타낸다.

왜 커다란 게놈을 가지게 되었을까?

Mimivirus는 DNA 바이러스의 전형적인 높은 게놈 활용도를 나타낸다. 단백질 암호화 서열이 DNA의 90.5%를 차지하고 해독틀 간의 평균 거리가 157 뉴클레오티드에 불과하다. Mimivirus와 모든 다른 바이러스들은 단순히 크기만 다를 뿐이다. 이는 바이러스의 흰긴수염고래에 해당한다. 이 바이러스는 어떻게 그리고 왜 이렇게 큰 것일까?

많은 진핵 생물들처럼 비암호화 혹은 쓰레기 DNA의 축적 때문에 게놈의 크기가 커진 것은 분명히 아닌 것 같다. 이 바이러스의 DNA 두 가닥은 거의 동일한 수의 유전자들을 암호화한다(R 가닥은 450개의 유전자를 암호화하고, L 가닥은 465개의 유전자를 암호화한다). Mimivirus는 수평적 유전자 전달에 의하여 유전 정보를 점진적으로 획득하였거나 자신의 유전자들을 증폭하면서 진화해 온 것 같다. 그러나 숙주로부터의 수평적 유전자 전달은 mimivirus 게놈의 극히 일부에만 기여한 것 같다.

최근의 연구에 의하면 자가-중복(self-duplication)이 게놈의 크기를 확장시킨 주요 메커니즘인 것 같다. 선형 게놈의 양 말단에 있는 말단소립 영역에 200 kb가 중복되어 있다; 더구나 직렬 중복이 게놈 전체에 걸쳐 흔하게 나타난다. 특히 주목을 끄는 것은 mimivirus의 게놈 내에 있는 두 가지의 **유사 유전자** 패밀리(**paralogous gene** families; 중복에 의하여 생겨난 유전자들)이다. 한 패밀리는 **안키린(ankyrin)** 도메인을 암호화하는 66개의 유전자들을 포함하고, 다른 패밀리는 L174에서 L185에 걸쳐 완전히 직렬로 존재하는 12개의 유전자들로 이루어져 있다. 사실 mimivirus 유전자들의 3분의 1 이상이 적어도 하나의 상동유전자를 게놈에 가진다.

Mimivirus 게놈의 크기를 설명하는 세 번째 가설은 이 바이러스가 자유 생활을 하는 세포성 생물에서 세포내 기생체로 진화하였으며 이 과정에서 세포로서의 많은 요구 조건들을 상실하면서 생겨났을 것으로 주장한다. 이 설은 증명하거나 반박하기가 쉽지 않다.

Mimivirus는 독특한 코어 방출 메커니즘을 가진다

Mimivirus의 감염 주기는 거의 밝혀지지 않았지만 대략적인 윤곽을 알려주는 정보들이 빠르게 축적되고 있다. Mimivirus는 무해한 세균성 먹이로 위장하여 아메바가 이를 잡아먹도록 속이는 것 같다. 바이러스는 이러한 식세포작용을 통하여 아메바의 식포(phagosome) 내로 들어간다. 식포에서 외부 섬유층이 부분적으로 분해되고 캡시드 표면이 식포막과 상호작용한다.

Mimivirus는 정20면체형 캡시드의 한 꼭지점에 독특한 오각형 별 모양의 구조를 가진다(그림 27.12). 이 꼭지점에서 방사상으로 뻗어 나온 캡시드의 다섯 모서리는 불가사리 모양으로 장식되어 있다. 식포 내에서 이 구조가 열려 커다란 "별문(stargate)"을 만들어 막으로 둘러싸인 바이러스 코어를 노출시킨다. 코어를 둘러싸는 막이 아마도 식포

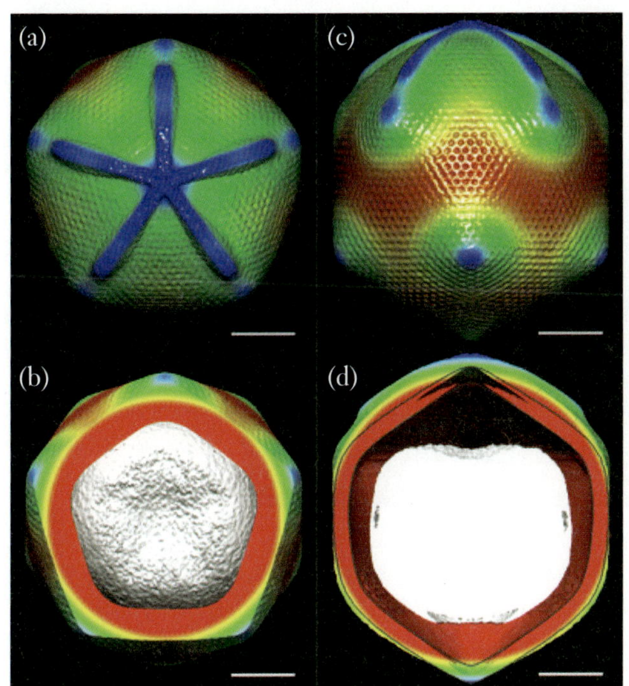

그림 27.12 Mimivirus 캡시드 표면의 별문 구조. Mimivirus 입자의 동결전자현미경 사진으로부터 재구성된 입자의 구조. 가장 작은 지름의 상을 적색으로 하고 지름이 커질수록 노랑, 녹색 그리고 청색 순으로 나타내었다. (a) 독특한 5배 꼭지점에 위치한 별문 구조(청색). (b) 별문 구조를 제거하고 입자의 가장자리를 잘라내어 코어(흰색)의 함몰을 나타낸 것. (c) 3배 대칭축에서 본 별문 구조. (d) (c)와 동일한 방향에서 입자의 중앙을 자른 절편으로 별문 꼭지점 아래에 위치한 코어(흰색)의 함몰을 보여 준다.

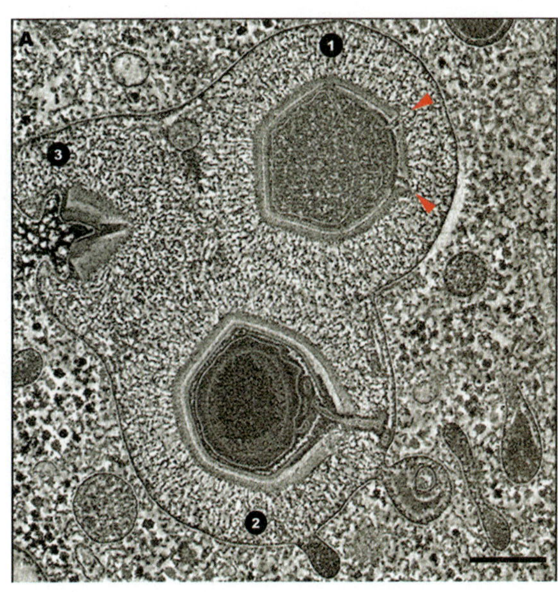

그림 27.13 식포막과 mimivirus 코어막의 융합. Mimivirus에 감염된 세포의 후기 식포를 투과전자현미경으로 관찰한 것으로 서로 다른 탈피 단계에 있는 3개의 입자들을 보여 준다. (1) 초기 탈피 단계에서 별문 조립체의 내부 단백질 껍질이 부분적으로 열리기 시작한다; 별문을 두 개의 적색 화살표로 표시하였다. (2) 열린 별문을 통하여 바이러스 막이 식포막을 향하여 밀려나온다. (3) 마지막 탈피 단계에서 바이러스 막과 식포막의 융합이 일어나고 코어가 세포질로 방출된다(축척 자: 100 nm).

막과 융합하여 바이러스 코어가 세포질에 들어가는 것 같다(그림 27.13).

바이러스 복제는 전적으로 세포질에서 일어난다

나머지 복제주기는 poxvirus의 생활주기와 유사하게(26장 그림 26.5와 26.7 참조) 원래의 비리온 코어 구조를 그대로 유지한 상태로 세포질의 바이러스 공장에서 일어난다(그림 27.14). 감염 후 2시간이 지나면 외부 소섬유 층은 식포에 남고 작은 구형 구조물들이 세포질에서 관찰된다; 이들은 바이러스 게놈을 포함하는 온전한 비리온 코어의 크기와 같다.

Mimivirus 비리온은 매우 복잡하고 진핵세포 RNA 중합효소의 소단위체들과 상동적인 단백질 세트를 비롯하여 적어도 130가지의 바이러스 단백질들을 포함한다. 아마도 이 단백질들은 비리온 코어가 세포질에 방출되는 즉시 필요한 것 같다.

Mimivirus의 초기 전사는 mRNA 개시부위 바로 앞에 위치하는 매우 보존적인 AAAATTGA에 의하여 유도된다. Mimivirus 유전자들의 약 절반이 이러한 서열을 가진다. 이 서열은 고등 진핵세포의 TATA 박스와 유사한 mimivirus-특이적 프로모터로 여겨진다. 이 초기 전사물들은 온전한 캡시드에서 세포질로 밀려나와 번역된다.

어느 시점에서 mimivirus 코어는 바이러스 DNA를 세포질에 방출한다. 빈 코어는 감염이 진행되고 바이러스 DNA가 복제됨에 따라서 크기가 커지는 DNA 더미로 둘러싸인다. 새로운 비리온들은 이와 같은 바이러스 공장의 가장자리에서 조립된다(그림 27.14a). 감염이 일어나고 약 14시간이 지나면 아메바가 용해된다. 방출량은 보통 감염세포 당 300개 바이러스 이상이다.

Mimivirus의 게놈 복제

Mimivirus의 게놈은 선형의 1,181,404 bp로 역말단 반복서열은 없지만 22,515와 1,180,529 위치에 거의 완전한 617 bp의 역반복서열을 포함한다. 이 영역들 간의 상호작

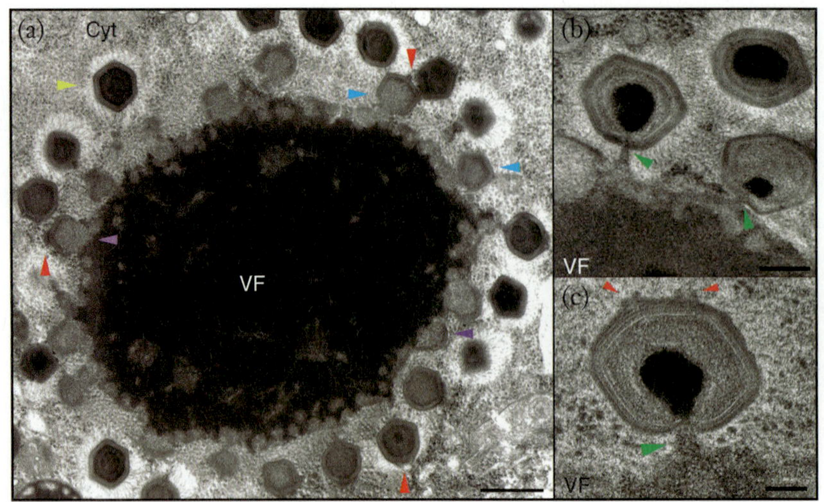

그림 27.14 Mimivirus 공장. Mimivirus에 감염된 세포의 투과전자현미경 사진. (a) 서로 다른 조립단계의 바이러스 입자들로 둘러싸인 바이러스 공장(VF). 섬모가 적은 입자들은 바이러스 공장의 가장자리 근처(청색, 자주색 및 적색 화살촉)에 위치하고 섬모로 덮여 있는 입자들은 더 멀리 떨어져 있다(노란색 화살촉). 일부 입자들에서 별문이 관찰된다(적색 화살촉). (축척 자: 100 nm). (b,c) 별문 구조(적색 화살촉)의 반대쪽 위치에서 DNA 포장(녹색 화살촉)을 수행하는 입자들을 관찰한 고배율 이미지로 c에서 더 자세히 관찰할 수 있다.

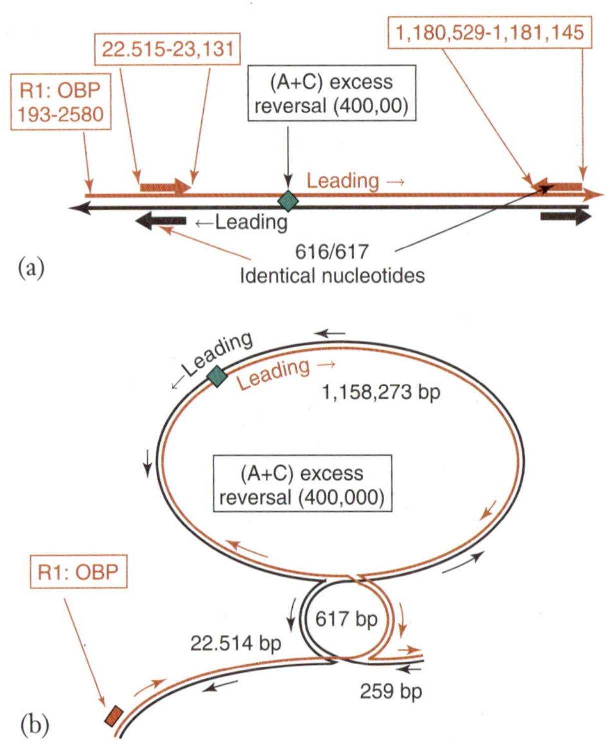

그림 27.15 Mimivirus의 게놈 구조. (a) 역반복(주황색 및 검은색 화살)을 가지는 바이러스 게놈에 복제원으로 여겨지는 부위(녹색 다이아몬드)를 표시하였다. 복제원 DNA-결합 단백질(R1:OBP)을 암호화하는 유전자는 왼쪽 끝에 위치한다. (b) 역반복서열들 간의 염기쌍 형성으로 환형화된 Q-모양 구조. 반복서열을 원래 크기로 나타내지 않았으며 이들은 전체 1,181,404 nt 가운데 617 nt에 불과하다.

용으로 259 bp의 짧은 꼬리와 22,514 bp의 긴 꼬리를 가지는 Q-모양의 환형 DNA가 만들어진다(그림 27.15). 이러한 구조가 바이러스 게놈의 복제에 관여하는 것 같다.

짧은 꼬리에는 아무런 암호화 서열도 없지만 긴 꼬리에는 12개의 단백질-암호화 영역이 있으며 이들 가운데 7개는 DNA 복제와 DNA 결합에 관여한다. 이들은 복제원에 결합하는 4가지 단백질들, 염색체-분리 ATPase 그리고 2가지 DNA-결합 단백질들을 포함한다. 복제원은 게놈의 왼쪽 끝에서 400,000 nt 떨어진 위치에 있는 것으로 추정된다.

Mimivirus의 번역인자들과 DNA 회복 효소들

커다란 게놈을 가지고 있는 mimivirus는 다양한 기능을 수행하는 수많은 단백질들을 암호화한다. 하지만 놀랍게도 지금까지 독특한 물질대사 기능을 가지는 단백질들은 거의 발견되지 않았다. 흥미롭게도 이 바이러스는 4가지 아미노아실-tRNA 합성효소들, mRNA 캡-결합 단백질, 번역개시인자들, tRNA 메틸전달효소들, 그리고 펩티드 방출인자들과 같은 단백질 합성에 관여하는 단백질들을 만든다. 적어도 10가지 단백질들이 단백질 합성에 보조 역할을 한다. Mimivirus의 유전자 암호화 능력을 감안한다면 번역인자들을 더 가질 수도 있지만, 전체 911개의 단백질들 가운데 10개의 단백질들만 이 과정에 관여하는 것 같다.

또 다른 흥미로운 특징으로 mimivirus 게놈은 산화, 자외선 조사 및 알킬화제 등으로 유발되는 오류를 수정할 수 있는 DNA 회복효소들을 가진다. 이에는 세 가지 유형의 국소이성화효소 IIA(대부분의 큰 DNA 바이러스들에 공통적), 국소이성화효소 IA와 IB, 그리고 DNA UV 손상 회복 엔도뉴클라아제가 포함된다. Mimivirus는 게놈이 크기 때문에 게놈 손상이 더 잘 일어나는 것 같다. 또한 감염 간의 간격이 길어 외부 환경에 오랫동안 노출되므로 UV에 의한 손상을 받기 쉽고 식세포 내의 산화 조건에서 심각한 산화적 손상이 유발될 수도 있을 것이다.

Mimivirus의 조상은 박테리아에서 진핵세포로 유전자들을 전달하였을 것이다

DNA 회복 유전자인 MutS는 mimivirus의 게놈이 다양한 유전자들을 가지게 된 진화적 배경을 알려준다. MutS는 DNA 미스매치 회복 효소계의 일부로 DNA 손상으로 인하여 염기가 잘못 짝지어진 DNA 영역에 결합한다; 이는 박테리아에서 인간에 이르기까지 고도로 보존되어 있다. 계통분류학적 분석에 의하면, mimivirus의 MutS 단백질은 박테리아인 *Nitratiruptor*(심해의 열수 분출공에서 발견되는 질산염-환원 박테리아)와 진핵세포인 *Octocorallia*(군집성 폴립을 형성하는 해양 생물인 연산호)의 MutS 상동체와 가장 유사하다.

Msh1으로 알려진 *Octocorallia*의 MutS는 모든 팔사산호류의 미토콘드리아 게놈에 암호화되어 있지만 이와 매우 유사한 육사산호류의 미토콘드리아에는 없다. 따라서 mimivirus의 조상은 아마도 4억 5천만 년 전에 이 유전자를 해양 박테리아에서 *Octocorallia* 계열로 전달하였을 것으로 추정된다. 이를 바탕으로 아메바와 다른 청소 세포들에 대한 "도가니(melting pot)"가설이 제시되었다: 이들은 식세포 작용에 의하여 다양한 먹이 생물들을 세포 내에 농축시켜 게놈 간의 상호작용이 일어나도록 함으로써 서로 다른 생물들 간에 수평적 유전자 이동이 쉽게 일어나도록 한다.

결론

Phycodnavirus와 mimivirus는 매우 큰 게놈을 가지 다양한 바이러스 집단이지만 공통적인 비리온 구조를 가진다. 지구 생태계에 미치는 이들의 중요한 역할 때문에 최근 들어 이 거대한 바이러스들의 세계가 점차 베일을 벗기 시작하였다. 놀라움, 독창성, 그리고 신비감으로 가득한 이들은 앞으로 많은 연구자들의 주목을 받을 것이다. 따라서 phycodnavirus 연구 분야의 미래는 매우 밝다고 할 수 있다.

핵심 용어

구아닌 전달효소 (Guanylyltransferase)
국소이성화효소 (Virogenic stroma)
내부 공생(Endosymbiotic)
삼대칭체(Trisymmetrons)
삼투질(Osmolyte)
세라마이드(Ceramide)
세포자살(Apoptosis)
안키린(Ankyrin)
역반복(Inverted repeat)
오대칭체(Pentasymmetrons)
유비퀴틴(Ubiquitin)
유사 유전자(Paralogous gene)
인편모조류(Coccolithophore)
젤리-롤 β-배럴 (Jelly-roll β barrel)
카스파아제(Caspase)
코콜리드(Coccoliths)
키틴(Chitin)
히알루로난(Hyaluronan)

기본 개념

- Phycodnavirus는 조류에 감염하는 커다란 이중-가닥 DNA 바이러스이다.
- Phycodnavirus의 존재는 지난 30년 동안 조금씩 알려졌다.
- Phycodnavirus는 아주 오래전에 생겨났으며 이들의 보존적인 물리적 형태에도 불구하고 엄청나게 다양한 생활습관을 가진다.
- Phycodnavirus와 mimivirus의 진화적 역사에서 수평적 유전자 전달이 반복적으로 일어났다.
- Coccolithovirus는 인편모조류의 대증식을 소멸시키고 가스를 대기에 방출시킴으로써 기후에 영향을 줄 수 있다.
- Phycodnavirus의 게놈은 크기가 가장 작은 단백질들을 암호화하는 유전자들을 가진다.
- Mimivirus는 1.2 Mb의 게놈을 가지는 세상에서 가장 큰 바이러스이다.
- Mimivirus는 감염된 아메바의 식포에서 열리는 캡시드의 "별문" 구조를 통하여 코어가 세포질에 들어간다.
- Mimivirus는 감염된 세포의 세포질에서 전적으로 복제하는 것 같다.
- Phycodnavirus와 mimivirus는 기능이 알려지지 않은 독특한 유전자들을 많이 가진다.

복습 문제

1. Phycodnavirus가 지구 온난화에 어떤 역할을 할 것이라고 추정하는 이유는 무엇인가?
2. Phycodnavirus의 게놈은 얼마나 다양한가?
3. PBCV-1 비리온의 캡시드를 구성하는 Vp54 단백질은 어떠한 탄수화물 부위를 가지는가?
4. 식물 바이러스들은 딱딱한 세포벽 때문에 세포에 감염하기 위해서는 식물의 물리적 손상이 필요하다. 조류도 세포벽을 가진다; chlorovirus PBCV-1은 세포에 어떻게 들어가는가?
5. Coccolithovirus는 기후를 어떻게 조절하는가?

SECTION VII

역전사효소를 이용하는 바이러스

제7부에서는 생활주기에서 RNA에서 DNA를 만드는 효소인 역전사효소를 이용하는 바이러스들에 대하여 다룬다. 이 바이러스들은 RNA 세계에서 DNA 세계로의 전환기의 잔존물들로 여겨진다; 역전사효소는 아마도 원시세포의 게놈이었던 RNA 분자로부터 DNA 복사본을 만드는 데 관여하였을 것이다.

Retrovirus는 역전사효소를 이용하는 가장 잘 알려진 바이러스이다; 이 효소는 이들에서 처음으로 발견되었다. 세포에 진입하면 retrovirus는 비리온 코어에 포장된 역전사효소를 이용하여 단일-가닥 RNA 게놈에서 완전한 이중-가닥 DNA 복사본을 만든다. 이 DNA 복사본은 핵 속으로 수송되어 다른 바이러스 효소인 인테그라제에 의하여 세포 염색체의 무작위적인 부위에 삽입된다. 이로 인하여 바이러스 게놈은 간단히 새로운 세포 유전자 세트가 되어 DNA 복제와 세포분열과정을 통하여 다른 세포에 무한정 전달될 수 있다.

적절한 신호에 반응하여 삽입된 retrovirus의 게놈은 세포 RNA 중합효소 II에 의하여 전사되어 완전한 길이의 바이러스 게놈 RNA와 바이러스 구조 및 효소 단백질들을 위한 스플라이싱된 mRNA를 만든다. 어떤 retrovirus들은 세포 신호전달 단백질들을 암호화하는 유전자들을 획득하였고, 이들 가운데 일부는 정상 세포를 암 세포로 형질전환시킬 수 있다; 이들에 대한 연구는 발암과정을 이해하는 데 큰 도움을 주었다.

Human immunodeficiency virus(HIV)의 발견은 retrovirus에 대한 대중적인 관심을 불러일으켰다. 성적 접촉에 의해 전염되는 이 바이러스는 현재 전 세계적으로 유행하는 후천성 면역결핍증(acquired immune deficiency syndrome, AIDS)을 유발한다. 효과적인 항-HIV 화학요법 치료제가 개발되었음에도 불구하고 HIV는 매년 수백 만의 사람들을 죽이며 여전히 제어되지 않고 있다. AIDS는 T 림프구의 소실로 인한 세포성 면역의 상실로 유발된다; 면역계가 약화되어 다양한 병원체들의 감염을 더 이상 물리칠 수 없기 때문에 AIDS가 생겨난다.

Hepatitis B virus도 복제과정에서 역전사효소를 이용하지만 이 바이러스는 비리온 내에 DNA 게놈을 포장한다. DNA 게놈은 세포의 핵에서 전사되어 바이러스 mRNA 뿐만 아니라 역전사효소와 함께 바이러스 코어에 포장되는 전게놈 RNA를 생성한다. 이 바이러스는 간세포에 감염하고 간암 혹은 간 손상을 일으킬 수 있는 만성 감염을 유발할 수 있다; HIV처럼 이 바이러스도 성적 접촉에 의하여 전염된다. 이 바이러스에 대한 효과적인 백신이 개발되어 있다. 일부 식물 바이러스들도 역전사효소에 의하여 RNA로부터 만들어지는 이중-가닥 DNA 게놈을 가진다.

CHAPTER 28

Retroviruses

Alan Cochrane

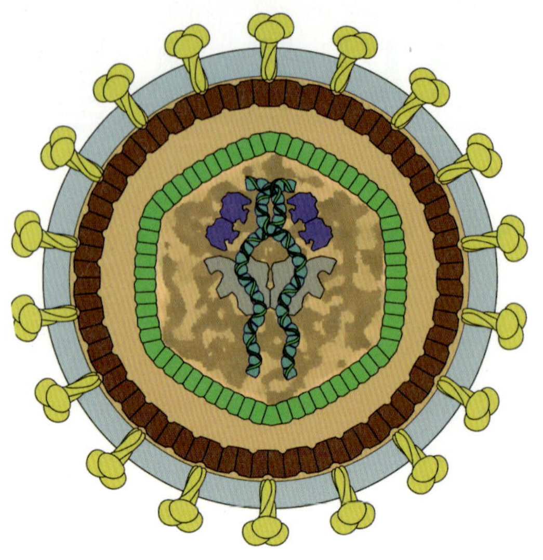

Retroviridae

이 바이러스의 특징인 *reverse transcription*에서 유래

비리온

구형의 외막성 입자
지름 100 nm
원형질막에서 외막이 조립됨
정20면체형 혹은 원뿔형 캡시드
역전사효소를 가짐

게놈

선형의 단일-가닥 RNA, 양성-가닥
7-10 kb, 두 개의 동일한 분자
5′ 캡, 3′ poly(A) 꼬리

유전자와 단백질

mRNA는 삽입된 프로바이러스 DNA로부터 RNA 중합효소 II에 의하여 전사됨

세 가지 주요 유전자들이 다단백질로 번역되어 성숙한 단백질들로 절단됨

- gag: *뉴클레오캡시드 단백질들*
- pol: *역전사효소, 프로테아제, 인테그라제*
- env: *외막 단백질들*

Gag와 Pol 단백질들은 스플라이싱이 일어나지 않은 mRNA로부터 만들어짐

Env 단백질은 한 번 스플라이싱된 mRNA로부터 만들어짐

Lentivirus와 human T-cell leukemia virus는 추가로 여러 번 스플라이싱된 mRNA로부터 발현되는 조절 단백질들을 가짐

바이러스와 숙주

7가지 속이 알려짐: *Alpha*-에서 *Epsilonretrovirus, Lentivirus, Spumavirus*

- *Simple retrovirus: Rous sarcoma virus(닭), mouse mammary tumor virus(생쥐), Jaagsietke sheep retrovirus*
- *Lentivirus: human, feline, bovine 및 simian immunodeficiency virus*
- *Spumavirus: simian foamy virus*

질병

인간: AIDS, 백혈병.

원숭이, 마우스, 고양이, 양, 조류 등에서 유발되는 다양한 암들

독특한 특징들

비리온 당 두 개의 동일한 게놈 분자를 가짐

게놈 RNA가 역전사에 의하여 DNA로 전환됨

세포 tRNA가 역전사 개시를 위한 프라이머로 이용됨

게놈의 DNA 복사본(프로바이러스)이 숙주세포의 DNA에 삽입

역전사효소의 빈번한 오류 때문에 retrovirus 집단은 숙주에서 준종으로 존재

돌연변이가 일어난 세포 조절 유전자를 발현하거나 세포 조절 유전자 내부 혹은 근처에 삽입되어 암을 유발할 수 있음

Retrovirus는 역전사와 게놈 통합에 기초한 독특한 복제주기를 가진다

20세기 초반에 말의 전염성 빈혈을 유발하는 최초의 retrovirus가 분리되었다. 곧 이어 1911년에 Peyton Rous는 Rous sarcoma virus(RSV)가 닭에 종양 형성을 유도한다는 것을 발표하였다. 하지만 이 바이러스들의 특성은 이보다 훨씬 뒤에 알려졌다.

1971년에 David Baltimore와 Harold Temin은 독자적으로 RSV에서 **역전사효소(reverse transcriptase)**를 발견하였다. Retrovirus는 역전사효소를 이용하여 RNA 게놈

에서 DNA 복사본을 만들고 이를 감염 세포의 염색체에 삽입한다. 곧 이어 Michael Bishop과 Howard Varmus는 RSV가 종양을 유도할 수 있는 것은 이 바이러스가 세포로부터 변형된 세포 유전자, 즉 **암유전자(oncogene)**를 획득하였기 때문이라고 하였다. 비록 Peyton Rous가 RSV를 발견하고 노벨상을 받은 이후 55년이나 지났지만 RSV에 대한 추가 연구를 수행한 이들 연구자들에게 모두 노벨상이 수여되었다.

Retrovirus는 닭, 생쥐, 소, 말, 고양이, 원숭이, 그리고 인간을 포함하는 수많은 동물 종들에서 분리되었다. 현재 retrovirus는 형태와 게놈 조직에 따라 7가지 속으로 분류된다(표 28.1). 이와 관련된 이전의 분류법에서는 retrovirus를 감염 병리에 따라서 구분하였다. *Oncovirus* (*Alpha*-에서 *Epsilonretrovirus*속의 많은 바이러스들)는 종양을 유발하는 바이러스이다. *Lentivirus*는 느리게 진행하는 소모성 질병을 유발한다. *Spumavirus*(foamy virus)는 어떤 질병과도 연관되지 않고 지속적 감염을 일으킨다.

1980년대 중반에 lentivirus인 human immunodeficiency virus(HIV)가 발견되었다(29장 참조). 전 세계적으로 유행하는 후천성 면역결핍증(acquired immune deficiency syndrome, AIDS)을 유발하는 HIV에 대한 관심으로 HIV를 비롯한 retrovirus에 대한 폭발적인 연구가 진행되었다.

Gag, pol 및 env 유전자들에서 유래하는 바이러스 단백질들이 비리온 내에 들어 있다

Retrovirus는 거의 구형이고 지름이 약 100 nm이다(그림 28.1). 외막은 지질 이중층을 가로지르는 횡단막 단백질(transmembrane protein, TM)과 이에 비공유 결합으로 연결된 외부 표면 단백질(surface protein, SU)을 포함한다. 바이러스 간질 단백질(matrix protein, MA)이 외막의 안쪽 표면을 덮고 있다. 캡시드 단백질(capsid protein, CA)은 바이러스 변종에 따라서 정20면체형 혹은 원뿔형 코

표 28.1 Retrovirus의 속들

Genus	Examples of virus	Host
Alpharetrovirus	Rous sarcoma virus	Chickens
Betaretrovirus	Mouse mammary tumor virus	Mice
Gammaretrovirus	Murine leukemia virus	Mice
Deltaretrovirus	Human T-cell leukemia virus type 1	Humans
Epsilonretrovirus	Walleye dermal sarcoma virus	Fish
Lentivirus	Human immunodeficiency virus type 1	Humans
	Simian immunodeficiency virus	Monkeys
	Feline immunodeficiency virus	Cats
Spumavirus	Simian foamy virus	Monkeys

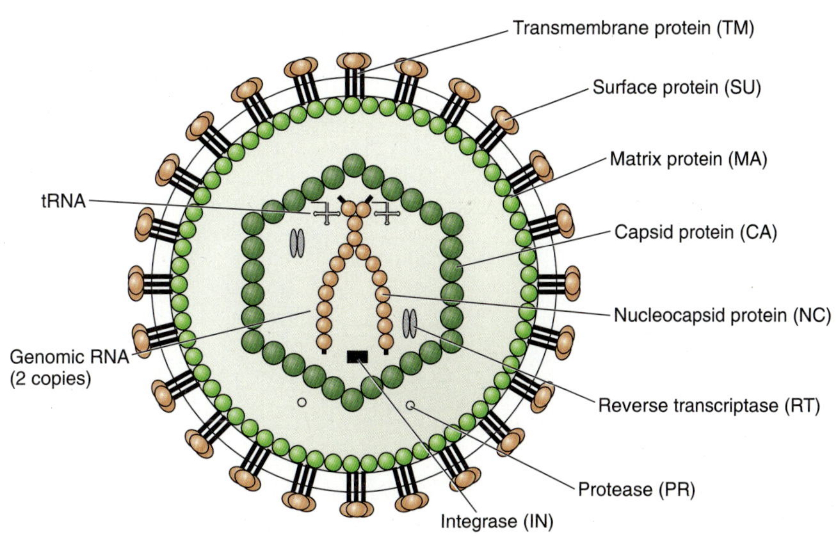

그림 28.1 전형적인 retrovirus 비리온. 비리온에서 구조 단백질들과 RNA의 상대적인 위치를 나타낸 모식도.

어를 형성한다. 세 가지 바이러스 효소들, 즉 프로테아제(protease, PR), 인테그라제(integrase, IN) 및 역전사효소(reverse transcriptase, RT)는 코어 내에 들어 있다. 바이러스 구조 단백질들은 보통 이들의 당화 상태와 분자량으로 표시한다; 예를 들면, HIV의 SU 단백질은 gp120, TM은 gp41 그리고 CA는 p24이다.

바이러스의 게놈(그림 28.2)은 7-10 kb 크기의 양성-가닥 RNA이며 뉴클레오캡시드 단백질(nucleocapsid protein, NC)과 복합체를 이루고 있다. 진핵세포의 mRNA처럼 게놈 RNA의 5′ 말단은 캡을 가지고 3′ 말단은 폴리아데닐화되어 있다. 게놈의 5′ 및 3′ 끝에 150-200 nt의 반복서열(repeated sequence, R)이 존재한다. 양 말단의 반복서열 옆에 U5(80-200 nt) 및 U3(240-1200 nt)라고 하는 독특한 영역들이 있다.

대부분의 다른 바이러스들과는 달리 retrovirus는 하나의 비리온에 2개의 동일한 게놈 분자들을 포장한다. 비리온 내에서 두 개의 RNA는 U5 영역에 위치한 "키스 고리(kissing loop)"라는 서열의 상호작용으로 머리-머리 배열의 2량체로 존재한다. U5의 바로 아래에 위치한 프라이머 결합 서열(primer binding sequence, PBS)과 tRNA의 3′ 끝에 있는 18 뉴클레오티드의 염기쌍 형성으로 세포 tRNA 한 분자가 게놈 RNA에 결합하고 있다. 바이러스

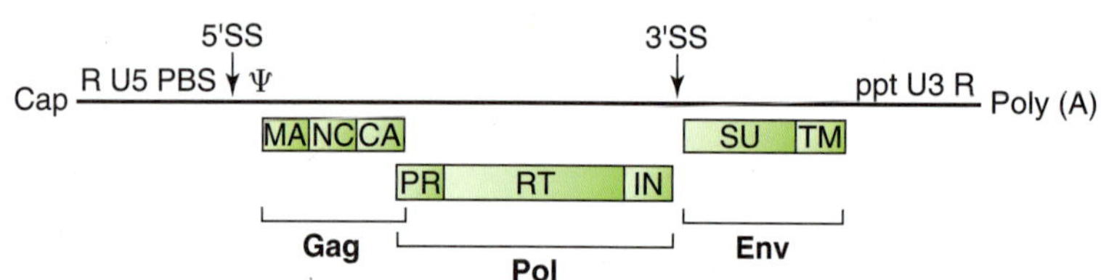

그림 28.2 Retrovirus RNA의 구조. 왼쪽 끝부터 메틸화된 캡, 반복 영역(R), 비번역 5′ 서열(U5), 프라이머 결합 서열(PBS), 5′ 접합부위(5′ ss), 포장 서열(ψ), 바이러스 구조 유전자들을 위한 gag, pol 및 env 해독틀, 3′ 접합부위(3′ ss), 역전사과정에 이용되는 폴리 퓨린 트랙(ppt), 비번역 3′ 서열(U3), 반복 영역(R), 그리고 폴리(A) 꼬리를 나타내었다.

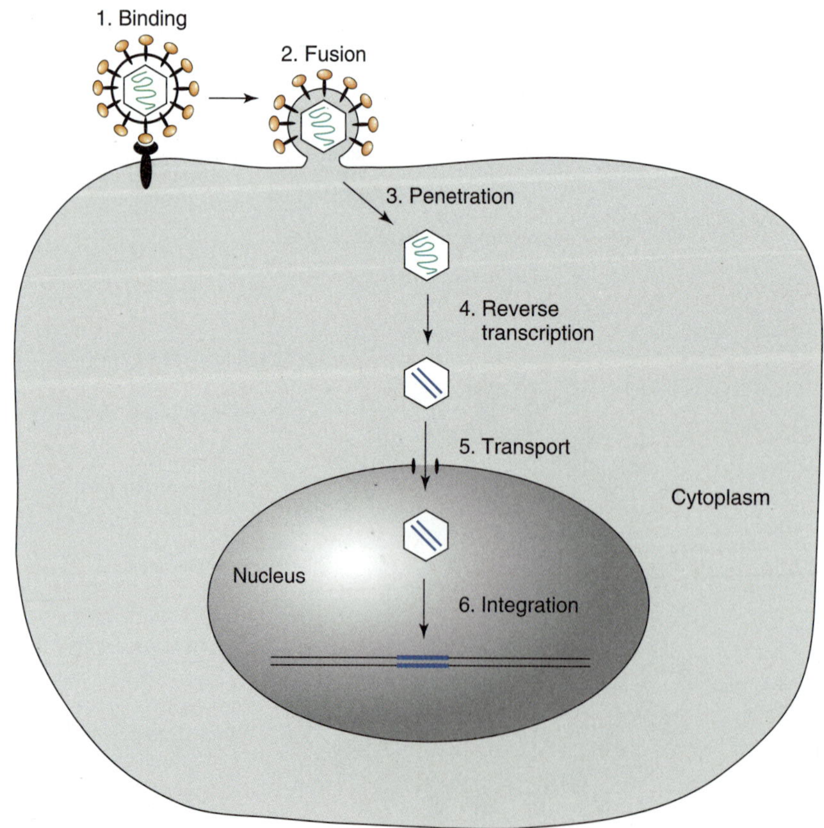

그림 28.3 Retrovirus 생활주기의 초기 단계. RNA 게놈을 휘어진 열은 청색으로 나타내었다; 이들은 역전사로 짙은 청색 직선으로 나타낸 이중-가닥 DNA(프로바이러스)로 전환된다.

변종에 따라서 서로 다른 tRNA를 포함한다. 바이러스 단백질들은 gag(group-specific antigen), pol(polymerase) 및 env(envelope protein)라고 하는 3가지 유전자들에서 생성된다.

Retrovirus는 융합경로를 통하여 세포에 진입한다

Retrovirus의 생활주기는 두 단계로 진행된다. 초기에는 바이러스가 세포에 들어가서 RNA 게놈의 DNA 복사본을 만들고 이를 숙주세포의 게놈에 삽입한다(그림 28.3). Retrovirus는 특정 종의 특정 유형의 세포에 감염할 수 있다. 이러한 특성은 주로 세포 표면의 수용체 단백질과 SU의 상호작용에 의하여 결정된다. 바이러스 수용체의 예는 다음과 같다:

- HIV를 위한 CD4와 **케모카인(chemokine)** 수용체들인 CCR5와 CXCR4(29장 참조)
- Murine leukemia virus를 위한 아미노산 수송 단백질인 EcoR/Rec-1
- Gibbon ape leukemia virus를 위한 인산기 수송 단백질들인 Pit-1/Glvr-1 및 Pit-2/Glvr-2
- Avian sarcoma leukosis virus A형을 위한 LDL 수용체 상동체인 Tva

SU와 수용체의 상호작용이 일어나면 바이러스 외막은 원형질막과 직접 융합하거나 수용체-매개성 내포작용으로 바이러스가 세포 내로 진입한 이후에 엔도좀의 pH 감소로 융합이 시작된다. 융합은 SU 단백질의 구조적 변화로 TM 단백질의 소수성 아미노 말단부이 노출되어 세포막에 삽입되면서 시작된다. 융합이 완성되면 비리온 코어는 세포질에 방출된다.

바이러스 RNA는 역전사를 통하여 이중-가닥 DNA 복사본으로 전환된다

세포질에서 dNTP들이 코어 내로 들어가면 바이러스 RNA를 이중-가닥 DNA로 전환하는 역전사과정이 시작된다. 이러한 전환에 관여하는 역전사효소는 2량체로 존재하며, 두 가지 독특한 효소 활성, 즉 RNA/DNA-의존적 DNA 중합효소 활성과 리보뉴클레아제 H(ribonuclease H, RNAse H) 활성을 가진다. RNase H는 RNA-DNA 혼성체에서 RNA 부분을 선택적으로 가수분해하는 효소이다. 바이러스 RNA의 프라이머-결합부위(PBS)에 결합된 세포 tRNA가 게놈 RNA와 상보적인 DNA 합성 개시를 위한 프라이머로 제공된다. RNA에서 DNA로의 전환은 다음과 같이 복잡한 과정으로 일어난다(그림 28.4):

1. ***음성-가닥 강한-중단 DNA의 합성.*** 처음에는 역전사효소가 tRNA 프라이머를 바이러스 RNA의 5′ 끝까지 연장하여 U5와 R 영역의 복사본인 짧은(100−400 nt) DNA 분자를 생성한다. 이는 양성-가닥 게놈 RNA의 일부와 상보적인 복사본이고 RNA 주형의 끝에서 DNA 합성이 갑자기 중단되므로 "음성-가닥 강한-중단 DNA(minus-strand strong-stop DNA)"라고 부른다.
2. ***주형 RNA의 제거.*** RNAse H는 새로 만들어진 DNA-RNA 혼성체의 RNA 부분을 분해하여(프라이머 결합부위의 RNA-RNA 혼성체는 분해하지 못함) U5와 R 서열의 DNA 복사본을 노출시킨다.
3. ***가닥 이동.*** R 서열의 DNA 복사본은 게놈 RNA의 3′ 끝에 있는 R 서열과 혼성화한다. 이는 강한-중단 DNA 가닥이 게놈 RNA의 5′ 끝에서 3′ 끝으로 이동하므로 "첫 번째 가닥 이동(first strand transfer)"이라고 한다. 역전사과정에서 이러한 이동이 비리온 내에서 어떻게 일어나는지는 분명하지 않다. 그림 28.4에서는 이로 인하여 생겨난 복합체를 선형 분자로 그려 놓았지만 실제로는 환형일 것이다.
4. ***완전한 길이의 게놈 복사.*** 역전사효소는 강한-중단 DNA에서 합성을 재개하여 프라이머-결합부위에 이르기까지 게놈의 나머지 부위를 모두 복사하여 완전한 게놈 길이의 음성-가닥 DNA 복사본을 만든다. 이 DNA 분자는 가닥 이동으로 인하여 원래 바이러스 RNA의 오른쪽 끝에 있던 U3 서열과 원래 왼쪽 끝에 있던 U5 서열 사이에 위치하게 된 R 서열의 복사본을 포함한다. 이러한 U3-R-U5 서열을 "LTR(long terminal repeat)"이라고 한다.
5. ***주형 RNA의 제거.*** 게놈 RNA의 대부분이 DNA로 복사되면 RNA는 RNAse H에 의하여 분해된다. 그러나 ppt(polypurine tract)를 이루는 U3의 바로 왼쪽에 위치한 RNA 서열은 RNase H에 대한 저항성을 나타내므로 새로 합성된 음성-가닥 DNA와 결합한 채로 남는다. 이렇게 남은 RNA가 양성-가닥 DNA 합성을 위한 프라이머로 제공된다.
6. ***양성-가닥 강한-중단 DNA의 합성.*** ppt RNA 프라이머에서 합성이 시작되어 U3-R-U5 LTR을 지나 게놈 RNA의 프라이머 결합부위에 처음 혼성화되었던 tRNA의 18 뉴클레오티드까지 연장된다. 이 짧은 DNA 중간체를 "양성-가닥 강한-중단 DNA(plus-strand strong-stop DNA)"라고 한다.

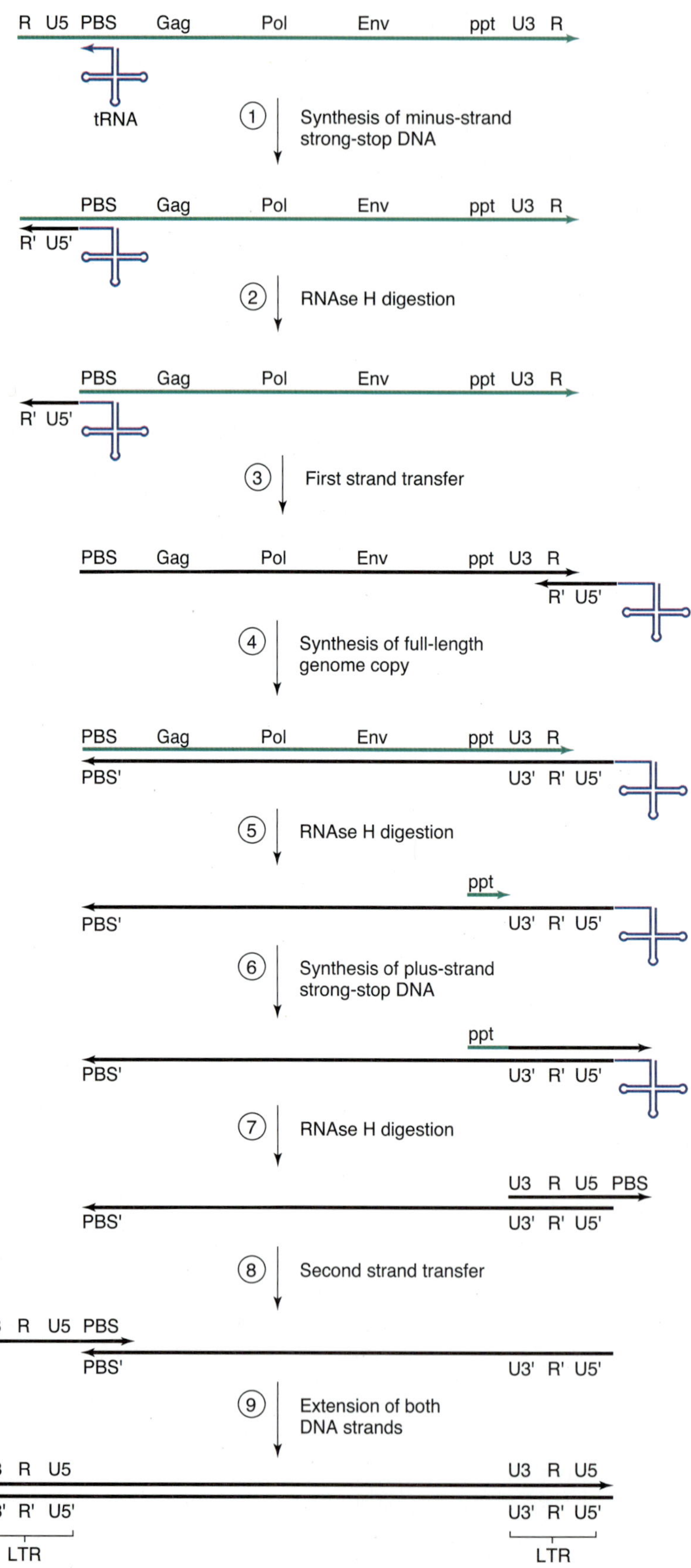

그림 28.4 Retrovirus의 역전사과정. 청색 선은 RNA, 검은 선은 DNA에 해당한다. 화살촉은 3′ 끝을 나타낸다. 자세한 설명은 본문 참조.

7. ***tRNA와 ppt 프라이머의 제거.*** RNA-DNA 혼성체의 일부가 된 tRNA의 3′ 끝이 RNase H에 의해 분해되면 양성-가닥 강한-중단 DNA에서 프라이머 결합부위가 노출된다. ppt 프라이머도 이 단계에서 제거된다.
8. ***두 번째 가닥 이동.*** 노출된 프라이머 결합부위(PBS)는 새로 합성된 음성-가닥 DNA의 다른 끝에 있는 상보적인 PBS′ 서열과 결합할 수 있다. 이는 첫 번째 가닥 이동처럼 양성-가닥 강한-중단 DNA가 주형의 한 끝에서 다른 끝으로 이동하므로 "두 번째 가닥 이동(second strand transfer)"이라고 한다. 이 경우에도 역시 그림 28.4에 선형 분자로 그려 놓았지만 양성-가닥 강한-중단 DNA가 음성-가닥 DNA의 양 끝을 연결하는 교량으로 작용하여 환형의 중간체가 형성되는 것 같다.
9. ***양 DNA 가닥의 연장.*** 음성 및 양성-가닥은 모두 역전사효소에 의하여 해당 주형의 끝까지 연장된다. 이로 인하여 양 말단에 LTR을 가지는 선형의 이중-가닥 DNA가 만들어지며 이를 **프로바이러스 DNA(proviral DNA)**라고 부른다.

Retrovirus의 역전사효소는 세포 DNA 중합효소가 교정에 이용하는 3′→5′ 핵산말단가수분해효소(exonuclease) 활성을 갖지 않는다. 이 핵산말단가수분해효소 활성은 세포 DNA 중합효소가 잘못 짝지어진 염기를 제거하고 이를 교정하기 위하여 이용된다. 이 활성이 없기 때문에 각 프로바이러스 DNA 분자가 합성되는 동안 1~10개의 뉴클레오티드가 잘못 합성될 수 있다. 따라서 retrovirus 집단은 균일하다고 할 수 없고 변이체 혹은 **준종(quasispecies)**의 집합체로 여겨진다.

역전사 결과로 생겨난 선형의 이중-가닥 바이러스 DNA는 바이러스 코어 성분들과 **통합전복합체(preintegration complex)**를 형성한다. 이 거대한 크기의 복합체는 핵공을 자유롭게 통과할 수 없으므로 대부분의 retrovirus들은 세포분열과정에서 핵막이 분해될 때까지 기다려야 한다. 이러한 retrovirus들은 유사분열을 수행하는 세포에서만 생산적으로 감염할 수 있다. 그러나 HIV를 포함한 lentivirus들은 핵공을 통한 바이러스 DNA 복합체의 능동 수송을 매개하는 단백질들을 암호화한다(그림 28.3; 29장 참조).

프로바이러스 DNA는 세포 게놈의 무작위적인 부위에 통합된다

프로바이러스 DNA가 숙주세포의 염색체에 삽입되는 과정은 비리온의 코어에 존재하는 바이러스 인테그라제(integrase)에 의하여 촉매된다. 인테그라제는 선형의 바이러스 DNA 양 끝에 결합하여 이들을 모아 세포 DNA에 근접한다.

통합 반응은 다음과 같이 진행된다(그림 28.5).

1. 인테그라제는 선형 바이러스 DNA의 양 가닥에서 두 개의 3′-말단 뉴클레오티드를 제거한다.
2. 바이러스 DNA는 연속적인 절단-이음반응을 통하여 숙주 DNA에 삽입된다. 인테그라제는 바이러스 DNA의

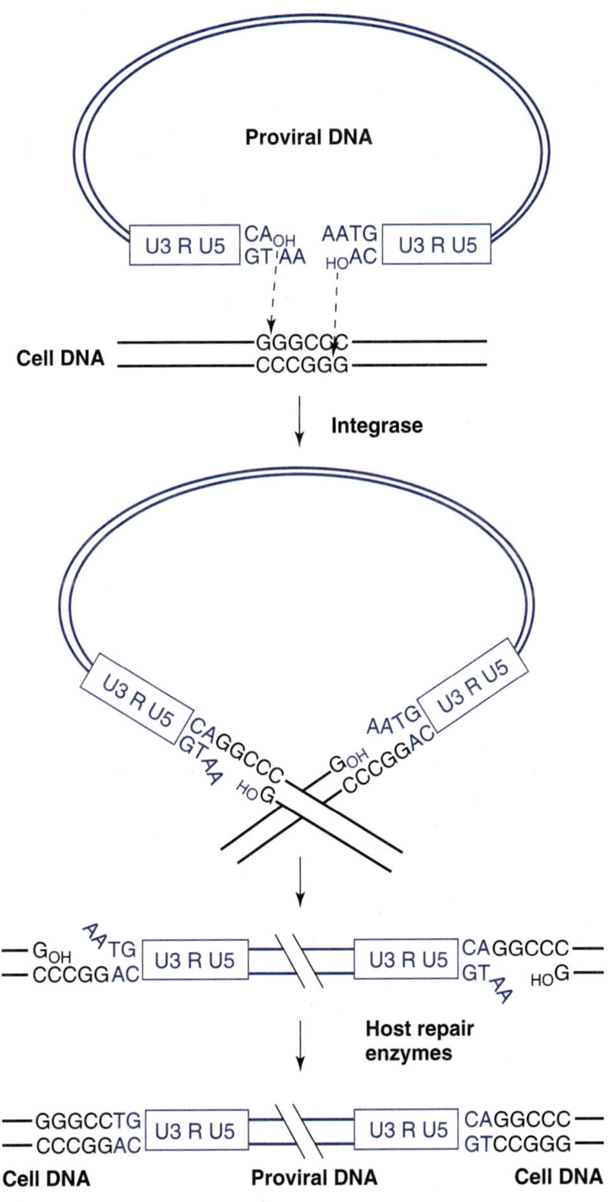

그림 28.5 숙주세포 DNA와 프로바이러스 DNA의 통합. 바이러스 인테그라제가 바이러스 DNA의 양쪽 3′ 끝에서 2 nt씩을 잘라내고 이들 3′ 끝을 숙주 DNA에서 4–6 nt 떨어진 부위에(점선 화살표) 절단-이음 반응으로 숙주 DNA의 3′ 끝에 각각 연결한다. 이로 인한 갭은 숙주세포의 효소가 회복시킨다. 프로바이러스 DNA는 청색으로, 숙주세포의 DNA는 검은색으로 나타내었다.

두 3′-OH 끝을 숙주 DNA에서 4-6 nt 떨어진 두 개의 인산이에스테르 결합 근처로 가져가서 이를 절단하고 바이러스 DNA를 세포 DNA에 연결시킨다. 이로 인하여 표적 숙주 DNA에는 4-6 nt의 단일-가닥 갭이 남고 바이러스 DNA에는 염기쌍을 형성하지 않은 2 nt의 영역이 생긴다.

3. 숙주 효소들이 갭의 회복 합성을 수행하는 동시에 바이러스 DNA의 말단에 있는 2개의 뉴클레오티드를 제거한다. 이로 인하여 숙주 DNA에는 직반복(바이러스에 따라서 4–6 bp)이 생겨나고 바이러스 DNA의 말단 2 bp는 소실된다. 바이러스 DNA의 양 말단 서열들은 바이러스 RNA 합성에 이용되지 않으므로 통합과정에서 바이러스 서열의 일부가 소실되더라도 자손 바이러스의 생성에는 아무런 영향을 주지 않는다.

통합부위는 숙주 게놈 전체에 걸쳐 무작위적으로 분포하는 것 같다. 일단 통합되면 바이러스 DNA는 숙주세포 염색체의 일부가 되어 세포 유전자들처럼 숙주 DNA와 함께 복제한다. 따라서 동물에서의 감염 전파는 자손 바이러스에 의한 새로운 세포의 감염을 통하거나 프로바이러스 DNA를 포함하는 세포의 증식을 통하여 일어날 수 있다. 만약 난자나 정자가 retrovirus에 감염되어 통합된 프로바이러스 DNA를 가진다면 부모에서 자식에게 바이러스가 전파된다. 이와 같은 바이러스 DNA의 안정한 통합은 retrovirus 감염의 치료를 어렵게 만드는 주요 요인이다. 이는 바이러스를 생성하는 세포 뿐만 아니라 프로바이러스 DNA를 포함하는 세포들을 모두 제거해야 하기 때문이다.

LTR의 서열 요소들이 숙주세포 효소들에 의한 전사와 폴리아데닐화를 지시한다

프로바이러스 DNA의 통합으로 retrovirus 복제의 초기 단계가 완성된다. 후기 단계는 바이러스 RNA의 전사, 바이러스 단백질들의 합성 및 비리온의 조립을 포함한다. 만약 세포가 적절한 세트의 전사인자들을 제공하지 못하면 프로바이러스 DNA는 다른 세포 유전자들처럼 영원히 숙주세포에서 발현되지 못할 수도 있다. 세포 전사인자들과 상호작용하는 전사 인헨서들을 포함하는 U3 영역은 어떤 유형의 세포에서 어느 정도로 전사가 일어날 지를 결정한다. 프로바이러스 DNA의 전사는 전사인자들의 활성에 영향을 주는 외부 자극에 의해서도 영향을 받는다. 예를 들면, mouse mammary tumor virus의 U3 서열은 glucocorticoid에 반응성을 나타내는 인헨서를 포함한다.

U3/R 연접부위의 바로 앞에 위치한 TATA 박스가 세포 RNA 중합효소 II에 의한 전사 개시를 지시한다(그림 28.6). 전사는 정확히 왼쪽 LTR에 있는 U3과 R 영역의 연접부위에서 시작하여 전체 게놈을 지나 오른쪽 LTR까지 진행된다. 오른쪽 LTR에 있는 폴리아데닐화 신호가 정확히 R/U5 경계에서 전사물의 절단을 지시하고 RNA의 3′ 끝은 숙주세포 효소에 의해 폴리아데닐화된다. 이로 인하여 처음 감염하였던 바이러스의 게놈 RNA와 동일한 전체 길이의 RNA가 생성된다.

프로바이러스 DNA의 양 끝에는 두 개의 동일한 LTR이 존재한다. 전사 개시에 왼쪽 LTR만 이용되는 이유는 무엇인가? 왼쪽 LTR에서 전사를 시작한 RNA 중합효소는 프로바이러스 DNA의 오른쪽 LTR을 지나면서 이 영역에 결합된 전사인자들을 모두 제거하여 전사 개시 능력을 불활성화시킨다. 이를 **프로모터 폐쇄(promoter occlusion)**라고 한다. 만약 왼쪽 LTR의 돌연변이나 결실로 왼쪽 LTR에서 전사가 시작될 수 없다면 오른쪽 LTR이 전사 개시를 유도할 수 있어 프로바이러스 DNA의 아래쪽에 위치한 세포 유전자의 전사가 일어난다.

그러면 왜 오른쪽 LTR만이 전사물의 절단과 폴리아데닐화를 지시하는 것일까? 세포의 RNA 절단 및 폴리아데닐화 기구는 RNA에 고도로 보존적인 AAUAAA 폴리아데닐화 신호를 인식한다. 일부 retrovirus들은 이 신호를 U3 영역에 두어 오른쪽 LTR에 있는 신호만이 이용된다. 하지만 일부 retrovirus에서는 AAUAAA 서열이 R 영역에 위치하여 이 신호가 바이러스 RNA의 5′과 3′ 말단부에 모

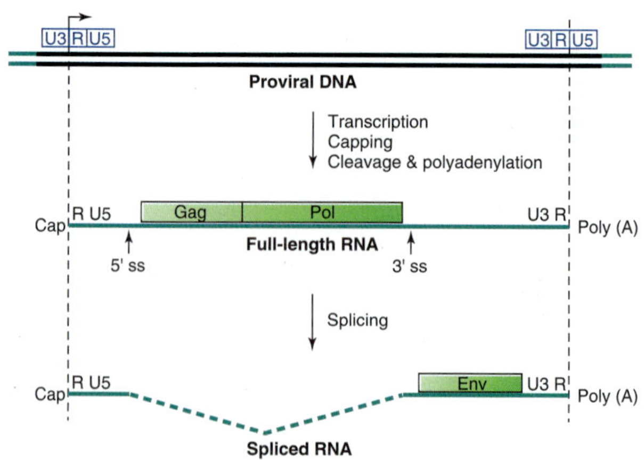

그림 28.6 Retrovirus RNA의 생성. 전사는 U3과 R의 연접부위에서 시작되고 R과 U5의 연접부위에서 RNA가 절단되고 폴리아데닐화된다. 전체-길이의 RNA는 Gag와 Gag/Pol을 위한 mRNA로 제공되고 비리온에 포장된다. 게놈-길이 RNA의 일부는 스플라이싱되어 Gag/Pol 해독틀이 제거되고 Env를 위한 mRNA가 된다.

두 존재한다. 이러한 바이러스들의 일부는 바이러스 RNA의 3′ 말단부의 폴리아데닐화 신호가 잘 인식되도록 하는 서열을 U3 영역에 포함하여 절단과 폴리아데닐화가 오른쪽 끝에서만 일어나도록 한다. 다른 바이러스들은 5′ 말단부의 폴리아데닐화 신호 옆에 이 AAUAAA의 인식을 억제하는 서열 요소들을 가진다.

차별적 스플라이싱으로 다수의 mRNA들이 생성된다

전사는 비리온에서 발견되는 것과 동일한 게놈 길이의 RNA를 생성한다. 이 RNA에서 수많은 단백질들이 어떻게 만들어지는가? 더구나 이들 가운데 일부는 다른 해독틀로 암호화되어 있다. 이러한 문제는 1차 전사물의 스플라이싱으로 일부 해결된다(그림 28.6). 모든 retrovirus들은 적어도 2가지 mRNA를 만든다. 스플라이싱되지 않은 RNA는 Gag와 Gag/Pol 단백질의 합성에 이용된다. 한 번의 스플라이싱으로 Gag/Pol 해독틀이 제거된 RNA는 Env 단백질의 합성에 이용된다.

일부 retrovirus에서는 더 복잡한 스플라이싱 패턴을 통하여 여러 가지 mRNA들이 추가로 생성된다. 예를 들면, RSV는 env 유전자 아래에 또 다른 3′ 접합부위가 있어 Src 단백질의 발현이 가능하다(그림 28.8 참조). HTLV와 lentivirus의 경우에는 바이러스 RNA가 여러 번 스플라이싱되어 다양한 소절 단백질들을 암호화하는 mRNA들이 생성된다.

Gag/Pol 다단백질은 종료 억제와 대체 해독틀을 이용하여 만들어진다

스플라이싱이 일어나지 않은 전체 길이의 RNA는 MA, CA, NC, PR, RT 및 IN 단백질들의 전구체인 Gag와 Gag/Pol **다단백질(polyprotein)** 합성에 이용된다(그림 28.2). 하나의 mRNA로부터 두 가지 다단백질들을 생성하기 위해서는 변형된 번역과정이 필요하다. *Gammaretrovirus*속의 바이러스들은 번역 종료를 억제한다. Gag와 pol 해독틀을 분리하는 종료코돈 UAG가 20번 가운데 19번은 정확하게 인식되어 Gag 다단백질만 합성하고 종료된다. 그러나 가끔 glutamine-tRNA가 UAG 코돈을 CAG로 잘못 읽어 이 자리에 Glu를 삽입한다. 이로 인하여 번역 초과(translational readthrough)가 일어나 Gag/Pol 다단백질이 생성된다. 이러한 오역과정은 mRNA의 종료코돈 바로 뒤에 위치한 독특한 2차 구조인 **가짜 매듭(pseudoknot)**에 의하여 촉진된다.

조류 retrovirus들과 HIV-1은 다른 전략을 이용한다. 이들 바이러스에서는 종료코돈이 gag와 pol 영역 사이에 위치할 뿐만 아니라 두 단백질들이 서로 다른 해독틀로 번역된다. 이러한 문제는 리보좀이 종료코돈에 도달하기 전에 RNA 내의 특정 위치에서 해독틀을 바꿈으로써 해결된다.

리보좀 틀이동(ribosomal frameshift)은 두 가지 서열 요소들, 즉 리보좀이 멈추는 헵타머(heptamer) 서열과 헵타머 아래쪽에 위치하고 리보좀을 멈추도록 유도하는 2차 구조에 의하여 일어난다(그림 28.7). 이러한 헵타머 서열의 예들로는 HTLV-1의 A AAA AAC, RSV의 A AAU UUA 및 HIV-1의 U UUU UUA가 있다. 이러한 mRNA 서열들에 있는 코돈과 리보좀에 결합된 두 tRNA의 안티코돈 사이의 염기쌍 형성은 두 가지 해독틀에서 유사하게 일어날 수 있다. 염기쌍 형성을 통한 상호작용의 세기가 비슷하므로 멈춘 리보좀은 이 두 가지 상태에서 평형에 도달할 수 있다. 따라서 번역 중인 리보좀은 가끔 한 뉴클레오티드 뒤로 이동하여 다른 해독틀로 번역을 재개한다(그림 28.7). 새로운 해독틀에서는 gag의 종료코돈이 더 이상 인식되지 못하므로 pol 영역이 번역되어 Gag/Pol 단백질이 생성된다.

Retrovirus가 Gag/Pol 다단백질의 생성에 이와 같이 복

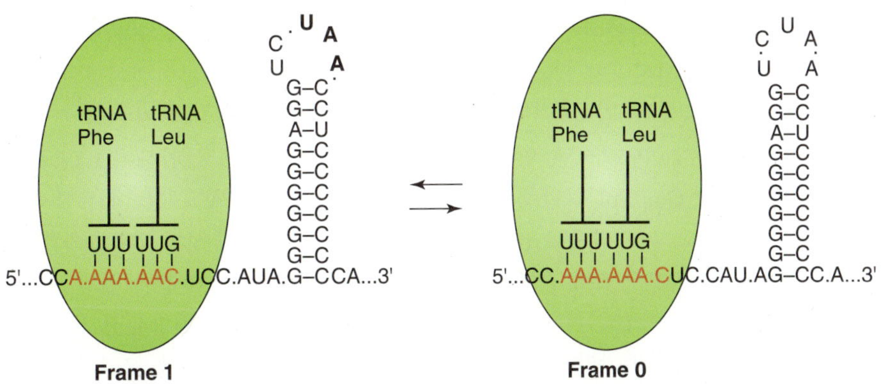

그림 28.7 리보좀 틀이동. 염기쌍을 형성한 RNA 줄기가 주황색으로 나타낸 헵타머 서열에서 번역 중인 리보좀(녹색 타원)이 멈추도록 한다. 멈춘 리보좀은 해독틀 1에서 해독틀 0으로 전환할 수 있다. 해독틀 0에서의 번역은 UAA 종료코돈(굵은 체)을 인식하지 못한다.

잡합 전략을 마련한 이유는 무엇일까? 이러한 과정은 비리온 조립에 필요한 양만큼 각 단백질들이 만들어지도록 Gag와 Gag/Pol의 합성량을 조절할 수 있다. 하나의 비리온을 형성하기 위해서는 효소들인 역전사효소, 프로테아제, 인테그라제는 소량만 필요하지만 Gag에 의하여 암호화되는 구조 단백질들은 많이 필요하다.

비리온은 원형질막에서 출아한 이후에 감염성 입자로 성숙한다

Env 단백질은 합성 중에 소포체의 내강으로 이동한다. 그 뒤에 골지체와 엔도좀 영역들 거쳐 마지막으로 원형질막에 도착한다. 이 과정에서 단백질은 당화되고 숙주 효소들에 의하여 성숙형인 SU와 TM으로 절단된다. 반면에 Gag와 Gag/Pol 단백질들은 번역되면 **세포기질(cytosol)**에 방출된다. 바이러스 코어의 조립을 시작하기 위하여 Gag와 Gag/Pol 단백질들은 서로 상호작용한다.

Retrovirus에 따라서 두 가지 서로 다른 조립경로가 이용된다. Mouse mammary tumor virus(MMTV)와 Mason-Pfizer monkey virus("B-"와 "D-형" 바이러스들)의 경우에는 코어가 세포질에서 조립되어 전자현미경으로 관찰할 수 있는 구형 구조인 "A-형 입자"를 생성한다. 이 코어는 SU와 TM이 축적되어 있는 원형질막을 통하여 출아하여 외막을 획득한다. 다른 대부분의 포유류 및 조류 retrovirus들("C-형" 바이러스들)과 lentivirus의 경우에는 코어가 원형질막에서의 출아과정에서 직접 조립된다. 입자가 조립됨에 따라서 코어가 밖으로 밀려나와 원형질막의 표면에 불룩한 C-모양의 구조물이 만들어지므로 이를 "C-형"이라고 한다.

Gag 단백질은 번역 후에 N-말단 아미노산에 연결되는 지방산인 **미리스테이트(myristate)**에 의하여 원형질막으로 이동한다. Gag의 NC 부위가 바이러스 게놈 RNA의 5′ 끝 근처에 위치한 프사이(Ψ)라고 하는 **포장 신호(packaging signal)**에 결합한다(그림 28.2). 프사이 서열이 5′ 접합부위 아래에 위치하므로 스플라이싱이 일어나지 않은 바이러스 RNA에만 포장 신호가 존재하여 전체 길이의 바이러스 RNA만이 선택적으로 포장된다. Gag/Pol의 CA 영역과 Gag의 CA 영역 간의 상호작용으로 Gag/Pol 다단백질이 조립 중인 바이러스 코어에 들어간다. 마지막으로 tRNA 프라이머는 Gag/Pol 단백질의 RT와 NC 영역에 결합하여 조립 중인 코어에 들어간다.

비리온이 조립되고 세포에서 방출됨에 따라서 바이러스 프로테아제가 활성화된다. 활성화된 프로테아제는 Gag와 Gag/Pol 다단백질들을 개개의 구조(MA, CA 및 NC) 및 효소(PR, RT 및 IN) 단백질들로 절단하고 이들은 성숙한 비리온에서 재배열되어 코어를 형성한다. 이로 인하여 비로소 비리온은 감염성을 지니게 된다. 따라서 프로테아제는 retrovirus에 대한 항바이러스성 화학요법의 중요한 표적이 된다(36장 참조).

급성형질전환레트로바이러스들은 돌연변이형의 세포 성장 신호전달 단백질들을 발현한다

Retrovirus가 배양 세포의 형질전환과 동물에서 종양을 유도하는 메커니즘을 연구하여 암의 유발 원인과 과정에 대한 중요한 정보를 확보할 수 있었다. 두 가지 종류의 발암성 레트로바이러스들(oncogenic retroviruses)이 알려져 있다. *급성형질전환레*트로바이러스들(*acute transforming* retroviruses)은 빠르게 배양 세포를 형질전환시키고 동물에 접종하면 단기간에 암의 생성을 유도한다. 반면에 *비형질전환*레트로바이러스들(*nontransforming* retroviruses)은 동물에서 오랜 잠복기가 경과한 이후에 암의 생성을 유도할 수 있다.

급성형질전환레트로바이러스에 의한 종양 형성에는 바이러스의 복제에 필요하지 않는 단백질이 관여한다. 한 가지 예로 최초로 발견된 레트로바이러스들 가운데 하나인 RSV를 들 수 있다(그림 28.8). 닭에서 종양 형성을 유도하지는 못하지만 바이러스 복제는 정상적으로 진행하는 RSV 돌연변이체들을 분석하여 하나의 바이러스 암유전자가 밝혀졌다. 이 유전자는 sarcoma를 의미하는 *src*로 명명되었다.

Src는 최초로 알려진 암유전자들 가운데 하나이다. 바이러스가 암유전자를 가진다는 것이 밝혀지면서 일부 암들은 바이러스 기원의 암유전자에 의하여 유발된다는 설이 제안되었다. 흥미롭게도 RSV의 src 유전자는 세포 신호전달경로에 관여하는 단백질 티로신 키나아제를 암호화하는 세포 유전자인 *c-Src*와 거의 동일하다는 것이 밝혀졌다. 따라서 src는 바이러스 기원의 암유전자가 아니라 RSV가 세포로부터 돌연변이형의 c-Src 유전자를 획득한 것이다. 아마도 RSV는 자신의 프로바이러스 DNA를 c-Src 유전자 근처에 삽입하여 LTR로부터의 전사과정에서 이 유전자를 바이러스 게놈에 통합시킨 것으로 여겨진다.

수많은 다른 급성형질전환레트로바이러스들도 세포 유전자에서 유래한 다양한 암유전자들을 포함한다. 이러한 세포 유전자들을 **원암유전자(proto-oncogene)**라고 하며 세포의 성장과 분열을 조절하는 경로에 관여하는 성장인자, 수용체 단백질, 단백질 키나아제 혹은 전사인자들을 암호화한다. 바이러스 암유전자와 세포 원암유전자의 비

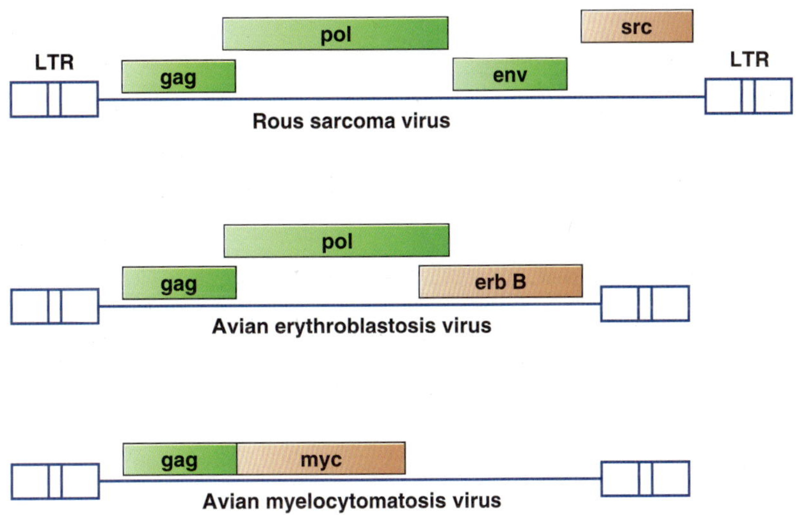

그림 28.8 **급성형질전환레트로바이러스의 게놈.** 암유전자를 주황색으로 표시하였다. Rous sarcoma virus는 모든 구조 유전자들을 포함하므로 스스로 복제를 할 수 있는 바이러스이다. 그러나 대부분의 형질도입 레트로바이러스들은 구조 유전자를 상실하고 흔히 암유전자 산물을 융합 단백질 상태로 발현한다.

교를 통하여 바이러스 유전자들이 단백질의 활성을 변형시키는 돌연변이나 결실을 가진다는 것이 밝혀졌다. 따라서 이러한 돌연변이형의 단백질을 발현하는 세포들은 세포의 외부 환경과는 무관하게 계속 성장 자극을 받는 것처럼 행동하고 이로 인하여 무절제적인 성장과 분열이 나타난다. 바이러스 암유전자들에서 나타나는 대부분의 돌연변이들은 동물이나 인간에서 종양 형성과 관련되어 나타나는 유전자의 변화와 유사하다. 따라서 바이러스 관련 유무와 상관 없이 공통적인 종양-유도 메커니즘이 존재함을 알 수 있다.

일부 retrovirus들은 숙주 유전자의 돌연변이형에 의존하지 않고 다른 종양 촉진 메커니즘을 가진다. 예를 들면, 생쥐 retrovirus인 spleen focus forming virus(SSFV)는 적혈구생성소(erythropoietin)의 활성을 모방하여 이 조혈성장인자에 반응하는 세포들의 성장을 촉진하는 돌연변이형의 env 유전자를 가진다. 이 Env 단백질에 의한 세포들의 과다 증식은 무작위적인 돌연변이를 유도하고 결국에는 세포의 형질전환이 일어난다. Human T-cell leukemia virus type 1(HTLV-1)은 세포 전사인자들의 활성화를 유도하여 바이러스 유전자 발현을 촉진하는 Tax 단백질을 암호화한다. 그 결과 다른 세포 유전자들(IL-2 및 IL-2 수용체)의 발현도 유도되어 감염된 세포의 성장이 촉진된다.

RSV는 형질전환 레트로바이러스들 가운데 독특한 예로 종양 형성을 유도할 수도 있고 자체적으로 복제도 가능하다. 하지만 세포 유전자를 획득한 대부분의 형질전환 레트로바이러스들은 게놈의 결실로 인하여 상당 부분의 바이러스 유전자들이 제거되므로 자체적으로 복제할 수 없다. 따라서 이들의 복제는 복제능을 지니는 retrovirus의 동시 감염에 의존한다. 이와 같이 결실된 게놈을 가지는 바이러스들의 두 가지 예를 그림 28.8에 제시하였다. 형질전환을 유도하지 못하는 "헬퍼 바이러스(helper virus)"가 비리온 생성에 필요한 구조 및 효소 단백질들을 제공한다. 이러한 과정을 통하여 생성된 비리온들은 헬퍼 바이러스 혹은 결함성 형질전환 바이러스의 RNA 게놈을 가진다. 결함성 바이러스 RNA는 최소한 헬퍼 바이러스의 Gag 단백질이 인식하는 포장 신호(프사이)와 역전사 및 세포 게놈에의 삽입에 필요한 U3, R, U5 및 PBS 서열은 반드시 유지한다.

암유전자를 가지지 않는 retrovirus들은 프로바이러스 DNA를 원암유전자 근처에 삽입하여 세포를 형질전환시킬 수 있다

급성형질전환바이러스들과는 달리 비형질전환레트로바이러스들(nontransforming retroviruses)은 암유전자를 가지지 않는다. 그러나 이들의 프로바이러스 DNA도 숙주 게놈에 삽입되므로 숙주세포에 돌연변이를 유도할 수 있다. 이 경우에도 프로바이러스 DNA는 세포 게놈에 무작위적으로 삽입된다. 만약 바이러스 DNA가 세포의 원암유전자 근처 혹은 내부에 삽입되고 감염된 세포가 retrovirus에 의하여 죽지 않는다면 유전자 발현 패턴의 변화로 종양 형성이 유도될 수 있다.

세포 원암유전자는 "프로모터 삽입(promoter insertion)"

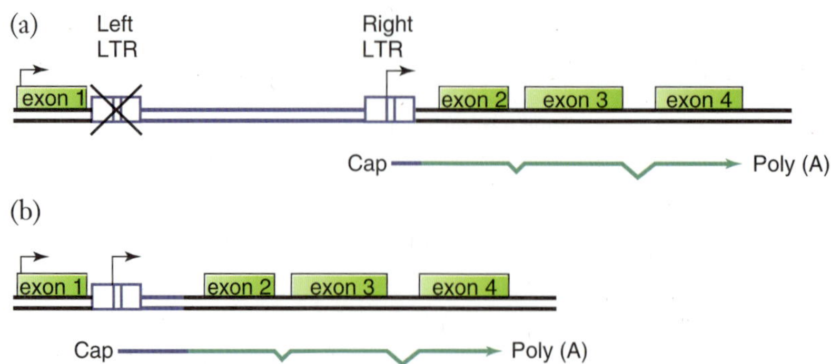

그림 28.9 원암유전자 근처의 프로모터 삽입으로 인한 세포 형질전환과 종양 형성의 유도. 원암유전자(녹색 상자로 나타낸 엑손)의 전사는 (a) 왼쪽 LTR의 불활성화 혹은 (b) 오른쪽 LTR의 결실로 인하여 바이러스 LTR 내에서 시작된다. 그 결과로 바이러스 프로모터/인헨서의 조절을 받아 원암유전자가 발현되어 융합된 바이러스/세포 mRNA가 생겨난다.

에 의해 활성화될 수 있다. 이 경우에는 바이러스 LTR이 세포 유전자의 바로 앞에 삽입되고 LTR에서 시작된 전사가 인접 세포 유전자를 거쳐 진행된다. 이는 왼쪽 LTR이 돌연변이나 결실로 인하여 불활성화되고 오른쪽 LTR에서 전사가 시작되면 가능하다(그림 28.9a). 또는 삽입된 프로바이러스 DNA에서 결실이 일어나서 대부분의 게놈이 제거되어 왼쪽 LTR과 인접한 세포 원암유전자가 근접하게 된 경우에도 가능하다(그림 28.9b). 두 가지 경우에서 인접 세포 유전자의 전사는 자신의 조절 요소가 아닌 강력한 바이러스 LTR에 의하여 조절되고 이로 인한 세포 유전자의 과발현은 부적절한 세포 성장과 분열을 초래할 수 있다.

또 다른 메커니즘으로 바이러스 폴리아데닐화 신호가

과거 감염의 흔적과 내부의 적: 내재성 레트로바이러스와 레트로트랜스포존

프로바이러스 DNA가 숙주 염색체에 안정하게 삽입되면 설령 발현이 되지 않더라도 바이러스 게놈은 감염된 세포가 분열할 때 마다 복제된다. 만약 생식세포에 이들이 존재한다면 바이러스 게놈은 유전될 수 있으므로 "수직 전염(vertical transmission)"에 의해 자손에서도 유지될 것이다. 많은 동물 종들의 게놈 서열을 분석한 결과 게놈의 상당 부분(인간에서는 8%)이 레트로바이러스 DNA로 이루어져 있음이 밝혀졌다. 이들을 내재성 레트로바이러스(endogenous retroviruses)라고 부른다. 이들의 대부분은 해독틀 혹은 유전자 발현 조절 서열을 파괴하거나 결실시키는 돌연변이를 가지고 있어 감염성 바이러스를 생성할 수 없다.

다양한 내재성 레트로바이러스들의 게놈 서열들을 비교 분석한 결과에 의하면, 레트로바이러스 DNA들은 서로 다른 진화 시기에 생식 계열의 게놈에 삽입되었으며 일부는 사람과 유인원이 분리된 이후에 삽입되었다. 내재성 레트로바이러스들의 일부 유전자들은 숙주 생물에 의해 채택되어 이용되고 있다. 한 가지 예가 syncytin-1이라고 부르는 인간 내재성 레트로바이러스 W(human endogenous retrovirus W)의 env 유전자이다. 태아 발생과정에서 발현되는 Syncytin-1은 막 융합을 유도할 수 있으며 태아를 둘러싸는 융합된 영양막 세포층의 형성에 관여한다.

더 많은 게놈 부분(인간에서는 41%)이 **레트로트랜스포존(retrotransposon)**이라고 하는 레트로바이러스-유사 요소들로 이루어져 있다. 이 요소들은 복제 메커니즘으로 보아 레트로바이러스와 관련이 있다; 이들의 RNA는 역전사효소에 의하여 DNA로 전환되어 게놈에 삽입된다. 따라서 이들은 세포 게놈 내에서 증폭되지만 이들을 세포에서 탈출시키는 단백질은 암호화하지 않는다. 레트로트랜스포존은 레트로바이러스의 전구체로 여겨진다.

두 가지 유형의 주요 인간 레트로트랜스포존으로 LINE(long interspersed nuclear element)과 SINE(short interspersed nuclear element)이 있다. LINE만이 역전사효소를 암호화한다. SINE의 복제는 LINE이 제공하는 역전사효소에 의존한다.

게놈에 존재하는 많은 수의 내재성 레트로바이러스와 레트로트랜스포존은 엄청난 돌연변이 유발 능력을 가진다. 숙주는 이들의 발현을 억제하는 여러 가지 메커니즘들을 진화과정에서 획득하였다. 예를 들면, 이들의 전사 저지를 위한 DNA 메틸화, mRNA의 번역을 억제하는 간섭 RNA(interfering RNA) 및 RNA를 세포질 내의 입자에 격리시키는 APOBEC 단백질(29장 참조)이 작용한다. 한편으로는 이와 같은 전이인자들이 게놈 구조와 유전자 기능을 변화시켜 진화에 강한 추진력을 부여하기도 한다. 역전이(retrotransposition)의 긍정적 및 부정적 효과들의 균형은 숙주의 생존력을 유지하는 데 매우 중요하다.

세포 유전자에 삽입될 수 있다. 많은 mRNA들은 3′ 비번역 영역에 번역 혹은 RNA 안정성을 조절하는 신호를 포함한다. 프로바이러스 DNA가 이 영역에 삽입되면 왼쪽 LTR 내의 폴리아데닐화 신호를 이용하여 mRNA가 만들어진다. 이러한 mRNA는 더 이상 적절한 방식으로 조절되지 않기 때문에 단백질의 발현이 변할 수 있다.

핵심 용어

- 급성형질전환레트로바이러스(Acute transforming retroviruses)
- 내강(Lumen)
- 다단백질(Oncoprotein)
- 리보뉴클레아제 H(Ribonuclease H)
- 리보좀 틀이동(Ribosomal frameshifting)
- 미리스테이트(Myristate)
- 세포기질(Cytosol)
- 암유전자(Oncogne)
- 역전사효소(Reverse transcriptase)
- 원암유전자(Proto-oncogene)
- 가짜 매듭(Pseudoknot)
- 준종(Quasispecies)
- 케모카인(Chemokine)
- 통합전복합체(Preintegration complex)
- 프로모터 폐쇄(Promoter occlusion)
- 프로바이러스 DNA(Proviral DNA)

기본 개념

- Retrovirus는 외막성 비리온 내에 바이러스 효소들인 역전사효소, 인테그라제 및 프로테아제와 두 개의 동일한 양성-가닥 RNA 게놈을 가진다.
- 세포 내에 진입하면 RNA 게놈은 바이러스 뉴클레오캡시드 내에서 이중-가닥 프로바이러스 DNA로 역전사된다.
- 역전사는 비리온 RNA에 결합된 세포 tRNA가 프라이머로 작용하여 시작된다.
- 역전사효소는 RNA/DNA 혼성체에서 RNA를 분해하는 RNase H 활성을 가진다.
- 프로바이러스 DNA는 핵으로 수송되어 숙주세포 염색체의 무작위적인 부위에 통합된다.
- 숙주세포의 RNA 중합효소 II가 삽입된 바이러스 DNA 게놈을 전사한다.
- Retrovirus는 gag(캡시드 단백질들), pol(바이러스 효소들) 및 env(외막 단백질들)와 같은 세 가지 종류의 유전자들을 발현한다.
- 바이러스 단백질들은 다단백질로 합성되어 바이러스 및 세포 프로테아제들에 의하여 개개의 바이러스 단백질들로 절단된다.
- 일부 retrovirus들은 삽입 및 전사과정에서 세포 유전자를 획득한다; 이 유전자들의 일부는 변형된 세포 신호전달 단백질들을 생성하여 감염 세포를 종양 세포로 형질전환시킬 수 있다.
- 암유전자를 가지지 않는 retrovirus들도 프로바이러스 DNA가 세포 신호전달 단백질을 암호화하는 유전자 근처에 삽입되어 retrovirus 프로모터/인헨서에 의하여 이 유전자의 전사가 촉진된다면 세포의 형질전환을 유도할 수 있다.

복습 문제

1. Retrovirus의 게놈에 있는 키스 고리(kissing loop)라는 서열의 기능은 무엇인가?
2. 모든 retrovirus 입자에 들어있는 세포 tRNA의 역할은 무엇인가?
3. Retrovirus의 프로바이러스 DNA가 게놈 RNA보다 더 큰 이유는 무엇인가?
4. Lentivirus들은 휴지기 세포에서 복제할 수 있지만 다른 retrovirus들은 그렇지 않다. 그 이유는?
5. Retrovirus는 게놈이 숙주세포 효소기구에 의하여 복제되는 유일한 RNA 바이러스이다. 이 바이러스의 게놈 복제를 담당하는 세포 효소는 무엇인가?

Human Immunodeficiency Virus

Alan Cochrane

Lentivirus

질병의 느린 진행을 반영한 라틴어 *lentis*(느린)에서 유래

비리온

구형의 외막성 입자

지름 100 nm

정20면체형 대칭으로 추정되는 원뿔형 캡시드

게놈

선형의 단일-가닥 RNA, 양성-가닥, 9.3 kb

각 비리온에 두 개의 동일한 게놈 RNA가 존재

역전사를 위한 프라이머는 세포 $tRNA^{lys3}$ 분자

유전자와 단백질

4가지 캡시드 단백질들: 간질(MA), 캡시드(CA), 뉴클레오캡시드(NC), p6

3가지 효소들: 프로테아제(PR), 역전사효소(RT), 인테그라제(IN)

2가지 외막 단백질들: 표면(SU) 및 횡단막(TM)

6가지 조절 단백질들: Vif, Vpu, Vpr, Tat, Rev, Nef

바이러스와 숙주

Human immunodeficiency virus 1형과 2형(HIV-1, HIV-2)

Simian immunodeficiency virus

Equine, bovine, feline immunodeficiency viruses

질병

1981년에 최초로 후천성 면역 결핍증(AIDS)이 기록됨

현재 전 세계적으로 대유행(3천 3백만 명 이상의 감염자)

HIV는 림프구와 대식세포에서 복제하고 이들을 죽임

HIV 감염으로 CD4+ T 세포가 소실되어 숙주의 면역 결핍이 초래됨

면역 결핍에 의한 다른 병원체들의 기회 감염으로 흔히 사망함

HIV는 성적 접촉과 혈액 교환으로 전염됨

독특한 특징들

분열하지 않는 세포에서도 프로바이러스 DNA가 핵에 진입할 수 있음

Lentivirus는 한 번 혹은 두 번 스플라이싱된 여러 종류의 mRNA들을 생성함

6가지 조절 단백질들이 바이러스 복제와 병원성을 조절함

HIV-1과 후천성 면역 결핍증(AIDS)

1981년에 미국 샌프란시스코/로스앤젤레스 지역에서 이전에는 건강하던 젊은 남성들에서 **CD4-양성 T 림프구(CD4-positive T lymphocytes)**의 수가 현저히 감소하고 이로 인한 면역 결핍 증상이 나타났다. 이러한 증상을 기술하기 위하여 후천성 면역 결핍증(acquired immunodeficiency syndrome, AIDS)이라는 용어가 생겨났다. 면역 결핍으로 인하여 이들은 폐렴을 비롯한 다수의 치명적인 **기회 감염(opportunistic infections)**으로 대부분 사망하였다. 역학조사 결과, 이 증후군은 성적 접촉이나 혈액 교환을

통하여 전염되는 병원체에 의하여 유발된다는 것이 알려졌다; 혈우병 환자, 혈액 수혈자 및 정맥 약물 중독자들도 영향을 받았다.

1983년에 파리의 Luc Montagnier와 메릴랜드의 Robert Gallo는 AIDS 환자의 혈액에서 retrovirus를 분리하였다. 그 뒤에 human immunodeficiency virus type 1(HIV-1)로 명명된 이 바이러스는 많은 논쟁과 논란을 거쳐 최종적으로 AIDS를 유발하는 원인체임이 확정되었다. HIV-1은 질병의 느린 진행으로 인하여 lentivirus라고 부르는 retrovirus의 한 아과에 속한다(표 29.1).

HIV-1은 현재 전 세계적으로 유행하고 있다. 2009년에 세계보건기구(WHO)는 이미 AIDS로 2천 5백만 명이 사망하였고, 전 세계에서 3천 3백만 명 이상이 HIV-1에 감염되어 있으며, 이들은 대부분 아프리카와 동남아시아에 살고 있다고 발표하였다. 아직 효과적인 백신이 개발되지 않았고 대다수의 감염자들이 약물치료를 제대로 받지 못하고 있다. 따라서 감염자의 수는 계속 증가하고 대유행이 여러 개발도상국가들로 확산되고 있다. 선진국에서도 여러 프로그램들을 통하여 홍보가 이루어지고 치료법이 개발되어 있음에도 불구하고 특히 16~40세의 사람들에서 감염자 수는 계속 늘고 있다. 이러한 보건상의 위기에 대처하기 위하여 엄청난 인적 및 물적 자원이 투입되어 HIV-1의 생물학 및 병리학 연구가 진행되었으며, 지금도 HIV는 가장 활발히 연구되고 있는 병원체이다.

HIV-1은 아마도 SIVcpz에 감염된 침팬지로부터 인간에게 전파되었을 것이다

많은 종의 아프리카 원숭이들과 유인원들이 HIV와 유사한 다양한 변종의 simian immunodeficiency virus(SIV)에 감염된다. 이러한 바이러스들을 분리하여 이들의 뉴클레오티드 서열들을 비교한 결과, HIV-1은 아마도 1900년도 초반에 서부-중앙 아프리카에서 SIV의 침팬지 변종인 SIVcpz에 감염된 침팬지로부터 인간에게 전염되었을 것으로 추정된다. 침팬지는 칼라맹거베이(collared mangabey)와 흰코원숭이(spot-nosed monkey)로부터 SIVcpz를 획득한 것으로 추정되는데 이는 SIVcpz가 이들 두 원숭이 종들에 감염하는 바이러스들 간의 재조합체이기 때문이다.

표 29.1 Lentivirus들

Virus	Host
Human immunodeficiency virus type 1	Humans
Human immunodeficiency virus type 2	Humans
Simian immunodeficiency virus	Apes and old world monkeys
Feline immunodeficiency virus	Cats
Equine infectious anemia virus	Horses
Caprine arthritis-encephalitis virus	Goats
Visna-maedi virus	Sheep

SIV에 감염된 구세계 원숭이들은 높은 수준의 바이러스 혈증(viremia)에도 불구하고 HIV에 감염된 인간에서 나타나는 임상 증후군이 나타나지 않으므로 이 원숭이들은 오랜 선택과정을 통하여 SIV에 적응해 온 것으로 여겨진다. 그러나 야생의 침팬지가 SIVcpz에 감염되면 심각한 질병이 유발되어 생식력을 상실하고 조기 사망하는 높은 병원성을 나타내므로 침팬지는 아마도 이 바이러스를 비교적 최근에 획득한 것 같다.

HIV-1 감염으로 세포성 면역을 점차 상실하면서 기회 감염에 대한 감수성이 증가한다

대부분의 경우에 HIV-1은 성적 접촉이나 모유 수유 과정에서 점막을 통하여 전염된다. 장이나 질의 표면을 덮고 있는 상피세포들은 바이러스에 직접 감염되지 않는다. 따라서 바이러스가 감염을 확립하기 위해서는 이러한 물리적인 장벽을 극복해야 한다. HIV-1의 점막 횡단은 국소적인 찰과상, 염증, 궤양 혹은 **수지상 세포(dendritic cells)**와의 상호작용을 통하여 일어날 수 있다. 수지상 세포는 세포 표면 단백질인 DC-SIGN에 HIV-1의 SU 단백질(gp120)을 결합시켜 바이러스를 수집한다. 이 세포는 상피 아래의 공간으로 이동하여 수집한 바이러스를 CD4-양성 T 세포에 제시하여 T 세포의 감염을 크게 향상시킨다. 국소 림프절에서 바이러스의 증폭이 일어나면 바이러스는 순환계로 방출되어 몸의 모든 림프 조직에서 바이러스의 감염이 시작된다.

감염의 다음 경로는 대략 세 단계로 진행된다: (1) 급성 감염; (2) 다양한 기간의 임상적 잠복기; (3) AIDS(그림 29.1). 바이러스에 노출되고 2~6주가 지나면 단핵구 증가증 혹은 독감-유사 증상(발열, 불쾌감, 무기력증, 구역질, 설사, 두통, 뻣뻣한 목, 림프절 붓기)이 나타나 일부 사람들은 병원에 입원한다.

바이러스 감염으로 맨 처음 타격을 받는 기관계는 장관련 림프양 조직(gut associated lymphoid tissue, GALT)이다. 급성 감염과정에서 이 조직에서 심각한 CD4-양성 T 세포의 소실이 일어나고 이는 초기 바이러스 혈증이 해소된 이후에도 회복되지 않는다. GALT가 장내 균총을 조절하는 역할을 하기 때문에 이 부위에서 CD4-양성 T 세포

(a)

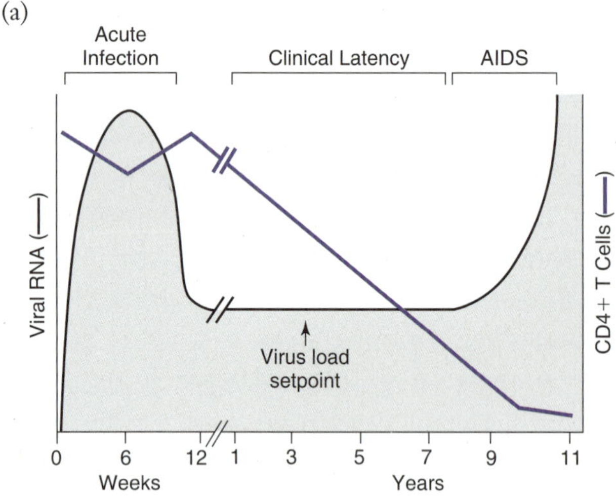

(b)

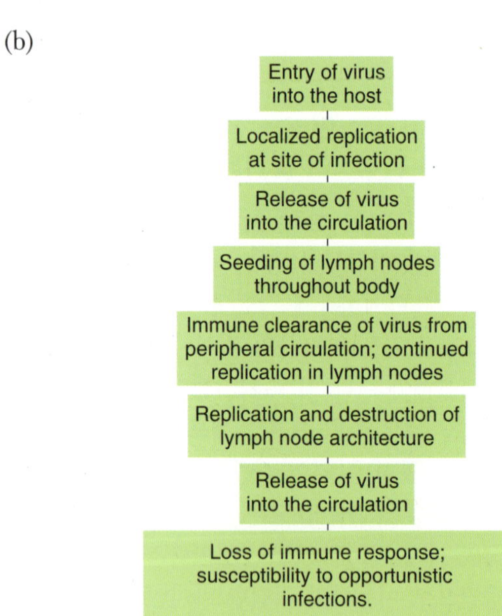

그림 29.1 AIDS의 진행과정. (a) 급성 감염에서 최종 단계인 AIDS에 이르기까지 말초 순환계에서 바이러스 RNA와 CD4-양성 T 세포의 변화. (b) HIV-1의 감염 단계.

가 소실되면 지질다당류와 같은 박테리아 산물들이 순환계로 방출되고, 이로 인하여 만성적인 면역 활성화 상태가 유도되는 것 같다.

HIV에 감염된 사람에서 수가 늘어난 T 세포들은 이들이 직접 바이러스에 감염되지 않았더라도 자발적인 세포자살을 일으킨다. 1~2 개월 이내에 1차 감염은 해소되지만 GALT는 거의 회복되지 않는다. 바이러스의 수는 면역계의 **세포독성 T 림프구(cytotoxic T lymphocytes)**와 **항체(antibodies)**의 공격으로 감소한다(34장 참조). 그러나 림프절에서의 감염은 질병의 전 과정에 거쳐 지속적으로 일어난다.

급성 감염 이후에 치료하지 않으면 여러 가지 질병 경로들이 나타날 수 있다:

1. ***빠른 진행자(rapid progressors***; 감염자의 10–15%)는 후기 단계 증상들을 2~3년 내에 일으킨다.
2. ***느린 진행자(slow progressors***; 70–80%)는 후기 단계 증상들을 8~10년 내에 일으킨다.
3. ***장기간 비진행자(long-term non-progressors***; 5%)에서는 CD4-양성 T 세포의 수준이 감소하지 않는다.

임상적 결과의 예측에는 여러 가지 요인들이 이용될 수 있다. 급성 감염이 해소된 이후에 사람에 따라 혈액에서 다양한 수준의 RNA 게놈("virus load setpoint", 그림 29.1)이 검출된다. 바이러스 RNA의 기저 수준이 높으면 높을수록 더 빨리 AIDS로 진행한다. 또한 바이러스 자체의 특성도 중요하다. 예를 들면, 바이러스 nef 유전자가 결손된 바이러스 변종에 감염되면 매우 느리게 AIDS로 진행한다.

면역반응의 특성도 중요하다. 주로 세포독성 T 세포-기반의 면역반응이 유도된 환자는 장기간 생존할 확률이 더 높다. 면역계가 인식하는 **에피토프(epitope)**의 다양성도 관련이 있는 것 같다; 만약 제한된 수의 항원결정기가 인식되면 좋지 못한 예후를 나타낸다.

임상적 잠복기에서도 바이러스는 림프절에서 지속적으로 복제하며, 이로 인하여 순환 중인 CD4-양성 T 세포의 수준이 점차 낮아지고 림프절의 구조가 파괴된다. 질병 말기로 진행하는 사람들의 혈액에는 높은 수준의 바이러스가 검출되며, 이는 바이러스 감염이 면역계에 의해 더 이상 억제되지 않는다는 것을 의미한다. 환자들은 만성적인 고열, 식은땀, 설사 증상을 나타내고, CMV, 폐렴, 아구창, HSV 등의 수많은 병원체들에 감염되고, Kaposi 육종과 림프종을 비롯한 암이 발생하며, 치매와 신경근 이상과 같은 신경계 질병 등을 앓게 된다. 현재의 치료법으로 질병의 진행을 지연시키거나 저지할 순 있지만 바이러스를 완전히 제거할 수는 없다. 따라서 치료를 중단하면 바이러스가 다시 출현하여 질병의 진행이 계속된다.

항바이러스성 약제로 HIV-1 감염을 제어하고 질병 진행을 막을 수 있지만 효과적인 백신은 아직 개발되지 않았다

현재 권장되고 있는 치료법은 HIV-1의 역전사효소와 프로테아제를 표적으로 하는 약물들(보통 3가지)을 조합으로 이용하는 것이다. 하지만 다른 바이러스 생활주기(바이러스 진입과 프로바이러스 DNA의 통합)를 표적으로 하는 약물들도 이용될 수 있다. 그러나 치료비가 비싸고 감염을 억제하기 위해서는 치료법을 엄격히 준수해야 하는 부담이 있다(>95%의 투약 일정 고수). 약물의 부작용들(구역질, 설사, 피로, 뼈 소실, 체지방 재분배, 높은 혈중 지질로 인한 심장병, 당뇨병)도 흔하게 나타난다. 따라서 환자들은 보통 치료를 계속하지 못하거나 CD4-양성 T 세포가 심각한 수준으로 감소할 때까지 치료를 미룬다.

상당한 노력에도 불구하고 치료 및 예방 백신의 개발은 아직 성공하지 못하였다. 일반적인 백신 개발 전략들로는 매우 제한적인 성공만을 거두었을 뿐이다. 이는 개체 및 집단 내의 바이러스가 높은 수준의 변이를 나타내기 때문이다. 또한 HIV 치료를 어렵게 만드는 약제-내성 변종들이 빠르게 출현하고 있으며 이는 현재 선진국에서 일어나는 신규 감염의 약 10%를 차지한다.

HIV-1은 복잡한 retrovirus이다

Lentivirus의 기본적인 복제 패턴은 다른 retrovirus들과 동일하다. 그러나 게놈 서열 분석을 통하여 HIV-1의 게놈은 다른 retrovirus들보다 훨씬 더 복잡하다는 것이 밝혀졌다. Retrovirus의 기본적인 gag, pol 및 env 유전자들 이외에 여섯 가지 해독틀들이 추가로 확인되었다: vif, vpr, vpu, tat, rev 및 nef(그림 29.2와 29.3, 표 29.2와 29.3). 추가된 이 유전자들은 모두 다양한 임상적 바이러스 분리주들에서 보존되어 있으므로 바이러스 생활주기에 중요한 역할을 수행하는 것으로 여겨진다. 따라서 이 장에서는 이들 추가된 바이러스 단백질들의 기능과 HIV-1의 독특한 특징들을 중심으로 설명할 것이다.

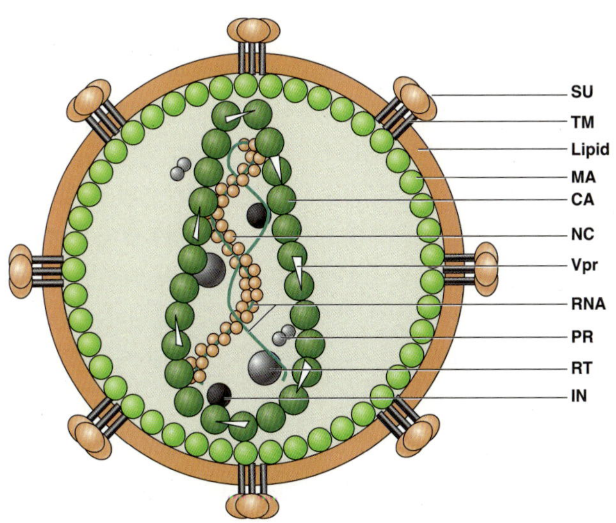

그림 29.2 HIV-1 비리온의 구조 모식도. 비리온 성분들을 표시하였다; 표 29.2 참조. 게놈 RNA를 명확하게 보여 주기 위하여 두 분자들 가운데 하나만 NC 단백질들과 결합한 상태로 나타내었다.

표 29.2 HIV-1 **구조 단백질들**

Name	Abbreviation	Alternative name (M. Wt. in KDa)
Matrix	MA	p17
Capsid	CA	p24
Nucleocapsid	NC	p7
Protease	PR	p14
Reverse transcriptase	RT	p66/51
Integrase	IN	p32
Surface protein	SU	gp120
Transmembrane protein	TM	gp41
Virion protein R	Vpr	p15

표 29.3 HIV-1 **비구조 단백질들**

Name	Abbreviation	Alternative name (M. Wt. in KDa)
Viral infectivity factor	Vif	p23
Virion protein unique to HIV-1	Vpu	p16
Transactivator of transcription	Tat	p15
Regulator of expression of virion proteins	Rev	p19
Negative effector	Nef	p27

스플라이싱이 일어나지 않거나 스플라이싱이 한 번 일어난 mRNA만을 만드는 단순한 retrovirus와는 달리 HIV-1은 1차 전사물을 다양하게 스플라이싱하여 크기에 따라서 3종류로 구분되는 25가지 이상의 mRNA를 생성한다.

1. 스플라이싱이 일어나지 않은 9 kb의 전체 길이 RNA는 Gag와 Gag-Pol 단백질을 암호화한다.
2. 한 번 스플라이싱된 4 kb의 RNA들은 Vif, Vpr, Vpu 혹은 Env를 암호화한다.
3. 두 번 스플라이싱된 2 kb의 RNA들은 Tat, Rev 혹은 Nef를 암호화한다.

이러한 다양한 RNA들은 서로 다른 3′ 및 5′ 접합부위를 스플라이싱에 이용하여 생성된다.

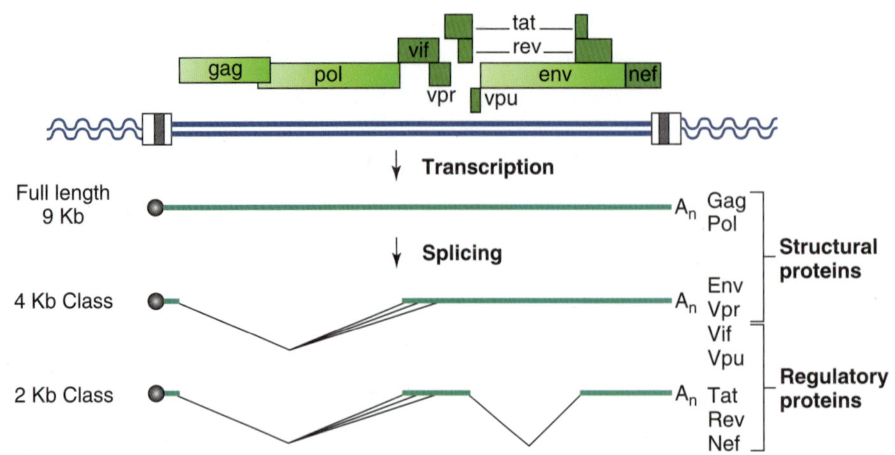

그림 29.3 **HIV-1의 게놈 구조와 RNA 스플라이싱 유형.** 위, 숙주 게놈에 통합된 프로바이러스 DNA의 지도. 아래: 선별적인 스플라이싱에 의하여 1차 전사물이 세 가지 크기로 구분되는 25가지 이상의 mRNA들로 전환되는 경로. 오른쪽: 서로 다른 종류의 바이러스 mRNA로부터 생성되는 바이러스 단백질들.

HIV-1은 CD4 항원과 케모카인 수용체를 인식하여 면역계 세포들에 감염한다

보조 T 림프구(helper T lymphocyte)와 **대식세포(macrophages)**의 표면에 존재하는 **CD4 항원(CD4 antigen)**은 HIV-1의 주요 수용체이다. CD4-양성 T 세포와 대식세포는 체액성 면역과 세포성 면역의 발달에 필수적이므로(34장 참조) HIV는 면역계의 심장부를 공격한다고 볼 수 있다. 그러나 세포 표면에 CD4의 존재만으로는 바이러스의 감염에 충분하지 않다. 감염을 위해서는 CCR5 혹은 CXCR4와 같은 **케모카인 수용체(chemokine receptor)**가 필요하다. 이러한 수용체들에 대한 **리간드(ligand**; CCR5에 대한 Mip1α, Mip1β 및 Rantes; CXCR4에 대한 SDF-1)가 바이러스의 진입을 막는 것으로 보아 이들은 감염과정에서 중요한 역할을 수행하는 것 같다.

CXCR4를 이용하는 바이러스를 X4(혹은 T 세포-친화성) 바이러스라고 하고 CCR5를 이용하는 바이러스를 R5(혹은 대식세포-친화성) 바이러스라고 한다. 이러한 바이러스의 구분은 SU 단백질(gp120), 특히 매우 빠른 속도로 변하는 가변영역 3의 차이 때문에 나타난다. 두 가지 형의 HIV가 모두 접종원에 존재할 수도 있지만 R5 변종은 성적 접촉을 통해서만 전염된다. 일부 사람들은 HIV-1에 여러 번 노출되어도 감염이 되지 않고 바이러스 감염에 대하여 저항성을 나타낸다. 이러한 자연적인 저항성은 CCR5의 돌연변이로 인하여 이 단백질이 세포 표면에 발현되지 않기 때문에 나타난다. CD4+ T 세포와는 달리 대식세포의 HIV-1 감염은 낮은 수준의 바이러스 복제를 유도하고 대다수의 바이러스들이 세포내 액포에 축적된다. 바이러스는 액포와 원형질막의 융합으로 방출된다.

CD4에 바이러스가 결합하면 gp120에 구조적인 변화가 유도되어 케모카인 수용체와 상호작용하는 영역이 노출된다. SU와 케모카인 수용체의 상호작용으로 외막 단백질 TM(gp41)에 구조적인 변화가 일어나 융합 펩티드가 노출된다. TM의 융합 펩티드에 의하여 바이러스 외막과 원형질막이 융합되면 뉴클레오캡시드가 세포질로 방출된다(그림 29.4).

역전사과정에서 일어나는 오류로 인하여 바이러스 돌연변이체들이 빠르게 생겨난다

일단 세포질에 방출되면 바이러스 뉴클레오캡시드는 부분적으로 해체되고 뉴클레오티드들이 뉴클레오캡시드 내부로 유입된다. 바이러스 캡시드가 세포의 미세 섬유에 부착한 채로 바이러스 게놈의 역전사가 시작된다. 다양한 종들의 세포들을 이용한 실험을 통하여 이 감염 단계를 저지할 수 있는 숙주 단백질들(Ref1, Lv1)이 확인되었다. 제한인자(restriction factor)로 알려진 이들은 캡시드의 해체를 가속화시키거나 핵 속으로의 바이러스 **통합전복합체(preintegration complex)**의 수송을 저지한다. 구세계 원숭이들은 역전사가 일어나기 전에 캡시드를 빠르게 분해하는 단백질인 Trim5α를 발현한다. 불행히도 인간의 Trim5α 상동체는 HIV-1을 인식하지 못한다.

역전사효소는 프로바이러스 DNA에 잘못 삽입된 뉴클레오티드를 제거하는 교정 능력을 가지지 않는다. 역전사과정에서의 높은 실수율(합성되는 프로바이러스 DNA 분자 당 1~10개의 돌연변이) 때문에 HIV-1은 면역계와 약물 치료제들에겐 움직이는 과녁처럼 제대로 공격하기 어려운 대상이다. 치료를 받지 않는 감염자에서 매일 약 2×

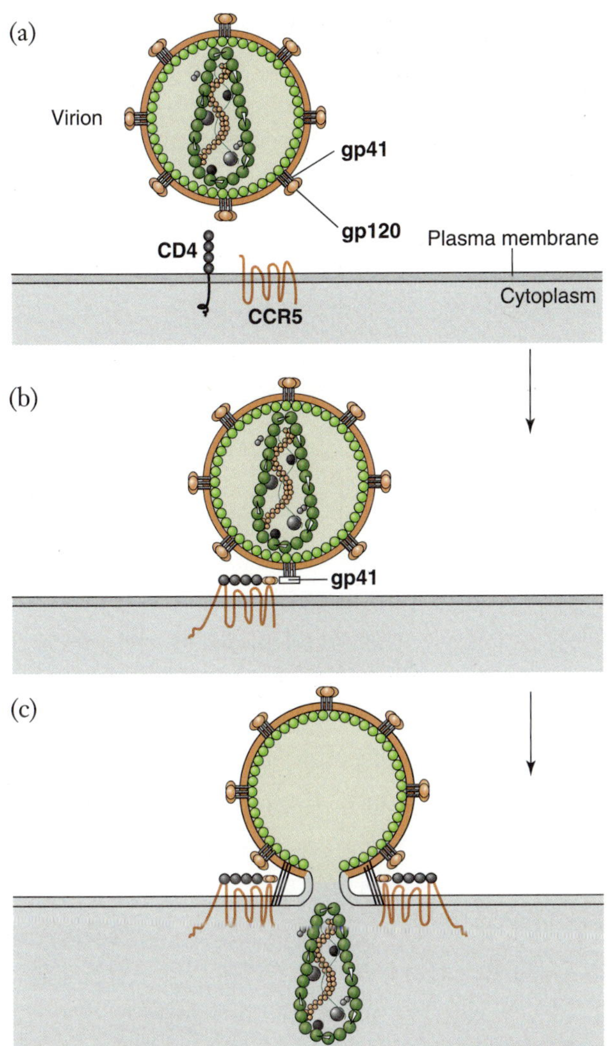

그림 29.4 HIV-1의 세포 진입모델. (a) 비리온의 gp120이 세포 표면의 CD4에 결합한다. (b) gp120이 구조적인 변화를 일으켜 케모카인 수용체(CCR5 혹은 CXCR4)에 결합하는 영역을 노출한다. gp120의 구조적 변화는 gp41의 융합 영역을 노출시켜 세포막에 삽입되도록 한다. (c) 바이러스의 막과 세포의 막이 근접하여 융합이 일어나면 바이러스 코어가 세포질에 방출된다.

10^9 바이러스 입자들이 만들어지고 파괴된다. 이들 가운데 극히 일부가 성공적으로 프로바이러스 DNA를 감염 세포에 삽입하지만 이들도 매일 약 10^4에서 10^5개의 바이러스 변이체들을 생성한다. 따라서 HIV-1은 면역반응 혹은 약물 치료에 의한 복제 장벽을 빨리 극복하도록 진화하는 능력을 가지고 있다.

현재의 치료법은 바이러스가 극복해야 하는 장벽을 더 높이기 위하여 바이러스 생활주기의 여러 단계들에 작용하는 여러 가지 약제들을 동시에 이용하는 것을 권장하고 있다. 이러한 접근법으로 큰 성공을 거두고는 있지만 이들 약제 조합에 대해서도 저항성을 나타내는 바이러스들이 출현하는 것으로 보아 이러한 장벽으로도 감염을 장기간 제어하지는 못하는 것 같다. 이와 똑같은 문제가 백신 개발에도 적용된다. 하나 혹은 적은 종류의 바이러스 항원들로 접종하면 제한된 수의 바이러스 변이체들에 대해서만 면역반응이 생성되므로 바이러스는 이를 쉽게 극복할 수 있다.

다른 retrovirus들과는 달리 HIV-1은 프로바이러스 DNA를 세포 핵 속으로 수송할 수 있다

대부분의 retrovirus들은 프로바이러스 DNA를 포함하는 **통합전복합체**가 온전한 핵 속으로 들어갈 수 없기 때문에 (28장 참조) 분열하지 않는 세포에서는 복제할 수 없다. 이러한 프로바이러스의 DNA 삽입은 세포가 분열할 때 핵막이 해체되면 일어난다. 반면에 HIV-1은 통합전복합체를 핵공을 통하여 핵 속으로 수송할 수 있으므로 활발히 분열하지 않는 세포에도 감염할 수 있다.

통합전복합체의 세 가지 바이러스 단백질들, 즉 MA, Vpr 및 IN이 이러한 수송을 가능하게 한다. MA는 **임포틴(importin)** 패밀리의 단백질과 상호작용하는 전형적인 핵 수송 신호(nuclear import signal)를 가진다. 반면에 Vpr과 IN은 핵공 성분들과 직접 상호작용한다. 하지만 휴지기의 T 세포에서는 통합전복합체가 세포질에 머물러 있다. T 세포가 활성화된 이후에(34장 참조) 통합전복합체가 핵으로 수송되고 바이러스 DNA가 세포 게놈에 삽입된다.

이러한 조건은 면역계에 큰 문제가 된다. 면역반응을 일으키기 위하여 T 세포는 림프절에서 수지상 세포가 제시한 항원에 의하여 활성화된다. 하지만 수지상 세포들은 그들의 표면에 HIV-1 비리온들을 수집한다. 따라서 HIV-1에 대한 면역반응을 지원해야 할 T 세포들이 수지상 세포와의 상호작용과정에서 오히려 바이러스에 노출된다; 이러한 조건은 프로바이러스 DNA의 핵 진입을 용이하게 하여 바이러스의 복제능을 향상시키고 최종적으로 생산적인 감염과 T 세포의 사멸을 초래한다.

잠복감염은 HIV-1의 제거를 어렵게 만든다

HIV-1의 프로바이러스 DNA가 숙주세포의 게놈에 삽입되면 두 가지 유형의 감염, 즉 바이러스 RNA가 만들어지지 않는 **잠복감염(latent infection)**과 자손 바이러스를 생성하는 활성 감염(active infection)이 일어날 수 있다. 최근 감염된 사람의 경우에는 림프절과 순환계 세포들의 1% 정도가 삽입된 HIV 프로바이러스를 가지고 이들 감염된 세포들의 약 1%에서만 바이러스 RNA가 활발히 생성된다.

비록 잠복감염 세포들이 질병에 직접 기여하지는 않지만 이들은 치료와 회복에 상당한 걸림돌로 작용한다. 이들은 바이러스 단백질들을 발현하지 않으므로 면역계가 이들과 비감염 세포들을 구분하여 공격할 수 없다. 환자가 다중 항바이러스성 약물 치료를 중단하면 항상 감염이 재발된다. 이때 출현하는 바이러스는 약제 내성 바이러스가 아니라 잠복감염 세포들의 재활성화로 생성된 것들이다. 이 세포들 가운데 대다수는 몸 속에서 매우 오랜 수명을 가지는 기억 T 세포들이다. 따라서 어떠한 방법들을 동원해서라도 면역계가 잠복감염된 세포들을 인식하도록 만들지 못한다면 HIV-1에 대한 치료는 평생 계속되어야 한다.

바이러스 잠복성은 HIV-1 LTR에 존재하는 전사조절 요소들에 의하여 조절된다. 외부 자극에 활성이 민감하게 반응하는 전사인자들인 **NFκB**와 NFAT의 결합부위가 LTR의 U3 영역에 존재한다. NFκB는 저해자인 **IκB**와 결합하여 세포질에서 불활성 상태로 존재한다. 다양한 자극으로 IκB의 분해를 유도하면 NFκB가 핵 속으로 수송되어 전사가 활성화된다. **T-세포 수용체(T-cell receptor)**를 통한 T 세포의 활성화가 이러한 자극들 가운데 하나이다(34장 참조). 이 이외에도 바이러스 감염이나 **사이토카인(cytokine)**의 처리도 자극이 될 수 있다(33장 참조). U3 영역은 HIV의 전사를 조정하는 역할을 하는 Sp1, LEF, Ets-1 및 USF와 같은 다른 세포 전사인자들의 결합부위들도 포함한다.

Tat 단백질은 RNA 중합효소 II에 의한 전사 연장을 촉진하여 HIV-1의 전사를 증가시킨다

Tat은 두 번 스플라이싱된 HIV-1 mRNA에서 만들어지는 86-아미노산의 염기성 단백질로서 핵 속에 존재한다. 이 단백질의 발현은 감염 세포에서 만들어지는 바이러스 RNA의 양을 대폭 증가시키므로 이 단백질은 "*t*rans*a*ctivator of *t*ranscription"의 약자로 명명되었다.

Tat이 작용하려면 HIV-1의 전사 개시부위 바로 뒤에 위치한 TAR(*Tat-r*esponsive element)라고 하는 서열 요소가 필요하다(그림 29.5). Tat은 자라나는 RNA의 TAR 서열에 결합하지만 프로바이러스 DNA의 동일한 서열에는 결합하지 않는다. 이는 RNA 중합효소 II에 의한 전사가 합성 중인 전사물에 존재하는 RNA 요소에 의하여 조정될 수 있다는 것을 밝힌 최초의 사례이다.

TAR는 바이러스 RNA에서 줄기-고리 구조를 형성하고 이 구조의 두 영역들이 기능에 필수적이다: (1) Tat 결합부위를 형성하는 줄기의 부푼 영역과 (2) 고리 내의 뉴클레오티드 서열. Tat은 RNA 중합효소에 의한 전사 개시 속도를 증가시키는 것이 아니라 이 효소에 의한 전사의 연장 효율을 향상시킴으로써 바이러스 RNA의 합성량을 증가시킨다(그림 29.5).

RNA 중합효소 II에 의한 연장은 RNA 중합효소 II의 CTD(*c*arboxy-*t*erminal *d*omain)의 인산화 정도가 증가하면 촉진된다. 이 영역은 특정 단백질 키나아제에 의하여 인산화되는 세린과 트레오닌이 풍부하고 52번이나 반복된 일곱 아미노산 서열들을 포함한다. 개시에 관여하는 RNA 중합효소 II는 CTD에 인산기를 거의 포함하지 않는다. CTD의 인산화는 중합효소가 개시점에서 떨어져 이동할 수 있도록 한다.

Tat은 **cdk-9/cyclin T**를 전사 복합체로 끌어들여 CTD의 인산화를 촉진한다. Cdk 9/cyclin T 복합체는 Tat과 결

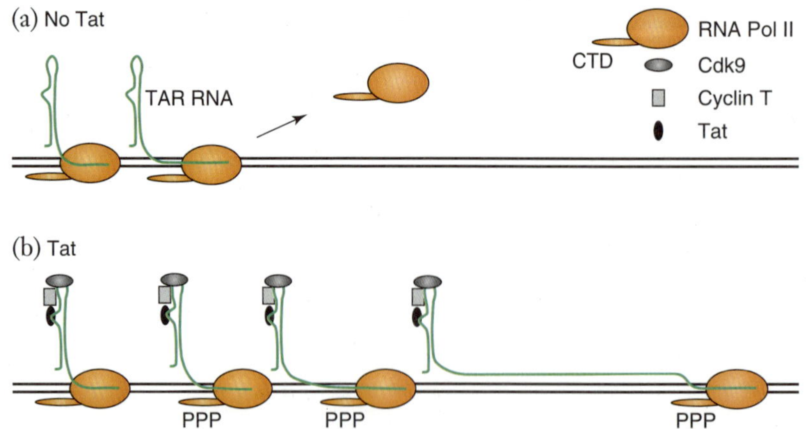

그림 29.5 Ta의 작용 메커니즘. (a) Tat이 없으면 HIV-1 프로모터에서 전사를 시작한 대부분의 RNA 중합효소 II 분자들은 낮은 진행성으로 인하여 폴리아데닐화 부위에 도달하기 전에 주형에서 떨어진다. (b) Tat은 전사 개시 직후에 Cdk9/cyclin T를 전사복합체로 끌어들여 RNA 중합효소 II의 CTD을 인산화(P)시킨다. 이는 중합효소의 진행성을 향상시켜 전체-길이 전사물의 양을 증가시킨다. CTD: RNA 중합효소 II의 C-말단 영역.

합하지만 TAR 내의 고리 서열에도 결합하여 Tat과 TAR의 상호작용을 안정화시킨다.

Rev 단백질은 HIV-1 구조 단백질들을 암호화하는 바이러스 mRNA의 세포질 수송에 관여한다

HIV-1의 rev 유전자에 돌연변이가 일어나면 스플라이싱이 일어나지 않은 9-kb RNA와 한 번만 스플라이싱된 4-kb RNA가 암호화하는 단백질들이 합성되지 않는다. 따라서 이 유전자는 rev(*r*egulator of *e*xpression of *v*irion proteins)로 명명되었다. 만약 Rev가 없으면 이 mRNA들은 세포질로 빠져 나오지 못하고 핵 속에 머무르기 때문에 번역되지 않는다. 그러나 두 번 스플라이싱된 2-kb mRNA의 수송과 번역은 Rev에 의존하지 않는다. 즉, Rev는 스플라이싱이 전혀 일어나지 않거나 완전히 일어나지 않은 바이러스 RNA를 핵에서 세포질로 수송하는 데 필요하다.

Rev에 의한 mRNA의 수송 조절에는 두 가지 종류의 바이러스 RNA 서열이 필요하다: (1) gag, pol 및 env 영역에 존재하는 CRS(*cis*-acting *r*epressive *s*equence)는 세포질로의 RNA 수송을 저해한다; (2) RRE(*R*ev *r*esponsive *e*lement)라고 하는 env 내의 240-nt 서열은 Rev의 결합과 작용에 필요하다(그림 29.6). 116-아미노산의 Rev 단백질은

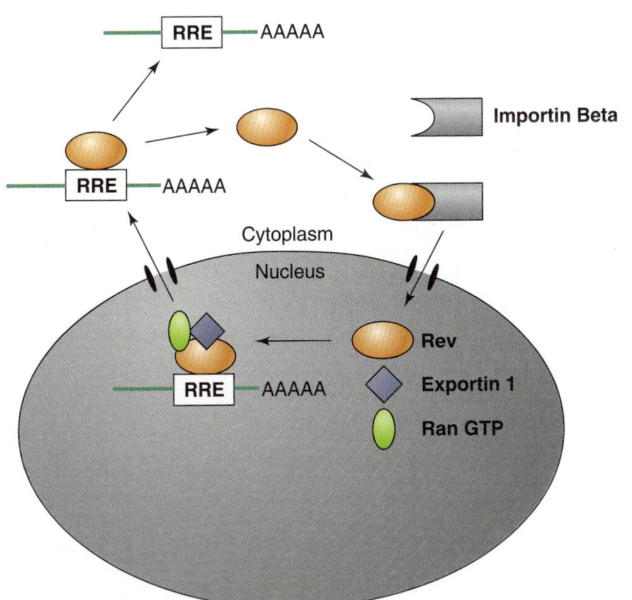

그림 29.6 **Rev의 작용 메커니즘.** Rev는 임포틴 베타와 직접 상호작용하고 핵공을 통하여 핵 속으로 수송된다. 핵내에서 Rev는 바이러스 RNA의 RRE에 결합하고 엑스포틴 1과 Ran GTP를 끌어들여 RNA를 세포질로 수송하는 복합체를 형성한다. 복합체는 세포질에서 해체되어 mRNA를 방출하고 Rev는 핵으로 되돌아가서 주기를 반복한다.

핵 위치화 신호와 핵 방출 신호를 둘 다 포함하므로 핵과 세포질 사이를 계속 왕래할 수 있다. 세포질로의 수송을 위해서는 Rev의 핵 방출 신호가 Rev의 핵공 결합을 돕는 세포 단백질인 **엑스포틴 1(exportin 1)**과 결합한다.

CRS를 포함하는 mRNA들은 핵에서 빠져 나올 수 없지만 이들이 RRE를 포함한다면 Rev가 이들을 세포질로 수송할 수 있다. 두 번 스플라이싱된 2-kb의 RNA와 대부분의 세포 mRNA들은 CRS를 포함하지 않기 때문에 Rev와는 무관하게 핵에서 방출된다. 일단 HIV-1의 mRNA가 Rev에 의하여 세포질로 수송되면 Rev는 RNA와 결합한 채로 아직 알려지지 않은 메커니즘으로 번역을 향상시킨다. Rev가 핵 속으로 되돌아가기 위해서는 Rev/RNA 복합체가 해체되어야 한다. RNA에서 떨어진 Rev는 자신을 세포질 쪽의 핵공에 결합시키는 임포틴 β(importin β)와 결합한다(그림 29.6). Rev는 핵으로 되돌아가고 주기가 반복된다.

Tat과 Rev 단백질은 함께 바이러스 단백질의 발현을 강하게 촉진한다

Tat과 Rev는 HIV의 전사와 바이러스 구조 단백질들을 암호화하는 mRNA의 수송을 조절하기 때문에 바이러스 복제에 필수적이다. 이들의 작용으로 바이러스의 유전자 발현은 두 단계에 걸쳐 일어난다. 프로바이러스 DNA가 삽입되고 이로부터 기저 수준의 전사가 일어나면 두 번 스플라이싱된 2-kb RNA들(그림 29.3)만이 세포질로 수송된다. 이들 RNA로부터 Tat, Rev 및 Nef의 합성이 가능하다. Tat과 Rev는 핵으로 수송되고 Tat은 프로바이러스 DNA의 전사를 증가시키고 Rev는 바이러스 mRNA의 세포질 수송을 촉진한다. 따라서 9-kb 및 4-kb mRNA가 암호화하는 단백질들, 즉 Gag, Gag/pol, Env, Vif, Vpr 및 Vpu의 발현이 일어날 수 있다.

바이러스 유전자들의 돌연변이 연구에 의하면 vif, vpu 및 nef 유전자는 *in vitro* 세포 배양계에서 감염성 HIV-1의 생성에 필수적이지 않다. 그러나 대부분의 임상적 바이러스 분리주들에서 이 단백질들의 해독틀이 보존되어 있다는 것은 이들이 숙주 개체에서의 감염과정에서 중요한 역할을 수행한다는 것을 의미한다.

Vif 단백질은 세포의 디옥시사이티딘 탈아미노효소의 작용을 억제하여 비리온 감염성을 증가시킨다

Vif(*v*iral *i*nfectivity *f*actor)는 감염 세포의 세포질에 존재하는 193-아미노산의 단백질로서 바이러스 게놈 RNA와의 상호작용을 통하여 비리온에도 소량 존재한다. Vif 유전자

가 결실된 HIV-1는 배양 세포와 동물 모델에서 낮은 감염성을 나타낸다. Vif가 없는 바이러스는 세포에 정상적으로 진입하지만 야생형 바이러스보다 낮은 효율로 프로바이러스 DNA를 생성한다. 만약 감염하는 비리온 내에 Vif가 없다면 이로 인한 낮은 감염성은 세포에 Vif를 발현시켜도 보완되지 않는다.

Vif는 숙주세포 단백질인 APOBEC3G의 작용을 극복하는 데 필요하다. APOBEC3G는 RNA의 사이티딘을 우리딘으로 혹은 DNA의 디옥시사이티딘을 디옥시우리딘으로 탈아미노화시키는 세포 단백질 패밀리의 일종이다. 이 패밀리의 원조인 APOBEC1은 *Apo*lipoprotein *B*를 암호화하는 mRNA의 특정 사이티딘 잔기를 탈아미노화시키는 효소이다. 따라서 한 유전자로부터 전사된 원래 mRNA와 편집된 mRNA를 이용하여 두 가지 단백질들이 만들어진다.

APOBEC3G는 조립과정에서 비리온에 통합되어 다음 감염 동안에 만들어지는 역전사의 DNA 산물에서 여러 디옥시사이티딘 잔기들의 탈아미노화를 유도할 수 있다. 이로 인하여 바이러스의 구조 및 조절 단백질들에 돌연변이가 유발되어 감염성이 감소한다. 따라서 APOBEC3G는 HIV-1 게놈의 DNA 복사본에 돌연변이를 유발하여 세포를 감염으로부터 방어하는 역할을 한다. Vif는 APOBEC3G에 결합하여 이 단백질의 **유비퀴틴화(ubiquitination)**와 **프로테아좀(proteasome)**에 의한 분해를 유도한다. 따라서 Vif는 APOBEC3G의 비리온 내부 유입을 막아 세포의 항바이러스성 방어 메커니즘을 무력화시킨다.

APOBEC3G의 디옥시사이티딘 탈아미노화 활성이 결여된 돌연변이체도 일부 항바이러스성 활성을 나타낸다. 최근 연구로 APOBEC3G는 또한 역전사 반응을 직접 저해함으로써 프로바이러스 DNA의 생성을 억제한다는 것이 알려졌다.

Vpr 단백질은 여러 단계에서 HIV 복제를 향상시킨다

Vpr(*v*irion *p*rotein *R*)은 Gag의 C-말단 영역과 상호작용하여 비리온에 들어가는(비리온 당 1–100 분자) 100-아미노산 크기의 단백질이다. 이 단백질의 주요 기능들 가운데 하나는 통합전복합체를 핵 속으로 수송하는데 필요한 신호를 제공하여 비분열 세포에서도 감염할 수 있도록 하는 것이다.

Vpr은 또한 세포 효소인 우라실 DNA 글리코스라아제(uracil DNA glycoslase)의 비리온 내 포장을 돕는다. 이 효소는 세포 내에 높은 수준으로 존재하는 dUTP가 역전사과정에서 바이러스 DNA에 삽입되면 이를 제거한다. 다른 lentivirus들은 dUTP를 dUDP로 가수분해시켜 바이러스의 DNA 합성에 이용되지 못하도록 하는 dUTPase를 만들어 비리온에 포장한다.

Vpr은 또한 감염 세포의 세포주기를 G2기에 멈추도록 할 수 있다. 이를 위하여 Vpr은 아마도 G2기에서 유사분열기로 진행시키는 세포 단백질들의 분해를 유도하는 것 같다. G2기에 세포주기를 멈추도록 하거나 지연시키는 목적은 HIV-1 LTR에 의하여 지시되는 전사가 세포주기의 이 단계에서 가장 활발하여 바이러스 복제에 유리하기 때문이다.

Vpu 단백질은 감염 세포로부터 자손 비리온의 방출을 향상시킨다

Vpu(*v*iron *p*rotein *u*nique to HIV-1)는 아미노-말단 영역을 통하여 막에 삽입되는 81-아미노산의 단백질이다. 이 단백질은 세포의 골지체와 엔도좀 영역에 축적된다. HIV-2와 SIV를 비롯한 다른 유사한 lentivirus들에서는 이 단백질의 상동체가 확인되지 않았다.

CD4의 분해. 세포의 CD4는 세포 표면에서 gp120과 상호작용하는 HIV의 수용체이다. CD4와 gp120의 전구체인 gp160은 둘 다 소포체에서 만들어지므로 이들은 세포 내에서도 서로 결합할 수 있다. 이러한 응집체 형성은 gp160을 세포 내부에 머물도록 하여 비리온 형성에 이용되는 gp160을 감소시킨다(그림 29.7a). Vpu는 세포 단백질들인 CD4와 β-TrCP에 결합하여 CD4의 유비퀴틴화와 프로테아좀에 의한 분해를 유도한다. 따라서 gp160을 CD4로부터 방출시켜 이의 절단 산물들인 gp41과 gp120의 세포 표면 발현을 증가시킨다.

원형질막에서 바이러스 방출 촉진. 이 활성은 Vpu의 횡단막 영역이 담당한다. Vpu가 없으면 비리온들은 세포 표면에 부분적으로 꽃봉오리를 맺은 상태로 축적된다. Vpu가 존재하면 세포 표면에서 비리온의 방출이 향상된다. 놀랍게도 이러한 효과는 HIV-1에만 제한적이지 않다; Vpu는 다른 관련되지 않은 바이러스들의 방출도 촉진한다. 최근 연구에 의하면 Vpu는 출아 중인 비리온들과 상호작용하여 이들의 내포작용을 촉진하는 숙주의 원형질막 단백질인 테더린(tetherin)의 분해를 유도한다.

Nef 단백질은 병원성의 중요한 매개자이다

Nef(*n*egative *ef*fector)는 N-말단 아미노산에 첨가된 **미리스테이트(myristate)** 잔기를 통하여 원형질막의 안쪽 표

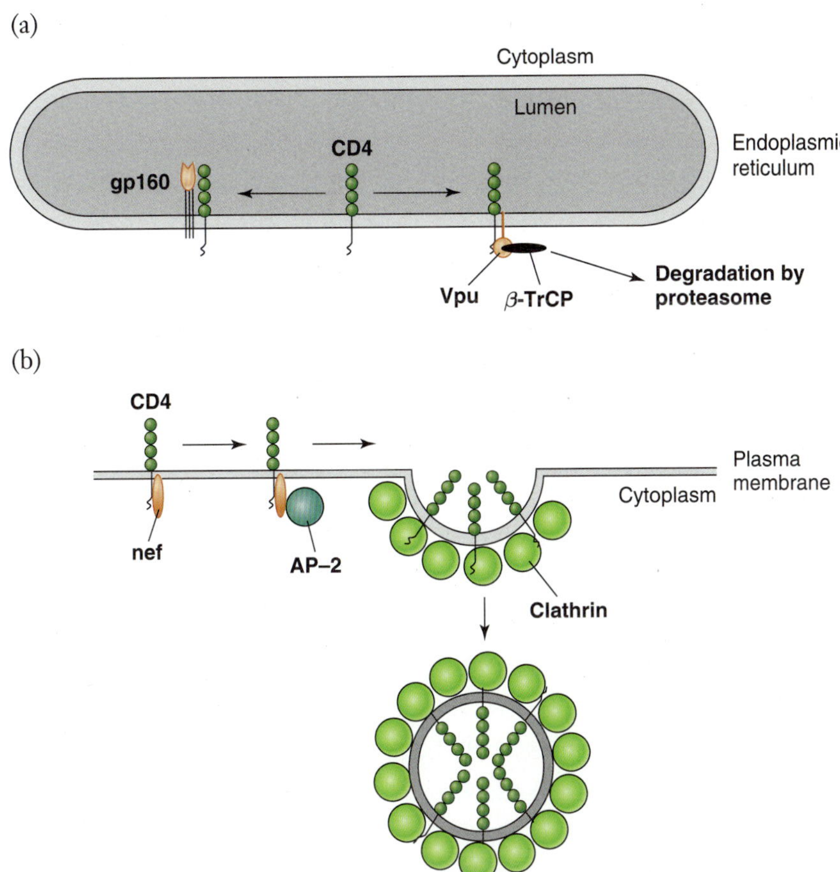

그림 29.7 CD4 발현의 억제. (a) Vpu가 없으면 소포체에서 CD4와 gp160가 복합체를 형성하여 바이러스 외막 단백질의 세포 표면 수송이 저지된다. Vpu는 CD4의 세포질 영역에 결합하고 β-TrCP와의 상호작용을 통하여 CD4가 프로테아좀 경로에서 분해되도록 한다. (b) Nef가 원형질막의 내부 표면에서 CD4의 세포질 꼬리에 결합하고 AP-2와의 상호작용을 통하여 클라트린-매개성 내포작용을 촉진하여 세포 표면의 CD4 농도를 감소시킨다.

면에 위치하는 210-아미노산의 단백질이다. Nef 유전자에 점돌연변이를 포함하는 SIV를 원숭이에 감염시키면 기능성 nef 유전자를 가지는 복귀 돌연변이 바이러스가 빠르게 생성된다. 이는 활성 Nef 단백질에 대한 높은 선택 압력이 존재한다는 것을 의미한다. Nef 유전자가 결실된 SIV 돌연변이체도 감염성을 나타내지만 낮은 농도의 바이러스를 생성하며 감염된 원숭이에서 질병을 제대로 일으키지 못한다. 생쥐의 T 세포와 대식세포에 Nef를 발현시키면 AIDS의 후기 단계와 유사한 질병이 유발된다. 이러한 발견은 Nef가 감염 동물에서 중요한 질병 결정인자로 작용한다는 것을 암시한다. Nef의 세 가지 활성들이 알려져 있지만 이들 가운데 어느 것이 병원성에 중요한지는 분명하지 않다.

CD4와 MHC1의 표면 발현 감소. Nef 발현은 세포 표면에 CD4와 **주조직적합성복합체(major histocompatibility complex)**인 MHC 1의 수준을 낮춘다. 이들은 면역반응의 주요 매개자들이므로(34장 참조) 이들의 부재는 질병 진행에 중요하게 작용할 수 있다. 표면 CD4의 소실은 세포 표면과 엔도좀 영역 간의 CD4 순환이 증가함으로써 초래된다. Nef는 원형질막에서 CD4와 어댑터 단백질인 AP2에 결합하여 이 복합체를 클라트린-피복 소공(clathrin-coated pit)과 엔도좀으로 끌어들인다(그림 29.7b).

Nef는 또한 MHC 1이 골지체에서 원형질막으로 이동하는 것을 차단한다. 이러한 Nef의 활성을 위해서는 다른 어댑터 단백질인 AP1과의 상호작용이 필요하다. 세포 표면에 MHC 1이 없으면 바이러스 항원을 순환 중인 세포독성 T 림프구에 제시할 수가 없어 면역계가 감염 세포를 공격하지 못한다.

바이러스 감염성 향상. HIV의 Nef 돌연변이체는 세포에 감염하는 능력이 현저히 감소된 바이러스 입자를 만든다. 이러한 효과는 Nef-돌연변이 바이러스에 감염된 세포에 Nef를 발현시켜도 보완되지 않는다. 그러나 Nef의 존

재 유무에 따른 비리온의 구조적 차이는 검출되지 않았다. Nef 없이 생성된 비리온은 표적 세포에 감염한 이후에 프로바이러스 DNA 합성을 완료하는 능력이 감소하는 것 같다. Nef는 원형질막의 내표면을 덮고 있는 액틴 골격의 구조를 변형시킴으로써 융합 후에 뉴클레오캡시드가 비리온에서 세포질로 빠져나오는 것을 돕는 것 같다.

세포 신호전달경로의 변형 Nef는 T 세포의 신호전달에 작용하여 일반적인 세포 활성화를 유도하고 바이러스 복제를 촉진한다. 그러나 항원에 의하여 활성화된 T 세포와는 달리 Nef에 의하여 활성화된 T 세포들은 효과적으로 면역반응을 시작할 수 없다. Nef에 의한 T 세포의 활성화는 신호전달경로에 관여하는 수많은 세포 단백질 키나아제들의 활성 변화로 유도된다.

이러한 표적들 가운데 하나가 세포 성장의 촉진과 세포자살의 저해에 관여하는 것으로 알려진 세린/트레오닌 단백질 키나아제인 Pak2이다. Nef는 또한 세포사멸 수용체(death receptor)와 세포자살 개시 카스파아제(caspase)를 연결하는 키나아제인 Ask-1을 저해함으로써 감염 세포의 세포자살을 막는다. Nef는 또한 PI-3 kinase를 촉진함으로써 세포자살 촉진인자인 Bad를 불활성화시킨다. Nef는 감염된 세포의 표면에 FasL의 발현을 촉진하여 FasL과 Fas 간의 상호작용으로 인접한 비감염 CD8-양성 및 CD4-양성 T 세포의 세포자살을 유도한다. 감염을 저지할 수 있는 세포들이 Nef에 의하여 죽게 되면 감염 세포의 수명이 연장되어 바이러스가 최대로 생성될 수 있다.

Nef는 또한 프롤린-풍부 도메인을 통하여 티로신 단백질 키나아제인 **Src** 패밀리의 구성원들과 상호작용하여 이들의 활성을 변화시킨다. 키나아제 Hck의 활성화로 IL-6, **TNF-α** 및 **IL-1β**의 발현이 증가하는데, 이들은 모두 HIV-1 복제의 활성인자들이다. Nef는 또한 감염 세포에서 케모카인의 방출을 촉진하여 감염되지 않은 T 세포들을 바이러스 감염 부위로 끌어들이고 이들을 활성화하여 HIV-1의 생산적 감염에 대한 감수성을 부여한다.

이와 같이 다양한 Nef의 활성들 가운데 어느 것이 실제로 감염된 동물의 병원성에 관여하는 지는 아직 분명하지 않다. 그러나 Nef에 점돌연변이를 유도하면 특정 기능이 선택적으로 불활성화되므로 Nef의 다양한 기능들이 질병 진행에 얼마나 기여하는 지를 구분할 수 있는 방안이 마련되었다. 또한 초기 연구에 의하며 Nef가 결실된 HIV-1 돌연변이체는 병원성을 나타내지 않으므로 이 바이러스를 약독화 바이러스 백신으로 이용할 수 있을 것으로 생각하였다. 실제로 성체 원숭이에서 희망적인 실험 결과가 확보되었다; 백신을 접종받은 동물은 야생형 바이러스 감염에 대하여 저항성을 나타내었다. 그러나 Nef가 결실된 바이러스를 어린 동물에 감염시키면 질병이 유발되었으며 성체도 오랜 시간이 지나면 증상이 나타나므로 이 돌연변이체를 백신으로 이용하는 데에는 아직 문제가 남아 있다.

핵심 용어

CD4 항원(CD4 antigen)
CD4-양성 T 림프구(CD4-positive lymphocytes)
IκB
NF-κB(Nuclear factor-κB)
Src-관련 키나아제 (Src-related kinases)
T-세포 수용체(T-cell receptor)
기회 감염(Opportunistic infections)
대식세포(Macrophage)
리간드(Ligand)
미리스테이트(Myristate)
사이클린(Cyclin)
사이클린-의존적 키나아제 (Cyclin-dependent kinase, Cdk)
세포독성 T 림프구(Cytotoxic T lymphocyte)
수지상 세포(Dendritic cells)
에피토프(Epitopes)
엑스포틴(Exportin)
유비퀴틴화(Ubiquitination)
인터루이킨 1β(Interleukin 1β, IL-1β)
임포틴(Importin)
잠복감염(Latent infection)
종양괴사인자(Tumor necrosis factor, TNF)
주조직적합성복합체 (Major histocompatibility complex, MHC)
통합전복합체 (Preintegration complex)
프로테아좀(Proteasomes)
항체(Antibodies)

기본 개념

- HIV-1은 1900년대 초반에 침팬지에서 인간으로 전염된 lentivirus이다.
- HIV-1은 주로 CD4-양성 T 세포에 감염하여 이 세포를 죽임으로써 감염자의 90% 이상에서 심각한 면역 결핍을 유발한다.
- HIV-1은 빠르게 돌연변이를 유발하고 잠복감염을 확립할 수 있기 때문에 감염을 치료하는 것이 매우 어렵다. 최근의 약물 치료법으로 질병의 진행을 막을 순 있지만 잠복감염된 세포를 제거할 수는 없다.

- HIV-1은 바이러스 복제에 대한 장벽을 극복하기 위하여 여러 가지 보조 단백질들을 암호화한다.
- Tat은 RNA 중합효소 II에 의한 프로바이러스 DNA의 전사가 효과적으로 진행되도록 전사 연장을 촉진한다.
- Rev는 핵에서 세포질로 HIV-1 mRNA들의 수송을 지시한다.
- Vif는 역전사를 저해하고 프로바이러스 DNA에 돌연변이를 유발하는 숙주 단백질 APOBEC-3G를 불활성화시킨다.
- Vpr은 감염 세포를 G2기에 머물도록 하여 바이러스 복제를 향상시킨다.
- Vpu는 세포 표면에서 HIV-1 비리온의 방출을 향상시킨다.
- Nef는 세포에 다양한 영향을 주어 바이러스 복제를 극대화시키고 숙주 면역반응의 효과를 감소시킨다.

복습 문제

1. 개체에 따른 면역계의 유전적 차이는 AIDS의 발생과 진행에 영향을 주는 중요한 인자가 될 수 있다. 그 이유는?

2. 단순한 retrovirus들은 두 가지 크기의 mRNA를 생성하지만 HIV-1은 세 가지 크기의 mRNA들을 생성한다. 이들의 차이는 무엇인가?

3. HIV의 잠복성은 분자 수준에서 어떻게 조절되는가?

4. APOBEC3G를 비롯한 수많은 세포 단백질들이 HIV 비리온에 들어간다. 비리온에서 APOBEC3G의 역할은 무엇인가?

5. HIV 단백질인 Nef가 바이러스에 감염된 세포의 표면에서 MHC 1을 제거하는 이유는 무엇인가?

CHAPTER 30

Hepadnaviruses

Christopher Richardson

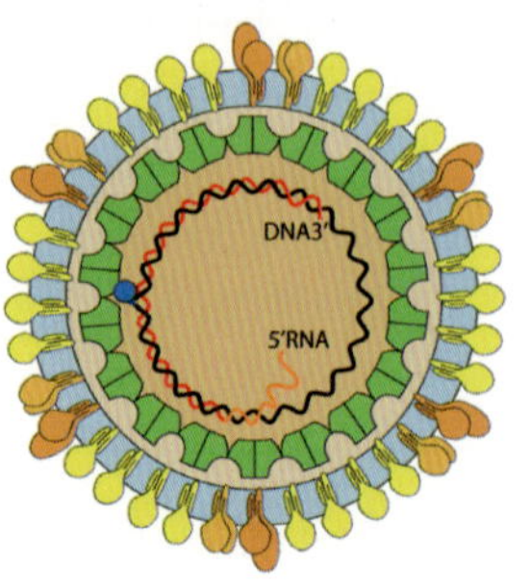

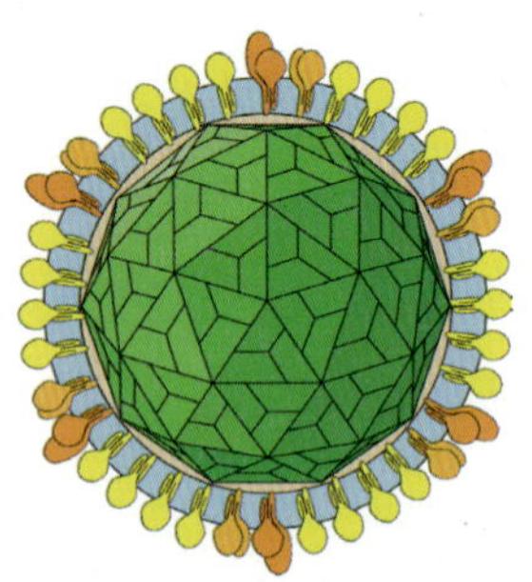

Hepadnaviridae

간염을 의미하는 *Hepa*titis와 게놈 *DNA*에서 유래

비리온

구형의 외막성 입자
지름 42 nm
정20면체형 캡시드, T = 4
뉴클레오캡시드가 없는 비감염성 작은 구형 및 섬유형 입자들이 많이 생성됨

게놈

한 가닥에 단일-가닥 갭을 가지는 환형의 이중-가닥 DNA, 3.2 kb

유전자와 단백질

세포 RNA 중합효소 II에 의하여 5개 프로모터에서 mRNA가 전사됨
4개의 중첩된 해독틀에서 7가지 단백질들이 합성됨

- *세 가지 표면 단백질들: LS, MS, SS*
- *코어 단백질: C, E*
- *중합효소(역전사효소) 단백질: P*
- *조절 단백질: X*

바이러스와 숙주

인간, 침팬지, 오리, 긴팔원숭이, 고릴라, 땅다람쥐, 왜가리, 오랑우탕, 흰기러기, 우드척, 털원숭이에 감염하는 hepatitis B virus들

질병

간염: 30–180일의 잠복기
혈액과 성적 접촉에 의해 전염
급성 질병은 가볍거나 심각할 수 있음
만성 혹은 관련 질병들: 간경변, 간암, 혈청병
치료: 페길화 인터페론, entecavir, telbivudine, tenefovir, adefovir, lamivudine
예방:

- *재조합 간염 B 표면 항원으로 백신 접종*
- *바이러스에 노출된 후 항-간염 B 면역글로불린 주사*

독특한 특징들

세포에서 불완전한 게놈 복제로 인하여 부분적 단일-가닥, 부분적 이중-가닥인 독특한 환형 게놈이 만들어짐
전게놈 RNA는 mRNA와 게놈 DNA 합성을 위한 주형으로 이용됨
바이러스 조립과정에서 캡시드 내에서 역전사효소(중합효소 단백질)가 전게놈 RNA로부터 게놈 DNA를 생성함
다량의 비감염성 구형 및 섬유형 입자들이 만들어짐
위성 바이러스를 가짐: hepatitis delta virus(31장 참조, 바이로이드)

적어도 7가지 바이러스들이 인간에 간염을 유발한다

간염(hepatitis; 간의 염증)은 전 세계적인 주요 공중보건 문제이다. 현재까지 인체에 간염을 유발하는 일곱 가지 바이러스들이 알려져 있다. 간염을 유발하는 바이러스들이 확인되기 전에는 병원체를 전염 방식과 역학에 따라 분류하였다. 1947년에 MacCallum은 **장을 통한(enteric)** 감염성 간염과 혈청 간염을 구분하기 위하여 "A형 간염(hepatitis A)"과 "B형 간염(hepatitis B)"이라는 용어를 처음으로 사용하였다. A형 간염은 주로 분변-구강 경로로 전염되는 반면에 B형 간염은 주로 혈액 접촉을 통하여 전염된다. 이러한 용어들은 WHO의 바이러스성 간염 위원회에 의하여 채택되었다. Hepatitis A virus는 *Picornaviridae*(11장)에 속한다. A형 및 B형 간염 바이러스와 구분되는 새로운 혈액 기원의 간염 바이러스가 분리되어 C형 간염 바이러스(hepatitis C virus)로 명명되었으며 이는 *Flaviviridae*(12장)에 속한다. 또한 D형(혹은 델타)에서 G형까지 명명된

적어도 4가지 다른 간염 바이러스들이 현재까지 알려져 있다.

Hepatitis B virus의 발견

1963년에 Baruch Blumberg는 오스트레일리아 원주민의 혈액에서 새로운 단백질을 발견하여 이를 오스트레일리아 항원이라고 명명하였다. 곧 이어 이 단백질이 B형 간염과 관련이 있음이 보고되었으며 지금은 B형 간염 표면 항원(hepatitis B surface antigen)으로 알려져 있다. 1973년에 David Dane은 B형 간염 환자의 혈청에서 바이러스-유사 입자를 발견하였다; 이 입자는 hepatitis B virus(HBV)의 비리온으로서 Dane 입자로 명명되었다(그림 30.1). Paul Kaplan은 HBV 비리온의 코어에서 RNA/DNA-의존적 DNA 중합효소(역전사효소)를 발견하였다. 마침내 1979년에 Pierre Tiollais, Patrick Charny, Pablo Valenzuela 및 William Rutter에 의하여 HBV의 DNA 게놈이 클로닝되어 염기 서열이 결정되었다.

바이러스의 세계에서 HBV는 매우 특이한 바이러스이다. 이는 매우 치밀한 3.2-kb의 환형 DNA 게놈을 가지고, 광범위한 중첩 해독틀을 이용하며, 전게놈 RNA를 만들고, 복제과정에서 역전사 단계를 수행한다. HBV는 역전사효소를 이용하기 때문에 복제과정에 역전사효소를 이용하는 바이러스로 먼저 알려진 retrovirus와 비교해 볼 수 있다. 비록 이들은 복제주기의 필수 단계에서 공통적으로 역전사를 이용하지만 중요한 차이를 나타낸다. Retrovirus는 RNA 게놈을 포장하고 숙주세포에 들어가면 역전사과정을 통하여 게놈 RNA를 DNA로 전환한다. 반면에 hepadnavirus는 바이러스 조립 단계에서 역전사과정을 통하여 전게놈 RNA에서 DNA 게놈을 생성한다.

*Hepadnaviridae*과의 대표 종은 인간 HBV이다. 이와 유사한 바이러스들이 수많은 동물들에서 발견되었으며, 이들 가운데 일부는 hepadnavirus 복제 및 병원성 연구를 위한 모델을 제공한다. 비록 HB 표면 항원이 다른 영장류에서도 발견되지만 HBV의 주요 병원소는 인간이다. 식물 바이러스인 Cauliflower mosaic virus도 환형의 DNA와 중첩 해독틀을 가지고 복제과정에서 역전사효소를 이용한다. 이는 hepadnavirus의 먼 사촌에 해당하는 바이러스이다(표 3.6 참조).

WHO는 전 세계적으로 약 20억 명이 HBV에 감염된 적이 있으며, 이들 가운데 3억 5천만 명 정도가 만성 보균자로 추정하고 있다. 전염은 주로 혈액(수혈과 주사바늘 공유)과 성적 접촉을 통하여 이루어진다. 또한 출산과정에서 산모에서 신생아에게 바이러스가 전달된다. Hepatitis delta virus(HDV; 31장 참조)로 알려진 위성 바이러스는 HBV 감염과 밀접한 관련성이 있다. HDV는 자신의 캡시드 단백질과 게놈 RNA를 둘러싸는 외막에 HB 표면 항원을 이용하므로 HBV에 감염된 세포에서만 복제할 수 있다. 그러나 HDV는 hepadnavirus와는 특성이 전혀 다르고 바이로이드(viroid)와 유사하다.

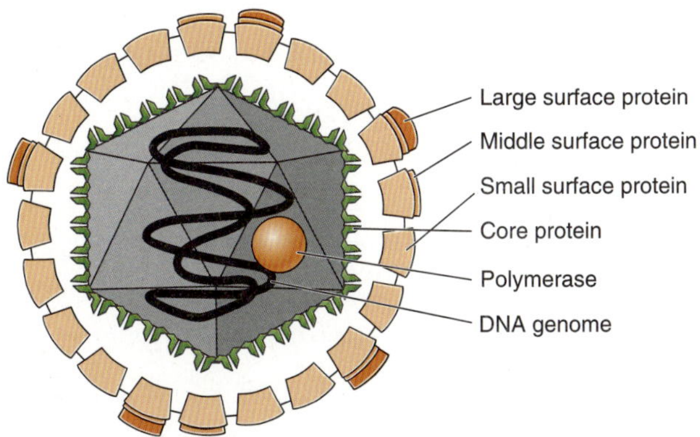

그림 30.1 Hepatitis B virus 비리온의 구조. HBV 게놈을 검은 물결선으로 나타내었으며 이에 중합효소(주황색 구체)가 결합되어 있다. 정20면체형의 캡시드는 코어 단백질로 구성된다. 외막은 세 가지 형의 표면 단백질들(주황색 소단위체들)을 포함하며 캡시드를 둘러싸고 있다.

Dane 입자가 감염성 비리온이다; 많은 비감염성 입자들은 뉴클레오캡시드를 가지지 않는다

HBV의 비리온인 Dane 입자(그림 30.1)는 지름이 42 nm이며 외막은 HB 표면(S) 단백질들과 지질을 포함한다; 그러나 전자현미경으로 관찰하면 외막은 전형적인 단위막 구조를 나타내지 않고 대부분의 다른 막들보다 낮은 지질 함량을 나타낸다. 외막으로 둘러싸인 뉴클레오캡시드 혹은 코어는 $T = 4$의 정20면체형 대칭으로 배열된 180분자의 HB 코어(C) 단백질로 이루어져 있다. 코어는 바이러스 게놈 이외에 적어도 한 분자의 역전사효소(P)를 포함한다.

급성 감염기에는 Dane 입자들과 함께 고농도의 비감염성 입자들이 혈청에서 검출된다. 이 입자들은 주로 지질과 HB 표면 단백질로 이루어져 있다. 지름이 20 nm인 섬유형 혹은 구형의 비감염성 입자들이 혈청에서 발견된다. 구형은 작은 HB 표면 단백질(SS)과 중간 HB 표면 단백질(MS)을 포함하는 반면 섬유형은 큰 HB 표면 단백질(LS)도 포함한다. 이 입자들은 코어 단백질, 역전사효소 혹은 바이러스 게놈 DNA를 포함하지 않는다. 비감염성 입자들은 바이러스 표면 항원을 포함하므로 감염된 숙주에서 면역반응을 유도할 수 있다. 하지만 바이러스가 다량의 비감염성 입자들을 생성하는 이유는 면역반응을 회피하기 위한 수단이며 일종의 잠행 메커니즘(stealth mechanism)으로 작용하는 것 같다; 항체와 **보체(complement)**가 이들에 결합하면 이보다 훨씬 더 적은 비리온은 면역계의 공격을 받지 않고 혈액에서 이동할 수 있다.

전 세계에서 발견되는 HBV들은 게놈 서열의 차이에 따라서 8가지 주요 유전자형(genotypes)과 표면 단백질의 항원성에 따라서 4가지 주요 혈청형(serotypes)으로 분류된다. 8가지 유전자형은 그룹 A에서 그룹 H까지 지정되었으며, 지역에 따라서 다른 분포를 나타낸다. 예를 들면, 유전자형 A와 D는 유럽에서 주로 발견되고, D와 E는 아프리카에서, B, C 및 D는 아시아에서, B는 알라스카에서, C는 오스트레일리아에서, 그리고 F, G 및 H는 중앙아메리카와 남아메리카에서 주로 발견된다. 유전자형들은 질병 증상의 정도, 만성 간질환의 유도 능력 그리고 **인터페론(interferon)** 혹은 화학 치료법에 대한 반응에서 차이를 나타낸다.

혈청형은 SS 단백질에 있는 항체 인식부위의 차이에 따라서 정해진다. 모든 HBV의 표면 단백질에 존재하는 공통적인 **에피토프(epitope)**를 결정인자 a(determinant a)라고 한다. 4가지 독특한 혈청형들은 두 쌍의 상호 배타적인 에피토프 즉, “d” 혹은 “y” 그리고 “w” 혹은 “r”을 포함한다. 결정인자 d는 SS의 122번 위치에 라이신을 가지며 y는 이 위치에 아르기닌을 가진다; w는 160번 위치에 라이신을 가지고 r은 이 위치에 아르기닌을 가진다. 따라서 HBV의 혈청형은 adw 혹은 adr 등으로 구분된다.

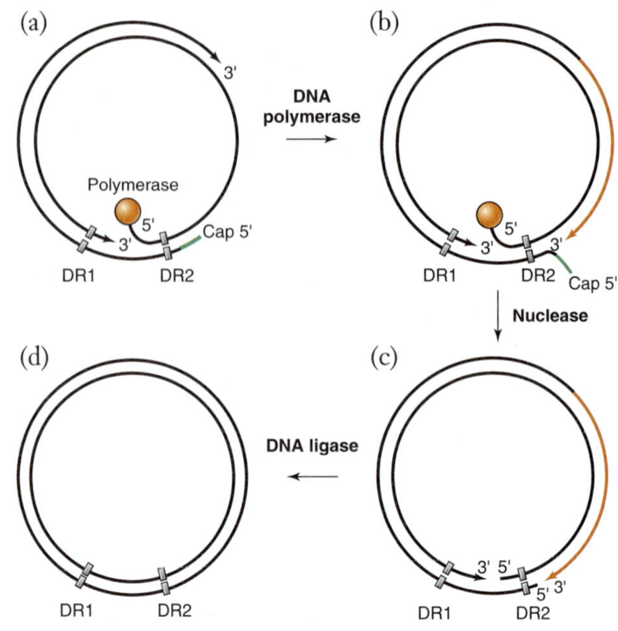

그림 30.2 HBV DNA 게놈의 구조와 cccDNA로의 전환. (a) 음성-가닥(안쪽 원)과 양성-가닥(바깥 원) 게놈 DNA의 5′ 끝은 DR2(회색 상자)라고 하는 짧은 상보적 영역을 통하여 결합되어 있다. 음성-가닥의 5′ 끝에는 바이러스 중합효소 단백질(주황색 구체)이 결합되어 있고, 양성-가닥의 5′ 끝에는 짧은 캡을 가지는 RNA(청색 선)가 결합되어 있다. 불완전하게 합성된 양성-가닥은 음성-가닥보다 더 짧다. (b) DNA 중합효소가 양성-가닥을 연장하여 단일-가닥 갭(주황색)을 채운다. (c) 뉴클레아제가 양 가닥의 5′ 끝을 제거한다. (d) DNA 이음효소가 각 가닥의 3′과 5′ 끝을 연결하여 공유결합으로 닫힌 이중-가닥 환형 DNA가 형성된다.

바이러스 게놈은 환형의 부분적으로 단일-가닥인 DNA이며 중첩 해독틀을 가진다

HBV는 매우 작은 게놈을 가지며 환형의 DNA는 길이가 3.2 kb에 불과하다. 이 DNA는 비리온에 따라 단일-가닥 영역의 길이가 다양한 부분적으로 이중-가닥인 특이한 구조를 가진다(그림 30.2a). 더구나 다른 DNA 바이러스들의 환형 게놈과는 달리 DNA 두 가닥 모두가 공유결합으로 닫힌 환형을 형성하지 않는다. 완전한 길이를 가지는 음성-가닥 DNA의 5′ 끝이 역전사효소 활성을 가지는 바이러스 DNA 중합효소인 P 단백질의 티로신 잔기에 연결되어 있다. 이에 상보적인 양성-가닥 DNA의 5′에는 캡을 가지는 짧은 RNA가 연결되어 있다.

양성-가닥이 음성-가닥보다 더 짧은 이유는 양성-가닥의 합성이 중간에서 중단되기 때문이다. 따라서 다양한 길이의 단일-가닥 영역이 만들어진다. 양성-가닥과 음성-가닥의 5′ 끝 근처에 위치한 DR2라고 하는 짧은 반복서열들 간의 수소결합으로 DNA는 환형을 이룬다. 이러한 독특한 구조적 특징은 역전사를 통한 게놈 DNA의 생성 메커니즘 때문에 생겨난다. 파괴된 비리온과 dNTP를 *in vitro*에서 반응시키면 비리온의 DNA 중합효소가 양성 DNA 가닥을 연장하여 단일-가닥 갭을 채운다(그림 30.2b).

HBV 게놈의 암호화 영역은 매우 효과적인 방식으로 조직되어 있다(그림 30.3). 부분적으로 중첩된 4가지 해독틀 즉, 캡시드 단백질을 위한 C, 중합효소를 위한 P, 표면 단백질을 위한 S 그리고 조절 단백질을 위한 X가 번역되어 7가지 바이러스 단백질들을 생성한다. HBV의 게놈에 있는 모든 염기쌍들은 적어도 한 가지 바이러스 단백질의 암호화에 이용된다. 게놈은 또한 전사수준을 조절하는 두 개의 인헨서(Enh1과 2), 폴리아데닐화 신호, 포장 신호(ε) 그리고 직반복서열(DR1 및 DR2)을 포함한다. 이러한 서열들은 모두 하나 혹은 그 이상의 암호화 영역들과 중첩되어 있다(그림 30.3). 이와 같이 치밀한 게놈 내에 많은 중

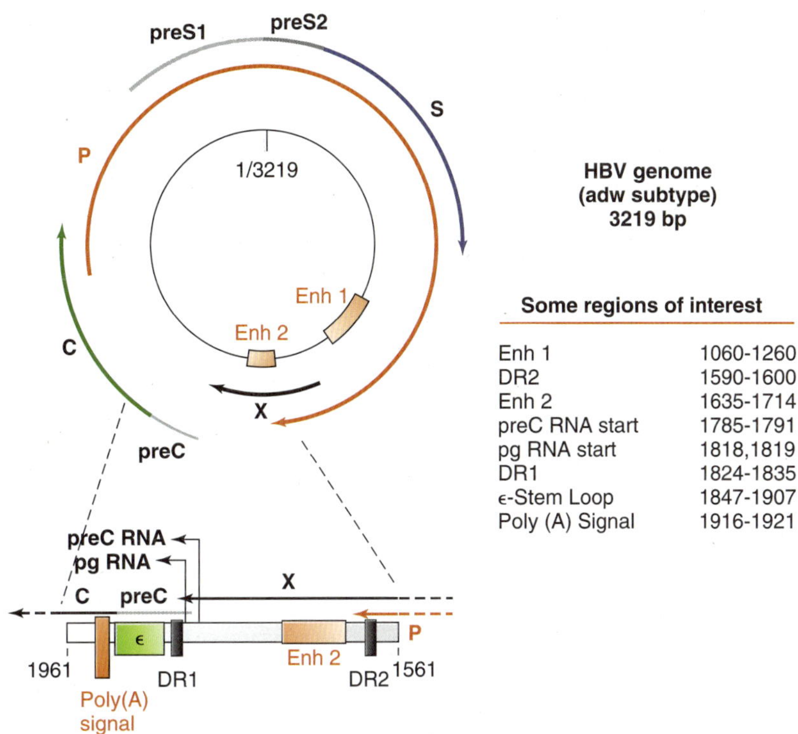

그림 30.3 HBV 게놈의 암호화 및 조절 영역들. 네 가지 부분적으로 중첩된 해독틀(C, P, S 및 X)과 이들의 전사 및 번역 방향을 화살표로 나타내었다. C와 S 해독틀의 번역은 2개 혹은 3개의 서로 다른 부위들(preC 혹은 C; preS1, preS2 혹은 S)에서 시작된다. 조절 서열과 암호화 서열이 중첩된 400-nt의 부위를 확대하여 나타내었다.

첩 기능들을 가지는 바이러스로는 HBV가 유일하다.

뉴클레오캡시드는 융합을 통하여 세포질에 들어가고 핵으로 수송된다

비록 단핵구, 상피세포 및 내피세포를 비롯한 다른 유형의 세포들에서도 최소한의 바이러스 복제가 가능하다고 알려져 있지만 HBV의 복제는 간세포(hepatocyte)에서 가장 효과적으로 일어난다. 오리 HBV는 오리의 간에서 갓 분리한 간세포에서 복제할 수 있다. 하지만 인간 HBV가 생산적으로 감염할 수 있는 *in vitro* 배양 세포주는 아직 구축되어 있지 않다. 따라서 바이러스 진입 초기 단계는 잘 알려지지 않았다. 그러나 클로닝된 바이러스 DNA를 다양한 세포주에 트랜스펙션하면 HBV의 DNA 합성이 일어난다. 이러한 세포계는 hepadnavirus의 생활주기 규명에 큰 도움을 준다.

HBV에 대한 수용체로 아포리포단백질-H, 피브로넥틴, IL-6, 아넥신 V 및 미확인된 80-kDa 단백질 등을 포함한 다양한 후보들이 제시되었지만 어느 것도 실제로 세포 수용체로 작용하는 지는 아직 확인되지 않았다.

LS 단백질은 세포막과 상호작용을 하면 절단되어 융합 펩티드를 노출한다. 이로 인하여 비리온 외막이 숙주세포 막과 융합하고 뉴클레오캡시드가 세포질에 방출된다. 그 다음 뉴클레오캡시드는 핵막으로 수송된다. 오리 HBV를 이용한 연구에 의하면, 코어와 핵공복합체의 상호작용을 통하여 바이러스 게놈이 핵 속으로 들어가는 것 같다.

핵 속에서 바이러스 게놈은 공유결합으로 닫힌 환형으로 전환된다(그림 30.2). 완전한 이중-가닥 DNA를 형성하기 위하여 양성-가닥 DNA가 연장되어 단일-가닥 갭 영역을 메우고, 말단 프라이머(음성-가닥의 P 단백질과 양성-가닥의 캡을 가지는 짧은 RNA)가 제거되고, 마지막으로 각 DNA 가닥의 3′ 및 5′ 끝이 공유결합으로 이어진다(그림 30.2b, c 및 d). P 단백질이 양성-가닥의 연장에 관여할 수도 있지만, 저해제 연구에 의하면 이 모든 단계들(가닥 연장, 프라이머 제거, 이음)은 핵 속의 숙주세포 효소들에 의해 수행되는 것 같다.

바이러스 DNA의 전사로 여러 가지 mRNA들과 전게놈 RNA가 생성된다

Retrovirus와는 달리 hepadnavirus의 DNA는 숙주세포의 게놈에 삽입되지 않고 자유로운 환형으로 핵 속에 존

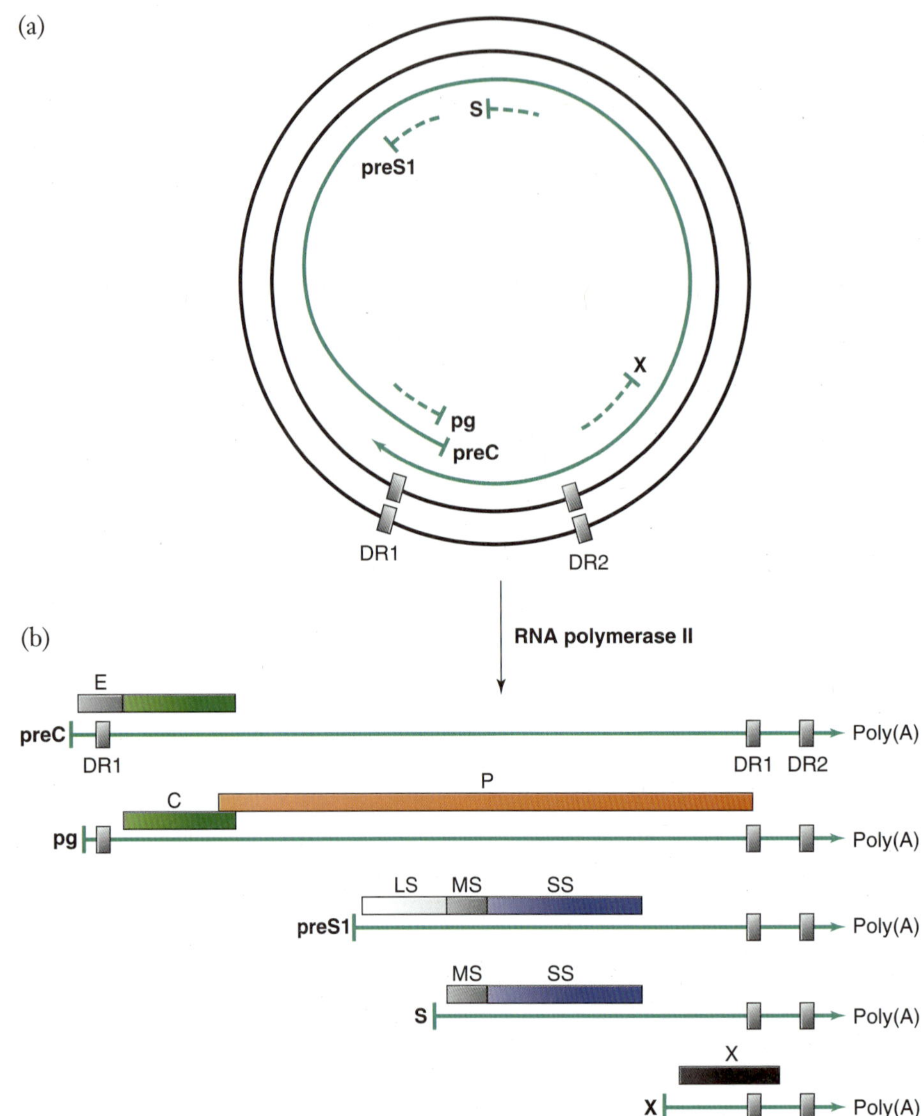

그림 30.4 HBV DNA의 전사. (a) 숙주 RNA 중합효소 II가 환형의 DNA에 있는 5개의 프로모터(preC, pg, preS1, S 및 X)를 인식하여 전사를 시작하고 공통적인 3′ 폴리아데닐화 말단을 가지는 5가지 종류의 mRNA를 생성한다. (b) 각 mRNA에 해당하는 해독틀과 번역 산물들을 나타내었다. pgRNA는 바이러스 복제를 위한 주형으로도 제공된다.

재한다. 세포 RNA 중합효소 II는 환형의 바이러스 DNA를 주형으로 이용하여 5가지 mRNA를 합성하며 이들 가운데 하나가 전게놈 RNA(pregenomic RNA, pgRNA)로 제공된다. 전사는 다양한 세포 전사인자들의 결합부위들을 가지는 두 개의 인헨서(Enh I 및 Enh II)에 의하여 조절된다(그림 30.3). 5개의 프로모터 요소들 즉, preC, pregenome, preS1, S 및 X가 RNA 중합효소 II에 의한 전사 개시를 지시한다(그림 30.4). preC와 pre-genome 프로모터는 아주 근접하여 10–15 뉴클레오티드만 떨어져 있다(그림 30.3). 하나의 폴리아데닐화 신호가 모든 바이러스 RNA의 3′ 끝을 지정한다. 모두 900에서 3500 뉴클레오티드 크기인 5종류의 RNA 전사물들이 생성된다(그림 30.4).

가장 작은 mRNA는 X 단백질을 암호화한다. S 프로모터에서 시작한 전사물은 작은 표면 항원(SS)과 중간 표면 항원(MS)을 암호화하고, preS1 프로모터에서 시작한 전사물은 큰 표면 항원(LS)을 암호화한다. Pre-genome 프로모터에서 시작한 전사물은 두 가지 역할을 한다. 이는 C와 중합효소 단백질을 위한 mRNA로 작용할 뿐만 아니라 자손 바이러스 게놈 DNA의 합성과정에서 중간체인 전게놈 RNA(pgRNA)로 제공된다. 그 옆에 있는 preC 프로모터에서 시작한 전사물은 E 단백질을 암호화한다.

3.5-kb pg 및 preC 전사물은 환형 DNA 게놈을 한 바

퀴 이상 연장하여 생성된다. 이들의 프로모터는 폴리아데닐화 신호 앞에 위치하지만 이 프로모터에서 시작한 RNA가 프로모터와 매우 가까이 위치한 폴리아데닐화 신호를 처음 통과할 때에는 절단되지 않는다. 이는 아마도 대부분의 척추동물 유전자들에서 발견되는 공통 서열(AAUAAA)과는 다른 폴리아데닐화 신호(UAUAAA)를 이용하기 때문인 것 같다.

HBV 단백질들의 기능

X 단백질. 가장 작은 해독틀은 154-아미노산의 X 단백질을 암호화한다. 이 단백질의 기능은 그 이름이 암시하듯이 아직 불확실하다; 수년에 걸쳐 많은 연구가 이루어졌지만 여전히 논란의 여지가 남아있다. X는 **간암(hepatocellular carcinoma)** 발생과 관련이 있다.

X는 성숙한 비리온이나 뉴클레오캡시드에는 발견되지 않지만 초기 감염 단계에서 바이러스 유전자의 전사를 촉진한다. 처음에는 이를 "난잡한 전사활성인자(promiscuous transactivator)"라고 하였다. 그 이유는 X 단백질이 바이러스 유전자들 뿐만 아니라 많은 세포 유전자들의 발현을 촉진하기 때문이다. 그러나 대부분의 X 단백질이 세포질에 존재하므로 이 단백질은 주로 신호전달경로를 조절하는 것 같다.

X는 **c-Src 키나아제**, **Ras**/raf/MAP 키나아제, 스트레스 키나아제(SAPK), 단백질 키나아제 C(PKC), **Jak-Stat 경로**(33장 참조) 및 전사인자 **NFκB**를 활성화시키고 종양억제자 단백질인 p53(21, 22, 23장 참조)과 결합하여 이를 격리시킨다. 이는 또한 Fas, **종양괴사인자(TNF)**, TGF-β 혹은 p53에 의해 매개되는 **세포자살(apoptosis)**을 저해할 수 있다.

최근 X가 미토콘드리아에 작용하여 막 전위를 저해하고 간에 돌연변이를 유도할 수 있는 활성 산소종(reactive oxygen species)의 생성을 유도한다는 것이 알려졌다. X는 또한 피브로넥틴의 생성을 촉진하여 섬유 성장(fibrogenesis)을 촉진한다. 여러 연구실에서 HBV X 단백질을 발현하는 형질전환 생쥐들이 만들어졌다. 이 형질전환 생쥐들은 출생 1년 이내에 간암을 발생하는 경향이 있으며, 이들은 간 발암원에 더 민감하게 반응한다.

표면 단백질. S 해독틀 내부에는 틀이 같은 3개의 개시 코돈이 존재한다. 따라서 세 가지 크기의 표면 단백질들은 모두 C-말단 부위에 S 영역을 포함한다(그림 30.3과 30.4). 이 단백질들은 비리온의 외막 형성 뿐만 아니라 혈청에서 발견되는 비감염성 입자 형성에도 관여한다.

작은 HB 표면 단백질(SS, 혹은 SHBs로도 알려짐)은 원래 오스트레일리아 항원으로 알려진 가장 작고 가장 많은 표면 단백질이다. SS는 네 가지 α-나선형 소수성 영역들을 가진다. 이는 높은 안정성을 부여하는 14개의 시스테인 잔기들의 교차 연결을 가지고 146번 아스파라긴에 당화가 일어날 수 있다. SS는 적어도 2개의 횡단막 영역을 가진다. DNA 서열 분석이 이루어지기 전에는 SS의 항원성 에피토프에 기초하여 HBV의 변종들을 분류하였다.

두 번째로 가장 많은 막 단백질은 중간 HB 표면 단백질(MS 혹은 MHBs)이다. MS 단백질은 preS2 영역이 암호화하는 55개의 N-말단 아미노산들을 추가로 가진다(그림 30.3). 이 추가된 아미노산들은 주로 친수성이고 HBV 비리온의 외부 표면에 위치한다. PreS2 영역의 4번 아스파라긴에서도 당화가 일어난다. 그러나 MS 단백질을 발현할 수 없는 바이러스도 감염성 비리온을 생성할 수 있다.

큰 HB 표면 단백질(LS 혹은 LHBs)은 가장 크지만 가장 적은 외막 단백질이다. 이는 preS2와 S 도메인 이외에 N 말단의 preS1 영역에 119개의 아미노산들을 추가로 가진다. PreS1의 서열은 변종에 따라 다양하고 이는 숙주세포에의 부착에 관여한다. PreS1 영역은 당화 부위를 추가로 가지지는 않지만 N-말단부에 첨가된 **미리스테이트(myristate)**를 통하여 막에 고정된다. 미리스테이트는 또한 막 표면에서 LS가 적절하게 접히도록 도와준다. IL-6과 아넥신 V와 같은 다양한 단백질들이 LS의 preS1 영역과 상호작용하는 것으로 알려졌다; 이들은 아마도 바이러스의 세포 수용체로 작용하는 것 같다.

코어 단백질과 E 단백질. C 해독틀은 관련은 있지만 기능적으로 독특한 두 가지 단백질들 즉, 코어 단백질(C 혹은 HBc)과 E 단백질(혹은 HBe)을 암호화한다. 185개의 아미노산들로 이루어진 코어 단백질은 바이러스 게놈을 포장하는 뉴클레오캡시드의 주요 성분이다. 이는 5개의 α-나선을 가지고 C-말단 영역에 RNA 결합에 관여하는 4개의 아르기닌 잔기들이 모여 있다. 코어 단백질은 쉽게 2량체를 형성하고 2량체들 사이의 상호작용으로 뉴클레오캡시드의 정20면체형 구조가 형성된다.

E 단백질은 매우 다른 운명과 기능을 가진다. 이는 급성 HBV 감염의 초기("early")에 혈청에 출현하므로 *e* 항원이라 명명되었다. PreC 영역(그림 30.3)은 E 단백질을 소포체로 유도하는 소수성 횡단막 영역을 암호화하고 이 신호 서열은 소포체에서 절단되어 제거된다. E와 C 단백질은 거의 동일하지만 존재하는 위치가 다르므로 서로 다르게 접혀 항원성에서 차이를 나타낸다. 또 다른 차이로는 E의 염기성 C-말단 영역이 프로테아제에 의해 절단되어

제거된다. E의 기능은 아직 확실히 알려지지 않았다. 한 가지 설에 의하면, 높은 수준의 E 단백질은 숙주 면역계를 억제하여 HBV가 감염된 세포들을 면역계로부터 보호한다. 이 가설을 지지하는 증거로 E 단백질이 없는 우드척 간염 바이러스 변이체는 지속적 감염을 확립할 수 없다.

중합효소 단백질. 게놈에서 가장 큰 해독틀은 DNA 중합효소 단백질(P 혹은 HBp)을 암호화한다. 이 90 kDa 단백질은 RNA/DNA-의존적 DNA 중합효소(역전사효소)로 작용한다. 중합효소는 hepadnavirus의 게놈 복제와 전게놈 RNA의 캡시드 내 포장에 결정적인 역할을 한다. P는 4가지 독특한 영역 즉, 음성-가닥 DNA 합성을 위한 프라이머로 작용하는 N-말단 영역, 간격 영역, 역전사효소 영역, 그리고 **리보뉴클레아제 H(ribonuclease H, RNase H)** 영역을 가진다. RNase H 활성은 게놈 복제과정에서 전게놈 RNA의 분해에 이용된다.

전게놈 RNA는 중합효소 및 코어 단백질과의 상호작용에 의하여 포장된다

전게놈 RNA(pgRNA)는 C와 P 단백질을 위한 mRNA로 작용할 뿐만 아니라 DNA 게놈의 생성을 위한 주형으로도 이용된다. DNA 게놈의 합성은 C와 P 단백질들을 포함하는 "포장"된 RNA-단백질 복합체에서 일어난다. 바이러스 복제기구는 엡실론(ε) 줄기-고리 영역(그림 30.3과 30.5)을 인식하여 전게놈 RNA를 포장한다.

모든 바이러스 전사물들은 3′ 말단 근처에 위치한 폴리아데닐화 부위 바로 앞에 한 벌의 ε을 가진다. 하지만 전게놈 및 preC RNA는 5′ 말단 근처에 두 번째 ε을 가진다. 하지만 전게놈 RNA에 있는 5′ ε만 기능성 포장 신호로 이용된다. 약간 더 긴 preC RNA는 포장되지 않는데 이는 ε 구조와 중첩되어 있는 preC 해독틀의 번역이 포장을 방해하기 때문이다. 전게놈 RNA는 preC 해독틀의 개시코돈 바로 아래에서 시작되므로 이 영역은 pg RNA에서 번역되지 않는다(그림 30.3).

ε 영역의 서열 분석에 의하면 역반복서열이 3차원적인 줄기-고리 구조(그림 30.5)를 형성하는 것으로 추정된다. 이와 같은 2차 구조는 1차 서열에서의 많은 차이에도 불구하고 모든 hepadnavirus들에서 보존되어 있다. 중합효소 단백질이 ε 줄기-고리 구조를 인식하고 직접 상호작용하면 전게놈 RNA의 캡시드 포장과 역전사가 시작된다. 중합효소가 ε 줄기-고리 구조에 결합하면 중합효소 단백질의 C-말단부가 코어 단백질과 상호작용하여 캡시드 형성이 시작된다.

게놈 복제는 전게놈 RNA의 역전사를 통하여 일어난다

전체적으로 보면 HBV의 전게놈 RNA로부터 DNA 게놈의 합성은 retrovirus의 게놈 RNA로부터 프로바이러스 DNA의 합성(28장)과 유사하다. 두 경우 모두 역전사효소가 주형 RNA의 5′ 끝 근처에서 DNA 합성을 시작하고, 그 다음에 3′ 끝에 있는 반복서열로 이동하여 나머지 RNA 부분을 복사한다. 효소가 DNA를 합성하고 나면 주형 RNA는 분해된다. 그러나 자세한 과정들은 다음에 설명한 바와 같이 많은 차이를 나타낸다(그림 30.5와 표 30.1).

1단계. 역전사과정은 P가 5′ ε 줄기-고리 구조에 결합하면서 시작된다. Retrovirus의 역전사효소는 게놈 RNA에 결합된 세포 tRNA를 DNA 복사본 합성의 개시를 위한 프라이머로 이용한다(28장). 반면에 HBV는 DNA 사슬의 첫 뉴클레오티드를 중합효소에 있는 티로신 잔기의 수산기에 공유결합으로 연결한 뒤 전게놈 RNA로부터 DNA 합성을 시작한다. 이는 adenovirus가 선형의 이중-가닥 DNA 게놈의 복제를 시작하는 메커니즘(23장 참조)과 유사하다. 하지만 hepadnavirus의 경우에는 중합효소가 adenovirus의 말단 단백질과 DNA 중합효소의 역할을 모두 수행한다. P 단백질은 DNA에 연결된 상태에서 모든 과정을 수행하므로 아마도 활성 부위가 합성 중인 DNA 분자의 3′ 끝을 연장하는 동안에도 DNA의 5′ 끝은 P의 어떤 부위에 부착되어 환형의 복합체를 이루는 것 같다.

2단계와 3단계. 5′ ε 줄기-고리 구조를 지나 몇 개의 뉴클레오티드를 복제하고 나면 효소와 새로 합성된 DNA는 전게놈 RNA의 3′ 끝 근처에 위치한 직반복 영역 1(DR1)로 위치를 이동한다. 이 단계는 retrovirus의 "음성 강한 중단(minus strong-stop)" DNA가 게놈 RNA의 3′ 끝에 있는 반복 영역으로 이동하는 것과 같다.

4단계와 5단계. P 단백질은 RNA 주형의 5′ 끝까지 DNA 사슬을 연장하여 전게놈 RNA의 나머지 부분에서 완전한 음성-가닥 복사본을 만든다. 역전사가 진행함에 따라서 RNA 주형은 P의 RNase H 활성에 의해 분해된다. DR1 영역을 포함하여 5′ 끝의 짧은 RNA 단편은 RNase H에 저항성을 나타내어 분해되지 않고 남는다. 이 단편은 새로 합성된 음성-가닥 DNA의 5′ 끝 근처에 있는 DR2 영역으로 이동하여 짧은 RNA/DNA 혼성체를 형성한다.

6단계와 7단계. 이동한 RNA 단편은 양성-가닥 DNA 합성을 위한 프라이머로 제공된다. 2단계에서처럼 중합효소

는 5′ 끝 근처에서 음성-가닥 주형 DNA를 복사하기 시작하여 5′ 끝에 RNA 단편을 가지는 짧은 DNA 산물이 만들어진다. 이 DNA 사슬은 음성-가닥 DNA 분자의 3′ 끝으로 점프하여 DR1 서열에 결합하고 중합효소는 음성-가닥의 복사를 계속 진행한다. 새로 합성된 양성-가닥은 음성-가닥과 수소결합을 유지하여 이중-가닥 DNA가 형성된다.

그러나 양성-가닥 DNA 합성은 숙주세포에서 비리온의 조립이 완료되기 전에 보통 끝나지 못하고 비리온 내의

1. Polymerase binds to 5′ ε-stem-loop on pg RNA

2. Initiation of RT activity

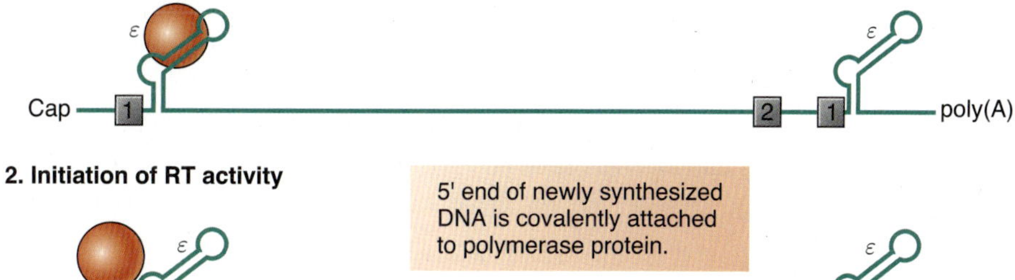

3. Polymerase-DNA transfers to 3′ DR1 site

4. Elongation of minus-strand DNA; RNA template degradation

5. Capped RNA fragment remains at 5′ end of template

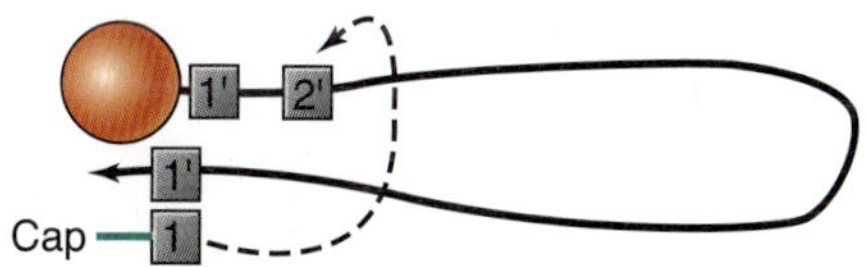

6. Initiation of plus-strand DNA synthesis

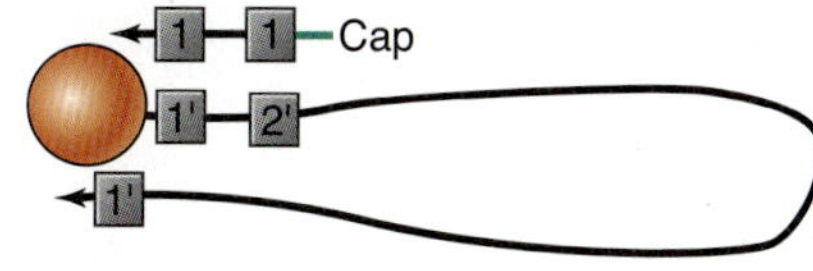

7. Transfer of plus-strand DNA to 3′ DR1 site on minus-strand DNA; elongation of plus-strand DNA

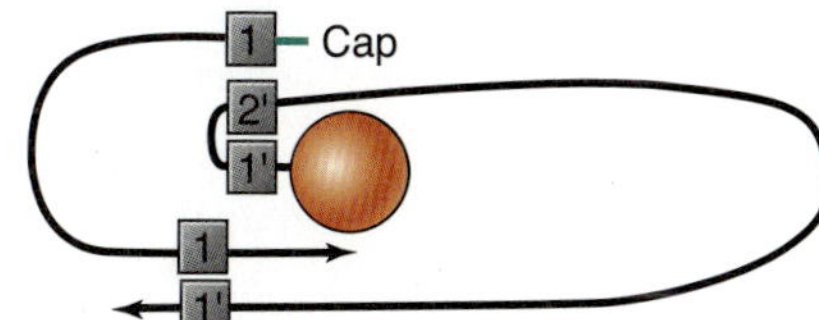

그림 30.5 역전사를 통한 HBV 게놈 전구체 RNA에서 게놈 DNA의 형성. 1과 2로 표시한 상자들은 DR1과 DR2 서열 요소들을 나타낸다. ε 줄기-고리 구조가 게놈 전구체 RNA(pg RNA)의 양 말단에 있다. 주황색 구체는 역전사효소(P 단백질)를 나타낸다. 합성 중인 DNA 사슬(검은색)의 3′ 말단을 화살표로 나타내었다. RNAse H에 의하여 분해되는 RNA(청색)를 점선으로 나타내었다. 자세한 설명은 본문 참조.

표 30.1 Retrovirus와 hepadnavirus가 수행하는 역전사과정의 비교

Step	Retroviruses	Hepadnaviruses
Template for DNA synthesis	Plus-strand virion RNA	Plus-strand pregenome RNA
Site of DNA synthesis	Residual capsid after virus entry (cytoplasm)	Newly assembled capsid before virion formation (cytoplasm)
Primer for initiation of minus-strand DNA synthesis	Cellular tRNA bound near 5′ end of genome RNA	Polymerase protein bound near 5′ end of pregenome RNA
First switch: to 3′ end of RNA template	Via terminal repeat (R) sequence	Via subterminal DR1 sequence
RNA template degradation	RNAse H activity in reverse transcriptase	RNAse H activity in Polymerase
Initiation of plus-strand-DNA synthesis	RNAse H-resistant polypyrimidine tract in genome RNA	RNAse H-resistant capped 5′ RNA fragment bound to DR2 sequence
Second switch: to 3′ end of minus-strand DNA	Via primer-binding site	Via DR1 sequence
Final product	ds linear DNA with long terminal repeats	Partly ss/ds circular DNA
Fate of DNA	Integrated into cellular chromosomal DNA	Incorporated into virions

dNTP가 소진되면 멈춘다. 따라서 정제된 비리온의 게놈에는 단일-가닥 DNA 영역이 나타난다. 그림 30.5의 7단계에서 보여 준 분자는 그림 30.2a에 제시된 분자와 동일하다. 표 30.1과 그림 30.6에 retrovirus와 hepadnavirus의 역전사 메커니즘과 복제주기에 대한 유사점과 차이점을 요약하여 나타내었다.

비리온은 소포체에서 출아에 의하여 형성된다

S mRNA가 preS1 mRNA보다 더 많이 만들어지므로 LS 단백질보다 SS 및 MS 단백질이 더 많이 만들어진다. 이 단백질들은 번역과정에서 소포체에 삽입된다(그림 30.7). 횡단막 영역들 간의 상호작용을 통하여 S 단백질들은 숙주세포 단백질들을 배제하고 소포체 막의 특정 영역에서

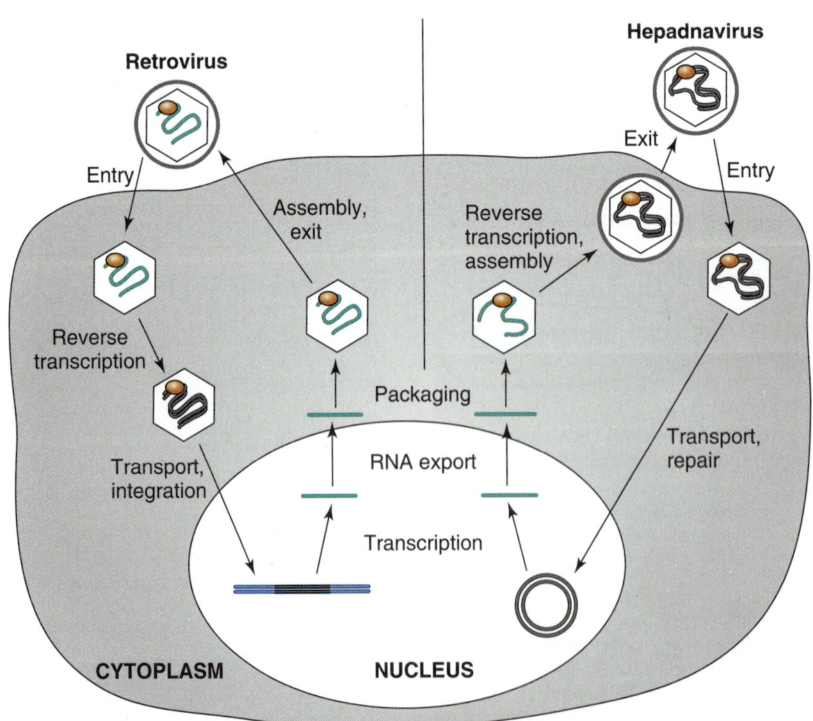

그림 30.6 **Retrovirus와 hepadnavirus의 복제주기를 비교한 모식도.** RNA는 청색, DNA는 검은색으로 나타내었다. 캡시드는 육각형, 바이러스 외막은 회색 원으로 나타내었다. 역전사효소는 주황색 구체로 나타내었다. 복제주기의 자세한 사항들은 생략하였다.

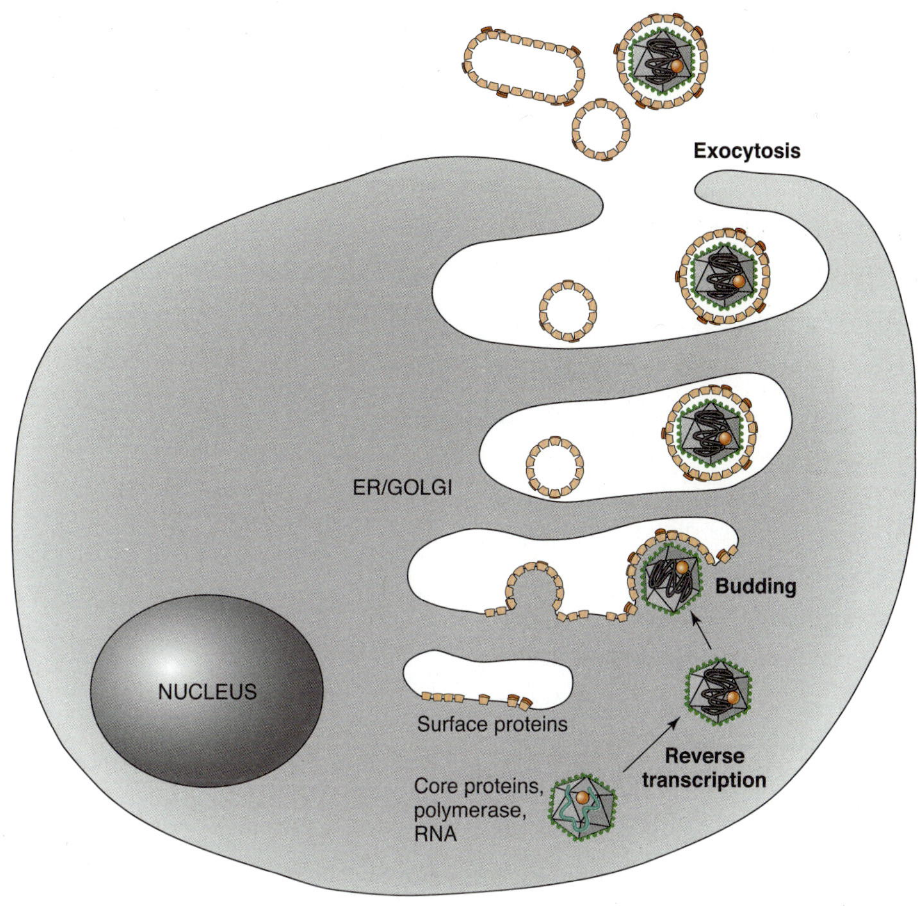

그림 30.7 HBV의 뉴클레오캡시드와 비리온 조립과정. 표면 단백질들은 소포체와 골지체의 막에 삽입된다. 뉴클레오캡시드는 세포기질에서 조립되고 역전사과정을 통하여 DNA 게놈이 생성된다. 소포체와 골지체 내강으로의 출아를 통하여 비리온과 비감염성 입자들이 형성되고 수송소낭이 원형질막과 융합하면 이들은 세포 밖으로 방출된다.

모인다. S 단백질들이 풍부한 영역은 코어가 없더라도 소포체 내강으로 출아할 수 있기 때문에 지름 22-nm의 구형 및 섬유형 입자들이 많이 형성된다(그림 30.7). 이 비감염성 입자들은 LS 단백질을 거의 포함하지 않는다.

조립된 코어는 표면 단백질들이 풍부한 골지막의 영역과 결합한다. LS는 골지막의 세포질 측면에서 코어 단백질과 상호작용하여 뉴클레오캡시드를 소낭 내로 끌어 들여 골지 소낭의 내강에서 42-nm의 외막성 Dane 입자를 형성한다(그림 30.7). 성숙한 비리온들은 **외포작용(exocytosis)**을 통하여 세포 밖으로 분비된다.

HBV는 만성 혹은 급성 간염, 간경변 및 간암을 유발할 수 있다

HBV는 감염 세포를 즉시 죽이지 않고 만성적이고 지속적인 감염을 유도한다. 숙주에서 일어나는 대부분의 조직 손상은 감염 세포의 표면에 있는 바이러스 항원들에 대한 숙주의 면역반응 결과로 생겨난다. 바이러스 감염의 잠복기는 평균 2–3개월이지만 바이러스 감염량에 따라 6개월에 이를 수도 있다.

감염 초기에 환자의 약 절반은 증상을 못 느끼지만 나머지는 독감-유사 증상, **황달(jaundice)**, 혈중 간 효소(alanine aminotransferase, ALT; aspartate aminotransferase, AST) 증가 및 혈중 바이러스 항원 과다에 대한 과민성 반응인 **혈청병(serum sickness)** 등의 증상들을 나타낸다. 다행히 성인 감염자의 약 90%는 6개월 이내에 감염이 사라지고 더 이상 증상이 나타나지 않는다.

감염자의 약 1%는 **전격성 간염(fulminant hepatitis)**이라는 심각한 질병으로 고통을 받는다. 이는 간이 대규모로 손상되는 흔히 치명적인 질병이다. 성인 감염자의 9%는 만성 보균자가 되고 이들 가운데 약 절반에서 나중에 간암이 발생한다. 다른 만성 감염자들에서는 간염이 **간경변(cirrhosis)**으로 진행한다. 이 질병의 특징으로 피브린의 간 축적, **복수(ascites)** 생성, 림프구 침투, 독감-유사 증상, 높은 혈청 ALT 수치 및 출혈 등이 나타난다. 어린이가 HBV에 감염되면 전혀 다른 결과가 초래된다; 감염자의 약 50%에서만 바이러스가 완전히 제거되고 40%는 만성 보균자가 된다. 이는 아마도 어린이의 면역계가 미성숙 상태이기 때문인 것 같다.

HBV는 혈액 수혈, 오염된 주사 바늘 그리고 성적 접촉에 의해 전염된다

HBV는 주로 혈액이나 성적 접촉을 통하여 전염된다. 또한 출산과정에서 산모에서 아기에게 전염될 수 있다. 감염자에서 HBV를 완전히 제거할 수 있는 약물이나 치료법은 아직 개발되어 있지 않다. 그러나 바이러스의 감염 가능성을 최소화할 수 있는 여러 가지 방법들이 제시되어 있다.

피해야 할 위험한 행동으로는 정맥 약물 투약과 불특정 다수와의 보호되지 않은 성관계가 포함된다. 바이러스가 주위 환경에 오염될 가능성이 있는 직업에서는 오염 가능성이 높은 표면, 액체 및 날카로운 물체를 다룰 때 조심하면 불의의 감염을 방지할 수 있다. 이러한 직업 종사자들에게는 백신 접종을 권장하고 있다. HBV 감염은 장의사, 의사, 치과의사, 투석업자, 혈우병 환자, 정신병 시설 작업자, 문신 작업자, 소방수, 경찰관, 어린이 시설 종사자 및 이발사 등과 같은 직업군에서 여전히 문제가 되고 있다.

HBV에 대한 재조합 백신이 개발되어 있다

1986년에 Chiron 회사의 Pablo Valenzuela와 William Rutter는 효모에서 세계 최초로 재조합 HBV 백신(Recombivax)을 제조하였으며 이는 오늘날 이용되는 HBV 백신의 시초가 되었다. 최근 아리조나주립대학교의 Charles Arntzen은 새로운 접근법으로 유전자 조작 바나나를 만들어 먹는 HBV 백신을 시험하고 있다. **면역예방법(immunoprophylaxis)**은 HBV 보균자인 산모에서 태어난 신생아에게 주로 이용된다. 이는 이미 바이러스에 노출된 사람에게 항-HBV 면역글로불린을 주사하여 순환 중인 바이러스를 중화하고 표적 세포에 들어가는 것을 막는 방법이다. 백신을 이용할 수 있음에도 불구하고 여전히 많은 사람들이 HBV에 만성적으로 감염되어 있다.

항바이러스성 약제 치료는 성공적이다

현재 HBV의 만성 보균자 치료에 6가지 항바이러스성 약제들이 효과적으로 이용되고 있다. 이들 가운데 하나가 페길화 인터페론(pegylated interferon)이며, 이는 사이토카인 합성을 촉진하고 숙주의 항바이러스성 반응을 향상시킨다. 원래 HIV의 치료를 위하여 개발된 뉴클레오시드 유사체인 lamivudine(3TC)도 HBV 저해 활성을 나타낸다. 3TC는 P 단백질의 DNA 중합효소 활성을 저해한다. 그 이후에 4가지 효과적인 뉴클레오시드 유사체들이 추가로 승인되었다. 이들은 entecavir, telbivudine, tenefovir 및 adefovir이다. 처음에는 3TC에 대한 내성 바이러스의 생성이 문제가 되었지만 이는 복합 약제 접근법이 마련됨으로써 어느 정도 해소되었다. 항바이러스성 치료법으로 40주 이내에 바이러스 양을 기저 수준으로 낮출 수 있지만 바이러스의 재출현을 막기 위해서는 평생 투약이 요구된다. 인터페론은 구역질과 발열 등의 약간의 부작용을 나타낸다. 새로운 뉴클레오시드 유사체들에 대해서는 더 빨리 내성이 생겨나고 있다. 현재 더 짧은 치료 기간에 더 효과적인 약효를 나타내는 약제들이 개발되고 있다.

HBV 감염자를 완치시키는 치료법은 아직 없으며 HBV의 감염은 전 세계적인 주요 보건 문제로 남아 있다. 특히 이는 지속적이고 만성적인 감염을 확립하여 간암과 같은 심각한 간 질환을 유발할 수 있다. 만성 간염은 뉴클레오시드 저해제로 어느 정도 제어될 수 있지만 치료에 비용이 많이 소요되므로 선진국에서만 이용이 가능하다. 전 세계적으로 백신이 이용되지 못하는 점(특히 가난한 국가들에서)도 여전히 큰 문제이다. 현재 여러 실험실들과 제약회사들이 더 효과적인 백신과 항바이러스제를 개발하고 있다.

HBV 감염에 대한 흥미로운 사실들

- 다른 사람의 칫솔을 결코 이용하지 말라. 이는 당신에게 HBV를 전염시킬 수 있다.
- 최초의 HBV 백신은 만성 보균자의 혈액에서 제조되었다.
- HBV는 문 손잡이와 같은 마른 표면에서도 일주일 이상 파괴되지 않고 감염성을 유지할 수 있다.
- 조깅을 하던 사람들이 길가의 오염된 나무 딸기나 가시로부터 B형 간염에 감염된 사례도 있다.
- HBV에 급성으로 감염된 사람들은 대부분 자신이 감염되었다는 사실을 알지 못한다.
- HBV 백신을 3번 접종받은 사람들의 최소 90%에서 효과적인 면역반응이 유도된다.
- 전 세계적으로 20억 명 이상이 HBV에 감염되었지만 이들의 대부분은 자연적으로 회복되었다.
- 일부 실험실에서는 표면 항원(HBs) 단백질을 토마토, 당근 및 바나나에 발현시켜 먹는 HBV 백신을 만드는 연구를 진행하고 있다.

핵심 용어

Jak-Stat 경로 (Jak-Stat pathway)
NF-κB(Nuclear factor-κB)
Ras
Src 키나아제(Src kinases)
간경변(Cirrhosis)
간암(Hepatocellular carcinoma)
간염(Hepatitis)
리보뉴클레아제 H(Ribonuclease H)
면역예방법 (Immunoprophylaxis)
미리스테이트(Myristate)
미리스토일화(Myristoylation)
복수(Ascites)
세포자살(Apoptosis)
에피토프(Epitope)
외포작용(Exocytosis)
인터페론(Interferons)
장을 통한(Enteric)
전격성 간염 (Fulminant hepatitis)
종양괴사인자(Tumor necrosis factor, TNF)
종양억제자 단백질(Tumor suppressor protein)
혈청병(Serum sickness)
황달(Jaundice)

기본 개념

- HBV는 retrovirus처럼 역전사효소 활성을 가지는 DNA 중합효소를 암호화한다.
- 바이러스 복제는 핵에서 숙주의 RNA 중합효소 II가 환형의 DNA에서 바이러스 mRNA와 전체 길이의 전게놈 RNA를 만들면서 시작된다.
- Hepadnavirus는 세포질에서 RNA 전게놈 주형을 포장하고 바이러스 역전사효소를 이용하여 부분적으로 이중-가닥인 바이러스 DNA 게놈을 생성한다.
- HBV는 간경변과 간암을 유발하는 주요 원인체이다.
- X 단백질은 간암 발생에 관여하는 다기능성 발암 단백질이다.
- 세포독성 T 세포와 염증성 사이토카인(Fas, TNF)에 의한 면역 공격으로 간이 손상된다.
- Recombivax 백신은 효모에서 발현하여 정제한 재조합 표면 항원이다.
- 새로운 뉴클레오시드 유사체로 이루어진 중합효소 저해제들은 바이러스의 양을 감소시키고 B형 간염 증상을 치료하는 데 효과적이다.
- 바이러스 게놈을 포함하는 우드척, 땅다람쥐, 오리 및 형질전환 생쥐들을 이용하여 B형 간염의 분자생물학과 면역학 연구를 수행하였다.

복습 문제

1. 고농도의 비감염성 HBV 입자들이 환자의 혈청에서 발견된다; 이들은 한때 백신 제조에 이용되었다. 이러한 백신 제조법이 중단된 이유는 무엇인가?
2. HBV의 게놈은 극단적인 경제적 효율성의 대표적인 예이다. 이는 무엇을 의미하는가?
3. HBV의 어떤 단백질이 바이러스의 암 유발 능력과 관련이 있는가? 이는 어떻게 암을 유발하는가?
4. 처음 B형 간염 백신이 개발되었을 때 어린이들이 백신 접종의 첫 번째 대상이었다. 그 이유는 무엇인가?
5. HBV 감염에 대한 최선의 대책이 백신 접종인 이유는 무엇인가?

SECTION VIII

바이로이드와 프리온

제8부에서는 바이러스가 아닌 두 가지 종류의 매우 작은 감염체들에 대하여 다룬다. 바이로이드는 작은 단일-가닥 RNA로 어떠한 단백질도 암호화하지 않지만 식물에서 복제하고 질병을 유발할 수 있다. 프리온은 정상적인 세포 단백질이지만 특정 상황에서 구조적인 변화로 병원성을 획득하고 인간과 다른 동물들에서 신경계 질병을 유발한다. 이들은 바이러스는 아니지만 작은 비세포성 감염체들이므로 바이러스학에서 다룬다.

바이로이드는 캡시드에 둘러싸이지 않은 길이가 250에서 400 nt인 환형의 단일-가닥 RNA이다. 이들은 단백질을 암호화하지 않기 때문에 자신의 복제를 세포 RNA 중합효소에 의존한다. 바이로이드는 일반적으로 DNA 게놈을 전사하는 세포 RNA 중합효소로 하여금 바이로이드 RNA를 복제하도록 유도하여 긴 바이로이드 RNA 올리고머를 만든다. RNA 올리고머는 자가-절단되고 이어져서 환형의 바이로이드 RNA가 만들어진다. 따라서 바이로이드는 "리보자임" 즉, 촉매 활성을 가지는 RNA이다. 바이로이드는 많은 식물 바이러스들처럼 곤충이나 기계적인 수단으로 식물에 감염한다. 이들이 식물에 질병을 유발하는 병원성의 원리는 잘 알려져 있지 않다.

Hepatitis delta virus는 바이로이드와 일부 특징들을 공유한다: HDV의 게놈은 작은 단일-가닥 환형 RNA로서 자가-절단 활성을 가진다. 이는 단 하나의 단백질-암호화 유전자를 가진다. RNA 게놈은 헬퍼 바이러스인 HBV의 표면 단백질에 둘러싸여 비리온을 형성한다.

프리온은 감염성 단백질이다; 이들은 유전 정보를 가지는 어떠한 핵산도 포함하지 않는다. 정상적인 세포 단백질인 PrP^c는 기능이 미확인된 구리-결합 단백질이다. 드물게 일어나지만 이 단백질이 베타-나선 구조로 잘못 접혀지면 프로테아제 분해에 대한 저항성을 나타낸다. 이러한 형이 다른 동물이나 사람에게 섭취되거나 중추신경계로 도입되면 잘못 접혀진 형이 증식하여 신경계 질병, 치매 및 사망을 초래할 수 있다.

스크래피는 자연적으로 발생하는 양의 프리온 질병이다; 쿠루는 프리온에 감염된 인간 조직을 먹음으로써 뉴기니 부족민들 사이에 전염된 인간 질병이다. 광우병은 프리온에 감염된 소나 다른 동물들의 사체로 만든 사료를 소에게 먹여 발생하는 질병으로 최근에 알려진 프리온 질병이다. 소수의 영국인들이 프리온에 감염된 소고기를 먹고 신경계 질병에 걸려 사망한 사례들이 보고된 바 있다.

CHAPTER 31

바이로이드와 Hepatitis Delta Virus

Jean-Pierre Perreault
Martin Pelchat

Viroids

"virus-유사" 입자를 의미

바이로이드

독자적인 복제성 병원체
캡시드로 둘러싸이지 않은 환형의 단일-가닥 RNA, 250–400 nt
광범위한 내부 염기쌍 형성
단백질을 암호화하지 않음
일부는 촉매 활성(망치머리 자가-절단 구조)을 가짐

바이로이드-유사 식물 위성 RNA

복제를 위해 헬퍼 바이러스 요구
환형의 단일-가닥 RNA, 240–500 nt
바이로이드처럼 높은 염기쌍 구조
단백질을 암호화하지 않음
바이로이드와는 달리 헬퍼 바이러스의 단백질로 포장됨
모두 촉매 활성을 가짐(머리핀 혹은 망치머리 자가-절단 구조)

Hepatitis delta virus (HDV)

인간과 동물에 감염하는 유일한 바이로이드-유사 위성 RNA
복제를 위해 HBV에 의존
환형의 단일-가닥 RNA, ∼1680 nt
광범위한 내부 염기쌍 형성
하나의 해독틀에서 RNA 편집으로 두 가지 단백질들이 암호화
HBV S 단백질에 의하여 포장됨
RNA의 자가-절단이 가능함(HDV 리보자임)

질병

바이로이드는 식물의 기계적 손상과 곤충을 통해 식물들 사이에 전염됨
바이로이드 감염 증상으로는 잎 탈색, 왜소증, 열매 생성 증가, 주황색 반점, 과일 생산량 감소, 발육부진 등
HDV는 간에서 복제하는 혈액 유래의 병원체
HDV는 흔히 영장류와 비영장류 숙주에서 전격성 간염을 유발
HDV는 HBV가 존재할 때에만 복제 가능

독특한 특징들

바이로이드는 어떠한 단백질도 암호화하지 않고 포장되지도 않지만 감염성과 병원성을 나타내는 RNA임
RNA 복제에 세포 RNA 중합효소를 이용함
회전환 복제, RNA 절단 및 이음을 통하여 증식함
일부 바이로이드와 HDV는 효소 활성을 가짐("리보자임"; 자가-절단)
이들은 고대 RNA 세계의 잔존물들로 여겨짐

바이로이드는 단백질을 암호화하지 않는 작은 환형의 RNA이다

1970년대 초반까지만 하여도 바이러스가 가장 작은 감염성 질병의 매개체로 알려졌다. 작은 자가-복제성 RNA 병원체가 발견되면서 이러한 관점이 바뀌었다. 240에서 1,700 뉴클레오티드에 이르는 게놈을 가지는 감염성 RNA는 식물과 동물에 다양한 질병을 유발한다. 이들은 4가지 주요 그룹으로 구분된다: 바이로이드(viroid), 위성 RNA(satellite RNA), 바이로이드-유사 식물 위성 RNA(viroid-like plant satellite RNA) 및 hepatitis delta virus(HDV).

바이로이드는 감자 걀쭉병(potato spindle tuber disease)을 유발하는 병원체로서 처음 발견되었다. 이 새로운 병원체는 작은 단일-가닥 RNA로만 이루어져 "viroid"("virus-like")라고 명명되었다. 그 이후로 30가지 이상의 바이로이드들이 경제적 중요성을 지니는 식물들에 다양한 질병을 일으키는 병원체임이 밝혀졌다. 바이로이드는 가장 작은 바이러스의 게놈과 비교하여도 크기가 훨씬 더 작은 250–400 뉴클레오티드에 불과한 환형의 단일-가닥 RNA 분자로만 이루어져 있다. 바이로이드는 크기가 작고 RNA가 캡시드로 둘러싸이지 않으므로 바이러스와는 분명하게 구분된다. 바이로이드는 어떠한 단백질도 암호화하지 않으므로 숙주 효소에 의존하여 복제한다. 바이로이드 RNA는 세포의 특정 표적과의 직접적인 상호작용을 통하여 질병을 유발하는 것으로 여겨진다. **RNA 간섭(RNA interference, RNAi)**도 바이로이드의 병원성에 관여하는 것 같다. 그러나 바이로이드의 병원성에 대한 자세한 분자 메커니즘은 아직 알려지지 않았다.

바이로이드는 특성에 따라서 2개의 과로 구분된다

바이로이드는 게놈 서열의 비교 분석과 중앙 보존 영역의 존재 유무에 따라서 두 가지 과로 나뉠 수 있다(표 31.1). *Avsunviroidae*과 혹은 A 그룹으로 알려신 avocado sunblotch viroid(ASBVd) 그룹에는 현재 4가지 바이로이드만이 알려져 있다. 이 과에 속하는 양성- 및 음성-가닥 바이로이드들은 자신의 RNA 다량체를 자가-절단하는 능력을 가진다. 지금까지 확인된 다른 바이로이드들은 모두 *Pospiviroidae*과 혹은 B 그룹으로 알려진 potato spindle tuber viroid(PSTVd) 그룹에 속한다. 이 과에 속하는 바이로이드 RNA들은 매우 보존적인 중앙 영역(C)을 가지며 자가-절단을 할 수 없다.

서열 분석에 의하면 *Pospiviroidae*과에 속하는 바이로이드 RNA들은 5개의 영역들(domains)을 가진다: T_L(왼쪽 말단), P(병원성), C(중앙), V(가변) 및 T_R(오른쪽 말단)(그림 31.1b). 이 영역들 간의 경계는 바이로이드들 사이에 매우 낮은 서열 상동성을 나타낸다. 처음에는 이러한 구조적 영역들이 각각 특정한 기능을 수행하는 것으로 생각하였다; 예를 들면, P 영역은 병원성에 관여하는 것으로 여겨졌다. 그러나 지금은 질병 증상이 서로 다른 영역들에 위치하는 여러 결정인자들에 의하여 조절되는 것으로 여겨진다. 이 과의 구성원들은 주로 C 영역 내의 고도로 보존적인 서열과 일부 다른 영역들의 서열 상동성에 따라서 5개의 아과로 구분된다(표 31.1).

바이로이드는 분자 전체에 걸쳐 대부분의 뉴클레오티드들이 염기쌍을 형성한다. *Pospiviroidae*과에 속하는 구

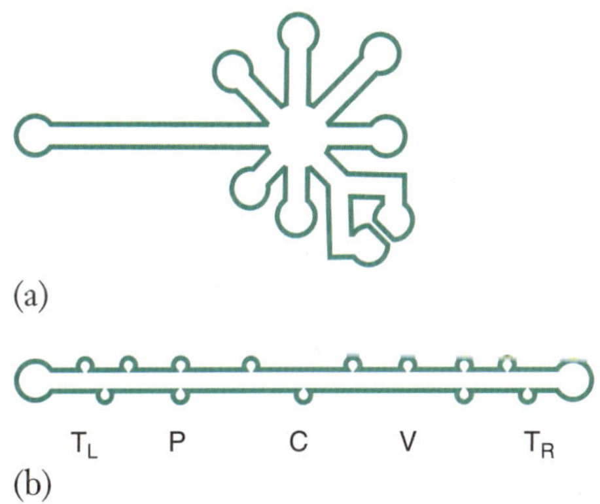

그림 31.1 바이로이드 RNA의 구조. (a) 그룹 A에 속하는 peach latent mosaic viroid에 대해 제안된 분지형 구조. (b) 그룹 B 바이로이드에 대해 제안된 막대기 모양의 구조로 다섯 영역들(TL: 왼쪽 말단; P: 병원성; C: 중앙; V: 가변성; TR: 오른쪽 말단)을 나타내었다.

표 31.1 바이로이드의 분류

Family	Characteristics	Subfamily	Examples
Avsunviroidae (group A)	Self-cleaving RNA; self-ligating; replicate in chloroplasts	Avsunviroid	Avocado sunblotch viroid (ASBVd)
		Pelamoviroid	Peach latent mosaic viroid (PLMVd) and chrysanthemum chlorotic mottle viroid (CChMVd)
		Unassigned	Eggplant latent viroid (ELVd)
Pospiviroidae (group B)	RNAs do not self-cleave; replicate in nucleus	Pospiviroid	Potato spindle tuber viroid (PSTVd) and 8 others
		Cocadviroid	Coconut cadang-cadang viroid (CCCVd) and 3 others
		Hostuviroid	Hop stunt viroid (HpSVd)
		Apscaviroid	Apple scar skin viroid (ASSVd) and 11 others
		Coleviroid	Coleus blumei-1 viroid (CbVd) and 4 others

성원들은 짧은 이중-가닥 영역들이 작은 단일-가닥 고리들로 분리된 막대기 모양의 2차 구조로 접힌다(그림 31.1b). Avocado sunblotch viroid도 이러한 막대기 모양의 2차 구조를 취할 것으로 여겨지지만 *Avsunviroidae*과의 다른 두 구성원들인 peach latent mosaic viroid와 chrysanthemum chlorotic mottle viroid는 중앙 코어가 여러 개의 줄기-고리(머리핀) 구조를 형성하는 복잡한 2차 구조를 가진다. 세포 내에서 바이로이드가 취하는 실제 구조는 아직 결정되지 않았으며 이들은 생활주기의 단계에 따라서 여러 가지 구조를 취할 가능성이 있다.

바이로이드는 선형의 다량체 RNA를 거쳐 복제한다

편의상 바이로이드 RNA 종을 (+) 극성이라 하고 이에 상보적인 가닥을 (−) 가닥이라 한다; 바이로이드는 단백질을 암호화하지 않으므로 이는 임의적인 구분이다. 바이로이드는 환형의 RNA 주형에서 선형의 다량체를 생성하는 **회전환 복제(rolling circle replication)** 메커니즘으로 복제한다(그림 31.2). 숙주의 RNA 중합효소는 (+)가닥 환형 RNA(그림 31.2의 맨 위)로부터 이와 상보적인 선형의 (–)가닥을 복사한다(1단계). 주형 RNA에는 RNA 중합효소를 위한 강한 종료 신호가 없으므로 환형 주위로 여러 바퀴 전사가 계속되어 선형의 RNA 다량체가 만들어진다(2단계).

*Avsunviroidae*에서는 이 RNA가 단위-길이의 (–)가닥으로 절단된 뒤(3단계) 환형으로 전환된다(4단계). 그 다음 위와 동일한 방식으로 환형의 (–)가닥 RNA에서 선형의 (+)가닥 RNA 다량체가 만들어지고 이것이 단위-길이로 잘려진 뒤 환형으로 전환된다(5–8단계). 이러한 주기는 1단계와 5단계에서 전사가 여러 번 계속될 수 있으므로 각 (+)가닥 주형으로부터 여러 개의 새로운 환형 (+)가닥 RNA가 생성될 수 있다. 이러한 과정은 환형의 (+)가닥과 (–)가닥이 동일한 방식으로 복제되므로 "대칭적" 복제라고 한다.

*Pospiviroidae*과의 구성원들도 이와 유사한 방식으로 복제되지만 2단계에서 만들어진 선형의 (–)가닥 연쇄체로부터 선형의 (+)가닥 RNA 다량체가 직접 복사되므로 3단계에서 6단계까지 생략된다. 이렇게 생성된 다량체는 숙주 효소들에 의하여 잘려지고 환형으로 전환되어 (+)가닥 자손 RNA가 만들어진다. 이를 "비대칭적" 복제라고 한다.

바이로이드의 복제를 위하여 세 가지 효소 활성들이 필요하다

그림 31.2에 제시된 회전환 복제를 위해서는 세 가지 효소 활성들이 필요하다: (1) 선형의 RNA 다량체를 생성하기 위한 RNA-의존적 RNA 중합효소; (2) 다량체를 단위-길이의 선형 분자로 가공하기 위한 RNA-절단 활성(엔도리보뉴클레아제); 그리고 (3) 선형 단량체의 환형화에 필요한 RNA 이음효소.

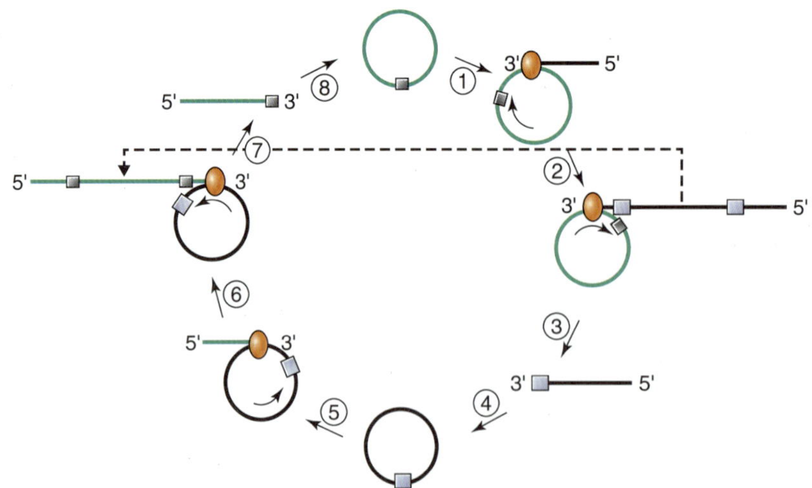

그림 31.2 환형 RNA의 회전환 복제. 1에서 8단계는 (+) 및 (–)가닥 환형 RNA들이 형성되어 RNA 합성을 위한 주형으로 이용되는 대칭적 복제를 나타낸다. 비대칭적 복제에서는 2단계에서 만들어진 (–)가닥 선형 RNA 다량체가 (+)가닥 선형 RNA 다량체로 직접 복사되고(수직 화살표를 가지는 수평 점선) 3에서 6단계가 생략된다. (+)가닥은 옅은 청색, (–)가닥은 검은색으로 나타내었다. RNA 중합효소는 주황색 타원으로 표시하였다. 원 안의 화살표는 RNA 중합효소를 통과하는 환형 RNA의 회전 방향을 나타낸다. RNA 상의 사각형은 절단/이음부위를 나타낸다. 선형 RNA의 3′과 5′ 끝을 표시하였다. 자세한 설명은 본문 참조.

중합 반응. 세포의 DNA-의존적 RNA 중합효소 II의 활성을 저해하는 **α-아마니틴(α-amanitin)**을 낮은 농도로 처리하면 *Pospiviroidae*의 복제가 저해되므로 이 효소가 이 바이로이드의 복제에 관여하는 것 같다. 반면에 *Avsunviroidae*의 중합 반응은 높은 농도의 α-아마니틴에도 영향을 받지 않는다. 이러한 차이는 아마도 두 그룹의 바이로이드가 위치하는 장소와 관련이 있는 것 같다. *Pospiviroidae*과의 바이로이드들은 세포의 핵에 존재하는 반면에 *Avsunviroidae*과의 바이로이드들은 식물 세포의 엽록체에서 발견된다. 엽록체 RNA 중합효소는 박테리아 RNA 중합효소처럼 α-아마니틴에 저항성을 나타낸다. 따라서 *Avsunviroidae*과의 바이로이드들은 아마도 엽록체 RNA 중합효소를 이용하여 게놈을 복제하는 것 같다.

세포의 RNA 중합효소는 일반적으로 이중-가닥 DNA 주형을 전사하여 RNA를 만든다. 바이로이드가 어떻게 이 RNA 중합효소를 끌어들여 단일-가닥 RNA 게놈을 주형으로 이용하여 이에 상보적인 RNA를 복사하도록 유도하는 지는 분명하지 않다. 최근 *Avsunviroidae*와 *Pospiviroidae*에서 복제 개시부위가 확인되었는데, 이들은 RNA 중합효소를 어떻게 유인하는 지를 알아내는 데 도움을 줄 것이다.

절단. *Avsunviroidae*과의 바이로이드는 단백질이 전혀 없어도 *in vitro*에서 선형의 RNA 다량체를 절단하여 선형의 RNA 단량체 분자를 만들 수 있다. *자가-절단(self-cleavage)*이란 자기 자신을 절단하는 RNA 고유의 특성을 의미하는 용어이다; 이러한 RNA는 단백질이 없어도 효소 활성을 가지기 때문에 **리보자임(ribozyme)**이라고 한다.

Avsunviroidae RNA의 자가-절단은 RNA의 특정 인산이에스테르 결합의 절단을 지시하는 **망치머리 구조(hammerhead structure)**에 의하여 일어난다(그림 31.3a). 이 구조는 망치의 머리를 닮아 이러한 이름을 얻게 되었다. 다른 자가-절단 RNA 구조로는 바이로이드-유사 위성 RNA의 **머리핀 구조(hairpin structure**; 그림 31.3c)와

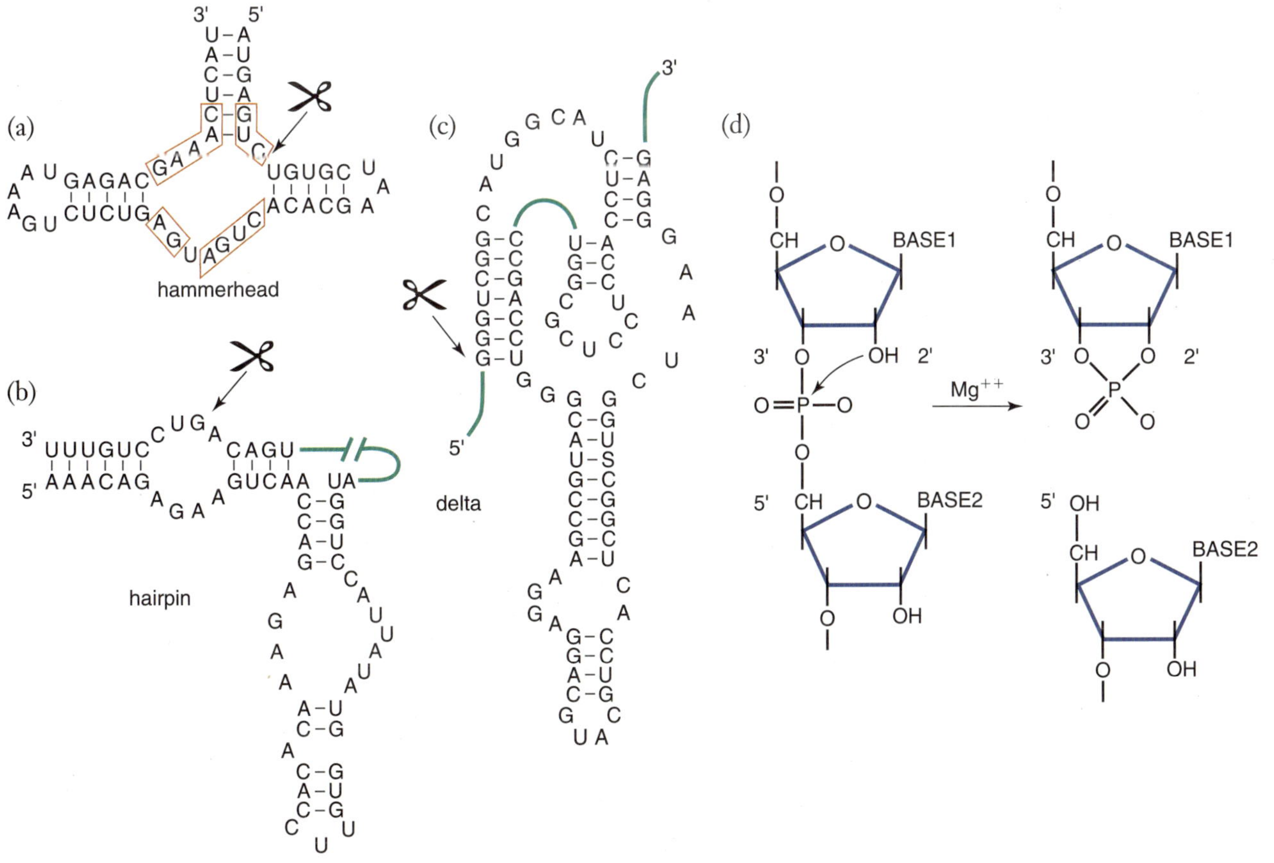

그림 31.3 자가-절단 RNA의 구조와 절단 반응. (a) Peach latent mosaic viroid의 망치머리 자가-잘단 구조. 촉매 활성에 필수적인 보존된 뉴클레오티드들을 상자 안에 표시하였다. (b) Satellite tobacco ringspot virus satellite RNA의 머리핀 자가-절단 구조. (c) Hepatitis delta virus의 델타 자가-절단 구조. (d) 자가-절단 반응에는 RNA를 잘라 2′-3′ 고리형 인산기(오른쪽 위)와 5′-OH(오른쪽 아래) 말단을 생성하는 Mg^{2+}-촉매성 인산기 전달 반응이 관여한다. (a)~(c)에서 화살표와 가위는 절단부위를 나타낸다.

HDV RNA의 **델타 구조(delta structure**; 그림 31.3c)가 알려져 있다. 이러한 구조들은 모두 RNA 분자의 다른 영역들과의 염기쌍 형성을 통하여 표적 절단부위를 나란히 배열한다. 이러한 구조들은 *in vitro* 및 *in vivo*에서 단량체의 생성에 관여한다는 것이 증명되었다. 자가-절단은 절단부위에 있는 뉴클레오티드의 2′-OH에 의한 친핵성 공격으로 일어나며, 절단부위의 한 쪽에는 2′, 3′-고리형 인산기가 생성되고 다른 쪽에는 5′-OH 말단이 생성된다(그림 31.3d).

*Pospiviroidae*에서는 자가-절단 활성이 발견되지 않았으므로 다량체의 (+)가닥이 어떻게 절단되는 지는 불확실하다. 숙주세포의 한 효소가 이 RNA 분자를 절단하는 것으로 제안된 바 있다. 하지만 많은 노력에도 불구하고 바이로이드 RNA 다량체를 절단하는 식물세포 효소는 아직 하나도 확인되지 않았다.

이음. 엽록체에서 발견되는 *Avsunviroidae*과의 구성원인 peach latent mosaic viroid의 선형 RNA는 숙주 단백질이 없어도 이어질 수 있다. 즉, 망치-머리 매개성 자가-절단으로 생겨난 선형의 단량체는 *in vitro*에서 자가-이음으로 2′-5′ 인산이에스테르 결합을 형성할 수 있다. 따라서 *Avsunviroidae*과의 구성원들은 자가-절단과 자가-이음이 가능하므로 이들의 복제에는 숙주세포의 RNA 중합효소 활성만이 필요하다.

반면에 *Pospiviroidae*는 세 가지 모든 단계들 즉, 중합 반응, 절단 및 이음에 세포 효소들이 필요하다. tRNA의 인트론 스플라이싱에 관여하는 것으로 알려진 밀의 배아 RNA 이음효소가 potato spindle tuber viroid의 선형 단위-길이 RNA를 환형으로 전환할 수 있다. 3′-5′ 인산이에스테르 결합을 생성하는 이 효소는 핵에 위치하므로 *Pospiviroidae*의 RNA를 이어 환형으로 만드는 효소로 적합한 것 같다.

바이로이드는 어떻게 질병을 유발하는가?

바이로이드는 아마도 기계적인 손상을 통하여 식물들 간에 전염되는 것 같다. 식물 병원체들은 이러한 전염 방식을 보편적으로 이용한다. 상처가 난 비감염 식물이 감염 식물이나 오염된 농기구 혹은 보균자 곤충과 접촉하면 병원체에 감염된다. 감염 이후에 바이로이드는 식물 세포에서 복제하고 세포 연접을 통하여 다른 세포로 이동하여 증식한다. 바이로이드의 감염은 잎 탈색, 왜소증, 열매 생성 증가, 주황색 반점, 과일 생산량 감소, 생육부진 등의 다양한 증상들을 유발한다.

바이로이드는 매우 단순함에도 불구하고 식물 바이러스들 만큼 다양한 식물 질병들을 유발한다. 바이로이드는 어떠한 단백질도 암호화하지 않는다. 따라서 이들의 병원성은 바이로이드 RNA와 숙주 성분들 간의 직접적인 상호작용에 의해 유발되는 것 같다. 서로 다른 병원성을 나타내는 *Pospiviroidae*과의 바이로이드들로부터 제조된 분자적 **키메라(chimera)**를 비교 분석한 결과, 바이로이드의 병원성은 5가지 영역들 가운데 3가지 영역들의 복잡한 상호작용에 의하여 결정된다는 것이 알려졌다. 특히 병원성(P) 영역의 서열 변화는 감염성과 증상에 큰 영향을 준다. 예를 들면, 이 영역에서 염기쌍 형성을 증가시키는 돌연변이를 도입하면 질병 증상이 감소한다.

바이로이드 RNA는 세포 RNA 혹은 단백질과의 상호작용을 통해 세포 물질대사를 교란시킬 수 있다

바이로이드가 식물에 질병을 유발하는 분자 메커니즘은 아직 밝혀지지 않았다. 숙주의 핵산과 단백질이 바이로이드의 초기 표적으로 제안되었다. 일부 바이로이드들은 특정 세포 RNA와 상보적인 영역을 가진다. 따라서 이 세포 RNA들의 기능을 저해하거나 이들이 바이로이드에 의하여 절단(예, 트랜스-작용성 망치머리 절단)되면 질병이 유발될 수 있다. 예를 들면, potato spindle tuber viroid의 일부분은 RNA 스플라이싱에 관여하는 포유동물의 U1 RNA와 서열이 유사하고 일부 바이로이드들은 7S rRNA와 염기쌍을 형성할 수 있는 서열을 가진다. 그러나 이러한 염기쌍 형성에 관여하지 않을 것으로 여겨지는 영역에 몇 개의 뉴클레오티드만 바꾸어도 심각한 질병을 유발하는 형에서 가벼운 질병을 유발하는 변이체로 전환된다.

또 다른 가능성으로 바이로이드의 구조를 인식하고 상호작용하는 숙주 단백질들이 있을 수 있다. Potato spindle tuber viroid의 2차 구조는 이중-가닥 RNA와 유사하므로 포유동물의 **이중-가닥 RNA-의존적 단백질 키나아제(double-stranded RNA-dependent protein kinase, PKR)**를 활성화시킨다. PKR의 활성화 정도는 식물 질병 증상과 상관관계가 있다. 활성화된 PKR은 진핵세포 단백질 합성 개시인자 2(eIF2)의 알파 소단위체를 인산화시켜 세포의 단백질 합성을 저해한다. 포유동물 세포에서 PKR이 **인터페론(interferon)**에 의하여 유도되고 이중-가닥 RNA에 의하여 활성화되는 것과 마찬가지로(33장 및 그림 33.10 참조), 식물의 PKR 상동체가 바이로이드에 의하여 활성화되어 병원성을 나타낼 수도 있다.

바이로이드의 병원성이 분자 의태(molecuar mimicry)의 결과일수도 있다. 바이로이드 RNA는 이들의 서열이나 구조 때문에 세포의 특정 RNA 대신에 작용할 수 있다. Potato spindle tuber viroid는 그룹 I 인트론 뿐만 아니라 RNA 스플라이싱에 관여하는 U3B RNA와 상동성을 나타낸다. 따라서 바이로이드 RNA가 스프라이싱 복합체에서 기능성 RNA를 대체한다면 스플라이싱을 방해할 수 있다.

RNA 간섭은 바이로이드 병원성과 교차-보호를 결정할 수 있다

RNA 간섭(RNA interference)은 바이로이드 병원성에도 관여한다. 식물은 바이러스 감염으로부터 자신을 보호하기 위하여 RNA-침묵(RNA-silencing) 메커니즘을 이용한다(11장과 그림 33.11 참조). 숙주세포의 효소 기구는 외래의 이중-가닥 혹은 구조를 이룬 단일-가닥 RNA를 인식하고 이들을 21~26 뉴클레오티드의 작은 간섭 RNA(small interfering RNA, siRNA)로 가공할 수 있다. 감염된 식물체에서 바이로이드와 동일한 작은 RNA들이 검출되었으며 이러한 siRNA는 바이로이드 감염 이후에 세포 효소계에 의하여 생성되는 것으로 알려졌다. 바이로이드 감염과 관련된 질병 증상이 siRNA에 의한 표적 유전자의 활성화 혹은 억제로 인하여 발생할 수도 있지만 아직 특정 표적 유전자가 확인되지 않았다.

한 가지 바이로이드에 이미 감염된 식물은 이와 관련된 바이로이드의 추가 감염을 허용하지 않는다. 이와 같은 교차-보호(cross-protection)는 동일한 바이로이드 혹은 서열이 매우 유사한 다른 바이로이드들 사이에서 나타난다. 이는 한 바이러스의 존재는 동일한 다른 바이러스의 감염을 저해하는 바이러스 간섭(viral interference) 현상과 유사하다. 바이로이드의 교차-보호 메커니즘은 잘 알려지지 않았다. 어떤 제한적인 숙주인자가 바이로이드의 복제, 수송 혹은 축적에 필요하다는 가설이 제기된 바 있다. 이 인자에 대한 바이로이드의 친화력 차이가 동시 접종된 두 바이로이드들 가운데 어느 것이 우세할 지를 결정할 것이다. 또한 바이로이드 RNA와 숙주인자의 이러한 상호작용이 병원성을 결정할 수도 있다.

환형의 식물 위성 RNA는 바이로이드와 유사하지만 캡시드에 포장된다

식물 위성 RNA는 작은 단일-가닥 RNA로서 복제와 캡시드 형성을 헬퍼 바이러스(helper virus)에 의존하지만 헬퍼 바이러스와는 서열 유사성이 전혀 없다. 더구나 위성 RNA는 헬퍼 바이러스 복제에 필수적이지 않고 대부분은 어떠한 단백질도 암호화하지 않는다. 위성 RNA는 선형 혹은 환형일 수 있다. Cucumber mosaic virus의 선형 위성 RNA에 대해서는 10장에서 이미 언급한 바 있다. 환형의 위성 RNA는 바이로이드처럼 고도의 염기쌍 구조를 가진다. 바이로이드와는 달리 이들은 캡시드로 둘러싸이므로 더 효과적으로 식물들 사이에 전염될 수 있다. 또한 환형의 식물 위성 RNA들은 모두 바이로이드처럼 회전환 복제 메커니즘으로 복제하고 다량체를 단량체로 절단하는 머리핀 혹은 망치머리 구조를 가진다.

수많은 식물 RNA 바이러스들이 위성 RNA의 복제를 도와 준다. 이들은 자신의 RNA-의존적 RNA 중합효소를 이용하여 위성 RNA를 복제하거나 위성 RNA의 포장에 캡시드 단백질을 제공한다. 위성 RNA의 존재는 헬퍼 바이러스의 복제에 영향을 미칠 수 있고 바이러스에 의해 유발되는 질병 증상에 영향을 미칠 수도 있다. 바이로이드와 바이로이드-유사 위성 RNA의 유사성으로 보아 이들은 공통 조상에서 진화해 온 것 같다.

Hepatitis delta virus는 인간 바이로이드-유사 위성 바이러스이다

Hepatitis delta virus(HDV)는 인간 병원체들 가운데 독특하게도 식물 바이로이드 및 바이로이드-유사 식물 위성 RNA와 여러 가지 특징들을 공유한다. HDV는 원시 바이로이드-유사 RNA로부터 진화해 온 것으로 여겨진다. 이 병원체는 혈액으로 전파되어 간에서 복제하고 영장류 및 비영장류 숙주에서 흔히 **전격성 간염(fulminant hepatitis)**을 유발한다. 또한 HDV는 간암 발생과 관련이 있다. 이는 HBV(30장 참조)가 존재할 때에만 검출되고 RNA 게놈의 포장을 위하여 HBV의 외막 단백질(S 항원)을 이용한다. HDV는 HBV의 단백질을 포장에 이용하므로 HBV의 위성 RNA로 간주된다. 전 세계적으로 1천 5백만 명 이상이 감염되어 있으며 HDV에 의해 유발되는 간염은 심각한 공중보건상의 문제로 여겨진다.

HDV 복제에는 두 가지 세포 RNA 중합효소들이 이용된다

HDV의 게놈(그림 31.4)은 1682-nt의 단일-가닥 환형 RNA 분자로서 광범위한 내부 염기쌍을 형성하여 막대기-모양의 구조로 접힌다. 이는 게놈 RNA와 상보적인 하나의 단백질-암호화 해독틀을 가진다. 세포의 RNA 중합효소 II에 의하여 폴리아데닐화된 800-nt의 mRNA가 합성되고 이는 간염 델타항원(hepatitis delta antigen)이라고 하는 단백질로 번역된다. 이 mRNA의 3′ 끝에 위치한 전형적인 폴리아데닐화 신호인 AAUAAA가 세포 효소에 의한 RNA 절단을 지시하고, 절단된 RNA의 3′ 끝에 폴리 A 꼬리가 첨

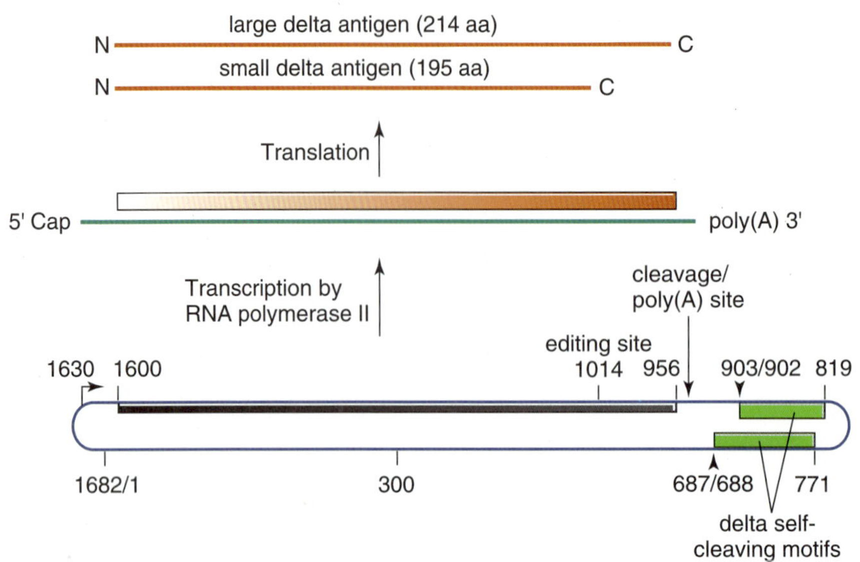

그림 31.4 HDV의 게놈, mRNA 및 단백질. 맨 아래: 회전환 복제에 필요한 바이로이드-유사 영역이 오른쪽에 위치한다. 녹색으로 나타낸 영역들은 게놈 RNA(nt 688-771)와 안티게놈 RNA(nt 819–902)의 자가-절단 모티프를 나타낸다. 화살표는 절단부위를 나타낸다. 두 가지 형의 델타항원을 암호화하는 해독틀에 상보적 서열을 검은 사각형으로 나타내었다. nt 1630의 전사 개시부위와 절단/폴리아데닐화 부위를 표시하였다. 중간: 옅은 청색으로 표시한 바이러스 mRNA 위에 해독틀을 나타내었다. 맨 위: 바이러스 단백질(N = 아미노 말단, C = 카르복시 말단). 큰 델타항원은 게놈 RNA의 1014 위치가 편집(A–G)되어 만들어진다.

가된다.

HDV 게놈 RNA의 오른쪽 말단 영역(약 360 nt)은 바이로이드와 유사하고 게놈 및 안티게놈 RNA가 이용하는 자가-절단 모티프(델타 모티프; 그림 31.3c 참조)를 포함한다. HDV는 그림 31.2에서 제시한 바이로이드의 대칭적 회전환 메커니즘을 이용하여 핵 속에서 복제한다.

게놈 RNA 주형으로부터 안티게놈 RNA의 생성(1단계와 2단계)은 RNA 중합효소 II를 저해하는 α-아마니틴에 저항성을 나타낸다. 따라서 이 과정에는 세포 DNA-의존적 RNA 중합효소 I이 관여하는 것 같다. 이는 전사(mRNA 합성)와 게놈 RNA 복제의 두 가지 차이점들을 설명할 수 있다. 첫째, 전사와 복제가 서로 다른 부위에서 시작된다는 증거가 있는데 이는 서로 다른 중합효소를 이용하는 것을 의미한다. 둘째, 게놈 복제에 관여하는 기구는 mRNA의 3′ 말단 형성을 유도하는 절단/폴리아데닐화 신호를 인식하지 않는다. 세포의 rRNA 유전자의 전사에 이용되는 RNA 중합효소 I은 RNA 중합효소 II 전사물의 절단과 폴리아데닐화에 이용되는 세포 인자들과 상호작용하지 않는다. 이는 환형의 게놈 RNA를 주형으로 이용하여 회전환 복제를 통하여 다량체의 안티게놈 RNA가 생성되지만 폴리아데닐화 신호에서 절단되지 않는 이유가 된다.

RNA 중합효소 II가 전사와 복제에 모두 이용된다는 모델도 제안되었다. 이 모델에 의하면 폴리아데닐화 신호는 세포 절단인자들에 의하여 항상 인식되지는 않기 때문에 동일한 세포 RNA 중합효소가 800-nt mRNA 뿐만 아니라 다량체 안티게놈 주형을 생성할 수 있다. 그러나 이 모델로는 안티게놈 합성이 α-아마니틴에 저항성을 나타내는 이유를 설명할 수 없다.

복제의 두 번째 단계인 안티게놈 주형으로부터 게놈 RNA의 형성과정(그림 31.2의 5단계와 6단계)은 α-아마니틴에 민감하므로 RNA 중합효소 II가 관여하는 것 같다. 게놈 RNA에는 폴리아데닐화 신호가 없으므로 회전환 복제에 의하여 다량체 게놈-길이의 전사물이 축적된다. 환형의 단량체 안티게놈과 게놈 RNA는 다량체 선형 RNA의 자가-절단과 이음을 통하여 형성된다(3, 4, 7, 8단계). 게놈 복제에는 작은 델타항원과 여러 가지 다른 세포 인자들도 관여한다.

RNA 편집으로 두 가지 형의 간염 델타항원이 생성된다

HDV 안티게놈 RNA의 일부는 복제과정에서 편집되어 특정 아데노신 잔기(1014번 뉴클레오티드)가 탈아미노화되어 이노신으로 바뀐다. 이러한 편집 현상은 RNA에 작용하는 아데노신 탈아미노효소(adenosine deaminase, ADAR1)에 의하여 수행된다. 변형된 잔기는 다음 복제과

특별한 목적을 위한 리보자임의 조작

식물 병원성 RNA와 이보다 더 복잡한 HDV는 지금까지 알려진 대부분의 자연 발생적인 자가-절단 RNA들이다. 망치머리, 머리핀 및 델타 자가-절단 RNA 모티프들(그림 31.3a–c)에 대하여 많은 연구가 진행되었다. 두 개의 RNA 단편들을 결합하여 이러한 모티프들을 *in vitro*에서 만들 수 있으며, 이때 한 가닥이 리보자임으로 작용하고 다른 가닥이 기질로 작용한다(그림 31.5). 두 RNA 사이의 상보적인 영역이 충분히 짧으면 절단 산물은 리보자임에서 떨어지고 다른 기질 분자가 절단되기 위하여 리보자임에 결합할 수 있다. 따라서 결합과 절단이 반복적으로 이루어지면 하나의 리보자임 분자로도 많은 기질 분자들을 절단할 수 있어 전형적인 효소/기질 관계가 확립된다. 또한 리보자임과 기질의 결합 서열을 바꾼다면 새로운 기질 특이성을 나타내는 리보자임을 만들 수도 있다.

자연적으로 나타나는 분자들과는 전혀 다른 촉매 활성을 가지는 새로운 리보자임들이 만들어졌다. 이들은 *in vitro*에서 합성한 올리고뉴클레오티드를 이용하거나 기존 리보자임에 돌연변이를 유도한 것들이다. 이렇게 조작된 리보자임들은 다양한 RNA들을 표적으로 절단할 수 있다. 리보자임은 RNA와 직접 상호작용을 할 수 있으므로 현재 바이러스 감염(HIV, 바이러스성 간염 등), 암, 당뇨병, 심혈관 질환 및 골다공증 등을 포함한 다양한 질병들의 치료제로 개발되고 있다.

식물 RNA 병원체에서 유래한 망치머리 및 머리핀 리보자임은 다양한 RNA들을 자르고 바이러스의 복제를 저해할 수 있다. 그러나 이 두 가지 리보자임들은 높은 마그네슘 농도를 요구하므로 이용이 제한된다; 포유동물 세포들은 이 리보자임들의 최적 활성에 필요한 마그네슘 농도의 10분의 1을 포함한다. 따라서 델타 리보자임만이 인간 및 동물 세포의 환경에서 작용할 수 있으므로 많은 관심을 끌고 있다.

바이로이드와 관련 위성 RNA들이 지금까지 많은 리보자임들을 제공하였으며 더 발견될 가능성이 높다. 가까운 미래에 이러한 분자들을 응용한 새로운 종류의 약물들이 개발될 것이다.

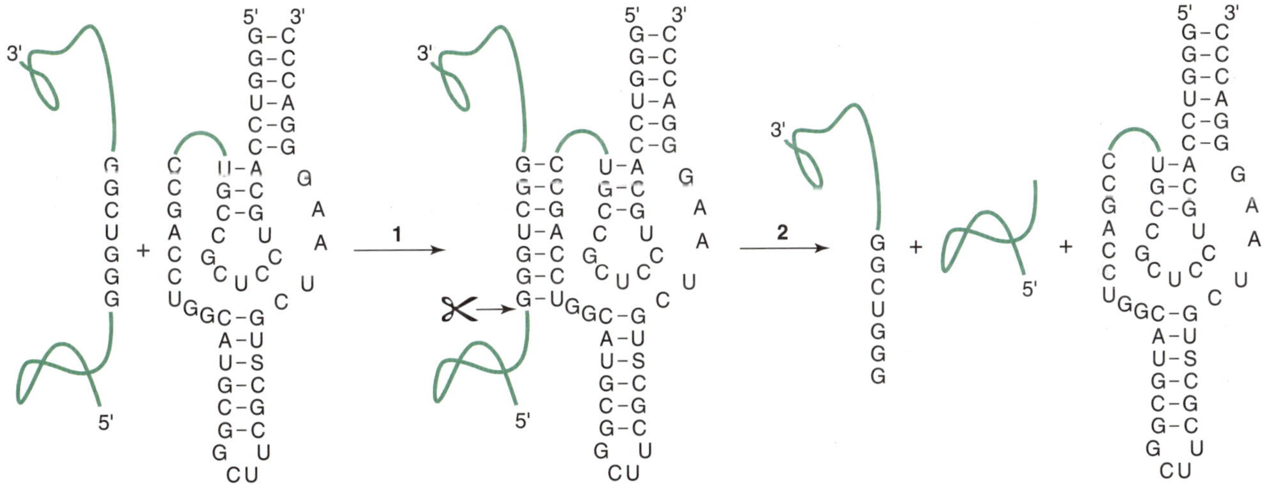

그림 31.5 HDV의 *trans*-작용성 리보자임에 의한 RNA 기질의 절단 모델. 표적 RNA 기질(왼쪽)이 리보자임과 결합하고(1단계) 절단되어(가위) 두 가지 산물이 방출된다(2단계). 리보자임(오른쪽)은 새로운 기질의 가공을 준비한다.

정에서 우리딘 대신에 시토신과 Watson-Crick 염기쌍을 형성하여 원래의 아데노신이 구아노신으로 바뀐다. 편집 부위의 특이성은 HDV RNA의 1차 및 2차 구조에 의하여 결정되는 것 같다.

편집 결과로 정상적으로 아미노산 195에서 번역을 끝내는 UAG 종료코돈이 트립토판을 암호화하는 UGG 코돈으로 바뀐다. 편집된 안티게놈은 복제되어 게놈 RNA를 생성하고 이 게놈 RNA는 RNA 중합효소 II에 의하여 전사되어 변형된 mRNA를 형성한다. HDV mRNA의 30% 정도가 트립토판 코돈으로 편집된 서열을 포함한다. 이러한 변형된 mRNA에서 번역은 아미노산 214까지 진행한 뒤 종료코돈에 도달한다. 따라서 HDV는 두 가지 형 즉, 작은 델타항원(195 아미노산)과 큰 델타항원(214 아미노산)을 만든다(그림 31.4).

작은 델타항원과 큰 델타항원은 모두 핵 위치화 신호와 RNA-결합 영역을 가진다. 작은 델타항원은 바이러스 RNA 복제에 필요하지만 큰 델타항원은 게놈 포장에 필요하고 바이러스 RNA의 복제를 억제한다. 두 가지 델타항원들이 서로 다른 바이러스 복제단계에서 발현되므로 편집 수준의 조절은 필수적일 것이다; 이러한 조절이 일어나는 메커니즘은 아직 알려지지 않았다.

바이로이드는 고대 RNA 세계의 살아 있는 화석인 것 같다

다양한 작은 자가-복제성 RNA 병원체들은 여러 특징들을 공유하므로 공통적인 조상으로부터 진화해 온 것 같다. 비록 바이로이드-유사 RNA인 HDV는 인간에서 복제하지만 지금까지 모든 바이로이드는 식물계에서만 발견되었다. 바이로이드는 복제할 수 있고 효소 활성(RNA 절단 및 이음)을 가지기 때문에 이들은 최초의 세포가 생겨나기 전인 RNA 세계의 살아 있는 화석으로 여겨진다. 이들은 RNA와 DNA 게놈의 진화적 연결에 대한 연구에 이용되고 있다. 이들은 또한 RNA의 구조와 기능의 관계 연구를 위한 이상적인 생물 분자이다.

핵심 용어

α-아마니틴(α-amanitin)
PKR(double-stranded, RNA-dependent protein kinase)
RNA 간섭(RNA interference)
델타 구조(Delta structure)
리보자임(Ribozyme)
망치머리 구조(Hammerhead structure)
머리핀 구조(Hairpin structure)
인터페론(Interferon)
전격성 간염(Fulminant hepatitis)
카메라(Chimera)
헬퍼 바이러스(Helper virus)
회전환 복제(Rolling circle replication)

기본 개념

- 바이로이드, 식물 위성 RNA 및 HDV는 작은 원형의 단일-가닥 감염성 RNA이다.
- 바이로이드와 식물 위성 RNA는 어떠한 단백질도 암호화하지 않는다.
- 바이로이드는 식물에 감염하고 헬퍼 바이러스를 요구하지 않는다; 바이로이드-유사 위성 RNA는 복제를 위하여 헬퍼 바이러스를 요구한다.
- HDV는 인간과 다른 동물들의 간세포에 감염한다; 복제를 위하여 HBV의 동시감염을 요구한다.
- HDV RNA와 일부 바이로이드들은 복제에 필수적인 자가-절단 구조를 가진다.
- 바이로이드와 HDV RNA는 DNA를 전사하는 숙주세포 RNA 중합효소에 의하여 복제된다.
- 바이로이드가 질병을 유발하는 메커니즘은 완전히 이해되지 않았지만 RNA 간섭이 관여하는 것 같다.
- 이러한 작은 원형의 복제성 RNA들은 고대 RNA 세계의 잔존물인 것 같다.

복습 문제

1. 바이로이드의 두 과를 구분하는 요인은 무엇인가?
2. 두 바이로이드 과들이 이용하는 두 가지 유형의 게놈 복제, 즉 대칭형 복제와 비대칭형 복제를 비교하고 이들의 차이를 설명하시오.
3. 리보자임이란 무엇이며 이 장에서 언급한 세 가지 유형의 리보자임들을 서로 어떻게 다른가?
4. RNA 간섭은 바이로이드의 병원성에 어떻게 기여할 수 있는가?
5. 인간에 감염하는 유일한 바이로이드-유사체인 HDV는 RNA 게놈을 가지지만 자신의 RNA 중합효소를 암호화하지 않는다. 이는 어떻게 복제되는가?

CHAPTER 32

프리온

Dalius Briedis

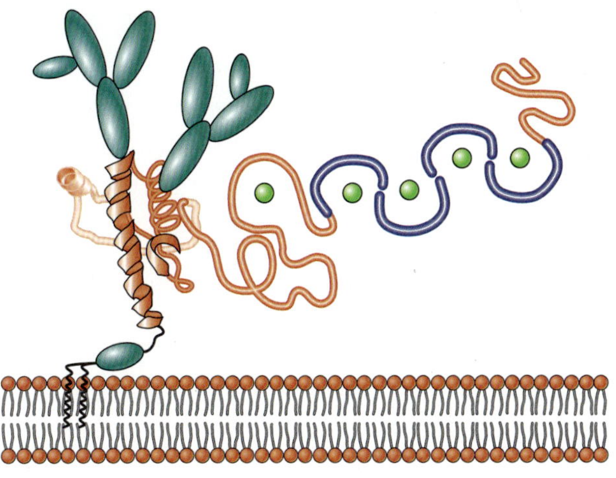

Prion

*pro*teinaceous *in*fectious particle에서 유래

특성

단백질을 포함하지만 핵산이 검출되지 않는 작은(여과성) 감염성 입자

프리온 단백질(PrP^{c})은 숙주 게놈에 의하여 암호화

PrP^{c}는 뉴런의 시냅스에서 발견되며 구리와 결합하지만 기능은 불확실

PrP^{c}는 단백질의 구조적 변화로 감염성과 병원성을 지니는 (PrP^{sc})로 전환됨

동물에서 PrP^{sc}는 PrP^{c}로부터 자신의 형성을 촉매할 수 있음

PrP^{sc}는 질병에 걸린 뇌에서 응집되어 축적됨

질병

만성적이고 진행성이며 치명적인 퇴행성 중추신경계 질환 유발

뇌 병원성은 해면양 뇌병증-대뇌 피질과 소뇌에 커다란 액포들이 생겨나 스펀지 모양으로 보임

불용성 아밀로이드 섬유와 아밀로이드반이라고 하는 거대한 결정체들이 검출됨

숙주 면역반응의 흔적은 없음

자발적으로 혹은 감염된 조직 섭취로 유발됨

야생 및 가축 반추동물(양, 염소: 스크래피; 소: 광우병); 밍크, 고양이

생쥐, 햄스터, 침팬지에 실험적인 감염 가능

인간 질병들: 크로이츠펠트-야곱병(CJD), 쿠루

독특한 특징들

핵산을 포함하지 않고 PrP라는 한 종류의 단백질로만 구성된 단백질성 감염체

정보성 핵산의 개입 없이 질병을 전달하고 자신을 복제할 수 있는 새로운 종류의 감염체

프리온은 치명적인 뇌질환을 유발하는 단백질이다

핵산이 관여하지 않고 단백질만으로 한 개체에서 다른 개체로 감염성 질병이 전염될 수 있다는 개념은 과학계에 상당한 충격을 주었고 논란의 대상이 되었지만 지금은 널리(아직 보편적이지는 않지만) 인정되고 있다. **프리온(Prion;** "pree-on" 혹은 "pry-on"으로 발음)이라고 하는 단백질성 감염체는 핵산을 포함하지 않고 PrP(prion-associated protein)이라고 하는 단 한 종류의 단백질로만 이루어져 있다.

모든 바이러스들은 복제를 위한 정보의 저장소로 핵산을 이용한다. 대다수 바이러스들은 숙주세포에 진입한 뒤 게놈의 복제에 필요한 단백질들을 비리온에 포장한다. 이에는 RNA 혹은 DNA 중합효소(retrovirses, 음성-가닥 바이러스, reoviruses)와 herpesvirus의 외피 단백질들이 포함된다. 그러나 이러한 단백질들은 바이러스 핵산 게놈의 정보에 의하여 암호화되고 이들의 활성은 게놈의 발현과 복제에 필요하다. 프리온은 **프리온 질병(prion disease)**을 전파할 수 있고 정보성 핵산이 없어도 자신을 복제할 수 있는 새로운 종류의 감염체이다

프리온 질병은 반추동물 가축에서 처음으로 검출되었다

영국에서 양과 염소를 돌보던 목동들은 수백 년 동안 자신들의 가축에서 **스크래피(scrapie)**라고 부르는 질병을 목격하였다. 이 질병에 걸린 동물들은 행동 변화, 떨림(특히 머

리와 목) 그리고 부자연스러운 행동을 나타내었으며 더 진행되면 탈진으로 인하여 서 있지 못하고 결국에는 죽었다. 스크래피라는 이름은 동물들이 가려운 부위의 피부를 울타리에 비비고 긁는 행동에서 유래하였다. 심한 경우에는 양의 옆과 뒤 쪽의 털이 다 벗겨질 정도이다.

이러한 동물들의 중추신경계 조직을 검사한 결과, 대뇌 피질과 소뇌에 커다란 액포들이 생겨나 뇌가 스펀지 모양으로 보였다. 이러한 증상을 **해면양 뇌병증(spongiorm encephalopathy)**이라고 부른다. 하지만 뇌에 염증의 흔적이 전혀 나타나지 않아 처음에는 이 질병이 감염체에 의하여 유발되지 않는다고 생각하였다. 그러나 양과 염소를 키우던 목동들은 스크래피가 감염성 질병처럼 전파된다는 것을 오래 전부터 알고 있었다. 질병에 걸리지 않은 무리들을 격리시키면 이들은 결코 질병에 걸리는 법이 없었다. 하지만 질병을 앓고 있는 동물을 몇 마리 섞어 두면 잠복기가 2~5년 정도 걸리긴 하였지만 이전에는 건강하던 동물들에서 스크래피가 발생하였다.

영국에서 발생한 소의 해면양 뇌병증("광우병")이 인간에게 전파되었다

육우산업이 발달함에 따라서 동물의 고기와 뼈를 사료로 많이 이용하게 되었다. 1926년부터 영국에서 동물 사료를 이용하기 시작하였지만 재활용 동물 단백질의 양은 20세기 후반에 들면서 급격히 증가하였다. 1970년대와 1980년대 초반에 축산물처리법규가 개정되면서 이전에는 폐기되던 질병으로 죽은 동물 사체를 고기, 골분 혹은 동물 사료로 이용할 수 있게 있었다. 또한 축산물을 일괄처리 하던 방식을 연속처리 방식으로 바꿈으로써 서로 다른 동물들에서 유래한 사료들의 교차-오염 위험성도 커졌다. 또한 동물 지방의 가격 하락으로 유기 용매를 이용한 고비용 처리 공정이 대폭 축소되었다.

1980년대에 영국에서 **우해면양 뇌병증(bovine spongiform encephalophathy, BSE)** 혹은 **광우병(mad cow disease)**이라고 하는 스크래피와 유사한 질병이 소에서 발생하였다. 이는 사료에 존재하던 감염체를 통하여 영국 전역으로 확산되었다. 이 질병이 양과 염소에서 스크래피를 유발하던 감염체가 종 장벽을 넘어 소에게 전파되었는지 혹은 드물지만 이미 존재하던 소의 질병이 이 질병에 걸린 소의 사체를 가축 사료로 이용하여 확산된 것인지는 아직 분명하지 않다. 그 이후 20여 년 동안 영국과 유럽 대륙 일부에서 이 질병을 제어하기 위하여 수백만 마리의 소들이 살처분되었다(그림 32.1).

그 이후로 BSE는 소에서 종 장벽을 넘어 인간에게 전파되었다. 1994년에 영국에서 BSE-유래의 질병으로 확정된 첫 번째 인간 사례가 발생하였다. 그 이후 100명 이상의 환자가 발생하였으며 지금도 영국에서는 매년 10~15건의 환자가 발생하고 있다. 이와 같은 인간 광우병을 **신변종 크로이츠펠트-야곱병(new variant Creutzfeldt-Jakob disease, nvCJD)**이라고 부른다.

인간 프리온 질병은 유전되거나 전염될 수 있다

1950년대에 Papua New Guinea의 산악 내륙지역에서 사는 포어(Fore) 부족 사람들에서 전염성 해면양 뇌병증이 확인되었다. 이 질병은 포어 말로 "몸의 떨림"을 의미하는 **쿠루(kuru)**라고 부른다. 쿠루는 소뇌성 운동 장애와 몸의 떨림 증상을 나타내며 증상이 나타난 지 일 년 이내에 전신 근육 불능과 치매로 진행하고 결국에는 사망한다(그림 32.2). 이 질병은 전체 부족의 1%에 이르는 매우 높은 연간 발생 빈도를 나타내었다.

초기 연구자들은 질병의 높은 발생 빈도가 희생자의 뇌를 먹는 의식을 치루는 장례 절차와 관련이 있을 것으로 추정하였다. D. Carleton Gajdusek은 질병에 걸린 인간의 뇌 조직을 침팬지 뇌에 직접 접종함으로써 이 해면양 뇌병증의 전염성을 처음으로 증명하였다. 해면양 뇌병증에 대한 이러한 업적으로 Gajdusek은 1976년에 노벨 의학상을 수상하였다.

수많은 인간의 중추신경계 질병들이 비슷한 증상과 진행 경과를 나타내고 뇌의 해면양 병리와 공통점을 가진다. 이러한 질병에는 **크로이츠펠트-야곱병(Creutzfeldt-Jakob disease, CJD)**, 게르스트만 슈트라우슬러 샤인커병(Gerstmann-Sträussler-Scheinker syndrome) 그리고 치명적인 가족성 불면증(fatal familial insomnia) 등이 있다(표 32.1). 이러한 질병들의 대부분은 가족적 분포를 나타내므

그림 32.1 광우병에 걸린 영국 소의 소각 장면.

로 유전성이다. 하지만 일부는 산발적으로 발생하고 뚜렷한 유전적 성향이 알려지지 않았다.

크로이츠펠트-야곱병은 (1) 각막 이식, (2) 뇌내 전극을 재사용한 뇌전도 측정, (3) 뇌를 덮고 있는 **경막(dura mater)**의 이식 그리고 (4) 시체의 뇌하수체에서 정제한 인간 성장호르몬 주사 등을 통하여 인간에서 인간으로 전염될 수 있다. 이러한 질병들은 쿠루 및 스크래피의 증상과 뇌 병리학이 유사하므로 이들로부터 감염성 병인체를 규명하려는 연구들이 많이 진행되었다.

그림 32.3 포어 부족의 쿠루 희생자들. 1957년에 Pa'iti의 남부 포어 마을에 쿠루에 걸렸지만 아직 걸을 수 있는 다섯 명의 여자들과 한 명의 소녀가 모였다. 작은 소녀는 쿠루에 걸린 대부분의 어린이들이 질병 초기에 나타내는 경련성 사시를 보여 준다. 모든 환자들은 지팡이 없이 서 있으려면 다른 사람들의 부축이 필요하였지만 지팡이를 치우고 사진을 촬영하였다.

프리온 질병의 감염체는 단백질을 포함하지만 핵산은 검출되지 않았다

초기에는 보편적인 방법으로 신경조직에서 감염체를 확인하려 시도하였지만 이러한 접근법으로는 아무런 성과도 거두지 못하였다. 하지만 쿠루와 크로이츠펠트-야곱병 희생자의 뇌 조직을 침팬지의 뇌에 접종하거나 스크래피의 뇌 조직을 생쥐와 햄스터에 주입하면 질병이 전염된다는 것이 밝혀졌다. 증상이 나타나기까지는 수개월의 잠복기가 소요되긴 하였지만 이러한 방법들을 이용하여 감염체를 검출하고 이를 확인하는 연구가 가능하게 되었다.

곧바로 프리온의 감염성은 핵산을 손상시키는 방사선 혹은 자외선 조사에 대해 비정상적으로 높은 저항성을 나타낸다는 것이 알려졌다. 프리온은 이전에 바이러스들에서 알려진 것보다 불활성화를 위한 표적 크기가 수십 배나 더 작았다. 이는 프리온이 핵산 게놈을 포함하더라도 크기가 매우 작을 것이라는 것을 의미한다. 또한 스크래피에 감염된 뇌의 감염성 분획을 매우 정교한 기술로 분석하여도 핵산은 검출되지 않았다. 따라서 감염성 입자 대비 핵산의 양이 이전에 바이러스들에서 알려진 것 보다 훨씬 더 낮을 것으로 추정되었다.

스크래피의 감염성은 보통 핵산을 효과적으로 불활성화하는 psoralen 교차-연결 제제, 핵산 분해효소, 고농도의 아연 이온, 수산화 암모늄의 처리에 저항성을 나타내었지만 단백질을 불활성화하는 강알카리, 페놀, SDS의 처리에는 높은 감수성을 보였다. 감염 물질의 정제와 농축을 거쳐 27–30 kDa의 단백질이 확인되었다. 1982년에 Stanley Prusiner는 이러한 연구 결과들을 바탕으로 스크래피는 단백질성 감염 입자(*pro*teinaceous *in*fectious particle)에 의하여 유발된다는 가설을 제안하였으며 “prion”(Pr)이라는

표 32.1 프리온 질병에 영향을 받는 종들

Species	Disease	Abbreviation
Sheep	Scrapie	
Elk, mule deer	Chronic wasting disease	CWD
Mink	Transmissible mink encephalopathy	TME
Cattle	Bovine spongiform encephalopathy	BSE
Cats	Feline spongiform encephalopathy (probable cross-species spread from BSE)	FSE
Zoo ruminants	Transmissible spongiform encephalopathy of zoo ruminants	TSE
Humans	Creutzfeldt-Jakob disease	CJD
	(New) variant Creutzfeldt–Jakob disease	vCJD
	Gerstmann-Sträussler-Scheinker syndrome	GSS
	Fatal familial insomnia	FFI
	Kuru	

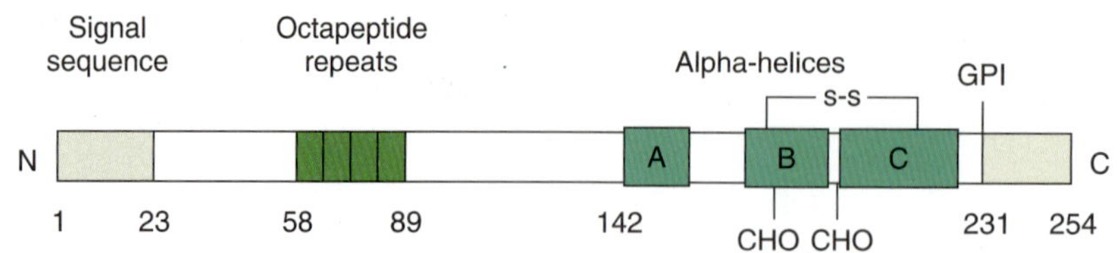

그림 32.3 프리온 단백질의 영역들. 아미노산 번호를 지도 아래에 표시하였다. N-말단은 왼쪽, C-말단은 오른쪽에 나타내었다; 성숙한 단백질은 아미노산 23에서 시작하여 아미노산 230에서 끝난다. CHO: 두 개의 아스파라긴 잔기에 첨가되는 탄수화물 잔기; GPI: glycophosphatidyl inositol 막 고정대; S-S: 추정되는 이황화 결합; A, B, C: PrP^C의 α-나선 영역.

새로운 용어를 만들었다. 이에 따라 스크래피 프리온 단백질은 PrP^{Sc}로 명명되었다. 처음에는 그의 가설에 대해 많은 논란이 있었지만 결국에는 인정되어 1997에 그에게 노벨상이 수여되었다.

PrP^{Sc}는 숙주세포 유전자에 의하여 암호화된다

PrP^{Sc}가 정제되면서 곧바로 N-말단 아미노산 서열이 결정되어 PrP^{Sc}가 세포 유전자에 의하여 암호화된다는 것이 밝혀졌다. 감염되지 않은 동물은 PrP^{Sc}의 세포성 이성질체인 PrP^C를 발현한다. PrP^C(그림 32.3)는 207개의 아미노산들로 이루어진 당단백질로서 보통 뉴런, 림프구, 여포성 **수지상 세포(dendritic cells)** 및 다른 조직들의 표면에서 발현된다. 소포체와 골지막을 거치면서 전구체인 253-아미노산 폴리펩티드로부터 23-아미노산의 N-말단 신호 펩티드와 C-말단의 24 아미노산이 절단된다. 단백질의 C 말단에 있는 하나 혹은 두 개의 아스파라긴 잔기에 올리고당 사슬이 첨가된다. C-말단에 첨가된 당지질이 PrP^C를 원형질막에 고정시킨다.

PrP^C의 아미노산 서열은 포유동물에서 매우 보존적이다. 하지만 유전적 접근법으로 이 단백질의 정상적인 기능을 알아내려고 노력하였지만 성공하지 못하였다. PrP^C가 제거된 녹아웃 생쥐는 정상적으로 발생하였으며 단지 가벼운 전기생리학적 결함만을 나타내었다. N-말단 영역에 있는 여러 개의 옥타펩티드 반복서열이 히스티딘 잔기를 통하여 구리 이온과 결합한다. 따라서 PrP^C가 구리 조절, 구리 완충 그리고 구리-의존적 신호전달과 관련이 있을 것으로 제안되었다. PrP^C은 아마도 횡단막 수송이나 신호전달에 관여하는 것으로 여겨진다. 한 가지 가능한 역할로 신경 시냅스에서 N-말단 옥타펩티드 잔기들이 구리 이온과 결합하여 구리 이온의 수송 혹은 격리에 관여하는 것을 고려해 볼 수 있다.

PrP^C와 PrP^{Sc}의 차이

정상 동물의 뇌에 존재하는 PrP^C를 proteinase K로 처리하면 단백질이 완전히 분해된다. 반면에 질병에 걸린 동물의 PrP^{Sc}를 이 효소로 처리하면 더 이상 분해되지 않는 27–30 kDa의 코어 절편(PrP 27–30)이 생성되며 이들은 감염성을 유지한다. 이 절편에는 23에서 89의 N 말단 아미노산들이 제거되었지만 나머지 아미노산 서열과 당화 패턴은 PrP^C

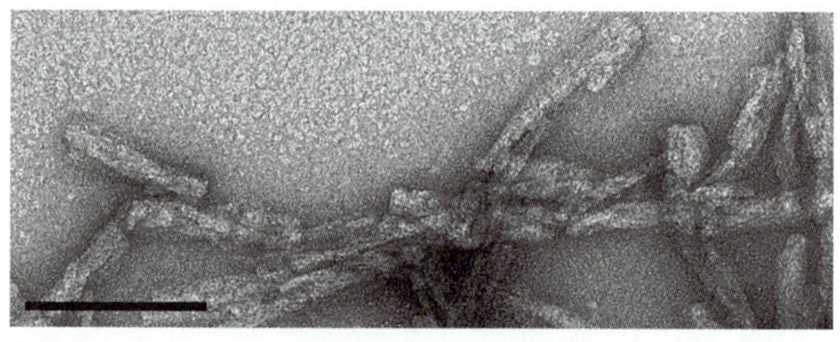

(a)

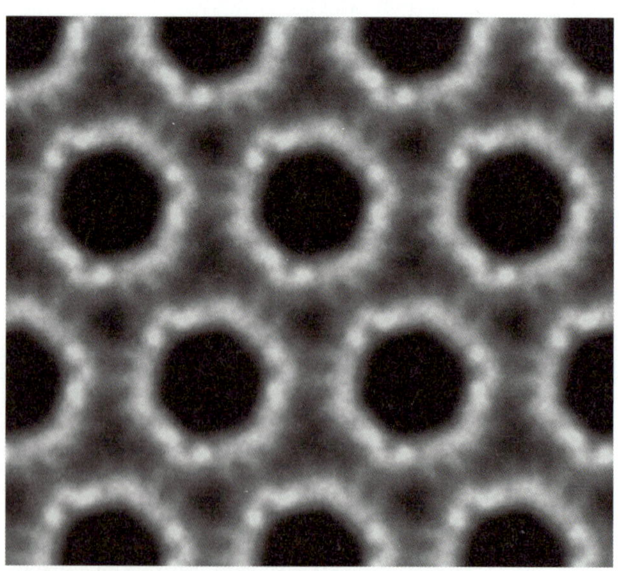

(b)

그림 34.4 프리온 섬유와 이차원적 결정. PrP 27–30의 음성염색 시료를 전자현미경으로 관찰하였다. (a) 전형적인 프리온 막대기 혹은 섬유(축척 자 = 100 μm). (b) 3배 대칭을 보여 주는 이차원적 결정 사진. 각 육면체는 PrP 27–30 2량체가 3개씩 모여 형성되는 것으로 여겨진다. 더 자세한 분석을 통하여 그림 32.6에 제시된 모델이 만들어졌다.

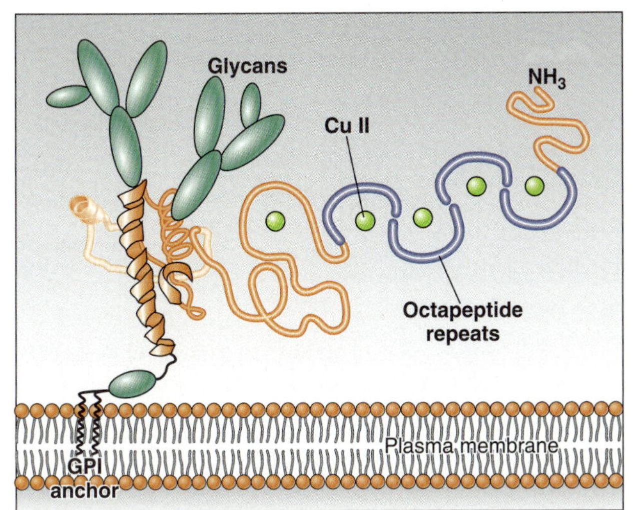

그림 32.5 프리온 단백질의 구조. GPI 고정대를 통하여 프리온 단백질이 원형질막에 삽입된 상태를 나타내었다. 탄수화물 기들(글리칸)을 왼쪽 위에 푸른 타원으로 나타내었다. C-말단영역의 세 α-나선 영역들은 왼쪽에 있고 구리 이온(녹색 구체)과 결합한 옥타펩티드 반복(청색 반원)을 포함하는 유연한 N-말단 영역은 오른쪽에 위치한다.

와 동일하다. PrP^C는 용해성 단백질인 반면에 PrP^{Sc}는 올리고머 또는 응집체를 형성하는 경향이 있으며 정제된 시료와 감염된 뇌에서는 섬유(fibril)를 형성한다(그림 32.4a).

PrP^C의 구조가 핵자기공명(NMR)과 X-선 결정분석법으로 결정되었다(그림 32.5). PrP^C의 C-말단부 절반은 세 개의 α-나선를 형성하지만 구리 이온과 결합하는 옥타펩티드가 포함된 N-말단 영역은 특정 구조를 형성하지 않는다. PrP^{Sc}는 서로 응집하려는 성질 때문에 적절한 결정을 만들 순 없었지만 물리적 측정을 통하여 α-나선 함량이 낮고 여러 개의 β 가닥들을 포함한다는 것을 알 수 있었다.

전자현미경으로 PrP^{Sc}의 이차원적인 결정이 분석되어(그림 32.4b) 이 단백질의 구조 모델이 제안되었다(그림 32.6). 이 모델에서 PrP^{Sc}의 N-말단 영역은 매우 안정한 평형 β-나선으로 접혀진다. 따라서 PrP^C와 PrP^{Sc}는 많은 구조적인 차이를 나타내며 PrP^{Sc}에서만 나타나는 β-나선 구조가 이 단백질의 물리적 특성 및 병원성과 관련이 있을 것으로 추정된다.

프리온 가설: 정상 PrP^C로부터 감염성 및 병원성 프리온의 형성

Prusiner는 프리온 가설에서 잘못 접힌 단백질(PrP^{Sc})이 적절하게 접힌 정상 단백질(PrP^C)을 잘못 접힌 구조로 다시 접히도록 촉매한다고 제안하였다. PrP^{Sc}가 PrP^C를 PrP^{Sc}로

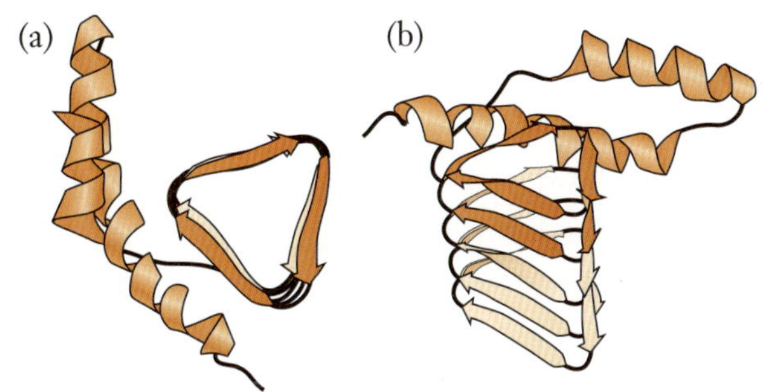

그림 32.6 PrP 27-30의 β-나선 모델. (a, b) PrP 27-30의 N-말단 부위가 좌선성 β-나선(리본의 화살표가 삼각형 원통으로 배열)을 가지는 모델을 위와 옆에서 본 것. α-나선 부위(리본 나선)의 구조는 PrP^C의 C-말단 영역의 알려진 구조에서 유래한 것이다.

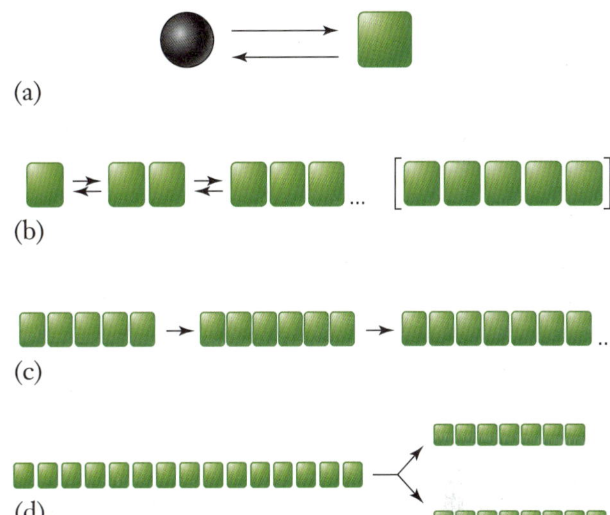

그림 32.7 프리온 증식 메커니즘. 반응은 네 단계로 구분된다. (a) PrP^C(검은색 구체)와 이보다 드문 PrP^{Sc}의 단량체 전구체(녹색 정사각형)가 평형 상태에 있다. (b) 단량체 전구체들은 안정한 감염성 씨앗(핵; 괄호로 묶은 구조)이 형성될 때까지 가역적으로 약하게 서로 상호작용한다. (c) 일단 이러한 결정적인 크기가 만들어지면 PrP^{Sc}의 단량체 전구체들이 비가역적으로 첨가되어 PrP^{Sc} 입자가 성장한다. (d) 감염성 입자들은 더 작은 안정한 입자들로 절단되어 증식할 수 있다.

변형시키는 과정에 대한 두 가지 모델들이 제시되었다. 먼저 핵 형성-중합반응 모델(nucleation-polymerization model)에서는 핵 형성에 의존적인 중합반응을 통하여 PrP^{Sc}가 만들어진다(그림 32.7). 이 모델에서 PrP^C를 PrP^{Sc}로 전환시키는 구조적 변화는 가역적인 반응이지만, PrP^{Sc} 단량체가 PrP^C보다 덜 안정하므로 PrP^{Sc}가 자연적으로는 거의 축적되지 않는다.

불안정한 PrP^{Sc}는 서로 결합하면 안정화되기 때문에 PrP^{Sc}의 응집이 일어나면 PrP^C의 PrP^{Sc} 전환이 촉진된다.

따라서 대규모로 PrP^C가 PrP^{Sc}로 전환되기 위해서는 초기 핵 형성(nucleation) 과정이 필요하다. 외래성 PrP^{Sc}의 감염은 응집을 시작하는 "씨앗"을 제공할 것이다. 유전적 프리온 질병의 경우에는 돌연변이가 일어난 PrP^{Sc}에서 안정성이 증가하거나 단백질이 응집하여 변형된 구조로 안정화되는 경향이 증가하는 것 같다.

주형-촉매성 전환 모델(template-assisted, catalyzed conversion model)에서는 PrP^{Sc}가 주형으로 작용하여 PrP^C의 재접힘을 촉매하여 이를 PrP^{Sc}로 전환한다. 이 모델에 의하면, PrP^{Sc}는 근본적으로 PrP^C보다 더 안정하지만 세포에서 PrP^C가 합성되는 즉시 비교적 안정한 구조로 접히기 때문에 자연적으로 PrP^{Sc}가 형성될 확률은 매우 낮다. 외래성 PrP^{Sc}는 PrP^C 분자나 부분적으로 불안정한 중간체의 재배열을 촉매하여 보다 안정한 PrP^{Sc} 구조로 전환시킨다. 이와 같이 PrP^{Sc} 산물이 생겨나면 이는 PrP^C에서 PrP^{Sc}로의 변형을 더 촉매할 수 있다. 유전적인 프리온 질병의 경우에는 PrP^C의 돌연변이로 인하여 불안정한 중간체 집단이 증가하거나 PrP^C에서 PrP^{Sc}로의 자발적인 전환이 일어날 수 있다.

핵 형성-중합반응 모델(그림 32.7)은 기존에 잘 알려진 결정 성장과정, 튜불린 중합반응, 바이러스 캡시드 조립 그리고 박테리아 편모 중합반응과 유사하다. 이러한 반응을 통하여 단백질들은 서로 결합하여 매우 크고 불용성인 응집체를 형성한다.

주형-촉매성 전환 모델은 다양한 프로테아제(subtilisin 및 α-용해성 프로테아제)와 **세르핀(serpin)** 패밀리의 프로테아제 저해제에서 알려진 것들과 유사하다. 이 분자들은 더 안정한 접힘 상태가 존재함에도 불구하고 처음 합성되면 어떤 한 안정한 상태로 접혀진다. 처음 접힌 상태에서 더 안정한 상태로 자발적으로 전환될 확률은 커다란 에너지 장벽이 존재하기 때문에 매우 낮다. 하지만 일단 전환 과정이 시작되어 산물이 생성되면 이 산물이 자가-촉매적으로 원래의 접힌 단백질로부터 더 많은 산물의 형성을 촉매한다.

프리온 가설은 맞는가?

비록 일반적으로 수용되고 있긴 하지만 프리온 가설은 아직 모든 과학자들을 만족시키지는 못하고 있다. 매우 작은 바이러스가 뇌의 뉴런에 감염하고 복제하여 프리온 질병을 유발할 가능성을 완전히 배제할 수는 없다. 바이러스 감염에 의한 세포의 변화로 질병을 일으키는 PrP^c의 구조적 변화가 초래될 수도 있을 것이다. 가장 고도로 정제된 PrP^{Sc} 시료는 감염 단위 당 100,000 단백질 분자들을 포함한다. 이는 PrP^{Sc}의 숙주 감염이 비효율적으로 일어난다는 것을 의미한다. 이와 같이 높은 농도의 단백질이 감염에 필요하므로 어떤 바이러스가 프리온 단백질들 사이에 숨어 있을 가능성이 있다. 하지만 이러한 바이러스가 어떻게 프리온 단백질과 함께 분리되고, 핵산을 파괴시키는 처리에 대해 어떻게 저항성을 나타내는지는 이해하기 어렵다. 또한 바이러스 가설로는 유전성 프리온 질병을 설명하기도 어렵다.

박테리아에서 재조합 DNA 기술로 프리온 단백질을 만들 수 있다; 이 단백질들은 자연적인 PrP^C와 변형된 PrP^{Sc}의 구조와 유사하게 접힐 수 있다. 최근 정제된 재조합 프리온 단백질로 감염성 프리온 질병이 유발될 수 있음이 증명되었다. 하지만 이는 세포 추출물과 재조합 단백질의 혼합물로만 가능하고 단백질이 잘못 접히도록 하는 조건에서 오랜 기간의 반복적인 반응이 요구된다. 만약 프리온 가설이 맞다면, 이러한 결과는 프리온 단백질의 구조적 전환을 돕는 다른 단백질 인자들이 필요하다는 것을 의미한다. 프리온 가설의 결정적인 증거를 제공하기 위한 노력은 계속되고 있다.

프리온 질병의 병리학과 진단법

수많은 인간 질병들이 단백질의 잘못 접힘으로 인해 유발된다. 낭포성 섬유증(cystic fibrosis)과 α1-안티트립신 결핍증과 같은 질병에서는 잘못 접힌 단백질의 분해 혹은 수송 이상으로 단백질의 기능이 상실된다. 또한 전신성 아밀로이도시스, II형 당뇨병 및 여러 신경계 질병들에서는 잘못 접힌 단백질들이 응집되어 **아밀로이드(amyloid)**라고 하는 고도로 조직적인 구조물이 형성되고 이로 인한 독성으로 질병이 유발된다. 이러한 섬유들은 Congo red라는 염색액과 결합하므로 쉽게 검출될 수 있다.

섬유 축적이 중추신경계의 세포 손상을 유발하는 질병들이 계속 늘어나고 있다. Alzheimer 질환에서는 신경 퇴행이 아밀로이드 β 단백질의 축적과 관련이 있다. Parkinson 질환은 α-신뉴클레인(α-synuclein)의 축적과 관련이 있고, Huntington 질환에서는 어떤 단백질의 유난히 긴 폴리글루타민 서열이 뇌 손상을 유발한다. 이러한 질병들에 관여하는 단백질들은 모두 구조적 변형을 통하여 아밀로이드 섬유에 특이적인 "교차 β" 반복 구조를 가진다. 이 구조에서는 β 가닥들이 아밀로이드 섬유의 축에 직각으로 배열되어 있다. 아밀로이드성 질병들도 프리온 질병처럼 관련 단백질을 암호화하는 유전자의 유전성 돌연변이로 시작될 수 있다.

현재 더 많은 세포내 단백질들이 병리학적인 응집체를

형성할 뿐만 아니라 세포 밖으로 방출되어 인접 세포에 감염할 수 있음이 밝혀지고 있다. 따라서 많은 복잡한 질병들도 "씨앗 단백질(seed proteins)"의 숙주 침투가 공간 전파와 질병 진행을 결정하는 단순 질병 전파 모델을 그대로 따르는 것 같다. 일부 학자들은 이러한 단백질들이 프리온처럼 인접 세포에(그리고 아마도 다른 숙주에도) 감염한다고 하여 "프리오노이드(prionoids)"라고 부른다.

프리온 질병에서 모든 조직 이상은 중추신경계에 국한되어 나타난다. 현미경으로 영향을 받는 영역에서 불용성 아밀로이드 섬유(그림 32.4a)와 아밀로이드반(amyloid plaque)과 같은 거대 결정 배열을 관찰할 수 있다. 프리온 단백질은 중추신경계의 뉴런에만 비정상적으로 축적된다. 이전에는 임상적 증상을 나타내는 환자들의 프리온 질병 진단이 뇌 조직 생체검사 혹은 부검시료의 조직학적 검사를 통하여 이루어졌다. 최근 기술의 발달로 혈액 및 편도와 같은 림프 조직으로부터 비정상적인 PrP를 농축하여 검출하는 것이 가능해졌다. 단백질 분해효소 처리 유무에 따라 웨스턴 블롯을 실시하는 면역검출법이나 직접적인 형광 검출법으로 10^{-8} μg(10^{6} 분자)의 단백질도 검출할 수 있다.

효모와 다른 곰팡이 단백질들도 프리온과 유사한 자가-증식성 상태를 형성할 수 있다

Reed Wickner는 한 유전성 효모 표현형[*URE3*]이 질소대사 단백질인 Ure2의 구조가 프리온처럼 자가-증식성으로 변형되어 생겨난다고 제안하였다. Sup35, Rnq1, HET-s 및 Swi1과 같은 다른 효모 및 곰팡이 단백질들이 형성하는 아밀로이드-유사체들도 유전이 가능한 "프리온 상태(prion states)"를 취한다는 것이 알려졌다. 이러한 단순한 생물들에서 프리온 상태에 대한 많은 연구가 이루어졌다. 프리온 상태는 세포 단백질들이 자가-증식성 아밀로이드 섬유로 응축되어 나타나며 전염은 세포분열을 통해 자연적으로 일어난다.

재조합 효모 프리온 단백질로부터 *in vitro*에서 형성된 섬유를 효모 세포에 주입하면 유전성 프리온 상태를 유도할 수 있다. 이는 단백질이 자가-증식성 감염체로 작용할 수 있다는 결정적인 증거를 제공한다. 또한 효모 프리온은 포유동물 프리온들이 가지는 다른 특성들 즉, 변종 다양성과 종간 전염 장벽도 나타낸다.

효모와 다른 곰팡이의 프리온 단백질들은 포유동물 프리온 단백질들과 서열 유사성을 나타내지 않는다. 일부 효모 단백질들의 프리온 영역은 아밀로이드성 아미노산들인 글루타민과 아스파라긴을 매우 많이(약 40%) 포함한다.

곰팡이에서 프리온이 형성되면 응집되는 단백질에 따라서 다양한 표현형적 변화가 초래된다. 번역 종료에 관여하는 단백질인 Sup35와 관련된 효모 프리온 상태가 가장 잘 알려져 있다. 이 단백질이 아밀로이드 섬유로 전환되면 세포에 활성 Sup35 단량체가 고갈되어 단백질 합성이 제대로 이루어지지 않는 표현형이 나타난다.

그러나 모든 곰팡이의 프리온 상태가 해로운 것은 아니다. 예를 들면, *Podospora anserina*의 [Het-s] 프리온 상태는 HET-s 단백질로 이루어진 아밀로이드 섬유를 축적시키는데 이 섬유는 중요한 역할을 하는 것 같다. [Het-s] 상태는 이핵 접합체 호환성을 매개하고 비호환성 효모 유전자형들 사이의 핵 교환을 막는다.

프리온 질병의 유전학: 프리온 유전자의 돌연변이는 질병 빈도를 증가시킬 수 있다

PrP^{C}는 한 유전자(이배체 게놈에서 두 벌로 존재)의 단일 엑손에 의하여 암호화된다. 프리온 질병과 관련된 PrP^{C} 유전자 돌연변이는 20가지 이상이 알려져 있다. 이들에서 만들어진 돌연변이 단백질들은 자발적으로 PrP^{Sc}를 형성하는 경향이 있다. 유전성 게르스트만 슈트라우슬러 샤인커병으로 고통 받는 일부 가계들은 공통적으로 PrP^{C}의 아미노산 178과 200에서 이중 돌연변이(D178N과 E200K)를 가지는 반면 다른 가계는 아미노산 102의 Leu이 Pro으로 치환된 돌연변이(P102L)를 가진다. P102L 돌연변이를 포함하는 **이식 유전자(transgene)**를 발현하는 생쥐에서 치명적인 스크래피-유사 질병이 자발적으로 발생하였다. 반면에 코돈 171의 Gln이 Arg으로 치환된 PrP 유전자(R171Q)에 대해 상동접합자인 양은 스크래피에 완전한 저항성을 나타내었다.

129번 위치에 Val이 상동접합자인 사람은 후천성 및 산발성 크로이츠펠트-야곱병에 걸릴 확률이 높다. 현재까지 영국에서 발생한 신변종 CJD 질병의 희생자들은 모두 129번 위치에 메티오닌을 가진다는 것이 알려졌다. 이 좌위의 메티오닌 상동적합성은 대부분의 쿠루 희생자들에서도 나타났다. 따라서 129번 위치의 이형접합성은 유전성 및 감염성 프리온 질병에 저항성을 나타낼 것으로 여겨진다.

실제로 PrP 유전자에 이형접합성(특히 129번 위치에서)인 사람들이 전 세계적으로 예상 외로 많아 인간집단에는 이 부위의 이형접합성을 유지하는 선택압이 작용하는 같다. 과거 50만 년에 걸친 인간 진화과정에서 쿠루와 같은 프리온 질병이 아마도 흔하게 발생하였을 것이다. 이는 아마도 과거에 널리 이루어진 인간들의 식인 풍습의 결과로 여겨진다. 따라서 우리 조상들의 다수는 아마도 인간 조직의 섭취로 프리온 질병에 희생되었을 것이다.

프리온 질병은 서로 다른 종들 사이에는 잘 전염되지 않는다

대체적으로 프리온 질병은 종간 장벽을 잘 준수한다; 한 종의 프리온은 다른 종의 동물에 잘 감염하지 않는다. 이는 프리온의 감염성이 공여자와 수용자 프리온 단백질들 사이의 서열 유사성에 의존한다는 것을 의미한다. 이는 동일한 아미노산 서열과 동일한 3차원적 구조를 가지는 분자들 사이에 PrP^{Sc}의 안정화 혹은 응집을 유도하는 상호작용이 더 잘 일어나기 때문일 것이다.

그러나 종간 장벽이 절대적이지는 않다. 양의 스크래피는 생쥐와 햄스터를 감염시킬 수 있으며 이로 인하여 프리온의 정제와 확인이 가능하였다. 양의 PrP와 소의 PrP는 아미노산 98, 100, 143, 146, 155, 168, 198 및 218에서 차이가 나지만 양은 소 해면양 뇌병증(BSE)에 스크래피와 동일한 감염 감수성을 나타낸다. 반면에 소는 양의 스크래피 감염에 높은 저항성을 나타내지만 BSE에는 감수성을 나타낸다. 따라서 소의 BSE는 아마도 스크래피에 감염된 양의 사체가 아닌 과거의 어느 시기에 자발적으로 발생한 BSE에 걸린 소의 사체를 사료로 이용하면서 확산된 것 같다.

생쥐는 생쥐 PrP와 아미노산 서열이 16개가 다른 햄스터 프리온의 감염에 저항성을 나타낸다. PrP 유전자가 없는 녹아웃 생쥐를 이용하여 중요한 발견이 이루어졌다; 이 생쥐에 감염된 생쥐에서 추출한 PrP^{Sc}를 접종하면 감염성 프리온이 증식하지 못하여 프리온 질병에 저항성을 나타낸다. 이 생쥐에 햄스터 혹은 인간 프리온 단백질 유전자를 주입하면 각각 햄스터 혹은 인간 프리온의 감염에 대한 감수성이 생겨난다. 이러한 결과는 기존의 PrP^{C}가 감염성 프리온의 증식과 프리온 질병의 유발에 필요하다는 프리온 가설을 지지한다.

변종 변이와 종간 장벽의 극복

프리온은 변종에 따라서 독특한 질병 패턴과 잠복기 그리고 PrP^{Sc}의 당화 및 절단 패턴을 나타낸다. 어떤 경우에는 이러한 변종들이 PrP^{Sc}의 구조적 차이로 생겨나기도 한다. 예를 들면, 전염성 밍크 뇌병증에는 두 가지 변종들 즉, hyper(HY)와 drowsy(DY)가 존재한다. 이 변종들은 독특한 신경 병리와 잠복기를 가지는 서로 다른 행동 변화를 유발한다. HY와 DY에 해당하는 PrP^{Sc} 단백질을 proteinase K로 처리하면, 원래 PrP^{C} 단백질이 동일한 아미노산 서열을 가짐에도 불구하고 서로 다른 아미노 말단을 가지는 단백질로 분해된다. 이는 아미노산의 차이가 서로 다른 변종들을 생성하는 데 필수적이지는 않다는 것을 나타낸다.

신변종 크로이츠펠트-야곱병(nvCJD)의 인간 사례들은 영국에서의 BSE 유행과 관련이 있다. 신변종 CJD(new variant CJD)는 산발성 CJD(sporadic CJD)와는 다르다; 이는 독특한 병리 현상을 나타내고 산발성 CJD보다 훨씬 더 젊은 나이에 발생하고 초기 증상에서도 차이를 나타낸다. BSE에 감염된 뇌 추출물을 짧은 꼬리 원숭이의 뇌에 접종하면 신변종 CJD 환자와 매우 유사한 질병과 병리가 생겨난다. 따라서 신변종 CJD는 스크래피보다 종간 장벽이 덜 엄격한 다른 프리온 변종에 의하여 유발되는 것 같다. CJD와 신변종 CJD는 proteinase K에 대한 저항성과 당화패턴이 서로 다른 PrP^{Sc}를 가진다. 신변종 CJD의 단백질 패턴은 BSE에 감염된 동물의 것과 유사하지만 산발성 혹은 후천성 CJD와는 상당한 차이를 나타낸다. Proteinase K에 저항성을 나타내는 이중 당화 단백질이 신변종 CJD 환자에서 특히 뚜렷하게 나타난다.

프리온 감염체의 특성

프리온은 감염체에 대한 전통적인 개념을 뒤흔들어 놓았다. 프리온 가설에 의하면 프리온은 기존의 정상적인 세포 단백질을 감염성 병원체로 변형시킨다. 우리는 바이러스처럼 핵산에 저장된 정보가 세포에서 세포로 혹은 개체에서 개체로 전달된다는 개념에 익숙하다. 바이러스 게놈은 바이러스의 복제와 전염을 가능하게 하는 단백질들을 암호화하므로 바이러스는 스스로 복제할 수 있다.

컴퓨터 바이러스도 정보를 컴퓨터에서 컴퓨터로 이동시켜 자신을 증식한다. 컴퓨터의 "프로그램"은 핵산이 아닌 전자적 바이트에 의해 운반된다. 컴퓨터 바이러스는 진짜 바이러스와 매우 유사하다. 이들의 바이트 서열(핵산에 해당)은 컴퓨터(세포에 해당)에 의하여 제공되는 요소들을 이용하여 이들을 새로 복제하도록 하는 프로그램(핵산 복제를 지시하는 효소에 해당)을 암호화한다. 바이러스와 컴퓨터 바이러스는 그들의 숙주세포 혹은 컴퓨터에 질병을 유발하거나 손상을 줄 수 있다.

프리온 가설은 한 단백질의 3차원적 구조, 즉 아미노산 서열에 암호화된 정보가 개체에서 개체로 전달되어 핵산이 관여하지 않고 자신을 증식할 수 있다고 제안한다. 프리온의 아미노산 서열은 숙주 생물의 핵산 유전자에 암호화되어 있지만 프리온 유전자가 아닌 단백질만이 전염되고 감염성을 나타낸다. 따라서 "감염체"의 개념을 반복적인 자가-증식을 초래하는 세포 혹은 개체 간의 정보 전달로 바꾸어야 할 것 같다.

Richard Dawkins는 1976년에 발간한 베스트셀러인

프리온 질병은 예방 혹은 치료될 수 있는가?

현재로서는 프리온 질병의 예방, 치료 혹은 심지어 진행을 지연시키는 효능이 검증된 방법은 존재하지 않는다. 모두 예외 없이 치명적이다. 술폰화 색소, 고리형 테트라피롤, 퀴나크린, 퀴놀린, 아크리딘, 페나티아진을 포함하는 다양한 제제들과 아밀로이드 친화성 화합물들인 피리딘 디카르보나이트릴, 펩티드 압타머 및 β-구조 절단제들이 배양 세포에서 프리온의 복제를 저해하였다. 그러나 이들 가운데 어느 것도 동물에서 프리온 질병을 감소시키거나 예방하는 효능을 아직 보여 주지 못하였다. 항-프리온 단백질 항체와 항체 단편들이 배양 세포에서 농도-의존적인 방식으로 프리온 형성을 저지하였다. 일부 프리온 단백질 변이체들이 프리온 질병의 발생을 억제하는 것 같으므로 백신 접종이나 유전자 치료가 프리온 질병을 치료하거나 예방하는 하나의 해법이 될 수 있다.

*The selfish Gene*에서 진화는 정보가 복사되고, 변이가 생성되고, 일부 변이체가 선택되면 일어난다고 하였다. 가장 익숙한 진화 정보의 단위는 유전자이지만 진화는 어떤 방식으로든 정보가 전달되면 일어날 수 있다. 예를 들면, 인간의 아이디어는 의사소통에 의해 세대 간에 전달될 수 있다. 한 사람에서 다른 사람으로의 아이디어의 전달이 완벽하지 않을 수 있다. 이는 마치 부모에서 자식에게 전달되는 유전자의 복사가 때론 부정확하게 일어나는 것과 같다.

프리온은 바이러스와는 다른 전염성, 복제성 및 변이성 질병 유발체이다. 우리가 이들을 “살아 있는”, “살아 있지 않는” 혹은 “감염성 효소”로 정의하든 상관없이 이들에 대하여 다음과 같은 사실들을 알고 있다: (1) 이들은 진화 과정에서 생물에서 생겨났다; (2) 이들은 증식할 수 있고 이들이 유발하는 질병을 전파할 수 있다; (3) 이들은 진화하고 다른 숙주에서 적응할 수 있다.

핵심 용어

경막(Dura mater)
광우병(Mad cow disease)
세르핀(Serpin)
수지상 세포(Dendritic cells)
스크래피(Scrapie)
신변종 크로이츠펠트-야곱병 (Creutzfeldt-Jacob disease, nvCJD)
아밀로이드(Amyloid)
우해면양 뇌병증(BSE)
이식 유전자(Transgene)
쿠루(Kuru)
크로이츠펠트-야곱병 (Creutzfeldt-Jacob disease, CJD)
프리온 질병(Prion disease)
프리온(Prion)
해면양 뇌병증(Spongiform encephalopathy)

기본 개념

- 프리온은 치명적인 뇌질환을 유발할 수 있는 단백질이다.
- 인간 프리온 질환은 전염되거나 유전될 수 있다.
- 프리온 질병의 감염체는 단백질을 포함하지만 핵산은 포함하지 않는다.
- 인간 프리온은 숙주세포 유전자에 의하여 암호화된다.
- 프리온 가설에 의하면 잘못 접혀진 형태의 세포 단백질이 적절하게 접힌 단백질 분자에 작용하여 자신처럼 잘못 접힌 구조로 다시 접히도록 촉매한다.
- 인간의 프리온 질병은 더 흔하게 발생하는 알츠하이머나 파킨슨 질병과 많은 공통점을 가진다.
- 효모와 다른 곰팡이들의 잘못 접혀진 단백질들은 프리온과 닮은 자가-증식성 상태를 형성할 수 있다.
- 서로 다른 종들 사이에는 프리온 질병이 잘 전파되지 않지만 영국에서 발생한 BSE(광우병)는 분명히 소에서 인간으로 전파된 것이다.
- 프리온의 존재는 단백질의 3차원적 구조에 암호화된 정보가 개체에서 개체로 전달되어 핵산의 관여 없이 자신을 증식시킬 수 있다는 것을 제안한다.

복습 문제

1. 인간의 프리온 질병이 어떻게 감염성과 유전성을 모두 나타내는 지와 이들의 전염 방식에 대하여 설명하시오.
2. 프리온 가설이란 무엇이고 이는 프리온 질병을 어떻게 설명하는가?
3. 신변종 크로이츠펠트-야곱병은 산발성 크로이츠펠트-야곱병과 어떻게 다른가?
4. 프리온은 진화할 수 있는가?

SECTION IX

바이러스 감염에 대한 숙주 방어

생물은 대부분의 진화과정에서 바이러스와 함께 살아 왔다. 많은 바이러스들은 숙주세포에 손상을 주거나 이들을 죽인다. 이로 인하여 질병이 유발되고 숙주 생물이 죽기도 한다. 따라서 숙주 생물들은 감염과 감염의 병리학적 효과로부터 자신을 보호하기 위하여 다양한 수단들을 마련하였다. 이러한 방어는 편의상 두 가지 종류, 즉 내재적 세포성 방어와 숙주 면역반응으로 구분될 수 있다.

내재적 세포성 방어(intrinsic cellular defenses)는 침입하는 병원체에 대한 감염 세포의 빠른 반응이다. 이는 바이러스 혹은 다른 병원체에 특이적인 분자들을 인식하는 톨-유사 수용체(toll-like receptor, TLR)와 같은 분자탐지시스템에 의해 시작된다. 바이러스의 경우, 당단백질과 핵산 특히, 많은 바이러스 게놈들의 발현 부산물인 이중-가닥 RNA가 표적 분자로 작용한다.

바이러스가 인식되면 인터페론, 다른 사이토카인들 및 세포자살 유도자들을 암호화하는 유전자들의 전사가 활성화된다. 일부 단백질들은 분비되어 인접 세포에 작용하여 바이러스의 복제를 억제하는 항바이러스성 단백질들의 합성을 유도한다. 인터페론과 사이토카인은 또한 더 오랫동안 작용하는 숙주 면역반응의 유도를 돕는다.

식물과 더 단순한 진핵세포들은 바이러스 감염에 대한 방어 메커니즘으로 RNA 간섭(RNA interference)을 이용한다. 바이러스의 이중-가닥 RNA는 siRNA로 절단되고 이는 바이러스 mRNA 혹은 게놈 RNA를 직접 절단하여 불활성화시킨다.

면역반응(immune responses)은 혈액 혹은 림프액에서 순환하고 흉선, 림프절, 비장 및 장에 존재하는 특수한 세포들에 의하여 매개된다. 자연살상세포는 특정 세포 표면 단백질이 결여된 감염 세포를 인식하여 죽일 수 있다. B 및 T 림프구는 수용체를 통하여 바이러스 단백질과 이로부터 유래하는 펩티드를 인식하면 활성화되어 항체를 생성하는 형질세포 혹은 바이러스 감염 세포를 죽이는 세포독성 T 세포로 분화한다. 적응성 면역반응을 매개하는 세포들은 오래 살 수 있으므로 동일한 병원체의 재감염으로부터 개체를 보호한다. 바이러스들은 내재적 세포성 방어와 적응성 면역반응에 대응하기 위하여 많은 전략들을 개발하였다.

CHAPTER 33

바이러스 감염에 대한 내재적 세포성 방어

Karen Mossman
Pierre Genin
John Hiscott

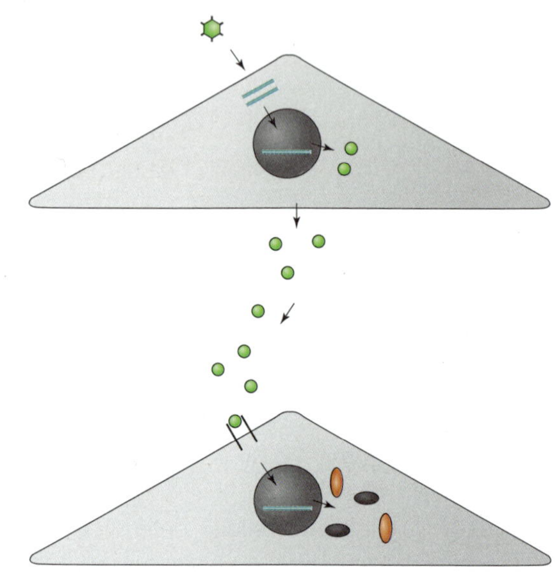

바이러스 감염의 탐지

세포 표면 혹은 엔도좀 막에 위치한 톨-유사 수용체가 병원체의 보존적인 구조를 인식함

다양한 세포질 수용체들이 바이러스 핵산을 인식함

바이러스의 숙주세포 진입은 핵산과 무관하게 미확인 메커니즘에 의해 인식됨

바이러스 감염에 대한 숙주세포의 반응

이중-가닥 RNA는 신호전달경로의 강력한 촉진자로 작용함

인터페론 조절인자(IRFs)는 인산화에 의하여 활성화됨

NF-κB는 저해자가 인산화로 인해 분해되면 활성화됨

IRF와 NF-κB는 인터페론, 전염증성 및 항염증성 사이토카인 그리고 케모카인의 합성을 유도함

바이러스 감염은 내재성 및 외인성 세포자살 경로를 모두 유도하여 시스테인 프로테아제인 카스파아제를 활성화함

인터페론: 구조와 합성

인터페론-α, β 및 λ는 항바이러스성 활성을 가지며 대부분 세포 유형들에 의하여 생성됨

인터페론-γ는 림프구와 대식세포에 의하여 생성되는 면역 조정자임

인터페론 mRNA는 불안정하여 합성이 유도되면 단기간 인터페론이 합성됨

인터페론은 세포 밖으로 분비됨

항바이러스성 활성의 유도

인터페론은 표적 세포의 표면에 있는 특정 수용체와 상호작용함

인터페론의 결합으로 수용체의 2량체 형성과 인산화 그리고 Jak 키나아제의 활성화가 유도됨

Stat 단백질이 Jak 키나아제에 의하여 인산화되면 2량체를 형성하여 핵으로 이동함

Stat 단백질은 핵에서 인터페론-자극 유전자에 결합하여 전사를 활성화함

Jak-Stat 경로에 의하여 1,000가지 이상의 세포 유전자들이 활성화됨

인터페론-α, β 및 λ는 주로 바이러스 복제를 억제하는 유전자들의 발현을 유도함

인터페론-γ는 주로 후천성 면역반응의 성분들을 촉진함

인터페론 반응에 대한 바이러스의 방어

인터페론-조절인자의 상동체가 인터페론 유전자의 전사를 저지함

바이러스 단백질이 인터페론-자극 유전자의 활성화를 저해함

작은 바이러스성 dsRNA가 dsRNA-의존적 단백질 키나아제(PKR)의 활성화를 저지함

dsRNA에 결합하는 바이러스 단백질들이 PKR의 활성화를 억제함

사이토카인 수용체의 용해성 상동체가 사이토카인의 작용을 막아 B-세포 활성화 및 항체 생성을 저해함

RNA 간섭

식물, 무척추 동물 및 균류는 인터페론을 생성하지 않고 숙주 방어 메커니즘으로 RNA 간섭을 이용함

바이러스 이중-가닥 RNA는 Dicer에 의하여 길이가 21–23 nt인 siRNA로 절단됨

siRNA는 RISC 복합체의 일부가 되어 상동적인 서열을 가지는 바이러스 RNA를 절단함

포유동물은 이와 유사하지만 독특한 전략으로 mRNA를 분해하거나 번역을 저해하는 microRNA(miRNA)를 생성함

서론

생물이 건강하게 생존하려면 바이러스와 같은 병원체들로부터 자신을 방어할 수 있어야 한다. 피부, 점막, 눈물 그리고 산성 혹은 염기성 환경 등의 물리적 및 화학적 장벽들이 일차 방어선으로 작용한다. 장과 호흡기의 분비물은 바이러스의 부착과 감염을 막는 효소를 비롯한 여러 가지 분자들을 포함한다. 만약 침입한 병원체가 이러한 장벽들을 뚫을 수 있다면, 병원체에 노출된 세포들은 **내재적 세포성 방어계(intrinsic cellular defense system)**로 반응한다. 이러한 방어 시스템은 세포 감염 후 수분 내로 빠르게 작용하고 감염된 세포나 이와 인접한 세포들에서 국소적으로 작용한다. 내재적 세포성 방어계는 세 단계 즉, (1) 병원체 인식, (2) 신호 증폭, 그리고 (3) 병원체 제어로 작용한다.

다양한 세포 단백질들이 침입하는 병원체를 인식할 수 있다; 가장 잘 알려진 병원체-탐지 단백질은 **톨-유사 수용체(toll-like receptor)**이다. 이 단백질들에 의해 병원체의 존재가 인식되면 수용체-매개성 신호전달, 유전자 전사 활성화, 단백질 분비 및 세포 간 연락을 포함하는 고도로 조직화된 반응이 시작된다. 이러한 반응은 **인터페론(interferon)**을 포함한 **사이토카인(cytokine)**의 분비와 세포 내에서 병원체의 복제를 저해하는 효소계의 활성화를 유도한다. 따라서 감염 세포는 자기 자신의 세포내 방어 수단을 확립하고 인접한 세포들이 감염에 대한 방어를 확립하도록 신호를 보낸다.

만약 감염이 확산되면 개체 차원의 면역반응이 활성화된다. 면역반응은 순환계의 다양한 면역 세포들에 의하여 나타나며 **선천성 면역반응(innate immune response)**과 **적응성 면역반응(adaptive immune response)**으로 구분된다. 선천성 면역반응은 빠르게 작용하며 **대식세포(macrophage)**, **수지상 세포(dendritic cell)** 및 **자연살상세포(natural killer cell)**를 포함하는 감시 세포들과 **보체(complement)**가 관여한다. 적응성 면역반응이 최대 효과를 나타내기 위해서는 수일에서 수 주일이 소요된다. B 및 T 림프구가 외래 항원을 인식하면 항체의 생산과 감염 세포를 죽이는 **세포독성 T 림프구(cytotoxic T lymphocyte)**의 생성이 유도된다.

이 장에서는 내재적 세포성 방어와 감염 세포에 의한 신호전달 반응, 특히 사이토카인의 생성에 대하여 주로 다룰 것이다. 선천성 면역반응에 관여하는 감시 세포들과 적응성 면역반응의 발달에 대해서는 다음 장에서 설명할 것이다.

숙주세포에 의한 바이러스 감염의 탐지

숙주세포는 톨-유사 수용체를 비롯한 다양한 분자성 탐지 시스템들을 이용하여 바이러스 감염을 인식한다

생물은 바이러스 부착과 진입, 바이러스 복제 및 감염 세포로부터 바이러스 성분의 방출을 포함하여 바이러스 감염의 다양한 측면들을 인식할 수 있는 여러 가지 수단들을 진화과정에서 마련하였다. 비리온의 구조 단백질이 세포 표면의 수용체에 결합하면 항바이러스성 경로들의 활성화가 시작될 수 있다. 예를 들면, adenovirus와 같은 비외막성 바이러스가 인테그린과 같은 세포 표면 수용체에 결합하면 세포는 이에 반응하여 **인터루이킨-1α(interleukin-1α)**를 포함하는 여러 가지 사이토카인들을 생성한다.

외막성 바이러스의 세포내 진입도 항바이러스성 반응을 유도할 수 있다. 이는 다양한 외막성 바이러스들에 감염된 세포에서 유사하게 유도되므로 비특이적인 반응이다. 외막성 바이러스의 진입에 대하여 세포는 사이토카인을 생성하지 않고 직접 일부 **인터페론-자극 유전자(interferon-stimulated genes)**들의 발현을 유도한다. 이 유전자들은 바이러스 전사와 번역을 막는 세포내 단백질들을 암호화한다. 세포가 외막성 바이러스들의 진입을 어떻게 인식하는 지는 아직 알려지지 않았다.

세포 표면 혹은 엔도좀 막에 위치하는 톨-유사 수용체(Toll-like receptor, TLR)는 병원체에만 나타나는 다양한 보존적 분자구조(pathogen-associated molecular pattern, PAMP)를 인식한다(표 33.1). TLR들은 파리에서 인간에 이르기까지 매우 보존적이며 구조적 및 기능적 유사성을 나타낸다. 이들은 원래 곰팡이 감염에 대한 중요한 방어 단백질로 초파리인 *Drosophila melanogaster*에서 발견되었다. 대부분의 포유동물들은 10개에서 15개의 TLR을 가지며 인간과 마우스는 각각 10개와 13개를 가진다.

대다수 세포 유형들의 표면에 존재하는 TLR-2와 TLR-4는 respiratory syncytial virus, measles virus, herpes

표 33.1 톨-유사 수용체와 이들이 인식하는 분자들

Toll-like receptor	Binds to	Examples of viruses detected
TLR-1	Lipopeptides	Hepatitis C virus
TLR-2	Lipoproteins, glycoproteins	Herpesviruses, measles virus, hepatitis B and C virus
TLR-3	Double-stranded RNA	Respiratory syncytial virus, West Nile virus, influenza virus, herpesvirus
TLR-4	Lipopolysaccharide, glycoproteins	Vesicular stomatitis virus, respiratory syncytial virus, murine mammary tumor virus
TLR-5	Flagellin	
TLR-6	Diacyl lipopeptides	Vaccinia virus, hepatitis C virus
TLR-7, TLR-8	Single-stranded RNA	Human immunodeficiency virus, vesicular stomatitis virus, influenza virus, hepatitis C virus
TLR-9	Unmethylated CpG DNA	Herpesviruses, vaccinia virus, hepatitis B virus
TLR-10	Unknown	

simplex virus 및 vesicular stomatitis virus 등의 외막 당단백질을 인식한다(그림 33.1). 바이러스 당단백질이 TLR-2 혹은 TLR-4에 결합하면 신호전달경로가 활성화되어 최종적으로 인터페론을 포함한 사이토카인의 생성이 유도된다.

여러 가지 톨-유사 수용체들이 바이러스 핵산을 인식한다

바이러스 핵산은 내재성 및 선천성 항바이러스성 반응의 가장 강력한 유도자이다. 엔도좀 내부에 위치한 TLR들은 단일- 및 이중-가닥 RNA 그리고 DNA를 모두 인식한다(그림 33.1).

많은 DNA 바이러스들은 DNA 게놈의 어떤 영역에서 양 가닥을 모두 전사하여 이중-가닥 RNA를 형성할 수 있는 자가-상보적 RNA를 생성한다. 단일-가닥 RNA 게놈을 가지는 바이러스들은 복제과정에서 게놈 RNA와 혼성화를 통하여 이중-가닥 RNA를 형성할 수 있는 전체-길이의 상보적 RNA 가닥을 합성한다. 이러한 이중-가닥 RNA의 존재는 아마도 복제하는 RNA가 존재한다는 것을 나타내는 가장 신뢰할 수 있는 지표이므로 세포가 이 분자를 인식하고 반응하는 것은 당연하다고 할 수 있다.

TLR-3은 이중-가닥 RNA를 인식한다. 수지상 세포, 대식세포, 섬유아세포 및 상피세포를 비롯하여 다양한 세포들이 TLR-3을 발현한다. TLR-3과 이중-가닥 RNA는 엔도좀 내의 낮은 pH에서만 결합한다. TLR-3은 encephalomyocarditis virus, respiratory syncytial virus, herpes simplex virus 및 West Nile virus를 포함하여 여러 가지 바이러스들의 감염 인식에 필수적이다.

TLR-7과 TLR-8은 HIV-1, VSV 및 influenza virus 등

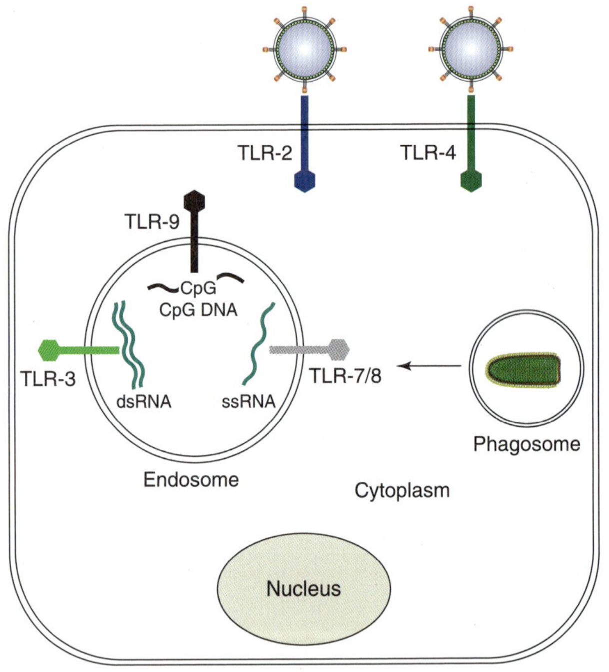

그림 33.1 바이러스 성분들을 인식하는 톨-유사 수용체들. 세포 표면 톨-유사 수용체들(TLR-2와 TLR-4)은 비리온 당단백질들을 인식한다; 엔도좀 톨-유사 수용체들(TLR-3, TLR-7, TLR-8 및 TLR-9)은 서로 다른 형의 바이러스 핵산을 인식한다. 식포는 바이러스 성분들이 톨-유사 수용체에 의해 인식될 수 있도록 이들을 엔도좀으로 운반한다.

의 구아노신 및 우리딘이 많은 단일-가닥 RNA를 인식한다. 반면에 TLR-9는 박테리아 DNA의 메틸화되지 않은 CpG 서열과 herpesvirus과의 다양한 바이러스들이 가지는 단일-가닥 및 이중-가닥 바이러스 DNA를 인식한다. TLR-7, TLT-8 및 TLR-9의 발현은 혈액 내의 주요 인터페론-생성 세포인 형질세포양 수지상 세포(plasmacytoid dendritic cell)와 B 림프구에 제한되어 일어난다. 형질세포양 수지상 세포의 인터페론 생성은 바이러스 복제를 요구하지 않는다. 내포작용으로 이들 세포에 진입한 바이러스 입자들이 엔도좀에서 해체되어 핵산이 방출되면 톨-유사 수용체와 결합하는 것 같다.

자식작용(autophagy)도 톨-유사 수용체에 의한 바이러스 핵산의 인식에 관여한다. 자식작용은 영양분 고갈이나 감염과 같은 스트레스 조건에서 세포 생존을 돕는 내재성 세포 과정이다. 스트레스를 받은 세포들은 리소좀과 유사한 **식포(phagosome)**라고 하는 특수한 막 영역을 형성하여 세포 함량의 많은 부분들을 분해한다. 자식작용은 세포질에서 바이러스 RNA를 TRL-7이 존재하는 소낭으로 운반함으로써 VSV가 TRL-7에 의해 인식될 수 있도록 만든다(그림 33.1).

다른 세포 단백질들도 바이러스 RNA의 인식에 관여한다

최초로 알려진 패턴 인식 수용체는 TLR이지만 바이러스 감염을 감지하는 다른 메커니즘들도 발견되었다. RNA 헬리카아제의 일종인 RIG-I(*r*etinoic acid-*i*nducible *g*ene I)과 이와 관련된 단백질인 MDA5(*m*elanoma *d*ifferentiation-*a*ssociated gene 5)는 이중-가닥 RNA에 의하여 유도되는 내재적 항바이러스성 반응에 중요한 역할을 수행한다. RIG-I과 MDA5는 C-말단에 RNA 헬리카아제 영역을 가지고 N-말단에 두 개의 CARD(caspase recruitment domain) 영역을 포함한다.

RIG-I과 MDA5는 RNA의 구조와 길이에 따라 서로 다른 바이러스들의 RNA를 인식하는 것 같다(그림 33.2). RIG-I은 짧은 이중-가닥 RNA 분자와 단일-가닥 RNA 분자를 잘 인식하는 반면에 MDA5는 긴 이중-가닥 RNA 분자와 합성 이중-가닥 RNA 유사체인 poly I:C(polyinosine-polycytidylic acid)를 잘 인식한다.

RIG-I은 paramyxovirus, influenza virus, vesicular stomatitis virus 및 Japanese encephalitis virus를 비롯한 단일-가닥 RNA 바이러스의 인식에 핵심적인 역할을 수행하는 반면에 MDA-5는 picornavirus의 인식에 필요하다. 막-결합형 TLR 분자들과는 달리 이들은 용해성 세포질 단백질들로서 세포기질에 존재하는 핵산들과 결합한다.

세포질의 바이러스 이중-가닥 DNA는 적어도 세 가지 세포 단백질들에 의하여 인식된다

숙주세포는 비감염 세포에서는 보통 생성되지 않는 이중-가닥 RNA를 인식할 뿐만 아니라 세포질에 존재하는 이중-가닥 DNA를 인식하는 메커니즘을 개발하였다(그림 33.2). 건강한 비감염 진핵세포에서는 대부분의 DNA가 핵에 존재하기 때문에 세포질에 존재하는 DNA도 감염의 표시로 인식된다. 대부분의 세포 유형들에서 DAI(*D*NA-dependent *a*ctivator of *i*nterferon regulatory factor)가 발현되고 이 단백질의 수준은 인터페론 신호전달에 의하여 현저하게 증가한다. DAI는 박테리아, 바이러스 및 포유동물의 DNA에 결합하고 herpesvirus와 poxvirus에 대한 세포성 반응을 매개하는 것으로 알려졌다. DAI에 의한 세포질 DNA의 인식은 주로 인테페론의 생성을 유도한다.

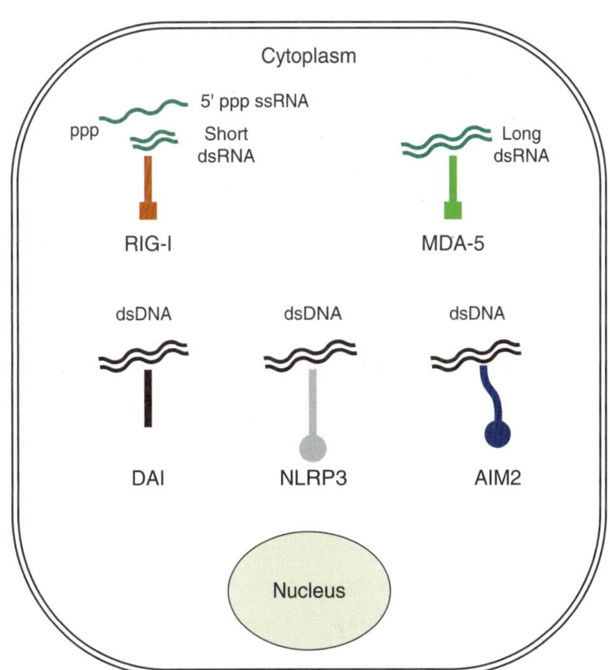

그림 33.2 바이러스 핵산을 인식하는 세포질 센서. 세포질 수용체들인 RIG-I과 MDA-5가 단일-가닥 혹은 이중-가닥 바이러스 RNA를 감지한다; DAI, NLRP3 및 AIM2는 세포질의 이중-가닥 DNA와 결합한다.

또한 두 가지 다른 세포 단백질들도 세포질에서 바이러스의 이중-가닥 DNA를 인식한다. 이들은 AIM2(*a*bsent *i*n *m*elanoma 2)와 NLRP3(*n*ucleotide-binding domain, *l*eucin-*r*ich repeat-containing family, *p*yrin domain-containing 3) 단백질이다. AIM2와 NLRP3는 모두 단백질-단백질 상호작용을 매개하는 피린(pyrin) 영역을 포함한다. 염증과 세포자살에 관여하는 단백질들이 흔히 이와 같은 피린 영역을 포함한다.

NLRP3은 20가지가 넘는 인간 NLR 단백질들 가운데 하나이다. 이 단백질들은 펩티도글리칸 및 독소와 같은 미생물 성분들과 요산 및 ATP와 같은 내재성 스트레스-관련 분자들을 인식하는 것으로 잘 알려져 있다. AIM2

와 NLRP3은 각각 poxvirus와 adenovirus의 감염에 대해 **전염증성 사이토카인(proinflammatory cytokine)**의 생성을 유도한다. 최근에는 NLRP3이 바이러스 RNA의 인식을 통하여 influenza virus에 대한 선천성 면역을 매개한다는 것이 발견되었다.

바이러스 감염에 대한 세포 반응

바이러스-매개성 신호전달은 세포 전사인자들의 활성화를 유도한다

만약 세포의 탐지 단백질들이 바이러스 성분들을 인식하면 이들은 여러 신호전달경로들을 통하여 다양한 전사인자들을 활성화하고, 이들은 다시 여러 세포 반응 유전자들의 전사를 활성화한다(그림 33.3). 예를 들면, 바이러스 단백질 혹은 핵산이 톨-유사 수용체에 결합하면 어댑터 분자들인 MyD88(*m*yeloid *d*ifferentiation primary response gene *88*)과 TRIF(*t*oll/interleukin-1 *r*eceptor(TIR)-domain-containing, adaptor-inducing *inter**f**eron-β)를 끌어들인다. TLR-3을 제외한 모든 톨-유사 수용체들이 MyD88과 상호작용하고, TRL3은 TRIF와 상호작용하고, TLR-4는 두 가지 어댑터 분자 모두와 상호작용한다. 톨-유사 수용체 분자들은 TIR 영역을 통하여 어댑터 분자들과 결합한다.

다른 신호 분자들과의 일련의 세포내 상호작용을 통하여 이들 어댑터들은 IKK(IκB kinase) 효소 복합체를 비롯한 **단백질 키나아제(protein kinases)**들을 끌어들인다. 이

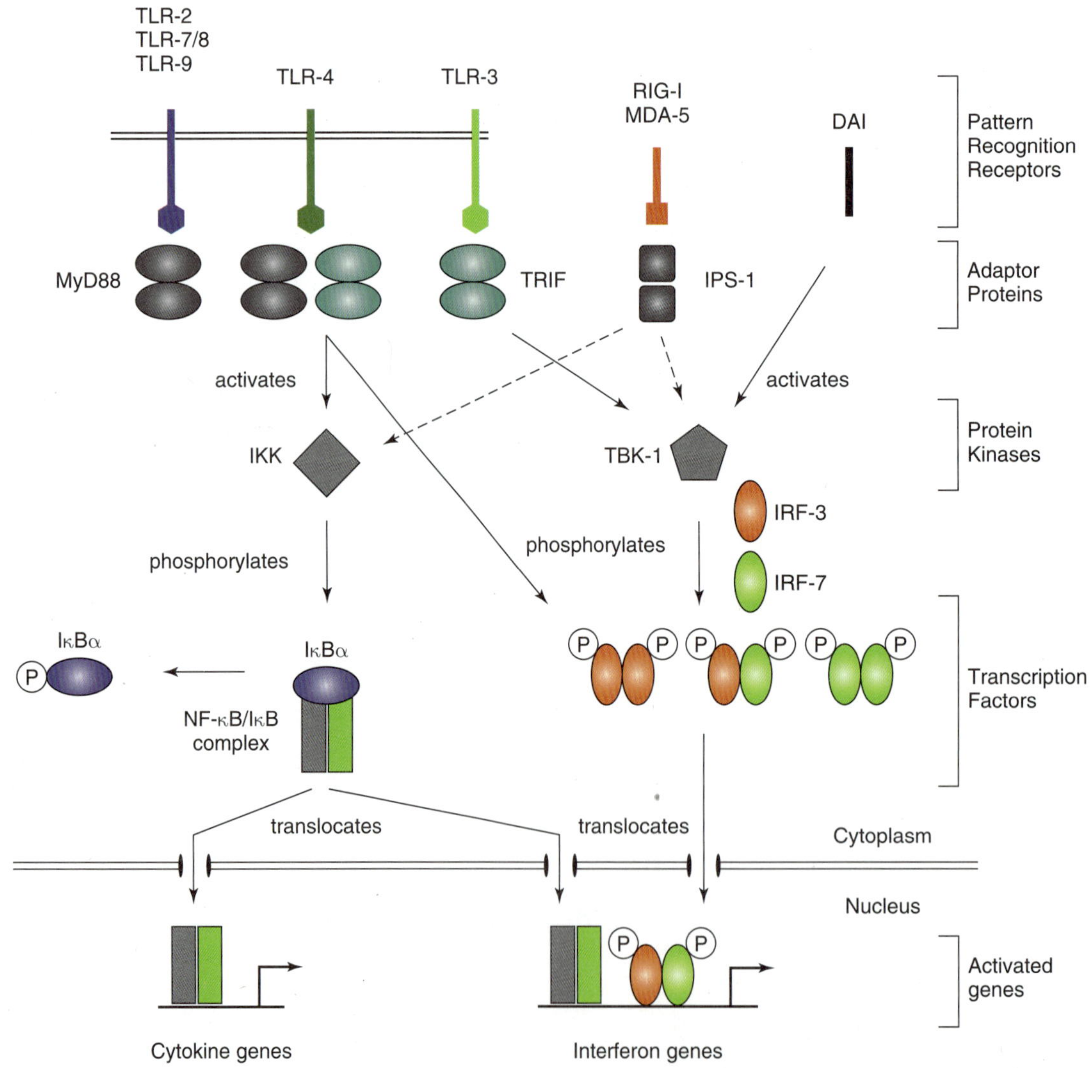

그림 33.3 바이러스 인식 이후의 신호전달. 톨-유사 수용체는 어댑터 단백질들인 MyD88과 TRIF를 통하여 신호를 전달하여 IKK 및 TBK-1과 같은 키나아제들을 활성화시킨다. 이 키나아제들은 NF-κB, IRF-3 및 IRF-7과 같은 전사인자들을 활성화시킨다. 이 전사인자들이 활성화되면 사이토카인과 인터페론의 생성이 유도된다.

효소 복합체는 NF-κB 신호전달경로를 활성화시킨다. NF-κB 헤테로 2량체는 세포질에서 저해자인 IκBα와 결합하고 있다. 이 저해자가 IKK에 의하여 인산화되면 NF-κB가 방출되어 핵으로 이동한다.

또 다른 키나아제인 TBK-1(*T*ank-*b*inding *k*inase 1)이 활성화되면 이는 두 가지 인터페론 조절인자들인 IRF-3과 IRF-7을 인산화시킨다(그림 33.3). 인산화된 IRF-3과 IRF-7은 2량체를 형성하여 핵으로 이동한다. 핵 속에서 NF-κB, IRF-3 및 IRF-7은 전사인자로 작용하여 인터페론을 비롯한 사이토카인들과 인터페론-자극 유전자들(interferon-stimulated genes, ISGs)의 발현을 유도한다.

세포질 탐지 단백질들인 RIG-I과 MDA5가 바이러스 RNA에 의하여 활성화되면 어댑터 단백질인 IPS-1(*i*nterferon-β *p*romoter *s*timulator)을 끌어들인다(그림 33.3). IPS-1은 N-말단부에 카스파아제 결합 영역을 가지며, 이 영역들의 상호작용에 의하여 자가-2량체가 형성된다. IPS-1이 다른 세포 단백질들과 추가로 상호작용하면 IKK와 TBK-1의 활성화가 유도되고 NF-κB, IRF-3 및 IRF-7이 핵으로 이동한다.

바이러스 감염은 다른 신호전달경로들의 활성화를 통하여 다른 키나아제들의 활성화를 유도할 수 있다. 예를 들면, herpesvirus는 신속하게 JNK(c-*J*un *N*-terminal *k*inase), ERK(*e*xtracellular *r*egulated *k*inase), PI3 kinase(*p*hospho*i*nositide *3*-kinase) 및 MAPK(*m*itogen-*a*ctivated *p*rotein *k*inase)를 활성화한다. 이 키나아제들은 수많은 전사인자들을 인산화하여 활성화시킨다. 이러한 세포 신호전달 현상은 감염 세포의 전사 패턴에 많은 변화를 초래하며 다양한 종류의 사이토카인, 케모카인 및 스트레스-관련 분자들의 합성을 유도한다.

세포에 의한 바이러스 감염의 인식은 사이토카인의 생성을 유도한다

바이러스 감염에 대한 생물의 첫 번째 반응들 가운데 하나는 감염 세포에서 보호성 반응을 촉진하는 사이토카인을 분비하는 것이다(표 33.2). 사이토카인 분비는 내재성 세포 방어계와 선천성 면역반응의 전형적인 특징이며, 사이토카인은 선천성 면역계와 적응성 면역계 사이를 잇는 역할을 한다(34장 참조). 사이토카인의 생성과 분비는 세포가 바이러스의 결합, 진입, 탈피 혹은 복제를 인식하거나 바이러스 핵산의 축적 및 바이러스-유도성 스트레스 반응에 의하여 유도될 수 있다. 여러 가지 세포 전사인자들이 사이토카인의 생성에 관여하지만 NF-κB가 이 반응의 핵심 인

표 33.2 사이토카인의 기능

Type	Examples	Function
Interferons	Interferon-α/β	Antiviral defense; dendritic cell maturation; natural killer cell activation
	Interferon-λ	Antiviral defense
	Interferon-γ	Macrophage activation; inhibition of interleukin-6; antiviral defense
Pro-inflammatory cytokines	Interleukin-1	Costimulator of T cells; induces fever, acute-phase proteins (liver) and metabolic wasting
	Interleukin-6	Stimulates B cell growth; costimulator of T cells; induces acute-phase proteins (liver)
	Interleukin-12	Stimulates growth of natural killer cells and T cells; induces production of interferon-γ and tumor necrosis factor-α
	Tumor necrosis factor-α	Activates neutrophils, induces fever, acute-phase proteins (liver), and metabolic wasting; lyses infected cells
Chemokines	Interleukin-8	Recruits neutrophils; promotes angiogenesis
	RANTES	Recruits T cells, eosinophils, and basophils; activates natural killer cells
	CXCL10 (IP-10)	Recruits monocytes, macrophages, T cells, natural killer cells, and dendritic cells
Anti-inflammatory cytokines	Interleukin-4	Inhibits macrophage function; promotes Th2 cells; stimulates B cells
	Interleukin-10	Inhibits macrophage function; stimulates B cells
	Transforming growth factor-β	Inhibits T cells and macrophages; induces production of immunoglobulin A

자이다.

바이러스 감염 세포에서 생성된 사이토카인은 분비되어 인접한 세포들 혹은 멀리 떨어져 있는 세포들에 작용할 수 있다. 사이토카인은 특정 세포의 표면 수용체에 결합하여 세포 신호전달경로를 활성화함으로써 수많은 세포 유전자들의 전사 활성화를 유도한다. 이들 가운데 많은 단백질들이 바이러스 감염에 대한 세포의 보호나 면역계의 활성화에 관여한다. 네 가지 유형의 사이토카인들 즉, 인터페론, 전염증성 사이토카인, **케모카인(chemokines)** 및 **항염증성 사이토카인(anti-inflammatory cytokines)**이 알려져 있다(표 33.2).

1. ***인터페론.*** 인터페론은 거의 모든 바이러스 감염 세포들에서 처음 생성되는 사이토카인들 가운데 하나이다. 인터페론은 바이러스에 대한 숙주 방어에 중요한 역할을 수행하며 아래에서 자세히 다루어질 것이다.
2. ***전염증성 사이토카인.*** 바이러스 감염 이후에 신속하게 만들어지는 다른 사이토카인들로는 TNFα, IL-6 및 IL-12가 있다. 이들 세 가지 전염증성 사이토카인(pro-inflammatory cytokines)들은 순환계에서 면역 세포들을 활성화시킨다.
3. ***케모카인.*** 이들은 림프구나 항원-제시 세포들을 감염 부위로 끌어 들이는 "화학-주성(chemo-attractant)" 사이토카인이다. 케모카인(chemokine)에 의하여 모인 면역 세포들은 바이러스의 복제를 제한하고 적응성 면역계를 촉진하여 바이러스를 완전히 제거하고 향후 동일 바이러스의 감염으로부터 개체를 보호한다.
4. ***항염증성 사이토카인.*** 많은 면역 세포들은 항염증성 사이토카인(anti-inflammatory cytokines)들을 생성하여 전염증성 사이토카인들의 활성을 억제하고 면역계가 휴지상태를 회복하도록 돕는다. 전염증성 사이토카인들의 분비가 지속되고 이들이 순환계 전체로 이동하면 졸음, 무기력, 고열, 구역질, 식욕억제 및 근육통 등의 바이러스 감염 증상들이 나타난다. 따라서 항염증성 사이토카인은 면역반응이 현재의 감염과 싸우는 데 필요한 이상으로 오래 지속되지 않도록 한다.

세포가 바이러스의 감염을 인식하면 세포사멸을 유도할 수 있다

많은 세포들은 바이러스 감염에 반응하여 세포자살(apoptosis) 혹은 세포예정사(programmed cell death)라고 하는 자기-파괴과정을 유도할 수 있다. 이는 바이러스에 감염된 세포가 일찍 죽어 버리면 개체 내에서 감염이 확산될 수 없으므로 효과적인 숙주 방어계라고 할 수 있다.

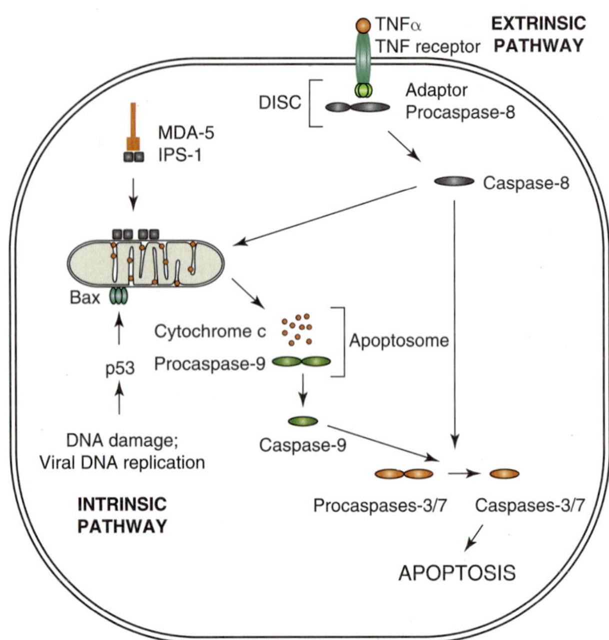

그림 33.4 세포자살의 내재성 및 외인성 경로. 외인성 경로(오른쪽 위)는 세포 표면 수용체에 TNFα와 같은 리간드의 결합으로 시작된다. 어댑터 단백질은 프로카스파아제-8과 "사멸-유도성 신호전달 복합체(DISC)"를 형성하여 카스파아제-8을 활성화시킨다. 내재성 경로(왼쪽 아래)는 발생과정의 신호나 바이러스 감염과 같은 내부 스트레스에 반응하여 p53을 활성화시킨다. p53에 의해 발현이 촉진된 Bax는 올리고머를 형성하여 미토콘드리아 막에 결합하고 이를 통하여 사이토크롬 C가 세포질로 방출된다. 사이토크롬 C에 의하여 아폽토좀이 형성되면 카스파아제-9가 활성화된다. 카스파아제-8과 -9는 세포사멸을 유도하는 "집행자" 카스파아제들인 카스파아제-3과 카스파아제-7을 활성화한다. MDA5와 같은 세포질 수용체들(왼쪽 위)이 활성화되면 IPS-1을 끌어들여 미토콘드리아 단백질의 방출과 세포자살을 유도한다.

다세포 생물의 발생과 분화에 중요한 과정인 세포자살은 세포주기 진행, 물질대사, 성장 조절 및 스트레스를 감시하는 신호에 의하여 조절된다. 세포사멸은 **카스파아제(caspase)**들의 활성화로 유도된다. 카스파아제는 시스테인 프로테아제 패밀리의 일종으로 Asp 잔기 다음을 절단한다. 인간에서는 12가지의 카스파아제들이 알려져 있다. 이 프로테아제들은 평상시에는 불활성형인 "프로카스파아제(procaspases)" 상태로 존재한다.

두 가지 주요 세포자살 경로가 알려져 있다. 외인성 경로(extrinsic pathway)는 세포 표면 수용체에 의하여 유발되지만 **내재성(intrinsic)** 혹은 미토콘드리아 경로는 세포 내의 다양한 스트레스 반응들에 의하여 유발된다. 이들 경로에는 많은 성분들이 관여하며 그림 33.4에는 단순화한 개요만을 나타내었다. 외인성 경로는 세포 표면의 수용체에 결합하는 사이토카인인 TNFα에 의하여 시작될 수 있다. 이는 수용체의 3량체 형성, 어댑터 분자와의 결합, 그리고 "DISC(death-inducing signaling complex)"의 조립을 유도할 수 있다. DISC는 카스파아제 8을 활성화시키고 이는 다시 카스파아제 3과 7을 활성화시킨다. 이들은 직접 수많은 세포 단백질들을 절단하여 세포를 파괴한다.

내재성 경로는 세포 단백질 p53을 활성화시키는 DNA 손상이나 바이러스 DNA 복제에 반응하여 유도될 수 있다. 이는 미토콘드리아 외막에서 Bax 및 이와 유사한 단백질들의 올리고머 형성을 유도한다. 이 올리고머는 막에 구멍을 만들어 사이토크롬 c와 다른 미토콘드리아 단백질들이 세포기질로 빠져나오도록 한다. 이 단백질은 "아폽토솜(apoptosome)"이라고 하는 복합체를 형성하여 카스파아제 9를 활성화시키고, 활성화된 카스파아제 9는 앞서 언급한 카스파아제 3과 7을 활성화시킨다.

바이러스는 또한 세포 표면에 결합하거나, 세포막의 조직을 변화시키거나, 세포 골격을 변형시키거나, 세포주기를 방해하거나 혹은 세포 신호전달경로를 활성화시킴으로써 세포자살을 유도할 수 있다(21장과 23장 참조). 또한 TLR-3, RIG-I 및 MDA-5를 포함하여 바이러스 감염을 탐지하는 단백질들도 세포자살을 유도할 수 있다. 이중-가닥 RNA가 TLR 3에 결합하고 어댑터 단백질인 TRIF(그림 33.3 참조)가 이에 결합하면 카스파아제-8의 활성화를 통하여 세포자살이 유도될 수 있다. RIG-I과 MDA5가 바이러스 RNA를 탐지하면 어댑터 단백질인 IPS-1을 끌어들인다. IPS-1은 2량체를 형성하여 미토콘드리아 외막에 결합하고 이로 인하여 세포자살을 일으키는 카스파아제-3이 활성화된다(그림 33.4). IPS-1이 결핍된 생쥐는 야생형 생쥐보다 다양한 RNA 및 DNA 바이러스들에 대한 감염 감수성이 훨씬 더 높으므로 이 경로가 바이러스 감염에 대한 방어에 중요한 역할을 수행하는 것 같다.

그림 33.3에 제시된 경로에 의한 IRF-3의 활성화도 세포자살을 유도할 수 있다. 이러한 효과는 부분적으로 미토콘드리아에서 세포자살을 유도하는 사멸 영역-관련 단백질인 Daxx의 전사를 유도함으로써 나타난다.

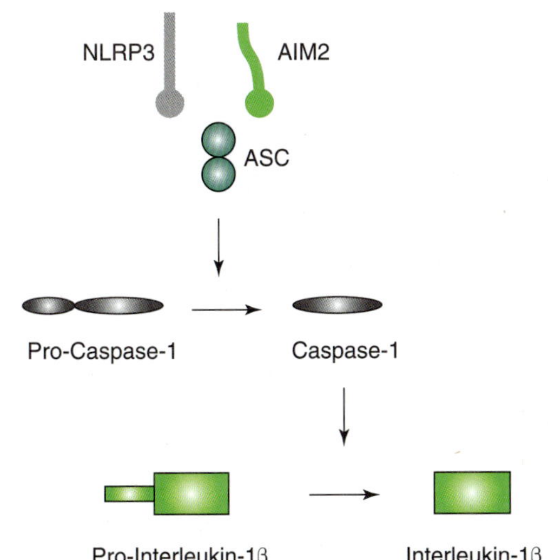

그림 33.5 세포 센서 단백질들에 의한 카스파아제와 사이토카인의 활성화. "염증조절복합체(inflammosome)"의 일부로서 AIM2와 NLRP3은 어댑터 ASC를 통하여 신호를 전달하여 프로-인터루이킨-1β를 성숙 인터루이킨-1β로 절단하는 카스파아제-1을 활성화시킨다.

"염증조절복합체"는 항바이러스성 신호전달경로에 관여한다

일부 카스파아제들은 "염증성 카스파아제(inflammatory caspases)"로 알려져 있다. 이 효소들은 주로 사이토카인의 성숙 조절에 관여한다. 이 서브패밀리에 속하는 카스파아제-1은 거대한 "염증조절복합체(inflammasome)"를 구성한다.

카스파아제-1은 염증조절복합체의 성분들인 AIM2와 NLRP3이 바이러스 RNA 혹은 이중-가닥 DNA를 인식하면 신속하게 활성화된다(그림 33.5). 이 두 가지 DNA 감지기들은 모두 피린(Pyrin) 영역을 포함하여 어댑터 분자인 ASC(*a*poptosis-associated *s*peck-like protein)의 피린 영역과 상호작용할 수 있다. 그 다음에 ASC 어댑터는 카스파아제 활성화 영역을 통하여 프로카스파아제-1을 끌어들인다. 활성화된 카스파아제-1은 IL-1β와 IL-18과 같은 전염증성 사이토카인의 성숙과 분비를 유도한다.

최근의 연구에 의하면 박테리아 혹은 바이러스의 감염은 **파이롭토시스(pyroptosis)**라고 하는 새로운 세포사멸 경로를 유도할 수 있다. 세포자살과는 달리 파이롭토시스는 카스파아제-1에 의존적이며 특징으로 전염증성 사이토카인이 방출된다.

인터페론

바이러스 감염 세포는 바이러스 감염으로부터 인접한 세포들을 보호하는 인터페론을 분비한다

바이러스-유도성 사이토카인들 가운데 인터페론은 가장 강한 항바이러스성 활성을 가진다. 바이러스 감염 세포에서 방출된 인터페론은 인접한 비감염 세포의 수용체에 결합

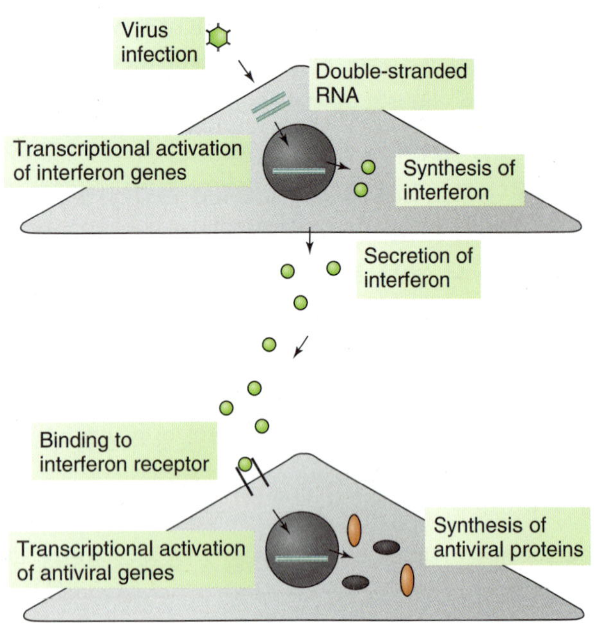

그림 33.6 **인터페론 시스템.** 바이러스 감염은 인터페론 유전자들의 전사를 활성화시키는 이중-가닥 RNA를 생성한다. 합성된 인터페론이 분비되어 인접한 세포의 수용체에 결합하면 항바이러스성 단백질들을 암호화하는 유전자들의 발현이 유도된다,

하여 항바이러스성 활성을 가지는 단백질들을 암호화하는 유전자들의 전사를 촉진하여 바이러스 감염으로부터 이 세포를 보호한다(그림 33.6).

인터페론은 1957년에 Alick Isaacs와 Jean Lindenmann에 의하여 발견되었다. 이들은 바이러스가 배양 포유동물 세포에 감염하면 같은 혹은 다른 바이러스의 추가 감염을 방해하는 **바이러스 간섭(viral interference)**을 연구하고 있었다. Isaacs와 Lindenmann은 influenza virus에 감염된 세포들의 배양액에는 바이러스에 접촉한 적이 없는 세포들을 바이러스 감염으로부터 보호할 수 있는 성분이 존재한다는 것을 발견하였다. 이들은 배지에 존재하는 물질을 "인터페론(interferon)"이라고 명명하였다. 그 뒤에 인터페론이 정제되어 바이러스 감염으로부터 세포를 보호하는 단백질로 알려졌다.

인간의 바이러스 감염을 예방 혹은 치료하는 데 인터페론이 이용될 수 있다는 희망으로 인터페론에 대한 많은 연구가 이루어졌다. 한 종류의 바이러스에 의하여 유도된 인터페론은 많은 다른 유형의 바이러스들의 복제를 억제할 수 있다는 것이 알려졌다. 그러나 일반적으로 인터페론의 항바이러스성 활성은 인터페론을 생성하는 동물 종에 한정되어 나타난다. 세 가지 유형의 인터페론 즉, I형(인터페론 α와 β), II형(인터페론 γ) 및 III형(인터페론 λ_1, λ_2 및 λ_3)이 알려져 있다. 이들은 항바이러스성 효과 이외에도 세포 성장과 분열을 저해하고 면역계를 촉진한다.

인터페론은 바이러스에 대한 숙주 방어의 최전선에서 작용하지만 치료 효과는 제한적이다

1980년에 Charles Weissmann 등이 인터페론-α를 암호화하는 유전자를 클로닝에 성공하여 인터페론의 대량 생산이 가능해지면서 이를 치료 목적으로 이용할 수 있게 되었다. 현재 재조합 인터페론 α와 β는 B형 및 C형 간염 바이러스의 만성 감염, 흑색종, 다발성 골수종, 신장암 및 Kaposi 육종 등의 암 그리고 다발성 경화증과 같은 퇴행성 신경 질환들의 치료에 이용되고 있다. 그러나 주요 항바이러스제로 이용하려던 원래의 바람이 크게 충족되지는 못하였다.

치료 목적으로 투약된 인터페론이 좋지 못한 부작용을 유발하거나 항바이러스성 효과가 단기간에 거치는 문제점이 알려졌다. 인터페론은 대부분의 증상이 나타나기 전인 바이러스 감염 초기에는 바이러스의 전파를 효과적으로 감소시키지만 감염 후기에는 효능이 낮아 제한적으로만 이용될 수 있다. 그럼에도 불구하고 우리는 현재 바이러스 감염 세포에서 인터페론의 합성 유도, 인터페론이 항바이러스성 유전자의 발현을 촉진하는 신호전달경로 그리고 항바이러스성 단백질들이 바이러스 복제를 억제하는 메커니즘에 대하여 많은 것을 알고 있다. 인터페론은 바이러스 감염에 대한 일차 방어선에서 주요 역할을 수행한다.

인터페론 α, β, γ와 λ는 서로 다른 세포에서 생성되어 서로 다른 수용체에 결합하여 독특한 기능을 한다

인터페론은 아미노산 서열 상동성과 이들이 이용하는 수용체에 따라서 세 가지 그룹으로 분류된다(표 33.3). I형 인터페론에는 인터페론-α와 인터페론-β가 있다. 13가지 인터페론-α 유전자들이 확인되었으며 이들은 인간 9번 염색체의 짧은 팔에 모여 있다. 인간과 생쥐의 인터페론-α 유전자들에는 인트론이 없으며 뉴클레오티드 서열이 매우 유사하다. 따라서 이 유전자 집단은 공통 조상 유전자의 연속적인 중복에 의하여 생겨났음을 알 수 있다. 하나의 유전자가 인터페론-β를 암호화한다; 이것도 인트론을 가지지 않고 인터페론-α 패밀리와 다소 먼 유연관계를 나타낸다.

이전에는 백혈구 인터페론(leukocyte interferon)으로 알려졌던 인터페론-α는 바이러스 감염이나 이중-가닥 RNA의 처리에 반응하여 말초 혈액 백혈구와 많은 다른 유형의 세포들에서 생성된다. 인터페론-α의 아형들은 모

표 33.3 인터페론의 특성

	Interferon-α	Interferon-β	Interferon-λ	Interferon-γ
Alternative name	Leukocyte interferon	Fibroblast interferon	Interleukins 28A, 28B, 29	Immune interferon
Type	I	I	III	II
Receptors	IFNAR1; INFAR2c	IFNAR1; INFAR2c	IL28Rα; IL10Rβ	IFNGR1; IFNGR2
Length, amino acids	165	165	196-200	146
Number of genes in humans	13	1	3	1
Principal producer cells	Leukocytes, fibroblasts, macrophages, epithelial cells	Fibroblasts, epithelial cells	Leukocytes, fibroblasts, macrophages, epithelial cells	T lymphocytes, macrophages, natural killer cells
Inducing agents	Viruses, double-stranded RNA			Mitogens, antigens, interleukin-2
Major activity	Antiviral action			Immune stimulation

두 같은 수의 아미노산들을 가지고 높은 아미노산 서열 상동성을 나타내며 당화 정도에 따라 분자량이 약간 다르다. 인터페론-β는 섬유아세포 인터페론(fibroblast interferon)으로도 불리며 주로 섬유아세포와 상피세포에서 생성되는 당단백질이다.

II형 인터페론은 인터페론-γ 혹은 "면역 인터페론(immune interferon)"으로 불리며 I형 인터페론과는 먼 유연관계를 나타낸다. 인터페론-γ는 세 개의 인트론을 포함하는 단일 유전자에 의하여 암호화된다. 이는 주로 활성화된 T 림프구와 자연살상(NK)세포에 의하여 생성된다. 유사분열 자극, 항원 및 IL-1, IL-2 혹은 인터페론-γ 자신과 같은 사이토카인에 의하여 인터페론-γ의 분비가 유도된다. 비록 인터페론-γ도 항바이러스성 활성을 가지지만 주로 항바이러스제가 아닌 면역 조정자로서 작용한다.

2003년에 컴퓨터와 생물정보학적 방법을 이용하여 III형 인터페론이 두 그룹에 의하여 발견되었다. 3가지 인간 III형 인터페론 유전자들이 염색체 19번에 모여 있다. 인터페론-λ_1, 인터페론-λ_2, 인터페론-λ_3은 각각 IL-29, IL-28A 및 IL-28B로도 알려져 있다. 인터페론-λ_2와 인터페론-λ_3의 아미노산 서열은 96%가 일치하며 이들은 인터페론-λ_1과 81%의 아미노산 서열이 일치한다.

인터페론 유전자의 전사는 바이러스 감염이나 이중-가닥 RNA에 의하여 활성화된다

비록 다른 감염체들도 인터페론의 생성을 유도할 수 있지만 바이러스 감염은 가장 효과적으로 인터페론의 발현을 유도한다. 대부분의 RNA 바이러스와 DNA 바이러스들이 인터페론의 합성을 유도하지만 reovirus와 blue tong virus를 비롯한 이중-가닥 RNA 바이러스들이 최고의 유도자들이다. 합성 및 천연 이중-가닥 RNA도 강력한 인터페론 유도자로서 작용한다. 따라서 이중-가닥 RNA는 바이러스 감염과정에서 인터페론 생성을 유도하는 자연적인 신호전달분자이다(그림 33.1, 33.2 및 33.3).

바이러스-감염 세포가 용해되면 바이러스의 이중-가닥 RNA가 세포외 배지로 방출될 수 있다. 단일-가닥 RNA와는 달리 이중-가닥 RNA는 안정하므로 influenza virus와 같은 바이러스에 감염된 환자의 폐액에서도 검출된다. 사실 인터페론이 발견되기 전에도 이중-가닥 RNA가 "바이러스 독소(viral toxins)"로 작용하여 바이러스 감염과 관련된 많은 증상들을 유발한다는 것이 알려져 있었다.

전사인자들이 인터페론 유전자의 인헨서에 결합하여 전사를 촉진한다

인터페론 합성이 유도되려면 비감염 세포에서 강하게 억제되어 있는 인터페론 유전자의 전사 활성화가 필요하다. 그림 33.3에 제시된 신호전달경로는 세포 전사인자들의 활성화를 유도한다. 이 활성화된 전사인자들이 인터페론-α 및 인터페론-β 유전자의 전사 개시부위에서 200 뉴클레오티드 앞에 위치한 양성 조절영역(positive regulatory domain, PRD)의 조절 서열에 결합한다(그림 33.7). 전사인자들의 인터페론-β 인헨서 결합은 자세히 연구되었으며 전사인자들과 일반 전사기구 간의 상호작용에 대한 모델을 제공하였다.

4가지 전사인자들이 인터페론-β 프로모터 내의 바이러스-유도성 인헨서(virus-inducible enhancer, VRE)에 결합한다(그림 33.7). 인터페론 조절인자들인 IRF-3과 IRF-7은

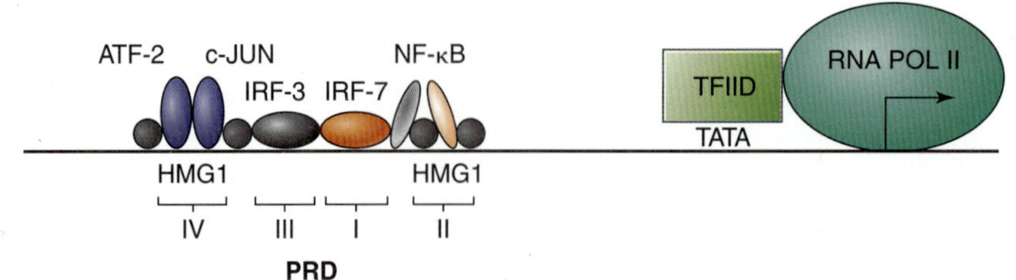

그림 33.7 인터페론-β 유전자의 전사 활성화. 바이러스 감염은 인터페론-β 유전자의 TATA 박스와 개시부위 앞에 있는 양성 조절 영역(PRD)에 결합하는 세포 전사인자들의 활성화를 유도하여 "인헨서솜(enhanceosome)"을 형성한다.

PRD I과 PRD III에 결합하고, NF-κB는 PRD II에, ATF-2/c-Jun은 PRD IV에 결합한다. 마지막으로 염색질에 결합하는 작은 히스톤-유사 단백질인 HMG-1이 PRD IV와 II 내의 DNA 작은 홈에 결합하여 ATF-2/c-Jun과 NF-κB의 결합을 촉진한다. 이러한 DNA 결합 단백질들은 보조 활성인자인 CBP/p300과 함께 "인헨서솜(enhancersome)"이라고 하는 활성 전사복합체를 형성한다.

비록 동일하지는 않지만 인터페론-α 인헨서도 양성 조절 영역을 포함한다. 인터페론-β의 경우에는 IRF-7이 없어도 IRF-3이 연속적으로 발현되면 NF-κB 및 ATF-2/c-Jun과 함께 유전자의 발현을 유도할 수 있지만 인터페론-α의 유도에는 IRF-7이 반드시 필요하다. III형 인터페론은 I형 인터페론과 유사한 방식으로 발현된다. 인터페론-λ_1과 인터페론-$\lambda_{2/3}$의 유도는 각각 인터페론-β와 인터페론-α와 유사하게 유도된다.

현재 8가지 IRF 패밀리의 전사인자들이 알려져 있으며 이들 가운데 5개는 I형 및 III형 인터페론 생성에 관여하는 것으로 알려져 있다. IRF는 병원체에 대한 반응, 사이토카인 신호전달, 세포 성장의 조절 및 **조혈 작용(hematopoiesis)**과 같은 수많은 생물학적인 과정들에서 작용한다. 모든 IRF들은 N-말단 DNA-결합 영역에서 높은 상동성을 나타내고, 공통 DNA 서열인 GAAANNGAAANN에 결합한다. C-말단 부위는 IRF에 따라서 독특하다. Kaposi 육종을 유발하는 human herpesvirus 8(HHV8)은 바이러스성 IRF를 생성한다. 이 바이러스성 IRF는 인터페론 반응을 막고 HHV8이 보다 효과적으로 복제할 수 있도록 한다.

일단 인터페론 유전자의 전사가 활성화되면 인터페론 mRNA는 세포질로 수송되어 인터페론이 합성되고 세포 밖으로 분비된다(그림 33.6). 인터페론 mRNA는 AU-풍부 요소들을 포함하여 불안정하므로 인터페론 유전자의 전사 활성화는 단기간에만 일어난다. 따라서 감염된 세포는 일시적으로 인터페론을 생성하여 인접 세포들에게 보내고 나서 합성을 중단한다.

인터페론 신호전달은 Jak-Stat 경로를 통하여 일어난다

사이토카인과 인터페론은 표적 세포에서 여러 가지 중요한 생물학적인 반응들을 유도하는 세포 간 신호전달자이다. 인터페론에 의한 신호전달은 Jak 키나아제(*Ja*nus tyrosine *k*inases)와 Stat 단백질(*s*ignal *t*ransducers and *ac*tivators of *t*ranscription)에 의하여 일어난다. 이 단백질들은 많은 다른 사이토카인들과 성장 호르몬, 프로락틴(prolactin) 및 적혈구 생성소(erythropoietin)와 같은 성장인자들에 대한 세포 반응들을 매개하기도 한다. 이 경로는 수용체 분자, 중개자 Jak 키나아제 그리고 Stat 단백질의 티로신이 연속적으로 인산화되면서 활성화된다(그림 33.8).

사이토카인이 세포 표면 수용체에 결합하면 신호전달이 시작된다. 인터페론-α와 인터페론-β는 IFNAR1 (*i*nterfero*n* *a*lpha *r*eceptor 1)과 IFNAR2c 단백질로 이루어진 동일한 수용체 복합체에 결합한다. 인터페론 λ는 IL28Rα(*i*nter*l*eukin-28 *r*eceptor α)와 IL10Rβ(*i*nter*l*eukin-10 *r*eceptor β) 단백질로 이루어진 다른 수용체 복합체에 결합한다. 이 4가지 수용체들은 세포 바깥쪽에 인터페론 결합 영역을 가지고 세포내 영역에서 Jak 키나아제인 Jak1 혹은 Tyk2와 결합하는 횡단막 단백질이다(그림 33.8, 왼쪽 상단)

인터페론 수용체 단백질인 IFNAR1과 IFNAR2c는 우리 몸의 거의 모든 유형의 세포들에서 발현되지만 IL28Rα는 극히 일부 세포 유형들, 특히 상피세포에서 발현된다. 이러한 III형 인터페론 수용체 복합체의 제한적인 발현으로 바이러스가 감염을 확립하기 전에 추가적인 면역반응을 활성화시키지 않고도 바이러스 주요 진입부위에서 바이러스를 재빨리 제거할 수 있다.

인터페론이 수용체에 결합하면 두 개의 수용체가 모여 2량체를 형성한다. 한 수용체 분자에 결합한 Jak 키나아제는 다른 수용체 분자의 세포질 영역과 이에 결합한 Jak 키

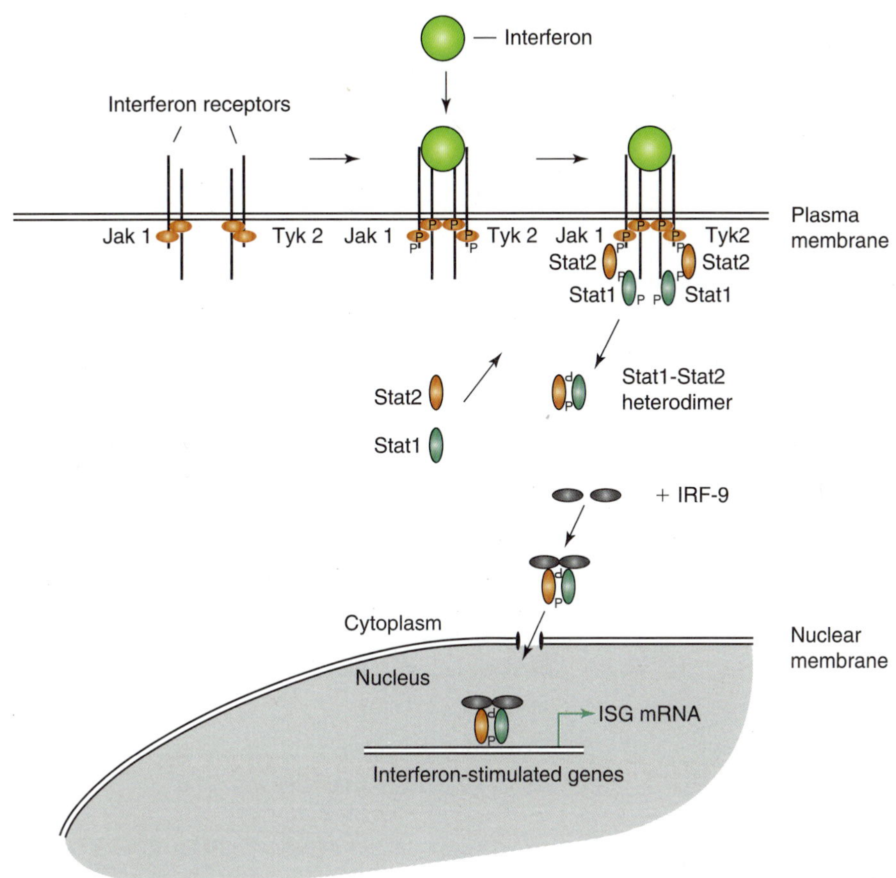

그림 33.8 인터페론 신호전달경로. 인터페론이 표적 세포의 수용체에 결합하여 Jak-Stat 경로를 활성화시키면 인터페론-자극 유전자들(ISG)의 전사 활성화가 유도된다. 자세한 설명은 본문 참조.

나아제의 티로신 잔기를 인산화시킨다(그림 33.8). 이와 같이 인산화된 Jak 키나아제는 활성화된다. 그 다음에 Stat1과 Stat2 단백질이 인산화된 수용체에 결합하고 이들의 티로신 잔기가 Jak 키나아제에 의해 인산화되면 Stat 단백질은 2량체를 형성한다(그림 33.8). Stat 2량체는 수용체에서 방출되어 세포질에 있는 IRF9와 결합하여 3량체 복합체가 되어 핵으로 이동한다. 핵 속에서 이들은 다양한 인터페론-자극 유전자들의 프로모터 부위에 결합하여 이들의 전사를 촉진한다.

Jak-Stat 경로는 원형질막에서 핵으로 신속하게 신호를 전달하는 신호전달계이며, 여러 사이토카인들에 의해 유도되는 신호들을 통합하여 핵 속으로 전달한다. 이 경로의 특징은 사이토카인이 결합하고 수분 이내에 핵에서 활성화된 Stat 단백질의 DNA 결합이 검출될 정도로 빠르다. 응급 반응 유전자들의 활성화를 위해서는 이러한 신속성은 필수적이다.

인터페론은 Jak-Stat 경로를 통하여 세포 성장 및 분화, 다양한 병원체에 대한 저항성 그리고 면역기능의 조정에 영향을 주는 수많은 세포 반응들을 유도한다. 이러한 반응들은 *인터페론 자극 유전자들*(*interferon-stimulated genes*, ISGs)에서 발현되는 단백질들에 의하여 수행된다. 지금까지 1000가지 이상의 이러한 유전자들이 확인되었다; 이들 가운데 일부가 표 33.4에 제시되어 있다.

인터페론에 의하여 유도되는 항바이러스성 활성들

인터페론은 비감염 세포에 항바이러스성 상태를 부여한다. 인터페론은 바이러스 감염에 대하여 초기 방어선을 제공하며 감염에 대한 숙주의 내재적 세포성 및 선천성 면역반응의 일부를 담당한다. 항체와 특정 B- 및 T-림프구 반응에 의한 적응성 면역은 수일에서 수 주일 이후에 활성화되므로 훨씬 더 느리게 반응한다. 항바이러스성 방어에 있어서 인터페론의 중요성은 인터페론 반응이 불가능한 동물에서 정상 동물에 비하여 더 빨리 그리고 더 낮은 감염량에도 질병이 발생하는 것을 보면 알 수 있다.

바이러스 감염의 초기 단계(바이러스 진입 및 탈피)와 최종 단계(조립 및 방출)도 인터페론에 의하여 저해된다

표 33.4 인터페론에 의하여 유도되는 대표적인 세포 단백질들

Protein	Function	Induced by interferon type
dsRNA-dependent ser/thr protein kinase	Phosphorylates eIF-2α, inhibits protein synthesis	α/β
2', 5'-oligo(A) synthetase	Activates ribonuclease L	α/β/λ
Ribonuclease L	mRNA degradation	α/β
Myxovirus-inhibiting protein	GTPase; inhibits replication of negative-strand RNA viruses	α/β/λ
Interferon regulatory factor-1	Transcription factor	α/β, γ
Interferon regulatory factor-7	Transcription factor	α/β/λ
Interferon-stimulated gene protein-15	Cytokine immunomodulator	α/β/λ
Interferon-stimulated gene protein-56	Inhibition of translation	α/β/λ
Cytokine-responsive gene protein-2	Chemokine	α/β, γ
Class I major histocompatibility complex antigen	Antigen presentation	α/β, γ
Class II major histocompatibility complex antigen	Antigen presentation	γ
Rev-binding protein-27	Inhibits Rev-dependent HIV activation	α/β, γ
Immunoglobulin G-Fcγ receptor	Binds to IgG Fc fragment	γ
Nitric oxide synthase	Macrophage activation	γ
Mn-dependent superoxide dismutase	Superoxide scavenger	γ
RING-12, proteasome component	Protein degradation	γ

는 증거들이 있다. 그러나 가장 잘 알려진 인터페론의 항바이러스성 효과는 바이러스 mRNA 합성과 안정성 그리고 바이러스 단백질 합성을 표적으로 한다. 비교적 자세히 알려진 인터페론-유도성 시스템들로는 (1) Mx 단백질; (2) **2′, 5′-oligo(A) 합성효소** 및 **리보뉴크레아제 L**; 그리고 (3) **PKR(double-stranded RNA-dependent protein kinase)** 이 있다.

1. ***Mx 단백질.*** Mx("myxovirus"에서 유래) 단백질은 인테페론에 의해 유도되는 70–80 kDa 단백질로서 GTP를 가수분해하는 활성을 가진다. Mx의 발현은 influenza virus를 비롯한 RNA 바이러스들의 전사를 억제하여 바이러스 복제를 저해한다. Mx의 세포내 위치는 이 단백질의 항바이러스성 활성에 중요하다. 예를 들면, 설치류의 핵 속에 있는 Mx1은 핵 속에서 복제하는 orthomyxovirus와 같은 바이러스들의 복제를 저지한다. 반면에, 설치류의 세포질에 있는 Mx2 단백질은 세포질에서 복제하는 rhabdovirus와 bunyavirus의 복제를 저지한다. 흥미롭게도 세포질에서 발견되는 인간 MxA는 바이러스 복제 장소와는 상관없이 다양한 바이러스들에 대하여 항바이러스성 활성을 나타낸다.

    Mx 단백질은 바이러스 RNA 중합효소의 활성을 저해함으로써 바이러스 mRNA 합성을 억제한다. 이들은 또한 influenza virus의 리보핵단백질 복합체가 세포질에서 전사와 복제가 일어나는 핵으로 수송되는 과정을 방해한다. Mx 단백질이 어떻게 이러한 효과를 나타내는 지는 불분명하며, Mx 단백질이 가지는 GTPase 활성의 역할에 대해서도 알려지지 않았다.

2. ***2′, 5′-올리고(A) 합성효소 및 리보뉴클레아제 L.*** 2′, 5′- oligo(A) 합성효소는 인터페론에 반응하여 세포에서 생성되며 바이러스 감염 세포에서 이중-가닥 RNA와 결합하면 활성화된다. 이 효소는 자연적인 RNA에서 발견되는 3′, 5′ 연결과는 대조적으로 2′, 5′ 연결로 ATP 올리고머를 생성하는 독특한 활성을 가진다(그림 33.9). 이 올리고머들은 대략 10개의 아데닐산 잔기들로 이루어진다. 이들은 다른 인터페론-유도성 단백질인 리보뉴클레아제 L에 결합하여 이를 활성화시킨다. 활성화된 리보뉴클레아제 L은 숙주와 바이러스 mRNA를 분해하여 바이러스 단백질의 합성을 억제한다. 이로 인하여 바이러스 복제가 저해된다. 이 과정에서 숙주 mRNA도 절단되므로 만약 너무 많은 리보뉴클레아제 L이 활성화되면 세포가 죽을 수도 있다. 또한 리보뉴클레아제 L에 의한 세포 RNA의 절단은 RIG-I-유사 수용

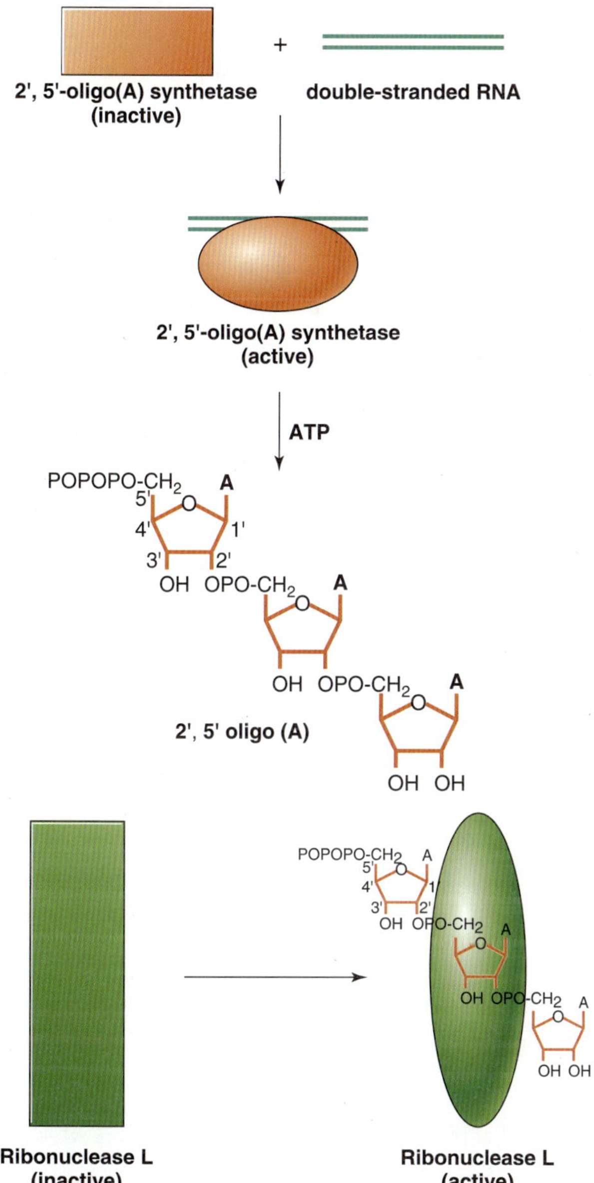

그림 33.9 2′, 5′-oligo(A) 합성효소와 RNase L의 항바이러스성 활성. 이중-가닥 RNA는 2′, 5′-올리고(A) 합성효소를 활성화시키고 이는 2′, 5′ 결합으로 연결된 ATP 올리고머를 생성한다. 이 올리고머들은 바이러스 및 세포 mRNA를 분해하는 RNase L에 결합하여 이를 활성화시킨다.

체 경로를 촉진하는 작은 RNA들을 축적하여 인터페론 반응을 증폭시킬 수도 있다.

3. ***이중-가닥 RNA-의존적 단백질 키나아제(PKR).*** PKR은 정상 세포에는 낮은 수준으로 존재하지만 인터페론에 반응하여 발현이 증가하는 세린-트레오닌 단백질 키나아제이다. PKR도 2′, 5′-oligo(A) 합성효소처럼 이중-가닥 RNA에 의하여 활성화된다. 두 분자의 PKR이 하나의 이중-가닥 RNA 분자와 결합하면 이들은 서로를 인산화시켜 세린-트레오닌 키나아제 활성을 상당히 증가시키는 구조적 변화를 유도한다(그림 33.10). 이와 같이 활성화된 PKR은 다양한 세포 단백질들을 인산화시킨다.

PKR의 가장 잘 알려진 기질은 번역 개시인자 eIF-2의 알파 소단위체이며 세린-51이 인산화된다. 이 단백질에 인산화가 일어나면 GDP 결합형의 eIF2와 재순환 인자 eIF-2B로 이루어진 불활성 복합체가 형성된다. 정상적으로는 eIF-2B는 GDP에서 GTP로의 교환을 촉매하고 재생된 eIF-2-GTP 복합체는 개시자 메티오닌 tRNA와 결합하여 mRNA 및 40S 리보좀 소단위체와 함께 번역개시복합체를 형성한다. GDP-GTP 교환 반응이 중단되면 met-tRNA-eIF-2-GTP 복합체가 만들어지지 않아 번역개시가 더 이상 일어나지 못한다.

PKR이 과발현되면 세포자살이 유발되므로 PKR은 세포자살을 통해서도 항바이러스성 활성을 나타낸다. 바이러스 감염이 없으면 PKR은 세포 단백질 합성의 조절에 중요한 역할을 수행하는 것으로 알려져 있다.

인터페론은 면역계에 다양한 영향을 미친다

인터페론-γ 혹은 면역 인터페론은 면역성 혹은 염증성 자극에 반응하여 면역 세포들(T 림프구, 대식세포 및 자연살상세포)에서만 생성된다. 이것의 주요 기능은 면역 효과기 세포들의 발생과 작용을 촉진하는 것이다. 인터페론-α와 인터페론-β는 바이러스 감염에 대한 적응성 면역반응의 조절에 더 제한적인 영향을 미친다. 인터페론이 면역반응에 미치는 영향에 대해서는 34장에서 언급될 것이다.

바이러스는 인터페론 반응을 피하기 위하여 다양한 전략들을 개발하였다

바이러스는 이러한 숙주 방어계를 방해하기 위하여 특이적으로 고안된 단백질들을 만들어 숙주의 인터페론 반응에 대응한다. 표 33.5는 인터페론 반응을 방해하는 바이러스 유전자 산물들 가운데 일부를 예로 나타낸 것이다.

많은 바이러스들의 주요 표적은 이중-가닥 RNA-활성화 단백질 키나아제(PKR)이다. Adenovirus는 RNA 중합효소 III에 의하여 전사되는 작은(160 nt) RNA인 VA I RNA를 대량으로 생성한다. 이는 자가-상보적인 서열로 인하여 이중-가닥 RNA와 비슷한 구조를 가진다. VA I RNA는 다른 이중-가닥 RNA들처럼 PKR에 결합하지

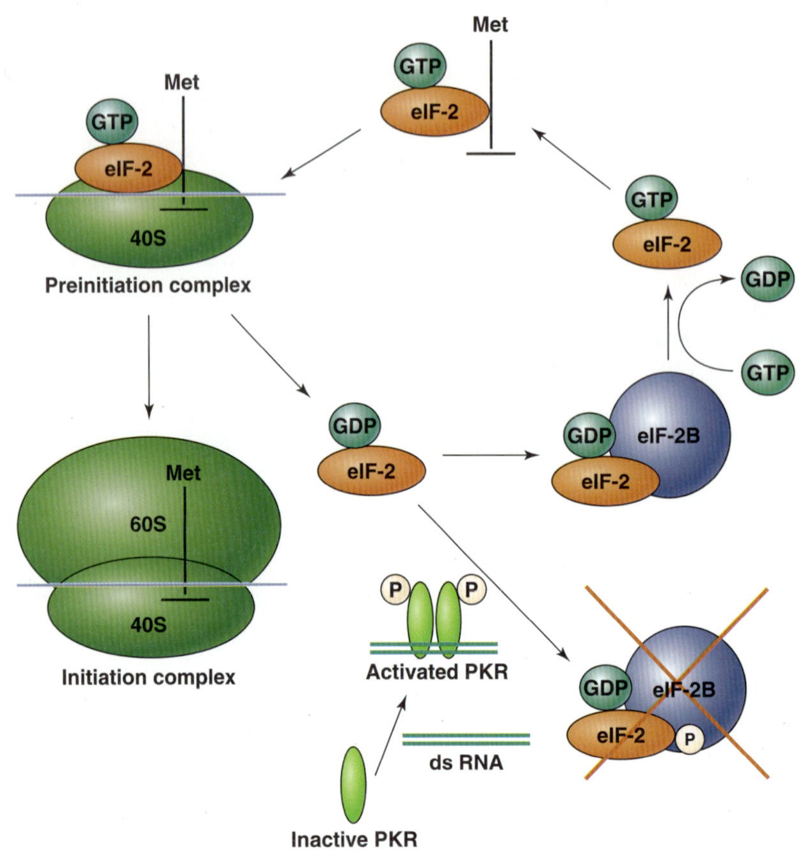

그림 33.10 PKR의 항바이러스성 활성 메커니즘. PKR은 이중-가닥 RNA에 의하여 활성화되면 번역개시인자 eIF-2α 소단위체(오른쪽 아래)를 인산화시킨다. 이로 인하여 eIF-2B에 의한 정상적인 GDP-GTP 재순환이 저지되어 결국 단백질 합성의 개시가 억제된다.

만 이 단백질을 활성화시키지 못한다. 이는 아마도 VA I이 두 분자의 PKR과 동시에 결합하기에는 너무 작기 때문인 것 같다. VA I은 PKR의 dsRNA 결합부위를 차지하고 이 단백질의 활성화를 저해한다. 따라서 세포가 인터페론에 반응하여 높은 수준의 PKR을 발현하더라도 바이러스의 단백질 합성이 일어날 수 있다. Epstein-Barr virus도 이와 유사한 기능을 하는 작은 RNA를 암호화한다.

Reovirus의 σ3 캡시드 단백질과 vaccinia virus의 SK-1 단백질은 이중-가닥 RNA와 강하게 결합하여 PKR의 활성화를 막는다. 이 단백질들은 이중-가닥 RNA를 격리하여 PKR과 접촉하지 못하게 하므로 PKR의 활성화가 일어나지 않는다. HIV의 전사활성인자인 Tat과 HCV의 NS5A 단백질은 PKR에 직접 결합하여 이 단백질의 항바이러스성 활성을 저해하는 것 같다. Poliovirus에 감염된 세포에서는 PKR이 단백질 분해효소에 의하여 절단된다.

Adenovirus의 E1A 단백질은 전사 수준에서 인터페론의 생성을 억제한다. E1A는 인터페론의 전사에 필요한 보조활성인자인 p300/CBP를 격리시킨다. Human herpesvirus 8은 인터페론 조절인자의 바이러스 유사체인 v-IRF를 생성한다. 이 단백질이 인터페론 유전자에 결합하면 전사를 촉진하지 않고 오히려 억제하여 인터페론 유전자의 활성화를 막는다.

일부 바이러스들은 신호전달경로를 방해하는 단백질을 합성하여 세포자살 혹은 염증성 반응을 극복한다. 예를 들면, poxvirus는 카스파아제들에 결합하는 CrmA, CrmB 및 CrmC라고 하는 단백질들을 생성하여 세포자살을 지연시키고 바이러스가 복제할 수 있도록 한다. Poxvirus는 또한 용해성 사이토카인 수용체("viroceptors")를 생성한다. 이는 항바이러스성 사이토카인의 생성을 막고 B 세포의 활성화를 저해하는 두 가지 기능으로 체액성 면역반응의 시작을 지연시킨다.

RNA 간섭

SiRNA는 식물과 무척추동물에서 바이러스 감염과의 싸움에 관여한다

포유동물에서 바이러스 감염에 대한 주요 반응은 인터

표 33.5 바이러스에 의한 인터페론 시스템의 저해

Target	Virus (gene product)	Effect
Interferon induction	Vaccinia virus (E3L) Ebola virus (VP35) Influenza virus (NS1)	Sequesters double-stranded RNA
	Hepatitis C virus (NS3/4A, NS5A) Vaccinia virus (A52R)	Inhibits toll-like receptor signaling
	Paramyxovirus (V) Hepatitis A virus (3ABC) Hepatitis C virus (NS3/4A)	Inhibits RNA helicase signaling
	Herpes simplex virus (ICP0) Rotavirus (NSP1) Rabies virus (P)	Inhibits function of IRF-3
Interferon signaling	Human papillomavirus (E6) Human cytomegalovirus	Inhibits/degrades Jak/Tyk2
	Paramyxovirus (V) Rabies virus (P) Human cytomegalovirus (IE1)	Inhibits/degrades Stats
Function of products of interferon-stimulated genes	Adenovirus (VAI RNA) Epstein–Barr virus (EBV small RNA) Human immunodeficiency virus (Tat) Herpes simplex virus (ICP34.5)	Blocks activation of PKR
	Adenovirus (E1A) Influenza virus (NS1) Crimean Congo hemorrhagic virus (L)	Inhibits function of interferon-stimulated genes

페론의 생성이다. 그러나 식물, 무척추동물 및 균류는 인터페론을 생성하지 않는다. 그 대신 이들은 중요한 항바이러스성 방어 메커니즘으로 **RNA 간섭(RNA interference, RNAi)**을 이용한다(10장 참조). RNA 간섭은 다이서(Dicer)라고 하는 이중-가닥 RNA-특이적 RNase III 효소에 의하여 시작된다(그림 33.11).

다이서는 바이러스 감염으로 생겨나는 이중-가닥 RNA를 절단하여 길이가 21–23 nt이고, 양 말단의 3′이 2–3 nt 더 긴 **siRNA(*s*mall *i*nterfering *RNA*)**를 생성한다. 이 siRNA 분자들은 **RISC(*RNA*-*i*nduced *s*ilencing *c*omplex)**라고 하는 단백질 집합체에 결합한다. 작은 RNA 가닥들 가운데 하나가 바이러스 게놈 RNA 혹은 mRNA의 상보적 서열과 결합하여 RISC를 표적 RNA에 인도한다. 그 다음에 복합체 내의 RNase가 결합한 바이러스 RNA 분자를 절단한다.

식물 및 무척추동물 바이러스들은 당연히 RNA 간섭을 막기 위한 전략들을 개발하였다(10장 참조). 예를 들면, tomato bushy stunt virus와 flock house virus는 이중-가닥 RNA에 직접 결합하여 RNA를 격리시켜 RNA 간섭기구가 이용하지 못하도록 하는 단백질들을 암호화한다.

MicroRNA는 척추동물에서 유전자 발현의 조절에 이용된다

RNA 간섭기구는 포유동물을 포함한 척추동물에도 존재한다. 하지만 이 기구는 바이러스 감염에 대한 방어에 이용되지 않고 mRNA의 분해 혹은 mRNA 번역의 저해를 통한 유전자 발현의 조절에 이용된다. 이러한 조절은 **miRNA**로도 알려진 **마이크로 RNA(microRNA)**의 생성으

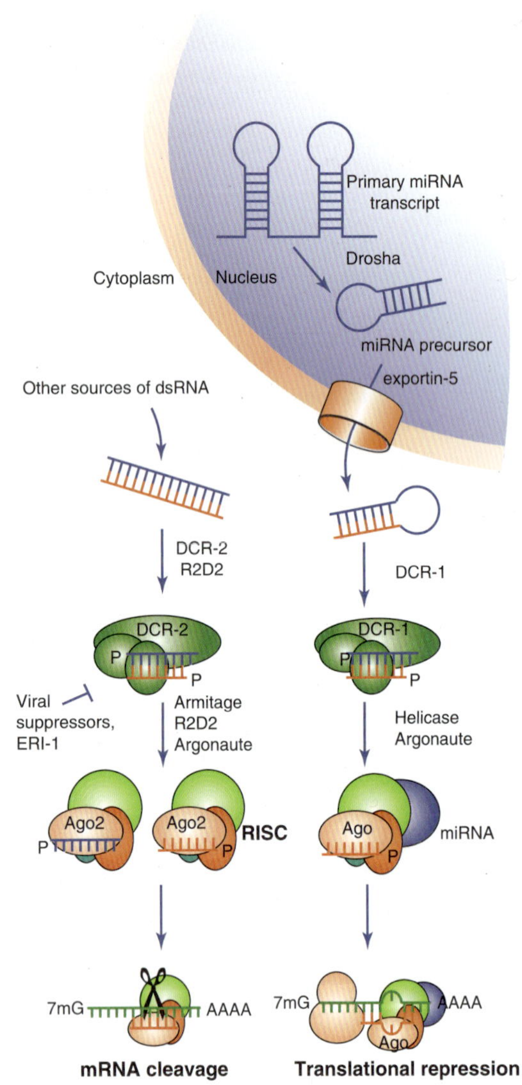

그림 33.11 RNA 간섭과 miRNA. 왼쪽: 식물은 항바이러스성 방어 메커니즘으로 RNA 간섭을 이용한다. 바이러스의 이중-가닥 RNA가 효소 다이서(DCR-1과 DCR-2)에 의하여 절단되어 짧은 간섭 RNA(siRNA)가 만들어진다. 숙주의 RNA-의존적 RNA 중합효소(미제시)가 siRNA를 증폭할 수 있다. SiRNA가 단백질 Argonaute(Ag)를 포함하는 RISC 복합체에 결합하면 단일-가닥으로 풀어진다. 단일-가닥의 siRNA가 바이러스 게놈 RNA 혹은 mRNA에 특이적으로 결합하면 RISC가 이들을 절단한다. 오른쪽: 포유동물 세포들은 유사한 효소 기구를 이용하여 microRNA(miRNA)를 생성한다. 세포 전사물의 불완전한 RNA 머리핀 구조가 효소 드로셔에 의하여 인식되어 절단되고 핵에서 세포질로 방출된다. 세포질에서 이 RNA 분자들은 다이서에 의하여 더 가공되어 짧은 miRNA가 된다. RISC 복합체와 결합한 miRNA는 세포 혹은 바이러스 mRNA와 혼성화한다. 이때 완전한 혼성화가 일어나면 mRNA의 분해가 유도되고 불완전한 혼성화가 일어나면 단백질 합성이 저지된다.

로 일어난다. 이는 siRNA와 길이가 유사하지만 다른 메커니즘으로 생성된다.

길고 완전히 상보적인 바이러스 이중-가닥 RNA 분자에서 생성되는 siRNA와는 달리, miRNA는 보통 세포 RNA 중합효소 II에 의하여 합성되는 전사물의 불완전한 RNA 머리핀 구조에서 만들어진다(그림 33.11). 이러한 머리핀 구조는 캡을 가지고 폴리아데닐화된 전사물의 인트론 내에서 흔히 발견된다("1차 miRNA"). 1차 miRNA의 줄기-고리 구조는 보통 약 30 bp의 불완전하게 짝지어진 영역을 가진다.

핵 속에서 RNase III 효소인 드로셔(Drosha)가 1차 miRNA를 더 작은 miRNA 전구체로 절단하고 이는 세포질로 수송된다. 세포질에서 miRNA 전구체는 siRNA의 생성에 관여하는 효소인 다이서에 의하여 miRNA로 가공된다. 가공된 miRNA는 RISC 복합체와 결합한다. 만약 miRNA가 표적 mRNA와 부분적으로 상보적이라면 mRNA의 번역을 저해한다. 그러나 만약 miRNA가 표적 RNA와 완전히 상보적이면 miRNA는 siRNA처럼 mRNA를 분해한다.

지금까지 500가지 이상의 인간 miRNA가 발견되었으며 대부분은 발생 혹은 조직-특이적으로 발현된다. 비록 포유동물들이 RNAi 기구를 가지지만 지금까지 바이러스 RNA에 상보적인 siRNA가 바이러스 감염 세포에서 발견되지 않았다. 더구나 포유동물 바이러스들이 RNA 간섭의 억제자를 가진다는 증거가 아직 확보되지 않아 RNA 간섭이 포유동물의 주요 항바이러스성 메커니즘으로 작용하지는 않는 것 같다.

그러나 많은 바이러스들이 miRNA를 암호화한다. 특히 흥미로운 것은 miRNA를 만드는 것들은 herpesvirus, adenovirus 및 polyomavirus 등과 같이 모두 핵에서 복제하는 DNA 바이러스들이다. 바이러스 miRNA는 바이러스 및 세포 mRNA를 표적으로 한다.

SV40와 EBV는 초기 바이러스 mRNA를 표적으로 하는 miRNA들을 만든다. 이 miRNA들은 초기 바이러스 단백질들이 바이러스 복제에 더 이상 필요하지 않고 숙주의 적응성 면역반응의 표적이 될 수 있는 감염 후기에 축적된다. 이와 같이 바이러스 miRNA는 바이러스 단백질 합성을 조절하는 기능 이외에도 세포자살 혹은 항바이러스성 면역반응에 관여하는 단백질들을 암호화하는 세포 mRNA를 표적으로 한다. 예를 들면, EBV는 세포자살 촉진인자인 PUMA와 강력한 T-세포 케모카인인 CXCL-11을 표적으로 하는 miRNA를 만든다.

핵심 용어

2′, 5′-oligo(A) 합성효소 (2′, 5′-oligo(A) synthetase)
B 림프구(B lymphocytes)
Jak-Stat 경로 (Jak-Stat pathway)
RNA 간섭(RNA interference)
RNA-유도성 침묵 복합체 (RNA-induced silencing complex, RISC)
siRNAs(Small interfering RNAs)
T 림프구(T lymphocytes)
내재적 세포성 방어 (Intrinsic cellular defense)
단백질 키나아제 (protein kinases)
대식세포(Macrophages)
리보뉴클레아제 L(Ribonuclease L)
마이크로RNA(MicroRNA, miRNA)
바이러스 간섭 (Viral interference)
보체(Complement)
사이토카인(Cytokines)
선천성 면역반응 (Innate immune responses)
세포독성 T 림프구(Cytotoxic T lymphocytes)
세포자살(Apoptosis)
수지상 세포(Dendritic cells)
식포(Phagosomes)
이중-가닥 RNA-의존적 단백질 키나아제(Double-stranded, RNA-dependent protein kinase, PKR)
인터루이킨-1α(Interleukin-1α)
인터페론(Interferons)
인터페론-자극 유전자 (Interferon-stimulated genes)
자식작용(Autophagy)
자연살상세포(Natural killer cells, NK cells)
적응성 면역반응 (Adaptive immune responses)
전염증성 사이토카인(Pro-inflammatory cytokines)
조혈 작용(Hematopoiesis)
카스파아제(Caspases)
케모카인(Chemokines)
톨-유사 수용체 (Toll-like receptors)
파이롭시스(Pyropsis)
항염증성 사이토카인(Anti-inflammatory cytokines)

기본 개념

- 톨-유사 수용체와 다른 패턴 인식 수용체들은 바이러스 핵산과 당단백질에 결합하여 바이러스의 감염을 탐지한다.
- 바이러스 핵산, 특히 이중-가닥 RNA의 인식은 인터페론 조절인자(IRF)와 NF-κB를 비롯한 전사인자들의 활성화를 유도한다.
- 활성화된 IRF와 NF-κB는 바이러스-감염 세포에 의한 사이토카인, 케모카인 및 인터페론의 생성과 분비를 유도한다.
- 인터페론-α, -β 및 -λ는 대부분 세포 유형들에서 발현되며, 인터페론-γ는 활성화된 NK 세포와 T 림프구에서 발현된다.
- 인터페론이 세포 표면의 수용체에 결합하면 Jak-Stat 신호전달경로가 활성화되고 수많은 인터페론-자극 유전자들의 전사가 유도된다.
- 인터페론-자극 유전자들에 의하여 암호화된 단백질들은 바이러스의 전사, 번역 및 전파를 막는다.
- 바이러스 감염에 반응하여 사이토카인 신호전달과 세포 내 스트레스의 탐지로 세포자살이 유도될 수 있다.
- 식물과 무척추동물들은 인터페론을 발현하지 않고 RNA 간섭을 이용하여 바이러스 감염과 싸운다.

복습 문제

1. 파리에서 인간에 이르는 생물들은 세포에 외래 분자들을 탐지할 수 있는 다양한 1차 "센서"들을 가진다. 이러한 센서들을 무엇이라고 부르며 이들은 어떤 유형의 분자들을 인식하는가?

2. Herpesvirus의 감염은 4가지 세포 키나아제들의 활성화를 초래하는 신호전달경로들의 활성화를 유도할 수 있다. 이들은 무엇이며 이로 인하여 세포는 어떠한 영향을 받는가?

3. 바이러스 RNA가 3가지 탐지 단백질들 가운데 하나와 결합하면 바이러스는 감염 세포의 세포자살을 유도할 수 있다. 이들 단백질은 무엇이며 이들은 어떻게 세포자살을 유도하는가?

4. 항바이러스성 인터페론으로 알려진 I형 인터페론은 무엇인가?

5. 식물과 무척추동물은 바이러스 감염에 반응하여 인터페론을 생성하는 대신 Dicer를 만든다. Dicer는 무엇이며 이는 항바이러스성 방어에 어떻게 작용하는가?

CHAPTER 34

바이러스 감염에 대한 선천성 및 적응성 면역반응

Malcolm G. Baines
Karen Mossman

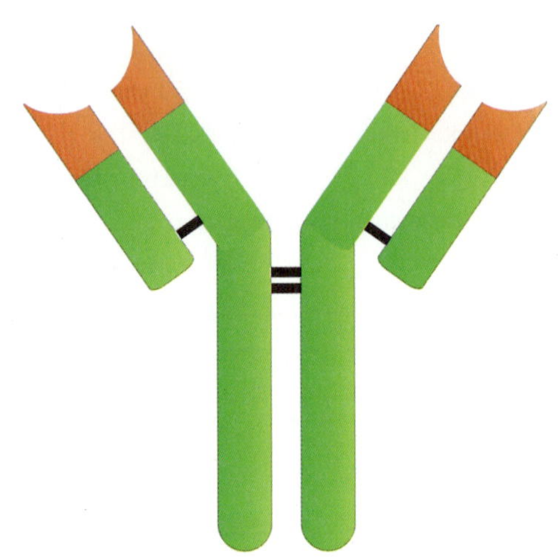

선천성 면역반응

선천성 면역반응은 감염에 대한 숙주의 빠르지만 비특이적인 반응
보체는 병원체나 세포의 외래 거대분자들을 인식하여 이들의 파괴를 표시하는 혈청 단백질 세트
염증반응은 감염 세포에 의한 사이토카인 생성으로 촉발됨
순환 중인 백혈구와 단핵구는 사이토카인을 생성하는 영역으로 이동하여 병원체를 잡아먹음
조직 대식세포는 인터페론-γ에 의하여 활성화되어 독성 산소와 질소 화합물들을 생성하여 미생물과 감염 세포들을 죽임
자연살상(NK)세포는 주조직적합성복합체(MHC)가 결여된 바이러스-감염 세포들을 인식하여 이들의 세포자살을 유도함

적응성 면역반응

항원은 항체와 세포독성 T 림프구의 생성을 유도하여 특이적인 면역반응을 일으키는 거대분자들임
B 및 T 림프구는 골수와 흉선(1차 림프기관)에서 생성됨
면역반응은 비장, 림프절 및 장(2차 림프기관)에서 일어남
B-세포 수용체는 온전한 항원의 특정 에피토프에 결합할 수 있는 표면 항체임
T-세포 수용체는 MHC 단백질에 결합된 작은 펩티드 에피토프에 결합할 수 있는 표면 분자임
체세포 재조합에 의하여 다양하고 특이적인 B- 및 T-세포 수용체들이 만들어짐
항체(면역글로불린)는 중쇄와 경쇄의 2량체로 구성됨
중쇄와 경쇄의 가변영역이 항원-결합부위를 형성함
수지상 세포와 대식세포 등의 항원-제시 세포들은 항원을 분해하여 단편을 MHC 분자에 결합시켜 T 세포에 제시함
MHC 분자에 의해 제시된 펩티드를 인식하여 결합한 T 세포는 보조 T 세포와 세포독성 T 세포로 분화함
항원을 인식하고 결합한 B 세포는 항체를 분비하는 형질세포로 분화함

인터페론이 면역반응에 미치는 영향

인터페론은 프로테아좀에 의한 항원 가공과 MHC 단백질을 통한 항원 제시를 촉진함
인터페론은 Th1 세포의 발생과 세포독성 T-세포 반응을 돕는 사이토카인의 생성을 조절함
인터페론-γ는 대식세포 활성을 촉진함.
인터페론은 면역글로불린 아이소타입 전환에 영향을 미칠 수 있음

숙주 방어에 대항하는 바이러스의 전략

바이러스는 사이토카인과 사이토카인 수용체들을 암호화하는 세포 유전자들의 돌연변이형을 발현함
이러한 유전자들은 사이토카인을 모방하는 바이로카인과 사이토카인 수용체를 모방하는 바이로셉터를 암호화함
바이로카인은 숙주 면역반응을 저해하여 감염 세포가 탐지되지 않도록 보호할 수 있음
바이로셉터는 숙주 사이토카인에 결합하여 감염에 대한 숙주

반응을 저해할 수 있음
바이러스는 주요 보체 성분들의 수준 저하, 격리 혹은 분해를 통하여 보체의 작용을 피할 수 있음
바이러스는 NK 세포에 의한 감염 세포의 인식을 막는 MHC 단백질 상동체를 만듬
바이러스는 항원의 가공과 제시를 방해하는 단백질들을 만듬
바이러스는 항원 부동 및 항원 전환을 통하여 적응성 면역반응을 회피함

숙주 면역반응은 순환하는 특수한 유형의 세포들에 의하여 매개된다

모든 복잡한 다세포 생물들은 바이러스와 다른 미생물들의 감염에 대하여 다양한 방어 메커니즘들을 가진다. 이러한 방어는 감염에 대한 저항성을 부여하고 감염성 질병들과 싸우는 다단계 전략으로 조직되어 있다.

첫 번째 단계의 방어는 장과 호흡기 표면의 점액분비 그리고 피부와 같은 물리적 장벽으로 구성되며, 바이러스의 숙주세포 접근을 비특이적으로 막는다. 만약 바이러스가 이러한 방어선을 뚫고 숙주세포의 감염에 성공하면 감염에 대한 두 번째 단계의 방어가 실행된다. 이러한 방어를 **내재적 세포성 방어(intrinsic cellular defenses)**라고 하며 이미 33장에서 자세하게 설명하였다. 내재적 세포성 방어계는 감염에 신속하게(수분 이내에) 반응하여 감염 세포와 인접 세포들에서 다양한 항바이러스성 방어 메커니즘의 구축을 유도하고, 개체 내 감염체의 침입을 알리는 인터페론을 비롯한 사이토카인들의 생성과 분비를 지시한다.

만약 병원체가 감염 부위에서 몸 전체로 퍼져나가기 시작하면 세 번째 단계의 방어인 **면역반응(immune response)**이 작동한다. 면역반응은 생물에 따라서 다양하게 나타나지만 여기에서는 포유동물, 특히 사람의 면역계에 대해서 주로 다룰 것이다. 면역반응은 다양한 유형의 특수한 세포들에 의하여 매개되며 이들은 주로 골수에서 생겨나 혈액과 림프계를 따라 순환하거나 대부분의 조직들에 존재한다. 이러한 유형의 세포들은 그림 34.1에 제시한 바와 같이 특정 기능들을 수행한다. 바이러스는 세포내 절대기생체로서 숙주 면역계를 구성하는 대부분의 세포들과 분자들에 탐지되지 않고 살아남을 수 있다; 이 장에서는 세포 내의 "인식(seeing)" 문제를 면역계가 어떻게 해결하는 지를 설명할 것이다.

선천성 면역반응은 빠르지만 비특이적이다; 적응성 면역반응은 느리지만 오래 지속되고 매우 특이적이다

면역반응은 *선천성(innate)* 혹은 *적응성(adaptive)*으로 구분될 수 있다. 선천성 면역은 외래 병원체 혹은 감염 세포들을 비특이적으로 인식하는 다양한 세포들과 혈청 단백질들에 의하여 실행된다. 선천성 면역반응은 내재적 세포성 방어처럼 신속하지만 보통 감염 부위에서 국소적으로 작용한다. 바이러스 감염에 대한 선천성 면역에 관여하는 성분들로는 **보체계(complement system)**, **다형핵 백혈구(polymorphonuclear leucocytes), 자연살상세포(natural killer cells, NK cells)**, **단핵구(monocytes)** 그리고 **대식세포(macrophages)**가 있다(그림 34.1).

적응성 면역반응은 더 느리게 작동하며 바이러스-특이적 **항체(antibodies)**를 생성하는 세포로 특이적으로 활성화되는 **B 림프구(B lymphocytes)**와 바이러스 감염 세포를 죽이는 **세포독성 T 림프구(cytotoxic T lymphocytes)**로 분화하는 **T 림프구(T lymphocytes)**에 의해 매개된다. 이러한 세포들은 서로 상호작용하며, 항체 생성 및 세포독성 림프구들은 오래 사는 "기억세포(memory cells)"에 의하여 유지된다. 따라서 특정 병원체에 대하여 적응성 면역반응이 한 번 확립되면 대부분의 경우에 이 병원체의 재감염에 대한 평생 면역이 부여된다. 비특이적인 선천성 면역에 관여하는 세포들은 몸 전체에 걸쳐 혈액, 조직 및 기관들에 널리 분포하지만 병원체-특이적인 면역 B 및 T 림프구들은 주로 림프계의 특정 기관들에 존재한다.

선천성 면역반응

보체 단백질은 침입한 병원체나 감염 세포들이 파괴되도록 표시한다

원래 *보체(complement)*라는 용어는 **고전적 활성화 경로(classical activation pathway)**를 통하여 항체의 특이적인 항박테리아 활성을 "보완(complement)"하는 10여 가지 단백질들을 의미한다. 또한 N-아세틸글루코사민에 결합하는 **피코린(ficolin)**과 미생물 막의 탄수화물과 지질다당류에 존재하는 만노오스 잔기에 결합하는 **콜렉틴(collectin)**을 비롯한 수많은 혈청 단백질들이 **렉틴 수용체-활성화 경로(lectin receptor-activated pathway)**를 통하여 보체를 활성화시킨다. 마지막으로 자발적으로 보체를 활성화시켜

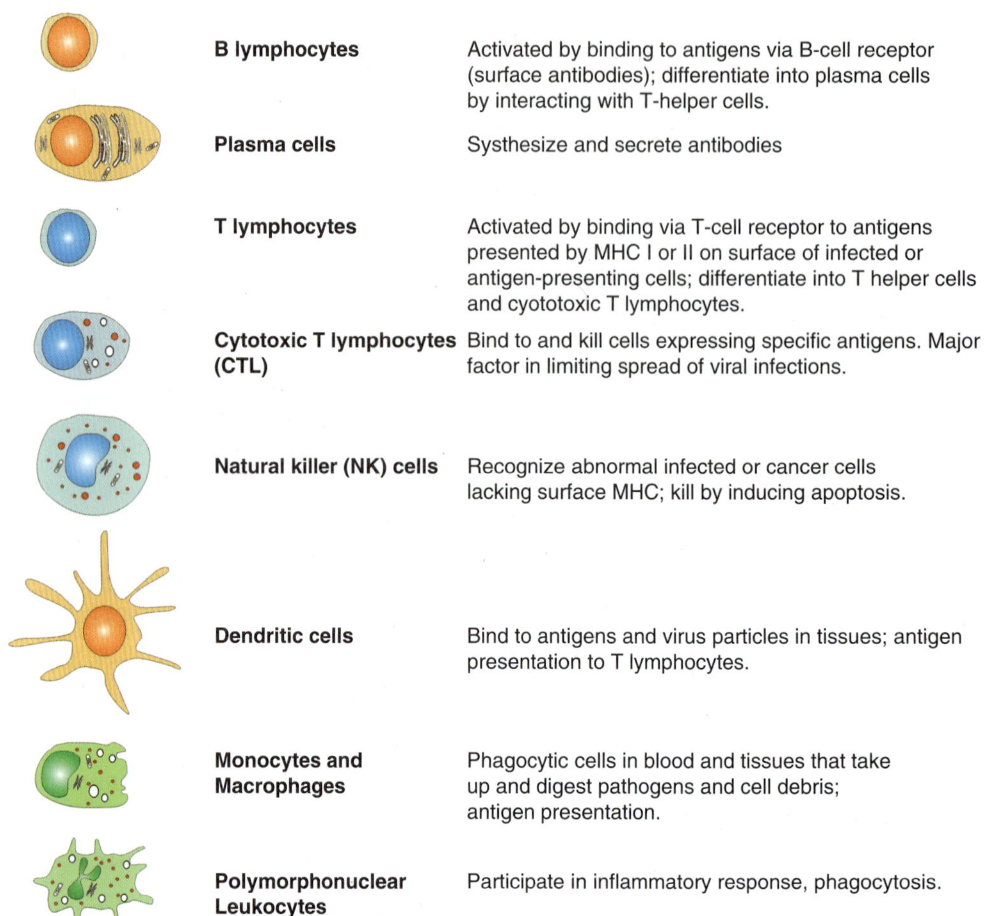

그림 34.1 **선천성 및 적응성 면역반응에 관여하는 세포들.**

노화 세포를 제거하는 역할을 하는 **대체 경로(alternate pathway)**는 고전적인 경로와 렉틴 경로에 의한 보체 활성화를 증폭시킬 수 있다.

보체를 활성화시키는 모든 메커니즘들은 공통적으로 세 번째 보체 성분인 C3을 C3a와 C3b로 절단하고 C3b를 표적 세포 혹은 병원체에 부착시킨다. 대식세포와 같은 염증 세포의 표면에 존재하는 수용체가 바이러스 입자에 결합된 C3b를 인식하면 식세포 작용의 효율이 촉진되어 바이러스 입자를 삼키고 이를 파괴한다.

C3b는 또한 나머지 보체 단백질들(C5–C9)의 연속적인 활성화를 유도하여 **막공격복합체(membrane attack complex)**가 형성되도록 한다. 이는 바이러스 외막에 구멍을 뚫어 혈청 프로테아제와 뉴클레아제가 바이러스 내로 들어가서 이를 파괴할 수 있도록 한다. 이와 같은 보체 활성은 감염된 숙주세포 혹은 항체가 결합된 미생물의 표면에서도 구멍을 뚫어 이들을 죽인다.

보체 성분들인 C3과 C5가 절단되면 **아나필라톡신(anaphylatoxin)**이라고 하는 작은 보체 절편들인 C3a와 C5a가 생성된다. 이 보체 절편들은 조직 **비만세포(mast cells)**에 작용하여 **히스타민(histamine)**과 다른 매개자들의 방출을 유도한다. 이들의 작용으로 혈류가 빨라지고 혈관 누출이 증가하여 백혈구들이 감염 부위로 빠져 나갈 수 있다. EBV를 비롯한 일부 바이러스들은 이와 같은 보체-의존적 기능들을 직접 저해한다.

염증반응은 사이토카인과 이동성 백혈구에 의하여 매개된다

감염 부위에서 백혈구들이 축적되고, 이들의 항미생물 기능이 국소적으로 활성화되고 사이토카인을 생성하면 국소적인 조직 염증이 초래되므로 이를 총칭하여 **염증반응(inflammatory response)**이라고 한다. 염증반응과정에서 일어나는 비특이적인 **식세포 작용(phagocytosis)**과 세포-매개성 세포독성은 중요한 방어 메커니즘이다. 다형핵 백혈구와 단핵구(그림 34.1)는 자유로운 바이러스 입자들과 바이러스 감염 세포의 파편들을 스스로 잡아먹을 수 있다. 이러한 유형의 세포들은 주로 혈액에서 발견되며 감염에 대한 급성 반응자들이다.

백혈구의 식세포 작용은 바이러스 입자에 보체 절편이나 항체가 결합하면 매우 증가한다; 대식세포는 병원체의 표면에 존재하는 이러한 성분들을 인식하는 수용체를 가진다. 이러한 방식으로 숙주는 이전의 감염에서 이미 만들어 둔 항체를 이용하여 바이러스 입자들을 인식하고 파괴할 수 있다. 식포와 리소좀이 융합하면 식포 내에 있던 바이러스 입자들이 리소좀의 프로테아제 및 뉴클레아제들에 의하여 분해된다.

조직에 있는 대식세포는 감염에 의해 활성화되면 독성 산소 화합물들을 이용하여 바이러스나 감염 세포를 죽인다

바이러스 입자와 바이러스-감염 세포에 결합한 특이적인 항바이러스성 항체는 대식세포로 하여금 이들을 삼키고 공격하도록 유도할 수 있다(그림 34.1). 이를 **항체-의존적 세포성 세포독성(antibody-dependent cellular cytotoxicity)**이라고 한다. 식세포성 백혈구들과는 달리 대식세포는 주로 몸의 조직과 기관에 머무르고 이곳에서 활성화된다. 인터페론(특히 **인터페론-γ**)에 의하여 대식세포가 활성화되면 격렬한 호흡 폭발이 일어나 미생물과 감염 세포를 죽이는 독성 산소 화합물들을 생성한다. 이들은 일산화질소(NO), 과산화물(O_2^-), 과산화수소(H_2O_2), 일중항산소(O·) 그리고 하이드록시라디칼(OH·)을 포함한다. 이러한 고반응성 산소종들은 외막 지질을 산화시키고 바이러스 핵산을 절단할 수 있다. 활성화된 대식세포는 또한 특정 세포 수용체를 통하여 세포자살을 유도하는 IL-12(T-세포 분화의 매개자), 용해성 단백질인 **림프독소(lymphotoxins)** 그리고 **종양괴사인자(tumor necrosis factors, TNF)**를 방출한다(33장의 그림 33.4 참조).

자연살상세포는 바이러스 감염 세포들을 인식하고 이들을 세포자살 경로를 통하여 죽인다

자연살상(NK)세포는 바이러스-감염 세포와 암세포를 선택적으로 신속하게 죽일 수 있다. NK 세포는 이들 세포를 직접 혹은 세포 표면에 결합된 항체를 통하여 인식한다. NK 세포는 순환하는 거대한 과립성 림프구들의 소수 집단을 형성한다. NK의 활성은 바이러스 감염에 반응하여 숙주세포에서 처음 생성되는 사이토카인들 가운데 하나인 인터페론-α에 의하여 증가한다. NK 세포는 바이러스성 질병의 초기 제어에 매우 중요한 방어 메커니즘을 제공한다.

NK 세포는 바이러스 감염으로 인한 세포 표면 단백질들의 비정상적인 발현을 탐지할 수 있다. NK 세포는 증식

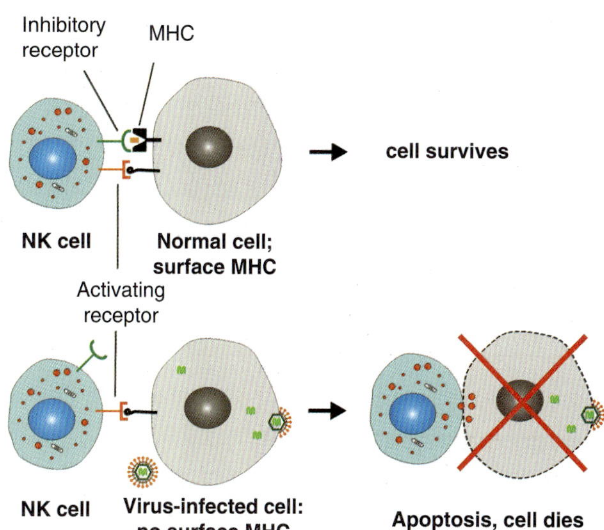

그림 34.2 자연살상(NK)세포에 의한 세포사멸. NK 세포는 다른 세포의 표면에 있는 촉진성 및 억제성 수용체들을 인식한다. MHC 단백질과 같은 억제성 수용체가 없으면 표적 세포의 세포자살을 유도하는 NK 세포 인자들을 방출한다.

하는 세포들이 발현하는 세포 표면 단백질들과 결합하는 여러 가지 *촉진성 수용체들(activating receptors)*을 가진다(그림 34.2). 이 단백질들에 결합하면 NK 세포는 활성화되어 세포독성 반응을 일으킬 수 있다. NK 세포는 또한 모든 유형의 세포들에서 정상적으로 발현되는 **MHC** 분자들과 결합하고 우성으로 작용하는 *억제성 수용체들(inhibitory receptors)*도 발현한다. 따라서 MHC 단백질을 발현하는 대부분의 정상 세포들은 NK 세포의 공격을 받지 않고 보호된다. NK 세포는 촉진과 억제 간의 균형을 통하여 특정 세포를 공격하여 죽일 지를 결정한다.

MHC 단백질의 주요 기능은 항원의 분해로 생성되는 펩티드와 결합하여 이들을 세포 표면에 제시하여 특이적인 항바이러스성 면역반응의 활성화를 유도하는 것이다. 많은 바이러스들의 감염은 세포 표면의 MHC 단백질 발현을 감소시키므로 세포성 면역반응이 억제된다. 그러나 이와 같은 MHC 단백질의 발현 감소는 NK 세포에 의하여 인식될 수 있다. MHC 단백질의 감소로 더 이상 억제를 받지 않게 된 NK 세포는 세포독성 단백질들을 분비하여 감염 세포를 공격하여 죽인다.

이러한 세포독성 단백질들 가운데 하나가 보체 성분 C9와 약간 유사한 천공 단백질인 **퍼포린(perforin)**이다. 퍼포린은 세포 표면의 막 뿐만 아니라 세포내 막들에도 구멍을 뚫는다. 이는 세포자살을 활성화시키는 **그랜자임 B(granzyme B)**의 진입을 용이하게 한다. 그랜자임 B는 실행자 카스파아제인 카스파아제-3 뿐만 아니라 미토콘

드리아 단백질의 방출과 아폽토솜의 형성을 유도하는 경로를 활성화시킬 수 있다(그림 33.4). 많은 바이러스들이 감염 세포에서 세포자살을 억제하여 바이러스 복제주기를 연장시킬 수 있는 단백질들을 발현한다. 따라서 감염 세포의 운명은 세포자살을 유도하는 세포 메커니즘과 이를 억제하는 바이러스 메커니즘 간의 균형에 의해 결정된다.

적응성 면역반응

바이러스와 다른 감염체들은 숙주에 의하여 외래 물질로 인식되는 다양한 단백질들과 다른 거대분자들을 생성한다. 이러한 분자들은 특이적인 면역반응을 유도할 수 있으므로 **항원(antigen)**이라고 한다. 바이러스 구조 단백질들은 비리온의 표면에 있어 면역계 성분들이 쉽게 접근할 수 있으므로 가장 효과적인 항원이 된다. 감염 세포에서 발현되는 많은 비구조 바이러스 단백질들도 면역계에 의하여 인식될 수 있다.

면역반응은 바이러스 항원을 인식하고 결합하는 특이적인 항체를 생성한다. 순환 중인 항체들은 바이러스의 표면 단백질에 결합하여 감염성을 중화시킬 수 있다. 면역반응은 또한 감염 세포에서 발현되는 특이적인 바이러스 항원을 인식하여 이 세포를 죽이는 세포독성 림프구도 생성한다. 이 단원에서는 적응성 면역계가 바이러스 감염을 어떻게 인식하고 반응하는 지를 간략하게 다룰 것이다.

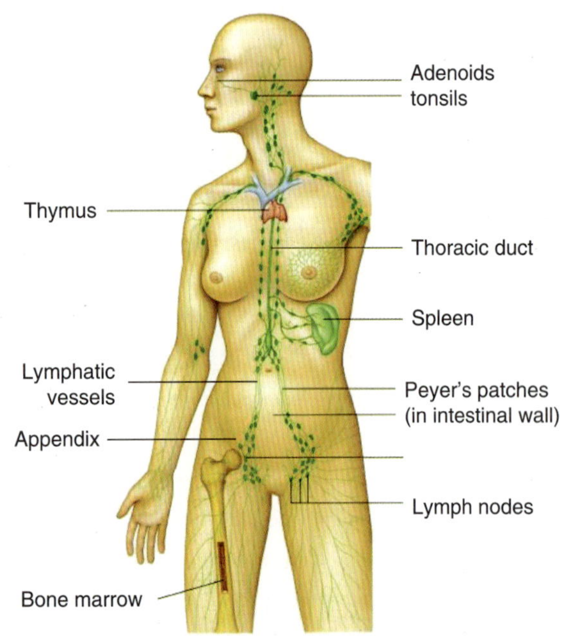

그림 34.3 인간 면역계의 해부도. 1차 림프기관은 골수와 흉선이다; 2차 림프기관은 비장, 림프절, 페이에르판, 아데노이드 및 편도이다.

1차 및 2차 면역기관들은 B 림프구와 T 림프구를 가진다

면역반응을 일으키는 세포들은 혈액, 림프절, 비장, 골수 및 흉선에 존재하는 림프구들이다(그림 34.3). 골수에는 림프구를 비롯한 백혈구와 적혈구의 생성을 위한 다분화능 줄기세포 전구체들이 존재한다. 골수와 흉선은 각각 B 림프구(B는 bone marrow를 의미)와 T 림프구(T는 thymus를 의미)의 생성에 관여하는 **중앙** 혹은 **1차 림프기관(central or primary lymphoid organs)**이다.

B 및 T 림프구들은 혈액을 순환하고 비장, 림프절, 장 등의 **말초** 혹은 **2차 림프기관(peripheral or secondary lymphoid organs)**에 거주하면서 면역반응을 일으킨다. 비장은 주로 중앙 혈액 순환계에 있는 미생물 항원에 반응하는 반면 림프절은 구강, 호흡계, 소화계 및 비뇨생식계의 표면을 덮는 피부와 점막을 통하여 몸 속으로 들어온 감염체에 반응한다. 이러한 감염체들은 체액을 경유하여 **림프계(lymphatic system)**로 들어가고 림프계의 관을 따라 림프절로 수송된다(그림 34.4). 림프절 내에서 B 림프구는 외래 항원에 반응하여 특이적인 항체를 생성하는 **형질세**

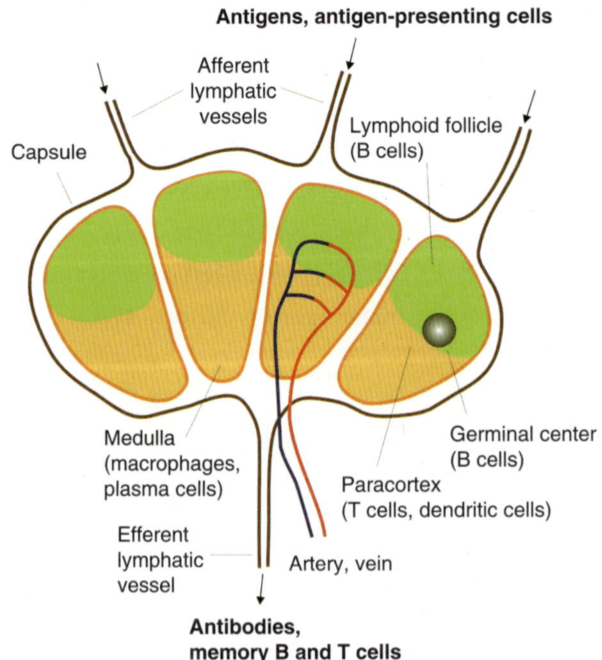

그림 34.4 림프절의 구조. 림프절은 항원과 면역계 세포들 간의 상호작용이 일어나는 주요 장소이다. 항원과 만난 적이 없는 림프구가 모세혈관을 통하여 혈액에서 림프절로 들어간다. 항원과 항원-제시 세포들은 수입 림프관을 통하여 림프절에 들어간다. B 세포의 활성화는 배 중심(germinal center)의 형성과 항체를 분비하는 형질세포의 생성을 유도한다. 항체와 기억 림프구는 수출 림프관을 통하여 빠져 나간다.

포(plasma cell)로 분화한다. 림프절 내의 일부 T 림프구들은 바이러스 감염 세포를 죽이는 세포독성 세포로 분화한다.

B 세포와 T 세포는 항원을 인식하는 특이적인 표면 수용체를 가진다

B 세포와 T 세포는 항원의 특정 부위, 즉 **에피토프(epitope)**를 인식하고 결합할 수 있는 독특한 표면 수용체를 발현한다. 이러한 수용체 분자들은 수백만 종류의 결합 특이성을 생성하기 위하여 림프구 발생과정에서 재배열하는 유전자들에 의하여 만들어진다; 각 B 세포와 T 세포는 단일 결합 특이성을 가지는 여러 개의 표면 수용체들을 발현한다.

B-세포 수용체(B-cell receptor)는 막-결합형 항체이다. 이러한 항체는 순환 중인 B 세포와 접촉하는 온전한 단백질 혹은 다른 항원들의 에피토프와 결합한다. B 세포 수용체가 항원과 결합하여 B 세포가 활성화되면 수용체와 동일한 결합 특이성을 가지는 항체를 생성하여 분비한다.

T-세포 수용체(T-cell receptor)는 온전한 단백질과 결합하지 않고 단백질의 세포내 소화로 생성되는 작은 펩티드 에피토프와 결합한다. 이러한 펩티드들은 모든 세포 유형들(적혈구 제외)의 표면에 존재하는 MHC 분자와 복합체를 이루어 제시된다. B-세포 수용체처럼 각 T-세포 수용체도 특정 항원 결정기에 대한 결합 특이성을 가진다.

다양한 결합 특이성을 나타내는 면역계의 항원-특이적인 세포들은 골수에서 항원-비의존적인 방식으로 생성된다. **클론 선택설(clonal selection theory)**에 의하면 이러한 순수한 B 및 T 세포들은 림프절이나 비장에서 항원과의 접촉으로 선택되고 활성화되어 면역반응을 일으킨다. 특정 B 및 T 세포의 선택은 이들의 표면에 발현되는 항원-특이적인 수용체에 의하여 결정된다. 즉, 특이적인 세포 표면 수용체에 항원 에피토프가 결합하면 림프구가 활성화되어 면역 기능을 수행하게 된다.

T 림프구는 항원-제시 세포의 표면에 있는 펩티드에 반응한다

대식세포, 수지상 세포 혹은 B 세포 등의 항원-제시 세포들은 항원을 받아들여 이들을 짧은(12-18 아미노산) 펩티드로 분해하고 MHC II와 복합체를 형성한 뒤 세포 표면에 제시한다(그림 34.5). 이러한 MHC II-펩티드 복합체는 T 림프구에 의하여 인식된다.

T-세포 수용체가 MHC II 단백질이 운반하는 펩티드와 결합하여 T 세포가 자극되면 두 가지 종류의 활성 T-보조

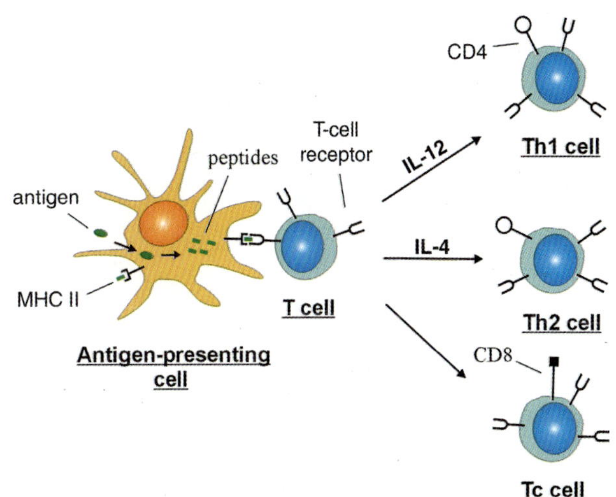

그림 34.5 보조 T 림프구(Th)와 세포독성 T 림프구(Tc)의 생성. 항원-제시 세포가 단백질을 섭취하고 이를 가공하여 만든 펩티드 단편들을 MHC II 단백질에 결합시켜 세포 표면에 제시한다. 이 펩티드를 인식하는 T-세포 수용체를 가지는 미성숙 T 세포가 활성화되어 CD4 혹은 CD8 표면 단백질을 발현하는 Th1, Th2 혹은 Tc 세포로 분화한다.

세포들(Th1과 Th2 세포) 혹은 Tc 세포라고 하는 세포독성 T 세포의 전구체로 분화한다. Th1 세포는 세포성 면역의 활성화를 돕고 Th2 세포는 체액성 면역(항체 생성)의 활성화를 돕는다.

Th 세포는 표면에 CD4라고 하는 MHC II 인식 단백질을 발현하는 반면에 Tc 세포는 CD8이라고 하는 MHC I 인식 단백질을 발현한다. 따라서 T 세포의 CD4와 CD8 단백질은 각각 표면에 MHC II 혹은 MHC I 단백질을 가지는 표적 세포들을 구분한다.

B 림프구가 항원과 결합하고 Th2 세포에 의하여 자극되면 형질세포로 분화한다

B 림프구의 수용체형 항체가 항원을 인식하여 결합하면 B 림프구는 활성화된다. 그 결과, 항원은 내부로 유입되어 부분적으로 분해되고, 개개의 펩티드는 MHC II 단백질과 결합하여 세포 표면에 제시된다(그림 34.6). 보통 활성화된 B 세포는 T-세포 수용체를 통하여 B 세포의 표면에 제시된 펩티드를 인식하여 결합할 수 있는 Th2 세포의 도움을 받는다. Th2 세포는 IL-4, -6, 그리고 -10과 같은 사이토카인들을 분비하여 활성화된 B 세포의 분열과 형질세포로의 분화를 유도한다. 형질세포는 향상된 단백질 합성 및 가공 기구를 가지는 커다란 세포로서 B-세포 수용체와 동일한 특이성을 가지는 분비성 항체를 많이 생산한다.

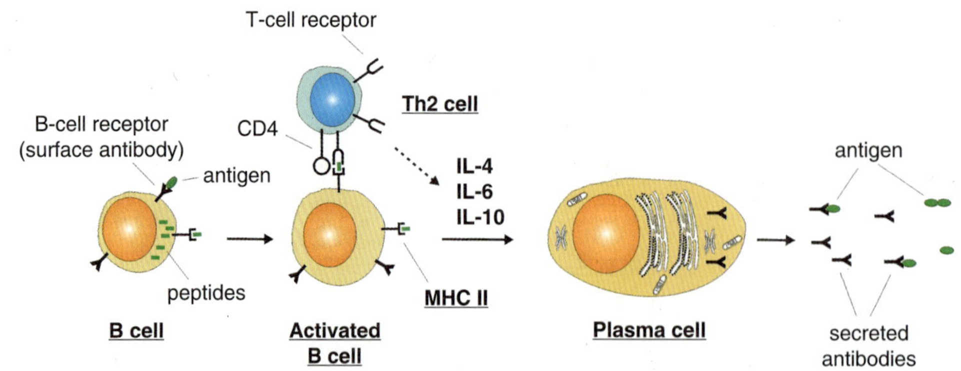

그림 34.6 B 세포에 의한 항체 생성. 미성숙 B 세포의 표면 항체와 결합한 단백질이 세포 내로 유입되어 분해된다; 펩티드 단편들은 MHC II 단백질과 결합하여 B 세포의 표면에 제시된다. 이 세포들은 제시된 펩티드에 대해 특이성을 공유하는 T-세포 수용체를 가지는 활성화된 Th2 보조세포의 도움으로 활성화되어 항체를 생성하는 형질세포로 분화한다.

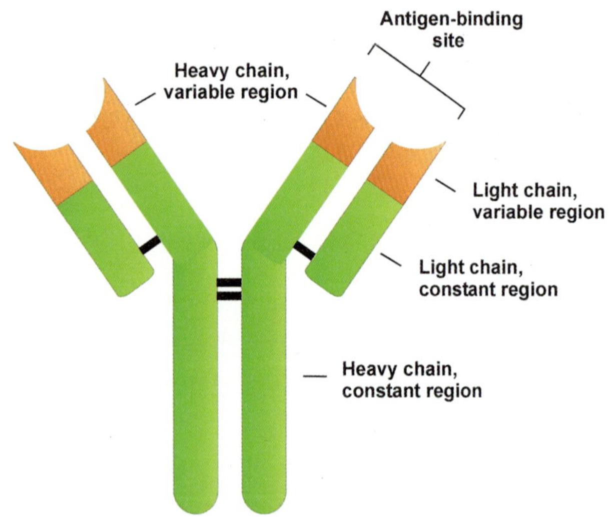

그림 34.7 면역글로불린 G 분자의 구조. 이황화 결합으로 연결된 중쇄와 경쇄로 이루어진 2량체 2개가 이황화 결합으로 연결되어 하나의 IgG 분자를 형성한다. 항원-결합부위는 중쇄와 경쇄의 N-말단 가변영역에서 형성된다. 중쇄의 불변영역은 면역글로불린 아이소타입을 결정하고 보체와 대식세포 등과의 결합에 관여한다.

항체는 다양한 형태로 만들어진다

면역글로불린(immunoglobulin, Ig)이라고도 하는 항체의 기본적인 "Y" 구조(그림 34.7)는 경쇄(light chain)와 중쇄(heavy chain)로 이루어진 2량체 두 개가 연결되어 만들어진다. 항원-결합부위는 Y의 상부 팔의 끝에 위치한다; 이는 경쇄와 중쇄의 가변영역으로 구성되며 수백만 종류에 이르는 항체의 독특한 결합 특이성에 관여한다. 항원-결합부위는 분자량 500-1500 kDa의 항원결정기(antigenic determinant)와 결합할 수 있다. 즉, 항원-결합부위는 약 6개의 당 분자 혹은 13개의 아미노산 잔기들로 이루어진 에피토프 혹은 항원 결정기를 수용할 수 있다. 경쇄와 중쇄의 나머지 부위는 불변영역으로서 일정한 아미노산 서열을 가진다.

다섯 가지 유형의 면역글로불린 분자들(IgM, IgD, IgG, IgE 및 IgA)은 독자적인 B 림프구 클론들에 의하여 합성된다; 각 **아이소타입(isotype)**은 적응성 면역반응에서 서로 다른 역할을 한다.

커다란 IgM 매크로글로불린(macroglobulin)은 면역반응에서 최초로 생성되는 항체이다. IgM은 반감기가 약 3.5일로 수명이 짧다. 이는 혈청에서 입자 혹은 세포성 항원을 응집시키고, 세포 용해를 위해 보체를 활성화시키고, 항원과 결합하여 이들의 식세포 작용과 식세포성 분해를 위한 표식에 가장 효과적이다. IgM은 기본 면역글로불린 구조의 5량체이며 고리형 구조를 연결하는 15-kDa의 J 사슬을 포함한다.

IgD 분자는 미성숙하고 순수한 B-림프구의 표면에 존재하며 항원 수용체로 작용하는 것 같다.

IgG 분자는 가장 많이 존재하는 면역글로불린이다. 이는 반감기가 약 25일로 수명이 길다. IgG는 세포성 항원의 응집, 독소와 바이러스의 중화, 그리고 박테리아와 바이러스 입자와의 결합에 관여하며, 식세포 작용을 통한 이들의 파괴를 유도한다. 실제로는 4가지 아형의 IgG가 존재한다.

IgA는 장, 호흡기 및 비뇨생식기관의 점막에서 면역방어에 관여한다. 이는 기본 면역글로불린 "Y" 구조의 2량체이며, 연결 J 사슬과 점막 상피를 통한 분비과정에서 첨가되는 분비성 단백질(분자량 60,000)을 포함한다.

IgE는 비만세포라고 알려진 조직 호염구에 결합하여 알레르기를 매개한다. 항원이 IgE와 결합하면 비만세포를 활성화시켜 알레르기 증상을 유발하는 히스타민, 헤파린 및 아라키돈산 대사산물들을 방출한다.

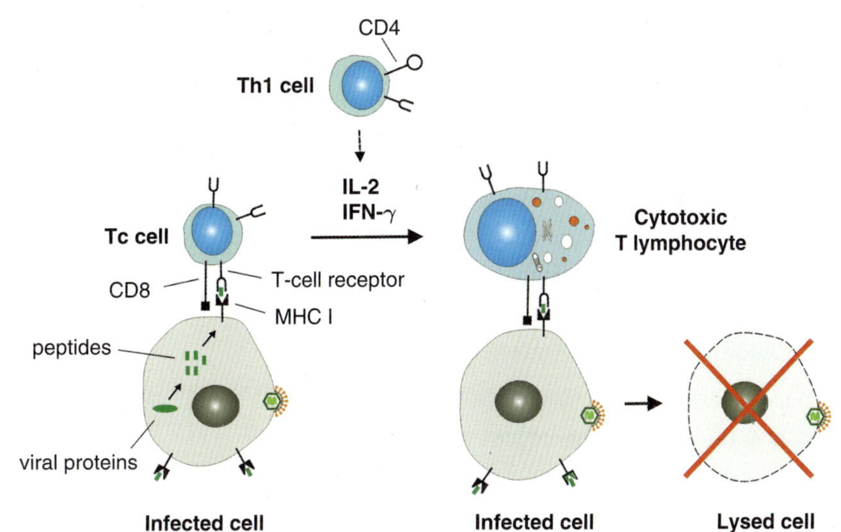

그림 34.8 세포독성 T 림프구의 생성과 바이러스-감염 세포의 제거. 분해된 바이러스 단백질에서 유래한 펩티드가 MHC I 단백질과 결합하여 바이러스-감염 세포의 표면에 제시된다(왼쪽). 감염된 세포와 접촉하여 Tc 세포의 T-세포 수용체가 펩티드를 인식하면 활성화된다. 활성화된 Th1 세포(위)가 인터루이킨-2와 인터페론-γ를 생성하여 Tc 세포의 활성화를 돕는다. 이와 같이 생성된 세포독성 T 림프구(오른쪽)는 문제의 펩티드를 제시하는 감염 세포를 인식하고 죽인다.

항체 특이성의 다양성

항체 특이성은 면역글로불린 단백질의 N-말단 가변영역 아미노산 서열의 차이 때문에 생겨난다. 면역계는 어떻게 항체 다양성을 생성할 수 있을까? 면역글로불린의 다양성은 중쇄와 경쇄를 암호화하는 유전자 내의 가변영역 엑손들이 커다란 라이브러리로 존재하기 때문에 가능하다. 이러한 엑손들은 림프구의 분화와 발생과정에서 체세포 재조합과정을 통하여 무작위적으로 선택되어 연결된다. 면역반응과정에서 일어나는 이 영역의 체세포 돌연변이로 인하여 항체의 특이성과 결합 친화력이 더 증가한다.

특정 림프구 클론이 Th2 세포의 도움으로 활성화되면(그림 34.6), 이는 먼저 IgM을 생성하고 그 뒤에 다른 면역글로불린 아이소타입(isotype)들을 만든다. 이와 같은 Th2-세포 의존적인 아이소타입 변환(isotype switching)이 일어나려면 중쇄의 특정 가변 유전자 서열이 다른 불변 유전자 서열(예, IgM → IgG → IgE → IgA)로 재조합되어야 한다. 이는 DNA의 절단, 중쇄의 불변영역을 암호화하는 영역의 제거, 그리고 가변영역을 암호화하는 서열과 다른 불변영역의 연결 순으로 일어난다. 아이소타입 변환은 가변영역의 체세포 돌연변이를 통한 항체의 친화력 증가와 장기적인 면역기억세포의 생성을 위해서도 필수적이다.

세포독성 T 세포는 Tc 세포와 MHC I-결합 펩티드의 상호작용으로 생성된다

세포성 면역반응은 T 림프구가 박테리아와 바이러스에 감염된 숙주세포를 표적으로 공격하는 반응이다. 순수 CD8-양성 T 세포가 항원-제시 세포와 만나면 Tc 세포로 분화한다(그림 34.5). Tc 세포는 자신의 T-세포 수용체가 감염 세포의 표면에서 MHC I 단백질에 의해 제시되는 펩티드와 결합하면 반응할 준비를 한다(그림 34.8). Th1 세포는 IL-2와 인터페론-γ를 생성하여 Tc 세포의 성숙을 돕는다. Tc 세포는 처음 마주친 항원에 특이성을 나타내는 활성 세포독성 T 림프구(cytotoxic T lymphocyte)로 분화하고 발달한다.

세포독성 T 림프구는 자신의 T-세포 수용체가 인식하는 특정 펩티드가 MHC I과 복합체를 이루어 세포 표면에 제시된 세포를 만나면 이를 죽일 수 있다. 세포독성 T 림프구는 또한 기관 이식 거부를 일으키며, 암세포를 죽이고, 갑상선염, 당뇨병, 전신성 홍반성 낭창 및 다발성 경화증 등과 같은 질병을 유발하는 자가 면역반응에도 관여한다. HSV-1과 CMV와 같은 일부 바이러스들은 MHC-I의 발현과 펩티드 제시를 방해함으로써 Tc 세포에 의한 감염 세포의 인식을 저지한다.

면역반응에 미치는 인터페론의 영향

인터페론은 항원 가공과 제시를 촉진한다

인터페론은 MHC 단백질의 발현을 증가시켜 보호성 면역반응을 촉진한다. 모든 종류의 인터페론들은 MHC-I 단백질의 발현을 향상시키고 CD8-양성 세포독성 T 세포의 발생을 촉진한다. 인터페론-γ는 특이하게도 MHC-II 단백질의 발현을 유도하여 CD4-양성 T-보조세포 반응을 촉진하고 이로 인하여 세포독성 Tc 세포의 생성을 향상시킨다.

인터페론은 또한 항원성 펩티드의 생성에 필요한 단백질들의 발현을 조절하여 항원 가공에 중요한 역할을 수행한다. 인터페론은 바이러스 단백질을 분해하여 MHC-I 단백질이 결합할 수 있는 펩티드를 만드는 **프로테아좀(proteasome)**의 여러 성분들의 활성을 향상시킨다. 이로 인하여 MHC-I 단백질과 결합하여 제시되는 펩티드의 양과 종류가 증가하므로 바이러스 단백질에 대한 면역성이 향상된다.

인터페론과 CD4-양성 보조 T 세포의 발달

보조 T-세포 집단은 이들이 자극된 이후에 생성하는 사이토카인으로 구분된다. Th1 세포는 인터페론-γ와 IL-2를 합성하고 세포성 면역과 세포독성 반응을 촉진한다(그림 34.8). Th2 세포는 IL-4, 5, 6 및 10을 합성하고 B 세포에 의한 항체 생성을 돕는다(그림 34.6). 인터페론은 Th1 세포의 발생에 중요한 영향을 미치고 이 과정에서 두 가지 역할을 수행한다. 첫째, 인터페론은 항원-제시 세포에 의한 IL-12의 합성을 촉진하여 Th1 세포의 생성을 돕는다(그림 34.5). 둘째, 인터페론은 Th2 세포 형성에 필요한 IL-4 생성을 억제하여 Th2 세포의 발달을 막는다. 따라서 인터페론은 바이러스 감염의 억제에 가장 효과적인 세포독성 반응을 생성하도록 면역계에게 지시한다.

대식세포 활성화와 세포성 면역에서 인터페론의 역할

대식세포는 선천성 및 적응성 면역반응에서 핵심적인 효과기 세포로 작용한다. 이러한 기능들을 수행하려면 대식세포는 먼저 세포 파괴 활성을 향상시키는 활성화과정을 거쳐야 한다. 인터페론-γ만이 대식세포의 활성화를 촉진할 수 있다. 활성화된 대식세포는 미생물 표적을 죽이기 위하여 다양한 인터페론-유도성 메커니즘들을 이용한다. 가장 중요한 두 가지 사멸 메커니즘에 활성 산소와 활성 질소 중간체의 생성이 관련된다. 예를 들면, iNOS(inducible nitric oxide synthase)의 인터페론-의존적 유도에 의하여 대식세포에서 일산화질소(nitric oxide, NO)가 생성된다.

항체 생성에 미치는 인터페론의 영향

인터페론은 항체 생성의 조절에 복잡한 역할을 수행한다. 이들은 특정 T-보조세포의 발생을 조절함으로써 간접적으로 작용하거나 직접적으로 B 세포의 수준에 영향을 미칠 수 있다. 가장 잘 알려진 B 세포에 대한 인터페론의 작용은 면역글로불린(Ig) 아이소타입 변환에 미치는 영향이다. 예를 들면, 인터페론-γ는 자극된 B 세포가 IgM에서 IgG2a와 IgG3를 생성하도록 변환시킬 수 있다. 이러한 방식으로 인터페론은 면역반응을 조정하고 세포내 박테리아 및 바이러스에 대한 숙주 방어를 향상시킨다.

숙주 방어에 대항하는 바이러스 전략들

바이러스는 사이토카인과 사이토카인 수용체를 모방하여 숙주 방어를 방해하는 단백질들을 만든다

Herpesvirus와 poxvirus를 비롯한 큰 DNA 바이러스들은 사이토카인과 사이토카인 수용체를 닮은 바이러스 단백질들을 만든다. 이러한 단백질들을 **바이로카인(virokine)**과 **바이로셉터(viroceptor)**라고 하며 이들은 바이러스에 대한 숙주 면역반응과의 싸움에 이용된다. 바이로카인과 바이로셉터 유전자들은 숙주세포의 유전자들이 바이러스 게놈에 통합되어 바이러스 복제, 전파 혹은 생존에 이점을 부여하도록 돌연변이와 선택을 거쳐 진화해 온 것으로 여겨진다. Th2 바이로카인은 감염 세포로부터 Th1 사이토카인의 합성이나 방출을 억제하거나, 숙주 사이토카인 수용체에 대해 경쟁적으로 결합하거나, 세포 신호전달경로를 방해하거나, 혹은 바이러스 복제에 유리한 숙주 반응을 유도하여 숙주의 Th1 면역반응을 변화시킬 수 있다.

Poxvirus에 속하는 vaccinia virus는 바이로카인의 일종인 바이러스성 EGF(vEGF)를 생성한다. vEGF는 세포의 EGF 및 TGF-α와 아미노산 서열상의 상동성을 나타낸다. 이는 세포의 EGF 수용체에 결합하여 세포의 성장을 촉진함으로써 바이러스 복제를 향상시킨다.

바이로카인의 다른 예들로 IL-6, 8, 10 및 17과 분비성 세린 프로테아제의 상동체들을 들 수 있다. 또한 respiratory syncytial virus의 G 단백질은 케모카인인 fractalkine을 모방하고 simian sarcoma virus의 Sis 단백질은 PDGF의 상동체이다.

MT7은 토끼 poxvirus인 myxoma virus에 의하여 생성되는 바이로셉터이다. 이는 인터페론-γ 수용체의 상동체이다. MT7은 바이러스 감염 세포에서 높은 수준으로 빠르게 분비된다. 이는 인터페론-γ에 결합하여 이를 격리시켜 인터페론-γ가 숙주세포의 수용체에 결합하는 것을 차단하기 때문에 바이러스 감염에 대한 Th1 면역반응이 억제된다. Poxvirus와 herpesvirus는 다양한 케모카인들과 결합하여 면역 세포들이 감염 부위로 모여드는 것을 저지하는 G 단백질 연결 수용체(G protein-coupled receptor)도 만든다. 결론적으로 이 단백질들은 바이러스가 숙주 내에서 감염을 확립하고 유지하는 데 중요한 역할을 수행하므로 **독성 인자(virulence factor)**라고 할 수 있다.

바이러스는 선천성 면역반응들을 극복한다

바이러스는 선천성 면역에 관여하는 단백질들과 경로들 그리고 세포들의 작용을 저지하기 위하여 많은 전략들을 진화과정에서 개발하였다. 침입하는 바이러스에 대한 1차 방어선의 하나인 보체계는 선천성 면역에서 중심적 역할을 한다. 바이러스는 다양한 방법으로 보체의 작용을 피할 수 있다. 한 가지 전략은 항체-항원 복합체에 보체의 결합을 막는 것이다. Herpesvirus의 여러 당단백질들은 바이러스 단백질-보체 복합체들을 해체시키거나 세포 내로 끌어들이고, 일부 coronavirus의 돌기 단백질은 면역글로불린의 Fc(불변) 영역에 대한 수용체 활성을 나타낸다. Herpesvirus와 poxvirus는 보체 조절 단백질들과 유사한 수많은 단백질들을 만든다. 이러한 바이러스 모방 단백질들은 C3b, C4b 및 C5b와 같은 중요한 숙주 보체 활성인자들과 결합하여 이들을 격리시키거나 이들의 분해를 억제 혹은 촉진한다.

바이러스는 건강한 세포들이 보체의 작용으로부터 자신을 보호하기 위하여 이용하는 보체-조절 단백질들을 도용하여 자신들의 보호에 이용한다. Poxvirus, herpesvirus, retrovirus 및 togavirus과에 속하는 바이러스들은 CD55(C3b 붕괴 가속화 인자), CD59(프로텍틴, 막공격복합체의 조립 저해자) 및 CD46(보체 성분의 분해를 촉진하는 보조 인자)과 같은 보체-조절 단백질들을 외막에 포함한다. Herpesvirus인 CMV는 감염 세포의 표면에 CD55와 CD46의 발현을 증가시킨다.

바이러스는 보체의 항바이러스성 효과를 피할 수 있을 뿐만 아니라 자연살상(NK)세포와 수지상 세포와 같은 선천성 방어에 관여하는 세포들의 활성도 저해한다. NK 세포는 건강한 세포들은 그냥 두고 감염 세포들만 선택적으로 죽이기 위하여 두 가지 수용체 즉, 억제성 및 촉진성 수용체를 발현한다(그림 34.2). CMV는 NK 세포의 억제성 수용체에 결합하여 NK 세포의 활성화를 저지하는 비기능성 MHC-I 미끼 단백질을 만든다. CMV는 또한 NK 세포를 활성화시키는 숙주 신호진달분자들의 수준을 낮추거나 격리시키는 단백질들을 만든다. Poxvirus는 촉진성 수용체의 경쟁적 저해자를 분비하여 NK 세포의 활성화를 막는다.

HIV는 NK 세포와 CD4-양성 T 세포에 감염하여 이들을 죽일 수 있다. CD4-양성 T 세포는 NK 세포의 작용에 필요한 IL-2를 생성하므로 이 세포의 소실은 간접적으로 NK 세포의 항바이러스성 활성을 저해한다. 효과적인 항바이러스성 반응을 위해서는 NK 세포와 수지상 세포 사이의 상호작용도 필요하다. HIV와 herpesvirus는 (1) NK 세포의 기능을 막거나, (2) 수지상 세포를 활성화시키는 사이토카인의 발현을 저지하거나, (3) 일부 NK 세포들을 죽이거나, (4) 특정 NK 세포의 수용체 및 보조 수용체의 발현을 변화시킴으로써 이러한 상호작용을 저지한다. Hepatitis C virus는 NK 세포와의 결합에 필요한 수지상 세포의 단백질 합성을 저해하여 NK 세포와 수지상 세포의 상호작용을 막는다.

Herpesvirus는 항원 제시와 가공을 방해함으로써 수지상 세포의 항바이러스성 기능을 직접적으로 저해한다. HCMV의 경우, 적어도 6가지 종류의 단백질들이 바이러스 단백질의 가공을 막거나, MHC-I 및 MHC-II 단백질의 수준을 낮추거나, 이들을 격리시키거나, 혹은 바이러스 펩티드가 MHC 단백질과 결합하는 것을 막음으로써 항원 제시를 방해한다. HIV는 다른 전략으로 수지상 세포의 성숙을 막고 면역 억제 기능을 가지는 IL-10의 발현을 유도한다.

바이러스는 적응성 면역반응을 극복한다

바이러스는 체액성 및 세포성 면역반응을 모두 피할 수 있다. 바이러스는 흔히 항체에 의하여 인식되는 단백질을 변화시킴으로써 체액성 면역을 피한다. 바이러스는 **항원 부동(antigenic drift)**이라는 과정을 통하여 바이러스 구조 단백질의 에피토프에 돌연변이를 유도할 수 있다. HIV가 이러한 전략을 이용한다는 것은 잘 알려져 있다. HIV-감염자의 혈청과 바이러스를 분리하여 반응시켜 보면 현재 혈청에 있는 항체들은 현재의 바이러스를 중화시킬 수 없다. 그러나 이 항체들은 수개월 이전에 분리된 바이러스를 중화시킬 수 있다. Filovirus는 비리온 당단백질의 당을 변형시켜 B-세포 및 T-세포 수용체가 이를 인식하지 못하도록 한다.

분절 게놈을 가지는 influenza virus는 **항원 전환(antigenic shift)**을 통하여 체액성 면역을 피할 수 있다. 두 가지 다른 변종의 influenza virus가 동일한 세포에 감염하면 **재편성(reassortment)** 과정을 통하여 혼합된 게놈 분절들을 가지는 새로운 변종이 형성될 수 있다. 이와 같은 재편성 바이러스는 자연 숙주에서 항체가 인식할 수 없는 새로운 표면 항원을 발현할 수 있다(18장 참조).

바이러스는 MHC-I에 의한 항원 제시과정을 막음으로

써 세포성 면역반응을 피할 수 있다. 예를 들면, herpesvirus의 반복된 산성 아미노산 서열을 가지는 단백질은 프로테아좀에 의한 바이러스 단백질의 가공을 저지한다. 또한 다수의 herpesvirus 단백질들은 TAP(transporter associated with antigen processing) 복합체를 막아 소포체로의 펩티드 수송을 저해한다. Adenovirus의 E3-19K는 TAP과 결합하지만 펩티드 수송은 막지 않고 소포체 내에서 펩티드 장착 복합체의 형성을 저지한다.

Cowpox virus 단백질인 V203은 소포체-잔류 신호를 가지고 있어 MHC I을 소포체에 머무르게 할 수 있다. HIV의 Nef 단백질도 MHC I의 이동을 저지한다. 또한 많은 바이러스 단백질들이 MHC-I, MHC-II, CD4 및 CD8과 같은 세포 표면 단백질들의 수준을 저하시키거나 이들의 분해를 유도한다.

핵심 용어

B 림프구(B lymphocytes)
B-세포 수용체 (B-cell receptors)
T 림프구(T lymphocytes)
T-세포 수용체(T-cell receptors)
고전적 활성화 경로(Classical activation pathway)
그랜자임 B(Granzyme B)
내재적 세포성 방어(Intrinsic cellular defenses)
다형핵 백혈구 (Polymorphonuclear leukocytes)
단핵구(Monocytes)
대식세포(Macrophages)
대체 경로(Alternate pathway)
독성인자(Virulence factors)
렉틴 수용체-활성화 경로 (Lectin-activated pathway)
림프계(Lymphatic system)
림프독소(Lymphotoxins)
막공격복합체(Membrane attack complex)
말초 혹은 2차 림프기관 (Peripheral or secondary lymphoid organs)
면역반응(Immune response)
바이로셉터(Viroceptor)
바이로카인(Virokine)
보체(Complement)
비만세포(Mast cells)
세포독성 T 림프구 (Cytotoxic T lymphocytes)
세포자살(Apoptosis)
식세포 작용(Phagocytosis)
아나필라톡신(Anaphylatoxins)
아이소타입(Isotype)
에피토프(Epitopes)
인터페론-α(Interferon-α)
인터페론-γ(Interferon-γ)
자연살상세포 (Natural killer cells, NK cells)
재편성(Reassortment)
종양괴사인자 (Tumor necrosis factors)
주조직적합성복합체 (Major histocompatibility complex)
중앙 혹은 1차 림프기관 (Central or primary lymphoid organs)
콜렉틴(Collectins)
클론 선택설(Clonal selection theory)
퍼포린(Perforin)
프로테아좀(Proteasome)
피콜린(Ficolins)
항원(Antigen)
항원 부동(Antigen drift)
항원 전환(Antigen shift)
항체(Antibodies)
항체-의존적 세포성 세포독성 (Antibody-dependent cellular cytotoxicity)
형질세포(Plasma cells)
히스타민(Histamine)

기본 개념

- 숙주는 네 층의 방어, 즉 물리적 장벽, 내재적 세포성 방어, 선천성 저항 및 면역반응를 통하여 바이러스 감염을 막는다.
- 숙주의 면역반응은 신속하고 비특이적인 선천성 반응과 느리지만 고도로 특이적인 적응성 면역반응으로 이루어진다.
- 보체는 병원체를 인식하고 결합하여 항체와 식세포들이 바이러스와 바이러스-감염 세포들을 제거하도록 돕는 혈청 단백질들이다.
- 감염 세포가 만든 사이토카인들은 백혈구, 대식세포 및 NK 세포들과 함께 작용하여 바이러스-감염 세포들을 인식하고 죽인다.
- B 및 T 림프구들은 1차 림프기관(골수와 흉선)에서 생성되어 2차 림프기관(비장, 림프절 및 장)에서 적응성 면역반응을 수행한다.
- 수지상 세포, 대식세포 및 B 세포는 항원을 세포 내로 삼켜서 단백질을 가공하고 MHC 막 단백질과 복합체를 형성한 펩티드를 세포 표면에서 T 림프구에 제시한다.
- 감염 세포 내에서 바이러스 단백질들은 작은 펩티드로 가공되어 B 및 T 림프구가 인식할 수 있도록 감염 세포의 표면에 MHC 단백질에 의하여 제시된다.
- 활성화된 T 림프구는 B 세포를 자극하여 형질세포로 발생시키는 사이토카인을 분비한다.
- 형질세포는 바이러스 단백질에 결합하여 바이러스가 세포에 감염하지 못하도록 하거나 바이러스의 분해 혹은 식세포 작용을 유도하는 항체 혹은 면역글로불린을 생성한다.
- 활성화된 T 림프구는 감염된 세포들을 인식하여 죽이는 세포독성 T 세포로 발달한다.
- 바이러스들은 선천성 및 적응성 면역반응들에 대항하기 위하여 많은 전략들을 개발하였다.

복습 문제

1. 식세포들이 외래 생물을 인지하기 위해서는 특정 분자를 인식하여야 한다. 이러한 분자들에는 어떠한 것들이 있으며 이들은 어떻게 인식되는가?

2. 비록 항체가 일부 침입하는 바이러스들의 파괴에 효과적일 수도 있지만 일반적으로 세포독성 T 세포에 의하여 매개되는 세포성 반응이 필요하다. 항원-특이적 T 세포의 생성을 위해서는 어떤 세포-세포 상호작용이 필요하고 이러한 상호작용은 어떻게 진행되는가?

3. B 세포는 항원을 "보고" T 세포는 펩티드를 "본다"는 표현은 무엇을 의미하는가?

4. 순수 B 세포는 항원 수용체로 작용하는 두 가지 아이소타입의 면역글로불린을 표면에 발현한다. 이들은 어떤 면역글로불린 아이소타입이며, 이들의 구조는 어떻게 다른가?

5. 항원 부동과 항원 전환을 비교하시오.

SECTION X

항바이러스제와 바이러스 벡터

제10부에서는 바이러스 감염으로부터 인간이나 동물을 보호하거나, 감염으로부터 생물의 회복을 돕거나, 유전자 치료를 위해 특정 유전자를 발현하는 벡터나 항종양 제제로 이용하기 위하여 바이러스를 변형시키는 바이러스학의 실질적인 적용 분야에 대하여 다룬다.

1796년에 Jenner가 천연두 예방을 위해 최초로 성공적인 항바이러스성 백신을 개발한 이후로 백신의 역사는 200년 이상이 되었다. 백신 기술은 빠르게 발전하였으며 지금은 10여 개의 효과적인 항바이러스성 백신들이 마련되어 있다. 35장은 백신 개발의 역사와 기술에 대하여 언급하고 서로 다른 종류의 백신들 즉, 생약독화 바이러스, 사멸 전체 바이러스, 소단위체 백신, DNA 백신 및 재조합 백신의 장단점에 대하여 간략히 설명한다. 전염성이 높아 공중 보건상 매우 중요한 질병에 대한 백신 접종 켐페인이 대중적 호응을 받지 못할 수도 있고, 100% 안전성이 보장되지 못하는 산물로 백신 접종을 해야 하는 윤리적인 측면도 언급될 것이다.

항바이러스성 화학요법은 한때 치료가 불가능한 것으로 여겨졌던 HIV에 대한 효과적인 약제 개발로 빠르게 발전하고 있는 비교적 최신의 과학이다. 바이러스 복제 단계에 대한 과학적 이해가 이루어지고 수천 가지 화합물들의 항바이러스 활성을 측정할 수 있는 자동화된 검사법이 마련되면서 이 분야의 중요한 돌파구가 마련되었다. 바이러스 부착, 진입, 탈피, DNA 혹은 RNA 복제, 조립 및 방출을 막는 화합물들이 개발되었다.

수많은 바이러스들이 개조되어 벡터로 이용되고 있다. 일부 바이러스 유전자들을 결실시키고 바이러스 게놈에 조절 서열과 외래 유전자를 포함하는 발현 카세트를 삽입할 수 있다. 이러한 벡터의 증식을 위해서는 보통 야생형 바이러스를 동시 감염시키거나 세포가 제거된 바이러스 단백질들을 발현하여 보완해 주어야 한다. 37장은 adenovirus, retrovirus 및 adeno-associated virus로 만들어진 벡터들에 대하여 다룬다. 최근에 일부 유전 질병들에 대하여 유전자 교체 치료법이 약간의 성공을 거두었으며 인체 암들을 치료하기 위한 다양한 바이러스 벡터들이 개발되고 있다.

CHAPTER 35

항바이러스성 백신

Brian Ward

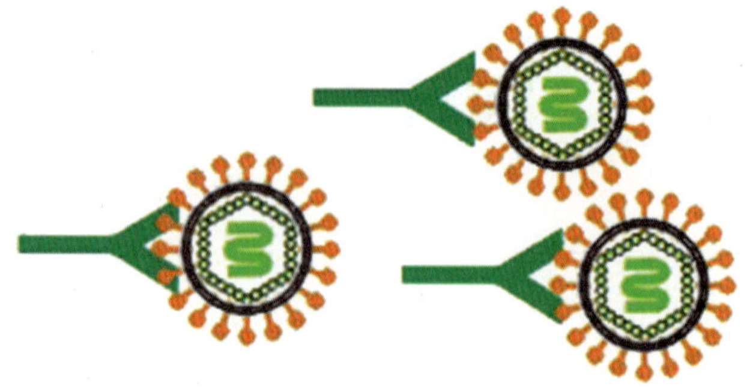

백신

최초의 백신인 vaccinia virus가 cowpox virus이므로 라틴어 *vacca*(cow)에서 유래

백신 접종은 바이러스 감염을 예방할 수 있는 가장 효과적인 수단임
천연두 및 광견병 백신의 개발은 의학 역사의 위대한 업적임
백신 접종에 따른 부작용은 드물지만 때로는 심각할 수 있음
100% 안전하지 못한 백신 접종은 윤리적인 문제를 제기함

현대적 백신 생산

배양 세포 혹은 계배에서의 바이러스 생산
복잡한 바이러스 정제 및 검출 방법
유전적 조작을 통한 바이러스 병원성, 감염성 또는 면역성의 조정
박테리아, 효모 혹은 진핵세포 발현계를 이용한 바이러스 단백질의 생산
식물에서 바이러스, 바이러스-유사 입자 혹은 바이러스 단백질의 생산

항바이러스성 백신의 유형

다른 동물에서는 정상적으로 감염하지만 인간에는 약독화된 살아 있는 야생형 바이러스
독성을 감소시키는 돌연변이를 가지는 생약독화 인간 바이러스
면역성은 가지지만 감염성을 상실한 불활화 바이러스
하나 혹은 그 이상의 바이러스 단백질들을 포함하고 바이러스 게놈이 없는 소단위체 백신
면역성 바이러스 단백질을 발현하지만 바이러스를 생성할 수는 없는 DNA 백신
하나 혹은 그 이상의 면역성 단백질들을 가지도록 조작된 재조합 바이러스
키메라 백신: 특정 면역성 바이러스 단백질을 발현하는 양성 혹은 약독화 미생물(바이러스 혹은 박테리아)
하나 혹은 그 이상의 바이러스 단백질을 바이러스-유사 입자, 바이로솜, 프로테오솜 등으로 운반하는 나노입자 백신

생약독화 바이러스 백신

자연적인 세포성 및 체액성 면역 유도
가장 성공적인 항바이러스성 백신
단일 접종으로 평생 면역 부여 가능
일부 사람들에서 때로는 심각한 질병 유발 가능
제조 및 보관에 고비용 부담

불활화 바이러스 백신

면역보조제 없이 접종하면 흔히 체액성 면역만 유도
여러 항원들에 대해 동시 면역 유도 가능
면역 효과를 위해 흔히 다수 접종이 필요
복제가 불가능하므로 적절하게 제조되면 질병 유발 위험성이 없음
제조 비용이 비싸고 고병원성 바이러스를 취급해야 되는 경우의 위험성
생약독화 바이러스보다 보관 조건이 덜 까다로움
면역저하자에게 안전함

소단위체 백신

면역보조제 없이 접종하면 흔히 체액성 면역만 촉진
여러 항원들에 대해 동시 면역 유도 가능
면역 효과를 위해 흔히 다수 접종이 필요
감염성 바이러스의 감염 사고 위험성이 없음
제조 및 검사 비용이 저렴하고 매우 안정함
면역 병원성을 나타낼 수 있는 "불필요한" 바이러스 항원들을 배제할 수 있음
면역저하자에게 안전함

DNA 백신

세포성 및 체액성 면역 모두 촉진하도록 조작할 수 있음
소단위체 백신의 장점들을 공유
외래 유전자의 체내 발현으로 인한 잠재적인 위험성

항바이러스성 백신의 간략한 역사

바이러스 병원체는 *Homo sapiens*의 진화과정에서 건강과 사회에 심각한 위협을 주었다. 사냥과 채집을 하던 우리들의 조상들도 오늘날 우리들과 똑같이 rabies virus 뇌염이나 Ebola virus 출혈열로 인한 죽음의 공포를 겪었을 것이다. 그러나 이러한 치명적인 **인수공통(zoonotic)** 바이러스 감염은 국소적인 분포와 낮은 개체 간 전파력 때문에 인간 문명에 그다지 큰 영향을 미치지 못하였다.

반면에 개체에서 개체로 직접 전파되어 전염성이 매우 강한 천연두, 인플루엔자, 홍역 등과 같은 바이러스 **유행병(epidemics)**은 집단 크기와 수송 속도에 의해서만 제약을 받았다. 이러한 병원체들의 잠복기는 비교적 짧고(7–10일) 회복이나 사망에 이르는 질병 경과도 매우 빠르다. 인간의 수송이 발, 말의 발굽, 배의 노에 제한되던 시절에는 집단의 크기가 작고 분산되어 있어 한 도시에서 감염된 여행자가 다른 도시에 도착할 즈음에는 이미 질병으로 죽었거나 회복하여 면역을 획득한 상태이었다. 집단이 커짐에 따라서 중세의 커다란 교역 도시들은 이러한 질병들의 근원을 연중 유지할 수 있었다. 또한 더 빠른 항해 선박들이 감염된 승객들을 정기적으로 다른 곳으로 수송할 수 있었다.

13세기 중엽부터 최근에 이르기까지 인산 십난의 싱장이 둔화되었으며 때로는 홍역, 황열 및 천연두와 같은 바이러스성 질병으로 인하여 인구가 오히려 감소하기도 하였다. 이러한 병원체들에 의하여 유럽 인구의 약 절반 정도가 1300년에서 1700년 사이에 사망하였을 것으로 추정된다. 16세기 중엽 유럽인들이 아메리카에 도착한 이래로 100년 동안 바이러스성 질병이 유행하면서 엄청난 수의 아메리카 원주민들이 죽었다. 이러한 바이러스들의 끔찍한 실체와 백신의 영향은 표 35.1에 제시된 데이터로 쉽게 파악할 수 있다.

Edward Jenner는 1700년대 후반에 우두법을 처음 개발한 공로로 널리 인정받고 있다(26장 참조). 그러나 Jenner가 태어나기 적어도 1~2세기 전에도 여러 문화권에서 능동 면역을 부여하기 위하여 미생물 산물들을 이용한 다양한 시도가 이루어졌다는 기록들이 남아 있다. 예를 들면, 16세기의 중국 의사들이 다양한 형태의 말린 딱지, 때 묻은 속옷 그리고 심지어 딱지를 먹인 벼룩 가루를 이용하여 천연두에 대한 능동 면역의 유도를 시도하였다.

중동의 여러 문화권에서는 오래 전부터 리슈마니어 기생체에 자연적으로 한 번 감염되면 면역이 지속된다는 것을 알고 있었다. 나중에 눈에 더 잘 띄는 부위에 제어가 잘 안되는 자연적인 리슈마니어 감염이 일어나는 것을 예방하기 위하여 어린이들에게 의도적으로 완전한 독성을 지니는 병원체를 눈에 잘 안 띄는 부위(예, 등 아래 부분, 엉덩이)에 접종시키기도 하였다. 하지만 Jenner와 그의 동시대인들은 능동 면역의 완전한 잠재력을 처음으로 인식하여 체계적으로 백신과 백신 접종법을 연구하였다. 이들의 노력 덕분에 인류의 역사는 획기적인 전환기를 맞이하였다. 백신 개발의 일부 기념비적 업적들을 표 35.2에 제시하였다.

초기 백신 기술은 조잡하였지만 효과적이었다

다른 의학 발명품들처럼 새로운 백신의 개발은 적절한 기술적 진보를 바탕으로 가능하였다(표 35.3). 지금은 가루로 만든 딱지를 코에 불어 넣는 방법에 대해 혐오감을 느낄 수도 있지만, 당시에는 천연두의 필연성과 파괴력 때문에 초기 백신의 순도나 기원에 대해 신중히 고려할 만한 여유가 없었다. 우두 병소로부터 조잡하게 정제된 고름이나 광견병에 걸린 토끼의 말린 척수를 사람들을 줄을 세워 접종한다는 것은 지금은 상상하기도 어렵지만 당시에는 보편

표 35.1 항바이러스성 백신이 질병 빈도에 미치는 영향: 백신 접종 이전 시대와 1998년(USA)

		Annual reported cases:		
Disease	Dates	Pre-vaccination	Post-vaccination (1998)	Decrease (%)
Smallpox	1900–04	48,164	0	100
Poliomyelitis (paralysis)	1951–54	1,314	1*	100
Measles	1958–62	503,282	89	100
Mumps	1968	152,209	606	99.6
Rubella	1966–68	47,745	345	99.3
Congenital rubella syndrome	1958–62	823	5	99.4

**Single case of vaccine-associated paralytic poliomyelitis.*
From Morbidity and Mortality Weekly Report *1999*, **48**, *243–248.*

표 35.2 항바이러스성 백신 개발의 이정표

Pre-1700s	Chinese doctors use powdered smallpox scabs to "immunize" intranasally. Mediterranean-area doctors use directed leishmania-infected sandfly bites to induce long-term protection from reinfection.
1721	Lady Montagu brings concept of variolation (inoculation with pus from recovering smallpox victim) from Turkey to England.
1798	Jenner publishes *Variolae Vaccinae*, the use of cowpox inoculation to protect against smallpox.
1885	Pasteur and collaborators introduce air-dried rabbit spinal cord as rabies vaccine.
1900	Walter Reed demonstrates that yellow fever is caused by a filterable virus.
1930–45	Introduction of vaccines for Japanese B encephalitis (1930), yellow fever (1935), and influenza (1936).
1946–75	Introduction of vaccines for polioviruses types 1–3 (Sabin attenuated strains and Salk inactivated virus); measles, mumps, and rubella viruses; tick-borne encephalitis virus; mouse brain, duck embryo, and tissue culture vaccines for rabies virus; inactivated influenza A and B viruses; and adenoviruses.
1975–present	Introduction of vaccines for hepatitis B virus, hepatitis A virus, varicella zoster virus (chickenpox), live, cold-adapted influenza virus, rotavirus, and human papillomavirus.

표 35.3 항바이러스성 백신 개발을 지원한 기술적 진보

1850	Germans add glycerin to "cow lymph" to stabilize and decontaminate smallpox vaccine.
1879	Galtier succeeds in passaging rabies from rabbit to rabbit.
1884	Metchnikoff descibes role of phagocytes in immunity.
1885	Pasteur and colleagues fix biological characteristics of rabies by passage in rabbit brains and discover that virulence in spinal cord is lost with drying.
1887	Petri describes overlapping glass plates to use for sterile cultures.
1897	Loeffler and Frosch describe "filterable viruses" (foot-and-mouth disease virus).
1931	Goodpasture first uses embryonated eggs to culture viruses.
1936	Stanley isolates nucleic acids from tobacco mosaic virus.
1950	Enders, Weller, and Robbins launch systematic study of cell culture.
1953	Description of first immortalized cell line (HeLa).
1960	Production of reassortant influenza A viruses in eggs.
1972	First DNA cloning performed.
1974	First recombinant proteins expressed in bacteria.
1985	Hepatitis B surface antigen gene cloned and expressed.

적으로 시행되었다.

백신 개발의 초기 역사에서 오염된 백신(예, vaccinia-유도성 농포의 박테리아 오염으로 인한 감염)과 심각한 백신-관련 부작용(예, 광견병 백신 접종으로 인한 뇌척수염)으로 인한 차질도 가끔 발생하였다. 이와 같이 기술적으로 조잡하지만 "자연 산물"로부터 만들어진 백신들은 실제로 대부분 효능이 좋아 널리 이용되었다. 그러나 대중적 수용은 보편성과는 거리가 멀었다.

현대적 백신 개발자들은 1880년대 초반에 탄저균과 광견병 백신의 대중적 수용을 얻고자 노력하였던 Louis Pasteur 등의 백신 개척자들로부터 많은 것을 배울 수 있다. 사람들이 백신을 수용하도록 만든 Pasterur의 가장 강력한 협력자는 공포이었다. 미친 토끼의 척수로부터 얻은 물질을 주사 맞는 것은 미친 늑대에 물린 적이 있었던 사람에게는 그리 두렵지 않았을 것이다. 아마도 천연두 혹은 우두 병소의 말린 고름도 치사율이 20–25%에 이르는 천연두가 유행하던 시기에는 수용하기가 그리 어렵지는 않았을 것이다.

계배와 세포배양은 20세기의 백신 개발에 중요한 역할을 하였다

20세기의 항바이러스성 백신 개발에 가장 큰 영향을 미쳤던 기술적 진보로 (1) 동물에서 인간 바이러스의 연속계대, (2) 계배에서 성장을 위한 바이러스의 적응, (3) *in* vitro에서 배양한 척추동물 세포를 이용한 바이러스의 증식을 들 수 있다.

1880년대에 선구자적 미생물학자들은 동물, 감자 절편 혹은 육즙을 포함하는 병에서 미생물을 키우기 시작하였다. 1881년에 Robert Koch는 젤라틴과 한천-기반의 배양계를 도입하였고, 1887년에 R. Petri는 그의 이름을 유명하게 만든 중첩된 유리판을 개발하였다. 이러한 혁신이 바탕이 되어 1931년에 계란을 바이러스 배양에 처음으로 이용할 수 있게 되었다; 계란을 칼슘 껍질을 가지는 무균성 조직 배양 플라스크로 간주할 수 있다. 계배에서 배양이 가능하였던 초기 백신들로는 yellow fever virus strain 17D(1932)와 influenza virus(1936)가 있다.

1950년대 초반에 John Enders, Thomas Weller 및 Frederick Robbins는 갓 태어난 닭의 조직을 이용하여 처음으로 세포배양을 체계적으로 연구하기 시작하였다. 이러한 **일차 세포배양(primary cell culture)**과 뒤이은 HeLa와 같은 영구 불멸화 세포주의 확립으로 1950년대 후반과 1960년대 초반에 항바이러스성 백신의 개발에 극적인 발전이 있었다. 이러한 시대의 성과물들로 폴리오, 홍역, 이하선염 및 루벨라 백신 뿐만 아니라 천연두와 광견병에 대한 개량 백신이 개발되었다.

조류 인플루엔자에 대한 백신 생산에는 아직 문제가 남아 있다

백신 생산에 대한 기술적 제약은 지금도 여전히 존재한다. 2009년 중반에 멕시코에서 돼지 H1N1 대유행 influenza virus가 갑자기 출현하기 전까지는 전 세계의 인플루엔자 전문가들의 주요 관심사는 조류 인플루엔자이었다. 1997년과 2009년 사이에 세계 각지에서 H5N1형의 조류 인플루엔자 변종이 **동물 대유행성(panzootic)**으로 나타났다. 이 바이러스는 가축과 야생 조류에 병원성을 나타내어 아시아 남부와 동부에서 수억 마리의 조류가 죽었다. 인간에서는 H5N1 질병이 비교적 적은 사례로 발생하였지만 사망률은 33~70%로 매우 높았다.

동물과 조류에서 H5N1이 활발히 전파되는 동안 이 바이러스의 돌연변이체가 인간에서 인간으로 전파되어 인플루엔자 대유행(pandemic)을 초래할지도 모른다는 우려가 고조되기도 하였다. 백신 제조자들이 H5N1 백신을 만들고자 처음으로 시도하였을 때 이들은 심각한 기술적인 문제에 직면하였다. 기존의 인플루엔자 백신은 단일 기술 즉, 재편성 백신-변종 바이러스의 생성(19장 참조)과 계배에서의 증폭에 의존하여 생산된다. 불행히도 H5N1 바이러스는 조류 세포에 병원성이 높아 원하는 재편성 바이러스가 생산되기도 전에 계배가 먼저 죽었다. 이러한 기술적 한계로 인하여 조류 인플루엔자 바이러스에 대한 백신 후보를 만들기가 매우 어려웠다.

만약 백신 제조자들이 이러한 문제를 극복하고자 힘쓰는 동안에 전염성 H5N1 바이러스가 인간 집단에 "출현"하였다면 엄청난 피해를 가져왔을 것이다. 지금도 주요 백신 제조자들은 여전히 계배에 주로 의존하고 있다. 하지만 다른 기술들을 이용한 여러 가지 백신들이 개발되어 상용화를 준비하고 있다. 이는 조직 배양 세포에서 만들어진 바이러스 혹은 비감염성 바이러스-유사 입자를 포함한다.

항바이러스성 백신의 유형

항바이러스성 백신들은 여러 가지 종류로 구분될 수 있다(표 35.4, 그림 35.1과 35.2).

1. ***생야생형 바이러스(live wild-type viruses).*** 이는 제조가 가장 간단한 백신으로 가장 효과적인 백신들 가운데 하나이다. 때로는 한 동물 종에 감염하는 바이러스를

표 35.4 현재 이용되는 인간 항바이러스성 백신의 분류

Live wild-type viruses	Vaccinia (cowpox)[a]
Live attenuated viruses	Adenovirus[b] Influenza A (cold adapted) Measles Mumps Polio (Sabin) Rotavirus (human-recombinant) Rubella (german measles) Varicella (chickenpox) Yellow fever
Whole inactivated viruses	Hepatitis A Influenza A Influenza B Polio (Salk) Rabies Tick-borne encephalitis
Subunit vaccine	Hepatitis B surface antigen
Virus-like particles	Human papillomavirus
Chimeric virus	Rotavirus (human-bovine)

[a] *Smallpox eradicated (supply of vaccine tenuous).*
[b] *Military use only.*

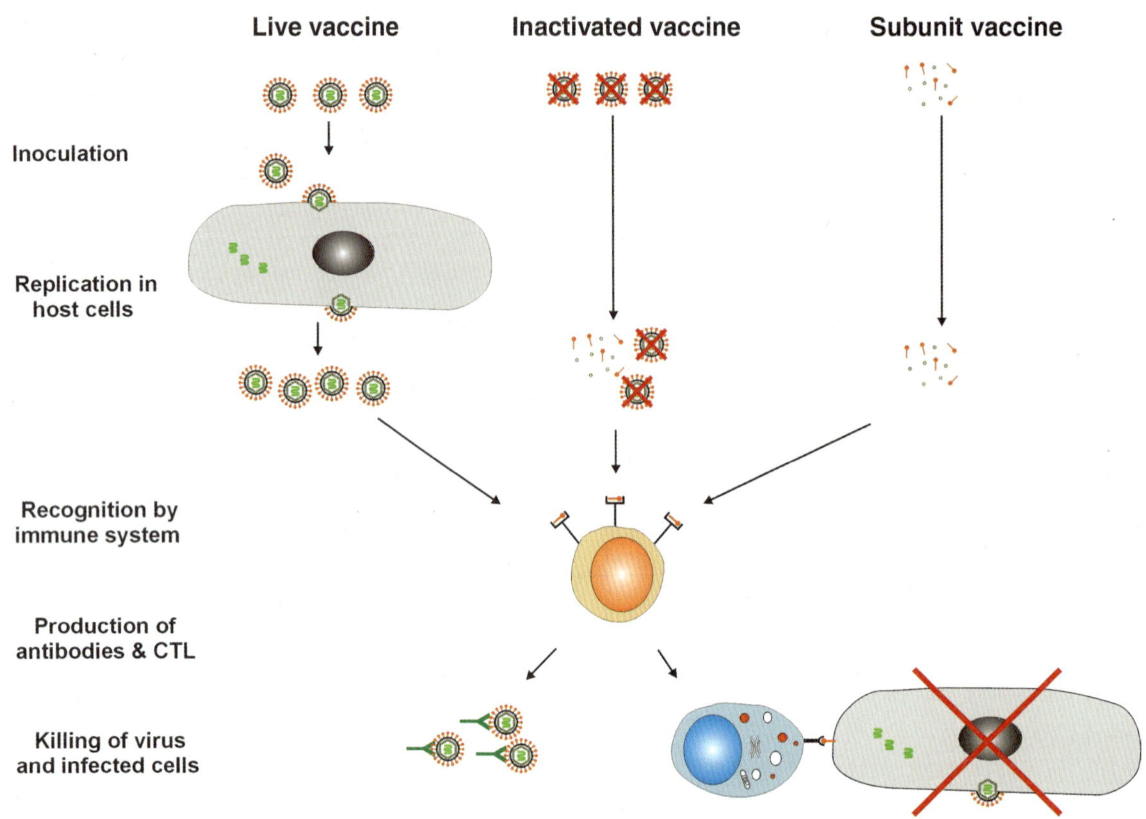

그림 35.1 주요 항바이러스성 백신의 유형. 생약독화 백신, 불활화 전체 백신 혹은 정제된 바이러스 단백질("소단위체")을 숙주에 접종하였다. 생바이러스는 숙주세포에서 복제하고 자손 바이러스를 생성한다. 감염 세포에서 만들어진 자손 바이러스와 바이러스 단백질을 면역계가 인식하여 특이적인 항체와 세포독성 T 림프구를 생성한다(아래). 불활화 바이러스와 소단위체 백신은 숙주에서 복제하지는 않지만 면역계에 의하여 인식된다. 이들 백신은 복제하지 않기 때문에 효능이 낮아 흔히 면역보조제와 함께 접종되며 추가 접종이 필요하다.

이와 밀접하게 관련된 병원체로부터 다른 종을 보호하는 데 이용할 수 있다. 바이러스들은 흔히 자신의 자연 숙주에서만 잘 복제하도록 적응하여 왔다; 이들은 다른 종에도 감염하지만 복제를 잘하지 못하고 병원성 효과가 제한적이거나 없다. 하지만 이러한 바이러스가 표적 바이러스와 면역 결정기들을 공유한다면 표적 바이러스에 대한 효과적인 면역반응을 유도할 수 있다. 이러한 백신으로 인간에 이용이 허가된 것은 vaccinia virus가 유일하며 이 역시 천연두의 퇴치로 지금은 더 이상 이용되지 않고 있다.

2. ***생약독화 바이러스(live attenuated viruses).*** 병원성 바이러스를 동물, 계배 혹은 배양 세포에서 연속적으로 계대 배양하면 바이러스는 흔히 자연 숙주에서의 바이러스 병원성을 감소시키는 다양한 돌연변이를 획득한다. 비록 약독화 메커니즘이 잘 알려져 있지 않지만 이들은 현재 이용되고 있는 가장 성공적인 백신들을 포함한다. 약독화 바이러스들은 인간에서 복제할 수 있으므로 부모 바이러스처럼 보호성 면역반응을 효과적으로 유도할 수 있지만 질병을 거의 혹은 전혀 일으키지 않는다. 표 35.5에 이러한 백신들이 어떻게 만들어지는지를 나타내었다.

최근에 도입된 저온-적응성 influenza A virus 백신은 "2세대" 생약독화 바이러스이다. 저온-적응성 인플루엔자 백신은 표적 바이러스 변종의 H 및 N 유전자와 37℃에서 제한적인 성장을 보이는 돌연변이 바이러스의 여섯 가지 다른 유전자 분절들을 조합하여 생성되었다. H와 N 유전자는 면역성이 가장 강한 influenza virus의 외막 당단백질들인 헤마글루티닌과 뉴라미니다아제를 암호화한다. 이러한 재편성 바이러스들은 폐의 체온에서는 복제할 수 없지만 온도가 낮은 비강 점막에서는 잘 자라므로 효과적으로 면역반응을 유도할 수 있다.

3. ***불활화 바이러스(inactivated viruses).*** 이는 생바이러스 백신의 이용이 불가능한 경우에 주로 이용되는 백신이다. 이를 위하여 먼저 병원성 바이러스를 계배 혹은 배양 세포에서 증폭한 뒤 정제한다. 정제된 바이러스들을 포름알데히드, 유기용매, 세제 혹은 고온으로 처리하여

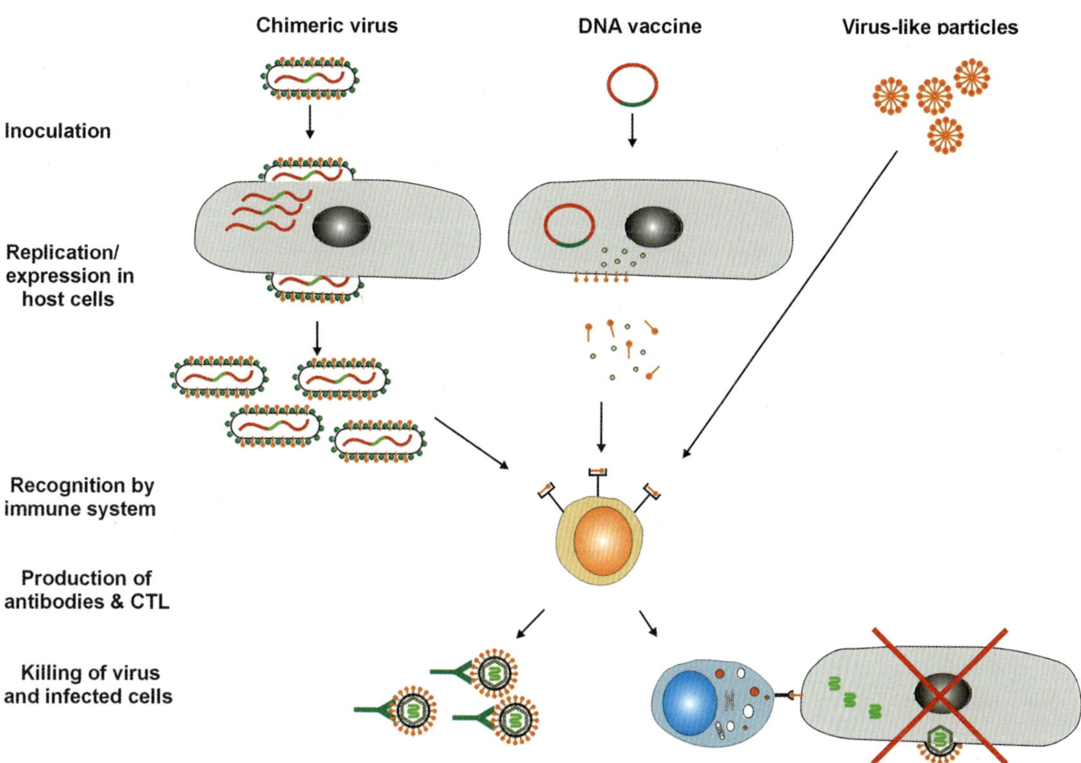

그림 35.2 재조합 항바이러스성 백신. 면역성 바이러스 단백질을 암호화하는 게놈 단편(녹색)을 비병원성 바이러스의 게놈(적색) 혹은 플라스미드 DNA(적색)에 클로닝한다. 재조합 바이러스 혹은 플라스미드를 숙주에 접종하면 바이러스 단백질이 발현되어 면역반응을 유도한다. 재조합 바이러스 혹은 발현 벡터를 이용하여 면역성 바이러스 단백질로 이루어진 바이러스-유사 입자(오른쪽)를 만들 수 있다; 이들 바이러스-유사 입자를 숙주에 접종하면 표적 바이러스에 대한 면역반응을 유도한다.

표 35.5 두 가지 백신-변종 바이러스들의 계대 역사

Edmonston-B and Moraten measles vaccine strains
• Isolated by Enders & Peebles in 1954 from patient (D. Edmonston)
• Twenty-four passages (35°–36°C) in primary human kidney cells
• Twenty-eight passages in primary human amnion cells
• Six passages in chicken embryos
• Marketed as Edmonston B vaccine in 1963
• Seven passages (36°C) in chicken embro fibroblasts
• Forty passages (32°C) in chicken embryo fibroblasts
• Marketed as "further attenuated" measles vaccine (Moraten strain) in 1968
Oka-strain varicella virus
• Isolated by Takahashi et al. in 1974 from three-year-old Japanese boy (family name Oka)
• Initial growth in human lung fibroblast cells
• Twelve passages in primary guinea pig fibroblasts
• Two passages in WI-38 cells (human diploid fibroblasts)
• Three to six passages in MRC-5 cells (human diploid lung cells)
• Licensed for use in Japan and Korea in late 1980s, and in USA in 1995

불활성화시킨다. 적절한 조건에서 이러한 처리가 이루어지면 바이러스 게놈이 불활성화되어 바이러스 감염성은 상실되지만 바이러스 단백질의 항원성은 유지될 수 있다. 이러한 불활화 바이러스는 면역반응을 유도하는 능력은 나타내지만 복제할 수 없으므로 질병을 유발하지 않는다.

4. ***소단위체 백신(subunit vaccines).*** 이는 면역성을 나타내는 정제된 바이러스 단백질들로 만들어진다. 이러한 백신은 바이러스의 다른 성분들, 특히 핵산 게놈을 포함하지 않는다. 이들의 주요 장점은 살아 있는 병원성 바이러스의 감염 위험성이 전혀 없다는 것이다. 또한 세포배양계에서 바이러스를 대량 배양하여 이들을 검사할 필요가 없으므로 제조 비용이 저렴하다.

   현재 단 두 가지 인간 바이러스들 즉, hepatitis B virus와 human papillomavirus에 대해서 소단위체 백신들이 이용되고 있다. 이러한 백신들은 정제된 바이러스 단백질들이 바이러스-유사 입자(VLP)를 자가-조립하는 성질을 활용한 것들이다. 바이러스-유사 입자들은 이러한 입자를 형성하지 않는 단백질들과 비교하여 훨씬 더 효과적으로 면역반응을 유도한다.

   HBV의 표면 항원(HBsAg)은 원래 감염된 사람의 혈청에서 정제되었지만 지금은 클로닝된 표면 항원 유전자를 효모 혹은 포유동물 세포에서 발현하여 재조합 단백질을 생산한다. 이 재조합 단백질은 세포 내에서 바이러스-유사 입자를 형성한다. HPV의 L1 단백질도 재조합 기술을 이용하여 생성되며 효모나 포유동물에서 발현되면 자발적으로 바이러스-유사 입자들을 형성한다.

백신 유형에 따른 장단점

살아 있는 야생형 혹은 약독화 바이러스는 접종된 개체 내에서 증식하므로 자연 감염에 가장 근접한 면역반응이 유도된다. 이러한 백신은 한 번만 접종하여도 보통 장기간(대부분의 경우에 적어도 10년)의 면역이 이루어진다. 일부 생바이러스 백신들은 구강 혹은 비강으로 간단하게 접종할 수 있어 편리하다.

그러나 이 백신들은 제조 비용이 많이 들고 비교적 불안정하여 **저온유통체계(cold chain)**를 통한 냉장 보관이 요구되므로 개발도상국에서는 문제가 된다. 또한 생백신을 아주 어린 유아에게 접종하면 미리 형성된 모체 항체에 의하여 불활성화될 수도 있다. 예를 들면, 모체 항체는 12개월 이하의 일부 아기들에서 홍역 백신-변종 바이러스를 불활성화시킬 수 있다. 생바이러스 변종들은 때로는 비정상적인 면역체계를 가지는 사람에게 심각한 질병을 유발할 수 있으며 심하면 이들이 사망할 수도 있다.

불활화 전체 바이러스 백신들은 생바이러스처럼 다양한 항원들에 대하여 면역반응을 유도할 수 있다. 이 백신들은 일반적으로 저장 조건에 덜 민감하며 면역저하자들에게도 안전하게 이용될 수 있다. 그러나 생산 비용이 비교적 비싸고 제조과정에서 독성 병원체를 취급하여야 한다. 더구나 불활화 바이러스들은 숙주 내에서 증식할 수 없으므로 강력한 면역반응을 효과적으로 유도하지 못한다. 따라서 보호 면역을 획득하기 위해서는 보통 수차례의 접종이 필요하며 시간이 지남에 따라 면역이 약해지므로 추가 접종이 필요하다. 일부 생바이러스 백신들과는 달리 불활화 바이러스 백신은 반드시 주사로 접종해야 하는 어려움도 있다. 이러한 백신들은 보통 강한 면역반응을 유도하기 위하여 면역성을 향상시키는 비항원성 첨가제인 **면역보조제(adjuvant)**를 요구한다.

만약 재조합 DNA 기술을 적용할 수 있다면, 가장 단순하고 저렴한 방법은 소단위체 백신을 생산하는 것이다. 이 백신은 매우 안정하고 백신-관련 부작용을 나타내는 면역 병원성 바이러스 항원들을 완전히 배제할 수 있다. 이 백신은 또한 면역 저하자에서도 위험하지 않다. 그러나 보통 불활화 바이러스 백신처럼 고용량의 소단위체 백신 접종이 요구되고 장기간의 면역을 위해서는 정기적인 추가 접종이 필요하다. 불활화 백신처럼 소단위체 백신은 면역성을 향상시키기 위하여 면역보조제를 포함한다.

새로운 종류의 항바이러스성 백신

다양한 바이러스들에 대해 여러 가지 새로운 유형의 백신들(그림 35.2)이 이미 승인되었거나 개발 후기 단계에 있다.

1. ***키메라 백신(Chimeric vaccines).*** 이는 인간에 병원성이 없거나(예, 박테리아 *Lactobacillus* 균주 혹은 다양한 약독화 바이러스들) 혹은 신뢰할 수 있는(예, 약독화 *Salmonella* Ty21a 및 measles virus 백신-변종) 살아 있는 생물들을 기반으로 만들어진다. 이러한 생물들을 하나 혹은 그 이상의 바이러스 단백질들을 발현하도록 유전적으로 조작할 수 있고, 이들의 내재적 특징들을 이용하면 백신 항원을 원하는 위치(예, 장의 점막, 수지상 세포)로 운반할 수 있다. 재조합 인간 및 소의 키메라 바이러스에 기반을 둔 로타바이러스 백신들이 좋은 예들이다.

2. ***DNA 백신.*** 이는 숙주세포에서 발현될 수 있도록 제조된 하나 혹은 그 이상의 바이러스 단백질들을 암호화하는 DNA 플라스미드이다. 이러한 플라스미드를 인간이나

동물에 주사하면 숙주세포(예, 근육세포, 면역세포)에서 바이러스 단백질이 일시적으로 발현된다. 이러한 플라스미드는 바이러스 감염을 효과적으로 모방할 수 있으므로 용해성 단백질보다 더 광범위한 면역반응을 유도할 수 있다. 이는 바이러스 단백질들이 세포에서 합성되면 면역계에 의하여 더 효과적으로 인식될 수 있기 때문이다.

3. ***바이러스-유사 입자(virus-like particle, VLP) 백신.*** 이는 다양한 기술로 생성된 바이러스 항원들을 포함하는 "나노입자"들이다. HBV sAg과 HPV L1 단백질처럼 자가-조립할 수 있는 바이러스 단백질들은 극소수이다. 하지만 어떤 단백질의 중합체 형성(multimerization) 영역에 항원성 바이러스 단백질을 연결시키면 재조합 단백질이 새로운 VLP를 생성할 수 있다. 또한 바이러스 항원을 지질(예, 리포좀, 나노-유제) 혹은 응집하는 경향이 있는 단백질(예, **프로테오좀**)과 섞으면 다른 유형의 나노입자 백신들을 만들 수 있다. 마지막으로, 식물을 포함한 다양한 원핵 및 진핵세포 발현계에서 외막성 바이러스를 모방한 VLP를 만들 수 있다.
4. ***다가 펩티드 백신(multivalent peptide vaccines).*** HIV와 HCV처럼 높은 돌연변이율을 가지는 RNA 바이러스의 문제를 해결하기 위하여 수백 혹은 심지어 수천 가지의 펩티드 에피토프들을 가지는 백신들이 개발되고 있다.

이러한 새로운 접근법들 가운데 키메라 백신은 생약독화 백신의 장점과 단점을 가진다. VLP와 같은 나노입자 백신들은 매우 강력한 면역반응을 유도할 수 있다. 특히 바이러스 항원을 병원체-인식 수용체(33장 참조)에 대한 리간드와 같은 면역 촉진 분자들에 결합시키면 더 효과적이다. 지난 10여 년 이상의 노력에도 불구하고 DNA 백신이 동물 모델에서는 잘 작용하지만 인간에서는 효능이 떨어지는 문제를 아직 극복하지는 못하고 있다. 하지만 이러한 연구를 통하여 연속적인 다중-제제 백신 접종 전략이라는 새로운 개념이 생겨났다. 이를 "prime-boost"라고 하며 DNA 백신으로 시작하고("prime") 생약독화 백신으로 추가 접종("boost")하는 것이다. 이러한 전략은 특정 유형의 면역반응을 효과적으로 유도하는 두 가지 백신 성분들의 장점(더 많은 항체, 더 많은 세포성 반응, 혹은 균형 잡힌 체액성 및 세포성 반응의 유도)을 이용한 것이다.

항바이러스성 백신의 작용 방식

현대 과학의 발전 속도를 감안하면 반세기 전에 개발된 백신들이 여전히 이용되고 있다는 사실은 때로는 믿기 힘들 것이다. 최근까지만 해도 약독화과정은 과학의 블랙박스로서 이해하기가 어려웠다. 병원성 바이러스들이 약독화 표현형을 획득할 때까지 다양한 조건에서 계배나 조직 배

전 세계적인 poliovirus의 퇴치는 가능한가?

국가적 및 국제적 백신 프로그램을 진행하는 과정에서 많은 복잡한 문제들이 발생한다. 현재 진행 중인 poliovirus의 경우에도 마찬가지이다. 천연두와 홍역처럼 지금까지 알려진 poliovirus의 유일한 숙주는 인간이므로 폴리오는 퇴치될 수 있을 것이다.

천연두와 홍역과는 달리 poliovirus에 대해서는 우수한 백신이 두 가지나 확보되어 있다. 불활화(Salk) 및 생약독화(Sabin) 백신 모두 폴리오를 예방하는 데 매우 효과적이다. 그러나 이들은 각각 장점과 단점을 가지고 있다. 생백신은 구강으로 접종할 수 있으므로 거부감을 줄이고 주사바늘로 인한 상처를 피할 수 있다. 생백신은 또한 접종된 어린이의 변으로 빠져나와 주변 사람들(예, 가족 구성원들)을 면역시키거나 이들의 면역을 향상시킬 수 있다. 적정 이하의 면역성을 가지는 어린이들에서는 바이러스의 방출이 수개월 혹은 수년 간 지속될 수 있다. 모든 구강 poliovirus 백신 변종들은 하수에서 수주 간 감염성을 유지할 수 있으므로 오염된 물에 노출된 사람들에게 면역을 부여하거나 면역을 증강시킬 수 있다.

이러한 가족 및 사회에 전파될 수 있는 생바이러스 백신의 능력은 백신 접종률이 낮은 지역에서는 상당한 장점으로 작용한다. 그러나 백신-관련 마비성 폴리오 환자의 3분의 2가 백신을 접종받은 어린이들과의 밀접한 접촉으로 유발되는 문제점도 있다. 백신-유래의 poliovirus 복귀 돌연변이체에 의해 유발된 이완성 마비가 물을 통하여 집단적으로 발병한 사례들도 보고되었다.

백신 접종률이 높은 국가에서는 복귀 돌연변이체로 인한 질병 발생 위험이 없는 불활화 백신이 이용되고 있다. 그러나 이 백신은 주사바늘을 이용하므로 백신을 접종 받는자와 접종자 그리고 사회(예, 부적절한 주사바늘 폐기)에 위험이 따른다. 독성 복귀 돌연변이체의 문제점 때문에 부유한 국가들에서는 1990년대에 Sabin 생백신에서 Salk 불활화 백신으로 전환하였다. 그러나 백신 접종률이 낮은 가난한 국가들에서는 여전히 생백신이 더 많이 이용되고 있다.

일부 숙주에서 생약독화 바이러스가 지속적으로 방출되고, 독성 복귀 돌연변이체가 출현하고, 이들이 오염된 물을 통하여 전파될 수 있다는 사실은 바이러스의 퇴치에 커다란 장벽으로 작용하고 있다. 모든 국가에서 생백신 대신에 불활화 백신을 이용하고, 폴리오 환자가 사라진 뒤에도 한동안 백신 접종을 지속하는 국제적인 백신 프로그램을 통해서만 poliovirus의 완전한 퇴치가 가능할 것으로 여겨진다.

표 35.6 약독화 구강 poliovirus: 신경 독성 복귀

Virus strain	Number of mutations	Number of amino acid changes	Number of mutations required for return to neurovirulence
Sabin strain 1	57	23	>10
Sabin strain 2	23	5	5–6
Sabin strain 3	~6	3	1–2

From Minor, P. D. (1992). The molecular biology of poliovaccines. Journal of General Virology *73, 3065–3077.*

양 세포에서 반복적으로 계대 배양하여 약독화 바이러스를 확보하였다. 오늘날의 윤리적인 관점에서 보면 놀랍게도 바이러스의 약독화 표현형을 보통 어린이에게 접종하여 확인하였다. 황열, 홍역, 이하선염, 루벨라 및 Sabin 폴리오와 같은 가장 성공적인 백신들의 대부분이 이러한 방식으로 만들어졌다.

우리는 최근 몇 년 동안 일부 약독화 백신들의 분자적 특성에 대해 많은 것들을 밝혀내었다. 세 가지 Sabin 약독화 poliovirus 백신 변종들은 흔히 신경 독성형으로 복귀한다. 지금은 바이러스 게놈에서 독성에 영향을 미치는 여러 돌연변이 부위들이 알려져 있다(표 35.6). 이러한 데이터는 백신-관련 마비성 폴리오의 대부분이 Sabin 백신-변종 바이러스 2형과 3형의 병원성 복귀 돌연변이로 발생한다는 것을 의미한다. 아직 약독화 및 감염에 대한 보호 메커니즘을 정확하게 이해하지 못하고 있지만 이러한 백신들의 대부분은 앞으로도 계속 이용될 것이다.

바이러스 감염과의 싸움에서 면역계의 역할

세포성 면역반응(cellular immune responses)은 대부분의 바이러스성 질병의 회복에 관여한다. **체액성 면역반응(humoral immune response)**을 통해 용해성 항체를 만드는 능력이 결여된 사람도 대부분의 바이러스성 질병으로부터 회복되므로 항체 생성이 바이러스성 질병의 회복에 필수적인 것은 아닌 것 같다. 반면에 세포성 면역에 결함을 가지는 사람이 바이러스성 병원체들에 감염되면 지속적인 감염이 확립되고 치명적인 질병이 유발될 수 있다. 따라서 활성화된 **세포독성 T 림프구(cytotoxic T lymphocytes)**가 감염 세포를 죽여 체내에서 바이러스를 완전히 제거하는 것 같다. 이는 세포독성 림프구가 감염 세포를 인식하여 죽인다면 바이러스는 더 이상 생성될 수 없으므로 당연하다고 할 수 있다. 이러한 법칙이 적용되지 않는 예외로 poliovirus, echovirus 및 Coxsackie virus 등의 장바이러스(enterovirus)를 들 수 있다. 이러한 바이러스들을 제어하기 위해서는 온전한 체액성 면역반응이 필요하다.

항체는 바이러스 감염으로부터 우리 몸을 보호하는 중요한 역할을 한다. 체내에 **중화항체(neutralizing antibodies)**가 높은 수준으로 미리 형성되어 있으면 대부분의 바이러스성 병원체의 감염에 대해 면역이 부여된다. 임신 말기에 모체로부터 획득한 항체는 출생 후 6개월에서 9개월까지 신생아를 감염으로부터 보호할 수 있다. 항바이러스성 항체는 동일한 바이러스의 재감염을 제한할 뿐만 아니라 유사 바이러스들에 대해서도 부분적인 혹은 완전한 면역을 부여할 수 있다. 따라서 체액성 반응은 바이러스 감염으로부터의 보호에 필수적이며 세포성 면역은 바이러스 감염으로부터의 회복에 중요하다.

면역보조제는 불활화 혹은 소단위체 백신의 접종에서 중요한 역할을 한다

생약독화 바이러스 백신은 체내에서 복제할 수 있으므로 자연적인 바이러스 감염와 유사한 세포성 및 체액성 면역을 유도한다. 그러나 불활화 전체 바이러스 혹은 소단위체 백신은 복제가 불가능하므로 면역반응을 유도하는 효능이 낮은 편이다. 이러한 백신들의 면역반응을 향상시키기 위하여 흔히 수산화알루미늄이나 알루미늄 인산염과 같은 면역보조제(adjuvant)를 백신과 혼합하여 접종한다. 알루미늄 염은 최근까지 인간에 대해 승인된 유일한 면역보조제이었다.

알루미늄 염은 항체 생성을 돕는 **2형 T 보조 림프구(type 2 T helper lymphocytes, Th-2 cells)**를 촉진한다. 하지만 알루미늄-기반의 면역보조제는 세포성 면역을 효과적으로 촉진하지 않는다. 중화항체의 수준이 바이러스로부터의 보호와 높은 상관관계를 나타내므로 초기 백신 과학자들은 중화항체 수준을 향상시키는 것을 백신 개발의 주요 목표로 삼았다. 따라서 지금까지 개발된 대부분의 백신들이 표적으로 하는 바이러스들은 한 가지 우세한 혈청형이 급성 감염을 유발하거나(홍역, 루벨라, 천연두) 혹은 표적 조직에 도달하기 전에 항체에 의하여 중화될 수 있는 것들(poliovirus, HBV, rabies, HPV)이다.

세포성 면역을 촉진하는 백신들이 개발되고 있다

효과적인 항바이러스성 백신의 조건에는 중화항체의 유도만으로는 충분하지 않는 경우가 많다. 잠복감염을 확립하는 바이러스들(herpesvirus), 다양한 혈청형과 제한적인 교차-중화를 나타내는 바이러스들(respiratory syncytial virus, dengue virus), 그리고 빠르게 구조 단백질을 변화시키는 바이러스들(influenza A virus, HIV, HCV)은 주로 항체만을 유도하는 백신들로는 제어하기 어려운 표적들이다.

더구나 항체는 이미 만성감염을 확립한 바이러스들(HIV, HBV, HPV, herpesvirus)에게는 효과적으로 작용하지 않는다. 더구나 백신에 의하여 생성된 약한 중화항체 혹은 비중화항체들은 때로는 면역 병원성을 유발하거나(respiratory syncytial virus, 이형 홍역) 심지어 바이러스의 표적 세포 진입을 촉진하기도 한다(dengue virus).

현재 백신 개발자들의 주요 관심은 세포성 면역을 강화하여 인간 건강을 여전히 위협하고 있는 바이러스들에 대하여 효과적인 백신을 만드는 것이다. 일부 생약독화 백신에 의하여 생성되는 세포성 면역은 매우 오랫동안(천연두 백신의 경우에는 50년 이상) 유지될 수 있다. 그러나 홍역이나 이하선염과 같은 다른 생약독화 백신들의 효과는 백신 재접종이나 자연적 감염에 의한 주기적인 부스팅이 없으면 시간이 지남에 따라 점차 사라진다.

새로운 항바이러스성 백신의 개발

새로운 백신 개발 접근법들은 매우 희망적이다

지난 50여 년 동안 이룩한 분자생물학, 면역학, 생물공학 및 단백질화학 분야의 엄청난 진보는 항바이러스성 백신 개발에 상당한 추진력을 제공하였다. 현대의 백신 개발은 1981년에 혈청-기반의 HBsAg 백신부터 시작하여, 효모 및 포유동물 세포에서의 HBsAg 유전자 클로닝과 발현, 그리고 1986년에 재조합 백신의 승인으로 새로운 기틀을 마련하였다. 백신 개발에 있어서 획기적인 발전을 가져다 준 몇 가지 신기술들(표 35.7)에 대하여 살펴 볼 것이다.

새로운 면역보조제들이 개발되고 있다

최근까지 인간 백신의 면역보조제로 알루미늄 염이 단독으로 이용되었다. 비록 알루미늄-기반의 면역보조제들이 많은 바이러스 항원들에 대한 면역반응을 효과적으로 돕지만 이들은 세포성 면역반응에 관여하는 **1형 T 보조 림프구(Th-1)**를 촉진하지 않는다. 명반(alum)이 여전히 많이 이용되고 있긴 하지만 다양한 방식으로 면역반응을 조정하는 면역보조제들이 빠른 속도로 영역을 확장하고 있다. 지금은 여러 가지 상용화된 백신들의 항체 반응을 촉진하기 위하여 물 속의 오일 기반의 면역보조제들(oil-in-water-based adjuvants)을 이용할 수 있다. 이러한 면역보조제들 가운데 하나는 물속에 스쿠알렌(어류 오일에서 분리한 지용성 탄화수소)±비타민 E(역시 대부분 탄화수소)를 섞은 유화액(emulsion)을 포함한다. 이 면역보조제를 이용하여 유럽과 캐나다에서 불활화 인간 인플루엔자 백신(대유행 백신을 포함하여)에 대해 성공을 거두었다.

다른 면역보조제들은 병원체에 대한 강한 선천성 면역을 유도하고 적응성 면역반응도 촉진하는 중요한 신호전달 분자인 **톨-유사 수용체(TLR)**와 상호작용하는 지를 시험하고 있다. 예를 들면, CpG 요소들은 짧고 비메틸화된 DNA 모티프로 인간 게놈에는 잘 나타나지 않지만 박테리아 유전자에는 흔하게 존재한다. 이러한 모티프를 포함하는 DNA는 TLR-9와 결합한다. 따라서 CpG DNA를 주사하면 선천적 세포성 Th-1-유사 반응을 유도할 수 있어 항원에 대한 세포성 면역반응을 증가시킨다.

새로운 바이러스 항원 운반체계

바이러스 항원에 사이토카인, **렉틴**, 혹은 **단클론 항체**를 융합시킨 키메라 분자들은 항원을 적절한 표적 세포에 결합하도록 돕거나 면역계의 세포들과 상호작용하여 면역반응을 향상시킬 수 있다. 항원을 면역계에 제시하는 수지상세포를 개체에서 분리하여 바이러스 항원에 노출시킨 뒤 체내로 다시 도입시킬 수도 있다. 이는 항원 제시를 향상시킬 수 있으므로 만성적인 바이러스 감염의 치료에 이용할 수 있다.

바이러스 항원들을 포착할 수 있는 다양한 자가-조립성 소낭이나 나노입자들도 소단위체 백신들의 운반체계로 이용될 수 있다. 이에는 프로테오좀, 바이로좀, 리포좀 및 바이러스-유사 입자(VLP) 등이 포함된다. 이들 입자의 표면 혹은 속에 포획된 바이러스 항원들은 체액성 및 세포성 면역반응을 촉진할 수 있다. 또 다른 바이러스 항원 도입 방법으로 이들의 유전자를 발현 플라스미드에 삽입하여 체내의 세포에 도입할 수 있다. 이러한 DNA 백신들은 단백질을 세포 내에서 생성하므로 생백신이나 불활화 백신이 가지는 원천적인 감염 위험성을 완전히 배제하고 체액성 및 세포성 면역을 확립할 수 있다.

역사적으로 백신을 인체에 운반하는 방법은 극히 제한적이었으며 주로 주사바늘로 주입하는 방법에 의존하였다. 이는 많은 사람들이 백신 접종을 두려워 하는 원인이

표 35.7 인간 항바이러스성 백신을 위한 신기술

A. Adjuvant systems	
Oil-in-water emulsions	Elicit strong humoral response without major toxicity.
Cholera toxin B subunit	Elicits strong humoral response without toxicity.
Toll-like receptor ligands	Elicit strong humoral and cellular immune responses.
• CpG motifs	Short, unmethylated DNA motifs that bind to TLR-9 and elicit potent, innate and cellular (Th-1-like) responses.
• Imiquimod/resiquimod	TLR-2 ligand that elicits strong humoral and cellular responses
• Detoxified lipopolysaccharide	TLR-4 ligand that mimics bacterial infection and stimulates strong humoral and cellular responses
Pulsed dendritic cells	Presentation of antigens to dendritic cells outside of the body and their reintroduction can lead to enhanced response to antigens.
Conjugates	A variety of molecules such as cytokines, monoclonal antibodies, and lectins can be conjugated to antigens to enhance immune reactions.
B. Delivery systems	
Liposomes	Antigens are trapped inside vesicles made from synthetic lipids, enhancing immune reactions. Stability and consistency have been major problems.
Immune stimulating complexes (ISCOM)	More complex liposomal preparations that retain the capacity to elicit strong immune responses, but are more stable.
Proteosomes	Auto-assembling vesicles containing bacterial outer membrane proteins from Neisseria that can trap antigens and promote strong humoral and cellular responses.
Plasmid DNA	An expression plasmid containing the gene that encodes a viral antigen is introduced into the body. Expression of this gene *in vivo* can lead to potent induction of both humoral and cellular responses.
Viral or bacterial vectors	Genes that encode viral antigens of interest can be inserted into non-pathogenic viral vectors (avian poxviruses, Semliki Forest virus) or bacterial vectors (attenuated Salmonella typhi) that retain some useful characteristics of the vector organisms (binding and entry, tissue tropism).
Virus-like particles	Viral proteins, alone or in combination, that can either spontaneously self assemble or be coaxed into assembling with lipids to form nanoparticles resembling viruses.
C. Delivery technologies	
Aerosol	A variety of ingenious mechanical devices are being studied for aerosolization of antiviral vaccine preparations for delivery either to the nasal or the lower respiratory mucosa.
Eye drops, troches, suppositories	Formulations that deliver vaccine antigens to conjunctival, vaginal, or gastrointestinal mucosae.
Foods	Genetic manipulation of plants has made it possible to consider the delivery of viral and other antigens in foods such as bananas.
Gene gun	Accelerates gold particles carrying plasmid DNA to high velocities for penetration of skin to the desired depth, targeting dermal layers or muscle.

되기도 하였다. 백신을 인체의 특정 부위로 운반하기 위하여 에어로졸, 안약 및 좌약 등이 개발되고 있다. 식물의 유전자 조작으로 지금은 다양한 바이러스 항원들을 바나나와 같은 자연 식품에서 생산할 수 있다. 즉 항원을 함유하는 식품을 직접 섭취하여 표적 바이러스에 대한 면역을 획득할 수 있다. 또한 식물이 바이러스-유사 입자를 생성하도록 조작하여 이를 정제하여 백신으로 이용할 수도 있다. 마지막으로 항원이나 플라스미드를 코팅시킨 작은 입자를 매우 빠른 속도로 표면 조직이나 세포에 운반하는 다양한 장치들이 시험 중에 있다. 이러한 **유전자 총(gene guns)**은 신속하고 효과적으로 DNA 백신이나 다른 항원들을 운반할 수 있다.

한정된 단백질들의 백신 접종

단일 바이러스 단백질을 포함하는 HBV 및 HPV에 대한 백신을 제외하면 현재 이용되고 있는 모든 항바이러스성 백신들은 생약독화, 생키메라 혹은 불활화 전체 바이러스에 기반을 두고 있다. 바이러성 병원체의 생물학에 대하여 더 많은 것들이 알려지면서 신세대의 "최소주의" 백신을 만드는 것이 가능해졌다. 이는 보호 면역을 유도하는 항원이나 펩티드만 포함하고 백신-관련 부작용을 일으키는 것들을 제외한 것이다. 홍역, respiratory syncytial virus, influenza, HIV, dengue 및 여러 가지 herpesvirus를 포함한 다양한 바이러스성 병원체들에 대해 이러한 백신들이 현재 개발 중에 있거나 임상시험이 진행되고 있다. 이러한 단순 백신의 장점은 제조가 용이하고 여러 가지 항원들을 혼합 제제로 만들어 한 번에 다양한 병원체들에 대하여 적용할 수 있다는 점이다.

그러나 바이러스는 표적 유전자에 돌연변이를 일으켜서 단일 항원에 대한 면역반응을 피할 수 있으므로 이러한 좁은 표적의 백신은 이용이 제한적일 수 있다. 따라서 백신 개발자들은 고도로 보존적이고 필수적인 바이러스 단백질에 주목하고 한정된 단백질들의 혼합물 혹은 칵테일로 백신 접종을 고려하고 있다. 특히 플라스미드-기반의 DNA 백신은 단일 혹은 소수 그룹의 바이러스 단백질들을 면역세에 운반하는 데 적합하다.

약독화 특성이 알려진 생바이러스의 이용

처음으로 생백신 바이러스를 건강한 사람에게 접종하는 시험은 백신 개발자와 접종 받는 사람 모두를 긴장하게 만든다. 특히 백신이 무작위적인 계대로 생성된 경우에는 큰 문제를 야기할 수 있다. 이러한 블랙박스 백신들이 계속적으로 만들어지고 있다. 예를 들면, 1990년대 후반에 Oka-변종의 수두(chickenpox) 백신이 북미에서 승인되었으며, 생약독화 rotavirus 백신이 2000년대 중반에 승인되었다.

그러나 지금은 백신 개발자들이 유전자 조작법을 이용하여 분자적으로 정해진 약독화 백신-변종 바이러스를 만들 수 있다. 이러한 접근법으로 만들어진 가장 좋은 예는 저온-적응성 influenza A 백신과 키메라 rotavirus 백신이다. 후자의 경우 인간 rotavirus의 표면 당단백질 유전자를 소의 비병원성 rotavirus에 삽입한 것이다.

생벡터 및 키메라 바이러스의 이용

여러 해에 걸친 수억 명의 백신 접종에서 얻은 경험을 통하여 vaccinia 및 measles와 같은 생바이러스 백신들의 장점과 단점이 알려졌다. 우리는 동시에 결핵에 대한 BCG (Bacille Calmette-Guerin)와 약독화 *Salmonella typhi*(장티푸스)처럼 살아 있는 박테리아를 백신으로 이용한 경험도 있다. 무엇보다도 분자생물학의 진보로 이러한 생물들이 외래 유전물질을 발현하도록 변형시킬 수 있게 되었다. 지금까지는 이러한 바이러스와 박테리아들이 매우 안전한 것으로 판단되므로 이들을 아직 백신이 확보되지 않은 병원체들의 항원을 운반하는 훌륭한 벡터로 이용할 수 있을 것이다. 이러한 키메라 산물의 예로서 respiratory syncytial virus의 구조 단백질들을 가지는 유전적으로 변형된 measles virus 백신과 rotavirus 당단백질을 발현하는 약독화된 *Salmonella typhi*를 들 수 있다.

Rabies virus의 주요 당단백질을 발현하는 키메라 vaccinia virus는 현재 북미 북동부 지역에서 너구리의 rabies **동물 유행병(epizootic)**의 제어에 이용되고 있다. 다른 바이러스들도 외래 유전물질의 벡터로서의 이용 가능성에 대해 많은 연구들이 진행되고 있다. 이러한 예로서 HIV 서열을 발현하는 canarypox virus와 paramyxovirus 단백질을 발현하는 Semliki Forest virus를 들 수 있다. 앞서 언급한 바와 같이 인간-인간과 인간-소의 키메라 rotavirus 백신이 최근 승인되었으며 이와 유사한 방식의 여러 가지 다른 백신들에 대해서도 현재 임상시험이 진행 중에 있다. 이와 같이 숙주세포 내에서 표적 단백질을 발현하여 세포독성 T-세포 반응을 유도하는 벡터 생물의 능력을 활용하고자 노력하고 있다.

내성을 극복할 수 있는 백신

최근까지의 백신 개발은 거의 전적으로 급성 질병을 예방하거나 약화시킬 수 있는 산물에 주목하였다. 전 세계적으로 수억 명의 사람들이 B형 및 C형 간염바이러스, HPV 및 HIV에 이미 감염되어 있다. 이들 바이러스는 인간 면역계에 어느 정도 **내성(tolerance)**을 확립하여 체내에서 지속적으로 존재한다. 표 35.7에 제시된 여러 가지 새로운 접근법들은 동물 모델에서 내성을 극복할 수 있다는 것이 증명되었다. 가장 희망적인 방법들로서 DNA 백신, 수지상 세포 백신, 그리고 TLR에 대한 리간드와 같은 강력한 Th1-보조제의 이용을 들 수 있다. 이러한 전략들 가운데 몇 가지에 대해서는 이미 임상시험이 많이 진행된 상태이다.

백신 패러다임의 변화

항바이러스성 백신의 개발에서 어느 한 가지가 모든 것을 만족시키지 못하듯이 모든 바이러스들에 대해 최적인 백신 개발 전략은 없다. Respiratory syncytial virus, HIV, dengue virus 및 HCV와 같이 심각한 질병과 사망을 초래하는 바이러스들에 대한 백신은 가능한 빨리 개발되어야 할 것이다. 하지만 이러한 바이러스들에 대한 백신만이 필요한 것은 아니다. 가벼운 어린이 설사와 감기를 유발하는 병원체들처럼 질병을 유발하는 능력이 비교적 약한 바이러스들도 백신 개발의 대상이다. 백신 개발자들은 또한 herpesvirus인 EBV와 CMV처럼 흔하고 지속적인 감염을 확립하는 바이러스들도 주목하고 있다. 그러나 이러한 유형의 바이러스들에 대한 백신 개발 전략은 아직 마련되어 있지 않다.

마지막으로 앞서 언급한 많은 과학적 진보로 인하여 한때 주요 제약회사들의 전유물이던 백신 개발과정이 지금은 어느 정도 보편화되어 있다. 현재 전 세계적으로 많은 학계와 생물공학 회사의 작은 실험실에서도 백신 개발 프로그램이 활발히 진행되고 있다. 현재 많은 바이러스들에 대한 백신들이 개발 중에 있다(표 35.8). 이러한 개발로 좋은 결과와 좋지 못한 결과가 모두 예상된다. 과거 어느 때보다 전 세계적으로 더 많은 사람들이 더 많은 바이러스성 질병으로부터 보호될 수 있을 것이다. 한편으로는 충치에서부터 암에 이르기까지 모든 질병에 대해 백신을 끊임없이 이용한다면 거의 반세기에 걸쳐 유지해 온 백신의 비교적 좋은 이미지를 흐리게 할 가능성도 있다.

백신 부작용과 윤리적 문제

백신-관련 부작용

현재 이용되고 있는 항바이러스성 백신들은 가장 안전한 제약품으로 여겨지고 있지만 어느 것도 100% 안전하다고 할 수 없다. 백신 개발의 역사는 여러 번에 걸친 불행한 사고로 어려움을 겪었다. 백신을 접종 받은 사람들은 심각한 부작용(표 35.9)으로 고통에 시달려야만 했다. 어떤 경우에는 이러한 사고가 백신의 생물학적인 특성으로 충분히 설명될 수 있다. 예를 들면, 백신-관련 마비성 폴리오는 약독화 유지에 필요한 부위의 복귀 돌연변이로 인하여 Sabin 폴리오 백신 변종이 신경 독성을 회복하였기 때문에 발생하였다. 그러나 백신 접종 이후에 생겨난 대부분의

표 35.8 현재 개발 중인 일부 항바이러스성 백신들

Virus family	Virus species	Most promising strategies
Arenavirus	Junin	Live attenuated
	Lassa fever	Recombinant vaccinia virus
Calicivirus	Norwalk	Recombinant capsid “ghosts”
Filovirus	Ebola/Marburg	DNA
		Recombinant vesicular stomatitis virus
Flavivirus	Hepatitis C	Recombinant envelope glycoprotein, peptide, polypeptide
	Dengue	Tetravalent attenuated, DNA
Hepadnavirus	Hepatitis B	DNA, recombinant surface antigen including pre-S1/S2 regions; curative hepatitis B vaccine: DNA with CpG motifs
Herpesvirus	Epstein–Barr	Whole inactivated, subunit (gp350)
	Herpes simplex 1, 2	Recombinant polypeptide, vectored
Orthomyxovirus	Influenza A	Vectored, DNA, peptide
Paramyxovirus	Measles	Vectored, DNA
	Parainfluenza	Live attenuated
	Respiratory syncytial	Subunit G and fusion protein, DNA, vectored, peptide
Parvovirus	Parvovirus B19	Empty capsid with VP1 protein
Picornavirus	Enterovirus 71	Whole inactivated
Reovirus	Rotavirus	Live reassortants of simian or human origin
Retrovirus	HIV-1, 2	Recombinant polypetide, DNA, vectored, chimeric
Unclassified	Hepatitis E	Recombinant protein ORF2

그림 35.9 항바이러스성 백신 접종과 관련된 심각한 부작용

Vaccine implicated	Event
Smallpox ("lymph" vaccines)	Sepsis due to bacterial contamination
Yellow fever (1942)	Vaccine lot contaminated with hepatitis B virus, leading to 28,000 cases of hepatitis B
Inactivated polio (1955)	Incomplete inactivation of virus, leading to 204 cases of paralytic disease (Cutter incident)
Inactivated measles (1960s)	Atypical (severe) disease upon exposure to natural measles infection
Attenuated polio (Sabin)	Vaccine-associated paralysis (~1 per 2.4 million persons vaccinated) due to reversion to more pathogenic strain
Live vaccines (vaccinia, polio, measles)	Dissemination and death in immunocompromised individuals
Attenuated live measles	Unexplained mortality in girls who received high titer formulations (relative risk of death doubled to age 5); more than 20 million doses of vaccine distributed
Inactivated influenza A	Apparent risk of Guillain Barré Syndrome (~1 per 1 million persons vaccinated), only in some years
Rotavirus (1999)	Intussusception—bowel folding and obstruction (vaccine withdrawn)

부작용들은 면역반응에 대한 정보가 부족하여 제대로 파악되지 못하고 있으며 이러한 부작용이 나타날 것인지를 예측하기도 어렵다.

백신 접종과 관련된 문제들을 감시하기 위한 국제적인 장치를 재정립하는 데 많은 에너지가 소모되고 있다. 이러한 감시활동은 새로운 백신의 인진성을 확보하기 위해서뿐만 아니라 국가 및 국제적 백신 접종 프로그램에서 그동안 이루어진 상당한 사회적 투자를 보호하기 위해서도 필요하다. 백신 접종 프로그램에 대한 대중의 신뢰가 상실되면 엄청난 결과가 초래될 수 있다. 이러한 예로서 1990년대 중반에 일본에서 백일해 백신(실제로 발열과 반응성 저하와 관련됨), 영국에서의 홍역 백신(자폐증과의 잘못된 관련설) 그리고 2004-2005년에 북부 나이지리아에서 poliovirus 백신(종족 학살을 기도한다는 정치적 동기에서 제기)을 들 수 있다. 마지막 사례는 많은 국가들에 폴리오 환자가 다시 발생하는 결과를 초래하여 폴리오를 퇴치하려는 노력을 수년이나 지연시켰다.

백신의 안전성 요구는 상황에 따라서 변할 수 있다. 예를 들면, rotavirus 백신과 관련된 간헐적으로 발생하는 심각한 합병증은 rotavirus에 의하여 매년 백만 명 이상의 어린이들이 사망하는 개발도상국가에서는 이론적으로 큰 문제가 되지 않는다. 그러나 이러한 문제는 매년 극소수의 어린이들이 rotavirus에 감염하는 북미와 유럽에서는 허용될 수 없다. 전 세계적으로 홍역과 폴리오바이러스를 퇴치하려는 노력이 이루어지면서 현재 이용되고 있는 백신들의 안전성에 대한 관심이 증가하고 있다. 1990년에 대부분의 선진국에서는 낮지만 측정 가능한 복귀 돌연변이의 발생 위험성(약 200만분의 1)을 피하기 위하여 국가적 프로그램에서 Sabin(구강) 폴리오 생백신을 불활화 백신으로 교체하였다.

항바이러스성 백신의 이용에 대한 윤리적 문제

백신 프로그램은 주로 높은 전염성을 지니는 감염체들을 표적으로 한다. 따라서 공중보건 관계자들은 백신 접종에 반응하지 않는 사람들, 처음에는 백신에 반응하였으나 나중에 면역을 상실한 사람들, 명백한 백신 접종 거부 사유를 가지는 사람들 그리고 단순히 백신 접종을 거부한 사람들과 같은 프로그램에서 제외된 소수의 사람들을 보호하기 위하여 높은 백신 보급률의 유지에 큰 관심을 가지고 있다. 이들도 집단의 백신 보급률이 높으면 보호될 수 있는데 이를 **집단 면역(herd immunity)**이라고 한다.

공중보건 관계자들은 집단 면역을 확립하기 위하여 백신 접종을 강요하거나 백신 접종을 거부하지 못하도록 만든다. 과거에는 천연두에 대한 강제적인 백신 접종 프로그램 때문에 거리 폭동이 일어나기도 하였다. 일부 어린이 백신 접종에 대해서는 지금도 격렬한 논쟁이 벌어지고 있다. 양쪽 모두 상대편을 어린이 "학대자"로 매도하고 있다. 우습게도 반강제적인 백신 접종 프로그램이 성공적으로 진행되어 천연두가 완전히 퇴치되고 폴리오와 홍역이 거의 퇴치될 지경에 이르자 이제 덜 위험한 상태에 있다는 이유에서 백신 접종 반대편의 활동이 더욱 거세지고 있다.

또 다른 윤리적 문제는 "이타적" 백신 접종 개념에

광견병 백신 이야기

인간 광견병은 수일에서 수주에 걸쳐 제정신과 광기가 교대로 나타나다가 점차 악화되어 결국에는 사망하는 매우 치명적인 질병이다. 1804년에 Zinke가 미친 동물의 타액 주입으로 광견병이 전염된다는 것을 처음으로 관찰한 이후로 19세기에 여러 연구자들이 효과적인 광견병 백신을 개발하기 위하여 노력하였다. 1879년 Victor Galtier는 토끼에서 바이러스의 교대 배양에 성공하였으며, 토끼 조직 백신이 초식동물에서 제한적인 효능을 나타냄을 보여 주었다.

이와 동시에 Pasteur 그룹의 Emile Roux와 그의 동료들은 토끼의 뇌에서 연속 계대를 거쳐 rabies virus를 "고정"(즉, 일정한 생물학적인 특성을 확립)할 수가 있었다. 이들은 또한 감염된 토끼의 척수를 15일에서 20일 동안 말리면 바이러스 독성이 사라진다는 중요한 발견을 하였다. 이러한 결과를 바탕으로 말린 척수 물질을 주사하면 개를 보호할 수 있다는 것을 증명하였다.

오늘날의 관점에서 보면 놀랍게도 50~60마리의 개에서만 예방 효과를 확인한 뒤 1885년에 Joseph Meister라는 어린이에게 최초로 백신을 접종하였다. Meister의 부모와 연구자들이 이러한 무모한 인체 실험을 수행할 수 밖에 없었던 이유는 당시의 절박감과 공포로 어느 정도 해명될 수 있다.

다행히도 백신이 성공을 거두면서 널리 전파되었다. 그러나 많은 사람들에게 이용되면서 이 백신이 접종자 1,000명 가운데 4명에서 중추신경계에 심각한 자가면역 탈수초화를 유발한다는 것이 알려졌다. 이로 인한 사망률은 상당히 높았으며 (30–50%) 회복된 사람들은 대부분 영구적인 신경계 후유증을 앓았다. 이 질병을 감염 후 뇌척수질환이라고 하며 자가 반응성 T 세포에 의하여 매개된다. 이는 초기 백신에 포함된 미엘린 성분 때문에 발생한 것으로 확인되었다.

젖먹이 마우스의 뇌와 오리의 배아에서 제조된 차세대 rabies 백신들에서는 미엘린의 양이 점차 감소하여 이러한 합병증의 발생 빈도가 많이 낮아졌다(각각 1/8,000과 1/32,000). 1960년대 초반에 rabies virus가 인간 이배체 섬유아 세포주인 WI-38에서 성공적으로 적응하면서 효과적이고 안전한 rabies 백신의 생산이 가능해졌다. 오늘날 1천만 명 이상의 사람들이 배양 세포에서 키운 rabies 백신을 접종받았으며 혈청 전환률과 보호률이 100%에 근접하고 백신-관련 신경계 손상은 단 한 건도 보고되지 않았다.

서 생겨난다. 예를 들면, 젊고 건강한 사람들은 독감에 걸릴 위험이 크지 않지만 환자들의 독감 발병률을 낮추기 위하여 의료종사자들은 매년 계절 독감 바이러스 변종들에 대한 백신을 접종받고 있다. 비록 이러한 기관들은 대부분 백신 접종 촉진 프로그램을 가지고 있지만 의료종사자들에게 매년 독감 백신 접종을 강요하거나 지시하지는 않는다.

어떠한 백신 접종도 100% 안전할 수는 없으므로 어떤 특정 백신을 거부하는 개인의 선택에 "벌금"이나 벌칙을 부과하는 것은 적절하지 못하다. 그러나 홍역이 유행할 때 홍역 백신을 거부한 사람들의 아이들이 학교에 등교하지 못하도록 판결한 것도 나름 적절한 것 같다. 이와 유사한 주장으로 주요 인플루엔자 대유행 시기에 백신 접종을 거부한 의료종사자들을 무급으로 작업장에서 퇴출시키는 것도 가능할 것 같다. 또한 백신 접종을 거부하여 마비성 폴리오와 같은 예방 가능한 질병에 걸린 사람들의 평생 보호 비용을 사회가 지급하는 것에 대해 문제를 제기하는 것도 논리적이라고 할 수 있다. 물론 이러한 사안들은 분명히 논쟁의 여지가 있다.

이러한 논란은 백신 공장, 정부, 의료체계 및 의료종사자들이 백신의 안전성 문제를 매우 심각하게 고려하고, 가능한 가장 안전한 백신을 개발하여 접종하고자 노력하지 않으면 끝나지 않을 것이다. 또한 적절한 감시체계를 지원하고 백신 접종으로 인한 심각한 부작용으로 고통받는 사람들을 적절하게 보상하는 프로그램도 필요하다.

핵심 용어

1형 및 2형 T 보조 림프구(Type 1 and type 2 T helper lymphocytes)
DNA 백신(DNA vaccines)
내성(Tolerance)
단클론 항체(Monoclonal antibodies)
대유행(Pandemic)
동물 유행병(Epizootic)
동물질병 대유행(Panzootic)
렉틴(Lectins)
면역보조제(Adjuvant)
면역성(Immunogenic)
사이토카인(Cytokines)
세포독성 T 림프구(Cytotoxic T lymphocytes)
세포성 면역반응(Ceullar immune responses)
수지상 세포(Dendritic cells)
유전자 총(Gene Gun)
유행병(Epidemic)
인수공통(Zoonotic)
세포배양(Primary cell culture)
자가면역 탈수초화(Autoimmune demyelination)
저온유통체계(Cold chain)
중화항체(Neutralizing antibodies)
집단 면역(Herd immunity)
체액성 면역반응(Humoral immune response)
키메라(Chimera)
톨-유사 수용체(Toll-like receptors)
프로테오좀(Proteosome)

기본 개념

- 어떠한 백신도 100% 안전하지 않지만 백신은 지금까지 도입된 가장 안전한 의료 수단이다.
- 백신은 질병을 예방하기 위하여 건강한 사람에게 접종되므로 일반적으로 매우 높은 안전성 기준을 통과하여야 한다.
- 항바이러스성 백신은 인류의 건강에 상당히 긍정적인 영향을 주었다: 예를 들면, 천연두의 퇴치와 홍역 및 폴리오의 제어.
- 백신 과학은 면역반응의 이해, 계배 배양, 조직 배양, 그리고 재조합 DNA 기술의 개발로 비약적으로 발달하였다.
- 세포성 면역은 대부분 바이러스성 감염의 회복에 중요하다.
- 항체는 여러 가지 바이러스들의 감염으로부터 보호하고 재감염을 막을 수 있지만 대부분의 경우에서 바이러스 감염의 회복에는 중요한 역할을 수행하지 않는다.
- 생약독화 백신, 불활화 바이러스 백신, 그리고 소단위체 백신은 모두 성공적이었다. 생약독화 백신을 제외하고는 모두 면역반응의 증강을 위하여 면역보조제와 함께 접종된다.
- 지금까지 생약독화 백신만이 체액성 및 세포성 면역반응을 모두 효과적으로 유도하였다.
- 가능성이 높은 새로운 백신 기술들로는 DNA 백신, 키메라 백신, 나노입자 백신 및 바이러스-유사 입자 등이 있다.
- 백신이 대중적 신뢰를 상실하면 백신을 거부한 사람과 집단 모두에 엄청난 영향을 미칠 수 있다.

복습 문제

1. 다양한 유형의 백신들이 주어진다면 생약독화 바이러스 백신이 최선의 선택이 될 수 있다. 그 이유는?

2. 폴리오 퇴치를 위한 캠페인에서 나타난 최근(2004-2005)의 문제는 예측하지 못하였던 부작용의 대표적인 예이다. 이 부작용은 무엇인가?

3. 일부 백신들이 "집단 면역"을 유도할 수 있다는 점은 오랫동안 긍정적인 특성으로 여겨왔다. 집단 면역을 둘러싼 윤리적인 문제에 대하여 논하시오.

4. 소단위체 백신은 일반적으로 체액성 면역만을 촉진한다. 이 백신에 어떠한 변형 혹은 첨가가 이루어지면 체액성과 세포성 면역을 모두 유도할 수 있는가?

CHAPTER 36

항바이러스성 화학요법

Donald M. Coen

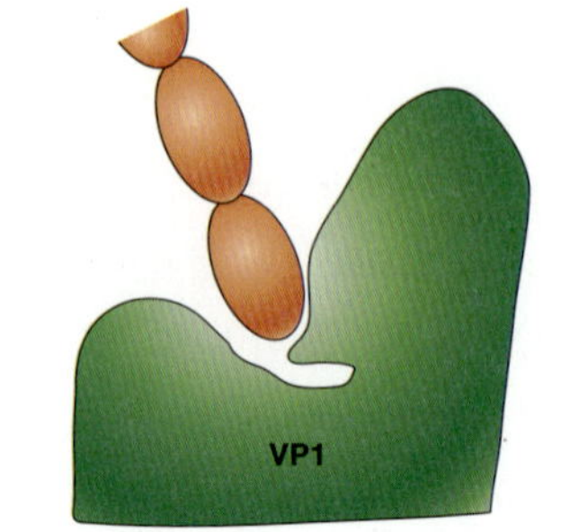

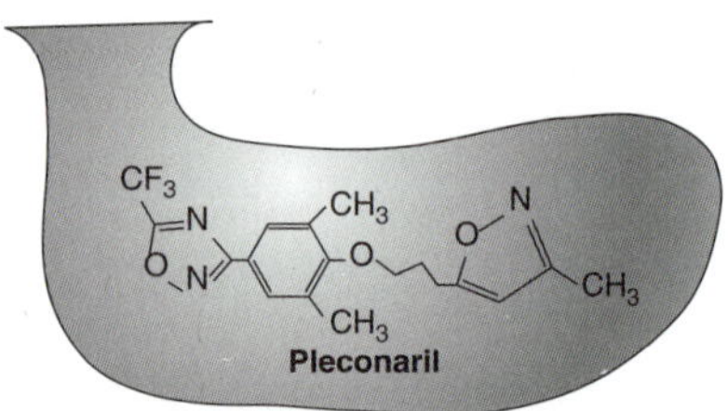

항바이러스제의 발견

"뜻밖의 발견"-다른 목적으로 이용된 화합물들
- *Amantadine(influenza virus의 탈피 저해)*
- *Acyclovir(herpesvirus의 DNA 복제 저해)*

알려진 활성 화합물의 화학적 변형
- *Gancyclovir(herpesvirus의 DNA 복제 저해)*
- *Azidothymidine(HIV-1의 역전사 저해)*

많은 화합물들의 대량발굴탐색법
- *Nevirapine(HIV-1의 역전사 저해)*
- *Raltegravir((HIV-1의 인테그라제 저해)*

3차원적 구조에 기반을 둔 합리적 설계
- *Ritonavir(HIV-1 프로테아제 저해)*
- *Zanamivir(influenza 뉴라미니다아제 저해)*

항바이러스제의 표적

바이러스 부착 및 진입 저해제
- *Picornavirus의 캡시드 단백질*
- *HIV-1의 외막 단백질과 숙주 케모카인 수용체*

바이러스 게놈 탈피 저해제
- *Influenza M2 이온 채널*

바이러스 게놈 복제 저해제
- *Herpesvirus 뉴클레오시드/뉴클레오티드 키나아제*
- *바이러스 DNA 및 RNA 중합효소*
- *HIV-1 인테그라제*

비리온 성숙 저해제
- *HIV-1 프로테아제*

바이러스 세포 방출 저해제
- *Influenza 뉴라미니다아제*

항바이러스성 화합물들은 비교적 최근에 개발되어 널리 이용되기 시작하였다

19세기 후반에 처음으로 박테리아와 바이러스(여과성 감염체)가 질병을 유발한다는 것이 알려졌다. 1940년대에 박테리아성 질병에 대해 효능을 나타내는 항생제들이 개발되기 시작하여 현재까지 널리 이용되고 있다. 하지만 항바이러스제는 1960년대에 들어서 최초로 개발되어 인간의 바이러스성 질병을 비로소 약물로 치료할 수 있게 되었다.

항바이러스제의 개발을 지연시킨 주요 요인은 바이러스가 숙주세포 기구의 많은 성분들에 의존하여 세포 내에서 복제하기 때문이다. 따라서 박테리아와 비교하면 바이러스에 대한 화학요법의 개발을 위한 표적이 훨씬 더 제한적이다. 예를 들면, 많은 항생제들이 인간 세포와 뚜렷한 차이를 나타내는 박테리아 세포벽 합성이나 박테리아 단백질 합성을 표적으로 작용한다. 반면에 여러 가지 바이러스들을 저해하는 활성을 가지는 화합물을 개발한다는 것은 사실상 불가능하다. 이는 바이러스들이 숙주와 구분되는 공통적인 특징들을 공유하지 않기 때문이다. 각 바이러스는 자신의 복제를 위하여 자신만의 특이적인 단백질들을 가지므로 바이러스에 따라서 서로 다른 항바이러스제가 개발되어야 한다.

이러한 어려움 때문에 제약회사들은 항바이러스제의 개발에 적극적인 투자를 꺼려한다. 이는 개별적인 바이러스 질병이 박테리아에 의하여 유발되는 다양한 질병들보다 더 작은 잠재적인 시장을 형성하기 때문이다. 더구나 백신과 같은 바이러스성 질병의 제어에 매우 성공적인 접근법이 이미 존재한다는 점도 제약회사들이 바이러스성 질병에 대한 약제 개발의 의지를 꺾는 한 요인이다. 항바이러스제의 개발을 위한 투자는 주로 효과적인 백신이나 공중보건 수단이 아직 마련되어 있지 않고, 광범위한 영역에 전파되고, 쉽게 진단될 수 있는 질병을 유발하여 이를 치료한다면 상당한 이윤이 기대되는 바이러스들에 대해서 집중적으로 이루어졌다.

1980년대 이래로 많은 효과적인 항바이러스제들이 개발되었다. 일부 herpesvirus에 대해 효과적인 약물인 **acyclovir**가 먼저 개발되었다. AIDS의 유행으로 HIV-1과 기회감염 병원체들에 대한 약물들이 절실하게 필요하게 되었다. 항바이러스제 개발 분야는 바이러스 유전학, 분자생물학, 효소학 및 단백질 구조에 대한 학문 발달과 맞물려 전성기를 맞이하였다. 따라서 인간의 바이러스성 질병들의 치료에 이용될 수 있는 항바이러스제들의 수와 종류가 빠르게 증가하였다. 사실 **합리적 약물발굴(rational drug discovery)**의 획기적인 발전은 항바이러스제를 개발하려는 노력에서 시작되었다.

비록 **인터페론**(33장 참조)과 같은 단백질 약물들과 올리고뉴클레오티드와 같은 핵산-기반의 약물들이 의학과 바이러스학의 많은 관심을 끌고 있지만 여기에서는 작은 분자 약물들에만 국한하여 다룰 것이다. 이 장에서 언급되는 특정 약물들이 반드시 다른 약물들보다 임상적인 장점을 지니는 것은 아니다. 현재 이용이 가능한 약물의 범위가 빠르게 확장되고 있으며 여기에서 언급된 약물들은 이러한 화합물들의 작용 메커니즘을 설명하기 위한 예로서 채택되었을 뿐이다.

항바이러스제들은 바이러스에 대한 기초연구에 유용하다

항바이러스제들은 바이러스성 질병을 치료하는 데 중요할 뿐만 아니라 실험실에서의 바이러스 연구를 위한 훌륭한 도구를 제공한다. 항바이러스제는 바이러스 감염의 특정 단계에 관여하는 바이러스 단백질의 기능을 저지할 수 있다. 이는 바이러스 생활주기에서 특정 현상이 일어나는 시기와 어떤 단백질이 어느 단계에 필요한지를 이해하는 데 결정적인 도움을 줄 수 있다. 항바이러스제들은 약제 내성을 부여하는 바이러스 돌연변이와 함께 바이러스 단백질의 역할을 규명하고, 이 단백질이 자신의 역할을 어떻게 수행하는 지를 파악하는 데 도움을 줄 수 있다. 약제 내성 돌연변이들은 특정 돌연변이 바이러스를 제조하고 바이러스 유전학을 수행하는 과정에서 선별 마커로 이용될 수 있다.

항바이러스제의 개발과정

최초의 항바이러스제들은 세포병변 효과의 분석이나 용균반 분석과 같은 노동- 및 시간-집약적인 바이러스 복제 분석법들을 이용하여 저해 화합물들을 선별함으로써 발굴되었다. 이러한 화합물들은 대부분 어떤 다른 목적으로 합성된 것들로서 이들이 항바이러스성 활성을 가진다는 것은 예상치 못한 뜻밖의 성과이었다. 이러한 방식으로 발굴된 대표적인 약물들로는 **amantadine**과 acyclovir(ACV)가 있다. 일반적으로 어떤 화합물이 항바이러스성 활성을 지닌다는 것이 밝혀지면 이와 비슷한 구조를 가지는 다양한 다른 화합물들의 활성을 조사한다. 이와 같이 다소 합리적인 절차를 거쳐 뉴클레오시드 유사체들인 **ganciclovir(GCV)**와 **azidothymidine(AZT)** 등의 효과적인 항바이러스제들이 개발되었다.

더 현대적이고 합리적인 접근법들이 새로운 약물의 발굴에 이용되었다. 한 가지 접근법은 자동화 시스템으로 로봇을 이용하여 비교적 신속하게 수행할 수 있는 바이러스 복제 분석법을 구축하는 것이다. 예를 들면 바이러스 감염 이후의 세포 생존과 증식을 측정하는 염색액을 이용할 수 있다. 이러한 분석법으로 배양 세포에서 화합물 라이브러리(수십만 종류의 화합물)로부터 바이러스의 복제를 저해하는 물질들을 선별할 수 있다. 이러한 접근법은 바이러스에 감염된 세포에 화합물을 처리하여 바이러스의 복제에 미치는 영향을 분석하기 때문에 **세포-기반 대량발굴탐색법(cell-based high throughput screen)**이라고 한다. 이러한 분석법으로 herpesvirus와 HIV의 새로운 복제 억제제들이 개발되었다.

이와 유사한 접근법으로 **표적-기반 대량발굴탐색법(target-based high throughput screen)**이 있다. 이를 위해서는 먼저 좋은 약물 표적이 되는 바이러스 유전자 산물을 확보하여야 한다. 이론적으로 세포 단백질과 전혀 다른 필수적인 바이러스 단백질이 최적의 표적이 될 수 있다. 이러한 바이러스 단백질의 활성은 세포 단백질의 기능에 영향을 주지 않고 저해될 수 있다. 바이러스의 복제에 필수적이지 않는 바이러스 단백질들도 이들이 약물을 활성화시켜 바이러스 복제를 저해하는 물질로 전환시킬 수 있다면 표적이 될 수 있다.

대량발굴탐색을 위해서는 표적 단백질을 쉽게 발현하여 정제할 수 있고, 로봇을 이용하여 신속하게(수 시간 혹은 수 분 이내) 활성을 분석할 수 있어야 한다. 이러한 활성 분석법은 대규모 화합물 라이브러리의 선별에 이용된다. 예를 들면, HIV-1의 역전사효소를 발현하여 정제하면 DNA 중합효소 활성을 *in vitro*에서 쉽게 분석할 수 있다. 이러한 접근법을 이용하여 **nevirapine**과 같은 비뉴클레오시드 역전사 저해제들을 개발할 수 있었다.

가장 합리적인 접근법은 바이러스의 복제에 필수적인 바이러스 단백질들에 대한 자세한 정보를 이용하여 이들

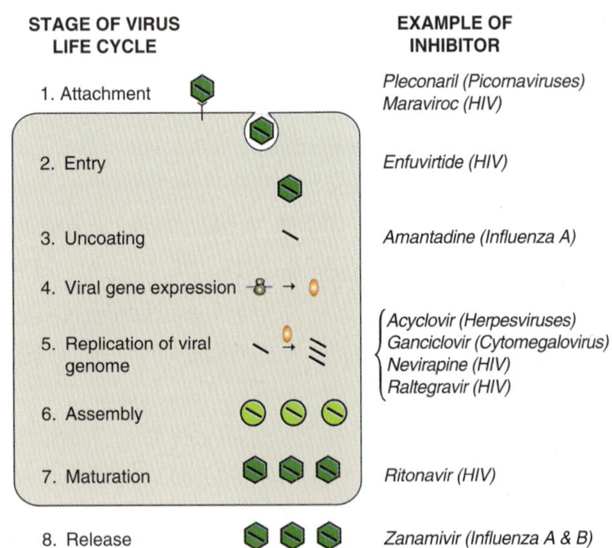

그림 36.1 바이러스 복제과정의 각 단계에서 작용하는 저해제들. 성숙한 비리온과 캡시드를 녹색 육각형, 게놈을 대각선, 바이러스 mRNA를 청색선, 그리고 바이러스 단백질을 주황색 타원으로 나타내었다. 미성숙 비리온은 원으로 나타내었다. 일부 바이러스들(예, HIV)은 비리온이 세포에서 방출된 이후에 성숙과정을 거친다.

의 활성을 저해하는 약제를 고안하는 것이다. 많은 바이러스 단백질들이 다른 바이러스 혹은 세포 단백질들과 상호작용하여 기능성 복합체를 형성하므로 이러한 상호작용이 약물의 표적이 될 수 있다. 더구나 단백질의 3차원적인 구조 분석을 통하여 활성 부위와 작용 메커니즘에 대한 정보를 확보할 수 있다. 이러한 정보를 이용하여 활성 부위에 결합하여 단백질의 활성을 저해하는 작은 분자들을 고안할 수 있다. 이러한 접근법으로 HIV 프로테아제 저해제인 **ritonavir**와 influenza 뉴라미니다아제 저해제인 **zanamivir**를 개발할 수 있었다.

바이러스 감염의 모든 단계들이 항바이러스제의 표적이 될 수 있다

세포의 바이러스 감염과정은 몇 가지 공통적인 단계들로 구분될 수 있다(그림 36.1). 이론상으로는 바이러스 감염의 어떤 단계도 이를 저해하는 항바이러스제의 표적이 될 수 있다. 부착과 진입과 같은 아주 초기 단계들과 방출과 같은 후기 단계들은 이들에 대한 저해제들이 작용하기 위하여 세포에 들어갈 필요가 없으므로 좋은 표적이 될 수 있다.

게놈 복제, 조립 및 성숙과 같은 단계들에서는 보통 효소로 작용하는 특정 바이러스 단백질들이 필요하다. 효소는 보통 세포 내에서 낮은 농도로 존재하고, 이들의 작용 메커니즘이 비교적 잘 알려져 있으며, 이들은 보통 작은 분자 기질과 상호작용을 하므로 좋은 약물 표적이 될 수 있다. 더구나 제약회사들은 효소 저해제를 약물로 개발한 경험이 많기 때문에 이를 다루는 데 익숙하다. 따라서 현재 임상적으로 이용되는 대부분의 항바이러스제들은 게놈 복제, 성숙 및 방출을 표적으로 하는 효소 저해제들이다. 하지만 거의 모든 바이러스 감염 단계에서 작용하는 항바이러스제들이 개발되고 있다.

비리온의 부착과 진입을 막는 약물들

바이러스의 부착과 진입이 저해되면 바이러스 복제의 다음 단계들이 전혀 일어날 수 없으므로 면역 및 다른 메커니즘에 의해 바이러스 입자들이 완전히 제거될 수 있다. 이론상으로는 약물이 비리온이나 비리온이 부착하는 세포 단백질(수용체)에 결합하면 바이러스의 부착과 진입을 저해할 수 있다. **캡시드-결합 약물들(capsid-binding drugs)**

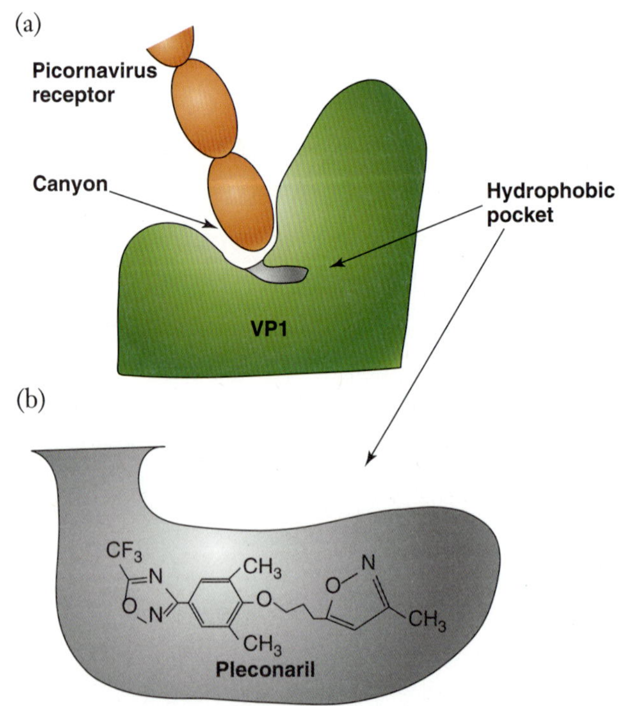

그림 36.2 수용체와 약물의 picornavirus 캡시드 결합. (a) Picornavirus 수용체의 N-말단 영역과 캡시드 표면의 "캐년" 간의 결합. 소수성 주머니는 캐년 바닥 바로 아래에 위치한다. (b) 캡시드-결합 약물인 pleconaril이 소수성 주머니에 지질 대신에 결합하면 비리온의 수용체 부착과 바이러스 게놈의 세포질 진입을 방해한다.

은 picornavirus, 특히 일반 감기를 유발하는 rhinovirus의 부착과 진입을 저지할 수 있다. Rhinovirus의 경우에는 많은 종류의 혈청형들이 존재하여 백신 접종이 현실적으로 거의 불가능하다. 다행히 감기 증상을 완화시킬 수 있는 수많은 약물들이 이미 개발되어 있다.

캡시드-결합 약물들은 직접 비리온에 결합하여 작용한다. 이러한 약물들은 약물-바이러스 조합에 따라서 부착, 진입 혹은 그 이후의 단계들을 저해할 수 있다. 이러한 약물들의 작용 원리는 주로 picornavirus와 약물 복합체에 대한 x-선 결정분석법을 통하여 밝혀졌다. 그림 36.2에 picornavirus가 캡시드의 표면에 있는 "캐년(canyon)"을 통하여 세포 수용체에 결합하는 모델을 나타내었다. 협곡 바닥 아래에 약물이 결합하는 부위인 VP1 캡시드 단백질의 "주머니(pocket)"가 있다. 이 주머니의 안쪽 표면은 소수성 아미노산 곁사슬로 덮여 있고 주머니는 한 분자의 지질로 채워져 있다. 세포 수용체 분자가 협곡에 결합하면 주머니에서 지질분자가 방출된다. 이는 캡시드의 형태 변화를 유도하여 결국에는 게놈 RNA가 세포질에 진입한다.

이러한 picornavirus의 부착 및 진입 메커니즘을 고려하면 캡시드-결합 약물들이 어떻게 작용하는 지를 이해할 수 있다. 약물은 지질분자를 방출시키고 자신이 주머니에 지질분자 대신 결합한다. 약물의 결합은 협곡 바닥의 구조를 변화시켜 비리온과 세포 수용체 사이의 적절한 상호작용을 차단하기 때문에 바이러스가 세포에 부착할 수 없다. 또한 약물은 캡시드를 안정화시켜 바이러스 RNA의 방출을 유도하는 구조적 변화를 억제하여 탈피와 게놈의 세포질 진입을 막을 수 있다.

캡시드-결합 약물의 한 가지 예로 rhinovirus를 포함한 여러 picornavirus들에 대해 활성을 나타내는 **pleconaril**을 들 수 있다. 임상시험을 통하여 경구 pleconaril이 감기 증상을 완화시키고 바이러스의 방출을 감소시킨다는 것이 증명되었지만 안전성 우려 때문에 아직 미국 FDA 승인을 받지 못하고 있다. 현재 pleconaril의 비강 스프레이 제제가 개발 중에 있다.

2003년에 HIV-1 비리온에 결합하여 바이러스의 진입을 차단하는 항-HIV 약물인 **enfuvirtide**가 FDA에 의해 승인되었다. 다른 모든 항-HIV 약물들처럼 enfuvirtide는 약제 내성의 발생 기회를 감소시키는 다제-약물 칵테일의 일부로 투약되고 있다. 이 펩티드 약물은 바이러스 외막과 세포막 사이의 융합에 필요한 바이러스 외막 단백질 gp41의 구조적 변화를 저해한다. 더 최근에는 HIV-1의 세포 수용체에 결합하여 바이러스의 부착을 저지하는 항-HIV 약물인 **maraviroc**이 FDA의 승인을 받았다.

Amantadine은 이온채널을 막아 influenza 비리온의 탈피를 저해한다

Amantadine(그림 36.3)은 1960년대에 무작위적인 탐색법으로 발견되었다. 이는 가정에서 독감 환자를 간호하는 경우에 환자와의 접촉에 의한 감염을 예방하는 데 가장 유용하게 이용되고 있다. Amantadine은 influenza virus의 탈피를 저해한다. 처음에는 Amantadine이 약염기성이므로 influenza의 탈피가 일어나는 장소인 엔도좀의 산성화를 저해하는 것으로 생각하였다. 그러나 엔도좀의 산성화를 저해하기 위해서는 치료 효과에 필요한 것보다 훨씬 더 높은 농도의 약물이 필요하다는 것이 알려졌다.

Amantadine의 작용 메커니즘은 약제-내성 바이러스를 이용한 분자 유전학적 접근법으로 규명되었다. 영국 런던에 있는 국립의학연구소의 Alan Hay와 그의 동료들은

Maraviroc의 개발

2007년에 FDA의 승인을 받은 maraviroc은 HIV-1의 부착과 진입 저해제이다. 이는 바이러스 단백질이 아닌 숙주 단백질(CCR5)을 표적으로 하기 때문에 매우 독특한 항바이러스성 약제라고 할 수 있다. HIV-1 비리온은 먼저 숙주세포 막 단백질인 CD4에 결합하여 세포막에 부착한다. 그러나 HIV-1은 그 뒤에 외막 단백질인 gp120이 숙주세포의 케모카인 수용체인 CXCR4 혹은 CCR5 가운데 하나와 결합하지 않으면 세포에 진입할 수 없다. gp120이 케모카인 수용체와 결합하면 HIV-1의 외막과 세포막의 융합을 통하여 바이러스가 세포에 진입한다. 사람들 사이에 가장 흔하게 전염되는 HIV-1 변종은 CCR5를 발현하는 세포에만 감염할 수 있다.

HIV-1에 여러 번 반복적으로 노출된 적이 있었지만 AIDS에 걸리지 않는 사람들을 대상으로 한 연구에서 중요한 사실이 밝혀졌다. 이러한 사람들의 일부는 CCR5를 암호화하는 유전자가 결실되어 이 케모카인 수용체를 만들지 않는다. 이러한 결실은 HIV-1에 대한 감수성을 대폭 감소시킴에도 불구하고 인간 건강에는 거의 영향을 미치지 않는다. 따라서 CCR5는 작은 분자로 차단할 수 있는 매력적인 표적이 된다.

제약회사들은 케모카인의 CCR5 결합을 차단하는 화합물을 발굴하기 위하여 표적-기반 탐색법을 수행하였다. 이러한 탐색으로 확인된 화합물을 체계적으로 변형시켜 최종적으로 선택된 maraviroc을 대상으로 임상시험을 실시하였다. Maraviroc은 CCR5를 이용하여 부착하고 진입하는 HIV-1의 감염을 막을 수 있지만, CXCR4를 이용하는 HIV-1 변종들은 막지 못한다. 따라서 maraviroc은 CCR5에 결합하는 바이러스 변종에 감염된 사람들에게만 효과적이므로 이 약물로 치료를 시작하기 전에 환자가 어떠한 변종에 감염되어 있는지를 검사하는 것이 필요하다.

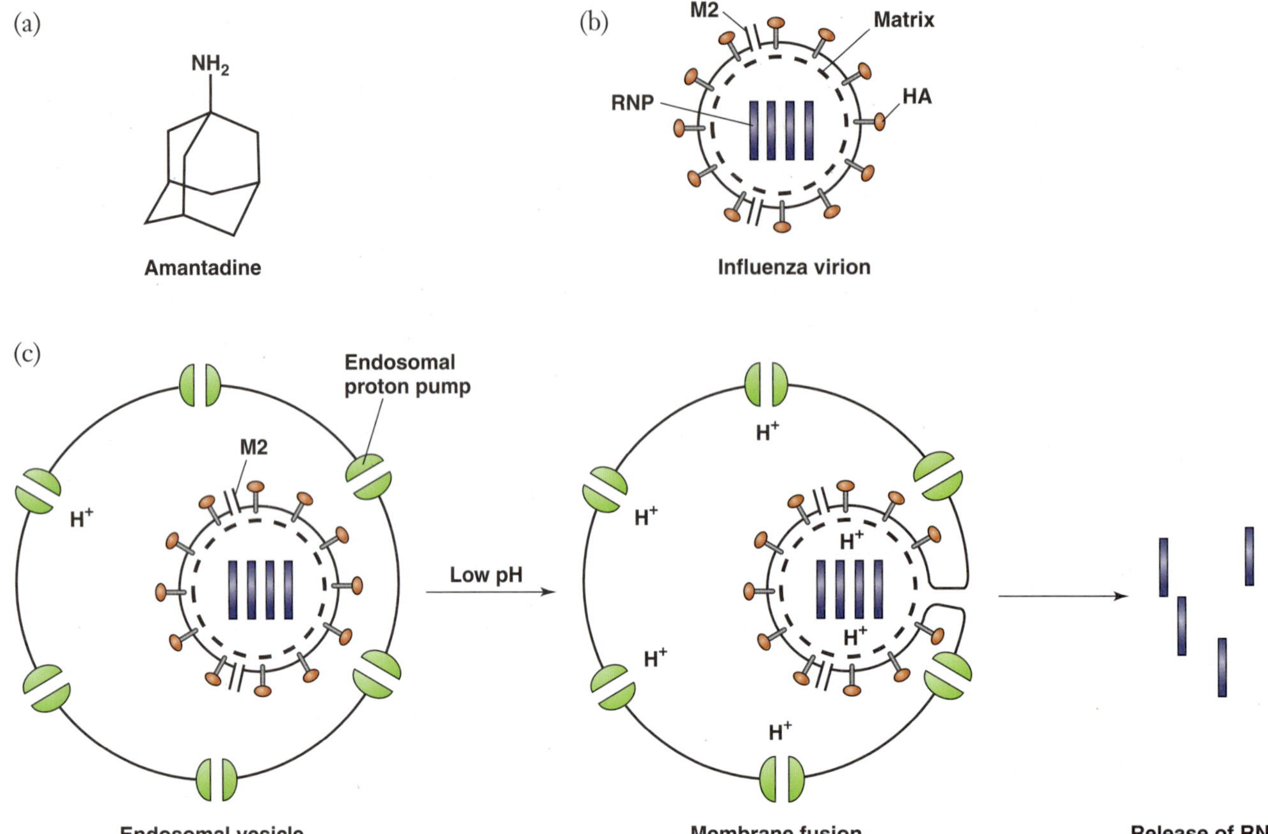

그림 36.3 Amantadine에 의한 influenza virus의 탈피 저해 메커니즘. (a) Amantadine의 구조. (b) 외막의 HA 및 M2 단백질, 간질 단백질 그리고 바이러스 리보핵단백질(RNP)을 보여 주는 influenza virus 입자의 구조. (c) 엔도좀의 양성자 펌프에 의한 pH 저하로 엔도좀 막과의 융합을 수행하는 influenza virus. 수소이온이 M2 단백질을 통하여 비리온 내로 들어가면 간질 단백질로부터 RNP가 방출된다. Amantadine은 M2 채널을 막음으로써 이 과정을 저해한다.

amantadine에 내성을 나타내는 influenza virus 돌연변이체들을 분리하였다. 그들은 influenza 유전학을 이용하여 돌연변이가 바이러스의 M 분절과 관련이 있음을 알아내었다. 또한 염기 서열 분석을 통하여 아만타딘 내성 돌연변이들이 모두 M2 유전자에서 일어난다는 것을 확인하였다(M 분절은 M1 유전자도 포함한다). M2 유전자 산물은 바이러스 외막을 가로지르는 작은 단백질로서 채널-형성 횡단막 단백질과 유사하다는 것이 알려졌다. 그 뒤에 생화학적 및 전기생리학적 실험을 통하여 M2 단백질이 H^+ 이온 채널이고 amantadine은 이 채널을 막는다는 것이 밝혀졌다.

이온채널을 막으면 왜 탈피가 저해되는 것일까? 아직 완전히 정립되지는 않았지만 그럴듯한 모델이 그림 36.3에 제시되어 있다. 먼저 influenza virus는 수용체-매개성 내포작용을 통하여 세포에 들어간다. 이로 인하여 비리온은 pH가 감소하는 엔도좀에 위치하게 된다. 엔도좀의 낮은 pH는 바이러스 헤마글루티닌 단백질의 구조적 변화를 일으켜 influenza 외막과 엔도좀 막 사이의 융합을 유도한다 (4장 참조). 비리온 외막에 있는 M2를 통하여 H^+ 이온이 비리온 내로 들어가면, 비리온 내의 pH가 낮아져서 바이러스 외막의 안쪽을 덮고 있는 간질 단백질의 구조가 변한다. 이로 인하여 뉴클레오캡시드가 외막에서 방출되어 핵으로 이동할 수 있다. Amantadine은 H^+ 이온이 비리온 내부로 유입되지 못하도록 M2 채널을 막음으로써 비리온의 탈피를 저해한다.

Amantadine에 대해 가장 중요한 점은 이 약물과 약물-내성 돌연변이체들이 바이러스 생물학의 새로운 영역을 개척하였다는 것이다. 어느 누구도 바이러스가 이온채널을 암호화할 것이라고 생각하지 못하였다. 이와 유사한 단백질들을 암호화하는 다른 바이러스들에 대해서도 효과적인 약물을 개발할 수 있을 것이다.

뉴클레오시드 유사체의 표적은 바이러스 중합효소이다

바이러스 게놈의 복제는 바이러스 복제에 필수적이며 흔

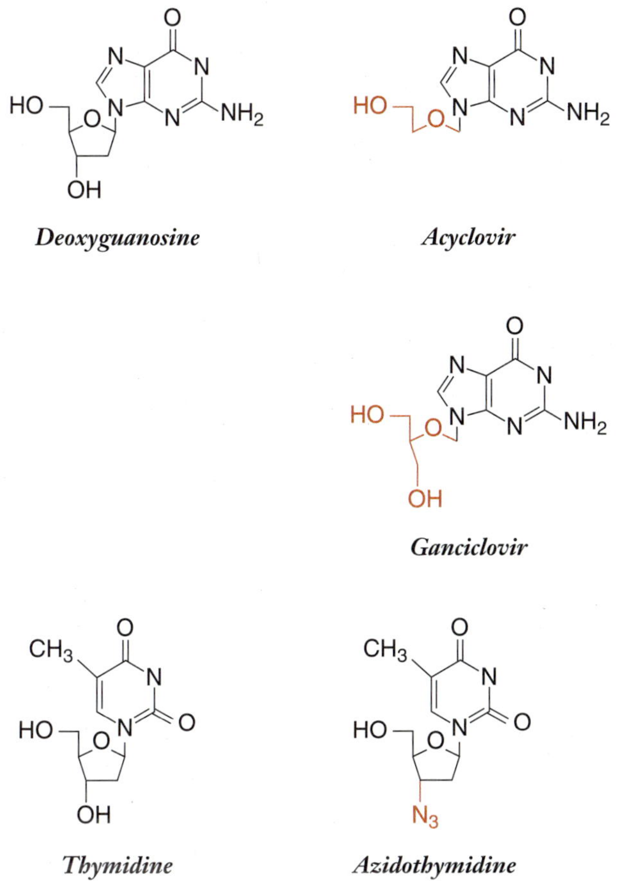

Deoxyguanosine *Acyclovir*

Ganciclovir

Thymidine *Azidothymidine*

그림 36.4 선별된 뉴클레오시드들과 뉴클레오시드 유사체들의 구조. 변형된 부위를 주황색으로 나타내었다.

히 숙주 단백질과는 상당히 다른 바이러스 단백질에 의하여 수행된다. 따라서 이러한 바이러스 단백질은 약물 개발을 위한 좋은 표적이 된다. 실제로 바이러스 복제의 다른 단계들보다 게놈 복제를 표적으로 하는 항바이러스제들이 가장 많이 개발되어 있다.

임상적으로 유용한 많은 항바이러스제들은 바이러스 DNA 중합효소를 표적으로 하는 뉴클레오시드 유사체들(nucleoside analogues)이다. 그림 36.4에 세 가지 예들 즉, herpesvirus에 대하여 활성을 나타내는 acyclovir와 gancyclovir 그리고 HIV-1에 대하여 활성을 나타내는 azidothymidine(AZT)의 구조를 나타내었다. 이들 뉴클레오시드 유사체들은 먼저 세포 내에서 DNA 중합효소의 자연 기질들인 dNTP를 모방할 수 있도록 인산화를 통하여 활성화되어야 한다. 인산화된 유사체들은 바이러스 DNA 중합효소를 두 가지 방식으로 저해할 수 있다. 이들은 경쟁적 저해제로 작용하여 자연 dNTP들이 효소의 활성 부위에 결합하는 것을 막을 수 있다. 또한 유사체들은 자라나는 DNA 사슬에 삽입되어 DNA 합성을 조기 종료시킬 수 있다. 이러한 두 가지 작용 메커니즘들은 모두 항바이러스 활성과 선택성에 중요하다.

만약 뉴클레오시드 유사체들이 숙주세포 효소들에 의하여 인산화되어 숙주 DNA 중합효소를 저해한다면 숙주세포에 독성을 나타낼 것이다. 따라서 이러한 약물들의 선택성은 두 가지 요인들에 의해 좌우된다. 첫째, 만약 바이러스의 뉴클레오시드 키나아제가 세포 효소보다 더 효과적으로 뉴클레오시드 유사체를 인산화시킨다면 이러한 약물들은 비감염 세포보다 감염 세포에서 더 높은 활성을 나타낼 것이다. 둘째, 만약 인산화된 유도체가 세포 DNA 중합효소(혹은 다른 세포 효소들)보다 바이러스 DNA 중합효소를 더 효과적으로 저해한다면 감염 세포에서 독성 효과를 나타내지 않는 낮은 농도에서도 바이러스 게놈의 복제가 저해될 수 있을 것이다.

Acyclovir는 herpesvirus의 티미딘 키나아제에 의하여 선택적으로 인산화된다

Acyclovir(ACV)는 매우 높은 **치료 지수(therapeutic index, TI)**를 나타낸다. 치료 지수란 50% 독성 효과를 나타내는 용량을 50% 항바이러스성 효과를 나타내는 용량으로 나눈 수치이다. 이는 HSV 감염으로 흔히 유발되는 생식기 포진(genital herpes)과 이보다 드물지만 더 심각한 herpesvirus성 뇌염의 치료에 매우 효과적인 약물이다. 이 약물은 절단된 당 고리에 연결된 구아닌 염기로 이루어져 있다(그림 36.4). 이는 리보오스 3′ 위치의 CHOH 부분과 2′ 위치의 CH_2 부분이 결실된 데옥시구아노신으로 간주될 수 있다. 이 화합물의 이름은 **비고리성(acyclic)** 당-유사 분자에서 유래하였으며 이는 ACV의 작용 메커니즘과도 관련이 있다.

그림 36.5에 HSV 혹은 VZV에 감염된 세포에서 ACV의 작용과정을 나타내었다. HSV와 VZV는 티미딘과 일부 다른 뉴클레오시드들 뿐만 아니라 피리미딘 염기 대신에 퓨린 염기를 포함하는 ACV와 같은 다양한 뉴클레오시드 유사체들을 인산화시킬 수 있는 **티미딘 키나아제(thymidine kinase)**를 암호화한다. 비록 일부 인산화가 비감염 세포에서도 일어나지만(HSV에 감염된 세포의 1~3%) 이들 두 herpesvirus들의 티미딘 키나아제들처럼 효과적으로 ACV를 인산화시키는 포유동물 효소는 아직까지 알려지지 않았다. 따라서 herpesvirus에 감염된 세포는 비감염 세포보다 더 높은 농도의 인산화된 ACV를 포함한다. 이것이 ACV가 선택적으로 항바이러스성 효과를 나타내는 주요 이유이다.

HSV or VZV thymidine kinase

Acyclovir

Acyclovir monophosphate

Preferentially phosphorylated in cells infected with HSV or VZV

Cellular kinase

Acyclovir diphosphate

Cellular kinase

Acyclovir triphosphate

Preferentially blocks HSV and VZV DNA polymerase

그림 36.5 Acyclovir의 인산화. Acyclovir가 일인산형, 이인산형 및 삼인산형으로 전환되는 효소적 단계들을 나타내었으며 삼인산형이 바이러스 복제를 저해한다. HSV: herpes simplex virus; VZV: varicella zoster virus.

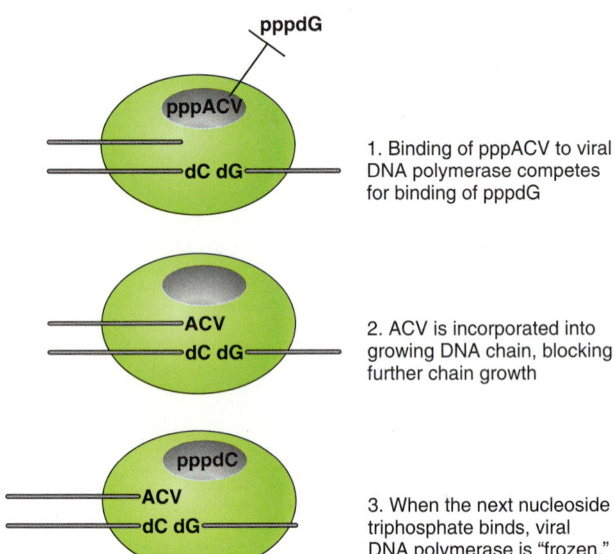

그림 36.6 Acyclovir 삼인산이 herpes simplex virus의 DNA 중합효소를 저해하는 메커니즘. 큰 녹색 타원은 바이러스 DNA 중합효소, 작은 회색 타원은 dNTP 결합부위, 그리고 수평선은 주형과 합성 중인 딸 DNA 가닥을 나타낸다. pppACV = acyclovir 삼인산; pppdG = 데옥시구아노신 삼인산; pppdC = 데옥시시티딘 삼인산; dC = 주형가닥의 데옥시시티딘; dG = 주형가닥의 데옥시구아노신.

Acyclovir는 herpesvirus DNA 중합효소에 의하여 우선적으로 이용된다

ACV는 바이러스 효소에 의하여 일인산형으로 전환되고 아마도 세포 효소들에 의하여 ACV 이인산과 ACV 삼인산으로 전환되는 것 같다. ACV 삼인산이 herpesvirus DNA 중합효소의 저해제로 작용한다. 이는 세포 DNA 중합효소보다 바이러스 DNA 중합효소를 더 강하게 저해한다. 정제된 효소를 이용하여 *in vitro*에서 ACV 삼인산의 HSV DNA 중합효소 저해효과가 확인되었다. 이 메커니즘을 "유도성 기질 저해(induced substrate inhibition)"라고 하며 세 단계에 걸쳐 일어난다(그림 36.6).

첫 번째 단계에서 ACV 삼인산은 DNA 중합효소와의 결합에 데옥시구아노신 삼인산(pppdG)과 경쟁함으로써 pppdG의 DNA 삽입에 대한 경쟁적 저해제로 작용한다. 이 단계에서 고농도의 pppG가 주어지면 저해효과가 사라진다. 두 번째 단계에서 ACV 삼인산이 기질로 작용하여 바이러스 DNA 중합효소에 의하여 주형 가닥의 dC 잔기의 상보적인 뉴클레오티드로 합성 중인 DNA 사슬에 삽입된다.

세 번째 단계에서 DNA 중합효소는 주형에서 다음 위치로 이동한다(그림에서는 dG). 그러나 ACV에는 다음 dNTP가 첨가될 3′-OH기가 없다. 더구나 다음 dNTP(그림에서는 pppdC)가 존재하여 효소에 결합하면 이는 "종말 복합체(dead-end complex)" 상태로 효소를 움직이지 못하도록 유도하기 때문에 효소가 확실히 불활성화된다.

ACV 삼인산의 저해 특이성은 모든 단계에서 일어날 수 있다. 예를 들면, HSV DNA 중합효소와 비교하여 세포 DNA 중합효소 알파는 ACV 삼인산을 덜 효과적으로 이용하고 다음 dNTP에 의하여 더 약하게 저해된다. ACV에 대한 선택성과 관련된 herpesvirus와 세포 중합효소의 정확한 차이는 아직 알려지지 않았다.

Cytomegalovirus는 ganciclovir를 인산화하는 단백질 키나아제를 만든다

Ganciclovir(GCV)는 human cytomegalovirus(HCMV)에 대해 최초로 승인된 약물이다. HCMV의 감염은 정상 성인에게는 보통 증상을 나타내지 않지만 면역저하자에서는 생명이나 시력을 위협할 수 있다. GCV는 이러한 사람들에서 비교적 효과적이다. 이것의 구조가 그림 36.4에 제시되어 있다. ACV처럼 GCV는 비고리형 당-유사 분자에 연결된 구아닌 염기를 포함하며 2′ CH_2 부분이 없다. 하지만 이는 ACV에는 없는 3′ CHOH기를 포함하고 있다. 따라서 이는 자연 화합물인 데옥시구아노신과 더 유사하므로 더 높은 독성을 나타낸다.

GCV가 저해제로 작용하기 위해서는 ACV와 비슷한 방식으로 인산화되어야 한다(그림 36.5). 그러나 CMV는 HSV의 티미딘 키나아제(GCV를 매우 효과적으로 인산화시키는) 상동체를 암호화하지 않는다. 그럼에도 불구하고 CMV에 감염된 세포에는 GCV 인산화형이 정상세포보다 약 30배 더 많다. 어떤 효소가 GCV의 인산화에 관여하는가?

생화학 실험을 통하여 이에 대한 올바른 답을 얻을 수 없었지만 amantadine의 경우처럼 분자유전학으로 약물의 표적을 알아내는 데 성공하였다. GCV의 인산화를 유도하지 못하는 GCV-내성 돌연변이는 UL97이라고 하는 바이러스 단백질을 암호화하는 유전자에 일어난다. 그 뒤에 이 단백질이 GCV를 일인산형으로 직접 전환시킬 수 있음이 알려졌다. 그 다음에 세포 키나아제가 이인산형과 삼인산형을 생성한다. 흥미롭게도 UL97은 자연 뉴클레오시드를 인산화하지 않고 뉴클레오시드 키나아제와 상동성을 나타내지도 않는다. UL97은 비록 단백질 키나아제에 공통적인 일부 모티프들을 가지지 않지만 세린/트레오닌 단백질 키나아제이다. 단백질 키나아제가 어떻게 뉴클레오시드 유사체를 인산화시키는 지는 효소학 분야에서도 흥미로운 과제로 남아 있다.

GCV 삼인산은 세포 DNA 중합효소보다 CMV의 DNA 중합효소를 더 강하게 저해한다. 따라서 GCV는 ACV가 HSV의 복제를 저해하는 것처럼 두 단계, 즉 인산화에 의한 활성화와 DNA 중합효소의 저해 단계에서 선택적인 활성을 나타낸다. 하지만 이러한 두 단계에서의 선택성은 ACV처럼 높지 않다. 따라서 GCV는 독성이 높기 때문에 매우 심각한 감염에 대해서만 이용된다.

HIV-1의 역전사효소는 azidothymidine을 우선적으로 DNA에 통합시켜 사슬 연장을 종료한다

Azidothymidine(AZT; zidovudine)은 HIV에 의하여 유발되는 AIDS의 치료제로 최초로 승인된 약물이다. AZT를 단독으로 이용하면 효능이 다소 제한적이므로 지금은 다른 약물들과 조합으로 이용되고 있다.

ACV와 GCV처럼 AZT도 변형된 당 부위를 가지는 뉴클레오시드 유사체이다. AZT에는 정상적인 3′ OH가 아지도(N_3)기로 전환된 리보오스에 티민 염기가 연결되어 있다 (그림 36.4). 따라서 이는 합성 중인 DNA 분자에 통합되면 ACV처럼 사슬 연장이 종료된다.

AZT의 세포내 물질대사는 티미딘과 매우 유사하게 일어난다(그림 36.7). HIV-1은 AZT를 인산화하여 활성화시키는 효소를 암호화하지 않는다. 그 대신 AZT는 세포 티미딘 키나아제에 의하여 인산화된다. 따라서 ACV와 GCV와는 달리 AZT의 활성화는 선택적으로 일어나지 않고 비감염 세포에서도 일어난다.

AZT 일인산은 세포의 **티미딜산 키나아제(thymidylate kinase)**에 의하여 AZT 이인산으로 전환된다. AZT 일인산은 티미딘 삼인산의 합성에 필수적인 티미딜산 키나아제

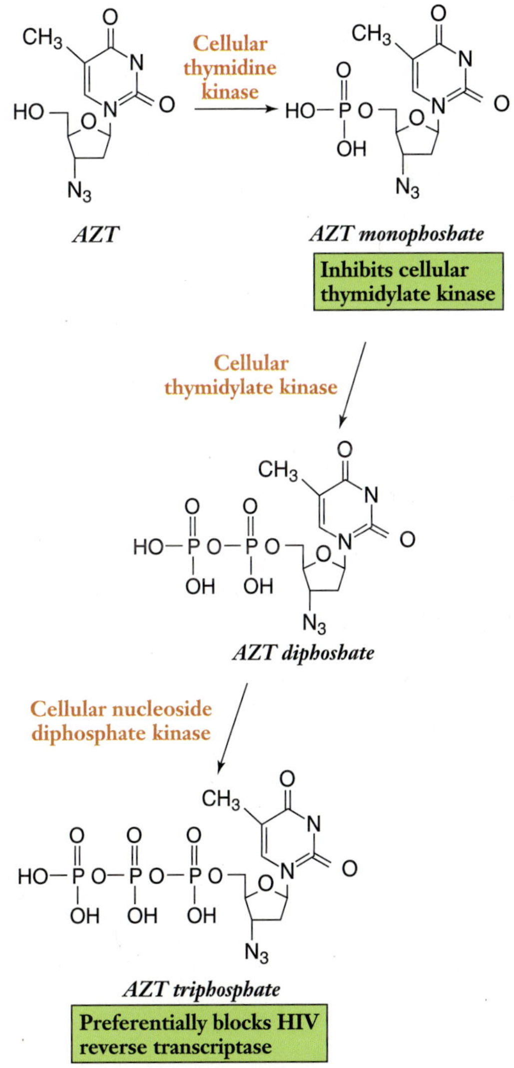

그림 36.7 Azidothymidine(AZT)의 인산화. ACV(그림 36.5)와는 달리 AZT는 바이러스 키나아제에 의하여 특이적으로 인산화되지 않고 세포에서 티미딘의 인산화 경로를 따라 인산화된다. ACV처럼 삼인산형이 항바이러스성 활성을 나타낸다. 그러나 AZT의 일인산형은 세포 효소인 티미딜산키나아제를 저해하므로 독성을 나타낸다.

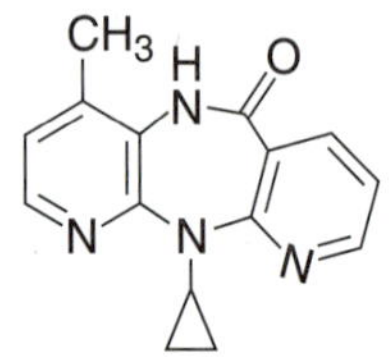

Nevirapine

그림 36.8 HIV-1 역전사효소의 비뉴클레오시드 저해제인 nevirapine.

의 저해제로도 작용하여 DNA 합성을 저해한다. 이로 인하여 이 약물의 독성이 일부 나타나며 임상적으로는 흔히 골수 기능이 저하된다.

AZT 이인산은 세포의 **뉴클레오시드 이인산 키나아제(nucleoside diphosphate kinase)**에 의해 삼인산형으로 전환된다. AZT 삼인산은 인간 DNA 중합효소보다 HIV의 역전사효소를 더 강하게 저해하여 선택성을 나타낸다.

AZT가 개발된 이후로 여러 가지 다른 뉴클레오시드 유사체들이 개발되어 HIV에 대한 항바이러스제로 승인되었다. 이러한 화합물들도 AZT처럼 세포 키나아제에 의하여 인산화되고 이들의 삼인산 형들이 HIV 역전사효소를 저해한다. 이러한 화합물들의 일부는 AZT보다 효능이 약하거나 다른 독성을 나타내며 일부는 자주 투약될 수 없다. 또한 이러한 약물들의 일부는 HBV 감염에 대해서도 이용할 수 있도록 승인되었다. HBV의 비리온은 DNA를 포함하지만 감염 세포 내에서 바이러스 게놈이 전체 길이의 RNA로 전사되고 이 RNA가 DNA로 역전사된다. 일부 뉴클레오시드 유사체들은 세포 키나아제들에 의하여 인산화되어 역전사 단계에 관여하는 HBV 효소의 선택적인 저해제로 작용한다.

비뉴클레오시드 저해제들은 바이러스 복제 효소들을 선택적으로 저해한다

AZT가 많은 문제점들을 지님에도 불구하고 HIV-1의 역전사효소가 약물 개발에 유용한 표적일 것이라는 바이러스 유전학 및 생화학적 개념을 입증하는데 큰 도움을 주었다. 그 뒤로 여러 제약회사들이 HIV-1 역전사효소에 대해 표적-기반의 대량발굴탐색법을 적용하여 뉴클레오시드 유사체가 아닌 수많은 화합물들을 발굴하였다.

흥미롭게도 이렇게 발굴된 화합물들은 구조가 서로 비슷하고(그림 36.8에 이들 가운데 하나인 nevirapine을 나타냄) 비슷한 방식으로 작용한다. 이러한 비뉴클레오시드 저해제들(non-nucleoside inhibitors)은 DNA 중합효소의 활성 부위 근처에 결합하여 DNA 중합 속도를 현저하게 감소시킨다. 이들은 HIV-2의 역전사효소를 저해하지 않을 정도로 매우 특이적으로 작용한다. 이들은 표적-기반의 대량 발굴 접근법의 유효성을 입증하는 좋은 사례가 되었다.

이 화합물들에 대해서도 바이러스가 내성을 빨리 획득할 수 있으므로 이들은 다른 약제들과 조합으로 이용된다. 여러 가지 약물들을 동시에 이용하면 바이러스가 모든 약물들에 대해 내성을 획득할 가능성이 낮다. 또한 한 약물에 대해 내성을 부여하는 돌연변이는 다른 약물에 대한 감수성을 증가시키거나 바이러스의 복제 능력을 약화시킬 수도 있다.

2007년에 FDA는 항-HIV 약물인 **raltegravir**를 승인하였다. 이 화합물은 바이러스 **인테그라제(integrase)**를 저해한다. 인테그라제는 역전사효소에 의하여 생성된 DNA 사본을 숙주세포 DNA에 통합하는 과정을 촉매한다. Raltegravir는 인테그라제를 표적-기반 분석법에 이용한 약물 개발 프로그램으로 개발되었다.

프로테아제 저해제는 바이러스의 조립과 성숙을 저해할 수 있다

많은 바이러스들은 바이러스 복제과정, 특히 조립 및 성숙단계에 필수적인 프로테아제들을 암호화한다. 이러한 효소들에 대해 작용하는 약물들을 개발하기 위하여 많은 연구가 이루어졌다. 이러한 연구는 항-HIV-1 프로테아제 저해제가 성공적으로 개발되면서 더욱 활발히 진행되었다. HIV-1의 프로테아제는 HIV 복제에 필수적인 효소이므로 항바이러스성 화학요법을 위한 이상적인 표적이다; 이는 조립된 비리온 내에서 바이러스 캡시드 단백질의 전구체인 Gag를 절단한다. 이러한 절단이 이루어지지 않으면 자손 비리온이 세포에 감염할 수 없고 따라서 감염의 전파가 중단된다. 또한 HIV-1의 프로테아제는 기질 특이성을 나타내므로 좋은 표적이 된다; 이는 인간 프로테아제들에 의해서는 거의 잘려지지 않는 페닐알라닌과 프롤린 사이를 절단한다.

프로테아제 저해제들은 무작위적인 탐색이나 대량발굴법보다 합리적으로 개발되었다. 프로테아제 저해제를 역전사효소 저해제와 조합으로 이용하면 환자에서 순환 중인 HIV-1의 수준이 매우 낮아지며 환자의 건강과 수명이 현저히 개선된다.

Ritonavir: 합리적 방법으로 개발된 성공적인 HIV-1 프로테아제 저해제

프로테아제 저해제 약물의 한 가지 예가 **펩티드 모방 약물**

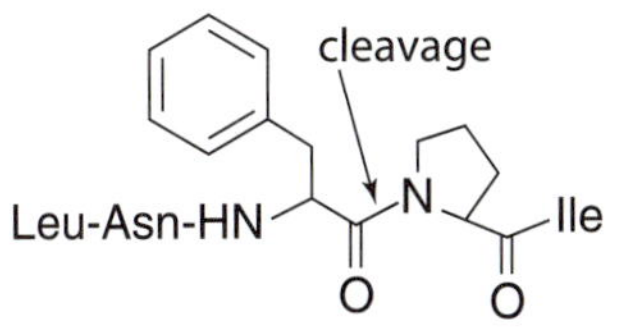

cleavage

Leu-Asn-HN

Ile

Leu-Asn-Phe-Pro-Ile

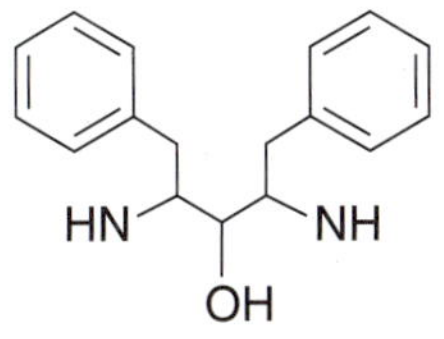

A-74702

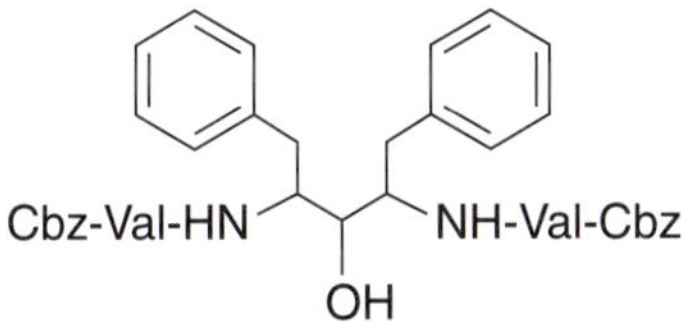

A-74704

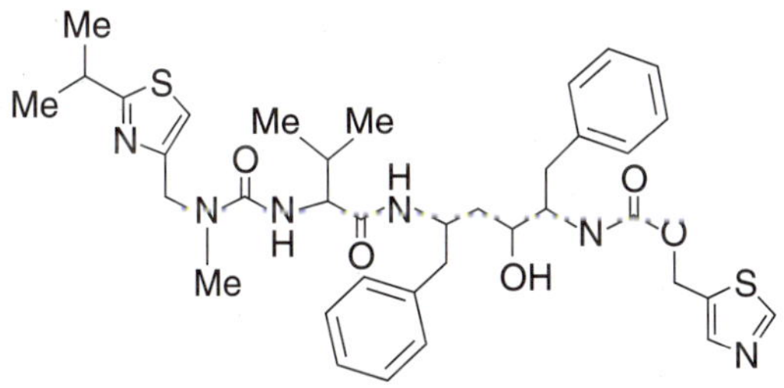

Ritonavir

그림 36.9 Ritonavir의 개발단계. 위: HIV-1 프로테아제의 원래 기질. 페닐알라닌(Phe)과 프롤린(Pro) 사이의 펩티드 결합이 프로테아제에 의하여 절단된다. 중간: 펩티드 결합이 하이드록시에틸아민으로 교체된 두 가지 초기 대칭적 저해제들. 아래: 최종 산물인 ritonavir. Cbz = carboxybenzyl; Me = methyl.

(peptidomemetic)인 **ritonavir**(그림 36.9)이다. Ritonavir의 개발은 역전사효소의 방출을 위해 절단되는 Gag-Pol 다단백질의 한 영역인 HIV-1의 자연적 기질(Leu_{165}-Asn-Phe-Pro-Ile)에서 시작되었다.

HIV-1 프로테아제의 결정 구조가 핵심적인 실마리를 제공하였다. 이 효소는 2개의 동일한 소단위체들로 이루어진 대칭적인 2량체임이 밝혀졌다. 이와 가장 유사한 세포 효소는 비대칭적 2량체이다. 따라서 ritonavir를 개발한 그룹은 이에 적합한 대칭적 저해제를 만들었다. 이 저해제에서는 프롤린이 페닐알라닌으로 교체되고 두 페닐알라닌들 사이의 펩티드 결합을 정상적인 C:O에서 CHOH로 변형시켜 하이드록시에틸아민(hydroxyethylamine)이 만들어졌다(그림 36.9의 A-74702). 하이드록시에틸아민 화합물은 원래의 펩티드를 모방할 뿐만 아니라 프로테아제 촉매의 전이상태(즉, 효소에 가장 단단히 결합하는 촉매 중간체)도 모방한다. 그러나 원래의 펩티드와 실제적인 전이상태와는 달리 이들은 절단되지 않는다. 이러한 특징들로 인하여 이들은 훌륭한 저해제가 될 수 있다.

A-74702는 매우 약한 저해제이지만 양 끝에 대칭적인 발린-카르복시벤젠(valine-carboxybenzyl)기를 첨가하면(그림 36.9의 A-74704) 활성이 4만 배나 증가한다. 이를 더 변형시켜 활성을 100배 이상 증가시키면 피코 몰(10^{-12} M) 농도에서도 프로테아제를 저해할 수 있는 화합물이 된다. 이러한 변형으로 체내에서 약물의 흡수율과 안정성, 즉 **약동학(pharmacokinetics)**이 크게 향상된다.

이러한 개선은 저해제의 반복적인 합성과정과 x-선 결정분석법으로 저해제가 결합한 프로테아제의 구조를 규명함으로써 가능하였다. 과학자들은 이러한 구조를 보고 새로운 저해제를 만들기 위하여 어떠한 기들을 첨가하거나 제거해야 하는지를 예측할 수 있다. 이러한 과정을 여러 번 반복하여 최종적으로 ritonavir가 만들어졌다.

프로테아제 저해제를 처리하면 HIV-1 감염 세포들이 바이러스 단백질들을 계속 만들지만 Gag 다단백질이 절단되지 않는다. 따라서 바이러스 입자들이 감염 세포에서 출아되지만 이들은 미성숙 상태이므로 다른 세포에 성공적으로 감염할 수 없다. 이러한 약물들이 예상대로 작용한다는 증거는 약제 내성 돌연변이들이 프로테아제를 암호화하는 HIV-1 유전자에 위치한다는 것이다. 이러한 프로테아제 저해제들은 HIV-1 복제를 효과적으로 억제하여 바이러스의 수준을 낮출 수 있다. 따라서 ritonavir는 HIV-1에 대해 매우 성공적인 3중 치료제 조합에 다른 약물들과 함께 이용되고 있다.

뉴라미니다아제 저해제들은 influenza virus의 방출과 전파를 억제한다

Influenza virus의 뉴라미니다아제에 대한 저해제들은 순수하게 합리적인 접근법으로 약물을 디자인하여 성공한 가장 좋은 사례이다. 이러한 약물들은 감염 세포에서 바이러스의 방출을 저해한다. Influenza virus는 대부분의 바이러스들과는 달리 세포 표면에서 방출되기 위하여 특별한 메커니즘을 필요로 한다. 이 바이러스는 비리온의 헤마글루티닌(hemagglutinin; HA) 단백질과 세포막의 당단백질 및 **강글리오시드(ganglioside)**에 존재하는 **시알산(sialic acid**; 그림 36.10a)의 상호작용으로 세포에 부착한다. 이러한 상

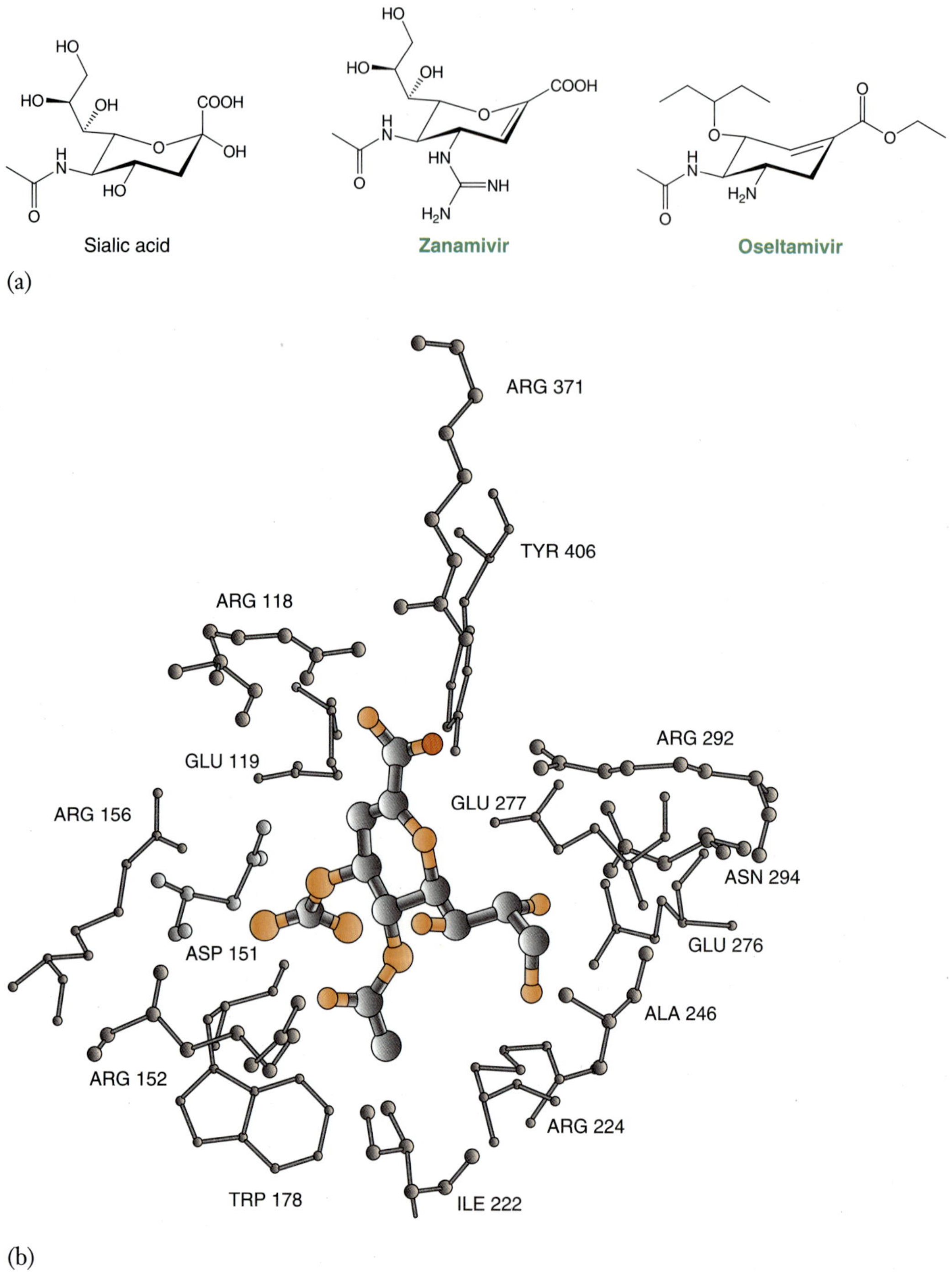

그림 36.10 뉴라미니다아제 저해제의 합리적 디자인. (a) 시알산, zanamivir 그리고 oseltamivir의 구조. Ac = acetyl; Me = methyl. (b) Zanamivir에 결합된 influenza 뉴라미니다아제의 활성 부위. Zanamivir를 중앙에 공-막대 모형으로 나타내었다(작은 주황색 구 = O; 큰 주황색 구 = N). 결합부위 근처의 아미노산들을 표기하였다.

호작용은 바이러스의 진입 과정에서 일어난다.

그러나 바이러스 복제주기의 마지막 단계에서 비리온의 HA 단백질이 세포 표면의 시알산과 결합하면 새로 형성된 바이러스 입자들의 방출이 억제된다. 이러한 문제를 극복하기 위하여 influenza virus는 다른 외막 단백질인 뉴라미니다아제(neuraminidase; NA) 단백질을 만든다. NA 단백질은 막 당단백질에서 시알산을 절단하여 세포로부터 바이러스를 방출시킨다; 이 효소가 없으면 바이러스가 움직이지 못하므로 다른 세포로 이동할 수 없다. Influenza의 NA 단백질은 세포 효소들과 다르므로 좋은 약물 표적이 된다.

1983년 x-선 결정분석법에 의하여 NA의 3차원적 원자 구조가 밝혀지면서 현재 이용되는 두 가지 NA 저해제들인 zanamivir와 **oseltamivir**(그림 36.10a)의 디자인이 시작되었다. 그 뒤에 시알산과 복합체를 이룬 NA의 구조가 밝혀지면서 시알산이 효소에 형성된 3개의 주머니들 가운데 2개를 차지한다는 것이 알려졌다(그림 36.10b). Zanamivir와 oseltamivir는 이 구조와 전이상태 저해제에 결합된 NA의 구조에 따라 고안되었다. 효소의 3주머니에 있는 특정 아미노산 잔기들과 약물이 에너지적으로 가장 적합한 상호작용이 이루어지도록 고안되었다. 이러한 과정을 통하여 매우 강력한 저해제들이 만들어졌다. 이러한 NA 저해제들은 단백질 및 자연 리간드의 구조를 바탕으로 디자인된 합리적인 약물의 가장 좋은 사례로 여겨진다.

비록 이러한 두 가지 화합물들이 *in vitro*에서 강력한 효능을 나타내었지만, 임상시험 결과에 의하면 독감 증상을 빨리 완화시키지 않았다. 이들은 감염의 첫 증상들이 나타나고 48시간 이내에 투약되어야만 고열 기간을 고작 하루 혹은 이틀 정도 단축시킬 수 있다. 이들은 공격적인 광고를 통하여 환자들에게 홍보되었다. 최근에는 이 화합물들이 신흥 influenza H5N1("조류 독감")과 대유행 H1N1('돼지 독감") 변종들에 인한 심각한 질병 증상들과 사망률을 경감시키는 효능을 나타낸다는 것이 알려지면서, 이 약물들의 이용이 더 확대되었으며 심지어는 비축하는 지경에까지 이르렀다.

항바이러스성 화학요법의 미래는 밝다

항바이러스성 화학요법은 매우 활발하게 연구가 진행되고 있는 분야이다. 우리는 오랫동안 바이러스에 대해 얻은 지식들을 이용하여 바이러스성 질병을 치료하고자 한다. Influenza virus, HIV-1 및 herpesvirus에서 거둔 성공을 바탕으로 앞으로 다른 바이러스성 질병들도 항바이러스성 치료법으로 극복될 수 있다는 낙관론이 제기되었다. 또한 항바이러스제들은 바이러스에 대하여 더 많은 것들을 연구하기 위한 훌륭한 도구들을 제공한다.

핵심 용어

Acyclovir
Amantadine
Azidothymidine
Enfuvirtide
Ganciclovir
Maraviroc
Nevirapine
Oseltamivir
Pleconaril
Raltegravir
Ritonavir
Zanamivir
강글리오시드(Gangliosides)
뉴라미니다아제(Neuraminidase)
뉴클레오시드 이인산 키나아제(Nucleoside diphosphate kinase)
비고리성(Acyclic)
비뉴클레오시드 저해제(Non-nucleoside inhibitors)
세포-기반 대량발굴탐색법(Cell-based high throughput screen)
시알산(Sialic acid)
약동학(Pharmacokinetics)
인터페론(Interferon)
인테그라제(Integrase)
치료 지수(Therapeutic index)
캡시드-결합 약물(Capsid-binding drugs)
티미딘 키나아제(Thymidine kinase)
티미딜산 키나아제(Thymidylate kinase)
펩티드 모방 약물(Peptidomimetic)
표적-기반 대량발굴 탐색법(Target-based high throughput screen)
합리적 약물발굴(Rational drug discovery)

기본 개념

- 감염 세포나 바이러스 단백질을 이용한 자동화된 분석법으로 항바이러스성 화합물들이 선별되었다.
- 또 다른 접근법은 표적 효소의 활성 부위에 대한 구조에 기초하여 약물을 고안하는 것이다.
- 일단 가능성이 있는 후보 화합물이 발견되면 화학자들은 더 높은 항바이러스성 활성을 나타내는 유사체들을 합성한다.
- 항-HIV 약물인 maraviroc은 바이러스의 세포 수용체 부착을 막는다.
- 또 다른 항-HIV 약물인 enfuvirtide는 융합과 바이러스 진입에 필요한 바이러스 외막 단백질 gp41의 구조적 변화를 저해한다.
- Amantadine은 엔도좀에서 비리온 내부로 H^+를 유입시키는 이온채널을 막아 influenza virus의 탈피를 저해한다.
- Acyclovir는 HSV의 티미딘 키나아제에 의하여 인산화되어 바이러스 DNA 중합효소에 의하여 DNA에 통합되면 DNA의 복제를 막는 뉴클레오시드 유사체이다.
- Ganciclovir는 CMV의 단백질 키나아제에 의하여 인산화되고 바이러스 DNA 중합효소의 활성을 우선적으로 저해한다.
- Azidothymidine으로 시작된 수많은 뉴클레오시드 유사체들은 합성 중인 DNA 사슬을 조기 종료시켜 HIV의 역전사효소를 저해한다.

- 다른 HIV 역전사효소 저해제들은 뉴클레오시드 유사체가 아니며 효소의 활성 부위 근처에 결합한다.
- 최근의 항-HIV 약물인 raltegravir는 바이러스 인테그라제를 저해한다.
- HIV에 대해 활성을 나타내는 프로테아제 저해제들은 바이러스 입자의 성숙을 저해한다.
- 뉴라미니다아제 저해제들은 감염 세포의 표면에서 시알산 잔기들로부터 influenza virus의 방출을 억제한다.

복습 문제

1. Pleconaril(아직 FDA에 의해 승인되지 않은 약물)의 항바이러성 메커니즘은 무엇인가?

2. Influenza virus는 수용체-매개 내포작용에 의해 세포에 들어가지만 이 바이러스의 복제는 이온채널을 막는 약물에 의하여 저해된다. 이 약물은 influenza virus의 복제를 어떻게 저해하는가?

3. Herpesvirus의 DNA 복제를 억제하는 약물들은 대부분 바이러스 뉴클레오시드 키나아제에 의해 활성화된다. Ganciclovir(GCV)는 어떻게 활성화되는가?

4. 다양한 바이러스들에 대하여 활성을 나타내는 화합물을 개발하는 것은 현실적으로 불가능하므로 제약회사들은 항바이러스제의 개발에 적극적으로 자본을 투자하지 않았다. 박테리아에 대해서는 광범위 항생제들이 만들어졌지만 광범위 항바이러스제를 만드는 것이 어려운 이유는 무엇인가?

CHAPTER 37

진핵세포 바이러스 벡터

Rénald Gilbert
Bernard Massie

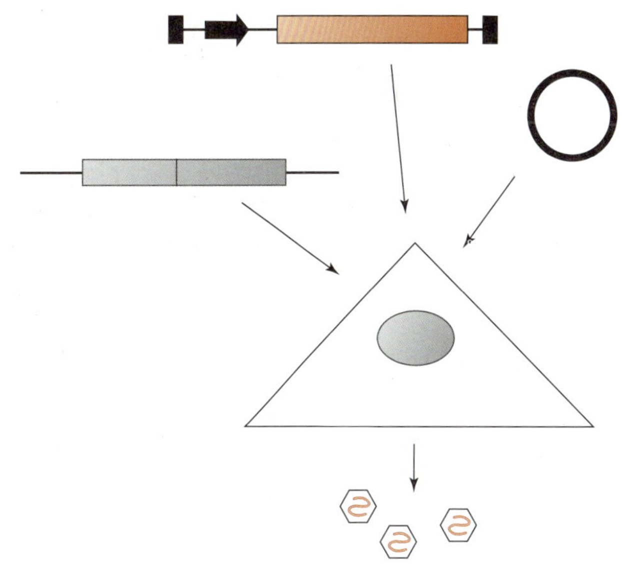

바이러스 벡터의 용도

재조합 단백질 생산
재조합 백신
유전자 치료
항암제

벡터의 제조

일부 혹은 모든 바이러스 유전자들의 제거
바이러스 게놈에 *cis*-작용성 복제 및 포장 서열은 유지
바이러스 게놈에 관심 유전자의 삽입

벡터의 생산

바이러스 벡터에서 제거된 바이러스 유전자들을 발현하는 세포주에 게놈을 트랜스펙션
제거된 유전자들을 발현하는 헬퍼 바이러스를 감염시킨 세포에 게놈을 트랜스펙션

Adenovirus 벡터

고농도 생성이 용이
인체 시험에 이미 널리 이용된 적이 있음
효용을 감소시키는 면역 반응이 유도될 수 있음

Retrovirus 벡터

표적 조직에 통합되어 외래 유전자의 영구적인 도입이 가능
1세대 adenovirus 벡터보다 면역성이 약함
많은 세포 유형에 감염할 수 있도록 vesicular stomatitis virus의 G 외막 단백질과 포장 가능

Adeno-associated virus 벡터

부모 바이러스가 인간에 비병원성이므로 안전할 것으로 여겨짐
다른 벡터들에 비하여 면역성이 약함
수용할 수 있는 외래 유전자의 크기가 제한적임

특정 유전자를 운반하고 발현하도록 조작될 바이러스를 조작할 수 있다

자신의 유전자나 외래 유전자를 운반하고 발현하도록 유전적으로 변형된 바이러스를 **바이러스 벡터(virus vector)** 라고 한다. 다양한 물리적 및 화학적 방법들을 이용하면 DNA를 세포 내로 운반할 수 있지만 바이러스 벡터는 훨씬 더 높은 효율로 유전자를 전달할 수 있다. 바이러스는 세포 표면의 특정 수용체와 상호작용하여 세포 내로 들어가서 최적 발현과 복제를 위한 적절한 장소로 자신의 핵산 게놈을 운반하는 매우 효과적인 유전자 전달기구이다(2장 및 4장). 따라서 바이러스 벡터는 다른 유전자 전달 방법들보다 큰 장점을 가진다. 여러 진핵세포 바이러스들의 게놈을 클로닝하고, 박테리아 플라스미드에서 이들을 조작하여 자연 숙주세포에 재도입시키면 재조합 비리온을 생성할 수 있다.

바이러스 벡터는 주로 4가지 목적으로 제조된다: (1) 배양 세포에서 특정 단백질의 생산; (2) 특정 질병에 대한 동물이나 인간의 백신 접종; (3) 결함 유전자를 대체하기 위한 동물이나 인간의 유전자 치료; (4) 종양 세포를 특이적으로 죽이는 항암제. 표 33.1에 제시된 바와 같이 매우 다양한 바이러스들을 이용하여 여러 가지 바이러스 벡터들이 개발되었다. 이들의 게놈은 크기가 5–200 kb에 이르는 양성- 혹은 음성-가닥 RNA, 단일- 혹은 이중-가닥 DNA을 가진다. 지난 20년 동안 이 주제에 대하여 수만 편의 논문들이 발표되었다.

바이러스 벡터를 이용하면 배양 세포에서 특정 단백질을 높은 수준으로 생성할 수 있다

포유동물에서 단백질 생성을 위한 벡터로 이용된 최초의 바이러스는 polyomavirus의 일종인 simian virus 40 (SV40)이다. 1979년에 Richard Mulligan과 Paul Berg는 SV40 게놈을 벡터로 이용하여 원숭이 세포에서 토끼의 β-globin 유전자를 발현하였다. 환형의 5.3-kb 이중-가닥 DNA인 SV40의 게놈은 박테리아 플라스미드에 클로닝된 최초의 진핵세포 바이러스 게놈이며, 1970년대 후반에 완전한 뉴클레오티드 서열이 결정되었다. 이 바이러스는 게놈 크기가 작기 때문에 비리온에 포장될 수 있는 외래 DNA의 크기가 제한되는 단점이 있다.

Adenovirus(35-kb 게놈)와 baculovirus(135-kb 게놈)는 더 큰 게놈을 가지고 쉽게 재조합 비리온을 생성할 수 있

표 37.1 일부 진핵세포 바이러스 벡터들과 이들의 적용분야

Application	Virus family	Virus species
Protein production	Adenovirus	Adenovirus type 5
	Retrovirus	Human immunodeficiency virus type 1
	Baculovirus	*Autographa californica* nucleopolyhedrovirus
	Togavirus	Semliki Forest virus, Sindbis virus
	Adenovirus	Adenovirus types 2 and 5
Recombinant vaccines	Coronavirus	Transmissible gastroenteritis virus, mouse hepatitis virus, infectious bronchitis virus
	Flavivirus	Japanese encephalitis virus, yellow fever virus
	Herpesvirus	Bovine herpesvirus
	Orthomyxovirus	Influenza A and B viruses
	Paramyxovirus	Sendai virus, simian virus 5
	Parvovirus	Adeno-associated virus
	Picornavirus	Poliovirus
	Poxvirus	Vaccinia virus, canarypox virus, fowlpox virus
	Rhabdovirus	Rabies virus, vesicular stomatitis virus
	Togavirus	Semliki Forest virus, Sindbis virus, western equine encephalitis virus, Venezuelan equine encephalitis virus
Gene replacement therapy	Adenovirus	Adenovirus types 2 and 5
	Baculovirus	*Autographa californica* nucleopolyhedrosis virus
	Flavivirus	Kunjin virus, tick-borne encephalitis virus
	Herpesvirus	Cytomegalovirus
	Retrovirus	Human immunodeficiency virus type 1, simian immunodeficiency virus type 1, murine leukemia virus
	Paramyxovirus	Sendai virus, human parainfluenza virus
	Parvovirus	Adeno-associated virus, B19 virus
	Polyomavirus	Simian virus 40
	Togavirus	Semliki Forest virus, Sindbis virus
Antitumor agents	Adenovirus	Adenovirus type 5
	Herpesvirus	Herpes simplex virus
	Paramyxovirus	Newcastle disease virus, simian virus 5
	Parvovirus	Minute virus of mice, H-1 parvovirus, LuIII virus
	Poxvirus	Vaccinia virus, avian poxviruses
	Reovirus	Reovirus
	Rhabdovirus	Vesicular stomatitis virus

으므로 더 효과적인 벡터를 제공한다. 이들은 지금도 유전자 발현을 목적으로 많이 이용되고 있으며, 다양한 벡터들이 재조합 바이러스의 선별계 및 증식을 위한 감수성 세포주와 함께 세트로 판매되고 있다.

최근에는 높은 수준의 단백질을 생성할 수 있는 다른 벡터 시스템들이 개발되었다. 특히, Semliki Forest virus와 같은 togavirus와 HIV-1과 같은 retrovirus에서 유래된 벡터들이 많이 이용된다. 하지만 단백질의 과발현을 위해서는 다량의 플라스미드를 포유동물 세포에 트랜스펙션하는 방법이 재조합 바이러스를 대체하기 시작하였다.

유전자 치료법은 확장되고 있는 바이러스 벡터의 대표적인 적용분야이다

백신 접종과 유전자 치료법은 가장 보편화된 바이러스 벡터의 적용분야이다. 바이러스를 유전자 치료에 이용하려는 발상은 1950년대 후반에 바이러스가 자신의 유전물질을 세포에 운반한다는 사실이 알려지면서 생겨났다. 더구나 1960년대 후반에 polyomavirus와 retrovirus(21장과 28장)를 비롯한 종양 바이러스들이 형질전환과정에서 바이러스 게놈을 숙주세포에 삽입한다는 것이 밝혀졌다. 따라서 외래 **이식 유전자(transgene)**를 세포에 운반하도록 바이러스를 개조한다면 이러한 유전자들은 바이러스를 통하여 세포 게놈에 안정하게 통합되어 결함성 숙주세포 유전자들을 대체할 수 있을 것으로 생각하였다.

1980년대 중반에 심각한 면역결핍을 치료하기 위하여 생쥐의 골수 줄기세포에 retrovirus 벡터를 이용하여 아데노신 탈아미노화 효소(adenosine deaminase)를 성공적으로 전달함으로써 유전자 교체 치료법이 시작되었다. 그러나 1990년대에 들어서야 이와 유사한 실험이 인간에서 수행되었으며 제한적인 성공만을 거두었다. 지난 20년 동안 다양한 바이러스 벡터들을 이용한 1,500건 이상의 임상시험들이 유전자 치료를 위하여 수행되었다. 그러나 유전자 치료법은 여전히 실험 단계에 머물러 있으며 인간에게 보편적인 용도로 이용되기 위해서는 아직도 많은 연구가 필요하다.

개체에서 분리한 세포들을 *in vitro*에서 감염시키고 원하는 유전자를 발현하는 세포들을 개체에 재도입시키면 유전자 전달이 이루어진다. 또한 체내에 바이러스를 주사하여 직접 유전자를 세포에 전달할 수도 있다. 백신 접종이나 항암 치료와 같은 유전자 치료를 위해서는 원하는 유전자가 표적 세포에서 일시적으로 과발현되어도 충분하다. 하지만 유전자 교체 치료의 경우에는 장기간(이상적으로는 개체가 죽을 때까지)의 발현이 요구된다.

유전자 전달 기술이 발달하면서 재조합 DNA 기술에 기반을 둔 생물 약제들이 활발히 개발되고 있다. 현재 이용되고 있는 단백질 치료제들은 **항체**, 혈청 단백질, **사이토카인** 및 호르몬 등의 분비성 및 순환성 단백질들로 제한되어 있다. 앞으로는 이러한 단백질 치료제들이 환자의 세포에서 직접 합성되도록 만들 수 있을 것이다. 이러한 새로운 약물 전달계의 활용 분야는 무궁무진하다: 신호전달 분자에 대한 수용체, 막 수송 단백질, 구조 단백질, 효소, 전사인자 등을 암호화하는 유전자들을 전달하여 수많은 질병들의 치료에 이용할 수 있을 것이다.

바이러스 벡터는 제거된 게놈을 포함하는 플라스미드를 트랜스펙션한 세포에서 만들어진다

유전자 교체를 위한 이상적인 벡터는 적절한 표적 세포에 이식 유전자를 특이적으로 운반할 수 있을 뿐만 아니라 치료효과가 나타나도록 이 유전자를 충분히 강하게 발현할 수 있어야 한다. 이를 위해서는 (1) 표적 세포로의 효과적인 운반, (2) 이식 유전자의 발현 수준 및 기간의 제어, (3) 벡터 성분과 이식 유전자에 대한 최소한의 독성 및 면역반응의 유도가 요구된다.

전형적인 바이러스 벡터에는 일부 혹은 모든 필수 바이러스 유전자들이 제거되어 벡터 스스로는 복제할 수 없다(그림 37.1). 벡터는 복제(ori)와 포장(ψ)에 필요한 바이

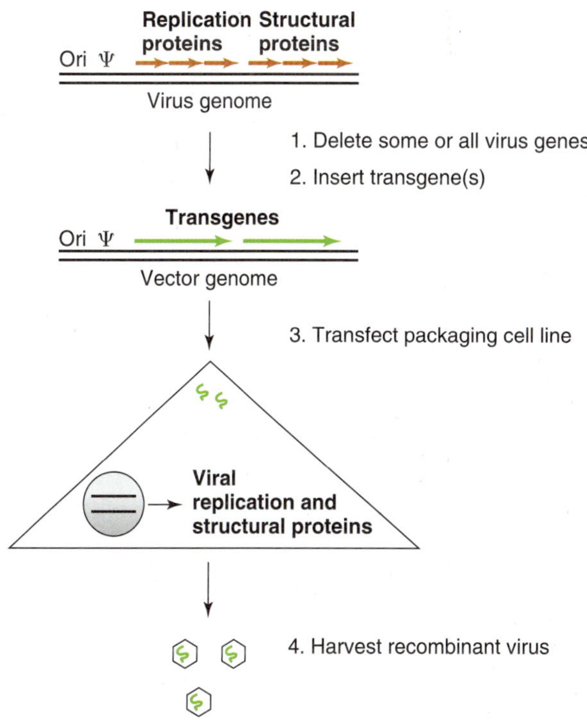

그림 37.1 전형적인 바이러스 벡터의 제조. Ori = 게놈 복제에 필요한 서열; ψ = *cis*-작용성 포장 서열.

러스 게놈의 *cis*-작용 요소들만 유지하고 바이러스 유전자들은 외래 유전자의 발현을 조절하는 카세트로 교체되어 있다. 이러한 벡터는 제거된 바이러스 유전자들을 발현하여 필수적인 복제 및 포장 성분들을 제공할 수 있는 세포주에서 증폭될 수 있다. 어떤 경우에는 헬퍼 바이러스(helper virus)의 감염으로 바이러스 단백질들이 제공된다; 그러나 이는 헬퍼 바이러스를 제거해야 하므로 재조합 벡터의 생산과정이 더 복잡해진다.

RNA 게놈을 가지는 바이러스에 기반을 둔 벡터는 역전사를 통하여 만든 바이러스 게놈의 DNA 복사본을 포함하는 플라스미드에서 제조된다. 이러한 플라스미드가 세포에 도입되면 세포 RNA 중합효소나 특수한 세포주 혹은 vaccinia virus 벡터가 제공하는 박테리오파지 T7 RNA 중합효소에 의하여 RNA가 생성된다(7장과 26장 참조).

대부분의 경우에 전사물이 바이러스 RNA 중합효소에 의하여 복제될 수 있으려면 게놈 RNA의 5′과 3′ 끝이 플라스미드 DNA에서 정확하게 생성되어야 한다. 정확한 3′ 말단을 가지는 RNA를 생성하기 위하여 T7의 전사종료 신호 혹은 자가-절단 리보자임(31장 참조) 등의 다양한 유전자 조작 기법들이 이용될 수 있다. 이와 같이 만들어진 바이러스 게놈 RNA는 보통 발현 플라스미드에 의해 제공되는 바이러스 RNA 중합효소에 의하여 복제된다.

바이러스 벡터는 최적 수준으로 유전자 산물을 생성하도록 조작된다

발현 카세트(그림 37.2)는 바이러스 벡터의 주요 요소들 가운데 하나이다. 이는 원하는 유전자의 효과적인 전사와 이 mRNA의 번역을 위한 서열 정보를 포함하는 재조합 DNA 분자이다. 포유동물 세포에서 유전자 발현에 이용되는 전형적인 재조합 DNA는 강한 **전사 인헨서(transcriptional enhancer)**와 프로모터, 효과적인 번역 개시를 위한 mRNA 5′ 말단의 적절한 서열들, RNA 스플라이싱 신호 그리고 마지막으로 강한 **폴리아데닐화 신호(polyadenylation signal)**를 포함한다.

만약 두 개의 이식 유전자들을 대등하게 발현하고자 한다면 각 유전자가 자신의 인헨서, 프로모터, 접합부위 및 폴리아데닐화 신호를 가지는 두 개의 독립적인 전사단위로 클로닝할 수 있다. 또한 이들이 하나의 mRNA 분자로 만들어져서 독립적인 번역 개시 카세트(internal ribosomal entry site, IRES; 11장 참조)의 조절을 받아 번역될 수도 있다. RNA 바이러스 벡터를 위한 발현 카세트는 바이러스 RNA 중합효소에 의하여 세포질에서 RNA로 발현되므로 보통 전사 프로모터/인헨서, RNA 접합부위 혹은 폴리아데닐화 신호 등을 포함하지 않는다. 지금까지 많은 종류의 유전자 치료용 벡터들이 개발되었지만 이 장에

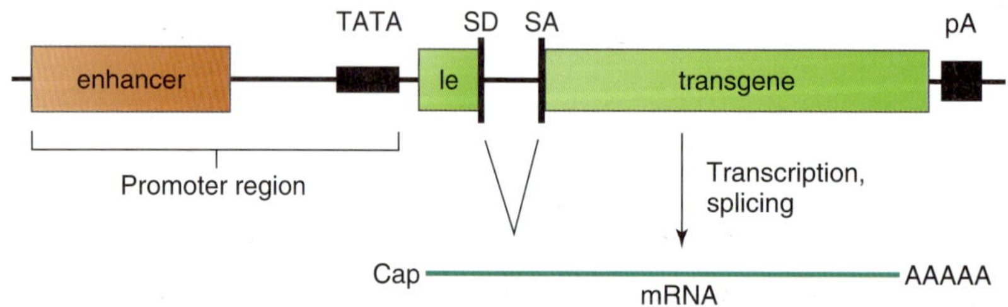

그림 37.2 전형적인 포유동물 발현 카세트. 두 개의 엑손을 가지는 전형적인 이식 유전자를 나타내었다. 첫 번째 엑손은 효과적인 번역을 위한 선도 서열(le)을 포함한다. 강한 인헨서와 TATA 박스는 높은 수준의 전사를 위해 필요하다. 강한 스플라이스 공여자(SD)와 스플라이스 수용자(SA) 서열 그리고 강한 폴리아데닐화 신호(pA)는 mRNA의 효과적인 가공과 세포질 수송을 위해 필요하다.

표 37.2 대표적인 바이러스 벡터들의 특성

Vector	Transgene capacity	Transduced cells: Dividing	Transduced cells: Nondividing	Integrates transgene	Antigenicity
First-generation adenovirus	7 kb	Yes	Yes	No	Strong
Third-generation adenovirus	35 kb	Yes	Yes	No	Weak
Oncoretrovirus	8 kb	Yes	No	Yes	Weak
Lentivirus	8 kb	Yes	Yes	Yes	Weak
Adeno-associated virus	4.5 kb	Yes	Yes	Yes[1]/No	Weak

[1]*Efficient integration requires the presence of the Rep protein.*

서는 가장 널리 이용되는 세 가지 벡터들 즉, adenovirus, retrovirus 및 parvovirus에서 유래한 것들(표 37.2)을 중심으로 설명할 것이다. 박테리오파지 T7, poxvirus, baculovirus, flavivirus, togavirus 및 bunyavirus에서 유래한 벡터들은 각 바이러스에 해당하는 장에서 이미 소개되었다.

Adenovirus 벡터

Adenovirus 벡터는 유전자 전달과 항암 치료법 연구에 널리 이용된다

Adenovirus(23장)는 혈청형에 따라서 25-45 kbp에 이르는 선형의 이중-가닥 DNA 게놈을 가진다. Adenovirus는 생산적 복제과정에서 게놈을 숙주 게놈에 통합하지 않지만 일부 세포 유형들에서 바이러스 게놈이 수개월 혹은 심지어 수년까지 안정한 에피좀 상태로 유지될 수 있다. Adenovirus 벡터는 1980년대 중반 이래로 유전자를 포유동물 세포에 전달하기 위하여 널리 이용되고 있다. 이는 이미 잘 알려진 벡터이며 전임상 및 임상시험에 가장 흔하게 이용되는 벡터이다. 바이러스 벡터를 고농도로 쉽게 만들 수 있고 이식 유전자의 발현 수준이 높은 것도 이 벡터의 장점이다.

복제-결함성 adenovirus 벡터는 보완 세포주에서 증식된다

Adenovirus 벡터는 다음과 같은 유전적 변형을 거쳐 제조되었다: (1) 벡터의 독자적인 복제 능력의 제거; (2) 외래 유전자 수용 능력의 증가; (3) 바이러스 단백질들에 대한 숙주 면역 반응의 감소; (4) 특정 세포 수용체로의 재표적화. 현재까지 제조된 다양한 adenovirus 벡터들을 그림 37.3에 제시하였다.

1세대 adenovirus 벡터. 이들에는 E1A와 E1B 유전자들이 결실되어 있다. E1이 제거된 adenovirus는 인간 배아 신장 293 세포처럼 E1 영역이 게놈에 통합되어 E1의 기능을 보완해 주는 세포주에서만 복제할 수 있다. E3 영역은 배양 세포에서 바이러스의 복제에 필요하지 않으므로 이를 결실시켜 외래 DNA를 수용할 수 있는 공간(전체 7 kbp)을 확장하였다.

1세대 벡터의 제조를 위해서는 보통 두 가지 DNA를 293 세포에 넣어 준다. 이들 가운데 하나는 E1 영역에서 절단되어 왼쪽의 **역말단 반복(inverted terminal repeat)**과 **포장 신호(packaging signal)**가 제거된 adenovirus 게놈을 포함한다. 두 번째는 전달 플라스미드(transfer plasmid)로서 게놈의 왼쪽 끝, 이식 유전자 카세트 그리고 재조합을 위한 상동적인 서열을 포함한다. 이 과정은 단순하기 때문에 좋아 보이지만 효율성은 낮다. 재조합이 드물게 일어나고 불완전하게 잘려진 adenovirus 게놈으로부터 재조합되지 않은 바이러스들이 생성될 수 있다.

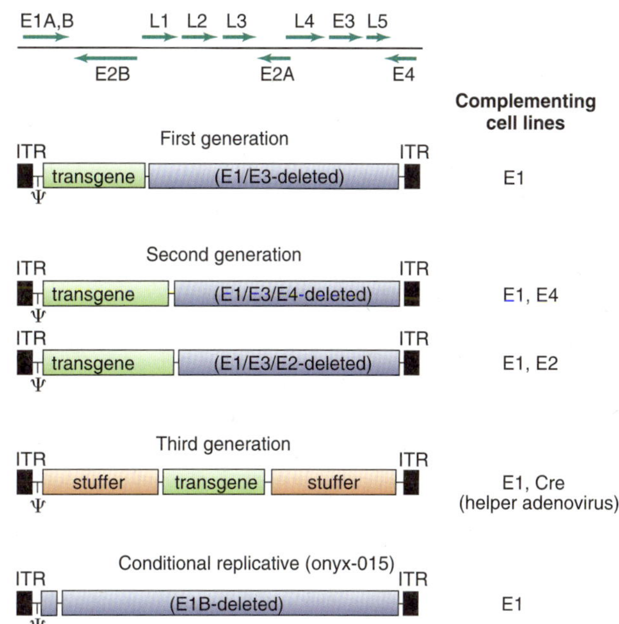

그림 37.3 Adenovirus 벡터의 제조. 주요 초기(E) 및 후기(L) 전사단위를 표시한 adenovirus 게놈 지도를 맨 위에 나타내었다. 그 아래에 다섯 가지 adenovirus 벡터들의 게놈 구조와 보완 세포주에서 발현되는 바이러스 유전자들을 나타내었다. 자세한 설명은 본문 참조. 바이러스 DNA: 청색; 이식 유전자: 녹색; 채움 DNA: 주황색. ITR; 역말단 반복; ψ: 포장 신호; Cre: 재조합효소.

재조합되지 않은 바이러스의 오염을 최소화하여 벡터 생성을 위한 시간과 노력을 줄이기 위한 다양한 전략들이 개발되었다. 이러한 전략들은 박테리아에서 플라스미드 혹은 코스미드(cosmid) 상태로 유지되는 바이러스 게놈을 이용한다. 재조합 adenovirus는 (1) 바이러스 게놈을 포함하는 플라스미드에 이식 유전자를 직접 클로닝하거나; (2) 박테리아에서 재조합을 통하여 이식 유전자를 바이러스 게놈에 삽입하거나; (3) Cre와 같은 특이적인 재조합효소를 이용하여 이식 유전자를 삽입하여 만들 수도 있다.

2세대 adenovirus 벡터. 1세대 adenovirus 벡터를 이용하면 면역이 결핍된 동물의 비분열 세포에서 이식 유전자의 발현을 수년간 유지할 수 있다. 그러나 정상적인 면역 능력을 가지는 동물에서는 숙주 면역계가 바이러스 단백질들을 발현하는 세포들을 파괴하므로 이식 유전자의 발현이 몇 주만 지속될 수 있다. 따라서 면역 거부를 줄이기 위하여 E2 혹은 E4 영역을 추가로 제거하여 adenovirus

벡터를 제조하였다(그림 37.3). 이러한 2세대 벡터를 만들기 위해서는 바이러스 복제에 필요한 결실 유전자들을 발현하는 생산자 세포주(producer cell line)가 필요하다.

E2A(단일-가닥 DNA 결합 단백질), E2B(바이러스 DNA 중합효소/전말단 단백질) 그리고 E4가 제거된 2세대 벡터들이 제조되었다. 이들을 이용한 대부분의 *in vivo* 연구에서 면역 반응과 간 독성이 상당히 감소하고 벡터의 안정성이 증가하였다. 그러나 E4가 제거된 adenovirus 벡터의 경우에는 세포에서 덜 안정하게 유지되고 이식 유전자로부터 단백질 생성량이 감소하는 문제가 나타났다. 따라서 E4는 이러한 벡터들에서 이용되는 여러 가지 프로모터들, 특히 CMV 및 RSV 프로모터의 조절 하에서 이식 유전자의 효과적인 발현에 필요한 것 같다.

3세대 adenovirus 벡터. 2세대 adenovirus 벡터로는 숙주의 면역 반응을 완전히 피할 수 없을 뿐만 아니라, 경우에 따라서는 더 많은 이식 유전자의 수용 공간이 필요하여 바이러스 유전자들을 모두 제거하는 접근법이 시도되었다. 이와 같이 바이러스 유전자들이 완전히 제거된 벡터를 3세대, 헬퍼-의존적 혹은 고용량 벡터라고 한다. 이러한 벡터는 두 가지 장점들을 가진다: (1) 어떠한 바이러스 유전자들도 존재하지 않기 때문에 바이러스 단백질에 대한 면역 반응으로 인한 문제가 없고; (2) 35 kbp에 이르는 이식 유전자의 삽입이 가능하다.

그러나 이러한 벡터의 제조는 매우 어렵다; 벡터에서 제거된 adenovirus의 필수 유전자들을 모두 보완할 수 있는 안정한 세포주를 만드는 것은 이 단백질들의 과발현과 관련된 독성 때문에 거의 불가능하다. 3세대 adenovirus 벡터의 보완에 필요한 것들은 1세대 adenovirus 벡터를 헬퍼 바이러스로 감염시켜 제공할 수 있다. 그러나 이 경우에는 헬퍼 바이러스가 벡터와 함께 복제하므로 이들을 제거해야 하는 더 큰 문제가 생겨난다. 더구나 헬퍼 바이러스와 3세대 adenovirus 벡터의 DNA 간에 재조합으로 두 벡터들에 속하는 요소들을 포함하는 재조합체 집단이 생겨날 수도 있다.

헬퍼 바이러스를 제거하기 위한 가장 효과적인 전략은 벡터의 증폭과정에서 만들어지는 헬퍼 바이러스의 게놈으로부터 포장 신호를 제거하는 것이다. 이는 박테리오파지 P1에서 유래한 Cre 재조합 효소를 이용하면 간단하게 해결된다. 이를 위하여 헬퍼 adenovirus의 포장 서열 좌우에 *lox*P 서열이 위치하도록 조작되었다. Cre 재조합효소를 발현하는 293 세포에서 헬퍼 바이러스 게놈의 포장 서열이 제거되면 DNA가 바이러스 단백질들을 생성하지만 바이러스 입자로 포장될 수는 없다. 비록 Cre 재조합 효소에 의한 절단이 완전하지 않아 일부 헬퍼 바이러스들이 여전히 포장될 수 있지만 헬퍼 바이러스의 오염을 0.1% 이하로 줄일 수 있다.

복제성 adenovirus 벡터는 항암 치료법에 유용한 도구이다

일부 adenovirus 벡터들의 단점들 즉, 세포독성과 면역 반응 유도는 백신 접종이나 암 유전자 치료를 위해서는 장점으로 작용한다. E1B 유전자만 발현하지 않는 adenovirus는 정상 세포에서는 잘 복제하지 못하지만 다양한 종양 세포들에서는 잘 복제한다. 이는 adenovirus의 초기 유전자 산물들과 세포의 **세포자살(apoptosis**, 23장) 유도경로 간의 복잡한 상호작용으로 인한 결과이다. 종양 세포에서 E1B-결실 adenovirus의 선택적인 복제는 종양 세포의 사멸을 유도하고 바이러스 자손들이 인접 종양 세포들에게 전파되어 바이러스의 항암 효과가 증폭된다. 복제성 adenovirus 벡터의 항암 효과를 향상시키기 위하여 E1A 유전자, 사이토카인 혹은 자살 유전자(suicide gene)의 발현이 종양-특이적인 프로모터에 의하여 유도되도록 할 수 있다.

Onyx-015는 E1B 영역이 결실되어 일부 암세포들에서 우선적으로 복제하는 조건적 복제성 adenovirus이다. 최근의 임상시험에서 Onyx-015를 고형 암에 직접 주사하거나 정맥 혹은 동맥 경로로 주입한 결과, 안전성에는 문제가 없었지만 암세포들을 죽이는 데에는 효과적이지 못하였다. 반면에 Onyx-015를 화학요법과 함께 이용하면 종양이 완전히 혹은 부분적으로 사라지고 환자의 수명이 상당히 연장되었다. 이러한 효과는 예후가 좋지 못한 재발성 두경부암이나 간에 전이된 위장관 암에서 나타났다. H101로도 알려진 Onyx-015는 2005년부터 두경부암의 치료를 위하여 중국에서 상용화되었다.

흥미롭게도 최초로 상용화된 유전자 치료 산물도 암 치료에 이용된 adenovirus이다. 젠디신(Gendicine)이라고 하는 이 약물은 종양억제자 p53을 암호화하는 1세대 adenovirus 벡터이며 2003년에 중국에서 승인되었다. p53은 정상 세포에서 세포자살을 조절한다. 많은 종양 세포들은 p53의 세포자살 유도 능력을 저해하는 돌연변이를 가진다. p53 유전자를 가지는 adenovirus가 종양 세포에 감염하면 p53의 기능이 회복되어 세포사멸이 유도된다. Onyx-015의 경우처럼 젠디신도 방사능 치료와 같은 기존의 치료법과 병행하면 효과가 더 높아진다. 임상 시험을 통하여 젠디신은 환자의 수명을 연장하고 삶의 질을 향상시킨다는 것이 증명되었다.

Adenovirus 벡터의 장점과 한계

1세대 adenovirus 벡터는 유전자 전달과 단백질 생성을 위한 매력적인 운반수단이다: (1) 이들은 높은 농도로 쉽게 제조될 수 있다; (2) 이들은 여러 유형의 세포들에게 유전자를 도입할 수 있다; (3) 이들은 이식 유전자의 발현을 위해 세포분열을 요구하지 않는다; (4) 이들의 게놈은 에피좀으로 존재하므로 표적 세포에 영구적인 돌연변이를 유발하지 않는다. 하지만 1세대 adenovirus 벡터가 포유동물 세포에서 생성하는 재조합 단백질의 수준은 최근에 들어서 lentivirus 벡터 시스템에 의하여 추월당하였다. 또한 adenovirus는 자신의 게놈을 세포 염색체에 삽입하지 않기 때문에 세포분열에 의하여 이식 유전자가 점차 희석되어 결국에는 이식 유전자의 발현이 사라진다. 더구나 1세대 adenovirus 벡터는 면역성이 강하여 면역능이 있는 숙주에서는 이식 유전자의 발현이 점차 사라진다.

2세대 및 3세대 adenovirus 벡터를 이용하면 숙주 면역 반응으로 야기되는 문제들을 많이 해결할 수 있다. 그러나 E4 영역이 없는 벡터에서는 바이러스 프로모터에서 발현되는 이식 유전자의 발현 수준이 보통 낮다. 또한 이러한 이식 유전자들의 발현은 흔히 조기에 중단된다. 반면에 비바이러스성 프로모터를 이용한 3세대 adenovirus 벡터는 독성을 나타내지 않고 장기간 이식 유전자를 발현할 수 있다. 3세대 adenovirus 벡터는 독성이 없고, 항원성이 약하고, 장기간 이식 유전자를 발현하고, 매우 큰 유전자를 수용할 수 있으므로 유전자 치료에 매우 적합하다. 이들의 이용을 제한하는 주요 요인들로는 벡터의 제조과정이 복잡하고, 낮은 수준이지만 헬퍼 바이러스가 오염될 수 있으므로 임상에 이용할 수 있는 수준의 벡터를 제조하는 것이 어렵다.

레트로바이러스 벡터

Retrovirus 벡터는 이식 유전자를 세포 염색체에 삽입한다

Retrovirus(28장)는 역전사효소를 이용하여 자신의 RNA 게놈을 이중-가닥 DNA로 전환하고 이를 숙주세포 염색체에 삽입한다. 따라서 표적 세포에서 이식 유전자는 삽입된 상태로 유지되므로 retrovirus는 유전자 교체 치료에 이상적인 벡터를 제공한다.

Murine leukemia virus와 같은 retrovirus는 분열하는 세포에서만 프로바이러스 DNA를 숙주 게놈에 통합할 수 있다. 이 retrovirus의 통합 복합체는 핵공을 통과할 수 없으므로 핵막이 유사분열기에 해체된 이후에 세포 염색체에 접근할 수 있다. HIV와 같은 lentivirus에서는 통합 복합체가 핵공을 통하여 핵으로 수송될 수 있다. 따라서 lentivirus에 기초한 벡터는 비분열 세포에서 이식 유전자의 발현에 이용될 수 있다.

포장 세포주는 retrovirus의 효소와 구조 단백질들을 발현한다

Retrovirus 벡터는 모든 필수 바이러스 단백질들 즉, Gag(캡시드 단백질), Pol(역전사효소와 인테그라제) 및 Env(외막 단백질)를 발현하는 포장 세포주(packaging cell line)에서 만들어진다. 이러한 세포주의 제조에 이용되는 플라스미드들은 LTR과 포장 신호(ψ)를 포함하지 않기 때

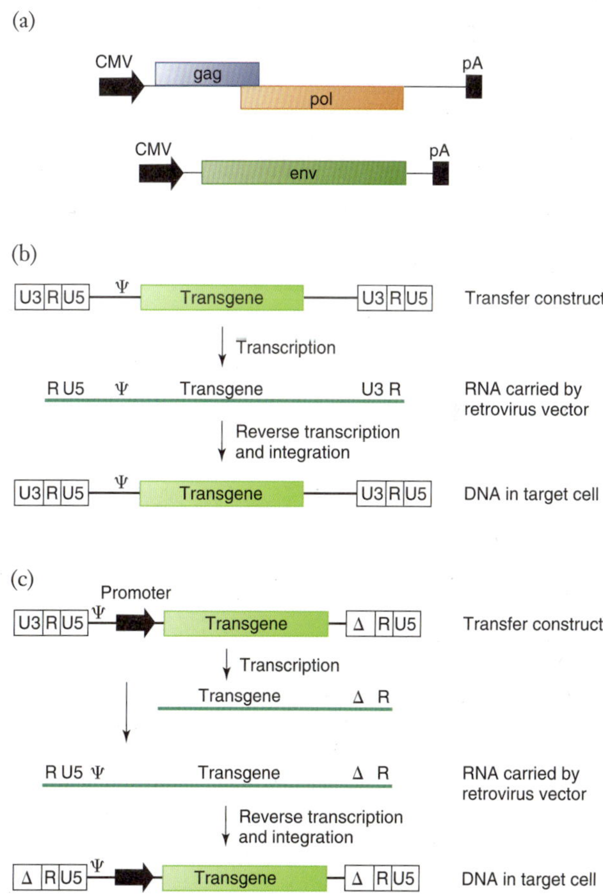

그림 37.4 Retrovirus 벡터의 제조. (a) Gag, pol 및 env 유전자 산물들을 발현하는 포장 세포주의 구축에 이용되는 플라스미드. (b) 포장 세포주에 전달 플라스미드를 트랜스펙션하여 단순 retrovirus 벡터를 제조하는 과정. 표적 세포에 삽입되는 벡터 DNA는 전달 플라스미드의 DNA와 동일하다. (c) 자가-불활성화 retrovirus 벡터의 제조. 자세한 설명은 본문 참조. CMV: cytomegalovirus promoter; U3, U5 및 R; retrovirus LTR의 U3, U5 및 R 영역; C: 포장 신호; pA: 폴리아데닐화 신호.

문에 바이러스 게놈이 만들어지거나 포장되지 않는다. 현재 이용되는 가장 좋은 포장 세포주는 게놈을 두 개의 플라스미드에 분리하여 만들어진다(그림 37.4a). 이러한 세포주에서는 재조합에 의한 복제능 바이러스가 생성될 가능성이 낮아 더 안전하다.

Retrovirus 벡터를 생성하기 위해서는 "전달 플라스미드(transfer construct)"를 포장 세포주에 트랜스펙션한다(그림 37.4b). 이 플라스미드는 양쪽에 LTR로 둘러싸인 관심 유전자(8 kb까지)를 포함하며 왼쪽 LTR에 역전사를 위한 프라이머 결합부위(PBS)와 포장 신호를 가진다. 세포 RNA 중합효소 II에 의한 전사는 U3 영역에 위치한 인헨서와 프로모터 서열을 이용하여 왼쪽 LTR에서 시작되고 RNA의 3′ 끝을 지정하는 오른쪽 LTR의 폴리아데닐화 신호에서 끝난다. 역전사와 삽입에 필요한 효소들은 포장 세포주에 의해 제공되며 RNA와 함께 비리온에 들어간다. 대부분의 경우에 세포는 용해되지 않고 출아를 통하여 비리온들이 세포외 배지로 계속 방출된다.

Retrovirus가 특정 유형의 세포에 감염하는 능력, 즉 **친화성(tropism)**은 비리온이 세포 표면에 부착한 뒤 융합 혹은 내포작용을 통하여 세포내 진입을 매개하는 외막 단백질에 의하여 결정된다. 따라서 생산자 세포주의 외막 단백질 유전자를 다른 바이러스에서 유래한 유전자로 교체하면 retrovirus의 숙주 특이성을 바꿀 수 있다. 이러한 전략을 **위형화(pseudotyping)**라고 한다.

Retrovirus의 위형화에 vesicular stomatitis virus의 G 당단백질(VSV-G)이 흔히 이용된다. VSV-G로 위형화된 retrovirus들은 안정하고 다양한 유형의 세포들에 감염할 수 있다. 안타깝게도 VSV-G는 세포에서 독성을 나타낸다. 따라서 VSV-G로 위형화된 retrovirus는 VSV-G를 암호화하는 플라스미드를 생산자 세포에 일시적으로 트랜스펙션하거나 유도성 프로모터에 의해 VSV-G 유전자 발현이 엄격하게 조절되는 생산자 세포주에서 만들어진다.

이식 유전자의 전사 조절 전략

표적 세포에서 이식 유전자의 발현은 LTR의 인헨서/프로모터 요소들에 의하거나 이식 유전자의 전사를 직접 조절하는 두 번째 프로모터에 의하여 조절될 수 있다(그림 37.4c). 이식 유전자가 LTR에 의해 조절되는 경우에 흔히 생겨나는 문제점은 이식 유전자 발현이 감소하거나 상실되는 것이다. 이러한 현상을 프로모터 **침묵(silencing)**이라고 하며 LTR에 위치한 DNA 서열의 메틸화에 의하여 유도되는 것 같다. 프로모터 침묵과 관련된 LTR의 서열 일부가 확인되었으므로 이 영역을 제거함으로써 문제를 해결할 수 있다.

두 번째 프로모터를 이용하여 이식 유전자의 발현을 조절할 수 있다(그림 37.4c). 그러나 이 경우에는 LTR 프로모터와 두 번째 프로모터 사이에 **프로모터 간섭(promoter occlusion)**이 흔히 일어난다. 이러한 간섭 현상은 앞쪽의 프로모터에서 전사를 시작한 RNA 중합효소가 뒤쪽의 프로모터에 결합한 전사인자를 떨어뜨리기 때문에 일어난다.

이러한 문제점을 해결하기 위하여 숙주 게놈에 통합된 이후에 LTR의 전사활성이 불활성화되는 벡터가 개발되었다. 이를 자가-불활성화 retrovirus 벡터라고 하며 표적 세포에 삽입된 이후에 바이러스 RNA를 생성할 수 없으므로 더 안전하다. 더구나 이들의 오른쪽 LTR은 인접 세포 유전자의 전사에 이용될 수 없으므로 프로 바이러스 DNA가 암유전자 근처에 삽입되더라도 문제가 되지 않는다(그림 28.9 참조). 이를 위하여 전달 플라스미드의 오른쪽 LTR의 U3 영역에서 전사활성에 관여하는 일부 서열을 제거한다(그림 37.4c). 왼쪽 LTR은 정상적이므로 전체 길이 RNA의 전사가 일어날 수 있다. RNA가 프로바이러스로 역전사되고 통합된 이후에는 왼쪽과 오른쪽 LTR의 U3 영역이 결실되어 있으므로 전사활성을 나타낼 수 없다(28장의 역전사 메커니즘 참조).

Lentivirus 벡터는 비분열 세포로의 유전자 운반에 이용된다

Lentivirus 벡터는 다른 retrovirus들과 비교하여 한 가지 큰 장점을 가진다: 역전사에 의하여 만들어진 프로바이러스 DNA를 포함하는 통합 복합체가 핵공을 통하여 핵 속으로 들어갈 수 있다. 따라서 lentivirus 벡터를 이용하면 분열하는 세포들 뿐만 아니라 분열을 중단한 세포들의 형질도입도 가능하다. 가장 잘 알려진 lentivirus는 AIDS를 유발하는 HIV-1이다; 오늘날 이용되는 대부분의 lentivirus 벡터 시스템들은 이 바이러스에서 유래하였다. Lentivius 벡터를 이용한 최초의 실험은 캘리포니아의 Salk Institute에 있는 Inder Verma 그룹에 의하여 수행되었다. 이들은 복제-결함성 lentivirus를 이용하여 생쥐의 비분열 세포인 뇌 뉴런에서 리포터 유전자가 안정하게 발현되는 것을 보여 주었다.

Lentivirus 벡터 제조에는 *cis*-작용성 서열들이 추가로 필요하다

HIV-1은 gag, pol 및 env 유전자들에 의해 암호화되는 단백질들 이외에 여섯 가지 보조 단백질들(Vif, Nef, Tat,

Rev, Vpr 및 Vpu)을 만드는 복잡한 retrovirus이다(29장). 이 보조 단백질들 가운데 Tat과 Rev만이 세포주에서 바이러스의 생성에 필수적이다. Tat은 LTR로부터 전사를 촉진하는 강력한 전사인자이다. 따라서 만약 LTR이 이식 유전자 혹은 벡터 게놈 RNA의 발현 조절에 이용된다면 Tat은 반드시 필요하다. Rev 단백질은 스플라이싱이 전혀 일어나지 않았거나 한번만 일어난 RNA를 핵에서 세포질로 효과적으로 수송하는 데 필요하다. Rev는 RRE(Rev-responsive element)라고 하는 바이러스 RNA 서열에 결합하여 작용한다. 따라서 lentivirus 벡터가 효과적으로 생성되기 위해서는 Rev와 RRE가 요구된다. 바이러스 RNA는 또한 cPPT(central polypurine tract)가 필요하다. 이는 분열 및 비분열 세포에서 lentivirus 벡터의 형질도입 효율을 상당히 증가시키는 118 뉴클레오티드의 서열이다.

일부 필수 lentivirus 단백질들이 세포에 독성을 나타내므로 포장 단백질들의 발현을 엄격하게 조절하지 않으면 lentivirus 벡터를 위한 생산자 세포주를 확립할 수 없다. 이러한 문제점을 해결하기 위하여 흔히 포장, 외막 및 전달을 위한 세 가지 플라스미드들(그림 37.5)을 동시에 감수성 세포에 트랜스펙션하여 벡터를 제조한다.

포장 플라스미드. 이 플라스미드는 외막 단백질을 제외하고 lentivirus 비리온의 생성에 필요한 모든 바이러스 효소들과 구조 단백질들을 암호화한다. 이 유전자들은 CMV의 IE 프로모터와 같은 강력한 프로모터의 조절을 받아 발현된다.

외막 플라스미드. HIV-1의 env 유전자는 림프구, **대식세포(macrophage)** 및 일부 다른 세포 유형들에 존재하는 CD4 항원과 **케모카인(chemokine)** 수용체에 결합하는 외막 당단백질을 생성한다. 이러한 제한적인 숙주 특이성은 감염할 수 있는 세포 유형을 제한하므로 lentivirus 벡터의 제조에 HIV-1의 env 유전자를 이용하지 않는다. 다른 외막 단백질을 이용하면 복제성 HIV-1이 생성될 확률이 낮아지므로 벡터의 안전성도 향상된다. 흔히 벡터가 다양한 유형의 세포들에 감염할 수 있도록 VSV의 외막 단백질이 이용된다.

전달 플라스미드. 가장 단순한 전달 플라스미드는 양쪽이 HIV-1 LTR로 둘러싸인 이식 유전자와 다른 *cis*-작용성 요소들 즉, 포장 신호, RRE 및 cPPT를 포함한다. Lentivirus에 의하여 운반되는 이식 유전자는 CMV 프로모터와 같은 강력한 프로모터나 단백질 수준의 조절을 위한 유도성 프로모터에 의하여 발현될 수 있다. 프로모터와 인헨서를 포함하는 왼쪽 LTR의 U3 영역이 CMV의 강한 프로모터 혹은 RSV와 같은 다른 retrovirus의 U3 영역으로 교체되기도 한다. 이러한 변형으로 바이러스 RNA의 전사가 Tat 없이도 일어날 수 있다. 앞서 설명한 바와 같이 오른쪽 LTR의 인헨서/프로모터 요소들을 제거하여 자가-불활성 벡터를 제조할 수 있다.

Retrovirus 벡터의 적용: 혈액 장애의 치료

Retrovirus 벡터는 혈액 장애의 치료에 가장 높은 가능성을 보여 주었다. 먼저 환자로부터 분리한 조혈모세포에서 질병과 관련된 잘못된 유전자를 대체하기 위해 정상 유전자를 포함하는 retrovirus를 감염시킨다. 정상 유전자를 발현하는 세포들을 체내로 재도입시키면 이들은 분화와 증식을 할 수 있다.

이러한 전략으로 심각한 복합 면역결핍 질병(SCID-XI)을 앓는 어린이들을 성공적으로 치료할 수 있었다. 이 질병은 T 세포의 분화에 필요한 세포 수용체(γc 사이토카인

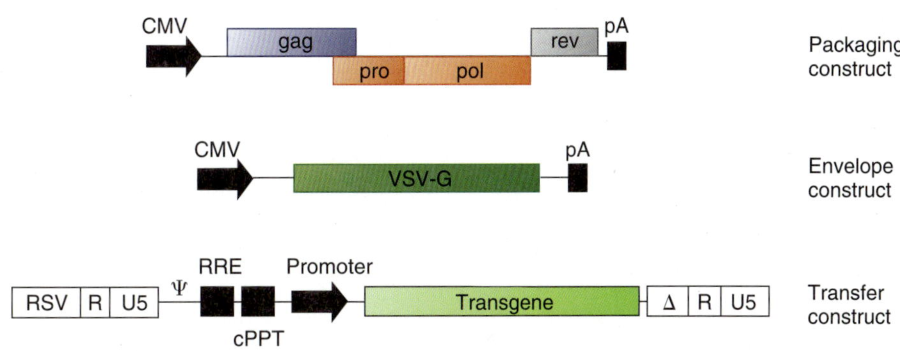

그림 37.5 Lentivirus 벡터의 제조. 세포에 세 가지 플라스미드를 트랜스펙션한다. 포장 플라스미드는 비리온의 조립과 RNA의 가공에 필요한 구조 단백질들과 효소들을 제공한다. 외막 플라스미드는 외막 단백질(이 경우에는 VSV-G)을 암호화한다. 전달 플라스미드는 이식 유전자 발현 카세트와 필요한 모든 cis-작용 DNA 서열을 포함한다. RSV: Rous sarcoma virus U3 영역(프로모터); RRE: Rev-responsive element; cPPT: central polypyrimidine tract.

수용체 소단위체)의 돌연변이로 유발된다. SCID-XI에 걸린 어린이들은 T-세포-매개성 및 체액성 면역 반응을 유도할 수 없으므로 어린 나이에 죽는다. Retrovirus-매개성 치료를 받은 어린이들의 면역계가 완전히 회복되었다; 이들은 병원에서 보호성 격리를 받을 필요가 없어 부모와 함께 집으로 돌아가 정상적인 생활을 할 수 있었다. 이러한 임상시험의 결과는 2000년도에 뉴스거리가 되었으며 유전자 치료로 인간 질병을 치료한 최초의 성공적인 사례이었다.

불행히도 retrovirus를 이용하여 치료된 어린이들의 일부에서 T 세포의 무절제한 증식으로 인한 T-세포 백혈병이 발생하였다. 그 뒤에 유전자 치료가 백혈병의 유발 요인임이 밝혀졌다. 조혈모세포의 형질도입에 이용된 retrovirus 벡터는 야생형의 LTR을 포함하였다. Retrovirus 벡터가 우연히 T-세포의 원암유전자인 LMO2 근처에 삽입되어 이 유전자의 전사가 벡터의 LTR 내에 있는 인핸서에 의하여 활성화되었다. LMO2의 활성화는 T 세포의 증식을 촉진하여 백혈병을 유발하였다.

이 벡터로 인한 암 발생 위험을 낮추기 위하여 두 가지 전략들이 이용될 수 있다. 한 가지 전략은 벡터가 세포 원암유전자 근처에 삽입될 가능성을 낮추기 위하여 이용량을 줄이는 것이다. 다른 전략은 숙주 게놈에 삽입된 이후에 양쪽 LTR이 모두 볼활성화되는 자가-불활성화 retrovirus 벡터를 이용하는 것이다.

Retrovirus 벡터의 적용: 신경계 장애의 치료

최근의 유전자 치료 임상시험에서 자가-불활성화 lentivirus 벡터를 이용하여 조혈모세포에 *ABCD1* transporter 유전자를 전달하여 부신백질이영양증(adrenoleukodystrophy, ALD)이라는 신경계 질환이 성공적으로 치료되었다. ALD는 *ABCD1* transporter 유전자의 돌연변이로 인하여 미엘린의 회전율에 이상을 나타내는 치명적인 뇌질환이다. 이는 HIV-1 기반의 벡터를 이용하여 최초로 성공한 유전자 치료 시험이며 지금까지 부작용이 보고되지 않고 있다.

Lentivirus 벡터는 자신의 게놈을 뉴런과 같은 비분열 세포들의 염색체에 삽입할 수 있으므로 파킨슨병과 같은 다른 신경계 장애의 치료에도 이용될 수 있을 것이다. 파킨슨병은 진행성 신경 퇴행성 장애로서 뇌의 흑질(substantia nigra)에서의 뉴런 사멸로 유발된다. 이 뉴런들은 운동 기능과 이동을 조절하는 신경전달 물질인 도파민을 합성한다. 뇌에서 도파민이 감소하면 파킨슨병의 주요 증상들인 떨림, 운동 장애 및 강직이 초래된다.

파킨슨 질병의 치료를 위한 한 가지 가능한 접근법은 도파민 합성에 관여하는 효소을 발현시켜 도파민의 수준을 회복시키는 것이다. 이러한 가설을 검증하기 위하여 도파민 생합성에 관여하는 세 가지 효소들을 발현하는 lentivirus 벡터를 제조하여 파킨슨병 동물 모델의 뇌에 주사하였다. 뉴런들이 벡터에 의하여 형질도입되었으며 수 개월간 도파민의 생성이 증가함을 관찰할 수 있었다. 따라서 비록 비인간 영장류에서 거둔 성과이지만 벡터는 이 질병의 상태를 상당히 호전시켰다.

이 벡터는 임상시험 I/II상에서 파킨슨병을 앓는 환자들을 대상으로 평가되고 있다. 지금까지 아무런 독성이 나타나지 않았으며 치료받은 환자의 운동 기능과 삶의 질이 향상되었다.

Retrovirus 벡터의 장점과 한계

Retrovirus 벡터의 주요 장점은 자신의 게놈을 세포 게놈에 효과적으로 삽입한다는 것이다. 따라서 이식 유전자는 형질도입된 세포와 이들의 자손에 영구히 존재할 수 있다. 또한 이들은 어떤 바이러스 단백질도 암호화하지 않기 때문에 1세대 adenovirus 벡터보다 훨씬 낮은 면역성을 나타낸다.

다른 retrovirus 벡터들과 비교하여 lentivirus 벡터의 주요 장점은 인체 내 대부분의 세포들을 차지하는 비분열 세포들을 형질도입시키는 능력이다. 흥미롭게도 lentivirus 벡터는 프로모터 침묵을 나타내는 경향이 더 낮다. 따라서 lentivirus 벡터를 이용하면 이식 유전자의 발현이 감염 바이러스의 용량에 비례하여 증가한다.

Retrovirus 벡터의 문제점으로 대규모 바이러스 제조 과정에서 복제성 바이러스가 생성될 가능성이 존재한다. Retrovirus 벡터는 어떠한 바이러스 유전자도 가지지 않지만 전달 플라스미드와 포장 세포에 삽입된 바이러스 유전자들 사이에 재조합이 일어난다면 복제성 retrovirus가 생성될 수도 있다. 이러한 retrovirus들은 암을 유발할 수 있으므로 유전자 치료를 목적으로 준비한 retrovirus 벡터에 이들이 오염되지 않도록 주의해야 한다.

또 다른 문제는 retrovirus의 프로바이러스 DNA가 세포 게놈의 수많은 부위에 무작위적으로 삽입된다는 것이다. 만약 벡터가 원암유전자 근처에 삽입되면 이 유전자의 기능과 발현에 이상을 초래할 수 있다. 앞서 언급한 바와 같이 이러한 불행한 일이 심각한 면역결핍증을 치료하기 위하여 retrovirus 유전자 치료를 받은 일부 어린이들에게서 일어난 적이 있다.

Retrovirus 비리온은 adenovirus 및 adeno-associated virus를 비롯한 다른 벡터들의 비리온들보다 훨씬 더 불안정하다. Retrovirus 벡터는 동해 방지제(글리세롤, 자당 혹은 혈청)를 첨가하면 –80℃에서 수개월 간 감염성을 유지할 수 있지만, 37℃에서는 수시간 이내에 그리고 4℃에서는 수일 이내에 감염성을 상실한다. 따라서 37℃에서의 벡터 생산과 실온 혹은 4℃에서의 벡터 정제과정에서 상당한 바이러스가 감염성을 상실하여 수율이 낮을 수 있다. 보다 안정한 형태의 외막 단백질과 역전사효소를 비리온에 도입한다면 retrovirus의 안정성을 향상시킬 수 있을 것이다.

Adeno-associated virus 벡터

Adeno-associatd virus 벡터는 이식 유전자를 특정 염색체 좌위에 삽입할 수 있다

Adeno-associated virus(AAV)는 지름이 25 nm인 작은 비외막성 비리온을 가진다. 4.7-kb의 단일-가닥 게놈은 2개의 유전자들만 가진다. Rep은 복제 및 통합 효소를 암호화하고 cap은 캡시드 구조 단백질을 생성한다(20장). AAV의 복제는 adenovirus 혹은 herpesvirus를 헬퍼 바이러스로 요구한다. 이러한 헬퍼 바이러스들은 AAV 게놈의 효과적인 복제와 전사 그리고 캡시드 단백질의 대량 생성에 필요한 기능들을 제공한다. 비록 1984년에 AAV를 유전자 전달수단으로 처음 이용한 기록이 있지만 유전자 치료를 위한 벡터로서의 활용은 1990년대 중반 이후에 시작되었다.

AAV는 분열 세포와 비분열 세포에 모두 감염할 수 있고, 숙주 염색체로의 게놈 삽입이 생활주기에 포함된다. Retrovirus와는 달리 AAV 게놈의 삽입은 부위-특이적으로 일어난다. 인간에서는 염색체 19번의 *AAVS1*이라고 하는 부위에 주로 삽입된다. 재조합 AAV 벡터에서는 모든 바이러스 유전자들이 결실되어 Rep 단백질이 발현되지 않는다. Rep 단백질이 없으면 AAV의 삽입은 훨씬 낮은 효율로 일어나며 더 이상 *AAVS1*에 제한되지 않는다.

AAV 벡터 제조는 보통 헬퍼 바이러스를 요구한다

헬퍼 adenovirus가 제공하는 필수 유전자들은 E1A와 E1B, E4orf6, E2A 및 작은 VA RNA이다. 처음에는 AAV 벡터를 제조하기 위하여 전달 플라스미드와 포장 플라스미드를 함께 adenovirus E1A와 E1B 유전자들을 발현하는 293 세포에 트랜스펙션하였다(그림 37.6). 전달 플라스미드는 바이러스 DNA 복제원과 DNA 포장 신호를

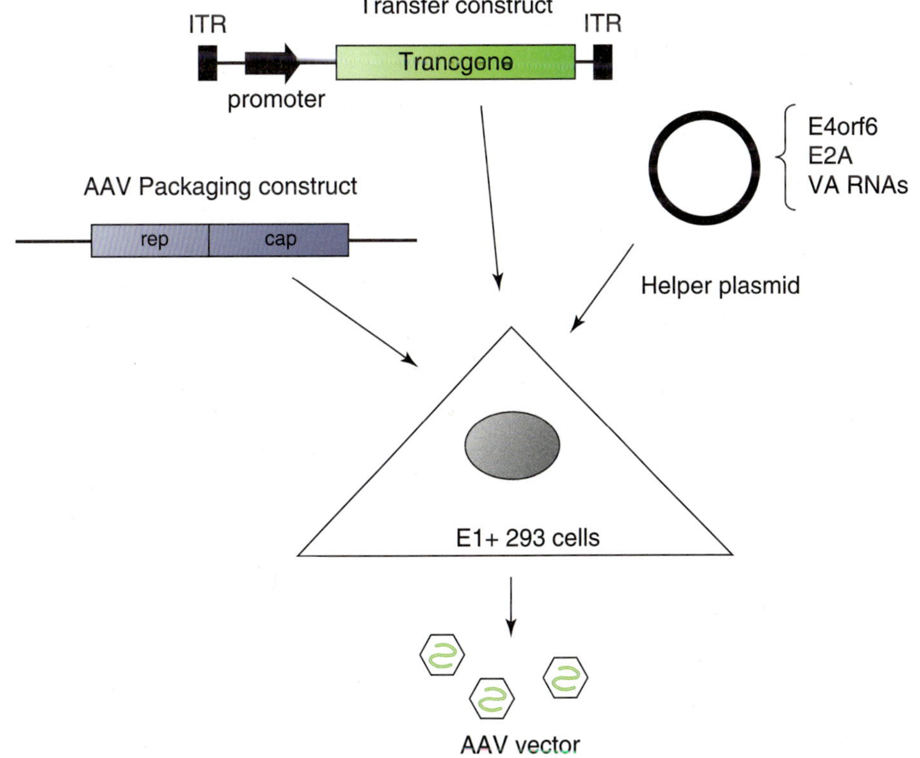

그림 37.6 Adeno-associated virus(AAV) 벡터의 제조. Adenovirus의 E1 영역을 발현하는 세포주(293 세포)에 세 가지 플라스미드, 즉 전달 플라스미드, 포장 플라스미드 및 헬퍼 플라스미드를 트랜스펙션한다. 포장 플라스미드는 AAV Rep와 Cap 단백질을 제공한다. 전달 플라스미드는 역말단 반복(ITR) 때문에 복제되어 AAV 캡시드에 포장되는 이식 유전자 발현 카세트를 제공한다. 헬퍼 플라스미드는 오른쪽에 나열된 adenovirus 헬퍼 기능들을 제공한다.

포함하는 AAV의 역말단 반복(inverted terminal repeat, ITRs)을 양쪽에 가지는 이식 유전자 발현 카세트를 포함한다. 포장 플라스미드는 자신의 내재성 프로모터에 의하여 조절되는 rep과 cap 유전자들을 포함한다. 나머지 adenovirus 유전자 기능들은 1세대 adenovirus 벡터를 세포에 감염시켜 제공하였다.

이러한 방법은 비교적 효율적이지만 제조된 벡터에 adenovirus 비리온이 오염되는 단점이 있다. 다행히 adenovirus는 열 변성과 밀도구배 원심분리로 일부 제거할 수 있다. Adenovirus의 오염을 피하기 위하여 지금은 adenovirus 벡터를 이용하지 않는다. 그 대신 모든 필수 adenovirus 기능들을 암호화하는 3가지 헬퍼 플라스미드들을 세포에 트랜스펙션시켜 AAV를 제조한다(그림 37.6). 비록 3가지 플라스미드의 트랜스펙션에 의한 AAV의 제조는 293 세포의 현탁 배양을 통하여 규모를 늘릴 수도 있지만, 이러한 제조법은 번거로워 실용적이지 못하다.

AAV 벡터 제조를 단순화하기 위하여 곤충 세포의 현탁 배양액에 재조합 baculovirus를 감염시키는 방법이 개발되었다. 이에는 3가지 재조합 baculovirus들이 이용된다: 하나는 양쪽에 AAV의 ITR 서열을 가지는 이식 유전자 발현 카세트를 포함하고, 다른 두 가지는 Rep과 Cap 유전자를 가진다. AAV의 전사 프로모터는 곤충 세포에서 최적으로 작용하도록 변형되었다. 곤충 세포는 현탁 배양이 가능하므로 AAV 제조를 생물반응기(bioreactor)에서 대규모로 늘릴 수 있다. 곤충 세포에서 제조된 AAV 벡터는 포유동물에서 제조된 것과 구분이 불가능할 정도로 비슷하였다.

최초의 AAV 벡터는 혈청형 2(AAV2)에서 유래하였다. 오늘날 영장류 세포에 감염할 수 있는 여러 가지 혈청형들(AAV1에서 12까지)이 보고되었다. 다양한 혈청형들은 조직에 따라 서로 다른 형질도입 효율을 나타낸다. 예를 들면, AAV 혈청형 1, 6, 8 및 9는 골격근을 매우 효율적으로 형질도입시킨다; AAV 혈청형 8과 9는 간에서 매우 잘 작용하고, AAV 혈청형 1, 4, 5, 7 및 8은 신경세포를 효과적으로 형질도입시킬 수 있다. AA2에서 유래하는 전달 플라스미드는 다른 혈청형의 캡시드로 만들어진 비리온에 효과적으로 포장될 수 있다. 따라서 포장 구성체의 Cap 유전자의 혈청형을 바꾸면 숙주 특이성이 다른 AAV 벡터를 생성할 수 있다.

Adeno-associated virus 벡터를 이용한 임상시험

실험동물에서 AAV 벡터를 이용한 간과 골격근의 형질도입은 비교적 효율적이었고, 독성이 나타나지 않았으며, 이식 유전자가 장기간 발현되었다. 따라서 인간에서 이러한 두 가지 조직들에 AAV 벡터를 적용하는 것을 고려하였다.

B형 혈우병은 혈액에 응고인자 IX의 수준이 너무 낮아 유발되는 질병이다. 현재는 인자 IX 농축액을 환자에게 주입하여 이 질병을 치료하고 있다. 두 가지 임상시험에서 인자 IX를 운반하는 AAV 벡터를 환자들의 근육에 직접 주사하거나 간동맥을 통하여 간에 주입하였다. 두 시험에서 AAV 처리 이후에 아무런 부작용이 검출되지 않아 벡터의 안전성이 증명되었다. 그러나 동물 모델을 이용한 전임상 결과에서 기대한 것 보다 인자 IX의 수준이 낮아 임상시험은 성공하지 못하였다. 더구나 인자 IX는 일시적으로만 생성되었고, AAV의 캡시드 단백질에 대한 항체가 검출되어 동일한 벡터를 다시 이용할 수 없었다. 이는 AAV의 캡시드 성분이 형질도입된 간 세포의 표면에 외래 항원으로 제시되어 숙주 면역계에 의하여 제거되었기 때문이다.

재조합 AAV를 이용한 유전자 치료는 Leber 선청성 흑내장에 대한 세 가지 임상시험에서 가장 극적인 성공을 거두었다. 이 질병은 유전적 이상으로 유발되며 점차 질병이 진행되어 10세에 이르면 실명을 초래한다. 레티노이드(retinoid) 순환에 관여하는 RPE65 유전자의 돌연변이가 Leber 선천성 흑내장 사례들의 15%를 차지한다.

이러한 임상시험에서 RPE65 단백질을 암호화하는 AAV 벡터를 환자들의 안구에 주사하였다. 치료받은 모든 환자들은 이미 상당한 시력 상실을 겪고 있었다. 모든 사례들에서 시력이 대폭 향상되었으며 빛에 대한 감수성이 점차 증가하였다. 무엇보다도 뚜렷한 독성이나 면역 반응이 관찰되지 않았다. 이러한 성공을 거두게 된 이유는 아마도 눈은 작은 기관이므로 혈우병과 같은 전신 질환의 치료에 필요한 것 보다 훨씬 더 낮은 벡터 용량으로도 효능을 나타낼 수 있었기 때문인 것 같다. 더구나 눈은 AAV 캡시드와 같은 외래 항원의 존재에 대해 내성을 나타내는 경향이 있다.

AAV 벡터의 장점과 한계점

AAV는 질병을 유발하지 않으므로 AAV 벡터는 매우 안전하게 인간에 이용할 수 있을 것으로 여겨진다. 또한 AAV 비리온은 안정하다; 이들은 열 불활성화 뿐만 아니라 큰 pH 변화에도 저항성을 나타낸다. AAV 벡터의 주사는 강한 세포성 면역을 유발하지 않아 장기간의 이식 유전자 발현이 가능하다. 이는 벡터가 어떠한 바이러스 유전자도 발현하지 않기 때문이다. 더구나 AAV 벡터는 면역계의 활성화를 유도하는 역할을 하는 전문적인 항원-제시 세포들(34장 참조)에는 잘 감염하지 않는다.

AAV 벡터를 이용한 유전자 전달 이후에 장기간의 이식 유전자 발현이 가능하였던 이유로 처음에는 이들이 숙주 게놈에 삽입되었기 때문으로 생각하였다. 그러나 AAV DNA는 삽입되지 않은 안정한 이중-가닥 단량체 혹은 연쇄체 상태로 핵에서 발견되었다. 이 에피좀 DNA의 전사에 의하여 이식 유전자의 발현이 장기간 일어나는 것 같다. AAV DNA는 세포 염색체에 무작위적으로 삽입될 수도 있지만 이는 비효율적인 과정이며 삽입된 AAV DNA가 이식 유전자의 단백질 생성에 기여하는 정도는 그리 크지 않는 것 같다.

AAV 게놈은 단일-가닥 DNA 분자이다. AAV 감염과정에서 속도-제한 단계는 단일-가닥 DNA가 이중-가닥 DNA로 전환되는 것이다. 이 단계를 우회하기 위하여 연구자들은 단일-가닥 DNA 분자가 자체적으로 다시 접혀 이중-가닥 DNA로 전환되어 이식 유전자를 운반하는 벡터를 제조하였다. 이러한 이중-가닥 AAV 벡터는 세포의 형질도입에는 더 효율적이지만 외래 DNA 서열를 수용하는 공간이 줄어든다는 단점도 지닌다. 사실 AAV의 외래 유전자 수용 한계는 AAV 캡시드의 제한된 포장 능력 때문에 대략 4.5 kb에 불과하다. 이는 혈액응고인자 IX를 암호화하는 유전자처럼 작은 유전자들의 cDNA를 운반하기에는 충분하지만 다른 흔한 유전성 질병들과 관련된 더 큰 유전자들은 운반하지 못한다.

AAV 게놈은 ITR들 사이의 재조합으로 연쇄체를 형성할 수 있는데 이러한 AAV의 능력을 이용하면 외래 유전자의 수용 능력을 향상시킬 수 있다. 먼저 4.5 kb 이상의 커다란 cDNA를 두 AAV 벡터에 나눈다. cDNA 분할지점에 스플라이스 공여자 혹은 수용자 서열을 가지는 인트론 절반을 연결한다. 절반으로 분할된 cDNA를 가지는 두 AAV 벡터들이 ITR 서열들의 재조합으로 머리-꼬리 연쇄체를 형성하면 두 AAV 벡터들의 연접부위에 인트론을 가지는 완전한 길이의 cDNA가 재생된다. 전사와 RNA 스플라이싱을 거치면 기능성 단백질이 만들어질 수 있다. 이러한 분할 AAV 벡터를 이용하여 돌연변이가 일어나면 심각한 근육 이상을 유발하는 디스트로핀(dystrophin)을 암호화하는 6.5-kb cDNA의 운반에 성공하였다.

바이러스 벡터의 재표적화

바이러스 벡터를 이용한 유전자 치료 전략은 대부분 체내의 특정 조직 혹은 기관을 표적으로 한다. 대다수 벡터들은 너무 넓은 조직 친화성을 가지거나 표적 조직에 감염할 수 없다. 따라서 수용체 결합과 진입에 관여하는 바이러스 단백질들을 조작하여 바이러스 벡터의 표적을 바꾸려는 노력들이 많이 이루어졌다.

Adenovirus의 세포 결합은 캡시드에 돌출되어 있는 섬유 단백질에 의하여 매개된다. 수용체 결합에 관여하는 섬유 단백질 영역을 변형시키면 다른 표적에 감염하는 벡터를 생성할 수 있다. 또한 섬유 단백질에 특정 세포 수용체에 결합하는 작은 분자량의 리간드를 연결할 수도 있다. 또 다른 방법은 특정 표적 세포에 더 효과적으로 감염하는 것으로 알려진 adenovirus 혈청형의 섬유 단백질을 이용하는 것이다. 예를 들면, adenovirus 35의 세포 수용체는 많은 종양 세포들의 표면에 존재하는 CD46이다. Adenovirus 35의 섬유 단백질을 포함하는 벡터는 가장 흔히 이용되는 혈청형인 adenovirus 5의 섬유 단백질를 가지는 벡터보다 더 효과적으로 CD46을 발현하는 종양 세포에 감염한다. 이와 유사한 전략으로 서로 다른 혈청형에서 유래하는 캡시드를 이용하여 AAV 벡터의 친화성을 변형시킬 수 있었다.

대부분의 retrovirus와 lentivirus 벡터들은 매우 넓은 친화성을 부여하는 단백질인 vesicular stomatitis virus의 G 당단백질로 위형화되었다. 바이러스 외막 단백질을 암호화하는 유전자를 변형시켜 retrovirus 벡터가 특정 세포 유형에 감염할 수 있도록 만드는 방법이 개발되었다. Ebola, Molokai, rabies, influenza 및 respiratory syncytial virus와 같은 바이러스들에서 유래한 외막 단백질들이 retrovirus 벡터의 친화성을 변화시키는 데 이용되었다.

대다수 외막 단백질들은 두 가지 기능을 가진다. 이들은 먼저 세포 표면 수용체에 결합하고 세포막과 비리온 외막의 융합을 유도하여 캡시드를 세포질에 방출한다. 재표적화를 목적으로 이러한 두 가지 기능을 분리하는 것이 가능하다. 융합을 매개하는 기능만을 가지는 당단백질을 발현하는 lentivirus 벡터가 제조되었다. 융합성 당단백질들의 예로는 influenza의 헤마글루티닌(HA)과 Sindbis virus의 당단백질을 들 수 있다. 이 단백질들은 이들의 자연 수용체들과 상호작용하지 못하도록 변형되었다. 외막 단백질에 특정 세포 수용체에 대한 항체의 결합 서열을 삽입하면 재표적화가 가능해진다. 이러한 접근법으로 CD20에 대한 항체를 이용하여 lentivirus 벡터를 세포 표면에 CD20을 특이적으로 발현하는 B 림프구에 재표적화시키는 데 성공하였다.

최신 벡터 개발 기술

키메라 바이러스. 키메라 바이러스(하이브리드 벡터라고도 함)를 고안하는 목적은 서로 다른 바이러스들의 장점들을 모두 가지는 하나의 벡터를 만드는 것이다. Adenovirus/retrovirus **키메라**는 adenovirus의 생산 용이성, 고농도, 넓은 친화성과 retrovirus의 프로바이러스 DNA 삽입 능력을 가진다. 이 시스템에서는 retrovirus LTR로 둘러싸인 이식 유전자 발현 카세트가 1세대 adenovirus 벡터를 이용하여 세포에 운반된다. 재조합 retrovirus는 env, gag 및 pol 유전자를 가지는 두 번째 adenovirus를 세포에 함께 감염시켜 생성된다. 재조합 retrovirus 벡터는 인접한 세포에 감염하여 게놈을 삽입시켜 이들이 운반하는 이식 유전자를 발현할 수 있다.

바이러스 게놈의 장기간 유지. Epstein-Barr virus에서 유래하는 두 가지 요소들을 이용하면 분열 세포에서 벡터 DNA를 장기간 유지할 수 있다. DNA 결합 단백질인 EBNA-1이 발현되면 분열 세포에서 잠복성 DNA 복제원(oriP)를 포함하는 환형 DNA가 복제되어 딸세포에서 DNA가 유지된다. 환형의 주형은 벡터 골격에 loxP 부위와 같은 재조합 부위들을 삽입하여 adenovirus 벡터로부터 만들 수 있다. Cre 재조합효소를 발현시키면 두 loxP 부위들 사이에 재조합이 일어나 환형의 DNA가 생성된다.

부위-특이적 삽입. Retrovirus에서 유래하는 삽입성 벡터들의 주요 문제점은 세포 게놈에 무작위적으로 삽입된다는 것이다. 따라서 삽입 돌연변이로 인하여 대단히 심각한 결과가 초래될 수 있다. 이러한 문제점을 해결하기 위하여 ZFN(zinc finger nuclease)을 이용하여 미리 정해진 염색체 부위로 유전자를 삽입하는 lentivirus 벡터를 만들 수 있다. ZFN은 상용으로 만들어진 인위적인 뉴클레아제로서 특정 뉴클레오시드 서열에 결합한다. ZFN이 표적 DNA 서열에 결합하여 이중-가닥을 절단하면 이는 자매 염색분체와의 상동적 재조합으로 세포기구에 의하여 재빨리 회복된다. 만약 이와 동일한 표적 DNA 서열을 양쪽에 가지는 유전자 발현 카세트가 존재하면 이는 상동적 재조합에 의하여 이 부위에 삽입될 것이다. 이러한 접근법을 이용하여 유전자 발현 카세트를 특정 유전자 좌위에 통합시키는 lentivirus 벡터의 개발이 가능하다. 이때 벡터가 자신의 자연적인 통합 메커니즘을 이용하여 벡터가 삽입되는 것을 방지하기 위하여 lentivirus의 인테그라제 기능은 돌연변이로 제거한다.

핵심 용어

대식세포(Macrophages)
리간드(Ligand)
리보자임(Ribozyme)
바이러스 벡터(Virus vector)
사이토카인(Cytokine)
세포자살(Apoptosis)
역말단 반복(Inverted terminal repeat)
위형화(Pseudotyping)
이식 유전자(Transgene)
전사 인헨서 (Transcriptional enhancer)
친화성(Tropism)
침묵(Silencing)
케모카인(Chemokine)
키메라(Chimera)
포장 신호(Packaging signal)
폴리아데닐화 신호 (Polyadenylation signal)
프로모터 폐쇄 (Promoter occlusion)
항체(Antibody)
헬퍼 바이러스(Helper virus)

기본 개념

- 바이러스 벡터는 특정 세포 유형에서 외래 유전자를 발현하기 위한 매우 효과적인 수단이다.
- 벡터는 보통 필수 유전자들이 제거된 변형된 바이러스 게놈을 포함하는 플라스미드와 원하는 외래 유전자를 가지는 발현 카세트를 포함하는 플라스미드를 세포에 트랜스펙션하여 생성된다.
- 벡터의 제조를 위해서는 트랜스펙션된 세포가 필수 바이러스 유전자들을 발현하거나 이러한 기능들을 제공하는 헬퍼 바이러스에 감염된다.
- DNA 바이러스 벡터에 이용되는 발현 카세트는 효과적인 전사 인헨서, 접합부위 및 폴리아데닐화 신호를 이용하여 최대 수준으로 발현할 수 있도록 고안된다.
- Adenovirus 벡터들은 여러 세대를 거치면서 외래 유전자를 수용할 수 있는 능력이 향상되었고 벡터의 면역 반응과 독성은 감소하였다.
- Retrovirus 벡터는 외래 유전자를 포함하는 바이러스 DNA를 표적 세포에 통합할 수 있고 특정 외막 당단백질을 발현하여 특정 세포 유형에 감염하도록 변형시킬 수 있다.
- Retrovirus 벡터는 심각한 복합 면역질환을 앓는 어린이들을 치료하는 데 성공적으로 이용되었지만 이러한 어린이들의 일부에서 백혈병이 생겨났다.
- Adeno-associated virus 벡터도 외래 유전자를 세포 염색체에 통합시킬 수 있다; 이 바이러스는 인체에 알려진 질병을 유발하지 않으므로 더 안전한 것으로 여겨진다.
- Adeno-associated virus 벡터는 최근에 어린이의 실명을 초래하는 선천성 질병의 치료에 약간의 성공을 거두었다.

복습 문제

1. 항암제로 이용되는 두 가지 유형의 adenovirus 벡터들에 대하여 기술하시오.

2. Lentivirus의 복제는 retrovirus들 가운데 독특하게도 감염 세포의 분열에 의존하지 않는다. 그 이유는?

3. 자가-불활성화 retrovirus 벡터는 프로바이러스 DNA가 세포 게놈에 삽입된 이후에 종양을 유발할 확률이 훨씬 더 낮다. 그 이유는?

4. 바이러스 벡터의 주요 문제점은 벡터 자체에 대한 숙주의 면역 반응이다. Adeno-associated virus(AAV) 벡터는 이러한 문제점을 어떻게 해결하는가?

용어풀이

α-amanitin (α-아마니틴): 균류 *Amanita phalloides*가 생성하는 고리형 옥타펩티드로서 진핵세포 RNA 중합효소 II에 결합하여 저해함.

Abortive (불현성): 바이러스 감염주기를 완성하지 못하는.

Actinomycin D (액티노마이신 D): 한 streptomyces 종이 생성하는 두 개의 고리형 펜타펩티드에 연결된 삼환계 불포화 탄화수소로서 DNA의 dG 잔기에 강하게 결합하여 DNA-의존적 RNA 중합효소에 의한 전사를 저해함.

Acute transforming retroviruses (급성형질전환레트로바이러스): 바이러스 게놈에 통합된 세포 암유전자를 이용하여 빠르고 효과적으로 세포 형질전환을 유도하는 레트로바이러스.

Acyclic (비고리형): 고리를 이루는 하나의 기가 끊어지거나 제거된 화합물.

Acyclovir (아시클로비르): HSV와 VZV 감염의 치료에 이용되는 뉴클레오시드 유사체. 바이러스 티미딘 키나아제에 의하여 선택적으로 인산화되어 삼인산 형태로 바이러스 DNA 중합효소를 선택적으로 저해함.

Adaptive immune response (적응성 면역반응): 특정 항원에 대하여 활성화된 B 및 T 림프구에 의하여 매개되는 숙주 방어반응. 오래 사는 기억세포들이 병원체의 재감염에 대해 평생 면역을 부여함.

Adenoid (아데노이드): 코 뒤의 목 상부에 있는 림프조직의 성장.

Adjuvant (면역보조제): 항원과 함께 접종하면 면역반응을 향상시키는 물질

Adult T-cell leukemia (성인 T-세포 백혈병): HTLV-1 감염에 의한 T 세포 증식으로 유발되는 악성 혈액 암.

Alternate pathway (대체경로): 병원체-특이적인 항체 없이 막공격 복합체의 형성을 유도하는 보체계 활성화 경로.

Amantadine (아만타딘): influenza A virus의 M2 이온채널의 활성을 저해하여 탈피를 막는 항바이러스제.

Ambisense (양쪽 극성): arenavirus와 일부 bunyavirus가 이용하는 암호화 전략으로 하나의 RNA 게놈 분절에 양성-가닥과 음성-가닥 유전자를 모두 포함(*ambi* = 둘 다). 따라서 일부 바이러스 단백질들은 게놈 RNA로부터 전사된 mRNA에서 만들어지고 다른 단백질들은 안티게놈 RNA에서 전사되는 mRNA에서 만들어짐.

Amyloid (아밀로이드): 정상적인 세포 단백질이 구조적 변화로 현미경적 크기의 섬유와 거대 결정(플라그)을 형성하여 축적되는 불용성 단백질.

Anaerobic methanogen (혐기성 메탄생성균): 산소가 없어도 자라고 이산화탄소를 환원시켜 에너지원인 메탄을 생성하는 미생물. 모두 고세균이고 습지, 동물의 장, 심해 퇴적물, 화산 온천, 그리고 깊은 지하와 같은 무산소 환경에서 발견됨.

Anaphase (후기): 염색체들이 세포의 양극으로 이동하기 시작하는 유사분열 단계.

Anaphylatoxins (아나필라톡신): 염증을 유발하는 보체 단백질들의 절단 단편.

Ankyrin (안키린): 내재성 막 단백질을 스펙트린-액틴 기반의 막 골격에 부착시키는 어댑터 단백질 패밀리.

Antibodies (항체): 단백질, 탄수화물, 지질 및 핵산을 포함한 다양한 유형의 분자들에 존재하는 특정 영역(에피토프)을 인식하여 결합하는 면역글로불린 단백질.

Antibody-dependent cellular cytotoxicity (ADCC) (항체-의존적 세포성 세포독성): 대식세포 혹은 NK 세포가 표면-결합 항체를 인식하여 외래 항원을 발현하는 세포를 죽이는 메커니즘.

Antibody-dependent enhancement (항체-의존적 향상): 일부 바이러스들의 세포내 신입이 비리온과 항체의 복합체에 의해 향상되는 현상. 감염될 수 있는 숙주세포의 다양성이 증가함.

Antigenic drift (항원 부동): 단백질을 암호화하는 유전자에 점돌연변이가 축적되어 단백질의 항원 특이성이 느리게 변하는 현상. RNA 바이러스의 RNA 중합효소는 게놈 복제과정에서 교정 메커니즘을 가지지 않아 돌연변이가 잘 일어남.

Antigenic shift (항원 전환): 단백질의 항원 특이성이 급격하게 변하는 현상. 보통 다수의 게놈 분절들을 가지는 RNA 바이러스에서 두 가지 변종이 동일한 세포에 감염하여 게놈 분절들이 재편성되어 일어남.

Antigenome (안티게놈): 단일-가닥(보통 RNA) 게놈에 상보적인 완전한 길이의 복사본.

Antigene (항원): 특정 항체 혹은 T-세포 수용체에 결합하여 항체의 생성을 유도할 수 있는 분자 혹은 분자의 일부.

Anti-inflammatory cytokines (항염증성 사이토카인): 염증을 감소시키는 역할을 하는 사이토카인.

Aphids (진딧물): 식물의 즙을 빨대 모양의 입으로 빨아 먹는 작은 곤충의 일종으로 많은 식물 바이러스들의 공통적인 벡터.

Aplastic crisis (골수무형성발증): 적혈구가 생성되지 않는 심각한 질병 상태.

Apoptosis (세포자살): 카스파아제(프로테아제)의 활성화, 염색

체 DNA의 절단, 핵의 응축 그리고 세포질의 수포화 등을 유도하는 수많은 신호전달경로들이 관련된 세포자살.

Archaea (고세균): 계통유전학적 관련성(rRNA 서열에 기초한)에서 박테리아 및 진핵세포와 구분되는 생명의 세 가지 도메인들 가운데 하나. 다른 두 도메인에 속하는 생물들과 세포 표면 단백질, 지질의 화학적 특성 그리고 번역, 전사 및 복제 기구 등에서 차이를 나타냄.

Arthropod-borne (절지동물-매개성): 절지동물 벡터(예, 진드기, 벼룩, 모기)에 의하여 전염되는(보통 포유동물과 조류에게). 절지동물-매개성 바이러스들을 "arboviruses"라고 함.

Ascites (복수): 간 기능 장애 혹은 다른 병리학적 이상으로 복강에 축적되는 액체.

Asialoglycoprotein receptor (아시알로당단백질 수용체): 말단 시알산이 없는 당단백질에 결합하여 이를 세포 안으로 끌어들이는 간-특이적 단백질.

Attachment factor (부착인자): 바이러스의 세포내 진입과는 무관하게 비리온의 세포 결합에만 관여하는 세포 표면 성분.

Autocrine loop (자가분비 고리): 세포가 자신이 생성하여 분비한 성장-촉진 분자에 반응하는 자가-성장 촉진 현상.

Autoimmune demyelination (자가면역 탈수초화): 불순한 백신에 오염된 미엘린에 대한 면역반응으로 중추신경계의 미엘린이 소실되는 현상.

Autophagy (자식작용): 세포 성분들의 분해와 재순환과정으로 세포 성분들을 섭취한 자식포(autophagosome)가 소화효소를 포함하는 리소좀과 융합하여 물질들을 분해하여 방출함.

Autoreactive T lymphocytes (자가 반응성 T 림프구): 체내의 정상 세포에 존재하는 항원을 인식하여 이를 파괴하는 T 림프구.

Azidothymidine (아지도티미딘): HIV 감염의 치료에 이용되는 뉴클레오시드 유사체. 세포 뉴클레오시드 키나아제에 의하여 삼인산형으로 활성화되어 바이러스 역전사효소를 선택적으로 저해함.

β-galactosidase (β-갈락토시다아제): 락토오스를 갈락토오스와 포도당으로 절단하는 효소; X-gal과 같은 인위적인 기질을 잘라 쉽게 검출하고 측정할 수 있는 색을 띄는 절단산물을 생성하므로 흔히 리포터 효소로 이용됨.

Bacteria (박테리아): 생명의 세 가지 도메인들 가운데 하나로 고세균 및 진핵생물과 구분됨.

Bafilomycin A1 (바필로마이신 A1): 엔도좀을 산성화시키는 액포성 양성자 펌프의 저해제.

Basal cells (기저세포): 포유동물 상피조직의 기저에 있는 세포로서 분열하여 가장 바깥의 편평세포로 분화함.

B-cell receptors (B-세포 수용체): 리간드 결합 영역(막-결합 항체)과 세포내 신호전달 영역으로 이루어진 B 림프구의 표면 횡단막 단백질.

B lymphocytes (B 림프구): 골수에서 유래하고 적응성 면역반응, 특히 체액성 항체의 생성을 유도하는 단계에 관여하는 백혈구.

Bronchitis (기관지염): 기침과 과다한 가래를 생성하는 기관지의 염증.

BSE (우해면양뇌병변증): bovine spongiform encephalopathy; 소의 프리온 질병.

Buckminsterfullerene (벅민스터풀러린): 정20면체 대칭을 가지는 C_{60} 분자.

Budded virions (출아형 비리온): baculovirus의 경우에 원형질막으로부터 출아에 의하여 생성되는 비리온(폐색형 비리온 참조).

Budding (출아): 바이러스 캡시드의 주위에 세포막이 둘러싸서 외막성 바이러스 입자가 형성되는 과정.

Calyx (캘릭스): 폐색체 표면의 탄수화물이 풍부한 층으로 때로는 외부 외막 혹은 폐색체 외막으로 불림.

Capsid (캡시드): 바이러스 게놈을 둘러싸는 단백질 코트.

Capsid-binding drugs (캡시드-결합 약물): Picornavirus 캡시드의 소수성 주머니에 결합하여 바이러스의 부착과 진입을 저해하는 약물.

Carboxylic ionophors (카르복실 이온 운반체): 양성자를 포함한 1가 양이온과 결합하여 이들의 막 투과성을 증가시키는 화합물.

Caspases (카스파아제): 세포자살을 유도하는 과정에서 활성화되는 Cys-Asp 프로테아제.

Cathepsins (카뎁신): 다양한 특이성을 가지는 세포내 프로테아제 패밀리.

Caveolae (카베올라): 콜레스테롤, 당스핑고 지질 및 카베올린 단백질이 풍부한 작은 플라스크 모양의 원형질막 함입부.

Caveolin (카베올린): 카베올라의 주요 막 단백질 성분.

CD4 antigen (CD4 항원): 다른 면역계 세포들과의 상호작용에 관여하는 보조 T 림프구의 표면 단백질.

CD4-positive T lymphocytes (CD4-양성 T 림프구): 표면에 CD4 항원을 가지는 T 림프구.

Cell-based high throughput screen (세포-기반 대량발굴탐색법): 감염된 세포에서 바이러스의 복제 혹은 다른 과정들을 저해하는 약물을 수많은 화합물들을 대상으로 검색하는 자동화된 분석법.

Cell-to cell movement (세포 간 이동): 식물 바이러스가 한 세포에서 다른 세포로 이동하는 것. 국소적 이동이라고도 함.

Cellular immune response (세포성 면역반응): T 림프구에 의하여 매개되는 적응성 면역반응. 바이러스 감염과정에서 주로 세포독성 $CD8^+$ T 세포에 의하여 매개되지만 $CD4^+$ T 세포 반응도 관여함.

Central or primary lymphoid organs (중추 혹은 1차 림프기관): 미성숙한 전구체 세포에서 림프구의 생성에 관여하는 림프조직(흉선과 골수).

Ceramide (세라마이드): 스핑고신과 지방산으로 이루어진 지질 분자의 한 유형.

Chemokine (케모카인): 백혈구를 끌어들이고 염증반응에 활성을 나타내는 분비 단백질.

Chimera (키메라): 두 가지 혹은 그 이상 종들의 게놈을 인위적으로 조합하여(보통 유전자 조작에 의해) 만들어진 생물이나 게놈. 그리스 신화에서 키메라는 사자의 머리, 양의 몸체 그리고 뱀의 꼬리를 가지는 불을 뿜는 괴물임.

Chitin (키틴): 세포벽과 외골격에서 발견되는 N-아세틸글루코사민(포도당의 유도체)의 긴 사슬 중합체.

Chloramphenicol acetyltransferase (클로람페니콜 아세틸전달효소): 아세틸-조효소 A에서 아세틸기를 클로람페니콜에 전달하는 효소. 비아세틸화 클로람페니콜로부터 아세틸화 클로람페니콜을 분리하여 측정할 수 있으므로 이 반응은 유전자의 활성을 측정하는 리포터 분석법으로 이용됨.

Chlorosis (백화현상): 엽록소의 소실로 잎이 옅은 녹색, 황색 혹은 흰색으로 변하는 현상. 다수의 바이러스들이 식물의 잎에 백화현상을 유발함.

Chromatin remodeling (염색질 리모델링): 뉴클레오좀 히스톤이 변형(아세틸화 및 메틸화)되어 전사인자의 DNA 결합력과 염색질 접근에 영향을 주는 염색질의 변화.

Ciliated epithelium (섬모 상피): 호흡기와 같은 몸의 표면에서 섬모로 덮여 있는 상피세포들. 섬모는 미세소관을 포함하는 원형질막이 가늘고 길게 늘어져 생겨나는 부위로서 외래 입자들과 점액을 위로 쓸어내기 위하여 규칙적으로 움직임.

Cirrhosis (간경변): 환경인자 혹은 병원체의 감염으로 유발되는 정상적 구조의 상실을 포함한 간의 심한 손상.

Cis-acting replication elements(Cre) (Cis-작용성 복제요소): 바이러스 RNA 복제 개시에 필요한 바이러스 RNA 서열 요소. Cre는 특정 바이러스 단백질과 상호작용함.

CJD: Creutzfeldt-Jacob disease 참조.

Class I fusion proteins (I형 융합 단백질): 융합과정에서 바이러스 외막과 표적 세포막을 근접시키기 위하여 구조적 변화를 일으키는 긴 α-나선형 감긴 코일을 형성하는 외막 당단백질. 예: othomyxoviruses, paramyxoviruses, coronaviruses, filoviruses, retroviruses.

Class II fusion proteins (II형 융합 단백질): I형 융합 단백질과는 다른 메커니즘으로 융합을 일으키는 외막 당단백질. 단백질의 3차 구조에서는 작은 변화만이 일어나고 단백질 다량체의 소단위체들의 재배열되어 융합이 유도됨. 예: flaviviruses, togaviruses, rhabdoviruses, hepadnaviruses.

Classical activaion pathway (고전적 활성화 경로): 보체계가 병원체의 항원에 결합한 항체에 의하여 활성화되는 경로

Clathrin (클라트린): 엔도좀 소낭 생성에 관여하는 단백질; 피복 소공의 세포질 쪽 표면을 덮고 있음.

Clathrin-coated pits (클라트린-피복 소공): 내포작용에 관여하는 원형질막의 함입 부위로 세포질 쪽 표면이 클라트린 단백질 코트로 덮여 있음.

Clonal selection theory (클론선택설): 감염으로부터 숙주를 보호하기 위하여 B 및 T 림프구가 어떻게 항원을 인식하고 반응하는 지를 설명하는 모델. 이 모델에서 미성숙 림프구는 많은 종류의 항원 수용체들을 가지며 숙주 단백질들을 인식하는 것들은 파괴되는 반면 외래 항원을 인식하는 것들은 활성화되어 여러 클론들을 생성함.

Coccolithophore (인편모조류): 코콜리드라고 하는 탄산칼슘 판을 생성하는 단세포성 착편모조류.

Cocooliths (코콜리드): 인편모조류의 골지체에서 생성되어 세포 밖으로 분비되는 탄산칼슘 판으로 코코스피어(coccosphere)라는 구형체를 형성함.

Co-chaperone (보조 샤페론): 단백질의 접힘과 풀림을 촉진하는 샤페론의 활성을 돕는 단백질.

Coiled-coil (감긴 코일): 여러 개의 α-나선들이 서로 감겨 막대기 모양의 도메인을 형성하는 단백질의 구조적 요소.

Cold chain (저온유통체계): 생백신과 같은 온도-민감성 산물의 저장온도를 제조자에서 투약 장소까지의 전 과정을 저온으로 유지하는 수송체계.

Collectins (콜렉틴): 미생물의 복잡한 탄수화물과 결합하는 C-형 렉틴 도메인을 포함하는 단백질. 대식세포와 다른 식세포들은 결합된 콜렉틴을 인식하여 미생물을 잡아먹어 파괴함.

Complement (보체): 박테리아 혹은 항원/항체 복합체에 의하여 촉진되는 일련의 반응에 관여하는 큰 단백질 세트로 면역 세포 용해와 다른 방어 메커니즘을 유도함.

Concatemer (연쇄체): 회전환 복제 혹은 재조합에 의하여 생성되는 선형 혹은 환형 핵산 게놈 서열의 올리고머. 생성되는 방식에 따라서 단량체들이 직반복(머리-꼬리) 혹은 역반복(머리-머리 혹은 꼬리-꼬리)으로 배열될 수 있음.

Condyloma (콘딜로마): HPV의 감염으로 생식기 혹은 항문과 같은 점막이나 피부에서 생겨나는 사마귀를 닮은 성장물.

Confocal microscope (공초점 현미경): 살아 있거나 고정된 세포를 초점을 맞춘 레이저와 컴퓨터 이미징을 이용하여 관찰하는 현미경.

Core proteins (코어 단백질): 캡시드 내에서 바이러스 게놈과 결합하는 단백질.

CREB-binding protein (CBP): CREB(*c*yclic AMP *r*esponsive *e*lement-*b*inding protein)이라는 세포 전사인자에 결합하는 히스톤 아세틸화 효소. CREB은 DNA의 CRE(*c*yclic AMP *r*esponsive *e*lement)에 결합하여 전사를 활성화시킴.

Crenarchaeota (크렌아케오타): 고세균의 주요 문들 가운데 하나로 *Sulfolobus solfataricus*와 같은 초고온균 뿐만 아니라 초고온균이 아닌 많은 해양 생물들을 포함함.

Creutzfeldt-Jakob disease (크로이츠펠트-야곱병): 인간의 프리온 질병. BSE에 오염된 소고기 섭취로 인간에 전염되는 신

변종 CJD는 대부분 젊은 사람들에서 발생함.

Cryoelectron microscopy (동결전자현미경법): 바이러스를 포함하는 생체 구조를 염색하지 않은 상태에서 액체 질소 온도에서 만든 비결정성 얼음의 박편을 고해상력(~1 nm)으로 관찰하는 방법. 물체의 3차원적 상을 컴퓨터의 도움을 받아 재구성함.

Cucurbit (박류): *Cucurbitaceae*과에 속하는 식물로 흔한 예로는 호박, 멜론 및 오이가 있음.

Cyclin-dependent protein kinases (Cdks) (사이클린-의존적 키나아제): 사이클린과 조합으로 다른 단백질들을 인산화시킴으로써 세포주기를 조절하는 단백질 키나아제.

Cyclins (사이클린): Cdk와 결합하여 이를 활성화시켜 세포주기를 조절하는 세포 단백질

Cytokines (사이토카인): 다양한 면역 기능들을 촉진하거나 억제하기 위하여 선천성 및 적응성 면역계의 세포들에 작용하는 분비 단백질.

Cytopathic (세포 병변성): 세포를 손상시키거나 죽이는.

Cytoplasm (세포질): 원형질막에 의하여 둘러싸인 핵을 제외한 진핵세포의 부위.

Cytosol (세포기질): 막으로 둘러싸인 소기관들과 이들의 함유물을 제외한 세포질의 용해성 부위.

Cytotoxic T lymphocyte (세포독성 T 림프구): CD8 항원을 가지며 MHC-I 분자에 의하여 제시된 외래 항원을 발현하는 세포를 공격하여 죽이는 림프구. 바이러스-감염 세포들을 죽이는 중요한 역할을 수행함.

DC-SIGN (dendritic cell-specific intercellular adhesion molecule-grabbing nonintegrin): 수지상 세포에서 발견되는 II형 횡단막 만노오스-결합 단백질로서 항원제시과정에서 T 세포와의 상호작용에 관여함.

Delta structure (델타구조): hepatitis delta virus에서 유래한 리보자임의 구조.

Demyelination (탈수초): 중추신경계에서 엑손을 덮고 있는 미엘린 수초의 소실. 근육조절의 기능 이상이나 상실을 초래함.

Dendritic cells (수지상 세포): 림프절이나 몸의 다른 부위에서 항원을 모아서 림프구에게 제시하는 세포.

Dicots (쌍떡잎 식물): 발아하는 씨앗에 두 개의 떡잎을 가지는 현화식물.

Discontinuous transcription (불연속 전사): RNA 중합효소가 합성 중인 RNA와 함께 한 부위에서 다른 부위로 위치를 이동하여 RNA 혹은 DNA 주형에서 인접하지 않는 서열들을 복사하여 연결하는 메커니즘.

Disseminated intravascular coagulation (파종성 혈관내 응고): 혈액의 전신 응고반응으로서 활성화된 호중구에 의하여 유발될 수 있음.

Divergent transcription (분기 전사): 인접한 유전자들의 전사가 중앙 지점에서 서로 반대방향으로 진행하는 것. RNA들이 상보적인 게놈 가닥들로부터 전사됨.

DNA gyrase (DNA 자이라아제): ATP 에너지를 이용하여 인산이에스테르 결합을 절단하고 절단된 가닥을 상보적인 가닥 주위로 회전시켜 이중-가닥 DNA를 감아 초나선 DNA를 생성하는 박테리아 효소.

DNA vaccine (DNA 백신): 특정 병원체에 대한 단백질을 발현하는 플라스미드를 체내에 도입하여 이 단백질에 대한 면역반응을 유도하는 것.

DNA-dependent RNA polymerase (DNA-의존적 RNA 중합효소): DNA를 주형으로 이용하여 RNA를 합성하는 효소.

Domains of life (생명 도메인): 리보좀 RNA 서열, 핵의 존재 유무, 막 조성, 그리고 복제, 전사 및 번역 기구와 같은 기본적인 특성들에 따라 분류한 모든 생명체들의 기본적인 분류 체계와 이에 기초한 관련 생물들의 집단.

Dorsal root neurons (배근 신경): 말단부가 말초 기관들에 있고 세포체가 척수 근처의 배근신경절에 모여 있는 감각 신경.

Dura mater (경막): 뇌와 척수를 덮고 있는 딱딱한 외부 막.

Dynactin (디넥틴): 디네인이 화물과 결합하는 데 필요한 어댑터 단백질 복합체.

Dynein (디네인): 미세소관을 따라서 세포 중심으로 화물을 수송하는 모터 복합체.

Early endosome (초기 엔도좀): 수용체-매개성 내포작용과정에서 수용체에 결합한 분자들이 처음으로 수송되는 중간 소낭.

Ectodomain (외부영역): 세포외 공간으로 돌출된 막 단백질 부위.

Encephalitis (뇌염): 뇌의 염증과 관련된 질병.

Endemic (풍토성): 특정 동물 혹은 인간 집단 혹은 장소에 한정된; 토착적인; 토종의. 특정 지역의 숙주들 사이에 존재하고 순환하는 질병이나 병원체를 의미하지만 반드시 집단의 대부분이 감염되는 것은 아님.

Endoplasmic reticulum−Golgi intermediate compartment (ERGIC) (ER-골지 중간영역): 소포체와 골지체 사이의 연속적인 막성 세포질 소기관으로 단백질의 수송, 가공 및 변형에 관여함.

Endosome (엔도좀): 수용체-매개성 내포작용 경로에서 중간체 막성 소낭.

Endosymbiosis (세포내 공생): 단세포 생물이 다른 생물의 세포내로 들어가서 최소한의 유전정보를 유지하고 계속 증식하다가 결국에는 삼킨 생물에 의존하는 관계. 세포내 공생은 미토콘드리아와 엽록체와 같은 소기관들의 기원으로 알려져 있으며 침입하는 생물과 숙주 생물 모두에 이로울 것으로 여겨짐.

Enfuvirtide (엔푸버티드): 바이러스 외막과 세포막의 융합에 필요한 HIV-1 gp41의 구조적 변화를 저해하는 펩티드.

Enteric (장의): 장내에 있는.

Ependymal cells (뇌실막 세포): 뇌와 척수를 덮고 있는 상피

세포.

Epidemic (유행병): 발생 빈도 혹은 지리적 범위가 시간에 따라 증가하는 감염성 질병; 유행병은 지리적으로 제한적인 돌발성(outbreak)보다는 크지만 대유행(pandemic)보다는 작은 규모로 발생함.

Epitopes (에피토프): 단백질(보통 10 아미노산 이하) 혹은 탄수화물과 같은 항원에서 특정 항체가 결합하는 작은 영역.

Epizootic (동물 유행병): 하나 혹은 그 이상 동물 종의 유행병

Erythema infectiosum (전염성 홍반): 감염성 발진에 대한 라틴어. 전형적인 발진과 발열을 나타내는 소아 바이러스성 질병으로 "제5병"으로도 알려짐.

Erythroid precursors (적혈구 전구체): 조혈모세포에서 성숙한 적혈구로 분화하는 경로에 있은 세포들.

Ethidium bromide (EtBr): DNA 혹은 RNA의 염기들 사이에 삽입되어 형광을 띠는 다고리성 방향족 분자. 핵산의 검출과 정량에 이용됨.

Eukarya (진핵생물): 생명의 세 가지 도메인들 가운데 하나; 모든 진핵생물은 핵 뿐만 아니라 미토콘드리아와 엽록체와 같은 다른 막성 소기관들을 가짐.

Euryarchaeota (유리아케오타): 초고염균, 메탄균, 호열균 및 일부 초고온균을 포함하는 고세균의 주요 문들 가운데 하나.

Exocytosis (외포작용): 소포체에서 유래하는 소낭 내의 물질을 골지막을 거쳐 원형질막과의 융합을 통하여 세포 밖으로 운반하는 과정.

Exportins (엑소포틴): 핵에서 세포질로 단백질이나 RNA의 방출을 매개하는 단백질.

Family (과): 바이러스학에서 속들의 분류학적인 집단으로서 구성원들은 비리온 구조, 게놈 조직과 크기, 그리고 복제 전략에서 공통점을 가지며 뉴클레오티드 및 아미노산 서열의 비교에 의하면 공통적인 진화 기원을 나타냄.

Ficolins (피콜린): 콜라겐-유사 부위와 C-말단부 피브리노겐-유사 영역을 포함하는 혈장 단백질 패밀리로서 침입하는 병원체를 인식하는 기능을 함.

Filopodia (사상위족): 세포 표면의 액틴을 함유하는 작은 돌기물들.

Filterable virus (여과성 바이러스): 처음에는 작은 크기 때문에 미세한 구멍을 가지는 필터를 통과하는 능력에 기초하여 바이러스를 다른 미생물들과 구분하였는데 이때 바이러스에 부여된 이름.

Folate receptor-α (엽산 수용체-α): 수용성 비타민 B인 엽산과 결합하는 세포막 단백질.

Fission (분열): Membrane fission 참조.

F-pili (F-섬모): F 플라스미드에 의하여 암호화되며 박테리아의 접합을 매개하는 *E. coli*의 섬유성 표면 돌출물.

Fulminant hepatitis (전격성 간염): 심각하고 빠르게 진행하는 간염으로 흔히 간부전과 사망을 초래함.

Furin (퓨린): 세포 분비경로의 *trans*-골지 영역에 위치하며 아르기닌 잔기에서 단백질을 절단하는 세포성 펩티드 내부가수분해효소.

Fusion (융합): Membrane fusion 참조.

Fusion peptide (융합 펩티드): 바이러스-유도성 막 융합과정에서 표적 세포 막에 삽입되는 바이러스 외막 단백질의 짧은 소수성 영역.

Ganciclovir (간사이클로비르): HCMV 감염 치료에 이용되는 뉴클레오시드 유사체. 바이러스 UL97 단백질 키나아제에 의하여 선택적으로 인산화되어 삼인산형으로 바이러스 DNA 중합효소를 선택적으로 저해함.

Ganglioside (강글리오시드): 세포막에 존재하는 시알산을 함유하는 스핑고당지질.

Gastroenteritis (위장염): 위장관의 염증으로 설사, 구토 및 위경련을 유발.

Gene gun (유전자 총): DNA로 코팅된 작은 입자(금 혹은 다른 불활성 물질)를 고속으로 세포에 발사하여 세포막을 관통시키고 세포 내에서 DNA에 암호화된 단백질이 발현되도록 하는 기구.

Genetic bottleneck (유전적 병목현상): 한 종에서 제한적인 수의 개체들만이 생존할 수 있어 집단의 유전적 다양성을 감소시키는 현상.

Genetic drift (유전적 부동): Antigenic drift 참조.

Genetic economy (유전적 경제성): 제한적인 크기의 게놈을 가지는 생물이 단백질-암호화 능력을 경제적으로 이용하는 원리. 예를 들면, 적은 종류의 단백질들이 다수가 모여 바이러스 캡시드를 형성함.

Genetic shift (유전적 전환): Antigenic shift 참조.

Genus(복수 genera) (속): 바이러스학에서 밀접하게 관련된 바이러스 종들의 집단.

Glycolipid (당지질): 탄수화물을 포함하는 극성 머리기를 가지는 지질분자.

Glycoprotein (당단백질): 탄수화물 잔기들이 공유결합된 단백질.

Glycosaminoglycan (글리코사미노글리칸): N-아세틸 글루코스아민 혹은 N-아세틸 갈락토스아민과 같은 6탄당의 반복단위로 형성되는 다당류. 이들은 세포 표면에서 단백질과 결합할 수 있음.

Gramineae (화본과): "진정 초본"으로 곡류, 대나무 및 많은 습지 및 초원 식물들이 포함됨.

Granulin (과립소): Granulovirus의 난형 폐색체를 형성하는 단백질.

Granzyme B (그랜자임 B): 세포독성 T 림프구와 자연살상세포가 생성하는 세포 용해성 단백질; 감염된 표적 세포의 세포자살을 유도함.

Green fluorescent protein(GFP) (녹색형광단백질): 자외선에

노출되면 녹색 형광을 띠는 해파리 단백질. 세포생물학에서 녹색형광단백질에 융합된 특정 세포 단백질의 세포내 위치를 알아내는 실험에 널리 이용됨.

Guanylyltransferase (구아닌 전달효소): 구아노신 잔기를 RNA의 인산화된 5′ 끝에 전달하여 RNA "캡" 구조를 만드는 효소.

Hairpin structure (머리핀 구조): 내부적으로 자가-상보적인 핵산에서 염기쌍 형성에 의하여 만들어지는 줄기 구조.

Hairy-cell leukemia (모양 세포성 백혈병): B 세포의 증식에 의하여 유발되는 악성 혈액 암.

Hammerhead structure (망치머리 구조): 그룹 A 바이로이드의 리보자임에서 나타나는 망치머리를 닮은 이차 구조.

Hantavirus pulmonary syndrome (한타바이러스 폐증후군): 설치류에 의하여 전염되는 sin nombre virus와 같은 hantavirus의 감염에 의하여 발생하는 흔히 치명적인 폐질환.

Helical symmetry (나선 대칭): 단일 나선 축 주위에 회전과 병진 변위로 생겨나는 대칭.

Helicase (헬리카아제): DNA 혹은 RNA 나선을 풀어주는 효소.

Helper virus (헬퍼 바이러스): 두 바이러스가 동일한 세포에 감염하는 동안 다른 바이러스의 복제에 필요한 기능을 제공할 수 있는 바이러스.

Hemmagglutination (혈구응집): 적혈구의 응집 혹은 뭉침.

Hemmagglutination assay (혈구응집법): 적혈구를 응집시키는 바이러스의 정량법.

Hemagglutinin(HA) (헤마글루티닌): 적혈구의 표면에 있는 수용체 분자에 결합하여 적혈구의 응집을 유도하는 단백질.

Hematopoiesis (조혈작용): 골수에 존재하는 줄기세포로부터 혈액 세포성분들의 형성.

Hemifusion (반융합): 지질 이중층의 바깥 절반이 융합된 막 융합반응의 중간체.

Hemocoel (혈체강): 절지동물에서 혈액이 조직과 기관을 담고 있는 개방형 체강.

Hemolytic anemia (용혈성 빈혈): 적혈구의 파괴로 인한 적혈구 부족으로 생기는 질병.

Hemorrhagic fever with renal syndrome (신증후성 출혈열): 다양한 한타바이러스에 의하여 유발되는 내부 출혈과 신장 질환을 동반하는 질병. 가볍거나 높은 치사율을 나타낼 수 있음.

Hemorrhagic fevers (출혈열): 수많은 바이러스들에 의하여 유발되는 질병으로 고열과 내부 출혈 및 이로 인한 쇼크를 초래하는 혈관손상이 나타나며 치료되지 않으면 장기부전과 사망을 초래할 수 있음.

Heparan sulfate (헤파란 황산염): 반복적인 이당류로 이루어진 황화 다당류(글리코사미노글리칸). 이들은 코어 단백질에 공유결합으로 부착되어 세포 표면에서 프로테오글리칸을 형성.

Hepatitis (간염): 간의 손상과 염증이 관련된 질병.

Hepatocellular carcinoma (간암): 간의 악성 종양.

Herd immunity (집단면역): 높은 집단 백신 보급률로 인하여 바이러스 병원체의 전파능력이 제한되어 백신을 접종받지 않은 소수의 개체들이 보호될 수 있는 상태.

Hexon (헥손): 아데노바이러스의 헥손 단백질 3량체로 구성된 비리온의 구조적 소단위체.

Hippocampus (해마): 측두엽 내부에 위치하고 대뇌 변연계의 일부를 이루는 뇌의 부위. 주요 기능은 기억과 공간 인지에 관여함.

Histone acetyl transferase (HAT) (히스톤 아세틸전달효소): 뉴클레오솜 히스톤 및 다른 단백질들의 아세틸화를 유도하는 효소. 히스톤의 DNA 결합 친화력을 감소시킴으로써 느슨한 염색질 구조를 만들고 전사인자의 접근을 용이하게 하여 전사가 더 잘 일어나도록 함.

Histone deacetylase (HDAC) (히스톤 탈아세틸화효소): 히스톤에서 아세틸기를 제거하여 DNA에 대한 히스톤의 결합 친화력을 증가시켜 더 단단한 염색질 구조를 유도하는 효소.

Holin (홀린): 박테리오파지 단백질로서 특정 pH 및 이온농도 조건에서 박테리아 막에 자가-조립하여 구멍을 만들고 파지의 내용해소(endolysin)가 주변 세포질 공간으로 들어가 박테리아 세포벽을 공격하도록 함.

HTLV-1 associated myelopathies (HAM) (HTLV-1 관련 척수증): 열대성 강직 반신마비와 비슷한 질병.

Humoral immune response (체액성 면역반응): 외래 항원에 반응하여 적응성 면역계가 항체의 생성을 유도하는 반응.

Hyaluronan (히알루로난): 음이온성이고 비황화되어 있으며 보통 커다란 분자량을 가지는 원형질막의 글리코사미노글리칸.

Hydrocephalus (뇌수종): 뇌실의 팽창.

Hyperhalophile (초호염균): 1.5 몰 이상의 염화나트륨을 포함하는 고염의 물에서 사는 미생물.

Hypersensitive necrosis (과민성 괴사): 병원체에 반응하여 유도되는 식물 잎의 국소적인 조직 사멸로서 병원체의 제한적인 전파와 관련됨.

Hyperthermophile (초고온균): 80℃ 이상의 온도에서 자라는 미생물.

Hypoxemia (저산소혈증): 혈액의 산소 수준이 낮아 조직과 기관에 산소 공급이 부족한 상태.

Icosahedral symmetry (정20면체형 대칭): 12개의 5배 대칭축, 20개의 3배 대칭축 및 30개의 2배 대칭축을 가지는 정20면체의 대칭.

IκB kinase complex (IKK): IκB를 인산화하여 이로부터 NFκB를 분리시켜 활성화를 유도하는 세린-트레오닌 단백질 키나아제.

Immune response (면역반응): 생물을 질병으로부터 보호하기 위한 외래 생물 혹은 거대분자에 대한 반응. 순환계 및 조직의 다양한 단백질들과 특수한 세포들을 이용하여 외래 병원체와 종양세포들을 인식하고 반응하여 이들을 파괴함.

Immunogenic (면역성): 면역반응을 유도할 수 있는.

Immunoglobulin family (면역글로불린 가계): 면역글로불린이 원조이며 이황화 결합에 의하여 안정화되는 특징적인 반복성 영역들을 가지는 막 단백질 패밀리.

Immunoprophylaxis (면역예방법): 병원체에 대한 항체를 주사하여 감염성 질병을 치료하는 법.

Importin (임포틴): 카리오페린이라고도 하며 단백질의 핵위치화 신호와 상호작용하는 수용체 단백질.

Inclusion bodies (봉입체): 독특한 염색 특성으로 인하여 감염세포에서 광학현미경으로 관찰될 수 있는 바이러스 단백질 혹은 핵산의 응집체.

Infectious subvirion particle (ISVP) (감염성 서브비리온 입자): 엔도좀 소낭 혹은 장에서 프로테아제에 의해 분해되어 reovirus의 외부 캡시드 일부가 제거된 입자.

Inflammatory response (염증반응): 사이토카인과 백혈구에 의한 염증 유도; 이 반응은 손상 자극을 제거하고 치유과정을 시작하는데 관여함.

Innate immune response (선천성 면역반응): 신속하게 작용하고 비교적 비특이적으로 병원체를 탐지하는 면역반응의 일종. 보체 단백질과 같은 세포 단백질들이나 자연살상세포와 같은 세포독성 세포들이 병원체나 감염세포에 결합하여 이들이 파괴되도록 표시함. 이보다 느리게 유도되지만 특정 항원에 대하여 매우 특이적인 항체 및 세포독성 세포들을 발생시키는 적응성 면역반응과 구분됨.

Intasome (인타솜): 파지 람다의 *attp* 부위에서 조립되는 인테그라제와 숙주 단백질 IHF의 복합체; 인타솜은 박테리아의 *attb* 부위를 잡아 두 *att* 부위들 간의 재조합을 수행함.

Integrase (인테그라제): 역전사에 의하여 생성되는 이중-가닥 바이러스 DNA와 세포 DNA의 통합을 촉매하는 레트로바이러스 효소.

Integrin (인테그린): 세포외 부착단백질과 상호작용하여 세포내 신호전달경로를 개시하는 세포 표면 단백질(보통 헤테로이량체) 패밀리.

Interferon (인터페론): 항바이러스성 활성을 유도하고 바이러스 감염으로부터 세포를 보호하는 사이토카인 패밀리.

Interferon-stimulated gene (인터페론-자극 유전자): 인터페론이 처리된 세포에서 유도되는 항바이러스성 및 항증식성 단백질들을 암호화하는 유전자 집단.

Interferon-α (인터페론-α): 많은 유형의 세포들, 특히 혈구들에 의하여 신속하게 생성되는 I형 인터페론으로서 항바이러스성 및 항증식성 활성을 가지며 바이러스 감염에 대한 내재적 세포성 반응 및 선천성 면역반응의 중요한 성분임.

Interferon-γ (인터페론-γ): 활성화된 T 림프구 및 자연살상세포에 의하여 생성되는 사이토카인으로서 선천성 및 적응성 면역반응에서 대식세포와 같은 세포들을 활성화시킴.

Intergenic region (유전자간 영역): Polyomavirus의 게놈에서 초기와 후기 유전자들 사이에 위치하는 400 nt 영역이며 중요한 전사 및 복제 조절 서열을 포함.

Interleukin-1 (인터루이킨-1): 면역반응 초기에 분비되어 T 및 B 림프구를 활성화시키는 사이토카인.

Interleukin-2 (인터류이킨-2): T-세포 성장과 증식을 촉진하는 사이토카인.

Internal ribosomal entry site (IRES) (내부리보좀진입부위): (특히, picornavirus와 flavivirus에서) RNA의 5′ 말단에서 멀리 떨어진 내부에서 리보좀과 결합하여 캡-비의존적 단백질 합성 개시를 유도하는 RNA 영역. IRES는 다양한 세포 단백질들과 상호작용하는 광범위한 2차 및 3차 구조를 나타냄. 일부 세포 유전자들도 IRES를 가짐.

Intrinsic cellular defense (내재적 세포성 방어): 병원체에 감염된 생물에서 나타나는 신속하고 흔히 국소적인 숙주 반응. 내재적 방어는 감염 초기 수 분에서 수 시간 이내에 다양한 보호성 체계를 유도하여 감염 세포 혹은 인접 세포들이 손상되지 않도록 보호할 수 있음.

Inverted terminal repeat (역말단 반복): 핵산 분자의 양 말단에 존재하는 서로 반대방향의 뉴클레오티드 서열; 이러한 반복을 나타내는 두 말단의 단일 가닥 DNA는 상보적이므로 서로 결합할 수 있음.

Ionophore (이온 운반체): 특정 이온과 특이적으로 결합하여 막을 가로질러 이들을 수송하는 작은 지용성 분자.

Isotype (아이소타입): 면역학에서 면역글로불린 중쇄의 불변영역의 유형. 9가지 면역글로불린 아이소타입들이 알려져 있으며 이들은 면역반응에서 독특한 기능을 수행하는 것으로 여겨짐.

Jak-Stat pathway (Jak-Stat 경로): 인터페론을 비롯한 사이토카인과 성장인자들에 의한 신호전달로 Jak(Janus tyrosine kinase)과 Stat(signal transducers and activators of transcription)에 의하여 매개되며 일련의 티로신 인산화를 통하여 다양한 표적 유전자들의 전사 활성화를 유도함.

Jaundice (황달): 혈액에 담즙색소가 존재하여 피부가 노랗게 변하는 현상으로 흔히 간 기능 악화로 유발됨.

Jelly-roll β-barrel (젤리-롤 β-배럴): 폴리펩티드 사슬이 수많은 평형 β 가닥으로 접히는 구조로 많은 비리온 캡시드 단백질들에서 나타남.

Junctional adhesion molecule A (JAM-A): 밀착연접에서 나타나는 세포 막 단백질; 세포 부착분자의 면역글로불린 초패밀리의 구성원.

Karyopherin (카리오페린): 임포틴(importin) 참조.

Keratinocyte (각질세포): 피부와 점막을 구성하는 편평 상피세포로 숙주와 환경 사이의 장벽을 제공함.

Kuru (쿠루): 파퓨아 뉴기니의 포어족에서 발생한 프리온 질병으로 식인 종교적 의식에서 프리온에 감염되어 유발됨. 포어

언어로 "떨림" 혹은 "전율"을 의미함.

Laminin receptor (라미닌 수용체): 라미닌에 결합하는 세포 표면 단백질. 라미닌은 약 820 kD 크기의 세 폴리펩티드를 포함하는 단백질 패밀리로 상피세포의 아래쪽에 있는 기저판(basal lamina)을 형성함.

Latency (잠복성): 바이러스 게놈이 세포에서 휴면상태로 존재하는 불활성 상태; 바이러스 전사 혹은 복제가 거의 혹은 전혀 일어나지 않음.

Latent infection(잠복감염): 병원체가 생물에 존재하지만 느리게 복제하거나 전혀 복제하지 않아 증상이 거의 혹은 전혀 나타나지 않는 감염.

Lectin receptor-activated pathway (렉틴 수용체-활성화 경로): 미생물 탄수화물의 만노오스 잔기를 인식하여 시작되는 보체계가 활성화되는 경로.

Lectin (렉틴): 세포 막의 특정 올리고당에 결합하는 식물 단백질.

Leucine zipper domain (루이신 지퍼 영역): 단백질에서 매 7번째 위치에 루이신 잔기를 가지는 알파나선 영역으로 단백질 간 이량체를 형성함.

Ligand (리간드): 단백질에 결합하는 특정 분자.

Lineage (계통): 유전적 유연관계가 가까운 개체들의 집합.

Lipid raft (지질 뗏목): 콜레스테롤, 당지질, 스핑고 지질 및 일부 막 단백질이 풍부한 진핵세포 원형질막의 작은 영역. 지질뗏목은 일부 바이러스들의 진입을 위한 결합과 일부 외막성 바이러스들의 조립을 위한 표적으로 여겨짐.

Lipopolysaccaride (지질다당류): 지방산과 올리고당을 포함하는 복합 분자로 그람-음성 박테리아의 외막에서 발견됨.

Long-distance movement (장거리 이동): 식물 바이러스가 유관속 조직을 통하여 식물 전체로 이동하는 것.

Lumen (내강): 소포체와 같은 세포 소낭의 내부 강소.

Lymphatic system (림프계): 병원체, 거대분자 및 면역세포를 포함하는 체액을 림프기관으로 수송하는 체내의 림프관 및 림프조직의 네트워크.

Lymphotoxin (림프독소): TNFβ로도 알려진 사이토카인이며 원형질막에 구멍을 내어 감염 세포를 죽임.

Lysis (용해): 세포 내의 바이러스 입자들을 방출하기 위하여 바이러스 단백질이 감염 세포에 구멍을 내어 세포를 죽이는 현상.

Lysogen (용원균): 프로파지를 포함하는 박테리아 세포.

Lysosome (리소좀): 내포작용에 의하여 세포 내로 들어온 물질의 분해에 관여하는 진핵세포의 세포 소기관.

Lysosomotropic agent (리소좀 향성 제제): 세포의 산성 소기관에서 pH를 증가시키는 약염기성 화합물.

Macrophage (대식세포): 다양한 조직 및 기관에 존재하며 세포외 부스러기, 세포 조각 및 병원체를 삼켜서 분해하는 세포로서 적응성 면역계의 세포들에 항원을 제시함.

Macropinocytosis (거대음세포작용): 세포 표면에서 비교적 많은 양의 세포외 액체 및 입자들을 지름이 0.5에서 5 μm인 액포 내로 받아들이는 것.

Mad cow disease (광우병): 소의 해면양뇌병변증(BSE)에 대한 일반 명칭.

Major histocompatibility complex(MHC) (주조직적합성복합체): 항원 혹은 항원 조각에 결합하는 세포 표면 단백질로서 이들을 면역반응에 관여하는 세포에 제시함. 인간에서는 이 단백질의 일부를 HLA(human leukocyte antigen)라고도 함.

Maraviroc (마라비록): HIV-1에 대한 보조 수용체를 제공하는 세포의 CCR5 케모카인 수용체 막 단백질에 결합하는 항바이러스성 제제; 마라비록의 결합은 HIV-1의 진입를 저해함.

Mast cell (비만세포): 히스타민과 헤파린으로 채워진 과립을 포함하는 세포; 자극되면 과립을 방출하여 염증을 유발함.

Matrix protein (간질 단백질): 바이러스 외막 바로 아래에 위치하는 바이러스 단백질이며 외막과 바이러스 뉴클레오캡시드 사이를 연결하는 다리로 작용함.

Membrane attack complex (막공격복합체): 병원체 혹은 감염세포의 막에 구멍을 형성하여 병원체 혹은 세포를 죽이는 보체단백질 집합체.

Membrane fission (막 분열): 하나의 막이 둘로 분열하거나 출아하는 과정.

Membrane fusion (막 융합): 두 개의 막이 결합하여 하나의 막을 형성하는 과정.

Metalloproteinase (금속단백분해효소): 촉매 메커니즘에 아연과 같은 금속 이온을 이용하여 펩티드 결합을 절단하여 단백질을 분해하는 효소.

Methyltransferase (메틸전달효소): 메틸기를 SAM(S-adenosyl-methionine)에서 수용체 분자(예, RNA 캡 형성과정에서 뉴클레오티드 염기 혹은 리보오스)로 전달하는 효소.

Micelle (교질입자): 작은 수용성 극성 지질 방울.

MicroRNA (miRNA) (마이크로 RNA): 표적 mRNA의 상보성 서열에 결합하는 약 22 뉴클레오티드의 짧은 RNA 분자로서 mRNA의 분해 혹은 번역 억제를 초래함.

Microvilli (미세융모): 장 상피와 같은 다양한 유형의 세포 표면에서 액틴 섬유의 코어를 포함하는 손가락 모양의 원형질막 돌기물. 미세융모는 세포 표면적을 상당히 증가시키고 세포외 매질로부터 물질을 흡수하는데 중요한 역할을 수행함.

Mitotic arrest-defective (MAD): 분열 세포에서 유사분열 방추사에 의한 염색체의 분리를 막아 후기로의 진입을 조절하는 단백질.

Mitotic spindle checkpoint (유사분열 방추사 점검점): 염색체가 양극의 방추사에 적절히 배열할 때까지 후기의 시작을 막는 조절 메커니즘; MAD 단백질에 의하여 조절됨.

Monensin (모넨신): 골지체를 통한 단백질의 이동을 방해하는 단가 이온의 운반체로서 당화에 여러 가지 영향을 미침.

Monoclonal antibody (단클론 항체): 클로닝된 한 종류의 항체-생성 세포에 의하여 생성된 항체. 각 단클론 항체는 독특한 아미노산 서열을 가지고 매우 특이적인 에피토프에 결합함.

Momocot (단자엽 식물): 씨앗의 발아로 하나의 떡잎이 생겨나는 현화식물.

Monocyte (단핵구): 외래 입자 혹은 병원체를 잡아먹는 백혈구. 단핵구가 혈액에서 조직으로 이동하면 대식세포 혹은 수지상세포로 분화함.

Mosaic disease (모자이크성 질병): 식물 잎에 밝고 어두운 녹색 혹은 녹색과 황색이 모자이크 패턴으로 나타나는 질병.

Mucociliary flow (점막섬모 흐름): 호흡 기관의 상피 표면에서 상피세포의 섬모운동에 의한 점액 및 부스러기의 흐름.

Mucosal epithelium (점막 상피): 점막의 상피세포.

Multinucleated giant cell (다핵거대세포): 신시티움(syncytium) 참조.

Multiplicity of infection (m.o.i) (감염다중도): 세포 당 접종되는 감염성 바이러스 입자의 수.

Multivesicular body (다포성 소체): 여러 개의 작은 막성 소낭들과 리소좀 분해 효소들을 포함하는 세포질 액포.

Myocarditis (심근염): 심장의 근육 벽에 생겨난 염증성 질병.

Myristate (미리스테이트): C14의 선형, 포화 지방산으로서 카르복실기를 통하여 수많은 단백질들의 N-말단 글리신에 결합하여 단백질을 막에 연결함.

Myristoylation (미리스토일화): 단백질의 N-말단 글리신 잔기에 14-탄소 지방산인 미리스테이트가 공유결합으로 연결되는 것.

Natural killer cell (NK cell) (자연살상세포): 비정상 세포 특히 병원체에 감염된 세포와 암세포를 공격하여 죽이는 림프구; 선천성 면역반응의 일부.

Necrogenic (괴사성): 병원체에 의해 괴사 혹은 사멸이 유발되는.

Nectin (넥틴): 면역글로불린 유사 구조를 가지고 세포 부착에 관여하는 세포 표면 단백질 패밀리.

Negative or minus strand (음성 혹은 마이너스 가닥): RNA 바이러스에서 단백질-암호화 영역을 가지는 RNA에 상보적인 가닥. 일부 바이러스들은 비리온에 음성 RNA를 포장함.

Negative staining (음성 염색): 전자현미경 관찰을 위하여 전자를 흡수하지만 시료에는 결합하지 않는 중금속을 이용하여 시료를 염색하는 것. 시료가 염색되지 않아 상이 형성되므로 "음성"이라 함.

Nested set (내포성 세트): 각각이 더 큰 다음 물체에 들어 맞는 유사한 물체들의 세트.

Neuraminidase (NA) (뉴라미니다아제): 당지질 혹은 당단백질에서 시알산(N-아세틸뉴라민산)을 절단하는 효소.

Neutralizing antibody (중화항체): 바이러스 입자와 결합하여 바이러스 감염성을 불활성화시키거나 중화시키는 항체.

Nevirapine (네비라파인): 비뉴클레오시드 역전사효소 저해제.

New variant Creutzfeldt-Jakob disease (nvCJD or vCJD) (신변종 크로이츠펠트-야콥병): 광우병에 걸린 소에서 프리온에 전염되어 유발되는 인간의 프리온 질병.

Nuclear factor-κB (NF-κB): 면역반응과 세포자살을 비롯하여 다양한 신호전달경로들을 조절하는 헤테로 이량체형의 전사인자. 세포질에서 IκB와 저해성 복합체를 형성하여 격리되어 있다가 다양한 세포외 신호 수용으로 IκB에서 방출되면 핵으로 이동하여 다양한 표적 유전자들의 전사를 활성화시킴.

Non-nucleoside inhibitor (비뉴클레오시드 저해제): 뉴클레오시드 유사체가 아닌 DNA 중합효소 저해제.

Nonpermissive (비허용성): 특정 바이러스의 생산적 감염을 지지할 수 없는. 비허용성 세포는 비리온의 결합, 진입, 유전자 발현, 게놈 복제 및 비리온 조립을 포함하는 어떤 단계에서 바이러스 감염을 저지할 수 있음.

Nucleocapsid (뉴클레오캡시드): 바이러스 핵산 게놈을 포함하는 바이러스 캡시드.

Nucleoside diphosphate kinase (뉴클레오시드 이인산 키나아제): 뉴클레오시드 이인산을 뉴클레오시드 삼인산으로 인산화하는 효소.

Nucleosome (뉴클레오솜): 네 가지 세포 히스톤들인 H2A, H2B, H3 및 H4가 두 개씩 조립하여 형성되는 복합체. 염색체 DNA가 실린더형 뉴클레오솜 주위를 감아 응축됨.

Obligatory intracellular parasite (세포내 절대기생체): 다른 세포의 내부에서만 복제할 수 있는 감염체 혹은 생물.

Occlusion body (폐색체): baculovirus에 감염된 세포의 핵에서 형성되는 결정형 단백질 기질로서 폴리헤드린 혹은 그라눌린에 싸인 외막성 바이러스 뉴클레오캡시드들로 구성됨.

Occlusion-derived virion (폐색형 비리온): 핵에서 형성된 폐색체에 포함되어 있는 비리온.

2′, 5′-oligo(A) synthetase (2′, 5′-올리고(A) 합성효소): 10개의 ATP를 2′, 5′ 인산이에스테르 결합으로 연결하여 올리고를 생성하는 효소. 인터페론 반응의 일부로 이 효소는 이중-가닥 RNA에 의하여 활성화됨. 2″, 5′-올리고A는 mRNA를 분해시키는 리보뉴클레아제 L에 결합하여 이를 활성화시킴.

Oncogene (암유전자): 바이러스 혹은 세포 유전자로서 단백질로 발현되면 세포 형질전환 혹은 종양 발생을 유도할 수 있는 유전자.

Oncolytic (암용해성): 종양세포를 죽이거나 용해시킬 수 있는.

Oncotropism (암향성): 정상세포보다 암세포에서 더 효과적으로 복제하는 바이러스의 특성.

Operator (작동자): DNA 혹은 RNA에서 유전자 발현을 음성적으로 조절하는 억제 단백질의 결합부위.

Opportunistic infection (기회 감염): 건강한 사람에게는 잘 일

어나지 않지만 면역결핍 환자에서 잘 일어나는 감염.

Order (목): 바이러스학에서 드물게 이용되는 바이러스 과들의 분류학적 집단. 구성원들은 독특한 복제 전략을 공유하지만 숙주 생물과 게놈 크기에 큰 차이를 나타낼 수 있고 뉴클레오티드 서열 상동성은 거의 혹은 전혀 없을 수 있음.

Oseltamivir (오셀타미비르): 인플루엔자 A 및 B 바이러스 감염의 치료에 이용되는 뉴라미니다아제 저해제.

Osmolyte (삼투질): 세포 부피와 체액의 균형을 조절하는 삼투 현상에 영향을 줄 수 있는 유기화합물.

Packaging signal (포장 신호): 캡시드에 게놈을 포장하기 위하여 바이러스 단백질이 인식하는 DNA 혹은 RNA 게놈의 서열.

Palmitoylation (팔미토일화): 단백질의 시스테인 설프히드릴기에 팔미틴산이 공유결합으로 부착되는 것; 단백질의 지질막에 대한 친화력을 증가시킴.

Pandemic (대유행): 많은 국가들과 대륙을 포함한 커다란 지리적 범위에서 시간 경과에 따라 감염성 질병의 빈도가 증가하는 현상(예, 1918–1920에 전 세계적으로 발생한 인간 인플루엔자 대유행).

Panleukopenia (범백혈구감소증): 백혈구의 부족을 초래하는 (고양이의) 감염성 질병.

Panzootic (동물질병 대유행): 동물의 감염성 질병빈도가 넓은 지리적 범위에서 시간 경과에 따라 증가하는 현상(예, 1970년대부터 현재까지 북아메리카의 동부에서 너구리의 광견병이 대유행).

Papain-like cysteine proteinase (파파인-유사 시스테인 단백질 분해효소): 프로테아제인 파파인과 구조적 상동성을 가지며 펩티드 결합의 가수분해를 위한 친핵체로 시스테인을 이용하는 효소.

Pap test (팝 테스트): 자궁경부의 세포를 Papanicolaou 염색으로 조사하는 자궁경부암의 조기 진단법. 이는 자궁경부암 예방을 위해 개발된 가장 성공적인 검사법임.

Paralogous gene (유사 유전자): 유전자 중복현상으로 생겨난 상동 유전자 서열.

Pentasymmetron (오대칭체): 중앙의 5량체 캡소머를 둘러싸는 다수의 3량체 혹은 6량체 캡소머로 이루어진 5각형의 캡시드 소구조체.

Penton base (펜톤 기저부): 아데노바이러스 비리온의 구조적 소단위체로 펜톤 단백질의 5량체로 구성되고 정20면체형 비리온의 12개 꼭지점에 위치함.

Peptidomimetic (펩티드 모방 약물): 펩티드와 유사하지만 펩티드가 아닌 약물.

Perforin (퍼포린): 세포독성 T 림프구와 NK 세포에 의하여 생성되는 세포 용해성 단백질. 이 단백질은 표적 세포의 원형질막에 구멍을 형성하여 흔히 그랜자임 B와 같은 세포 용해성 단백질의 도움으로 세포자살을 유도함.

Peripheral or secondary lymphoid organ (말초 혹은 이차 림프기관): 외래 항원이 림프구와 상호작용하는 림프조직(예, 비장, 림프절, 편도 등).

Peritonitis (복막염): 복막(복강을 둘러싸는 막)의 염증.

Peritrophic membrane (위식막): 곤충의 장에서 음식물 주위에 분비되는 키틴성 보호막.

Permissive (허용성): 특정 바이러스의 감염을 허용하는. 허용성 세포에서는 생산적인 감염이 완성되어 자손 바이러스들을 생성할 수 있음.

Persistent infection (지속적 감염): 바이러스가 숙주에서 제거되지 않고 낮은 수준으로 장기간 복제를 계속하고 숙주를 죽이지 않는 배양세포 혹은 동물의 감염.

Phagocytosis (식세포 작용): 대식세포가 세포외 매질로부터 입자성 물질을 소낭으로 받아들이는 것.

Phagosome (식포): 식세포 작용에 의하여 세포 내로 받아들여진 입자 주위에 형성된 액포.

Pharmacokinetics (약동학): 개체에 투약된 약물의 흡수, 분포, 분해 및 제거를 포함한 약물의 운명에 관한 연구.

Phyla (단수, phylum): 계와 강 사이의 생물 분류단위.

Picornavirus 3C-like proteinase (피코르나바이러스 3C-유사 프로테아제): 피코르나바이러스의 다단백질을 성숙 단백질들로 절단하는 데 관여하는 3C 프로테아제와 구조적인 상동성을 가지는 효소.

Double-stranded RNA-dependent protein kinase (PKR) (이중-가닥 RNA-의존적 단백질 키나아제): 바이러스 감염 혹은 이중-가닥 RNA의 존재에 반응하여 단백질 합성을 억제하기 위하여 진핵세포 개시인자 2B(eIF-2B)를 인산화하는 세포성 세린-트레오닌 단백질 키나아제

Plaque assay (용균반-분석법): 세포 단층에서 국소적인 세포사멸 영역에서 형성되는 용균반을 세어 감염성 바이러스 입자를 정량하는 방법.

Plaque-forming unit (PFU) (용균반-형성 단위): 용균반 분석법으로 검출되는 감염성 바이러스 입자의 수. 보통 PFU/ml로 나타냄.

Plasma cell (형질세포): 항체를 생성하고 분비하는 최종 분화된 B 세포.

Plasmodesmata (원형질연락사): 식물세포들 사이에 작은 분자들의 통과를 허용하는 세포 간 막성 연결부위.

Pleconaril (플레코나릴): rhinavirus와 다른 피코르나바이러스를 저해하는 활성을 나타내는 캡시드-결합 약제.

Pock (농포): poxvirus 혹은 다른 병원체들에 의하여 유발되는 피부 혹은 점막의 국소적인 수포성 병변.

Poliomyelitis (회백수염): poliovirus에 의하여 유발되며 마비를 초래할 수 있는 중추신경계 질병.

Polyadenylation signal (폴리아데닐화 신호): 진핵세포 mRNA 상의 공통적인 AAUAAA 서열. 이 서열을 단백질이 인식하여 AAUAAA의 아래쪽을 절단하고 새로운 3′ 말단에 폴리

(A) 꼬리를 첨가함.

Polyclonal (다클론성): 많은 클론들에서 유래하는. 종양세포 혹은 면역계의 세포들이 많은 기원에서 유래하거나 많은 항원 특이성을 가진다면 다클론성으로 간주됨.

Polyhedrin (폴리헤드린): nucleopolyhedrovirus의 다면체 폐색체를 형성하는 단백질.

Polymorphonuclear leukocyte (다형핵 백혈구): 세포질에 과립을 가지고 엽상의 핵을 가지는 호중구, 호산구 및 호염기구를 포함하는 백혈구 집단.

Polyprotein (다단백질): 합성 중 혹은 합성 후에 프로테아제에 의하여 절단되어 여러 가지 성숙한 기능성 단백질들을 생성하는 전구체 단백질.

Positive or plus strand (양성 혹은 플러스 가닥): 단백질의 암호화 영역을 포함하는 RNA 가닥.

Positive staining (양성 염색): 시료에 결합하여 전자밀도를 부여하는 중금속 염을 이용하여 전자현미경 시료를 염색하는 방법. 보통 얇은 박편의 세포 관찰에 이용함.

Preintegration complex (통합전복합체): 세포 게놈에 통합될 준비가 된 레트로바이러스 캡시드 단백질과 새로 합성된 프로바이러스 DNA의 복합체.

Primary cell culture (일차 세포배양): 동물조직을 *in vitro*에서 바로 배양한 세포. 배 혹은 갓 태어난 동물의 세포들이 배양하기가 용이하므로 흔히 이용됨.

Primosome (프리모솜): DNA 복제의 시작을 위하여 RNA 프라이머를 합성하는 단백질 복합체.

Prion (프리온): 정상세포 단백질 PrP^{c}의 구조적 변이체인 PrP^{sc}처럼 복제하고 프리온 질병을 유발하는 병원체. Prion이라는 용어는 "proteinaceous infectious" 입자를 의미함.

Prion disease (프리온 질병): 뇌에 프리온이 축적되어 유발되는 퇴행성 신경 질병으로서 해면양 뇌병변을 유발하고 아밀로이드 소섬유와 플라그의 축적이 특징적임. PrP 유전자의 유전성 돌연변이 혹은 감염된 동물로부터의 전염에 의하여 유발될 수 있음.

Procapsid (프로캡시드): 바이러스 게놈을 포함하지 않는 바이러스 캡시드의 전구체. 성숙한 캡시드를 형성하기 위하여 바이러스 게놈이 채워지면 프로캡시드의 구조 혹은 단백질 조성이 변함.

Processivity (진행성): 중합효소가 주형에서 떨어지지 않고 합성 중인 사슬을 계속적으로 연장하는 능력.

Progressive multifocal leukoencephalopathy (PML) (진행성 다병소성 백질뇌증): polyomavirus JC에 의하여 유발되는 인간의 치명적인 희귀성 탈수질환.

Prohead (프로헤드): 박테리오파지의 프로캡시드. Procapsid 참조.

Pro-inflammatory cytokine (전염증성 사이토카인): 염증을 촉진하는 사이토카인.

Promoter occlusion (프로모터 폐쇄): 활성을 지니는 앞쪽 프로모터의 존재로 인하여 뒤쪽 프로모터의 이용이 중단되는 현상. 프로모터 폐쇄는 보통 앞쪽 프로모터에서 시작된 전사가 뒤쪽 프로모터에 결합한 전사인자를 제거하기 때문에 일어남.

Prophage (프로파지): 박테리아 염색체에 삽입되거나 자유로운 플라스미드 상태로 복제하는 억제된 박테리오파지 염색체.

Proteasome (프로테아솜): 항원제시를 위하여 MHC-I 단백질이 이용할 수 있도록 단백질을 펩티드로 분해하는 특수한 복합체.

Protein kinase (단백질 키나아제): 인산기를 공유적으로 첨가하여 단백질을 변형시키는 효소.

Protein tyrosine kinase (단백질 티로신 키나아제): 단백질의 특정 티로신 잔기를 인산화하는 효소.

Proteoglycan (프로테오글리칸): 커다란 음전하를 띠는 다당류 사슬과 단백질로 구성된 세포외 거대분자.

Proteosomes (프로테오솜): *Neisseria* 박테리아 종의 외막에서 만들어지는 소낭으로서 이 속에 외래성 항원이 들어감. 프로테오솜을 동물에 주사하면 이 항원에 대한 면역을 유도할 수 있음.

Protomers (프로토머): 커다란 구조를 만드는 데 이용되는 소단위체.

Proto-oncogene (원암유전자): 돌연변이가 일어나거나 과발현되면 세포 형질전환 혹은 암화과정을 유발할 수 있는 세포의 조절 유전자.

Proviral DNA (프로바이러스 DNA): 감염된 숙주세포의 염색체에 통합되는 레트로바이러스 게놈의 DNA 복사본.

Pseudoknot (가짜 매듭): 줄기 끝에 있는 고리의 염기와 동일 RNA 분자의 먼 거리에 있는 염기 간의 수소결합으로 형성되는 RNA 이차구조.

Pseudotype (위형): 한 바이러스에 외래 수용체-결합 단백질을 포함시켜 다른 세포 유형 혹은 종에 결합하여 감염할 수 있도록 제조된 재조합 바이러스.

Pseudovirion (가짜 비리온): 바이러스 게놈 대신에 세포 염색질의 일부를 포장한 polyomavirus의 비리온.

Pyroptosis (파이롭토시스): 염증과정에서 일어나는 일종의 세포예정사로 카스파아제 1의 활성화를 요구함.

Quasi-equivalence (준동등): 바이러스 캡시드의 표면에서 서로 유사하지만 완전히 동일한 결합을 형성하지는 않는 단백질 소단위체들의 대칭적 분포를 의미함.

Quasispecies (준종): 소수의 돌연변이로 인하여 차이가 나는 바이러스 변이체.

Raft culture (뗏목 배양): 공기-액체 배지 계면에서 세포를 키워 상피세포의 분화에 이용되는 *in vitro* 배양계.

Raltegravir (랄테그라비르): HIV-1 인테그라제를 저해하는 항바이러스제.

Ras: 수용체 티로신 키나아제에 의하여 활성화되어 MAP 키나아제를 활성화시키고 세포주기 및 다른 유전자들의 전사를 유도하는 세포 신호전달 단백질.

Rational drug discovery (합리적 약물발굴법): 약제 표적과 이 표적에 작용하는 분자를 선택하기 위하여 유전학, 분자생물학, 효소학 및 단백질 구조에 대한 기본 지식을 이용하는 새로운 약물개발 접근법.

Reassortant virus (재편성 바이러스): 두 가지(혹은 그 이상의) 부모 바이러스들로부터 유래한 게놈분절들을 포장한 바이러스로서 두 변종들로부터 유래한 바이러스 단백질들을 발현함. 재편성은 분절 게놈을 가지는 바이러스에서 높은 빈도로 일어날 수 있음.

Reassortment (재편성): 분절 게놈을 가지는 바이러스에서 서로 다른 바이러스 변종들 사이에서 일어나는 게놈 분절들의 교환.

Receptor tyrosine kinase (수용체 티로신 키나아제): 신호분자의 결합에 반응하여 세포내 단백질의 티로신 잔기를 인산화시키는 세포 표면 수용체 단백질로서 다양한 신호전달경로들을 활성화시켜 수많은 세포 유전자들의 활성화 혹은 불활성화를 유도함.

Receptor (수용체): 특정 바이러스가 부착하여 세포 진입과정을 시작하는 세포 표면 단백질, 지질 혹은 탄수화물. 바이러스 수용체는 자신만의 세포 기능을 가지고 바이러스에 의하여 부가적으로 활용됨.

Receptor-mediated endocytosis (수용체-매개성 내포작용): 원형질막 수용체에 특이적으로 결합한 분자들이 세포외 공간에서 엔도좀에 들어가는 과정.

Replication complex (복제 복합체): RNA 바이러스의 경우에 감염된 세포의 세포질에서 막과 결합한 바이러스 및 세포 단백질들이 구성하는 바이러스 RNA 합성 공장.

Replicative intermediate (복제 중간체): RNA 바이러스의 경우에 하나 혹은 여러 개의 상보적인 RNA들이 합성되고 있는 RNA 분자. 합성 중인 가닥들은 보통 3′ 말단부에서만 주형 RNA와 염기쌍을 형성함음.

Replicon (레플리콘): 세포에 도입하면 핵산에 암호화되어 있는 단백질에 의하여 복제가 가능한 핵산. RNA 바이러스 레플리콘에는 바이러스 구조 단백질들을 암호화하는 서열이 없을 수도 있음.

Reporter gene (리포터 유전자): 세포 내에서 쉽게 정량적으로 검출될 수 있는 단백질을 암호화하는 유전자. 예로는 녹색 **형광단백질, 베타-갈락토시다아제 및 클로람페니콜 아세틸전달효소**가 있음. 리포터 유전자를 바이러스 게놈에 삽입시키면 바이러스의 감염과 복제를 리포터 단백질의 분석으로 검출할 수 있음.

Reservoir (병원소): 자연계에서 병원체가 순환하는 생물집단이지만 뚜렷한 질병을 유발하지 않을 수도 있음. 인간이나 가축 동물은 이 집단의 개체들과 접촉하여 감염되며 이들은 질병을 앓을 수 있지만 동종의 다른 개체들에게 이 병원체를 효과적으로 전달하지 못할 수도 있음.

Resolvase (레솔바아제): 연쇄체 연접의 끝을 절단하여 머리핀 말단을 가지는 단위-길이의 DNA 분자를 형성하는 효소.

Retinoblastoma (망막아종): 망막 종양. 종양억제자 단백질인 Rb 단백질이 소실되면 유발될 수 있음.

Retrograde transport (역수송): 거대분자가 신경 주변부로부터 핵 혹은 세포체 방향으로 신경 엑손을 따라 수송되는 것.

Reverse genetics (역유전학): 한 개체의 게놈에 특정 유전적 변화를 유도한 뒤에 표현형 변화를 관찰하는 과정.

Reverse transcriptase (역전사효소): RNA 주형을 이용하여 DNA를 합성하는 효소; RNA-의존적 DNA 중합효소라고도 함.

Ribonuclease H (리보뉴클레아제 H): RNA/DNA 혼성체의 RNA 부분을 특이적으로 분해하는 리보핵산분해효소.

Ribonuclease L (리보뉴클레아제 L): 2′, 5′-올리고아데닐산과의 결합으로 활성화되어 세포 및 바이러스 mRNA를 분해하는 효소. 인터페론 반응의 일종.

Ribose methyltransferase (리보오스 메틸전달효소): RNA의 5′ 끝에 메틸화된 캡 구조를 생성하는 과정에서 리보오스의 2′ 위치에 메틸기를 전달하는 효소.

Ribosomal frameshifting (리보좀 틀이동): 리보좀이 mRNA의 암호화 영역을 번역하는 과정에서 멈추어 하나 혹은 두 개의 뉴클레오티드 뒤로 이동하여 다른 해독틀로 mRNA의 번역을 재개하는 것.

Ribosomal shunting (리보좀 분로): 리보좀이 eIF4F를 이용하여 전형적인 경로를 통하여 5′ 말단부터 탐색하지 않고 mRNA의 번역 개시코돈을 찾는 메커니즘.

Ribozyme (리보자임): 효소로 작용하는 리보핵산. RNA는 특정 생화학 반응을 촉매하여 리보자임 분자 당 여러 기질 분자들을 변형시킬 수 있음. 일부 알려진 리보자임들은 RNA를 절단하거나 이을 수 있음.

Ritonavir (리토나비르): HIV 감염의 치료에 이용되는 프로테아제 저해제.

RNA helicase (RNA 헬리카아제): 단일-가닥 RNA 분자의 나선 구조(줄기) 혹은 이중-가닥 RNA 분자의 두 가닥을 풀어주는 효소. 이 효소는 보통 RNA의 전사와 복제에 관여함.

RNA interference(RNAi) (RNA 간섭): 발생과정과 병원체에 대한 방어에 중요한 miRNA 및 siRNA에 의하여 매개되는 RNA-의존적 유전자 조절계.

RNA world (RNA 세계): 자가-복제성 RNA가 발생하고 진화하여 우세하였을 것으로 여겨지는 가설적인 전생물 세계. 아마도 현존하는 보편적인 생명체인 DNA 세계의 발생을 이끌었을 것으로 여겨짐.

**RNA-dependent DNA polymerase (RNA-의존적 DNA 중합효

소): RNA를 주형으로 이용하여 DNA를 합성하는 효소; 역전사효소.

RNA-dependent RNA polymerase (RNA-의존적 RNA 중합효소): RNA를 주형으로 RNA를 합성하는 효소. RNA 게놈을 가지는 바이러스는 숙주세포가 제공할 수 없는 이 효소를 반드시 암호화하여야 함.

RNA-induced silencing complex (RISC) (RNA-유도성 침묵 복합체): RNA 간섭에서 상보적인 mRNA 서열을 인식하기 위하여 siRNA 혹은 miRNA의 한 가닥을 주형으로 이용하는 다단백질 복합체.

RNA polymerase II holoenzyme (RNA 중합효소 II 전효소): 진핵세포 RNA 중합효소 II와 전사를 활성화시키는 보조 단백질들로 이루어진 복합체.

Rolling-circle replication (회전환 복제): RNA 혹은 DNA 중합효소가 주형에서 떨어지지 않고 환형의 주형 주위를 여러 번 회전하여 주형 서열에 상보적인 직렬 반복서열로 이루어진 긴 선형의 분자를 생성하는 방법. 이들은 보통 나중에 단위-길이 분자로 절단됨.

Satellite nucleic acid (위성 핵산): 헬퍼 바이러스가 존재할 때에만 복제할 수 있는 핵산 게놈으로서 보조 바이러스에 의하여 암호화되는 캡시드 단백질에 의하여 비리온이 포장됨. 게놈의 길이는 보통 2kb 이하이며 일부는 어떠한 단백질도 암호화하지 않음.

Satellite virus (위성 바이러스): 게놈이 헬퍼 바이러스가 존재할 때에만 복제할 수 있는 바이러스로서 자신의 캡시드 단백질을 암호화함.

Scaffolding protein (발판 단백질): 바이러스 캡시드와 같이 복잡한 생물학적 구조의 조립에 관여하는 단백질로 최종 구조에는 포함되지 않음.

Scrapie (스크래피): 피부를 비비거나 긁는 증상을 나타내는 양의 프리온 질병.

Secondary receptor (이차 수용체): 바이러스 입자가 세포 표면의 일차 수용체에 결합한 뒤에 세포내 진입을 지시하기 위하여 바이러스 캡시드 혹은 외막 단백질과 상호작용하는 세포 표면 수용체.

Self-assembly (자가조립): 다른 기구의 도움이 없어도 단백질 소단위체들이 바이러스 캡시드를 스스로 조립하는 것.

Seroconversion (혈청 전환): 병원체에 특이적인 항체가 혈청에 출현하여 병원체에 노출되었음을 의미하지만 현재의 질병상태를 의미하는 것은 아님.

Serpin (세르핀): 세린 프로테아제 저해제. 사이토카인의 절단을 막아 이들의 정상적인 생물하적인 기능을 저해할 수 있음.

Serum sickness (혈청병): 순환계에 있는 다량의 항원에 대한 과민성 반응.

Shine-Dalgarno sequence (샤인-달가노 서열): 박테리아 mRNA의 번역 개시부위 바로 앞에 위치하며 16S rRNA에 결합하여 단백질 합성의 개시를 용이하게 하는 공통적인 서열.

Shock (충격): 필수 기관에 적절한 혈액 공급을 유지하지 못하는 순환계 이상; 대부분 혈액 소실로 인한 저혈압으로 유발됨.

Sialic acid (시알산): 많은 당지질 및 당단백질에서 발견되며 만노오스에서 유래한 산성의 9탄당으로 N-아세틸뉴라민산이라고도 불림.

Sickle cell disease (겸상적혈구빈혈증): 비정상 형의 헤모글로빈으로 유발되는 유전형 빈혈로서 초승달 모양의 적혈구(겸상 세포)를 가짐.

Sieve element (체요소): 체관부의 세포 유형이며 서로 연결되어 영양분의 수송에 이용됨.

Signal peptidase (신호 펩티다아제): 막 단백질 혹은 분비단백질들이 소포체의 내강으로 수송되는 과정 혹은 수송된 직후에 신호 서열을 절단하는 숙주 프로테아제.

Signal sequence (신호 서열): 단백질 합성과정에서 소포체 내로 단백질의 N-말단을 삽입하는 아미노산 서열로 나중에 단백질에서 절단됨.

Silencing (침묵화): 흔히 메틸화에 의하여 전사 프로모터의 활성이 감소하거나 제거되는 현상.

Small interfering RNA (siRNA): RNA 간섭과 항바이러스성 신호전달경로를 촉진하는 20~25 bp의 짧은 이중-가닥 RNA 분자.

Sodium dodecyl sulfate (SDS): 단백질의 변성에 이용되는 12-탄소 이온 세제.

Solfataric (유황노): 화산의 유황 분기공 혹은 온천을 의미. 라틴어 황("solfa")와 땅("terra")에서 유래. Naples 근처의 Campo Flegri에 있는 화산 분화구를 Solfatara라고 부르며 이곳에서 고세균인 *Solfolobus solfataricus*가 분리됨.

SOS gene (SOS 유전자): 손상된 DNA를 회복시키는 기능을 하는 LexA-조절성 유전자 집합.

Spasticity (경직): 보통 수의운동을 조절하는 뇌 중심이 손상되어 생겨나는 일부 근육의 연속적인 수축.

Species (종): 바이러스학에서 공통적인 게놈 구조 및 크기, 공통적인 비리온 구조 및 복제 전략, 제한적인 숙주범위, 그리고 높은 핵산 및 아미노산 서열 상동성을 나타내는 바이러스 분리주들의 분류학적 집단.

Spliceosome (스플라이스좀): mRNA 전구체에 결합된 수많은 리보핵단백질(RNP)로 이루어진 복합체. 절단과 이음반응을 수행하여 스플라이싱된 mRNA를 생성함.

Spongiform encephalopathy (해면상 뇌병증): 대뇌피질과 소뇌에 커다란 액포를 동반하는 질병으로 뇌가 스폰지 모양으로 보임.

Squamous cell carcinoma (편평상피암): 피부 상피의 상부 층에서 생겨나는 피부암의 일종.

Src-related kinase (Src-관련 키나아제): 특정 표적 단백질의 티로신을 인산화하고 수많은 세포 신호전달경로를 조절하는

c-src와 유사한 효소.

Subacute sclerosing panencephalitis (SSPE) (아급성 경화성 범뇌염): 홍역바이러스 감염의 드문 합병증으로 점진적이고 치명적인 신경학적 질병. 300,000명의 홍역 감염자들 가운데 한명 꼴로 SSPE가 발생하며, 느리고 지속적인 감염의 결과로 급성 감염 이후에 10여년에 걸쳐 발생함.

Subgenomic mRNA (서브게놈 mRNA): RNA 바이러스의 게놈 서열의 일부만을 포함하는 mRNA.

Supercoil (초나선): 과다하게 감긴 이중-가닥(보통 환형의) DNA 분자로서 꼬인 구조로 비틀림.

Surface lattice (표면 격자): 물체의 표면에 대칭축을 표시하는 점들을 연결하기 위하여 그려진 선들.

Synchrotron (싱크로트론): 전자 가속 장치로서 고에너지 X-선을 만드는데 이용될 수 있음.

Syncytium (신시티움): 하나 이상의 핵을 가지는 세포 집단. 세포 간 융합에 의하여 형성될 수 있음.

Systemic mosaic (전신 모자이크): 감염된 식물 전체에서 나타나는 모자이크성 질병 증상.

Target-based high throughput screen (표적-기반 대량발굴탐색법): 자동화된 *in vitro* 분석법을 이용하여 수많은 화합물로부터 정제된 단백질의 생물학적 활성에 영향을 미치는 약물을 탐색하는 방법.

TATA box (TATA 박스): 일반 전사인자 TFIID의 일부인 TATA-결합 단백질(TBP)이 결합하는 공통적인 서열로 흔히 TATAAA임. 보통 진핵 전사 개시부위의 25–30 nt 앞에 위치함.

Taxonomy (분류학): 유전적 및 진화적 관계에 기초한 생물의 분류과학.

Tax-responsive element (TRE): HTLV-1 프로바이러스 DNA의 21 bp 반복서열로 Tax와 다른 단백질들의 복합체 형성을 돕고 히스톤 아세틸화 효소를 끌어들여 바이러스 유전자 전사를 촉진함.

T-cell lymphoma (T-세포 림프종): 혈액이 아닌 림프조직에서 T 세포의 증식이 주로 일어나는 T 세포 악성 종양.

T-cell receptor (T-세포 수용체): MHC 단백질과 결합하고 있는 특정 항원에 결합하는 T 림프구 표면 수용체로서 T 세포 활성화와 항체 혹은 세포독성 T 림프구의 생성을 유도함.

Tegument (외피): 일부 바이러스, 특히 baculovirus와 herpesvirus의 비리온에서 외막과 뉴클레오캡시드 사이의 영역으로서 수많은 바이러스 단백질들을 포함함.

Telomerase (텔로머라아제): 작은 주형 RNA를 이용하여 반복적인 DNA 서열을 만들어 진핵세포의 선형 염색체의 말단을 연장 유지하는 효소.

Temperate phage (용원성 파지): 자손 비리온을 생성하고 세포 용해를 일으키기 위하여 복제하거나 여러 세대 동안 세포 내에서 억제된 프로파지 상태로 유지될 수 있는 박테리아 바이러스.

Terminal protein (말단 단백질): 선형의 바이러스 DNA의 5′ 끝에 공유결합된 adenovirus 단백질.

Therapeutic index (치료지수): 최대 치료효과의 절반에 해당하는 약물 용량에 대한 최대 독성 효과의 절반에 해당하는 약물 용량의 비. 효과적이고 안전한 약물일수록 높은 치료지수를 나타냄.

Thermophile (호열성균): 45℃ 이상 80℃ 이하의 온도에서 성장하는 생물.

Thrips (삽주벌레): 식물에서 흔하게 발견되는 곤충으로 일부는 tospovirus의 벡터로 작용하는 총채벌레목, 총채벌레과에 속하는 작은 곤충.

Thymidine kinase (TK) (티미딘 키나아제): 티미딘을 티미딘 일인산으로 인산화하는 효소.

Thymidylate kinase (티미딜산 키나아제): 티미딘 일인산(티미딘산)을 티미딘 이인산으로 인산화하는 효소.

Tight junction (밀착연접): 인접 세포들의 원형질막을 매우 가깝게(1–2 mm) 밀착시키는 세포 간 연접; 내피 및 상피세포에서 나타남.

T lymphocyte (T 림프구): 흉선에서 성숙하는 백혈구로서 항체를 생성하는 B 림프구의 발생을 조절하고 표적 세포를 죽이는 세포독성 T 림프구를 생성하는 적응성 면역반응에 관여함.

Tolerance (내성): 면역계가 외래 기원의 생물 혹은 세포를 "자기"로 수용하는 상태. 바이러스성 질병에서는 감염이 매우 어린 나이에 일어나거나 감염하는 바이러스의 특성(HIV 혹은 HPV)에 따라 내성이 생겨날 수 있음.

Toll-like receptor (톨-유사 수용체): 침입하는 병원체에 특이적인 분자들(예, 지질다당류, CpG-함유 DNA 서열, 이중-가닥 RNA)을 인식하는 세포 표면 및 엔도좀 단백질로서 일련의 단백질 키나아제를 경유하여 선천성 및 적응성 면역반응을 활성화시킴.

Tonoplast (액포막): 식물세포에서 액포를 둘러싸는 막.

Topoisomerase I (국소이성화효소 I): 이중-가닥 DNA의 인산이에스테르 결합을 절단하여 DNA와 일시적인 공유결합을 형성하고, 한 가닥이 상보적인 가닥 주위를 회전하면 인산이에스테르 결합을 재형성시켜 초나선 DNA의 장력을 해소하는 효소.

Topoisomerases (국소이성화효소): 인산이에스테르 결합을 절단하고 다시 이어 초나선 DNA 분자의 장력을 해소하는 효소.

Toroidal coil (환상 코일): 원형으로 굽어진 원주형으로 이루어진 용수철 모양의 코일.

Transcription factor (전사인자): 전사 인헨서 혹은 프로모터의 특정 DNA 서열에 결합하여 다른 전사인자 및 RNA 중합효소들과 상호작용함으로써 유전자의 전사 활성을 변화시키는 단백질.

Transcriptional enhancer (전사 인헨서): 전사인자에 대한 공통적인 결합 서열을 포함하고 특정 유전자의 전사를 향상시키는 영역. 흔히 유전자의 바로 앞에 위치하지만 전사되는 서열 내 혹은 전사 개시 서열로부터 수천 bp 떨어져 있을 수도 있음.

Transgene (이식 유전자): 인위적으로 세포에 도입되어 발현되는 외래 유전자이며 때로는 바이러스 벡터의 일부로 도입됨.

Transmembrane anchor (횡단막 닻): 지질 이중층에 끼어들어 막에 단백질을 고정시키는 20개의 소수성 아미노산으로 이루어진 영역.

Transovarial transmission (경란 전염): 난을 경유한 모체에서 자손으로의 병원체 전염.

Triangulation number (삼각형 분할수): $T = h^2 + hk + k^2$, h와 k는 정수; 정20면체 대칭을 가지는 바이러스 캡시드의 표면에서 단백질 소단위체의 수는 $60 \times T$.

Trisymmetron (삼대칭체): 다수의 3량체 혹은 6량체 캡소머로 구성된 삼각형 캡시드 소구조.

Tropical spastic paraparesis (TSP) (열대 강직성 반신마비): HTLV-1의 감염으로 유발되는 신경질환으로 운동뉴런의 탈수초화를 초래함.

Tropism (친화성): 바이러스(혹은 다른 병원체)가 특정 조직, 기관 혹은 종에 감염하여 복제하는 능력. 흔히 세포 표면 수용체와 병원체의 초기 상호작용에 따라 결정됨.

Tumor necrosis factor (TNF) (종양괴사인자): 염증반응을 활성화시켜 세포자살을 유발할 수 있는 사이토카인.

Tumor suppressor protein (종양억제자 단백질): pRb 혹은 p53처럼 없거나 돌연변이가 일어나면 종양 형성이 유발되는 단백질; 따라서 야생형 단백질은 종양 발생을 억제함.

Twofold symmetry axis (2배 대칭축): 180° 회전시키면 원래 물체와 동일하게 보이는 축.

Type 1 and type 2 T helper lymphocyte (1형 및 2형 T 보조 림프구): 세포성 면역반응(Th1 세포) 혹은 체액성 면역반응(Th2 세포)의 발달에 기여하는 사이토카인들을 분비하는 T 림프구.

Type I transmembrane protein (I형 횡단막 단백질): 아미노 말단이 소포체의 내강이나 세포외 공간으로 향하고 카르복시 말단이 세포기질로 향하는 내재성 막 단백질. 보통 카르복시 말단 근처에 단일 소수성 횡단막 영역이 위치함.

Type II transmembrane protein (II형 횡단막 단백질): 카르복시 말단이 소포체 내강 혹은 세포외 공간으로 향하고 아미노 말단이 세포기질을 향하는 막 단백질. 보통 아미노말단 근처에 단일 소수성 횡단막 영역이 위치함.

Ubiquitin (유비퀴틴): 단백질의 리신 잔기에 공유결합으로 연결되는 76-아미노산의 폴리펩티드로서 프로테아솜에 의한 분해 표식으로 작용함.

Ubiquitination (유비퀴틴화): 프로테아솜에 의한 분해를 위한 표식으로 단백질에 유비퀴틴을 공유결합으로 연결하는 것.

Ubiquitin ligase (유비퀴틴 이음효소): 단백질에 유비퀴틴의 공유결합을 촉매하는 효소.

Uncoating (탈피): 세포 내에서 바이러스 게놈의 발현과 복제를 위한 준비로 바이러스 게놈에서 단백질 코트 혹은 캡시드를 제거하는 과정.

Vaccination (종두법): 우두를 이용한 천연두에 대한 백신 접종을 의미하는 Edward Jenner가 만든 용어. 이 용어는 Jenner를 기념하여 1981년에 Louis Pasteur에 의해 모든 질병에 대한 인위적인 백신 접종을 의미하는 일반적인 용어로 채택됨.

Variolation (인두접종법): 자연적인 천연두 감염에 대한 면역을 유도하기 위하여 smallpox(variola) virus를 인위적으로 접종하는 것. 10세기에서 18세기까지 여러 나라들에서 다양한 형태로 실행되었으며 인두접종은 증상이 약한 질병을 유발하고 천연두에 대한 평생 면역을 부여함. 이 방법은 19세기에 종두법으로 대체되었음.

Vesicule transport (소낭수송): 막의 분할과 융합을 연계하여 두개의 막 영역들 사이에 소낭 막과 함유물을 전달하는 것.

Viral interference (바이러스 간섭): 이전에 유사한 혹은 다른 바이러스에 접촉한 적이 있는 세포가 바이러스 감염에 저항성을 나타내는 상태.

Virion (비리온): 완전한 감염성 바이러스 입자.

Viroceptor (바이로셉터): 세포성 사이토카인 수용체의 상동체인 바이러스 단백질. 바이로셉터는 사이토카인에 결합하여 그 활성을 방해할 수 있어 바이러스에 대한 숙주세포 방어를 억제함.

Virogenic stroma (바이러스 기질): baculovirus가 감염한 세포의 핵에 축적하여 형성되는 전자밀도가 짙은 부위로 바이러스 복제 및 뉴클레오캡시드 조립부위로 여겨짐.

Viroid (바이로이드): 작지만(250–400 nt) 헬퍼 바이러스가 없어도 세포의 DNA-의존적 RNA 중합효소를 이용하여 자신의 게놈 RNA를 복제할 수 있는 환형의 RNA.

Virokine (바이로카인): 세포 사이토카인의 상동체인 바이러스 단백질. 사이토카인을 모방하여 바이러스 복제를 촉진하거나 숙주 방어를 억제함.

Virological synapse (바이러스 시냅스): 세포외 환경으로 방출되지 않고 한 세포에서 다른 세포로 외막성 바이러스가 이동하기 위하여 인접하는 세포들 사이에 확립된 작은 접촉부위.

Viroplasm (바이로프라즘): poxvirus 감염 세포에서 DNA가 축적되고 비리온의 조립이 일어나는 특정 세포질 영역.

Virulence factor (독성 인자): 숙주 면역반응에 대항하기 위하여 병원체가 만드는 단백질로서 보통 숙주 생물에 해를 입혀 자신의 복제를 증가시킴.

Virus vector (바이러스 벡터): 외래 유전자를 발현하거나 바이러스가 원래 감염하지 않는 세포 유형이나 종에 감염하도록 유전적으로 변형시킨 바이러스.

Zanamivir (자나미비르): influenza A 및 B virus의 치료에 이용되는 뉴라미니다아제 저해제.

Zoonosis (인수공통 감염): 인간에 전염될 수 있는 병원체의 동물집단 감염.

Zoonotic disease (인수공통 전염병): 동물에서 인간에게 전염될 수 있는 질병.

CREDITS

Front Cover

Enterobacteria Phage Phi X174: McKenna, R., Xia, D., Willingmann, P., Ilag, L.L., Krishnaswamy, S., Rossmann, M.G., Olson, N.H., Baker, T.S., Incardona, N.L. "Atomic structure of single-stranded DNA bacteriophage phi X174 and its functional implications," Nature (1992) 355: 137–143. Image created by Jean-Yves Sgro with software Qutemol. **Human Rhinovirus 3:** Zhao, R., Pevear, D.C., Kremer, M.J., Giranda, V.L., Kofron, J.A., Kuhn, R.J., Rossmann, M.G., "Human rhinovirus 3 at 3.0 A resolution," Structure (1996) 4: 1205–1220. Image created by Jean-Yves Sgro with software Qutemol. **Simian Virus 40:** Stehle, T., Gamblin, S.J., Yan, Y., Harrison, S.C., "The structure of simian virus 40 refi ned at 3.1 A resolution," Structure (1996) 4: 165–182. Radially depthcued image created by Jean-Yves Sgro with software VMD with ambient occlusion. ***Qutemol:*** http://qutemol.sourceforge.net/. Marco Tarini, Paolo Cignoni, Claudio Montani, "Ambient Occlusion and Edge Cueing for Enhancing Real Time Molecular Visualization," *IEEE Transactions on Visualization and Computer Graphics* (2006), Volume 12, Issue 5, pp. 1237–1244. ISSN:1077–2626. ***VMD-Visual Molecular Dynamics:*** http://www.ks.uiuc.edu/Research/vmd/. Humphrey, W., Dalke, A. and Schulten, K., "VMD - Visual Molecular Dynamics", *J. Molec. Graphics* (1996), vol. 14, pp. 33–38.

Chapter 1

Fig. 1.2a: Courtesy of Robley Williams, University of California at Berkeley and Harold Fisher, University of Rhode Island; **Fig. 1.2b:** Courtesy of John Finch, Cambridge University; **Fig. 1.2c:** Courtesy of The John Curtin School of Medical Research, ANU.

Chapter 2

Fig. 2.1a: Electron micrograph courtesy of Dr. Carla W. Gray, University of Texas, Dallas: reprinted from Gray, C.W., R.S. Brown, and D.A. Marvin, "Adsorption complex of filamentous fd virus," *Journal of Molecular Biology* 146 (1981): 621–627; **Fig. 2.1b, 2.1e–g:** Courtesy of Robley Williams, University of California at Berkeley and Harold Fisher, University of Rhode Island; **Fig. 2.1c–d:** Linda Stannard/Photo Researchers; **Fig. 2.1h:** Courtesy of Jean-Yves Sgro, University of Wisconsin, Madison; **Fig. 2.1i:** Courtesy of Richard Kuhn, Purdue University; **Fig. 2.1j:** Courtesy of Jan Orenstein, George Washington University Medical Center; **Fig. 2.2:** Figs. 2–3 reprinted from S.C. Harrison, "Principles of Virus Structure", Chapter 3 in *Fundamental Virology* 4th ed. (2001), D.M. Knipe and P.M. Howley (eds), Lippincott Williams & Wilkins (Baltimore); **Fig. 2.3a:** from VIPERdb2: an enhanced and web API enabled relational database for structural virology, Mauricio Carrillo-Tripp, Craig M. Shepherd, Ian A. Borelli, Sangita Venkataraman, Gabriel Lander, Padmaja Natarajan, John E. Johnson, Charles L. Brooks, III and Vijay S. Reddy. Nucleic Acid Research 37, D436-D442 (2009); doi: 10.1093/nar/gkn840; **Fig. 2.3b:** Courtesy of Stephen C. Harrison; **Fig. 2.4:** from VIPERdb2;, *op. cit.*; **Fig. 2.5a:** Reprinted from S.C. Harrison, "Principles of Virus Structure," *op. cit.*, Fig. 6; **Fig. 2,5b:** from VIPERdb2, *op. cit;* **Fig. 2.6a:** VMD image courtesy of Dr. Jean-Yves Sgro, University of Wisconsin-Madison; **Fig. 2.6b:** Reprinted from Liddington, R.C. et al., "Structure of Simian Virus 40 at 3.8 A Resolution," *Nature* 354 (1991): 278–284; **Fig. 2.7:** Reprinted from Burnett R.M., et al. (eds) *Biological Macromolecules and Assemblies*, John Wiley and Sons (1984); **Fig. 2.8a:** Courtesy of Nicholas Acheson; **Fig. 2.8b:** PhotoDisc, Inc.; **Fig. 2.8c:** Reproduced from http://en.wikipedia.org/wiki/File:Eight_Allotropes_of_Carbon.png, Wikipedia Commons; **Fig. 2.9:** Reprinted from S.C. Harrison, "Principles of Virus Structure", *op. cit.*, Fig. 19; **Fig. 2.10:** Reprinted from Fig. 3 in Andrei Fokine, Anthony J. Battisti, Valorie D. Bowman, Andrei V. Efimov, Lidia P. Kurochkina, Paul R. Chipman, Vadim V. Mesyanzhinov, and Michael G. Rossmann, "Cryo-EM Study of the Pseudomonas Bacteriophage PhiKZ," *Structure* 15 (2007), 1099-1104, with permission from Elsevier and Michael G. Rossmann; **Fig. 2.11a:** Adapted from **Fig. 24.2**, p. 902, in James D. Watson, Nancy H. Hopkins, Jeffrey W. Roberts, Joan Argetsinger Steitz, and Alan M. Weiner, *Molecular Biology of the Gene*, 4th ed., The Benjamin/Cummings Publishing Company, Inc. Copyright 1965, 1970, 1976, 1987, reprinted by permission of Pearson Education, Inc (Atlanta); **Fig. 2.12:** Courtesy of Stephen Harrison.

Chapter 4

Fig. 4.1, 4.2: Courtesy of Ari Helenius. **Fig. 4.3a–c:** Courtesy of Jurgen Kartenbeck, German Cancer Research Center; **Fig. 4.4:** Reproduced from the Ph.D. thesis of Jennifer Gruenke, University of Virginia, with permission from Jennifer Greunke and Judith M. White; **Fig. 4.5:** Courtesy of Ari Helenius, modified from a figure from Whittaker, G.R. et al., "Viral entry into the nucleus," *Annual Review of Cell and Developmental Biology* 16 (2000): 627–651.

Chapter 5

Fig. 5.3: Courtesy of A.B. Jacobson, Reprinted from Fauquet, C. et al. (eds.), *Virus Taxonomy*, VIIIth Report of the International Committee on Taxonomy of Viruses, (2004) p. 741, with permission from Elsevier. Chapter 6 **Fig. 6.2, 6.5, 6.6:** Courtesy of Benttey Fane.

Chapter 7

Fig. 7.1: Redrawn from Fig. 3 in F.W. Studier and J.J. Dunn, Cold Spring Harbor Symposia on Quantitative Biology 47 (1983): 999, with permission from Cold Spring Harbor Laboratory Press (Cold Spring Harbor, NY); **Fig. 7.2:** Redrawn from Fig. 1 in Molineux, I.J., "No Springs Please, Ejection of Phage T7 DNA from the Viron is Enzyme Driven," *Molecular Microbiology* 40 (2001):1–8, with permission of Blackwell Publishing Co.

Chapter 9

Fig. 9.1: Reproduced from http://en.wikipedia.org/wiki/File:Phylogenetic_tree.svg, Wikipedia Commons; **Fig. 9.2a,c:** Courtesy of Wolfram Zillig; **Fig. 9.2b:** Reproduced from **Figure 1A** in Redder, P., X. Peng, K. Brügger, S. A. Shah, F. Roesch, B. Greve, Q. She, C. Schleper, P. Forterre, R. A. Garrett, and D. Prangishvili, "Four newly isolated fuselloviruses from extreme geothermal environments reveal unusual morphologies and a possible interviral recombination mechanism," *Environmental Microbiology* 11 (2009), 2849–2862, with permission from John Wiley and Sons Inc.; **Fig. 9.2d:** Courtesy of Philippe Lemercier; **Fig. 9.3:** Figure 9 in Sabrina Fröls, Paul M.K. Gordon, Mayi Arcellana Panlilio, Christa Schleper, Christoph W. Sensen, "Elucidating the transcription cycle of the UV-inducible hyperthermophilic archaeal virus SSV1 by DNA microarrays," *Virology* 365 (2007), 48-59, with permission from Elsevier; **Fig. 9.4a:** Courtesy of Wolfram Zillig; **Fig. 9.4b:** Courtesy of Philippe Lemercier; **Fig. 9.5a,b:** Modified from Figure 1 in: Bettstetter M., X. Peng, R. Rachel, R. A. Garrett, and D. Prangishvili "AFV1, a novel virus of the hyperthermophilic crenarchaeon Acidianus," *Virology* 315 (2003), 68-79, with permission from Elsevier; **Fig. 9.5c:** Courtesy of Philippe Lemercier; **Fig. 9.6a,b:** Courtesy of Wolfram Zillig; **Fig. 9.6c:** Courtesy of Philippe Lemercier; **Fig. 9.7a-c:** Reprinted from Fig 4 A, Fig 5 A and G in: Monika Haring, Reinhard Rachel, Xu Peng, Roger A. Garrett, and David Prangishvili, "Viral Diversity in Hot Springs of Pozzuoli, Italy, and Characterization of a Unique Archaeal Virus, Acidianus Bottle-Shaped Virus, from a New Family, the Ampullaviridae," *Journal of Virology* 79 (2005), 9904–9911, with permission from American Society for Microbiology; **Fig. 9.7d:** Courtesy of Philippe Lemercier; **Fig. 9.8a,b:** Modified from Fig 1 b and c in: Häring M., X. Peng, K. Brügger, R. Rachel, K. O. Stetter, R. A. Garrett, and D. Prangishvili, "Morphology and genome organisation of the virus PSV of the hyperthermophilic archaeal genera Pyrobaculum and Thermoproteus: a novel virus family, the Globuloviridae," *Virology* 323 (2004), 233-242, with permission from Elsevier; **Fig. 9.8c:** Courtesy of Philippe Lemercier; **Fig. 9.9a,b:** Courtesy of Wolfram Zillig, reprinted by permission from Macmillan Publishers Ltd: figure 3a in David Prangishvili, Patrick Forterre and Roger A. Garrett, "Viruses of the Archaea: a unifying view," *Nature Reviews Microbiology* 4 (2006), 837-848; **Fig. 9.9c:** Courtesy of Phillipe Lemercier; **Fig. 9.10a1-c2:** Adapted From Figure 4 in: Bize A, E. A. Karlsson, K. Ekefjärd, T. E. Quax, M. Pina, M. C. Prevost, P. Forterre, O. Tenaillon, R. Bernander, and D. Prangishvili, A unique virus release mechanism in the Archaea, *Proc. Natl. Acad. Sci. USA* 106 (2009), 11306-11311, with permission from PNAS; **Fig. 9.11a-h:** Reprinted by permission from Macmillan Publishers Ltd: Figure 1 in Häring M., G. Vestergaard, K. Brügger, R. Rachel, R. A. Garrett, and D. Prangishvili, "Independent virus development outside a host," *Nature* 436 (2005), 1101-1102; **Fig. 9.11i:** Courtesy of Philippe Lemercier; **Fig. 9.12:** Figure 4 reprinted from: Prangishvili, D., G. Vestergaard, M. Häring, R. Aramayo, T. Basta, R. Rachel, and R. A. Garrett, R. A., "Structural and genomic properties of the hyperthermophilic archaeal virus ATV with an extracellular stage of the reproductive cycle," *J. Mol. Biol.* 359 (2006), 1203-1216, with permission from Elsevier; **Fig. 9.13:** Part of **Fig 6** reprinted from: Bath C, Cukalac T, Porter K, Dyall-Smith ML, "His1 and His2 are distantly related, spindle-shaped haloviruses belonging to the novel virus group, Salterprovirus," *Virology* 350 (2006), 228-239, with permission from Elsevier; **Fig. 9.14a:** Reprinted by permission from Macmillan Publishers Ltd: **Fig 3** in Ortmann A.C., B. Wiedenheft, T. Douglas, and M.J. Young, "Hot crenarchaeal viruses reveal deep evolutionary connections," *Nat. Rev. Microbiol.* 4 (2006), 520-528; **Fig. 9.14b:** Fig 4D reprinted from: Jäälinoja HT, Roine E, Laurinmäki P, Kivelä HM, Bamford DH, & Butcher SJ, "Structure and host-cell interaction of SH1, a membrane-containing, halophilic euryarchaeal virus," *Proc. Natl. Acad. Sci. USA* 105 (2008), 8008-8013, with permission from PNAS, Copyright (2008) National Academy of Sciences, U.S.A.

Chapter 10

Fig. 10.1: Courtesy of Tom Zitter; **Fig. 10.2:** Courtesy of Robert Milne; **Fig. 10.3:** Courtesy of Keith Perry, from VIPERdb2, *op. cit.*; **Fig. 10.6:** Courtesy of Nicholas Acheson, with thanks to Cheng Kao; **Fig. 10.9:** Reproduced from DPV400 Figure 09 at http://www.dpvweb.net/dpv/showfig.php?dpvno=400&figno=09, Courtesy of Peter Palukaitis, with permission from the The Association of Applied Biologists.

Chapter 11

Fig. 11.1: Courtesy of Ny Carlsberg Glyptotek, Copenhagen; **Fig. 11.2:** Reproduced from http://www.virology.wisc.edu/virusworld/ictv8/p1m-human-poliovirus-1-ictv8.jpg, courtesy of Jean-Yves Sgro, University of Wisconsin; **Fig. 11.3:** Adapted from J.M. Hogle and V.R. Racaniello, "Poliovirus receptors and cell entry," *Molecular Biology of Picornaviruses*, Semler, B.L. and Wimmer, E. (eds.) (2002), with permission of ASM Press, Washington, D.C.; **Fig. 11.4:** Adapted from Leong, L.E., Cornell, C.T., and Semler, B.L., "Processing determinants and functions of the cleavage products of picornavirus polyproteins," *Molecular Biology of Picornaviruses*, Semler, B.L. and Wimmer, E. (eds.) (2002), with permission of ASM Press, Washington, D.C.; **Fig. 11.6:** Reprinted from Stewart, S.R. and Semler, B.L., "RNA determinants of picornavirus and cap-dependent translation initiation," *Seminars in Virology 8* (1997), 242–255, with permission from Elsevier; **Fig. 11.8:** Fig. 2 reprinted from Cornell, C.T. and Semler, B.L., "Gene expression and replication of the picornaviruses," *Encyclopedia of Molecular Cell Biology & Molecular Medicine*, 2nd ed. (2004), 93–117, Meyers, R.A. (ed.), Weinheim: Wiley-VCH.

Chapter 12

Fig. 12.1–12.6: Courtesy Richard Kuhn, Purdue University.

Chapter 13

Fig. 13.1: Courtesy Richard Kuhn, Purdue University; **Fig. 13.3:** Modified from Fig. 7 in J.A. Lemm et al., "Polypeptide requirements for assembly of functional Sindbis virus replication complexes: a model for temporal regulation of minus and plus strand RNA synthesis" *European Molecular Biology Organization Journal* 13 (1994): 2925–2934, by permission of Oxford University Press; **Fig. 13.4:** Adapted from Figs. 6 and 7 in Schlesinger, S. and Schlesinger, M.J., "Togaviridae," *Fundamental Virology, 3rd ed.*, Fields, B.N., Knipe, D.M., and Howley, P.M., (eds.). Philadelphia: Lippincott-Raven (1996) pp. 523–540.

Chapter 14

Fig. 14.2a: Courtesy of Dr. Guy Schoehn, CNBS, France.; **Fig. 14.3:** Reprinted from Fig 2A and B in: Kevin Knoops, Marjolein Kikkert, Sjoerd H. E. van den Worm, Jessika C. Zevenhoven-Dobbe, Yvonne van der Meer, Abraham J. Koster, A. Mieke Mommaas, Eric J. Snijder, "SARS-Coronavirus Replication Is Supported by a Reticulovesicular Network of Modified Endoplasmic Reticulum," *PLoS Biology* (doi:10.1371/journal.pbio.0060226), September 2008, Volume 6, Issue 9,e226, pp 1957-1974.

Chapter 15

Fig. 15.1a: Courtesy of George P. Leser, Northwestern University; **Fig. 15.1b:** Courtesy of Professor Rob Ruigrok, Universite Joseph Fournier, Grenoble, France; **Fig. 15.2a:** Courtesy of Guy Schoehn, CNBS, France; **Fig. 15.2b:** Courtesy of Professor Rob Ruigrok, Université Joseph Fournier, Grenoble, France; **Fig. 15.5a–b:** Reprinted from Fig. 1 in: Daniel Kolakofsky, Laurent Roux, Dominique Garcin, and Rob W. H. Ruigrok, "Paramyxovirus mRNA editing, the 'rule of six' and error catastrophe: a hypothesis," *Journal of General Virology* 86 (2005), 1869–1877.

Chapter 16

Fig. 16.1a–c: Courtesy of Dr. Yoshihiro Kawaoka and Dr. Takeshi Noda. Reprinted from **Fig. 2a,b** in Watanabe, S., et al., "Production of novel Ebola virus-like particles from cDNAs: an alternative to Ebola virus generation by reverse genetics." *Journal of Virology* 78 (2004): 999–1005.

Chapter 17

Fig. 17.1a: Courtesy of B. V. Venkataram Prasad, Baylor College of Medicine; **Fig. 17.4**: Courtesy of Esa Kuismanen, University of Helsinki, Finland. Fig. 1A reprinted from Jantti, J. et al., *Journal of Virology* 7 (1997): 1162–1172.

Chapter 18

Fig. 18.1: Courtesy of Robert Dourmashkin, London Metropolitan University; **Fig. 18.2:** Courtesy of P.W. Choppin. Figs. 1–3 reprinted from Choppin, P.W., "On the emergence of influenza virus filaments from host cells." *Virology* 21 (1963): 278–281; **Fig. 18.5:** Redrawn from Portela, A. and Digard, P., "The influenza virus nucleoprotein: a multifunctional RNA-binding protein pivotal to virus replication," *Journal of General Virology* 83 (2002): 723–734, with permission from Society for General Microbiology; adapted from Compans, R.W., Content, J., and Duesberg, P.H., "Structure of the ribonucleoprotein of influenza virus," *Journal of Virology* 10 (1972): 795–800, with permission from American Society for Microbiology; **Fig. 18.9:** Reprinted by permission from Macmillan Publishers Ltd: Figures 1 a and c in Takeshi Noda, Hiroshi Sagara, Albert Yen, Ayato Takada, Hiroshi Kida, R. Holland Cheng & Yoshihiro Kawaoka, "Architecture of ribonucleoprotein complexes in influenza A virus particles," *Nature* 439 (2006), 490-492; **Fig. 18.10:** Figure 1 from Rebecca J. Garten et. al., "Antigenic and Genetic Characteristics of Swine-Origin 2009 A(H1N1) Influenza Viruses Circulating in Humans," *Science* 325 (2009), 197–201, reprinted with permission from AAAS.

Chapter 19

Fig. 19.5a–c: Courtesy Max L. Nibert, Harvard Medical School. Reprinted from Centonze, V.E., et al., "Structure of reovirus virions and subvirion particles," *Journal of Structural Biology* 115 (1995): 215–225. **Fig. 19.7a, b:** Reprinted from Becker, M.M., et al., "Reovirus sigma NS protein is required for nucleation of viral assembly complexes and formation of viral inclusions." *Journal of Virology* (2001) 75: 1459-1475, Figs 4a, c.

Chapter 20

Fig. 20.1: Reproduced from Fig. 3, p. 1373, in Mavis Agbandje-Mckenna, Antonio L. Liamas-Saiz, Feng Wang, Peter Tattersall, and Michael G. Rossmann, "Functional implications of the structure of the murine parvovirus, minute virus of mice," *Structure* (1998) Nov 15, vol 6 (11), 1369–1381, with permission from Elsevier. **Fig. 20.2:** Reproduced by permission of Edward Arnold from Fig. 14.1 in Siegl, G. and Cassinotti, P., "Parvoviruses," 261–279, *Topley & Wilson's Microbiology and Microbial Infections*, Vol. 1, 9th ed., Mahy, B.W.J., and Collier, L. (eds.). London: Edward Arnold Publishers (1998); **Fig. 20.4:** Courtesy of N. Acheson. Adapted from Fig. 4 in Berns, K.I. and Linden, R.M., "The Cryptic Lifestyle of Adeno-Associated Virus," *Bioessays* 17 (1995): 237–245, with permission from John Wiley and Sons; **Fig. 20.5:** Reprinted from Fig. 5 in N. Muzyczka and K.I. Berns, "Parvoviruses," Chapter 32 in *Fundamental Virology*, D.M. Knipe and P.M. Howley (eds), Lippincott Williams & Wilkins (Baltimore) (2001); **Fig. 20.7:** Reprinted with permission from Saudan, P., Ph.D. Thesis, University of Lausanne (2000).

Chapter 21

Fig. 21.1: Courtesy of Jean-Yves Sgro, Institute for Molecular Virology, University of Wisconsin-Madison.
Fig. 21.11: Reprinted from Fig. 6a–c in Gai, D., et al., "Mechanisms of conformational change for a replicative

hexameric helicase of SV40 large tumor antigen," *Cell* 119 (2004), 47–60, with permission from Elsevier.

Chapter 22

Fig. 22.1a–b: Courtesy of Norman H. Olson, University of California, San Diego; **Fig. 22.3:** Modified from Fig. 2 in Longworth, M.S. and Laimins, L.A., "Pathogenisis of human papilomaviruses in differentiating epithelia," *Microbiology and Molecular Biology Reviews* 68 (2004): 362–372, with permission from the American Society for Microbiology.

Chapter 23

Fig. 23.1, 23.2: Reprinted from Fig 1a in Rux, J.J, and Burnett, R.M., "Review: Adenovirus Structure," *Human Gene Therapy* (2004) 15: 1167–1176, with permission from Mary Ann Liebert Publishers. **Fig. 23.9:** Fig. 24.23, p. 932 from *Molecular Biology of the Gene, 4th ed.* By James D. Watson, Nancy H. Hopkins, Jeffrey W. Roberts, Joan Argetsinger Steitz, and Alan M. Weiner. Copyright 1965, 1970, 1976, 1987 by The Benjamin/Cummings Publishing Company, Inc. Reprinted by permission of Pearson Education, Inc. (Atlanta).

Chapter 24

Fig. 24.3b: Courtesy of Wah Chiu, Baylor College of Medicine, from Zhou, A.H., et al., "Visualization of tegument/capsid interactions and DNA in intact herpes simplex virus type 1 virions," *Journal of Virology* 73 (1999): 3210–3218; **Fig. 24.4:** Courtesy of Beate Sodeik, Hannover Medical School, reprinted from Fig. 1a–h in Sodeik, B. et al., "Microtubule-mediated transport of incoming herpes simplex virus 1 capsids to the nucleus," *The Journal of Cell Biology* 136 (1997): 1007–1021, with permission from Rockefeller University Press; **Fig. 24.6:** Reprinted from Fig. 6 in B. Roizman, "Herpesviruses", Ch. 33 in *Fundamental Virology*, D.M. Knipe and P.M. Howley (eds), Lippincott Williams & Wilkins (Baltimore) (2001); **Fig. 24.9:** Copyright Bernard Roizman. **Figs. 24.11, 24.12:** Courtesy of Richard Longnecker.

Chapter 25

Fig. 25.1, 25.2, 25.3: Courtesy Dr. Eric B. Carstens, Queen's University, Kingston, Ontario; **Fig. 25.4:** Reprinted from A.L. Passarelli and L.K. Miller, "Identification and characterization of Lef-1, a baculovirus gene involved in late and very late gene expression," *Journal of Virology* 67 (1993): 3481–3488, with permission from the American Society for Microbiology.

Chapter 26

Fig. 26.1a,b: Reprinted from Moss, B., et al., in *Mechanics of DNA Replication and Recombination*, Cozarelli, N. (ed.). New York: A. Liss (1983), pp. 449–461; **Fig. 26.1c:** Reprinted from Baroudy BM, Venkatesan S, Moss B, "Incompletely base-paired flip-flop terminal loops link the two DNA strands of the vaccinia virus genome into one uninterrupted polynucleotide chain," *Cell* 28 (1982), 315–324, with permission from Elsevier; **Fig. 26.2:** Courtesy of Richard Condit, modified from Fig. 3 in Condit, R.C. and Niles, E.G., "Orthopoxvirus genetics," *Current Topics in Microbiology and Immunology* 163 (1990): 1–39, with kind permission of Springer Science and Business Media (Heidelberg); **Fig. 26.3:** Reprinted from Fig 2A in Wilton, S., Mohandas, A.R., and Dales, S., "Organization of the Vaccinia Envelope and Relationship to the Structure of the Intracellular Mature Virions," *Virology* 214 (1995):503-511, with permission from Elsevier; **Fig. 26.4a:** Reprinted from Fig 4C in Condit, R.C., Moussatche, N., Traktman, P., "In a Nutshell: Structure and Assembly of the Vaccinia Virion," *Adv Virus Res.* 66 (2006):31-124. **Fig. 26.4b:** Copyright The Rockefeller University Press. 2005. Originally published in *The Journal of Cell Biology* 169:269-83. **Fig. 26.5:** Courtesy of Richard Condit. Reprinted from Moyer, R.W. and Condit, R.C., "Poxviruses," *Topley & Wilson's Microbiology and Microbial Infections*, London: Edward Arnold Publishers (2005), reproduced by permission of Edward Arnold. **Fig. 26.6:** Courtesy of Rodriguez, J. R. et al., *Journal of Virology* 72 (1998): 1287–1296. **Fig. 26.7:** Courtesy Mariano Esteban, National Center of Biotechnology, Madrid, Spain. Fig. 5a from Juan Ramón Rodríguez, Cristina Risco, José L. Carrascosa, Mariano Esteban, and Dolores Rodríguez, "Vaccinia virus 15-kilodalton (A14L) protein is essential for assembly and attachment of viral crescents to virosomes," *Journal of Virology* (1998), vol 72 (2):1287–96.

Chapter 27

Fig. 27.1: Courtesy of James Van Etten; **Fig. 27.3:** Courtesy of Michael Rossman, reprinted from Figure 1A in Cherrier, M.V. et. al., "An icosahedral algal virus has a complex unique vertex decorated by a spike," *Proc Natl Acad Sci USA* 106 (2009):11085-9, with permission from PNAS; **Fig. 27.4:** Courtesy of Michael Rossman, reprinted from Figure 2 in Nandhagopal, N., et. al., "The structure and evolution of the major capsid protein of a large, lipid-containing DNA virus," *Proc Natl Acad Sci USA*, 99 (2002):14758-63, with permission from PNAS, Copyright (2002) National Academy of Sciences, U.S.A.; **Fig. 27.5a,b:** courtesy of James Van Etten, reprinted from Figure 2c and f in Meints, R.H. et al., "Infection of a Chlorella-like alga with the virus, PBCV-1: ultrastructural studies," *Virology* 138 (1984):341-6, with permission from Elsevier; **Fig. 27.5c:** Reprinted from Figure 2d in Meints, R. H., K. Lee, and J. L. Van Etten, "Assembly site of the virus PBCV-1 in a chlorella-like green alga: ultrastructural studies," *Virology* 154 (1986): 240–245, with permission from Elsevier; **Fig. 27.5d:** Reprinted from Figure 1d in Yanai-Balser, G.M., et. al., "Microarray analysis of Paramecium bursaria chlorella virus 1 transcription," *Journal of Virology* 84 (2010):532-42, PMID: 19828609, with permission from American Society for Microbiology; **Fig. 27.6:** Courtesy of Willie Wilson; **Fig. 27.7:** Courtesy of The Remote Sensing Group, Plymouth Marine Laboratory, Plymouth PL1 3DH, United Kingdom; **Fig 27.8:** Courtesy of Willie Wilson; **Fig. 27.9:** Courtesy of Mike Allen; **Fig. 27.10:** Courtesy of Karen Weynberg, republished from Figure 4.6 d in Ph.D. thesis of Karen Weynberg; **Fig. 27.11:** Courtesy of Nathan Zauberman; **Fig. 27.12a-d:** Reprinted from Fig 5 A, B, D and E in Xiao, C. et. al., "Structural studies of the giant mimivirus," *PLoS Biol.* (2009) Apr 28;7(4):e92.

PMID: 19402750; **Fig. 27.13, 14a-c:** Images kindly provided courtesy of Avi Minsky, reprinted from Figures 3A, 6A, B, C in Zauberman, N. et al., "Distinct DNA exit and packaging portals in the virus Acanthamoeba polyphaga mimivirus," *PLoS Biol.* (2008) May 13;6(5):e114.PMID: 18479185; **Fig. 27.15:** Courtesy of Jean-Michel Claverie, reprinted from Figure 4 (p. 97) in Claverie, J.M., Abergel, C., Ogata, H., "Mimivirus," *Curr Top Microbiol Immunol.* 328 (2009):89-121. PMID: 19216436, with kind permission of Springer Science+ Business Media.

Chapter 29

Fig. 29.1: Reprinted from Panteleo, G. and Fauci, A.S., "New concepts in the immunopathogenesis of HIV infection," *Annual Review of Immunology* (1995) 13: 487–512. **Fig. 29.2:** Courtesy Liwie Rong, McGill University.

Chapter 32

Fig. 32.1: Peter Morrison/AP/Wide World Photos; **Fig. 32.2:** Nobel Lecture, December 13, 1976 by D.C. Gajdusek. Copyright The Nobel Foundation, 1976; **Fig. 32.3:** Adapted from Fig. 6 in R. Moore et al., "Ataxia in prion protein (PrP)-deficient mice is associated with upregulation of the novel PrP-like protein doppel," *Journal of Molecular Biology* 292 (1999), 797–817, with permission from Elsevier; **Fig. 32.4a:** Courtesy of Holger Wille. **Fig. 32.4b** and **Fig. 32.6a–b: Fig. 32.4b and Fig. 32.6a, b:** Fig. ID and 4A,B reprinted from Holger Wille, Melissa D. Michelitsch, Vincent Guénebaut, Surachai Supattapone, Ana Serban, Fred E. Cohen, David A. Agard, and Stanley B. Prusiner, "Structural studies of the scrapie prion protein by electron crystallography," *Proceedings of the National Academy of Sciences, USA* 99 (2001): 3563–3568; **Fig. 32.5:** Courtesy of Katherine Sutliffe and P. Morrighan, Science. Reprinted with permission from Priola, S.A., Chesebro, B., and Caughey, B., "A view from the top: Prion diseases from 10,000 feet," *Science* 300: 917–919, copyright 2003, AAAS. **Fig. 32.7:** Reprinted from Fig. 2 in Jackson, G.S. and Clarke, A.R., "Mammalian Prion Proteins," in *Current Opinion in Structural Biology* 10 (2000), 69–74, with permission from Elsevier.

Chapter 33

Fig. 33.11: Reprinted by permission from Macmillan Publishers Ltd: from Figure 2 in Gunter Meister & Thomas Tuschl, "Mechanisms of gene silencing by double-stranded RNA," *Nature* 431 (2004), 343-349.

Chapter 34

Fig. 34.3: From STARR, Biology: Concepts and Applications, 2E. © 1994 Brooks/Cole, a part of Cengage Learning, Inc. Reproduced by permission. www.cengage.com/permissions.

Chapter 36

Fig. 36.2a: Adapted from Fig. 3b, Smith, T., et al., "Neutralizing antibody to human rhinovirus 14 penetrates the receptor-binding canyon," *Nature* 383 (1996): 350–354; **Fig. 36.2b:** Fig. 2, reprinted with permission from Badger, J. et al., "Structural analysis of a series of antiviral agents complexed with human rhinovirus 14," *Proc.Natl. Acad. Sci. USA* 85 (1988): 3304–3308; **Fig. 36.10a:** Reprinted from figure 36-10 in *Principles of Pharmacology: The Pathophysiologic Basis of Drug Therapy*, 2nd edition (2007), p.668, David E. Golan, Armen H. Tashjian, Jr., Ehrin A. Armstrong, April W. Armstrong, Editors, with the permission of Lippincott Williams and Wilkins; **Fig. 36.10b:** Courtesy of Elspeth Garman, reprinted with permission from Graeme, L. and Garman, E., "The origin and control of pandemic influenza," *Science* 293: 1776–1777, copyright 2001 AAAS.

찾아보기